QUÍMICA AMBIENTAL
2ª edição

THOMAS G. SPIRO   WILLIAM M. STIGLIANI

QUÍMICA AMBIENTAL
2ª edição

THOMAS G. SPIRO
Princeton University

WILLIAM M. STIGLIANI
Center for Energy and Environmental Education
University of Northern Iowa

Tradução
Sonia Midori Yamamoto

Revisão Técnica
Prof. Dr. Reinaldo C. Bazito
Prof. Dr. Renato S. Freire
Grupo de Pesquisa em Química Ambiental – GPQA
Instituto de Química da USP – IQ/USP

© 2009 by Pearson Education do Brasil
Todos os direitos reservados. Nenhuma parte desta publicação poderá ser reproduzida ou transmitida de qualquer modo ou por qualquer outro meio, eletrônico ou mecânico, incluindo fotocópia, gravação ou qualquer outro tipo de sistema de armazenamento e transmissão de informação, sem prévia autorização, por escrito, da Pearson Education do Brasil.

Diretor editorial: Roger Trimer
Gerente editorial: Sabrina Cairo
Supervisor de produção editorial: Marcelo Françozo
Editora sênior: Tatiana Pavanelli Valsi
Editora: Thelma Babaoka
Preparação: Samuel Grecco Savickas
Revisão: Renata Del Nero e Maria Aiko Nishijima
Capa: Rafael Mazzo
Projeto gráfico e editoração eletrônica: Figurativa Editorial MM

Dados Internacionais de Catalogação na Publicação (CIP)
(Câmara Brasileira do Livro, SP, Brasil)

Spiro, Thomas G.
    Química ambiental / Thomas G. Spiro, William M. Stigliani; tradução Sonia Midori Yamamoto; revisão técnica Reinaldo C. Bazito, Renato S. Freire. — 2. ed. — São Paulo: Pearson Prentice Hall, 2009.

    Título original: *Chemistry of the environment.*

    ISBN 978-85-7605-196-1

    1. Química ambiental I. Stigliani, William M.. II. Bazito, Reinaldo C.. III. Freire, Renato S.. IV. Título.

08-09968   CDD-540

Índice para catálogo sistemático:

1. Química ambiental   540

Printed in Brazil by Reproset RPPA 224396

Direitos exclusivos cedidos à
Pearson Education do Brasil Ltda.,
uma empresa do grupo Pearson Education
Avenida Francisco Matarazzo, 1400
Torre Milano – 7o andar
CEP: 05033-070 -São Paulo-SP-Brasil
Telefone 19 3743-2155
pearsonuniversidades@pearson.com

Distribuição
Grupo A Educação
www.grupoa.com.br
Fone: 0800 703 3444

*Dedicado às nossas esposas, Helen e Marie,
aos nossos filhos e à geração deles.*

SUMÁRIO

I *Energia* 1

1 Fluxos e fontes de energia 3
   1.1 Introdução à energia e à sustentabilidade 3
   1.2 Fluxos naturais de energia 4
         Fundamentos 1.1: Unidades e conversões 5
         Resolução de problema 1.1 – *Energia na chuva* 6
   1.3 Consumo humano de energia 7
         Fundamentos 1.2: Crescimento e declínio exponencial 9
         Resolução de problema 1.2 – *Consumo mundial de energia* 10
   1.4 Fontes humanas de energia 11

2 Combustíveis fósseis 15
   2.1 Ciclo do carbono 15
         Resolução de problema 2.1 – *Nosso oxigênio vai acabar?* 16
   2.2 Origem dos combustíveis fósseis 16
   2.3 Energia combustível 19
         Fundamentos 2.1: Energia e ligações 19
         Resolução de problema 2.2 – *Combustão de metano* 20
   2.4 Petróleo 22
   2.5 Gás 27
   2.6 Carvão 28
         Estratégias 2.1– Combustíveis e derivados de carvão 29
   2.7 Descarbonização 30

3 Energia nuclear 32
   3.1 Núcleos, isótopos e radioatividade 32
   3.2 Radioisótopos de ocorrência natural 34
         Fundamentos 3.1: Meias-vidas e datação por isótopo 34
         Resolução de problema 3.1 – *Datação por radiocarbono* 35
   3.3 Cadeias de decaimento: o problema do radônio 35
   3.4 Radioatividade: efeitos biológicos da radiação ionizante 36
   3.5 Exposição à radiação 38
   3.6 Fissão 39
   3.7 Riscos da energia nuclear 43
   3.8 A energia nuclear faz parte do futuro? 48
   3.9 Fusão 48

4 Energia renovável 52
   4.1 Aquecimento solar 54

4.2	Eletricidade solar térmica	54
4.3	Eletricidade fotovoltaica	56
4.4	Biomassa	60
	Estratégias 4.1: Etanol de amido de celulose?	62
4.5	Energia hidrelétrica	64
4.6	Energia eólica	64
4.7	Energia das marés e ondas	66
4.8	Energia geotérmica	67

5 Usos de energia 68

Fundamentos 5.1: Calor, temperatura e entropia 68
5.1 Eficiência energética de motores térmicos 69
5.2 Células a combustível 71
 Fundamentos 5.2: Entropia e energia química 74
5.3 Aquecimento ambiental, co-geração 75
5.4 Armazenagem de eletricidade: a economia do hidrogênio 75
5.5 A conexão dos materiais 77
 Fundamentos 5.3: Custo energético da extração: Al versus Fe 80
5.6 Eficiência de sistemas 82
 Estratégias 5.1: Eficiência energética dos automóveis 85
5.7 Energia e sociedade 89

Resumo 91
Resolução de problemas 92

Em contexto – Matriz energética brasileira 96

II *Atmosfera* 103

6 Clima 104

6.1 Balanço radioativo 104
 Resolução de problema 6.1 – *Resfriamento vulcânico* 107
6.2 Albedo: partículas e nuvens 107
 Estratégias 6.1: Formação de chuva 108
6.3 Efeito estufa 113
6.4 Modelagem climática 121
6.5 Acordos internacionais sobre os gases do efeito estufa 125

7 A química do oxigênio 127

7.1 Óxido de nitrogênio: energia livre 127
 Resolução de problema 7.1 – *Concentração atmosférica de NO* 128
 Resolução de problema 7.2 – *NO de alta temperatura* 130
7.2 Óxidos de nitrogênio: cinética 130
7.3 Reações em cadeia de radicais livres 131
 Fundamentos 7.1: Estrutura eletrônica das moléculas diatômicas 132

8 Ozônio estratosférico 137

8.1 Estrutura da atmosfera 138
 Fundamentos 8.1: Volumes de gás 140
 Resolução de problema 8.1 – *Quanto ozônio?* 140
8.2 Proteção contra radiação ultravioleta pelo ozônio 141
 Fundamentos 8.2: Transmissão de luz UV através do ozônio 142
8.3 A química do ozônio 143
 Resolução de problema 8.2 – *Estado estacionário* versus *equilíbrio para O_3* 145

8.4 Destruição catalítica do ozônio	146
8.5 Destruição do ozônio polar	148
8.6 Projeções de ozônio	150
8.7 Substitutos dos CFCs	150

9 Poluição do ar 153
- 9.1 Os poluentes e seus efeitos ... 153
- 9.2 *Smog* fotoquímico ... 160
  - **Fundamentos 9.1: Forças da ligação C—H** ... 162
- 9.3 Controle de emissões ... 164
- 9.4 Gasolina reformulada: compostos oxigenados ... 167

Resumo ... 170

Resolução de problemas ... 171

Em contexto – Mudanças climáticas globais ... 175

III *Hidrosfera/litosfera* 177

10 Recursos hídricos 178
- 10.1 Perspectiva global ... 178
- 10.2 Irrigação ... 180
- 10.3 Aqüíferos ... 182
- 10.4 Recursos hídricos nos Estados Unidos ... 183
- 10.5 Oceanos ... 184
- 10.6 Água como solvente e como meio biológico ... 186

11 Das nuvens ao escoamento superficial: água como solvente ... 187
- 11.1 Propriedades únicas da água ... 187
  - **Fundamentos 11.1: Ligações de hidrogênio** ... 188
- 11.2 Ácidos, bases e sais ... 191
  - **Fundamentos 11.2: A escala de pH** ... 191
  - **Resolução de problema 11.1** – *pH de um ácido fraco* ... 192
  - **Resolução de problema 11.2** – *pH de uma base fraca* ... 193
- 11.3 Ácidos e bases conjugados; tampões ... 193
- 11.4 Água na atmosfera: chuva ácida ... 194
  - **Fundamentos 11.3: Ácidos polipróticos** ... 196
  - **Resolução de problema 11.3** – *Protonação de fosfato* ... 197

12 A água e a litosfera 198
- 12.1 A Terra como um reator ácido-base ... 198
- 12.2 Ciclos de carbono orgânico e inorgânico ... 199
  - **Fundamentos 12.1: Reservatórios, fluxos e tempos de residência** ... 200
- 12.3 Intemperismo e mecanismos de solubilização ... 202
  - **Resolução de problema 12.1** – *A solubilidade do $BaSO_4$* ... 203
  - **Resolução de problema 12.2** – *Cálculo da solubilidade do $CaCO_3$* ... 204
  - **Resolução de problema 12.3** – *A solubilidade do $CaCO_3$ e do CO_2* ... 205
- 12.4 Efeitos da acidificação ... 208

13 Oxigênio e vida 215
- 13.1 Reações redox e energia ... 215
  - **Fundamentos 13.1: Níveis de oxidação e água** ... 215
  - **Resolução de problema 13.1** – *Cálculo do estado de oxidação e balanceamento das equações redox* ... 216

- Resolução de problema 13.2 – *DBO* 216
- Fundamentos 13.2: Potenciais de redução 218
- Fundamentos 13.3: Dependência da concentração em relação ao potencial; pH e $E^0(w)$ 219
- Resolução de problema 13.3 – $E^0(w)$ e K_{ps} de Fe[OH]$_3$ 220
- Resolução de problema 13.4 – *Potencial efetivo de oxigênio* 220

13.2 Terra aeróbia 221
13.3 Água como meio ecológico 223

14 Poluição e tratamento das águas 233
14.1 Usos e qualidade da água: fontes pontuais e não-pontuais de poluição 233
14.2 Regulamentação da qualidade da água 236
14.3 Tratamento de águas e esgotos 237
14.4 Riscos à saúde 239

Resumo 241

Resolução de problemas 242

Em contexto – Áreas contaminadas no Estado de São Paulo 245

IV *Biosfera* 249

15 Nitrogênio e a produção de alimentos 250
15.1 Ciclo do nitrogênio 250
15.2 Agricultura 252
15.3 Nutrição 257

16 Controle de pragas 267
16.1 Inseticidas 267
- Fundamentos 16.1: Forma molecular e atividade biológica 269
- Fundamentos 16.2: Bioacumulação e coeficiente de partição 271
- Estratégias 16.1: Mecanismo molecular dos inibidores de colinesterase 273

16.2 Herbicidas 276
- Estratégias 16.2: Mecanismo molecular da inibição de glifosato 278

16.3 Transgênicos (organismos geneticamente modificados – GM) 279

17 Substâncias químicas tóxicas 283
17.1 Toxicidade aguda e crônica 283
17.2 Câncer 285
17.3 Efeitos hormonais 291
17.4 Poluentes orgânicos persistentes: dioxinas e PCBs 294
17.5 Metais tóxicos 300

Resumo 314

Resolução de problemas 315

Em contexto – Segurança química: regulamentação sobre produtos químicos tóxicos 318

Química verde 320

Índice remissivo 328

PREFÁCIO

Este livro trata das questões ambientais e da química vinculada a elas. Não é uma obra de metodologias nem um catálogo de poluentes e de como remediá-los. Busca aprofundar o conhecimento da química e do meio ambiente e revelar o poder da química como uma ferramenta que nos auxilia na compreensão do mundo em mutação ao nosso redor.

As fronteiras da ciência ambiental avançam rapidamente e os debates sobre as questões ambientais estão sempre se alterando. Nesta edição, procuramos atualizar as várias tramas que compõem nossa história ambiental, integrando novos fatos e números aos textos, tabelas e diagramas. Dentre os novos temas abordados, destacamos a química dos oceanos e o ciclo inorgânico do carbono, a evolução da atmosfera de oxigênio, as culturas geneticamente modificadas, o seqüestro de carbono como estratégia de redução das emissões de gás do efeito estufa e a contaminação da água potável pelo aditivo da gasolina MTBE.

A estrutura do livro foi pensada para permitir um estudo bem direcionado e fluido, mas também flexível. Na seção "Fundamentos", incluímos textos relevantes para melhorar a compreensão do tópico apresentado, mas também incluímos outros conteúdos mais básicos, para auxiliar os estudantes que não estudaram química na graduação e para refrescar a memória dos que estudaram. Algumas das seções "Fundamentos" contêm informações não-químicas de apoio (por exemplo, como relacionar reservatórios e fluxos nos ciclos químicos ambientais). Outro recurso didático que utilizamos são os quadros "Resolução de problema", que mostram as estratégias mais eficazes para entender e solucionar problemas, reforçadas posteriormente pelos exercícios propostos. Por fim, as informações técnicas mais avançadas ou especializadas foram separadas nas seções "Estratégias", que os estudantes podem ler quando quiserem se aprofundar no assunto. Dessa maneira, o enredo de nossa história ambiental pode ser apreciado sem interrupções. Esperamos que essa estrutura torne este livro fácil de ler e também de estudar.

Edição brasileira

Esta edição inclui o capítulo "Química verde", elaborado pelos professores doutores Reinaldo C. Bazito e Renato S. Freire, da Universidade de São Paulo, e quatro anexos denominados "Em contexto", em que são apresentadas informações adicionais para contextualizar a teoria em relação a fatos cotidianos e contemporâneos do país e do mundo.

Localizados após cada parte do livro, os anexos tratam das seguintes questões:

- Matriz energética brasileira.
- Mudanças climáticas globais.
- Áreas contaminadas no Estado de São Paulo.
- Segurança química: regulamentação sobre produtos químicos tóxicos.

Material de apoio do livro

No site www.grupoa.com.br professores e alunos podem acessar os seguintes materiais adicionais:

Para o professor

- Manual de soluções (em inglês).
- Apresentações em PowerPoint.

Esse material é de uso exclusivo para professores e está protegido por senha. Para ter acesso a ele, os professores que adotam o livro devem entrar em con-tato através do e-mail divulgacao@grupoa.com.br.

Para o estudante

- Apêndice de introdução às estruturas químicas orgânicas.
- Leituras recomendadas divididas por assunto, para complementar e ampliar os estudos na área.

Agradecimentos

Agradecemos a vários colegas pela revisão de partes do manuscrito e/ou pelo fornecimento de novo material: doutores Michael Bender, Andrew Bocarsly, Harold Feiveson, Robert Goldston, Peter Jaffe, Hiram Levy, Francois Morel, Steve Pacala, Lynn Russel, Jorge Sarmiento, Daniel Sigman, Robert Socolow, Valerie Thomas (todos da Princeton University); Trace Jordan (New York University); Bibudhendra Sarkar (University of Toronto); David Walker (University of British Columbia), e Chris Weber (apoio ao estudante, University of Iowa). Helen Spiro proporcionou estímulo durante todo o processo de escrita, além de fundamental aconselhamento editorial. Nossos agradecimentos também a Marie Stigliani – os passeios de bicicleta ao longo do rio Cedar em sua companhia deram equilíbrio aos longos dias de trabalho.

Thomas G. Spiro
spiro@princeton.edu

William M. Stigliani
stigliani@uni.edu

INTRODUÇÃO

"Eis uma breve lição de química", escreveu Bill McKibben em uma matéria na *New York Times Magazine*.* "Compreenda-a e você entenderá por que a era ambiental mal começou..." A lição de McKibben trata da diferença entre duas moléculas, monóxido de carbono (CO) e dióxido de carbono (CO_2). Os automóveis de hoje liberam quase a metade de carbono sob a forma de CO por litro de gasolina em combustão do que emitiam há uma geração; e a taxa declina acompanhando os contínuos avanços tecnológicos. Como resultado, agora o ar está mais limpo do que costumava estar em Los Angeles e em muitas outras cidades. Mas a mesma quantidade de gasolina libera muita quantidade de carbono sob a forma de CO_2 e não há como reduzir essa taxa. A concentração atmosférica de CO_2 está aumentando em escala mundial e trazendo consigo o aquecimento global, de acordo com a opinião científica internacional. As duas moléculas representam os dois lados da moeda ambiental, os efeitos locais *versus* os efeitos globais da atividade humana. A qualidade ambiental melhorou em muitas localidades, graças aos controles ambientais e às novas tecnologias, mas os problemas globais mal começaram a ser abordados e são bem mais difíceis de solucionar. O CO é um subproduto da combustão e está sujeito aos controles de emissão, mas o CO_2 é o produto final da combustão e o inevitável efeito secundário de nossa dependência dos combustíveis fósseis. "CO *versus* CO_2", diz McKibben, "um mero átomo de oxigênio faz toda a diferença do mundo".

Para nós, essa é uma maravilhosa ilustração do poder da química para elucidar as questões ambientais. A química está ao nosso redor e realmente faz a diferença. Os ciclos químicos do planeta são cada vez mais perturbados pelas atividades humanas, e esses distúrbios podem degradar a qualidade de vida, como quando as emissões veiculares superam a capacidade da atmosfera de limpar o ar das nossas cidades. Somos capazes de amenizar esses distúrbios, como demonstra a experiência relatada. Mas, primeiro, devemos compreender a química. No caso em questão, as primeiras tentativas de minimizar o *smog* na década de 1960 efetivamente pioraram a situação. Foram impostos padrões aos níveis de CO e de hidrocarboneto nas emissões automotivas e as montadoras de automóveis cumpriram as regras aumentando a razão ar/combustível para queimar o combustível de forma mais completa. Os níveis de *smog*, porém, *aumentaram* porque as razões ar/combustível mais elevadas tornaram a combustão mais quente, aumentando, desse modo, as emissões de óxido de nitrogênio. Somente então se descobriu que os óxidos de nitrogênio e os hidrocarbonetos eram atores principais na formação do *smog* e que ambos deviam ser controlados. Esse tipo de surpresa não é incomum nas questões ambientais. O mundo é um lugar extraordinariamente complexo sob muitos aspectos, inclusive do ponto de vista químico. Estamos apenas começando a compreender como ele funciona.

Este livro conta a história do ambiente em linguagem química. Por um lado, baseia-se nos fluxos das substâncias químicas e da energia pela natureza e, por outro, pela civilização industrial. As partes do livro — *Energia, Atmosfera, Hidrosfera/litosfera* e *Biosfera* — refletem essa perspectiva holística. As questões ambientais freqüentemente transpassam essas divisões e as interligações resultantes enriquecem a história. Por exemplo, a gasolina com chumbo está relacionada à questão dos controles de emissões automotivas, um assunto que surge na parte sobre atmosfera, mas também representa um grande risco à saúde, conforme discutido na parte sobre biosfera.

As interligações são até mais numerosas no nível da química subjacente. Por exemplo, a reatividade do dioxigênio, O_2, é um tema recorrente em todas as partes do livro. Dessa maneira, o fluxo de energia pela civilização industrial (bem como pela própria biosfera) depende de a ligação oxigênio-oxigênio ser relativamente fraca, de modo que a energia seja liberada quando o O_2 se combina com as moléculas orgânicas. Entretanto, devido à sua estrutura eletrônica incomum, o O_2 não é reativo até encontrar um radical livre ou um íon de metal de transição. Esses ativadores de O_2 determinam a maioria dos aspectos da química atmosférica, incluindo o modo como o *smog* se forma. Também são vitalmente importantes para a biosfera, uma vez que o metabolismo do O_2 que sofre desvio constitui uma ameaça à integridade das moléculas biológicas e tem sido apontado como um fator de contribuição ao câncer e ao envelhecimento.

Esperamos que essas interligações fascinem o estudante tanto quanto nos fascinaram e esperamos que a tapeçaria que tecemos forneça um contexto satisfatório para a compreensão do mundo químico em que vivemos e das questões ambientais que enfrentamos.

I

Energia

CAPÍTULO 1 Fluxos e fontes de energia
CAPÍTULO 2 Combustíveis fósseis
CAPÍTULO 3 Energia nuclear
CAPÍTULO 4 Energia renovável
CAPÍTULO 5 Usos de energia

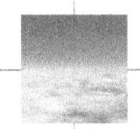

1 Fluxos e fontes de energia

A questão do uso da energia está intimamente relacionada a todas as questões ambientais. A aplicação da energia a diversas necessidades da civilização industrial tem impulsionado o desenvolvimento econômico, e o acesso à energia tem sido a chave para uma vida melhor da população mundial. Ao mesmo tempo, os custos ambientais do consumo humano de energia tornam-se cada vez mais evidentes: derramamentos de petróleo, as marcas da mineração no solo, a poluição do ar e das águas e a ameaça de aquecimento global decorrente do acúmulo de dióxido de carbono e outros gases causadores do efeito estufa. Cada vez mais, expandir de forma contínua o suprimento de energia barata parece conflitar com a preocupação gerada pelos custos ambientais de tal expansão. Nesta seção do livro, vamos explorar o histórico de produção e o consumo de energia, além de examinar as perspectivas de atender às necessidades energéticas da sociedade sem deixar de proteger o meio ambiente.

1.1 Introdução à energia e à sustentabilidade

As discussões ambientais geralmente giram em torno da *sustentabilidade*; um assunto instigante e muito debatido. Ela advém da percepção de que a atividade humana está consumindo os recursos naturais a uma velocidade que ultrapassa a capacidade de recuperação da natureza. A sustentabilidade implica a manutenção desses recursos para futuras gerações.[1]

Esse conceito possui muitas aplicações. A *exploração sustentável de madeira*, por exemplo, refere-se à extração da madeira de modo a permitir a regeneração das florestas. A *agricultura sustentável* deve alimentar as pessoas sem exaurir a capacidade nutritiva do solo ou a biodiversidade dos *habitats* naturais. Um número crescente de empresas abraça a causa da sustentabilidade, protegendo o meio ambiente de uma forma que vai além das exigências legais. Exemplos disso são o controle voluntário de emissões, a opção por materiais ambientalmente amigáveis (um dos conceitos da *química verde*) ou a não-utilização de madeira tropical na fabricação de móveis. O novo campo da *ecologia industrial* contribui para a sustentabilidade ao encontrar meios de minimizar o consumo de materiais na sociedade industrial.

Entretanto, existe uma grande controvérsia sobre como atingir a sustentabilidade. A extração sustentável de madeira significa florestas intocadas e cultivo restrito a fazendas de reflorestamento ou significa a extração seletiva de florestas para manter sua saúde? A agricultura sustentável significa cultivo orgânico, sem insumo de substâncias químicas sintéticas, ou o uso de insumos adequados para manter a alta produtividade de solos e plantações?

A mineração é um bom exemplo de controvérsia, quando o assunto é sustentabilidade. Nenhuma atividade parece ser menos sustentável do que a extração de minerais do solo. Entretanto, apesar de séculos de mineração, os metais continuam tão disponíveis como antes. Isso porque melhorias tecnológicas contínuas permitem a extração de depósitos de baixa pureza e o aumento da reciclagem de metais. O mercado de metais é sustentável, ainda que os minérios de alta pureza tenham-se exaurido de forma irrecuperável.

Obviamente há outros impactos da mineração, além da exaustão de recursos. Essa atividade deixa cicatrizes na superfície da Terra e polui o meio ambiente local, embora esses impactos possam ser minimizados por meio de regulamentação. A extração e o processamento espalham metais pelo mundo, aumentando a preocupação com as ameaças de elementos tóxicos à saúde, tais como mercúrio e chumbo. Não está claro se a mineração desses metais é, em última instância, sustentável. Por outro lado, ninguém se preocupa com as ameaças à saúde geradas pela propagação de metais de uso industrial comuns, tais como ferro e alumínio, que possuem baixa toxicidade e são abundantes na crosta terrestre. Há incentivos à reciclagem desses metais, visando à preservação de energia e à minimização da poluição, mas ninguém pára de usá-los.

O uso da energia levanta as questões mais dramáticas sobre sustentabilidade. Queimar os depósitos de petróleo, gás e carvão da Terra é evidentemente uma prática não sustentável. A energia não pode ser recuperada (segunda lei da termodinâmica. Entretanto, o que há de tão ruim no consumo de combustíveis fósseis? Afinal, eles fornecem energia barata e abundante, além de bens úteis (como o plástico). O principal motivo para a restrição ao uso de combustível fóssil é o aumento no nível do aquecimento global, causado pelo CO_2, o produto final do consumo de combustíveis fósseis. Porém, esse efeito também pode ser evitado com o seqüestro do CO_2 na Terra ou sob os oceanos.

---

[1] Segundo a Comissão Mundial Sobre Meio Ambiente da Organização das Nações Unidas (ONU) em 1987, o desenvolvimento sustentável supre as necessidades do presente sem comprometer a habilidade das gerações futuras de suprir suas próprias necessidades (N. RT.).

Em todo caso, o uso de combustíveis fósseis como fonte de energia não é sustentável no longo prazo, mas como quantificar o longo prazo? A escala de tempo pode ser de décadas ou séculos, dependendo das políticas energéticas. Para substituir os combustíveis fósseis, teremos de recorrer a fontes alternativas de energia: fissão nuclear (se ela puder ser desenvolvida com segurança), fusão nuclear (se ela for tecnicamente viável) e energia renovável (cujo aproveitamento em larga escala é difícil e caro). Alguns esperam que a dependência de combustíveis fósseis acabe o mais rápido possível, apostando nas fontes de energia renovável imediatamente. Mas ainda estamos longe de saber qual é a melhor forma de promover o uso consciente de energia e, assim, proteger o meio ambiente.

Em resumo, o conceito de sustentabilidade é mais uma maneira para levantar questões importantes do que um guia prático de ação. As respostas envolvem escolhas morais e políticas, baseadas em uma clara compreensão de como o mundo material funciona. Raramente as coisas são tão simples como parecem.

1.2 | *Fluxos naturais de energia*

É instrutivo examinar o uso humano de energia em relação ao contexto do fluxo contínuo e maciço de energia que ocorre na superfície da Terra. Esse fluxo está representado na Figura 1.1; as magnitudes dos fluxos de energia são dadas em unidades de 10^{20} quilojoules (kJ) por ano (veja Fundamentos 1.1 sobre unidades de energia e conversões). Uma minúscula parte da provisão de energia terrestre deriva de fontes não solares: energia das marés ($0,0013 \times 10^{20}$ kJ), que se origina da atração gravitacional entre a Lua e a Terra, e o calor geotermal ($0,01 \times 10^{20}$ kJ), que emana do núcleo fundido da Terra (a energia nuclear gerada pelo homem não é solar, mas, por outro lado, é mínima, se comparada aos fluxos totais de energia). O restante da energia sobre a Terra advém do Sol, tanto direta quanto indiretamente.

O Sol irradia um número praticamente inimaginável de quilojoules por ano (cerca de $1,17 \times 10^{31}$). Uma fração muito pequena do total, $54,4 \times 10^{20}$ kJ por ano, é interceptada pela Terra, que está distante 150 milhões de quilômetros do Sol. Dessa quantidade, aproximadamente 30% são refletidos ou dispersos no espaço a partir de sua atmosfera (26%) ou sua superfície (4%). Essa fração é conhecida como *albedo* e contribui significativamente para o equilíbrio energético geral da Terra.

O restante da luz é absorvido pela atmosfera terrestre (24%), pela superfície terrestre (14%) e pelos oceanos (32%) e convertido em calor antes de ser irradiado de volta para o espaço. Esse fluxo de calor ativa o sistema climático da Terra por meio dos ventos, da chuva e da neve. Cerca de metade da energia absorvida que chega à superfície terrestre escoa pelo ciclo hidrológico, a maciça evaporação e precipitação da água da qual dependemos para obter nosso suprimento de água doce. Enquanto

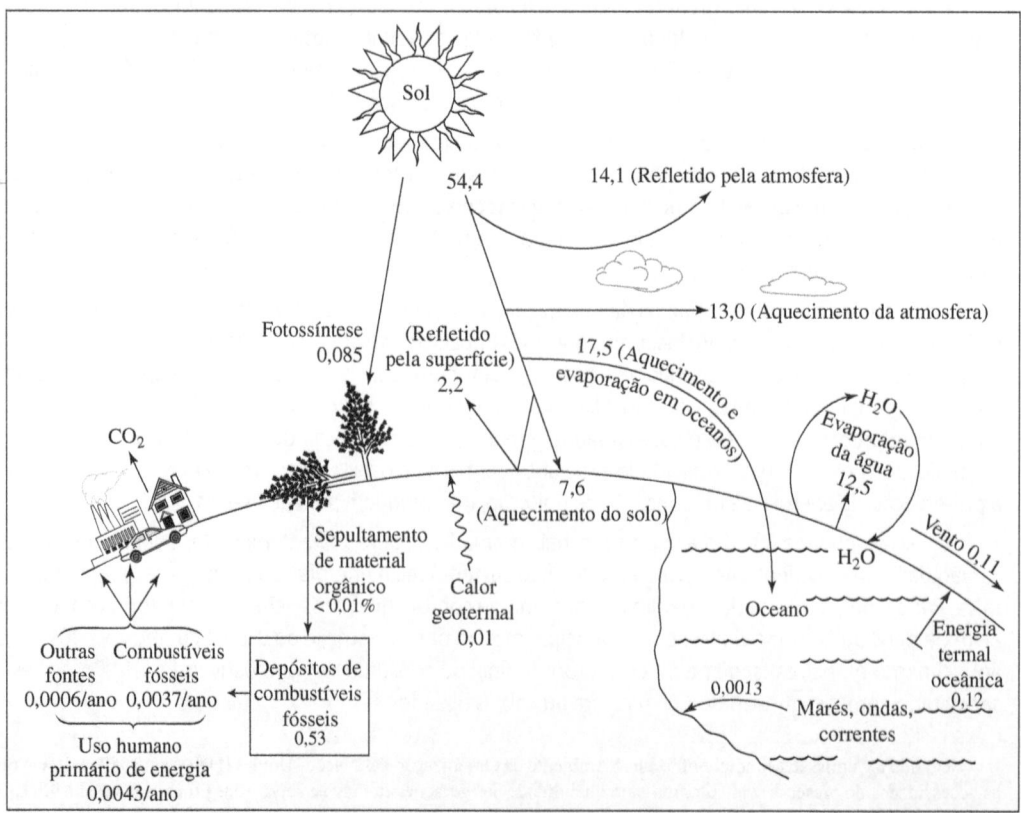

FIGURA 1.1

Fluxos anuais de energia na Terra (em 10^{20} quilojoules).

se necessita de 4,2 joules (1 caloria) para aquecer um grama de água a 1 °C, muito mais energia é necessária para volatilizar o mesmo grama de água; a energia necessária para evaporar um líquido denomina-se *calor latente de vaporação*. A 15 °C, que é a temperatura média anual global, o calor latente da água é de 2,46 kJ/g. O calor latente é novamente liberado quando o vapor d'água se condensa sob a forma de chuva. Por isso, a pancada de chuva é associada às tempestades; mesmo uma chuva fraca libera uma enorme quantidade de energia.

Extraímos uma fração muito pequena de energia no ciclo hidrológico, utilizando represas e a geração de energia hidrelétrica, que constitui uma forma de aproveitamento indireto do fluxo de energia solar.

Cerca de 0,34% da luz solar absorvida na superfície terrestre (solo e oceanos) é usada pelas plantas e algas na fotossíntese. Dependemos dessa fração do fluxo solar para nosso suprimento de alimentos e para uma Terra habitável. Parte da energia que usamos é fornecida pela queima de madeira e outras formas de biomassa (lixo, esterco de gado) e a maior parte do restante é obtida pela mineração do depósito de produtos fotossintéticos há muito tempo enterrados, sob a forma de combustíveis fósseis.

FUNDAMENTOS 1.1: UNIDADES E CONVERSÕES

Quando se trata de questões ambientais, a principal pergunta é 'quanto'? Tanto no caso da exposição a substâncias tóxicas quanto no de emissão de poluentes ou da taxa de consumo de energia, muito ou pouco faz a diferença entre uma ocorrência se tornar um problema ou não. Geralmente, o número não precisa ser exato; saber algo em torno de um fator de dez (designado ordem de grandeza) pode, às vezes, ser o suficiente, porque as quantidades podem variar em muitos fatores de dez.

a. Expoentes. Para evitar a representação com muitos zeros, podemos expressar os números em notação exponencial, $n \times 10^y$, onde y é o *expoente*, ou seja, o número de vezes que n é multiplicado por dez. Quando antecedido por um sinal negativo, y é o número de vezes que n é multiplicado por 10^{-1}, ou seja, por 0,1. Por exemplo, $5,1 \times 10^3$ equivale a 5.100, e $5,1 \times 10^{-3}$ equivale a 0,0051.

Além disso, podemos usar prefixos na frente das unidades a fim de modificar as grandezas. Os prefixos mais usados são *quilo* (k), *mega* (M), *giga* (G), *tera* (T), *peta* (P) e *exa* (E) para y = 3, 6, 9, 12, 15 e 18, respectivamente; e *centi* (c), *mili* (m), *micro* (µ), *nano* (n), *pico* (p) e *femto* (f) para $-y$ = 2, 3, 6, 9, 12 e 15, respectivamente. As letras entre parênteses são abreviações aceitas para os prefixos. Dessa forma, $5,1 \times 10^3$ metros (abreviado por m) é igual a 5,1 quilômetros (km) e $5,1 \times 10^{-3}$ metros é igual a 0,51 centímetros (cm) ou 5,1 milímetros (mm).

b. Unidades métricas. Para medir algo, devemos especificar as unidades de medida. Para fins científicos, usamos o sistema métrico. O comprimento é especificado em metros (m) e quilômetros (km), a área em hectares (ha) (um hectare equivale a 10.000 metros quadrados), o volume em litros (L) (um litro equivale a 1.000 centímetros cúbicos) e a massa em gramas (g), quilogramas (kg) e toneladas métricas (t) (uma tonelada métrica é igual a 1.000 quilogramas)[2]. Esse uso é comum no mundo todo, exceto nos Estados Unidos, onde as unidades inglesas continuam a ser usadas: polegadas, pés e milhas para comprimento; acres (um acre equivale a 43.560 pés quadrados) para área; quartilhos, quartos e galões para volume; onças, libras e toneladas (uma tonelada, às vezes denominada tonelada curta, é igual a 2.000 libras) para massa. Neste livro, usaremos o sistema métrico, mas os seguintes fatores de conversão podem ser úteis:

1 polegada	=	2,54 centímetros
1 pé	=	0,305 metro
1 milha	=	1,609 quilômetro
1 acre	=	0,405 hectare
1 quarto	=	0,946 litro
1 galão	=	3,785 litro
1 libra	=	0,454 quilograma
1 tonelada curta	=	0,9072 tonelada métrica

A temperatura é medida em graus Celsius (°C), no sistema métrico, e em graus Fahrenheit (°F), no sistema inglês. No nível do mar, a água ferve a 100 °C, mas a 212 °F, e congela a 0 °C, mas a 32 °F. Conseqüentemente

$$(°F) = (°C) \times 9/5 + 32°$$

Em cálculos científicos, necessitamos da temperatura absoluta (T), expressa em unidades Kelvin (K). O zero absoluto é –273 °C, logo

$$K = °C + 273°$$

O tempo é universalmente medido em segundos (s), minutos (min), horas (h), dias (d) e anos (a).

c. Unidades de energia. A energia advém de muitas formas e tem sido historicamente medida em várias unidades diferentes. A unidade escolhida como padrão é o joule (J). O joule foi originalmente definido como uma unidade de energia de trabalho.

---

[2] O Sistema Internacional de Unidades (SI) define como unidades básicas metro (m) para comprimento, quilograma (kg) para massa, segundo (s) para tempo e Kelvin (K) para temperatura. Como unidades derivadas, o SI recomenda metro quadrado (m^2) para área e metro cúbico (m^3) para volume (N. RT.).

Um joule é o trabalho realizado por uma força que acelera 1 g de massa a 1 cm/seg² por uma distância de 1 m. Um quilojoule (kJ) equivale a 1.000 joules; e um exajoule (EJ) equivale a 10^{18} joules.

Todas as formas de energia podem ser dadas em joules, mas muitos ainda preferem expressar a energia térmica nas historicamente usadas unidades de caloria, em razão de seu apelo intuitivo. Uma caloria (cal) é a energia térmica necessária para elevar a temperatura de 1 g de água em 1 °C (de 14,5 °C para 15,5 °C, por exemplo). A conversão entre as duas unidades é dada por

$$1 \text{ cal} = 4,184 \text{ J}$$

No uso comum, as calorias são mais freqüentemente associadas à medida do valor energético dos alimentos. Infelizmente, a caloria dos nutricionistas (distinguida pela inicial maiúscula) não é igual a uma caloria, mas é 1.000 vezes maior (na verdade, uma quilocaloria). Portanto, se sua ingestão diária é de 2.000 Cal, você está efetivamente consumindo 2×10^6 cal.

Outra unidade de energia comumente usada nos Estados Unidos é o BTU (acrônimo para *British thermal unit*, unidade térmica britânica), definida como a quantidade de calor necessária para elevar a temperatura de uma libra de água em um grau Fahrenheit. Um quad (Q) equivale a um quadrilhão de BTUs (10^{15} BTUs). Os fatores de conversão entre joules e BTUs são dados por:

$$1 \text{ BTU} = 1.055 \text{ joules} = 1,055 \text{ kilojoules}$$
$$1 \text{ quad} = 1,055 \text{ exajoules}$$

A potência também está relacionada às unidades de energia. A potência é a taxa com que a energia é liberada. A unidade padrão é o watt (W).

$$1 \text{ W} = 1 \text{ J/seg}$$

Por outro lado, a energia é a potência multiplicada pelo tempo em que a energia é liberada. Por isso, a eletricidade é comumente medida em quilowatt-horas (kWh).

$$1 \text{ kWh} = (1.000 \text{ J/seg})(3.600 \text{ seg/h}) = 3,6 \times 10^6 \text{ J}$$

A energia das ondas de luz é proporcional à sua freqüência, que é geralmente expressa como o número de onda ($v = 1/\lambda$) em cm^{-1}. Por exemplo, a luz azul com um comprimento de onda de 500 nm possui um número de onda, ou 'energia', de $(500 \times 10^{-7} \text{ cm})^{-1} = 20.000$ cm^{-1}. É possível relacionar o número de onda à quantidade equivalente de calor ou a energia química por mol de fótons; logo

$$1 \text{ kJ/mol} = 1.463,6 \text{ cm}^{-1}$$

O elétron-volt (eV) é uma unidade comumente usada pelos físicos para descrever a radiação e as partículas elementares. É a quantidade de energia adquirida por qualquer partícula carregada que atravesse uma diferença de potencial de 1 volt. Ele pode ser relacionado ao número de onda equivalente da radiação eletromagnética:

$$1 \text{ eV} = 8.064,9 \text{ cm}^{-1}$$

Um múltiplo comumente usado para essa unidade é o megaelétron-volt = MeV = 10^6 eV.

Resolução de problema 1.1 — *Energia na chuva*

Se a evaporação de 1 mL de água requer 2,46 kJ de energia à temperatura ambiente, quanta energia é liberada em uma chuva de 2 cm sobre uma área de 10 por 10 km? Se 1 tonelada de TNT libera $4,18 \times 10^6$ kJ de energia, quantas toneladas de TNT equivalem à energia liberada durante a chuva?

Ao final de Fundamentos 1.1, convertemos quilowatt-horas em joules. Muitos problemas, inclusive este, basicamente são problemas de conversão de unidades. Sabemos que 2,46 kJ de energia são liberados pela condensação de 1 mL de água, então podemos aplicar essa conversão ao volume maior de água durante a chuva. Esse volume é obtido multiplicando-se a profundidade pela área, lembrando que 1 mL = 1 cm³ e que 1 km = 10^3 m = 10^5 cm:

$$\text{Volume de chuva} = 2 \text{ cm} \times (10 \times 10^5) \text{ cm}$$
$$\times (10 \times 10^5) \text{ cm} = 2 \times 10^{12} \text{ mL}$$
$$\text{Energia resultante da chuva} = 2 \times 10^{12} \text{ mL} \times 2,46 \text{ kJ/mL}$$
$$= 4,92 \times 10^{12} \text{ kJ}$$

Como 1 tonelada de TNT libera $4,18 \times 10^6$ kJ de energia, podemos dividir esse fator pela energia da chuva, para obter os equivalentes de TNT.

$$\text{Equivalente de TNT} = 4,92 \times 10^{12} \text{ kJ}/4,18 \text{ kJ por tonelada de TNT} = 1,18 \times 10^6 \text{ toneladas de TNT}$$

Isso dá a noção da escala de energia durante as tempestades. Uma chuva modesta libera o equivalente a aproximadamente um milhão de toneladas de TNT.[3]

---

[3] O índice pluviométrico médio no Brasil é cerca de 2.000 mm/ano (N. RT.).

1.3 Consumo humano de energia

Se comparada ao enorme fluxo de energia provido pelo Sol, a utilização humana de energia é insignificante (veja a Tabela 1.1). Em 2000, o total de energia primária consumida pelos seres humanos chegou a 4,3 × 10¹⁷ kJ,[4] o equivalente a somente 0,017% do calor solar absorvido pela superfície terrestre. A Figura 1.2 mostra, porém, que o consumo mundial de energia mais do que triplicou entre 1960 e 2000, e continua a aumentar rapidamente.

Entre 1960 e 1973, o consumo de energia aumentou a taxas de 4,2% (Estados Unidos) e 4,5% (mundo) ao ano. Em resposta às crises energéticas em 1973 e novamente em 1979, a taxa de consumo de energia diminuiu substancialmente entre 1974 e 1986, particularmente nos Estados Unidos, onde esse consumo praticamente estagnou. Apesar disso, a economia norte-americana cresceu 40% nesse período e reduziu sua conta de energia em estimados 150 bilhões de dólares ao ano. Essa economia significativa resultou de expressivas melhorias na eficiência energética de edifícios, automóveis e tecnologias industriais.

TABELA 1.1 *Fluxos globais de energia.*

Fontes	Taxas (10^{20} kJ/ano)
Energia irradiada pelo Sol no espaço	$1{,}17 \times 10^{11}$
Energia solar incidente na Terra	54,4
Energia solar que afeta o clima e a biosfera da Terra	38,1
Energia consumida pela evaporação global de água	12,5
Energia eólica	0,109
Energia solar consumida pela fotossíntese	0,0850
Energia consumida na produção primária líquida	0,0430
Energia conduzida do interior da Terra para a superfície	0,0100
Energia primária total consumida pelos seres humanos, 2000	0,00430
Energia de combustíveis fósseis consumida, 2000	0,00369
Energia das marés e ondas	0,00130
Total de energia consumida nos EUA, 2000	0,00104
Conteúdo energético de alimentos consumidos por humanos, 2000	0,000260

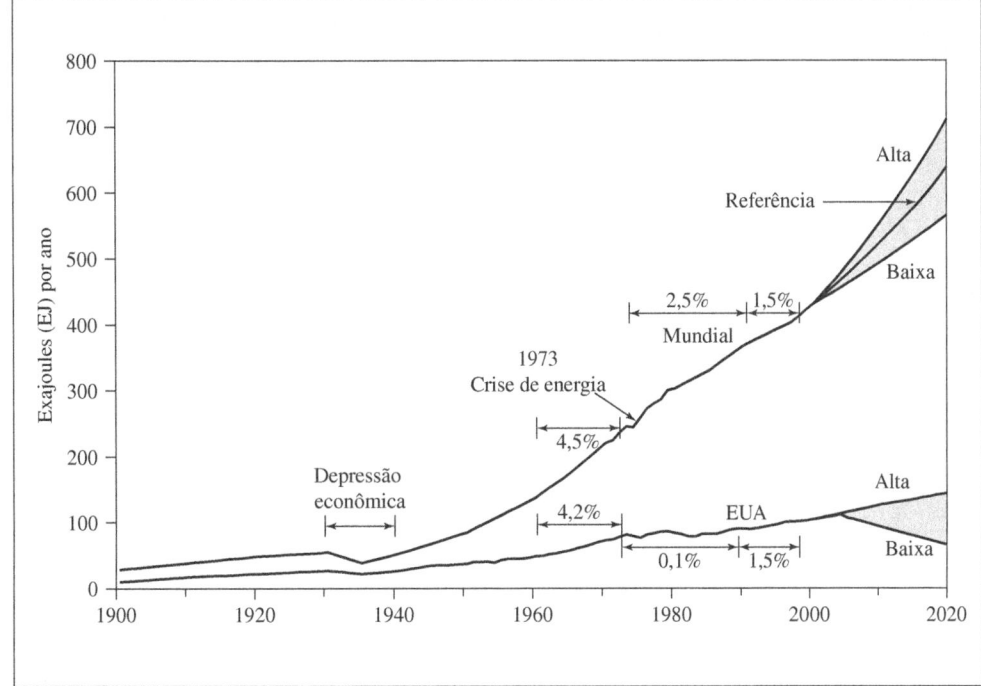

FIGURA 1.2

Tendências e projeções no consumo de energia nos Estados Unidos e no restante do mundo, 1900-2020.

Fontes: dados mundiais extraídos da Energy Information Agency, do Departamento de Energia dos Estados Unidos; *International Energy Outlook 2001 – World Energy Consumption*, Washington, DC. Tendência de 'alta' nos Estados Unidos extraída da mesma fonte. Tendência de 'baixa' nos Estados Unidos pressupõe a concordância norte-americana com a redução de emissões de carbono em 7% relativos ao ano 1990 no período 2008-2012, conforme estabelecido pelo Protocolo de Kyoto sobre Mudança Climática.

[4] Em 2005, foi de 4,88 × 10¹⁷ kJ (N. RT.).
(Fonte: *Energy information administration* – U.S. Government)

Entretanto, desde 1987, a taxa de crescimento dos Estados Unidos aumentou em 1,5%, a mesma que a observada para o crescimento mundial (que declinou em 2,5%) nesse período. Uma série de fatores contribuiu para o aumento na taxa de crescimento norte-americano em relação ao período de estagnação entre 1973 e 1986. Dentre esses fatores, está o preço baixo recorde do petróleo bruto no mercado internacional.[5] No ano 2000, os Estados Unidos, com 5% da população mundial, foi responsável por 25% do consumo mundial de energia.

Três importantes tendências globais não estão indicadas nos números gerais exibidos na Figura 1.2:

1. A maioria das nações ricas obteve êxito na redução do crescimento de energia em 1,5% ou mais. Na Europa Ocidental, a taxa de crescimento anual tem sido de apenas 0,9% ao ano.
2. O consumo de energia foi drasticamente reduzido na Europa Oriental e na antiga União Soviética após seu colapso, em 1989, de 79,0 EJ para 51,9 EJ, em 1998.
3. Os países em desenvolvimento estão rapidamente aumentando o consumo de energia; as taxas de crescimento são de 3,6%, 2,6% e 4,4% ao ano nas Américas do Sul e Central, na África e no Oriente Asiático, respectivamente. Algumas dessas tendências são reveladas pelos dados individualizados por país na Tabela 1.2.

O consumo global de energia será bastante influenciado pelas tendências na China e na Índia. Caso as taxas de crescimento atuais, de 3,5% e 6,3%, se mantenham no futuro, a China estaria consumindo 100 EJ por ano (comparável ao consumo de energia hoje nos Estados Unidos) por volta do ano 2030; a Índia chegaria a esse nível por volta de 2033.

A Figura 1.2 também exibe projeções para as duas próximas décadas (veja as áreas sombreadas). Essas projeções foram extraídas de previsões preparadas pelo Energy Information Administration (EIA), do Departamento de Energia dos Estados Unidos, e pelo Intergovernmental Panel on Climate Change (IPCC).[6] Elas refletem diferentes teorias sobre crescimento econômico, preço do petróleo no futuro, implementação de tecnologias voltadas à economia de energia, diferenças regionais em renda *per capita* e intensificação do uso de combustíveis fósseis. A trajetória superior referente aos Estados Unidos baseia-se em uma continuidade das tendências atuais, ao passo que a trajetória inferior corresponde ao cenário do EIA, em que as emissões norte-americanas de CO_2 serão cortadas em 7% até 2020 em relação às emissões de 1990, que é a porcentagem demandada no Protocolo de Kyoto sobre Mudança Climática.

O crescimento exponencial não pode ser indefinidamente mantido. Algo que cresça a uma taxa de 4% ao ano leva somente 18 anos para duplicar e mais 18 anos para duplicar novamente. Nada no mundo natural pode passar por tantos períodos de duplicação sem chegar a um ponto crítico. Mais cedo ou mais tarde, o crescimento deve se estabilizar (veja a curva de crescimento natural na Figura 1.3). A presente era de rápido crescimento no consumo de energia representa uma transição

TABELA 1.2 *Tendências de consumo de energia nos dez países mais populosos.*

País	População (milhões) (2000)	Consumo de energia (EJ) (1998)	Taxa de aumento (%) (1987-1998)	Tempo para duplicar (anos)
China	1.277,6	36,0	+3,5	19,8
Índia	1.013,7	13,3	+6,3	11,0
Estados Unidos	278,4	100,5	+1,5	46,2
Indonésia	212,1	3,8	+7,3	9,5
Brasil	170,1	8,6	+3,8	18,2
Paquistão	156,5	1,8	+5,2	13,3
Rússia	146,9	27,5	−4,6	—
Bangladesh	129,2	0,4	+5,9	11,7
Japão	126,7	22,6	+2,6	26,7
Nigéria	111,5	1,0	+3,5	19,8
Totais (1998)	3.622,7	215,5	+1,3	53,3
País	População (milhões) (2020)	Consumo de energia (EJ) (2020)	Taxa de aumento (%) (1998-2020)	Tempo para duplicar (anos)
Totais (2020)	4.333,8	380,9*†	+2,6	26,7

* Para cada país, pressupõe-se que as taxas de aumento no período 1998-2020 serão as mesmas que as de 1987-1998.
† Pressupõe-se que o consumo na Rússia seja fixo em 27,5 EJ em todo o período 1998-2020.
Fonte: Energy Information Agency, Departamento de Energia dos Estados Unidos (1999). Tabelas internacionais para tendências populacionais e de consumo de energia, Washington, DC, disponível em http://www.eia.doe.gov/emeu/international/contents.html.

[5] Em junho de 2008, o preço do barril de petróleo chegou a ser negociado acima de 140 dólares (N. RT.).

[6] O Painel Intergovernamental Sobre Mudanças Climáticas da ONU é um órgão composto por delegações de 130 governos para prover avaliações regulares sobre mudanças climáticas globais. O IPCC reúne cerca de 3 mil cientistas e especialistas de várias áreas; é considerado a principal autoridade científica sobre aquecimento global, com o ex-vice-presidente dos Estados Unidos, Al Gore. Este comitê contemplado com o Prêmio Nobel da Paz em 2007 (N. RT.).

para um novo nível de consumo de energia. Porém, ainda há considerável debate sobre qual é esse novo nível e com que velocidade ele será atingido. O que o futuro nos reserva é uma questão de considerável incerteza, como indica as projeções divergentes na Figura 1.2.

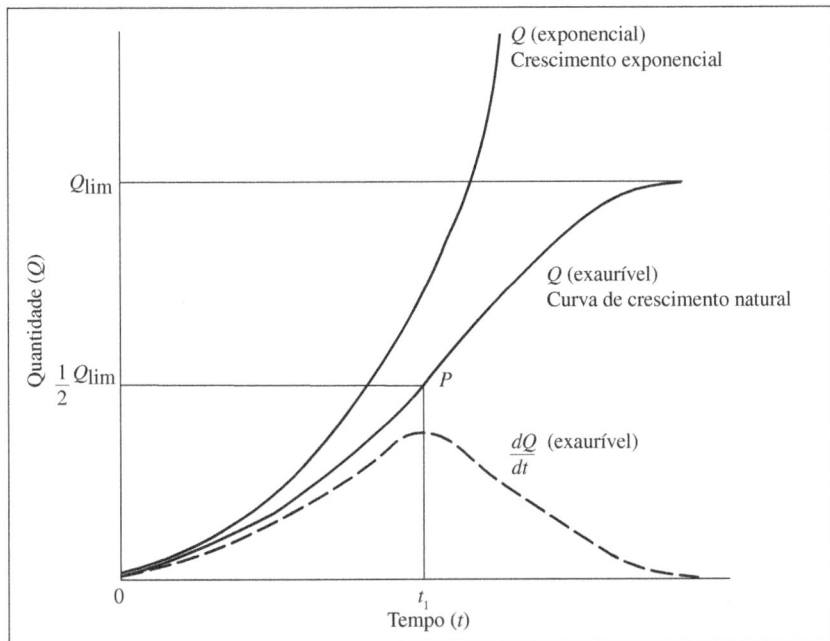

FIGURA 1.3

Curvas de crescimento natural e exponencial. Para o primeiro caso, $\dfrac{dQ}{dt} = kQ$; para o segundo caso, $\dfrac{dQ}{dt} = (2\pi)^{-1/2} Q_{lim} e^{-(t-t_1)^2/2}$ (curva tracejada). t_1 é o tempo em que metade de Q foi consumida e a taxa de crescimento muda de aumento para redução.

FUNDAMENTOS 1.2: CRESCIMENTO E DECLÍNIO EXPONENCIAL

Quando algo cresce a uma taxa percentual constante, o histórico de crescimento se assemelha ao gráfico na Figura 1.3. Esse gráfico possui a quantidade Q, que dobra a intervalos constantes de tempo; e o tempo de duplicação t_2, que é o mesmo, por maior que seja o aumento de Q. À medida que o número de duplicações aumenta, Q torna-se realmente muito grande. É isso o que ocorre com os juros compostos. Se você deixa o dinheiro no banco, o retorno inicial é modesto, mas, após alguns anos, o aumento passa a ser significativo. Para uma dada taxa percentual de juros p, você pode calcular quanto tempo levará para seu dinheiro duplicar pela 'regra dos 70':

$$t_2 = 70/p \qquad \text{1.1}$$

Portanto, uma taxa de juros de 7% ao ano faz seu dinheiro duplicar em 10 anos, enquanto uma taxa de 1% requer 70 anos para duplicar.

Qual é a correlação entre um crescimento percentual constante e um crescimento do tipo duplicação em tempo constante? E de onde vem a 'regra dos 70'? Raramente usaremos cálculos neste livro, mas neste caso é necessário. Um percentual constante significa que Q cresce proporcionalmente em relação a quanto está presente em um dado instante, condição essa expressa pela equação diferencial

$$dQ/dt = kQ \qquad \text{1.2}$$

A taxa de crescimento é dQ/dt, e k é a constante de proporcionalidade (constante de velocidade); ela representa a fração de Q pela qual Q está crescendo em um dado instante. Quando essa equação é integrada, o resultado é:

$$Q = Q_0 e^{kt} \qquad \text{1.3}$$

Q_0 é a quantidade inicialmente presente; t é o tempo decorrido; e é o número de Neper (2,71828...); k e t aparecem no expoente, e é por isso que o crescimento se chama exponencial. O tempo de duplicação é constante porque t possui o mesmo valor sempre que Q/Q_0 é igual a 2, seja qual for o valor inicial de Q_0. Para obter o tempo de duplicação, estabelecemos que $Q/Q_0 = 2$ e tomamos logaritmos de ambos os membros da Equação (1.3):

$$\ln 2 = kt_2 \qquad \text{1.4}$$

(ln representa o *logaritmo natural*, ou seja, é o expoente exigido de e; logo, o logaritmo do membro direito da Equação (1.4) é $\ln(e^{kt}) = kt$.) O valor de ln 2 é 0,693, portanto

$$t_2 = 0{,}693/k \qquad \text{1.5}$$

Essa é a regra dos 70 (aproximadamente; na maioria dos casos, a aproximação 0,7 é tão boa quanto o valor 0,693), se admitirmos que o crescimento percentual p é igual a 100k.

A mesma matemática também descreve um processo em que algo diminui a uma taxa percentual constante; simplesmente colocamos um sinal negativo na frente de k:

$$dQ/dt = -kQ \qquad \text{1.6}$$

e

$$Q = Q_0 e^{-kt} \qquad \text{1.7}$$

Esse é o decaimento exponencial. Em vez de um tempo de duplicação, há um tempo de meia-vida $t_{1/2}$, atingido quando $Q = Q_0/2$. Novamente a regra dos 70 se aplica, desta vez para a meia-vida:

$$t_{1/2} = 0{,}693/k \qquad \text{1.8}$$

Em vez de uma curva de crescimento, há uma curva de decaimento (veja a Figura 1.4), ao longo da qual Q diminui pela metade a intervalos constantes de tempo.

Encontraremos o decaimento exponencial relacionado aos materiais radioativos (veja a p. 34).

FIGURA 1.4
Gráfico de decaimento exponencial.

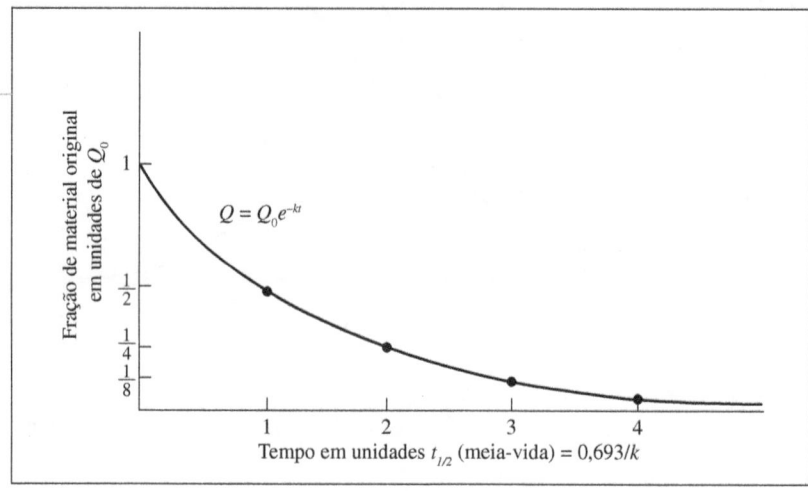

Resolução de problema 1.2 — *Consumo mundial de energia*

Se o consumo mundial de energia aumentasse a uma taxa anual de 2,8%, quanto tempo ele levaria para dobrar?

Podemos aplicar a regra dos 70 neste caso (veja Fundamentos 1.2)

$$t_2 = 70/p = 70/2{,}8$$
$$= 25 \text{ anos}$$

Se essa taxa de crescimento se mantivesse por um século, como poderíamos comparar o consumo humano de energia com toda a energia solar que incide sobre a Terra (veja a Tabela 1.1)?

De acordo com a Tabela 1.1, os seres humanos usaram $0{,}00430 \times 10^{20}$ kJ/ano em 2000, ao passo que a radiação solar incidente é igual a $54{,}4 \times 10^{20}$ kJ/ano. A razão era de $7{,}9 \times 10^{-5}$. Após um século, o consumo teria quadruplicado e, portanto, seria 16 vezes maior. A razão passaria a ser $1{,}26 \times 10^{-3}$, ainda uma fração pequena.

Se a mesma taxa de crescimento se prolongasse, quanto tempo levaria para se igualar à radiação solar incidente?

Para responder a essa pergunta, não podemos mais usar somente os tempos de duplicação, mas necessitamos da Equação (1.3) para o crescimento exponencial, de Fundamentos 1.2.

$$Q = Q_0 e^{kt}$$

Tomando os logaritmos, temos

$$\ln(Q/Q_0) = kt$$

onde t é a resposta que buscamos e k, a taxa de crescimento, é igual a 0,028/ano (2,8%). Quando o consumo humano e a radiação solar forem iguais, $Q = 54{,}4 \times 10^{20}$ kJ/ano, ao passo que Q_0 (em 2000) é de $0{,}00430 \times 10^{20}$ kJ/ano. Esses números fornecem $\ln(Q/Q_0) = 9{,}95$ (utilize uma tabela logarítmica ou uma calculadora); dividindo por k temos t = 337 anos. Portanto, em menos de quatro séculos, com crescimento anual de 2,8%, estaríamos consumindo a mesma energia que o Sol irradia para a Terra.

1.4 Fontes humanas de energia

Quais são nossas fontes externas de energia? Somos predominantemente dependentes de combustíveis fósseis, como petróleo, gás e carvão. A Figura 1.5 mostra a distribuição das fontes de energia nos Estados Unidos. Há um século e meio, dependíamos quase exclusivamente da madeira como combustível, mas ela foi suplantada pelo carvão para impulsionar a revolução industrial. Então, nos últimos 50 anos, o gás e o petróleo passaram a ser as fontes dominantes de energia, mantendo-se assim até hoje (essa também é uma fase transitória da história, pois os depósitos de combustível fóssil vão se esgotar um dia). Depois dos combustíveis fósseis, a maior fonte de energia é a energia nuclear, que apresentou incrementos substanciais nos últimos 20 anos. Somente uma pequena fração do consumo de energia norte-americano deriva da energia hídrica, embora ela seja bastante importante nas regiões que possuem grandes represas. Em alguns poucos lugares, as usinas geotermais e os parques eólicos começam a contribuir com o suprimento de eletricidade; e as instalações de aquecimento e produção de eletricidade baseadas na energia solar operam aqui e ali, mas o total de energia proveniente dessas fontes é pequeno demais para ser visualizado em um gráfico.[7]

Se compararmos os países industrializados àqueles em desenvolvimento no que se refere às fontes de energia (consultar Figura 1.6a), constatamos que:

1. Os países em desenvolvimento atualmente usam menos energia coletivamente, mas a taxa de aumento de energia é alta; eles ultrapassarão os países desenvolvidos dentro de alguns anos (consultar Figura 1.6b).
2. Eles dependem muito mais da biomassa – resíduos de madeira e da agricultura – do que os países industrializados.

No entanto, o mundo em desenvolvimento é cada vez mais dependente de petróleo e carvão, tanto quanto o mundo industrializado. Os depósitos de combustível fóssil não estão uniformemente distribuídos pelo globo. A grande maioria do petróleo disponível está nos campos do Oriente Médio (veja a Figura 1.7a). Como o mundo industrializado importa a maior parte de seu petróleo de lá, trata-se de uma área de grande importância geopolítica, como a Guerra do Golfo de 1990 forçosamente nos lembrou. A distribuição de gás (veja a Figura 1.7b) e, especialmente, a de carvão (veja a Figura 1.7c) é, de certa forma, globalmente mais uniforme.

E o futuro? Há muitas fontes alternativas de energia diante de nós. O Sol irradia energia suficiente sobre nós para atender nossas necessidades, se soubermos como extraí-la de forma eficiente e econômica. Há muitas formas de energia 'renovável': eólica, hídrica, biomassa, eletricidade solar e aquecimento solar direto. Algumas delas já estão disponíveis em escala limitada, e novos desenvolvimentos ocorrem rapidamente. A energia geotermal que flui do núcleo fundido da Terra também tem um papel limitado a desempenhar. A fissão nuclear pode ampliar substancialmente nosso suprimento de combustível, ao utilizar a energia aprisionada no núcleo de urânio, se conseguirmos contornar os sérios problemas de segurança, proliferação e descarte de resíduo nuclear. E a fusão nuclear está esperando nos bastidores, prometendo uma energia praticamente inesgotável com origem na fusão de átomos de hidrogênio, a mesma fonte de energia que impulsiona o Sol, se conseguirmos solucionar o extraordinário problema da manutenção da temperatura operacional a milhões de graus.

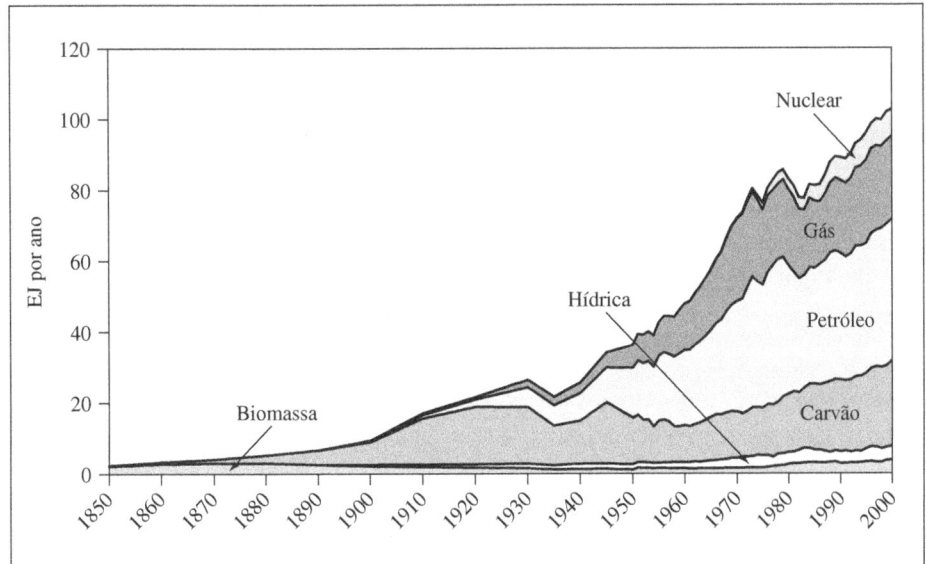

FIGURA 1.5

Tendências históricas do consumo de energia nos Estados Unidos, 1850-2000.

Fonte: Energy Information Agency, do Departamento de Energia dos Estados Unidos, *Annual Energy Outlook 2000*, consumo de energia por fonte, Washington, DC.

---

[7] Em 2007, o balanço energético nacional do Brasil (Ministério de Minas e Energia) mostrou que 46,3% da oferta de energia brasileira provinha de fontes renováveis, com destaque para os produtos de cana-de-açúcar, responsáveis por 16% desta oferta. (N. RT.)

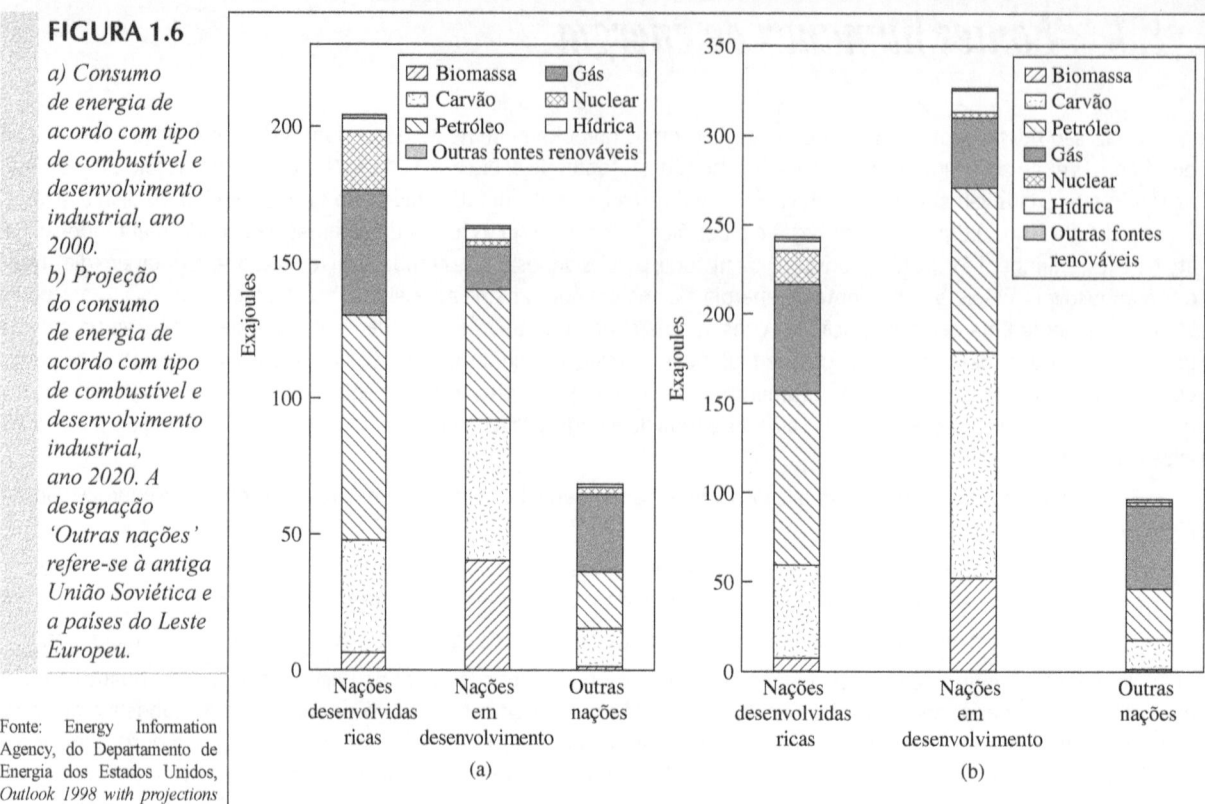

FIGURA 1.6

a) Consumo de energia de acordo com tipo de combustível e desenvolvimento industrial, ano 2000.
b) Projeção do consumo de energia de acordo com tipo de combustível e desenvolvimento industrial, ano 2020. A designação 'Outras nações' refere-se à antiga União Soviética e a países do Leste Europeu.

Fonte: Energy Information Agency, do Departamento de Energia dos Estados Unidos, *Outlook 1998 with projections through 2020*, Washington, DC.

A Tabela 1.3 resume as estimativas atuais sobre a disponibilidade de energia proveniente de fontes não renováveis, nos Estados Unidos. Essas estimativas são necessariamente questionáveis porque o que está 'disponível' depende do investimento e da energia necessários para extração do recurso em questão. Por exemplo, à medida que as ricas reservas de petróleo próximas à superfície terrestre são exauridas, torna-se mais caro obter o petróleo que resta nos depósitos mais profundos ou estreitos; ou sob os oceanos. Atinge-se o limite, é claro, quando a energia exigida para extrair e refinar o petróleo supera o próprio conteúdo de petróleo, mas muito antes desse ponto, o processo se torna antieconômico se for comparado a outras alternativas energéticas. O próprio limite de viabilidade muda com o avanço tecnológico, conforme os métodos de exploração se aprimoram e as técnicas de extração se tornam mais eficazes. Por conseguinte, as estimativas de recursos de combustível fóssil tendem a aumentar com o transcorrer do tempo e podem aumentar ainda mais. Os números na Tabela 1.3 indicam que a quantidade de petróleo que ainda pode ser economicamente recuperada nos Estados Unidos equivale a cerca de 13 vezes o consumo anual atual (ou por um período aproximado de 29 anos, se continuarem a importar petróleo nos níveis atuais). Os depósitos de gás natural acessíveis nos Estados Unidos são comparáveis aos depósitos de petróleo. O resto do mundo detém muito mais desses combustíveis, mas é evidente que, à medida que cresce o consumo mundial de petróleo e gás, a era do petróleo se restringirá a décadas. O carvão é muito mais abundante e possivelmente vai durar por séculos. Mas o carvão é um combustível muito menos versátil e não substitui facilmente o petróleo. O que faremos quando o petróleo não estiver mais disponível a um custo razoável?

Por mais grave que possa parecer, na realidade, essa pergunta está sendo ofuscada por preocupações mais imediatas sobre as conseqüências ambientais do uso de combustíveis fósseis. Queimar o carbono reduzido de séculos passados está aumentando a emissão de CO_2 na atmosfera e contribuindo com o efeito estufa da Terra. A combustão dos combustíveis fósseis produz a chuva ácida, bem como a poluição do ar nas regiões urbanas. A intensificação da determinação de limpar esses poluentes do ar nos centros urbanos dos Estados Unidos, principalmente Los Angeles, está direcionando o projeto de carros e a formulação da gasolina. O California Air Resources Board, na gestão de 1990, exigiu que a indústria automobilística lançasse e comercializasse veículos de emissão zero (ZEVs – *zero emission vehicles*) como um percentual fixo das vendas totais do setor. Atualmente, os únicos veículos que se qualificam como ZEVs são os carros elétricos movidos a bateria, mas créditos de 'parcialmente ZEV' serão concedidos a veículos com célula a combustível de baixa emissão e veículos híbridos econômicos movidos por uma combinação de motores elétricos e motores de combustão interna. Dessa forma, a necessidade de redução da poluição do ar começa a ditar a forma de como os combustíveis fósseis são usados nos transportes.

As questões referentes ao suprimento energético e à substituição de recursos são profundamente influenciadas pela taxa de consumo de energia. A redução nesse consumo diminui os impactos ambientais, estende a base de recursos e dá fôlego para o desenvolvimento de tecnologias novas e mais benignas. Formas diversas de projetar a curva do consumo de energia produz

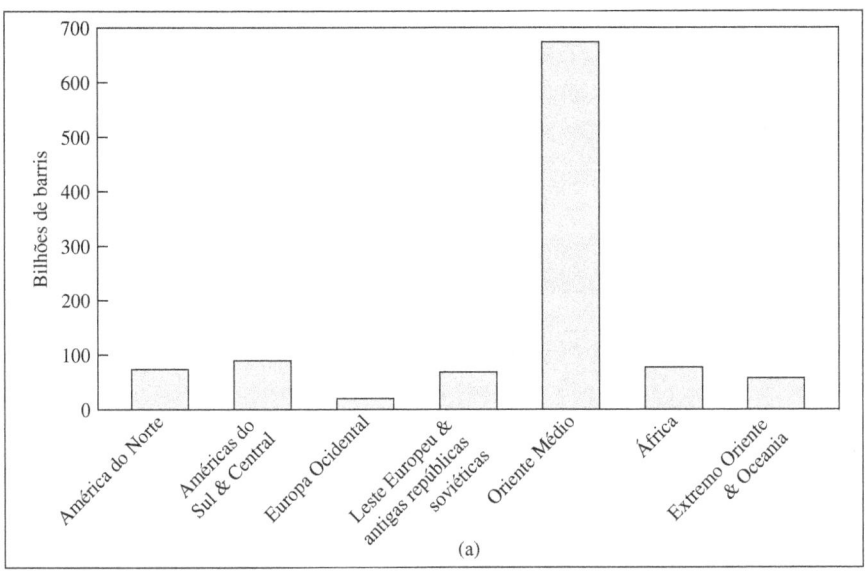
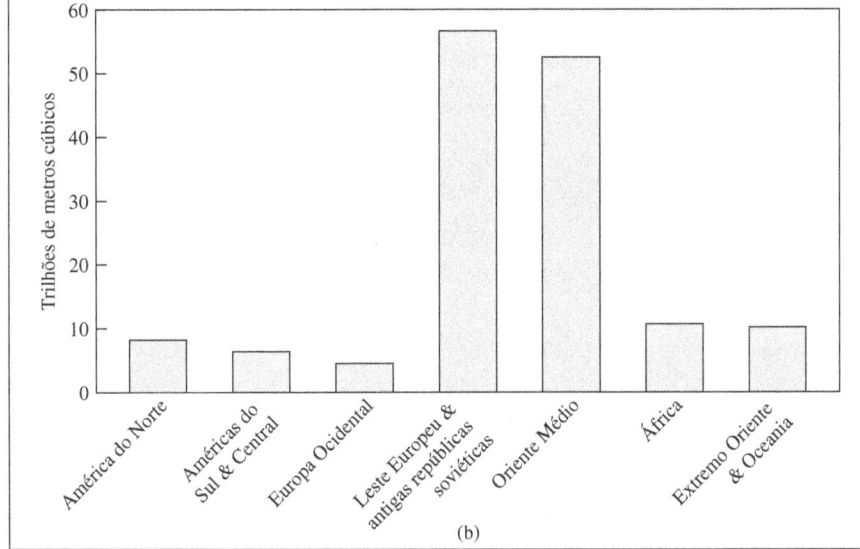
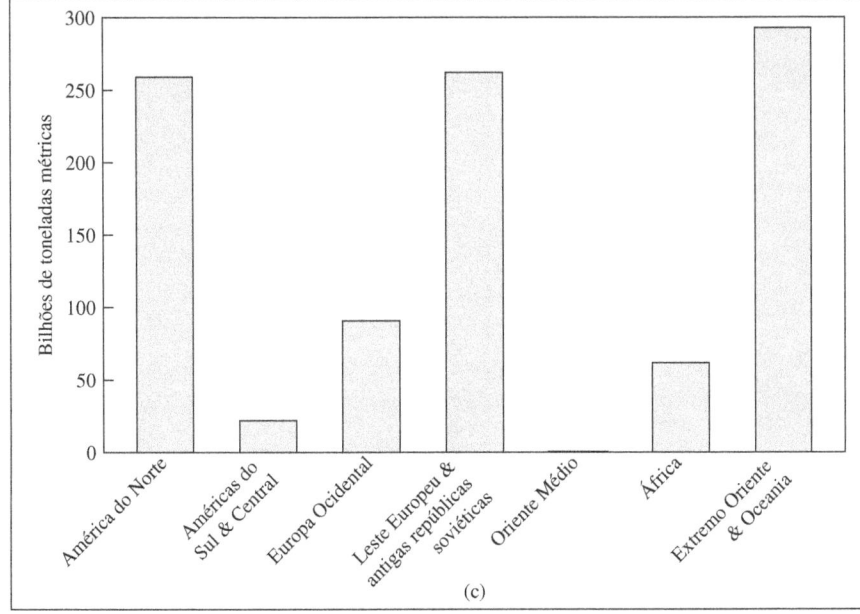

FIGURA 1.7

a) Reservas globais de petróleo.
b) Reservas globais de gás natural.
c) Reservas globais de carvão.

Fonte: Energy Information Agency, do Departamento de Energia dos Estados Unidos (1999). Energy Reserves, Tabela 8.1 – World Crude Oil and Natural Gas Reserves, 1 de janeiro de 2000. Tabela 8.2 – World Estimated Recoverable Coal, 1 de janeiro de 2000. Disponível em http://www.eia.doe.gov/iea/res.html.[8]

---

[8] Em 2008, a Petrobras anunciou a descoberta de gigantescas reservas de gás natural e petróleo na Bacia de Santos. Estão localizadas na camada pré-sal, a cerca de 5 mil metros da superfície. Tais campos têm potencial para quadruplicar as reservas brasileiras (N. RT.).

grandes diferenças na estimativa da demanda futura de energia. As projeções superior e inferior na Figura 1.2 constituem, ambas, uma tentativa de previsão realista, baseada em diferentes teorias sobre tecnologia e comportamento. A validade dessas teorias é calorosamente contestada, e a política energética será foco de intenso debate por um longo tempo. Mas a experiência dos últimos 20 anos, em que a atividade econômica, ao menos nos países industrializados, se intensificou muito mais rapidamente do que o consumo de energia, renova a confiança de que novas tecnologias e medidas conservacionistas são capazes de aumentar significativamente a eficiência com que usamos a energia. Retomaremos esse assunto ao final da Parte I, após examinar detalhadamente as várias fontes de energia existentes.

TABELA 1.3 *Fontes de energia não renovável nos Estados Unidos em 1999 (bilhões de barris de equivalentes de petróleo).*

Combustível	Reservas descobertas & estimadas	Anos de suprimento*	Reservas não descobertas/ antieconômicas	Anos adicionais de suprimento	Total de anos de suprimento
Petróleo	90,2	29,1 (13,1)[†]	89,0	28,7 (13,0)	57,8 (26,1)
Gás natural	75,0	18	161	39,9	58,5
Carvão	1.261	318	1.067	269	587
Nuclear	34,9	64,7 (21,5)	19,3	35,8 (11,9)	100 (33,4)

* Os anos de suprimento correspondem ao número de anos com as taxas de uso atuais de cada combustível.
[†] Números entre parênteses referem-se ao suprimento, considerando-se todo o consumo resultante somente da produção doméstica, não do nível atual de produção doméstica mais importações.
Fontes: óleo e gás natural: Energy Information Administration, do Departamento de Energia dos Estados Unidos (1998). U.S. Crude Oil, Natural Gas and Natural Gas Liquids 1998 Annual Report. Washington, DC. Carvão: Energy Information Administration, do Departamento de Energia dos Estados Unidos (1999). U.S. Coal Reserves, 1997 Update. Washington, DC. Nuclear: Energy Information Administration, do Departamento de Energia dos Estados Unidos (2000). Uranium Industry Annual 1999. Washington, DC. [DOE/EIA-0478(99)].

2 Combustíveis fósseis

2.1 Ciclo do carbono

Somente cerca de 0,3% da luz solar que atinge a superfície da Terra é convertida pela fotossíntese em energia química sob a forma de carboidratos. Eles são assim designados porque contêm dois átomos de hidrogênio e um de oxigênio para cada átomo de carbono. Sua fórmula química é $(CH_2O)_n$ onde n constitui um número inteiro definido, em geral muito grande. A reação geral da fotossíntese é

$$CO_2 + H_2O \rightleftharpoons CH_2O + O_2 \qquad \qquad 2.1$$

Os produtos dessa reação são menos estáveis do que os reagentes, por uma quantidade de energia correspondente a aproximadamente 450 kJ por mol de carbono. Essa é a energia extraída da luz solar. Ela pode ser liberada pela reação inversa, seja por combustão ou, em sistemas biológicos, pela respiração. A respiração fornece aos organismos aeróbios a energia necessária para todas as funções vitais. As plantas consomem cerca de metade de seus carboidratos para as próprias necessidades energéticas. O restante é convertido em outras moléculas biológicas ou é acumulado no tecido da planta em crescimento; a energia que isso representa é a *produtividade primária líquida*.[1]

Os processos de fotossíntese e respiração ocorrem em íntimo equilíbrio, e o ciclo do carbono entre o dióxido de carbono da atmosfera e os compostos orgânicos dos organismos biológicos é praticamente um circuito fechado. Entretanto, uma fração muito pequena de matéria vegetal e animal, estimada em menos de uma parte em 10.000, é enterrada no solo e removida do contato com o oxigênio atmosférico (veja a Figura 2.1). Por milênios, essa pequena fração se transformou em um grande acúmulo de compostos reduzidos de carbono. Parte dos componentes enterrados de carbono se acumulou em depósitos e foi submetida a altas temperaturas e pressões na crosta terrestre. Eles se transformaram em carvão, petróleo e gás, que hoje

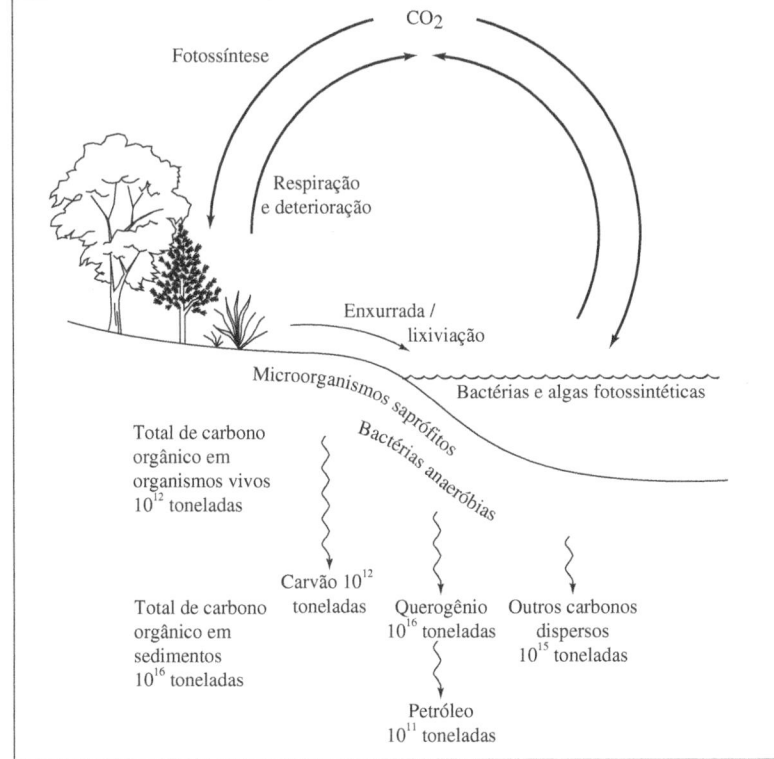

FIGURA 2.1
Soterramento de carbono orgânico na formação de combustíveis fósseis.

Fonte: adaptada de G. Ourisson *et al.* (1984). "A origem microbial dos combustíveis fósseis", *Scientific American*, 251(2):44–51. Reproduzido com permissão de J. Kuhl.

---

[1] O aumento na produtividade primária líquida tem sido apontado como uma das principais maneiras de se mitigar a intensificação do efeito estufa através do seqüestro de CO_2 atmosférico e aumento da biomassa.

usamos para abastecer nossa civilização industrial. Vivemos, portanto, do armazenamento de energia solar de eras passadas. Estima-se que o total de energia disponível em combustíveis fósseis facilmente recuperáveis seja de $5{,}3 \times 10^{19}$ kJ.

Resolução de problema 2.1 *Nosso oxigênio vai acabar?*

Algumas pessoas estão preocupadas em esgotarmos o suprimento de oxigênio da Terra, se queimarmos todo o combustível fóssil. Essa preocupação tem fundamento?

a) Para resolver essa questão, primeiramente calcule quantos mols de O_2 seriam consumidos, considerando-se que a energia disponível em combustíveis fósseis recuperáveis seja estimada em $5{,}3 \times 10^{19}$ kJ, e que, em média, cerca de 407 kJ são liberados por mol de O_2 quando se queima um combustível fóssil [esse valor difere dos 450 kJ absorvidos na reação representada pela Equação (2.1) porque a composição dos combustíveis fósseis difere da dos carboidratos; veja a Tabela 2.2]:
Dividindo $5{,}3 \times 10^{19}$ kJ por 407 kJ por mol de O_2, obtemos $1{,}3 \times 10^{17}$ mols de O_2.

b) A seguir, calcule qual fração de O_2 da atmosfera esse resultado representa, levando em consideração os seguintes fatos: a atmosfera pesa 1.000 g para cada centímetro quadrado (cm²) da superfície terrestre, e 22% de seu peso corresponde a O_2; o raio da Terra (r) é igual a $6{,}4 \times 10^6$ metros (m).
Como cada cm² da superfície terrestre responde por 1.000 g de ar, ou 220 g de O_2, necessitamos conhecer a área da superfície. Isso pode ser obtido por meio do raio, usando a fórmula para a área de uma esfera,

$$a = (r^2) \times 4\pi$$

r é dado como $6{,}4 \times 10^6$ m, que devemos converter em cm multiplicando por 100 cm/m. A seguir, multiplicamos a área, em cm², pelo peso de O_2 por cm²; finalmente dividimos o resultado pela massa molecular do O_2, 32, para encontrar o número de mols:

$$\text{mols de } O_2 = (6{,}4 \times 10^6 \times 100)^2 \times 4\pi/3 \times 220/32 = 118 \times 10^{17}$$

Esse resultado é 90 vezes maior do que a resposta no item a.

O total de carbono soterrado (veja a Figura 2.1: 10^{16} t $\times 10^6$ g/t $\times 1/12$ mol/g $= 0{,}8 \times 10^{21}$ mol) excede em muito o O_2 atmosférico, mas a maior parte dele está amplamente dispersa na crosta terrestre; somente uma pequena fração está em depósitos recuperáveis. Portanto, mesmo que todo o combustível fóssil fosse consumido, a perda de O_2 mal seria notada.

Por outro lado, a situação é muito diferente para a quantidade de CO_2 produzida pela queima de combustíveis fósseis, porque o CO_2 constitui somente 0,037% da atmosfera. Embora os mols de CO_2 resultantes da queima de combustíveis fósseis sejam os mesmos que os de O_2 consumidos, o impacto sobre o CO_2 atmosférico é muito maior (esse impacto é o principal tema da Parte II).

2.2 Origem dos combustíveis fósseis

Os depósitos de petróleo e gás natural são de origem marinha. Nos oceanos, estima-se que a fotossíntese produza anualmente de 25 a 50 bilhões de toneladas de carbono reduzido. A maior parte disso é reciclada para a atmosfera como dióxido de carbono, mas uma fração mínima assenta no fundo do mar, onde não há acesso a oxigênio. Esse entulho biológico é coberto por argila e partículas de areia, formando uma camada orgânica compactada em uma matriz porosa de argila e arenito. Bactérias anaeróbias digerem a matéria biológica, liberando a maior parte de oxigênio e nitrogênio. As moléculas mais resistentes à digestão são os *lipídios* à base de hidrocarbonetos, e os hidrocarbonetos saturados encontrados no petróleo possuem estrutura e distribuição de número de carbono semelhantes aos encontrados nos lipídios de organismos vivos. Todas as reservas de petróleo contêm derivados do hidrocarboneto hopano ($C_{30}H_{52}$), atestando a importância do processamento bacteriano, uma vez que as bactérias contêm derivados de hopano em suas membranas (veja a Figura 2.2) – para uma breve revisão dos fundamentos básicos de estruturas químicas orgânicas, consulte o Apêndice no site de apoio do livro.

À medida que o sedimento enterrado se aprofunda, a temperatura e a pressão aumentam. Então a ação bacteriana diminui e as reações de recombinação orgânica ocorrem. Essas reações liberam grande quantidade de metano e hidrocarbonetos leves, na forma de gases; esse gases se acumulam em bolsas que se formam sob rochas impermeáveis. O petróleo é produzido com origem nos compostos orgânicos pesados remanescentes, que migram como uma emulsão aquosa, da qual a água é removida quando o sedimento é compactado. O petróleo fica aprisionado nas camadas porosas da rocha. Como indica a Figura 2.3, o processo de formação de gás e de petróleo estende-se por centenas de milhões de anos. Contudo, é provável que o período de uso e o esgotamento desse recurso seja da ordem de um século e meio.

Mais metano está contido em depósitos submarinos sob a forma de *hidratos de gás* ou *clatratos*. Trata-se de estruturas de moléculas de água unidas por ligações de hidrogênio que circundam as moléculas de metano e formam materiais sólidos que são estáveis a temperaturas suficientemente baixas e altas pressões. Os hidratos de gás são encontrados em sedimentos oceânicos a profundidades de 300 metros ou mais. O metano, derivado da decomposição microbiana de matéria orgânica no sedimento, é aprisionado nessas profundezas nas estruturas de hidrato. Estima-se que a quantidade de metano existente nesses depósitos seja enorme, podendo chegar ao dobro da energia combustível somada das reservas de petróleo, gás e carvão da Terra. Porém, não

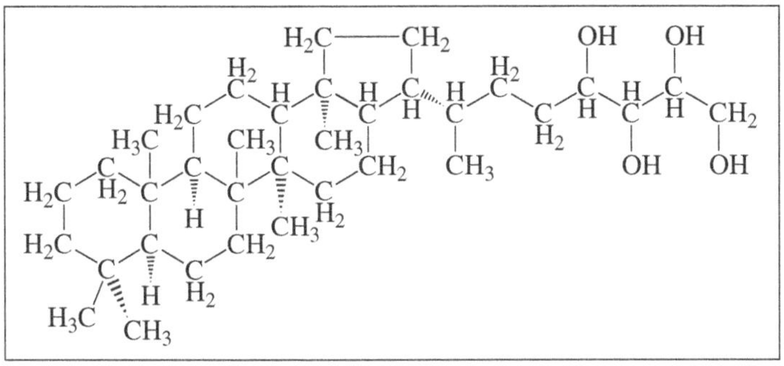

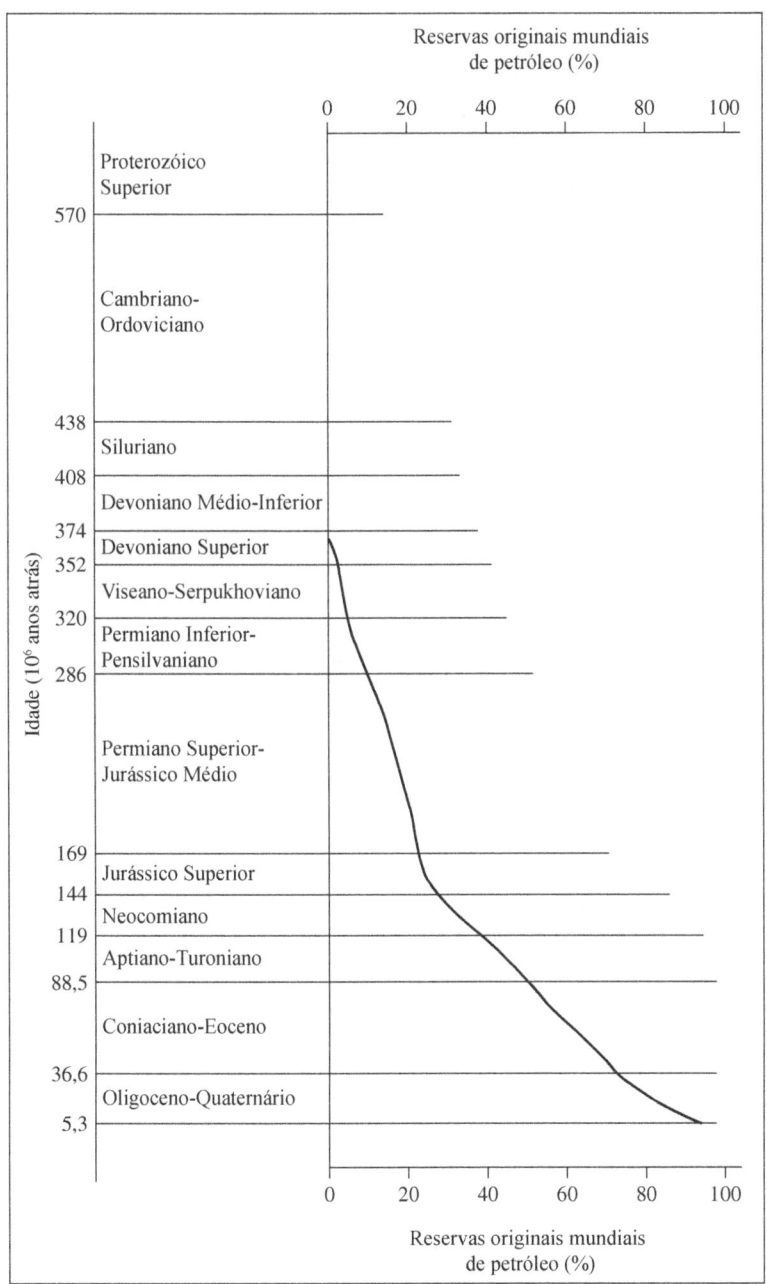

FIGURA 2.2
A estrutura do bacterio-hopanotetrol.

FIGURA 2.3
Gráfico cumulativo da fonte efetiva de deposição rochosa na formação de petróleo.

Fonte: adaptada de H. D. Klemme e G. F. Ulmishek (1991). "Effective petroleum source rocks of the world: Stratigraphic distribution and controlling depositional Factors", *The American Association of Petroleum Geologists Bulletin*, 75:1809–1851. AAPG Copyright © 1991. Reproduzida com permissão da AAPG, cuja autorização é necessária para outros usos.

existe, atualmente, nenhum método prático de extração desse metano, embora uma série de projetos esteja em desenvolvimento. Contudo, as tentativas de extração terão de prosseguir com muita cautela, em razão da possibilidade de liberação de grande quantidade de metano, um potente gás causador do efeito estufa, na atmosfera.

Diferentemente do petróleo e do gás, o carvão é de origem terrestre. As reservas de carvão se compõem de vestígios de matéria vegetal proveniente de grandes extensões de pântano densamente coberto por florestas que cresceram há 250 milhões de anos, durante um período de clima ameno e úmido. As plantas lenhosas são essencialmente compostas de lignina e celulose. Se, por um lado, as bactérias aeróbias oxidam rapidamente a celulose (um carboidrato), transformando-a em dióxido de carbono e água quando a planta morre, por outro lado, a lignina é muito mais resistente à ação bacteriana. Trata-se de um polímero complexo e tridimensional à base de anéis de benzeno (veja a Figura 2.4), formado pelos álcoois coniferílico e sinapílico para ligninas de plantas coníferas e decíduas, respectivamente.

Em pântanos, a lignina se acumula sob a água, compactando-se sob a forma de turfa. No decorrer das eras geológicas, as camadas de turfa dos pântanos primitivos se metamorfosearam em carvão. A depressão e o soerguimento da crosta terrestre

FIGURA 2.4
Unidades estruturais da formação de carvão.

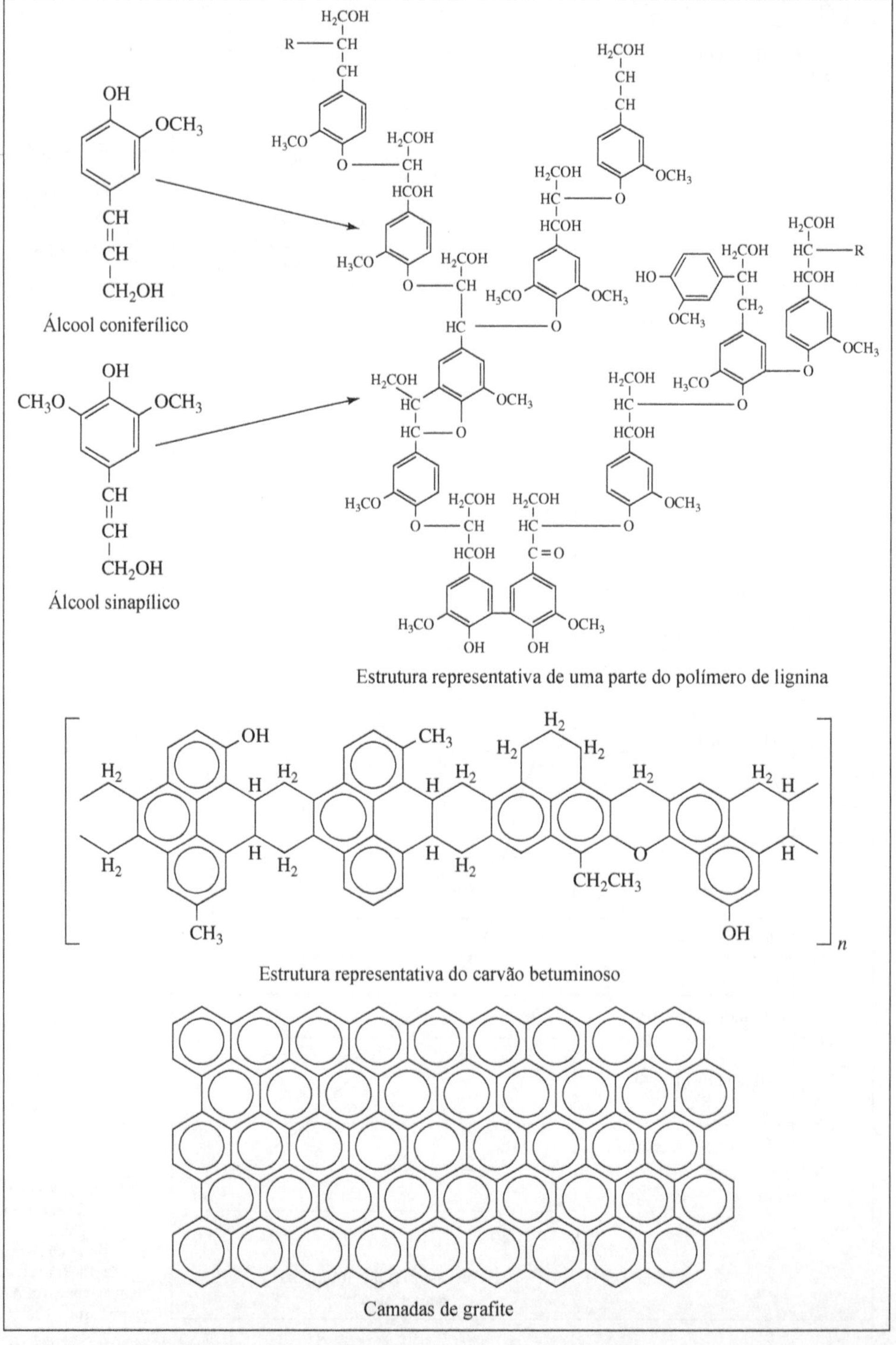

soterraram os depósitos, sujeitando-os a altas pressões e temperaturas por longos períodos de tempo. Sob essas condições, a lignina gradualmente perdeu seus átomos de oxigênio, por causa da expulsão de água e dióxido de carbono, e ligações adicionais se formaram entre os grupos aromáticos, produzindo um material duro, negro e rico em carbono, que extraímos na forma de carvão. Quando essa metamorfose vai além, o produto resulta em grafite, uma forma pura de carvão em que os átomos de carbono são dispostos em camadas de anéis de benzeno condensados.

2.3 Energia combustível

Nesta seção, analisaremos a energia química armazenada nos combustíveis. Onde reside essa energia? Ela reside nas ligações que mantêm os átomos unidos. Mas há um aparente paradoxo nessa afirmação, já que a quebra das ligações não libera energia. Pelo contrário, é necessário o fornecimento de energia para romper uma ligação. Um balão cheio de H_2 é bastante estável, contanto que nenhuma entrada de ar seja admitida. A ligação H—H é forte; ela requer 432 kJ para dissociar um mol de H_2 em átomos de H. Mas uma explosão ocorre se o H_2 é misturado ao O_2 e uma faísca se acende. A explosão resulta da reação

$$2H_2 + O_2 \rightleftharpoons 2H_2O \qquad \qquad \textbf{2.2}$$

Portanto, a energia química do H_2 reside na sua propensão em reagir com o O_2. Duas moléculas de H_2O resultam da reação, cada qual com um par de ligação O—H, e a energia ganha por meio da formação dessas ligações mais do que compensa a energia perdida pela quebra das ligações de duas moléculas de H_2 e uma molécula de O_2. A Tabela 2.1 relaciona vários valores para energias de ligação, e a Tabela 2.2 mostra o balanço energético para algumas reações de combustão. A energia líquida liberada é igual a 482 kJ, o suficiente para causar uma explosão.

TABELA 2.1 Algumas energias médias de dissociação de ligações.

Ligação	Entalpia (kJ/mol)	Ligação	Entalpia (kJ/mol)
H—H	432	C≡O	1.071
O=O	494	C—C	347
O—H	460	C=C	611
C—H	410	C⋯C*	519
C—O	360	N=O	623
C=H	799	N≡N	941

* Aromático, ordem de Ligação 1,5.

TABELA 2.2 Energias de combustão estimadas a partir das energias de ligação.

	Conteúdo de energia (kJ)				
	Entalpia de reação	Por mol de O_2	Por mol de combustível	Por grama de combustível	CO_2 por 1.000 kJ
Hidrogênio: $2H_2 + O_2 \rightleftharpoons 2H_2O$	482	482	241	120	0
Gás natural: $CH_4 + 2O_2 \rightleftharpoons CO_2 + 2H_2O$	810	405	810	51,6	1,2
Petróleo: $2(-CH_2-) + 3O_2 \rightleftharpoons 2CO_2 + 2H_2O$	1.220	407	610	43,6	1,6
Carvão: $4(-CH-) + 5O_2 \rightleftharpoons 4CO_2 + 2H_2O$	2.046	409	512	39,3	2,0
Etanol: $C_2H_5OH + 3O_2 \rightleftharpoons 2CO_2 + 3H_2O$	1.257	419	1.257	27,3	1,6
Celulose: $(-CHOH-) + O_2 \rightleftharpoons CO_2 + H_2O$	447	447	447	14,9	2,2

FUNDAMENTOS 2.1: ENERGIA E LIGAÇÕES

A reação entre hidrogênio e oxigênio é representada pela Equação (2.2). Essa equação é quimicamente balanceada: para cada elemento, o número de átomos é o mesmo no lado direito e no esquerdo da reação. Mas sabemos que a reação é acompanhada pela liberação de energia. Essa energia pode ser incluída na equação:

$$2H_2 + O_2 \rightleftharpoons 2H_2O + 482 \text{ kJ} \qquad \qquad \textbf{2.2a}$$

482 kJ é a energia liberada quando dois mols de hidrogênio reagem com um mol de oxigênio (lembre-se de que um mol é o número de gramas equivalente à massa molecular). Se as quantidades de reagentes fossem cortadas pela metade, então metade da energia seria liberada. Dessa forma, a energia liberada por mol de hidrogênio é igual a 241 kJ (mais rigorosamente, consideramos aqui a quantidade de calor liberado, ou seja, a entalpia. A energia da reação também inclui uma contribuição da entropia. Entretanto, essa contribuição é pequena para reações de combustão. Analisaremos a entropia em detalhes quando tratarmos da eficiência dos processos de conversão de energia).

A energia da reação surge em consequência da recombinação das ligações químicas. Perde-se energia quando as ligações se rompem e obtém-se energia quando elas voltam a se formar. A energia liberada na reação representada pela Equação (2.2a) pode ser considerada como resultante da energia perdida quando duas moléculas de H_2 se dissociam em átomos:

$$2H_2 = 4H - 2E_{H-H} \qquad \text{2.3}$$

e um O_2 se dissocia em átomos:

$$O_2 = 2O - E_{O-O} \qquad \text{2.4}$$

e a energia ganha quando esses seis átomos se unem em duas moléculas de água:

$$4H + 2O = 2H_2O + 4E_{O-H} \qquad \text{2.5}$$

No caso acima, usamos E_{X-Y} para representar a energia obtida pela formação da ligação X—Y a partir dos átomos X e Y. Se somarmos as equações (2.3) a (2.5), o resultado é:

$$2H_2 + O_2 = 2H_2O + 4E_{O-H} - 2E_{H-H} - E_{O-O} \qquad \text{2.6}$$

Comparando-se as equações (2.2a) e (2.6), obtemos

$$4E_{O-H} - 2E_{H-H} - E_{O-O} = 482 \text{ kJ} \qquad \text{2.7}$$

Tanto E_{H-H} quanto E_{O-O} podem ser medidos diretamente, por meio da atomização do H_2 e do O_2, e a Equação (2.7) fornece um meio para determinar E_{O-H}. As tabelas de energias de ligação, como a Tabela 2.1, são construídas dessa maneira.

Com uma tabela de energias de ligação, é possível estimar as energias de muitas reações, somando-se as energias das ligações nas moléculas dos produtos e subtraindo-se as energias das ligações nas moléculas dos reagentes. Assim foram obtidos os números da Tabela 2.2. As estimativas não são valores exatos, porque as energias de ligações reais podem diferir um pouco em função de cada molécula. Por exemplo, a energia de ligação O—H não é exatamente a mesma na água e no etanol. Entretanto, essas diferenças são razoavelmente pequenas.

O exame da Tabela 2.1 revela algumas tendências interessantes. As ligações H—H são fortes (porque os elétrons de valência estão próximos aos núcleos), mas as ligações O—H são ainda mais fortes. Isso se dá porque os elétrons são mais atraídos para o átomo de O do que para o átomo de H, pois o átomo de O possui uma carga nuclear mais alta (o átomo de oxigênio é mais *eletronegativo*). O resultado é que a ligação possui caráter iônico: a carga negativa se acumula próximo ao átomo de O e a carga positiva, próximo ao átomo de H. A atração das cargas opostas aumenta a energia de ligação; as ligações iônicas são geralmente mais fortes do que as não iônicas. Outra tendência é que ligações duplas são mais fortes do que ligações simples. Contudo, a ligação O=O é mais fraca do que se poderia esperar, ao passo que a ligação C=O é muito forte (compare com o valor da ligação C=C). A forte ligação C=O se deve ao fato de O ser mais eletronegativo do que C, a ligação fraca O=O se deve à repulsão entre os elétrons não ligantes nos dois átomos de O_2. A combinação de uma ligação O=O relativamente fraca com ligações fortes O—H e C=O é o que torna as reações de combustão tão energéticas.

Resolução de problema 2.2 — *Combustão de metano*

Verifique os valores energéticos da combustão do metano na Tabela 2.2, usando as energias de ligação mostradas na Tabela 2.1.

A equação para combustão de metano é dada por

$$CH_4 + 2O_2 \rightleftharpoons CO_2 + 2H_2O \qquad \text{2.8}$$

e possui uma molécula de metano e duas de oxigênio como reagentes e uma molécula de dióxido de carbono e duas de água como produtos. As ligações nos produtos são duas C=O, equivalentes a 2 × 799 kJ, e quatro O—H, equivalentes a 4 × 460 kJ, totalizando 3.438 kJ. As ligações dos reagente são quatro C—H, equivalentes a 4 × 410 kJ, e duas O=O, equivalentes a 2 × 494 kJ, totalizando 2.628 kJ. Subtraindo-se as energias de reagente das energias de produto, restam 810 kJ para a entalpia de reação. Esta é também a energia por mol de metano, mas a energia por mol de oxigênio é a metade disso, 405 kJ. Para obter a energia por grama de combustível, dividimos 810 kJ pela massa molecular do metano, que é 16, para obter 51,6 kJ. Um mol de CO_2 é liberado para cada mol de metano, mas, para obtermos 1.000 kJ, necessitamos de 1.000/810 = 1,2 mols de CO_2.

A liberação de energia para a combustão de metano é muito maior do que para a combustão de hidrogênio, de acordo com as Equações (2.2 e 2.8). Isso significa que o metano explode de forma mais violenta do que o hidrogênio? Nada disso. O número de moléculas de oxigênio é diferente nas duas reações, conforme escrito. Se compararmos a energia liberada por mol de oxigênio reagido, o valor de metano cai para 405 kJ, sendo menor do que o valor do hidrogênio. Portanto, a reação de uma molécula de oxigênio com metano é ligeiramente menos violenta do que a reação com hidrogênio. Por outro lado, um mol de metano possui um conteúdo energético muito maior do que um mol de hidrogênio (veja a coluna 'Por mol de combustível' na Tabela 2.2), visto que um mol de oxigênio reage com dois mols de hidrogênio, mas com 0,5 mol de metano. Como um mol de qualquer gás ocupa aproximadamente o mesmo volume (a dadas temperatura e pressão), um metro cúbico de metano possui mais que o triplo do conteúdo energético de um metro cúbico de hidrogênio. Mas, em termos de peso, é o hidrogênio que ganha (veja a coluna 'Por grama de combustível' na Tabela 2.2). O conteúdo de energia por grama de combustível é mais que o dobro para o hidrogênio do que para o metano, já que seu peso molecular é oito vezes menor. É por isso que os foguetes são abastecidos com hidrogênio líquido. Como o peso do combustível constitui uma grande fração do peso do foguete, quanto mais leve o combustível por unidade de energia, melhor.

O conteúdo energético de outros combustíveis fósseis pode ser estimado de forma semelhante. A Tabela 2.2 mostra as reações esquemáticas do petróleo e do carvão. Como nenhum deles é uma substância pura, optamos por combinações representativas de composição e ligações. O petróleo é constituído em grande parte de hidrocarbonetos saturados (veja o Apêndice no site de apoio do livro) e, portanto, consideramos a reação de combustão um representante do grupo CH_2 em uma cadeia de hidrocarbonetos:

$$2(-CH_2-) + 3O_2 \rightleftharpoons 2CO_2 + 2H_2O \qquad \textbf{2.9}$$

No cálculo da energia, incluímos a energia de ligação C—C, uma para cada grupo de CH_2, visto que cada uma das duas ligações se junta a dois grupos vizinhos. Conforme mencionado anteriormente, estima-se que a reação libere 1.220 kJ. Por mol de oxigênio, porém, a energia liberada é igual a 407 kJ, praticamente o mesmo valor para o metano. Por grama de combustível, a energia é de 43,6 kJ, um pouco menor que a do metano [a razão H/C de hidrocarbonetos saturados é maior do que 2/1, principalmente nas moléculas mais curtas, em virtude dos grupos metil no final das cadeias]. Por outro lado, o petróleo possui uma fração significativa de moléculas aromáticas com razões H/C menores que 2/1. Para o petróleo bruto, o valor médio de aquecimento é de 45,2 kJ por grama, um valor muito próximo ao calculado pela Equação (2.9), ao passo que, para a gasolina, o valor é ligeiramente mais elevado, 48,1 kJ por grama, refletindo uma razão H/C mais alta.

Os hidrocarbonetos no carvão são de natureza majoritariamente aromática e a razão H/C é de 1/1 ou um pouco menor. Consideramos um grupo representativo C—H em um anel aromático:

$$4(-CH-) + 5O_2 \rightleftharpoons 4CO_2 + 2H_2O \qquad \textbf{2.10}$$

O átomo C é conectado aos átomos C nas vizinhanças por ligações com ordem de ligação 1,5 (consulte o Apêndice no site de apoio do livro). Novamente, a energia de ligação C—C é inserida somente uma vez no cálculo da energia, a fim de se evitar a duplicação de ligações entre vizinhos. A energia liberada é de 2.046 kJ para a equação, conforme mencionado, 409 kJ por mol de O_2 e 39,3 kJ por grama de combustível, ligeiramente menos do que o petróleo. Os valores reais de aquecimento para o carvão são menores, principalmente porque eles contêm quantidades significativas de água e minerais. Os valores típicos para o carvão duro (betuminoso ou antracito) são iguais a 29-33 kJ/grama, e os carvões macios (sub-betuminosos, lignito) apresentam valores de aquecimento próximos de 17-21 kJ/grama.

O cálculo de energia de ligações pode ser igualmente aplicado para combustíveis derivados de biomassa, tal como o etanol:

$$C_2H_5OH + 3O_2 \rightleftharpoons 2CO_2 + 3H_2O \qquad \textbf{2.11}$$

Como indica a Tabela 2.2, a energia liberada é de 419 kJ por mol de O_2, ligeiramente mais alta do que a de combustíveis fósseis, mas a energia por grama de combustível, de 27,3 kJ, é significativamente inferior à dos combustíveis fósseis. Isso ocorre porque o átomo O no etanol já possui ligações fortes e não contribui para a energia de combustão, embora aumente o peso. Um carro percorrerá menos quilômetros com um tanque de etanol do que se usar gasolina, pois, embora a densidade do etanol (0,79 g/cc) seja aproximadamente 12% mais elevada que a da gasolina (~0,70 g/cc), a densidade de energia é quase 40% menor.

Finalmente, podemos estimar a energia de combustão ou respiração para os carboidratos, o inverso da reação de fotossíntese:

$$(-CHOH-) + O_2 \rightleftharpoons CO_2 + H_2O \qquad \textbf{2.12}$$

No cálculo da energia para a equação anterior (veja a Tabela 2.2), consideramos que cada unidade de combustível possui uma ligação C—H, uma C—O e uma O—H; e está conectada aos seus vizinhos por ligações C—C. Isso leva a uma ligeira subestimação da energia, porque, nos carboidratos, até a metade dos átomos de O está efetivamente conectada a dois átomos C e há menos ligações C—C, porém mais ligações C—H. Por exemplo, a energia de combustão para a glicose, cuja fórmula é $(CHOH)_6$, equivale a 2.803 kJ por mol de combustível, ao passo que seis vezes os 447 kJ obtidos para a Equação (2.12) equivalem a 2.682 kJ.

A energia por grama para os carboidratos representa somente um terço da dos hidrocarbonetos, visto que há muitos átomos de O nas moléculas de carboidratos. Trata-se de um fato familiar em nutrição e dieta: as gorduras, compostas em sua maior parte de hidrocarbonetos, possuem muito mais calorias por grama do que os carboidratos (veja a Parte IV).

2.4 Petróleo

a. Composição e refino. O petróleo é uma mistura complexa de hidrocarbonetos, moléculas que contêm principalmente carbono e hidrogênio. Há também pequenas quantidades de enxofre (até 10%), oxigênio (até 5%) e nitrogênio (até 1%), ligados a moléculas orgânicas complexas. Diversos elementos metálicos, como V, Ni, Fe, Al, Na, Ca, Cu e U, estão presentes em níveis traço. A maioria das moléculas de hidrocarboneto é saturada (sem ligações múltiplas), mas uma fração significativa, em torno de 10%, é aromática (contém anéis de benzeno). As moléculas variam muito de tamanho e são separadas nas refinarias de acordo com seus pontos de ebulição. A Figura 2.5 é um diagrama do processo de destilação que divide o petróleo em suas várias frações e indica os usos a que essas frações são designadas.

Além das torres de destilação, as refinarias de petróleo são equipadas com reatores que transformam quimicamente as moléculas, a fim de conciliar as quantidades de várias frações às necessidades do mercado. Como a gasolina é a parte mais valiosa, várias reações aumentam a porcentagem da fração de gasolina.

Uma transformação química especialmente importante é o craqueamento, um procedimento por meio do qual um hidrocarboneto maior, na faixa que fica entre o querosene e o gasóleo, é quebrado em dois hidrocarbonetos menores, na faixa da gasolina. Isso se dá a altas temperaturas (entre 400 ºC e 600 ºC), com o auxílio de um catalisador, um material de aluminossilicato impregnado com potássio.

$$C_{(m+n)}H_{2(m+n)+2} \rightleftharpoons C_mH_{2m} + C_nH_{2n+2} \qquad \textbf{2.13}$$

alcano   alceno   alcano
(tamanho do querosene ou gasóleo)   (tamanho da gasolina)

Outra forma de intensificar a fração de gasolina é formar uma molécula de tamanho médio com origem em duas menores, pelo processo de 'alquilação'.

FIGURA 2.5
Refino de petróleo bruto.

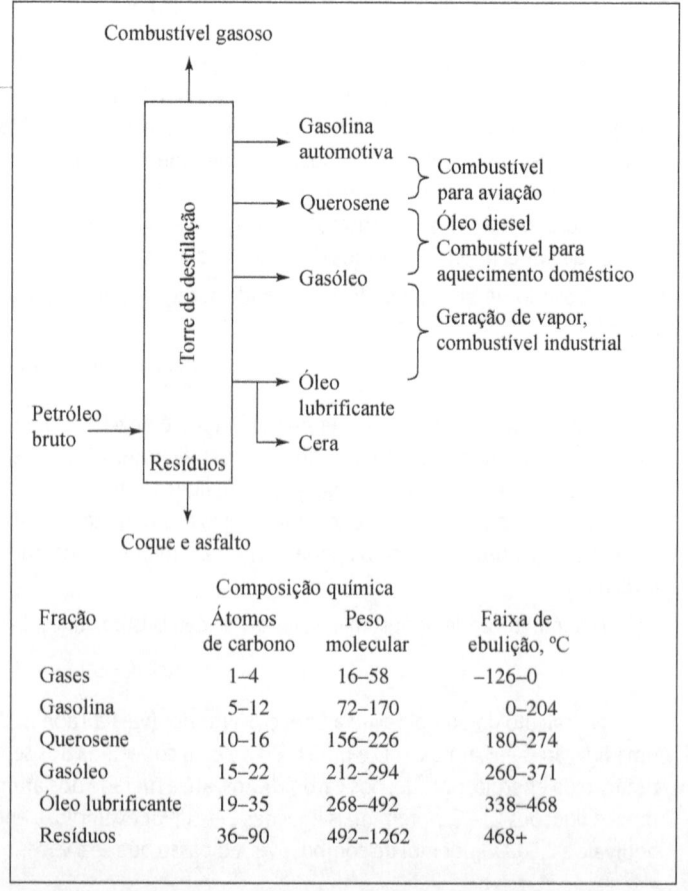

Fração	Átomos de carbono	Peso molecular	Faixa de ebulição, ºC
Gases	1–4	16–58	–126–0
Gasolina	5–12	72–170	0–204
Querosene	10–16	156–226	180–274
Gasóleo	15–22	212–294	260–371
Óleo lubrificante	19–35	268–492	338–468
Resíduos	36–90	492–1262	468+

$$\underset{\substack{\text{hidrocarbonetos leves}\\ \text{(3, 4 ou 5 átomos de carbono)}}}{\overset{R}{\underset{H}{>}}C=C\overset{H}{\underset{R'}{<}}} + R''H \rightleftharpoons \underset{\text{gasolina}}{H-\overset{R}{\underset{H}{\overset{|}{C}}}-\overset{H}{\underset{R'}{\overset{|}{C}}}-R''} \qquad \text{2.14}$$

Esse processo é catalisado por ácidos fortes. As reações de craqueamento e alquilação aumentam a fração de gasolina no petróleo bruto, de típicos 20% por volume para 40% a 45%.

As condições do processo de alquilação são combinadas de modo a produzir hidrocarbonetos que possuem alto grau de ramificação; estes apresentam octanagem[2] mais elevada (menor tendência à pré-ignição ou 'detonação', durante a compressão do pistão) do que os hidrocarbonetos de cadeia retilínea. Octanagens mais elevadas ainda são possíveis de se obterem usando hidrocarbonetos aromáticos (derivados de benzeno); e um processo adicional é conduzido na refinaria, a reforma catalítica, por meio da qual os alcanos em cadeia retilínea são convertidos em aromáticos:

$$CH_3CH_2CH_2CH_2CH_2CH_3 \underset{-H_2}{\rightleftharpoons} \text{cicloexano} \underset{-H_2}{\rightleftharpoons} \text{benzeno} \qquad \text{2.15}$$

Essas reações ocorrem sob alta pressão (15-20 atm) e temperatura (500 °C e 600 °C) com um catalisador Re-Pt-Al$_2$O$_3$.

Uma reação final é a oxidação controlada dos hidrocarbonetos, que pode produzir moléculas de combustível contendo oxigênio, chamadas de 'compostos oxigenados'. Atualmente, nos Estados Unidos, se exige que eles sejam adicionados à gasolina a fim de reduzir as emissões de monóxido de carbono. Até agora o composto oxigenado mais utilizado é o metil terc-butil éter (MTBE), produzido pela adição de metanol ao isobuteno, usando-se um catalisador ácido.

$$\underset{CH_3}{\overset{CH_3}{>}}C=CH_2 + CH_3OH \rightleftharpoons CH_3-\underset{CH_3}{\overset{CH_3}{\overset{|}{C}}}\overset{O}{-}CH_3 \qquad \text{2.16}$$

A reação é processada com excesso de metanol para suprimir a dimerização do isobuteno e a uma temperatura de reação baixa (<100 °C) para suprimir a formação de dimetil éter. O MTBE é produzido em refinarias onde se gera isobuteno nas unidades catalíticas de craqueamento.

A química do refino de petróleo está mudando rapidamente, sob a pressão das regulamentações da gasolina. Assim, o benzeno está sendo eliminado da gasolina, em razão de seu caráter carcinogênico, e o MTBE está sendo abandonado por poluir aqüíferos.[3]

b. Vantagens. O petróleo detém a grande vantagem de ser um líquido e, portanto, tem fácil transporte. Os combustíveis líquidos da era do petróleo possibilitaram o desenvolvimento de meios eficazes de transporte, do avião ao automóvel e às locomotivas a diesel. Os combustíveis à base de petróleo são relativamente limpos, já que a refinaria produz frações de hidrocarboneto, deixando a maior parte dos compostos com enxofre e metal no resíduo. Todo o sistema de extração do petróleo, transporte, refino e distribuição tem sido desenvolvido de acordo com um alto nível de integração e eficiência, tornando a busca por combustíveis alternativos um desafio extraordinário.

c. Desvantagens.

1) Derramamentos de petróleo. A extração de petróleo do solo produz uma inevitável contaminação por derramamento. As áreas costeiras são especialmente vulneráveis, por causa da fragilidade de seus ecossistemas e da importância da navegação no transporte de petróleo. A Figura 2.6 ilustra a geografia do transporte petrolífero. Navios-tanque percorrem continuamente

---

[2] Octanagem é o índice de resistência à detonação da gasolina. Esse índice faz relação de equivalência à resistência de detonação de uma mistura percentual de isoctano [(−)2,2,4 trimetilpentano] e n-heptano. Por exemplo, uma gasolina de octanagem 87 apresenta resistência de detonação equivalente a uma mistura de 87% de isoctano e 13% de n-heptano. Entretanto, são possíveis valores superiores a 100 para a octanagem. Uma gasolina com octanagem 120 apresentará na mesma escala uma resistência 20% superior à do isoctano (N. RT.).

[3] O MTBE é potencialmente cancerígeno, com base em estudos experimentais em ratos expostos a grandes doses do produto. É uma substância muito solúvel em água, sendo que, mesmo em níveis baixos, causa sabor e cheiro desagradáveis, semelhantes aos da trementina, e torna a água imprópria para uso. Em 2008, 27 estados norte-americanos iniciaram trâmites para a proibição ou a redução do uso do MTBE na gasolina. No Brasil, a Agência Nacional de Petróleo (ANP) determinou, em fevereiro de 1999, que fosse proibida a comercialização da mistura MTBE/gasolina; desde então, toda gasolina deve conter de 20% a 25% de etanol anidro, por força de lei federal (N. RT.).

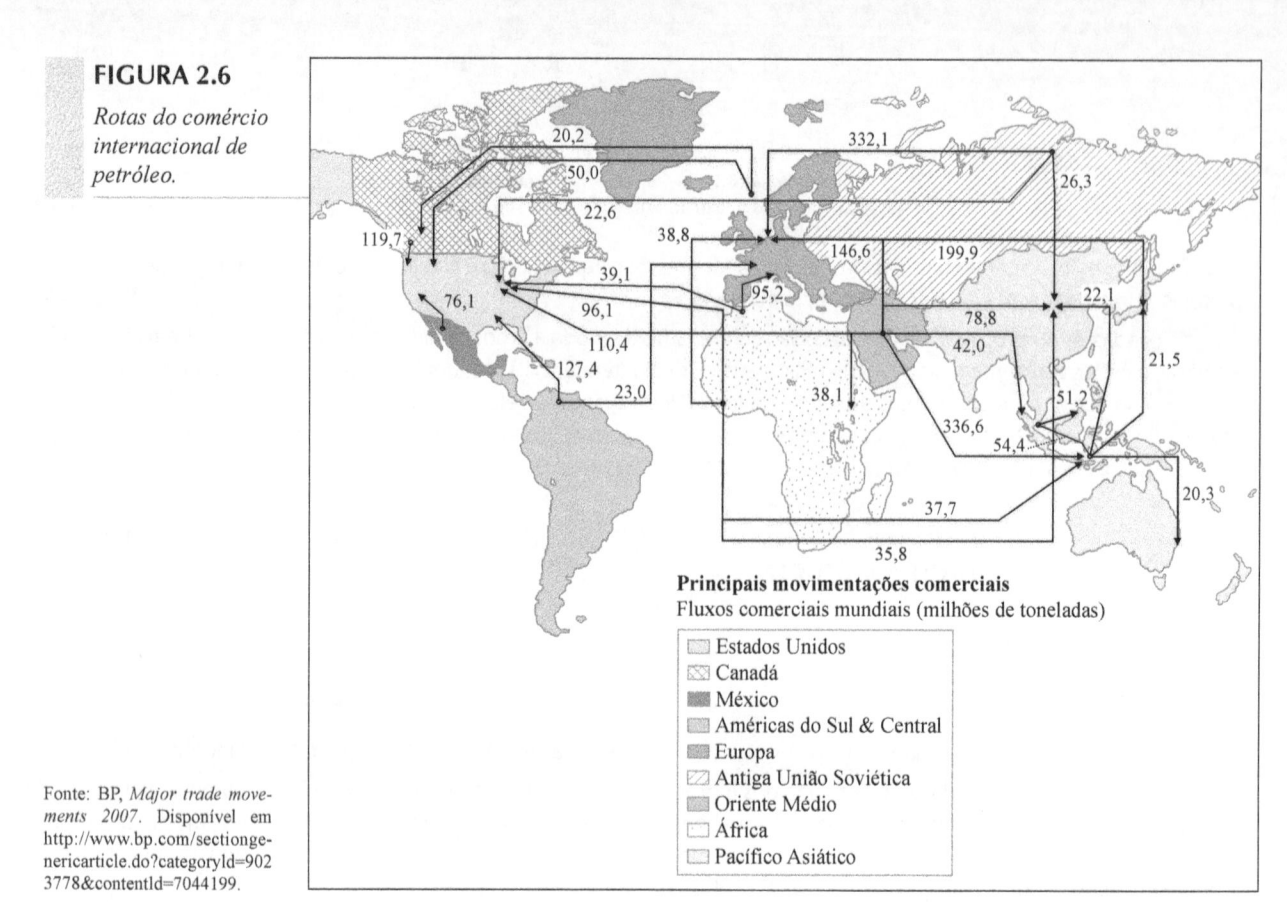

FIGURA 2.6
Rotas do comércio internacional de petróleo.

Principais movimentações comerciais
Fluxos comerciais mundiais (milhões de toneladas)

- Estados Unidos
- Canadá
- México
- Américas do Sul & Central
- Europa
- Antiga União Soviética
- Oriente Médio
- África
- Pacífico Asiático

Fonte: BP, *Major trade movements 2007*. Disponível em http://www.bp.com/sectiongenericarticle.do?categoryId=9023778&contentId=7044199.

as rotas de navegação, embarcando e desembarcando carga nos portos do mundo. Acidentes com esse tipo de embarcação constituem os exemplos mais notórios de poluição causada pelo petróleo. O óleo acaba invadindo praias e contaminando pássaros, animais marinhos e peixes.

Graças à melhoria na segurança e nas medidas operacionais, o número de acidentes de grandes proporções com navios-tanque, bem como as quantidades de óleo derramado, tem declinado desde 1970 (veja a Figura 2.7 a,b). Entretanto, os acidentes com navios-tanque, embora graves, constituem uma pequena parte do problema causado pelos derramamentos. De acordo com a Guarda Costeira dos Estados Unidos, esses acidentes responderam por 29% do escoamento de óleo para os cursos d´água do país no período de 1995 a 1999 (veja a Figura 2.8). Operações rotineiras de navios-tanque e outras embarcações movidas a petróleo foram responsáveis praticamente por esse mesmo índice (26%), assim como as instalações em terra e em regiões portuárias que manipulam petróleo (23%), ficando os vazamentos de oleodutos em terra e próximos à costa (15%) pela maior parte do restante.

Há fontes ainda maiores que não são quantificadas pela Guarda Costeira. Estima-se que as graxas e os óleos que se acumulam por um ano nas ruas de uma cidade de 5 milhões de habitantes sejam comparáveis ao derramamento resultante de um acidente de grandes proporções com um navio-tanque. Parte dessa graxa e desse óleo escoa para cursos d´água próximos, durante a ocorrência de tempestades. A troca de óleo lubrificante da frota de veículos leves nos Estados Unidos (carros, furgões e utilitários – 200 milhões de veículos ao todo) gera em torno de 1,3 bilhão de galões (4,9 bilhões de litros) anuais de efluentes de óleo. A National Oil Recyclers Association estima que mais de 200 milhões de galões não são coletados, mas descartados ilegal ou acidentalmente em esgotos, córregos, fossos, aterros e quintais. Essa quantidade equivale a quase 20 derramamentos do Exxon Valdez por ano. Os volumes de lixo municipal e enxurradas das áreas urbanas que desembocam em corpos d´água são difíceis de avaliar quantitativamente, mas é provável que sejam substanciais. Na década de 1980, o U. S. National Research Council estimou que sua contribuição anual global seria da ordem de 800.000 toneladas (equivalentes a 22 acidentes como o do Exxon Valdez por ano), cerca de um terço dos insumos totais.

É interessante que uma quantidade significativa de petróleo, estimada em 0,2 milhão de tonelada ao ano, escoe para o mar sem qualquer intervenção humana, através de infiltrações naturais nas margens continentais (veja a Figura 2.9). Portanto, o petróleo é um componente natural do ambiente marinho. Esse óleo não se acumula, porque é metabolizado por micróbios, que evoluíram para explorar o vazamento de óleo como fonte de alimento. Na verdade, as bactérias que metabolizam hidrocarbonetos são onipresentes na natureza, porque os hidrocarbonetos são continuamente liberados por plantas e algas. A introdução total de hidrocarboneto fornecido pela biota marinha para o mar é estimada em 180 milhões de toneladas anuais, superando as contribuições de petróleo por todas as fontes. Esses mesmos micróbios finalmente quebram as moléculas de óleo derramado pela atividade humana, mas é possível que esse processo dure um longo tempo, durante o qual pode haver considerável dano ao ecossistema.

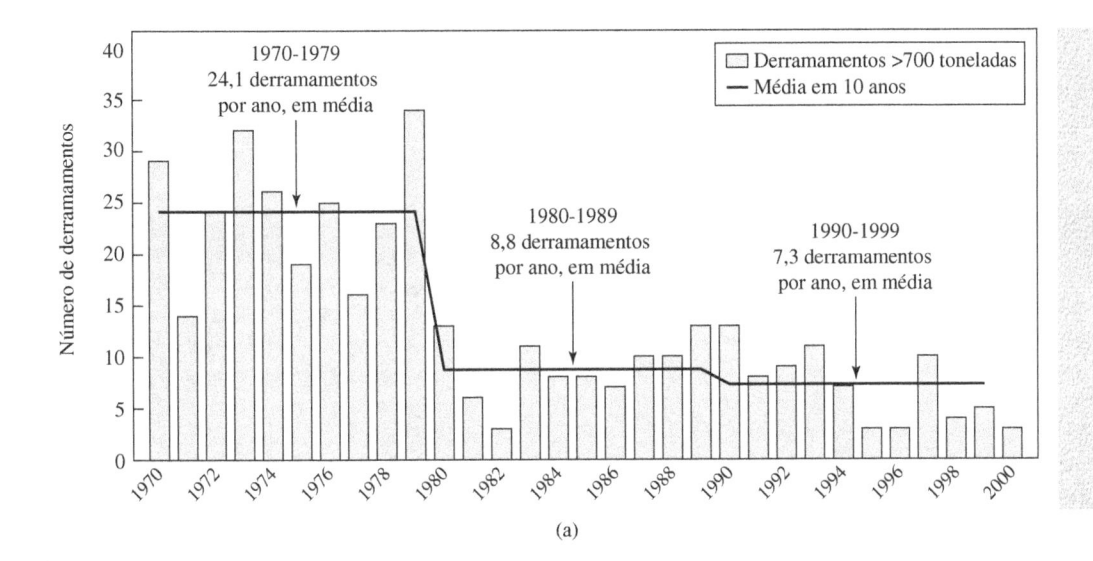

FIGURA 2.7

a) Número de derramamentos internacionais de petróleo entre 1970 e 2000. b) Quantidade de óleo derramado entre 1970 e 2000. As seções em branco das barras indicam grandes derramamentos de navios-tanque.

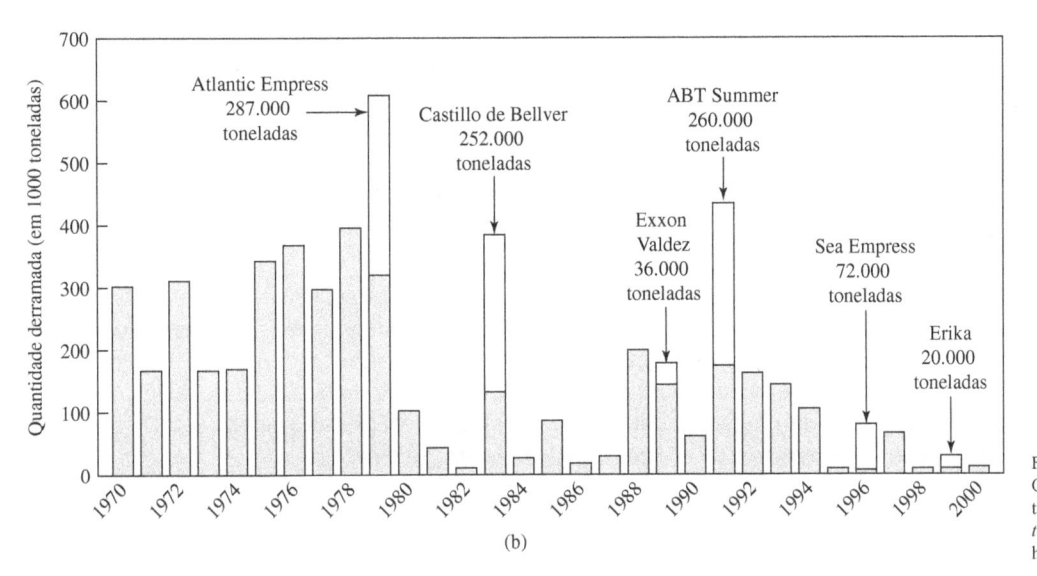

(a) Número de derramamentos, 1970-2000:
- 1970-1979: 24,1 derramamentos por ano, em média
- 1980-1989: 8,8 derramamentos por ano, em média
- 1990-1999: 7,3 derramamentos por ano, em média

Legenda: Derramamentos >700 toneladas; Média em 10 anos

(b) Quantidade derramada (em 1000 toneladas), 1970-2000:
- Atlantic Empress: 287.000 toneladas
- Castillo de Bellver: 252.000 toneladas
- Exxon Valdez: 36.000 toneladas
- ABT Summer: 260.000 toneladas
- Sea Empress: 72.000 toneladas
- Erika: 20.000 toneladas

Fonte: International Tanker Owners Pollution Federation. *Tanker Oil Spill Statistics (2000)*. Disponível em http://www.itopf.com.

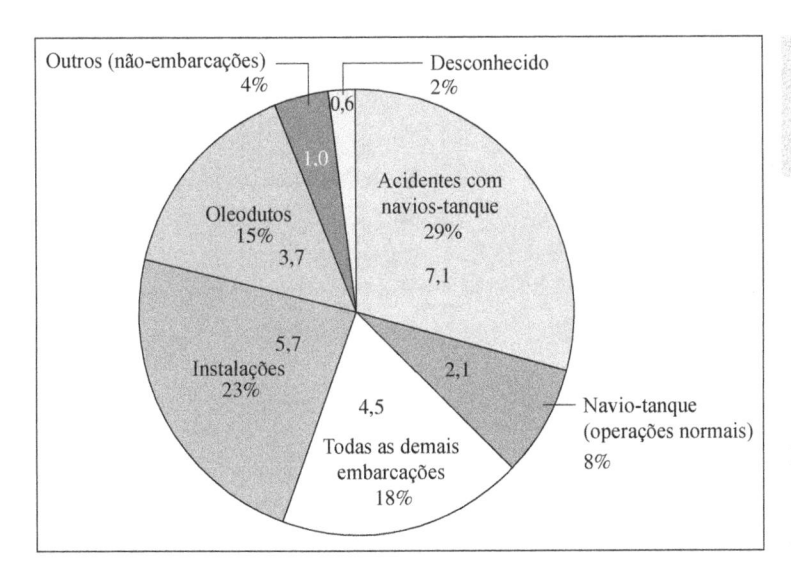

FIGURA 2.8

Fontes de penetração de óleo em águas norte-americanas, 1995–1999 (milhares de toneladas métricas).

- Outros (não-embarcações): 4% — 1,0
- Desconhecido: 2% — 0,6
- Acidentes com navios-tanque: 29% — 7,1
- Navio-tanque (operações normais): 8% — 2,1
- Todas as demais embarcações: 18% — 4,5
- Instalações: 23% — 5,7
- Oleodutos: 15% — 3,7

Fonte: Guarda Costeira dos Estados Unidos, *Polluting Incident Compendium, Cumulative Data and Graphics for Oil Spills, 1973–1999, Oil Spill Compendium Data Table, Volume of Spills by Source*. Disponível em http://www.uscg.mil/hq/cg5/proservie.asp.

FIGURA 2.9

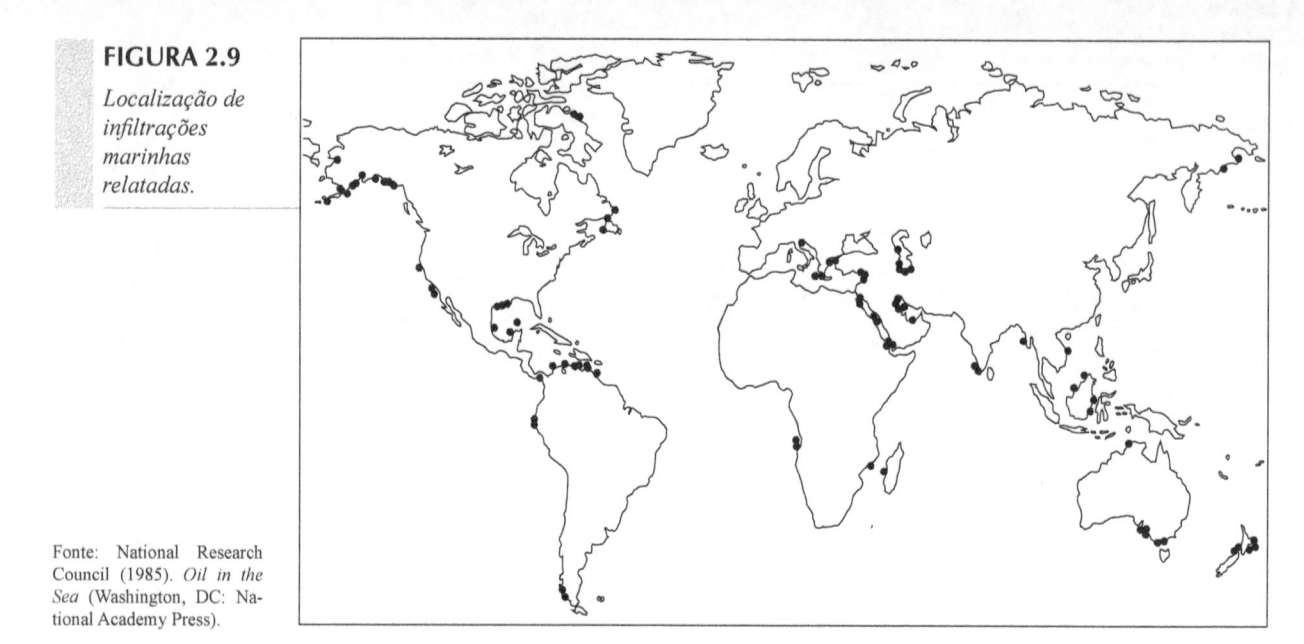

Localização de infiltrações marinhas relatadas.

Fonte: National Research Council (1985). *Oil in the Sea* (Washington, DC: National Academy Press).

É possível acelerar esse processo sob condições favoráveis. O destino do óleo derramado pelo desastre do Exxon Valdez, em março de 1989, em Prince William Sound, no Alasca, atesta o poder de limpeza da natureza. O derramamento resultou na liberação de 35.000 toneladas métricas de petróleo bruto proveniente de North Slope, Alasca, no canal. Como indica a Figura 2.10, no outono de 1992, todo o óleo flutuante original havia desaparecido. Cerca de 50% se biodegradou nas praias ou na coluna d´água; 20% evaporou e sofreu fotólise na atmosfera; 14% foi recuperado ou dispersado; 13% permaneceu em sedimentos na zona subtidal; 2% permaneceu na zona intertidal do litoral; e menos de 1% permaneceu disperso na coluna d´água. Uma das medidas mais eficazes de reparação tomada após o acidente foi fertilizar as praias cobertas de óleo com um preparo destinado a aderir à areia e fornecer nitrogênio e fósforo às bactérias naturais para suplementar sua dieta de hidrocarbonetos. O óleo desapareceu dessas praias muito mais rapidamente do que das praias não tratadas.

As frações de hidrocarboneto mais leves são as mais tóxicas às criaturas marinhas, em virtude de sua solubilidade mais elevada na água. Essas moléculas mais leves são também as mais voláteis e evaporam rapidamente. Entre um terço e dois terços dessa fração podem evaporar em alguns dias. O restante das moléculas é mais pesada e tende a formar uma emulsão com a água do mar, às vezes chamada de 'mousse'. A emulsão acaba formando bolas de alcatrão, capazes de durar por um longo tempo. Todas as moléculas evaporadas, e uma fração substancial das restantes, sofrem oxidação pela luz solar e pelo oxigênio (fotooxidação), processos que encontraremos ao estudar a poluição do ar e o *smog fotoquímico*.

2) *Emissões.* A queima de todo combustível fóssil produz CO_2 e contribui com o aquecimento da Terra. Como a razão C/H declina de aproximadamente 1/1 em relação ao carvão para cerca de 1/2 para o petróleo e 1/4 para o metano, a quantidade de

FIGURA 2.10

Destino geral do óleo derramado pelo acidente do Exxon Valdez no período de março de 1989 ao outono de 1992.

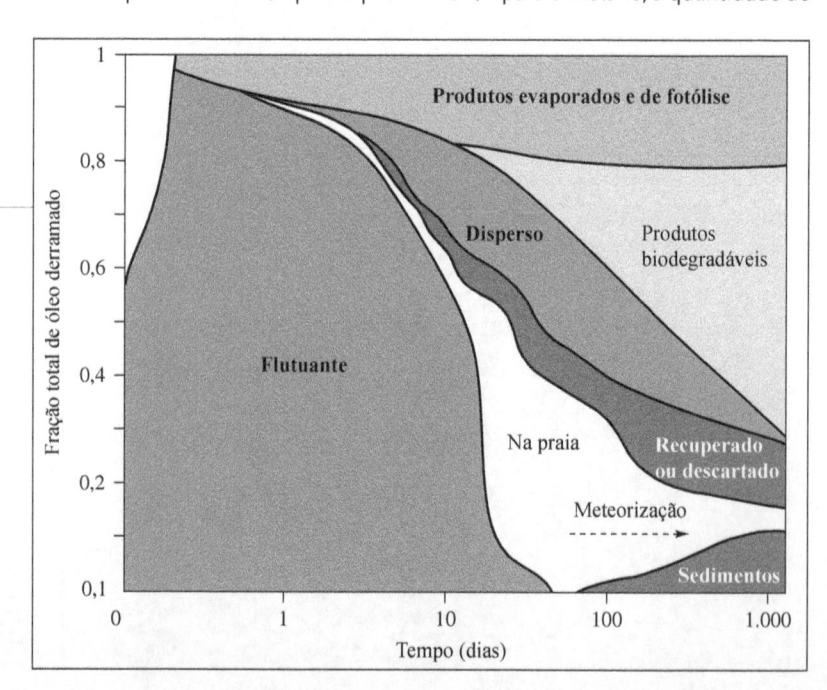

Fonte: D. A. Wolfe *et al.* (1994). "The fate of the oil spilled from the Exxon Valdez", *Environmental Science and Technology,* 28:561 A-568A. Reproduzida com autorização de ES&T. *Copyright (1994) American Chemical Society.*

CO_2 produzida por kJ de energia diminui na mesma proporção. A última coluna da Tabela 2.2 relaciona os mols de CO_2 liberados por mil kJ de energia gerada pela combustão de cada um dos combustíveis; esse número é obtido pela divisão do número de moléculas de CO_2 em cada equação pela entalpia de reação e multiplicada por 1.000. Para a mesma produção de energia, o carvão e o petróleo liberam significativamente mais CO_2 do que o metano, cerca de 60% e 33%, respectivamente. Para um estudo mais completo, os valores de CO_2 também estão listados na Tabela 2.2 para etanol e carboidratos, mas os combustíveis derivados de biomassa não alteram o conteúdo de CO_2 da atmosfera, já que o CO_2 liberado compensa exatamente o CO_2 retirado da atmosfera na produção da biomassa (embora possam ocorrer expressivas defasagens de tempo).

Todos os processos de combustão produzem o poluente óxido nítrico, NO. Embora o N_2 e o O_2 da atmosfera não reajam a temperaturas comuns, eles reagem às altas temperaturas de uma fornalha ou de um motor automotivo. Uma vez formado, o NO é lentamente oxidado até se transformar em dióxido de nitrogênio, NO_2, e depois em ácido nítrico, HNO_3, que é absorvido pela chuva e levado da atmosfera. As fontes de combustão, tanto a estacionária quanto a móvel, contribuem muito para a chuva ácida, por intermédio da geração de ácido nítrico.

Além disso, o dióxido de nitrogênio é um dos principais ingredientes da produção de *smog*, em razão de sua atividade fotoquímica. Os produtos da combustão incompleta, o monóxido de carbono (CO) e os hidrocarbonetos não queimados, são outros ingredientes importantes na produção de *smog* fotoquímico. Em ambos os casos, o maior vilão é o automóvel; e um enorme esforço foi feito para reduzir as emissões automotivas. Por causa do crescente volume de tráfego, porém, esses esforços são cada vez menos eficazes. Como mencionado na introdução, a exigência de que milhares de veículos com zero ou baixa emissão sejam introduzidos no Sul da Califórnia nos próximos dez anos é um precursor de mudança futura.

Em resumo, o petróleo se destaca como um dos principais fatores contribuintes para a intensificação do efeito estufa, da chuva ácida e da poluição do ar nas zonas urbanas.

2.5 Gás

Embora represente um recurso energético tão grande como o petróleo, o gás natural tem sido historicamente considerado um subproduto da exploração e produção do petróleo. De fato, apenas recentemente a magnitude do potencial de suprimento de gás foi reconhecida, graças a mais informações sobre as formações portadoras de gás e à melhoria nas técnicas de recuperação. O gás natural provê uma parcela significativa da matriz energética dos Estados Unidos (quase 25%). Ele tem sido mais usado no aquecimento e na cozinha, mas o uso na geração de eletricidade está expandindo-se rapidamente (15% do consumo total de gás em 1999), em virtude da introdução da turbina a gás para geração de eletricidade. Originando-se do desenvolvimento dos avançados motores para aviação, a turbina de combustão a gás é um motor térmico capaz de funcionar a temperaturas muito altas e, portanto, capaz de alta eficiência.

Outras novas tecnologias podem expandir ainda mais o papel do gás, tendo em vista seus atributos ambientais superiores. Uma série de frotas de veículos e ônibus opera atualmente movida a gás natural (3% do consumo de 1999). O gás pode facilitar a transição para uma 'economia do hidrogênio', uma vez que um sistema de distribuição por dutos já existe. De fato, o gás já é fonte de 95% do hidrogênio atualmente produzido [via reforma a vapor, veja a Equação (2.21)].

a. Vantagens. O gás natural é um combustível limpo, que exige muito pouco processamento. É de fácil transporte por dutos terrestres. Sua taxa de emissão de CO_2 por unidade de energia é inferior à de outros combustíveis fósseis, principalmente o carvão, como já observado. Além disso, o gás contribui menos para a formação de *smog* do que a gasolina, porque as moléculas não queimadas de CH_4 são consideravelmente menos reativas, em relação à química de radicais livres responsável pelo *smog*, do que as moléculas de hidrocarboneto com mais de um átomo de carbono.

b. Desvantagens. O gás natural é muito mais difícil de transportar do que os hidrocarbonetos líquidos. Para acomodar quantidade suficiente dele em um espaço razoável para fontes de energia móveis, necessita-se de alta pressão ou baixa temperatura, ou ambos. Compressões e/ou refrigeradores se fazem necessários, e o tanque de armazenamento deve ter paredes espessas ou isolamento. Além disso, requer um sistema de distribuição capaz de transferir o gás sob pressão. Esses requisitos constituem obstáculos significativos à substituição do petróleo pelo gás natural no transporte automotivo. Os problemas são mais gerenciáveis para frotas de caminhões ou ônibus, que podem carregar tanques grandes e são abastecidos em um depósito central. Há várias frotas circulando atualmente com gás natural. Os países abundantes em reservas de gás, notadamente Nova Zelândia, Canadá e Rússia, incentivam ativamente o uso de gás natural nos veículos.

Embora o gás natural produza menos CO_2 do que outros combustíveis fósseis, o próprio metano constitui um potente gás do efeito estufa. Suas bandas de absorção de raios infravermelhos recaem na janela dos espectros de CO_2 e H_2O e, por ser menos reativo do que outros hidrocarbonetos, possui longa vida atmosférica. Uma molécula adicional de metano contribui aproximadamente 20 vezes mais para o efeito estufa do que uma molécula adicional de CO_2. Conseqüentemente, os vazamentos de metano representam uma grave preocupação ambiental. Eles podem ocorrer nos poços de gás, durante as transferências e no uso final. O escape de metano em veículos movidos a gás em marcha lenta, por exemplo, pode anular sua vantagem em relação à menor produção de CO_2 durante a combustão.

2.6 Carvão

Os depósitos de carvão variam expressivamente quanto à extensão da metamorfose sofrida pelo tecido vegetal lenhoso original. Os carvões duros passaram por mais transformação do que os macios. A Tabela 2.3 fornece as porcentagens dos vários componentes do carvão em diferentes regiões nos Estados Unidos. O lignito (ou linhito) é o carvão mais macio; seu nome reconhece a próxima similaridade com o componente original da madeira, a lignina. Mais de um terço da massa de lignito se constitui de teor de umidade, enquanto o restante do material carbonáceo é quase uniformemente dividido entre 'matéria volátil', hidrocarbonetos liberados sob aquecimento, e 'carbono fixo', a fração não volátil do carbono. O carvão sub-betuminoso é mais duro que o lignito, contendo cerca de 20% de umidade e 40% de carbono fixo, mas é mais macio do que o carvão betuminoso, que contém baixo teor de umidade. O carvão mais duro é o antracito, constituído de cerca de 80% de carbono fixo. O valor térmico do carbono varia conforme a fração de carbono reduzido e de hidrogênio e é bem mais baixo para o carvão macio do que para o duro, por causa de seu alto teor de umidade.

Os diferentes tipos de carvão apresentam variação na quantidade de cinza, o resíduo mineral deixado pela combustão completa, refletindo diferentes quantidades de minerais incorporados durante os processos metamórficos. Um exemplo desses minerais é a pirita, FeS_2. Além disso, há um pouco de enxofre nas complexas moléculas orgânicas de carvão. Quando se queima carvão, tanto o enxofre ligado organicamente quanto o inorgânico se oxidam para SO_2, que é um grande poluente do ar. A Figura 2.11 indica a distribuição do carvão nos Estados Unidos e seu teor de enxofre. O carvão betuminoso com alto teor de enxofre é mais encontrado na região de Appalachia e no interior do país, os sub-betuminosos com baixo teor de enxofre e o lignito estão principalmente na região oeste.

a. Vantagens. As reservas de carvão são muito grandes, e tanto sua extração quanto o transporte ferroviário são relativamente baratos. Essa é a principal vantagem do carvão.

b. Desvantagens. Obviamente, o deslocamento e o manuseio do carvão é muito menos conveniente que o petróleo. Seu uso nos transportes desapareceu, quando o diesel substituiu a locomotiva a vapor. Em países tecnologicamente avançados, o carvão não é mais diretamente usado para aquecimento de ambientes, mas no restante do mundo a queima de carvão em fogões e fornalhas cobrem o ar de fuligem e SO_2, contribuindo expressivamente para a manifestação de doenças respiratórias. O principal uso do carvão ocorre em grandes usinas geradoras de eletricidade, onde ele é queimado de forma eficiente e relativamente completa. Altas chaminés dispersam as emissões de modo amplo, amenizando a poluição local do ar. Entretanto, o SO_2 e o NO emitidos pela queima de carvão em usinas termoelétricas são as principais fontes de chuva ácida e de partículas de aerossóis que desempenham um papel importante na regulação do clima global, além de também causarem impactos significativos à saúde humana. Assim como no caso de outros combustíveis fósseis, o CO_2 emitido contribui com o efeito estufa global; em virtude de sua baixa razão C/H, o carvão emite mais CO_2 por unidade de energia produzida do que o gás ou o petróleo (veja a Tabela 2.2).

A extração do carvão também aumenta significativamente os custos ao meio ambiente e à saúde humana. As minas tradicionais de carvão, que exploram os veios de carvão até as profundezas do solo, são locais de trabalho de alto risco; e o pó de carvão provoca a doença do pulmão negro nos mineiros. Esses problemas têm sido em parte aliviados por melhorias nas medidas de segurança e de ventilação, além da borrifação de água para reduzir o pó durante as operações de perfuração. No passado, a drenagem das minas, que é fortemente ácida, contaminava os córregos locais, mas leis federais norte-americanas

TABELA 2.3 *Composição e conteúdo térmico de carvões comuns encontrados nos Estados Unidos.*

Tipo	Localização por estado	Análise química				Valor térmico (kJ/g)
		Umidade %	Matéria volátil %	Carbono fixo %	Cinza %	
Antracito betuminoso	Pensilvânia	4,4	4,8	81,8	9,0	30,5
Baixa volatilidade	Mariland	2,3	19,6	65,8	12,3	30,7
Alta volatilidade	Kentucky	3,2	36,8	56,4	3,6	32,7
Sub-betuminoso	Wyoming	22,2	32,2	40,3	4,3	22,3
Lignito	Dakota do Norte	36,8	27,8	30,2	5,2	16,2

Fonte: Bureau of Mines (1954). *Information Circular No. 769* (Washington, DC: Departamento do Interior dos Estados Unidos).

agora exigem a coleta da drenagem em tanques de assentamento e tratamento. A mineração a céu aberto permite a extração de veios superficiais de carvão, à custa de grandes talhos no solo, geralmente em encostas íngremes e passíveis de erosão. As leis norte-americanas atuais exigem que, nesse tipo de mineração, sejam restaurados o contorno e a camada superior do solo e replantados grama, legumes e árvores.

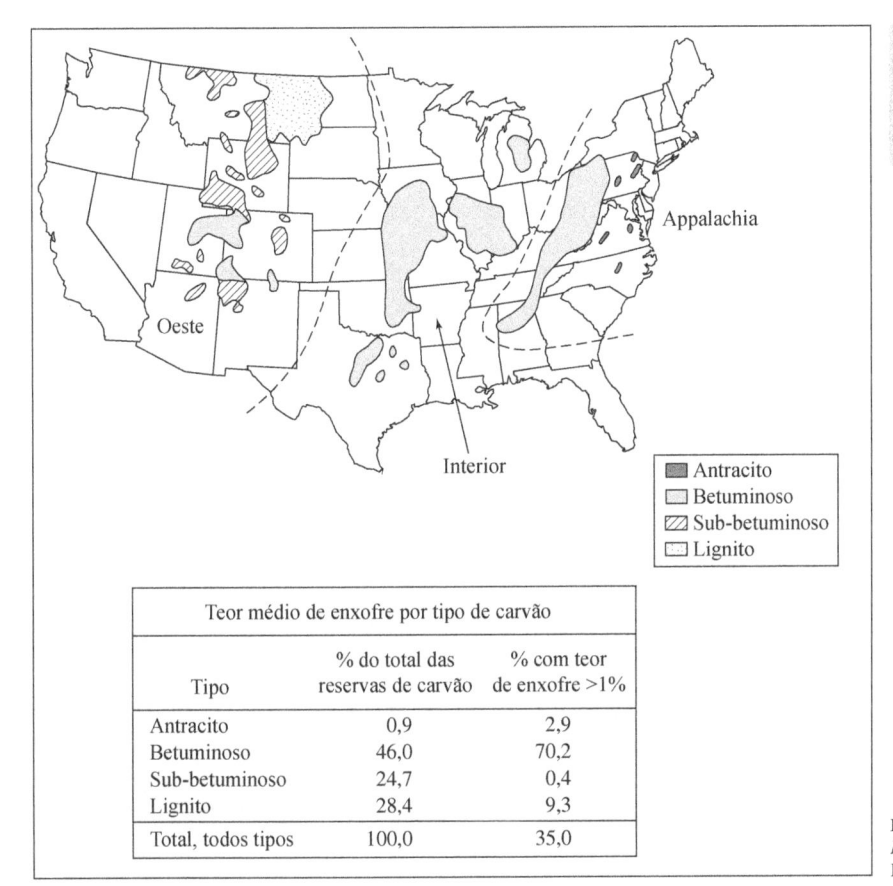

FIGURA 2.11

Distribuição de carvão nos Estados Unidos e teor médio de enxofre.

Teor médio de enxofre por tipo de carvão		
Tipo	% do total das reservas de carvão	% com teor de enxofre >1%
Antracito	0,9	2,9
Betuminoso	46,0	70,2
Sub-betuminoso	24,7	0,4
Lignito	28,4	9,3
Total, todos tipos	100,0	35,0

Fonte: P. Averitt (1960), *U.S. Geological Survey, Bulletin 1136* (Washington, DC: Departamento do Interior dos Estados Unidos).

ESTRATÉGIAS 2.1 — Combustíveis derivados de carvão

Há tecnologias disponíveis para converter o carvão em combustíveis limpos por meio de reações químicas para produzir hidrocarbonetos gasosos ou líquidos. O requisito básico é aumentar a razão H/C do carvão. Por exemplo, a reação direta do carvão com H_2 pode gerar metano

$$C + 2H_2 \xrightleftharpoons{800°} CH_4 + 74,9 \text{ kJ} \qquad \textbf{2.17}$$

Mas essa 'hidrogaseificação' requer uma alta temperatura operacional, 800 °C, para velocidades de reação adequadas. Além disso, a reação é ineficiente porque, sendo exotérmica, é termodinamicamente desfavorável na alta temperatura exigida (a adição de calor faz a reação retroceder para a esquerda).

Uma rota mais eficiente é fornecida pela 'metanação' de CO:

$$CO + 3H_2 \xrightleftharpoons{400°} CH_4 + H_2O + 206,3 \text{ kJ} \qquad \textbf{2.18}$$

Essa reação é ainda mais exotérmica, mas pode operar, na presença de um catalisador de níquel, a uma temperatura inferior, cerca de 400 °C. As condições de reação podem ser alteradas para produzir hidrocarbonetos líquidos por intermédio da chamada síntese de Fischer-Tropsch:

$$nCO + (2n+1)H_2 \rightleftharpoons C_nH_{2n+2} + nH_2O \qquad \textbf{2.19}$$

novamente usam-se catalisadores de metal. Outra possibilidade é produzir metanol, por meio de

$$CO + 2H_2 \rightleftharpoons CH_3OH \qquad \textbf{2.20}$$

usando outros catalisadores e condições de reação. O metanol é uma alternativa de combustível líquido.

Mas essas reações de conversão requerem CO e H_2. Qual é a fonte desses ingredientes? Eles podem ser produzidos pelo tratamento do carvão com água a uma temperatura muito alta, 900 °C:

$$C + H_2O \underset{900°}{\rightleftharpoons} CO + H_2 - 131{,}4 \text{ kJ} \qquad \textbf{2.21}$$

A reação representada pela equação anterior, designada reação de 'reforma a vapor', produz tanto H_2 quanto CO, mas pode produzir H_2 extra por meio da reação de 'troca água-gás':

$$CO + H_2O \rightleftharpoons CO_2 + H_2 + 41{,}4 \text{ kJ} \qquad \textbf{2.22}$$

Se multiplicarmos a Equação (2.21) por dois e somarmos as equações (2.18) e (2.22), o resultado é:

$$2C + 2H_2O \rightleftharpoons CH_4 + CO_2 - 15{,}1 \text{ kJ} \qquad \textbf{2.23}$$

Em teoria, todo o valor térmico do carvão pode ser transferido para o metano pela reação representada na Equação (2.23), com um gasto de energia de apenas 15,1 kJ. Na realidade, os custos energéticos são bem mais elevados, porque as etapas individuais do processo não estão bem concatenadas em termos termodinâmicos. O calor liberado na Equação (2.18) não pode ser recuperado para ativar a reação da Equação (2.21) porque a temperatura exigida é muito mais elevada para a segunda do que para a primeira. Em vez disso, o insumo de energia para na Equação (2.21) deve ser fornecido pela queima de carvão extra. A energia exigida para um mol de metano é o dobro da entalpia de reação da Equação (2.21), ou seja, 262,8 kJ, que representa cerca de 32% do teor energético do metano (veja a Tabela 2.2). Assim, a eficiência da conversão de energia do processo é, na melhor das hipóteses, de 68% e efetivamente inferior a isso por causa de outras perdas. O custo dos combustíveis derivados de carvão é, portanto, alto. Além disso, eles contribuem de forma desproporcional para o efeito estufa, porque um excedente de CO_2 é liberado pela queima de carvão extra, exigida para aumentar a energia do processo de conversão. Mais CO_2 é liberado na conversão e na queima dos combustíveis derivados de carvão do que na produção de energia equivalente do próprio carvão.

2.7 Descarbonização

O problema preponderante em relação ao consumo continuado de combustível fóssil é o incremento de CO_2 na atmosfera. Por que não solucionar esse problema isolando o CO_2 e armazenando-o de forma a não ser prejudicial? Se isso pudesse ser realizado de modo economicamente viável, poderíamos continuar a usar combustíveis fósseis até a exaustão, sem piorar o efeito estufa. Até recentemente, essa idéia parecia fantasiosa, mas agora recebe séria atenção como estratégia de redução das emissões de CO_2.

a. Separação. O CO_2 poderia ser separado dos gases de exaustão após a combustão do combustível fóssil. Isso poderia ser realizado utilizando-se aminas orgânicas para absorver o CO_2 do gás de exaustão. O CO_2 reage com aminas para formar carbamatos:

$$R_3N + CO_2 \rightleftharpoons R_3NCO_2 \qquad \textbf{2.24}$$

A seguir, o CO_2 é aprisionado, aquecendo-se os carbamatos para que liberem reagentes e, assim, regenerar as aminas.

Alternativamente, o combustível fóssil poderia ser convertido em CO_2 e H_2, utilizando-se a química discutida na seção anterior sobre "Combustíveis derivados de carvão" (veja Estratégias 2.1). A vantagem dessa abordagem é que o CO_2 poderia ser separado na fonte, onde é muito mais concentrado do que nos gases de escape de combustão. Além disso, a energia combustível pode ser extraída do H_2 de forma mais eficiente, pela tecnologia da célula acombustível, do que com origem na combustão de combustível fóssil. Essa eficiência adicional pode ajudar a compensar os custos da conversão do combustível fóssil. A desvantagem da descarbonização do combustível está no fato de que isso requer uma nova infra-estrutura energética para o H_2, em termos de transporte, armazenagem e utilização (veja a discussão sobre economia do hidrogênio).

b. Armazenagem. Após a isolação, o CO_2 deve ser impedido de escapar para a atmosfera. Como indica a Figura 2.12, duas opções estão sendo consideradas para armazenagem de longo prazo. Uma delas é o oceano. Sob a baixa temperatura e a alta pressão do fundo do oceano, o CO_2 se torna líquido e, a uma profundidade de cerca de 3.500 m, a densidade se torna maior do que a da água. Conseqüentemente, se o CO_2 fosse bombeado até essa profundidade, afundaria no fundo do oceano. Entretanto, o CO_2 também se dissolve na água e, no pH alcalino do oceano, ele reage para formar o íon bicarbonato. Essa reação é bem vigorosa, aumentando a preocupação sobre a efetividade de submergir o CO_2 no oceano para mantê-lo longe da atmosfera. Preocupam também os efeitos desconhecidos dessa inserção na vida marinha.

A outra opção é a armazenagem subterrânea em formações geológicas. Uma possibilidade é a armazenagem nos reservatórios deixados pela extração de petróleo e gás. De fato, o CO_2 já vem sendo injetado em alguns campos petrolíferos para intensificar a recuperação do óleo. Quando liquefeito sob pressão, o CO_2 se torna um eficaz agente para forçar o fluxo do óleo pelo reservatório até os poços.

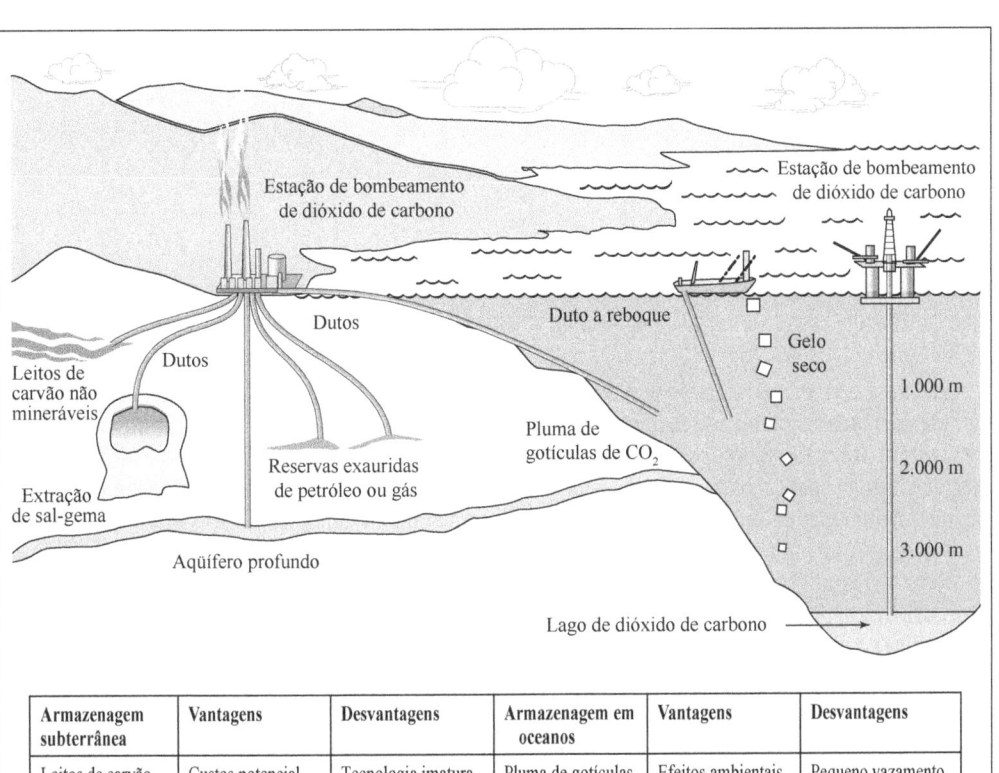

FIGURA 2.12

Locais potenciais de armazenagem para o dióxido de carbono no solo e no fundo do mar.

Armazenagem subterrânea	Vantagens	Desvantagens	Armazenagem em oceanos	Vantagens	Desvantagens
Leitos de carvão	Custos potencialmente baixos	Tecnologia imatura	Pluma de gotículas de CO_2	Efeitos ambientais mínimos	Pequeno vazamento
Extração de sal-gema	Projetos personalizados	Altos custos	Duto a reboque	Efeitos ambientais mínimos	Pequeno vazamento
Aqüíferos salinos profundos	Grande capacidade	Integridade de armazenagem desconhecida	Gelo seco	Tecnologia simples	Altos custos
Reservas exauridas de petróleo ou gás	Integridade de armazenagem comprovada	Capacidade limitada	Lago de dióxido de carbono	O carbono permanecerá no oceano por milhares de anos	Tecnologia imatura

Fonte: H. Herzog *et al.* (2000). "Capturing greenhouse gases", *Scientific American*, 282 (fevereiro): 72–79. Reproduzida com autorização de D. Fierstein.

Além dos reservatórios de petróleo e gás, o CO_2 pode ser armazenado em aqüíferos profundos. Assim como nos oceanos, nesse caso o CO_2 reagiria com minerais de carbonato e silicato, para formar bicarbonato. A estabilidade física do CO_2 injetado não constitui problema, porque os aqüíferos são aprisionados por rochas sobrepostas. Não se sabe, porém, com que rapidez o CO_2 escaparia do aqüífero, a menos que sua migração fosse bloqueada por sifões laterais. Outro meio possível de armazenagem são os leitos profundos de carvão; o CO_2 injetado poderia deslocar o metano absorvido no carvão, que poderia ser recuperado para uso como combustível.

Está atualmente em andamento um projeto de utilização de um aqüífero sob o Mar do Norte para armazenagem de CO_2. Muitos depósitos de gás contêm naturalmente um volume significativo de CO_2, em geral liberado quando o gás é extraído. Uma companhia norueguesa de gás está envolvida na separação do CO_2 desse campo de gás e em sua reinjeção em um aqüífero próximo. A economia do projeto está no fato de que a Noruega cobra um imposto sobre as emissões de CO_2, como parte de sua contribuição à redução de gases do efeito estufa.

Um método final de armazenagem consiste em reagir o CO_2 com os minerais básicos e convertê-lo em carbonatos sólidos para soterramento. Esse esquema acarreta fundamentalmente a aceleração do processo natural de meteorização, por meio do qual o CO_2 atmosférico é controlado em escalas de tempo geológicas. A viabilidade de isolar o CO_2 como carbonato depende de até que ponto as reações normalmente lentas dos minerais podem ser aceleradas em reatores.

3 Energia nuclear

A energia nuclear é atualmente a alternativa mais desenvolvida para substituir a energia suprida pelo carvão. Exceto a energia geotermal, a única forma significativa de energia na face da Terra que não está relacionada, direta ou indiretamente, ao Sol é a energia que reside nos núcleos dos átomos.

A base da energia nuclear é a curva da energia de ligação nuclear,[1] indicada na Figura 3.1, que representa a energia de ligação por núcleon à medida que a massa do núcleo aumenta. A princípio, a energia de ligação aumenta muito, por causa da intensa força nuclear que mantém os núcleons unidos. O grande salto do hidrogênio para o hélio é a base da energia de fusão, aquela que energiza as estrelas e que constitui o objetivo do programa de criar reatores de fusão na Terra (veja a Seção 3.9). A energia de ligação acompanha o aumento da massa nuclear, mas atinge o máximo na vizinhança do elemento ferro, para, em seguida, declinar lentamente. Isso ocorre porque a repulsão eletrostática entre os prótons com carga positiva gradualmente sobrepuja a força nuclear forte. Eventualmente, os núcleos se tornam instáveis em relação à emissão α (consulte a próxima seção. A estabilidade especial do núcleo de hélio, na Figura 3.1, explica por que a rota de deterioração favorecida é a ejeção das partículas α). Todos os elementos mais pesados do que o bismuto, com 83 prótons, são instáveis.

Uma forma alternativa de decomposição nuclear é a *fissão*, em que o núcleo se divide em dois núcleos filhos, com uma liberação muito grande de energia. Esse modo de decomposição é muito raro, mas constitui a base da era atômica, prenunciada pela bomba atômica e, posteriormente, pelo advento do reator de fissão. Existe somente um isótopo físsil encontrado naturalmente na crosta terrestre, o isótopo de urânio com massa 235, o ^{235}U.

3.1 | Núcleos, isótopos e radioatividade

Os núcleos são compostos de prótons e nêutrons (os *núcleons*). Eles possuem essencialmente a mesma massa (veja a Tabela 3.1), mas o próton tem carga positiva, e o nêutron é neutro. O número de prótons determina o número de elétrons com carga negativa que circunda o núcleo; o número de elétrons, por sua vez, determina as propriedades químicas do elemento. Desse modo, cada elemento possui um número específico de prótons; o hidrogênio possui um, o hélio, dois e assim por diante. Esse é o número atômico, em geral indicado por um índice inferior esquerdo, próximo ao símbolo de um elemento (veja a Figura 3.1).

TABELA 3.1 *Partículas atômicas simples.*

Tipo	Representação esquemática	Carga	Massa*	Símbolo químico[†]
Nêutron	●	0	1,0087	$^1_0$n
Próton	⊕	+1	1,0078	$^1_1$p
Elétron		−1	0,0009	e^-
Hélio 4 (partícula alfa)		+2	4,0026	$^4_2$He

* Em unidades de massa atômica (uma), onde 1 uma = $1,6606 \times 10^{-24}$ g.
[†] O índice superior para nêutron, próton e hélio-4 é o *número de massa*, equivalente ao número de prótons e nêutrons no núcleo; o índice inferior é o *número atômico*, equivalente ao número de prótons; o índice superior do elétron indica sua carga negativa.

---

[1] No original, *nuclear glue* ou *binding energy*. Em inglês, há distinção entre os termos *binding* e *bonding*. No contexto atômico-nuclear, o primeiro termo (*binding*) se refere a interações fracas entre átomos e moléculas ou à interação nuclear forte que mantém os núcleos unidos, apesar da força de repulsão elétrica entre os prótons. O segundo termo (*bonding*) se refere à formação de ligações químicas, com o compartilhamento ou a transferência de elétrons. Em português, infelizmente, não existe distinção entre os dois termos, que normalmente são traduzidos por 'ligação' (N. RT.).

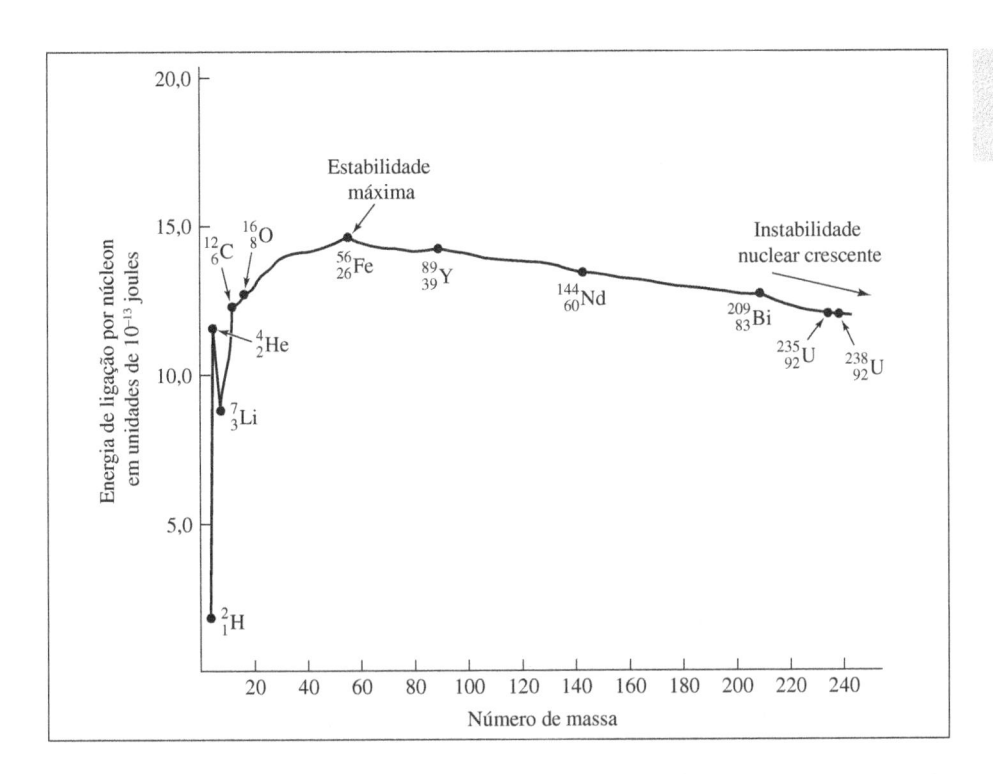

FIGURA 3.1

Curva de energia de ligação nuclear.

Por serem neutros, os nêutrons não alteram o número de elétrons nem exercem qualquer efeito sobre as propriedades químicas. De fato, o núcleo de um elemento pode ter número variável de nêutrons e, por isso, as massas atômicas não chegam necessariamente perto de serem números inteiros. Por exemplo, o cloro possui massa atômica de 35,453 (consulte uma tabela periódica) porque, enquanto todos os átomos Cl possuem 17 prótons, três quartos deles possuem 18 nêutrons e o restante, 20 nêutrons. Os núcleos de um elemento com diferentes números de nêutrons são os *isótopos*. Os dois principais isótopos de cloro são o cloro 35 e o cloro 37. Escrevemos o símbolo químico de um isótopo incluindo o número de massa sob a forma de um índice superior esquerdo, ou seja, ^{35}Cl e ^{37}Cl. Todos os elementos possuem vários isótopos, mas a maioria deles é rara. Por exemplo, a maioria dos átomos de carbono é ^{12}C, mas alguns (1,03%) são ^{13}C.

Nem todas as combinações de prótons e nêutrons são estáveis. Para um dado elemento, os isótopos estáveis possuem um número um pouco maior de nêutrons do que de prótons. A Figura 3.2 mostra a curva de estabilidade. Há alguma flexibilidade no número de nêutrons, mas os núcleos se tornam instáveis quando há excesso ou deficiência de nêutrons. Os núcleos instáveis se transformam em estáveis ao sofrer *decaimento nuclear*. Essa transformação libera uma grande quantidade de energia, porque a energia armazenada nos núcleos é muito grande. Essa liberação de energia durante o decaimento nuclear é chamada de *radioatividade*. Os *radioisótopos* são instáveis em relação à decomposição nuclear.

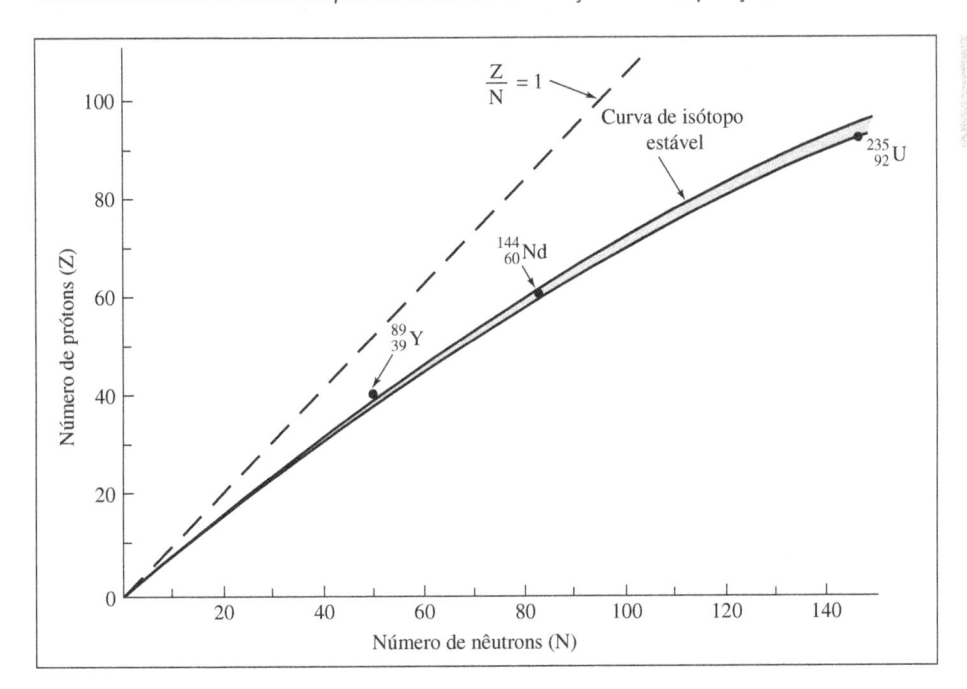

FIGURA 3.2

A curva de estabilidade próton-nêutron.

Capítulo 3 — Energia nuclear

Há vários tipos de decaimento nuclear, que resultam em várias formas de radioatividade. Se há excesso de nêutrons, um deles pode se converter em um próton ao ejetar um elétron:

$$n = p^+ + e^-$$

O elétron carrega consigo energia e emerge com uma velocidade muito alta; por razões históricas, é chamado de raio beta (β). Um novo elemento é criado, porque o número de prótons no núcleo aumenta em um. Um exemplo é o ^{40}K. O potássio possui 19 prótons, e o isótopo com número de massa 40 possui 21 nêutrons, um a mais que o ^{39}K, que é estável. Esse isótopo se converte em um isótopo de cálcio com o mesmo número de massa ao ejetar um elétron:

$$^{40}K = {}^{40}Ca^+ + e^-$$

Se um isótopo possui deficiência de nêutrons, um próton pode se converter em um nêutron ao ejetar um *pósitron*, e^+. Um pósitron é um antielétron e carrega uma carga positiva:

$$p^+ = n + e^+$$

Um pósitron ejetado também é um raio beta, designado pelo símbolo β^+ para ser distinguido do elétron ejetado β^-. Ao ser ejetado do núcleo, um pósitron é rapidamente aniquilado pela colisão com um elétron comum. De modo semelhante, a emissão de pósitron cria um novo elemento, com um número atômico constituído de uma unidade a menos.

Os núcleos também podem ser instáveis por terem prótons demais, seja qual for o número de nêutrons. Como os prótons são positivamente carregados, sua repulsão mútua pode anular a ligação que mantém o núcleo unido (designada como força nuclear forte, uma das forças fundamentais da natureza), caso haja quantidade suficiente deles. Quando isso ocorre, o núcleo ejeta uma partícula contendo dois prótons e dois nêutrons, ou seja, um núcleo de hélio. Os núcleos ejetados de hélio são chamados de raios alfa (α).

Finalmente, um núcleo pode simplesmente ter energia demais, mesmo que possua um número estável de prótons e nêutrons. Essa situação é geralmente encontrada nos produtos do decaimento β ou α. Muito embora certa energia seja removida pela partícula β ou α, o núcleo transformado pode estar em um estado nuclear excitado. Ele pode decair ao seu estado fundamental pela emissão de um raio gama (γ). Um raio γ constitui uma forma de radiação eletromagnética, como um raio X, mas com energia ainda maior (um *fóton* de alta energia).

3.2 Radioisótopos de ocorrência natural

Faz muito tempo que a maioria dos isótopos instáveis desapareceu da face da Terra desde sua formação, há cerca de 4,5 bilhões de anos, mas alguns se decompõem tão lentamente que ainda estão presentes em abundância significativa. Os mais importantes desses radioisótopos de vida longa estão relacionados na Tabela 3.2. ^{232}Th, ^{235}U e ^{238}U são emissores α, e ^{40}K e ^{87}Rb são emissores β. ^{232}Th e ^{238}U são abundantes na crosta terrestre. O ^{235}U, no entanto, se tornou escasso, já que 6,4 meias-vidas se passaram desde a formação da Terra. O ^{40}K é uma forma de potássio que ocorre raramente (0,001%), mas, como o potássio é um importante componente dos tecidos biológicos, ^{40}K provê uma parcela significativa da radiação de fundo à qual estamos normalmente sujeitos.

TABELA 3.2 *Radioisótopos de vida longa.*

Isótopo	$t_{1/2}$ (anos)
^{238}U	$4,5 \times 10^9$
^{235}U	$7,0 \times 10^8$
^{232}Th	$1,4 \times 10^{10}$
^{87}Rb	$4,9 \times 10^{10}$
^{40}K	$1,3 \times 10^9$

FUNDAMENTOS 3.1: MEIAS-VIDAS E DATAÇÃO POR ISÓTOPO

A taxa de decaimento nuclear varia amplamente de um radioisótopo para outro, mas o processo de decaimento é sempre exponencial, porque o número de núcleos diminui proporcionalmente à quantidade presente, ou seja, eles diminuem a uma taxa percentual constante (veja Fundamentos 1.2). Isso significa que cada radioisótopo se caracteriza por uma meia-vida constante. Seja qual for a quantidade presente, ela vai decair para metade desse valor após uma meia-vida (veja a Figura 1.4).

Dependendo do radioisótopo em consideração, a meia-vida pode variar de microssegundos a bilhões de anos, mas o valor nunca se altera. Não há nada que possa ser feito para acelerar o decaimento nuclear (exceto submeter os radioisótopos a reações nucleares, no interior de um reator). Essa é a característica que torna o descarte dos resíduos nucleares uma questão delicada. Alguns dos radioisótopos permanecerão radioativos por um longo período. A meia-vida constante também torna os radioisótopos úteis para datação de vários processos naturais. O exemplo mais conhecido é a datação por radiocarbono.

O isótopo de carbono com número de massa 14, ^{14}C, possui seis prótons e oito nêutrons. Ele se decompõe pela emissão β, produzindo ^{14}N, que é um isótopo estável. O ^{14}C é produzido na atmosfera por raios cósmicos, partículas de energia ultra-elevadas que caem continuamente do espaço sideral. Quando os raios cósmicos atingem os átomos na atmosfera, produzem um conjunto de fragmentos nucleares. Um deles é o ^{14}C, gerado pelas colisões com átomos ^{14}N (N é o elemento mais abundante na atmosfera). O ^{14}C produzido dessa forma reage imediatamente com as moléculas de O_2, produzindo $^{14}CO_2$. Assim, o ^{14}C entra no ciclo do carbono e é incorporado em todos os seres vivos. A fração de carbono vivo que é ^{14}C é extremamente pequena, mas pode ser medida com bastante precisão em virtude da alta energia dos raios β emitidos.

Quando a vida cessa, o mesmo ocorre com a troca de carbono com a atmosfera, e o teor de ^{14}C da matéria orgânica preservada diminui gradualmente. A meia-vida do ^{14}C é de 5.730 anos, portanto uma amostra de tecido preservado com 6.000 anos possui cerca de metade do teor de ^{14}C de um tecido vivo. Essa meia-vida torna útil a datação por radiocarbono para amostras com idade de várias centenas a vários milhares de anos, um importante período de tempo para fins arqueológicos.

Resolução de problema 3.1 — Datação por radiocarbono

Qual é a idade de uma tigela de madeira cuja atividade de ^{14}C representa um quarto da de um pedaço de madeira contemporâneo?

A atividade cai para um quarto em duas meias-vidas, fazendo com que a tigela tenha 11.500 anos (é improvável que a medida seja acurada o suficiente para justificar mais de três algarismos significativos).

Em Stonehenge, foi escavada uma amostra de carvão, supostamente vestígio de uma fogueira; sua atividade de ^{14}C foi medida em 9,6 desintegrações por minuto por grama de carbono. O tecido vivo possui uma atividade de ^{14}C de 15,3, nas mesmas unidades. Quando a fogueira em Stonehenge foi acesa?

A razão das atividades é igual a 9,6/15,3 = 0,615. Não se trata de um número inteiro de meias-vidas, portanto necessitamos da Equação (1.7) para o decaimento exponencial, vista em Fundamentos 1.2:

$$Q = Q_0 e^{-kt}$$

Ou, na forma logarítmica,

$$\ln(Q/Q_0) = -kt$$

Q/Q_0 é a razão das atividades, 0,615, e seu logaritmo natural é igual a –0,486. k, a constante de decaimento, se relaciona com a meia-vida por

$$t_{1/2} = 0{,}693/k \text{ [veja Fundamentos 1.2, Equação (1.8)]}$$

O tempo anterior ao presente é, portanto, $t = 0{,}486 \times 5.730$ anos$/0{,}693 = 4.020$ anos.

3.3 Cadeias de decaimento: o problema do radônio

A emissão alfa geralmente deixa um isótopo de produto que é, por si só, instável em relação a uma emissão β ou outra emissão α. Conseqüentemente, o decaimento dos elementos pesados se processa, em geral, em uma cascata seqüencial, como a indicada para o ^{238}U, na Figura 3.3.

O ^{238}U de longa vida produz um isótopo de tório, ^{234}Th, de vida muito mais curta (meia-vida de 24,1 dias). A seguir, dois decaimentos β sucessivos produzem outro isótopo de urânio, ^{234}U, que é menos estável do que o ^{238}U, mas ainda tem longa vida ($t_{1/2}$ = 245.000 anos). Ele decai em uma sucessão de isótopos com meias-vidas mais ou menos curtas, terminando com o isótopo estável de chumbo, ^{206}Pb. Todos esses isótopos filhos se acumulam em uma amostra de matéria que contém ^{238}U. Suas concentrações se acumulam até um estado estacionário, em que a taxa de produção equivale à taxa de decaimento. No caso dos isótopos de decaimento rápido, essa concentração é muito baixa, mas, para isótopos de meia-vida relativamente longa, ela pode ser significativa. Por exemplo, o rádio, ^{226}Ra, com meia-vida de 1.600 anos, acumula-se em depósitos de urânio em con-

FIGURA 3.3

Cadeia de decaimento do urânio 238 através do chumbo 206. As meias-vidas dos isótopos são dadas nos círculos.

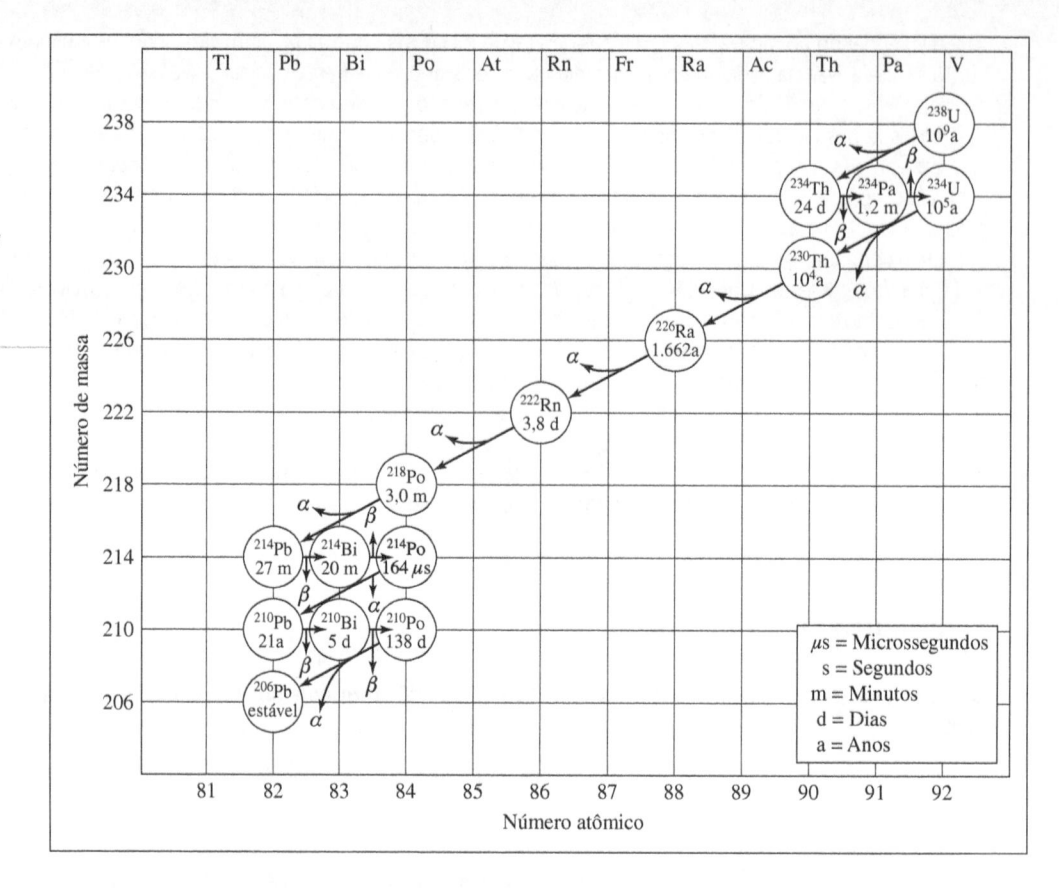

centrações suficientes para sustentar sua extração para fins comerciais. Os outros dois emissores α de longa vida, ^{235}U e ^{232}Th, possuem a própria seqüência de isótopos filhos, todos os quais podem ser encontrados na crosta terrestre.

Um isótopo na cadeia de decaimento do ^{238}U possui especial importância ambiental, a saber, o ^{222}Rn. O radônio é um gás nobre, ficando logo abaixo do xenônio na tabela periódica. Conseqüentemente, os isótopos de radônio não formam ligações químicas e são livres para escapar do local onde se formam. Originário de rocha contendo urânio, o ^{222}Rn pode se deslocar por uma distância considerável antes de decair, com uma meia-vida de 3,82 dias. Ele pode se infiltrar pelas fundações de edifícios próximos e se acumular em níveis consideráveis no ar. Ele também pode se infiltrar em poços e reservatórios de água.

Em 1984, um operário de uma usina nuclear na Pensilvânia fez disparar um alarme de monitoramento de radiação ao entrar para trabalhar. As roupas dele estavam radioativas, e se identificou que a fonte da contaminação era a casa dele, onde se encontrou uma alta concentração de radônio. Esse incidente levou ao reconhecimento de que acúmulos naturais de radônio podem constituir um risco considerável de radiação. Como o urânio constitui um elemento relativamente comum e é amplamente distribuído na crosta terrestre, o problema é disseminado. Altos níveis de radônio podem se acumular em casas construídas sobre rocha com elevado teor de urânio e onde o solo é arenoso e, portanto, permeável a gases. O nível de radônio aumenta quando a fundação do edifício é porosa e quando a pressão do ar no edifício é menor do que a pressão dos gases no solo. Essa diferença de pressão, que depende de temperaturas internas e externas, velocidade do vento e uma série de outros fatores, é uma variável primordial e provavelmente responde por grandes variações nos níveis de radônio, mesmo entre casas próximas. Felizmente, testes baratos para radônio estão facilmente disponíveis e o tratamento é rápido e direto. O método usual é colocar dutos de ventilação próximos ou sob o edifício e bombear o radônio do solo diretamente para fora com um exaustor. Há, contudo, um debate contínuo sobre a gravidade do problema e o quanto as pessoas devem se preocupar.

3.4 | Radioatividade: efeitos biológicos da radiação ionizante

Quando núcleos instáveis se decompõem, raios α, β, ou γ são liberados com energia muito elevada, na faixa de milhões de elétron-volts (MeV). Ao encontrar moléculas em sua trajetória, eles removem os elétrons das camadas atômicas. Em seguida, energia suficiente para quebrar ligações químicas e induzir reações é depositada nas moléculas ionizadas. Em tecidos biológicos, esse processo resulta em dano generalizado e produção de fragmentos químicos reativos (como os radicais livres). A Tabela 3.3 resume a profundidade de penetração para os diferentes raios e sua relativa eficácia na produção de dano.

TABELA 3.3 *Trajetórias de partículas energéticas em tecidos biológicos.*

Tipo de radiação	Alcance em tecido biológico*	Relativa eficácia biológica†
alfa	0,005 cm	10 – 20
beta	3 cm	1
gama	~20 cm	1

Alguns isótopos radioativos perigosos			
Elemento	Tipo de radiação	Meia-vida	Ponto de concentração
$^{239}_{94}Pu$	alfa	24.360 anos	Ossos, pulmão
$^{90}_{38}Sr$	beta	28,8 anos	Ossos, dentes
$^{131}_{53}I$	beta, gama	8 dias	Tireóide
$^{137}_{55}Cs$	beta, gama	30 anos	Todo o corpo

* Para uma partícula de 6 MeV.
† Refere-se ao fato de que o dano à célula aumenta à medida que a densidade dos pontos danificados aumenta.

Algumas moléculas biológicas são mais suscetíveis do que outras aos efeitos da radiação ionizante. Os ácidos nucléicos que constituem o aparato genético de cada célula são particularmente vulneráveis. Uma única ionização no núcleo da célula pode provocar um erro nas instruções genéticas para a combinação dos componentes protéicos da célula. Acredita-se que certos tipos ou combinações desses erros transformam células normais em cancerosas, e há correlação comprovada entre a exposição à radiação e a incidência de câncer. O dano aos núcleos das células reprodutivas podem resultar mutações genéticas e, portanto, pode causar a transmissão de distúrbios hereditários às próximas gerações. Em níveis elevados, a radiação danifica todas as células, principalmente aquelas que se dividem rapidamente – as células dos glóbulos brancos sangüíneos, das plaquetas e dos revestimentos intestinais – acarretando uma variedade de sintomas, coletivamente designados como doença da radiação.

O potencial do dano depende crucialmente da localização do isótopo emissor da radiação em relação às moléculas-alvo. Se o isótopo é externo ao corpo, a questão se refere ao tipo de escudo necessário para absorver os raios. Se o isótopo é ingerido, porém, a questão passa a ser de transporte e eliminação, bem como taxa de decaimento. Os isótopos mais preocupantes são os que se alojam em determinados tecidos e possuem vida suficientemente longa para causar dano considerável. A Tabela 3.3 relaciona quatro isótopos especialmente preocupantes. O ^{239}Pu faz parte do ciclo de combustível nuclear, ao passo que ^{90}Sr, ^{131}I e ^{137}Cs são produtos de fissão. Todos eles possuem vida longa o suficiente para provocar sério dano e se concentram em tecidos específicos. O plutônio e o estrôncio se alojam principalmente nos ossos, porque sua química mimetiza a do cálcio. O césio se espalha por todos os tecidos, junto ao potássio, ao qual ele mimetiza. O iodo é um constituinte natural do hormônio tiroxina da tireóide, e o ^{131}I se concentra na glândula da tireóide, a qual ele pode danificar; de fato, doses controladas de ^{131}I são usadas com fins terapêuticos no combate ao hipertireoidismo.

a. Raios alfa. Por ser um núcleo de hélio duplamente carregado, um raio α provoca sério dano em um curto percurso. Ele ioniza metade dos átomos em seu percurso, perdendo cerca de 30 eV (elétron-volts) por colisão. Um raio α de 6 MeV pode produzir, portanto, cerca de 200.000 ionizações entre os primeiros 400.000 átomos que encontrar, antes que sua energia seja dissipada. Em uma substância com a densidade da água ou um tecido biológico, a distância percorrida, ou alcance, é de aproximadamente 0,05 mm. Isso corresponde a uma espessura menor do que a da camada externa protetora da pele composta por células mortas. Se, contudo, um emissor α for ingerido, ele produzirá alta densidade de danos localizados, com potencial considerável de indução ao câncer. A rota mais provável de ingestão é a inalação de partículas de pó que carregam radioisótopos.

Os mineradores de urânio correm alto risco de desenvolver câncer de pulmão. O urânio em si é relativamente inofensivo, por causa de seu decaimento muito lento. Alguns dos isótopos filhos, que se acumulam nas minas, são muito mais radioativos e, portanto, mais perigosos. A maior parte do efeito cancerígeno é atribuída ao radônio e a seus filhos. O radônio em si, sendo um gás não reativo, é expelido dos pulmões com a mesma rapidez com que é inalado (e com meia-vida de 3,8 dias, pouco dele se decompõe nos pulmões). Os filhos, porém, são isótopos de elementos reativos (veja a Figura 3.3) e se incorporam às partículas de pó que os mineradores inspiram. Essas partículas aderem ao revestimento dos pulmões e os isótopos filhos radioativos têm, portanto, tempo para provocar seus danos. A incidência de câncer tem sido relacionada com os níveis de radônio (e seus filhos) aos quais os mineradores são expostos.

O mesmo mecanismo de dano biológico se aplica ao radônio e a seus filhos nas casas. Nos níveis constatados em algumas residências, calcula-se que a exposição ao radônio esteja próxima do nível inferior detectado em minas de urânio (considerando-se o período mais longo que as pessoas passam em casa do que em minas). Esse é o cerne da preocupação sobre o potencial cancerígeno do radônio nas residências. De fato, a extrapolação das concentrações que sabidamente causam câncer (minas de urânio) para aquelas comumente encontradas pela população em geral (lares) é menor do que para qualquer outro cancerígeno conhecido ou suspeito. Não obstante, o ceticismo persiste quanto à magnitude do risco, porque uma associação entre níveis de radônio em domicílios e a incidência de câncer ainda não foi comprovada em dados epidemiológicos. Sugere-se com freqüência que a incidência de câncer no minerador de urânio não é um guia confiável, porque as minas possuem mais pó do que as casas. Esse debate é representativo dos demais referentes a todos os carcinogênios ambientais. A evidência se revela constantemente equivocada, e as extrapolações a exposições usuais são incertas, levando os indivíduos a avaliarem os riscos de formas muito diferentes.

b. Raios beta e gama, e nêutrons. Por ser um elétron energético, um raio β é mais leve do que um raio α e tem apenas uma carga. Ele também perde cerca de 30 eV por colisão, mas ioniza somente em torno de 1 em 1.200 átomos em sua trajetória. A densidade do dano é, portanto, mais baixa, porém o alcance de um raio β é maior; um raio β de 6 MeV se desloca por 3 cm em água ou tecido biológico. A radiação β externa, portanto, apresenta risco, e os isótopos emissores β devem ser blindados.

Um raio γ é um fóton de alta energia, que possui um modo de interação com a matéria diferente do das partículas carregadas. A probabilidade de um raio γ atingir um átomo em sua trajetória é bastante baixa, mas, quando isso acontece, ele transfere uma grande quantidade de energia, e o elétron ionizado leva consigo energia suficiente para ionizar muitos outros elétrons (ionizações secundárias). Por esse motivo, os raios γ não possuem alcance bem definido, embora seja possível definir a distribuição por comprimento de trajetórias. Para raios γ de 6 MeV, a trajetória média em que metade dos raios γ pararam é de 20 cm em água ou tecido biológico. Os emissores γ energéticos requerem blindagem pesada.

Finalmente, os nêutrons interagem com a matéria ao penetrar as camadas de elétrons e ao reagir diretamente com os núcleos da matéria, deslocando-os e causando ionização ou produzindo radioisótopos, que, por sua vez, liberam radiação ionizante. Os nêutrons se decompõem espontaneamente ($t_{1/2}$ = 12 minutos) em prótons e elétrons, sendo, portanto, preocupantes somente na vizinhança imediata das reações nucleares.

3.5 | *Exposição à radiação*

Além da localização da fonte de radiação e do tipo de radiação, a exposição depende da concentração de um dado radioisótopo e sua meia-vida. Quanto mais curta a meia-vida, maior a taxa de desintegração e mais intensa a exposição. Por outro lado, se a meia-vida for muito curta, a exposição também será breve.

As desintegrações radioativas são medidas em *curies* (Ci); um Ci é igual a $3,7 \times 10^{10}$ desintegrações por segundo. No caso do radônio em domicílios, a agência de proteção ambiental dos Estados Unidos (U.S. EPA) estabeleceu um nível de ação de 4 pCi/l (4 picocuries por litro), correspondendo a 0,15 desintegrações por segundo para cada litro de ar na casa. A exposição à radiação, por outro lado, é medida em várias unidades diferentes. Um *roentgen* (R) é a quantidade de radiação que, ao passar por 1 cm³ de ar (a 0 °C e pressão de 1 atm), criaria uma unidade eletrostática ($2,08 \times 10^9$ vezes a carga de um elétron) tanto de cargas positivas quanto negativas. Um *rad* é a quantidade de radiação que deposita 100 ergs de energia em um grama de material; para tecidos biológicos, 1 R é aproximadamente equivalente a 1 rad. Finalmente, um *rem* (*roentgen-equivalent-man*) é a quantidade de radiação que produz o mesmo efeito biológico em uma pessoa que 1 R de raios X. Para raios β e γ, 1 rad equivale a 1 rem, mas para raios α, em virtude de sua maior capacidade ionizante, 1 rad equivale a 10-20 rem, dependendo de sua energia (há novas unidades internacionais, como o *gray*, equivalente ao rad, e o *sievert*, equivalente a 100 rem).

A quanta radiação estamos expostos? A Tabela 3.4 lista as doses médias anuais para a população norte-americana. O total é de cerca de 360 mrem (milirem), a grande maioria dos quais deriva de fontes naturais. Mais da metade do total provém do radônio, com significativos incrementos adicionais de raios cósmicos, da radiação de rochas e solos (outros, além do radônio) e de radioisótopos que ocorrem naturalmente no corpo (principalmente ^{40}K). Os 18% restantes advêm de fontes artificiais, principalmente raios X e radioisótopos usados na medicina. Produtos de consumo, principalmente materiais de construção, respondem por 10 mrem, ou 3% do total. Estima-se que a precipitação proveniente de testes de armas nucleares (uma séria preocupação no período de testes pesados) contribuam com menos de 1 mrem, assim como todo o ciclo de combustível nuclear. Uma pequena dose similar é produzida por exposições ocupacionais. Mas esse registro na tabela é um pouco duvidoso, já que se trata de uma dose média para toda a população norte-americana. Em cerca de um milhão de trabalhadores envolvidos nas ocupações afetadas, a dose média anual é de 230 mrem, praticamente igual à dose média de radônio, ao passo que para aqueles em ocupações particularmente arriscadas, como os mineradores de urânio, a dose pode ser bem mais elevada.

Há outras variáveis que podem aumentar a exposição de um indivíduo em relação à média. A grande variabilidade nos níveis de radônio em domicílios já foi mencionada. Cada raio X dental ou peitoral acrescenta 10 mrem ao total individual, ao passo que um raio X do trato intestinal acrescenta 200 mrem. O registro para raio cósmico na Tabela 3.4 se refere a pessoas que vivem ao nível do mar, mas quanto maior a altitude, mais intenso fica o raio cósmico (é o dobro a uma altura de 2.000 m e quatro vezes maior a uma altura de 3.000 m). Por essa razão, os que moram em locais de altitude elevada ou os que viajam freqüente-

TABELA 3.4 *Trajetórias de exposição anual média (1990) à radiação pela população dos Estados Unidos.*

Fonte de radiação	Dose (mrem)	Percentual da dose total
Natural		
Gás radônio	200	55
Raios cósmicos	27	8
Terrestre (radiação proveniente de rochas e do solo, exceto do radônio)	28	8
Dentro do corpo (radioisótopos que ocorrem naturalmente nos alimentos e na água)	39	11
Total natural	**294**	**82**
Artificial		
Médica		
Raios X	39	11
Medicina nuclear	14	4
Produtos de consumo (materiais de construção, água)	10	3
Outras		
Ocupacionais (mineradores subterrâneos, técnicos de raio X, operários de usinas nucleares)	< 1	< 0,03
Ciclo do combustível nuclear	< 1	< 0,03
Partículas radioativas liberadas em testes de armas nucleares	< 1	< 0,03
Miscelânea	< 1	< 0,03
Total artificial	**64**	**18**
Total natural mais artificial	**358**	**100**

Fonte: National Council on Radiation and Measurement (1990). (Washington, DC: National Academy Press).

mente de avião (exposição de 3 mrem para um vôo de cinco horas a 9.000 m), estão sujeitos a uma exposição maior aos raios cósmicos. Nenhum desses fatores é terrivelmente preocupante, sobretudo quando são analisados em relação ao parâmetro de 360 mrem/ano. Esse parâmetro também coloca o risco da radiação resultante da indústria nuclear em seu devido contexto. Para a população em geral, esse risco pode ser considerado desprezível, desde que todos os radioisótopos permaneçam onde devem supostamente estar. Essa é, obviamente, uma condição de suma importância.

3.6 Fissão

Quando um núcleo pesado se divide em dois mais leves, a liberação de energia é muito grande, devido à maior estabilidade dos núcleos mais leves (veja a Figura 3.1). Mas a fissão é um evento extremamente raro, mesmo entre os átomos de urânio. No caso do ^{235}U, porém, a fissão é induzida quando o núcleo absorve um nêutron. Não só o núcleo se subdivide em dois menores, mas ocorre também a liberação de dois ou três nêutrons. Um exemplo de trajetória de fissão é

$$^1_0n + ^{235}_{92}U = ^{144}_{56}Ba + ^{89}_{36}Kr + 3^1_0n \qquad \textbf{3.1}$$

Os núcleos mais leves, chamados de *produtos de fissão*, podem ter uma gama de massas; por isso, em alguns casos, dois ou três nêutros são liberados. Esses nêutrons recém-produzidos podem colidir com outros núcleos ^{235}U, induzindo-os à fissão. Como mais de um nêutron é liberado por fissão, pode haver uma *reação nuclear em cadeia*, em que o número de ocorrências de fissão rapidamente aumenta (veja a Figura 3.4). A percepção que os físicos tiveram, às vésperas da Segunda Guerra Mundial, da enorme energia que poderia ser liberada em uma reação de fissão em cadeia levou à corrida para o desenvolvimento de um bomba atômica, culminando nas explosões sobre Hiroshima e Nagasaki, em 1945.

A sustentação de uma reação em cadeia depende principalmente da quantidade de urânio presente, já que alguns nêutrons escapam do sistema antes de serem absorvidos pelos núcleos de urânio. Essa tendência diminui à medida que a razão superfície/volume da amostra diminui, ou seja, a massa do urânio aumenta. Uma *massa crítica* é a quantidade de urânio para *k* (probabilidade de um nêutron produzido em uma reação de fissão induzir outra reação de fissão) igual a um. Esse é o ponto de equilíbrio para uma reação em cadeia auto-sustentável. Uma explosão de fissão é acionada pela composição de uma *massa supercrítica* (*k* > 1) de urânio 235 (ou plutônio 239, um isótopo fissionável de fabricação humana) muito rapidamente, usando-se um explosivo químico como ativador. Para o urânio 235 puro, a massa crítica é igual a 15 kg e para o plutônio 239 puro é de 4,4 kg

FIGURA 3.4

Reação em cadeia induzida por nêutrons termais (lentos) (PF e PF' representam vários produtos de fissão).

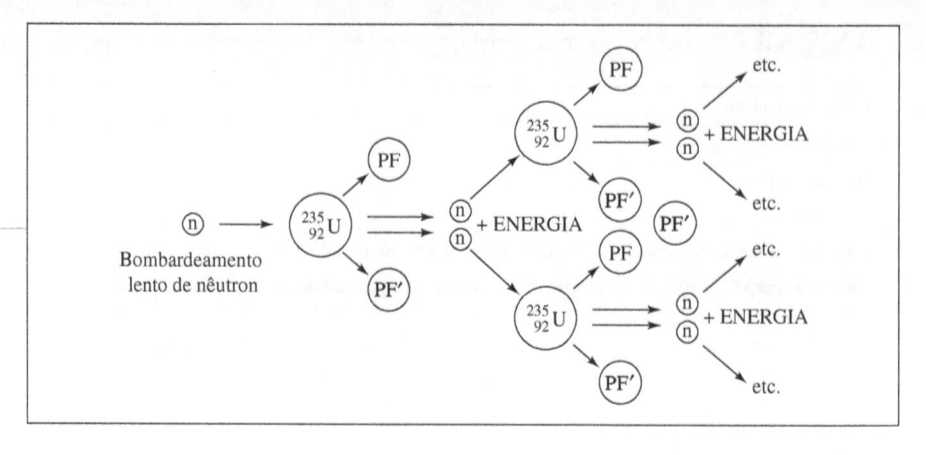

(massas menores podem ser críticas, se circundadas por material que reflita os nêutrons que escapam, disponibilizando-os para outras ocorrências de fissão. Os refletores estão incorporados ao projeto de armas nucleares).

Os produtos de fissão são altamente radioativos. Como a curva de estabilidade da razão n/p apresenta curvatura descendente, a fissão de um elemento pesado cria núcleos filhos que possuem excesso de nêutrons, como ilustra a Figura 3.5. Eles se movem em direção à linha de estabilidade pela emissão β. Além disso, a reação nuclear em cadeia leva à produção de *actinídeos* adicionais (elementos no período do urânio na tabela periódica). Nem todas as colisões de nêutrons com núcleos de urânio acarretam fissão. Em geral, os nêutrons são simplesmente absorvidos, gerando núcleos mais pesados. Esses núcleos são instáveis, com decaimento via emissão α, mas muitos têm vida longa, com meias-vidas estendendo-se a milhares de anos. A combinação de produtos de fissão intensamente radioativos com actinídeos de vida longa produz o complicado potencial de impacto ambiental que caracteriza a era nuclear.

a. Reatores de água pressurizada. Desde a terrível origem da era nuclear, os cientistas sonham em aproveitar a potência do núcleo para fins pacíficos; desse ímpeto nasceu o programa do reator de energia nuclear. A Figura 3.6 mostra os princípios operacionais do projeto mais comum de reator nuclear – o reator de água pressurizada. Os bastões de combustível desse reator contêm péletes (ou pastilhas) de urânio ou óxido de urânio. O urânio de ocorrência natural é composto na maior parte de ^{238}U, que não fissiona. O ^{235}U constitui somente 1 dos 140 átomos de urânio. Para formar uma reação em cadeia no reator movido a água, o urânio é enriquecido no isótopo de ^{235}U a um nível de 3% a 4,5%. Bastões de controle contendo cádmio ou boro, que absorvem eficazmente os nêutrons, são baixados automaticamente entre os bastões de combustível até um nível que ajuste o fluxo de nêutrons, de modo que a reação em cadeia seja mantida, sem fugir ao controle.

Em torno dos bastões de combustível e de controle há um recipiente de água, que atua tanto como líquido refrigerador, para dissipar a energia gerada na reação de fissão, quanto como *moderador*, ou seja, uma substância que desacelera os nêutrons, para aumentar a probabilidade de fissão. A probabilidade de ocorrência de fissão quando um nêutron colide com um átomo ^{235}U é máxima quando a energia do nêutron está próxima da *energia termal*, a energia média das moléculas circundantes. Os nêutrons de fissão são liberados com elevada energia (velocidade) e devem ser desacelerados para propagar eficientemente

FIGURA 3.5

Razão próton-nêutron para isótopos estáveis formados via emissão beta [partículas beta (β^-) são elétrons de alta energia emitidos pela reação: $(^1_0n) \rightarrow próton(^1_1p^+) + \beta^-$].

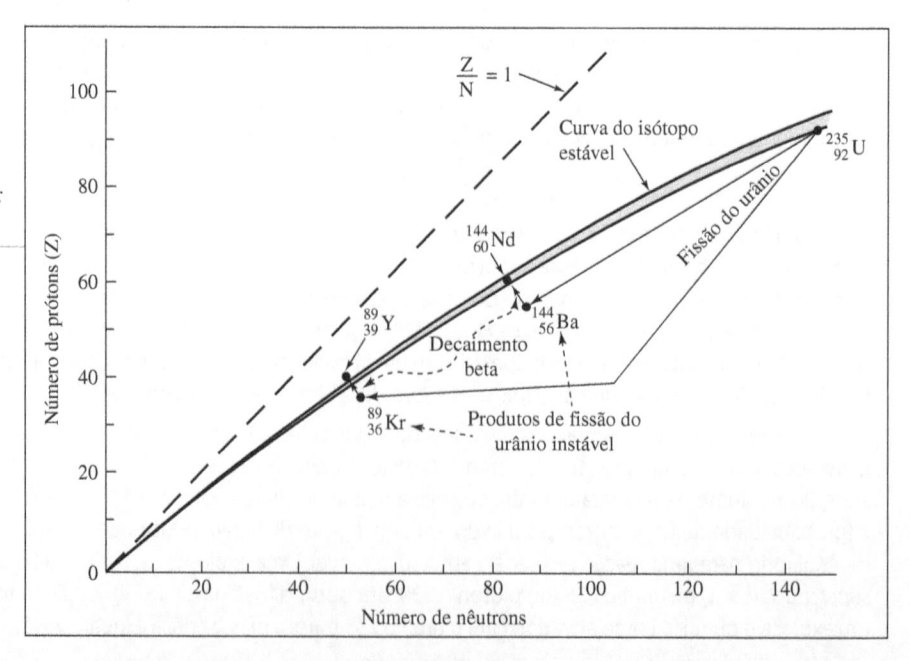

a reação em cadeia. Quanto mais leves os átomos do moderador, maior a energia removida por colisão. Com dois átomos de hidrogênio por molécula, a água é um moderador eficiente.

Uma alternativa é usar água pesada, D_2O, em vez de H_2O, como líquido refrigerador e moderador. O D_2O é um moderador menos eficaz por causa da maior massa de deutério, mas o deutério absorve muito menos nêutrons do que o hidrogênio. Por conseguinte, é possível manter uma reação em cadeia, mesmo com urânio não enriquecido (^{235}U a 0,7%), se o D_2O for usado como moderador. Esse é o modo operacional do reator CANDU projetado no Canadá. Os méritos relativos dos reatores de água leve e pesada dependem em larga medida dos custos relativos de se separar o D_2O do H_2O *versus* separar ^{235}U de ^{238}U. Os custos deste último caso foram, de certa forma, encobertos pela preexistência de grandes usinas de separação de ^{235}U construídas para a produção de armas nucleares e que foram subseqüentemente usadas para fornecer combustível aos programas de reatores comerciais.

A água no reator circula através de um trocador de calor que gera vapor em um refrigerador de água secundário; esse vapor é depois usado para mover uma turbina e gerar eletricidade. Basicamente, o reator é um gerador a vapor convencional, em que a fonte de calor fissiona urânio em vez de queimar carvão. A quantidade de energia concentrada no urânio é muito maior do que no carvão. Enquanto o maior valor térmico encontrado para o carvão é de aproximadamente 33 kJ/g, um grama de ^{235}U é capaz de liberar $7,2 \times 10^7$ kJ. Um grama de ^{235}U equivale a cerca de 2,5 toneladas métricas de carvão de alta pureza.

b. Separação de isótopos. Como os isótopos de um dado elemento possuem a mesma química, sua separação deve se basear nas ligeiras diferenças em suas propriedades resultantes das diferenças em massa. Quanto maior a razão de massa dos isótopos, mais fácil será explorar essas diferenças. As velocidades de reações químicas envolvendo o hidrogênio, por exemplo, são consideravelmente mais rápidas do que as que envolvem o deutério; a eletrólise de água para H_2 e O_2 resulta em um líquido que é progressivamente mais rico em D_2O.

A razão de massa entre o ^{235}U e o ^{238}U é próxima demais de um para se usar as diferenças em velocidades de reação, mas as separações físicas que são sensíveis a essa razão podem ser operadas em várias etapas sucessivas, de modo a produzir um enriquecimento gradual. O primeiro método a ser desenvolvido (durante o programa emergencial na Segunda Guerra Mundial para construção da bomba atômica) foi a difusão gasosa. O componente gasoso UF_6 deve passar por uma sucessão de barreiras porosas de difusão. Em cada uma delas, o $^{235}UF_6$ é enriquecido por um fator igual à raiz quadrada da razão de massa $^{238}UF_6/^{235}UF_6$, ou seja, um fator de 1,0064. O enriquecimento após n barreiras de difusão é de $(1,0064)^n$. O enriquecimento pelo fator quatro da abundância natural de ^{235}U a 0,7%, para os 2,8% minimamente necessários aos reatores a água, leva 348 etapas de difusão [ou seja, $4 = (1,004)^{348}$]. As usinas necessárias para esse processo são enormes e onerosas, e grandes quantidades de energia são necessárias para forçar o UF_6 a passar por tantas barreiras.

A difusão de gás tem sido largamente substituída pela centrifugação. A aplicação de força centrífuga oferece uma rota mais eficiente para a separação do isótopo, porque, para uma dada velocidade e raio de centrifugação, a força é diretamente proporcional à massa, em vez de ser proporcional à sua raiz quadrada. Esse princípio rege as técnicas de centrifugação de gás e de bico de gás (gás *nozzle*).

Entretanto, a alternativa mais promissora é o enriquecimento isotópico a laser, que é um dispositivo que produz luz de energia muito bem-definida (*monocromática*). Quando um fóton de energia apropriada é absorvido por uma molécula, ela passa a um estado excitado, em que pode ser consideravelmente mais reativa do que no estado fundamental. Os níveis de energia no estado excitado dependem um pouco da composição isotópica; com um laser suficientemente bem regulado, pode ser possível excitar moléculas que contenham um isótopo, pois se excita somente uma pequena fração das moléculas que contêm outros isótopos. Se a reatividade do estado excitado puder ser adequadamente explorada, enriquecimentos de grandes proporções serão possíveis com um único passo. O enriquecimento a laser detém o potencial de reduzir substancialmente a complexidade e o custo da separação do ^{235}U.

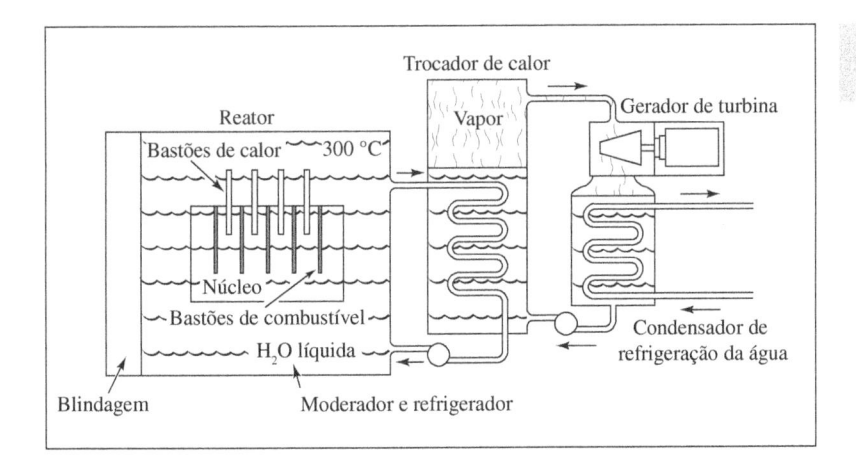

FIGURA 3.6

Reator de água pressurizada.

A separação isotópica de baixo custo melhoraria a relação custo-benefício da energia nuclear, embora o efeito se limite ao custo do combustível, que é um componente secundário do custo de distribuição da energia. Isso também tornaria a tecnologia nuclear acessível a muitas nações atualmente não nucleares e complicaria os problemas de proliferação de armas nucleares.

c. Reator regenerador. Embora o ^{235}U represente uma forma de energia extremamente concentrada, não há muito dele presente no universo. É possível, contudo, ampliar o suprimento de combustível nuclear por meio da conversão do isótopo de urânio dominante, o ^{238}U, em outro isótopo fissionável, o ^{239}Pu. Isso se dá pela simples irradiação do urânio com nêutrons, de acordo com as reações nucleares diagramadas na Figura 3.7. A absorção de um nêutron pelo ^{238}U produz um isótopo muito instável, o ^{239}U, que gera o ^{239}Np via emissão beta. Por uma transformação semelhante, o ^{239}Np se converte em ^{239}Pu. Sendo fissionável, esse isótopo pode ser usado em um reator de energia, assim como o ^{235}U. De fato, os reatores convencionais obtêm parte de sua energia do ^{239}Pu, que é inevitavelmente gerado quando os nêutrons do reator encontram o ^{238}U, o principal isótopo de urânio presente mesmo em combustível enriquecido de reator.

Não se produz muito ^{239}Pu dessa maneira, porque a probabilidade de o ^{238}U absorver um nêutron é máxima para nêutrons rápidos, não para nêutrons termais para os quais o reator de fissão movido a água foi projetado.

Uma produção eficiente de ^{239}Pu requer um reator 'regenerador' que opere com nêutrons rápidos. A Figura 3.8 ilustra um diagrama esquemático para um reator regenerador rápido. A principal diferença em relação a um reator de fissão comum é que o refrigerador a água é substituído por sódio líquido. Por serem mais pesados do que os átomos de hidrogênio, os átomos de sódio desaceleram menos os nêutrons, e o sódio líquido retira eficientemente calor do reator. O refrigerador primário de sódio transfere seu calor para um refrigerador secundário de sódio líquido, que, por sua vez, transfere calor a um gerador a vapor que move a turbina para gerar eletricidade. O propósito do segundo refrigerador a sódio é evitar qualquer contato acidental do refrigerador primário com a água, já que alguns átomos de sódio absorvem nêutrons e se tornam radioativos.

Uma camada de urânio comum envolve o reator; nela o ^{239}Pu é gerado por nêutrons rápidos. Ao mesmo tempo, os nêutrons rápidos tornam menos eficiente a reação de fissão induzida, de modo que o combustível do reator deve ser enriquecido até a faixa de 15% a 20% com um isótopo fissionável, ^{235}U ou ^{239}Pu.

Perdas inevitáveis ocorrem no sistema, mas, ainda assim, o uso de um reator regenerador amplia o suprimento de combustível do urânio por um fator mínimo de 50 e transforma a fissão nuclear em um recurso energético muito maior do que o carvão. A tecnologia do reator regenerador é, porém, bem mais complexa do que a do reator com base na fissão comum e ainda está em desenvolvimento. O maior problema está associado à tubulação do trocador de calor, já que o vazamento de sódio líquido pode ser desastroso. Em 1994, um desses vazamentos resultou na explosão de um reator regenerador francês,

FIGURA 3.7

Produção de Pu 239 com origem no bombardeamento de U 238 com nêutrons rápidos.

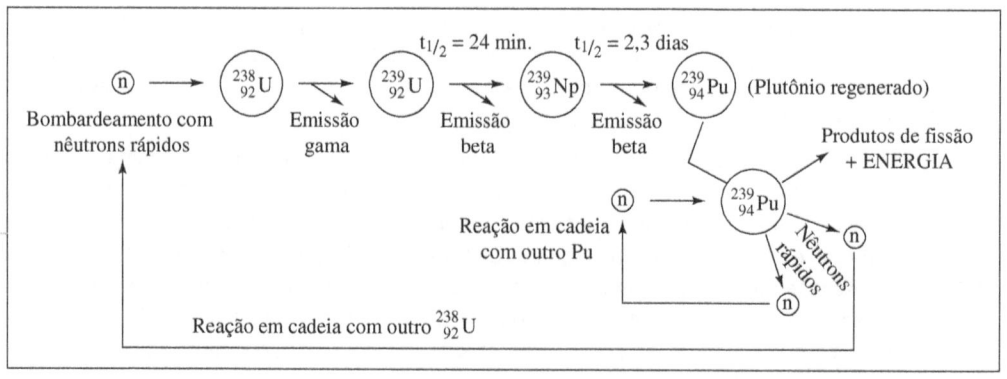

FIGURA 3.8

Reator regenerador com sódio líquido.

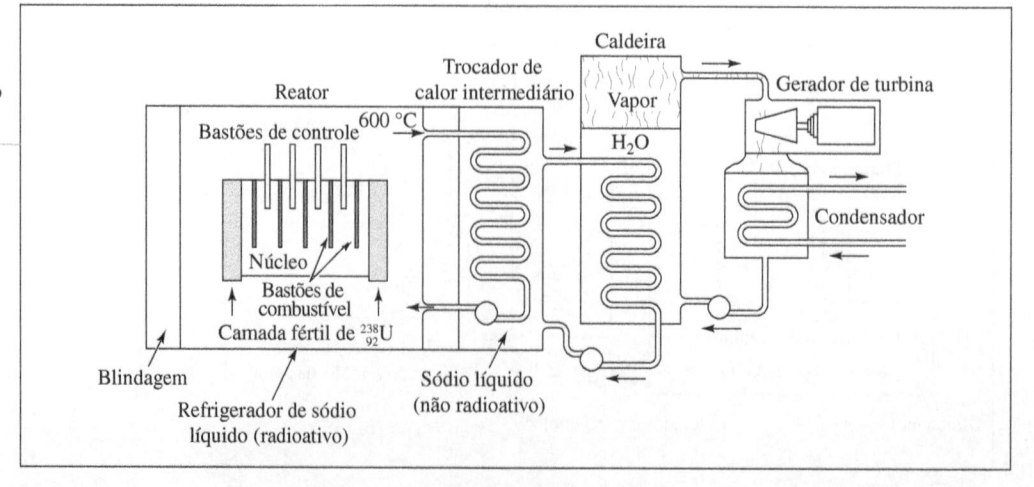

matando um operário. O programa francês de regeneradores é o mais avançado do mundo, mas dificuldades técnicas e altos custos protelaram seu desenvolvimento.

d. Reprocessamento. O ^{235}U no bastão de combustível de um reator a água pressurizada não pode ser completamente consumido, por causa da formação de produtos de fissão, os quais absorvem os nêutrons e finalmente desaceleram a reação em cadeia. Após cerca de um ano, os bastões de combustível devem ser substituídos por novos.

O combustível gasto pode ser reprocessado por extração química dos produtos de fissão, separação do plutônio acumulado e reconcentração do urânio. Este pode ser refabricado nos novos bastões de combustível. O que fazer com o plutônio é uma questão complicada (veja a próxima seção sobre proliferação de armas), na ausência de um programa ativo de regeneradores. A opção atual consiste em misturar plutônio e urânio em bastões de MOX (*mixed uranium-plutonium oxide*; óxido misto de urânio e plutônio). Estes podem ser queimados em reatores convencionais, embora as diferentes propriedades nucleares dos dois elementos restrinjam o volume de combustível MOX para um terço do núcleo do reator. Entretanto, a fabricação do combustível MOX é atualmente muito mais onerosa do que a do combustível de ^{235}U convencional.

Na usina de reprocessamento de combustível, os bastões de combustível são cortados em pedaços e dissolvidos em ácido, e a solução resultante é submetida a sucessivas etapas de extração de solvente e troca de íons, para se fazer a separação dos elementos. A química é simples, mas a tecnologia é complicada por causa da necessidade de manuseio remoto do material intensamente radioativo. Em virtude de questões técnicas e de segurança, bem como considerações de política interna, não há nenhuma usina de reprocessamento em atividade nos Estados Unidos há mais de duas décadas. Atualmente, as maiores usinas de reprocessamento funcionam na França e na Inglaterra e reprocessam combustível de outros países também. A Rússia e o Japão reprocessam volumes menores de combustível nuclear.

3.7 Riscos da energia nuclear

a. Segurança de reatores: Three Mile Island e Chernobil. Sob condições operacionais normais, a radiação liberada por reatores nucleares é muito baixa, mas o potencial de vazamentos acidentais é uma séria preocupação, pois um reator médio contém tanto material radioativo quanto a bomba atômica de Hiroshima. O perigo não está na deflagração de uma explosão nuclear; o material fissionável no combustível do reator é diluído demais para ser, por si só, explosivo. Entretanto, um grande volume de calor é gerado por um bastão de combustível em funcionamento, mesmo após os bastões de controle terem sido baixados para estancar a reação em cadeia (o que ocorre automaticamente em caso de acidente). Esse calor é levado pela circulação da água através do reator. Contudo, se ocorrer um vazamento de água ou o não reabastecimento em caso de esgotamento pela própria ebulição, a temperatura pode subir a níveis desastrosos, permitindo a liberação de materiais altamente radioativos. Há mecanismos emergenciais de suporte para o reabastecimento de água, mas esses sistemas podem sofrer falha técnica ou erro humano.

Tanto a falha técnica quanto o erro humano foram responsáveis pelos dois maiores acidentes que marcaram a era da geração de energia nuclear. Em março de 1979, os bastões de combustível na usina nuclear de Three Mile Island, próximo a Harrisburg, Pensilvânia, Estados Unidos, derreteram quando houve perda de água de refrigeração. Uma bomba do sistema de refrigeração primária falhou, as bombas auxiliares não estavam operantes e o sistema de refrigeração emergencial estava momentaneamente desligado, por um erro do operador. Quando foi religado, alguns minutos após a falha na bomba, uma grande bolha de gás hidrogênio havia-se formado, pela ação da água em alta temperatura sobre o revestimento de zircônio nos bastões de combustível:

$$Zr + 2H_2O \rightleftharpoons ZrO_2 + 2H_2 \qquad \textbf{3.2}$$

A bolha impediu que a água de refrigeração atingisse os bastões de combustível, que derreteram parcialmente. Houve receio de que o hidrogênio se misturasse ao ar e explodisse, provocando uma rachadura na parede de contenção. Felizmente, isso não aconteceu, e o núcleo finalmente se esfriou, após deixar escapar um pequeno volume de gás radioativo.

Muito mais grave foi o acidente ocorrido em 26 de abril de 1986 na cidade ucraniana de Chernobil, um nome agora sinônimo de desastre nuclear. Dessa vez, um reator literalmente pegou fogo e explodiu em pedaços, provocando uma grande nuvem de destroços radioativos que espalharam radioisótopos por grande parte da Europa e algumas regiões da Ásia. O reator continuou a queimar por cerca de dez dias, chegando a liberar 10 milhões de curies de radioatividade no meio ambiente. Os reatores da classe dos de Chernobil, que continuam em uso por toda a antiga União Soviética, têm um projeto diferente do reator movido a água descrito anteriormente. Eles empregam grafite, em vez de água, como moderador. A grafite contém somente átomos de carbono e desacelera os nêutrons com boa eficácia; é capaz de sustentar uma reação em cadeia quando somente 1,8% do combustível se compõem de ^{235}U fissionável. O calor é levado pelo fluxo de água em torno de cada bastão de combustível. Como os bastões são refrigerados individualmente, eles podem ser substituídos de forma alternada, sem a necessidade de paralisação do reator. Conseqüentemente, esse tipo de reator possui um dos mais elevados índices de produtividade na indústria nuclear.

Infelizmente, um reator movido a grafite possui um sério risco inerente. A tubulação é muito complicada, e a grafite, sendo carbono, é inflamável. Por isso o reator de Chernobil queimou de forma tão violenta após o acidente. Mais importante ainda, os reatores a grafite possuem uma propriedade perigosa designada de 'coeficiente de reatividade positiva'. Quando os níveis de potência despencam para um nível muito baixo, o reator se torna instável e pode escapar ao controle. Foi o que ocorreu no dia do acidente, durante uma simulação de falha de potência. A perda de potência, em conjunção com o mau funcionamento dos bastões de controle e o erro de julgamento do operador, deixou o reator fora de controle, o que causou a vaporização da água, a explosão da tampa do reator e a combustão da grafite. Duas pessoas morreram na explosão e milhares de outras se feriram. Nos meses seguintes, 29 pessoas morreram vítimas dos efeitos da radiação. Os efeitos da radiação permanecem por um longo prazo, mas é difícil de medi-los em razão da grande variação de exposição. Contudo, o aumento substancial no número de câncer de tireóide infantil na região está bem documentado. As crianças são particularmente suscetíveis ao produto de fissão ^{131}I, porque sua tireóide cresce rapidamente e concentra iodo. Felizmente, o câncer da tireóide raramente é fatal.

Algumas regiões da Europa que estão localizadas a favor do vento proveniente da área do reator sofreram chuva pesada quando a nuvem de radioatividade passou sobre elas; foi registrada uma deposição de partículas radioativas de 100 a 1.000 vezes maior do que durante o período de pico de testes de armas nucleares. O leite das vacas criadas em pastos carregados de resíduos radioativos foi contaminado e precisou ser condenado. Mesmo vários anos após o acidente, a radioatividade em renas na Escandinávia e em ovelhas em algumas regiões do norte da Inglaterra excedeu os níveis permitidos para o consumo de carne. De modo geral, o registro de segurança da indústria nuclear é, na verdade, impressionante. Somente um desastre de terríveis proporções ocorreu entre centenas de reatores nucleares em operação nas últimas quatro décadas, e a perda de vidas humanas não foi pior do que em uma série de acidentes industriais não nucleares em grande escala. Não obstante, a possibilidade de outra Chernobil lança uma nuvem sombria sobre essa indústria; e o ônus de tomar sérias precauções para evitar acidentes previsíveis sobrecarrega substancialmente os custos de construção e manutenção de usinas nucleares.

Há novos projetos de reatores em desenvolvimento, que trazem a promessa de melhoria nas margens de segurança por um fator de dez ou mais. Esses reatores seriam 'passivamente estáveis' por serem projetados a se bloquearem automaticamente em caso de acidente. Um exemplo é o 'reator movido a água passivamente estável' (veja a Figura 3.9). Nele, a água de refrigeração emergencial seria movida por gravidade e pela pressão do nitrogênio em vez de bombas elétricas; e a cápsula de contenção seria refrigerada em situações de emergência pelo vapor d'água suprido pela gravidade com origem em tanques localizados acima do recipiente de contenção. Além disso, esse novo reator possui um projeto simplificado que requer muito menos válvulas, bombas, dutos e cabos do que os atualmente disponíveis. Um desvio mais radical da prática corrente é o 'reator avançado modular de alta temperatura e refrigeração a gás', no qual o problema de superaquecimento do combustível seria contornado por meio de revestimento dos péletes de combustível com uma camada protetora feita de um material muito duro, o carbeto de silício; esses péletes suportariam temperaturas acima de 1.600 ºC, uma temperatura mais elevada do que o combustível é capaz de gerar. Esse reator funcionaria a 600 ºC, o que o tornaria termodinamicamente eficiente, e utilizaria gás hélio como agente de transferência de calor. Seria enterrado no solo e teria volume pequeno o suficiente para garantir que qualquer excesso de calor fosse conduzido pelo solo circundante. Uma versão modificada desse reator talvez seja construída em breve na África do Sul.

b. Proliferação de armas. Desde a primeira aparição da energia nuclear sob a forma de bomba atômica, uma questão predominante que se impõe à energia nuclear civil é como evitar o uso desse combustível na fabricação de armas. O ^{235}U não é o principal problema a esse respeito, já que a bomba requer um ^{235}U altamente enriquecido, mais do que 93%, e os bastões de

FIGURA 3.9
Reator movido a água refrigerado passivamente.

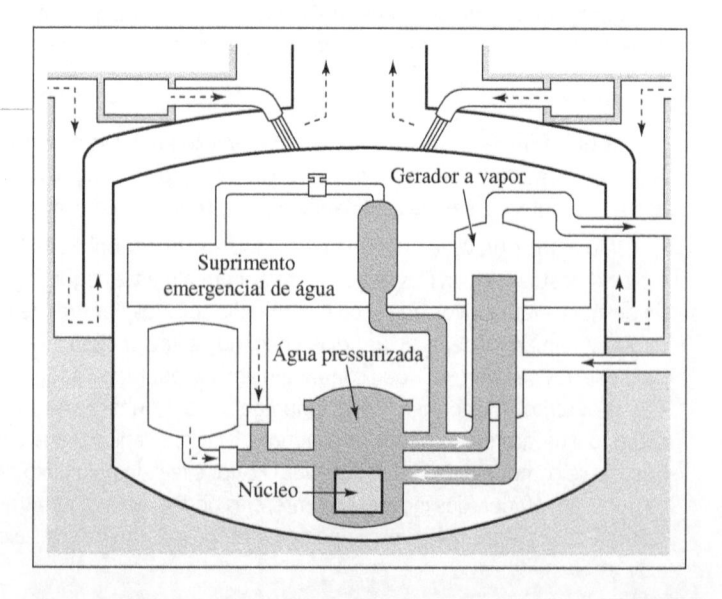

combustível convencionais são apenas levemente enriquecidos. O combustível de ^{235}U para uso em armamento exige o enriquecimento isotópico, um processo altamente tecnológico que envolve um considerável comprometimento de recursos. Como o urânio altamente enriquecido é usado somente em armas, os meios de proteção contra o desvio do ^{235}U são relativamente diretos. A suspeita de que o Iraque planejava a produção clandestina de uma arma de ^{235}U (um programa para produção de urânio altamente enriquecido foi posteriormente confirmado) foi um dos fatores desencadeadores da Guerra do Golfo, em 1990.

O ^{239}Pu constitui um caso totalmente diferente. O plutônio e o urânio, sendo elementos diferentes, são prontamente separados por meios químicos. Como o ^{239}Pu é o principal isótopo de plutônio gerado em um reator de urânio, nenhum enriquecimento isotópico é necessário para se produzir combustível apropriado para armas. O plutônio extraído em uma usina de reprocessamento pode ser usado em explosivos nucleares. A Índia produziu e testou uma bomba nuclear usando plutônio recuperado com base em combustível de reator reprocessado. Tem-se argumentado que uma quantidade pequena de 5 kg pode ser modelada em uma arma rústica, porém utilizável, por grupos ou até indivíduos com base em documentos oficiais públicos (parte do ^{239}Pu produzido em combustível de reator é convertido para ^{240}Pu e ^{241}Pu, à medida que o bastão de combustível continua a ser irradiado com nêutrons. O ^{240}Pu emite nêutrons de forma espontânea e pode disparar uma reação em cadeia prematura, reduzindo o rendimento de uma bomba de Pu. Mas uma simples bomba feita de Pu em grau de reator pode apresentar um rendimento de alguns quilotons, cerca de um terço da potência da bomba de Hiroshima).

À medida que a energia nuclear e o reprocessamento de combustível se expandem, o volume de plutônio em circulação aumenta. Vai se tornar mais difícil computar com exatidão o uso de plutônio; e as oportunidades de desvio se multiplicarão. A Figura 3.10 compara a quantidade de Pu separado (barras sombreadas) e de Pu restante em bastões usados de combustível (barras não sombreadas) para 16 nações que possuem reatores nucleares (outras 16 nações detêm um adicional de 10% do estoque mundial de Pu). Cerca de 25% dos estoques civis de Pu foram separados (205 toneladas), quase a totalidade proveniente da França, da Alemanha, do Japão, da Rússia e da Grã-Bretanha. Esse Pu se destina ao uso como combustível nuclear; a tecnologia preferida é misturá-lo com combustível de urânio, sob a forma do óxido misto (MOX). Desse modo, o Pu não está disponível para armas; teria de ser separado quimicamente outra vez. Cerca de metade do Pu separado foi fabricado na forma de MOX, mas pouco dele está atualmente em uso, porque é mais caro do que o combustível comum de urânio. Mesmo quando planos futuros para o uso de MOX forem considerados (veja a Tabela 3.5), parece evidente que o suprimento de Pu separado ultrapassará a demanda.

Ironicamente, a questão do desvio de Pu tomou maiores proporções em decorrência do desarmamento. Durante as décadas da guerra fria, os Estados Unidos e a União Soviética estocaram arsenais com dezenas de milhares de armas nucleares. O fim desse confronto implicou o desmantelamento de muitas dessas armas, para alívio mundial.

Entretanto, as armas desmanteladas acrescentam grandes estoques de Pu com potencial de bomba aos volumes gerados no ciclo civil. As quantidades são comparadas na Figura 3.11a. Os estoques militares atualmente mantêm 107 toneladas de Pu a mais que as necessidades militares. O desarmamento também resultou em um excedente muito maior (770 toneladas) de urânio altamente enriquecido – UAE (veja a Figura 3.11b). Todavia, o urânio pode ser prontamente diluído com urânio não enriquecido, para uso como combustível nuclear convencional.

Não há consenso atual sobre o que fazer com o acúmulo de Pu. Os defensores da energia nuclear querem queimá-lo em reatores e, dessa forma, ampliar o suprimento de combustível nuclear. Os governos da França, do Japão e da Rússia, em particular,

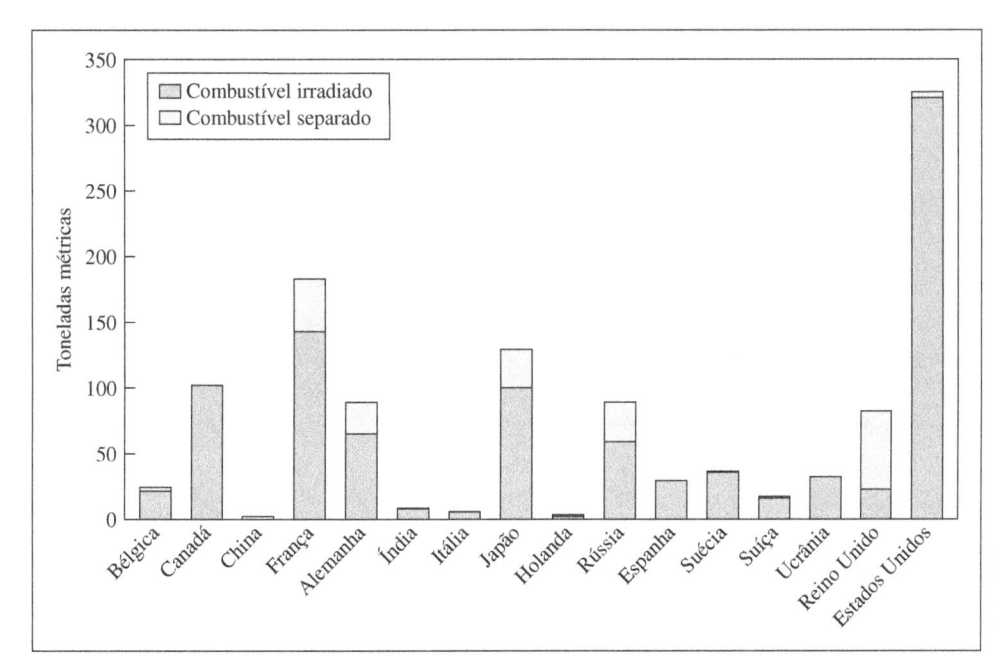

FIGURA 3.10

Estoques de plutônio no ciclo civil do combustível nuclear.

Fonte: dados de Albright e Gorwitz (2000). Rastreamento dos estoques civis de plutônio: final de 1999. *Plutonium Watch (ISIS)*, out. 2000.

estão comprometidos com esse curso de ação como um método de assegurar independência energética. No momento, porém, o Pu é mais caro do que o urânio como combustível nuclear, e é pouco provável que essa situação mude no futuro próximo. Por esse motivo, argumenta-se (em vários grupos) que o Pu deve ser descartado como resíduo, juntamente com resíduos nucleares de alto nível oriundos das usinas de reprocessamento (veja a próxima seção). De fato, argumenta-se também que o combustível de urânio não deveria sequer ser reprocessado, mas usado somente uma única vez, a fim de evitar o problema de salvaguarda do Pu e também porque o reprocessamento hoje em dia é antieconômico. Esse curso de ação significaria, evidentemente, a renúncia de uma considerável fonte de energia. Se essa energia será necessária, à luz de fontes alternativas futuras, é matéria de conjectura e debate.

TABELA 3.5 *Estoques civis de plutônio separado e estoques projetados (em toneladas métricas).*

Status de gerenciamento de plutônio	1998	2010	2015
Países com planos de uso do Pu em MOX*	98,2	45 – 110	45 –115
Países sem planos de uso do Pu em MOX†	92,5	130	140
Países com planos de descarte do Pu civil com excedente de uso militar de Pu‡	4 – 5	5	5
Total	195	180 – 245	190 – 260

* Bélgica, França, Alemanha, Japão, Suécia e Suíça.
† China, Índia, Itália, Holanda, Espanha, Rússia e Reino Unido.
‡ Estados Unidos.

Fonte: dados de Albright e Gorwitz (2000). Rastreamento dos estoques civis de plutônio: final de 1999. *Plutonium Watch (ISIS)*, out. 2000.

FIGURA 3.11

a) Inventário de estoques de plutônio em setores civis e militares.
b) Suprimento de urânio altamente enriquecido em ogivas e em excesso devido ao desarmamento após o fim da Guerra Fria.

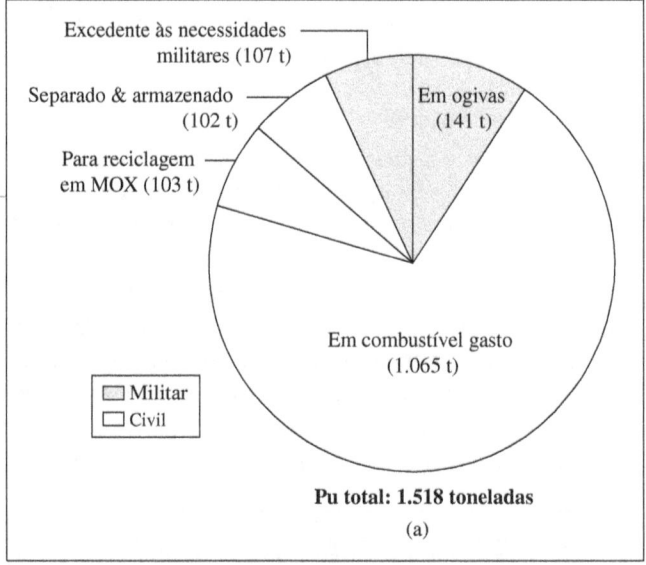

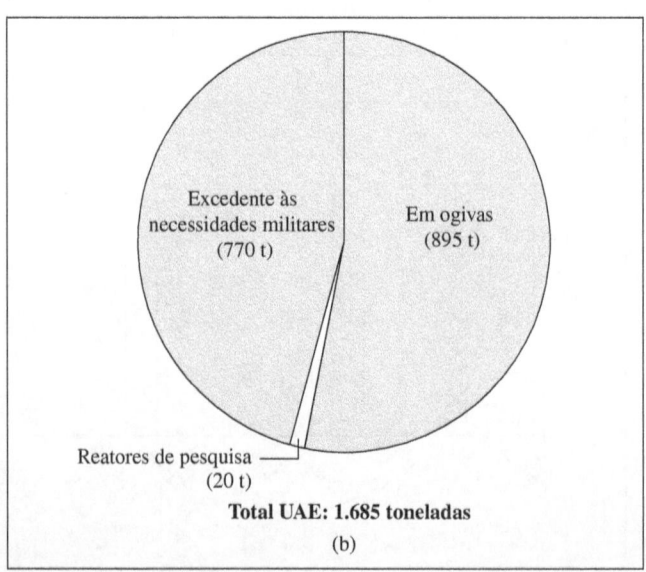

Fonte: dados de Albright e Gorwitz (2000). Rastreamento dos estoques civis de plutônio: final de 1999. *Plutonium Watch (ISIS)*, out. 2000.

c. Descarte de resíduos nucleares.
Mesmo com projetos mais seguros de reatores e um meio efetivo de combate à disseminação de armas nucleares, a energia nuclear continua sendo potencialmente perigosa porque produz lixo radioativo.

Há vários pontos em todo o ciclo de combustível nuclear em que a dispersão de materiais radioativos constitui um problema real ou potencial (veja a Figura 3.12). No início do ciclo, a mineração de urânio em si é uma ocupação de risco. Os mineradores correm alto risco de desenvolver câncer de pulmão por inalarem pó e radônio. Ainda mais premente em termos de saúde pública são os refugos das minas de urânio, partículas finas que permanecem após o minério de urânio ser extraído das rochas.

Embora os níveis de radioatividade sejam baixos, a quantidade de material é considerável: 75 milhões de toneladas nos Estados Unidos. Além disso, o material constituirá um risco por milênios, porque um dos nuclídeos mais importantes, o tório 230, possui meia-vida de 80.000 anos. Como a radioatividade é diluída, o perigo passou despercebido por décadas. Os resíduos foram amontoados em grandes pilhas para ser dispersados pelo vento e lixiviados pela chuva. Parte do material foi até utilizado como enchimento sob construções, expondo os ocupantes a níveis de radioatividade superiores aos limites legais estabelecidos para mineradores de urânio. O descarte seguro de resíduos continua sendo uma tarefa maior.

Mais adiante no ciclo, a dispersão de materiais radioativos constitui um risco na usina de reprocessamento de combustível, onde os bastões gastos de combustível são dissolvidos em ácido para separarem-se os produtos de fissão dos elementos contaminantes pesados, antes que o urânio ou o plutônio seja enviado de volta às usinas de fabricação. O reprocessamento produz o HLW (do inglês, *high level waste*; resíduo nuclear de alto nível), que é altamente radioativo e possui temperatura moderadamente alta. Como nenhum método foi aprovado para seu descarte permanente, o HLW tem-se acumulado nos locais de reprocessamento por quase meio século. Em última instância, planeja-se coletá-lo e misturá-lo com vidro para ser enterrado em algum sítio geológico destinado para esse fim. A radioatividade intensa e a alta temperatura impõem demandas técnicas rigorosas a esse processo.

Quantidades particularmente grandes de HLW têm-se acumulado em locais de reprocessamento militar, onde se fabrica Pu para armas nucleares. Nos Estados Unidos, um dos principais locais é o Hanford Nuclear Reservation, com 560 milhas quadradas, localizado no estado de Washington, onde milhões de galões de HLW estão armazenados em 177 tanques. A maioria dos tanques está em uso há mais décadas do que planejado e a cada ano vários tanques começam a vazar. A limpeza das instalações em Hanford é complicada por práticas de registro negligentes há vários anos. Muitos tanques estão cheios de misturas de substâncias químicas desconhecidas, algumas das quais se revelam altamente explosivas. Reporta-se ainda que os locais de reprocessamento militar na antiga União Soviética apresentam sérios problemas de contaminação.

A maioria dos bastões de combustível não foi reprocessada (veja a Figura 3.10) nem seu reprocessamento nos Estados Unidos está planejado no curto prazo. Aliás, a intenção é colocar os bastões em barris blindados e enterrá-los em um depósito geologicamente estável. Mas o problema é extraordinariamente controverso porque o lixo nuclear deve ser isolado do ambiente humano por períodos excessivamente longos. O período para efeito de segurança pode ser avaliado pela regra geral de que a radiação baixa para níveis desprezíveis após dez meias-vidas: o volume total de material radioativo x é reduzido para $x/2^{10}$, ou cerca de 1/1.000. Para produtos de fissão, esse intervalo é de algumas centenas de anos, mas o plutônio e outros elementos pesados possuem meias-vidas de dezenas de milhares de anos; dez meias-vidas estão na ordem de 250 mil anos. É difícil encontrar um local de despejo em que a perturbação por terremotos ou a infiltração de água subterrânea estejam descartadas durante esse período. Os Estados Unidos escolheram a montanha Yucca, em Nevada, como o local de despejo, mas seu desenvolvimento tem sido lento. Questões técnicas quanto à estabilidade no longo prazo e à segurança se prolongam, e o projeto é fortemente rejeitado pela população de Nevada. Outros países também têm atuação lenta em relação ao descarte geológico.

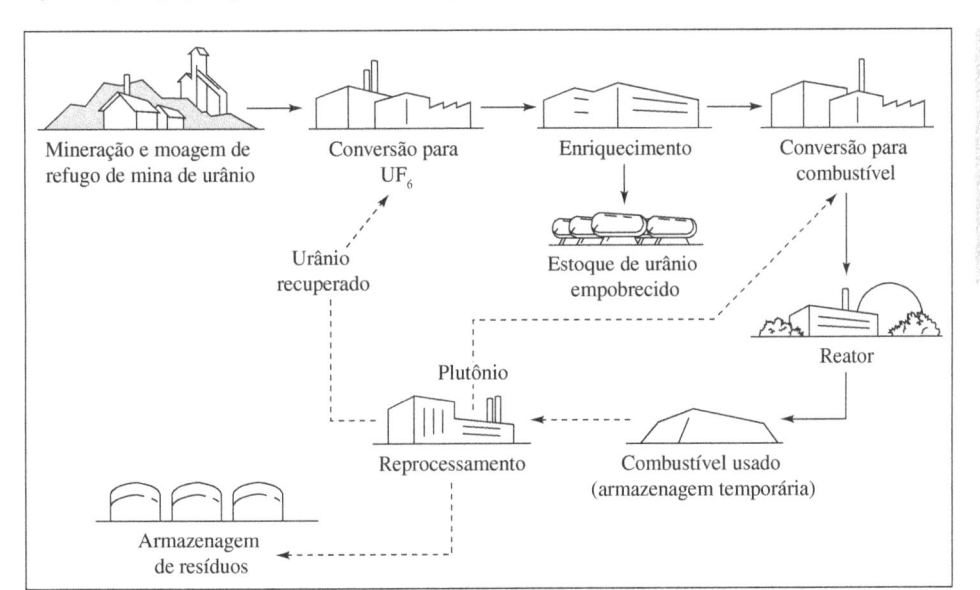

FIGURA 3.12

Ciclo de combustível para um reator nuclear movido a água; as linhas tracejadas ainda não fazem parte do ciclo nos Estados Unidos.

Nesse ínterim, os bastões gastos de combustível estão sendo temporariamente armazenados no local do reator, em reservatórios de água para dissipar o calor. Conforme os operadores do reator enchem as piscinas até sua capacidade máxima, eles criam espaço ao transferir o combustível gasto para armazenagem seca em barris feitos de concreto ou aço. Esses barris são projetados para até um século de armazenagem. Entretanto, o acúmulo de bastões gastos de combustível e a dificuldade de implementar armazenagem geológica permanente lançam uma sombra sobre o futuro da energia de fissão.

3.8 A energia nuclear faz parte do futuro?

Atualmente, a energia nuclear fornece cerca de 23% da energia elétrica nos Estados Unidos, mas as usinas estão ficando antigas e nenhum novo reator nuclear foi encomendado desde 1979. As usinas mais recentes possuem tempo de vida estimado em 30 anos, em média, e a construção de uma nova usina requer aproximadamente dez anos. A construção de usinas nucleares também desacelerou em muitos outros países. É difícil escapar à conclusão de que a indústria nuclear está em declínio, derrotada pelos altos preços e a desconfiança pública (esses dois aspectos estão associados ao processo regulatório).[2]

Mesmo assim, ainda é cedo demais para descartar a energia nuclear. Trata-se de uma fonte vital de energia para países como Japão, França e Rússia, e se planeja uma considerável expansão nos países da Ásia Oriental. Nos Estados Unidos, o surto de demanda elétrica e a desregulamentação do setor energético também melhoraram as perspectivas para a energia de fissão. Antigas usinas nucleares se tornaram negociáveis e estão sendo adquiridas por grandes companhias energéticas, que esperam torná-las mais competitivas. Em um mundo onde as emissões de CO_2 estão sujeitas a regulamentação, a energia nuclear detém uma grande vantagem. Como já discutimos, os projetos de novas usinas poderiam efetivamente atender às demandas de segurança. Os grandes problemas remanescentes são a proliferação de armas e o descarte de lixo nuclear. Estima-se que, para erradicar totalmente as emissões de CO_2 nos Estados Unidos, a energia nuclear teria de crescer a uma taxa que exigiria o equivalente a um depósito da montanha Yucca por ano para os bastões usados de combustível, por mais vários anos. Tendo em vista as enormes dificuldades em estabelecer o primeiro depósito, trata-se de uma perspectiva pouco promissora.

3.9 Fusão

A energia nuclear pode ser potencialmente obtida não só da fissão dos núcleos, mas também de sua fusão. Como vimos na Figura 3.1, os núcleos mais estáveis possuem massas intermediárias; núcleos muito pequenos são menos estáveis. Em particular, os núcleos de hélio são consideravelmente mais estáveis do que os de hidrogênio. Quando dois núcleos de hidrogênio se fundem para formar um núcleo de hélio, uma enorme quantidade de energia é liberada. Entretanto, a fusão dos núcleos requer condições extremas de reação, a fim de superar a grande barreira energética causada pela repulsão entre dois prótons. Essas condições extremas são encontradas no centro das estrelas, incluindo o Sol, cujas emissões de energia se devem às reações de fusão. Condições semelhantes também são obtidas em bombas de hidrogênio, que utilizam a potência de uma explosão de fissão como gatilho para a fusão de hidrogênio.

As *temperaturas de ignição* exigidas para as reações de fusão são da ordem de 100 a 1.000 milhões de °C. Sob temperaturas tão elevadas, todo material terrestre se vaporiza; portanto, um dos desafios ao desenvolvimento da tecnologia de fusão é criar um meio de conter os núcleos em fusão. Duas abordagens parecem promissoras: o confinamento magnético, em que os núcleos em fusão são suspensos em um campo magnético, e o confinamento inercial, em que os núcleos em fusão são forçados a se unirem pelo impacto de um laser de alta potência ou por feixes de íon.

a. Reações de fusão. A fusão não pode ser realizada em átomos comuns de hidrogênio, porque dois prótons não podem se fundir sem nêutrons disponíveis para estabilizar o núcleo do produto. Esse requisito para os nêutrons significa que isótopos pesados de hidrogênio devem ser usados, como o deutério (^2H) ou o trítio (^3H). Uma restrição adicional é que a reação deve produzir duas (ou mais) partículas, a fim de transportar a energia de fusão. Se uma única partícula for produzida, ela vai imediatamente fissionar de novo.

As reações de fusão disponíveis são indicadas na Figura 3.13. A reação 1, fusão de deutério com trítio, possui, de longe, a temperatura de ignição mais baixa, 100 a 200 milhões de °C. Além disso, a pressões atingíveis de um gás ionizado de alta

---

[2] Em 2007, o Conselho Nacional de Política Energética Brasileira (CNPE) aprovou o Plano Nacional de Energia 2030 que traça metas de investimento para o setor ao longo dos próximos 20 anos. O plano tem como base a diversificação da matriz energética, sendo que a energia nuclear assume papel de destaque com aumento de sua participação via instalação de várias novas usinas no Brasil (N. RT.).

temperatura (designado de *plasma*), a densidade de potência da reação deutério-trítio (D-T) é muito mais elevada do que de outras reações de fusão. Isso faz dessa a abordagem mais prática à fusão, e o foco das atuais iniciativas de desenvolvimento.

Entretanto, a reação D-T apresenta a desvantagem de requerer o trítio como combustível. O trítio é um gás radioativo que libera partículas β de baixa energia. Elas não apresentam risco quando emitidas externamente ao corpo, mas são perigosas o suficiente quando o trítio é inalado ou ingerido em água. A meia-vida do trítio é de 12,3 anos, portanto não há nenhuma fonte natural do isótopo. Ele deve ser sintetizado do lítio pelas reações 6 e 7 da Figura 3.13.

Outra desvantagem da reação D-T é que ela produz um nêutron de alta energia por fusão nuclear. Por serem eletricamente neutros, os nêutrons não respondem aos campos magnéticos que direcionam o plasma em um reator Tokamak. Em vez disso, esses nêutrons voam para fora do plasma em alta velocidade.

Eles bombardeiam os materiais estruturais do reator, provocando a *ativação de nêutrons* e tornando o material radioativo. Esses materiais radioativos constituem um grande problema de descarte; o volume de material a ser descartado do núcleo de um reator de fusão é comparável ao volume de lixo radioativo gerado por um reator de fissão. A maior parte do lixo resultante de fusões terá vida relativamente curta, se comparada a dos resíduos da fissão (veja a Figura 3.14). Entretanto, os materiais mais benignos, como as ligas de vanádio e o carbeto de silício, custam caro; os aços ferríticos, menos onerosos, levam cerca de 100 anos para reduzir expressivamente seus níveis de radioatividade. Não obstante, o contraste com a radioatividade de vida longa de um reator de fissão é considerável.

O deutério é o combustível disponível mais abundante, constituindo 0,8% do hidrogênio na Terra (a maior parte, nos oceanos). Assim, as reações (2 e 3) de deutério-deutério (D-D) fornecem um potencial energético de longo prazo muito maior. Além disso, o dano por nêutrons é um problema menor, já que os nêutrons são produzidos somente na reação 2 e se revelam bem menos energéticos do que os produzidos na reação 1. Contudo, a reação 3 produz trítio, contribuindo para a radioatividade, e parte desse trítio pode também reagir com o deutério, via reação 1, produzindo nêutrons de alta energia. O principal obstáculo, porém, aos reatores D-D é a temperatura de ignição muito mais alta, 500 milhões de °C.

Ainda melhor sob a perspectiva ambiental seriam as reações D/³He e H/¹¹B (4 e 5 na Figura 3.13), que não produzem nenhum nêutron (embora, caso o deutério esteja presente no combustível aquecido, parte dele vá reagir consigo mesmo, via reação D-D, produzindo alguns nêutrons). Entretanto, essas duas reações requerem temperaturas de ignição que são de cinco a dez vezes maiores do que para a reação D-T. É questionável se essas reações serão viáveis tecnologicamente algum dia.

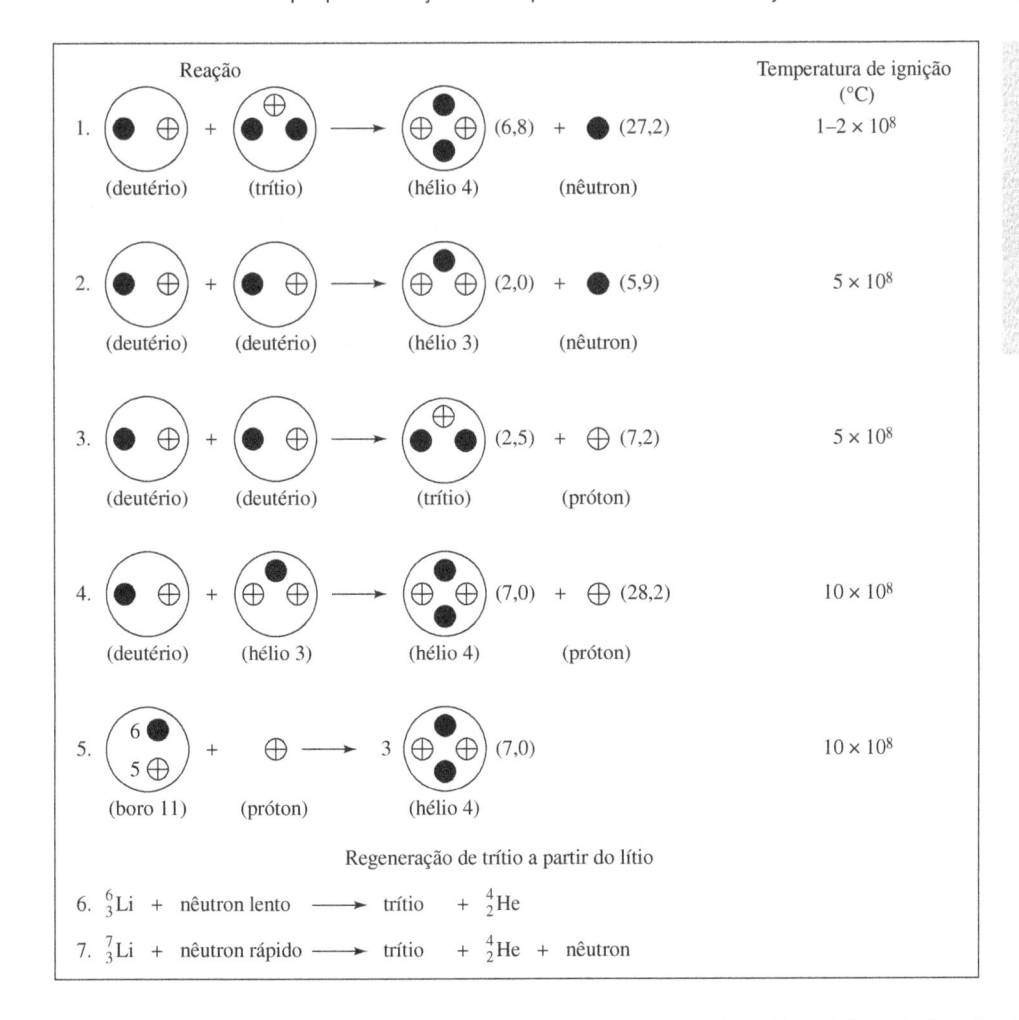

FIGURA 3.13

Reações de fusão que produzem energia (os números entre parênteses são as energias das partículas dos produtos, em unidades de 10^7 kJ, obtidas da fusão de um grama de reagentes).

Reação	Temperatura de ignição (°C)
1. (deutério) + (trítio) → (hélio 4) (6,8) + (nêutron) (27,2)	$1-2 \times 10^8$
2. (deutério) + (deutério) → (hélio 3) (2,0) + (nêutron) (5,9)	5×10^8
3. (deutério) + (deutério) → (trítio) (2,5) + (próton) (7,2)	5×10^8
4. (deutério) + (hélio 3) → (hélio 4) (7,0) + (próton) (28,2)	10×10^8
5. (boro 11) + (próton) → 3 (hélio 4) (7,0)	10×10^8

Regeneração de trítio a partir do lítio

6. ^6_3Li + nêutron lento ⟶ trítio + ^4_2He

7. ^7_3Li + nêutron rápido ⟶ trítio + ^4_2He + nêutron

FIGURA 3.14

Em uma usina de energia a fusão, os materiais que compõem a câmara de vácuo e outros componentes direcionados para o plasma se tornarão radioativos por decorrência dos nêutrons energéticos produzidos em reações de fusão no interior do plasma. A redução de radioatividade com o tempo, após a paralisação, é indicada para uma série de materiais candidatos a componentes direcionados ao plasma. A radioatividade residual nesses materiais é comparada à encontrada em uma usina de fissão com reator movido a água e ao nível de radioatividade liberado por uma usina convencional movida a carvão.

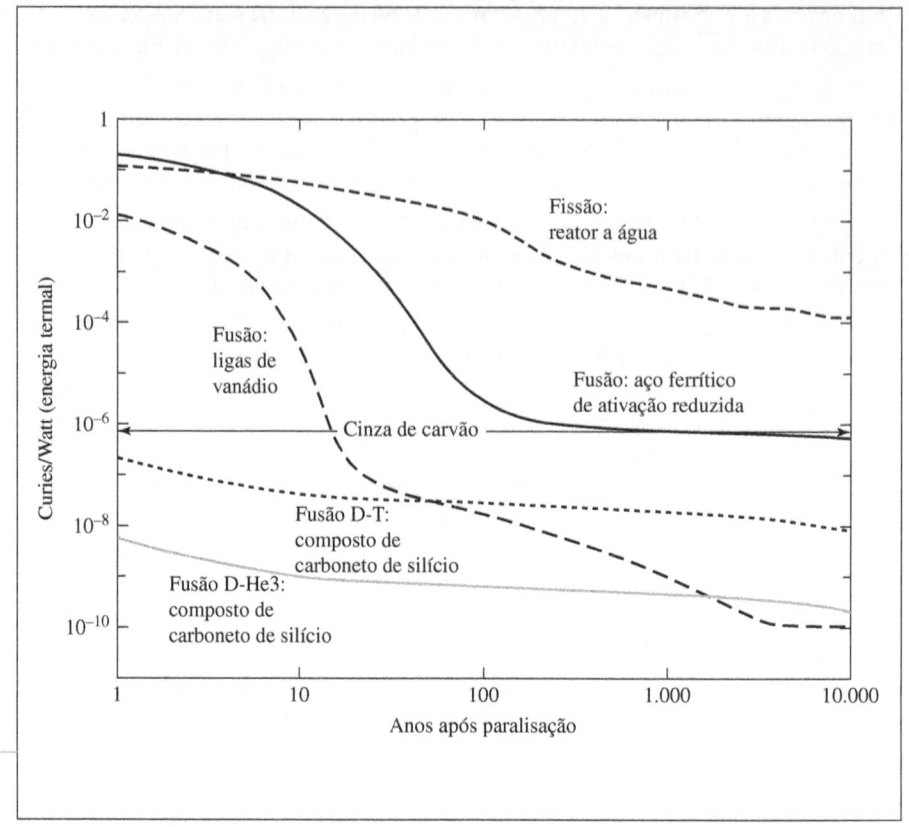

Fonte: Princeton Plasma Physics Laboratory, Princeton, Nova Jersey.

b. Reatores de fusão.

1) Confinamento magnético. No método de confinamento magnético, os combustíveis de fusão ficam suspensos no espaço livre por meio de poderosos ímãs. Sob as altas temperaturas em questão, os átomos se separam em suas espécies carregadas, produzindo *plasmas* ou nuvens de núcleos e elétrons.

Por estar carregado, o plasma pode ser controlado com campos magnéticos. Os ímãs mantêm o plasma aquecido e carregado longe das paredes do reator, impedindo as partículas de colidirem com as paredes e se resfriarem.

O projeto magnético mais bem-sucedido é o reator Tokamak, diagramado na Figura 3.15. Nesse projeto, uma corrente elétrica é gerada no interior do plasma; a corrente faz o campo magnético se curvar no formato de uma rosca, ou *toro*, que confina a reação de fusão. As paredes do reator são revestidas com materiais leves, tais como carbono, boro ou berílio, para minimizar as reações das partículas energéticas que escapam do plasma. Uma camada de lítio que envolve as paredes, sob a forma de líquido ou sal, captura nêutrons expulsos na reação e produz trítio para combustível adicional (veja as reações 5 e 6, Figura 3.13).

Para a fusão gerar potência, o consumo de energia necessário para sustentar as condições do plasma deve ser menor do que a produção de energia no reator. O ponto em que consumo e produção se equilibram ainda está para ser atingido em algum reator experimental. O ponto de equilíbrio depende de três parâmetros: a densidade do plasma (n), sua temperatura (T) e o tempo de confinamento (τ) ou o período que o plasma levaria para resfriar substancialmente. O produto desses três, chamado de '*Lawson Triple Product*', deve ser igual a 10 (em unidades de 10^{20} m^{-3} s keV) para o equilíbrio em uma energia-alvo de 15 keV (veja a Figura 3.16).

Desde que o programa de fusão magnética começou, o *Lawson Triple Product* teve incremento de quatro ordens de magnitude em reatores experimentais e se aproxima do ponto de equilíbrio. Ainda resta, porém, uma considerável distância a percorrer para se atingirem as condições de ignição para a geração prática de energia.

2) Confinamento inercial. No método de confinamento inercial, um pélete-alvo contendo deutério e trítio é submetido a um pulso muito breve e intenso de energia proveniente de raios laser ou feixes de íons. A intensa energia vaporiza a superfície externa da partícula, ejetando matéria para fora. Pelas leis da física, a força do material que se projeta para fora deve ser igual à do material que se move para dentro; logo, a parte restante do pélete é implodida, atingindo densidades muito elevadas e temperaturas de até 100 milhões de ºC, condições suficientes para a fusão. O pélete D-T é confinado via inércia por uma fração de um nanossegundo, tempo suficiente para permitir que cerca de 30% do pélete se funda antes da desintegração.

A viabilidade do confinamento inercial depende de avanços na tecnologia do laser e do feixe de íons. Se a fusão inercial deve produzir energia suficiente para a geração de energia, ela deve transmitir energia aos péletes em dezenas de nanossegundos, e por feixes com formatos precisamente determinados. A eficiência na transferência de energia dos raios laser atualmente disponíveis está muito longe da necessária, assim como a intensidade dos feixes de íon.

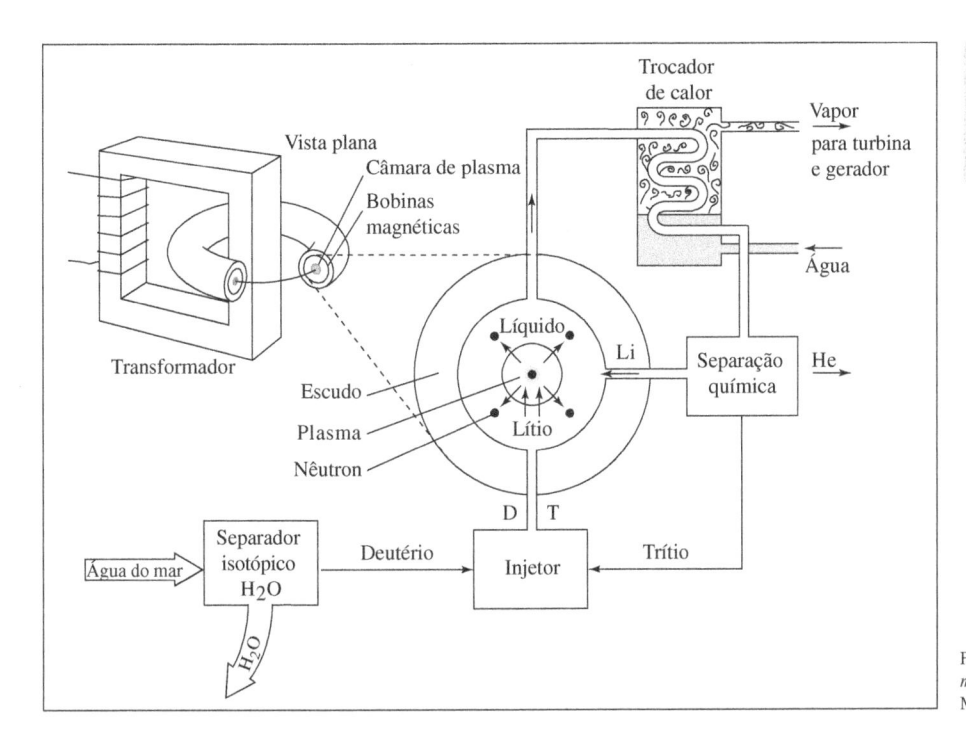

FIGURA 3.15

Fusão Tokamak de contenção magnética usando combustível D-T.

Fonte: G. Gordon e W. Zoller (1975). *Chemistry in Modern Perspective* (Reading, Massachusetts: Addison-Wesley).

A natureza pulsátil da fusão inercial também acarreta problemas no projeto da câmara de reação. Os sistemas necessários para recuperar energia e renovar o combustível na câmara teriam de suportar explosões equivalentes a cem ou mais quilogramas de TNT várias vezes por segundo. Atualmente, a fusão por confinamento inercial está muito menos desenvolvida do que a fusão por confinamento magnético.

c. Fusão nuclear: a fonte de energia do futuro? O maior apelo da fusão, se comparada à fissão nuclear, está principalmente em sua maior segurança. Diferentemente dos reatores a fissão, os de fusão não podem sustentar reações descontroladas. O combustível deve ser continuamente injetado, e a quantidade contida no recipiente do reator em um dado momento é suficiente para operar o reator por somente uma questão de segundos. Por conseguinte, os reatores a fusão não podem explodir e devem demandar sistemas de refrigeração pós-paralisação ou emergenciais mais simples do que os reatores a fissão. Além disso, a radioatividade criada no reator, embora comparável à de um reator a fissão, tem vida muito curta. Adicionalmente, o único material radioativo que poderia vazar em caso de acidente é o trítio, porque os demais materiais radioativos estariam em grande parte ligados aos elementos estruturais.

Contudo, ainda há desafios técnicos substanciais a solucionar antes que uma usina operacional de energia de fusão possa ser construída. Até que isso ocorra, a competitividade econômica da fusão permanecerá uma incógnita. Há projeções otimistas sobre o eventual preço final da energia de fusão, mas os custos de desenvolvimento são elevados e serão diluídos no tempo. Levará algumas décadas para sabermos qual o papel a ser desempenhado pela energia de fusão no cenário energético mundial.

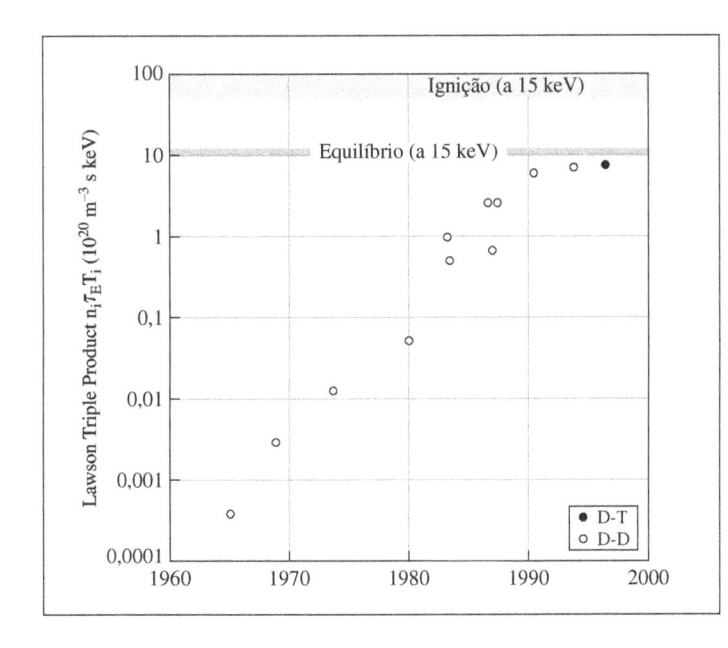

FIGURA 3.16

A progressão para a ignição (um plasma autosustentável) é indicada neste gráfico como uma função do 'Lawson Triple Product', que é um indicador da qualidade de confinamento do plasma em um plasma de fusão. É um múltiplo da densidade de íon n_i, do tempo de confinamento da energia τ_E e da temperatura do íon T_i.

Fonte: Princeton Plasma Physics Laboratory, Princeton, Nova Jersey.

4 Energia renovável

A principal alternativa aos combustíveis fóssil e nuclear é o aproveitamento das fontes renováveis de energia que, à exceção da energia geotermal, derivam direta ou indiretamente da luz solar. A Tabela 4.1 indica a disponibilidade de recursos renováveis de energia nos Estados Unidos. A energia depositada pela luz solar sobre o continente norte-americano por ano representa cerca de 600 vezes o consumo total de energia do país em 1999. A incidência de luz solar sobre cada metro quadrado por ano equivale ao conteúdo energético de 190 quilogramas de carvão betuminoso com alto teor de pureza. Na verdade, o Sol supre nossas necessidades básicas de energia, incluindo aquecimento, água fresca e vida vegetal. Há excedente para suprir as demais necessidades energéticas, caso saibamos usar essa energia de forma eficaz. A dificuldade está no fato de que a luz solar é difusa e intermitente. As tecnologias necessárias para o aproveitamento e a armazenagem da energia solar são atualmente onerosas; é mais econômico extrair do solo e consumir combustíveis fósseis e nucleares. Entretanto, os crescentes encargos ambientais associados a esses combustíveis geram interesse acentuado em uma série de tecnologias de energia renovável. Várias delas são comercialmente viáveis em determinadas circunstâncias, e há motivo para crer que, mediante melhorias tecnológicas futuras, as formas renováveis possam desempenhar um papel substancial na utilização de energia pela humanidade.

A energia renovável corresponde hoje a 14% do consumo energético global, em sua maioria proveniente da biomassa e dos países em desenvolvimento (veja a Figura 4.1a, b). As sociedades tradicionais sempre dependeram de lenha, carvão e resíduos vegetais e animais para cozinhar, gerar aquecimento e abastecer a indústria local. Contudo, a tradicional queima de biomassa está associada a sérios riscos ambientais e à saúde, em consequência do desmatamento e da polui-

FIGURA 4.1

a) Distribuição de combustíveis no uso mundial de energia primária, incluindo parcela de contribuição da energia renovável (2000). b) Distribuição de combustíveis renováveis em países em desenvolvimento e no restante do mundo.

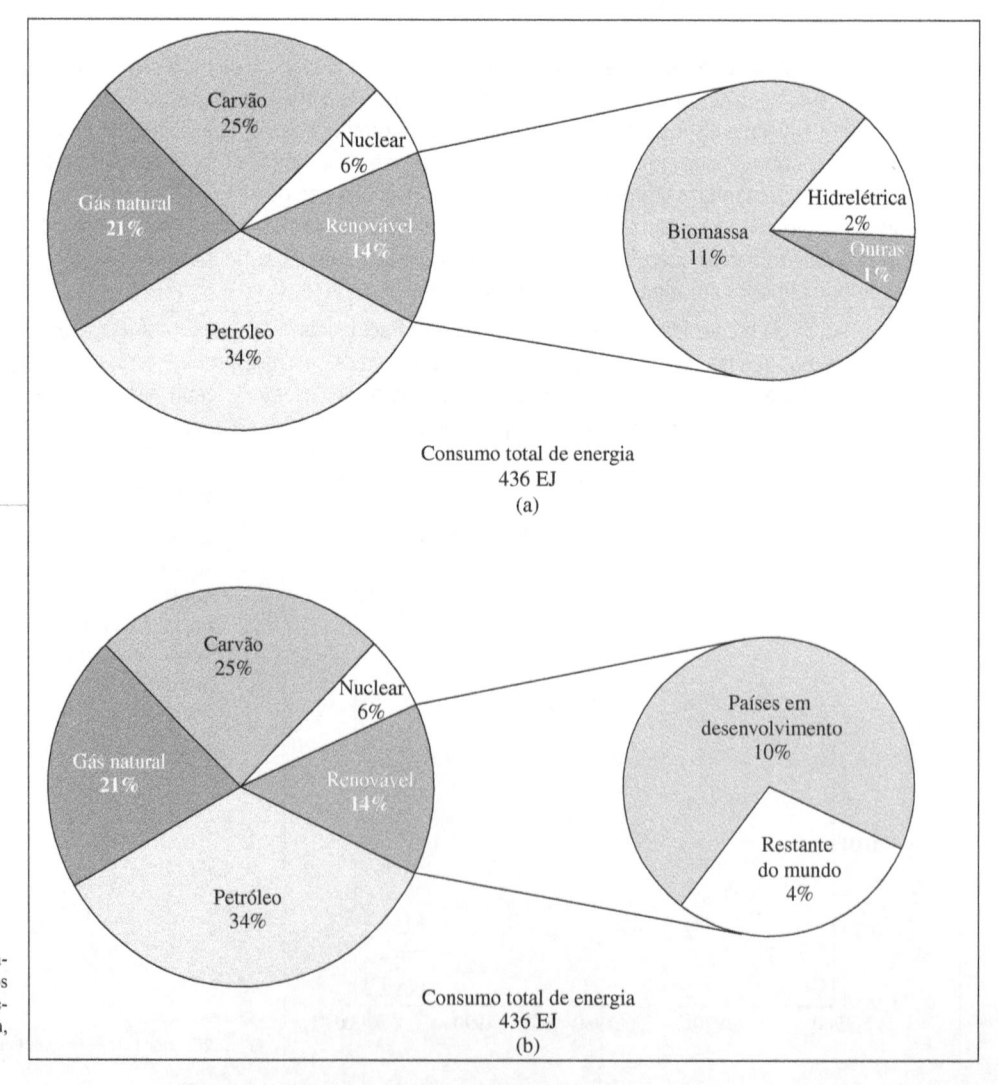

Fonte: Energy Information Agency, Departamento de Energia dos EUA, Outlook 1998 with Projections through 2020, Washington, DC.

ção do ar. A coleta de biomassa depende de intensa mão-de-obra, e sua queima é geralmente ineficiente. Não admira que, com o avanço do desenvolvimento, os combustíveis à base de biomassa sejam substituídos por formas mais limpas e convenientes de energia.

Contudo, a introdução de novas tecnologias pode tornar atrativas as fontes de energia renovável tanto para países em desenvolvimento quanto para os desenvolvidos. A natureza dispersa das fontes renováveis pode representar uma vantagem a países carentes de uma rede elétrica ou um sistema de transporte de combustível altamente desenvolvido. O custo-benefício dos geradores de pequeno porte movidos a energia solar, eólica ou combustíveis derivados de biomassa torna-se mais atraente, se comparado a estender linhas de transmissão de eletricidade por longas distâncias.

Também nos países desenvolvidos, a geração distribuída de energia conquista adeptos, à medida que a tecnologia de integração de pequenos geradores a uma rede elétrica torna-se mais bem desenvolvida e conforme as conseqüências das quedas de força e apagões tornam-se dolorosamente evidentes (como na crise energética da Califórnia em 2000-2001), na era dos computadores e controles eletrônicos.

TABELA 4.1 *Fontes renováveis de energia nos Estados Unidos*

	Viável atualmente					
	Eletricidade		Combustível gasoso (hidrogênio)		Combustível líquido (metanol)[†]	
Recurso	Trilhões kWh/ano	Fração da demanda anual de eletricidade	Trilhões de pés cúbicos equivalentes gás natural/ano	Fração da demanda anual de gás	Bilhões de barris equivalentes óleo/ano	Fração da demanda anual de petróleo
Eólica	3,08	0,850	7,35	0,314	–	–
Solar	0,21	0,055	0,50	0,021	–	–
Biomassa	1,77	0,489	4,22	0,180	1,64	0,239
Geotermal	0,16	0,044	0,38	0,0016	–	–
Energia hidrelétrica	0,31	0,086	0,74	0,0032	–	–
Total	5,52	1,524	12,18	0,562	1,64	0,239
	Potencialmente viáveis					
	Eletricidade		Combustível gasoso (hidrogênio)		Combustível líquido (metanol)	
Recurso	Trilhões kWh/ano	Fração da demanda anual de eletricidade	Trilhões de pés cúbicos equivalentes gás natural/ano	Fração da demanda anual de gás	Bilhões de barris equivalentes óleo/ano	Fração da demanda anual de petróleo
Eólica	9,80	2,707	23,39	0,999	–	–
Solar	1,51	0,417	3,60	0,154	–	–
Biomassa	3,90	1,077	9,31	0,397	3,62	0,528
Geotermal	0,81	0,224	1,93	0,083	–	–
Energia hidrelétrica	0,32	0,088	0,76	0,033	–	–
Total	16,23	4,483	38,74	1,65	3,62	0,528

* Exceto para biomassa, refere-se à produção de hidrogênio via eletrólise da água, supondo que 70% da energia elétrica é retida no combustível de hidrogênio. No caso da biomassa, o hidrogênio é produzido diretamente via gaseificação da biomassa a uma taxa de eficiência de 70%.
[†] O metanol é produzido diretamente dos processos termais da biomassa a uma taxa de eficiência de conversão de energia de 60%.

Fontes:
Eólica: adaptada de *American Wind Energy Association (2000). Wind Energy Projects in the U.S.* Washington, DC. Disponível em http://www.awea.org. A estimativa inferior (3,08 trilhões kWh/ano) se baseia no potencial eólico de 24 estados, sendo que cada estado instalou o mesmo percentual do potencial total que a Califórnia atualmente possui em vigor (31,4%). A estimativa superior (9,8 trilhões kWh) se baseia nos 24 estados que utilizam todo seu potencial eólico anual.
Geotermal: *Energy Efficiency and Renewable Energy Network*, Departamento de Energia dos Estados Unidos (2000). *Geothermal Energy Program: Geothermal Electricity Production.* Washington, DC. Disponível em http://www.eren.doe.gov/geothermal.
Biomassa: adaptada de T. B. Johansson *et al.* (eds.) (1993). *Renewable Energy, Sources for Fuels and Electricity.* Island Press: Washington, DC. Apêndice A (p. 1094). Para a baixa estimativa, considerou-se que somente as terras agriculturáveis excedentes seriam cultivadas para plantios de insumos de energia. A estimativa mais alta pressupôs que 10% de florestas/matas + cultivos + pastos permanentes seriam usados para plantios de insumos de energia (aproximadamente 100 milhões de hectares).
Solar: a baixa estimativa foi baseada no cenário de estabilização climática. In: *Alliance to Save Energy, American Council for an Energy-Efficient Economy, Natural Resources Defense Council, Union of Concerned Sciences (1991). America's Energy Choices, Investing in a Strong Economy and a Clean Environment.* Union of Concerned Scientists: Cambridge, MA. A alta estimativa foi baseada em: *Idaho National Engineering Laboratory, Los Alamos National Laboratory, Oak Ridge National Laboratory, Scandia National Laboratories, and the Solar Energy Research Institute (1990). The Potential for Renewable Energy,* um *white paper* interlaboratorial, preparado para o *Office of Policy, Planning, and Analysis* do Departamento de Energia, SERI/TP-260-3674, Washington, DC (conforme citado em *Renewable Energy, Sources for Fuels and Electricity* (p. 1128).
Energia hidrelétrica: adaptada de: *Energy Information Administration,* Departamento de Energia dos Estados Unidos (1998). *The Kyoto Report—Electricity Supply,* Washington, DC, Report #SR/OIAF/98-03. *Energy Information Administration,* Departamento de Energia dos Estados Unidos (1999). *U.S. Coal Reserves: 1997 Update.* Washington, DC.

4.1 Aquecimento solar

A aplicação mais conveniente e direta da energia solar é o aquecimento de residências e escritórios. Atualmente, o aquecimento de ambientes e de água constitui de 20% a 25% das necessidades energéticas dos Estados Unidos.

O aquecimento solar pode ser implementado por intermédio de projetos passivos ou ativos. Um projeto passivo maximiza a captura da energia solar direta para suprir a maior parte das necessidades de aquecimento e iluminação diurna de um ambiente. Para isso, a edificação e suas janelas devem estar orientadas de modo a permitir a radiação solar no inverno e repeli-la no verão. Materiais densos, tais como concreto e pedra, são capazes de absorver radiação solar e armazená-la de forma a evitar flutuações de temperatura. Um exemplo interessante, que se torna de uso crescente em domicílios que utilizam energia solar, é a 'Parede de Trombe', feita de alvenaria com 20 cm a 40 cm de espessura, revestida com material escuro e acumulador de calor, composta por fachada de vidro simples ou com lâminas duplas e separadas por um vão de 2 cm a 4 cm. O calor da luz solar que passa pela vidraça é absorvido pela superfície escura, armazenado na parede e vagarosamente conduzido para o interior do ambiente através da parede de alvenaria. Por causa da lenta transferência térmica, os ambientes permanecem confortáveis durante o dia e recebem aquecimento contínuo por muitas horas após o pôr-do-sol, reduzindo assim a necessidade de aquecimento adicional à noite.

O Departamento de Energia dos Estados Unidos realizou amplos estudos sobre a eficiência térmica de edifícios com projetos passivos de energia solar em diferentes regiões climáticas. Para uma temperatura média interna de 19,5 °C (67 °F), os edifícios com energia solar passiva necessitam, em média, de aquecimento complementar equivalente a cerca de metade da necessidade de edifícios novos convencionais e cerca de um quarto das construções antigas.

Os sistemas ativos de energia solar constituem outra opção. São denominados *ativos* porque, diferentemente dos sistemas *passivos*, uma fonte de energia que não a solar move o sistema. A Figura 4.2a, b exemplifica um desses sistemas. A água circula através dos coletores de placa plana sobre o telhado, onde é aquecida pelo sol e bombeada para um tanque de armazenamento, que fornece calor e água quente. Esses edifícios também funcionam melhor quando a demanda de calor e água quente é minimizada por isolamento e conservação de água adequados.

Muitas melhorias em eficiência podem ser obtidas de forma bastante econômica, com rápido retorno do investimento. Por exemplo, enrolar o tanque do aquecedor de água com uma manta isolante pode reduzir a perda de calor em 25% a 45%. Essas mantas de fácil instalação custam em torno de 10 a 25 dólares, um investimento que se paga em um ano. Chuveiros econômicos (que custam menos de 10 dólares) consomem dois ou três galões de água por minuto, enquanto os convencionais usam de cinco a seis galões. Máquinas de lavar roupas ou louças, os eletrodomésticos campeões de consumo de água, estão disponíveis em novos projetos capazes de consumir somente uma fração de água em comparação aos modelos convencionais. Dependendo do clima, um aquecedor de água solar bem projetado e de tamanho adequado pode fornecer até dois terços das necessidades domiciliares de água. Ele pode economizar de 50% a 85% da parcela de água quente nas contas mensais de energia elétrica, se o termostato do elemento de reserva for mantido a 50 °C (122 °F).

4.2 Eletricidade solar térmica

Uma aplicação mais complexa é a geração de eletricidade por meio da luz solar. Seria necessária uma área de 10.000 milhas quadradas (menos de 1/4 da área coberta por estradas e vias nos Estados Unidos) do deserto de Nevada para suprir o total de demanda de eletricidade do país por meio da conversão de luz solar em eletricidade por coletores de placas solares, a uma taxa de eficiência de 10%. Nas etapas iniciais de desenvolvimento, a eletricidade solar poderia complementar as usinas hidrelétricas existentes, especialmente em áreas abundantes em luz solar. Nesse aspecto, é uma vantagem as horas do dia coincidirem com a alta demanda por eletricidade, para fins de aquecimento, refrigeração e muitos outros, de modo que os geradores de energia solar sejam bem ajustados ao pico da carga de utensílios elétricos.

Outra abordagem à eletricidade solar consiste em coletar os raios solares diretamente, para aquecer água e mover um gerador a vapor. Três projetos térmicos solares estão atualmente em desenvolvimento: calhas parabólicas, torres solares e sistemas de disco. Essas tecnologias geram altas temperaturas com o uso de espelhos capazes de concentrar os raios solares em até 5.000 vezes. As calhas solares (veja a Figura 4.3a) representam atualmente a tecnologia mais madura e a de mais provável aplicação no curto prazo. A calha concentra a energia solar em uma tubulação receptora, localizada ao longo da linha focal de um refletor curvado parabolicamente. O óleo que flui pela tubulação é aquecido a cerca de 400 °C e o calor é utilizado para gerar eletricidade em um gerador a vapor convencional. Usinas em grande escala (30-80 MW) já estão em operação na Califórnia. O calor solar é complementado pelo gás natural (em até 25%), para o suprimento quando a energia solar não estiver disponível.

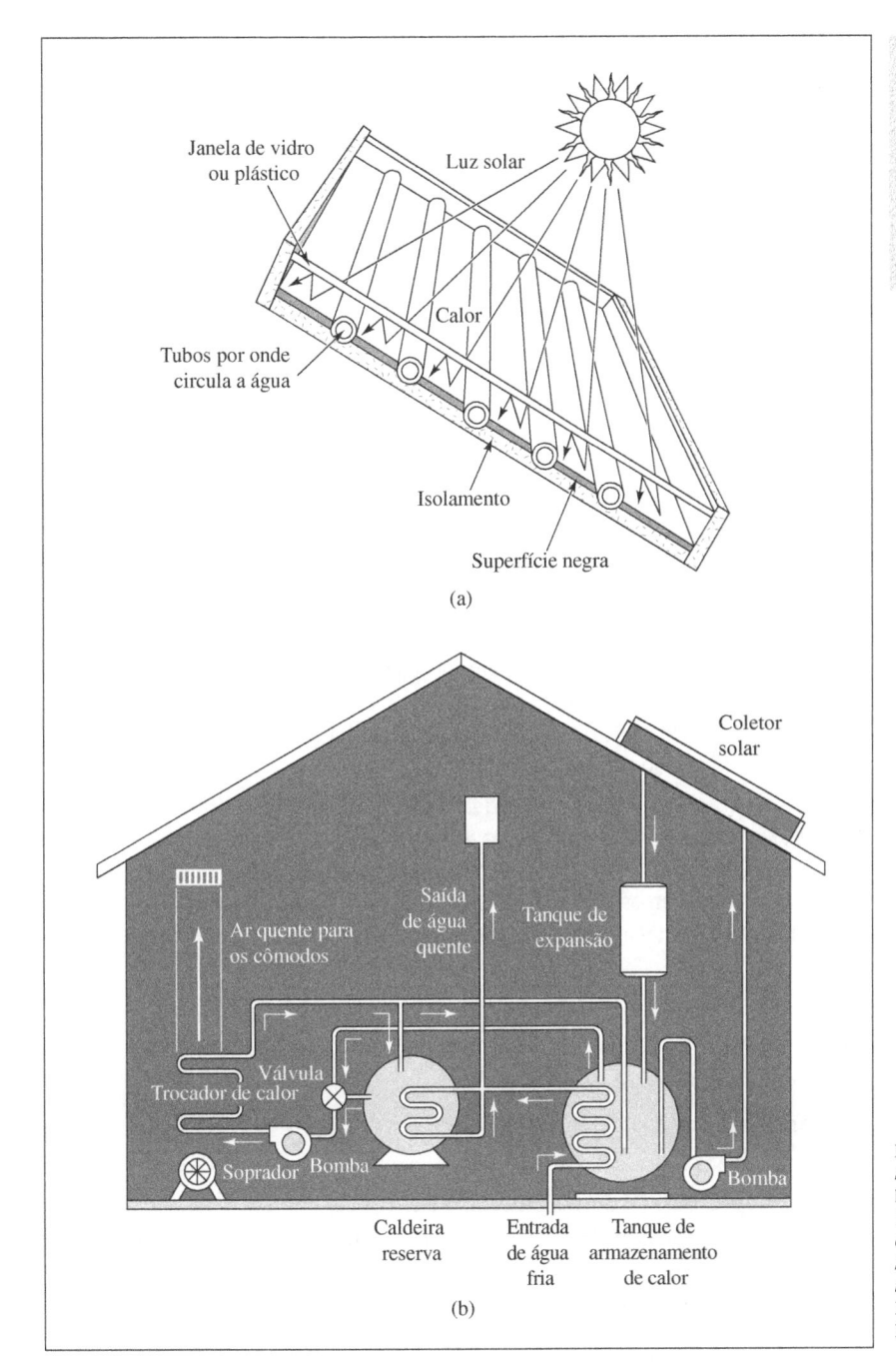

FIGURA 4.2

a) Coletor solar no telhado de uma casa com aquecimento solar ativo.
b) Sistema de bombeamento em casa com sistema solar ativo, para aquecimento de ambientes e de água.

Fontes: a) B. J. Nebel (1993). *Environmental Science: The Way the World Works* (Upper Saddle River, New Jersey: Prentice Hall). Copyright© 1993 by Pearson Education. Reprodução autorizada. b) B. Anderson and M. Riordan (1976). *The Solar Home Book: Heating, Cooling and Designing with the Sun* (Harrisville, New Hampshire: Brick House Publishing). Copyright© 1976 by Brick House Publishers. Reprodução autorizada.

A torre solar (veja a Figura 4.3b) utiliza um campo de helióstatos para direcionar os raios solares a um receptor localizado no topo de uma torre alta. Desde 1992, um consórcio de redes públicas vem operando uma usina-piloto ao sudeste da Califórnia, que utiliza um fluido de sal fundido e um sistema de armazenamento térmico. Com o armazenamento térmico, a torre solar pode operar durante 65% do ano, sem a necessidade de combustível reserva. O sal fundido é aquecido a 565 °C na torre e armazenado em um tanque quente para uso no gerador a vapor, quando necessário. Esperam-se usinas que gerem cerca de 30 MW a 200 MW.

Os discos solares concentram a energia solar no ponto focal de um disco em formato parabólico, onde ela ativa diretamente um motor gerador, produzindo de 5 kW a 50 kW de eletricidade (veja a Figura 4.3c). Atingem-se temperaturas de até 800 °C, fazendo dos sistemas de disco a mais eficiente de todas as tecnologias solares (conversão de energia solar em eletricidade da ordem de 29,4%, no pico de eficiência). O projeto modular dos sistemas de disco permite uma boa compatibilidade com as necessidades de energia remota na faixa dos quilowatts e também nas aplicações conectadas à rede elétrica na faixa dos megawatts.

A eletricidade solar térmica é mais onerosa do que a gerada por usinas de combustível fóssil, mas se torna cada vez mais atrativa como complemento de energia de pico ao suprimento elétrico. Os dias quentes, em que a demanda por eletricidade dos condicionadores de ar é mais elevada, são também os mais propícios à produção solar térmica. À medida que os custos caem em função da experiência adquirida e o preço dos combustíveis fósseis aumenta, a eletricidade solar térmica se torna cada vez mais competitiva.

FIGURA 4.3
Eletricidade de fonte de energia térmica solar.
a) Sistema de calhas.
b) Torre solar.
c) Disco solar.

Fonte: Sun Lab Snapshot (1998). Concentrating Solar Power Program, Overview. Departamento de Energia dos Estados Unidos. Disponível em http://www.nrel.gov/docs/fy99osti/24649.pdf.

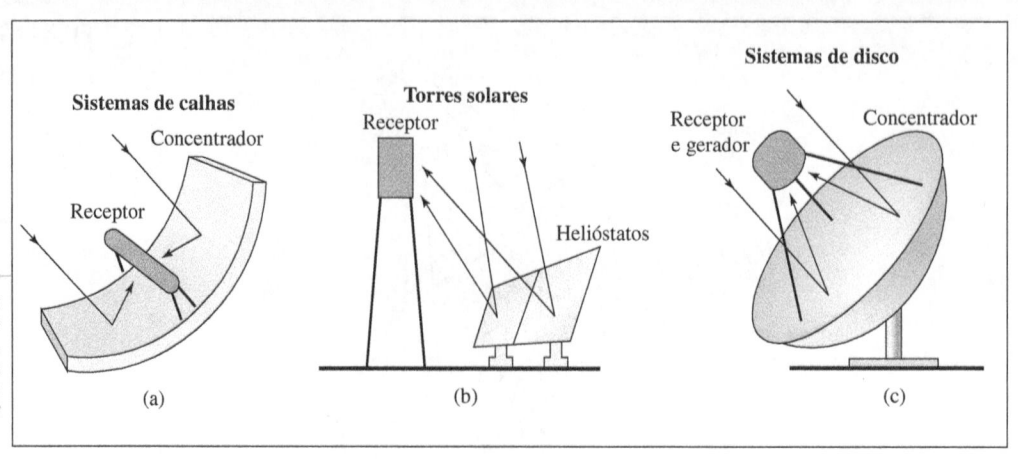

4.3 Eletricidade fotovoltaica

A luz do sol pode ser diretamente transformada em eletricidade por meio do efeito fotovoltaico (FV). Quando a luz é absorvida em um material FV, são geradas cargas positivas e negativas que podem ser coletadas por eletrodos em qualquer lado e passadas para um circuito elétrico externo. O material FV de mais alto desenvolvimento e de sucesso mais provável em larga escala é o silício, que serve de insumo básico à indústria eletrônica. A célula solar de silício foi desenvolvida para o programa espacial e passou por intenso desenvolvimento nas últimas quatro décadas.

A grande vantagem da energia FV é sua simplicidade e sua versatilidade. As células solares são portáteis e podem ser montadas em número necessário para uso local. Em pontos remotos do sistema de distribuição de energia, a eletricidade FV em geral custa menos do que construir extensões de rede. Isso se aplica principalmente aos países em desenvolvimento, em que muitas áreas não são servidas por uma rede elétrica. Nessas áreas, as células solares poderiam prover quantidade de energia suficiente às necessidades humanas básicas, por um custo relativamente baixo. Os serviços essenciais que poderiam ser supridos pelas células solares são:

- Bombeamento de água para vilarejos, criação de animais e irrigação.
- Refrigeração, principalmente para a preservação de vacinas, sangue e outras substâncias vitais perecíveis.
- Iluminação e eletrodomésticos para casas e condomínios prediais.
- Recarga de baterias para lanternas e aparelhos portáteis.

O problema, evidentemente, é captar financiamento para esses projetos, mesmo quando eles são economicamente viáveis.

Também nos países desenvolvidos as novas aplicações FV despontam como alternativas de baixo custo. A indústria da telefonia sem fio, em rápida expansão, está utilizando os campos de painéis solares para abastecer torres e estações remotas. No Arizona, a FV é competitiva em termos de custos em relação à rede elétrica para usos de baixa potência (por exemplo, equipamento de controle da irrigação) que exigem extensões de linha acima de 0,5 milha. A proteção contra interrupções no abastecimento pode ser um fator motivador para a instalação de energia FV. A recente crise elétrica na Califórnia triplicou a venda de inversores, dispositivos que convertem a eletricidade de corrente contínua produzida pelas células e baterias solares na corrente alternada exigida pelos eletrodomésticos.

Se comparada aos preços vigentes da rede elétrica, a energia FV não é competitiva, por um fator de aproximadamente três. Isso representa uma dramática melhoria desde 1972, quando os custos da eletricidade FV eram cerca de cem vezes mais elevados. No mundo todo, a capacidade FV excedeu um bilhão de watts (1 GW) em 1999 e está aumentando a uma taxa anual de 17% (tempo de duplicação de quatro anos). Os custos baixarão à medida que as vendas aumentarem. Um estudo do Departamento de Energia dos Estados Unidos prevê um declínio de 18% nos custos, por período de duplicação. Outra melhoria provável está na produção de silício, que representa de 40% a 60% do custo de um painel solar. Atualmente, o Si é adquirido da capacidade excedente dos fabricantes de chips para computador. Entretanto, a altíssima pureza exigida para os chips, cuja obtenção exige processamento a vácuo em alta temperatura, não se aplica às células solares. Foi desenvolvido um novo processo, mais frio, para o Si destinado a painéis solares, que reduz o consumo de energia em 80%.

Uma questão importante para o futuro da energia FV é a 'co-produção em rede', por meio da qual a produção das instalações de FV pode ser realimentada à rede. Dessa forma, os painéis solares, seja em telhados individuais ou em instalações comerciais, tornam-se extensões da rede. A energia pode ser usada localmente quando necessária ou vendida à rede pública quando não necessária. As concessionárias públicas em geral resistem à co-produção em rede por causa da percepção de ameaça aos seus ganhos, mas algumas delas passaram a apoiar a idéia, na expectativa de explorarem a energia FV.

A eletricidade obtida das células solares pode, alternativamente, ser usada para eletrolisar a água e produzir hidrogênio, que pode ser usado como combustível (veja discussão sobre 'economia do hidrogênio' ou o hidrogênio pode ser gerado diretamente da luz solar, em células *fotoeletroquímicas*. Essas células não foram ainda colocadas em prática, mas pesquisas têm relatado resultados otimistas.

a. Princípios da célula FV. Os materiais FVs são semicondutores, sólidos com propriedades elétricas intermediárias entre metais e isolantes. Nos sólidos, os níveis eletrônicos se espalham em bandas de energia, em razão de interações mútuas dos níveis em todos os átomos na estrutura sólida. Os níveis preenchidos juntos produzem a banda de valência, ao passo que os níveis vazios produzem a banda de condução, como ilustra a Figura 4.4. Se um elétron é injetado na banda de condução de um sólido, ele pode se mover livremente pela estrutura, já que todos os orbitais na banda estão vazios. Da mesma forma, se um elétron é removido da banda de valência, o buraco resultante, um centro de carga positiva, pode se mover livremente pela estrutura por intermédio da movimentação dos elétrons da banda de valência, para preencher os sucessivos buracos. Um elétron na banda de condução e um buraco na banda de valência são chamados de condutores móveis de eletricidade.

A diferença de energia entre o topo da banda de valência e a base da banda de condução é conhecida como *band gap*. Os isolantes possuem *band gaps* muito grandes; o custo energético para promover um elétron da banda de valência para a de condução é proibitivo. Conseqüentemente, um isolante não carregará uma corrente. Em um metal, a *band gap* é nula. Não há nenhuma barreira que iniba um elétron de passar do topo da banda de valência para a banda de condução, deixando um buraco em seu lugar. Portanto, os metais conduzem corrente elétrica sempre que um *potencial* elétrico é aplicado.

Os semicondutores possuem *band gaps* de energias intermediárias, energias essas que são compatíveis com os fótons solares. Quando um semicondutor absorve luz, um elétron é promovido da banda de valência para a banda de condução. Essa é a base do efeito FV. Para ser absorvida, porém, a luz deve ter energia igual ou maior à *band gap*. A luz proveniente do Sol possui uma distribuição de comprimentos de onda com pico próximo de 500 nanômetros (nm) na região verde-azul do espectro (veja a Figura 4.5). A distribuição possui uma grande cauda, que se estende pela região infravermelha, mas dois terços dos fótons possuem comprimentos de onda mais curtos do que 1.140 nm, o que corresponde à energia da *band gap* do silício, 1,09 elétron-volts (eV). Conseqüentemente, o silício é capaz de capturar a maior parte dos fótons solares.

Não basta, porém, simplesmente projetar luz solar sobre um pedaço de silício. Os elétrons que são elevados à banda de condução não têm por que seguir por qualquer trajetória. Após um breve intervalo de tempo, eles retornam à banda de valência, voltando a preencher os buracos criados pela luz. Esse processo desperdiçador é designado de *recombinação elétron-buraco*.

Para produzir um fluxo de elétrons em um circuito externo, um material FV deve possuir um potencial elétrico embutido, criado por uma assimetria de carga intrínseca. Essa assimetria de carga é gerada pela dopagem do semicondutor com átomos de outros elementos que possuam um número maior ou menor de elétrons de valência que os átomos nativos. Como indica a Figura 4.6, o silício pode ser dopado com arsênio, que possui cinco elétrons de valência em vez de quatro, ou com gálio, que possui somente três elétrons de valência. Os átomos desses elementos são incorporados ao retículo do Si e cercados por quatro átomos de Si. As quatro ligações utilizam quatros elétrons de valência, deixando, porém, o átomo de As com um elétron extra, ou o átomo de Ga com um buraco. Em conseqüência da repulsão pelos elétrons de ligação, o elétron extra no átomo de As possui energia elevada, próxima à da banda de condução do Si. Esse elétron requer somente um pouco de energia para penetrar a banda de condução e se mover livremente através da estrutura. Uma carga positiva fixa é deixada no átomo de As. A dopagem do silício com As produz, portanto, um semicondutor de tipo *n*, porque são gerados condutores móveis negativos. A dopagem com Ga, por outro lado, produz um semicondutor de tipo *p* e possui condutores móveis positivos. O elétron que falta no átomo de Ga pode ser suprido pelo retículo do Si circundante, formando um buraco na banda de valência, que se torna o condutor móvel. Desta vez, uma carga negativa fixa é deixada para trás no átomo de Ga.

A assimetria de carga exigida pela célula FV é criada pela junção de um semicondutor de tipo *p* com outro de tipo *n*, formando uma *junção p-n* (veja a Figura 4.7). Os condutores móveis migram afastando-se da junção por causa da repulsão entre as cargas fixas com mesmo sinal. Dessa forma, os elétrons móveis no semicondutor de tipo *n* são repelidos pelas cargas negativas fixas adjacentes nos átomos de Ga do semicondutor de tipo *p*, ao passo que os buracos móveis no semicondutor de tipo *p* são repelidos pelas cargas positivas adjacentes dos átomos de As do semicondutor de tipo *n*. O resultado é um potencial elétrico na junção, criado pelas cargas negativas fixas, de um lado, e pelas cargas positivas fixas, de outro. Se um fóton for então absorvido no semicondutor de tipo *p*, o elétron injetado na banda de condução terá a chance de ser acelerado pela junção, antes de se

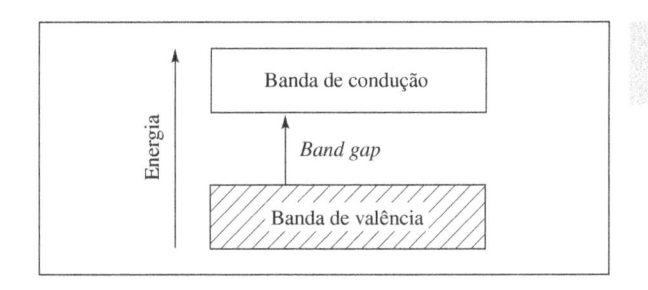

FIGURA 4.4
Bandas de valência e de condução em um semicondutor.

FIGURA 4.5

Espectro da radiação solar na atmosfera terrestre; constante solar (área sob a curva) = 8,16 kJ/cm^2/min (a energia de radiação aumenta com a diminuição do comprimento de onda).

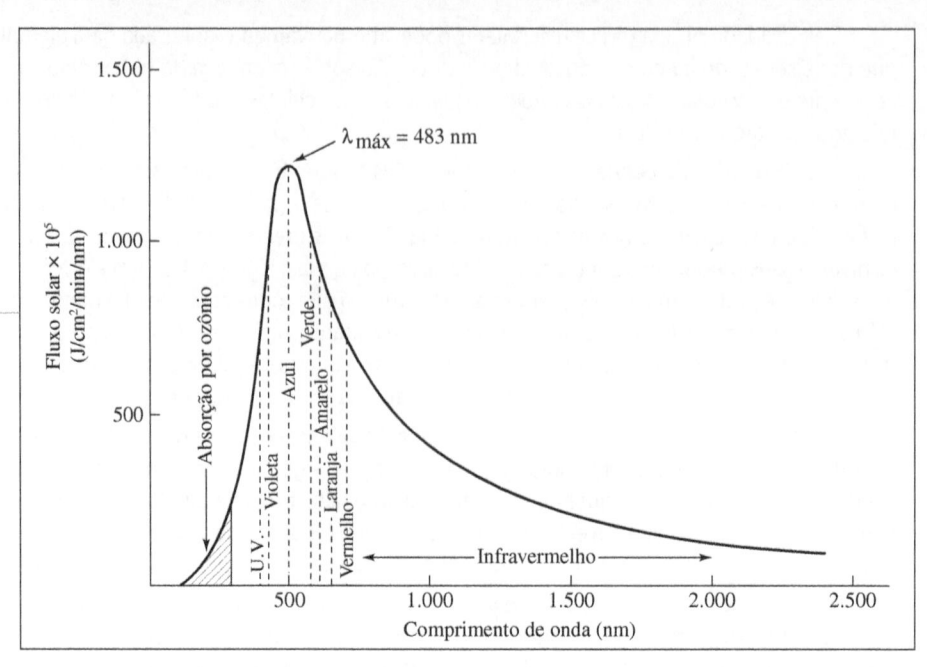

FIGURA 4.6

a) Um semicondutor de silício tipo n com dopagem de arsênio.
b) Um semicondutor de silício tipo p com dopagem de gálio.

Fonte: C.L. Stanitski *et al.* (2000) *Chemistry in Context, Applying Chemistry to Society* (3ª edição) (New York: McGraw-Hill). Copyright© 2000 by The McGraw-Hill Companies. Reprodução autorizada.

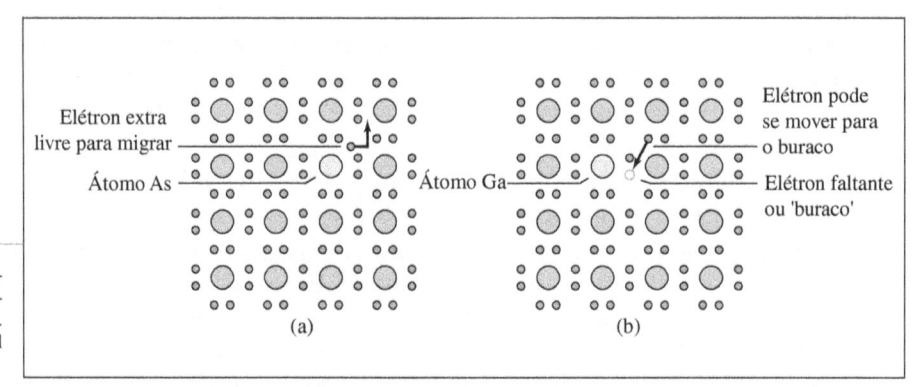

FIGURA 4.7

A junção p-n em uma célula fotovoltaica.

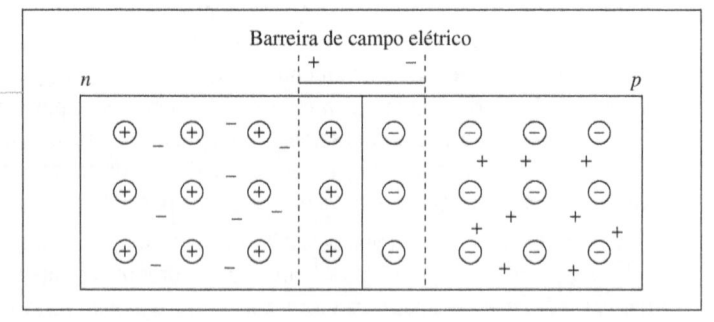

recombinar com um buraco. De modo análogo, um buraco fotogerado na banda de valência do semicondutor de tipo *n* pode ser acelerado no sentido oposto, antes de se recombinar com um elétron. Esse movimento direcionado das cargas móveis fotogeradas produz uma corrente elétrica em um circuito externo.

A Figura 4.8 indica a geometria usada em uma célula solar. Saber qual semicondutor está no topo é irrelevante, já que a corrente é gerada tanto pelos elétrons quanto pelos buracos. Mas importa manter a camada superior muito fina, a fim de evitar a absorção de fótons antes que eles atinjam a região próxima à junção, onde ocorre a separação das cargas. As cargas produzidas pelos fótons absorvidos fora dessa região vão se recombinar antes que possam ser aceleradas pela junção.

Mesmo na ausência da recombinação, a energia solar não pode ser convertida com 100% de eficiência em virtude de sua distribuição espectral. Cerca de um terço dos fótons possui energias abaixo da *band gap* que não podem ser utilizadas. Para o restante, 1,09 eV é a energia máxima que pode ser extraída; incrementos de energia acima da *band gap* são perdidos sob a forma de calor. Conseqüentemente, somente metade da energia solar pode ser convertida em fotoelétrons. Então devem ser subtraídas as perdas de eficiência resultantes da recombinação.

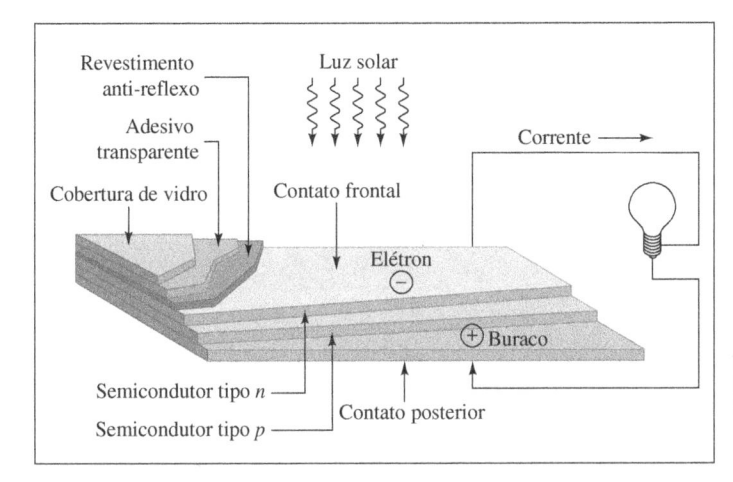

FIGURA 4.8
Diagrama esquemático de uma célula fotovoltaica.

Fonte: C.L. Stanitski *et al.* (2000) *Chemistry in Context, Applying Chemistry to Society* (3ª edição) (New York: McGraw-Hill). Copyright© 2000 by The McGraw-Hill Companies. Reprodução autorizada.

A probabilidade de recombinação aumenta quando há imperfeições no retículo do silício. Por conseguinte, as melhores células solares são feitas de silício cristalino. Taxas de eficiência de até 28% foram atingidas com tais células. Infelizmente, é caro fabricar silício cristalino em quantidade; ele deve ser fundido em lingotes e depois cortado em lâminas (*wafers*). Por isso, o interesse se voltou para o silício amorfo, que pode ser fabricado de forma contínua em filmes finos, a um custo inferior. Por causa das imperfeições na estrutura, a eficiência da conversão é reduzida para o silício amorfo, mas um intenso desenvolvimento elevou a eficiência possível para 16%. A eficiência reduzida é mais do que compensada pelos menores custos e pela facilidade de fabricação.

b. Fotossíntese e fotoeletroquímica. Centenas de milhões de anos antes da invenção da junção *p-n*, a natureza solucionou o problema do aproveitamento da separação fotoinduzida de cargas para produzir energia útil. Na fotossíntese, assim como na célula solar de silício, os elétrons e os buracos são criados pela absorção de fótons solares e então induzidos em sentidos opostos. Em vez de uma junção *p-n*, a natureza desenvolveu um centro de fotorreação, onde a carga é separada por uma membrana biológica, como ilustra a Figura 4.9. Os principais componentes do centro de fotorreação são um conjunto de moléculas de clorofila (veja a Figura 4.10a) capazes de absorver a luz do sol e gerar elétrons e buracos em seus estados fotoexcitados. Os elétrons pulam de uma molécula para outra ao longo de um gradiente de energia de níveis de energia vazios. Esse gradiente serve à mesma função da assimetria de cargas em uma junção *p-n*, ou seja, separar elétrons e buracos fisicamente. Em vez de uma corrente elétrica, a separação de cargas leva à produção de substâncias químicas que armazenam energia. Como o centro da fotorreação é mantido em uma membrana, o elétron e o buraco são capazes de reagir separadamente com as moléculas que se localizam em lados opostos da membrana. O elétron é tomado por uma série de etapas bioquímicas que levam à redução do CO_2 a carboidratos, enquanto o buraco é envolvido em outra série de etapas que oxidam a água a O_2.

Em virtude de seu extenso sistema de ligações duplas conjugadas, a clorofila absorve a luz intensamente na região de 400 nm a 700 nm do espectro (veja o espectro de absorção na Figura 4.10b). Essa região contém cerca de 50% da energia total de fótons solares. Uma planta verde absorve aproximadamente 80% dos fótons incidentes nessa faixa (o restante é perdido por reflexão, transmissão e absorção por outras moléculas), deixando em torno de 40% da energia total disponível para a fotossíntese. Disso, 28% acaba efetivamente como carboidratos; o restante se perde em várias etapas químicas e de transferência de elétrons. Desse modo, a eficiência de conversão da luz solar em carboidratos é de $0,5 \times 0,8 \times 0,28 = 0,11$. Entretanto, a planta usa cerca de 40% da energia para as próprias necessidades metabólicas, deixando somente $0,11 \times 0,6 = 0,067$ como a fração da luz solar armazenada como energia fotossintética. Essa eficiência máxima de conversão se aplica às assim chamadas plantas C_4, nas quais o primeiro produto da fotossíntese é um açúcar de quatro carbonos; aí se incluem milho, sorgo e cana-de-açúcar, além de algumas outras plantas de clima quente. As plantas C_3, nas quais o primeiro produto fotossintético é um açúcar de três carbonos, incluem trigo, arroz, soja, árvores e outros cultivos que predominam em climas temperados e respondem por 95% da biomassa vegetal global. Essas plantas apresentam metade da eficiência em fotossíntese das C_4. A essa ineficiência deve-se acrescentar as limitações no crescimento vegetal impostas por temperaturas baixas ou altas demais e insuficiência de água e de nutrientes. Essas limitações e ineficiências explicam por que somente cerca de 0,3% da incidência solar global que atinge a superfície terrestre é usada por plantas verdes e algas na fotossíntese.

É possível conduzir processos químicos análogos ao da fotossíntese com uma célula *fotoeletroquímica*. Nesse tipo de célula, um *fotossensibilizador*, geralmente um corante orgânico similar à clorofila, captura a luz solar e transfere os elétrons fotoexcitados e os buracos para um par de eletrodos, onde eles reagem separadamente com as moléculas. Se elétrons e buracos podem ser induzidos a reagir com água, geram-se hidrogênio e oxigênio, em uma inversão da reação da célula combustível. O mesmo resultado pode ser obtido por meio da utilização da eletricidade de uma célula solar para eletrolisar a água, mas a célula fotoeletroquímica elimina a necessidade de um eletrolisador e poderia, em princípio, ser mais eficiente. A dificuldade básica é que os eletrodos que realizam as reações tendem a se degradar com o tempo; ciclos de vida (e eficiências) melhoram quando catalisadores são usados para acelerar as reações dos eletrodos. Pesquisas estão obtendo melhoria em catalisadores e materiais de eletrodo.

FIGURA 4.9

O centro de fotorreação e armazenagem de energia na fotossíntese.

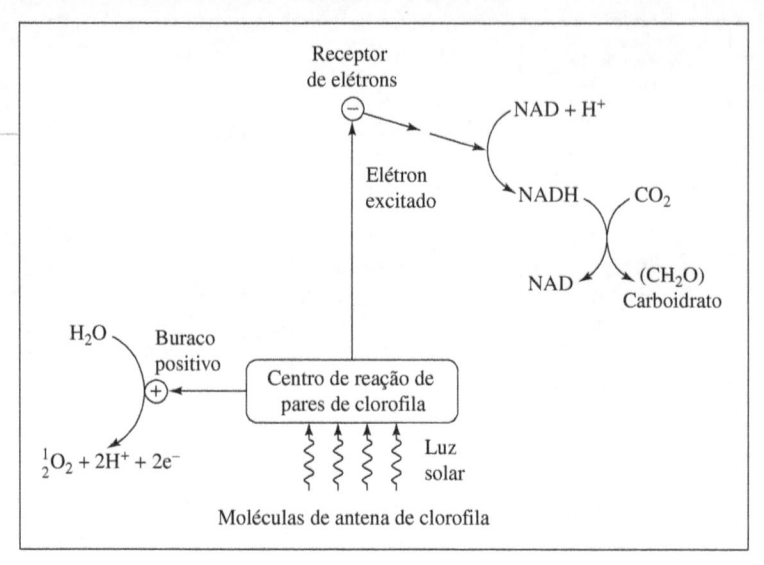

FIGURA 4.10

a) A estrutura química da clorofila a.
b) Espectro de absorção da clorofila a.

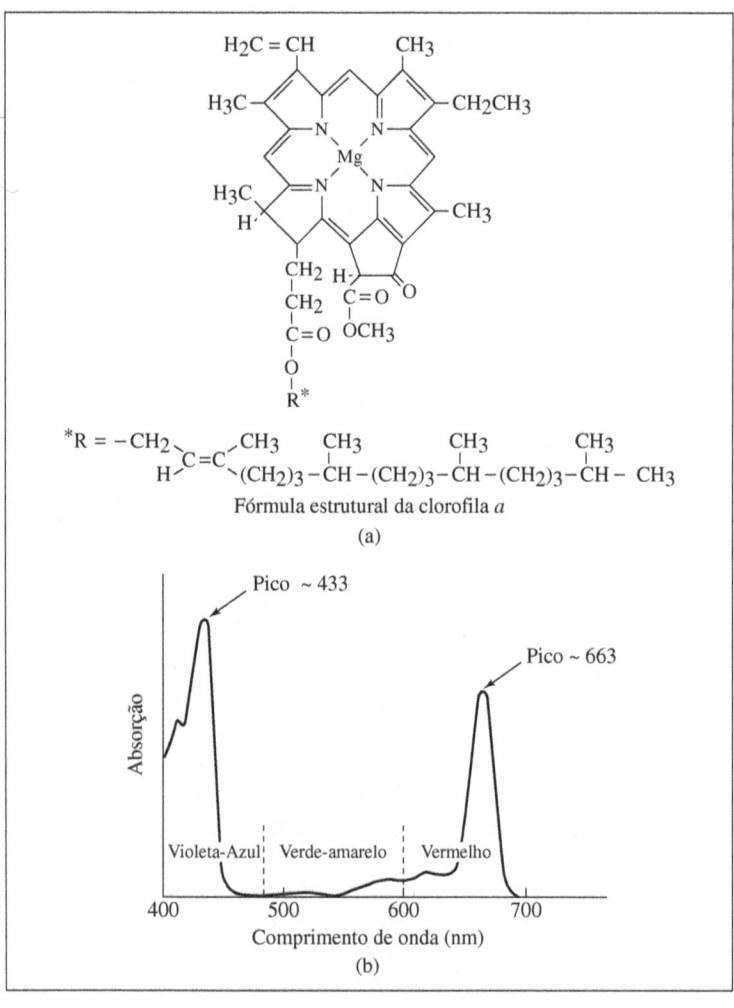

4.4 Biomassa

Embora o processo de desenvolvimento industrial induza as sociedades a substituir os tradicionais combustíveis de biomassa por combustíveis fósseis, a biomassa disponível ainda representa um vasto recurso energético. Como o carbono resultante da biomassa é continuamente convertido em CO_2 por meio da respiração, queimá-lo para extrair energia não contribui para o conteúdo de CO_2 na atmosfera (embora possa haver questões de escala de tempo, no caso de árvores de lento crescimento). A densidade energética da biomassa é variável e substancialmente menor do que a dos combustíveis fósseis, em razão de abundâncias relativamente altas de elementos que não o carbono e o hidrogênio (veja a Tabela 2.2, celulose). Por esse motivo, e por causa da dificuldade de coletar e processar a biomassa, esta perde competitividade em relação aos combustíveis fósseis. Se, contudo, a emissão de CO_2 for regulamentada ou taxada, como já ocorre em vários países, as perspectivas econômicas dos combustíveis de biomassa vão ser mais otimistas.

É provável que mais atenção seja dedicada aos fluxos residuais de florestas, fazendas e municípios, os quais representam fonte substancial de recurso energético. A indústria madeireira já utiliza a maioria de seus resíduos de moagem para geração de vapor e eletricidade para os moinhos. Nas fazendas, grande quantidade de palha de trigo, sabugo de milho e outros resíduos vegetais são deixados para decomporem-se nos campos. Isso é necessário para repor matéria orgânica do solo e limitar a erosão, mas estima-se que 40% desses materiais poderiam ser aproveitados para produção de energia se fosse economicamente viável. Os resíduos municipais também contêm parcela significativa de material combustível. Boa parte vai para os aterros, mas também há muitos incineradores para queima do lixo. Um número crescente destes (cerca de cem nos Estados Unidos, gerando 23 bilhões kWh por ano) emprega o calor da combustão para gerar eletricidade. A receita resultante disso compensa parte do custo da coleta de lixo, mas os incineradores são foco de polêmica por causa das preocupações com emissões tóxicas (por exemplo, dioxinas e mercúrio). As emissões são mínimas em um incinerador em funcionamento adequado, mas as condições operacionais nem sempre são ideais.

Além do aproveitamento de resíduos, há a possibilidade de plantio de árvores e gramíneas de crescimento rápido especificamente como cultivos voltados para a produção de energia. A gramínea *switchgrass* (*Panicum virgatum*) é uma das principais candidatas, por sua capacidade de crescimento vigoroso por dez anos, resistência à seca e necessidade de pouca fertilização. Árvores de rápido crescimento, como álamo, salgueiro, choupo-do-canadá (*Populus deltóides*) e green ash (*Fraxinus pennsylvanica*) já servem também a outras finalidades ambientais. São plantadas próximo a plantações em faixas de reserva ao longo das margens de riachos para mitigar a erosão e a poluição da água. Elas também podem ser plantadas ao redor de áreas de criação de animais para controlar odores e impedir o processo de *runoff* (fenômeno em que a água da chuva escoa sem infiltração). Quando essas árvores são colhidas, os pedaços de tronco geram novos brotos, permitindo que as árvores voltem a crescer por várias rotações antes que os rizomas devam ser replantados. A colheita de *switchgrass* ou cultivos de madeira para produção de energia se apresentam como uma oportunidade para fazendeiros com terras marginais impróprias para agricultura. Muitos desses fazendeiros norte-americanos participam atualmente do Conservation Reserve Program e recebem para não cultivar terras marginais.

a. Etanol de biomassa. Há muito interesse na conversão de biomassa em combustível líquido, para uso no transporte automotivo. Embora existam vários projetos de conversão química da biomassa em uma variedade de líquidos, a única conversão atualmente em uso extensivo é a bem-conhecida fermentação biológica do açúcar em etanol. O Brasil é o líder na produção de combustível à base de etanol, explorando a abundante luz solar e a cana-de-açúcar de rápido crescimento para produzir etanol para fins de transporte. Em determinado período, metade de sua frota automotiva operava com etanol. Nos Estados Unidos, o milho é utilizado na produção de etanol, o qual é misturado à gasolina na proporção de 10% (E10) ou 85% (E85). Várias políticas dão sustentação à indústria do etanol, incluindo mandatos para que veículos oficiais sejam abastecidos com combustível à base de mistura de etanol, além de isenções estaduais e federais de impostos. O argumento por trás dessas políticas tem sido a independência energética, o estímulo a recursos renováveis e o combate à poluição.

A EPA, Agência de Proteção Ambiental dos Estados Unidos, determinou o uso de aditivos contendo oxigênio (compostos oxigenados) na gasolina, visando à redução de emissões de monóxido de carbono e outros poluentes formadores de *smog*. Os dois aditivos que competem pelo mercado de gasolina são etanol e metil *t*-butil éter (MTBE). Os produtores de gasolina optaram pelo MTBE (produzido em refinarias), mas essa substância caiu em desgraça por causa da contaminação de aqüíferos. Quando, recentemente, a Califórnia baniu o MTBE e requereu à EPA a dispensa da adição de composto oxigenado, o pedido foi negado. Esse parecer oficial foi um grande impulsionador do etanol, a única alternativa para o MTBE. O etanol hoje responde por 1,2% do suprimento de gasolina dos Estados Unidos e crescerá rapidamente.

O uso do milho para produção de combustível foi criticado por representar um desperdício, já que sua viabilidade econômica depende de subsídios e isenção de impostos aos fazendeiros, além do fato de que sua produção exige energia externa. De fato, a energia resultante de um galão de etanol não é muito maior do que a energia exigida para produzi-lo, quando se consideram os insumos para fertilizantes, maquinário agrícola e a energia para fermentação e destilação. A razão entre produção e insumo de energia melhorou com os recentes avanços tecnológicos e as eficiências agrícolas, mas ainda está em somente 1,24.

Essa situação melhoraria se o milho inteiro fosse convertido em etanol, não só o grão. Isso porque o grão se constitui basicamente de amido, ao passo que o restante da planta (chamado de 'forragem', composto de talo, folhas e sabugo) é, na maior parte, celulose.

Tanto o amido quanto a celulose são polímeros de glicose, mas a forma como as moléculas de glicose se ligam é diferente (veja Estratégias 4.1 e Figura 4.11). Essa diferença torna a celulose mais difícil de se quebrar em glicose do que o amido. Somente os animais ruminantes são capazes de digerir a celulose, porque seu rúmen contém bactérias que produzem as enzimas do tipo *celulase*, capazes de quebrar o polímero de celulose. Se houvesse um modo prático de converter celulose em etanol, muitas plantas além de milho poderiam ser cultivadas para esse fim. A celulose é o componente estrutural primário das plantas e o composto orgânico mais abundante na biosfera, tipicamente compondo de 30% a 50% da massa de um vegetal. Para se ter noção da escala de produção de celulose, se toda a celulose no crescimento vegetal anual, estimado em 90 a 130 bilhões de toneladas secas, fosse convertida em etanol, a energia equivalente seria quatro a seis vezes maior do que o consumo global de petróleo em 2000.

FIGURA 4.11

Estruturas de amido (amilose) e celulose (o amido possui várias estruturas diferentes, sendo as mais comuns a amilose e a amilopectina. A primeira delas, mostrada aqui, possui estrutura linear, ao passo que a segunda tem uma estrutura ramificada).

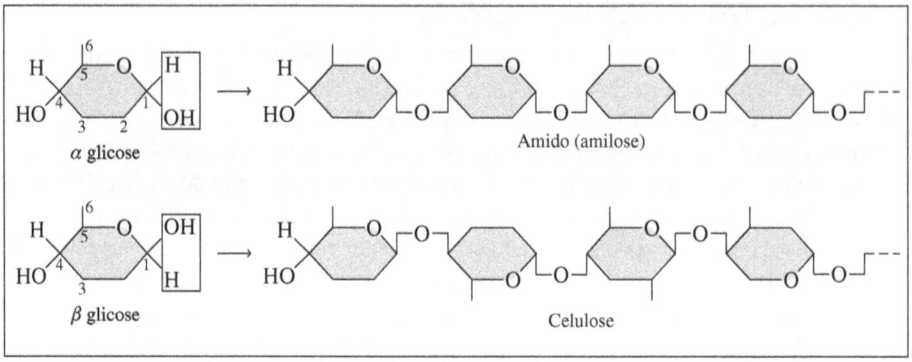

Fonte: R. A. Wallace, G. P. Sanders, and R. J. Ferl (1991). *Biology: The Science of Life*. Harper Collins: New York. Copyright© 1991 by Addison Wesley Longman. Reprodução autorizada.
Obs.: Foram omitidos os grupos OH da molécula por clareza (N. RT.)

ESTRATÉGIAS 4.1 — Etanol de amido ou de celulose?

Amido e celulose (veja a Figura 4.11) são ambos compostos de monômeros de glicose ($C_6H_{12}O_6$), mas os monômeros diferem na orientação de duas de suas ligações.

A glicose possui um anel de seis membros com cinco carbonos e um átomo de oxigênio. Quatro dos carbonos no anel possuem hidrogênio e grupos hidroxila, e o quinto carbono possui um hidrogênio e um grupo —CH_2OH ligado. No isômero α, a hidroxila no carbono numerado como 1 está no lado oposto do anel em relação ao grupo CH_2OH no carbono 5, ao passo que, no isômero β, o OH está no mesmo lado. O amido contém glicose α e a celulose, glicose β. Em ambos os casos, os polímeros são produzidos ligando a hidroxila do carbono 1 com a do carbono 4 de outro monômero, eliminando água nesse processo:

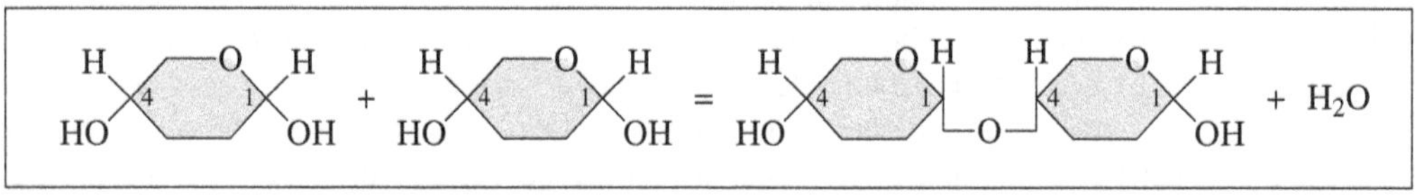

Os organismos quebram os polímeros catalisando a reação reversa, por intermédio de enzimas. Em conseqüência da orientação diferente das ligações no amido e na celulose, as enzimas devem ter diferentes arranjos dos grupos catalíticos em seus sítios ativos. A enzima do amido é a *amilase*, e a enzima da celulose é a *celulase*. Muitos microorganismos possuem amilase, mas somente alguns – certos fungos e bactérias – possuem celulase. Cupins e ruminantes são capazes de digerir a celulose, porque o sistema digestivo deles contêm bactérias produtoras de celulase.

Na produção industrial de etanol com milho, primeiramente o amido é degradado a glicose, com a amilase prontamente disponível; a seguir, a glicose passa por um processo de fermentação, em que as leveduras a metabolizam, liberando etanol (veja a Figura 4.12). A conversão de celulose, porém, requer celulase, que é difícil de obter em escala industrial. Os fungos ou bactérias que produzem celulase são difíceis de criar.

Um obstáculo adicional à conversão da celulose é que a celulose em plantas é protegida por um revestimento de *hemicelulose* (um polímero de açúcares com cinco carbonos) e lignina (veja a Figura 2.4). Esse revestimento deve ser inicialmente rompido e exige tratamento com ácido sulfúrico diluído sob temperatura e pressão elevadas. Esse tratamento rompe a hemicelulose em seus monômeros de açúcares com cinco carbonos (pentoses), sendo o mais abundante a xilose:

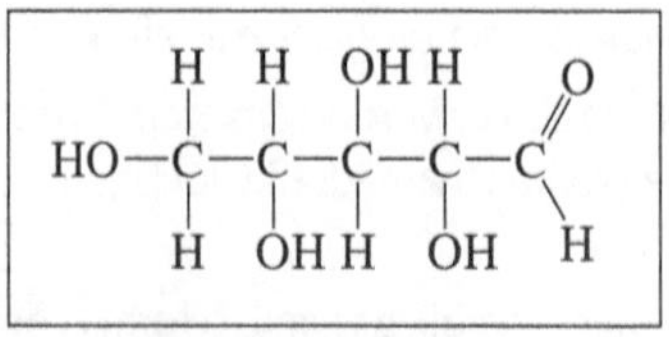

Dessa forma, a glicose produzida pela celulase é misturada à xilose e outras pentoses (açúcares de cinco carbonos). Entretanto, as leveduras comuns que fermentam glicose são incapazes de fermentar pentoses. Outros organismos podem ser usados para fermentar esses tipos de açúcares, mas uma unidade de fermentação separada se faz necessária. Pesquisadores tentam atualmente desenvolver grupos de bactérias capazes de utilizar todos os açúcares em um único processo de fermentação.

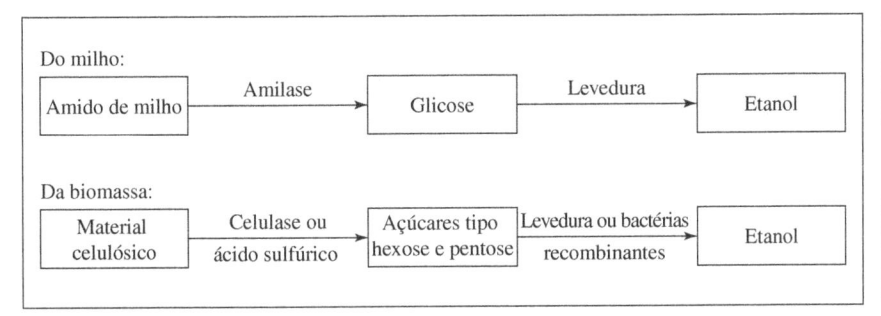

FIGURA 4.12

Duas rotas biocatalíticas levam ao etanol.

Do milho: Amido de milho →Amilase→ Glicose →Levedura→ Etanol

Da biomassa: Material celulósico →Celulase ou ácido sulfúrico→ Açúcares tipo hexose e pentose →Levedura ou bactérias recombinantes→ Etanol

Fonte: M. Mcoy (1998). *Biomass ethanol inches forward. Chemical & Engineering News* 76(49):29–32. Reprodução autorizada por C&EN. Copyright (1998) American Chemical Society.

b. Metano de biomassa. Quando oxigênio é removido de biomassa morta, bactérias anaeróbias convertem carbono em metano. Isso ocorre em aterros e armazenamento de adubo, ambos os quais produzem enorme quantidade de metano. Também ocorre no rúmen dos animais ruminantes, onde as bactérias que rompem a celulose também liberam metano. A Figura 4.13 indica que o metano liberado na atmosfera por essas três fontes supera o metano liberado pela extração de carvão, petróleo e gás.

O metano liberado é um recurso energético desperdiçado, bem como um significativo fator que contribui com o aquecimento global. Cada molécula adicional de metano possui 23 vezes o potencial de aquecimento global de uma molécula de CO_2. Esse fator é reconhecido em projetos de regulação dos gases de efeito estufa, incluindo os Protocolos de Kyoto.

Se tais regulamentos passarem a vigorar, o incentivo para coleta de metano nos aterros e armazenagem de adubo aumentará substancialmente (a coleta de metano dos ruminantes não é viável, mas há pesquisa sobre alteração da composição da dieta desses animais visando à redução da produção de metano).

Os aterros sanitários vêm coletando metano há algum tempo, originalmente em razão do risco de explosões. Até 1990, houve registro de 40 incêndios em aterros nos Estados Unidos, com dez mortes. Posteriormente, o gás passou a ser coletado e ventilado na atmosfera, mas a chamada Regra do Aterro, promulgada sob a Lei do Ar Limpo, de 1996,[1] exigiu que os grandes aterros coletassem compostos orgânicos de não-metano para prevenir sua emissão para a atmosfera, por causa de sua contribuição para a formação de *smog*. O gás coletado, contendo tanto metano quanto compostos orgânicos isentos de metano, era geralmente incinerado, mas recentemente os fluxos de gás têm sido cada vez mais usados na produção de energia. O gás coletado contém quantidade considerável de CO_2, bem como metano e outros compostos orgânicos, por isso a extração de metano puro para entrega a fornecedores de gás é impraticável. Entretanto, o gás pode ter suficiente conteúdo energético para tornar a geração de eletricidade compensadora. Até 2000, o gás capturado dos aterros representou cerca de 12% (5 milhões de toneladas) da produção total de metano nos Estados Unidos.

O metano proveniente de adubo animal é estimado em 3,2 milhões de toneladas anuais e deve aumentar substancialmente em consequência da implementação dos sistemas de gestão de adubo líquido ou pastoso, que produz mais metano. Nada desse metano é atualmente recuperado, mas poderia sê-lo, por meio da instalação de digestores anaeróbios. Há potencial para considerável recuperação de energia desses sistemas, principalmente se a regulamentação de gases do efeito estufa for implementada. Vale notar que os digestores anaeróbios estão sendo usados em algumas áreas rurais de países em desenvolvimento, onde se produz gás para aquecimento e iluminação de pequenos povoados.

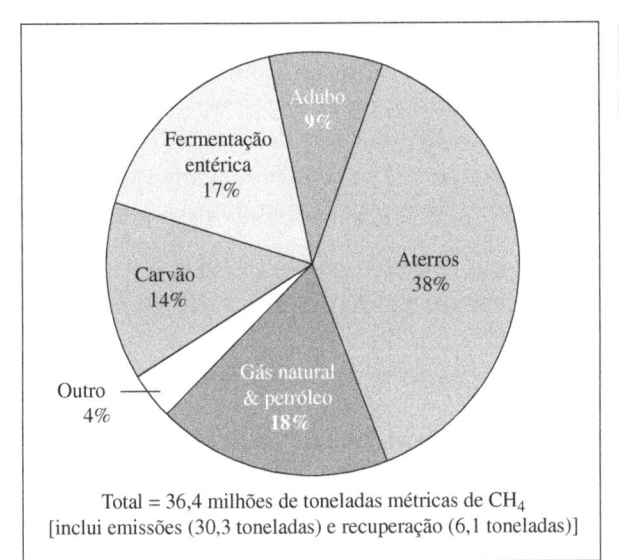

FIGURA 4.13

Fontes antropogênicas de base para geração de metano nos Estados Unidos (2000).

Gráfico de pizza:
- Aterros 38%
- Gás natural & petróleo 18%
- Fermentação entérica 17%
- Carvão 14%
- Adubo 9%
- Outro 4%

Total = 36,4 milhões de toneladas métricas de CH_4 [inclui emissões (30,3 toneladas) e recuperação (6,1 toneladas)]

Fonte: U.S. Environmental Protection Agency (1999). *U.S. Methane Emissions 1990–2020: Inventories, Projections, and Opportunities for Reductions.* EPA 430-R-99-013 (setembro, 1999).

---

[1] Refere-se à legislação dos Estados Unidos (N. RT.)

4.5 Energia hidrelétrica

As usinas hidrelétricas utilizam parte da energia do ciclo hidrológico movido a energia solar. Os continentes do mundo recebem chuva em volume maior do que a água que perdem via evapotranspiração, e o excesso corre pelos rios até os oceanos. A água corrente pode ser usada para girar uma turbina e gerar eletricidade. Embora existam muitas instalações hidrelétricas de pequeno porte, que se aproveitam diretamente do fluxo dos rios, as instalações maiores, que respondem pela maior parte da energia hidrelétrica disponível, dependem de represas para aumentar a coluna hidráulica (pressão da água) e nivelar o fluxo, permitindo dessa forma a geração contínua de eletricidade. As represas servem também a outros propósitos, tal como o abastecimento de água para fins residenciais, industriais e na agricultura, e também facilitando o controle de inundações e/ou da navegação e provendo meios de recreação. Na verdade, a maioria das represas não gera eletricidade, embora muitas possam ser aperfeiçoadas para isso.

A parcela de eletricidade mundial fornecida pela energia hidrelétrica gira em torno de 20%. Trata-se de uma parcela pequena do potencial hidrológico disponível, mas provavelmente representa entre um terço e um quarto do potencial economicamente viável. A maior parte do potencial não desenvolvido localiza-se na antiga União Soviética e nos países em desenvolvimento.

Como outras formas de energia solar, a hidroeletricidade não contribui para a emissão de CO_2 ou de outro tipo de gás para a atmosfera, mas não está isenta de custos ambientais.[2] A água represada alaga a faixa costeira, inundando povoados, relíquias sagradas e ecossistemas, e a característica do rio é permanentemente alterada. Os efeitos são particularmente devastadores aos peixes migratórios e apenas parcialmente remediados pelas 'escadas para peixes'. As grandes represas no rio Columbia contribuíram para o colapso da população de salmões no noroeste dos Estados Unidos. As represas também retêm lodo, que pode provocar efeitos danosos rio abaixo. O exemplo mais comentado é a represa de Assuã, no Egito, que estancou a inundação anual no vale do Nilo, resultando na diminuição de nutrientes às plantações e à salinização e subsidência do delta do Nilo.

O lodo deixado pela represa precisa por fim ser eliminado, antes que provoque o entupimento da entrada das turbinas. As águas represadas estão sujeitas à eutrofização (excesso de fertilização) e, principalmente nos trópicos, podem promover a disseminação de organismos portadores de doenças. A maioria desses problemas pode ser minimizada pelas devidas seleção e gestão das instalações, mas a oposição pública hoje limita significativamente o número de represas disponíveis. As pequenas usinas que se aproveitam diretamente do fluxo dos rios evitam a maioria desses problemas, mas são menos eficientes e estão sujeitas à flutuação sazonal dos níveis do rio.

4.6 Energia eólica

O vento constitui outra forma de energia solar, já que resulta das diferenças de temperatura do ar associadas às diferenças nas taxas de aquecimento solar. Uma circulação global de ar, a circulação de Hadley, é criada pelo ar quente e úmido subindo no equador e sendo substituído pelo fluxo de ar mais seco proveniente das regiões a 30 graus de latitude norte e sul. Em latitudes mais elevadas, o ar flui em direção aos pólos e é desviado para o sentido oeste pela rotação da Terra, produzindo um padrão similar a ondas, conhecido como circulação de Rossby. As variações regionais de temperatura atmosférica se sobrepõem aos sistemas de circulação menores no padrão global. Ventos localmente fortes decorrem de diferenças agudas de temperatura entre, por exemplo, a terra e o mar e podem ser canalizados por montanhas e vales. Muitas regiões apresentam ventos predominantes estáveis em decorrência dessas condições.

A tecnologia eólica é quase tão antiga quanto a história registrada. Bem antes de 2.000 anos atrás, moinhos de vento eram usados para bombear água na China e moer grãos na Pérsia. A Europa conheceu os moinhos de vento no século XI por meio dos veteranos das Cruzadas; os moinhos foram aperfeiçoados nos séculos seguintes, principalmente na Holanda e na Inglaterra. Por volta do século XVIII havia 10 mil moinhos de vento somente na Holanda. Nos Estados Unidos, esses moinhos foram um ativo vital dos colonizadores das Grandes Planícies, e havia 50 mil moinhos bombeando água e gerando eletricidade até 1950, período após o qual foram gradativamente removidos pela *Rural Electricity Administration*.

A crise do petróleo em 1973 reacendeu o interesse pela energia eólica e por outras fontes de energia alternativa. Teve início uma série de programas de desenvolvimento, e os custos caíram continuamente, graças ao desenvolvimento de uma nova tecnologia. A eletricidade eólica é atualmente a alternativa de custo mais baixo em relação à eletricidade gerada por combustível fóssil e usinas nucleares e está crescendo rapidamente. Entre 1990 e 1999, a taxa de crescimento anual atingiu a média de 24% (tempo de duplicação de três anos). A capacidade instalada no final de 2000 era de 17.000 MW no mundo.

---

[2] Reservatórios jovens ('recém-inundados') onde quantidade apreciável de matéria orgânica foi coberta por água podem ser fontes significativas de metano, contribuindo para o efeito estufa (N. RT.).

As atuais turbinas de projeto avançado possuem eixo horizontal (veja a Figura 4.14). Elas capturam a energia do vento com duas ou três pás propulsoras, que são montadas sobre um rotor para gerar eletricidade. As turbinas ficam no topo de torres altas, tirando proveito da maior velocidade do vento e da menor turbulência propiciadas pela altitude. Ventos fortes são essenciais, já que a geração de energia aumenta proporcionalmente ao cubo da velocidade do vento. Ela aumenta linearmente à área varrida pelos propulsores, que é proporcional ao quadrado do seu comprimento. Conseqüentemente, há uma vantagem extra no uso de propulsores longos instalados em torres altas. O fator limitante do tamanho é a possibilidade de falha estrutural em caso de ventos fortes. Projetos inovadores de torres feitas de materiais mais fortes e leves hoje permitem que torres mais altas sejam construídas a um custo mais baixo. As alturas do cubo do rotor atualmente atingem em média 30 metros e devem chegar a 70 metros ou mais até 2005.

A velocidade média dos ventos varia muito de um lugar para outro e determina a viabilidade da energia eólica. A Figura 4.15 é um mapa dos Estados Unidos que indica as regiões com ventos de classe 3 ou maior (os ventos de classe 3 possuem densidades de potência que alcançam entre 150 W/m^2 e 250 W/m^2 a 10 m de altura e entre 300 W/m^2 e 400 W/m^2 a 50 m). Embora a energia eólica tenha sido inicialmente desenvolvida na Califórnia, o potencial é bem mais elevado nas Grandes Planícies, onde uma corrente de vento com classe 3 ou maior se estende das Dakotas ao Texas. O recurso eólico total dessa região é quase três vezes maior do que a geração de eletricidade nos Estados Unidos em 1999.

O crescimento da energia eólica tem sido sustentado por políticas governamentais. Na Califórnia, os clientes das três maiores concessionárias de energia elétrica do estado recebem descontos de até 50% do custo de uma turbina residencial de pequena escala. As vendas dessas unidades cresceram no período de crise elétrica no estado, de 2000 a 2001. Uma lei de 1994 em Minnesota exigiu que a maior concessionária do estado instalasse 425 MW de energia eólica até 2002, como pré-requisito para a permissão de armazenar resíduo nuclear de suas usinas. Iowa aprovou uma lei em 1983 exigindo que as concessionárias obtenham 2% de sua eletricidade de fontes renováveis. O programa tem sido popular entre os fazendeiros de Iowa, que recebem 2.000 dólares por ano com o aluguel de cada turbina, que geralmente ocupa 1/4 de acre (1/10 de hectare). Como um fazendeiro que cultiva milho tem uma margem de lucro de aproximadamente 300 dólares por acre, a turbina oferece um belo retorno sobre a terra. Em 1999, Iowa inaugurou o maior parque eólico do mundo, com 257 turbinas e capacidade combinada de 193 MW.

Entretanto, a maior parte da energia eólica está instalada nos países da Europa Ocidental (veja a Tabela 4.2), que aderiram ao Protocolo de Kyoto quanto aos gases do efeito estufa e, portanto, buscam a energia renovável com mais afinco do que os Estados Unidos. Por exemplo, o governo dinamarquês impôs um imposto sobre o carbono de cerca de 14 dólares por tonelada de CO_2 em 1992 e hoje suas torres eólicas suprem 13% de sua eletricidade. Embora em 1990 os Estados Unidos detivessem 75% da capacidade mundial de 1.900 MW da energia eólica instalada, sua parcela dos 17.000 MW instalados em 2000 havia caído para 15%.

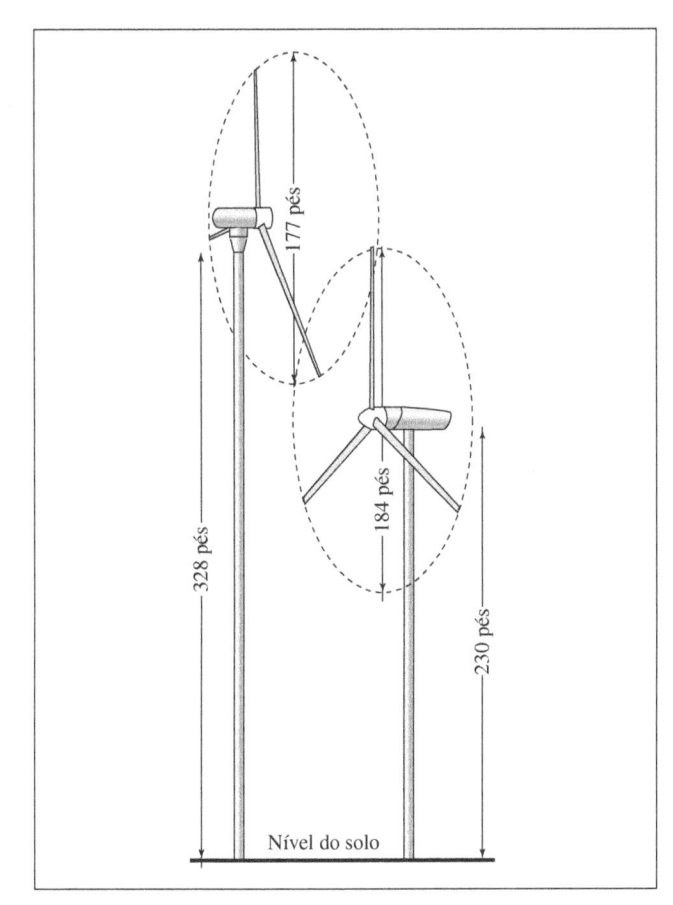

FIGURA 4.14

Turbinas eólicas modernas com grandes altura da torre e diâmetro de rotor.

Fonte: Departamento de Energia dos Estados Unidos, *Wind Energy Program*. Disponível em http://www.eren.doe.gov/wind/large.html.

FIGURA 4.15
Percentual de área com energia eólica estimada em classe 3 ou maior nos Estados Unidos.

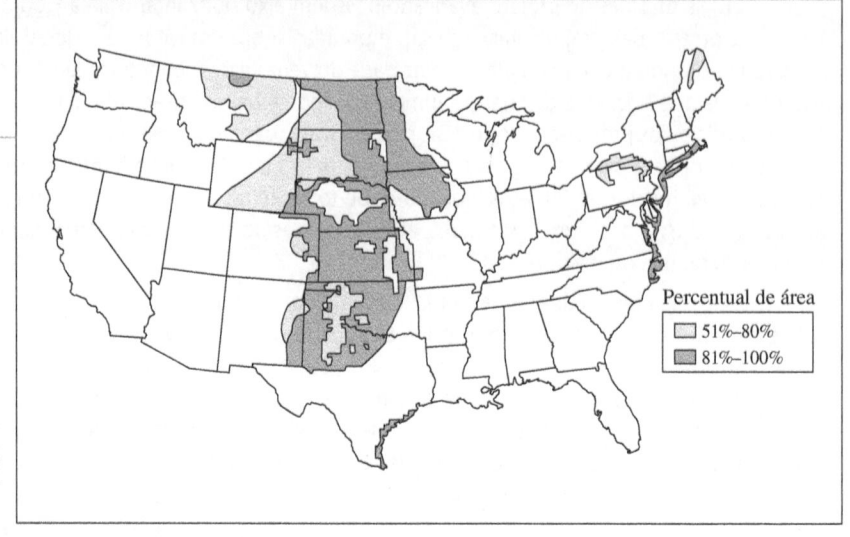

Fonte: National Renewable Energy Laboratory, Departamento de Energia dos Estados Unidos (1986). *Wind Energy Resource Atlas of the United States*. Disponível em http://rredc.nrel.gov/wind/pubs/atlas/maps/chap2/2-10m.html.

Percentual de área
- 51%–80%
- 81%–100%

TABELA 4.2 *Dez países com maior produção de energia eólica (2000).*

País	Capacidade eólica instalada (MW)	Geração de energia eólica (milhões MWh)	Total de eletricidade gerada (milhões MWh)	Total suprido pelo vento (percentual)
Alemanha	6.113	11,50	495,2	2,3
Estados Unidos	2.554	5,10	3.235,9	0,2
Espanha	2.250	4,50	189,6	2,4
Dinamarca	2.140	4,28	32,9	13,0
Índia	1.167	2,33	424,0	0,6
Holanda	449	0,90	97,8	0,9
Itália	420	0,84	272,4	0,3
Reino Unido	400	0,80	333,0	0,2
China	265	0,53	1.084,1	< 0,1
Suécia	226	0,45	128,8	0,4
Total	**15.984**	**31,2**	**6.294**	**0,5**

Fonte: *American Wind Energy Association*, press-release (9 de fevereiro de 2001).

4.7 Energia das marés e ondas

Grande quantidade de energia está armazenada nos oceanos do mundo, sob a forma de marés e ondas, e em gradientes de temperatura e concentração de sal. Mas os oceanos são vastos e essas formas de energia são altamente dispersas. A energia das marés é hoje a única forma comercialmente explorada, em uma instalação na costa francesa de Brittany. As marés resultam da atração gravitacional da Lua e do Sol. No mar aberto, as águas sobem e baixam por cerca de um metro, mas na costa litorânea elas são mais altas e podem atingir vários metros em estuários, em virtude do efeito de afunilamento. A energia das marés pode ser extraída de forma muito semelhante à energia em quedas d'água. Constrói-se uma represa com eclusas para permitir a entrada da maré até um reservatório, que é esvaziado por intermédio de turbinas quando a maré baixa. Embora diversos locais de marés, principalmente no Reino Unido e na França, tenham potencial para geração de energia (quando as condições econômicas tornarem-se favoráveis), o número desses locais é insuficiente para a energia das marés desempenharem um papel importante no suprimento global de energia.

As ondas resultam da ação do vento sobre as águas e podem carregar considerável quantidade de energia. Onde os ventos sopram por longas distâncias sobre mar aberto, as ondas podem atingir dezenas de metros de altura e deslocar toneladas de água. As costas ocidentais da Europa e dos Estados Unidos e a região costeira do Japão e da Nova Zelândia são particularmente propícias à extração de energia das ondas. Para isso, diversos equipamentos foram projetados e continuam sendo pesquisados. Nenhum, porém, está perto de ser viável.

A diferença na concentração de sal entre os oceanos e a água doce representa uma grande pressão osmótica, equivalente a uma coluna d'água de 240 metros. Mas nenhum método prático foi desenvolvido para se aproveitar essa energia combinada.

Mais interessantes são as perspectivas de exploração da energia armazenada nos gradientes térmicos dos oceanos. O Sol aquece a superfície dos oceanos, mas as camadas mais profundas permanecem frias. Nas regiões tropicais, a temperatura superficial chega a 26 ºC, e a uma profundidade de mil metros a temperatura é de 5 ºC a 6 ºC. Em razão das extensões oceânicas, o total de energia armazenada nos gradientes de superfície é enorme, cerca de duas ordens de magnitude maior do que a energia de todas as marés e ondas. Entretanto, a captura dessa energia não é tarefa fácil. Não só pela ampla extensão, mas também pelo fato de que o gradiente de 20 ºC limita a eficiência teórica dos motores térmicos a menos de 7%. Conseqüentemente, um considerável suprimento de eletricidade proveniente dessa fonte requer uma usina de grande porte e custos de capital elevados. Além disso, as perdas de transmissão limitariam essas usinas a operar perto da costa litorânea, embora as centrais em operação no mar aberto pudessem, em princípio, gerar hidrogênio de forma eletrolítica, para transporte via navegação (veja discussão sobre 'economia do hidrogênio').

Além da eletricidade, uma usina de conversão da energia térmica dos oceanos (OTEC, do inglês *Ocean Thermal Energy Conversion*) leva água fria do mar para a superfície, a qual pode ser usada para refrigeração do ar em edifícios próximos. A água do fundo do oceano é também rica em nutrientes e poderia sustentar a agricultura e a maricultura. Por fim, se a água do mar for usada como fluido operacional da usina, teremos água doce como subproduto. As oportunidades de integração entre energia, água, refrigeração do ar e atividades de cultivo podem existir em muitos locais das costas tropicais. Uma estação experimental no Havaí está atualmente explorando esse potencial.

4.8 Energia geotérmica

Além da energia das marés, a geotérmica é a única forma de energia renovável não associada ao Sol. A própria Terra gera calor com origem em seu núcleo de material fundido e do decaimento de radioisótopos de ocorrência natural. Essa fonte de calor é milhares de vezes mais fraca do que os raios solares, mas, em algumas partes da crosta terrestre, anomalias geológicas permitem a elevação concentrada de calor proveniente das camadas inferiores. Nascentes de água quente e vulcões são exemplos familiares dessas anomalias. As fontes naturais de água quente têm sido valorizadas para o banho e por seus poderes curativos há milhares de anos; os romanos usavam água quente para aquecer suas casas de banho. A moderna indústria geotérmica teve início no século 19, com a extração de ácido bórico de nascentes de água quente próximas a Laradello, Itália. Por volta de 1827, o vapor geotérmico substituiu a lenha como combustível para a concentração de ácido bórico, e a primeira usina de energia geotérmica começou a operar em 1913, também na Itália. Desde então, usinas foram instaladas em vários pontos do mundo que possuam disponibilidade de vapor geotérmico, que, atualmente, suprem 0,3% da eletricidade mundial.

A energia geotérmica pode ser dividida em três categorias de temperatura: alta (> 150 ºC), moderada (de 90 ºC a 150 ºC) e baixa (< 90 ºC). O recurso de alta temperatura é usado quase exclusivamente para a geração de eletricidade. As usinas de vapor geotérmico operam como qualquer outra central de vapor, exceto pela necessidade de medidas especiais para tratar o sal e os gases, principalmente o H_2S, entranhado no vapor, a fim de minimizar a corrosão e a contaminação ambiental. As usinas geotérmicas nos Estados Unidos atualmente possuem capacidade de ~ 2.200 MW, quase o equivalente a quatro usinas nucleares de grande porte.

Recursos geotérmicos na faixa de temperatura moderada podem ser usados de diversas formas, incluindo o aquecimento de ambientes, vapor para processos industriais, em estufas e na aqüicultura. A capacidade instalada norte-americana atual se aproxima de 470 MW ou o suficiente para aquecer 40 mil domicílios.

O recurso de baixa temperatura encontrou uso crescente acoplado a bombas térmicas para aquecimento e refrigeração residencial. As bombas geotérmicas transferem calor do solo (ou aqüíferos) para as casas, no inverno, e das casas para o solo, no verão. Os reservatórios geotérmicos (em geral explorados a profundidades de 30 m a 50 m) mantêm uma temperatura relativamente estável, permitindo que a bomba térmica funcione bem mesmo em áreas com invernos rigorosos. A bomba geotérmica é uma tecnologia emergente que passa por um rápido crescimento de mercado; cerca de 40 mil unidades foram vendidas em 2000.

5 Usos de energia

A extração de energia de várias fontes disponíveis é um lado da equação de energia para a humanidade; o outro lado é a utilização dessa energia. Necessitamos de energia para inúmeras atividades, mas a quantidade de energia necessária depende fortemente da eficiência com que ela é utilizada. A eficiência nos usos de energia pode variar tremendamente. Depende da tecnologia, da integração dos sistemas de energia e de nossos padrões de vida.

Quando a energia é convertida de uma forma para outra, sempre ocorre alguma perda de energia útil sob a forma de calor residual. Quando empurramos uma caixa pelo chão, parte de nossa energia muscular é convertida na energia mecânica necessária para esse esforço, mas parte dela se transforma em calor devido ao atrito com o chão. Esse atrito pode ser reduzido ao se colocar a caixa sobre rodas, mas não é possível eliminá-lo por completo. As rodas aumentam a eficiência da conversão da energia muscular em energia mecânica, mas essa taxa nunca será de 100%. Um grande desafio na conversão de energia consiste em minimizar o calor residual.

FUNDAMENTOS 5.1: CALOR, TEMPERATURA E ENTROPIA

Entropia. O máximo de eficiência que se pode obter nos processos de conversão de energia é estabelecido pela segunda lei da termodinâmica. A primeira lei é simplesmente uma declaração de conservação de energia: a energia não é destruída nem criada, desde que nos lembremos de que o calor é uma forma de energia (estritamente falando, é a soma de matéria e energia que é conservada. A energia pode ser convertida em matéria e vice-versa, de acordo com a famosa fórmula de Einstein, $E = mc^2$, onde E é a energia, m a massa e c a velocidade da luz. Somente em reações nucleares, porém, essa conversão se torna significativa). A segunda lei da termodinâmica afirma que a *entropia* sempre aumenta em um processo espontâneo, ou seja, naquele em que não há adição de energia externa.

A entropia é uma medida de desordem, e a segunda lei é uma afirmação do fato de que a desordem aumenta naturalmente. Quando deixamos um punhado de bolas de gude brancas e outro punhado de bolas de gude azuis rolarem em uma caixa, as duas cores vão se misturar; elas se tornarão desordenadas. A entropia é menor antes da mistura e maior depois. Além disso, as bolas azuis e brancas não vão se agrupar sozinhas, mesmo que fiquem rolando por muito tempo. É preciso uma energia externa – isto é, na forma dos dedos apanhando todas as bolas azuis – para separá-las e, dessa forma, reduzir a entropia. Trata-se de uma ilustração simples da segunda lei.

Calor e temperatura. Qual é a relação entre entropia e calor? O calor resulta da movimentação de átomos e moléculas. Quando sentimos a água quente na mão, percebemos o rápido movimento das moléculas de água transmitindo sua energia *cinética* à nossa pele. A temperatura da água é a energia cinética média das moléculas; o calor em si é a energia cinética total das moléculas presentes no volume de água que estamos manuseando.

Uma medida de entropia (S) é a energia térmica (Q) dividida pela temperatura (T):

$$S = Q/T \qquad 5.1$$

Nessa expressão, T é a temperatura absoluta. Zero na escala de temperatura absoluta corresponde à energia cinética zero, isto é, não há movimentação de moléculas. Recapitulando Fundamentos 1.1, a temperatura absoluta é medida em graus kelvin, que equivalem aos graus centígrados, mas com uma defasagem de 237, isto é, 0 °C = 273 K (o grau no índice superior é omitido da temperatura absoluta).

A Equação (5.1) expressa o fato de que uma dada quantidade de energia térmica produz mais desordem para uma amostra fria (pequeno valor de T) do que para uma amostra quente (alto valor de T) de matéria. De acordo com a segunda lei, Q/T aumenta em um processo espontâneo. Um exemplo familiar é o resfriamento de uma xícara de chá quente. Sabemos que uma quantidade de calor é transferida do líquido quente para o ambiente frio. Se essa quantidade for Q_{transf}, então é evidente que

$$Q_{transf}/T_{quente} < Q_{transf}/T_{frio}$$

Portanto, a entropia aumentou no processo de resfriamento.

Motores térmicos. Com base na Equação (5.1), é simples obter a eficiência máxima de uma usina hidrelétrica ou a de qualquer outro motor térmico. Consideremos o diagrama de uma usina de vapor-para-eletricidade na Figura 5.1.

O vapor é gerado pela queima de combustível em uma caldeira, que gira uma turbina e gera eletricidade. O vapor despendido é, a seguir, condensado em água líquida e retorna à caldeira. Dessa forma, a energia obtida com a combustão é convertida em trabalho na turbina. A energia do trabalho deve ser a diferença entre a quantidade de calor usado para ferver a água (Q_f) e a quantidade de calor transferido à água resfriada no condensador (Q_c):

FIGURA 5.1

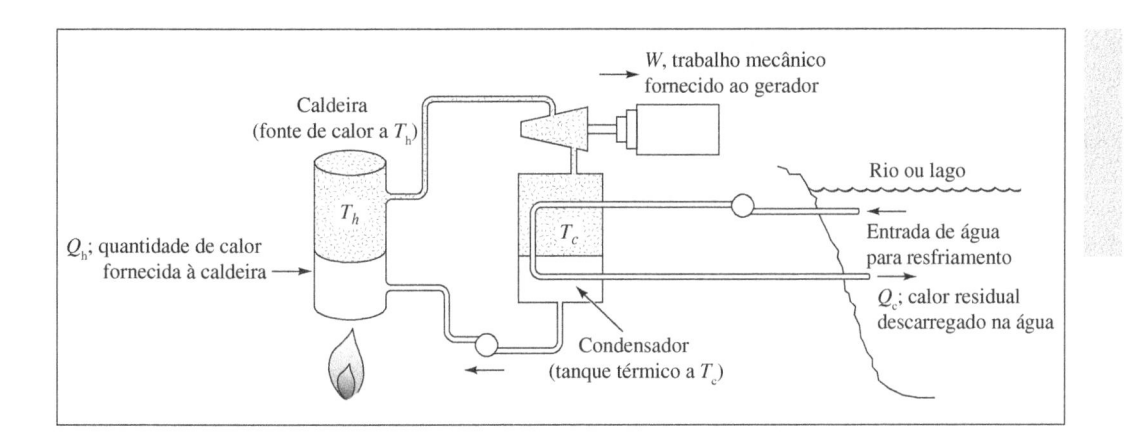

Trabalho máximo e calor residual de uma usina de motor a vapor.

$$W = Q_h - Q_c \quad \textbf{5.2}$$

A Equação (5.2) é somente uma expressão da conservação de energia, a primeira lei da termodinâmica. Dividindo-se ambos os lados por Q_f, obtemos

$$W/Q_h = 1 - Q_c/Q_h \quad \textbf{5.3}$$

W/Q_h é a eficiência com a qual o calor é convertido em trabalho.

Mas a segunda lei afirma que a entropia deve aumentar; portanto

$$Q_c/T_c > Q_h/T_h \quad \textbf{5.4}$$

onde T_h é a temperatura da fonte de calor e T_c é a temperatura do condensador. Multiplicando-se ambos os lados por T_c/Q_h, temos

$$Q_c/Q_h > T_c/T_h \quad \textbf{5.5}$$

Se substituirmos (5.5) em (5.3), observamos que

$$W/Q_h < 1 - T_c/T_h \quad \textbf{5.6}$$

A Equação (5.6) possui implicações de longo alcance. Ela significa que, seja qual for o projeto da usina, sua eficiência é restringida por T_c/T_h, a razão entre a temperatura do condensador e a temperatura da fonte de calor, neste caso, a caldeira. Quanto menor for essa razão, mais a eficiência se aproximará do valor unitário. Como a temperatura do condensador é restringida pela água de resfriamento disponível, isto é, a temperatura ambiente, a razão depende basicamente do nível de aquecimento que a caldeira pode atingir.

A mesma equação se aplica a todos os motores térmicos, seja uma usina a vapor que gera eletricidade ou um motor de combustão interna. Ela enfatiza a importância crucial da temperatura em que a energia térmica é fornecida. Embora a energia seja sempre conservada, a eficiência com que o calor pode ser convertido em trabalho é fundamentalmente restringida por sua temperatura. A eficiência máxima de conversão aumenta com a temperatura da fonte de calor. Calor de alta temperatura significa energia de alta qualidade, porque sua entropia (por unidade de energia) é baixa.

5.1 Eficiência energética de motores térmicos

Uma sociedade industrializada depende da conversão de calor em trabalho. Os sistemas de transporte, manufatura, mineração e construção utilizam a energia de combustíveis fósseis em motores de combustão interna, ao passo que a eletricidade é gerada em usinas onde o calor (de combustíveis fósseis ou reatores nucleares) produz vapor para mover as turbinas (veja a Figura 5.1). A eletricidade ilumina e, às vezes, aquece edifícios e aciona inúmeros utensílios e motores. Essa vasta gama de processos movidos a calor oferece muitas oportunidades de melhoria da eficiência energética.

O projeto das usinas de força melhorou substancialmente, mas a eficiência calor-para-eletricidade permanece ainda em torno de 40%, na melhor das hipóteses. Em uma usina moderna movida a carvão, a temperatura da caldeira chega a cerca de 550 °C (823 K). A temperatura do condensador depende, de certa forma, da disponibilidade de água de resfriamento, mas não pode ir além de 300 K (27 °C). A eficiência teórica máxima, de acordo com a Equação (5.6), é de 1 − 300/823 = 0,64, ou 64%. Contudo, perdas adicionais de calor da caldeira, da turbina e do gerador elétrico conspiram para reduzir a eficiência a um nível bem abaixo do teórico. Dessa forma, 60% do valor térmico do carvão é perdido como calor residual. Para uma usina nuclear, o nível de eficiência teórica é mais baixo, porque a temperatura da caldeira é restrita por medida de segurança; a eficiência geral de uma usina nuclear gira em torno de 30%.

Maior eficiência poderia ser obtida por meio da elevação da temperatura da fonte de calor. Uma caldeira não pode ser aquecida a mais de 550 °C, mas uma turbina a gás pode ser operada a temperaturas de até 1.260 °C. As turbinas a gás foram desenvolvidas para serem usadas com motores de aviões a jato, mas foram recentemente adaptadas para mover turbinas geradoras de eletricidade. Apesar da alta temperatura operacional, a eficiência de uma turbina a gás é modesta, porque a temperatura em que o calor é transferido para o ambiente, ou seja, o gás de exaustão, ainda é bem elevada, normalmente 500 °C. Esses valores para T_h e T_c fornecem eficiência máxima de 50%; a eficiência real é somente cerca de 33%, quase a mesma que a de uma usina nuclear. Mas os gases quentes podem ser usados para mover uma turbina a vapor (veja a Figura 5.2). Essa segunda etapa opera praticamente com a mesma eficiência de conversão que uma usina a vapor regular.

Ao combinar essas duas etapas, podem-se extrair quase 80% da energia do combustível. Muitas usinas movidas a carvão estão sendo equipadas com o sistema *topping cycle* de turbinas a gás natural, de modo a melhorar a eficiência.

As mesmas considerações termodinâmicas são aplicáveis nos casos em que a energia é 'consumida'. Obviamente, a energia não desaparece. Ela é convertida em calor 'residual', aumentando a entropia do universo. Sabendo-se desse destino, a energia pode ser utilizada de forma mais ou menos eficiente. O aquecimento de uma casa fornece um exemplo ilustrativo. Uma caldeira a gás é mais eficiente para essa finalidade do que um aquecedor elétrico, porque a maior parte da energia no combustível fóssil pode ser diretamente transferida para a casa (supondo-se uma caldeira altamente eficiente), ao passo que, no aquecimento elétrico, cerca de dois terços da energia foram descartadas na usina para gerar a eletricidade que será então reconvertida para o aquecimento da casa.

A eletricidade pode ser convertida em calor de modo muito mais eficiente, porém, quando é usada para acionar uma bomba térmica. Esse equipamento (veja a Figura 5.3) consiste em uma versão de pequeno porte de uma usina com funcionamento reverso. O trabalho mecânico é utilizado para condensar um fluido de trabalho à temperatura do tanque térmico. O fluido é, a seguir, evaporado, absorvendo, dessa forma, calor da fonte térmica. Assim, o calor pode ser bombeado das temperaturas mais baixas para as mais altas pelo dispêndio de trabalho. É assim que funcionam os refrigeradores e aparelhos de ar-condicionado. Uma casa pode ser aquecida num dia frio por intermédio da reversão da direção do ar-condicionado.

A conversão de trabalho em calor é regida pelas mesmas considerações de entropia que no processo reverso. O grau máximo de conversão é simplesmente fornecido pelo inverso da Equação (5.6)

$$Q/W < T_h/(T_h - T_c) \qquad \textbf{5.7}$$

porém, T_h e T_c são revertidos, já que a fonte de calor (T_c) está mais fria do que o tanque térmico (T_h).

Se a temperatura interna for de aproximadamente 300 K e a externa for 20 °C mais fria, a quantidade de calor bombeado é potencialmente 300/20 = 15 vezes maior do que a quantidade de trabalho. Um kJ de eletricidade pode transferir até 15 kJ de calor. Isso significa que violamos a primeira lei da termodinâmica? De jeito nenhum. Isso significa somente que precisamos

FIGURA 5.2

Esquematização de usina com ciclo combinado de turbina a gás/turbina a vapor.

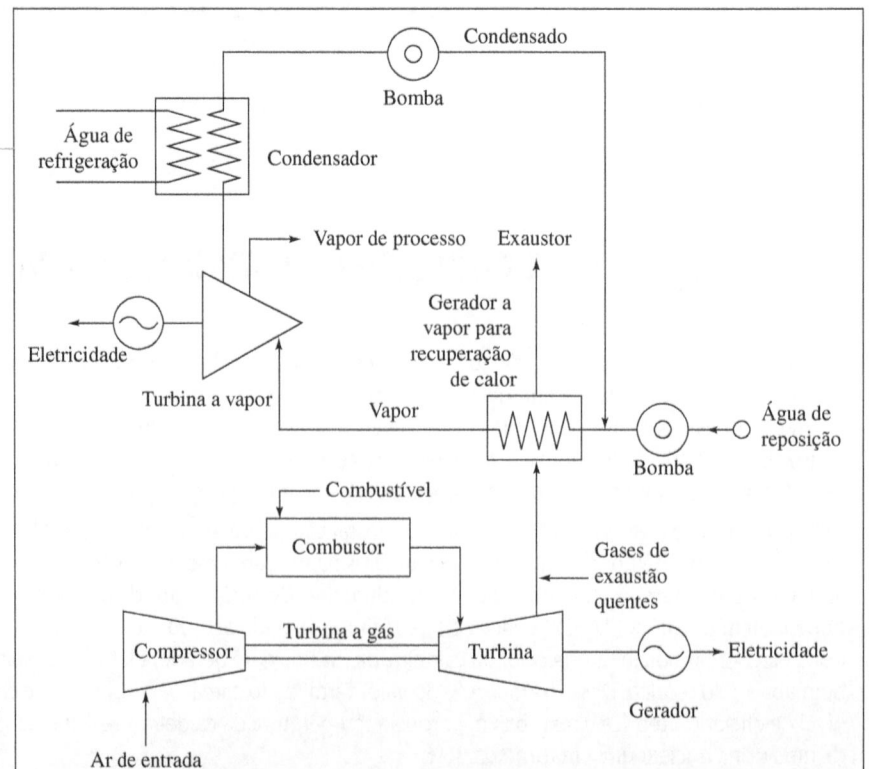

Fonte: R. H. Williams e E. D. Larson (1993). "Advanced gasification-based biomass power generation". In *Renewable energy, sources for fuels and electricity*. T. B. Johansson et al., eds. (Washington, DC: Island Press). Copyright© 1993 by Island Press. Reprodução autorizada.

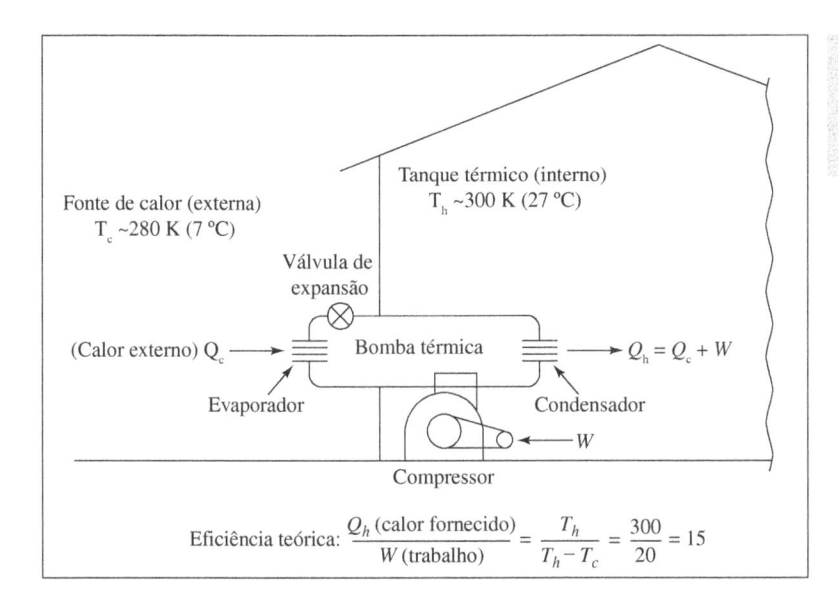

FIGURA 5.3

Bomba térmica: um meio eficiente de aquecimento e refrigeração de ambientes residenciais.

Eficiência teórica: $\dfrac{Q_h \text{ (calor fornecido)}}{W \text{ (trabalho)}} = \dfrac{T_h}{T_h - T_c} = \dfrac{300}{20} = 15$

prestar atenção à qualidade bem como à quantidade de energia. Quanto mais elevada for a temperatura, maior a qualidade; e uma energia térmica de alto grau (alta qualidade) pode ser convertida em uma grande quantidade de energia térmica de baixo grau, aumentando a entropia no processo. A eletricidade é uma energia de alta qualidade, e essa qualidade é largamente desperdiçada quando diretamente convertida em calor sob baixa temperatura; a bomba térmica permite que essa qualidade seja mais plenamente utilizada. A alta eficiência teórica não pode ser obtida na prática em razão das resistências à transferência de calor, mas uma razão calor/trabalho igual a 2 é facilmente atingida, recapturando dessa forma uma parcela substancial das calorias de combustível fóssil perdidas na usina.

Na prática, as bombas térmicas funcionam melhor quando o clima é moderado e podem demandar aquecimento suplementar nos dias mais frios do inverno. Como já observado, o uso de reservatórios geotérmicos como fonte de calor pode melhorar significativamente o desempenho da bomba térmica.

5.2 Células a combustível

A combustão não é a única maneira de se extrair energia útil de combustíveis químicos. A eletricidade pode ser diretamente obtida com o auxílio de uma célula de combustível. Em vez de queimar hidrogênio para gerar calor, a mesma reação

$$2H_2 + O_2 \rightarrow 2H_2O \qquad \textbf{5.8}$$

pode ser conduzida em dois eletrodos, com uma corrente elétrica fluindo entre eles, como ilustra a Figura 5.4. As reações do eletrodo são

$$2H_2 \rightleftharpoons 4H^+ + 4e^- \qquad \textbf{5.9}$$

$$4e^- + O_2 + 4H^+ \rightleftharpoons 2H_2O \qquad \textbf{5.10}$$

O hidrogênio é oxidado no *ânodo*, onde os elétrons são removidos e passados através do circuito externo para o *cátodo*, onde o oxigênio é reduzido. As duas reações de eletrodo, juntas, resultam na reação (5.8). Mas a energia é liberada na maior parte como eletricidade, em vez de calor. A geração de eletricidade via célula de combustível é apenas o reverso do conhecido processo de eletrólise, em que hidrogênio e oxigênio são produzidos em um par de eletrodos imersos em água, quando uma corrente elétrica passa entre eles.

Como a energia de reação se transforma diretamente em eletricidade, a eficiência não é limitada pela fórmula do motor térmico. Como discutimos em Fundamentos 5.2, a eficiência teórica é dada pela razão entre a variação de energia livre e a variação de entalpia, $\Delta G/\Delta H$, que equivale a cerca de 80%, para a Equação (5.8).

Entretanto, a eficiência teórica só poderá ser atingida caso nenhuma corrente seja efetivamente retirada da célula de combustível. Quando uma corrente flui pelo circuito externo, ocorre o acúmulo de várias resistências, o que reduz a eficiência e aumenta a fração de energia convertida em calor.

Entre essas resistências estão: 1) a resistência elétrica da movimentação de íons positivos da região do ânodo para a região do cátodo, a fim de se equilibrar o fluxo de elétrons (resistência do eletrólito); 2) a resistência ao movimento de moléculas rea-

FIGURA 5.4
Esquematização de uma célula de combustível com membrana de troca protônica (PEM, do inglês, proton exchange membrane*), que utiliza hidrogênio como combustível.*

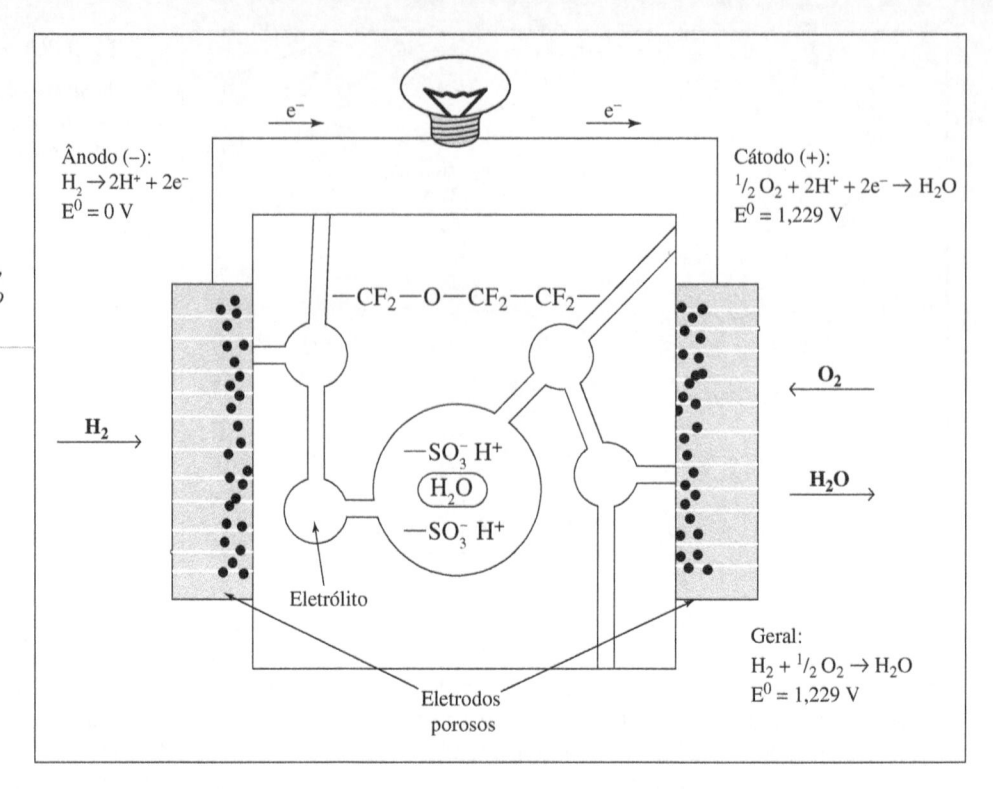

Ânodo (−):
$H_2 \rightarrow 2H^+ + 2e^-$
$E^0 = 0\ V$

Cátodo (+):
$\frac{1}{2}O_2 + 2H^+ + 2e^- \rightarrow H_2O$
$E^0 = 1{,}229\ V$

Geral:
$H_2 + \frac{1}{2}O_2 \rightarrow H_2O$
$E^0 = 1{,}229\ V$

gentes para os eletrodos e ao afastamento de moléculas de produto dos eletrodos (resistência da transferência de massa); e 3) a resistência às próprias reações químicas por causa da cinética de reação lenta (barreiras de ativação). Essas resistências podem ser minimizadas, embora não eliminadas, pela otimização do projeto da célula a combustível. Dessa forma, a cinética de reação pode ser acelerada com catalisadores (a platina metálica é o mais usado); a transferência de massa pode ser intensificada pelo aumento da área de superfície dos eletrodos, por exemplo, tornando-os porosos; e a resistência elétrica pode ser minimizada conectando-se os compartimentos do eletrodo com um eletrólito que possua alta condutância. Essas três resistências são reduzidas sob temperaturas elevadas, que aumentam as velocidades das reações químicas e do transporte de moléculas e íons. Conseqüentemente, projetos bem-sucedidos de célula de combustível tendem a elevar as temperaturas operacionais. Entretanto, a célula a combustível com membrana de troca protônica (PEM), que funciona em uma faixa de temperatura relativamente baixa (80 °C a 100 °C), despontou como o projeto mais adequado para transporte. A Tabela 5.1 relaciona as características das cinco tecnologias mais proeminentes de células de combustível.

As células a combustível PEM operam com combustível de hidrogênio sob temperaturas relativamente baixas porque a condução de prótons do ânodo para o cátodo é facilitada por uma fina membrana de eletrólito polimérico. O polímero é um fluorocarboneto com grupos sulfonato ligados covalentemente (—SO_3^-). Esses grupos de sulfonato formam uma rede de canais cheios de água, através dos quais os prótons passam facilmente (enquanto os ânions são excluídos pelos sulfonatos carregados negativamente). Por sua alta condutividade de prótons, a célula a combustível PEM se inicializa rapidamente, possui alta densidade de energia e sua produção pode variar rapidamente para atender a alterações na demanda de potência. Essas características tornam essa tecnologia adequada ao transporte automotivo. A eficiência dos motores que utilizam células de combustível PEM pode chegar a 60%, em contraposição aos 25% de um motor com combustão interna. E, naturalmente, não há emissões (exceto de água) de uma célula de combustível a hidrogênio. Portanto, a tecnologia de célula de combustível PEM é um estímulo aos veículos com emissão zero.

Há, porém, restrições em relação aos veículos movidos por célula de combustível. A falta de um sistema de distribuição e a dificuldade de armazenamento de hidrogênio a bordo são questões óbvias. Outra questão menos evidente é que, em conseqüência das baixas temperaturas, é preciso usar catalisadores de platina altamente ativos (Pt). Estes são sensíveis à contaminação por uma variedade de substâncias químicas, especialmente o monóxido de carbono, que se liga fortemente à Pt. Isso não constituiria um problema para o hidrogênio gerado por água eletrolisada, mas esse método de preparo é oneroso (devido ao custo da eletricidade). Até onde é possível prever o futuro, o hidrogênio continuará sendo produzido por reforma a vapor de combustíveis fósseis, principalmente o metano. O CO é um subproduto inevitável desse processo e deve ser extraído até níveis muito baixos, para uso do hidrogênio em células de combustível PEM. Essa etapa de separação se soma ao custo do combustível, e a possibilidade de contaminação do catalisador coloca os proprietários dos veículos sob o risco de ter de substituir prematuramente as células a combustível. Esforços atuais de desenvolvimento visam elevar um pouco a temperatura operacional da PEM (uma tarefa desafiadora, já que o eletrólito polimérico se desidrata sob altas temperaturas, perdendo sua condutividade de prótons), a fim de tornar o catalisador menos suscetível à contaminação.

TABELA 5.1 — Comparação entre cinco tecnologias de célula de combustível.

Tipo de célula de combustível	Eletrólito	Temperatura operacional (°C)	Reações eletroquímicas	Aplicações	Vantagens	Desvantagens
Alcalina (AFC)	Solução aquosa de hidróxido de potássio embebido em uma matriz	90–100	Ânodo: $H_2 + 2OH^- \rightarrow 2H_2O + 2e^-$ Cátodo: $\frac{1}{2}O_2 + 2H_2O + 2e^- \rightarrow 2OH^-$ Célula: $H_2 + \frac{1}{2}O_2 \rightarrow H_2O$	• Militar • Espacial	• Reação do cátodo mais rápida em eletrólito alcalino – alto desempenho	• Necessidade de remoção onerosa de CO_2 do combustível e das correntes de ar
Membrana de eletrólito polimérico (PEM)	Polímero orgânico sólido, ácido poliperfluorossulfônico	60–100	Ânodo: $H_2 \rightarrow 2H^+ + 2e^-$ Cátodo: $\frac{1}{2}O_2 + 2H^+ + 2e^- \rightarrow H_2O$ Célula: $H_2 + \frac{1}{2}O_2 \rightarrow H_2O$	• Transporte • Rede elétrica pública • Energia portátil	• Eletrólito sólido reduz corrosão & gestão de problemas • Baixa temperatura • Rápida inicialização	• Baixa temperatura exige catalisadores de alto custo • Alta sensibilidade às impurezas do combustível
Ácido fosfórico (PAFC)	Ácido fosfórico líquido embebido em uma matriz	175–200	Ânodo: $H_2 \rightarrow 2H^+ + 2e^-$ Cátodo: $\frac{1}{2}O_2 + 2H^+ + 2e^- \rightarrow H_2O$ Célula: $H_2 + \frac{1}{2}O_2 \rightarrow H_2O$	• Transporte • Rede elétrica pública	• Até 85% de eficiência em co-geração de eletricidade e calor • H_2 impuro como combustível	• Catalisador Pt • Baixa corrente e potência • Grande tamanho/peso
Carbonato fundido (MSFC)	Solução líquida de carbonatos de lítio, sódio e/ou potássio, embebidos em uma matriz	600–1.000	Ânodo: $H_2 + CO_3^{2-} \rightarrow H_2O + CO_2 + 2e^-$ Cátodo: $\frac{1}{2}O_2 + CO_2 + 2e^- \rightarrow CO_3^{2-}$ Célula: $H_2 + \frac{1}{2}O_2 + CO_2 \rightarrow H_2O + CO_2$	• Rede elétrica pública	• Vantagens da alta temperatura*	• Alta temperatura aumenta corrosão e quebra dos componentes da célula
Óxido sólido (SOFC)	Óxido de zircônio sólido com adição de pequena quantidade de ítria	600–1.000	Ânodo: $H_2 \rightarrow 2H^+ + 2e^-$ Cátodo: $\frac{1}{2}O_2 + 2H^+ + 2e^- \rightarrow H_2O$ Célula: $H_2 + \frac{1}{2}O_2 \rightarrow H_2O$	• Rede elétrica pública	• Vantagens da alta temperatura* • Vantagens do eletrólito sólido (veja PEM)	• Alta temperatura aumenta quebra dos componentes da célula

* Dentre as vantagens da alta temperatura estão maior eficiência e flexibilidade de uso de mais tipos de combustível e catalisadores de baixo custo, considerando-se que as reações que envolvem a quebra de ligações carbono-carbono em combustíveis de hidrocarbonetos maiores ocorrem mais rapidamente à medida que a temperatura aumenta.

Fonte: S. Thomas e M. Zalbowitz (1999) *Fuel cells: green power*. Los Alamos National Laboratory: Los Alamos, NM.

Uma alternativa para os veículos que usam a célula de combustível é gerar o combustível de hidrogênio com base no metanol, por meio de reforma a vapor. O metanol é mais facilmente reformado do que os hidrocarbonetos, e a reação pode ser realizada a uma temperatura baixa o suficiente para possibilitar o projeto de carros e caminhões que tenham a bordo uma unidade reformadora compacta e, assim, operar uma célula a combustível com metanol. Essa opção teria a considerável vantagem no curto prazo de eliminar a necessidade de transportar e armazenar hidrogênio. Várias montadoras de automóveis estão considerando o metanol como o combustível preferencial para veículos movidos por célula de combustível. Entretanto, os reformadores a bordo agregam complexidade e custo ao veículo, e não está claro se eles conseguem contornar a questão da contaminação do catalisador. Além disso, o metanol possui somente a metade da densidade de energia da gasolina; o tanque de combustível deverá ter o dobro do tamanho para a mesma faixa de consumo. Finalmente, o metanol é altamente corrosivo; cada posto de abastecimento necessitaria de um novo tanque de armazenagem subterrâneo, ao custo aproximado de 50 mil dólares.

A célula a combustível alcalina (AFC, do inglês, *alkaline fuel cell*) é outra opção de temperatura relativamente baixa à célula a combustível PEM e está sendo testada como base para motores de táxi. Em vez de um eletrólito polimérico, uma solução de hidróxido de potássio fornece alta condutividade por meio do íon hidróxido. A redução de O_2 no cátodo é mais rápida em meio alcalino, melhorando o desempenho. O CO_2, porém, deve ser removido do suprimento de ar, porque reage com o hidróxido, formando carbonato. Essa etapa de separação reduz a eficiência e agrega custo.

Células a combustível de ácido fosfórico (PAFCs, do inglês, *phosphoric acid fuel cells*) usam ácido fosfórico para condução protônica. Elas funcionam sob altas temperaturas (175 °C a 200 °C) e os catalisadores podem suportar fluxos de hidrogênio relativamente impuro. Grandes e pesadas, são utilizadas como fontes estacionárias de geração de eletricidade. O combustível é suprido por meio da reforma do gás natural (ou até gás de aterros de lixo) *in loco*. Mais de 200 PAFCs, cada qual produzindo 200 kW, estão em operação no mundo, abastecendo hospitais, clínicas, hotéis, edifícios comerciais, escolas, terminais aeroportuários e até depósitos municipais de lixo. Os PAFCs geram eletricidade a uma taxa de eficiência acima de 40%; além disso, o vapor produzido na reação de célula de combustível pode ser usado para co-geração.

As células de combustível que funcionam sob temperaturas ainda mais elevadas, entre 600 °C a 1.000 °C (células de carbonato fundido e de óxido sólido) são promissoras para redes elétricas por causa da eficiência de conversão viabilizada pelo calor de alta temperatura, bem como pelas reações primárias de eletrodo. O calor pode ser empregado para ativar o reformador *in loco* para conversão de gás em hidrogênio, e o gás de exaustão quente pode ativar um gerador de turbina a gás, para uma segunda etapa de geração de eletricidade. Como o nome sugere, os carbonatos fundidos ou a cerâmica de óxido sólido constituem elementos da célula de combustível que separam o ânodo do cátodo e provêm condução iônica eficiente sob elevadas temperaturas operacionais.

Todas essas células de combustível operam com hidrogênio, pois as reações de eletrodo dos combustíveis a carbono se revelaram lentas demais para fornecer correntes aceitáveis. Recentemente, porém, os pesquisadores relataram a oxidação direta dos combustíveis tipo hidrocarboneto em uma versão modificada da célula de combustível com óxido sólido (veja a Figura 5.5). Eles substituíram o níquel e o ânodo de dióxido de zircônio, atualmente preferidos, por cobre e óxido de cério. O níquel é envenenado por hidrocarbonetos, os quais transforma em grafite, mas o cobre impede essa reação secundária porque, diferentemente do níquel, ele é inerte à quebra da ligação C—H. O óxido de cério foi selecionado devido à sua alta atividade na oxidação de hidrocarbonetos, bem como sua alta condutividade iônica. Não está claro se essa célula de combustível melhorou o desempenho geral em comparação à célula com óxido sólido convencional com reformador.

FIGURA 5.5

Oxidação direta de hidrocarbonetos em uma célula de combustível.

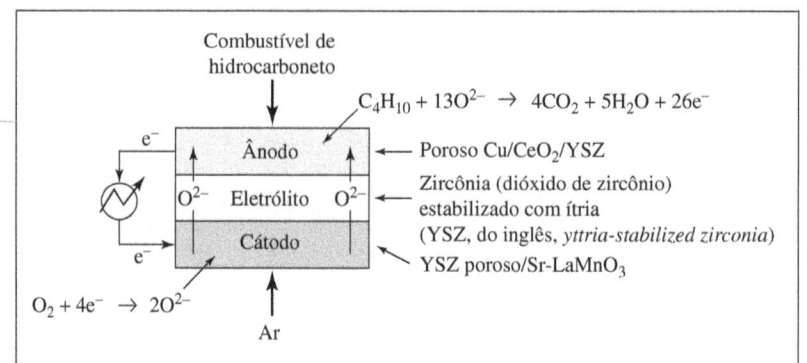

Fonte: M. Jacoby (2000). *New electrode oxidizes hydrocarbons directly in fuel cell. Chemical & Engineering News* 78(12):11–12.

FUNDAMENTOS 5.2: ENTROPIA E ENERGIA QUÍMICA

As reações químicas estão associadas a variações de entropia, bem como de energia, e a entropia limita a quantidade de trabalho que pode ser extraída, como ocorre no caso dos motores térmicos. Já observamos (veja Fundamentos 2.1) que a reação de H_2 com O_2

$$2H_2 + O_2 \rightarrow 2H_2O \qquad \textbf{5.11}$$

libera 482 kJ de energia, sob a forma de calor, por mol de O_2. Essa reação também resulta em um decréscimo na entropia, porque há somente duas moléculas de produto, mas três moléculas de reagentes. Há menos formas de combinar duas moléculas (menos *graus de liberdade*) do que três moléculas. Além disso, quando a reação ocorre a uma temperatura abaixo do ponto de ebulição da água, o produto é um líquido em contraposição aos gases de que se constituem os reagentes. Os líquidos ocupam menos espaço (para um dado número de moléculas) do que os gases e, portanto, possuem entropia menor.

O decréscimo na entropia limita a quantidade de energia que pode, em princípio, ser extraída da reação, de acordo com a segunda lei da termodinâmica. A quantidade de energia disponível para trabalho é chamada de *energia livre* da reação, simbolizada por ΔG. Quando a liberação de calor é simbolizada como ΔH (também designada como a variação de *entalpia* da reação), a expressão para a variação da energia livre é

$$\Delta G = \Delta H - T\Delta S \qquad \textbf{5.12}$$

A variação de entropia da reação ΔS é multiplicada pela temperatura absoluta, a fim de expressar o déficit de energia que ela produz (relembrar Fundamentos 5.1, em que $S = Q/T$, de modo que $T \times S = Q$, o valor térmico da entropia). Como ΔG representa a energia química máxima que pode ser convertida em trabalho, a eficiência máxima para a conversão de energia é

$$\Delta G/\Delta H = 1 - (T\Delta S)/\Delta H \qquad \textbf{5.13}$$

$T\Delta S$ aumenta proporcionalmente à temperatura e, portanto, a eficiência diminui conforme a temperatura aumenta, em contraposição à eficiência de um motor térmico. Entretanto, ΔS também pode variar conforme a temperatura, principalmente quando há variação de fase, como quando ocorre vaporização da água. Além disso, ΔH não independe totalmente da temperatura, portanto a relação entre eficiência e temperatura depende dessas particularidades da reação.

Um ponto adicional interessante é que, em algumas reações, a entropia aumenta. Nesses casos, a eficiência teórica supera 100%.

A convenção para expressar as variações de energia consiste em subtrair a energia dos reagentes da energia dos produtos. Dessa forma, quando calor é liberado (reação *exotérmica*), os reagentes possuem energia mais elevada do que os produtos, e ΔH é *negativa*. De modo análogo, ΔG é negativa quando a reação procede espontaneamente conforme foi expresso. E ΔS é negativa quando a entropia dos produtos é inferior à dos reagentes. Em uma reação exotérmica, uma ΔS *negativa* torna ΔG menos negativa (menor) do que ΔH, como deveria.

Para a reação H_2/O_2 acima descrita, $\Delta H = -476$ kJ a 1.000 K, enquanto $T\Delta S = -84$ kJ, resultando $\Delta G = -392$ kJ, para uma eficiência teórica de 82%. A 300 K, a variação de entropia é maior, devida à condensação da água líquida, e $T\Delta S = -116$ kJ, mas ΔH também aumenta para -590 kJ/mol. ΔG passa a ser -474 kJ, e a eficiência teórica se mantém em 80%.

5.3 Aquecimento ambiental, co-geração

Muito de nosso suprimento energético vai diretamente para o aquecimento de casas, escritórios e fábricas. Esse calor é finalmente dissipado para o ambiente, porém, quanto mais tempo for mantido no ambiente, menos combustível será consumido. Há muita perspectiva de economia de energia com base em melhorias no isolamento e nas janelas, bem como melhor distribuição do calor às áreas necessitadas. Edifícios 'inteligentes' estão sendo projetados para adequar o aquecimento, a iluminação e a refrigeração do ar às necessidades de seus ocupantes com ajuda de sensores e sistemas de controle.

Além disso, economia de energia pode ser obtida por meio da *co-geração*, combinando geração de energia elétrica e térmica. O calor dissipado de uma usina pode ser aproveitado por sua canalização para os sistemas de aquecimento predial. Como a energia térmica não se presta ao transporte por longas distâncias, essas usinas devem ser mantidas em estreita proximidade com os edifícios a serem aquecidos. Fábricas e instituições de grande porte são boas candidatas a usinas de co-geração. Esse sistema é potencialmente atrativo para condomínios de alta densidade populacional.

5.4 Armazenagem de eletricidade: a economia do hidrogênio

A armazenagem e a conversão de energia são questões cruciais de muitos sistemas de energia elétrica, tanto em larga quanto em pequena escala. Em muitos casos, a fonte ou a demanda de eletricidade é intermitente, produzindo uma incompatibilidade entre abastecimento e demanda. A armazenagem eficiente de eletricidade se faz necessária para aperfeiçoar o sistema. Por exemplo, a principal desvantagem da geração direta de eletricidade solar ou eólica é a natureza intermitente da fonte de energia. Esse tipo de eletricidade depende de quando o sol brilha ou o vento sopra. Por outro lado, as companhias de eletricidade têm de lidar com grandes flutuações na demanda elétrica diária. Capacidade extra de geração é necessária para atender aos picos de demanda no decorrer do dia, principalmente durante o verão, quando os aparelhos de ar-condicionado puxam uma carga pesada; a capacidade extra é mantida ociosa a maior parte do tempo. Até certo ponto, essas flutuações podem ser coordenadas, já que o fluxo solar também apresenta picos ao longo do dia e do verão, mas ainda há necessidade de uma armazenagem eficiente de energia.

Algumas companhias de energia elétrica desenvolveram um armazenamento por bomba d'água, em que o excedente de eletricidade é utilizado para bombear água morro acima até os reservatórios, e a água que corre morro abaixo pode ser utilizada para mover turbinas em momentos de pico de demanda. Em função da flutuação contínua dos níveis de água, esses reservatórios criam problemas ecológicos e, em especial, conflitos de desalojarem lagos com múltiplos usos. Outros esquemas de armazenagem de energia em estudo incluem armazenagem de ar comprimido em cavernas, de energia mecânica em volantes e o armazenamento direto de eletricidade em ímãs supercondutores.

Na utilização da eletricidade em pequena escala, a armazenagem também constitui uma questão crucial para o desenvolvimento do carro elétrico. Atualmente, os carros elétricos são movidos por corrente proveniente de uma bateria de chumbo-ácido. Nessa bateria (veja a Figura 5.6), a eletricidade é armazenada na conversão química de íons Pb^{2+} para Pb metálico em um eletrodo, e para PbO_2 em outro eletrodo. A reação geral,

$$2Pb^{2+} + 2H_2O \rightleftharpoons Pb + PbO_2 + 4H^+$$

5.14

é energeticamente 'colina acima'. Quando uma corrente é consumida, ambas as reações do eletrodo se invertem, e a reação é permitida no sentido 'colina abaixo'. A bateria de chumbo-ácido desempenha essas etapas de conversão com bastante eficiência e pode ser carregada e descarregada várias vezes, antes de ser exaurida pelos processos químicos concorrentes. É utilizada em todos os veículos automotivos como um depósito portátil de eletricidade, para fins complementares.

FIGURA 5.6
Corte transversal da bateria de chumbo-ácido.

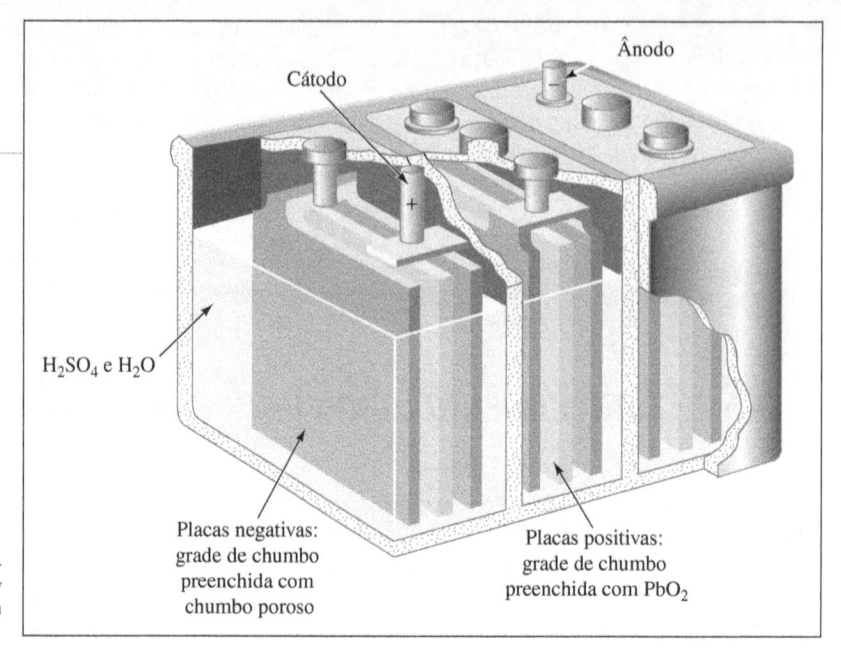

Cátodo — Ânodo — H_2SO_4 e H_2O — Placas negativas: grade de chumbo preenchida com chumbo poroso — Placas positivas: grade de chumbo preenchida com PbO_2

Fonte: P. Buel e J. Gerard (1994). *Chemistry in Environmental Perspective* (Upper Saddle River, New Jersey: Prentice Hall). Copyright© 1994 by Pearson Education. Reprodução autorizada.

Nos veículos elétricos, porém, a finalidade não é complementar; a eletricidade é a fonte de energia para a própria locomoção. A bateria de chumbo-ácido apresenta duas grandes desvantagens como principal fonte de energia: 1) é pesada e impacta de forma significativa o peso do veículo, reduzindo desse modo a eficiência e a autonomia de percurso; 2) leva várias horas para ser carregada, tornando o 'reabastecimento' uma operação pouco conveniente. Conseqüentemente, muito esforço tem sido dedicado ao desenvolvimento de alternativas que ofereçam mais potência com menos peso e abastecimento mais fácil. As baterias de níquel-cádmio, já em uso em diversos aparelhos, oferecem maior potência e densidade de energia, além de vida mais longa, do que as baterias de chumbo-ácido, mas são consideravelmente mais caras. Alternativas promissoras que estão em desenvolvimento incluem baterias de níquel-hidreto metálico, sódio-enxofre, lítio-dissulfeto de ferro e lítio-polímero. Contudo, as confiáveis baterias de chumbo-ácido, que também passam por melhoria contínua, serão difíceis de superar, apesar de suas desvantagens.

A célula de combustível a hidrogênio é uma alternativa vantajosa a qualquer bateria de armazenagem. De fato, ela pode ser considerada como uma bateria, em que o meio de armazenagem são o hidrogênio e o oxigênio, em vez de Pb e PbO_2. O mesmo sistema propulsor pode ser utilizado com uma bateria ou uma célula de combustível. Mas a célula de combustível não necessita ser recarregada com eletricidade externa para armazenar energia. Um cilindro de hidrogênio ou um tanque de metanol com reformador a bordo é tudo de que se precisa. Conseqüentemente, o reabastecimento é tão rápido como o de carros movidos a gasolina.

Entretanto, o armazenamento a bordo de hidrogênio é problemático porque ele deve ser contido sob alta pressão ou baixa temperatura. O tamanho e o peso do tanque exigidos restringem o projeto e a eficiência do veículo (assim como o porte e o peso das baterias de armazenagem necessárias para um carro elétrico). A adsorção do hidrogênio também pode ser feita em metais, como o paládio; isso reduzirá o volume, mas não o peso do recipiente de armazenagem. As pesquisas estão sendo direcionadas à busca de adsorventes leves e eficazes para H_2; as fibras de carbono são promissoras nesse sentido. A armazenagem a bordo de metanol é muito mais fácil, mas problemas de corrosão e desempenho do reformador a bordo devem ser solucionados.[1]

As companhias elétricas também poderiam usar o hidrogênio para armazenagem de eletricidade, quando células de combustível apropriadas estiverem disponíveis para comercialização. A eletricidade pode ser convertida em hidrogênio por meio da eletrólise da água (o inverso da reação da célula de combustível), com taxa de eficiência de até 85%. Dessa forma, uma combinação de eletrólise e células de combustível, com tanque de armazenagem de hidrogênio, poderia prover uma capacidade relativamente eficiente de nivelamento de carga.

Além disso, o hidrogênio pode ser transportado de forma mais eficiente do que a eletricidade. O custo da transmissão elétrica por longas distâncias é alto. O transporte de hidrogênio em dutos seria muito mais eficaz e menos dispendioso. As áreas com maior exposição à luz solar, onde as usinas solares seriam mais produtivas, em geral se localizam longe dos centros urbanos. Os problemas de transmissão para usinas geradoras em bases oceânicas são muito mais críticos. Em vez de eletricidade, as usinas remotas poderiam produzir hidrogênio, que chegaria aos centros urbanos por navios ou dutos.

Essas considerações levaram ao conceito da economia do hidrogênio (veja a Figura 5.7), em que o gás de hidrogênio se tornaria a principal moeda energética. Ele seria consumido diretamente para a geração de energia elétrica e térmica, seja por combustão, seja por células a combustível. Para fins de transporte, ele também poderia ser empregado diretamente, por

---

[1] A tecnologia de proteção à corrosão para uso de álcoois em veículos já é plenamente desenvolvida (por exemplo, nos veículos brasileiros bicombustível) (N. RT.).

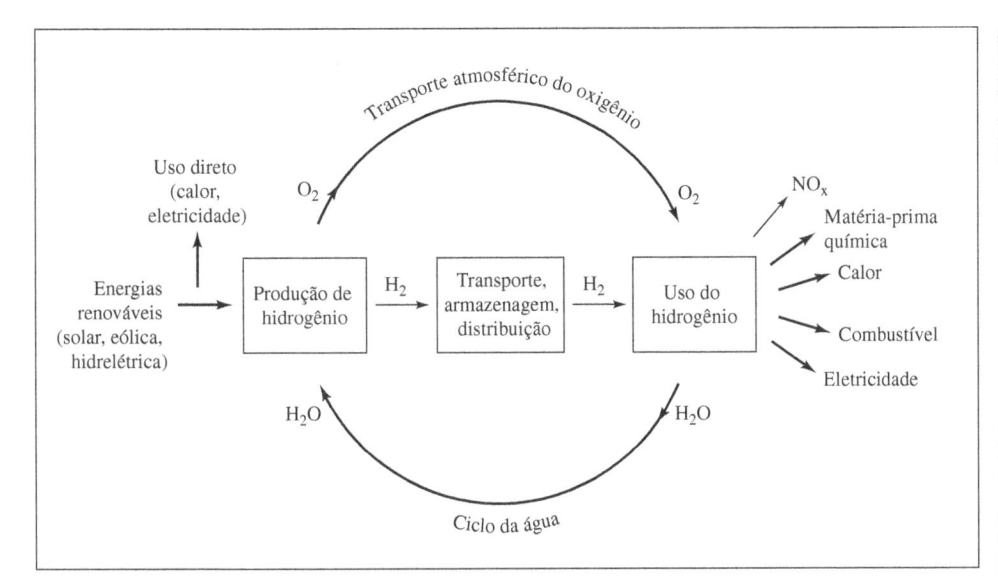

FIGURA 5.7
Uma economia do hidrogênio baseada na energia solar.

Fonte: J. M. Ogden e J. Nitsch (1993). "Solar hydrogen". In *Renewable energy, sources for fuels and electricity*. T. B. Johansson et al., eds. (Washington, DC: Island Press). Copyright© 1993 by Island Press. Reprodução autorizada.

intermédio de veículos elétricos movidos por células a combustível ou para sintetizar combustíveis líquidos por meio de um processo químico similar ao aplicado na conversão do carvão em metanol e hidrocarbonetos líquidos (veja Estratégias 2.1).

O primeiro país a testar esse conceito foi a Islândia, cujo portfólio energético atual se compõe de 39% geotérmica, 19% hidrelétrica, 38% petrolífera e 4% carbonífera. O país se comprometeu a reduzir gradativamente a dependência de combustíveis fósseis e adotar uma economia de hidrogênio plena até 2030. O primeiro passo será equipar a frota de ônibus da cidade de Reykjavik (cem veículos) com células de combustível a hidrogênio e disponibilizar um posto de abastecimento de hidrogênio. A essa ação deverá seguir-se a conversão de outras frotas de ônibus municipais e a introdução dessa tecnologia nos carros do transporte privado. Em paralelo, o governo está incentivando o desenvolvimento de células de combustível a hidrogênio para substituição de toda a frota de navios pesqueiros. Grandes corporações multinacionais têm investido no programa da Islândia, com o intuito de testar a viabilidade do transporte movido pela célula de combustível.

O hidrogênio é geralmente tido como uma substância de alto risco. Desde o desastre de Hindenburg, em 1937, quando um dirigível preenchido com hidrogênio se incendiou e caiu, matando metade das pessoas a bordo, o hidrogênio tem assombrado o imaginário popular. Mas o hidrogênio não é muito mais perigoso do que o gás natural ou a gasolina. O porcentual de combustível no ar capaz de sustentar um incêndio (limite inferior de inflamabilidade) é apenas um pouco menor para o hidrogênio (4%) do que para o metano (5%) e substancialmente maior se comparado ao da gasolina (1%). Por ser bem mais leve do que o ar, o hidrogênio se dispersa rapidamente, em caso de vazamento. O metano também, mas vapores de gasolina, por serem mais pesados do que o ar, tendem a se acumular nas cercanias do vazamento e apresentam maior probabilidade de pegar fogo. Na realidade, existe um histórico de uso do hidrogênio no aquecimento residencial, porque, antes do amplo acesso ao gás natural, fornecia-se gás d'água, fabricado a partir de carvão ou resíduos, que era rico em hidrogênio. Há muito tempo, a indústria de processamento usa hidrogênio, e dutos de hidrogênio com centenas de quilômetros de extensão operam com segurança na Alemanha, na Inglaterra e nos Estados Unidos.

Apesar dessa experiência em ambientes industriais, o amplo acesso ao hidrogênio ainda levará algum tempo, e a introdução de instalações de transferência em postos de abastecimento de veículos levará ainda mais. Podemos pressupor etapas intermediárias no desenvolvimento da economia do hidrogênio que facilitariam a transição. Pode, inicialmente, haver uma utilização crescente do gás natural, à medida que os estoques de petróleo diminuam e a demanda por combustíveis limpos aumente. O metano poderia ser queimado diretamente, em residências, usinas e veículos movidos a gás, ou convertido em metanol, que serviria como um combustível intermediário em veículos movidos por células de combustível com reformadores a bordo. O metanol derivado de carvão e biomassa poderia se somar ao suprimento de combustível líquido. Finalmente, os dutos de gás natural podem ser remanejados para o transporte do hidrogênio, à medida que o hidrogênio solar se torne mais viável e a demanda por hidrogênio cresça.

5.5 | *A conexão dos materiais*

O desenvolvimento de materiais mais fortes, mais leves e mais duráveis exerce enorme impacto sobre o consumo eficiente de energia. No caso dos carros, a substituição de peças metálicas por plásticos e compósitos (mistura de diferentes elementos estruturais, como vidro ou fibras de carbono com resina, para aumentar a resistência) fortes e leves reduziu o peso exigido para a mesma capacidade de carga. Novos materiais tornaram mais leves diversos bens de consumo e industriais, reduzindo assim os custos de energia para o transporte e, freqüentemente, também para a manufatura. Essa tendência é reforçada pela miniaturização de muitos produtos, também possibilitada por materiais avançados. A maior durabilidade significa vida mais longa para os produtos e menor taxa de produção. Essas tendências são às vezes denominadas de 'desmaterialização' das sociedades industriais, à medida que materiais modernos e melhor informação permitem que se faça mais com menos.

Além disso, materiais capazes de suportar elevadas temperaturas exercem impacto direto sobre a eficiência energética por meio do desempenho aprimorado dos motores térmicos. O exemplo mais notável é a melhoria contínua dos motores para aviões a jato, com o desenvolvimento de ligas e cerâmicas que permitem aos motores operar sob temperaturas mais altas. Esses motores aperfeiçoaram de forma significativa a economia de combustível na aviação. A mesma tecnologia, sob a forma de turbinas a gás, está agora sendo introduzida na melhoria da eficiência em usinas hidrelétricas.

a. As propriedades dos materiais: papel *versus* plástico.

A escolha dos materiais também pode afetar a eficiência energética de forma mais cotidiana. Por exemplo, algumas comunidades baniram os recipientes descartáveis de isopor[2] por causa da preocupação de que, por não serem biodegradáveis, deixem lixo inconveniente e encham os aterros já superlotados. Se o isopor é efetivamente inferior a outros materiais descartáveis, principalmente o papel, é questionável, pois a biodegradação do papel pode ser bastante lenta, particularmente nos aterros sanitários, além do fato de que o isopor é provavelmente mais suscetível à reciclagem, embora pouco desse material esteja realmente sendo reciclado neste momento. Contudo, uma consideração importante foi deixada de lado no início da discussão sobre o papel *versus* o isopor, tal como os custos ambientais da produção desses dois materiais. A Tabela 5.2 compara o consumo de energia e água, bem como as emissões, na fabricação de copos de papel e de isopor. Ao se compararem os valores *por copo*, o isopor se revelou consideravelmente menos impactante para o meio ambiente (veja Problema 32, Parte II). A principal razão da diferença é que um copo de isopor de determinada capacidade pesa menos de um sexto, em média, do que o copo de papel. O isopor é mais resistente do que o papel, principalmente porque, sendo feito de um material à base de hidrocarboneto, não é permeável a líquidos aquosos. Em contrapartida, o papel – que é feito de celulose, uma molécula coberta por grupos hidroxila (veja Figura 4.11) – interage com a água via ligações de hidrogênio e gradualmente se dissolve (veja a discussão sobre água e ligações de hidrogênio). Conseqüentemente, o copo de papel requer mais material para manter sua integridade enquanto em uso, e sua produção exerce impacto muito maior no consumo de energia e no meio ambiente.

b. Reciclagem.

A capacidade de reutilização do papel *versus* a do poliestireno é apenas uma das muitas questões complexas que envolvem a reciclagem. Para a maioria das pessoas, a reciclagem se restringe ao contexto da disposição de lixo sólido. Quanto mais o lixo for reciclado, menos se acumulará nos aterros sanitários, que estão lotando rapidamente, e menos pressão haverá para a construção de incineradores como um método alternativo de eliminação. Na verdade, tem havido ganho significativo em termos de reciclagem nos Estados Unidos nos últimos 40 anos, mas essa tendência positiva vem sendo superada pelo aumento na produção de lixo. Em 1960, a produção *per capita* de lixo era de 444 kg, dos quais 416 kg eram destinados aos aterros ou incinerados, correspondendo a uma taxa de reciclagem de 6,3%. Em 1998, a produção *per capita* de lixo havia aumentado para 739 kg, dos quais 530 kg acabavam no lixão municipal, correspondendo a 28% de taxa de reciclagem. Não está claro se o aumento nas taxas de reciclagem no futuro alcançará a quantidade crescente de lixo gerado, pois há muitas barreiras – políticas, econômicas e técnicas.

As barreiras técnicas podem ser analisadas em termos da segunda lei da termodinâmica. Quando os materiais são misturados, para formar produtos, e depois voltam a ser misturados, no momento em que esses produtos são descartados no lixo, a entropia aumenta. Fazer a separação dos materiais exige uma redução na entropia deles, o que requer fornecimento de energia. O lixo tem de ser coletado e separado (o grau de cooperação da população na coleta seletiva do lixo constitui uma variável fundamental), e essa separação pode ser mecânica ou química. A dificuldade depende do produto e do material. Por exemplo, a taxa de reciclagem das baterias de chumbo-ácido é alta. Elas são fáceis de coletar, e o chumbo é facilmente extraído. A reciclagem de latas de alumínio também se dá num nível elevado. Elas são facilmente separadas do lixo e se compõem basicamente de alumínio; podendo ser consideradas como de baixa entropia.

As indústrias geram grande quantidade de resíduos de processamento contendo metais em concentrações diluídas. Em geral, esses resíduos são classificados como 'perigosos' e descartados a um alto custo, seguindo rigorosos protocolos preestabelecidos. Em detalhada análise dos fluxos residuais, pesquisadores compararam as concentrações de metais em resíduos às encontradas nos minérios dos quais são derivados (veja a Figura 5.8) e concluíram que boa parte dos recursos de metal atualmente descartados poderia ser reciclada, gerando lucro.

Bens de consumo feitos de plástico são outro problema. Embora os plásticos puros possam ser prontamente reciclados, muitos plásticos diferentes se misturam no lixo; geralmente um dado produto contém mais do que um tipo de plástico. Separá-los por completo pode ter um custo proibitivo, e é comum não poderem ser processados juntos. Por exemplo, um pouco de policloreto de vinila (PVC), um componente dos filmes plásticos, pode arruinar a capacidade de reutilização do poliéster, a

---

[2] Poliestireno expandido (N. RT.).

TABELA 5.2	Resumo de matérias-primas, insumos e impactos ambientais para recipientes de bebidas quentes.	
Item	Copo de papel*	Copo de isopor†
Por copo		
Matérias-primas		
Madeira e cascas	25 a 27 g	0 g
Frações do petróleo	1,5 a 1,9 g	3,4 g
Outras substâncias químicas	1,1 a 1,7 g	0,07 a 0,12 g
Peso final	10,1 g	1,5 g
Por tonelada métrica de material		
Insumos		
Vapor	9.000 a 12.000 kg	5.500 a 7.000 kg
Eletricidade	980 kWh	260 a 300 kWh
Água para resfriamento	50 m^3	130 a 140 m^3
Efluentes		
Volume	50 a 190 m^3	1 a 4 m^3
Sólidos suspensos	4 a 16 kg	0,4 a 0,6 kg
DBO (demanda bioquímica de oxigênio)	2 a 20 kg	0,2 kg
Organoclorados	2 a 4 kg	0 kg
Sais metálicos	40 a 80 kg	10 a 20 kg
Emissões atmosféricas		
Cloro	0,2 kg	0 kg
Dióxido de cloro	0,2 kg	0 kg
Sulfetos reduzidos	1 a 2 kg	0 kg
Particulados	2 a 3 kg	0,3 a 0,5 kg
Clorofluorcarbonetos	0	0‡
Pentano	0 kg	35 a 50 kg
Dióxido de enxofre	~10 kg	3 a 4 kg
Potencial de reciclagem		
Para usuário primário	Possível. Lavagem pode destruir.	Fácil. Absorção de água desprezível.
Após uso	Possível. Restrições a adesivos ou revestimentos.	Bom. Reutilização de resina em outras aplicações.
Eliminação final		
Incineração adequada	Limpa	Limpa
Recuperação térmica	20 MJ/kg	40 MJ/kg
Massa para aterro	10,1 g/copo	1,5 g/copo
Biodegradável	Sim, DBO para lixiviação, metano para ar.	Não. Essencialmente inerte.

* Copo de papel pardo, sem revestimento e totalmente branqueado.
† Copo de poliestireno expandido moldado (sem costura).
‡ Muitos produtores de plástico expansível nunca usaram CFCs.
Fonte: Atualizado e adaptado por M. B. Hocking, de artigo original em M. B. Hocking (1991). *Paper versus polystyrene: A complex choice. Science* 251:504–505.

matéria-prima das garrafas de refrigerantes. Outra questão relativa à reciclagem é a qualidade do produto reciclado. O papel é reciclado em larga escala, mas as fibras de celulose se degradam no processo e perdem resistência; elas só podem ser recicladas cerca de quatro vezes, antes de se dissolverem por completo.

    Apesar desses problemas, a reciclagem exerce impacto considerável sobre a eficiência energética. Embora restaurar materiais que foram descartados também consuma energia, é bem provável que essa energia seja substancialmente menor do que a exigida para se produzir o material original. O gráfico de barras na Figura 5.9 mostra a quantidade de energia necessária para a produção de materiais reciclados. Vemos que a produção de alumínio com base no minério é particularmente intensiva no uso de energia. O alumínio reciclado requer somente 5% da energia usada para processar o minério de alumínio primário.

FIGURA 5.8

T. K. Sherwood identificou empiricamente uma relação entre o preço de venda dos materiais e sua diluição (ou grau de distribuição na matriz inicial da qual foram separados). A linha diagonal denota essa relação linear, empiricamente observada. Os pontos indicam as concentrações mínimas dos resíduos metálicos reciclados em função do preço do metal. Os pontos acima da linha indicam a existência de metais em resíduos que não são normalmente reciclados, muito embora sua concentração exceda aquelas encontradas nos minérios virgens.

Fonte: D. T. Allen e N. Behamanesh (1994). "Wastes as raw materials". In *The Greening of Industrial Ecosystems*. B. R. Allenby e D. J. Richards, eds. (Washington, DC: National Academy Press).

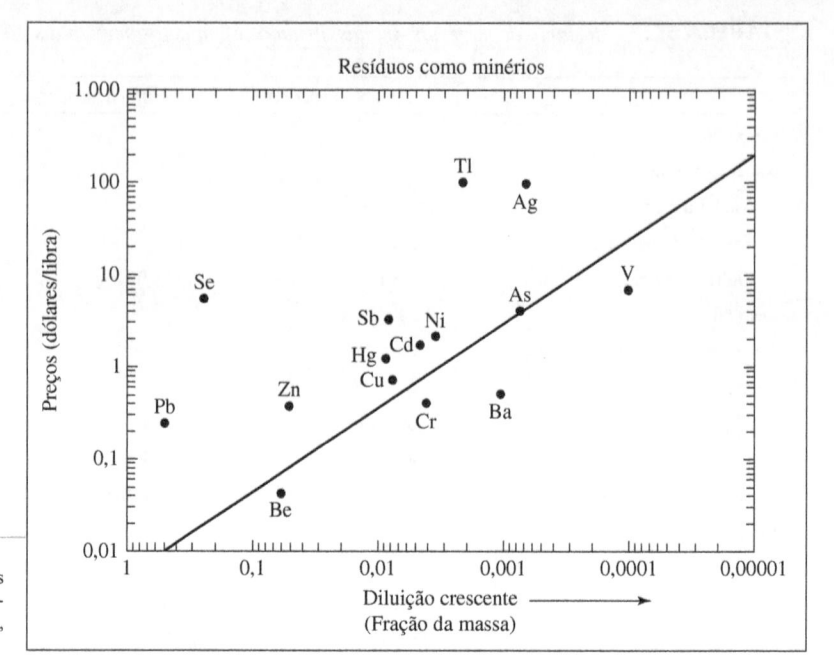

FIGURA 5.9

Comparação do consumo de energia para produção de aço, papel e alumínio com base em materiais primários e reciclados.

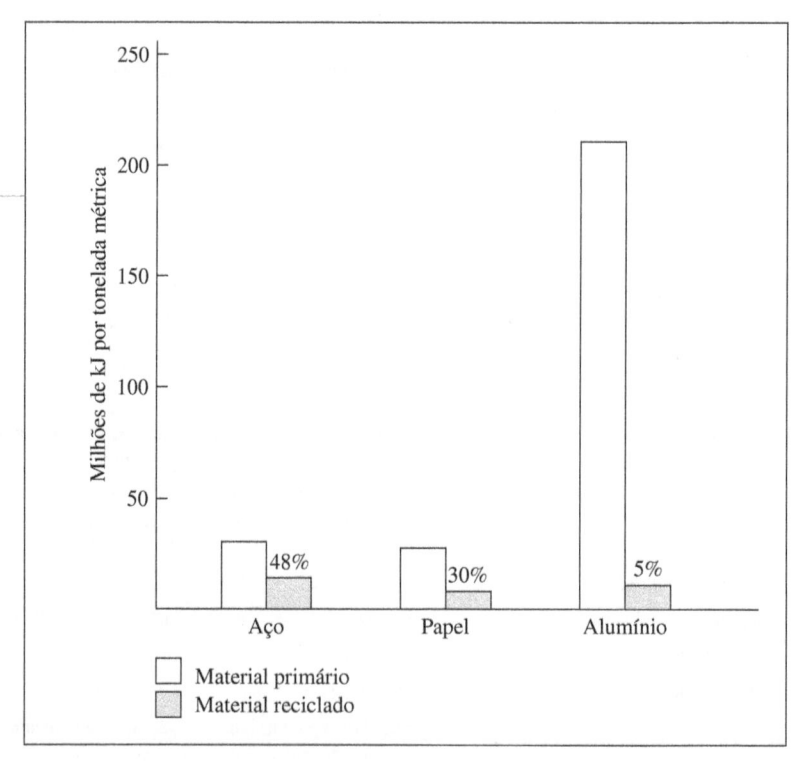

Mesmo assim, nos Estados Unidos, descarta-se alumínio suficiente para reconstruir sua frota comercial de aviões a cada três meses. A economia gerada pelo uso de sucata de aço e resíduo de papel não é tão alta — 52% e 70%, respectivamente. Mesmo assim, o potencial de conservação de energia é substancial, quando consideramos o volume desses materiais produzido anualmente. A produção de aço, alumínio e papel consome mais do que 20% da energia industrial total.

FUNDAMENTOS 5.3: CUSTO ENERGÉTICO DA EXTRAÇÃO: Al *VERSUS* Fe

Por que a economia de energia decorrente da reciclagem é muito maior para o alumínio do que para o aço (veja a Figura 5.9)? Muitos fatores entram no cômputo da energia para materiais reciclados *versus* primários, mas nesse caso a principal diferença está no consumo muito maior de energia para refinar minério de alumínio se comparado ao minério de ferro. Ambos os metais ocorrem na crosta terrestre como óxidos, Al_2O_3 e Fe_2O_3, que devem ser reduzidos para se recuperar o metal elementar. A energia requerida para essa etapa é muito mais elevada para o Al_2O_3 do que para o Fe_2O_3. Isso pode ser observado na comparação das *entalpias de formação*, que são –1.670 e –822 kJ/mol. A entalpia de formação é o calor liberado, com sinal negativo, quando os elementos se combinam para formar um composto, neste caso:

$$2M + \tfrac{3}{2}O_2 \rightarrow M_2O_3 \quad (M = Al\ ou\ Fe)$$

5.15

Quase o dobro de calor é liberado pelo Al em comparação ao Fe na formação do óxido. Um volume proporcionalmente maior de energia se faz necessário para reduzir o óxido em metal. Essa prodigiosa necessidade de energia é o motivo de as refinarias de alumínio se localizarem, em geral, próximas a uma abundante fonte de energia, tal como uma usina hidrelétrica. Também por isso a economia de energia é tão expressiva na reciclagem de alumínio.

Por que o Al_2O_3 é muito mais estável do que o Fe_2O_3, em relação aos metais? O principal motivo é simplesmente porque o íon Al^{3+} é muito menor do que o íon Fe^{3+} (0,45 *versus* 0,64 Å) e possui atração eletrostática maior aos íons óxido. Al está no segundo período da tabela periódica, ao passo que o Fe está no terceiro. Fe possui uma camada extra de elétrons para proteger seus elétrons de valência do núcleo.

c. Desmaterialização. O desenvolvimento de novos materiais, mais adequados à sua atividade, significa que menos material precisa ser produzido, para começar. O exemplo anteriormente citado do papel *versus* plástico é ilustrativo, porém essa tendência permeia o mundo dos produtos industrializados. Materiais mais resistentes e leves são vistos em toda parte. Ao mesmo tempo, muitos itens estão ficando menores. Os computadores constituem o exemplo mais evidente. Os computadores portáteis atuais possuem capacidade de computação muito maior do que uma sala cheia de computadores de muitos anos atrás.

Essas tendências significam que menos material precisa ser extraído da terra e menos disso vai para manufatura, com a respectiva economia de energia.

Em oposição a essas tendências, porém, está o desejo dos consumidores de terem mais coisas, muitas delas maiores do que antes. Principalmente nos Estados Unidos, novas casas se tornam consistentemente maiores e possuem mais mobília e utensílios. Os carros são mais numerosos, e também ficam maiores, especialmente com a popularidade dos veículos utilitários esportivos.

Parece que essas tendências conflitantes elevaram o uso geral de materiais a um nível acentuado. Manter um inventário desses materiais é difícil em razão das complexidades da economia mundial e da inadequação dos dados, mas uma análise de seu fluxo em quatro países industriais (veja a Figura 5.10) sugere que os totais não variaram muito no período de 1975 a 1994. Entretanto, os totais tendem a ser dominados por grande quantidade de materiais da terra que são movidos.

Por exemplo, o declínio nos fluxos nos Estados Unidos é largamente atribuído à redução da erosão do solo e à finalização do sistema de estradas interestaduais federais. No entanto, é animador que o uso total de materiais não aumente na mesma proporção do crescimento econômico nesses países. Quando os fluxos são divididos por produto interno bruto, observa-se que a razão cai regularmente com o tempo (veja a Figura 5.11) (a tendência de alta para Alemanha e Países Baixos na década de 1990 resulta do impacto na Europa Ocidental da reunificação da Alemanha).

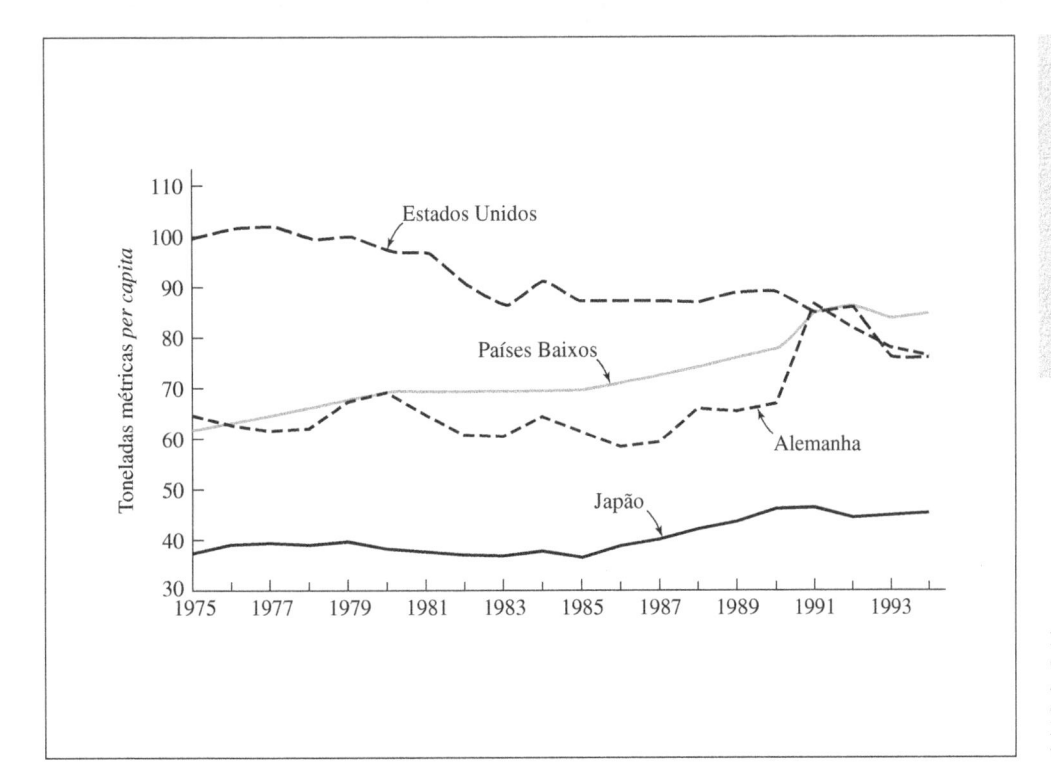

FIGURA 5.10

Fluxo anual de consumo per capita *de materiais nos Estados Unidos, nos Países Baixos, na Alemanha e no Japão, no período de 1975 a 1994.*

Fonte: A. Adriaanse et al. (1997). *Resource flows: the material basis of industrial economies.* (Washington, DC: World Resources Institute).

FIGURA 5.11

Intensidade de materiais medida pelo uso total de materiais dividido por produto interno bruto nos Estados Unidos, nos Países Baixos, na Alemanha e no Japão, no período de 1975 a 1994.

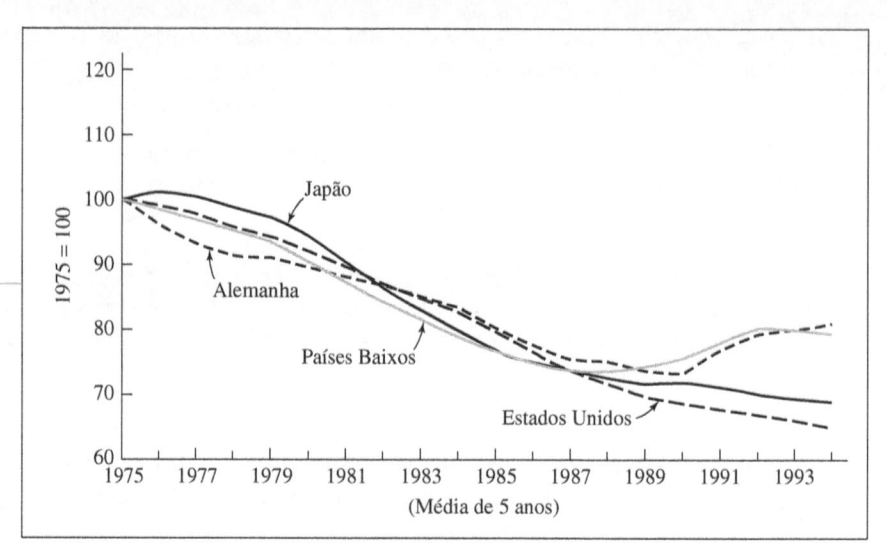

Fonte: A. Adriaanse et al. (1997). *Resource flows: the material basis of industrial economies* (Washington, DC: World Resources Institute).

5.6 Eficiência de sistemas

Para compreender melhor as possibilidades de aumento da eficiência energética, necessitamos de uma visão mais abrangente da forma de utilização da energia pela sociedade. A Figura 5.12 apresenta um diagrama do fluxo de energia na economia norte-americana em 2000. Do lado esquerdo estão os índices de carvão, petróleo, gás natural, energia nuclear e energias renováveis; do lado direito, os usos finais se dividem em residencial, comercial e industrial e a categoria dos transportes. As unidades estão em EJ (10^{15} kJ). Em 2000, os Estados Unidos consumiram 103,9 EJ, mas produziram somente 75,9 EJ com base em recursos próprios; o saldo foi suprido principalmente pela importação de petróleo, que respondeu por 63% do petróleo utilizado (contrapondo-se a 46% em 1990). A rede pública de eletricidade consumiu 33,2 EJ (veja a Figura 5.13), praticamente um terço do consumo total, e supriu 12,2 EJ de eletricidade (incluindo-se a compra de 2,1 EJ de produtores de energia não pertencentes à rede), que foi distribuída quase na mesma proporção entre as aplicações industrial, residencial e comercial.

Cerca de 66% da energia consumida pela rede elétrica é 'perdida' como calor residual, em parte por causa da ineficiência inerente aos motores térmicos, conforme discutido anteriormente. Mas esta está longe de ser a única perda no sistema. Muito da energia de uso final também se perde, no sentido de que não cumpre o propósito antes de acabar como calor residual. Um litro de óleo para aquecimento, por exemplo, produz exatamente seu valor térmico, onde quer que seja queimado, mas o efeito no ambiente depende da eficiência da caldeira e do sistema de calefação, do tamanho do ambiente e de seu nível de isolamento.

FIGURA 5.12

Fluxo de energia na economia norte-americana em 2000 (em unidades de EJ = 10^{15} kJ).

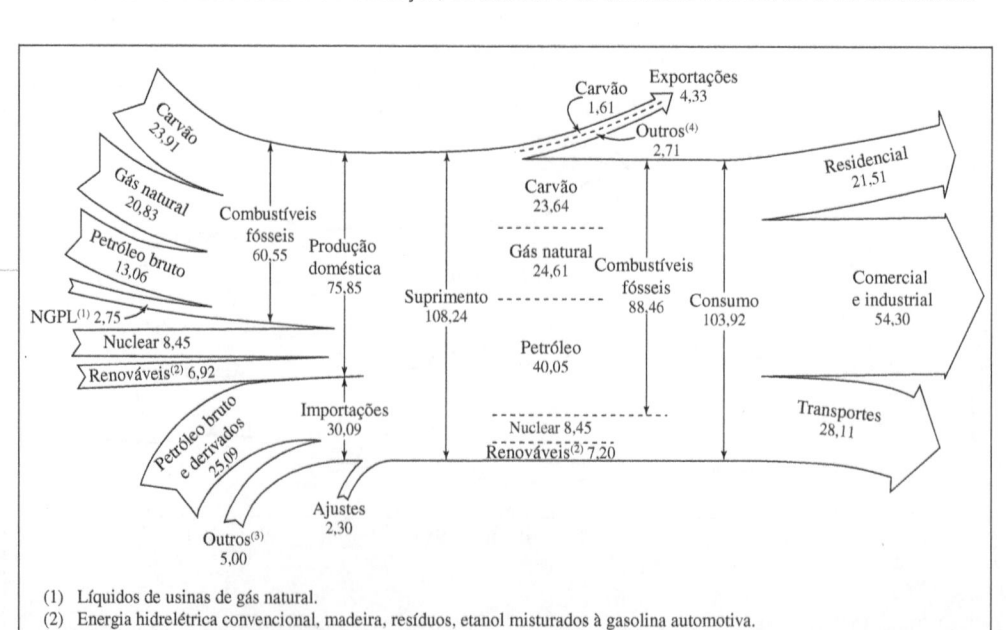

Fonte: Energy Information Administration (2000). *Annual Energy Review 1999.* (Washington, DC: Departamento de Energia dos Estados Unidos).

(1) Líquidos de usinas de gás natural.
(2) Energia hidrelétrica convencional, madeira, resíduos, etanol misturados à gasolina automotiva.
(3) Gás natural, carvão, carvão coque e eletricidade.
(4) Petróleo bruto, derivados de petróleo, gás natural, eletricidade e carvão coque.

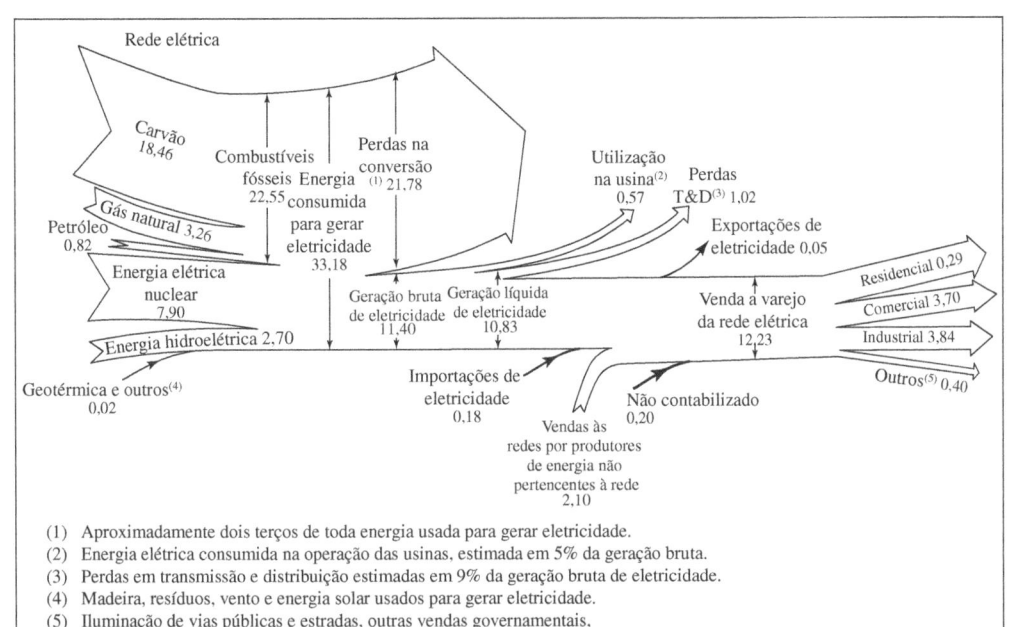

FIGURA 5.13

Fluxo de energia elétrica na economia norte-americana em 2000 (em unidades de EJ = 10^{15} kJ).

(1) Aproximadamente dois terços de toda energia usada para gerar eletricidade.
(2) Energia elétrica consumida na operação das usinas, estimada em 5% da geração bruta.
(3) Perdas em transmissão e distribuição estimadas em 9% da geração bruta de eletricidade.
(4) Madeira, resíduos, vento e energia solar usados para gerar eletricidade.
(5) Iluminação de vias públicas e estradas, outras vendas governamentais, vendas para ferrovias e vendas interdepartamentais.

Fonte: Energy Information Administration (2000). *Annual Energy Review 1999.* (Washington, DC: Departamento de Energia dos Estados Unidos).

Duas casas vizinhas com a mesma área podem consumir quantidades diferentes de óleo e gás para obter a mesma temperatura ambiente. De modo análogo, a quantidade de eletricidade usada para aquecer, iluminar e ligar aparelhos depende da eficiência da conversão de eletricidade para a finalidade pretendida. Por exemplo, existem no mercado lâmpadas fluorescentes compactas que fornecem iluminação equivalente à tradicional lâmpada de tungstênio, com 25% de necessidade de corrente elétrica, e existem sensores que desligam as luzes quando não há ninguém em um cômodo. É evidente que a magnitude da demanda de energia para fins residenciais pode ser menor do que parece ser agora, se os moradores adotarem medidas de economia de energia. De fato, muito tem sido realizado nesse sentido, com melhoria dos códigos de construção e aumento de eficiência nos projetos de aparelhos, por exemplo, mas há ainda considerável margem para aprimoramento. Da mesma forma, há muitas oportunidades nos setores industrial e de transportes, no sentido de melhorar a eficiência energética e reduzir a taxa de consumo de energia.

Toda energia que flui pela economia termina, em algum momento, como calor residual. A questão é qual fração dela que atende às necessidades humanas em seu rumo ao destino entrópico. Essa fração determina de quanta energia efetivamente necessitamos.

a. Transporte. O transporte constitui um setor energético particularmente importante, não só em razão de sua alta taxa de consumo de energia (como visto na Figura 5.12, esse setor responde por mais de um quarto do consumo total de energia), mas também por causa da economia e da política internacionais do petróleo. Cerca de metade da produção mundial de petróleo vai para os transportes, enquanto cerca de 40% é utilizada para aquecimento de ambientes e processamento industrial (incluindo a produção de produtos petroquímicos) e 10% é gasta na geração de eletricidade.

A Tabela 5.3 relaciona os meios de transporte comuns nos Estados Unidos e suas intensidades de energia (a quantidade de energia necessária para transportar um passageiro ou uma tonelada de carga, por uma dada distância). Para carga, há grande disparidade na intensidade de energia. O transporte por navio, trem ou oleoduto consome muito menos energia por tonelada de material por quilômetro de viagem do que o transporte por caminhões, que, por sua vez, consome bem menos energia do que o transporte por avião. Evidentemente, esses diferentes modos de transporte são apropriados para diferentes tipos de bens de diferentes valores e graus de perecibilidade; eles não são livremente intercambiáveis. No entanto, o aumento do transporte de carga, principalmente por via aérea, é um fator significativo na demanda de energia nos transportes.

Os dados relativos ao transporte de passageiros apresentam variações significativas. Os ônibus escolares e intermunicipais são os meios mais eficazes de locomoção de pessoas, por possuírem alto fator de carga (passageiros por veículo), 23 e 19, em média. Os ônibus municipais perdem na comparação em conseqüência do baixo fator de carga (cerca de 9). Os trens urbanos e intermunicipais também possuem alto fator de carga, 35 e 19, respectivamente, porém a eficiência é reduzida devido à elevada demanda de energia, principalmente em função da propulsão elétrica, em especial no caso dos trens urbanos. Os aviões demandam ainda mais energia, evidentemente, mas por causa do alto fator de carga, sua intensidade média de energia representa somente um terço maior que da dos trens urbanos.

Os automóveis que trafegam pela cidade possuem praticamente a mesma intensidade de energia que os aviões, porque a maioria deles transporta somente um passageiro. A eficiência média da gasolina dos novos carros norte-americanos é de 28,1 milhas por galão (mpg) (11,9 km/L), quase o equivalente ao que era em 1990 (27,8 mpg). Houve significativas melhorias de eficiência

TABELA 5.3 — Eficiência do transporte de carga e passageiros nos Estados Unidos.

Passageiros (1998)		
Modo	PmiT (PkmT)* (milhões)	Intensidade de energia kJ/Pmit (PkmT)
Ônibus municipal	20.602 (33.154)	2.800 (1.740)
Ônibus escolar	82.900 (133.408)	920 (572)
Ônibus intermunicipal	31.700 (51.014)	752 (467)
Trem urbano	8.247 (13.269)	2.993 (1.860)
Trem intermunicipal†	5.325 (8.569)	2.575 (1.600)
Automóvel (tráfego urbano)	1.360.330 (2.188.771)	4.380 (2.722)
Automóvel (estradas)	1.112.998 (1.790.814)	3.291 (2.045)
Utilitário leve (tráfego urbano)	551.182 (886.852)	6.646 (4.131)
Utilitário leve (estradas)	450.967 (725.606)	4.474 (2.781)
Avião	464.395 (747.337)	4.219 (2.622)
Carga		
Modo	T-km* (milhões)	Intensidade de energia kJ/T-km
Caminhão	1.475.713	2.195
Trem	1.978.464	268
Navio	966.806	320
Avião	19.460	13.580‡
Oleoduto§	890.940	188

* PmiT significa 'passageiro por milha trafegada'. PkmT significa 'passageiro por km trafegado'. T-km significa 'tonelada-km métrica'.
† Somente Amtrak.
‡ Intensidade para 1990.
§ Somente para petróleo bruto.

Fonte: S. C. Davis (2000). *Transportation Energy Data Book*. ORNL-6959, Edição 20 de ORNL-5198. Oak Ridge National Laboratory: Oak Ridge, Tennessee.

na década de 1970 (veja a Figura 5.14), mas desde então elas se estabilizaram. O mesmo se aplica aos utilitários leves, uma categoria que inclui furgões e veículos utilitários esportivos (SUVs, do inglês, *sport utility vehicles*). Sua milhagem continua sendo cerca de 40% da dos carros, e sua intensidade de energia é quase 50% maior (veja a Tabela 5.3). Em razão da popularidade dos SUVs, a milhagem média da frota automotiva de passageiros nos Estados Unidos na realidade declinou desde 1985. Essa popularidade se reflete no aumento drástico das milhas de passageiros de utilitários leves revelado pelas tendências indicadas na Figura 5.15. O total de milhas percorridas *per capita* aumentou de 11.200 (18.000 km) em 1970 para 16.200 milhas (26.000 km) em 1998, e a parcela relativa aos utilitários leves mais do que quintuplicou, de 5,5% para 29,8%. Esse aumento superou até a participação em alta das viagens aéreas, que subiu de 5,5% para 13,7%, e ocorreu em detrimento dos carros, cuja parcela caiu de 85,7% para 53,2%. O trans-

FIGURA 5.14
Tendências na economia de combustível no transporte de veículos leves de carga nos Estados Unidos, 1975–1999.

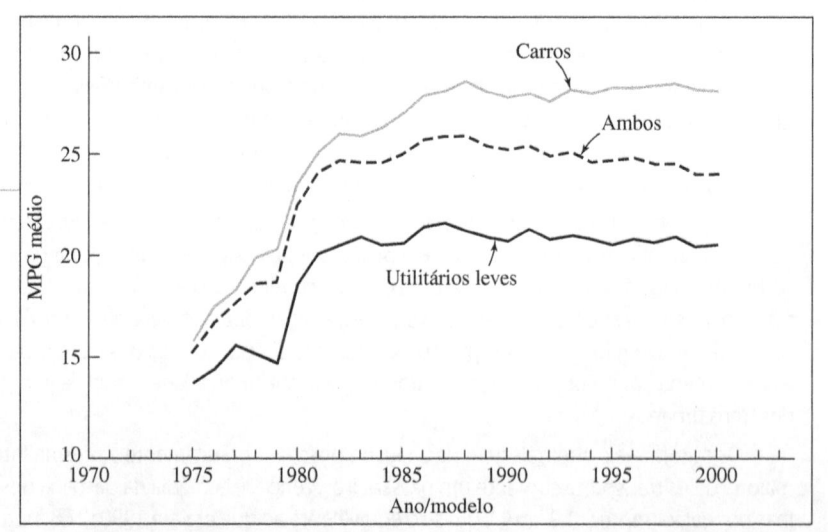

Fonte: Agência de Proteção Ambiental (1999). *Light-duty automotive technology and fuel economy trends through 1999*. EPA420-R-99-018. Disponível em http://www.epa.gov/OMS/cert/mpg/fetrends/fetrnd99.pdf.

porte público, nesse ínterim, girou em torno de 3% para todo o período. Em bases globais, o automóvel domina todos os meios de transporte. A frota global de carros aumentou quase dez vezes no período de 1950 (quando aproximadamente 55 milhões de carros estavam em uso) a 2000 e superou o crescimento da população global em quatro vezes (veja a Figura 5.16). Espera-se que os setores relativamente imaturos em grande parte do mundo desenvolvido sofram rápida expansão em decorrência do desenvolvimento. O Departamento de Energia dos Estados Unidos projeta que o uso de energia nos transportes mais do que dobrará no mundo desenvolvido, entre 1997 e 2020, resultando um aumento global de energia nos transportes de aproximadamente 14 vezes em comparação a 1950.

Conseqüentemente, a eficiência energética do automóvel é uma questão crucial de dimensões globais. Além disso, os efeitos do sistema geral sobre o consumo de energia são importantes. Por exemplo, um sistema eficiente de transporte público pode reduzir expressivamente o congestionamento no trânsito, melhorando dessa forma a eficiência energética de todos os meios de transporte da região.

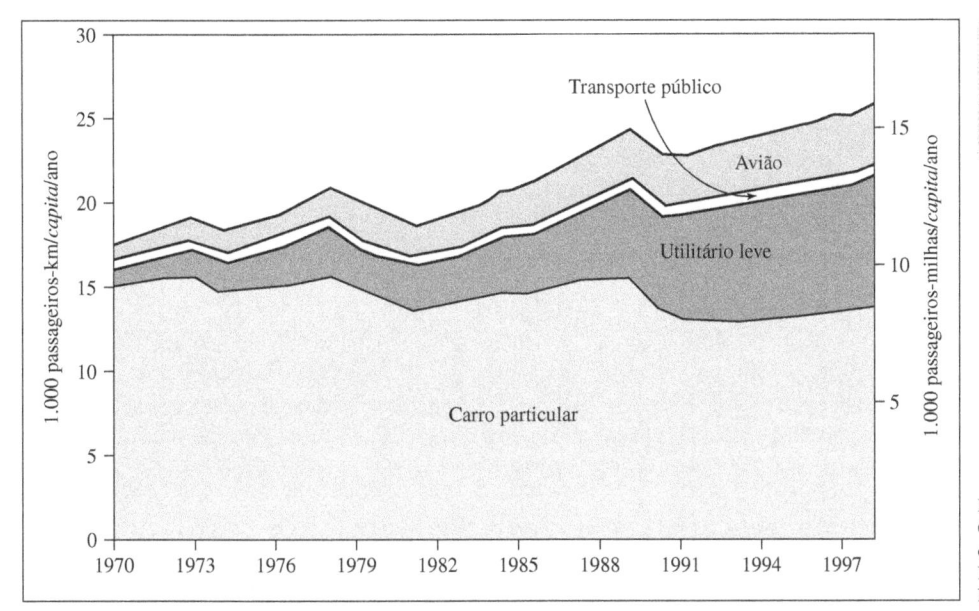

FIGURA 5.15

Transporte de passageiros per capita por modo.

Fonte: Dados compilados de S. C. Davis (2000). Transportation energy data book. Oak Ridge National Laboratory, ORNL-6959, Edition 20 of ORNL-5198.

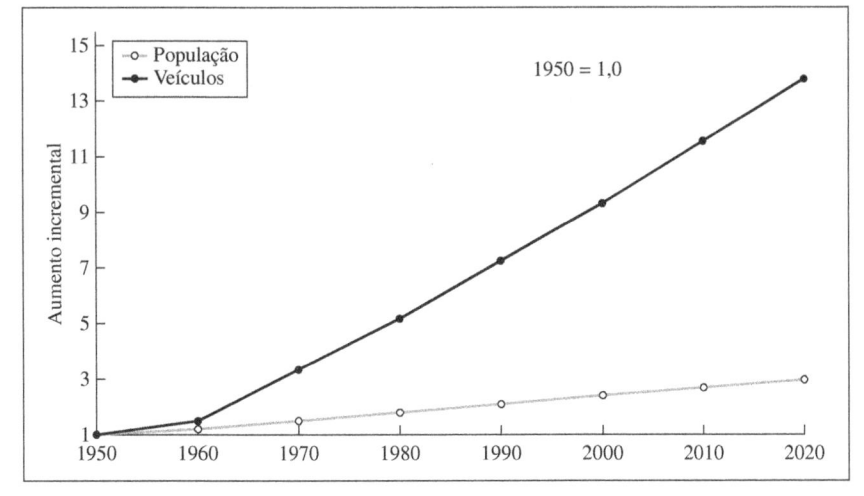

FIGURA 5.16

Comparação entre crescimento demográfico e crescimento de veículos de passageiros globalmente.

Fonte: Dados populacionais extraídos de *World Resources volumes* 1988-89, 1992-93 e 2000-01. (Washington, DC: World Resources Institute). Dados veiculares extraídos de Departamento de Energia dos Estados Unidos (2000) *World Vehicle Population*, 1960-2020, *Fact of the Week*, Fact # 146, Outubro, 2000. Disponível em http://www.ott.doe.fov/facts/archives/fotw146.html

ESTRATÉGIAS 5.1 — Eficiência energética dos automóveis

No automóvel convencional, somente uma pequena porcentagem da energia presente na gasolina serve realmente para mover o veículo (veja a Figura 5.17). A fração de energia do combustível fornecida para o eixo de transmissão representa somente 25% nas estradas e 18% no tráfego urbano, ao passo que a energia fornecida às rodas é ainda menor, 20% e 13%, respectivamente. O restante da energia se converte em calor residual (do ciclo termodinâmico do motor), é utilizado para superar perdas de atrito (como o arrasto aerodinâmico ou a resistência de rolagem) ou aciona equipamentos auxiliares.

A necessidade de aprimoramento na eficiência de combustível dos automóveis levou a novos esforços de desenvolvimento. Nos Estados Unidos, uma parceria indústria-governo, a Parceria por uma Nova Geração de Veículos (PNGV, do inglês, *Partnership*

FIGURA 5.17

Perdas de energia no transporte automotivo apontam para estratégias de melhoria da eficiência de combustível nos automóveis.

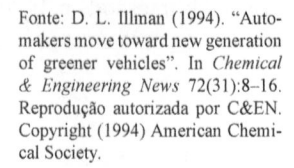

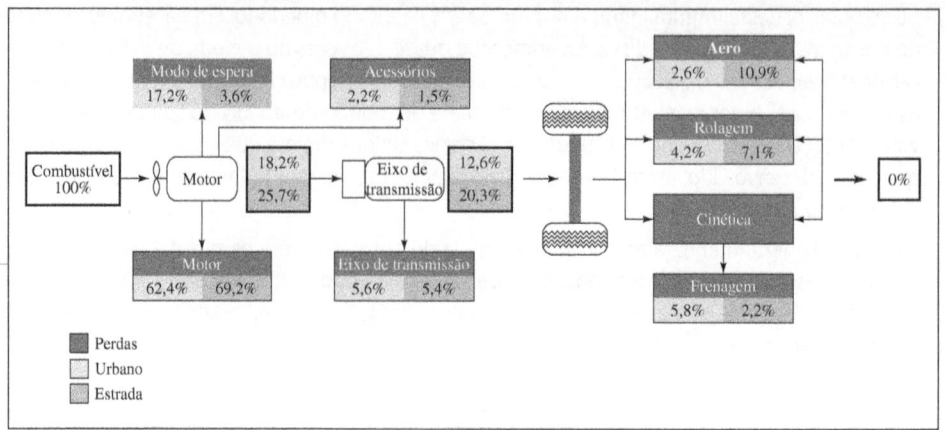

Fonte: D. L. Illman (1994). "Automakers move toward new generation of greener vehicles". In *Chemical & Engineering News* 72(31):8–16. Reprodução autorizada por C&EN. Copyright (1994) American Chemical Society.

for a New Generation of Vehicles) foi formada em 1993 com o objetivo de se obter uma economia de combustível de até 80 mpg (34 km/l). Para atender a esse desafio, várias montadoras de automóveis, incluindo Honda, Toyota e Ford, desenvolveram o veículo elétrico híbrido (HEV, do inglês, *hybrid electric vehicle*). Ele combina o motor de combustão interna com o motor elétrico e a bateria de armazenamento de um veículo elétrico. Essa combinação fornece alcance estendido e reabastecimento rápido, com uma fração significativa da energia e dos benefícios ambientais de um veículo elétrico. Os HEVs utilizam frenagem regenerativa, materiais resistentes e leves e formas aerodinâmicas para minimizar perdas de energia. O HEV apresenta aproximadamente o dobro de eficiência em relação a um veículo convencional. Os dois modelos atualmente no mercado norte-americano, o Honda Insight e o Toyota Prius, percorrem entre 700 e 500 milhas, respectivamente, com um tanque de gasolina.

Há vários candidatos a motor de combustão interna de um HEV, incluindo o diesel de ignição por compressão e injeção direta (CIDI, do inglês, *compression-ignition direct injection*), o diesel de injeção direta turbo (TDI, do inglês, *turbocharged direct-injection*) e o motor de injeção direta com ignição por vela (SIDI, do inglês, *spark-ignition direct-injection*). O motor CIDI possui a maior eficiência térmica (40%) de qualquer motor de combustão interna. O TDI é a versão turbo do motor CIDI, popular na Europa. O SIDI é o motor a gasolina com ignição de vela também equipado com injeção de combustível. É menos eficiente do que o CIDI, mas detém a vantagem de queimar muitos combustíveis alternativos.

O motor elétrico puxa energia de uma bateria (atualmente níquel-hidreto metálico é a bateria preferencial) para acionar o veículo abaixo de uma dada velocidade mínima e para auxiliar o motor com potência extra, caso mais torque seja exigido. A bateria é continuamente recarregada pelo motor e pelo sistema de frenagem regenerativa, que recupera uma parte da energia que de outro modo seria perdida para a frenagem. Quando o motorista freia, o motor elétrico se transforma em um gerador, utilizando a energia cinética do veículo para gerar eletricidade. Freios tradicionais de atrito também são necessários, demandando controles eletrônicos computadorizados para mesclar os dois mecanismos de frenagem.

Minimizar o peso do veículo é um fator importante para a economia de combustível. Desde 1975, o peso de um modelo sedã familiar típico caiu de 4.000 libras (1.816 kg) para 3.300 libras (1.498 kg). Para atingir a meta de 80 mpg do PNGV, pesquisadores trabalham para diminuir o peso geral do veículo para 2.000 libras (908 kg), cortando a massa tanto da carroceria quanto do chassi pela metade e o sistema de transmissão em 10%. Nesse aspecto, o motor CIDI está em desvantagem se comparado ao SIDI, por ser inerentemente mais pesado, a fim de acomodar pressões de ignição expressivamente maiores. É bem provável que a redução do peso leve à adoção futura de materiais avançados mais resistentes e leves, como o titânio e os compósitos de fibra de carbono. Como esses materiais são bem mais onerosos do que o aço, medidas para baixar seus custos por meio de avanços na eficiência de produção e capacidade de reutilização são considerações essenciais.

O HEV não é um 'veículo de emissão zero'. Os projetos à base de diesel emitem óxidos de nitrogênio (NO_x) e material particulado (PM, do inglês, *particulate matter*). Avanços têm sido feitos na redução de emissões, e o motor CIDI certamente produz queima mais limpa do que os modelos a diesel mais antigos. Entretanto, à medida que os padrões de emissão federais e da Califórnia se tornam mais rigorosos, questiona-se a capacidade dos HEVs de atender a esses padrões. Por conseguinte, combustíveis alternativos para motores CIDI podem vir a ser necessários. O dimetil éter e o metanol receberam alguma atenção a esse respeito.

O veículo mais moderno de emissão zero e elevada eficiência de combustível é o movido por célula de combustível. Como foi discutido anteriormente, o motor com célula de combustível PEM pode se aproximar de uma eficiência térmica de 60%, correspondendo a uma eficiência de combustível de 90 mpg (38,3 km/l). O produto da emissão é H_2O, quando operado com hidrogênio puro. Se o hidrogênio é fornecido por um reformador que converte o metano ou metanol em hidrogênio, o reformador libera CO_2. Mas, como não há etapas com alta temperatura no processo de reforma, não há emissões de NO_x, PM ou gases orgânicos formadores de *smog*.

b. Ecologia industrial. Uma forma sistemática de rastrear e controlar os fluxos de energia e materiais está surgindo da nova disciplina de Ecologia Industrial (EI). A EI busca a avaliação integrada das conexões entre esses fluxos e os impactos ambientais. A Figura 5.18 apresenta um diagrama dessas conexões.

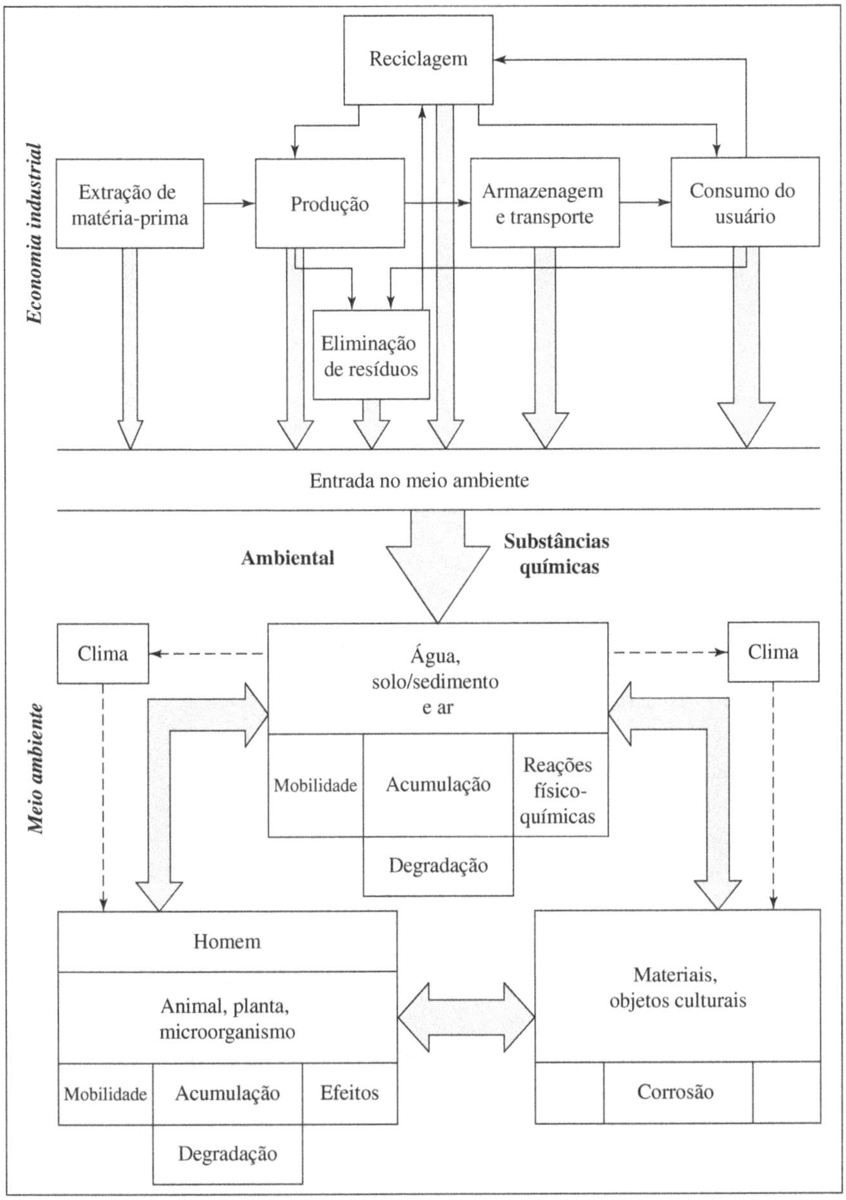

FIGURA 5.18

Interações entre a economia industrial e o meio ambiente.

Fonte: W. M. Stigliani (1993). "The integral river basin approach to assess the impact of multiple contamination sources exemplified by the River Rhine". In *Integrated soil and sediment research: a basis for proper protection*. H. J. P. Eijsackers e T. Hamers, eds. (Dordrecht, The Netherlands: Kluwer Academic Publishers). Reprodução autorizada. Copyright (1993) Kluwer Academic Publishers.

A avaliação abrange a análise de 'ciclo de vida' do impacto total de vários produtos, desde a extração de matérias-primas até seu uso e descarte, passando pelo transporte e a manufatura. Também se analisam as possibilidades de reciclagem de materiais, transformando resíduos em matérias-primas, fechando assim os ciclos ecológicos.

Uma aplicação dessa abordagem é o conceito de parques ecológicos, em que as instalações industriais são agrupadas para minimizar os resíduos de energia e materiais. Exemplo disso é um local em Kalundborg, na Dinamarca, 75 milhas a oeste de Copenhague, que abriga a maior central elétrica da Dinamarca (1.500 MW, movida a carvão), sua maior refinaria de petróleo (com capacidade de 3,2 milhões de toneladas/ano), a fábrica de painéis de gesso Gyproc (14 milhões de m²/ano de painéis de gesso) e uma grande indústria farmacêutica (Novo Nordisk, 2 bilhões de dólares de vendas anuais) (veja a Figura 5.19).

O calor residual da central elétrica gera vapor para aquecer a região de Kalundborg (substituindo 3.500 caldeiras residenciais) e abastecer a refinaria de petróleo e o laboratório farmacêutico com o vapor de processo. A central elétrica é resfriada com água salgada de um fiorde próximo (reduzindo a extração de água doce do lago Tisso). A água salgada aquecida é enviada a uma fazenda de criação de peixes, onde fornece calor e água a 57 reservatórios. A refinaria de petróleo, que anteriormente queimava a maior parte de seus subprodutos gasosos, hoje dessulfuriza o gás e o envia como combustível para a Gyproc e para a central elétrica (reduzindo o consumo de carvão).

Além da economia de energia, o parque ecológico minimizou a geração de resíduos materiais. O lodo de esgoto da indústria farmacêutica e da usina de tratamento de água do pesqueiro fornece fertilizante às fazendas vizinhas (mais de 1 milhão de toneladas ao ano). As cinzas de carvão da central elétrica são utilizadas por uma fábrica de cimento. O SO_2 é removido da exaustão da central elétrica pela extração em carbonato de cálcio. O produto residual, sulfato de cálcio (gesso), é enviado para a fábrica de placas, fornecendo-lhe dois terços de sua matéria-prima. A operação de dessulfurização da refinaria de petróleo

FIGURA 5.19

Um diagrama do parque ecológico industrial localizado em Kalundborg, Dinamarca. A figura indica as indústrias instaladas no parque e os fluxos de energia entre elas, além da natureza, destinação do material e dos fluxos de energia que saem.

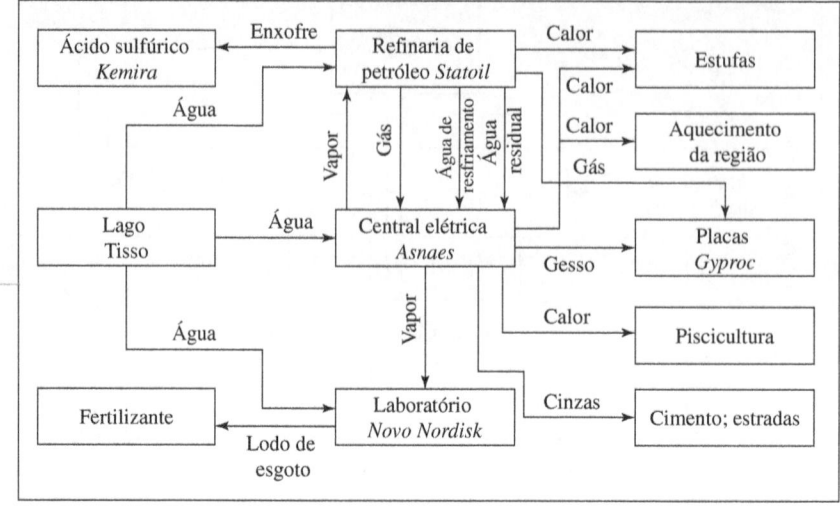

Fonte: Adaptado de B. R. Allenby e T. E. Graedel (1994). *Defining the Environmentally Responsible Facility* (Murray Hill, New Jersey: AT&T).

produz enxofre elementar, que é enviado a um produtor de ácido sulfúrico. O excedente de levedura da produção de insulina no laboratório farmacêutico serve como ração de porcos.

Essa simbiose inovadora entre indústrias complementares no parque tem gerado economias de custo que superam em muito o investimento original de US$ 60 milhões em infra-estrutura para transportar energia e materiais. Nesse processo, tem havido grande redução na poluição de ar, água e solos, além de uma considerável conservação de energia e água. Nesse sentido, o parque mimetiza a biosfera natural.

c. Química verde. A conscientização da importância dos materiais para a conservação de energia e a proteção ambiental tem estimulado o desenvolvimento de uma perspectiva de 'química verde' entre químicos industriais e acadêmicos.[3]

A produção industrial está sendo examinada por meio de uma ampla frente, com vistas à redução dos impactos ambientais pela escolha adequada de materiais e de suas transformações químicas. Alguns dos objetivos são:

- Minimizar os subprodutos das transformações químicas (melhoria da 'economia de átomos') por meio da redefinição das seqüências de reação.
- Melhorar a eficiência energética pelo desenvolvimento de processos de baixa pressão e temperatura, em geral com aperfeiçoamento de catalisadores.
- Desenvolver produtos que sejam menos tóxicos e se degradem mais rapidamente no meio ambiente do que os atualmente existentes.
- Reduzir a demanda por solventes e agentes de extração perigosos ou ambientalmente persistentes em processos químicos.
- Desenvolver processos com base em matérias-primas renováveis (derivadas de plantas) em vez de não renováveis (derivadas de carbono fóssil).
- Desenvolver processos que sejam menos suscetíveis a vazamentos, explosões e incêndios.
- Desenvolver métodos para monitorar processos de forma contínua visando a melhoria do controle.

Pode-se ter uma noção da abrangência das contribuições no site http://www.epa.gov/greenchemistry, que fornece a lista de premiados com o U.S. Presidential Green Chemistry Challenge Awards desde 1996. Por exemplo, o Argonne National Laboratory ganhou um prêmio por um novo processo de membranas seletivas que reduz a energia e o custo de produção de ésteres de lactato com base em carboidratos; os ésteres de lactato são líquidos atóxicos e biodegradáveis, com boas propriedades solventes, que constituem alternativas promissoras para muitos solventes tóxicos atualmente em uso pela indústria e pelos consumidores. O CO_2 líquido é outro solvente alternativo promissor, mas a maioria dos materiais possui baixa solubilidade em CO_2; o químico Joseph DeSimone foi premiado por desenvolver uma série de polímeros surfactantes que aumentam expressivamente a solubilidade em CO_2 de muitas moléculas. Em uma série de aplicações, os solventes orgânicos foram substituídos por água, exigindo a redefinição dos materiais para se contornarem problemas associados à hidrofobicidade. Isso tem especial relevância para tintas e revestimentos, já que os solventes são diretamente ventilados à atmosfera. A Bayer conquistou um prêmio por desenvolver uma tecnologia baseada em água para revestimentos de poliuretano de dois componentes.

Outro prêmio reconheceu o químico Terry Collins por desenvolver uma classe de complexos metálicos de tetra-amido que ativa o peróxido de hidrogênio para quebrar a lignina e permite branquear papel sem cloro (a química é a de produção do radical hidroxila catalisada por metal de transição). E a Biofine, Inc. ganhou um prêmio por desenvolver um processo de

---

[3] P. T. Anastas e J. C. Warner (1998). *Green Chemistry: Theory and Practice* (Nova York: Oxford University Press).

ácido diluído em alta temperatura para converter biomassa celulósica, primeiro em açúcares solúveis e depois para ácido levulínico, que pode servir como bloco de construção para uma série de produtos químicos. Um desses, o metiltetraidrofurano, pode servir como um aditivo de combustíveis oxigenado, no lugar do MTBE. Diferentemente da outra opção, o etanol, o metiltetraidrofurano é miscível somente em gasolina e pode ser misturado na refinaria em vez de mais tarde, no processo de distribuição.[4] Dessa forma, o metiltetraidrofurano proveniente de fontes como lascas de madeira, resíduos agrícolas, lixo municipal e lodo de usinas de papel pode vir a competir com o etanol proveniente do milho como um aditivo de combustível.

5.7 Energia e sociedade

Neste ponto fazemos uma pausa para indagar de quanta energia o ser humano realmente precisa. O senso comum é de que o aumento no consumo de energia significa um aumento no padrão de vida. Para avaliar isso, podemos examinar a Figura 5.20, um gráfico do consumo *per capita versus* o produto interno bruto *per capita* em 1999, para diversos países. Há uma correlação superficial entre esses dois indicadores, sendo que os países pobres se concentram próximo à base em ambas as escalas. Quando o PIB é mais alto, porém, o gráfico se abre em leque. Os Estados Unidos usam o dobro de energia *per capita* em relação ao Japão, Suíça ou Dinamarca, embora todos os quatro possuam alto PIB *per capita*, aproximadamente de US$ 35.000 (o consumo de energia *per capita* ainda maior do Canadá e da Noruega pode ser atribuído ao grande porte da sua indústria de extração de gás e petróleo em relação à sua pequena população).

Para os países altamente desenvolvidos, é evidente que um PIB maior não requer necessariamente mais energia. Esse ponto também é ilustrado pela história do consumo japonês de energia, indicado como a curva sólida na figura. De 1960 a 1970, a utilização de energia no Japão aumentou regularmente em proporção ao PIB. Mas, após 1973, o consumo de energia estagnou enquanto o PIB continuou crescendo. Portanto, a *intensidade* de energia do Japão, definida como o consumo de energia por unidade de PIB, tem diminuído desde 1973. Essa experiência tem sido compartilhada por outros países economicamente avançados. Até a intensidade de energia dos Estados Unidos foi menor em 1999 se comparada à de 1973.

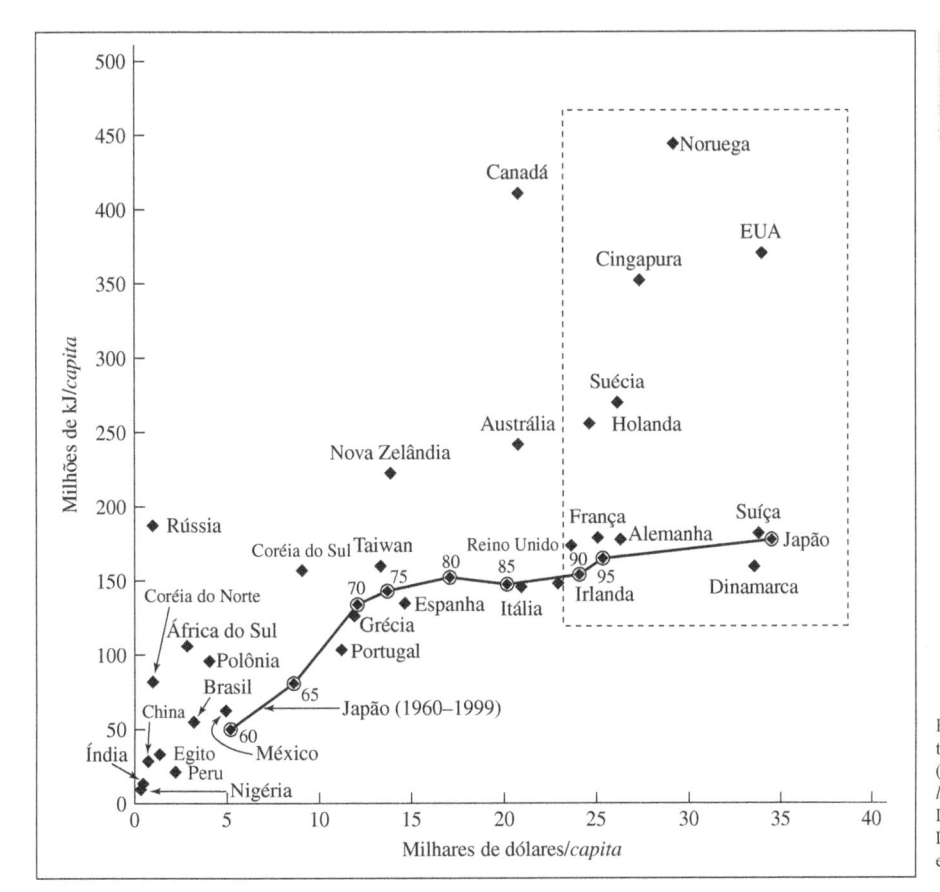

FIGURA 5.20

Consumo de energia per capita versus *PIB* per capita.

Fonte: *Energy Information Agency*, Departamento de Energia dos Estados Unidos (1999). *International tables for GDP, Population, Energy Consumption.* (Washington DC: Departamento de Energia). Disponível em http://www.eia.dow.gov/emeu/international/contents.html.

---

[4] O etanol é miscível tanto em gasolina quanto em água e se dissolverá preferencialmente em pequenas quantidades de água no sistema de distribuição de gasolina. Por isso, ele é geralmente misturado à gasolina em terminais locais de armazenagem.*

* No Brasil, a mistura é feita pela Petrobras às centrais de distribuição (N. RT.)

A discussão nas seções anteriores sugere que há muitas oportunidades de redução ainda maior da intensidade de energia. Até onde seguiremos nessa direção? Ninguém sabe a resposta a essa pergunta, mas é possível traçar alguns cenários para uma variedade de premissas econômicas e tecnológicas. Um novo elemento nessa análise é a preocupação com a mudança climática global provocada pela queima de combustíveis à base de carbono e as ações internacionais que tentam limitar as emissões.

Esse fator, aliado à preocupação contínua sobre segurança no abastecimento de petróleo e gás e os impactos sobre qualidade do ar decorrentes da queima de carvão e gasolina, está reformulando nossa maneira de pensar sobre suprimento e demanda de energia.

Recentemente, um grupo de trabalho composto por membros dos cinco laboratórios nacionais do Departamento de Energia dos Estados Unidos publicou o relatório *Scenarios for a Clean Energy Future* (Cenários para um Futuro com Energia Limpa). O escopo dessa análise abrangeu:

- Medidas que reduzam a intensidade de energia da economia (por exemplo, iluminação, veículos e processos industriais mais eficientes).
- Medidas tecnológicas que reduzam a intensidade de carbono da energia utilizada (por exemplo, recursos de energia renovável, energia nuclear, gás natural e usinas elétricas movidas a combustível fóssil mais eficientes).
- Medidas políticas para reduzir a intensidade de carbono do consumo de energia (por exemplo, receita e desconto para licença de emissão de carbono).

A Figura 5.21 mostra as previsões energéticas do grupo de trabalho para os três cenários. O cenário de normalidade (BAU, do inglês, *business as usual*) pressupõe que as melhorias em eficiência energética continuarão no ritmo atual: aumento de 25% na eficiência da estrutura de construção de novas residências em 2020 em relação a 1993; redução na intensidade de energia industrial em 1,1% ao ano; e inovação continuada em projetos automobilísticos que melhorem a eficiência da gasolina. Apesar desses fatores de melhoria, a projeção para o consumo de energia nos Estados Unidos em 2020 é 42% maior do que em 1990. O aumento é modestamente reduzido, para 31%, no cenário moderado (MOD), que vislumbra políticas moderadamente agressivas para melhoria de eficiência nos setores de construção, industrial, de transportes e eletricidade, com gasto crescente (US$ 1,4 bilhão ao ano) em P&D de tecnologia energética.

Mesmo no cenário avançado (ADV, do inglês, *advanced*), há um aumento modesto de 15% no consumo de energia em 2020. Esse cenário pressupõe políticas ainda mais agressivas de economia de energia e elevação nos gastos em P&D (US$ 2,8 bilhões por ano). Mas o elemento mais significativo é um sistema de comercialização de carbono doméstico, em que as licenças de emissão de carbono são leiloadas ao valor de US$ 50/tonelada. A receita gerada pelas licenças deve retornar ao público, para compensar o custo crescente de energia; os rendimentos serão deixados intactos enquanto se altera o preço relativo do carbono. O efeito projetado é uma redução substancial nas emissões de carbono (retrocedendo aos níveis de 1990, com cerca de 1,35 bilhão de toneladas métricas até 2020), obtida principalmente nos setores de construção e industrial, por meio de maior eficiência e redução de carbono nos combustíveis usados para fins de eletricidade.

O grupo de trabalho examinou custos e benefícios desses cenários e concluiu que as economias decorrentes da redução de energia vão superar de forma expressiva os custos de implementação, incluindo P&D e investimentos. Assim, até 2020, os custos projetados (em relação ao cenário BAU) são de US$ 38 bilhões para MOD e US$ 82 bilhões para ADV, mas as economias projetadas são de US$ 100 bilhões e US$ 122 bilhões, respectivamente.

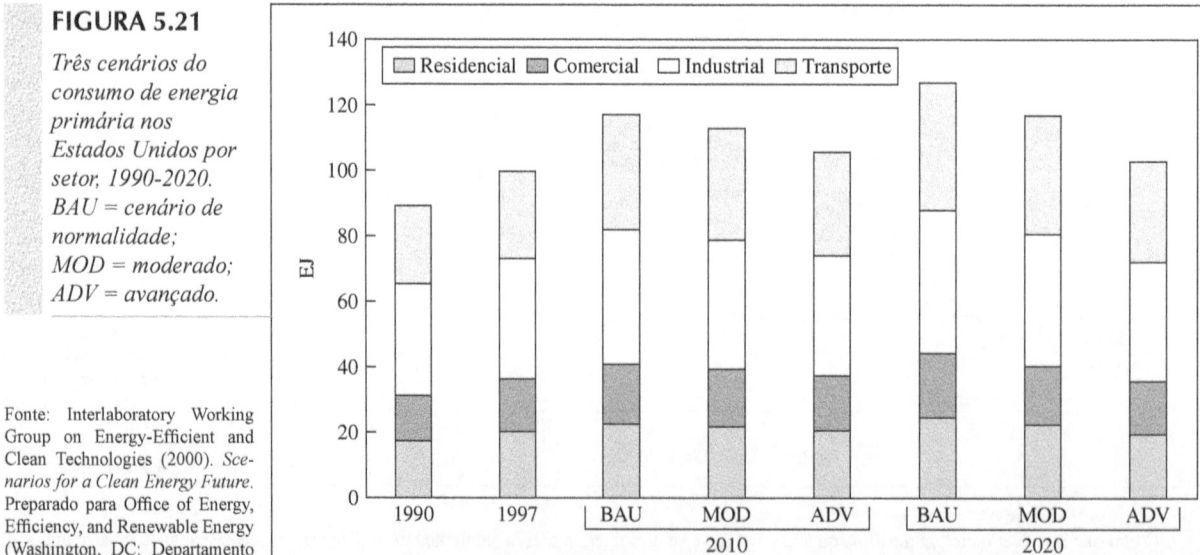

FIGURA 5.21

Três cenários do consumo de energia primária nos Estados Unidos por setor, 1990-2020. BAU = cenário de normalidade; MOD = moderado; ADV = avançado.

Fonte: Interlaboratory Working Group on Energy-Efficient and Clean Technologies (2000). *Scenarios for a Clean Energy Future*. Preparado para Office of Energy, Efficiency, and Renewable Energy (Washington, DC: Departamento de Energia dos Estados Unidos).

Resumo

Nossa pesquisa sobre fontes de energia revelou que ela nos é fornecida em abundância pelo Sol e que esse fluxo regular de energia seria suficiente para manter a humanidade em estado de equilíbrio, o qual devemos necessariamente atingir em uma questão de tempo. Capturar a energia solar e aproveitá-la de forma útil são os desafios da ciência e da tecnologia. No momento, custa mais fazer isso do que aproveitar a energia solar armazenada por milênios sob a forma de combustíveis fósseis, que temos utilizado para desenvolver nossa civilização industrial. Hoje, somos completamente dependentes dos combustíveis fósseis, particularmente de petróleo e gás natural. Esses depósitos de combustível estão sendo explorados, e depósitos facilmente acessíveis serão exauridos em questão de décadas no caso do petróleo e do gás, e talvez em alguns séculos no caso do carvão. Nesse ínterim, o desenvolvimento da ciência atômica forneceu a chave para liberar a grande quantidade de energia armazenada nos núcleos dos átomos de urânio e (potencialmente) hidrogênio. O desenvolvimento da energia nuclear em larga escala, entretanto, levanta questões sem precedentes para a humanidade em termos dos riscos da proliferação de armas nucleares e dos riscos de longo prazo associados às quantidades maciças de radioisótopos.

Do lado do suprimento na equação da energia, as questões fundamentais são até que ponto os combustíveis à base de carvão e os nucleares podem ser utilizados em segurança e a custos ambientais aceitáveis e quanto tempo levará até a utilização de tecnologias alternativas que envolvam a energia solar e, possivelmente, o reator a fusão. Existem questões igualmente importantes no que se refere à demanda na equação da energia. Um exame minucioso sobre o uso de energia atualmente mostra que economias significativas são possíveis em situações nas quais o consumo de energia tem-se baseado historicamente na disponibilidade de um suprimento barato e abundante. As economias de energia exercem um impacto maior sobre a equação do que a oferta de energia, em razão da baixa eficiência no uso dos combustíveis. Cada joule de eletricidade que não é usado representa uma economia de 3 joules de petróleo, carvão ou combustíveis nucleares. As economias relacionadas à demanda na equação da energia são desejáveis porque aumentam o leque de opções relativas à oferta de energia. Quanto menores as exigências projetadas de energia, maior a flexibilidade do fornecimento de energia com origem em uma variedade de fontes e mais tempo haverá para se desenvolverem tecnologias mais seguras, mais eficientes e menos prejudiciais ao meio ambiente.

Resolução de problemas

1. Qual é a eficiência da fotossíntese? Estima-se a produção anual da fotossíntese em uma média de 320 g (peso seco) de matéria vegetal por m^2, 50% dos quais se compõe de carbono.

    (a) Calcule o total de gramas de carbono 'fixo' por ano como matéria vegetal, em uma área de 1.000 m^2.

    (b) A reação fotossintética pode ser representada pela produção de glicose:

    $$6CO_2 + 6H_2O \rightarrow C_6H_{12}O_6 + 6O_2 \qquad \qquad (1)$$

    Da glicose produzida, 25% é utilizada pela planta para respiração; o restante é convertido em matéria vegetal. Pela resposta ao item (a), calcule o total de mols de glicose produzida anualmente na área referencial de 1.000 m^2 através da reação (1).

    (c) Cada mol de glicose produzida representa a absorção de 2.803 kJ de energia solar. Se a média de energia disponível com base na luz solar é de 1,527 kJ/cm^2 por dia, qual porcentual da energia solar incidente é convertida em energia química na área de 1.000 m^2?

    (d) Essa área produziria mais energia via biomassa ou via coletores solares, supondo-se uma eficiência de 15% do coletor?

2. Compare a estimativa de taxa de soterramento de matéria orgânica na Figura 1.1 (60,01%) com a indicada pela Figura 2.1, se a vida oxigênica datar de 400 milhões de anos atrás (e se supusermos que o total de biomassa permaneceu inalterado nesse período). Para esse cálculo de ordem de grandeza, considere que a energia por mol de carbono soterrado é igual ao armazenado em glicose.

3. De acordo com a Figura 1.2, os Estados Unidos responderam por um quarto do total do consumo de energia mundial em 2000, e tanto as taxas norte-americanas quanto as mundiais estão crescendo a uma taxa anual de 1,5%. Suponha que os Estados Unidos cortassem sua taxa de crescimento em 1%, enquanto o crescimento do resto do mundo, impulsionado pelas demandas dos países em desenvolvimento, continuasse a ter aumento de consumo da ordem de 1,5% ao ano. Qual seria a parcela dos Estados Unidos no consumo total em 2050?

4. Siga a lógica da Resolução de Problema 2.1 e calcule o aumento porcentual de CO_2 atmosférico, se todo o carbono fóssil acabasse no ar.

5. A razão entre átomos H e átomos C é maior no petróleo do que no carvão e ainda maior no gás. Explique por que isso ocorre e relacione a resposta às prováveis origens desses combustíveis. Quais são as conseqüências para a qualidade da energia produzida por cada um deles?

6. Verifique os valores energéticos para combustão de etanol na Tabela 2.2, usando as energias de ligação na Tabela 2.1. Um carro movido a etanol faz menos milhagem (milhas por galão) do que outro equivalente a gasolina. Estime quanto menos (considere para fins desta questão que a densidade do etanol é igual à da gasolina).

7. Os principais componentes do gás natural usado pelas companhias de eletricidade é o metano, CH_4; o gás utilizado nas churrasqueiras a gás é o propano, C_3H_8. Supondo que cada um desses gases queima por completo, compare a quantidade de energia liberada por cada um (a) em termos de kJ/mol de CO_2 produzido e (b) em termos de kJ/g de combustível. Faça os cálculos com base nas ligações químicas quebradas e formadas nas reações de combustão. Use a Tabela 2.1 para obter as energias de ligação.

8. (a) Compare os custos por unidade de energia para eletricidade e gasolina. Considere que os preços atuais são R$ 0,05 por kWh para o primeiro e R$ 1,50 por galão para o segundo. A gasolina pesa 5,51 lb/gal, e sua liberação de energia na combustão é de 19.000 BTU (*British Thermal Units*) por libra (unidades de energia: 1 caloria = 4,18 joules = 1,16 × 10^{-6} kWh = 3,97 × 10^{-3} BTU).

    (b) Considerando que os motores a gasolina têm taxa de eficiência de 20% a 25% e os carros elétricos de 50% a 80%, qual deles é mais econômico para transporte em relação ao custo dos combustíveis?

9. (a) Considere que no sudoeste dos Estados Unidos a insolação média é de 270 W/m^2. Calcule a energia solar por m^2/ano, em kWh. Dado que a energia em um quilograma de carvão é igual a 8,14 kWh, a energia solar por m^2/ano equivale a quantos kg de carvão? Calcule a energia elétrica que pode ser produzida com origem em uma placa fotovoltaica de 1 metro, supondo uma eficiência de 15%. Calcule a energia elétrica produzida em uma usina movida a carvão a partir do carvão equivalente à energia solar por m^2/ano, supondo uma eficiência de 33%.

    (b) Suponha que o carvão contenha 72% de carbono e 2% de enxofre. Após a conversão em energia elétrica via insolação e combustão de carvão, calcule e compare os fluxos residuais de massa e energia dessas duas fontes (baseie os cálculos em m^2 por ano de energia solar e seu equivalente em carvão).

    (c) Comente sobre os méritos relativos dessas duas fontes de eletricidade.

10. Os restos bem preservados dos extintos mamutes hirsutos estão enterrados nas terras congeladas da Sibéria. Cientistas realizaram experiências de datação por carbono nos vestígios de plantas encontradas no estômago dos mamutes. A atividade ^{14}C dos mamutes mais jovens foi medida em 4,5 desintegrações por minutos por grama de carbono. Quando os mamutes siberianos se tornaram extintos? (O tecido vivo possui uma atividade ^{14}C de 15,3 desintegrações por minuto por grama de carbono.)

11. Descreva os três maiores problemas ambientais e de segurança associados à energia nuclear.

12. O plutônio é muito prejudicial quando inalado em pequenas partículas por causa da ionização do tecido por suas partículas alfa emitidas. Sabe-se que um micrograma de plutônio produz câncer em experiências com animais. Com base em seu peso atômico (239) e meia-vida (24.360 anos), calcule quantas partículas alfa são emitidas por um micrograma de plutônio no decorrer de um ano. Aproximadamente quantas ionizações as partículas produzem?

13. Um nêutron gerado por fissão possui tipicamente uma energia cinética de 2 MeV. Quando um desses nêutrons colide com um átomo de hidrogênio 18 vezes, sua energia é reduzida para sua energia térmica de 0,025 eV, ou seja, a energia cinética que ele possuiria em função da temperatura do meio que o cerca. O mesmo nêutron teria de colidir com um átomo de sódio mais de 200 vezes para reduzir sua energia na mesma proporção. Explique como essas características tornam a água uma solução de resfriamento adequada para o reator de água 'leve' pressurizada que utiliza ^{235}U como combustível, ao passo que o sódio é a solução de resfriamento adequada para o reator regenerador.

14. Como um reator regenerador prolonga o suprimento de combustível nuclear? Quais são os problemas associados ao projeto do regenerador?

15. Do ponto de vista da proliferação de armas, por que é mais perigoso abastecer reatores com plutônio do que com urânio em que o ^{235}U seja enriquecido entre 2% a 3%?

16. Considerando o esquema de decaimento do ^{238}U, quais dos derivados de urânio serão provavelmente os mais abundantes em solo rico em urânio e por quê?

17. Qualquer processo nuclear em larga escala produz resíduo radioativo. Compare os problemas de resíduo dos reatores a fissão de urânio com os dos reatores de fusão a trítio.

18. Considere as reações de fusão nuclear relacionadas na Figura 3.13.

    (a)   Por que a atenção é inicialmente concentrada na reação D + T?

    (b)   De onde vem o combustível para essa reação?

    (c)   Quais as vantagens e desvantagens das reações D + D?

    (d)   Quais as vantagens e desvantagens da reação D + ^{3}He?

19. Você deveria instalar um aquecedor de água solar? Uma residência média possui um reservatório de água quente de 200 litros (50 a 60 galões), que é totalmente drenado e reabastecido três vezes ao dia. Considere que a água da torneira entra a 15 °C e é aquecida a 55 °C.

    (a)   Dada uma energia média proveniente da luz solar de 1,53 kJ/cm² por dia, quanto deve medir a área de coleta de um aquecedor de água solar para que sua eficiência seja de 30%?

    (b)   Considere que o preço de um coletor solar seja de US$ 375/m². Quanto custaria para instalar o sistema de água quente do item (a)?

    (c)   Se o preço do petróleo se mantiver em US$ 0,75/litro durante 20 anos, quanto o coletor solar economizará? Suponha que o conteúdo térmico do petróleo seja igual a 2,51 × 10⁴ kJ/L e que ele possa ser queimado com 90% de eficiência.

20. (a)   Explique por que uma célula solar de Si não funcionaria sem uma junção p-n.

    (b)   Como se obtém uma junção p-n pela dopagem de Si?

    (c)   Qual é o análogo da junção p-n no aparato da fotossíntese das plantas?

21. (a)   Calcule a energia, em elétron volts (eV), de um fóton de luz infravermelha (IR, do inglês, *infrared light*) com comprimento de onda de 1.140 nm. Explique por que os fótons com maior comprimento de onda não conseguem excitar os elétrons em uma célula FV, da banda de valência para a banda de condução (veja Fundamentos 1.1).

    (b)   Calcule a energia de um fóton de luz azul com comprimento de onda de 483 nm, correspondendo à região do fluxo solar máximo (veja a Figura 4.5). Calcule a porcentagem de energia possuída pelo fóton que é capaz de elevar um elétron da banda de valência para a banda de condução de uma célula FV. O que acontece com a energia residual?

    (c)   Faça os mesmos cálculos do item (b) para um fóton de luz ultravioleta (UV) a 300 nm, o fóton de maior energia a atingir a superfície da Terra. Como o fluxo de energia desses fótons UV é aproximadamente seis vezes menor do que o dos fótons azuis, quanta energia adicional pode ser convertida em eletricidade em uma célula FV de luz azul, em comparação com a luz UV? A seguinte equação pode ser útil

$$E = hc/\lambda,$$

onde E é a energia em unidade de eV, h (constante de Planck) = $4{,}14 \times 10^{-15}$ eV/s, c (velocidade da luz) = 3×10^{10} cm/s e λ (comprimento de onda) está em unidade de cm, onde 1 cm = 10^7 nm (nanômetros).

22. Por que somente o grão do milho constitui uma fonte disponível de etanol, e não o restante da planta?

23. (a) Um acre (0,40 hectares) de milho pode produzir cerca de 340 galões (1.285 l) de etanol, utilizando-se somente o grão do milho para conversão em etanol. Suponha que o insumo de energia para produzir um acre de milho equivale a $21{,}5 \times 10^6$ kJ. Se um galão de etanol possui uma energia incorporada de cerca de 80.000 kJ, calcule a razão entre a energia incorporada no etanol e a energia necessária para produzir o milho.

(b) Considere que a produção de forragem de milho (espiga, caule e folhas) represente 3,6 toneladas métricas secas por acre. A energia adicional necessária para converter a forragem em etanol equivale a aproximadamente 17.000 kJ/galão; e uma tonelada seca de forragem pode produzir cerca de 80 galões de etanol. Supondo que somente 40% da forragem fosse removida (mais do que isso poderia afetar a qualidade do solo) para conversão em etanol, como isso alteraria a razão de energia calculada no item (a)?

(c) Caso se torne economicamente viável colher a forragem e convertê-la em etanol, a forragem poderia ser coletada de todas as fazendas de plantação de milho, em vez de apenas das terras dedicadas ao milho para conversão de etanol. A quantidade de forragem disponível nos Estados Unidos proveniente das áreas de plantio do milho (tomando somente 40% do total) é estimada em cerca de 110 milhões de toneladas métricas secas. Usando a informação fornecida no item (b), calcule os galões de etanol que poderiam ser produzidos e compare esse valor com o 1,4 bilhão de galões de produção de etanol em 1998.

24. (a) Considere uma turbina eólica com o eixo da roda a 50 metros do solo, um rotor com diâmetro de 50 metros e uma taxa de eficiência de conversão do vento de 25%. A turbina opera em uma área com densidade média anual de energia eólica de 500 watts/m² a 50 metros de altitude. Quanta energia elétrica (em kWh) a turbina pode gerar por ano?

(b) Densidades do vento iguais ou maiores que 500 watts/m² a uma altitude de 50 metros são exploráveis pelas tecnologias atualmente existentes; cerca de 1,2% da extensão de terras contíguas dos Estados Unidos possuem tal densidade. Se, em média, os parques eólicos se compõem de oito turbinas por km², qual é o potencial norte-americano para a produção de energia elétrica com energia eólica? [Suponha uma densidade de potência uniforme de 500 watts/m² e as mesmas especificações para a turbina no item (a)]. Em 2000, 3.236 TWh de eletricidade foram gerados nos Estados Unidos. Qual porcentual do consumo norte-americano de eletricidade poderia ser atendido pela energia eólica?

(c) Avanços técnicos contínuos permitirão a geração de energia eólica em terras onde a densidade do vento seja de 300 watts/m² a 50 metros. Nesse caso, a energia eólica poderá ser obtida em 21% do território norte-americano. Supondo que um terço das terras seja coberto por parques eólicos (novamente com densidade de oito turbinas por km²), quanta eletricidade seria gerada? Qual porcentual da demanda do país seria atendido? [Considere uma densidade de potência uniforme de 300 watts/m² e turbinas eólicas iguais às do item (a).] (A área contígua dos Estados Unidos é de 7.827.989 km²; 1 TWh = 10^9 kWh; 1 kWh = $3{,}6 \times 10^3$ kJ.)

25. Suponha que, em razão da redução na oferta de petróleo bruto e gás natural, os Estados Unidos adotem um plano para implementar a 'economia do hidrogênio', pelo qual o hidrogênio será gerado pela eletrólise da água. A fonte de eletricidade provém da conversão fotovoltaica da luz solar no sudoeste dos Estados Unidos.

(a) Considere que será utilizado um sistema de placas fotovoltaixas fixas, com taxa de eficiência de conversão solar de 15% e de produção de hidrogênio de 80%. Suponha que a insolação média anual no sudoeste do país seja de 270 watts/m². Calcule a energia elétrica anual produzida por m² em kWh e em kJ. Calcule o conteúdo energético do H_2 produzido por m², bem como o número de mols e o peso do H_2 (consulte a Tabela 2.2 para dados sobre o H_2).

(b) Os Estados Unidos consumiram 40,1 EJ de petróleo em 2000. Quantos metros quadrados de coletores FV seriam necessários para suprir a quantidade equivalente de energia em H_2? A área do sudoeste do país (compreendido pelos estados de Novo México, Arizona, Colorado, Utah e Nevada) é de 1.386.370 km². Qual porcentual das terras seria coberto pelos coletores FV?

(c) Qual é o volume anual de água necessário para produzir o hidrogênio? Suponha uma eficiência de conversão de 80%. A qual porcentual do uso de água total do país isso corresponderia, considerando que o consumo de água nos Estados Unidos representa aproximadamente $4{,}7 \times 10^{14}$ litros?

26. Um aquecedor elétrico de água possui um índice de eficiência-padrão de 90% (ou seja, para cada 10 kJ de eletricidade consumida, 9 vai para o aquecimento da água). Se o aquecedor normalmente aquece água com origem na temperatura ambiente, 20 °C (68 °F) a 80 °C (176 °F), qual é a eficiência da *segunda lei* (ou seja, qual é razão entre a quantidade de energia que uma bomba térmica usaria para realizar o mesmo trabalho e a quantidade de energia efetivamente consumida)?

27. Calcule a eficiência teórica de uma bomba térmica quando a temperatura ambiente é de 20 °C (68° F) e a temperatura externa é de –20 °C (–4 °F)? Se a bomba térmica estiver extraindo calor de um reservatório de água a 5 °C (41 °F), qual será a eficiência teórica? Descreva como a energia solar em conjunto com uma bomba térmica pode fornecer um meio eficiente de aquecimento residencial.

28. (a) Considere uma célula a combustível PEM que gera energia elétrica a 80 °C por meio da reação

$$H_2 + \tfrac{1}{2}O_2 \rightarrow H_2O$$

Calcule a eficiência teórica da conversão de calor em energia elétrica, supondo ΔH = –286 kJ/mol de H_2 e ΔS = –0,163 kJ/K.

(b) Calcule a voltagem ideal de uma célula a combustível PEM (ΔE) a 80 °C por meio da relação

$$\Delta E = -\Delta G/nF$$

onde *n* é o número de mols de elétrons envolvidos na reação por mol de H_2 e *F* é a constante de Faraday = 96,5 kJ/volt.

29. Embora $T\Delta S$ aumente proporcionalmente ao aumento da temperatura, há pouca diferença em eficiência teórica para uma célula a combustível de H_2/O_2 operando a 80 °C e outra operando a 1.000 °C. Explique.

30. O consumo de petróleo nos Estados Unidos em 1999 foi de 39,8 EJ. Desse volume, 23,8 EJ (60%) foi suprido por fontes estrangeiras. O setor de transportes respondeu por 26,2 EJ (66%) do consumo total de petróleo. A frota de carros de passageiros, totalizando 132 milhões, consumiu 9,6 EJ, e os caminhões leves (incluindo furgões, caminhonetes e utilitários esportivos), totalizando 72 milhões, consumiram 6,7 EJ. A média de eficiência de combustível da frota de carros de passageiros em 1999 foi de 21,4 milhas por galão (mpg), e para caminhões leves, 17,1 mpg. Calcule o volume de petróleo que deixaria de ser importado, se o estoque americano de carros fosse substituído por veículos híbridos, em que a eficiência para carros de passageiros fosse de 60 mpg e a de caminhões leves, 40 mpg.

31. Uma grande usina está sendo construída para gerar $6,7 \times 10^{10}$ kJ/dia de energia elétrica. Para cada kJ de energia produzida, 2 kJ de calor residual é liberado. Se uma usina despeja 2×10^9 litros/dia de água do rio a 20 °C em seus condensadores de resfriamento, calcule a elevação da temperatura da água que sai da usina.

32. (a) Conforme apresentado na Tabela 5.2, fabricar uma tonelada métrica de papel requer 980 kWh de energia, ao passo que fabricar uma tonelada métrica de poliestireno requer aproximadamente 300 kWh. Dado que em média um copo de papel de 8 oz pesa 10,1 g e um copo de poliestireno pesa 1,5 g, qual é a razão entre os requisitos de energia por copo?

(b) A tabela também lista a quantidade de calor recuperado da incineração de cada tipo de copo; 20 MJ/kg (megajoule por quilograma) para o papel; 40 MJ/kg para o poliestireno. O calor poderia ser convertido em eletricidade em uma usina com eficiência de cerca de 30%. Compare a quantidade de energia elétrica disponibilizada pela incineração dos copos descartáveis de papel e de poliestireno com a quantidade de energia necessária para produzi-los. (1 kWh = $3,6 \times 10^6$ joules; 1 MJ = 10^6 joules.)

(c) Uma lanchonete localizada em uma rua movimentada usa copos de poliestireno para servir café a uma taxa de 2,5 grosas/dia (1 grosa = 12 dúzias = 144). Em reação à pressão de um grupo de defesa do meio ambiente, a lanchonete passa a utilizar copos de papel. Qual é o impacto dessa decisão em termos de kWh de energia por semana, se a cidade não possuir um incinerador? Qual é o impacto, se a cidade tiver coleta seletiva e incinerar papel e plástico para geração de eletricidade?

(d) Redija um parágrafo explicando aos proprietários da lanchonete do item (c) o que eles poderiam fazer, caso desejem realmente ser ambientalmente responsáveis.

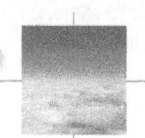

Em contexto
Matriz energética brasileira

A energia é um dos principais parâmetros que podem ser utilizados para avaliar o grau de desenvolvimento tecnológico, econômico, social e ambiental de uma determinada sociedade. Dentre outras finalidades, a energia é necessária para transformar recursos naturais em bens e serviços, que contribuam para o bem-estar da população.

De modo geral, todas as nações estão preocupadas em serem auto-suficientes energeticamente. Até meados do século passado, o principal critério para definir a composição da matriz energética era a razão custo/eficiência de diferentes fontes e processos de transformação. Entretanto, a partir do final do século XX, a sociedade demonstrou preocupação crescente com os impactos das atividades humanas sobre o meio ambiente. Essas inquietações, como a qualidade do ar, a chuva ácida e a intensificação do efeito estufa, estão diretamente correlacionadas à maneira com a qual geramos e utilizamos energia.

Esse novo paradigma tem motivado grandes esforços para desenvolver e implementar novas fontes de energia, idealmente oriundas de fontes renováveis e/ou potencialmente menos impactantes ao meio ambiente e à saúde humana.

O Brasil ocupa posição de destaque nesse novo panorama, sendo um dos países menos dependentes de combustíveis fósseis para obtenção de energia (considerando-se a oferta interna total). A seguir, apresentaremos uma série de dados que mostram a peculiaridade de nossa matriz energética – todas essas informações foram obtidas a partir do Balanço Energético Nacional (BEN). O Ministério de Minas e Energia (MME) brasileiro divulga e analisa anualmente o BEN; esse documento é uma das mais completas e confiáveis fontes de informação a respeito das contabilidades de oferta e consumo de energia no Brasil, apresentando dados detalhados sobre a extração de recursos energéticos primários, sua conversão em formas secundárias, importação/exportação, distribuição e uso final da energia. O BEN é uma base de dados muito bem sistematizada, sendo uma ferramenta fundamental para qualquer estudo a respeito da matriz energética brasileira (MEB).

A Figura 1 apresenta as principais fontes de energia da MEB e também da matriz média mundial. A análise dessa figura mostra claramente que o Brasil possui grandes diferenças na composição de sua matriz energética quando comparado a da-

FIGURA 1

Oferta interna de energia em função de sua fonte.
(a) Brasil.
(b) média mundial.

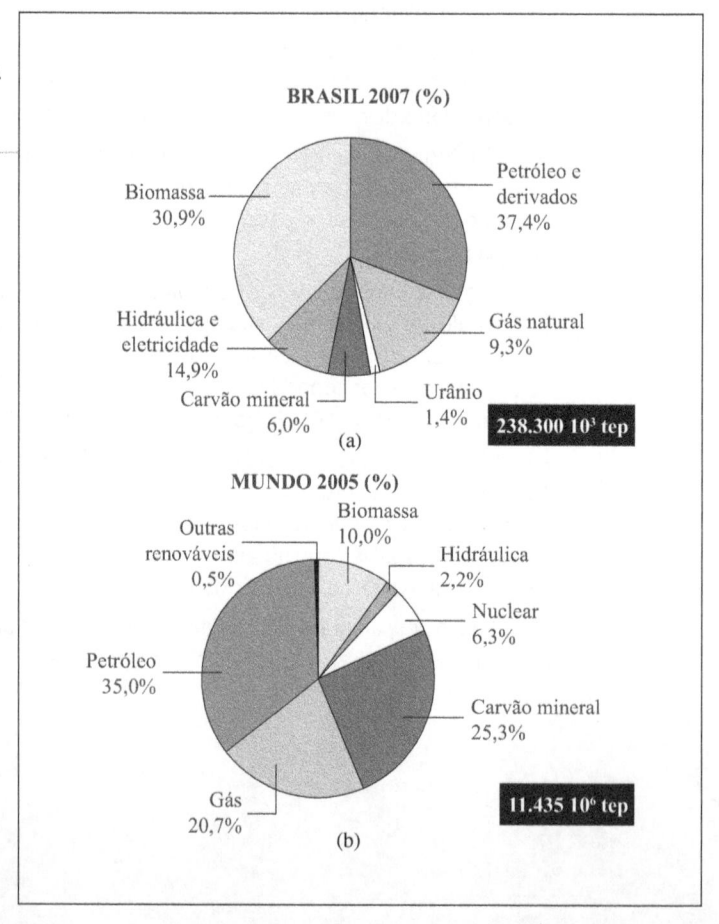

BRASIL 2007 (%)
- Biomassa 30,9%
- Petróleo e derivados 37,4%
- Hidráulica e eletricidade 14,9%
- Gás natural 9,3%
- Carvão mineral 6,0%
- Urânio 1,4%
- 238.300 10³ tep

(a)

MUNDO 2005 (%)
- Outras renováveis 0,5%
- Biomassa 10,0%
- Hidráulica 2,2%
- Nuclear 6,3%
- Petróleo 35,0%
- Carvão mineral 25,3%
- Gás 20,7%
- 11.435 10⁶ tep

(b)

Fonte: Ministério de Minas e Energia – Balanço Energético Nacional de 2007. Oferta interna de energia é a quantidade de energia que se disponibiliza para ser transformada ou para consumo final, incluindo perdas posteriores na distribuição.

dos mundiais. A principal delas é que cerca de 46% de nossa energia é oriunda de fontes renováveis, contra menos de 13% na média mundial. Essa diferença é ainda mais significativa se compararmos nossa matriz energética à média dos países membros da Organização para a Cooperação e Desenvolvimento Econômico[1] (OECD, organização que reúne 30 países que, juntos, são responsáveis pela geração de mais da metade de toda a riqueza mundial), que tem cerca de 6,2% de sua energia originária de fontes renováveis (uma contribuição aproximadamente sete vezes inferior à brasileira, conforme Figura 2).

Em 2007, o Brasil atingiu 238,3 milhões de tep[2], correspondendo a um consumo *per capita* de 1,29 tep/hab, inferior à média mundial, de 1,7 tep/hab, e muito inferior à média dos países da OECD, com 4,7 tep/hab. A Tabela 1 mostra dados a respeito da composição deste montante em função das diferentes fontes.

Apesar de ainda estar longe da média mundial e de países mais desenvolvidos, a oferta interna de energia no Brasil tem apresentado crescimento constante nos últimos anos. Por exemplo, entre 2006 e 2007, a oferta interna de energia cresceu 5,6%. Esse crescimento foi ligeiramente superior ao crescimento de 5,4% da economia, registrado pelo Instituto Brasileiro de Geografia e Estatística (IBGE) no período. A oferta de energia renovável teve um crescimento em relação a 2006 de 7,6%, e o incremento na oferta de energia não-renovável foi de quase 4%. Assim, a participação das fontes renováveis na MEB teve ligeiro aumento, consolidando a tendência de incremento observada nos últimos anos, conforme mostra a Figura 3 (a queda com relação à década de 1970 corresponde à diminuição sistemática no uso de lenha e carvão vegetal, conforme a sociedade brasileira foi se urbanizando e industrializando).

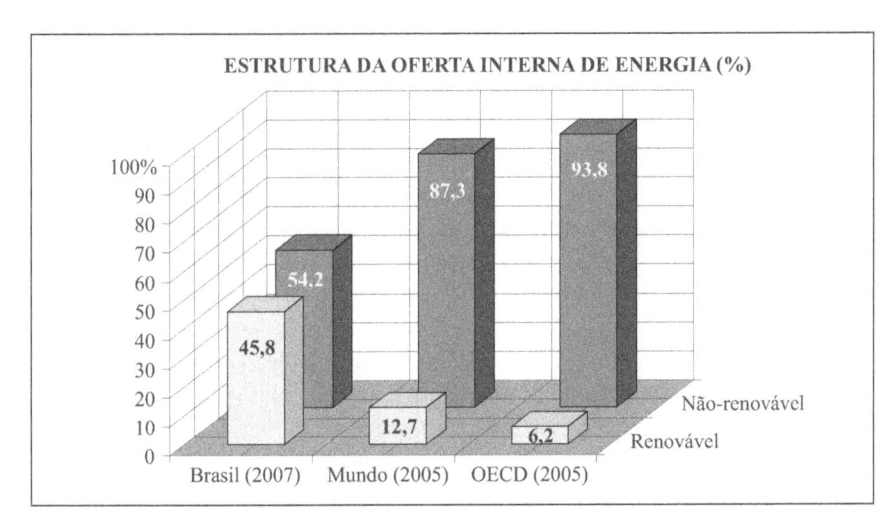

FIGURA 2

Porcentagem da contribuição de fontes renováveis na matriz energética do Brasil, média mundial e da OECD.

Fonte: BEN 2007, MME.

TABELA 1 *Contribuição das diferentes fontes energéticas para a oferta interna de energia brasileira em 2007*

Especificação	mil tep 2007
Não-renovável	**129.065**
Petróleo e derivados	89.224
Gás natural	22.239
Carvão mineral e derivados	14.340
Urânio (U308) e derivados	3.263
Renovável	**109.263**
Hidráulica e eletricidade	35.506
Lenha e carvão vegetal	28.644
Derivados da cana-de-açúcar	37.508
Outras renováveis	7.606
Total	**238.328**

Fonte: BEN 2007, MME.

---

[1] São os seguintes os 30 países membros da Organisation de Coopération et de Développment Économiques: Alemanha, Austrália, Bélgica, Canadá, Coréia do Sul, Dinamarca, Espanha, Estados Unidos, Finlândia, França, Grécia, Holanda, Hungria, Irlanda, Itália, Japão, Luxemburgo, México, Noruega, Nova Zelândia, Polônia, Portugal, Reino Unido, República Eslovaca, República Tcheca, Suíça, Suécia e Turquia. Além desses países, também integra a OCDE a União Européia.

[2] tep é a unidade de energia de referência, correpondendo à quantidade de energia contida em uma tonelada de petróleo de referência, cerca de 10.000 Mcal. Esse petróleo de referência é diferente do usualmente processado no Brasil.

FIGURA 3
Porcentagens de fontes renováveis e não-renováveis na oferta interna de energia brasileira.

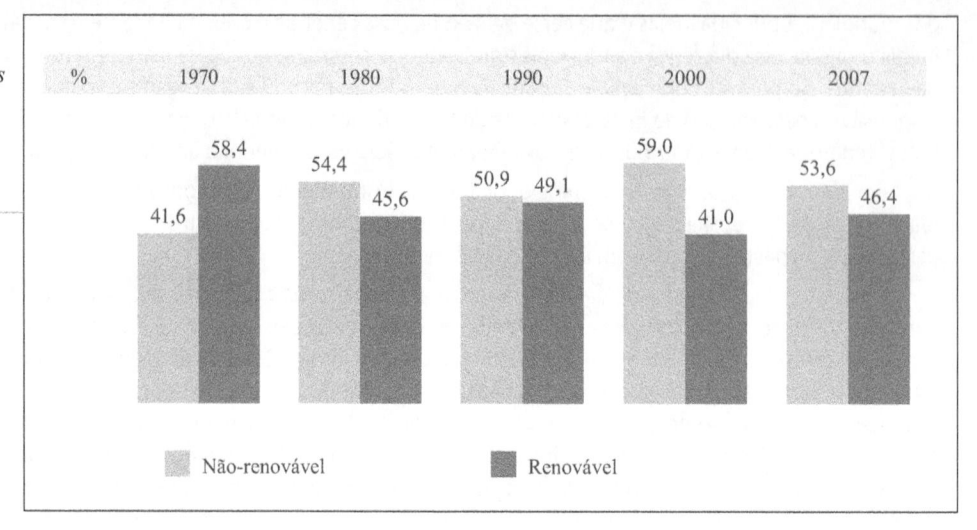

%	1970	1980	1990	2000	2007
Não-renovável	41,6	54,4	50,9	59,0	53,6
Renovável	58,4	45,6	49,1	41,0	46,4

Fonte: BEN 2007, MME.

Outro dado importante foi a confirmação da cana-de-açúcar como a segunda mais importante fonte primária de energia do Brasil, registrando 37,8 milhões de tep, superando, pela primeira vez, os 35,5 milhões de tep da energia hidráulica (dados de 2007). Os derivados da cana-de-açúcar tiveram uma participação de 15,7% na MEB e de 34,3% nas fontes renováveis, contra 14,9% e 32,5%, respectivamente, da fonte hidráulica.

Em relação à oferta de energia elétrica, quase 90% dos 482,6 TWh são oriundos de fontes renováveis de energia. Na Figura 4 pode-se constatar que a energia hidráulica é destacadamente a maior fonte, representando 85,2% do total (incluindo a importação). Na geração térmica, o gás natural (3,6% – combustível que tem apresentado as maiores taxas de crescimento na MEB, tendo quase triplicado sua participação nos últimos anos), a biomassa (3,5% – nesse item, o bagaço da cana-de-açúcar também tem aumentado significativamente sua participação nos últimos anos) e os combustíveis líquidos derivados de petróleo (2,8%) são os combustíveis mais representativos.

Mais uma vez, comparativamente ao restante do mundo, o Brasil apresenta uma grande diferença na composição de sua matriz de oferta de energia elétrica, tendo cerca de 85% dela oriunda de energia hidráulica, contra pouco mais de 16% no mundo. Na Figura 5 pode-se observar que as participações das fontes nucleares, de gás natural e de carvão mineral são também muito distintas, com participações muito baixas no cenário brasileiro, diferentemente do resto do mundo.

Nos últimos 30 anos, as matrizes energéticas brasileira e do mundo apresentaram grandes mudanças em sua composição. Enquanto no Brasil tiveram destaque a participação de energia hidráulica, de biomassa e gás natural, nos países da OECD houve grande aumento na utilização de fontes nucleares e de gás natural (Tabela 2). Parte da redução na participação do petróleo e derivados nessas matrizes energéticas entre 1970 e 2005 pode ser atribuída às crises no preço do petróleo e aos decorrentes esforços para sua substituição.

FIGURA 4
Matriz de oferta de energia elétrica brasileira em 2007.

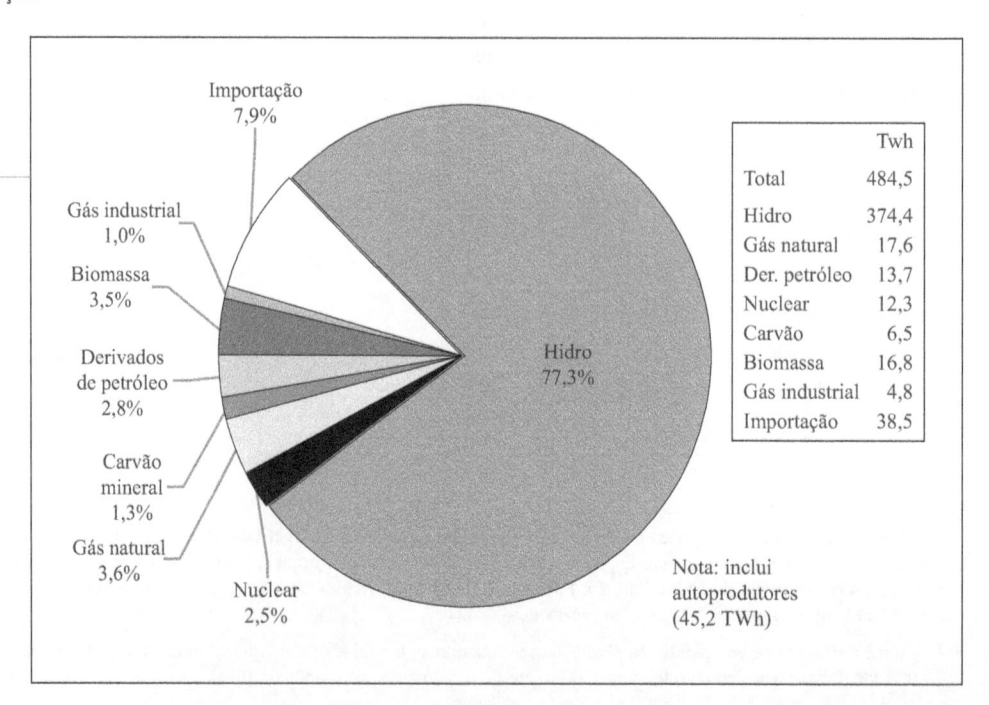

Importação 7,9%
Gás industrial 1,0%
Biomassa 3,5%
Derivados de petróleo 2,8%
Carvão mineral 1,3%
Gás natural 3,6%
Nuclear 2,5%
Hidro 77,3%

	TWh
Total	484,5
Hidro	374,4
Gás natural	17,6
Der. petróleo	13,7
Nuclear	12,3
Carvão	6,5
Biomassa	16,8
Gás industrial	4,8
Importação	38,5

Nota: inclui autoprodutores (45,2 TWh)

Fonte: BEN 2007, MME.

Com relação ao consumo energético final brasileiro (Figura 6), cujo montante foi de 411,9 TWh em 2007, os setores industrial e de transportes representam quase 70% do consumo total dos diferentes setores econômicos. O setor energético (que reúne as atividades de produção e processamento de insumos energéticos, como petróleo, gás natural e etanol) teve o maior crescimento, com 11,8% em relação a 2006. Destacam-se ainda os crescimentos dos setores de transportes (8,2%), comercial (7,0%) e industrial (6,7%). O setor residencial teve um pequeno crescimento (0,8%), confirmando a tendência de utilização de combustíveis mais eficientes como o gás liquefeito de petróleo (GLP) e o gás natural, substituindo a lenha e o carvão vegetal.

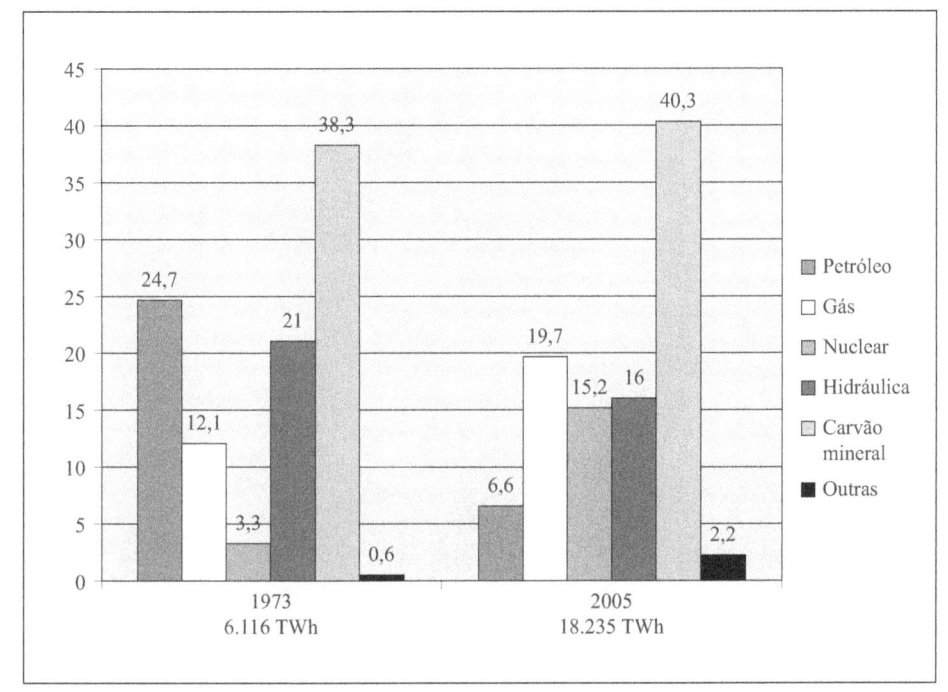

FIGURA 5

Matriz de oferta mundial de eletricidade por fonte.

Fonte: BEN 2007, MME.

TABELA 2 *Fontes de energia na composição da oferta interna de energia brasileira, da OECD e mundial.*

Identificação	Brasil		OECD (*)		Mundo	
	1973	2007	1973	2005	1973	2005
Petróleo e derivados	45,6	37,4	53,0	40,6	46,2	35,0
Gás natural	0,4	9,3	18,8	21,8	16,0	20,7
Carvão mineral	3,1	6,0	22,4	20,4	24,4	25,3
Urânio	0,0	1,4	1,3	11,0	0,9	6,3
Hidráulica e eletricidade	6,1	14,9	2,1	2,0	1,8	2,2
Biomassa	44,8	30,9	2,4	4,2	10,7	10,5
Total (%)	**100,0**	**100,0**	**100,0**	**100,0**	**100,0**	**100,0**
Total - milhões tep	**82**	**238**	**3.762**	**5.548**	**6.128**	**11.434**

Fonte: BEN 2007, MME.
* Em relação ao mundo, os países da OECD, com apenas18% da população, respondem por 78% da economia e por 48% da energia.

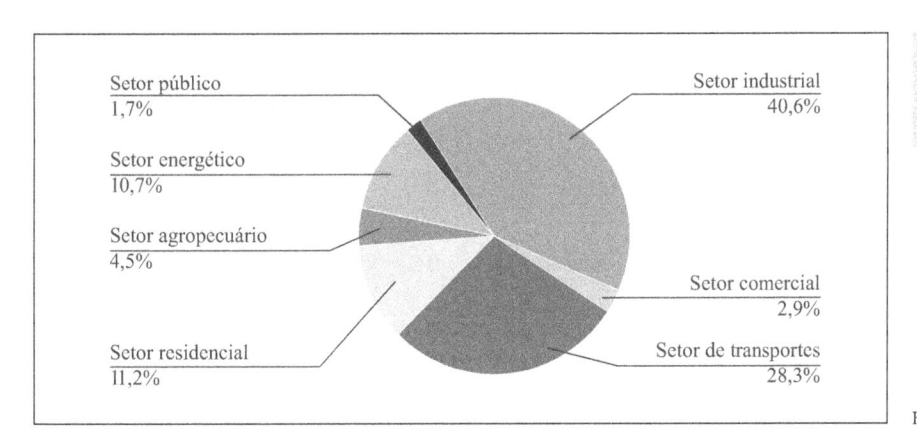

FIGURA 6

Consumo final energético por setor em 2007.

Fonte: BEN 2007, MME.

Na Figura 7 pode-se analisar a composição por fontes energéticas do consumo final para os setores doméstico e industrial.

A Tabela 3 mostra a constituição da matriz energética de transporte brasileira por modalidade de transporte, e a Tabela 4 apresenta dados sobre a participação dos diferentes tipos de combustíveis no transporte rodoviário. Esses dados mostram que a opção por transporte rodoviário se intensificou nas últimas décadas, tendo os veículos com motores com base no ciclo diesel prevalecido no transporte principalmente de cargas pesadas.

FIGURA 7
Principais fontes energéticas do consumo final para os setores doméstico (a) e industrial (b).

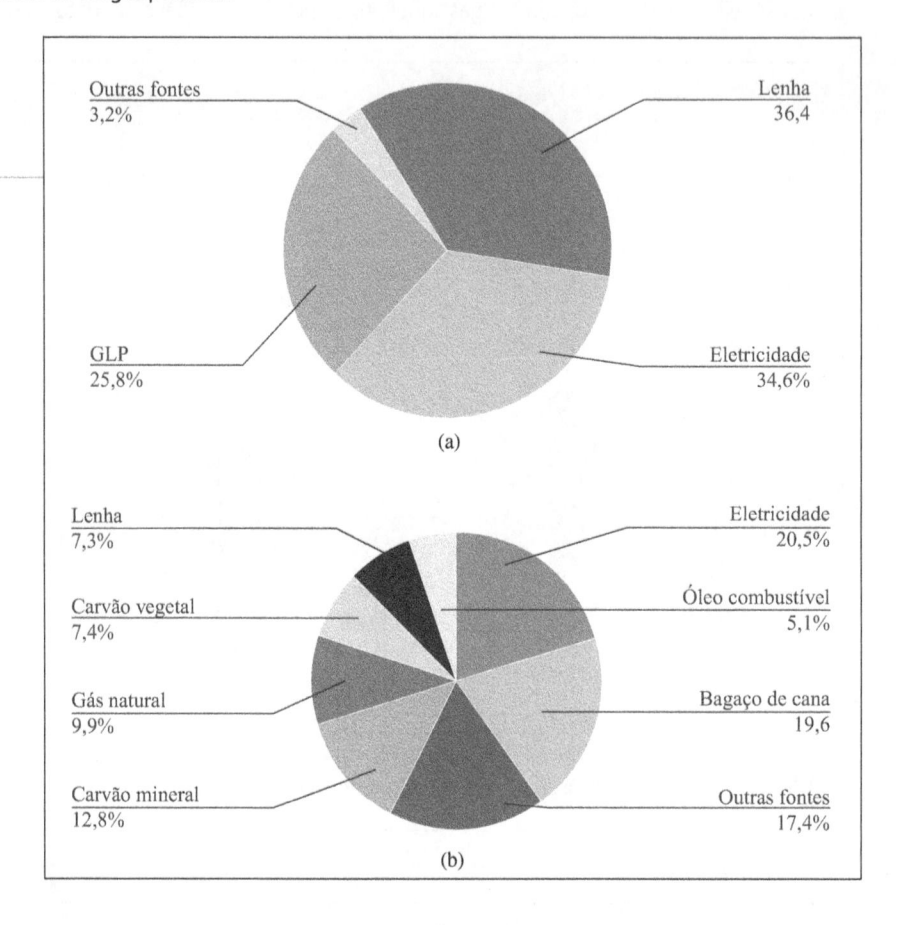

(a)
- Outras fontes 3,2%
- Lenha 36,4
- GLP 25,8%
- Eletricidade 34,6%

(b)
- Lenha 7,3%
- Eletricidade 20,5%
- Carvão vegetal 7,4%
- Óleo combustível 5,1%
- Gás natural 9,9%
- Bagaço de cana 19,6
- Carvão mineral 12,8%
- Outras fontes 17,4%

Fonte: BEN 2007, MME.

TABELA 3 *Matriz energética de transportes brasileira organizada por modalidade.*

Especificação	mil tep		Estrutura %	
	1973	2007	1973	2007
Rodoviário	16.476	52.822	86,3	92,0
Ferroviário	522	770	2,7	1,3
Aéreo	1.095	2.661	5,7	4,6
Hidroviário	993	1.182	5,2	2,1
Total	**19.087**	**57.436**	**100,0**	**100,0**

Fonte: BEN 2007, MME.

TABELA 4 *Participação dos diferentes tipos de combustíveis no transporte rodoviário.*

Especificação	mil tep		Estrutura %	
	1973	2007	1973	2007
Diesel	5.770	27.695	35,0	52,4
Gasolina A	10.541	14.263	64,0	27,0
Álcool	165	8.612	1,0	16,3
Gás natural	0	2.252	0	4,3
Total	**16.476**	**52.822**	**100,0**	**100,0**

Fonte: BEN 2007, MME.

Por outro lado, o Brasil é o país com a maior presença de fontes renováveis de energia na matriz de transporte, tendo o álcool chegado a mais de 16% de participação. O álcool é utilizado tanto na forma hidratada, diretamente como combustível, quanto na forma anidra, como aditivo oxigenado da gasolina (chegando a até 24% nos centros urbanos), para controle da poluição atmosférica. A tendência é de que essa participação se amplie ainda mais, com a evolução das vendas de carros do tipo *Flex*, que podem funcionar com álcool e com gasolina (Figura 8).

Nos países da OECD, os combustíveis renováveis participam com menos de 1% (os Estados Unidos têm um pequeno consumo de álcool, sendo que nos demais países a participação é praticamente inexpressiva, com porcentagens inferiores a 0,2%). No resto do mundo, a situação não é distinta, tendo os derivados de petróleo participações superiores a 92% (Tabela 5).

Apesar disso, nos países desenvolvidos, a biomassa – tal como mencionada, de uso muito restrito – quase dobrou sua participação em suas matrizes energéticas nos últimos 30 anos. Essa tendência pode também ser reflexo direto da preocupação em reduzir as emissões de poluentes atmosféricos, principalmente os gases do efeito estufa. No caso do Brasil, a grande participação das fontes hidráulica e de biomassa tem permitido que as emissões líquidas de CO_2 sejam significativamente inferiores às observadas nos países do OECD e no restante do mundo. A Figura 9 mostra que a emissão brasileira é de 1,43 tonelada de CO_2 por tep da oferta interna de energia, e nos países da OECD essa emissão é de 2,33 toneladas de CO_2 por tep, ou seja, 62% superior à do Brasil.

TABELA 5   *Matriz energética de transporte, total em porcentagem e em tep.*

Especificação	Brasil		OECD		Outros*	
	1973	2007	1973	2005	1973	2005
Deriv. petróleo	98,9	80,9	95,9	96,7	90,9	92,1
Gás natural	0,0	3,9	2,4	1,7	0,2	5,7
Carvão mineral	0,0	0,0	1,0	0,0	7,5	0,5
Eletricidade	0,3	0,2	0,7	0,8	1,5	1,5
Biomassa	0,9	15,0	0,0	0,9	0,0	0,2
Total (%)	**100,0**	**100,0**	**100,0**	**100,0**	**100,0**	**100,0**
Total - milhões tep	**19,1**	**57,4**	**720,6**	**1.298,8**	**346,0**	**833,2**

* Excluindo os países da OECD
Fonte: BEN 2007, MME.

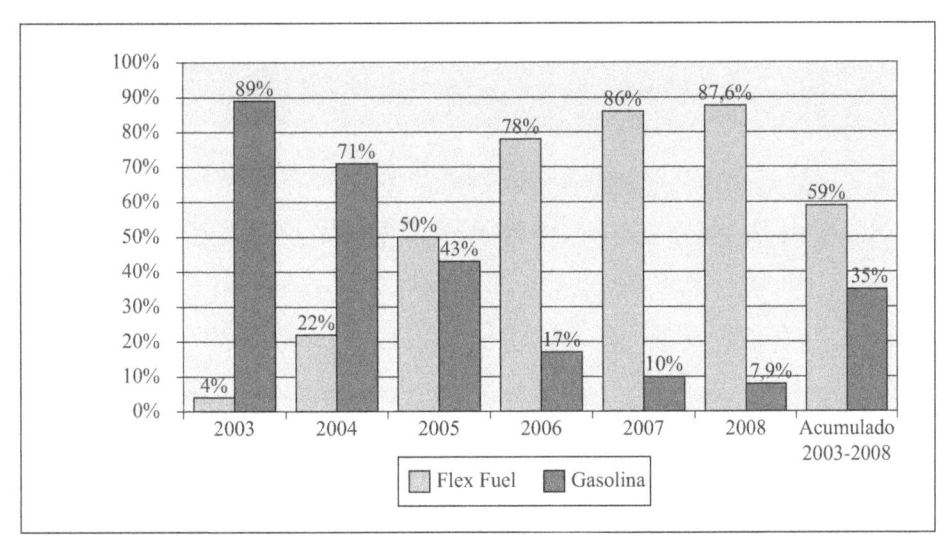

FIGURA 8

Participação dos veículos Flex e a gasolina no mercado brasileiro de veículos leves – vendas no atacado.

Fonte: Anfavea.

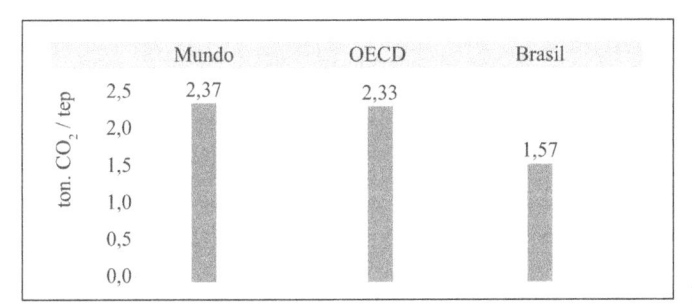

FIGURA 9

Emissões de CO_2 por tep para o Brasil, OECD e demais países.

Fonte: BEN 2007, MNE.

II

Atmosfera

CAPÍTULO 6   Clima
CAPÍTULO 7   A química do oxigênio
CAPÍTULO 8   Ozônio estratosférico
CAPÍTULO 9   Poluição do ar

6 Clima

Agora voltamos a nossa atenção às questões associadas à atmosfera da Terra, um assunto que decorre naturalmente de nossa reflexão anterior sobre fontes e usos de energia, visto que a queima de combustíveis provoca extenso impacto na atmosfera. A poluição do ar é um dos principais problemas na maioria das cidades do mundo e freqüentemente assume proporções regionais. A atmosfera funciona como um depósito para as emissões resultantes da combustão e de muitas outras atividades humanas; o ar pode ser limpo por mecanismos naturais, mas estes podem ser sobrepujados pelo volume de poluentes sendo gerados. Em escala global, estamos realizando vastos e inadvertidos experimentos com a atmosfera. As atividades humanas aumentam a concentração atmosférica de dióxido de carbono e outros gases 'de efeito estufa', alterando, dessa forma, a distribuição do calor solar sobre a superfície terrestre e na atmosfera. Além disso, o escudo protetor da estratosfera, que nos protege dos raios solares ultravioleta, está ameaçado pela emissão de substâncias químicas que destroem o ozônio. Embora alguns dos mais renomados cientistas com seus poderosos computadores estejam tentando prever o resultado desses experimentos, todos os cenários para o futuro ainda são nebulosos.

6.1 Balanço radioativo

Conforme enfatizado na Parte I, o Sol fornece à Terra um vasto insumo de energia todos os dias. A Terra se desfaz dessa energia na mesma taxa e, assim, mantém um estado de equilíbrio, com uma temperatura média constante. Ela libera energia pela irradiação da luz. Evidentemente, a Terra não brilha como o Sol. Um corpo quente emite radiação com uma faixa de comprimentos de onda (veja Fundamentos 1.1). A distribuição da radiação assume comprimentos de onda menores à medida que a temperatura aumenta. É por isso que um pedaço de ferro aquecido em uma fornalha incandesce e depois embranquece com a elevação da temperatura. Os comprimentos de onda dos raios da Terra são longos demais para serem detectados por nossos olhos.

A Figura 6.1 mostra essa distribuição espectral de radiação proveniente do Sol e da Terra. As curvas são de certo modo idealizadas; elas são a radiação de 'corpo negro' esperada de objetos com a temperatura solar e terrestre. O espectro de um corpo negro é liso, ao passo que os espectros reais do Sol e da Terra são irregulares, porque transições atômicas e moleculares específicas contribuem para as emissões. Para um corpo negro, o pico do comprimento de onda da radiação é inversamente proporcional à temperatura absoluta (lei de Wein):

$$\lambda_{pico}(nm) = 2,9 \times 10^6 \, (nm \times K)/T(K) \qquad \textbf{6.1}$$

O Sol é um corpo muito quente; seu pico de comprimento de onda é 483 nm, correspondendo a uma temperatura de 6.000 K. A maioria de seus raios tem entre 400 nm e 700 nm, na região da luz visível; esses comprimentos de onda são visíveis porque nossos olhos evoluíram em resposta à luz solar. A Terra emite radiação com pico de comprimento de onda de cerca de 10.000 nm, correspondendo a uma temperatura média de 288 K. Dessa forma, enquanto a Terra absorve radiação principalmente na região visível, característica da alta temperatura na superfície solar, ela emite radiação na região infravermelha, que corresponde aos comprimentos de onda muito mais longos, característicos da temperatura mais fria na superfície terrestre.

Toda energia solar absorvida pela Terra será, em algum momento, reemitida, portanto podemos calcular a temperatura do estado estacionário da Terra igualando sua taxa de radiação à taxa com que a Terra absorve energia do Sol. O fluxo de energia solar dirigido à Terra, S_0, equivale a 1.370 watts/m² (veja Fundamentos 1.1).

Esse fluxo atinge a Terra como se ela fosse um disco com área πr^2, sendo r seu raio. Como a Terra irradia energia com origem em toda a superfície, cuja área corresponde a $4\pi r^2$, devemos dividir S_0 por 4. Além disso, nem todos os raios solares são absorvidos; a fração que é refletida de volta ao espaço, o albedo (a), está próxima de 0,3. A taxa de absorção da radiação solar e de reemissão é, portanto,

$$S = (1 - a)S_0/4 = 240 \text{ watts/m}^2 \qquad \textbf{6.2}$$

Essa taxa pode ser usada para calcular a temperatura de acordo com a lei de Stefan-Boltzmann, segundo a qual a taxa S com que um corpo negro irradia energia é proporcional à quarta potência de sua temperatura absoluta:

$$S = kT^4 \qquad \textbf{6.3}$$

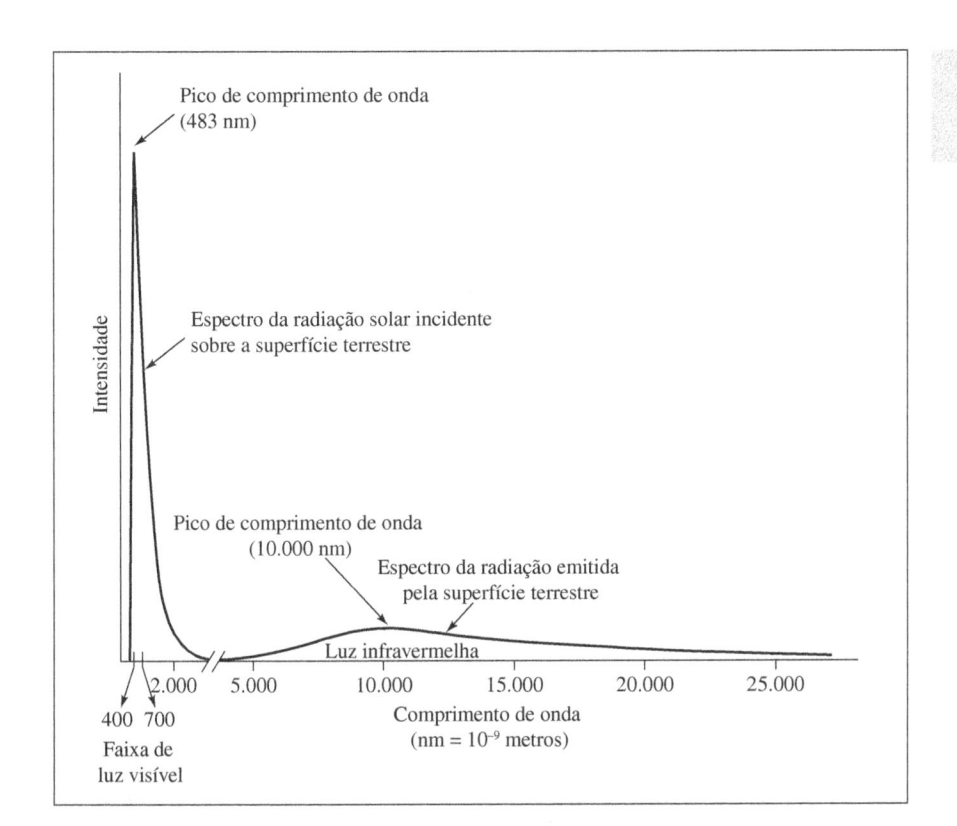

FIGURA 6.1
Distribuição espectral da radiação solar e terrestre.

[Gráfico: Intensidade vs Comprimento de onda (nm = 10⁻⁹ metros). Pico de comprimento de onda (483 nm) — Espectro da radiação solar incidente sobre a superfície terrestre. Pico de comprimento de onda (10.000 nm) — Espectro da radiação emitida pela superfície terrestre. Luz infravermelha. Eixo: 2.000, 5.000, 10.000, 15.000, 20.000, 25.000. 400–700: Faixa de luz visível.]

onde k é a constante de Stefan-Boltzmann, $5{,}67 \times 10^{-8}$ watts/m$^2 \times$ K^4. De acordo com esse cálculo, a temperatura da superfície terrestre determinada pela taxa de emissão solar é igual a 255 K.

Contudo, 255 K é 33 K mais frio do que a temperatura média na superfície terrestre. De onde vem essa discrepância? A atmosfera tem a resposta: ela aprisiona grande parte do calor que emana da superfície da Terra e a irradia de volta, elevando a temperatura superficial.

Esse aprisionamento atmosférico de radiação infravermelha é o efeito estufa. Apesar das associações negativas do nome, o efeito estufa torna o planeta habitável. Na temperatura bem mais fria que predominaria em sua ausência, toda a água da Terra se congelaria. A preocupação com o efeito estufa é que pode se tornar excessivamente atuante, caso a eficiência do aprisionamento de calor atmosférico aumente mais em decorrência das crescentes concentrações de CO_2 e outros gases do efeito estufa (veja Seção 6.3, Efeito estufa). Por enquanto, observamos que, em conseqüência do calor proveniente de baixo, a atmosfera se resfria com a elevação crescente acima da superfície terrestre. O valor resultante da Equação (6.3), 255 K, é a temperatura média que prevalece a uma altitude de aproximadamente 5 km. O sistema Terra-ar atua como se irradiasse de algum ponto no meio da atmosfera.

O equilíbrio energético pode ser afetado pelo consumo humano de energia? Em princípio, se continuarmos a aumentar a taxa de queima de combustível fóssil e nuclear, a carga de aquecimento global pode se tornar considerável. Pela Equação (6.3), podemos calcular a taxa de aumento do fornecimento de energia para a Terra de modo que a temperatura média suba 1 K. Para tal pequena variação, podemos diferenciar a Equação (6.3) e dividi-la pelo fluxo total, obtendo

$$dS/S = 4dT/T \qquad \textbf{6.4}$$

Em outras palavras, o aumento fracionário no balanço energético representa quatro vezes o aumento fracionário na temperatura. Para uma elevação de 1 K em relação a 255 K, $dT/T = 0{,}00392$ e $dS/S = 0{,}0157$. Portanto, a utilização de energia pela humanidade teria de se igualar a 1,57% do insumo solar para produzir uma elevação de 1 K na temperatura média. Atualmente, a razão entre o consumo humano de energia e o fluxo de energia solar na Terra é de apenas 0,01% (veja Tabela 1.1), deixando uma margem confortável. Quanto tempo levará para atingirmos a razão de 1,57%? Nos próximos 20 anos, a *Energy Information Agency*, do Departamento de Energia dos Estados Unidos, prevê uma taxa de crescimento na média anual de energia global da ordem de 2,2%, o que corresponde a um tempo de duplicação de 32 anos; para se atingir 1,57% da energia solar serão necessários aproximadamente 240 anos (veja Resolução de Problema 1.2). É improvável que essa taxa de crescimento seja sustentável, por causa de fatores de recursos e poluição globais. Além disso, a energia renovável não conta no balanço porque suas fontes simplesmente desviam o fluxo solar corrente. À medida que uma fração crescente da energia humana total for extraída de fontes renováveis, a carga térmica da Terra será atenuada.[1]

---

[1] Por exemplo, se uma dada quantidade de biomassa é queimada como combustível ou sofre degradação microbial para CO_2 e H_2O, a quantidade de energia liberada não varia; as taxas de liberação, porém, vão diferir, já que o segundo processo é bem mais lento do que o primeiro.

Portanto, é pouco provável que o aquecimento direto do planeta causado pelo uso crescente de energia se torne um problema sério (embora um efeito de 'ilha de calor' possa elevar a temperatura nas áreas urbanas em vários graus em relação à zona rural). Mais sério do que isso é o potencial de alteração indireta da temperatura da Terra por meio de variações induzidas pela atividade humana, seja no albedo, seja no efeito estufa. Essas questões serão analisadas nas seções seguintes.

Os fluxos reais de energia através da atmosfera são bastante complicados. A Figura 6.2 mostra as entradas e as saídas de energia do planeta em unidades de 10^{20} kJ por ano. Aproximadamente 54,5 unidades de energia solar impactam a Terra e sua atmosfera, mas cerca de 16,3 unidades (30%) são refletidas para o espaço, sem exercer nenhuma influência sobre o equilíbrio térmico do planeta. A maior parte dessa luz é refletida pelas nuvens e pela atmosfera; uma pequena parcela (2,2 unidades) é refletida pela superfície terrestre. As 38,1 unidades restantes (70%) são absorvidas, sendo 13 unidades (24%) pela atmosfera e nuvens e 25,1 unidades (46%) pela superfície terrestre.

Toda a energia solar absorvida deve se perder no espaço, a fim de que seja mantido o equilíbrio térmico do planeta. Entretanto, uma quantidade muito maior de energia está em circulação por decorrência do efeito estufa. Com uma temperatura média de 288 K, a superfície terrestre irradia 62,7 unidades, em concordância com a lei de Stefan-Boltzmann. Quase toda essa radiação é absorvida pela atmosfera (incluindo as nuvens); somente 3,2 unidades escapam para o espaço através da *janela atmosférica*. Dessa forma, a atmosfera absorve 72,5 unidades de energia radiante, sendo 59,5 da Terra e 13 do Sol. A isso devem ser acrescidas 12,5 unidades de *calor latente*, a energia transferida para a atmosfera pela evaporação da água, e 3,8 unidades de *calor sensível*, a energia carregada pelas correntes de ar ascendentes. O total final de energia obtida pela atmosfera é de 88,8 unidades. Isso é contrabalançado pelas perdas radioativas, 53,9 unidades voltam para a Terra e 34,9 vão para o espaço. Assim, a maior parte do resfriamento radiativo do planeta, 34,9 de 38,1 unidades, provém da atmosfera.

A discussão anterior se refere às médias globais. De fato, o padrão de fluxo de calor não é uniforme pela superfície terrestre. A maior parte dos raios solares é absorvida nos trópicos, e a emissão de radiação da Terra é mais uniforme em relação à latitude (veja a Figura 6.3). Logo, há um movimento constante de energia do Equador para os pólos, através da atmosfera e dos oceanos. Essas complexidades não alteram o fato fundamental de que o sistema Terra-atmosfera, como um todo, recebe a energia do Sol e a irradia de volta para o espaço. O balanço radiativo deve ser mantido.

FIGURA 6.2

Equilíbrio térmico da Terra (em unidades de 10^{20} kJ/ano).

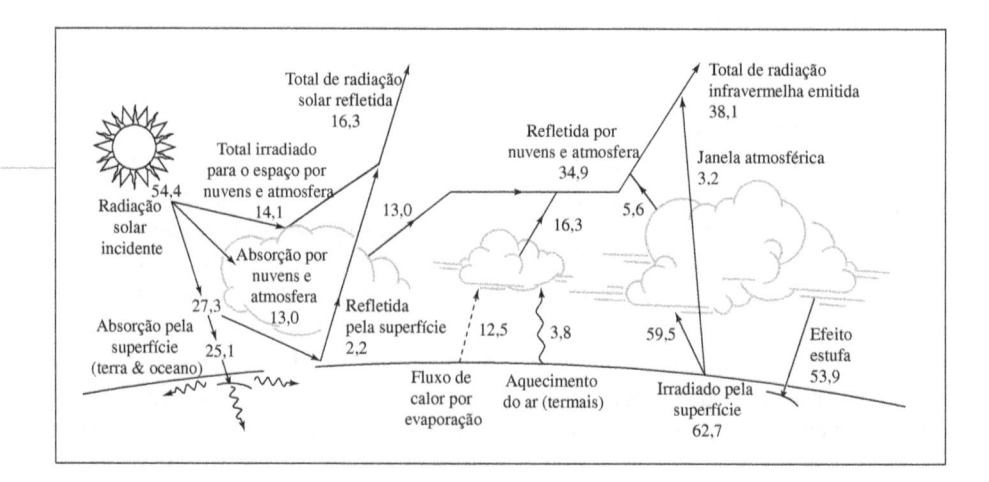

FIGURA 6.3

Absorção de radiação solar e emissão de radiação terrestre em função da latitude.

Fonte: T. H. Von der Haar e V. E. Suomi (1971). "Measurements for Earth's radiation budget from satellites during a five-year period. Part I. Extended time and space means". *Journal of Atmospheric Sciences* 28:305–314. Copyright© 1971, American Meteorological Society. Reprodução autorizada.

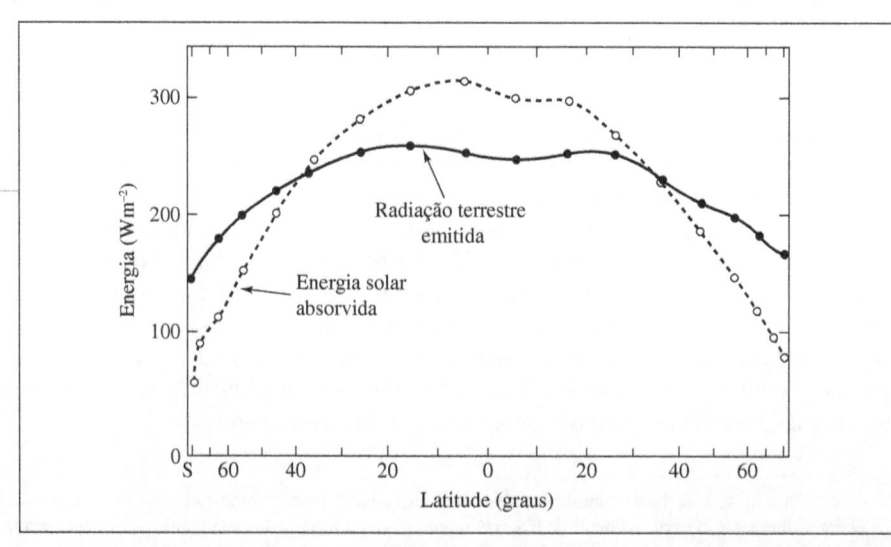

Resolução de problema 6.1 — Resfriamento vulcânico

Grandes erupções vulcânicas podem resfriar o planeta por meio do aumento do albedo (veja Seção 6.2b). Calcule a variação de temperatura esperada, se o aumento do albedo for de 30% para 30,5%. Compare essa estimativa com o recorde de temperatura após a erupção do monte Pinatubo (veja Figura 6.7).

O albedo afeta diretamente a taxa de radiação, considerando que

$$S = S_0(1 - a)/4$$

Diferenciando essa expressão e dividindo-a por S, temos

$$dS/S = -da/(1 - a)$$

Como $a = 0,3$ e $a + da = 0,305$, então $1 - a = 0,7$ e $da = 0,005$, fornecendo $dS/S = 0,00714$. De acordo com a Equação (6.4), a variação relativa da temperatura corresponde a um quarto desse valor:

$$dT/T = 0,00179$$

Se T é igual a 255 K, a temperatura atmosférica corrente média, então $dT = 0,5$ K. Isso praticamente equivale à queda máxima no recorde de temperatura pouco tempo depois (um ano) da erupção do monte Pinatubo.

6.2 Albedo: partículas e nuvens

O albedo é um fator crítico no balanço radioativo porque determina diretamente a fração da radiação solar que é absorvida pelo sistema Terra-ar. Mesmo uma pequena variação na média do albedo pode afetar de forma mensurável a temperatura global (veja a Resolução de problema 6.1). Entretanto, a reflexibilidade da radiação solar varia muito de um local para outro. O efeito sobre o albedo planetário geral de um tipo específico de superfície depende não só de sua reflexibilidade, mas também de sua abrangência espacial. O albedo da superfície terrestre varia consideravelmente (veja a Figura 6.4). As regiões mais escuras (com os menores albedos) são os oceanos, que constituem cerca de 70% da área total da Terra. Os albedos dos oceanos variam de 6% a 10% nas latitudes baixas para 15% a 20% próximo aos pólos, em virtude da baixa elevação solar. O mar congelado coberto de neve possui um albedo de 40% a 60%. Em terra, as superfícies mais escuras são as florestas tropicais e a terra cultivada (10% a 15%). As partes mais luminosas do globo são as áreas polares, cobertas de neve, com albedos que chegam a 80%. Os maiores desertos possuem albedos de 25% a 40%.

O albedo superficial pode ser afetado pelas atividades humanas. Por exemplo, o albedo local pode ser aumentado pela derrubada de florestas para uso agrícola da terra, seguida pela erosão e a desertificação.

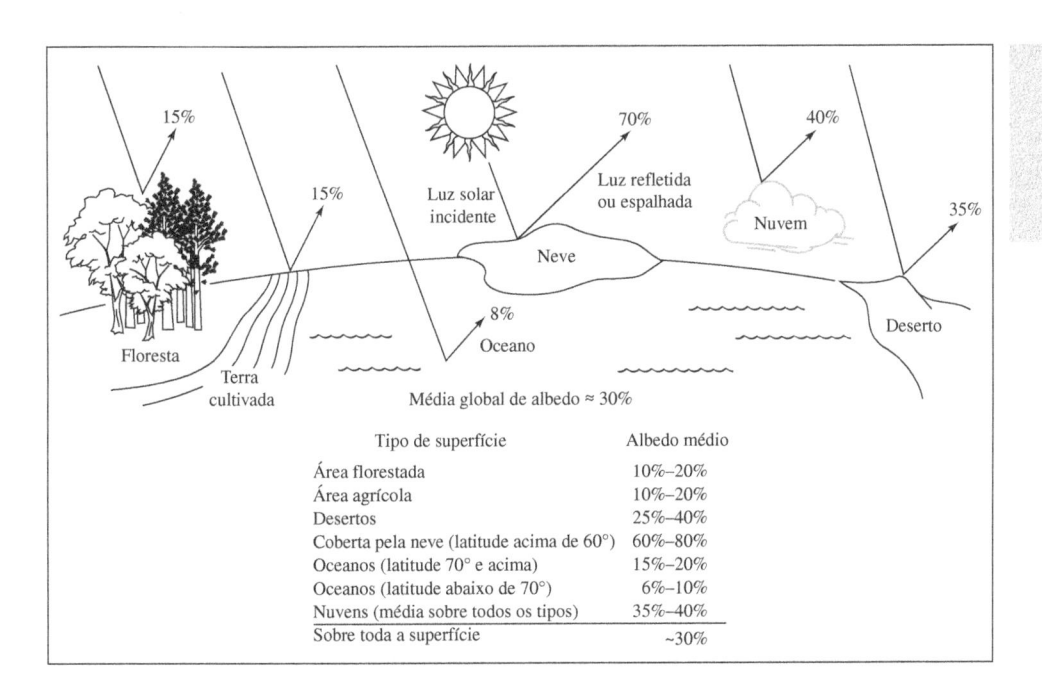

FIGURA 6.4 *Variação de albedo em relação à cobertura por nuvens e tipo de superfície terrestre.*

Tipo de superfície	Albedo médio
Área florestada	10%–20%
Área agrícola	10%–20%
Desertos	25%–40%
Coberta pela neve (latitude acima de 60°)	60%–80%
Oceanos (latitude 70° e acima)	15%–20%
Oceanos (latitude abaixo de 70°)	6%–10%
Nuvens (média sobre todos os tipos)	35%–40%
Sobre toda a superfície	~30%

a. Nuvens. Entretanto, o fator dominante no albedo global são as nuvens. O pico de reflexibilidade das nuvens ocorre sobre os oceanos de média e alta latitudes e nos sistemas de cirro tropicais. A média global do albedo de nuvens gira em torno de 35% a 40%. Considerando-se a cobertura média global de nuvens de cerca de 54%, o total de luz solar refletida pelas nuvens equivale a aproximados 20%, dois terços do albedo global. O terço restante é dividido entre o retroespalhamento das moléculas do ar (6% da luz solar incidente) e a superfície terrestre (somente 4%).

Conforme observado na discussão anterior, as nuvens absorvem tanto a radiação solar quanto a radiação de ondas longas emitidas da superfície terrestre. O alto albedo das nuvens tende a resfriar a superfície da Terra ao refletir a luz solar para o espaço, mas a absorção da radiação emitida atua no sentido de aquecer a superfície pelo efeito estufa. A influência das nuvens na determinação do equilíbrio térmico da Terra depende das resistências relativas desses dois processos contrastantes, e é atualmente objeto de intensiva pesquisa. Mesmo as pequenas variações na cobertura global de nuvens podem contribuir para alterações significativas no equilíbrio térmico.

As nuvens constituem parte natural do ciclo hidrológico, mas a extensão da nebulosidade é extremamente difícil de prever. O calor do Sol evapora a água na superfície da Terra; quando a umidade do ar se eleva e resfria, a água se condensa em gotículas, formando as nuvens. Entretanto, o resfriamento não é o único fator na determinação da formação das gotículas. As partículas que flutuam no ar são igualmente importantes, por facilitarem a aglutinação das moléculas de água. Esses *núcleos de condensação* fornecem uma superfície para o acúmulo das moléculas de água. A ausência desse tipo de superfície dificulta a aderência entre as primeiras poucas moléculas de água; a alta *tensão superficial* dos pequenos agregados de moléculas de água favorece a evaporação. Entretanto, o filme de água que se forma ao redor de um núcleo de condensação possui tensão superficial suficientemente baixa para favorecer o crescimento das gotículas em vez da evaporação. O princípio de fazer chover por meio da 'semeadura de nuvens' consiste em injetar partículas capazes de nuclear gotas de chuva no vapor supersaturado.

Há uma relação de compensação entre o tamanho da gotícula e o número de núcleos de condensação. Uma dada quantidade de vapor d'água pode formar um pequeno número de grandes gotas ou um grande número de pequenas gotas. O excesso de núcleos de condensação pode produzir gotículas pequenas demais para caírem sob a forma de chuva. A névoa que freqüentemente paira sobre as cidades provavelmente reflete o grande número de núcleos de condensação no ar poluído. É provável que um aumento no número de partículas atmosféricas aumente a cobertura de nuvens e, por conseguinte, o albedo.

ESTRATÉGIAS 6.1   Formação de chuva

Na presença de água sob a forma líquida, dá-se um equilíbrio com o vapor:

$$H_2O(g) \rightleftharpoons H_2O(l) \qquad \textbf{6.5}$$

A água condensa na fase gasosa quando sua pressão parcial (p) excede a pressão de vapor de equilíbrio da água líquida (p_0). Isso é expresso pela diferença de energia livre, ΔG, na mudança de fase:

$$\Delta G = -RT \ln p/p_0 \qquad \textbf{6.6}$$

onde R é a constante dos gases (8,314 J/K) e T, a temperatura absoluta. Quando a umidade relativa, p/p_0, excede a unidade (100%), ΔG se torna negativa e água líquida se forma espontaneamente em equilíbrio.

No ar puro, porém, as moléculas de água devem primeiramente encontrar um meio de se aglutinarem para formar as gotas de chuva. Em conseqüência da sua grande tensão superficial, as gotas muito pequenas se evaporam rapidamente, mesmo em umidades relativas superiores a 100%. Na condensação de um pequeno número de moléculas,

$$nH_2O \rightleftharpoons (H_2O)_n \qquad \textbf{6.7}$$

devemos incluir a energia livre superficial da gota como parte da variação da energia livre,

$$\Delta G = -nRT \ln p/p_0 + 4\pi r^2 \gamma \qquad \textbf{6.8}$$

Neste caso, γ é a tensão superficial (72,8 dinas*/cm a 20 °C), r é o raio da gota e n é o número de mols de água contidos na gota (em uma poça d'água, n é muito grande, de modo que o termo da tensão superficial se torna desprezível, e a Equação (6.8) se reduz à Equação (6.6) quando a reação de evaporação é considerada por mol).

O número de moléculas também está relacionado ao raio de uma gota, por meio de

$$n = (4\pi/3)r^3 \rho/M \qquad \textbf{6.9}$$

onde $(4\pi/3)r^3$ representa o volume da gota, ρ a densidade (1 g/cm^3) e M a massa molecular em gramas (18 g). Logo, ΔG para uma gota é o resultado de dois termos opostos que diferem na dependência em relação a r. A Figura 6.5 é um gráfico de ΔG contra r para um dado valor de p/p_0 (1,001, ou 100,1% de umidade relativa). A curva atinge um ponto máximo, que define um raio crítico, $r_c = 1$ μm. As gotas maiores que esse raio vão acumular mais moléculas de água e se tornar estáveis; as menores de 1 μm vão evaporar.

---

* O dina é uma unidade de força que, multiplicada pela distância (em centímetros), gera trabalho em ergs; 10^7 ergs = 1 joule.

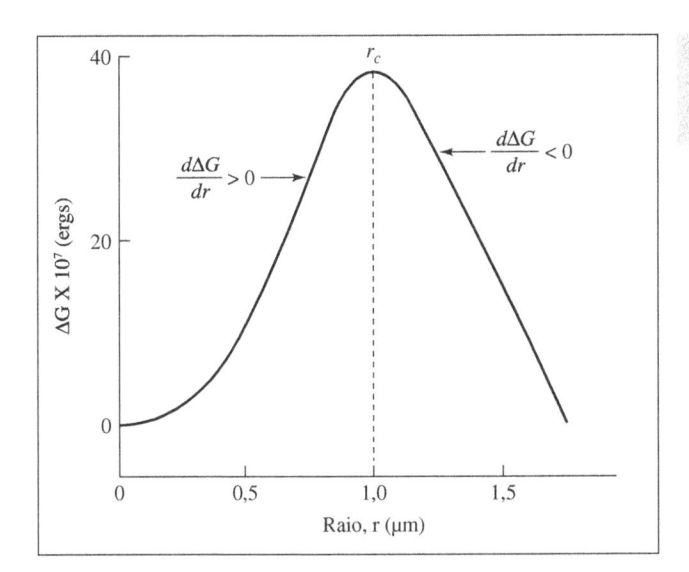

FIGURA 6.5
Variação de ΔG com tamanho de gota a $p/p_0 = 1,001$ (T = 20 °C).

Uma gota de 1 μm contém $0,23 \times 10^{-12}$ mol de água [veja Equação (6.9)] ou $1,38 \times 10^{11}$ moléculas. É bem improvável que essas muitas moléculas possam se agregar simultaneamente para formar uma gota; conseqüentemente, em relação à precipitação, o vapor d'água no ar puro a 100,1% de umidade é indefinidamente estável. O raio crítico da gota depende do quanto p/p_0 excede a unidade, ou seja, o quanto o ar está 'supersaturado' com água.

A dependência [obtida pela diferenciação da Equação (6.8) e colocando $d(\Delta G)/dr$ como igual a zero] é dada por

$$r_c = 2M\gamma/[\rho RT \ln (p/p_0)] \qquad \textbf{6.10}$$

Desse modo, r_c diminui lentamente com o aumento de p/p_0. O ar puro pode ter um grau mais alto de supersaturação sem precipitação.

Na natureza, porém, a condensação ocorre na faixa entre 100,1% e 101% de umidade relativa, correspondendo a uma faixa de $r_c = 1$ a 0,1 μm. Isso ocorre porque, no ar natural, as gotículas se formam em torno de partículas suspensas, os núcleos de condensação.

b. Partículas de aerossol. O total de material particulado suspenso no ar varia de menos de 1 μg m^{-3} nas calotas polares e no meio do oceano para até 30.000 μg m^{-3} em tempestades de areia no deserto ou em incêndios florestais. Em uma amostra típica de ar urbano, podem-se encontrar pó mineral, ácido sulfúrico, sulfato de amônio, material orgânico e fuligem, tanto na forma pura quanto como partículas mistas (sólidas ou líquidas) em concentrações de aproximadamente 100 μg m^{-3}. O efeito das partículas atmosféricas sobre o fluxo térmico da atmosfera depende menos da concentração total do que do tamanho e da composição da partícula. Partículas grandes e escuras tendem a absorver luz, aquecendo conseqüentemente a atmosfera terrestre. A mais importante dessas partículas é a fuligem, oriunda da combustão incompleta de combustível carbonáceo e da queima de savanas e florestas. Por outro lado, as partículas muito pequenas, seja qual for a coloração ou a composição, tendem a espalhar a luz, elevando o albedo da atmosfera. Esse efeito de espalhamento da luz parece prevalecer na maioria das latitudes, mas, em altas latitudes, onde as superfícies cobertas de neve e gelo são altamente refletoras, os efeitos de absorção podem predominar.

As duas principais fontes naturais de aerossóis espalhadores de luz parecem ser 1) o sulfato resultante da emissão biogênica de gases sulfurados no alto-mar e 2) carbono orgânico resultante da oxidação parcial de compostos orgânicos biogênicos, tais como os terpenos provenientes das florestas. Em atmosferas poluídas, as partículas espalhadoras de luz são produzidas pelas reações com gases contendo enxofre, nitrogênio e carbono, oriundos na maior parte de processos de combustão. Como média global, estima-se que as fontes antropogênicas compreendam entre 25% e 50% dos aerossóis totais.

A quantidade de espalhamento da luz por pequenas partículas ou moléculas é dada por

$$s = (128\pi^5 r^6/3\lambda^4)(m^2 - 1)/(m^2 + 1) \qquad \textbf{6.11}$$

onde r e m são, respectivamente, o raio e o índice de refração da partícula, e λ é o comprimento de onda da luz incidente. Em razão da dependência $1/\lambda^4$, o índice de espalhamento da luz azul é maior do que o da vermelha. Por isso o céu, que é visto como luz espalhada, é azul, ao passo que o pôr-do-sol, que é visto como luz transmitida, é vermelho. A névoa azul que paira sobre as montanhas Great Smoky, ao leste dos Estados Unidos, se deve à dispersão de luz pelas pequenas partículas formadas pela oxidação de terpenos voláteis emitidos pela seiva de árvores coníferas.

As partículas na atmosfera são coletivamente conhecidas como *aerossol* atmosférico. Sua distribuição por tamanho é muito ampla, mas, como se vê na Figura 6.6, o aerossol é dominado por partículas menores. A poeira e o borrifo das ondas são dispersos pelo vento em grande quantidade, mas essas partículas são grandes e se depositam rapidamente. As partículas submicrométricas são formadas principalmente pela oxidação de gases contendo enxofre, nitrogênio e carbono na atmosfera. Essas partículas ficam suspensas por mais tempo, com tempo de vida de dias ou semanas.

Gradualmente, elas crescem por meio de colisões ou agregação e se depositam. Logo, nenhum acúmulo de longo prazo na baixa atmosfera ou troposfera é possível.

As partículas atmosféricas mais importantes como fatores influenciadores do equilíbrio térmico global são os aerossóis de sulfato, por causa de suas propriedades ópticas e químicas únicas. Eles não só espalham de modo eficiente e direto os raios solares, como também exercem efeito indireto por sua atuação como uma das principais fontes de núcleos de condensação de nuvens. Eles aumentam a concentração de gotículas nas nuvens, o que resulta em aumento da superfície de espalhamento destas. Além disso, a chuva pode ser inibida, já que o tamanho médio das gotículas diminui em contraposição ao aumento do número de gotículas, acarretando mais aumento na cobertura de nuvens. Por outro lado, como indica a Figura 6.2, as nuvens também absorvem radiação solar e terrestre; o calor obtido dessa absorção compensará a perda térmica decorrente do efeito de espalhamento das nuvens. Embora as intensidades relativas desses dois processos não sejam conhecidas com precisão, a evidência acumulada até hoje indica que o efeito de espalhamento predomine, com a formação de sulfatos e nuvens que resultam no resfriamento do planeta.

Nem todas as erupções vulcânicas exercem impacto sobre o clima, mas aquelas que emitem quantidade abundante de enxofre e são potentes o suficiente para lançá-lo diretamente na estratosfera fornecem evidência significativa do quanto os aerossóis de sulfato podem afetar o clima global. Na troposfera (veja a discussão de troposfera e estratosfera), o ciclo de vida do aerossol de sulfato dura dois dias. Em contraposição, seu ciclo de vida na estratosfera, que é uma região calma (quiescente), com baixas concentrações de componentes químicos, pode ser de um ano ou mais. A erupção do monte Pinatubo nas Filipinas, em junho de 1991, uma das maiores nos últimos 170 anos, emitiu algo como 10 Tg (1 Tg = 10^{12} g) de enxofre e foi seguida por um declínio perceptível na temperatura média global no decorrer dos dois anos subseqüentes (veja a Figura 6.7).

c. Ciclo do enxofre. A Figura 6.8 mostra o ciclo global do enxofre. O enxofre é abundante na crosta terrestre em minerais do tipo sulfetos e em sulfatos de cálcio e magnésio. Quantidades consideráveis de enxofre são processadas por todo o mundo microbial. A principal forma de emissões terrestres de enxofre é o H_2S produzido pelas bactérias redutoras de sulfato (veja a reação redox 4a, Tabela 13.2). Essas bactérias são responsáveis pelo odor do enxofre e pela coloração preta, em conseqüência dos sulfetos de ferro de alguns *habitats* aquáticos. No mar aberto, o principal composto de enxofre biogênico é o dimetilsulfeto (DMS), CH_3SCH_3, que é produzido pelo plâncton por meio da clivagem enzimática de *dimetilsulfonopropionato*, um composto que pode auxiliar o plâncton a atingir equilíbrio osmótico na água salgada do mar. Estima-se que cerca de 20 Tg de enxofre sejam emitidas para a atmosfera anualmente sob a forma de compostos voláteis de fontes biogênicas, dos quais, o DMS

FIGURA 6.6
Distribuição por tamanho de material particulado na baixa atmosfera.

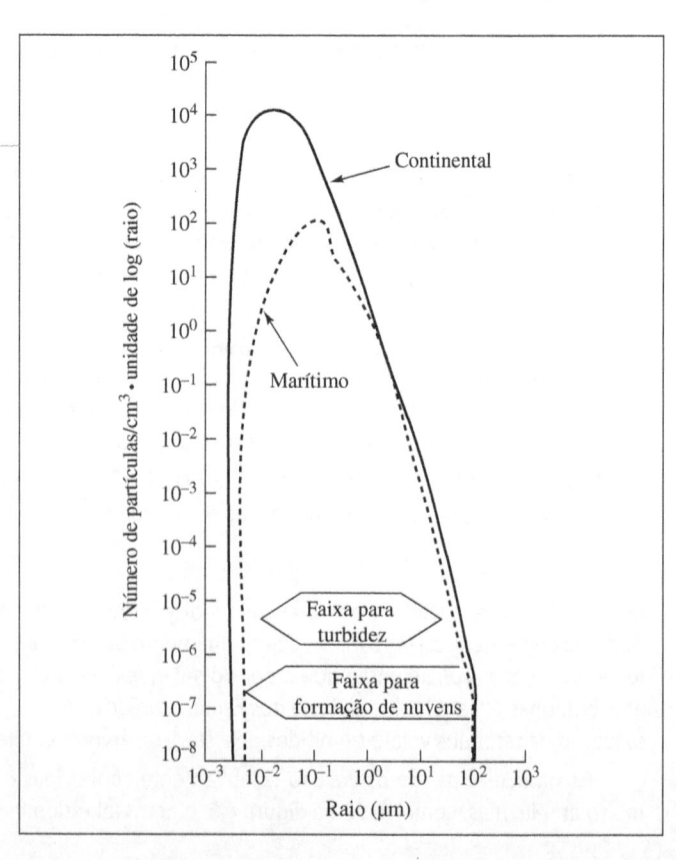

responde por 16 Tg. O enxofre presente nesses compostos é oxidado na atmosfera para SO_2. Além disso, conforme observado anteriormente, os vulcões às vezes expelem grande quantidade de H_2S e SO_2 na atmosfera.

O SO_2 de todas as fontes é subseqüentemente oxidado para ácido sulfúrico (sob determinadas condições, os compostos reduzidos de enxofre podem ser oxidados diretamente para H_2SO_4, sem passar por uma etapa intermediária de SO_2):

$$2SO_2(g) + O_2(g) + 2H_2O(l) \rightarrow 2H_2SO_4(aq) \qquad \textbf{6.12}$$

A reação direta de SO_2 com O_2 é muito lenta, e a oxidação se dá realmente por espécies mais reativas, principalmente o radical hidroxila e o peróxido de hidrogênio). O SO_2 dura somente cerca de um dia, antes de ser oxidado. Parte do ácido sulfúrico na atmosfera é neutralizada (veja a discussão sobre acidificação global) por partículas de amônia ou carbonato de cálcio. O ácido sulfúrico e os sais de sulfatos são higroscópicos (absorvem água) e formam partículas que servem como núcleos de condensação de nuvens. Alternativamente, o SO_2 é oxidado nas próprias gotas de chuva. Em qualquer dos casos, o ciclo do enxofre é completado por deposição úmida (*rainout*) (veja a Figura 6.8).

Esse ciclo natural está sendo perturbado pela atividade humana. Grande quantidade de SO_2 é emitida para a atmosfera pela queima de combustíveis fósseis, principalmente carvão, e pela redução química dos sulfetos minerais. Em 1999, estimava-se que a quantidade de enxofre emitido por fontes antropogênicas tenha sido de 58 Tg/ano, maior do que a taxa de emissão biogênica. As emissões antropogênicas haviam sido mais elevadas uma década antes, 69 Tg em 1990. Grande parte do declínio subseqüente ocorreu na antiga União Soviética (de 11 Tg de S emitidos em 1990 para 5 Tg em 1999), em conseqüência da crise

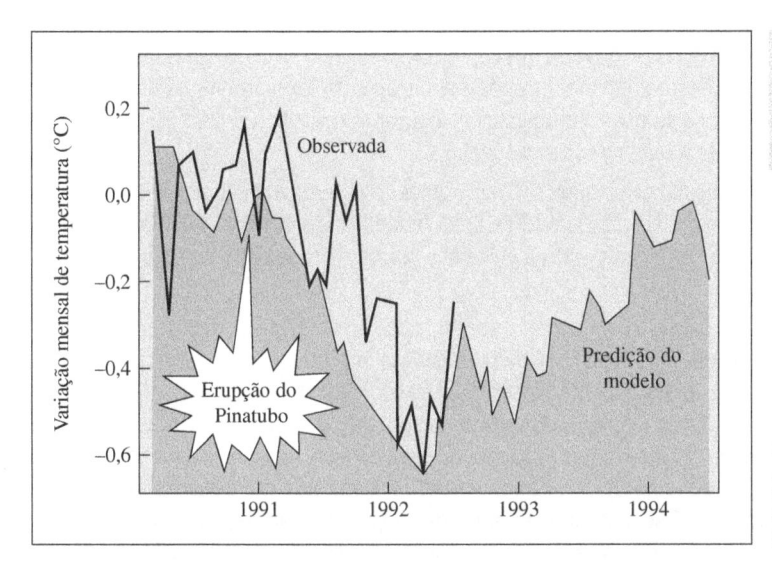

FIGURA 6.7

Variações observadas versus *previstas nas temperaturas globais após a erupção do monte Pinatubo.*

Fonte: F. Pearce (1993). "Pinatubo points to vulnerable climate". *New Scientist* 138(1878):7. (Com base no modelo de J. E. Hansen, Goddard Institute of Space Studies, National Aeronautics and Space Administration (NASA), Nova York). Copyright© 1993 by New Scientist. Reprodução autorizada.

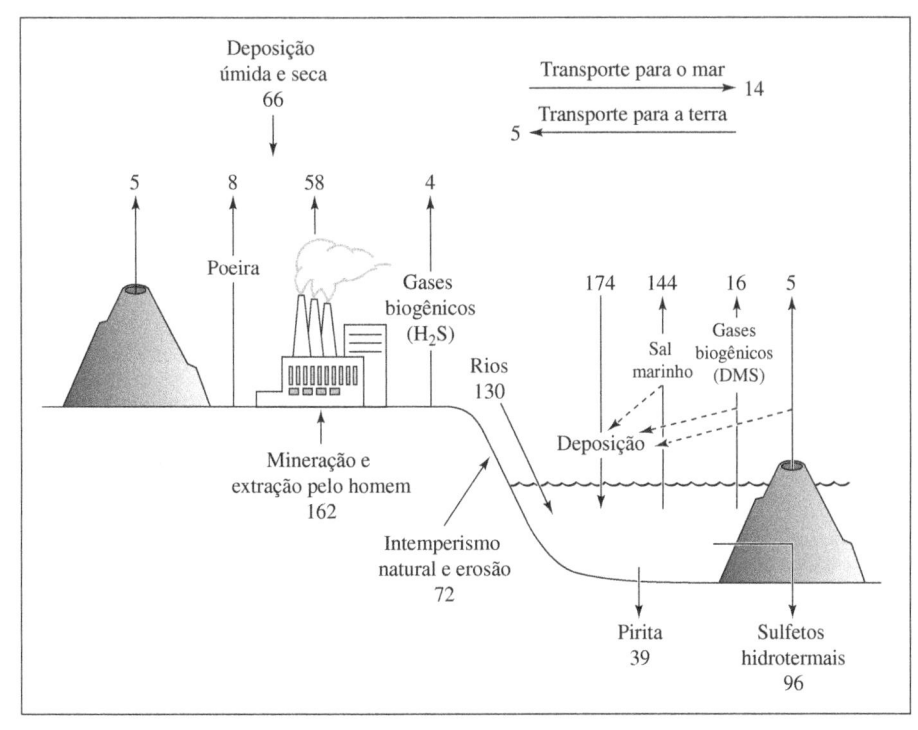

FIGURA 6.8

Ciclo global do enxofre em unidades de Tg S/ano.

Fontes: W. H. Schlesinger (1997). *Biogeochemistry, an analysis of global change*, segunda edição (Nova York: Academic Press); U.S. Environmental Protection Agency (2000). *National Air Pollution Emission Trends, 1900–1998*. EPA-454/R-00-002; U.S. Energy Information Agency (2000). International Coal Consumption Data by Region with Most Countries and World, 1990–1999. Disponível em http://www.eia.doe.gov/emeu/international/coal.html#IntlConsumption. A.S. Lefohn *et al.* (1999). Estimating historical anthropogenic global sulfur emission patterns for the period 1850–1990. *Atmospheric Environment* 33:3435–3444.

energética decorrente do colapso da economia e a uma ampla transferência de carvão para gás natural na Rússia. As emissões também declinaram na Europa Ocidental, no Japão e nos Estados Unidos, por conta da regulamentação.

A implementação do *Clean Air Act Amendments* (Lei do Ar Limpo) de 1990 reduziu as emissões nos Estados Unidos de 10,7 Tg em 1990 para 8,9 Tg em 1999, resultando em reduções substanciais de deposição de sulfato, principalmente na parte oriental do país (veja a Figura 6.9). Isso se deveu muito a um programa de 'comercialização de emissões' administrado pela Agência de Proteção Ambiental (EPA). Cada usina com capacidade de 25 MW ou mais recebe um número de créditos de SO_2, e créditos excedentes às emissões realizadas podem ser vendidos a outras instalações. Cada companhia pode decidir se é mais barato instalar tecnologia de controle de emissões, comprar combustível com baixo teor de enxofre ou comprar créditos adicionais. Esse 'mecanismo de mercado' permite que a meta de emissões seja atingida pelo menor custo para a economia.

Como o ácido sulfúrico é o principal fator que contribui para chuva ácida, um menor teor de sulfato significa menor deposição ácida. Antes de 1990, grande parte da região nordeste dos Estados Unidos apresentava taxas de deposição superiores a 8 kg (como S) por hectare ao ano, um nível suficiente para acidificar solos moderadamente vulneráveis (veja a discussão sobre capacidade tamponante do solo), ao passo que no final da década de 1990 a área sujeita a essa taxa de deposição havia se restringido a partes da Pensilvânia, West Virginia, Ohio e Tennessee. Apesar desse progresso, a recuperação do solo e da vegetação exigirá mais restrição à deposição ácida. Grandes áreas da China, que é atualmente o maior emissor de enxofre (13 Tg de S em 1999), também estão sujeitas à intensa deposição de enxofre (veja a Figura 6.10), e a situação pode piorar muito, se o uso de carvão continuar a expandir sem que haja medidas expressivas de mitigação de enxofre.

A marinha mercante internacional pode desempenhar um papel significativo no aumento global de aerossol de sulfato. Fotos de satélite mostram nuvens de aerossol com centenas de quilômetros de comprimento no rastro de grandes navios. Seus motores a diesel queimam o 'óleo residual' barato que restou na refinaria após a remoção dos hidrocarbonetos mais leves. Esse resíduo possui teor de enxofre de cerca de 3%, e estima-se que as embarcações marinhas contribuam com 5% das emissões globais de enxofre em comparação às demais fontes de queima de combustível.

A contribuição pode ser muito maior (até 30% dos níveis ambientais) nas regiões com pesado tráfego costeiro. Nos oceanos do Hemisfério Norte, a emissão de enxofre pelos navios é comparável ao fluxo biogênico do dimetilsulfóxido de plâncton. Para queimar o óleo residual, motores marinhos operam sob temperatura elevada e também produzem grande quantidade de NO_x, contribuindo ainda mais para o aerossol global.

Qual é a importância da contribuição do enxofre para o balanço total de energia da Terra? Trata-se de uma pergunta difícil de responder, e cientistas lutam com grandes incertezas, mas o efeito pode ser bastante importante. Como indica o gráfico de barras na Figura 6.11, o aerossol de sulfato espalha luz solar suficiente para reduzir a absorção de radiação em até 0,4 watts/m² (com um grau de incerteza entre 0,2 e 0,8 watts/m²). O efeito indireto do sulfato no aumento de nebulosidade (e, portanto, de albedo) apresenta um grau de incerteza de 0 a 2 watts/m². O segmento superior do grau de incerteza, uma redução combinada de 2,8 watts/m², representa mais de 1% da absorção de radiação [veja a Equação (6.2)]; com base na relação de Stefan-Boltzmann, ele resfriaria a Terra em 0,7 K [veja a equação (6.4)]. Esse montante negativo de 'forçamento radioativo'[2] mais do que compensaria o forçamento positivo calculado para o atual nível de gases antropogênicos do efeito estufa (veja a próxima seção).

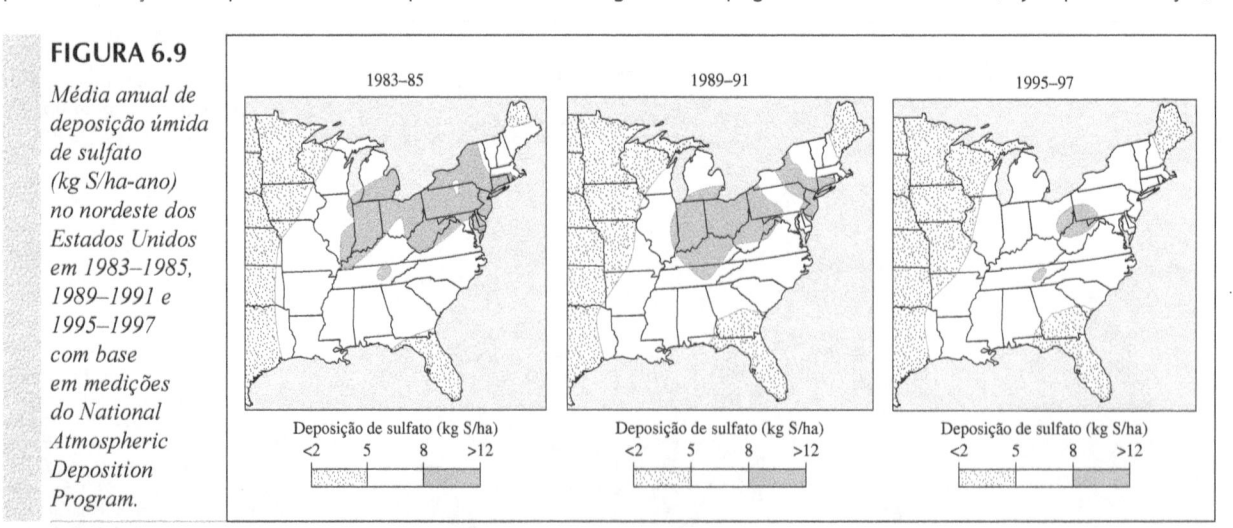

FIGURA 6.9
Média anual de deposição úmida de sulfato (kg S/ha-ano) no nordeste dos Estados Unidos em 1983–1985, 1989–1991 e 1995–1997 com base em medições do National Atmospheric Deposition Program.

Fonte: J. A. Lynch *et al.* (2000). Changes in sulfate deposition in eastern USA following implementation of Phase I of Title IV of the Clean Air Act Amendments of 1990. *Atmospheric Environment* 34:1665–1680. Copyright© 2000, Elsevier Science. Reprodução autorizada.

---

[2] Por causa da complexidade do sistema climático global e de seus numerosos mecanismos de realimentação, atualmente não é possível estimar com precisão como cada um desses fatores afeta o clima. Por isso, cientistas estimam o 'forçamento radioativo' em vez das reações climáticas possíveis. O forçamento radioativo, expresso em Wm^{-2}, é a variação calculada no equilíbrio térmico da Terra. O forçamento positivo aquece o planeta, enquanto o forçamento negativo o resfria.

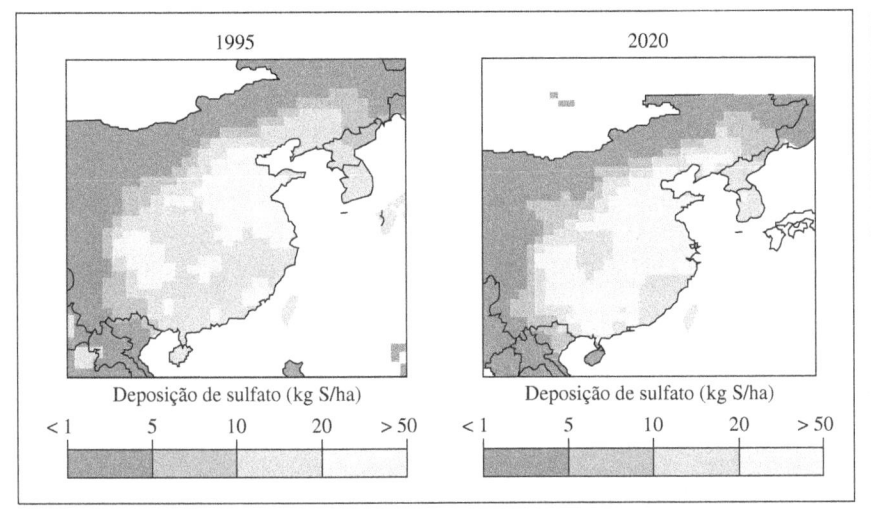

FIGURA 6.10

Deposição de sulfato na China (kg S/ha-ano) em 1945 e deposição projetada em 2020 caso não sejam decretadas políticas para controlar a emissão de enxofre.

Fonte: M. Amann *et al.* (2000). *RAINS-Asia Phase 2: An Integrated Assessment Model for Controlling SO_2 Emissions in Asia* (Laxenburg, Austria: International Institute for Applied Systems Analysis). Reprodução autorizada.

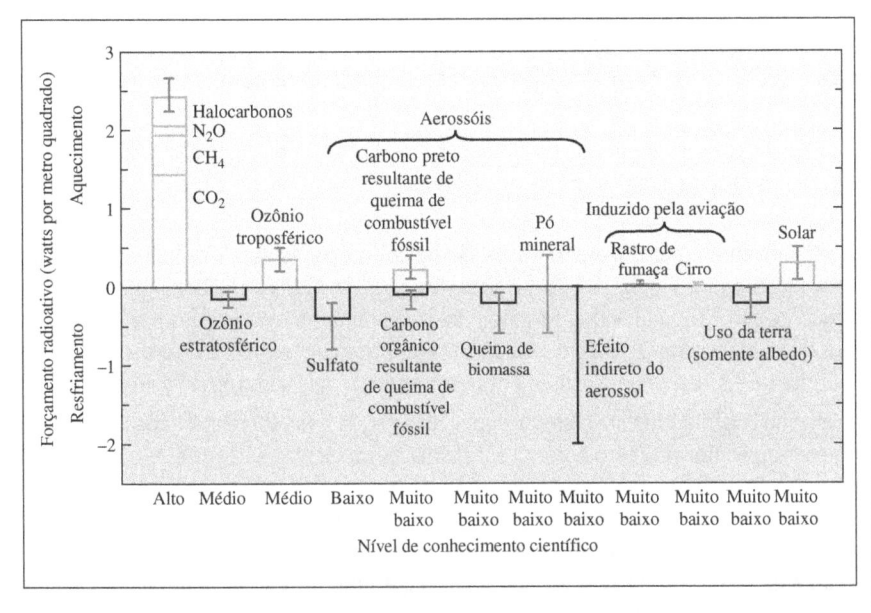

FIGURA 6.11

O forçamento radiativo global médio do sistema climático para o ano 2000, em relação a 1750. As barras retangulares representam as estimativas das contribuições desses forçamentos, alguns dos quais geram aquecimento (parte superior) e outros, resfriamento (parte inferior). O efeito indireto dos aerossóis indicados recai sobre o tamanho e o número de gotículas nas nuvens. A linha vertical que corta as barras indica uma gama de estimativas, baseadas em valores publicados sobre os forçamentos e em conhecimento físico. Uma linha vertical sem uma barra retangular denota um forçamento para o qual não se tem uma melhor estimativa em razão de grandes incertezas.

Fonte: A Report of Working Group I of the Intergovernmental Panel on Climate Change (IPCC) (2000). *Summary for Policymakers* (Genebra, Suíça: World Meteorological Organization/United Nations Environment Programme). Disponível em http://www.unep.ch/ipcc/pub/spm22-01.pdf.

Entretanto, em razão da complexidade de suas características, o grau de incerteza das estimativas para os aerossóis, até mesmo o sulfato, é considerável, como indica a Figura 6.11. Tem-se dedicado muito esforço no sentido de reduzir essas incertezas.

De qualquer modo, parece que a queima de combustível fóssil exerce dois efeitos opostos sobre o clima da Terra: agravamento do efeito estufa por causa da emissão de CO_2 e resfriamento do albedo por causa da emissão de SO_2. Ironicamente, o esforço internacional em melhorar a qualidade do ar por meio da redução de emissões de enxofre pode ter o efeito colateral de aumentar o aquecimento pelo efeito estufa.

Contudo, a redução da fuligem proveniente da queima de combustível fóssil pode amenizar o aquecimento, já que as partículas de carbono preto (veja a Figura 6.11) absorvem a luz solar.

6.3 Efeito estufa

a. Absorção de raios infravermelhos e vibrações moleculares. Conforme mencionado anteriormente, o efeito estufa é o aprisionamento do calor refletido pela atmosfera. A atmosfera terrestre admite os raios solares visíveis, mas aprisiona os infravermelhos que emanam da superfície. Parte do calor da Terra é carregada da superfície pelas correntes de ar ou pela evaporação da água (veja a Figura 6.2), mas a maior parte dele é irradiada para a atmosfera, que o aprisiona e irradia muito dele de volta, liberando o restante para o espaço. Mas como se dá esse aprisionamento? Por que nos preocupamos com o CO_2 e outros componentes menos importantes da atmosfera, se ela se compõe quase inteiramente de N_2 e O_2 (veja a Tabela 6.1)?

A resposta é que os principais gases atmosféricos são incapazes de absorver a luz infravermelha. Eles não atendem aos dois requisitos fundamentais para a absorção de radiação eletromagnética:

1) Quando a radiação é absorvida por uma molécula, esta passa por uma transição quântica, envolvendo o movimento de seus elétrons ou núcleos; a energia da radiação deve, portanto, ser igual à energia da transição molecular. Na região infravermelha do espectro, as transições disponíveis implicam o movimento dos núcleos nas vibrações moleculares. Por isso o argônio, o terceiro componente atmosférico mais abundante (0,9%) é transparente à radiação infravermelha. Como o argônio é monoatômico, ele não possui vibrações.

2) Como a radiação é eletromagnética, sua absorção requer que a transição altere o campo elétrico no interior da molécula, ou seja, a transição deve alterar o momento de dipolo da molécula (a soma vetorial das cargas atômicas multiplicadas por suas distâncias do centro de massa da molécula). Esse segundo requisito é a razão por que N_2 e O_2 são incapazes de absorver a radiação infravermelha da Terra. Embora os núcleos realmente vibrem ao longo da ligação que os une, e a energia da vibração esteja na região infravermelha, a vibração não altera o momento de dipolo. Como a molécula é simétrica, o momento de dipolo permanece igual a zero, por mais que a ligação seja estendida. A vibração é *inativa* para radiação infravermelha. Isso se aplica a todas as moléculas diatômicas *homonucleares*. O momento de dipolo é alterado pelas vibrações das moléculas diatômicas *heteronucleares*, tais como CO, NO e HCl, porque seus átomos possuem cargas parciais diferentes. Entretanto, essas moléculas não contribuem significativamente para o efeito estufa por causa de sua baixa concentração na atmosfera e da fraca absorção de infravermelho.

Em contraposição, as moléculas poliatômicas possuem inúmeras vibrações ($3n - 6$ para moléculas não lineares, onde n constitui o número de átomos, ou $3n - 5$ para moléculas lineares); ao menos algumas dessas vibrações alteram o momento de dipolo e são ativas no infravermelho.

Todos os gases que contribuem significativamente para o efeito estufa são poliatômicos. As duas moléculas mais importantes do efeito estufa são água e dióxido de carbono. A Figura 6.12 ilustra suas vibrações. Todas as três vibrações da água alteram seu momento de dipolo. Para o dióxido de carbono, o movimento simétrico de estiramento dos dois átomos O mantém o momento de dipolo inalterado: os dipolos que cada átomo O gera em relação ao carbono se cancelam em virtude da geometria linear. Contudo, o momento de dipolo resultante é alterado pelo estiramento assimétrico e pela vibração de deformação.

Tanto a água quanto o dióxido de carbono contribuem para o efeito estufa, mas a água não está relacionada na Tabela 6.1 porque sua presença na atmosfera varia em função do local e do horário; em média, as moléculas de água compõem 0,4% da atmosfera. A quantidade total de água representa uma ordem de grandeza maior do que a de dióxido de carbono. Se a temperatura da Terra aumentar em decorrência do aumento de dióxido de carbono e outros gases estufa, a pressão do vapor d'água também vai aumentar, e espera-se que a quantidade de água na atmosfera aumente. Esse é um exemplo de *retorno positivo*: quanto maior a concentração de gases do efeito estufa, maior a temperatura na superfície; uma maior temperatura acarreta maior quantidade de água atmosférica, que, por sua vez, amplia o efeito estufa.

TABELA 6.1 *Composição do ar seco no nível do solo em áreas continentais remotas.*

Composto	Fórmula	Concentração (por volume, ppm)
Nitrogênio	N_2	780.900
Oxigênio	O_2	209.400
Argônio	Ar	9.300
Dióxido de carbono	CO_2	370
Néon	Ne	18
Hélio	He	5,2
Metano	CH_4	1,7
Criptônio	Kr	1,1
Hidrogênio	H_2	0,5
Óxido nitroso	N_2O	0,3
Xenônio	Xe	0,08
Monóxido de carbono	CO	0,04 – 0,08
Vapores orgânicos		0,02
Ozônio	O_3	0,01 – 0,04

FIGURA 6.12

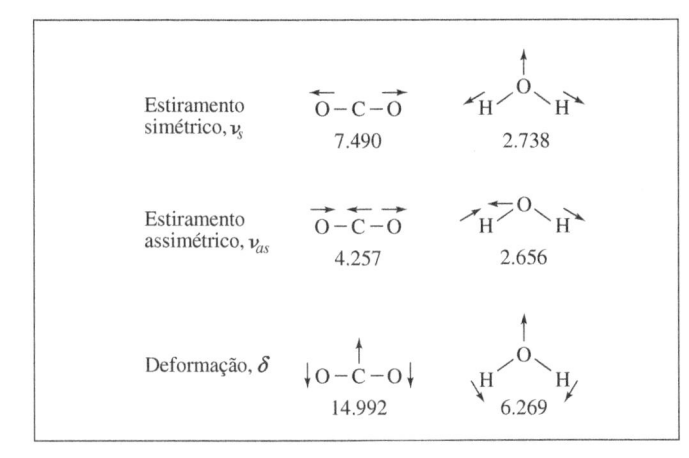

Vibrações moleculares de CO_2 e H_2O em unidades de comprimento de onda (nm).

	CO_2	H_2O
Estiramento simétrico, v_s	7.490	2.738
Estiramento assimétrico, v_{as}	4.257	2.656
Deformação, δ	14.992	6.269

Quando as moléculas de gás do efeito estufa absorvem a radiação infravermelha terrestre, elas a irradiam novamente em todas as direções, como ilustra a Figura 6.13. Absorção e irradiação continuam repetidamente com altura crescente, deixando menos de 10% da radiação infravermelha absorvida disponível próxima ao topo da atmosfera (veja a Figura 6.2). Por conseguinte, a atmosfera inferior é mais quente, mas a atmosfera superior é mais fria do que seria na ausência de absorvedores de infravermelhos.

Pode parecer que a água e o dióxido de carbono não seriam eficazes no aprisionamento de calor porque as emissões da Terra cobrem um amplo espectro de comprimentos de onda, ao passo que as vibrações moleculares correspondem a energias específicas. Entretanto, as moléculas podem sofrer não somente vibrações, mas também rotações. Para cada vibração molecular, os fótons infravermelhos podem induzir transições para diferentes níveis rotacionais (velocidades de rotação). Conseqüentemente, cada vibração possui uma ampla banda de absorção. A Figura 6.14 mostra essas bandas para a água e para o dióxido de carbono. No painel superior da figura, as absorções relativas a essas duas moléculas são somadas e sobrepostas ao espectro de emissão terrestre. Pode-se observar que as bandas de absorção combinadas bloqueiam a maior parte da radiação terrestre.

Há, porém, uma região relativamente não obstruída do espectro entre 8.000 nm e 12.000 nm, através da qual a radiação pode escapar. Essa região é chamada de *janela atmosférica*.

Essa janela pode ser preenchida por outras moléculas poliatômicas, tais como clorofluorcarbonetos (CFCs) (veja a Figura 6.15), metano (CH_4) e óxido nitroso (N_2O). Os CFCs são preocupantes por serem destruidores do ozônio estratosférico, mas também são importantes gases do efeito estufa. Seu impacto é significativo, muito embora a concentração seja aproximadamente cinco ordens de grandeza inferiores à do dióxido de carbono. Isso ocorre porque as absorções de CO_2 estão praticamente 'saturadas', ou seja, a maior parte da radiação emitida no âmbito das bandas de absorção já é absorvida. Como resultado, a molécula extra de CO_2 contribui relativamente pouco para a absorção total (o mesmo se aplica a cada molécula adicional de água). Em contraste, a contribuição para a absorção total é relativamente alta para cada molécula extra de CFC, pois são muito diluídos e absorvem somente uma pequena fração da radiação, mas o fazem na região da janela. Uma molécula extra de CFC contribui milhares de vezes mais para o efeito estufa do que uma molécula extra de CO_2.

O *forçamento radiativo* relativo (ou seja, a contribuição relativa à absorção infravermelha por molécula acrescentada à atmosfera) é comparado na Tabela 6.2 para metano, óxido nitroso, CFC 11 (CF_2Cl_2), historicamente um dos CFCs mais amplamente produzidos, e HFC 23 (HCF_3), atualmente o principal substituto do CFC. O forçamento radiativo depende do tempo de vida do

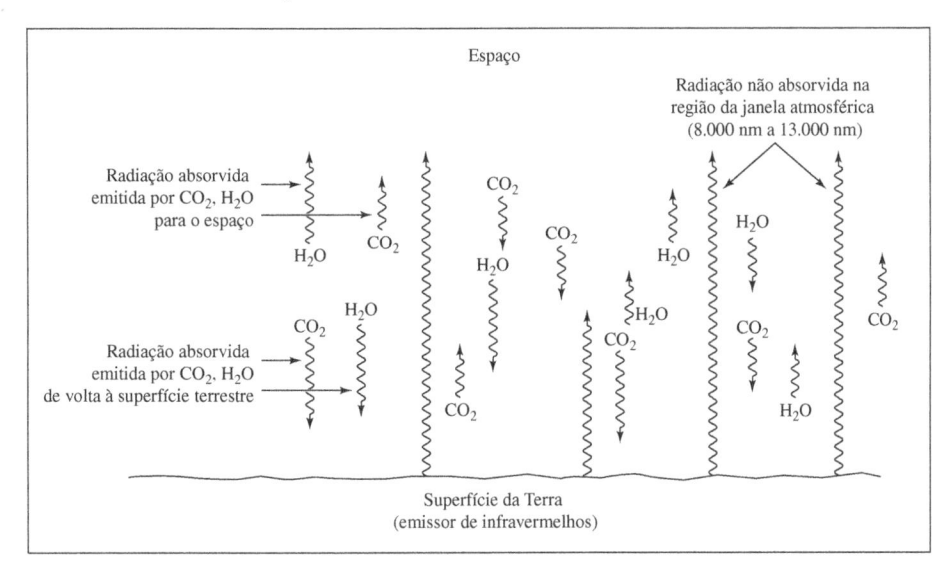

FIGURA 6.13

Irradiação de radiação infravermelha terrestre por gases do efeito estufa.

FIGURA 6.14
Absorção de radiação terrestre por água e dióxido de carbono.

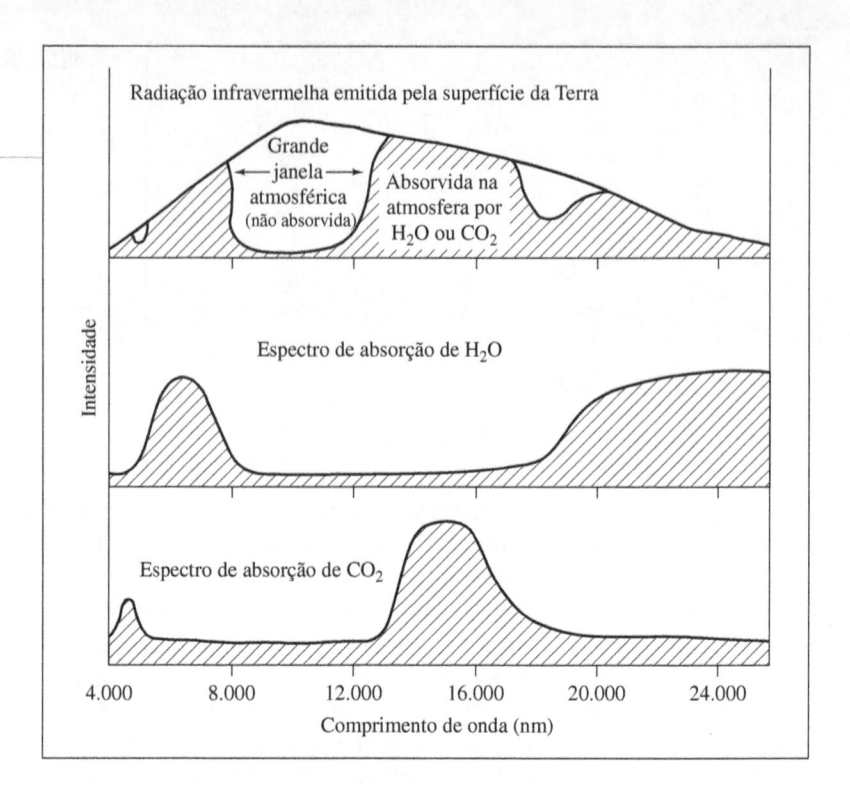

FIGURA 6.15
Espectros de absorção de clorofluorometanos (CF_2Cl_2 e $CFCl_3$) e sua coincidência com a janela atmosférica (8.000 nm a 13.000 nm).

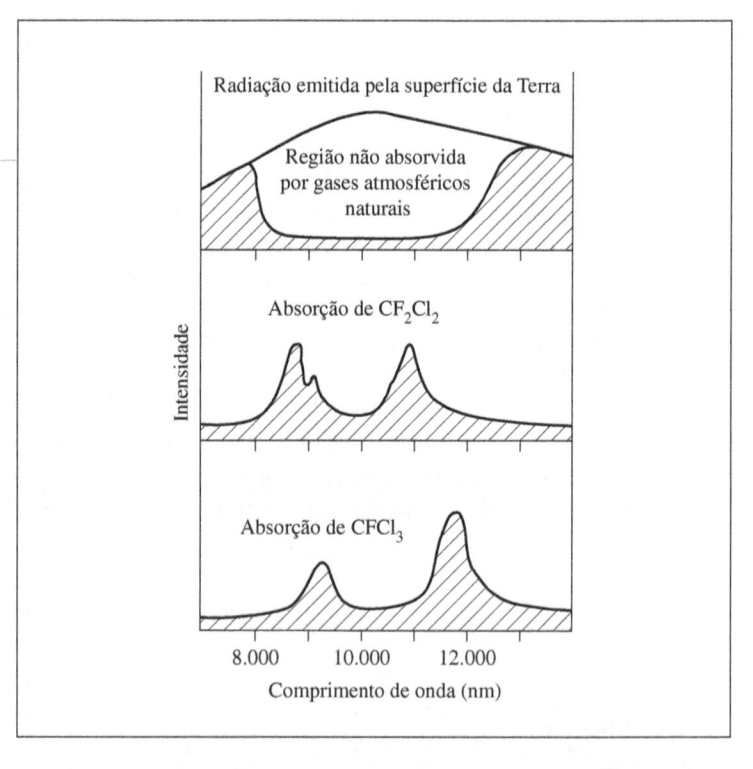

gás, bem como de sua eficácia na absorção de infravermelho. Portanto, a contribuição do N_2O por molécula é muito maior do que a de CH_4, principalmente porque tem vida muito mais longa. O CH_4 é destruído pela reação com radicais hidroxila na atmosfera, ao passo que o N_2O somente é removido ao ser arrastado para a estratosfera, onde ocorre fotólise por raios ultravioleta.

b. Tendências nos gases do efeito estufa. Após a introdução dos compostos de CFC em uma variedade de produtos na década de 1950, a concentração desse elemento na atmosfera aumentou rapidamente até por volta de 1990 (veja a Figura 6.16), mas agora está declinando, graças a acordos internacionais para proteger o ozônio estratosférico. A produção anual de CFC atingiu o pico de 1,1 Tg em meados dos anos 1980 e caiu para 0,08 Tg ao final dos anos 1990. Entretanto, o declínio na concentração atmosférica é lento porque o tempo de vida do CFC é longo (veja a Tabela 6.2). Assim como o N_2O, o CFC é removido da atmosfera somente após transporte para a estratosfera e encontro com a radiação ultravioleta energética. Além disso, a

TABELA 6.2 Resumo das propriedades dos gases do efeito estufa afetados por atividades humanas.

	CO_2	CH_4	N_2O	CFC-11	HCF-23
Concentração atmosférica	ppmv	ppbv	ppbv	pptv	pptv
Pré-industrial (1750-1800)	~ 280	~ 700	~ 270	zero	zero
Atual	370	1745	314	268	14
Taxa de variação atual/ano*	1,5/ano[†]	7,0/ano	0,8/ano	–1,4/ano	0,55
(% aumento/ano)	0,41	0,40	0,25	–0,52	3,92
Tempo de vida atmosférico (anos)	5 a 200[‡]	12	114	45	260
Razão por molécula de forçamento radiativo[§] [ΔF(GHG)/ΔF(GHG CO_2)]	1	23	296	4.000	11.700
Principal mecanismo de remoção	I	II	III	III	III

ppmv, ppbv e pptv correspondem a partes por milhão, partes por bilhão e partes por trilhão por volume, respectivamente.
* Taxa calculada no período 1990–1999.
[†] Taxa flutuante entre 0,9 ppm/ano e 2,8 ppm/ano para CO_2 e entre 0 e 13 ppb/ano para CH_4, no período de 1990–1999.
[‡] Não se pode definir um tempo de vida único para o CO_2, em consequência das diferentes taxas de absorção por diferentes processos de remoção.
[§] Forçamentos citados correspondem a um horizonte de tempo de cem anos.
I - lenta troca de carbono entre águas na superfície e nas camadas mais profundas do oceano; absorção em biomassa.
II - reação com radical hidroxila na troposfera.
III - fotólise na estratosfera.

Fontes: (a) Working Group I, IPCC (2001) *Technical Summary of the Working Group I Report*. Intergovernmental Panel on Climate Change: Genebra, Suíça. (b) Carbon Dioxide Information Center (2000). *Current Greenhouse Gas Concentrations*. Oak Ridge National Laboratory: Oakridge, Tennessee.

restauração do ozônio pode efetivamente agravar o efeito estufa, já que os substitutos ao CFC, como o HCF_3 (HCF –23), constituem poderosos gases de efeito estufa e ainda possuem vida longa. A produção anual de HCF_3 corresponde a aproximadamente 0,1 Tg e está aumentando.

O N_2O é um subproduto do processo de *desnitrificação*, em que o NO_3^- é convertido principalmente em N_2; a razão entre N_2O e N_2 equivale a aproximadamente 1:16, mas pode variar dependendo das condições (por exemplo, concentração de O_2, pH). Também há indícios de que o N_2O é um subproduto da *nitrificação*, em que a amônia é convertida em nitrato. Supõe-se que as fontes naturais respondam por 7 Tg a 14 Tg de N por ano como N_2O, ao passo que a contribuição antropogênica é de 5 a 6 Tg/ano (veja a Tabela 6.3A). A maior parte da contribuição antropogênica deriva do uso do nitrogênio como fertilizante, o que aumenta tanto a nitrificação quanto a desnitrificação; a agricultura intensiva é a provável causa da maior parte do aumento observado em N_2O na atmosfera (veja a Figura 6.16), atualmente estimado em 0,25% anual. Uma fonte industrial significativa (~0,4 Tg/ano) havia sido identificada[3] na oxidação com ácido nítrico do ciclo-hexanol para ácido adípico, um precursor na produção de náilon, mas melhorias no processo cortaram essa taxa em cinco vezes.

O metano é o segundo mais importante fator de contribuição do efeito estufa, depois do CO_2. Embora possua vida mais curta (12 anos) do que os CFCs ou o N_2O, sua concentração atmosférica é muito mais elevada (veja a Tabela 6.2). Parte do metano provém de vazamentos no sistema de distribuição de gás, de minas de carvão, da queima de biomassa e incêndios florestais e de vulcões (veja a Tabela 6.3B). A maior parte dele, porém, resulta da ação de bactérias anaeróbias, os *metanógenos*, que geram metano como produto final de seu metabolismo. Essas bactérias são abundantes em áreas alagadas, arrozais, pilhas de esterco e áreas de disposição de resíduo sólido municipal. Também são encontradas no rúmen de animais ruminantes e em térmitas. Estima-se que as fontes naturais e antropogênicas sejam da mesma ordem de grandeza, aproximadamente 190 Tg e 260 Tg de CH_4 por ano, respectivamente.

A contribuição natural é dominada pelas áreas alagadas, ao passo que a contribuição antropogênica é dividida quase igualmente entre arrozais, criação de animais, resíduos sólidos municipais e extração e transmissão de combustível fóssil (veja a Tabela 6.3B).

As medições em escala global de metano na atmosfera revelaram que, embora sua concentração continue a aumentar (veja a Figura 6.16), a taxa de crescimento declinou na última década, de cerca de 0,9% para cerca de 0,4% ao ano. As razões para esse declínio são incertas. Um fator que contribui pode ser as melhorias no extenso sistema de distribuição de gás da antiga União Soviética. Na década de 1990, relatavam-se perdas anuais nesse sistema da ordem de 32 Tg a 45 Tg de CH_4, mas atualmente caíram para cerca de 15 Tg. Também foi sugerido[4] que a taxa de crescimento declinante em metano atmosférico reflete sua aproximação com uma condição de estado estacionário em que os insumos para a atmosfera são equilibrados pela remoção via reação com radical hidroxila.

---

[3] M. H. Tiemens e W. C. Trogler (1991). Nylon production: An unknown source of nitrous oxide. *Science* 251:932–934.

[4] E. J. Dlugokencky, K. A. Masarie, P. M. Lang e P. P. Tans (1998). "Continuing decline in the growth rate of the atmospheric methane burden". *Nature* 393:447–450.

FIGURA 6.16

Estimativa de concentrações históricas dos principais gases estufa. Dióxido de carbono, metano e óxido nitroso são componentes naturais da atmosfera; suas concentrações começaram a se elevar no século 19, no alvorecer da Revolução Industrial. Os clorofluorcarbonetos (CFCs) são compostos sintéticos sem componente natural. Suas emissões atmosféricas tiveram início na década de 1950, quando penetraram no mercado mundial em uma variedade de produtos.

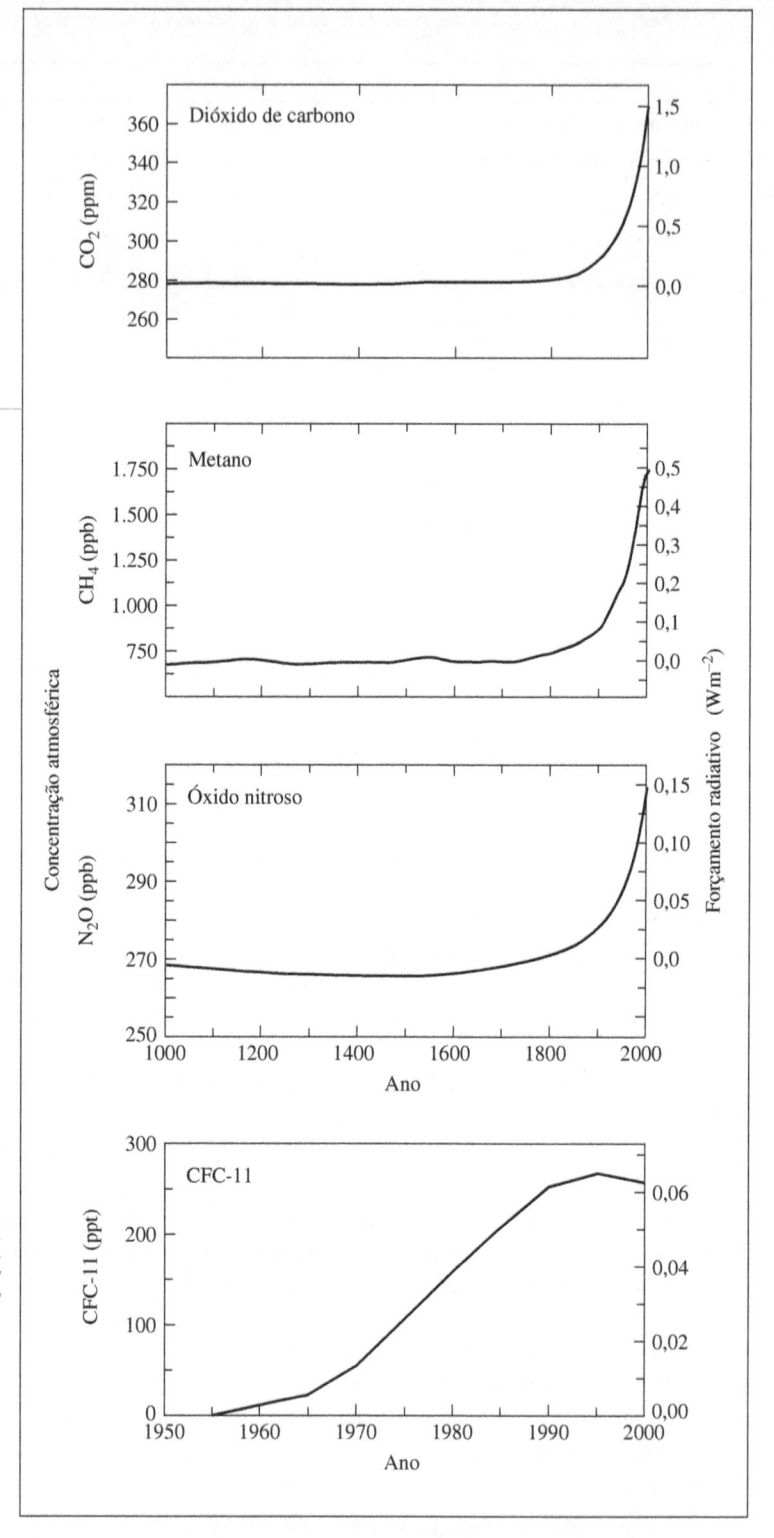

Fonte: A Report of Working Group I of the Intergovernmental Panel on Climate Change (IPCC) (2000). *Summary for Policymakers* (Genebra, Suíça: World Meteorological Organization/ United Nations Environment Programme). Disponível em http://www.unep.ch/ipcc/pub/spm22-01.pdf.

Embora a parcela relativa do forçamento radioativo devido a CFCs, N_2O e CH_4 venha crescendo, o maior efeito ainda se deve ao CO_2 (veja o gráfico de barras na Figura 6.11). A produção antropogênica de CO_2 pela queima de combustíveis fósseis (mais uma contribuição de 3% da produção de cimento) é de 6.300 Tg C/ano, o que ofusca os demais gases do efeito estufa. Estima-se que o desmatamento acrescente outros 1.600 Tg C/ano. Evidentemente, o fluxo natural de CO_2 para a atmosfera em função da respiração constante da biosfera é muito maior, mas esse fluxo está em equilíbrio com a fotossíntese. Esse equilíbrio é bem ilustrado pelo registro histórico da concentração de CO_2 medido na estação de monitoramento em Mauna Loa, Havaí (veja a Figura 6.17).

Todo ano, o CO_2 declina para uma concentração mínima no verão, quando a fotossíntese nos campos e nas florestas do Hemisfério Norte converte o CO_2 em biomassa, e se eleva ao máximo no inverno, quando a vegetação morta cai, liberando o

TABELA 6.3A *Fontes de emissões atmosféricas de óxido nitroso (2000).*

Emissões naturais	Emissão (Tg N por ano)
Fontes terrestres	2,7 – 5,7
Solos tropicais: florestas úmidas, savanas secas (a)	0,6 – 4
Solos temperados: florestas, pastagens (a)	3,3 – 9,7
Total solo	
Fontes aquáticas	
Rios, estuários, recifes continentais (b)	0,4
Oceano profundo (b)	3,5
Total aquático	**3,9**
Total de emissões naturais	**7,2 – 13,6**
Emissões antropogênicas	
Solos cultivados (c, d)	4,6*
Queima de biomassa (a)	0,2 – 1
Queima de combustível fóssil (e)	0,3†
Produção de ácido adípico (f)	0,07‡
Total de emissões antropogênicas	**5,2 – 6,0**
Total de emissões naturais e antropogênicas	**12,4 – 19,6**

* Referência citada em (c) quantifica as emissões de N_2O na Ásia (2,1 Tg/ano) para todos os insumos agrícolas que incluam fertilizante sintético, resíduos animais, fixação biológica de N (em legumes) e queima de resíduo de cultivos. Como os insumos de fertilizantes na Ásia constituem aproximadamente 48% do montante global, 52% adicionais foram acrescidos ao total asiático. De acordo com a análise na referência (d), os resíduos animais contribuem com 1,2 Tg de N_2O ao total global.
† Com base nos fatores de emissão para queima de carvão, petróleo e gás natural fornecidos na referência (e).
‡ Conforme descrito na referência (f), antes de 1999 as emissões das fábricas de ácido adípico correspondiam a cerca de 0,37 Tg de N_2O. Novos equipamentos de controle adotados por volta de 1999 reduziram as emissões para o nível citado na tabela.

Fontes: (a) M. Prather et al. (1995). "Other trace gases and atmospheric chemistry". In *Climate change 1994: radiative forcing of climate change and an evaluation of the IPCC IS92 emission scenarios*, J. T. Houghton et al. (eds.) (Cambridge, U.K.: Cambridge University Press). (b) S.P. Seitzinger et al. (2000). "Global distribution of N_2O emissions from aquatic systems: natural emissions and anthropogenic effects". *Chemosphere–Global Change Science* 2: 267–279. (c) A.R. Mosier e Z. Zhaoliang (2000). "Changes in patterns of fertilizer nitrogen use in Asia and its consequence for N_2O emissions from agricultural systems". *Nutrient Cycling in Agroecosystems* 57:107–117. (d) P. Czepiel et al. (1996). "Measurements of N_2O from composted organic wastes". *Environmental Science and Technology* 30:2519–25. (e) IPCC (1996). *Revised IPCC guidelines for national greenhouse gas inventories. Reference Manual, Vol. 3*. Intergovernmental Panel on Climate Change, Bracknell, U.K. (f) A. Shimizu et al. (2000). Abatement technologies for N_2O emissions in the adipic acid industry. *Chemosphere—Global Change Science* 2:425–434.

carbono armazenado como CO_2. O padrão de oscilação é regular de um ano a outro, mas é contraposto a um cenário de aumento da concentração média de CO_2, que passou de 314 ppm em 1958 para 369 ppm em 2000, uma elevação de 17,5% em quatro décadas.

Do total de 7.900 Tg C/ano emitidos por combustíveis fósseis, produção de cimento e desmatamento, somente cerca de 3.300 Tg C/ano permanecem no ar. Para onde vai o restante de CO_2? Os oceanos são uma possibilidade óbvia. Como a água do mar é alcalina e o CO_2 é acídico, os oceanos constituem um vasto reservatório de CO_2. Entretanto, somente a camada superficial oceânica, os primeiros 75 metros, está em equilíbrio com a atmosfera, e sua capacidade de absorção de CO_2 é limitada. A troca da camada superficial com as profundezas dos oceanos leva centenas de anos. Estima-se que os oceanos absorvam cerca de 2.300 Tg de carbono CO_2 por ano, metade dos 4.600 Tg C/ano não encontrados na atmosfera.

A localização do carbono remanescente tem sido objeto de considerável discussão, mas atualmente é consenso que a própria biosfera constitui o reservatório. Estudos de razões isotópicas de $^{13}C/^{12}C$ (que fornecem um indicador do fluxo de CO_2 na biosfera, já que a fotossíntese das plantas discrimina o ^{13}C) estabeleceram um reservatório de CO_2 no Hemisfério Norte de latitude temperada, com grandeza aproximadamente certa. Aparentemente, a vegetação no Hemisfério Norte está absorvendo uma fração significativa do CO_2 emitido. Entretanto, muito dessa absorção pode ser atribuído às florestas que estão se regenerando em antigas terras agrícolas; à medida que elas atingem a maturidade, sua capacidade de armazenagem de CO_2 diminuirá.

A Figura 6.18 ilustra o ciclo global de carbono com estimativa dos reservatórios de carbono presentes no ar, no solo, na biomassa e nos oceanos, bem como os fluxos anuais (neste caso, passamos a adotar unidades de gigatoneladas, para reduzir o número de zeros; 1 Gt = 10^{15} g). Esses fluxos são muito amplos, dificultando contabilizar plenamente o destino da relativamente pequena contribuição antropogênica.

Contudo, é essa contribuição que impulsiona o acúmulo de CO_2 na atmosfera e, com ele, o aquecimento pelo efeito estufa. Quando as estimativas são integradas pelo último século e meio (1850 a 1998), a fotografia é semelhante àquela esquematizada na figura anterior. A concentração de CO_2 atmosférico subiu para 30%, de 285 ppm para 370 ppm, representando um excedente de acúmulo de carbono de 176 Gt. A estimativa para o total de carbono emitido nesse período é de 270 ± 30 Gt de combustíveis

TABELA 6.3B *Fontes de emissões atmosféricas de metano (2000).*

Emissões naturais	Emissão (Tg CH_4 por ano)
Áreas alagáveis (a)	120 – 175
Térmitas (b, c)	1,5 – 21
Incêndios florestais (a, d)	5
Oceanos (a)	5 – 25
Vulcões (a)	3,5
Animais selvagens (a)	5*
Total de emissões naturais	**140 – 235**
Emissões antropogênicas	
Arrozais (e)	20 – 100
Gás natural/perfuração-transmissão (f, g)	32 – 44[†]
Mineração de carvão (h)	20 – 28
Fermentação entérica (animais domésticos) (f, i, j)	40[‡]
Esterco (f, i, j)	21[§]
Eliminação municipal de resíduos sólidos (f, j)	59[‖]
Queima de biomassa (j)	15[#]
Total de emissões antropogênicas	**207 – 307**
Total de emissões naturais e antropogênicas	**347 – 542**

* Pressupõe a emissão proveniente de animais selvagens em um terço da emissão na era pré-industrial, conforme relatada na referência (a).

[†] Emissões do sistema de gás soviético eram muito mais elevadas no início dos anos 1990, quando se estimavam as emissões na faixa entre 32 Tg e 45 Tg ao ano. Ao final dessa década, as estimativas caíram para 10 Tg a 23 Tg ao ano, com todas as fontes fora da antiga União Soviética contribuindo com cerca de 22 Tg [veja referência (g) para mais informações].

[‡] Calculada com base nos fatores de emissão para gado por cabeça por ano, coletados das referências (f) (países desenvolvidos) e (j) (países em desenvolvimento), e para rebanho mundial de gado fornecido na referência (i).

[§] Inclui esterco de gado leiteiro e de corte, búfalos, ovelhas, cabras, porcos e aves.

[‖] Diferentes fatores de emissão foram calculados para países desenvolvidos e em desenvolvimento. No primeiro caso, foram estimados pela referência (f) e, no segundo, referência (j).

[#] Valor para Índia fornecido em (j) e extrapolado para o restante dos países em desenvolvimento.

Fontes: (a) S. Houweling *et al.* (2000). "Simulation of preindustrial atmospheric methane to constrain the global source strength of natural wetlands". *Journal of Geophysical Research* 105, D13:17,243–17,255. (b) A. Sugimoto *et al.* (1998). "Methane oxidation by termite mounds estimated by the carbon isotopic composition of methane". *Global Biogeochemical Cycles* 12:595–605. (c) M.G. Sanderson (1996). "Biomass of termites and their emissions of methane and carbon dioxide: a global database". *Global Biogeochemical Cycles* 10:543–557. (d) E. J. Clugokencky *et al.* (2001). "Measurements of an anomalous global methane increase during 1998". *Geophysical Research Letters* 28:499–502. (e) R. L. Sass *et al.* (1999). "Exchange of methane from rice fields: national, regional and global budgets". *Journal of Geophysical Research* 104, D21:26,943–26,951. (f) U.S. Environmental Protection Agency (1999). *U.S. Methane Emissions 1990–2000: Inventories, Projections, and Opportunities for Reductions*. EPA 430-R-013. (g) A. I. Reshetnikov *et al.* (2000). "An evaluation of historical methane emissions from the Soviet gas industry". *Journal of Geophysical Research* 105, D3:3517–3529. (h) C. J. Bibler *et al.* (1998). "Status of worldwide coal mine methane emissions and use". *International Journal of Coal Geology* 35:283–319. (i) Food and Agriculture Organization (FAO) of the United Nations, FAOSTAT Agricultural Data (1990–2000) Agricultural Production, Live Animals, Livestock Primary, World, Developed Countries, Developing Countries. Disponível em http://www.apps.fao.org. (j) A. Garg *et al.* (2001). "Regional and sectoral assessment of greenhouse gas emissions in India". *Atmospheric Environment* 35:2679–2695.

fósseis e produção de cimento e 136 + 55 Gt de desmatamento. A soma dessas duas contribuições excede o acúmulo atmosférico em aproximadamente 230 Gt, dos quais metade foi absorvida pelos oceanos e metade pelo ecossistema terrestre. Portanto, parece ter havido uma pequena perda de vegetação da terra (desmatamento menos absorção) de prováveis 20 Gt.

Avaliar o futuro do armazenamento de carbono biosférico é crucial para se prever os níveis de CO_2 atmosférico, mas esse assunto está crivado de incertezas. O armazenamento poderia aumentar por causa do efeito de fertilização do CO_2. No laboratório, as plantas expostas a CO_2 elevado demonstram crescimento intensificado. No campo, entretanto, o CO_2 pode não ser o nutriente limítrofe. O suprimento de nitrogênio, fósforo ou água pode não suportar o aumento na produção de biomassa. As experiências em que pequenas áreas de florestas naturais são expostas a CO_2 elevado (de torres vizinhas) apresentaram pouca variação em biomassa em vários anos. Além disso, temperaturas mais elevadas podem aumentar a taxa de respiração (por intermédio de taxas metabólicas maiores de micróbios) mais rapidamente do que a taxa de fotossíntese, portanto o aquecimento global poderia deslocar o equilíbrio no sentido de respiração e perda líquida de carbono. Finalmente, se o aquecimento global alterar as zonas climáticas, as florestas podem ser incapazes de se adaptar, principalmente se a alteração for rápida; novamente o resultado pode ser a perda de biomassa. Essas questões estão atualmente sob intenso escrutínio.

FIGURA 6.17

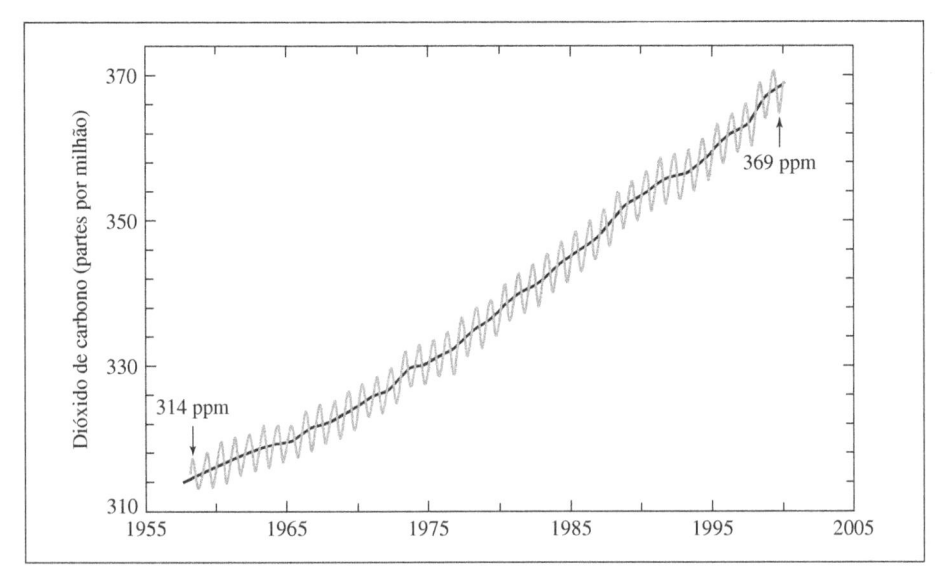

Aumento na concentração atmosférica de dióxido de carbono entre 1958 e 2000 em Mauna Loa, Havaí. O dióxido de carbono é absorvido pela fotossíntese no verão, produzindo as oscilações anuais observadas na concentração.

Fonte: C. D. Keeling et al. Scripps Institution of Oceanography, La Jolla, Califórnia (anterior a 1974); National Oceanic and Atmospheric Administration, Washington, DC (a partir de 1974).

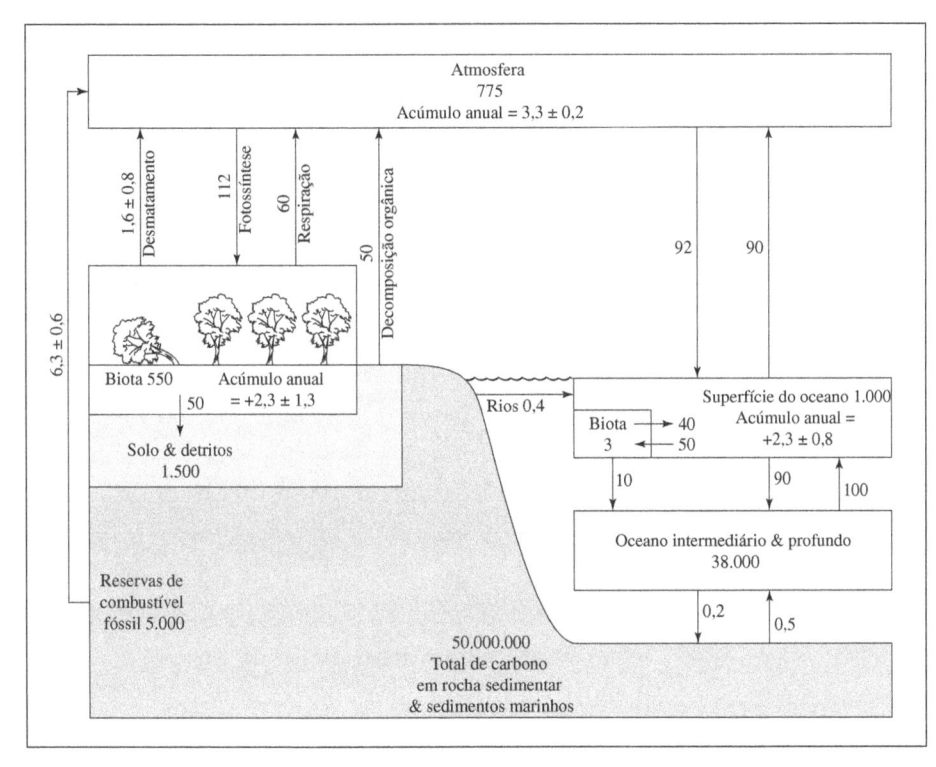

FIGURA 6.18

O ciclo do carbono (em Gt C para os reservatórios; Gt C/ano para os fluxos). O acúmulo anual líquido em biota é a diferença entre o acúmulo aumentado de biomassa (2,3 ± 1,3 Gt C/ano) e o desmatamento (1,6 ± 0,8 Gt C/ano), que equivale a cerca de +0,7 Gt C/ano.

Fontes: Adaptado do Carbon Dioxide Information Analysis Center (2000). *Global Carbon Cycle (1992–1997)* (Oak Ridge National Laboratory, U.S. Department of Energy). Disponível em http://cdiac.esd.ornl.gov; Intergovernmental Panel on Climate Change (IPCC) (2000). *Summary for Policymakers, Land Use, Land-Use Change, and Forestry* (Genebra, Suíça: World Meteorological Organization/United Nations Environment Programme).

6.4 | *Modelagem climática*

A temperatura média global aumentou em 0,6 °C ± 0,2 °C desde o final do século XIX (veja a Figura 6.19). Isso se deve à atividade humana? Ou faz parte da variação natural? Se a temperatura na Terra for rastreada por períodos mais longos, empregando-se várias técnicas geofísicas bem como registros fósseis, será constatada enorme variação na temperatura. Essas variações são ilustradas na Figura 6.20. O gráfico à esquerda mostra que, nas últimas centenas de anos, a temperatura flutuou mais de 1 °C. As temperaturas declinaram desde cerca de 1400 a 1850, um período conhecido como Pequena Idade do Gelo na Europa.

Flutuações muito maiores ocorreram por um período de centenas de milhares de anos (veja o gráfico da Figura 6.20 b). Elas refletem as eras glaciais globais, a última das quais atingiu sua temperatura mais baixa aproximadamente 20.000 anos atrás.

O que causou essas oscilações de temperatura? Essa questão continua sob intensa discussão, mas há forte indício da influência do efeito estufa pela variação no teor de CO_2 e CH_4 encontrado nas bolhas de ar aprisionadas no lençol de

FIGURA 6.19

Temperaturas globais médias entre 1860 e 2000. A linha de tendência é filtrada para atenuar as flutuações anuais de temperatura.

Fonte: A Report of Working Group I of the Intergovernmental Panel on Climate Change (IPCC) (2000). *Summary for Policymakers* (Genebra, Suíça: World Meteorological Organization/United Nations Environment Programme).
Disponível em http://www.unep.ch/ipcc/pub/spm22-01.pdf.

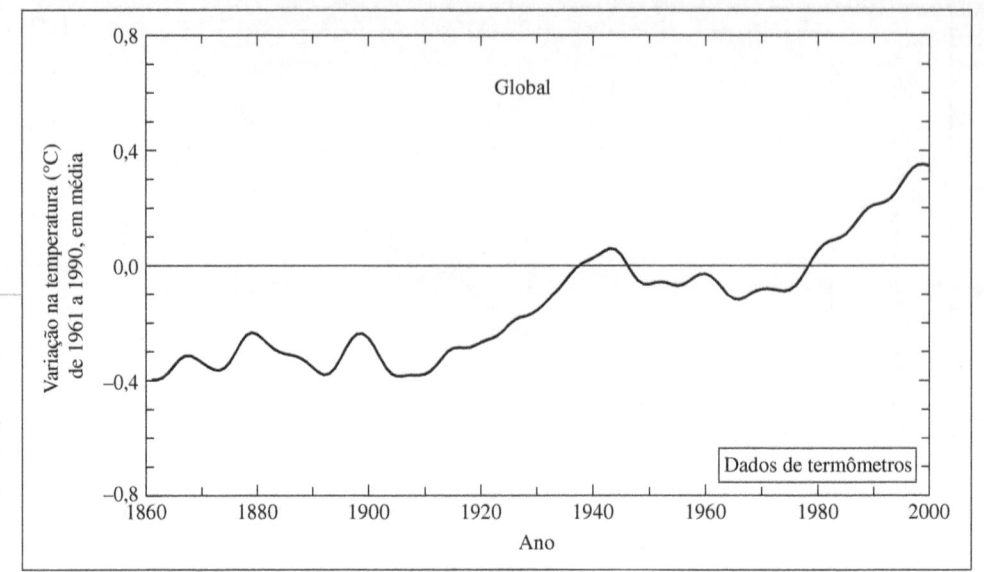

FIGURA 6.20

Flutuações naturais de longo prazo na temperatura da Terra.

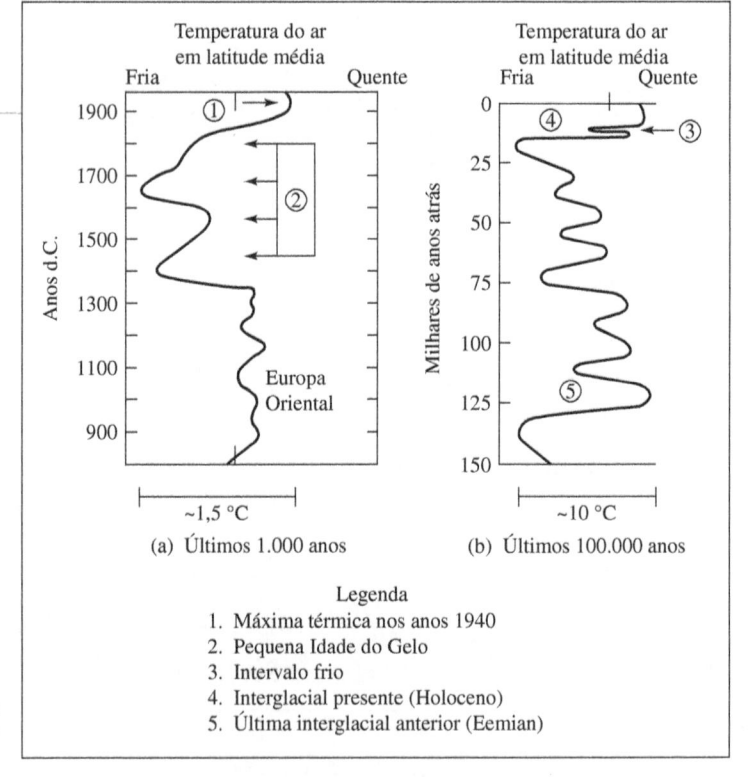

Fonte: National Research Council (1975). *Understanding Climatic Change, a Program for Action* (Washington, DC: National Academy Press).

gelo da Antártida. O registro hoje retrocede aos últimos 150.000 anos; como indica a Figura 6.21, a temperatura está notavelmente bem relacionada com os níveis de CO_2 e CH_4. Picos e depressões nos registros de temperatura e gases do efeito estufa se alinham muito bem. Evidentemente, uma correlação não estabelece causa e efeito. É possível que altas temperaturas tenham induzido a elevação nos níveis de CO_2 e CH_4, em vez de vice-versa, ou que algum outro fator tenha induzido variações semelhantes em todas as três variáveis. Entretanto, descobriu-se que um período de aquecimento intenso (incremento de 4 °C a 8 °C na temperatura da água superficial em alta latitude, de acordo com a evidência isotópica) há cerca de 55,5 milhões de anos foi muito provavelmente causado pelo escape de metano dos hidratos em profundos sedimentos oceânicos.[5]

A razão $^{13}C/^{12}C$ de microfósseis em sedimentos datados desse período é estranhamente baixa. Como a fotossíntese discrimina o ^{13}C (o isótopo mais pesado reage mais lentamente quando o CO_2 é processado pelas enzimas da planta), o CO_2 atmosférico possui uma razão $^{13}C/^{12}C$ mais elevada do que a matéria da planta ou os seus produtos. Portanto, a baixa razão $^{13}C/^{12}C$ em

---

[5] M. E. Katz, D. K. Pak, G. R. Dickens e K. G. Miller (1999). "The source and fate of massive carbon input during the latest Paleocene thermal maximum". *Science* 286:1531–1533.

FIGURA 6.21

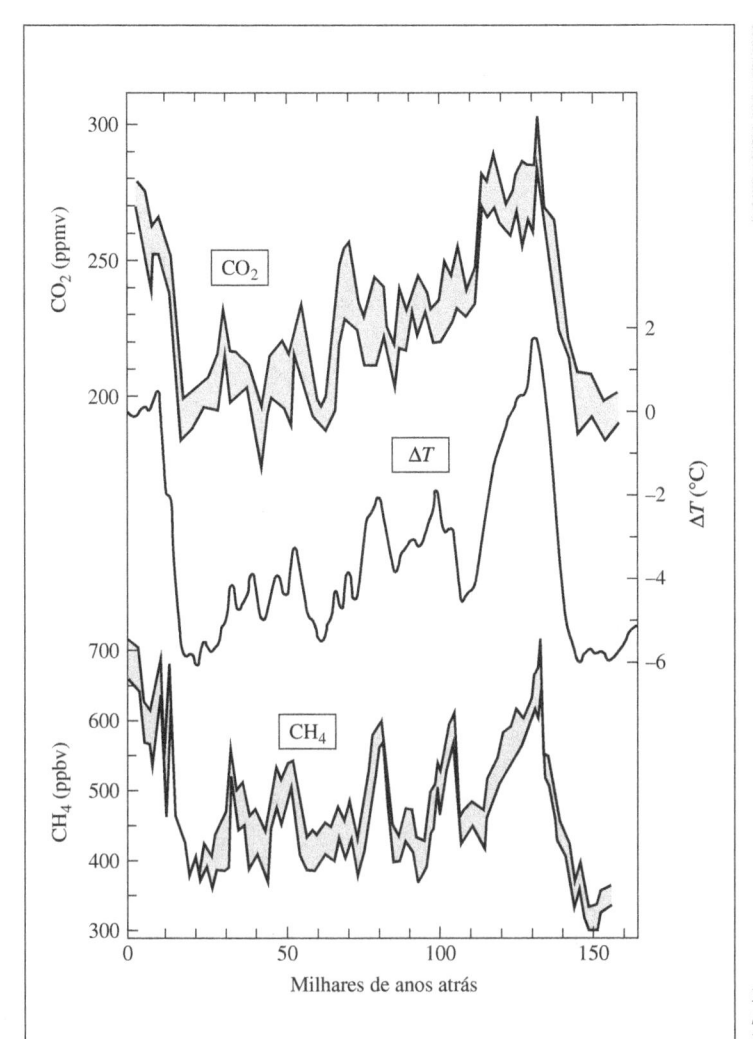

Registros de núcleos de gelo da Antártida da temperatura atmosférica local e as concentrações de ar correspondentes de dióxido de carbono e metano nos últimos 160.000 anos.

Fonte: J.T. Houghton *et al.*, eds. (1990). *Climate Change: The IPCC Scientific Assessment* (Cambridge, U.K.: Cambridge University Press).

fósseis de 55,5 milhões de anos indica uma injeção maciça de carbono biogênico na atmosfera nessa época. As evidências de desmoronamento maciço de sedimentos sustentam a visão de que esse carbono se originou do metano sedimentar, liberado do hidrato de metano em decorrência de uma elevação da temperatura nas profundezas do oceano, possivelmente relacionada à atividade vulcânica. A quantidade de metano necessária para provocar a redução observada na razão $^{13}C/^{12}C$ é muito grande, cerca de 10^{18} g; ele teria sido convertido em CO_2 na atmosfera, e os dois gases juntos teriam ocasionado um pronunciado agravamento do efeito estufa. O registro de fósseis indica a extinção de muitas espécies marinhas nessa época, bem como a rápida evolução na terra de novas espécies animais, incluindo os primatas (a liberação de metano em baixos índices persiste atualmente em condutos vulcânicos no fundo do mar, mas o metano é consumido por microorganismos e depositado como $CaCO_3$, geralmente em 'chaminés' de calcário).

Em razão da variabilidade climática no passado, prever os efeitos das atividades humanas sobre climas futuros é uma tarefa arriscada. Também se trata de um desafio importante, que os cientistas da atmosfera tentam enfrentar calculando as variações climáticas por meio de modelos de circulação global (GCMs, do inglês, *global circulation models*). A idéia geral por trás desses modelos é aplicar as leis da física à atmosfera e aos oceanos e utilizar os insumos de energia com origem no Sol para predizer a dinâmica de parcelas de ar ao redor do globo. O sistema é extremamente complicado e exige muitas aproximações, mesmo com os mais potentes supercomputadores. Há também dificuldades conceituais, tais como determinar o papel de aerossóis e nuvens, incluindo as incontáveis reações químicas na atmosfera, além de descrever as trocas químicas com o oceano e a biosfera.

Como um esforço para obter consenso com base na melhor informação científica, o *Intergovernmental Panel on Climate Change* (*IPCC*) foi estabelecido em 1988 em conjunto com o World Meteorological Organization (WMO) e o United Nations Environment Programme (UNEP). Mais de 300 cientistas de 26 nações participaram da avaliação científica da variação climática. O primeiro relatório do IPCC, *Climate Change* (1990), foi atualizado duas vezes, e a mais recente edição foi publicada em 2001. Suas projeções estimam concentrações atmosféricas de CO_2 elevando-se em uma faixa entre 540 pp e 940 pp, por volta do ano 2100. As faixas para CH_4 e N_2O são, respectivamente, 1.580 ppb a 3.750 ppb e 350 ppb a 460 ppb. O correspondente aumento na temperatura média global é projetado na faixa de 1,4 °C a 5,8 °C (veja a Figura 6.22).

FIGURA 6.22

A área sombreada indica a faixa de aumento na temperatura global de 2000 a 2100, com base nos diferentes cenários desenvolvidos pelo Intergovernmental Panel on Climate Change. As projeções superiores representam cenários em que o carvão continua a fornecer uma grande parcela do suprimento de energia, a implementação de eficiência energética é lenta, florestas continuam a ser devastadas e as fontes de energia alternativa suprem uma quantidade relativamente baixa da energia total. As projeções inferiores supõem alta eficiência energética, preservação de florestas tropicais e uma transferência significativa para energia renovável e nuclear no início do século XXI.

Fonte: A Report Accepted by Working Group I of the Intergovernmental Panel on Climate Change (IPCC) (2000). *Technical Summary* (Genebra, Suíça: World Meteorological Organization/United Nations Environment Programme). Disponível em http://www.unep.ch/ipcc/pub/wg1TARtechsum.pdf.

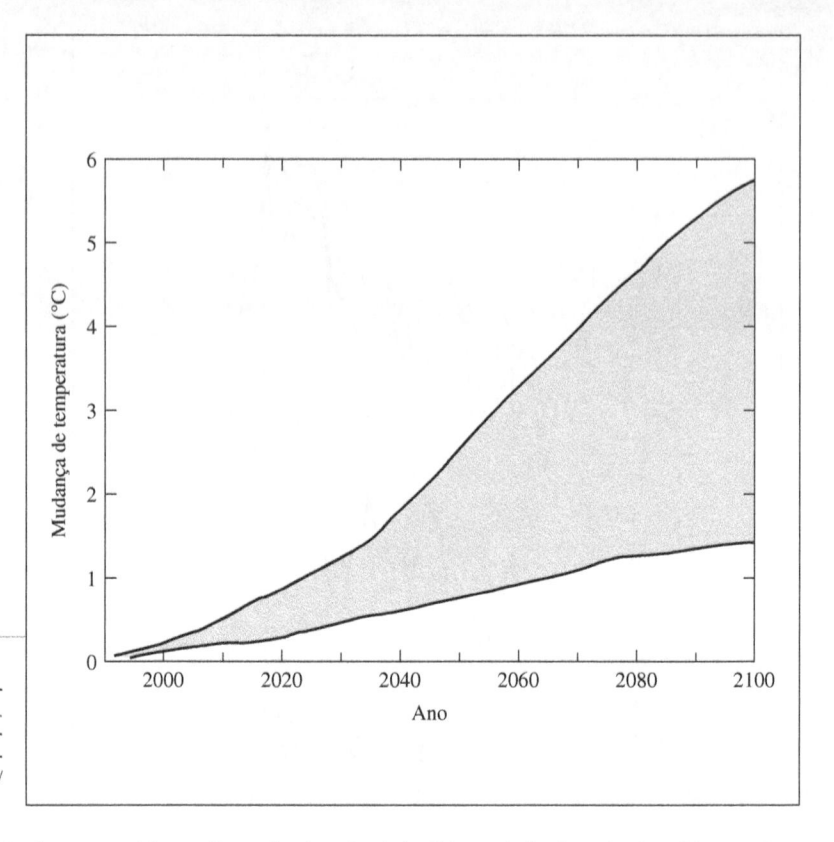

Essas altas variações de temperatura não foram sentidas na Terra desde o final da última idade do gelo. Os efeitos seriam profundos. Em razão tanto da expansão de água por causa do aquecimento quanto do derretimento das geleiras nas montanhas, o nível do mar subiria, inundando as zonas costeiras baixas, onde uma parcela significativa da população humana vive atualmente. Modelos computadorizados sugerem um incremento de 0,1 a 0,9 metro no decorrer do próximo século (vale notar que o derretimento do gelo ártico não afetaria o nível do mar porque a maior parte dele está flutuando sobre a água. Os lençóis de gelo muito mais espessos da Antártida repousam sobre a terra, mas se considera improvável que derretam, a menos que a temperatura suba bem mais do que a previsão atual).

É provável também que a temperatura crescente provoque seca no interior dos continentes, ao passo que aumente o índice de precipitação nas regiões próximas ao mar aberto. Os gradientes resultantes de temperatura provavelmente agravarão a intensidade das tempestades. A avaliação do IPCC 2001 considera 'muito provável' que haja temperaturas máximas mais elevadas e mais dias quentes em quase todas as áreas terrestres, bem como temperaturas mínimas mais altas e menos dias frios e geadas. Eventos de precipitação intensa sobre muitas áreas também são 'muito prováveis', e a perspectiva de maior risco de seca na maior parte do interior continental de latitude média está na categoria do 'provável'.

Além disso, a elevação da temperatura média acarretaria a migração das zonas climáticas para flora e fauna em direção aos pólos. Essas migrações implicariam grandes readequações da agricultura. Florestas poderiam ser devastadas se a taxa de mudança climática superasse o ritmo em que as espécies florestais fossem capazes de migrar.

Existe também a preocupação da disseminação de doenças tropicais, à medida que os vetores de insetos ampliam sua abrangência. Não só a magnitude da mudança projetada é maior do que a sofrida pela recente história da Terra, mas também a velocidade da mudança não tem precedentes.

Evidentemente, as projeções computadorizadas podem estar erradas, mas a confiança em sua credibilidade aumenta cada vez mais, em conseqüência aos avanços na modelagem climática do passado recente e mais distante. Por exemplo, tornou-se possível reproduzir as variações térmicas dos últimos 150 anos de forma bastante acurada (veja a Figura 6.23 a, b, c) e separar os forçamentos radioativos naturais dos antropogênicos no modelo. Havia dúvida sobre a contribuição humana para o atual aumento na temperatura por causa de um pico térmico em meados do século XX, antes que as emissões antropogênicas de efeito estufa fossem consideráveis. Na modelagem, constatou-se que esse pico estava associado a uma redução na atividade vulcânica. A modelagem separada dos forçamentos natural e antropogênico, além da qualidade da consistência dos dados quando combinados, deixa pouca dúvida de que a atual elevação de temperatura é de fato resultante da atividade humana. As questões que persistem sobre a adequação dos modelos computadorizados recaem sobre a incapacidade de reproduzir as grandes oscilações de temperatura das idades do gelo.

Os mecanismos fundamentais dessas grandes variações ainda não são compreendidos, mas tem havido progresso na simulação de alguns aspectos climáticos do passado.

FIGURA 6.23

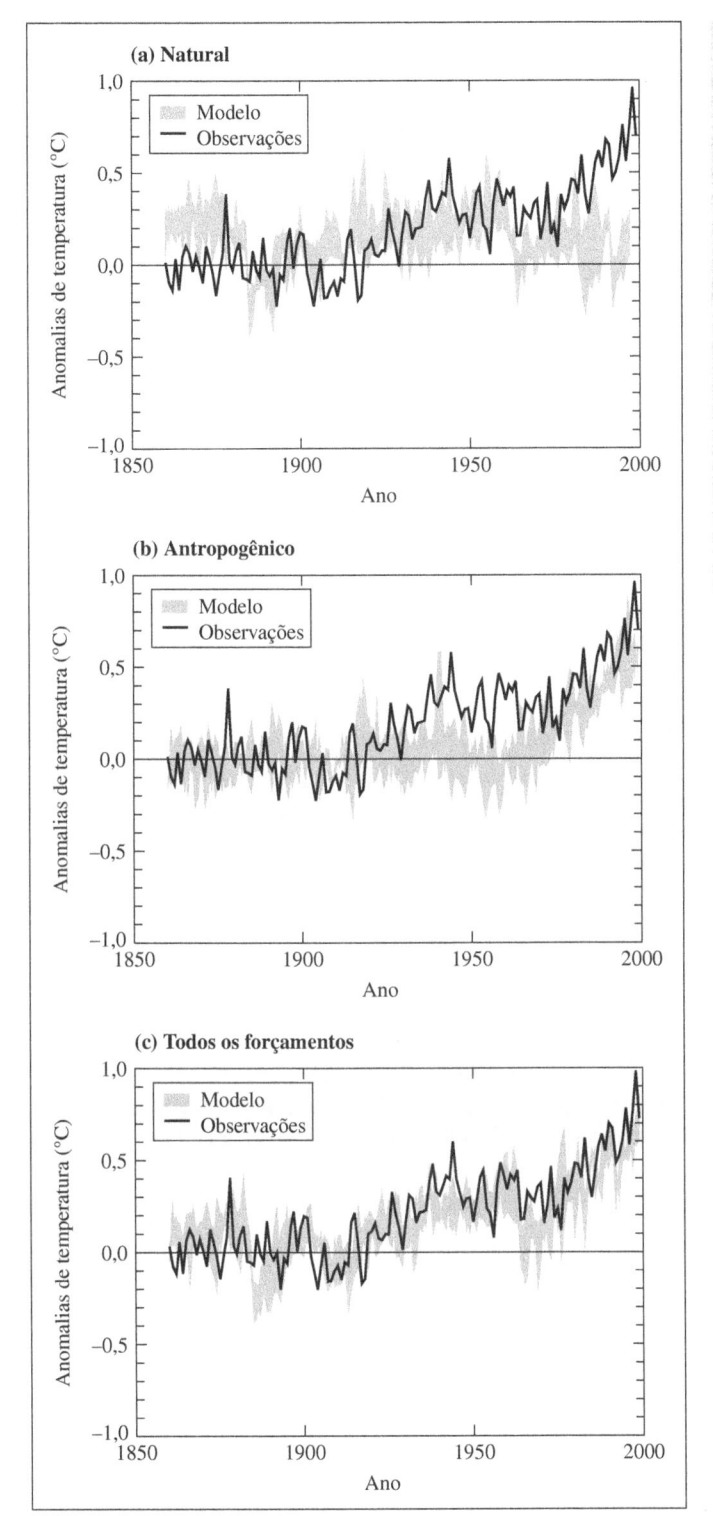

Simulações de temperaturas de superfície médias anuais globais. a) Modelo de forçamentos naturais: variação solar e atividade vulcânica; b) modelo de forçamentos antropogênicos: gases do efeito estufa e estimativa de aerossóis sulfato; c) modelo misto de forçamento natural e antropogênico. Pelo item (b), pode-se observar que a inclusão de forçamentos antropogênicos fornece uma explicação plausível para uma parcela considerável das variações térmicas observadas no século passado, mas a melhor combinação entre as observações é obtida no item (c), quando ambos os fatores, natural e antropogênico, são inclusos. Esses resultados mostram que os forçamentos considerados são suficientes para explicar as variações observadas, mas não excluem a possibilidade de outros forçamentos também terem contribuído.

Fonte: A Report of Working Group I of the Intergovernmental Panel on Climate Change (IPCC) (2000). *Summary for Policymakers* (Geneva, Switzerland: World Meteorological Organization/United Nations Environment Programme). Disponível em http://www.unep.ch/ipcc/pub/spm22-01.pdf.

6.5 Acordos internacionais sobre os gases do efeito estufa

O aquecimento global é um problema de dimensões sem precedentes para a sociedade humana, e a discussão sobre o que fazer só poderia ser longa e suscetível a animosidades. Deter a onda de elevação nos níveis de gases do efeito estufa (GHG, do inglês, *greenhouse gas*) exigirá mudanças profundas em muitos países, com conseqüências incertas para a economia deles. A escala do problema está ilustrada na Figura 6.24, que projeta as trajetórias das concentrações atmosféricas de CO_2 (que é o gás de efeito estufa antropogênico predominante) para vários níveis de emissões de carbono. Mesmo que as emissões anuais de

FIGURA 6.24

Cenários de emissões de gás estufa; dependência dos níveis de estabilização de longo prazo de CO^2 atmosférico em relação ao tempo e à magnitude dos picos nas emissões de carbono. A linha tracejada indica as emissões registradas em 1990, o parâmetro para as reduções de emissões no Protocolo de Kyoto sobre Mudança Climática.

Fonte: adaptado de Wigley *et al.* (1996). "Economic and environmental choices in the stabilization of atmospheric CO_2 emissions". *Nature* 379:240–243. Copyright© 1996 by Nature, reprodução autorizada por *Nature* e autores do artigo.

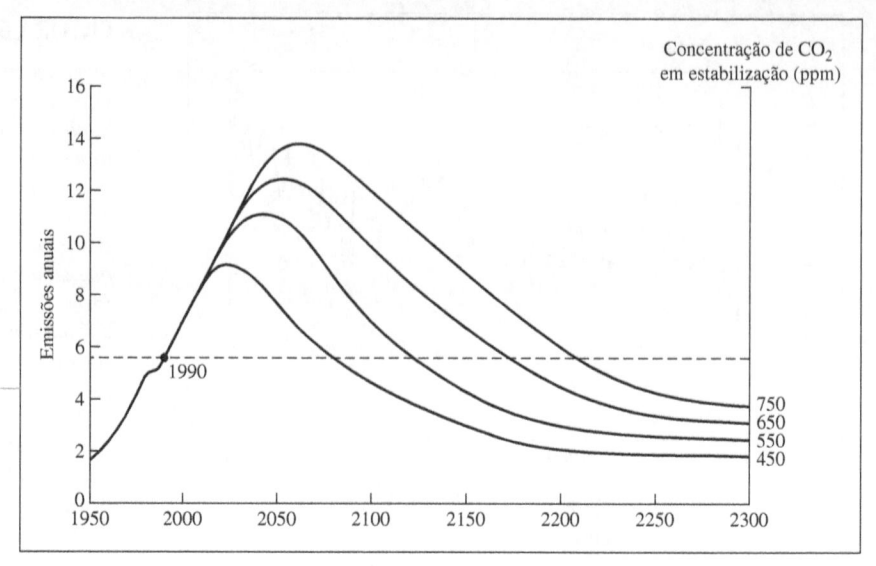

CO_2 atingissem o pico de 9 Gt nos próximos 20 anos e a seguir declinassem para 2 Gt (o nível registrado em 1950) nos próximos dois séculos, a concentração estabilizada de CO_2 ainda atingiria 450 ppm, nível em que permaneceria por centenas de anos mais (misturando os tempos dos oceanos). A estabilização das concentrações de CO_2 em 550 ppm, cerca do dobro do seu nível pré-industrial de 280 ppm e um parâmetro comum nas discussões sobre aquecimento global, exigiria uma redução por todas as nações de 60% do nível de 1990. Isso é bem mais do que os cortes atualmente contemplados nas negociações internacionais.

Reconhecendo a gravidade do problema, os países industrializados assinaram a Convenção de Mudança Climática na Cúpula da Terra (*Earth Summit*), realizada no Rio de Janeiro. A convenção convocava para a redução de emissões de GHGs para os níveis de 1990 até o ano 2000, mas não era compulsória e não tinha impacto sobre emissões subseqüentes, que aumentaram gradualmente no decorrer dos anos 1990 (veja a Figura 6.24). Contudo, ela efetivamente preparou o cenário para negociações internacionais posteriores, culminando no Protocolo de Kyoto, em 1997. A meta então era reduzir as emissões de GHG a 5% abaixo dos níveis de 1990 por volta de 2008 a 2012, e metas específicas foram definidas por país. Aos maiores emissores – Estados Unidos, Japão e Europa – foram atribuídas as maiores reduções, de 6% a 8% – e os países menos desenvolvidos foram isentados.

O protocolo permitiu que as metas pudessem, de certa forma, ser atingidas por meio da negociação de emissões, embora um sistema para esse fim ainda não esteja especificado. A negociação de emissões funcionou bem na redução do custo de controle de SO_2 das usinas de energia elétrica norte-americanas, mas a negociação das emissões de GHG nas fronteiras internacionais será uma tarefa bem mais complexa. O protocolo também estabeleceu um Mecanismo de Desenvolvimento Limpo (*Clean Development Mechanism*), pelo qual os países desenvolvidos poderiam obter créditos de GHG ao investir em projetos de redução desse gás (por exemplo, plantio de árvores) em países menos desenvolvidos. Persiste ainda considerável controvérsia sobre até que ponto as metas podem ser atingidas por esses mecanismos 'ditados pelo mercado', em contraposição à efetiva redução nas emissões.

A questão mais polêmica é a contagem da absorção pela biosfera como crédito de GHG. Os Estados Unidos, com uma vasta área terrestre e evidências de considerável absorção de CO_2 por sua vegetação, reivindicaram um crédito no valor de aproximadamente 20% da sua meta, reivindicação essa rejeitada pelos países europeus, que desejam que o protocolo se concentre exclusivamente na redução de emissões.

O destino do Protocolo de Kyoto é atualmente duvidoso, considerando-se que o presidente dos Estados Unidos, George W. Bush, o rejeitou abertamente, argumentando que prejudicaria indevidamente a economia norte-americana. Apesar disso, há considerável apoio à restrição aos GHGs nos Estados Unidos, bem como em outros lugares. Por exemplo, a cidade de Seattle anunciou que vai superar as metas de Kyoto para redução de CO_2 ao melhorar a eficiência energética, promover as energias renováveis, reduzir o tráfego, reciclar materiais e calor de resíduos industriais e plantar árvores.

A União Européia está comprometida com a manutenção da meta de redução do Protocolo de Kyoto (8% até 2008 a 2012). A Grã-Bretanha, historicamente um alto emissor de CO_2, já registra uma redução de 7% em 1999, em relação a 1990, graças em grande parte à substituição do carvão pelo gás natural. Várias empresas de grande porte estabeleceram metas de redução de energia e/ou GHG. Até na indústria petrolífera, que liderou a oposição política ao Protocolo de Kyoto, a BP Corp. rompeu o padrão e anunciou sua própria meta de redução de GHG, implementada por um programa de negociação de emissões dentre as unidades da empresa. A Ford anunciou que vai voluntariamente aprimorar a economia de combustível de seus modelos utilitários.

Cresce, portanto, o impulso para um esforço concentrado em relação ao aquecimento global. Entretanto a tarefa é enorme e permanecerá conosco por muito tempo.

7 A química do oxigênio

A reatividade do oxigênio é o fator de controle na química da atmosfera e da crosta terrestre. O oxigênio elementar é ávido por elétrons: dentre os elementos, somente o flúor possui eletronegatividade mais alta. Por conseguinte, o oxigênio se combina com a maioria dos demais elementos para formar óxidos estáveis (veja a Figura 7.1). Os óxidos sólidos de ferro, alumínio, magnésio, cálcio, carbono e silício compõem a crosta terrestre, enquanto os oceanos estão repletos de óxido de hidrogênio. A atmosfera contém óxidos voláteis, principalmente dióxido de carbono e dióxido de enxofre. O único elemento comum estável na presença do oxigênio é o nitrogênio. A ligação entre dois átomos de nitrogênio é tão forte que converter N_2 em qualquer dos óxidos de nitrogênio consome considerável energia. Contudo, os óxidos de nitrogênio, N_2O, NO e NO_2, são encontrados na atmosfera porque, uma vez formados, são reconvertidos apenas muito lentamente em N_2 e O_2.

7.1 Óxido de nitrogênio: energia livre

As tendências de estabilidade de óxidos atmosféricos podem ser medidas com base em entalpias-padrão e energias livres de formação relacionadas na Tabela 7.1. A entalpia-padrão é o calor liberado ou absorvido sob condições-padrão (25 °C e 1 atmosfera de pressão), quando o composto é formado com base nos elementos que definem o zero da escala de entalpia-padrão. Os valores negativos significam que calor é liberado, e os valores positivos significam que calor é absorvido. Todos os valores de entalpia são fortemente negativos, exceto para NO, NO_2 e O_3, que apresentam valores positivos. A energia livre expressa a posição de equilíbrio para a reação de formação [Equação (7.7)], e é a real medida de estabilidade. Ela difere da entalpia em consequência da variação da entropia da reação (veja Fundamentos 5.2).

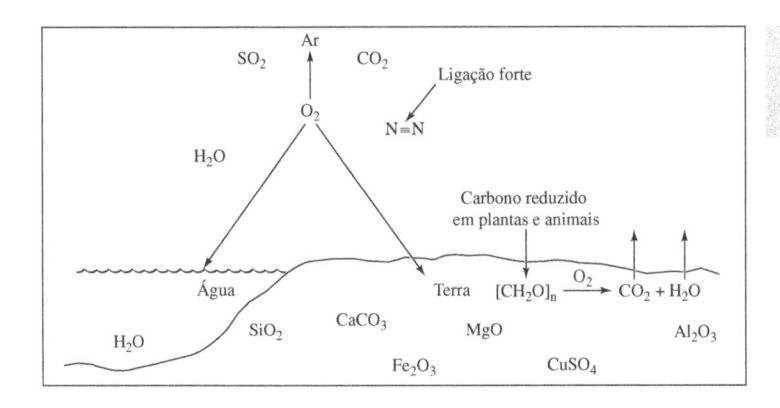

FIGURA 7.1

A maioria dos elementos, exceto o nitrogênio, é estável como óxidos.

TABELA 7.1 *Entalpias padrão (25 °C) e energias livres de formação para alguns compostos atmosféricos (kJ).*

	ΔH_0	ΔG_0
O_3	142,2	163,4
CO_2	−393,4	−394,3
CO	−110,5	−137,2
NO	90,4	86,7
NO_2	33,8	51,8
HNO_3 (aq)	−206,5	−110,5
SO_2	−296,8	−300,3
SO_3	−395,1	−370,3
H_2SO_4 (aq)	−907,3	−741,8
H_2O (g)	−241,8	−228,6
H_2O (l)	−285,7	−237,2

Contudo, a contribuição da entropia para a energia total não é grande para essas reações, e as tendências da energia livre se assemelham às tendências da entalpia. Todas as variações da energia livre são negativas, implicando que a formação do composto é favorecida no equilíbrio, exceto para NO, NO_2 e O_3. Para estes, a variação da energia livre é positiva; conseqüentemente, quando em equilíbrio, eles são geralmente decompostos de volta aos elementos.

a. Energia livre e constante de equilíbrio.
Em Fundamentos 5.2, a variação da energia livre ΔG foi introduzida como a quantidade máxima de energia útil que pode ser extraída de uma reação química, e, em Estratégias 6.1, ela serviu para descrever a energética da formação dos pingos de chuva. Agora introduzimos um atributo fundamental de ΔG, ou seja, que ela determina a posição de equilíbrio da reação ou até que ponto ela prossegue em direção aos produtos ou aos reagentes.

Se tivermos uma reação

$$A + B \rightleftharpoons C + D \qquad 7.1$$

e misturarmos os reagentes, o ponto até o qual a reação prossegue é regido por uma *constante de equilíbrio*,

$$K = (C)(D)/(A)(B) \qquad 7.2$$

onde (A), (B), (C) e (D) são as concentrações das moléculas dos reagentes e do produto. É evidente que, quanto maior for K, maiores serão as concentrações de C e D, em relação a A e B. A posição de equilíbrio se aproxima dos produtos se K é grande; e se aproxima dos reagentes se K é pequeno. O equilíbrio pressupõe que a reação pode seguir em qualquer direção e que tempo suficiente decorreu, de modo que não há mais variação nas concentrações.

O tempo necessário para se atingir o equilíbrio depende das velocidades de reação. A velocidade da reação direta

$$A + B \rightarrow C + D \qquad 7.3$$

pode ser expressa como

$$\text{velocidade}_f = k_f(A)(B) \qquad 7.4$$

onde k_f é a *constante de velocidade* da reação. As concentrações do reagente são multiplicadas juntas porque a probabilidade de um encontro entre uma molécula A e uma molécula B aumenta assim como o produto das concentrações. k_f expressa a probabilidade de que uma reação ocorra durante um encontro. Há uma taxa correspondente para a reação inversa

$$C + D \rightarrow A + B \qquad 7.5$$

$$\text{velocidade}_r = kr(C)(D) \qquad 7.6$$

Assim que alguns C ou D são formados, eles podem começar a reagir novamente para fornecer A e B. O equilíbrio é estabelecido quando as duas taxas se igualam, após o que não há nenhuma variação nas concentrações. Pode-se, então, igualar os lados direitos das equações (7.4) e (7.6):

$$k_f(A)(B) = k_r(C)(D)$$

que, após o rearranjo, é igual à Equação (7.2); e reconhecemos que a constante de equilíbrio é a razão entre as constantes de velocidade direta e inversa:

$$K = k_f/k_r$$

A relação termodinâmica entre a constante de equilíbrio e a variação da energia livre é:

$$\Delta G = -RT \ln K \qquad 7.7$$

onde ln representa o logaritmo natural e R é uma constante universal (chamada de *constante de gás*). Seu valor corresponde a 8,314 J/K. É conveniente usar base-dez em vez de logaritmos naturais; e o fator entre os dois é igual a 2,303. Logo:

$$\Delta G = -RT(2,303) \log K = -19,15T (\log K) \text{ joules}$$

À temperatura ambiente, 25 °C (298 K), ΔG = –5.706 log K J ou –5,7 log K kJ. Assim, cada aumento de um fator dez em K corresponde a um adicional de 5,7 kJ na mudança na energia livre. Uma vez que conhecemos a magnitude de K, temos uma medida quantitativa da posição do equilíbrio. Para dadas quantidades de reagentes, podemos calcular as quantidades de produtos e vice-versa.

Resolução de problema 7.1 — Concentração atmosférica de NO

A concentração de NO na atmosfera varia amplamente em função de local e horário; a fração média é de aproximadamente 10^{-4} ppm. Como isso se relaciona com a concentração de equilíbrio esperada ao nível do mar, sob a temperatura-padrão de 25 °C?

NO é produzido a partir de N_2 e O_2 atmosféricos por meio de

$$N_2 + O_2 \rightleftharpoons 2NO \qquad \textbf{7.8}$$

Para calcular a concentração de equilíbrio de NO, usamos a equação da constante de equilíbrio [veja a Equação (7.2)]

$$K = (NO)^2/(N_2)(O_2) \qquad \textbf{7.9}$$

A concentração de NO é elevada ao quadrado porque duas moléculas de NO são produzidas na reação. As concentrações de N_2 e O_2 na atmosfera são conhecidas, portanto, podemos solucionar para (NO):

$$(NO) = [K(N_2)(O_2)]^{1/2} \qquad \textbf{7.10}$$

Expressamos a concentração de gases em termos de sua pressão parcial, em atmosferas (atm). A concentração das moléculas de ar no nível do mar é de 1 atm e, como a atmosfera se compõe 78% de N_2 e 21% de O_2, suas concentrações são $(N_2) = 0{,}78$ atm e $(O_2) = 0{,}21$ atm. Necessitamos somente do valor de K para completar o cálculo. Isso se obtém com base na variação da energia livre na reação, que é o dobro da energia livre molar-padrão do NO (veja a Tabela 7.1), porque dois mols de NO são produzidos:

$$2 \times 86{,}7 \text{ kJ} = 173{,}4 \text{ kJ}$$

Relembrando a Equação (7.7) de Fundamentos 7.1, $\Delta G = -RT \ln K$; como $T = 298$ K e R = 8,314 J/K, temos:

$$\ln K = 2{,}303 \log K = \frac{-173{,}4 \times 10^3 \text{ J}}{8{,}314 \text{ J/K} \times 298 \text{ K}}$$

ou

$$\log K = -30{,}4 \text{ e } K = 10^{-30{,}4}$$

Agora substituímos a Equação (7.10) para obter

$$(NO) = (10^{-30{,}3} \times 0{,}78 \times 0{,}21)^{1/2} = 10^{-15{,}5} \text{ atm}$$

Uma forma fácil de obter esse resultado consiste em tomar logaritmos de 0,78 e 0,21, acrescentá-los ao expoente de K e dividir o total por 2.

Mas a concentração média de NO ao nível do mar é igual a 1 atm $\times 10^{-4} \times 10^{-6} = 10^{-10}$ atm, um número muito maior. É evidente que NO não está em equilíbrio com N_2 e O_2.

---

b. Energia livre e temperatura. A variação da energia livre de uma reação varia de acordo com a temperatura em virtude da contribuição da entropia. Relembrando (veja Fundamentos 5.2) que

$$\Delta G = \Delta H - T\Delta S \qquad \textbf{5.12}$$

observamos que elevar a temperatura aumenta a diferença entre ΔH e ΔG. Relembrando também que

$$\Delta G = -RT \ln K \qquad \textbf{7.7}$$

podemos escrever

$$\ln K = -\Delta H/RT + \Delta S/R \qquad \textbf{7.11}$$

Se ΔH for negativo (reação *exotérmica*), ln K será positivo (a menos que ΔH seja superado por um ΔS negativo), implicando que os produtos serão favorecidos em detrimento dos reagentes. Mas, à medida que a temperatura aumenta, ln K torna-se menos positivo, significando que produtos e reagentes estão mais equilibrados. Isso faz sentido, porque acrescentar calor a uma reação que já está produzindo calor tenderá a favorecer a reação inversa. De modo análogo, se ΔH for positivo (reação *endotérmica*), ln K será negativo, favorecendo os reagentes em detrimento dos produtos, mas elevar a temperatura torna ln K menos negativo. Acrescentar calor a uma reação que absorve calor tenderá a aproximá-la dos produtos. Seja qual for o caso, o efeito da elevação da temperatura é gerar uma distribuição mais equilibrada entre produtos e reagentes.

Se a constante de equilíbrio for conhecida a uma temperatura-padrão T_0 (geralmente 25 ºC), ela poderá ser calculada em qualquer outra temperatura com origem na variação na entalpia,

$$\ln K - \ln K_0 = (1/T_0 - 1/T)\Delta H/R \qquad \textbf{7.12}$$

contando que ΔH não dependa da temperatura (trata-se de uma boa premissa para reações na fase gasosa, mas não necessariamente para reações em solução, nas quais as interações das moléculas com o solvente podem variar de acordo com a temperatura e afetar ΔH). O novo valor de K pode ser usado para medir a extensão da reação de equilíbrio à temperatura fora do padrão.

Resolução de problema 7.2

NO de alta temperatura

Se um combustível queima no ar, algum NO é produzido. Calcule a concentração de NO em equilíbrio (ao nível do mar) a uma temperatura de 2.000 K.

Novamente, produz-se NO com N_2 e O_2 atmosféricos por meio de

$$N_2 + O_2 \rightleftharpoons 2NO \qquad 7.8$$

para o qual a constante de equilíbrio a 25 °C foi calculada na Resolução de Problema 7.1 em $10^{-30,3}$. Obtém-se ΔH a 25 °C duplicando-se a entalpia molar da formação de NO na Tabela 7.1: $2 \times 90{,}4 = 180{,}8$ kJ. Pela Equação (7.12), obtemos

$$\ln K - \ln 10^{-30,3} = \left(\frac{1}{298} - \frac{1}{2.000} \right) \times \frac{180{,}8}{8{,}314}$$

que fornece $K = 10^{-3,4}$ (note que o valor de K não é muito sensível a quão alta é a elevação da temperatura, contanto que esta seja bem superior a 298 K. 1/2.000 já é um número pequeno se comparado a 1/298).

Esse novo valor de K pode agora ser usado na Equação (7.10) (veja Resolução de Problema 7.1)

$$(NO) = [K(N_2)(O_2)]^{1/2} \qquad 7.10$$

aplicando as concentrações atmosféricas de N_2 e O_2, para fornecer

$$(NO) = (10^{-3,4} \times 0{,}78 \times 0{,}21)^{1/2} = 10^{-2,1} \text{ atm}$$

Esse valor é 13 ordens de grandeza maior do que o valor a 298! A alta temperatura direcionou o equilíbrio para os produtos em um grau muito significativo.

7.2 Óxidos de nitrogênio: cinética

Em virtude de sua energia livre-padrão positiva, a formação de NO torna-se significativa somente quando o ar está suficientemente aquecido, como nos processos de combustão ou na trajetória dos relâmpagos. Relâmpagos e incêndios florestais são importantes fontes de NO atmosférico, e as contribuições antropogênicas da queima de combustível se comparam às fontes naturais (veja a Figura 15.1).

Quando a temperatura é reduzida, a reversão da reação mostrada na Equação (7.8) deve ocorrer espontaneamente. Quando sai da zona de combustão, o NO fica instável em relação à reconversão em N_2 e O_2. Mas, neste caso, a cinética intervém. As velocidades das reações são também fortemente afetadas pela temperatura. Em geral, quanto maior a temperatura, maior a velocidade. Fora da zona de combustão, a velocidade de decomposição do NO se desacelera. Torna-se tão lenta que outra reação intervém, a saber:

$$2NO + O_2 \rightleftharpoons 2NO_2 \qquad \Delta G_0 = -69{,}8 \text{ kJ} \qquad 7.13$$

Esse valor de ΔG_0 é obtido subtraindo-se a energia livre-padrão de formação do NO daquela do NO_2 e multiplicando-se o resultado por 2). Como ΔG_0 é negativo, essa reação também se processa espontaneamente sob baixas temperaturas e é muito mais rápida do que a reversão da reação (7.8).

O NO_2 é, por sua vez, convertido em HNO_3

$$4NO_2 + O_2 + 2H_2O \rightleftharpoons 4HNO_3 \qquad \Delta G = -239{,}6 \text{ kJ} \qquad 7.14$$

As moléculas de ácido nítrico, por serem higroscópicas, são absorvidas pelos pingos de chuva e levadas da atmosfera. Esse é o mecanismo que remove os óxidos de nitrogênio da atmosfera.

A relação da termodinâmica com a cinética na química atmosférica do NO está diagramada na Figura 7.2. À esquerda está a reação de formação de NO. Como a energia livre de formação é positiva, deve-se prover energia para que a reação prossiga. Mas, além disso, altas temperaturas são necessárias para se atingirem taxas de reação significativas. Esse requisito é capturado no conceito de *energia de ativação*.

Há uma barreira cinética à reação, que deve ser superada pelo insumo adicional de energia. Essa barreira existe tanto no sentido inverso quanto no direto. Conseqüentemente, mesmo que a reação inversa seja altamente exotérmica, ainda assim ela requer alta temperatura para superar a barreira. O lado direito da figura indica a oxidação do NO para NO_2. A energia de ativação para essa reação é inferior à da decomposição de NO. Portanto, ela se dá de forma mais rápida sob baixas tempera-

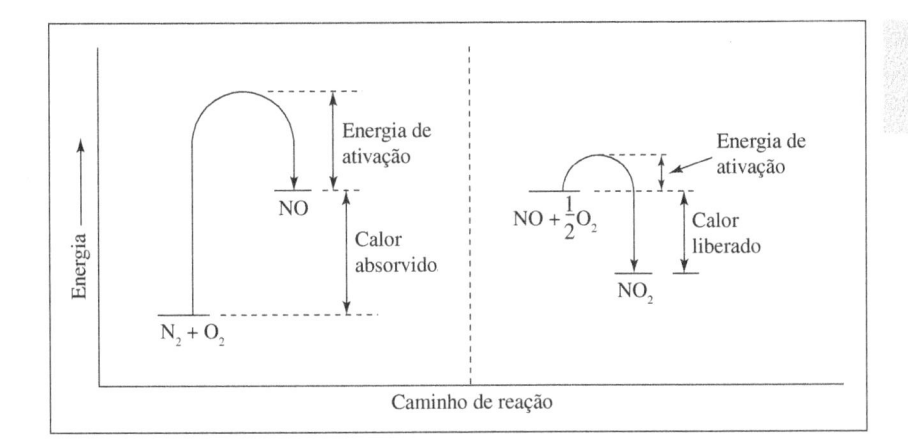

FIGURA 7.2

Perfis energéticos das reações nitrogênio-oxigênio.

turas, muito embora a diferença de energia livre que impulsiona a reação não seja tão grande como é para a decomposição de NO.

O que determina a energia de ativação? Essa questão esmiúça os detalhes de como a reação funciona, seu *mecanismo*. A variação da energia livre não depende do mecanismo. É uma propriedade inerente à natureza química de reagentes e produtos, qualquer que seja o mecanismo de interconversão. Mas a energia de ativação e, portanto, a velocidade de reação, dependem inteiramente do mecanismo. Determinada reação pode ter mais de um mecanismo possível, cada qual com uma energia de ativação diferente. Naturalmente, a reação seguirá pela trajetória de mais baixa energia de ativação.

De modo geral, as reações da fase gasosa são inerentemente lentas porque os mecanismos mais simples disponíveis possuem energia de ativação proibitivamente alta. O mecanismo mais simples consiste em quebrar as ligações das moléculas do reagente e permitir que os átomos formem as novas ligações das moléculas de produto. Na reação representada pela Equação (7.13), por exemplo, vamos imaginar a quebra de uma ligação O—O e duas ligações N—O, para depois rearranjarmos a energia, formando quatro ligações N—O nas duas moléculas NO_2. Contudo, as energias de dissociação de ligações são altas, e a fração de moléculas de reagentes com ligações rompidas é muito pequena, exceto sob temperaturas elevadas. Conseqüentemente, se uma reação ocorre sob temperatura normal, isso deve ocorrer por meio de um mecanismo mais complexo.

Nas reações de fase gasosa, os mecanismos mais importantes envolvem *radicais livres*.

7.3 Reações em cadeia de radicais livres

Os radicais livres são átomos ou moléculas que possuem um elétron desemparelhado. Escrevemos o símbolo químico com um ponto. Por exemplo, o átomo de hidrogênio H• é um radical livre, tal como o radical metila, •CH_3, que resulta da quebra de uma das ligações C—H no metano.

A maioria dos radicais livres é altamente reativa e possui existência efêmera. Como o compartilhamento de elétrons constitui a base da ligação covalente na química, um radical livre pode ganhar energia compartilhando seu elétron com um elétron de outro átomo. Alguns radicais livres, notadamente os óxidos de nitrogênio, são estáveis, porque o elétron sem par reside em um orbital de energia relativamente baixo. Mesmo nesses casos, porém, a reatividade é maior do que em moléculas semelhantes nas quais todos os elétrons são compartilhados.

Um radical livre pode formar uma nova ligação, em detrimento de uma ligação já existente em outra molécula, mas o resultado é a formação de outro radical livre, porque ainda existe um elétron sem par. Logo,

$$A\bullet + B\text{—}C \rightleftharpoons A\text{—}B + C\bullet$$

O novo radical pode atacar outra molécula, gerando mais um radical e assim por diante. Essa cadeia de reações pode prosseguir até um par de radicais se encontrar, formando uma molécula estável:

$$A\bullet + C\bullet \rightleftharpoons A\text{—}C$$

Como não surge mais nenhum radical, essa é uma reação de *término da cadeia*. Por serem altamente reativos, os radicais estão presentes em concentrações muito baixas, e é muito mais provável encontrarmos moléculas estáveis em suas vizinhanças em vez de outros radicais. Conseqüentemente, as reações em cadeias de radicais podem ser muito longas, levando a reações gerais eficientes. Um exemplo comum nas aulas de química básica é a reação hidrogênio-cloro:

$$H_2 + Cl_2 \rightleftharpoons 2HCl \qquad \Delta H = -184{,}6 \text{ kJ} \qquad \textbf{7.15}$$

Essa reação é altamente exotérmica, mas uma combinação de H_2 e Cl_2 permanece indefinidamente estável em temperatura ambiente, porque a barreira cinética é proibitiva. Entretanto, sob certas condições, a reação ocorre rapidamente. Por exemplo, a combinação reagirá de forma explosiva se for irradiada com luz azul. Esta é absorvida pelo Cl_2, que, a seguir, se dissocia em átomos Cl•:

$$Cl_2 + h\nu \text{ (azul)} \rightleftharpoons 2Cl\bullet \qquad \text{7.16}$$

Os radicais Cl• reagem com o H_2, formando uma ligação H—Cl em detrimento da ligação H—H:

$$Cl\bullet + H_2 \rightleftharpoons HCl + H\bullet \qquad \text{7.17}$$

O átomo H• que é deixado para trás pode atacar uma molécula Cl_2 da mesma forma:

$$H\bullet + Cl_2 \rightleftharpoons HCl + Cl\bullet \qquad \text{7.18}$$

Essas duas reações se somam para formar a reação original entre H_2 e Cl_2 (7.15), mas elas propiciam um meio de contornar a barreira cinética. Dizemos que a reação da Equação (7.15) é *catalisada* pelas reações dos radicais, representadas pelas equações (7.17) e (7.18).

As reações dos radicais livres requerem um evento de *iniciação*, para que seja gerada a população inicial de radicais. De alguma forma, uma ligação deve ser rompida para que se produzam fragmentos com elétrons desemparelhados. No presente exemplo, a luz azul provê a iniciação, por meio da reação da Equação (7.16). Trata-se de um bom modelo do que acontece na atmosfera, sob influência da luz solar. A química atmosférica é amplamente governada pelos radicais livres produzidos pela radiação solar.

a. Radicais de oxigênio. O dióxido de carbono possui alta energia livre de formação padrão, fornecendo uma força indutora muito intensa para o oxigênio reagir com os compostos orgânicos (veja os cálculos de energia combustível em Fundamentos 2.1 e nas tabelas 2.1 e 2.2). No entanto, a biosfera abriga um vasto depósito de compostos orgânicos em contato com uma atmosfera constituída de 21% de O_2. Como isso é possível?

Embora seja potencialmente muito reativo, o O_2 também apresenta reação muito lenta sob temperaturas normais. Além dos argumentos apresentados na seção anterior sobre a lentidão inerente das reações de fase gasosa, o oxigênio possui outro fator de inibição, que é a estrutura eletrônica. Embora o O_2 possua um número par de elétrons, nem todos eles formam pares, como ocorre em outras moléculas. Dois deles são deixados desemparelhados. Isso se dá porque os dois últimos elétrons do O_2 possuem dois orbitais disponíveis, com exatamente a mesma energia. Cada um desses elétrons entra em um orbital separado.

FUNDAMENTOS 7.1: ESTRUTURA ELETRÔNICA DAS MOLÉCULAS DIATÔMICAS

A estrutura eletrônica especial do O_2 emerge naturalmente da representação do *orbital molecular* da ligação. Nessa imagem, os orbitais atômicos nos dois átomos de O podem se combinar para formar orbitais moleculares, que possuem energias diferentes, como ilustra a Figura 7.3. Para um átomo de O, o menor orbital de valência é o orbital 2s (o orbital interno 1s não participa da ligação). Os orbitais 2s nos dois átomos se combinam para formar um orbital molecular *ligante* e outro *antiligante*, σ*.

O orbital ligante resulta da superposição positiva dos orbitais atômicos, e o orbital antiligante resulta de uma superposição negativa. Um elétron em um orbital ligante possui menos energia do que se estivesse em um único orbital atômico, e um elétron em um orbital antiligante possui mais energia. A ligação ocorre quando o número de elétrons em orbitais ligantes excede o número em orbitais antiligantes. A *ordem de ligação* (BO, do inglês, *Bond Order*) representa metade da soma dos elétrons ligantes (n_b) menos a soma dos elétrons antiligantes (n_{ab}): BO = ($n_b - n_{ab}$)/2. Se todos os orbitais ligantes e antiligantes forem preenchidos, BO = 0, não existirá nenhuma ligação.

Da mesma forma, os orbitais 2p de maior energia em cada átomo de O formam orbitais moleculares ligantes e antiligantes, mas estes são de dois tipos. Um conjunto combina os orbitais $2p_z$ ao longo da linha (definida por z) entre os dois átomos. Os orbitais moleculares $2p_z$ também são designados pelo símbolo σ, porque, assim como os orbitais 2s, eles são cilíndricos e giram em torno do eixo internuclear. Os outros orbitais moleculares combinam os orbitais atômicos $2p_x$ e $2p_y$, que são perpendiculares a p_z. Os orbitais moleculares perpendiculares são chamados de π. A superposição dos orbitais moleculares é menos eficaz em π do que em σ (sobreposição lateral *versus* frontal; veja a Figura 7.3). Portanto, a energia dos orbitais ligantes π não é tão baixa quanto à dos orbitais ligantes σ (as ligações π são mais fracas do que as σ); de forma análoga, os orbitais antiligantes π (π*) não são tão altos como os orbitais antiligantes σ.

Após montar o esquema de nível de energia, só nos resta preencher os orbitais com os elétrons de valência disponíveis e observar as conseqüências. Cada átomo de oxigênio possui seis elétrons de valência. Quatro elétrons preenchem os orbitais σ2s e σ*2s, e os oito restantes se arranjam entre os orbitais derivados de 2p. Dois deles entram do orbital σ2s, criando uma ligação, e os outros quatro preenchem os orbitais π_x e π_y. Os dois últimos elétrons entram nos orbitais π*, a fim de reduzir a ordem de ligação para 2 [(8 − 4)/2 = 2].

Entretanto, como os orbitais π^*_x e π^*_y possuem exatamente a mesma energia, eles adquirem um dos dois elétrons, que ficam, portanto, desemparelhados. Os dois elétrons ocupam orbitais distintos porque suas cargas negativas se repelem. Por isso, é necessária uma boa quantidade de energia para combiná-los em um dos dois orbitais π* e, assim, formar um oxigênio *singlete*.

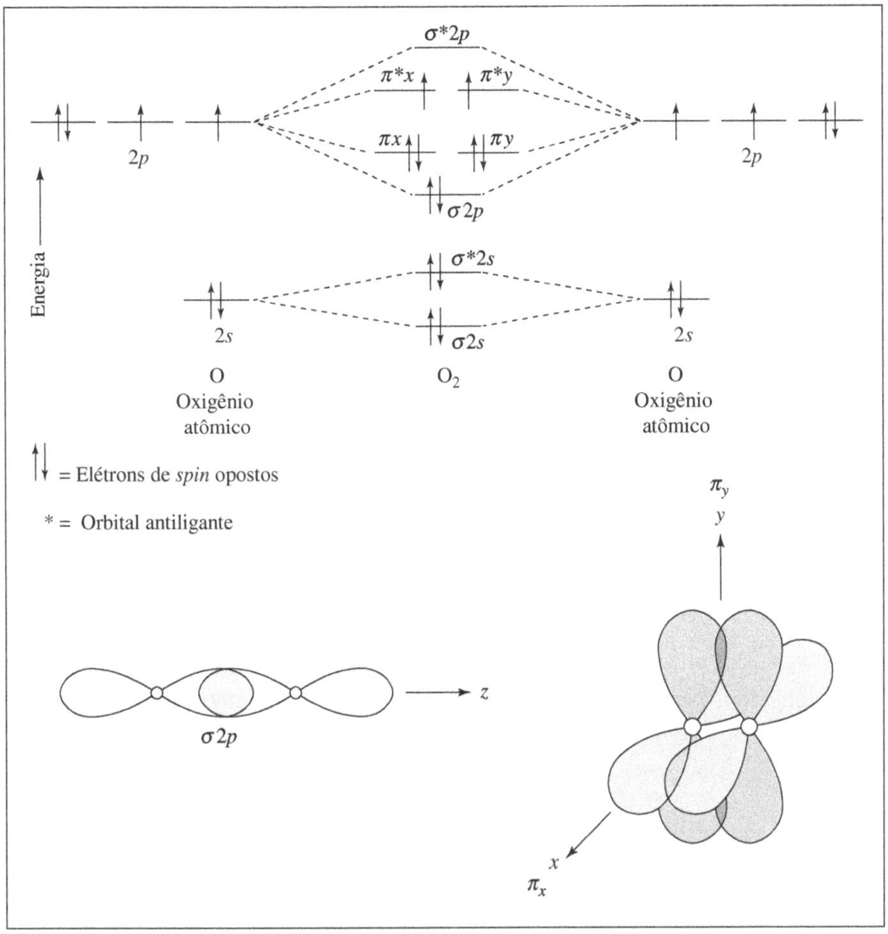

FIGURA 7.3

Diagrama de um orbital molecular que mostra a estrutura eletrônica do O_2. O mesmo diagrama se aplica a outras moléculas diatômicas dos elementos do primeiro período, como N_2, NO e F_2, mas o número de elétrons disponíveis para preencher os orbitais difere (π^* é um orbital antiligante. Os elétrons que ocupam esses orbitais enfraquecem a ligação O—O. Veja o problema 16, ao final da Parte II). São ilustrados os orbitais atômicos p dos dois átomos de O para formar orbitais moleculares σ e π.

O mesmo diagrama orbital molecular serve para outras moléculas diatômicas dos elementos do primeiro período. No caso do N_2, temos dez elétrons que preenchem os cinco orbitais moleculares de menor energia, produzindo uma ligação tripla (uma ligação σ e duas π). O NO possui um elétron adicional que entra em um orbital π^*, reduzindo a ordem de ligação para 2,5 [(8 − 3)/2 = 2,5]. Se adicionarmos um elétron ao O_2, ele também entra em um orbital π^*, e o íon *superóxido* resultante O_2^- possui uma ordem de ligação de 1,5. Da mesma forma, a ligação O=O é enfraquecida quando o O_2 se combina com um radical para formar radicais *peroxila*, ROO•. Finalmente, o F_2 tem todos os orbitais preenchidos, exceto o σ^*2p, e a ordem de ligação é 1,0, tal como no íon de peróxido *isoeletrônico* O_2^{2-} e em H_2O_2, bem como nos peróxidos orgânicos RO_2H e RO_2R.

Esses orbitais são também aqueles disponíveis para receber elétrons de outros átomos ou moléculas. Como observamos anteriormente, o oxigênio se combina com a maioria dos outros elementos porque é ávido por elétrons. Mas, se esses elétrons são compartilhados no átomo ou na molécula reagente (o *doador* de elétron), eles não podem ser transferidos para o O_2, já que os orbitais disponíveis já possuem um elétron.

Para que a reação ocorra, o emparelhamento de elétrons no doador deve ser rompido, com um considerável custo de energia, ou um elétron desemparelhado no O_2 deve ser emparelhado para que um dos orbitais fique vago (veja a Figura 7.4). Esse último processo também consome energia, 97,9 kJ/mol, e resulta em uma forma eletronicamente excitada de O_2, designada de oxigênio *singlete* ('singlete' refere-se ao fato de que essa forma de oxigênio possui somente um estado magnético, em contraste com o estado fundamental, chamado de oxigênio *triplete*, que possui três estados magnéticos. Isso ocorre porque os elétrons sem par *giram* em torno de seu eixo, como giroscópios, e geram campos magnéticos; as regras da mecânica quântica permitem três formas de alinhamento de dois elétrons sem par, mas somente uma forma quando os elétrons formam pares). O oxigênio singlete pode reagir rapidamente com as moléculas doadoras, por exemplo, com as moléculas orgânicas que possuem ligação dupla. Entretanto, em razão de sua alta energia, há muito pouco oxigênio singlete disponível em temperaturas normais. Novamente há uma alta barreira de ativação para essa reação. É por isso que as moléculas orgânicas, mesmo as que são ricas em elétrons, são estáveis no ar. A estrutura eletrônica especial do O_2 permitiu a evolução da vida na presença de uma atmosfera oxidante.

Entretanto, o O_2 triplete *reage* rapidamente ao encontrar doadores com elétrons desemparelhados. Estes podem ser os radicais livres ou os íons de metais de transição com orbitais *d* parcialmente preenchidos. Em geral, os radicais livres controlam a reatividade da fase gasosa de O_2, e os íons de metais de transição controlam sua reatividade em solução aquosa e em tecidos

FIGURA 7.4
Reação lenta de oxigênio com doador (D) contendo dois elétrons emparelhados.

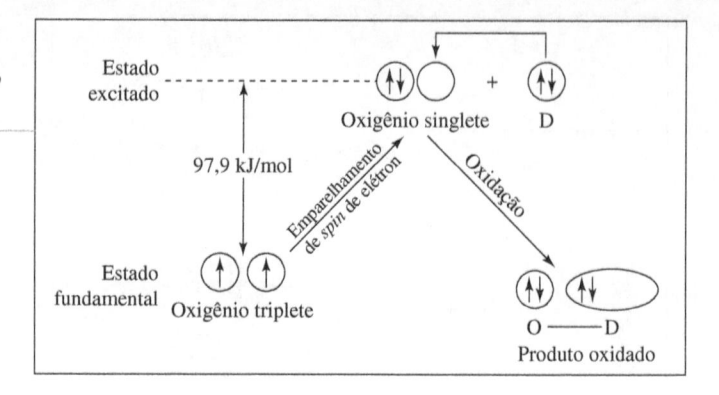

biológicos. O elétron desemparelhado no doador pode prontamente entrar em um dos orbitais preenchidos pela metade no O_2, formando uma nova ligação de par de elétrons com um dos átomos de O. O resultado é uma molécula maior, mas que ainda possui um elétron desemparelhado no outro átomo de O. Desse modo, o produto em si é um radical livre reativo.

b. Radicais orgânicos de oxigênio. Um exemplo importante é a reação do O_2 com um radical *alquila*, $RCH_2\bullet$ (o símbolo R é aqui usado para indicar um fragmento orgânico generalizado):

$$RCH_2\bullet + O_2 \rightleftharpoons RCH_2O_2\bullet \qquad 7.19$$

Na molécula do produto, chamada de radical *alquilperoxila*, a nova ligação C—O enfraquece a ligação O—O em relação ao O_2, pois o elétron é adicionado a um orbital antiligante (π^*) e o deixa vulnerável à fragmentação. Por conseguinte, os radicais alquilperoxila são bons doadores de oxigênio para outras moléculas:

$$RCH_2O_2\bullet + X \rightleftharpoons XO + RCH_2O\bullet \qquad 7.20$$

X pode representar uma série de moléculas, incluindo o NO e o SO_2 ou as moléculas orgânicas com ligações duplas C=C; na verdade, essa reação com radicais peroxila constitui o mecanismo primário da oxidação desses três tipos de molécula na atmosfera.

Se o próprio R é um grupo alquila, o $RCH_2O\bullet$ restante após a doação do átomo de O é um radical *alcoxila*. Na atmosfera, os radicais alcoxila reagem rapidamente com o O_2, doando um átomo de H:

$$RCH_2O\bullet + O_2 \rightleftharpoons RCHO + HO_2\bullet \qquad 7.21$$

Ao ceder um H•, o radical alcoxila torna-se uma molécula estável, um aldeído. Ao receber um H•, o O_2 torna-se um radical hidroperoxila. Assim como os radicais alquilperoxila, o radical hidroperoxila prontamente doa um átomo de O a um receptor, gerando o HO•, o radical hidroxila:

$$HO_2\bullet + X \rightleftharpoons XO + HO\bullet \qquad 7.22$$

c. Radical hidroxila. O radical hidroxila desempenha um papel especial na química atmosférica. Ele prontamente absorve um átomo de H das moléculas orgânicas, formando água como produto e deixando um radical orgânico:

$$HO\bullet + RCH_3 \rightleftharpoons RCH_2\bullet + H_2O \qquad 7.23$$

A ligação O—H formada nessa reação é mais forte do que as ligações C—H das moléculas orgânicas. A reação representada pela Equação (7.23) inicia o ciclo do radical de oxigênio descrito na seção anterior. Os produtos da reação orgânica desse ciclo estão sujeitos a novo ataque do HO• e de outros radicais e acabam sendo oxidados por completo para CO_2.

De onde vêm os radicais hidroxila? Eles são produzidos de forma contínua na atmosfera, por meio da ação da luz solar no ozônio (O_3):

$$O_3 + h\nu \ (\lambda < 325 \text{ nm}) \rightleftharpoons O_2 + O \qquad 7.24$$

O ozônio é uma forma de oxigênio de alta energia (energia livre de formação positiva; veja a Tabela 7.1). Ele existe principalmente na estratosfera, onde funciona como um filtro para a luz UV (veja capítulo sobre 'Ozônio Estratosférico'). Quando o O_3 absorve um fóton UV, ele se dissocia em átomos de O_2 e O, alguns dos quais (2%) são produzidos em estados eletronicamente excitados. Os átomos excitados de O, *O, possuem energia suficiente para reagir com água, produzindo radicais hidroxila:

$$*O + H_2O \rightleftharpoons 2HO\bullet \qquad 7.25$$

Não há muitas moléculas de O_3 na camada inferior da atmosfera, nem é com freqüência que elas encontram fótons UV, a maior parte dos quais é filtrada pelo ozônio estratosférico; desse modo, o número de radicais hidroxila é limitado. Contudo, os radicais hidroxila são tão reativos que as reações (7.24) e (7.25) produzem quantidade deles suficiente para garantir que o processo químico dos radicais consuma as moléculas orgânicas rapidamente, muito embora essas moléculas na presença de O_2 sejam indefinidamente estáveis.

Os radicais hidroxila realizam outras importantes reações atmosféricas. Eles convertem NO_2 em ácido nítrico:

$$HO\bullet + NO_2 \rightleftharpoons HNO_3 \qquad \textbf{7.26}$$

dessa forma, fornecem o mecanismo para lavar os óxidos de nitrogênio da atmosfera. De modo análogo, eles convertem SO_2 em H_2SO_4 por meio de das reações

$$HO\bullet + SO_2 \rightleftharpoons HSO_3\bullet \qquad \textbf{7.27}$$

$$HSO_3\bullet + O_2 + H_2O \rightleftharpoons H_2SO_4 + HO_2\bullet \qquad \textbf{7.28}$$

e os radicais hidroperoxila que resultaram produzem radicais hidroxila adicionais, por meio da Equação (7.22).

Finalmente, os radicais hidroxila convertem monóxido de carbono em dióxido de carbono:

$$HO\bullet + CO \rightleftharpoons CO_2 + H\bullet \qquad \textbf{7.29}$$

A grande estabilidade do CO_2 induz a ruptura da ligação O—H, e átomos de H• são deixados como um co-produto. Os átomos de H• imediatamente atacam as moléculas de O_2,

$$H\bullet + O_2 \rightleftharpoons HO_2\bullet \qquad \textbf{7.30}$$

produzindo radicais hidroperoxila, que produzem ainda mais radicais hidroxila. O monóxido de carbono é um produto natural da deterioração de plantas e um componente importante das emissões de combustão. Está presente na atmosfera em níveis que excedem àqueles dos compostos orgânicos e é, portanto, um componente importante na química do radical de oxigênio atmosférico.

As reações de (7.19) a (7.30) constituem as principais vias de oxidação e remoção das moléculas mais oxidáveis presentes na atmosfera. O radical hidroxila é o aspirador de pó da natureza.

d. Ativação de O_2 por metais de transição. Completamos nossa discussão sobre a reatividade do oxigênio analisando as interações do oxigênio com os íons de metais de transição em solução aquosa. A ativação por metais de transição é importante na química atmosférica porque uma boa parte dessa química ocorre efetivamente nos pingos da chuva. Por exemplo, os pingos de chuva são o local de uma fração substancial da produção atmosférica de H_2SO_4.

Os metais de transição ativam o oxigênio para redução ao doar elétrons isolados e formar radicais livres que contêm oxigênio. Como a água é um meio neutro para os radicais, estes podem persistir nos pingos de chuva, onde são aproximados de outras moléculas reativas.

Os íons de metal de transição (M^{2+}) penetram nos pingos de chuva porque os núcleos de condensação geralmente incluem partículas de pó. O manganês e o ferro são particularmente importantes, já que é comum sua ocorrência nos minerais. Eles são muito reativos com o O_2 em seu estado bivalente, M^{2+}, porque possuem elétrons d desemparelhados (cinco para Mn^{2+} e quatro para Fe^{2+}; veja a tabela periódica), que são prontamente doados para o O_2. A primeira etapa da reação envolve a formação de um aduto de dioxigênio:

$$M^{2+} + O_2 \rightleftharpoons (MO_2)^{2+} \qquad \textbf{7.31}$$

A biologia explora essa formação de adutos por meio do uso de hemoglobina, uma proteína com ferro, para transportar O_2 dos pulmões ao tecido. A proteína evita que a ligação de O_2 sofra nova reação. Entretanto, quando o O_2 se liga a íons de Fe^{2+} ou Mn^{2+} em solução, ele reage com outros íons de metal e prótons, para produzir o peróxido de hidrogênio. A reação geral é dada por:

$$2M^{2+} + 2H^+ + O_2 \rightleftharpoons 2M^{3+} + H_2O_2 \qquad \textbf{7.32}$$

Nos pingos de chuva, são produzidos H_2O_2 adicionais, por meio do processo de desproporcionamento dos radicais de hidroperoxila da atmosfera:

$$2HO_2\bullet \rightleftharpoons O_2 + H_2O_2 \qquad \textbf{7.33}$$

Na presença dos mesmos íons de metal bivalentes, o peróxido de hidrogênio é uma fonte potente de radicais hidroxila. A transferência de um elétron adicional do M^{2+} resulta na quebra da ligação O—O, deixando água e um radical hidroxila:

$$M^{2+} + H_2O_2 + H^+ \rightleftharpoons M^{3+} + H_2O + HO\bullet \qquad \textbf{7.34}$$

Os radicais hidroxila realizam oxidações rápidas em solução, assim como na fase gasosa.

Como os pingos de chuva contêm somente vestígios de Fe^{2+} e Mn^{2+}, poderíamos imaginar que a produção de radicais diminuiria se esses vestígios fossem convertidos em íons de M^{3+} e exauridos. Entretanto, os íons de M^{3+} podem ser reconvertidos em M^{2+} pela ação da luz solar. Sob condições ambiente de pH, os íons de M^{3+} formam complexos de hidróxido, $M^{3+}OH^-$; quando esses complexos absorvem um fóton UV, o hidróxido transfere um elétron para o íon de metal, deixando o radical hidroxila e o M^{2+}, que está pronto para reagir com O_2 e produzir mais radicais:

$$M^{3+}OH^- + h\nu \rightleftharpoons M^{2+} + HO\bullet \qquad 7.35$$

Dessa forma, estabelece-se um ciclo *fotocatalítico*, no qual as concentrações residuais de íons de metal podem induzir taxas sustentadas de produção de radicais, sob influência da luz solar e do O_2.

8 Ozônio estratosférico

No alto da atmosfera, uma camada de ozônio, O_3, atua como um filtro solar contra os raios ultravioleta. Esses fótons são energéticos o suficiente para causar dano fotoquímico às moléculas biológicas. Eles são igualmente prejudiciais a plantas e animais, a tal ponto que é improvável que formas de vida complexas tivessem evoluído sem esse escudo contra a radiação ultravioleta.

A camada de ozônio se desenvolveu à medida que a atmosfera terrestre se tornou rica em oxigênio, por meio do surgimento das plantas verdes. O O_3 é uma forma de oxigênio de alta energia. A conversão de O_3 em O_2 libera energia; de modo análogo, a conversão de O_2 em O_3 requer o insumo de energia. Essa energia é fornecida por fótons ultravioleta que encontram o O_2 no alto da atmosfera. Portanto, a própria blindagem ultravioleta é criada pelos fótons ultravioleta.

Embora o O_3 seja inerentemente instável, sua decomposição é lenta, tal como outras reações moleculares na fase gasosa na estratosfera. Ele está, porém, sujeito à destruição *catalítica* por substâncias químicas que são ávidas por átomos de oxigênio. Os cientistas estão conscientes há muito tempo dessa possibilidade e têm investigado potenciais ameaças à camada de ozônio em razão de gases emitidos pela atividade humana. No início dos anos 1970, a atenção se voltou para os efeitos potencialmente destrutivos do avião supersônico, que injeta um dos agentes destruidores de ozônio, o NO, diretamente na estratosfera.[1]

Em um artigo de 1974,[2] Mario Molina e F. Sherwood Rowland (que, em 1995, compartilharam com Paul Crutzen o Prêmio Nobel de química pelo trabalho sobre o ozônio estratosférico) chamaram a atenção ao que passou a representar um perigo ainda maior. Eles observaram que os átomos de cloro Cl• são muito eficientes na destruição de ozônio e que os clorofluorcarbonos (CFCs) emitem Cl• diretamente na estratosfera.

Essas moléculas de CFC não passam por nenhum processo químico até atingirem a estratosfera, onde os fótons UV podem romper as ligações C—Cl. Por uma grande ironia, os CFCs passaram a ser produzidos em grande escala precisamente porque sua ausência de reatividade na troposfera tornava seu uso seguro em muitas aplicações. É a mesma ausência de reatividade que os preserva até migrarem para a estratosfera, onde se tornam potentes destruidores de ozônio. Além disso, como levam cerca de um século para completar sua viagem de volta à troposfera sob a forma degradada, seu efeito ainda é sentido muito depois das emissões iniciais.

Quatro anos após o alerta de Molina e Rowland, o governo norte-americano baniu o uso de CFCs como propelentes em frascos de aerossol; uma década depois, acordos internacionais levaram à assinatura do Protocolo de Montreal de 1987. Essa foi uma iniciativa sem precedentes e bem-sucedida de refrear a produção de substâncias químicas que a ciência apontara como uma ameaça ao meio ambiente global. O protocolo estabeleceu um congelamento futuro e uma subseqüente redução de 50% na produção e no uso de CFCs e halons (análogos do CFC constituídos de bromo e utilizados principalmente na extinção de incêndios). Análise posterior demonstrou que essas restrições não bastariam para impedir o acúmulo de gases na atmosfera (veja a Figura 8.1) e mais restrições foram negociadas. A Emenda de Londres (*London Amendments*) de 1990 exigiu uma desativação completa até o ano 2000; e a Emenda de Copenhagen (*Copenhagen Amendments*) de 1992 antecipou as datas de desativação para 1996 no caso dos CFCs e 1994 para os halons (com um período de carência até 2010 para os países em desenvolvimento).

Também foram controlados os hidroclorofluorcarbonos (HCFCs), que estavam sendo introduzidos para substituir os CFCs como 'substâncias de transição', com uma série de limites e reduções, levando a uma futura retirada de uso. Ajustes finais em Viena (1995) e Montreal (1997) impuseram limites a todas as 95 substâncias controladas, cobrindo algumas brechas anteriores. Espera-se que o resultado final desses acordos gere um declínio gradual na atmosfera de substâncias químicas compostas por Cl e Br, capazes de destruir o ozônio estratosférico (veja a Figura 8.1).

Um significativo fator de mobilização foi a descoberta de um impressionante 'buraco' na camada de ozônio sobre o Pólo Sul. A Figura 8.2 ilustra o declínio no nível de ozônio sobre a Antártica na primavera, com início em 1980. Esse efeito *não* havia sido previsto pela modelagem por computador na época; a discrepância revelou um papel não antevisto a ser desempenhado por uma classe adicional de reações químicas. Essas reações não são bem compreendidas, mas o episódio serve como

---

[1] Esta preocupação foi levada em consideração à época do cancelamento da iniciativa norte-americana para o desenvolvimento de um avião supersônico destinado ao transporte de passageiros. Esse assunto ressurgiu na década de 1990, quando a indústria da aviação reconsiderou o investimento em jatos supersônicos para atender à expectativa de crescimento na demanda mundial de transporte aéreo. Novas descobertas indicam que os vôos na estratosfera inferior podem causar menos dano à camada de ozônio do que se esperava inicialmente, embora mais pesquisas sejam necessárias.

[2] M. J. Molina e F. S. Rowland (1974). "Stratospheric sink for chlorofluoromethanes: chlorine-catalyzed destruction of ozone", Nature 249:810–812.

FIGURA 8.1

Projeções da abundância de cloro na atmosfera sob os termos do Protocolo de Montreal (1987) e suas subseqüentes revisões.

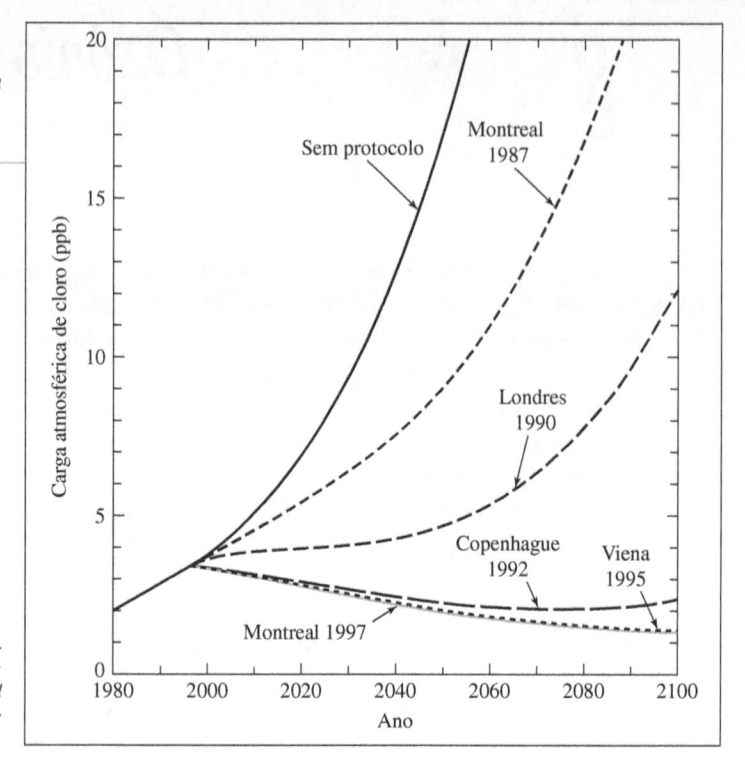

Fonte: Ozone Secretariat (1999). *A decade of assessments for decision makers regarding the protection of the ozone layer, 1988–1999: Synthesis of the reports of the assessment panels of the Montreal Protocol* (Nairóbi, Quênia: *United Nations Environment Year Programme*).

FIGURA 8.2

Valores médios de ozônio em outubro na Antártica, 1979–2000, em unidades Dobson.

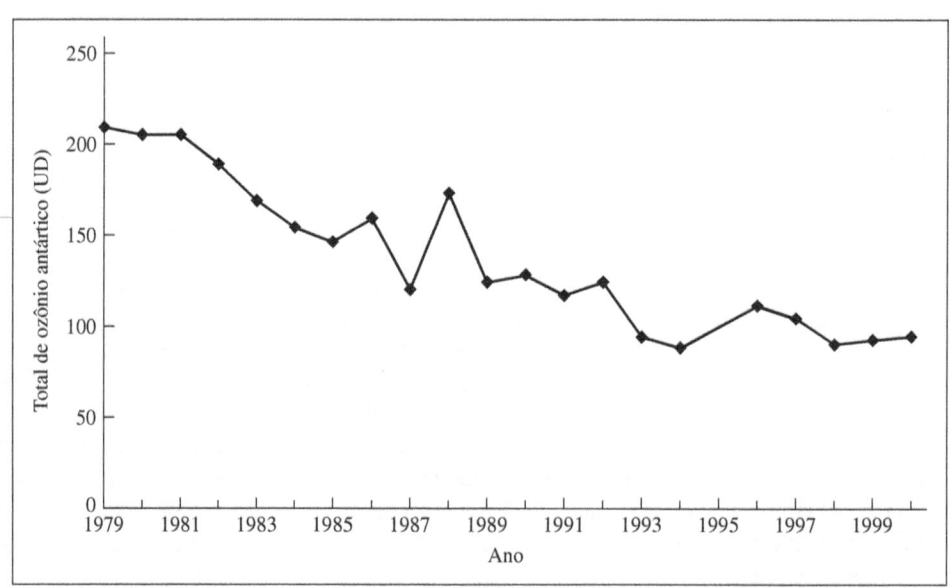

Fonte: National Aeronautics and Space Administration, arquivos multimídia (2001). Disponível em http://www.epa.gov/ozone/science/hole/sizedata.html#mintime.

advertência para potenciais surpresas que devemos enfrentar, em razão de nosso conhecimento incompleto sobre a química ambiental.

8.1 | Estrutura da atmosfera

Nosso invólucro gasoso estende-se por muitos quilômetros com início na superfície terrestre. A atmosfera é bastante uniforme por toda sua extensão em relação aos seus principais componentes químicos (veja a Tabela 6.1), exceto no caso do vapor d'água, que se concentra na região inferior. O ar, porém, está longe de ser uniforme sob outros aspectos. Ele fica mais rarefeito quanto maior for a altitude; a densidade cai, quase exponencialmente, quanto maior for a distância da superfície.

Ainda menos uniforme do que a densidade é a temperatura, a qual depende da altitude, como mostra a Figura 8.3. A inclinação da curva de temperatura *versus* altitude é chamada de *gradiente de temperatura adiabático* (*lapse rate*). O gradiente de temperatura adiabático da atmosfera varia muito. Até a altura aproximada de 10 km, a temperatura diminui de forma uniforme,

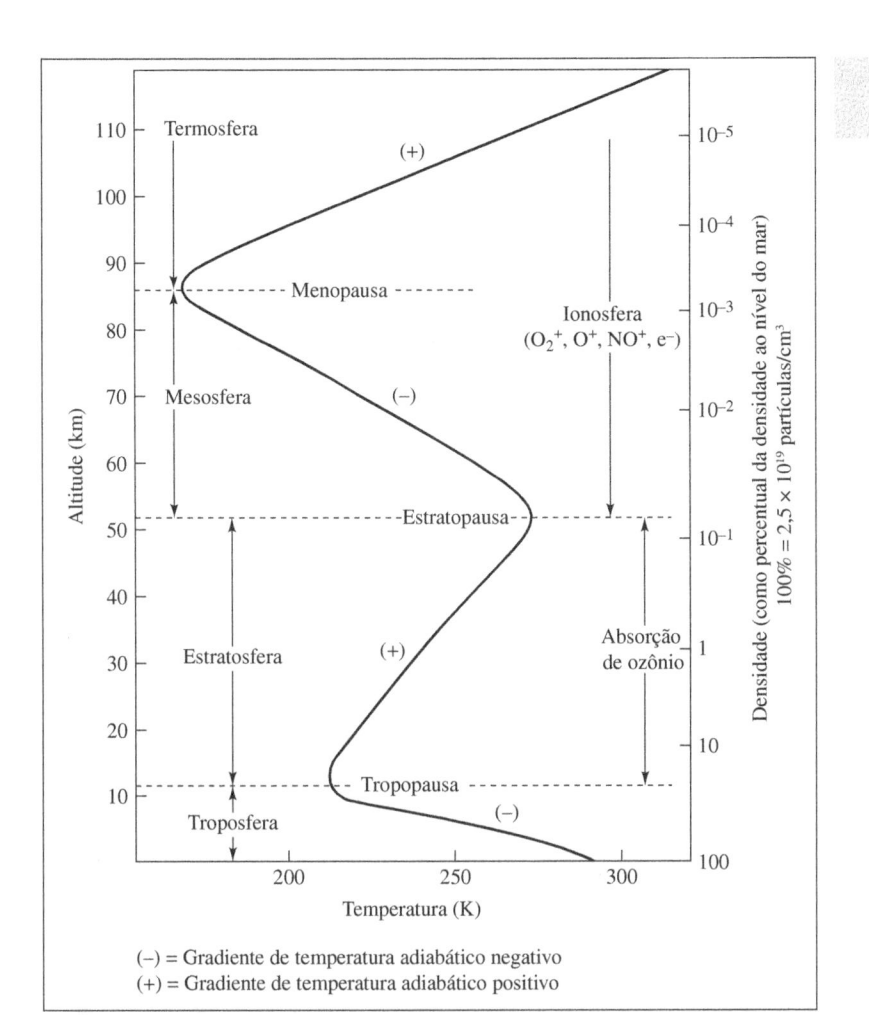

FIGURA 8.3

Estrutura em camadas da atmosfera.

(−) = Gradiente de temperatura adiabático negativo
(+) = Gradiente de temperatura adiabático positivo

conforme aumenta a altitude. Isso reflete o fato de que a atmosfera nessa região inferior é aquecida de baixo para cima, por convecção e radiação da superfície terrestre. Acima dos 10 km, porém, a temperatura volta a aumentar com a altitude, atingindo o nível máximo próximo aos 50 km; para além disso, a temperatura torna a diminuir. O perfil máximo da temperatura reflete um processo de aquecimento na camada alta da atmosfera, que se deve à absorção dos fótons solares ultravioleta pela camada de ozônio. Ultrapassando-se aproximados 90 km, a temperatura sobe novamente por causa da absorção dos raios solares na região do ultravioleta longínquo (*far-ultraviolet*) pelos gases atmosféricos, principalmente o oxigênio. Esses raios ultravioletas longínquos são suficientemente energéticos para ionizar as moléculas e decompô-las em seus átomos. Em virtude dessa espessura da atmosfera em altitudes tão elevadas, é raro haver a recombinação dos fragmentos, e uma fração apreciável dos gases nessa região, chamada de *termosfera*, existe na forma de átomos ou íons.

A estrutura do perfil de temperatura também reflete a estrutura em camadas físicas da atmosfera. Um gradiente de temperatura adiabático negativo leva à convecção do ar; o ar quente ascende e o ar frio desce. Mas um gradiente de temperatura diabático positivo fornece uma região de estabilidade em relação à convecção, já que o ar quente cobre o ar frio. A variação do gradiente positivo para o negativo chama-se *inversão térmica*; o ponto em que o gradiente de temperatura adiabático muda marca um limite estável entre duas camadas fisicamente distintas de ar. As inversões de temperatura local na troposfera são bastante comuns em muitas cidades, principalmente naquelas situadas entre montanhas ou, como no caso de Los Angeles, onde os ventos predominantes que vêm do oceano sopram ar frio para a região cercada pelos três lados por montanhas. O ar quente que flui sobre o topo das montanhas confina o ar frio embaixo, permitindo que os poluentes se acumulem por períodos consideráveis. Qualquer um que voe para Los Angeles em um dia ensolarado provavelmente verá a inversão térmica local, que produz um limite distinto entre o ar claro de cima e a névoa escura embaixo.

A inversão térmica mostrada na Figura 8.3 a uma altitude aproximada de 10 km é designada de *tropopausa*. Ela marca a estrutura geral em camadas da atmosfera na troposfera abaixo e na estratosfera acima. A troposfera representa cerca de 10% da altura da atmosfera, mas contém 80% de sua massa. Em virtude de seu gradiente de temperatura adiabático negativo, o ar nele contido é rapidamente misturado por convecção. Trata-se também de uma região com muita turbulência, devida ao fluxo de energia global resultante do desequilíbrio das taxas de aquecimento e resfriamento entre o equador e os pólos. Por outro lado, a estratosfera é uma camada inerte; em razão de seu gradiente de temperatura adiabático positivo, ela se mistura lentamente. A tropopausa em si constitui uma fronteira estável, e o fluxo de ar através dela é baixo. Como observamos no caso dos aerossóis de sulfato provenientes das explosões vulcânicas, os tempos de residência das moléculas ou partículas na estratosfera são medidos em uma escala de anos. O ar na estratosfera é bastante rarefeito, de modo que os poluentes na estratosfera exercem um impacto global relativamente maior do que exerceriam na troposfera, que é bem mais densa.

FUNDAMENTOS 8.1: VOLUMES DE GÁS

As moléculas de gás se movem livremente pelo espaço e, portanto, preenchem qualquer recipiente. As moléculas exercem pressão ao se colidirem entre si e contra as paredes do recipiente. A taxa de colisão depende do número de moléculas, do volume ocupado e da temperatura, que mede a energia cinética média das moléculas. Uma equação simples reúne todas essas grandezas:

$$PV = nRT \qquad \textbf{8.1}$$

P é a pressão, V é o volume, T é a temperatura, n é o número de mols do gás (proporcional ao número de moléculas) e R é a constante do gás; já obtivemos R nos cálculos que envolvem a energia livre e a constante de equilíbrio. Quando P e V são expressos em unidades de atmosfera (atm) e litros (L), R possui o valor de 0,0821.

Essa equação nos diz que, para dadas temperatura e pressão, o volume de um gás depende somente do número de moléculas. Para um mol de qualquer gás, o volume é o mesmo. A Equação (8.1) fornece 22,4 litros para o volume molar, quando a pressão é igual a 1 atm e a temperatura está a 0 ºC (273 K). Por convenção, essas condições são consideradas como o *padrão* de pressão e temperatura.

A atmosfera não é, obviamente, um recipiente fechado. Ela se mantém no lugar por força da gravidade, e a pressão cai de forma contínua com o aumento da distância em relação à superfície terrestre. Os principais componentes da atmosfera estão uniformemente misturados, mas, para gases reativos como o ozônio, há variações espaciais nas concentrações relativas, dependendo da localização de fontes e reservatórios. O ozônio é encontrado principalmente na estratosfera e estende-se por muitos quilômetros de altitude (veja a Figura 8.3), mas sua concentração é tão baixa que ela ocuparia uma banda com somente 3 mm de espessura se todas as moléculas fossem reunidas e uniformemente espalhadas ao nível do mar (pressão igual a 1 atm), a 0º. A espessura efetiva da camada de ozônio em um determinado local é relatada em *unidades Dobson (UD)*, nomeadas em homenagem a G. M. B. Dobson, que conduziu medições pioneiras da estratosfera, entre os anos de 1920 e 1930. Uma unidade Dobson equivale a um centésimo de um milímetro de espessura da camada de ozônio sob temperatura e pressão padrão. Dessa forma, as colunas de ozônio geralmente apresentam espessura de 300 UD.

Resolução de problema 8.1 — *Quanto ozônio?*

Quantos mols de ozônio a atmosfera detém? Para se ter uma noção de escala, compare essa quantidade ao total de dióxido de carbono emitido anualmente pela queima de combustível fóssil, produção de cimento e desflorestamento (7.900 Tg/C).

Como sabemos que a quantidade de ozônio equivale a uma banda de 3 mm em torno da Terra, sob pressão e temperatura padrão, podemos calcular o volume dessa banda e dividi-lo pelo volume molar, 22,4 L, para obtermos o número de mols.

Para uma banda delgada em torno de uma esfera grande, obtemos o volume multiplicando a área pela espessura. A área de uma esfera é dada por:

$$A = 4\pi r^2$$

r é o raio, que corresponde a 6.378 km no caso da Terra. Como necessitamos obter o volume em L, vamos converter o comprimento em cm e dividir o volume resultante por 1.000 cm³/L. Reunindo tudo isso, temos:

$$\text{mols de ozônio} = \frac{4\pi \times (6.378 \text{ km} \times 10^5 \text{ cm/km})^2 \times 0,3 \text{ cm}}{1.000 \text{ cm}^3/\text{L} \times 22,4 \text{ L/mol}} = 6,85 \times 10^3 \text{ mol}$$

Para comparar esse resultado com a emissão anual de CO_2 correspondente a 7.900 Tg/C, obtemos o número de mols de C dividindo o peso pela massa atômica:

$$\text{Mols C (ou } CO_2\text{)} = \frac{7.900 \times 10^{12} \text{ g}}{12 \text{ g/mol}} = 65,8 \times 10^{13} \text{ mols}$$

Dessa forma, o homem emite praticamente dez vezes mais mols de CO_2 ao ano do que os mols de O_3 contidos na atmosfera.

8.2 Proteção contra radiação ultravioleta pelo ozônio

A preocupação com a estratosfera está centrada nas possíveis ameaças à camada de ozônio, que serve a duas funções essenciais: ela protege a matéria viva na Terra dos efeitos prejudiciais dos raios solares ultravioleta e fornece a fonte de calor para estratificar a atmosfera na estratosfera inerte e na troposfera turbulenta.

A absorção de radiação ultravioleta pelo ozônio estratosférico é intensa o suficiente para eliminar boa parte da fração de ultravioleta do espectro de radiação solar na superfície terrestre (veja a Figura 8.4). O ozônio absorve luz com comprimentos de onda entre 200 nm e 300 nm, na faixa UV do espectro solar. Esses raios ultravioleta são prejudiciais à vida. Eles conduzem energia suficiente para romper as ligações das moléculas orgânicas e produzir fragmentos reativos. A radiação ultravioleta que atravessa a camada de ozônio provoca queimadura e também câncer de pele, principalmente em pessoas com baixa pigmentação. A extensão do dano causado ao tecido vivo depende do comprimento de onda solar, como indica a Figura 8.5. A curva cheia na figura demonstra o espectro da sensibilidade da pele à queimadura solar sob intensidade de luz constante. É também mostrado o espectro dos raios solares no nível do solo. O produto dessas duas curvas fornece o espectro de ação da queimadura solar, ou seja, a resposta da pele à radiação solar.

A sobreposição da radiação ao nível do solo à curva de sensibilidade à queimadura solar seria muito maior sem os efeitos de filtragem da camada de ozônio. Além disso, o efeito de um dado nível de redução de ozônio é maior no caso dos comprimentos de onda mais curtos e mais danosos. Ao avaliar o potencial de dano da luz UV, os cientistas medem a quantidade total de exposição à luz entre 280 nm e 320 nm, uma região chamada de UV-B. Estima-se que, na ausência de controles ao CFC e halon, a exposição superficial à radiação UV-B teria dobrado até 2050 nas latitudes médias do Hemisfério Norte.

A exposição à radiação solar ultravioleta parece estar claramente associada à incidência de câncer de pele (veja a Figura 8.6). Tanto a incidência de câncer de pele quanto o fluxo solar ultravioleta diminuem com o aumento da distância em relação ao equador. O fluxo UV ao nível do solo depende da latitude, porque os raios solares incidem de forma mais direta em latitudes inferiores e porque a camada de ozônio é mais fina na altura do equador do que em direção aos pólos. Entre 30° e 46° na latitude norte, o fluxo anual de radiação ultravioleta é reduzido em três vezes, e a incidência de câncer maligno de pele cai aproximadamente duas vezes. Dessa forma, a esperada duplicação da perda de ozônio na ausência de restrições ao CFC e ao halon aumentaria consideravelmente a incidência de câncer de pele.

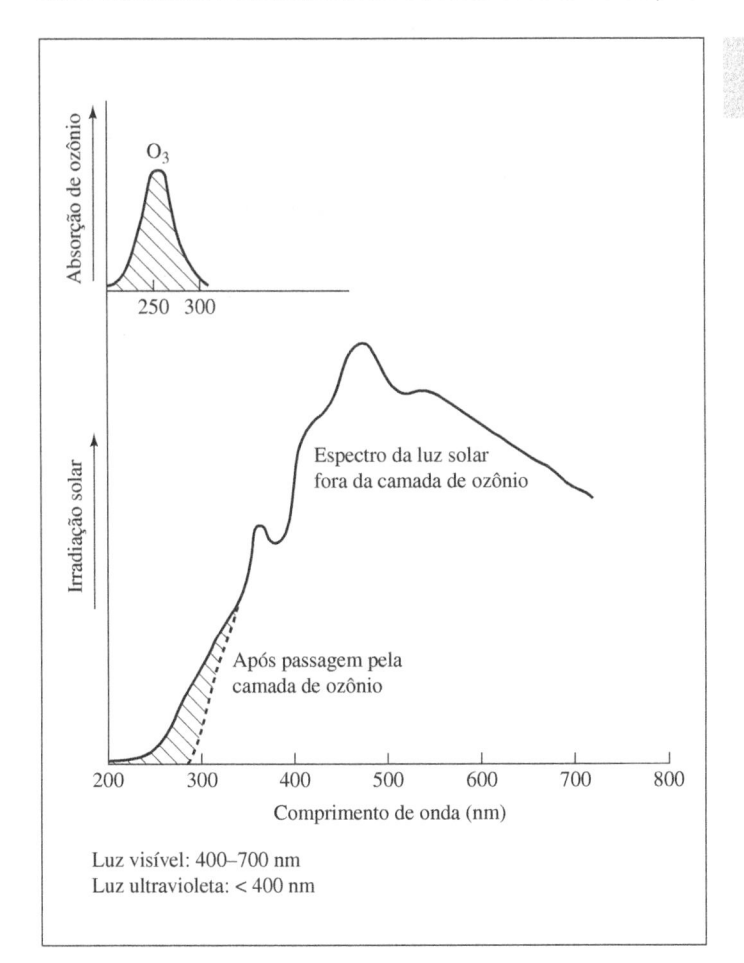

FIGURA 8.4

Absorção da luz solar ultravioleta pelo ozônio.

FIGURA 8.5
Espectro de ação do dano causado pela radiação ultravioleta ao tecido vivo.

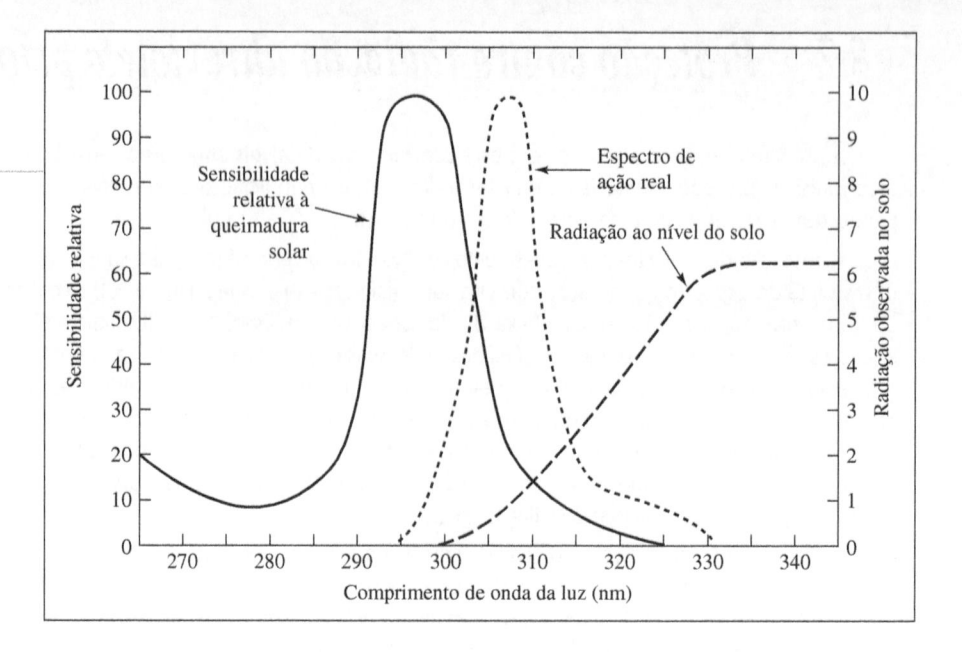

FIGURA 8.6
Variação em latitude do fluxo UV a 300 nm (linha pontilhada) e morte por câncer de pele entre homens nos Estados Unidos (linha cheia) (excluindo Alasca e Havaí).

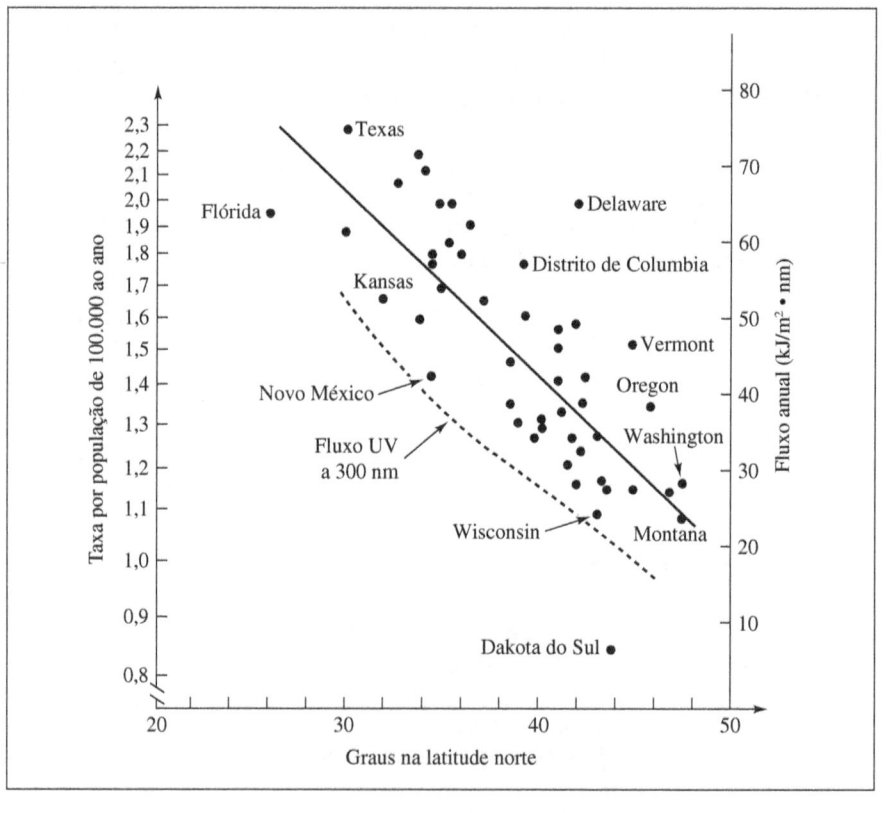

Fonte: adaptado de F. S. Rowland (1982). "Chlorofluorocarbons and stratospheric ozone". In *Light, chemical change, and life*. J. D. Coyle et al., eds. (Washington, DC: Open University Press). Copyright© 1982 by Open University Press. Reprodução autorizada.

Os raios ultravioleta também são prejudiciais às plantas verdes. Seu aparato fotossintético de coleta de luz está em sintonia com a radiação visível e pode ser destruído por uma radiação ultravioleta suficientemente intensa. Particularmente susceptível é o fitoplâncton que captura luz ao flutuar na superfície do oceano e fornece o material inicial das cadeias alimentares marinhas. Tem-se observado que as populações de fitoplâncton antártico diminuem de acordo com a depleção do ozônio, embora não tenham sido detectados ainda os efeitos sobre o restante do ecossistema.

FUNDAMENTOS 8.2: TRANSMISSÃO DE LUZ UV ATRAVÉS DO OZÔNIO

Quanto determinada variação na camada de ozônio afeta a quantidade de luz UV que atinge a superfície da Terra? A fração de luz transmitida pelas moléculas absorvedoras cai rapidamente à medida que o número de moléculas na trajetória aumenta. Na verdade, a luz transmitida cai exponencialmente. Podemos descrever a relação da seguinte forma. Para um componente absorvedor da atmosfera, o número total de moléculas através da qual a luz passa pode ser expresso como equivalente à espessura, l, de uma camada global do gás, sob temperatura padrão (0 °C) e pressão padrão (1 atm). A fração de luz transmitida (*T*) através da camada diminui exponencialmente em relação ao aumento da espessura:

$$T = I/I_0 = e^{-\varepsilon l} \qquad \qquad \textbf{8.2}$$

onde ε representa a *absortividade* (também conhecida como *coeficiente de extinção*) expressa em unidades de comprimento inverso, e *l* representa o comprimento da trajetória da luz através de uma amostra uniforme. Se a amostra não for uniforme, como é o caso da camada de ozônio, *l* poderá ser definido como a espessura equivalente, a espessura a ser obtida se a amostra fosse uniforme. Como já observamos, a espessura equivalente para a camada de ozônio, sob pressão e temperatura padrão, é igual a 0,3 cm.

A Equação (8.2) é chamada de lei de Beer-Lambert. Ela se aplica a todos os comprimentos de onda de luz e a todas as moléculas absorvedoras. O decaimento exponencial é o mesmo que encontramos para os isótopos radiativos, exceto pelo fato de ocorrer ao longo da trajetória de luz, em vez de ao longo do tempo. Se o produto ε*l* for igual a 1,0, então 37% da luz incidente será trasmitida; se for 10,0, somente 0,005% dela será transmitida.

O valor de ε depende do comprimento de onda porque a absorção da luz pelo ozônio varia de acordo com o comprimento de onda (veja a Figura 8.4). O produto ε*l* vai de 1 a 10 entre 310 nm e 290 nm, a região crítica para queimadura solar e câncer de pele.

O efeito de um pequeno decréscimo na espessura do ozônio pode ser estimado pela Equação diferencial (8.2):

$$dT = -\varepsilon e^{-\varepsilon l} dl \qquad \qquad \textbf{8.3}$$

Dividindo-se pela Equação (8.2), temos a resposta relativa:

$$dT/T = -\varepsilon dl = -\varepsilon l \, dl/l \qquad \qquad \textbf{8.4}$$

Dessa forma, uma determinada redução fracionária em *l* produz um aumento fracionário em *T*, que é amplificado pelo produto ε*l*. A redução de 1% na camada de ozônio produz aumento de 1% na transmitância ultravioleta a 310 nm; o aumento de 3% a 300 nm; e 10% a 290 nm. Portanto, as variações no ozônio afetam o fluxo UV de forma mais sensível nos comprimentos de onda mais curtos, onde o dano às moléculas biológicas é maior.

Esses cálculos ajudam a explicar a preocupação com a depleção de ozônio. Durante a década de 1980, o total médio global de ozônio declinava a uma taxa de 0,4% ao ano. Por esses cálculos, a perda de ozônio por década (4%) causaria um aumento de 12% e 40% na transmitância da luz UV a 300 nm e 290 nm, respectivamente.

8.3 | A química do ozônio

a. Formação e destruição. O ozônio é formado na estratosfera quando as moléculas de O_2 absorvem a radiação solar. Os fótons solares de ultravioleta longínquo possuem energia suficiente para dividir as moléculas de oxigênio em átomos de oxigênio no alto da atmosfera:

$$O_2 + h\nu \, (<242 \text{ nm}) \rightarrow 2O \qquad \qquad (a)$$

(*hν* é o símbolo de um fóton, e <242 nm indica a faixa de comprimento de onda em que os fótons podem induzir a reação). Os átomos de oxigênio produzidos nessa reação passam a se combinar com outras moléculas de oxigênio para formar o ozônio:

$$O + O_2 + M \rightarrow O_3 + M \qquad \qquad (b)$$

Nessa reação, *M* é uma terceira molécula, que deve estar presente no encontro entre O e O_2, a fim de conduzir parte da energia liberada na reação; caso contrário, as moléculas de ozônio se decomporiam com a mesma rapidez com que se formaram. *M* pode ser qualquer molécula que esteja presente. Na atmosfera, é mais provável que seja o nitrogênio ou outra molécula de oxigênio (de modo análogo, muitas das reações que analisamos anteriormente envolvem um único produto formado com origem em dois reagentes. Todos eles requerem um 'terceiro corpo' para conduzir a energia excedente. Geralmente, não incluímos *M* na equação química porque ele aparece nos dois lados e não entra na reação. Contudo, ele influencia a velocidade da reação e, por isso, é incluso aqui).

O ozônio também é destruído pela radiação solar. Quando o O_3 absorve um fóton solar UV, ele o decompõe em O_2 e O:

$$O_3 + h\nu(200\text{--}320 \text{ nm}) \rightarrow O + O_2 \qquad \qquad (c)$$

Note que os fótons com comprimento de onda mais longo podem dividir o O_3 [Reação (c)] porque este absorve em comprimentos de onda mais longos (veja a Figura 8.4). Já encontramos a Reação (c) em conexão com a fonte do radical hidroxila atmosférico, observando que um pequeno percentual dos átomos de O está eletronicamente excitado e, portanto, suficientemente energético para reagir com o H_2O.

Além disso, quando o O_3 encontra um átomo de O, os dois podem se combinar para formar duas moléculas de O_2:

$$O_3 + O \rightarrow 2O_2 \tag{d}$$

Note que nenhum terceiro corpo é requisitado na Reação (d), em contraste com a Reação (b), porque as duas moléculas de O_2 podem conduzir a energia da reação. As reações (c) e (d) limitam o grau de acúmulo de O_3.

A concentração de O_3 depende das taxas das reações de formação e destruição. Uma concentração em *estado estacionário* pode ser calculada equiparando-se a taxa de formação total à taxa de destruição total. Contanto que essas taxas não variem, a concentração de O_3 mantém-se constante. Isso também seria verdade no equilíbrio, mas o estado estacionário não é uma condição de equilíbrio. Como a energia livre do O_3 é muito mais elevada do que a do O_2, a concentração de equilíbrio do O_3 é extremamente baixa. A concentração do estado estacionário pode ser bem mais alta porque as reações de formação incluem a contribuição de uma energia externa (os fótons solares), que mantém o sistema desequilibrado. Quando essa fonte de energia é removida, o sistema acaba voltando ao equilíbrio (embora possa levar muito tempo para isso).

b. Cálculo do estado estacionário do ozônio. As velocidades de reações são dadas pelos produtos das concentrações dos reagentes vezes as contantes de velocidade k. Para as quatro reações envolvidas na formação e destruição de ozônio:

$$\text{velocidade } a = k_a(O_2)$$

$$\text{velocidade } b = k_b(O)(O_2)(M)$$

$$\text{velocidade } c = k_c(O_3)$$

$$\text{velocidade } d = k_d(O)(O_3)$$

O ozônio é um produto somente na Reação (b), portanto a produção de ozônio é a velocidade b, e a velocidade de perda é a velocidade c + a velocidade d. A condição de estado estacionário do ozônio é, portanto,

$$\text{velocidade } b = \text{velocidade } c + \text{velocidade } d$$

ou

$$k_b(O)(O_2)(M) = k_c(O_3) + k_d(O)(O_3) \tag{8.5}$$

Nessa expressão, (O_2) e (M) (a concentração das moléculas de ar) são conhecidas, e as constantes de velocidade são conhecidas por meio de experiências. Há duas incógnitas, (O_3) e (O). Para eliminar uma delas, necessitamos de uma equação adicional. Para isso, podemos supor que a concentração de átomos de O também está em estado estacionário; a produção e as taxas de perda dos átomos de O também devem se equilibrar. A taxa de produção de O é o dobro da velocidade de Reação (a) (dois átomos de oxigênio produzidos por divisão molecular de O_2) mais a velocidade da Reação (c), e a velocidade de perda é a velocidade b + a velocidade d. Em estado estacionário,

$$2(\text{velocidade a } a) + \text{velocidade } c = \text{velocidade } b + \text{velocidade } d$$

ou

$$2k_a(O_2) + k_c(O_3) = k_b(O)(O_2)(M) + k_d(O)(O_3) \tag{8.6}$$

As equações (8.5) e (8.6) podem agora ser resolvidas para obtermos as concentrações de estado estacionário de O e O_3. Por exemplo, a subtração da Equação (8.5) da Equação (8.6) fornece:

$$2k_b(O)(O_2)(M) = 2k_a(O_2) + 2k_c(O_3) \tag{8.7}$$

que pode ser resolvida para se obter (O). A expressão será simplificada, se considerarmos que $k_a(O_2) \ll k_c(O_3)$, ou seja, que a fotólise de O_2, Reação (a), produz bem menos átomos de O do que a fotólise de O_3, Reação (c). Essa hipótese se revela válida para as camadas inferiores da estratosfera, onde O_3 é importante porque o fluxo de fótons solares é bem menor na região do ultravioleta longínquo (divisão de O_2) do que na do ultravioleta próximo (divisão de O_3). Eliminando $k_a(O_2)$ da Equação (8.7), obtemos

$$(O) = k_c(O_3)/k_b(M)(O_2) \tag{8.8}$$

A adição das equações (8.5) e (8.6) resulta em

$$2k_a(O_2) = 2k_d(O)(O_3) \tag{8.9}$$

Após substituir a Equação (8.8), podemos resolver a razão $(O_3)/(O_2)$:

$$(O_3)/(O_2) = [k_a k_b(M)/k_c k_d]^{1/2} \tag{8.10}$$

O valor dessa grandeza depende da altitude. Com o aumento de altitude, diversas variáveis mudam: a concentração de moléculas de ar (M) diminui; tanto k_a quanto k_c aumentam porque o fluxo de fótons aumenta; e k_b e k_d aumentam ligeiramente porque a temperatura aumenta (na estratosfera). A uma altitude de 30 km, a concentração de moléculas de ar é igual a $10^{17,7}$ moléculas/cm³, e os valores aproximados das constantes de velocidade, expressos com essa unidade de concentração (e calculados pela média na superfície da Terra) são $k_a = 10^{-11}$, $k_b = 10^{-32,7}$, $k_c = 10^{-3}$ e $k_d = 10^{-15}$. Ao inserir esses números na Equação (8.10), temos $(O_3)/(O_2) = 10^{-4}$. Assim, mesmo na camada de ozônio, o número de moléculas de O_3 é muito menor do que o número de moléculas de O_2.

Em qualquer lugar da atmosfera, a concentração de ozônio está sujeita a grandes variações porque o fluxo solar varia no decorrer do dia, bem como sazonalmente. Essas variações são, porém, bastante regulares, e o fluxo ultravioleta calculado pela média do tempo depende somente da altitude, tornando-se menor em altitudes mais baixas, à medida que a maioria dos raios é absorvida. O cálculo do estado estacionário deve, portanto, fornecer uma estimativa razoável da concentração média de ozônio em diferentes altitudes.

O cálculo pode ser repetido em outras altitudes, com a devida modificação das constantes, e o resultado é a curva tracejada na Figura 8.7. Prevê-se o pico da razão $(O_3)/(O_2)$ em cerca de 30 km. Em altitudes mais elevadas, a fotólise do ozônio [Reação (c)] é crescentemente mais rápida, e, em altitudes mais baixas, a formação resultante de ozônio é limitada pelo suprimento decrescente de átomos de O da Reação (a).

O perfil de ozônio medido (linha cheia na Figura 8.7) possui o mesmo formato da curva calculada, mas os valores calculados são aproximadamente uma ou duas vezes mais altos. Como a velocidade de produção de ozônio depende somente do fluxo UV, essa discrepância reflete a existência de mecanismos de destruição de ozônio diferentes dos considerados até agora.

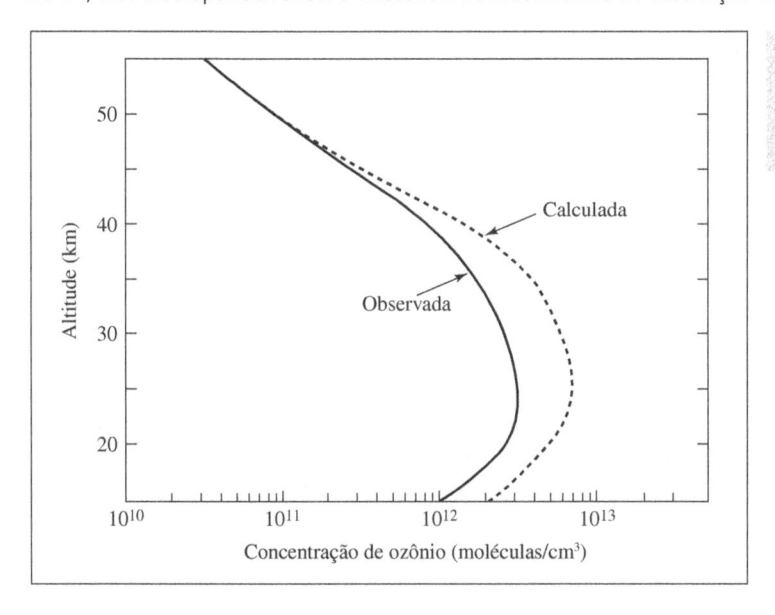

FIGURA 8.7
Gráfico das concentrações de ozônio na atmosfera, observadas e calculadas (sem incluir as reaçãoes com OH, Cl, Br e NO).

Resolução de problema 8.2 — Estado estacionário versus equilíbrio para O_3

Compare a razão $(O_3)/(O_2)$ em estado estacionário, na altitude de 30 km com valor de equilíbrio.

A razão $(O_3)/(O_2)$ em equilíbrio pode ser obtida de K_{eq}, a constante de equilíbrio para a reação

$$3O_2 \rightleftharpoons 2O_3$$

Com base na variação da energia livre padrão sob 298 K e 1 atm de pressão, $2 \times 163{,}4$ kJ (veja a Tabela 7.1), estima-se K_{eq} em $10^{-57,0}$. Pela expressão do equilíbrio

$$(O_3)^2/(O_2)^3 = K_{eq}$$

obtemos

$$(O_3)/(O_2) = [K_{eq}(O_2)]^{1/2}$$

Como ao nível do mar a concentração de oxigênio $[O_2]$ é igual a 0,21 atm,

$$[K_{eq}(O_2)]^{1/2} = (10^{-57,0} \times 0{,}21)^{1/2} = 10^{-28,8}$$

Como a concentração e a temperatura de (O_2) são muito inferiores na estratosfera, essa razão na estratosfera é bem menor. Portanto, a razão $(O_3)/(O_2)$ em estado estacionário excede ao valor de equilíbrio em muitas ordens de grandeza.

8.4 Destruição catalítica do ozônio

O ozônio é uma molécula metaestável; sua concentração de equilíbrio é extremamente baixa, mas as moléculas isoladas se decompõem muito lentamente. Elas podem, contudo, ser rapidamente destruídas pelas reações catalíticas em cadeia. Nessas reações, o ozônio é convertido em dioxigênio por um condutor da cadeia X que é ele próprio restaurado no processo. As reações gerais são

$$X + O_3 \rightleftharpoons XO + O_2 \qquad (e)$$

$$XO + O \rightleftharpoons X + O_2 \qquad (f)$$

A soma dessas duas reações produz a Reação (d):

$$O_3 + O \rightarrow 2O_2 \qquad (d)$$

As reações (e) e (f) fornecem uma rota adicional à reação do ozônio com os átomos de oxigênio, acelerando dessa forma o processo de destruição. Como a formação não é alterada, a aceleração da reação de destruição reduz a concentração de ozônio no estado estacionário. Como o X é regenerado, trata-se de um catalisador; uma única molécula de X pode destruir muitas moléculas de ozônio. A reação em cadeia continua até que X seja removido por alguma reação secundária que o inativa.

Há muitos candidatos possíveis para ser o condutor da cadeia X, mas quatro espécies foram identificadas como importantes na destruição do ozônio estratosférico: o radical hidroxila, os átomos de cloro e bromo e o óxido nítrico. Elas são analisadas como segue.

a. Radical hidroxila. O radical hidroxila é responsável por quase metade da destruição total de ozônio na estratosfera inferior (de 16 km a 20 km). Já observamos como o radical hidroxila é formado na troposfera, onde ele é produzido pela reação da água com o O excitado [Equação (7.25)], gerado da fotólise do ozônio [Equação (7.24)]. O HO• estratosférico é formado de modo semelhante. Os átomos excitados de O reagem com uma fonte de hidrogênio, suprida principalmente por H_2O e CH_4. O radical hidroxila é capaz de aceitar um átomo de O proveniente do O_3 para produzir H_2O [Reação (e)] que, por sua vez, pode reagir com os átomos de O, regenerando o HO• [Reação (f)]. As reações combinadas acarretam a reação de destruição do ozônio [Reação (d)]. Como a água e o metano são componentes da atmosfera natural, o ciclo de reações HO• constitui um mecanismo natural de perda de ozônio. Há certa preocupação de que esse mecanismo de perda possa ser acelerado em função do aumento da concentração de metano na atmosfera.

b. Cloro e bromo. Os átomos de cloro e bromo são condutores altamente eficazes da cadeia nas reações (e) e (f). Entretanto, o Cl ou o Br na estratosfera provêm de poucas fontes naturais, porque as fontes potenciais na troposfera não conseguem atingir a estratosfera em quantidade significativa. Por exemplo, os oceanos são abundantes em íons de cloro e bromo, mas o borrifo das ondas é eficientemente dispersado na troposfera. De modo análogo, há muitos produtos naturais organoclorados e organobromados, e as moléculas mais voláteis são emitidas para a atmosfera, mas destruídas na troposfera pelos radicais hidroxila por meio da Equação (7.23). Entretanto, as espécies mais abundantes, cloreto de metila e brometo de metila, têm vida longa o suficiente para contribuir com um considerável nível de base para a destruição de ozônio induzido por halogênios.

Fontes muito maiores de cloro e bromo estratosféricos foram inadvertidamente criadas pela produção humana de compostos orgânicos que contêm um ou dois átomos de carbono ligados somente a flúor, cloro e/ou bromo. São os clorofluorcarbonos, CFCs, e dos halons com bromo. Os CFCs têm sido amplamente usados como fluidos em refrigeração, agentes de expansão na produção de espumas, propelentes para aerossóis e solventes para limpeza de componentes microeletrônicos. Os halons foram utilizados como extintores de incêndio; as pesadas moléculas que contêm bromo formam uma manta de gás que abafa com eficácia as chamas. Os CFCs e os halons foram muito úteis nessas aplicações por serem atóxicos e não inflamáveis. Essas propriedades desejáveis estão diretamente relacionadas à baixa reatividade química dessas moléculas na troposfera. Como carecem de átomos de H, e, portanto, não contêm ligações C—H, os CFCs e os halons não estão sujeitos à oxidação, seja em uma chama ou de forma bioquímica. Nem os radicais hidroxila conseguem atacar essas moléculas, que então escapam do destino troposférico da maioria das espécies orgânicas. Somente na estratosfera os CFCs e os halons são destruídos, pela ação dos fótons UV. O resultado da absorção de fótons UV é romper a ligação mais fraca na molécula, C—Br ou C—Cl:

$$RX + h\nu \rightarrow R\bullet + X\bullet \qquad \textbf{8.11}$$

Quando liberados, os átomos de cloro e bromo destroem o ozônio por meio das reações (e) + (f).

Medições por satélites indicam que altos níveis de CFC chegam efetivamente à estratosfera; acima de aproximadamente 20 km, a sua concentração diminui, em contraposição ao aumento das concentrações de HCl e HF, os produtos finais da destruição por CFC. Essas moléculas são formadas por uma variedade de mecanismos, principalmente o lento ataque de Cl• ou F• às moléculas de metano, que ascendem da troposfera:

$$Cl\bullet\ (F\bullet) + CH_4 \rightarrow HCl\ (HF) + CH_3\bullet \qquad \textbf{8.12}$$

Como o HF não possui nenhuma fonte natural, os dados estabelecem os CFCs como fonte da maior parte do cloro estratosférico. Por isso, a produção de CFC está sendo restringida e desativada. Não obstante essa proibição, a destruição catalisada da camada de ozônio por CFC persistirá por décadas. Leva muitos anos para essas moléculas serem elevadas à altitude de fotoeficiência máxima. A defasagem de tempo entre produção, consumo e eventuais efeitos sobre a camada de ozônio é considerável.

c. Óxido nítrico. Embora o NO seja produzido em abundância na baixa atmosfera por meio da combustão e dos relâmpagos, quase todo ele é oxidado para NO_2 e convertido em ácido nítrico [veja Equação (7.26)] na troposfera, após o que ele é removido pela água da chuva antes de atingir a estratosfera. Por outro lado, o óxido nitroso, N_2O, embora muito menos abundante, também é muito menos reativo; ele acaba atingindo a estratosfera. Acima dos 30 km, a maior parte do N_2O é fotolisada por fótons UV para produzir dinitrogênio e átomos excitados de oxigênio:

$$N_2O + h\nu(UV) \rightarrow N_2 + {}^*O \qquad \textbf{8.13}$$

Um pequeno percentual, 10% ou menos, das moléculas de N_2O reage com os átomos excitados de oxigênio formados pela Equação (7.24), bem como pela (8.13), para produzir NO:

$$N_2O + {}^*O \rightarrow 2NO \qquad \textbf{8.14}$$

Essa é a principal fonte de NO na estratosfera.

O NO pode atuar como o X nas reações destruidoras de ozônio (e) e (f), passando pelo ciclo do NO_2 nesse processo. Entretanto, o NO_2 também reage com outros condutores nas cadeias de destruição de O_3, HO• e ClO•. A reação com o HO• produz ácido nítrico [Equação (7.26)], como já havíamos observado, e a reação com ClO• produz uma molécula análoga, o nitrato de cloro:

$$ClO\bullet + NO_2 \rightleftharpoons ClONO_2 \qquad \textbf{8.15}$$

O ácido nítrico e o nitrato de cloro não participam diretamente da destruição de O_3. Em vez disso, são *moléculas-reservatório*; elas seqüestram as espécies condutoras da cadeia HO• e ClO• em formas menos reativas, liberando-as em resposta à luz UV:

$$HONO_2 + h\nu \rightarrow HO\bullet + NO_2 \qquad \textbf{8.16}$$

$$ClONO_2 + h\nu \rightarrow ClO\bullet + NO_2 \qquad \textbf{8.17}$$

Embora o HO• e o ClO• permaneçam, portanto, disponíveis para a destruição do O_3, a ligação com o NO_2 reduz significativamente sua concentração e, assim, reduz a destruição do ozônio. Além disso, as moléculas-reservatório também podem ser removidas pela água da chuva, quando o ar estratosférico e o troposférico úmido se misturarem na troposfera superior. Esses processos estão diagramados na Figura 8.8.

Desse modo, o NO possui duplo efeito, por um lado provê outro mecanismo de cadeia catalítica para a destruição de O_3, mas por outro inibe dois dos grandes mecanismos para a destruição de O_3. Qual desses efeitos predominará depende da altitude. Acima de cerca de 25 km, o efeito final dos óxidos de nitrogênio é baixar as concentrações de O_3 por meio das reações (e) e (f). Na verdade, nas estratosferas média e superior, o óxido de nitrogênio responde por mais de 50% da destruição total de ozônio. Etretanto, na estratosfera inferior, o efeito geral do óxido de nitrogênio consiste em proteger o O_3 da destruição pelas reações dadas pelas equações (7.26) e (8.15). Essas descobertas deram novo impulso à viabilidade do transporte a jato supersônico na estratosfera inferior. Persistem incertezas, porém, porque as emissões dos jatos não necessariamente permaneceriam a baixas altitudes.

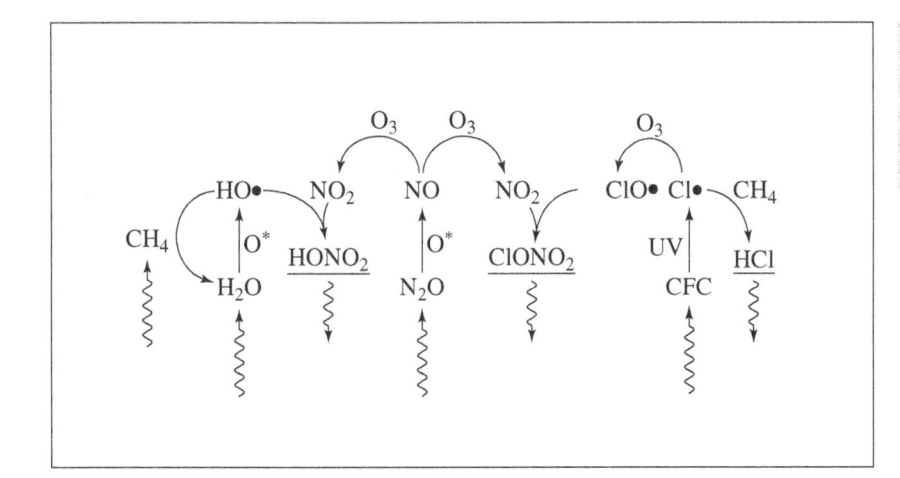

FIGURA 8.8

Diagrama das interações entre as reações estratosféricas; as moléculas-reservatório estão sublinhadas.

8.5 Destruição do ozônio polar

Embora as reações descritas até aqui justifiquem os níveis médios observados de ozônio estratosférico, elas são incapazes de explicar o buraco de ozônio sobre a Antártica ou a substancial redução de ozônio que também foi detectada na região ártica.

A cada primavera, a camada de ozônio afina acentuadamente sobre os pólos. O fenômeno é restrito tanto à região quanto à estação do ano. Embora várias explicações tenham surgido, a causa foi firmemente estabelecida como a destruição catalítica por Cl•, quando se notou que a perda de O_3 coincidia com um aumento agudo de ClO• (veja a Figura 8.9). Mas o efeito é grande e súbito demais para ser justificado pelas reações em cadeia (e) e (f), sendo X = Cl•.

Há o envolvimento de um processo químico adicional, que inclui um papel importante para as reações na superfície das partículas das nuvens (veja a Figura 8.10).

Nas temperaturas geladas do inverno polar, o ar estratosférico fica confinado em um vórtice onde as nuvens se formam, mesmo que o ar seja muito seco. Essas nuvens estratosféricas polares (PSCs, do inglês, *Polar Stratospheric Clouds*) se formam inicialmente a 193 K, quando as partículas de ácido nítico triidratado ($HNO_3 \bullet 3H_2O$) se condensam, e novamente a 187 K, quando as partículas de água congeladas se condensam. Sob essas condições, cria-se o cenário para o surgimento subseqüente do buraco na camada de ozônio. Em primeiro lugar, as partículas de nuvens absorvem de forma eficiente o HNO_3 e o $ClONO_2$, bem como o HCl [o último por meio da Equação (8.12)]. As reações na superfície das partículas convertem então o HCl e o $ClONO_2$ em Cl_2 e HOCl, mais reativos.

$$HCl + ClONO_2 \rightleftharpoons Cl_2 + HNO_3 \qquad \textbf{8.18}$$

$$H_2O + ClONO_2 \rightleftharpoons HOCl + HNO_3 \qquad \textbf{8.19}$$

FIGURA 8.9

Concentrações de óxido de cloro e ozônio sobre a Antártica a 18 km de altitude, de 23 de agosto a 21 de setembro de 1987.

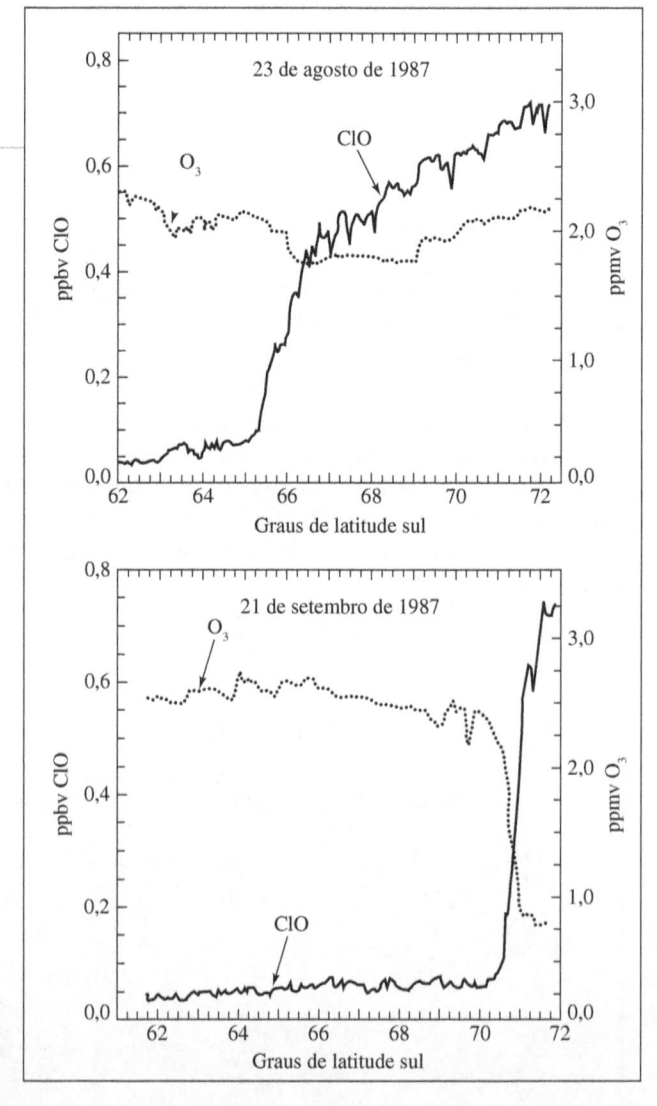

Fonte: F. S. Rowland (1991). "Stratospheric ozone in the 21st century: The chlorofluorocarbon problem", *Environmental Science and Technology*, 25:622–628. Reprodução autorizada por ES&T. Copyright© 1991 by the American Chemical Society.

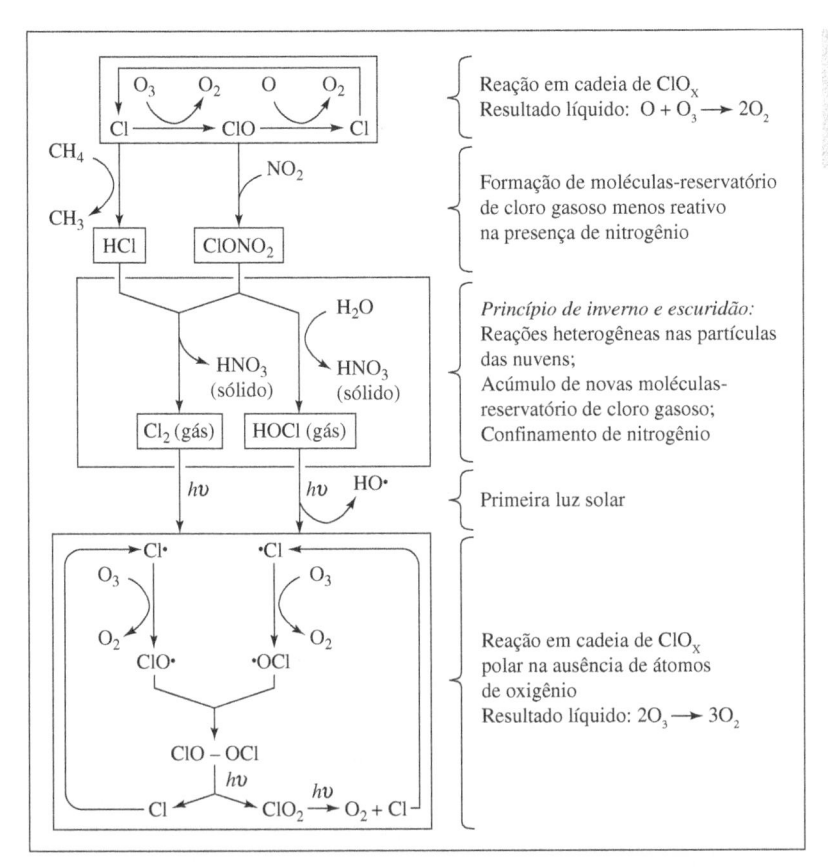

FIGURA 8.10

Seqüência de reações responsáveis pelo buraco na camada de ozônio na Antártica.

Reação em cadeia de ClO_x
Resultado líquido: $O + O_3 \rightarrow 2O_2$

Formação de moléculas-reservatório de cloro gasoso menos reativo na presença de nitrogênio

Princípio de inverno e escuridão:
Reações heterogêneas nas partículas das nuvens;
Acúmulo de novas moléculas-reservatório de cloro gasoso;
Confinamento de nitrogênio

Primeira luz solar

Reação em cadeia de ClO_x polar na ausência de átomos de oxigênio
Resultado líquido: $2O_3 \rightarrow 3O_2$

Essas reações são lentas demais na fase gasosa para ter qualquer importância, mas se aceleram muito nas superfícies das partículas de nuvens porque 1) as moléculas reagentes estão concentradas ali e 2) a formação de HNO_3 é auxiliada pela ligação de hidrogênio com as moléculas de água nas partículas. Essas reações são deslocadas para a direita à medida que os produtos gasosos contendo cloro escapam enquanto o HNO_3 permanece adsorvido nas partículas de gelo. Como as partículas de nuvem aumentam no decorrer do inverno, elas afundam para altitudes inferiores, separando assim fisicamente o nitrogênio do cloro ativo. Como o nitrogênio não está disponível, ele não pode seqüestrar o cloro na molécula relativamente não reativa de $ClONO_2$; o resultado é que, na escuridão do inverno, o vórtice acumula Cl_2 e HOCl.

Quando a luz do dia volta na primavera, as moléculas de Cl_2 e HOCl são convertidas em Cl• pela luz UV:

$$Cl_2 + h\nu \rightarrow 2Cl\bullet \qquad \textbf{8.20}$$

$$HOCl + h\nu \rightarrow HO\bullet + Cl\bullet \qquad \textbf{8.21}$$

Podemos agora compreender por que o buraco na camada de ozônio aparece sazonalmente. Durante o inverno polar escuro, o Cl_2 e o HOCl se acumulam; na primavera, quando o ar é banhado pela luz solar, as reações de fotólise produzem uma explosão de átomos de Cl• que reagem com o O_3 e produzem ClO•(veja a Figura 8.9).

Mais uma reação é necessária para completar o mecanismo do buraco na camada de ozônio. Para continuar o ciclo catalítico, o Cl• necessita ser regenerado do ClO•. Geralmente, isso ocorre por meio do ataque de átomos de O na Reação (f). Mas, na baixa estratosfera, onde os níveis de ozônio polar declinam abruptamente, não há átomos de O suficientes para manter a reação na taxa necessária. Em vez disso, o ClO• se acumula até uma concentração (faixa ppb) suficiente para formar dímeros:

$$2ClO\bullet \rightleftharpoons ClO-OCl \qquad \textbf{8.22}$$

Os radicais (como o ClO•) formam dímeros prontamente; os dois elétrons isolados formam um par para produzir uma nova ligação. Geralmente, a dimerização termina uma reação em cadeia de radical porque o dímero não é reativo. Novamente, porém, a fotólise intervém, desta vez para dissociar a ligação C—Cl, regenerando os átomos de Cl•:

$$ClOOCl + h\nu \rightarrow ClOO\bullet + Cl\bullet \qquad \textbf{8.23}$$

$$ClOO\bullet + h\nu \rightarrow O_2 + Cl\bullet \qquad \textbf{8.24}$$

Esta etapa completa a reação em cadeia, acarretando na rápida destruição de uma grande quantidade de O_3.

A reação em cadeia é quebrada quando a luz do sol evapora as PSCs, levando à conversão de HNO_3 para NO_2. Este reage com o ClO disponível, convertendo-o em $ClONO_2$ e, dessa forma, interrompendo a seqüência em cadeia pela eliminação da reação (8.22).

A extensão da redução de O_3 depende da extensão da formação de Cl_2 e HOCl durante o período escuro do inverno. Essa taxa de produção, por sua vez, depende não somente da quantidade de cloro na estratosfera, mas também do número de partículas de nuvens disponíveis para promover as reações na superfície congelada. Após a erupção do monte Pinatubo, em 1991, a redução do ozônio polar se tornou ainda mais severa nos dois anos subseqüentes, porque o aerossol de sulfato da emissão de SO_2 do vulcão aumentou a superfície disponível para as reações dadas pelas equações (8.18) e (8.19).

Embora a depleção do ozônio tenha sido observada em ambas as regiões polares, o efeito é mais pronunciado na região antártica do que na ártica. Essa diferença parecer se relacionar com o fato de que as temperaturas no Ártico não caem o suficiente ou não permanecem baixas por tempo suficiente para provocar a remoção de HNO_3 por meio da precipação de grandes nuvens de partículas. A temperatura é mais alta no Ártico do que na Antártica porque há mais movimentação de ar para a estratosfera no Hemisfério Norte. Embora as concentrações de ClO na região ártica sejam elevadas, assim como na Antártica, o HNO_3 fornece uma fonte de NO_2, que seqüestra o ClO reativo.

Essas descobertas sugerem, porém, que um resfriamento maior da estratosfera ártica poderia, em princípio, causar um buraco na camada de ozônio comparável ao da Antártica. Esse resfriamento poderia resultar da variação climática, porque a temperatura na superfície terrestre aumenta em detrimento do declínio na temperatura da estratosfera. A Figura 8.11 indica esse efeito no perfil de temperatura da atmosfera projetado para um aumento duplicado de CO_2. Desse modo, a complexa química das nuvens polares pode ligar os perigos da mudança climática aos da destruição de ozônio.

8.6 Projeções de ozônio

Agora que a química do ozônio está compreendida em detalhes, os cientistas estudiosos da atmosfera são capazes de projetar as mudanças na camada de ozônio, com algum grau de segurança, usando modelos atmosféricos globais. A Figura 8.1 mostra uma projeção das tendências nos níveis de cloro na atmosfera, supondo-se a implementação dos acordos internacionais. A figura indica que, até 2040, espera-se que a concentração atmosférica de cloro diminua em cerca de 2 partes por bilhão (ppb), o nível em que estava o buraco na camada de ozônio na Antártica quando surgiu, no final dos anos 1970, e que continuará a declinar para cerca de 1 ppb até o final do século XXI. Embora as perdas de ozônio ainda sejam grandes, espera-se que declinem em sincronia com a redução nos níveis de cloro. Os dados atmosféricos sobre o $CFCl_3$ (CFC 11) (veja a Figura 6.16) indicam que os controles sobre as emissões de CFC parecem estar funcionando conforme o planejado.

8.7 Substitutos dos CFCs

Muito esforço tem sido dedicado para se encontrarem substitutos dos CFCs. A principal estratégia tem sido explorar a compatibilidade dos hidroclorofluorcarbonetos (HCFCs) e dos hidrofluorcarbonos (HFCs). Essas moléculas possuem hidrogênio, bem como substitutos de cloro e/ou flúor no carbono. A presença de ligações C—H permite que os HCFCs e os HFCs sejam atacados por radicais hidroxila e, dessa forma, destruídos na troposfera. Ao mesmo tempo, os substitutos de Cl e/ou F emprestam

FIGURA 8.11

Efeito da duplicação da concentração de dióxido de carbono sobre o perfil de temperatura da atmosfera.

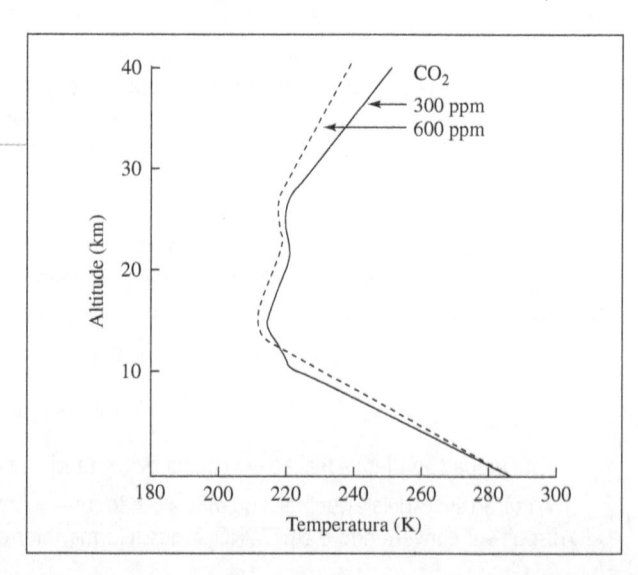

Fonte: S. Manabe e R. T. Wetherald (1967). "Thermal equilibrium of the atmosphere with a given distribution of relative humidity", *Journal of Atmospheric Sciences*, 24:241–259. Copyright© 1967, American Meteorology Society. Reprodução autorizada.

a essas substâncias químicas parte das propriedades desejáveis dos CFCs, tais como a baixa reatividade e a supressão de fogo, boas características de isolamento e como solventes, além de pontos de ebulição adequados ao uso em ciclos de refrigeração.

Alguns CFCs e substitutos atualmente disponíveis estão relacionados na Tabela 8.1. O CHF_2Cl (HCFC-22) é um agente de refrigeração que pode substituir o CCl_2F_2 (CFC-12) em compressores de aparelhos de ar condicionado ou refrigeradores domésticos. O isolamento com espuma de poliuretano nas paredes dos refrigeradores pode ser expandido com CH_3CFCl_2 (HCFC-141b) ou CF_3CHCl_2 (HCFC-123), em vez de CCl_3F (CFC-11). Eles são bons isolantes e possuem baixo índice de inflamabilidade.

Entretanto, embora os HCFCs possuam tempo de vida atmosférica expressivamente mais baixo do que os CFCs, algumas moléculas sobrevivem e acabam indo para a estratosfera, onde contribuem com a depleção do ozônio. Os três HCFCs mostrados na tabela possuem potenciais de depleção de ozônio (ODP, do inglês, *Ozone Depletion Potenciais*) que variam entre 0,02 e 0,11 (em relação ao CFC-11). Se uma quantidade suficiente desses HCFCs fosse produzida, eles poderiam diminuir a camada de ozônio de modo considerável e contribuir para a mudança climática. Por essa razão, os HCFCs são considerados substitutos transitórios do CFC; o Protocolo de Montreal revisto exige a eliminação gradual dos HCFCs e sua substituição permanente por substâncias sem cloro.

Os HFCs, que não possuem cloro, não são destruidores de ozônio e não são cobertos pelo Protocolo de Montreal. Eles têm sido utilizados como agentes de expansão, refrigeração e extinção de incêndios.

Contudo, tanto os HCFCs quanto os HFCs são potentes gases do efeito estufa. Seus potenciais de aquecimento global (GWP) são muitas vezes maiores por molécula do que o CO_2 (veja a Tabela 8.1). Embora seus tempos de vida (com a exceção do CHF_3) sejam mais curtos do que os dos CFCs, eles são mais longos do que os hidrocarbonetos não substituídos, porque os átomos de flúor estabilizam as ligações C—H, tornando-as mais lentas para reagir com radicias hidroxila. A preocupação com seu potencial de impacto sobre o clima global levou à sua inclusão na lista dos gases de efeito estufa alvos de redução da emissão sob o Protocolo de Kyoto. As tendências atuais de mercado indicam que relativamente poucos CFCs serão substituídos por HFCs. Até hoje, somente o HFC 134a penetrou no mercado de forma significativa. O baixo percentual de substituição reflete a introdução de substitutos alternativos ao HFC e o aumento na eficiência, contenção e reciclagem dos halocarbonos atualmente em uso.

Novas tecnologias que não dependem nem de HCFCs nem de HFCs para substituir os CFCs estão em desenvolvimento. Os propelentes de aerossol, por exemplo, podem ser o isobutano ou o dimetil éter (misturados com água para suprimir a inflamabilidade). Da mesma forma, os CFCs foram substituídos por hidrocarbonetos como agentes de expansão na produção de isopor. A espuma isolante nas paredes dos refrigeradores, anteriormente expandida com CFC-11 e agora com HCFC-141b, poderá em breve ser substituída por painéis a vácuo com um material de preenchimento sólido e selados a vácuo em um invólucro de gás comprimido. A indústria eletrônica, que dependia maciçamente dos solventes à base de CFCs para limpar as placas dos circuitos, passou a adotar detergentes à base de água e novos métodos de impressão que reduzem a necessidade de limpeza.

TABELA 8.1 *Clorofluorcarbonos (CFCs) e seus substitutos – hidroclorofluorocarbonos (HCFCs) e hidrofluorcarbonos (HFCs).*

Nome comercial	Fórmula química	Mercado	Tempo de vida atmosférico (ano)	GWP* em 100 anos	ODP†
CFC - 11	CCl_3F	Agente de expansão	50	4.000	1,0
CFC - 12	CCl_2F_2	Refrigeração	102	8.500	1,0
CFC - 113	CCl_2FCClF_2	Agente de limpeza	85	5.000	0,8
HCFC - 22	CHF_2CL	Refrigeração Agente de expansão	12,1	1.700	0,055
HCFC - 141b	CH_3CHCl_2	Agente de expansão	9,4	630	0,11
HCFC - 123	CF_3CHCl_2	Agente de expansão	1,4	93	0,02
HFC - 134a	CH_2FCF_3	Refrigeração Agente de expansão	14,6	650	0,0
HFC - 23	CHF_3	Extinção de incêndio	260	11.700	0,0
HFC - 227ea	C_3HF_7	Extinção de incêndio	36,5	2.900	0,0
HFC - 245fa	$C_3H_3F_5$	Agente de expansão	6,6	790	0,0

* GWP significa potencial de aquecimento global (do inglês, *Global Warming Potential*). Trata-se de uma medida do grau de forçamento radiativo de uma dada molécula em comparação com uma molécula de CO_2, à qual é designado um valor GWP igual a 1.
† ODP significa potencial de depleção de ozônio (do inglês, *Ozone Depletion Potential*). Trata-se da razão do impacto sobre o ozônio de uma substância química comparado com o impacto de uma massa semelhante de $CFCl_3$ (CFC-11), à qual é designado o valor de 1.

Fontes: IPCC *Special Report on Emission Scenarios*, Seção 5.4.3. *Halocarbons and other halogenated compounds*.
Disponível em htpp://www.grida.no/climate/ipcc/emission/123.htm. *Montreal Protocol on Substances that Deplete the Ozone Layer*. Disponível em http://www.unep.org/ozone/Montreal-Protocol/Montreal-Protocol2000.shtml

Os fluidos operacionais de refrigeradores e aparelhos de ar condicionado são os mais difíceis de substituir. Também neste caso vislumbram-se opções. Tem havido muito interesse por materiais antigos, como amônia e hidrocarbonetos, mas as restrições incluem a toxicidade e a corrosividade da amônia e a inflamabilidade dos hidrocarbonetos. A inflamabilidade, ao menos, pode ser administrada com a adequação dos projetos de engenharia (somos expostos aos riscos da inflamabilidade todo o tempo, por exemplo, ao dirigir automóveis ou lidar com fornos a gás); atualmente no mercado há uma geladeira alemã (chamada *Greenfreeze*, ou Refrigeração Verde) que utiliza uma mistura de propano com butano. Além disso, estão em desenvolvimento condicionadores de ar sem compressores, que utilizam um sistema de resfriamento evaporativo combinado com uma secagem dessecante do ar resfriado. No longo prazo, há também interesse em usar ondas sonoras para fins de refrigeração.

Atualmente não há substitutos adequados dos halons, que são usados para inundar espaços fechados, como escritórios, aviões e tanques miliares, por exemplo, em caso de incêndio. Desde 1994, quando a produção cessou, os halons têm sido cuidadosamente armazenados, à espera do desenvolvimento de substitutos. Os halons apresentam uma combinação de baixa reatividade com eficaz supressão ao fogo, que é difícil de achar. O candidato mais promissor parece ser o CF_3I, o qual, assim como o CF_3Br (halon 1301) é pesado o bastante para cobrir e abafar o fogo. A ligação C—I é rapidamente fotolisada, mesmo ao nível do solo, de modo que o tempo de vida atmosférico da molécula é curto. Entretanto, a toxicidade e a corrosividade ainda não foram plenamente avaliadas.

De modo geral, o abandono da forte dependência dos CFCs está ocorrendo de forma mais rápida do que se poderia imaginar há alguns anos. Como sempre, a necessidade é a mãe das invenções.

9 Poluição do ar

Se, por um lado, os gases de efeito estufa e os CFCs podem ser considerados poluentes globais (por seu potencial de afetar o sistema climático e a camada estratosférica de ozônio em todo o mundo), por outro lado, o termo 'poluição do ar' geralmente se refere a substâncias que, em escalas local e regional, afetam diretamente os animais, as plantas, as pessoas e seus objetos. O fenômeno não é novo. Há séculos existem queixas sobre a qualidade do ar, principalmente nos centros urbanos. Mas a expansão contínua da população e da civilização industrial mudou a natureza da poluição do ar. Os efeitos amplamente disseminados das emissões são cada vez mais evidentes e a necessidade de controlá-los influencia um maior grau de desenvolvimento da tecnologia, principalmente nos setores de energia e transportes.

9.1 Os poluentes e seus efeitos

Uma ampla gama de substâncias pode poluir o ar, mas as mais reconhecidas como sendo o alvo de medidas de controle são o monóxido de carbono, o dióxido de enxofre, as substâncias orgânicas tóxicas, os materiais particulados, os óxidos de nitrogênio e os compostos orgânicos voláteis. Os quatro primeiros afetam diretamente a saúde humana, e os dois últimos são ingredientes do *smog* fotoquímico, cujos efeitos danosos se devem à produção de ozônio e outras moléculas 'oxidantes'.

a. Monóxido de carbono. Como indica a Figura 9.1, as emissões de monóxido de carbono (CO) nos Estados Unidos atingiram o pico, em meados de 1970, com aproximadamente 117 milhões de toneladas métricas por ano e, desde então, têm declinado a uma taxa aproximada de 13 milhões de toneladas métricas por década. De longe, a principal fonte de CO é o transporte (rodoviário e outros). De 1940 a 1970, o aumento de CO foi diretamente proporcional ao aumento na quilometragem percorrida por veículos. A partir de 1970, houve redução nas emissões, apesar do aumento contínuo do deslocamento veicular, devido aos padrões cada vez mais rigorosos de controle de emissões e das melhorias na eficiência energética.[1]

Embora ocorra naturalmente no meio ambiente, o monóxido de carbono é um veneno asfixiante porque pode deslocar a ligação do O_2 à hemoglobina (veja a Figura 9.2). Os sítios ativos com Fe na hemoglobina ligam-se com CO 320 vezes mais firmemente do que com O_2. Essa alta afinidade significa que, no sangue humano, o CO ocupa cerca de 1% dos sítios de ligação da hemoglobina; nos fumantes, essa porcentagem dobra, em média, em conseqüência ao CO presente na fumaça inalada. Quando a concentração ambiente de CO atinge 100 ppm, a ocupação percentual dos sítios de ligação de hemoglobina se eleva para 16%. Essa concentração de CO pode ser encontrada no tráfego pesado em espaços fechados (túneis, garagens de estacionamento) e

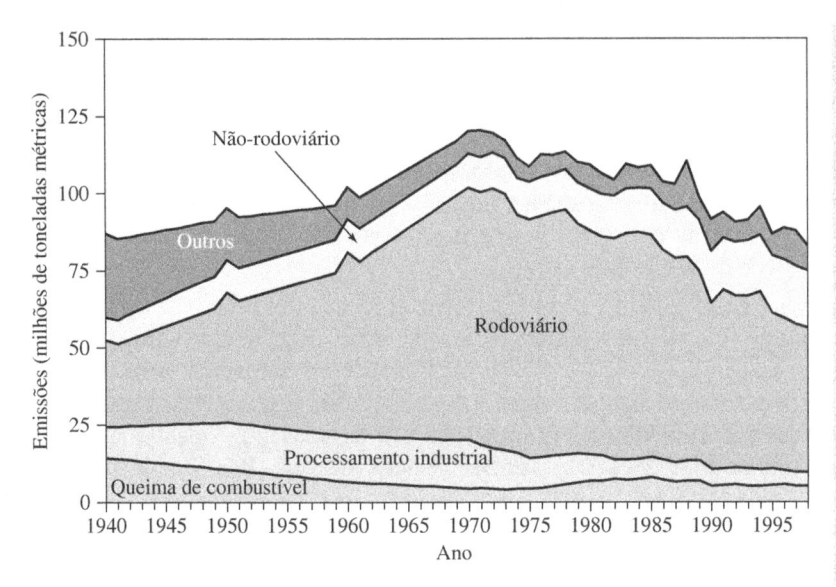

FIGURA 9.1

Tendência nas emissões de monóxido de carbono nos Estados Unidos, entre 1940 e 1998. A categoria 'queima de combustível' inclui combustíveis usados por usinas elétricas e indústrias, além da queima de madeira em residências; 'processamento industrial' inclui fabricação de produtos químicos e afins, processamento de metal ferroso e não-ferroso e incineração de resíduos; 'rodoviário' inclui automóveis e caminhões leves e pesados; 'não-rodoviário' inclui cortadores de grama, embarcações, veículos da construção civil, maquinário agrícola, aviões e ferrovias; 'outros' abrange principalmente as emissões de fogo florestal.

Fonte: Agência de Proteção Ambiental dos Estados Unidos (2000). *National Air Pollutant Emission Trends, 1900–1998*, EPA-454/R-00-002 (Março de 2000). Disponível em http://www.epa.gov/ttn/chief/trends/trends98.

---

[1] A tendência de queda nas emissões de CO continuam. Em 1997, a concentração média de CO nos Estados Unidos era de 4,16 ppm em em 2007 foi observado um valor de 2,05 ppm (Fonte: Environmental Protection Agency – EPA. Disponível em http://www.epa.gov/air/airtrends.) (N. RT.).

FIGURA 9.2
Substituição de oxigênio por monóxido de carbono na hemoglobina.

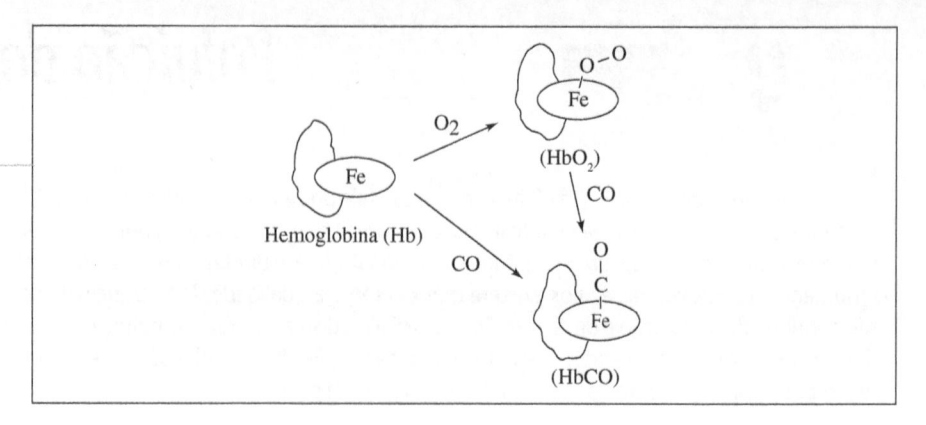

FIGURA 9.3
A curva dose-resposta de absorção de HbCO no sangue.

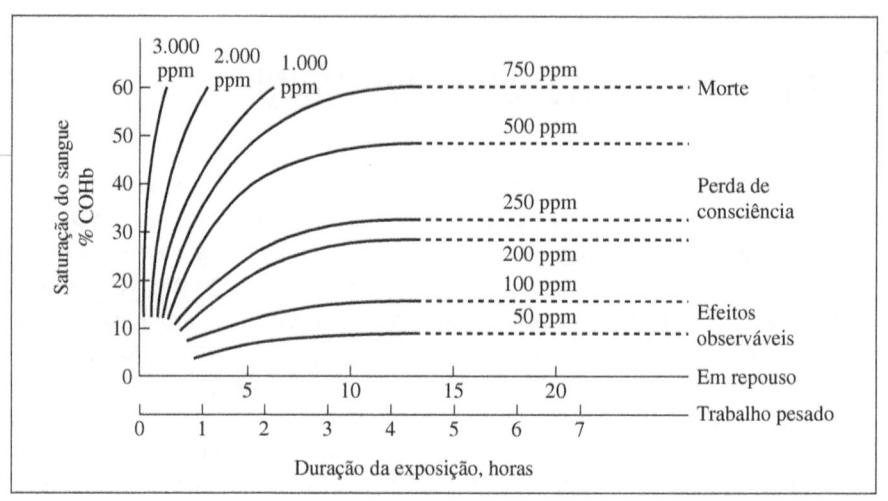

pode causar dores de cabeça e falta de ar. A gravidade dos efeitos depende da duração da exposição e do nível de esforço (veja a Figura 9.3), porque leva algum tempo para o CO inalado se equilibrar com o sangue em circulação. Em concentrações superiores a 750 ppm (0,1% das moléculas de ar), perda de consciência e morte ocorrem rapidamente. Em níveis inferiores, os efeitos são revertidos pela inalação de ar não contaminado, que permite que o O_2 substitua o CO na ligação com as moléculas de hemoglobina. Entretanto, indivíduos com problemas cardíacos são sensíveis mesmo à insuficiência temporária de oxigênio; constatou-se que as internações hospitalares por falha congestiva do coração são influenciadas pelos níveis de CO no ar urbano.

Embora a principal fonte de CO antropogênico seja o transporte automotivo, os indivíduos podem correr mais risco de intoxicação por CO em casa, em razão de fogões e aquecedores residenciais com defeito. O CO é produzido sempre que a combustão é incompleta. O problema é particularmente grave nos países pobres, onde fogões mal ventilados e ineficientes são comuns.

b. Dióxido de enxofre. As principais fontes de emissões antropogênicas de dióxido de enxofre têm sido a combustão de carvão de fonte estacionária e a fundição de metais ferrosos e não-ferrosos, principalmente o cobre. O teor de enxofre no petróleo refinado é geralmente bem baixo, mas o teor de enxofre no carvão é bastante alto. A Figura 9.4 mostra as emissões de dióxido de enxofre nos Estados Unidos no período de 1940 a 1998.

O pronunciado aumento nas emissões entre 1940 e 1945, o declínio no final dos anos 1940 e o início dos anos 1950 e o acentuado aumento entre meados da década de 1950 até 1973 refletem várias tendências antagônicas relacionadas, por um lado, à redução no uso de carvão nos setores industrial, residencial e de transportes e, por outro, à expansão de seu uso na geração de eletricidade. Em 1940, as emissões de enxofre foram provenientes 11% das usinas elétricas movidas a carvão, 13% de residências, 15% das ferrovias, 17% da fundição e 26% da indústria. Por volta de 1970, as ferrovias e as residências não usavam mais quantidades significativas de carvão, a cota industrial das emissões de enxofre havia caído para 10%, a fundição permanecia em 15% e as usinas movidas a carvão respondiam por 51%. Em 1998, a combustão de carvão para energia elétrica dominava todas as demais fontes, com 63% do total de emissões. O declínio geral nas emissões, desde seu pico em 1973,[2] resultou de uma substituição contínua de carvão por petróleo e gás, melhorias na eficiência energética e regulamentações cada vez mais rígidas, que acarretaram a troca do carvão com alto teor de enxofre pelo de baixo teor, além da implementação de dispositivos de controle de emissões, tais como a dessulfurização do gás de combustão que remove o enxofre dos gases de chaminés.

---

[2] Entre 1937 e 2007 também continuou-se a observar uma tendência de queda na concentração de SO_2 atmosférico, com uma redução de 5,9 ppb (1997) para 3,8 ppb (2007) (N. RT.).

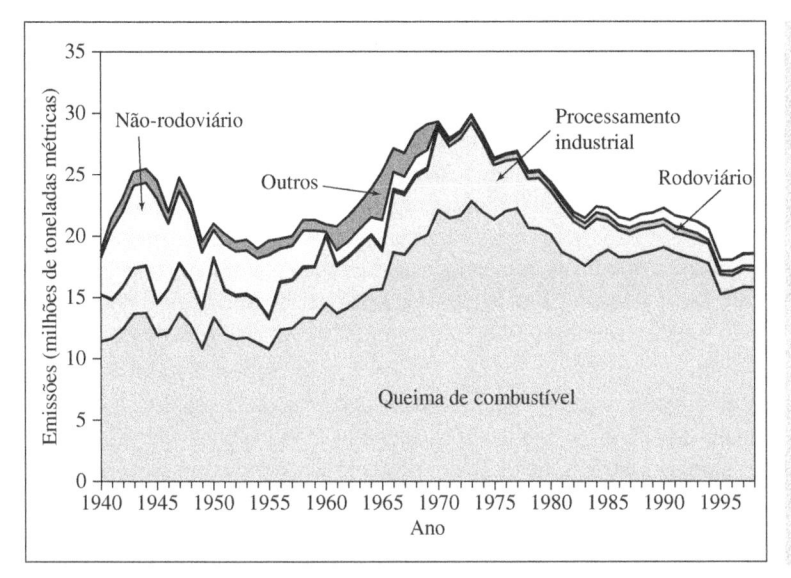

FIGURA 9.4

Tendência das emissões de dióxido de enxofre nos Estados Unidos, entre 1940 e 1998. A categoria 'queima de combustível' inclui principalmente o consumo de carvão por usinas elétricas, indústrias e consumidores comerciais e residenciais; 'processamento industrial' inclui fabricação de produtos químicos e afins, processamento de metal ferroso e não-ferroso, petróleo e indústrias afins, produção de papel e celulose e manufatura de produtos minerais; 'rodoviário' inclui automóveis e caminhões leves e pesados; 'não-rodoviário' inclui cortadores de grama, embarcações, veículos da construção civil, maquinário agrícola, aviões e ferrovias.

Fonte: Agência de Proteção Ambiental dos Estados Unidos (2000). *National Air Pollutant Emission Trends, 1900–1998*, EPA-454/R-00-002 (Março de 2000). Disponível em http://www.epa.gov/ttn/chief/trends/trends98.

O enxofre no carvão se converte em dióxido de enxofre sob as altas temperaturas da combustão. O dióxido de enxofre em si é irritante ao pulmão e sabidamente prejudicial às pessoas que sofrem de doença respiratória. Entretanto, os efeitos mais danosos à saúde em atmosferas urbanas são causados não pelo dióxido de enxofre, mas pelo aerossol de ácido sulfúrico formado de sua oxidação. O ácido sulfúrico irrita os finos vasos sanguíneos da região pulmonar, fazendo com que inchem e bloqueiem a passagem de ar. A respiração pode ser gravemente debilitada. O efeito parece ser cumulativo, e as pessoas idosas sofrem os piores problemas respiratórios.

O aerossol de ácido sulfúrico é o principal fator que contribui para a chuva ácida e corrói objetos em geral. Ele gradualmente dissolve o calcário [$CaCO_3$],

$$CaCO_3 + 2H^+ \rightleftharpoons Ca^{2+} + CO_2 + H_2O \qquad \textbf{9.1}$$

danificando os monumentos ao ar livre em cidades ao redor do mundo. Da mesma forma, as antigas janelas com vitrais estão sofrendo desgaste pela ação do ácido que lixivia os componentes minerais do vidro. Além disso, o ácido acelera a corrosão do ferro,

$$2Fe + O_2 + 4H^+ \rightleftharpoons 2Fe^{2+} + 2H_2O \qquad \textbf{9.2}$$

A proteção das estruturas de ferro e aço com tinta anticorrosiva custa bilhões de dólares ao ano. Em áreas densamente industriais, o revestimento de zinco sobre o aço galvanizado pode durar pouco, de cinco a dez anos.

c. Substâncias orgânicas tóxicas. Muitos compostos orgânicos são tóxicos, mas somente um número limitado deles preocupa como poluentes do ar. Várias toxinas ambientais que são dispersas e transportadas pelo ar não são inaladas em quantidade significativa; em vez disso, são depositadas e distribuídas pela cadeia alimentar. Exemplos de toxinas depositadas (discutidas na Parte IV) são as dioxinas, o chumbo e o mercúrio. Os compostos orgânicos tóxicos que atuam como poluentes diretos do ar são os aldeídos de cadeia curta, o benzeno e os hidrocarbonetos policíclicos aromáticos (HPA).

1) Formaldeído e acetaldeído. O formaldeído, CH_2O, é uma molécula reativa que irrita os olhos e os pulmões em concentrações bem baixas, pouco acima de 0,1 ppm. A International Agency for Research on Cancer e o U.S. National Toxicology Program classificam o gás formaldeído como um carcinógeno em potencial, com base em pesquisas com animais e evidência limitada de seu potencial carcinogênico em humanos. A evidência é mais forte para câncer nasal e nasofaríngeo. Nos Estados Unidos, em 1999, as liberações industriais de formaldeído na atmosfera totalizaram 5.629 toneladas métricas. As emissões não diminuíram desde 1988, quando foram estimadas em 5.651 toneladas; esse tipo de emissão permanece como uma das maiores dentre os carcinógenos suspeitos.

O formaldeído é também fonte de poluição de ambientes internos; é liberado por resinas de formaldeído usadas em materiais de construção, tais como madeira compensada, aglomerados e isolante de fibra de vidro. Os níveis de formaldeído podem ser bastante altos em *trailers* (acima de 1 ppm); os indivíduos expostos desenvolvem sintomas como sonolência, náusea, dor de cabeça e doença respiratória. Como o formaldeído é potencialmente carcinogênico, a exposição crônica, mesmo em pequenas doses, representa um problema de saúde pública.

Embora os níveis externos de formaldeído sejam baixos, há preocupação de que possam crescer. Quantidades consideráveis de formaldeído são produzidas pela oxidação parcial do metanol [CH_3OH]. De modo análogo, a queima de etanol libera quantidades significativas de acetaldeído, que possui propriedades tóxicas semelhantes. Portanto, os níveis externos de formaldeído e acetaldeído podem se elevar substancialmente, caso o metanol e o etanol se tornem combustíveis automotivos no futuro. Em algumas regiões dos Estados Unidos, o etanol [C_2H_5OH] já é misturado à gasolina, e espera-se que seu uso como aditivo aumente de forma expressiva sob as atuais regulamentações da EPA, a agência ambiental dos Estados Unidos. No Brasil, uma grande parcela da frota automotiva é movida a etanol proveniente da cana-de-açúcar.

2) Benzeno. O benzeno é uma das 20 substâncias químicas mais produzidas nos Estados Unidos (em relação a volume), com produção aproximada de 7,6 milhões de toneladas métricas anuais. Deriva principalmente do petróleo bruto e é muito usado nas indústrias petrolífera, química e de manufatura. Cerca de 75% dele é utilizado como matéria-prima na produção de estireno e fenol. Menos de 2% de benzeno é empregado na mistura de gasolina, e é provável que essa quantidade diminua em virtude da contínua reformulação da gasolina. Estima-se que as emissões de benzeno no ar pela indústria, em 1999, foram de 3.466 toneladas métricas e não declinaram de modo significativo desde 1995. Entretanto, são bem inferiores do que em 1988, quando totalizaram 14.670 toneladas.

O benzeno é uma das poucas substâncias químicas classificadas como reconhecidamente carcinogênicas e é considerado como um agente causador da leucemia humana. Faz parte da lista das 20 substâncias mais perigosas classificadas pelo Departamento de Saúde dos Estados Unidos. De acordo com o U.S. National Toxicology Program, o programa norte-americano de toxicologia, a exposição da população em geral ao benzeno não está relacionada às emissões industriais ou veiculares, que respondem por 14% e 82% do total. Em vez disso, os cigarros são responsáveis por 40% da exposição ao benzeno, com um adicional de 5% proveniente da fumaça de tabaco ambiental, e as atividades pessoais e os gases de exaustão dos automóveis respondem por 18% cada e as fontes domésticas por 16%. A indústria é responsável por somente 3% da exposição média ao benzeno, embora os operários possam ser individualmente expostos a níveis muito mais elevados. O uso do benzeno é rigorosamente controlado no ambiente de trabalho. Em muitas aplicações, está sendo substituído por benzenos alquilados, tais como o tolueno (metil benzeno), que são muito menos tóxicos; os grupos alquila são prontamente oxidados pelas enzimas do fígado, produzindo ácido benzóico ou ácidos correlatos, que são excretados.

3) Hidrocarbonetos policíclicos aromáticos (HPAs). Compostos por quatro ou mais anéis de benzeno unidos, tal como o benzo(a)pireno (veja a Figura 9.5), são potentes carcinógenos. É interessante que seu potencial carcinogênico dependa de ativação pela mesma classe de enzimas do fígado, os citocromos P450, que metabolizam o tolueno e outros xenobióticos (moléculas estranhas ao organismo). Quando essas enzimas adicionam oxigênio aos HPAs, elas produzem adutos de epóxido (veja a Figura 9.5) que reagem intensamente com as bases heterocíclicas de DNA, alterando os genes.

Os HPAs se formam como subprodutos da queima de combustível de carbono. Embora estejam presentes em baixos níveis no gás de exaustão dos automóveis, os níveis aumentam quando grandes quantidades de partículas de fuligem são produzidas, como no gás de exaustão de diesel ou na fumaça da queima de carvão ou madeira (a própria fuligem contém lâminas de anéis de benzeno, como a grafite). Nos idos de 1775, a exposição à fuligem era associada ao câncer escrotal em limpadores de chaminés de Londres. Também nos operários de forno de coque tem-se constatado aumento nos níveis de câncer de pulmão e rim.

d. Partículas. As partículas atmosféricas são preocupantes por dois motivos principais: elas afetam consideravelmente o balanço radiativo da Terra e constituem graves riscos à saúde. As partículas penetram nos pulmões, bloqueando e irritando as passagens de ar, e podem provocar efeitos tóxicos. A doença do pulmão negro nos mineradores de carvão, a fibrose pulmonar nos operários que lidam com amianto e o enfisema em habitantes das cidades estão associados com o acúmulo de partículas nos pulmões. As pequenas partículas exercem maior impacto à saúde porque penetram mais profundamente no pulmão. As partículas maiores do que alguns micrômetros ficam presas no nariz e na garganta, de onde são mais facilmente eliminadas.

As fibras de amianto são particularmente perigosas porque podem causar o *mesotelioma*, um câncer da cavidade pleural, mesmo sob exposição muito baixa. A forma mais perigosa de amianto é a crocidolita, na qual as fibras minúsculas se assemelham a bastões e podem penetrar profundamente nos pulmões. A forma mais comum de amianto, o crisotilo, possui fibras do tipo serpentina que se agrupam em feixes, a maioria das quais é interceptada nas vias aéreas superiores, onde são menos prejudiciais. Por causa do risco de câncer, porém, o uso de qualquer forma de amianto tem sido fortemente restringido. Contudo, o amianto continua presente como material isolante e à prova de fogo em muitas edificações. O que fazer com ele é uma questão controversa porque, a menos que sejam tomadas precauções extremas, as tentativas de removê-lo podem liberar grande quantidade de fibras no ar de um ambiente. Essas fibras liberadas se assentam sobre superfícies de onde podem prontamente voltar a se suspender, representando assim muito mais risco do que se tivessem ficado confinadas e intactas como parte do material de construção.

FIGURA 9.5

Estruturas de benzo(a)pireno e um metabólito oxigenado.

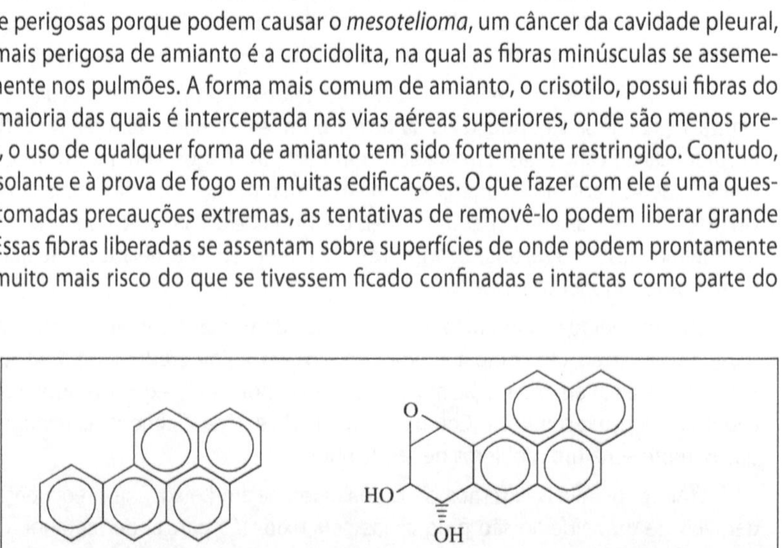

Benzo(a)pireno   Benzo(a)pireno-7,8-diidrodiol-9,10-diidroepóxido

As partículas de fuligem constituem um problema à parte porque são capazes de adsorver quantidade significativa de substâncias químicas tóxicas em suas superfícies irregulares. As partículas de fuligem predominam no gás de combustão do diesel ou na fumaça da queima de madeira. A queima de carvão libera tanto a fuligem quanto o SO_2; sob condições de nevoeiro, o aerossol sulfato resultante pode se juntar à fuligem e produzir uma névoa tóxica, com graves conseqüências à saúde, principalmente aos portadores de doenças respiratórias. Em Londres, em dezembro de 1952, uma densa névoa desse tipo (*smog*) matou aproximadamente 4 mil pessoas num período de dias. Em decorrência da substituição do carvão pelo petróleo e o gás no aquecimento doméstico, essa névoa característica de Londres desapareceu em larga medida nos países desenvolvidos. Mas o carvão ainda é amplamente queimado nos países em desenvolvimento, cujas cidades geralmente possuem atmosferas insalubres. Além disso, a poluição do ar em ambientes internos causada pelo fogo de cozinha representa um problema de saúde grave e disseminado nos países em desenvolvimento.

A evidência epidemiológica associa as partículas à doença e à mortalidade de forma mais direta do que qualquer poluente gasoso. Um renomado estudo sobre seis cidades norte-americanas monitorou um grupo de 8.111 voluntários adultos, entre 14 e 16 anos a partir de meados dos anos 1970, e constatou que o aumento nas concentrações de partículas finas se relacionava ao aumento nos índices de mortalidade (aumento de 26% em uma faixa de 18,6 $\mu g/m^3$ de concentrações de partículas) decorrente de todas as causas, mas principalmente de doença cardiopulmonar.[3] Essa correlação foi confirmada em um estudo muito mais abrangente conduzido pela American Cancer Society.

Em reação a essas constatações, a EPA propôs um padrão anual de 15 $\mu g/m^3$ e um padrão diário de 65 $\mu g/m^3$, para partículas finas, definidas como aquelas com diâmetro de 2,5 μm ou menos ($PM_{2,5}$). Atualmente, esses níveis são regularmente ultrapassados em muitas cidades nos Estados Unidos. As medidas de controle serão difíceis porque as partículas finas derivam de várias e dispersas fontes. Como a maior parte do aerossol urbano deriva das emissões de SO_2, NO_x e NH_3, além do gás de combustão de diesel, os padrões propostos possuem sérias implicações para os setores de transportes e industrial. Por conseguinte, tem havido forte oposição aos padrões e muito questionamento aos estudos epidemiológicos nos quais eles se baseiam. Entretanto, uma reavaliação dos dados pelo Health-Effects Institute, uma entidade patrocinada pelo setor industrial, confirmou as descobertas originais. Os oponentes ao padrão obtiveram êxito ao questionar judicialmente a autoridade da EPA, mas, em 2000, a Suprema Corte dos Estados Unidos subverteu a sentença da corte de instância inferior e confirmou a autoridade da agência. Atualmente, a regulamentação aguarda promulgação.

A Figura 9.6 a mostra as tendências nas emissões de partículas com diâmetro de 10 μm ou menos (PM_{10}), entre 1940 e 1998, nos Estados Unidos. Historicamente, a maior fonte de material particulado foi o setor de processamento industrial, principalmente a produção de metais ferrosos e não-ferrosos e a indústria da mineração, incluindo o cimento. Também houve um aporte considerável da queima de combustível de fonte estacionária, da queima de madeira nas residências e das ferrovias. A partir de 1970, as emissões caíram drasticamente graças à substituição do carvão para fins de aquecimento e transporte, à introdução de novas tecnologias mais limpas e à adoção de equipamento de controle de emissões, tais como os precipitadores eletrostáticos e sacos filtrantes para reter partículas maiores. Em meados da década de 1980, as emissões eram quase uniformemente distribuídas entre a queima de combustível, o processamento industrial, a agricultura e a silvicultura (as duas últimas estão classificadas como 'outros' na figura), com contribuições menores do transporte rodoviário e não-rodoviário.

Apenas recentemente foram desenvolvidos métodos para medir partículas finas. As estimativas de emissões de $PM_{2,5}$ (veja a Figura 9.6 b) se mantiveram razoavelmente niveladas nos anos 1990 em cerca de 3 milhões de toneladas métricas, respodendo por aproximadamente metade do total de partículas. Entretanto, muitas fontes estão bem distantes dos centros urbanos. Elas abrangem as áreas agrícolas e florestais (outros), que são responsáveis por 32% do total, além da queima residencial de madeira (uma categoria abaixo da queima de combustível) e o transporte a diesel não-rodoviário, que contribuíram com 15% cada. Os totais, porém, mesmo em regiões não-urbanas, são importantes quando se avalia o aerossol global e sua influência sobre o clima.

e. NO_x e compostos orgânicos voláteis. Os óxidos de nitrogênio (NO_x) e os compostos orgânicos voláteis (VOCs, do inglês, *volatile organic compounds*) não constituem poluentes diretos do ar, no sentido de que é raro afetarem diretamente a saúde. Porém, são os principais ingredientes da formação do *smog fotoquímico*, a névoa de cor marrom que cobre muitas cidades no mundo. Embora a maior parte do dano causado pelo *smog* resulte da ação do ozônio e de outros oxidantes, estes não se acumulam sem a ação combinada entre NO_x e VOCs. O controle da formação de *smog* requer a redução das emissões de NO_x e VOCs.

A Figura 9.7 mostra as tendências nas emissões de compostos de NO_x entre 1940 e 1998, nos Estados Unidos. Quase todas as emissões de NO_x provêm dos transportes (categorias 'rodoviário' e 'não-rodoviário') e da queima de combustível de fonte estacionária (categoria 'queima de combustível'). Em 1998, as usinas de força movidas a carvão e os veículos de carga pesada movidos a diesel responderam, cada qual, por 22% das emissões de NO_x (4,9 milhões de toneladas métricas), e os carros e os caminhões de carga leve movidos a gasolina representaram 19% (4,3 milhões de toneladas métricas). Como no caso de todos os poluentes atmosféricos gerados pelo consumo de combustível fóssil, o aumento anterior a 1970 deveu-se ao aumento no consumo de combustível sem muita atenção dispensada ao controle da poluição atmosférica. Nas três últimas décadas, as emis-

---

[3] D. W. Dockery, C.A. Pope, X. Xu, J. D. Spengler, J. H. Ware, M.E. Fay, B. G. Ferris e F. E. Speizer (1993). "An association between air pollution and mortality in six U.S. cities", *New England Journal of Medicine*, 329:1753–1759.

FIGURA 9.6

(a) Tendência nas emissões de material particulado grosso (PM_{10}) nos Estados Unidos, entre 1940 e 1998 (excluindo-se as fontes difusas de pó). A categoria 'queima de combustível' inclui os combustíveis usados pela rede elétrica e pelas indústrias, além da queima residencial de madeira; o 'processamento industrial' inclui processamento de metal ferroso e não ferroso, fabricação de cimento, exploração de pedreiras, elevadores de grãos em terminais e municípios agrícolas, produção de celulose e papel e incineração de resíduos; a categoria 'não-rodoviário', que representava uma importante fonte no passado, provinha principalmente das emissões de ferrovias; 'outros' inclui poeira e erosão causada por atividades agrícolas.

(b) Tendências nas emissões de material particulado fino ($PM_{2,5}$) nos Estados Unidos, entre 1990 e 1998. A divisão das categorias é análoga à das emissões de PM_{10}.

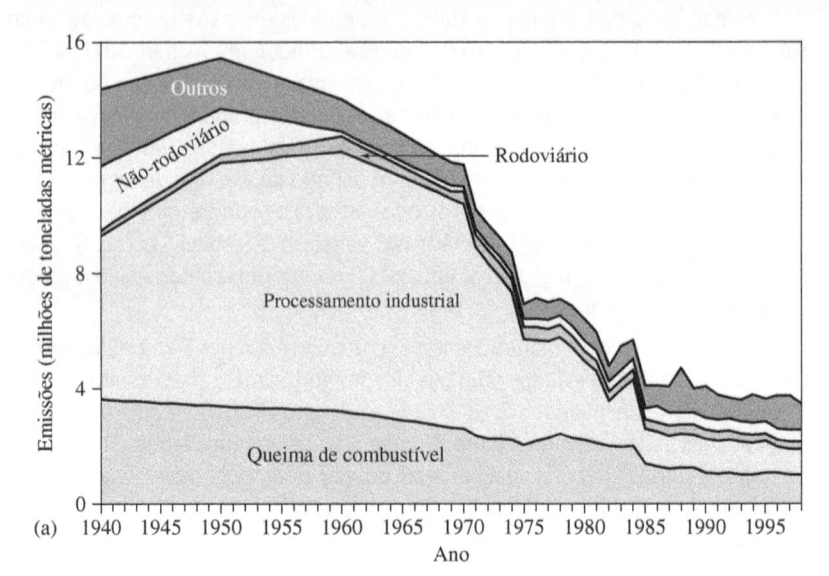

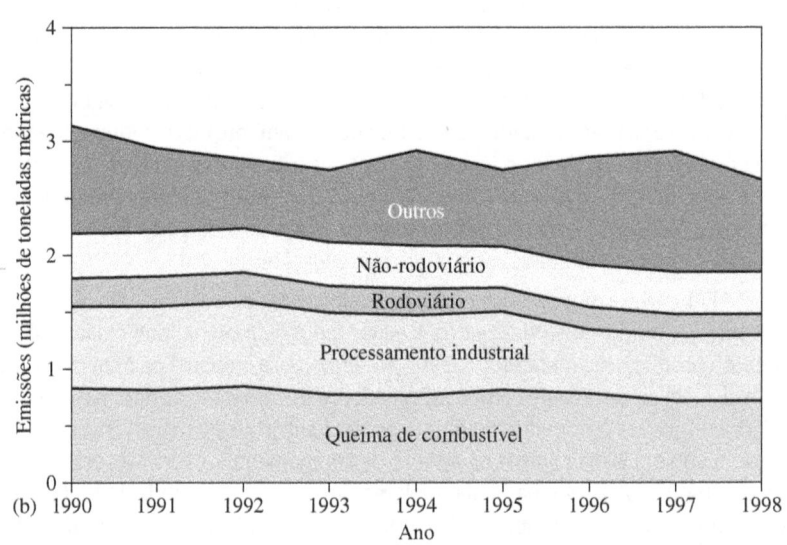

Fonte: U.S. Environmental Protection Agency (2000). *National Air Pollutant Emission Trends, 1900–1998*, EPA-454/R-00-002 (Março de 2000). Disponível em http://www.epa.gov/ttn/chief/trends/trends98.

FIGURA 9.7

Tendência nas emissões de óxidos de nitrogênio nos Estados Unidos, entre 1940 e 1998. A categoria 'queima de combustível' inclui os combustíveis usados pela rede elétrica e pelas indústrias, além do aquecimento de ambientes residenciais e comerciais; a categoria 'rodoviário' inclui carros, caminhões de carga leve e pesada movidos a gasolina e veículos de carga pesada movidos a diesel; na categoria 'não-rodoviário' os que mais contribuem são os equipamentos agrícolas e de construção civil movidos a diesel e as embarcações.

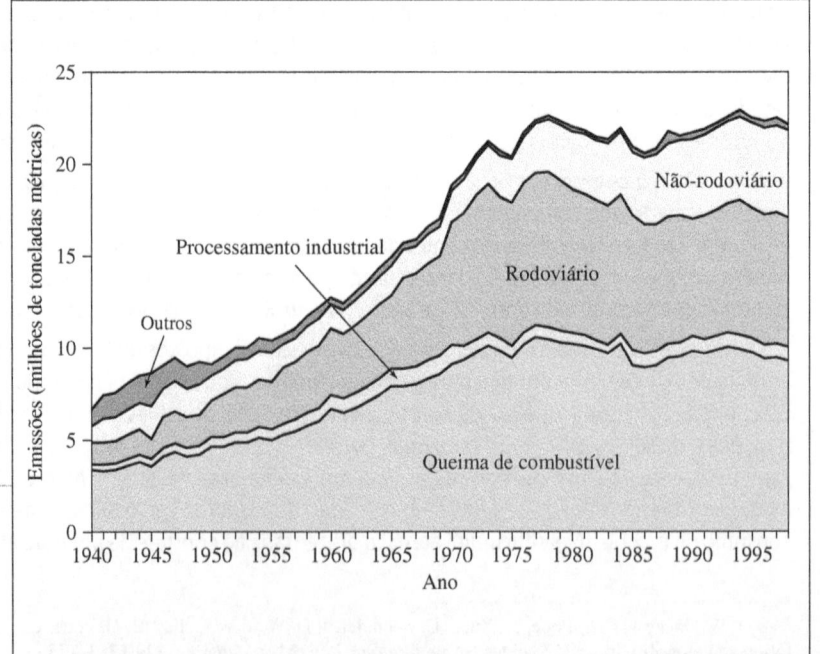

Fonte: U.S. Environmental Protection Agency (2000). *National Air Pollutant Emission Trends, 1900–1998*, EPA-454/R-00-002 (Março de 2000). Disponível em http://www.epa.gov/ttn/chief/trends/trends98.

sões se estabilizaram por meio da implementação de controles das emissões e maior preservação de energia, principalmente nos transportes.

A Figura 9.8 indica as emissões de VOCs. As três maiores fontes são os setores de processamento industrial, a utilização de solventes e os veículos rodoviários e não-rodoviários. Um grande número de produtos industriais e de consumo, bem como de veículos de transporte, contribui com o total de emissões (16,3 milhões de toneladas em 1998). Alguns dos maiores emissores específicos em 1998 foram os carros (16%) e os caminhões de carga leve (11%), os revestimentos de superfícies (12%) e os que consomem solventes (6%).

f. Ozônio e outros agentes oxidantes. Enquanto as emissões antropogênicas estão destruindo a camada de ozônio na estratosfera, ao mesmo tempo elas ajudam a gerar ozônio na troposfera por meio do fenômeno do *smog* fotoquímico (veja a próxima seção). E enquanto o ozônio na estratosfera nos protege dos efeitos prejudiciais dos raios UV, o ozônio no nível do solo causa muitos danos, produzindo fissuras na borracha, destruindo plantas e provocando doenças respiratórias e irritação nos olhos dos seres humanos. Esses efeitos ocorrem sob concentrações bastante baixas, cerca de 100 ppb. Como indica a Figura 9.9, grandes áreas metropolitanas nos Estados Unidos, principalmente Nova York e arredores, Chicago, Houston, Los Angeles e São Francisco, estão fora do padrão de ozônio de 120 ppb por hora estabelecido pela EPA. Uma revisão mais rigorosa, com base no padrão de 80 ppb por oito horas, foi recentemente defendida pela Suprema Corte dos Estados Unidos. Quando plenamente adotado, o padrão revisado provavelmente ampliará as chamadas áreas com níveis persistentemente excedentes.

Esses efeitos resultam do fato de que o ozônio é um forte agente oxidante e 'doador' de átomo de O. O ozônio reage particularmente bem com as moléculas que contêm ligações duplas C=C, formando epóxidos. Essas moléculas são abundantes na borracha, no aparato fotossintético das plantas verdes e nas membranas que revestem as passagens de ar do pulmão.

Outras moléculas oxidantes também se formam no *smog* fotoquímico e provocam danos semelhantes. Um exemplo é o nitrato de peroxiacetila (PAN, do inglês, *peroxyacetyl nitrate*), $CH_3C(O)OONO_2$, um potente irritante dos olhos.

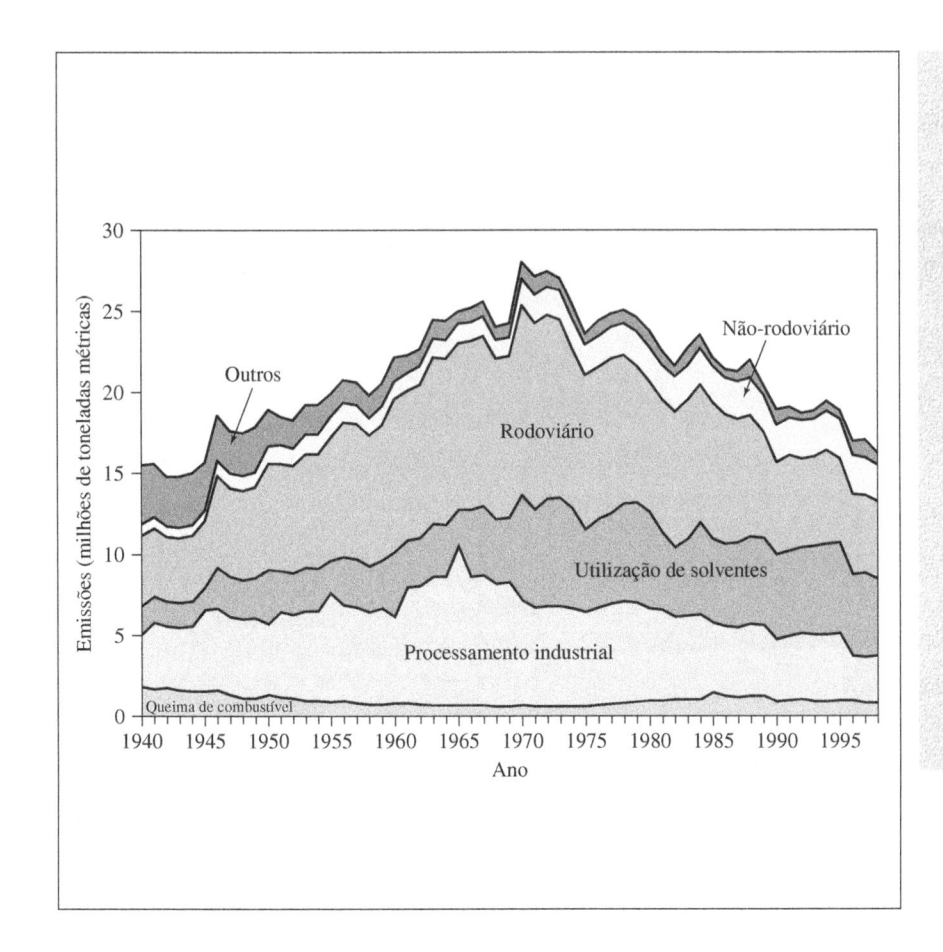

FIGURA 9.8

Tendência nas emissões de compostos orgânicos voláteis (VOCs) nos Estados Unidos, entre 1940 e 1998. A categoria 'processamento industrial' inclui as indústrias químicas e petrolíferas, o processamento de metais e o armazenamento de petróleo e seus derivados, como estoques industriais e nos postos de serviço; a categoria 'utilização de solventes' inclui agentes desengordurantes, artes gráficas, lavagem a seco, aplicação de pesticidas e outros consumidores; as fontes mais importantes da categoria 'rodoviário' são os carros e caminhões leves movidos a gasolina; as fontes mais importantes de 'não-rodoviário' são os cortadores de grama a gasolina e as embarcações de lazer.

Fonte: U.S. Environmental Protection Agency (2000). *National Air Pollutant Emission Trends, 1900–1998*, EPA-454/R-00-002 (Março de 2000). Disponível em http://www.epa.gov/ttn/chief/trends/trends98.

FIGURA 9.9

Classificação das áreas com níveis persistentemente excedentes do padrão de ozônio por uma hora (2001).

Fonte: U.S. Environmental Protection Agency (2001). *Ozone, Green Book Home Page*. Disponível em http://www.epa.gov/oar/oaqps/greenbk/onmapc.html.

Classificações
■ Extrema (LA) & severa   ▨ Moderada
□ Grave   ▨ Marginal

9.2 Smog *fotoquímico*

Os óxidos de nitrogênio e os hidrocarbonetos voláteis são os principais ingredientes da formação de *smog* fotoquímico, uma condição que aflige um número crescente de cidades e seus arredores. O *smog* fotoquímico pode se formar sempre que uma grande quantidade de gases de exaustão automotivos e industriais é confinada por uma camada de inversão térmica sobre uma localidade que seja, ao mesmo tempo, exposta ao Sol. Los Angeles é um caso clássico de *smog*, por sua alta dependência de automóveis, luz solar abundante e freqüentes inversões térmicas, mas o tráfego de veículos introduziu o problema em muitas outras cidades. Ele se caracteriza por um acúmulo de fumaça marrom e nebulosa, que contém ozônio e outros agentes oxidantes e provoca os efeitos prejudiciais já descritos.

A Figura 9.10 mostra a evolução dos principais ingredientes atmosféricos no decorrer de um dia clássico com *smog* em Los Angeles. A concentração de hidrocarbonetos chega ao máximo no horário de maior congestionamento do trânsito no período da manhã. A concentração de óxido nítrico atinge o pico no mesmo momento e, a seguir, começa a baixar conforme a concentração de dióxido de nitrogênio aumenta. Conseqüentemente, a concentração de agentes oxidantes aumenta e a concentração de hidrocarboneto cai.

Convém lembrar que a formação de ozônio com origem no oxigênio requer energia, a qual é gerada na estratosfera pela absorção da luz UV. O que ativa a formação de ozônio próximo ao nível do solo, onde pouco UV chega? O ingrediente essencial é o NO_2, a única molécula atmosférica comum capaz de absorver a luz visível. Seu espectro (veja a Figura 9.11) possui absorção máxima em cerca de 400 nm, na região azul. É essa absorção que dá à névoa a coloração marrom. O NO_2 excitado é instável e se dissocia em átomos de NO e O:

$$NO_2 + h\nu \,(<400 \text{ nm}) \rightarrow NO + O \qquad \textbf{9.3}$$

Os átomos de O reagem imediatamente com as moléculas circundantes de O_2 para produzir ozônio, tal como na estratosfera [reação (b) da p. 143].

FIGURA 9.10

Exemplo de um perfil concentração-tempo da formação de smog *na atomosfera de Los Angeles.*

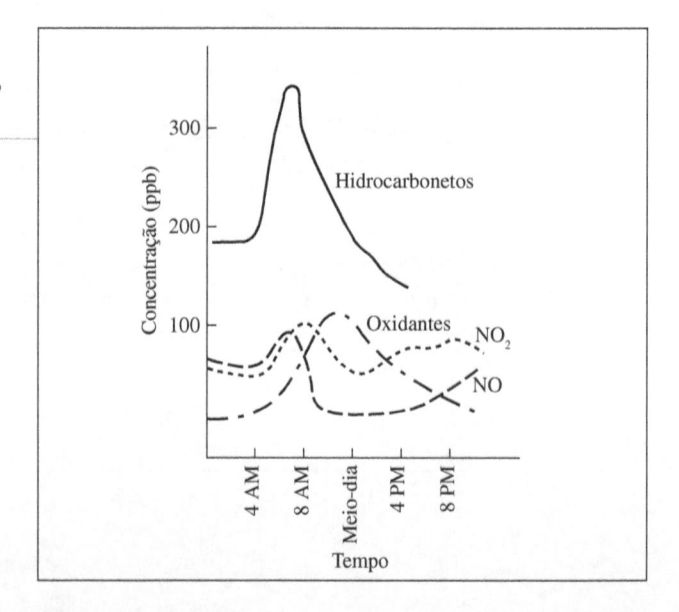

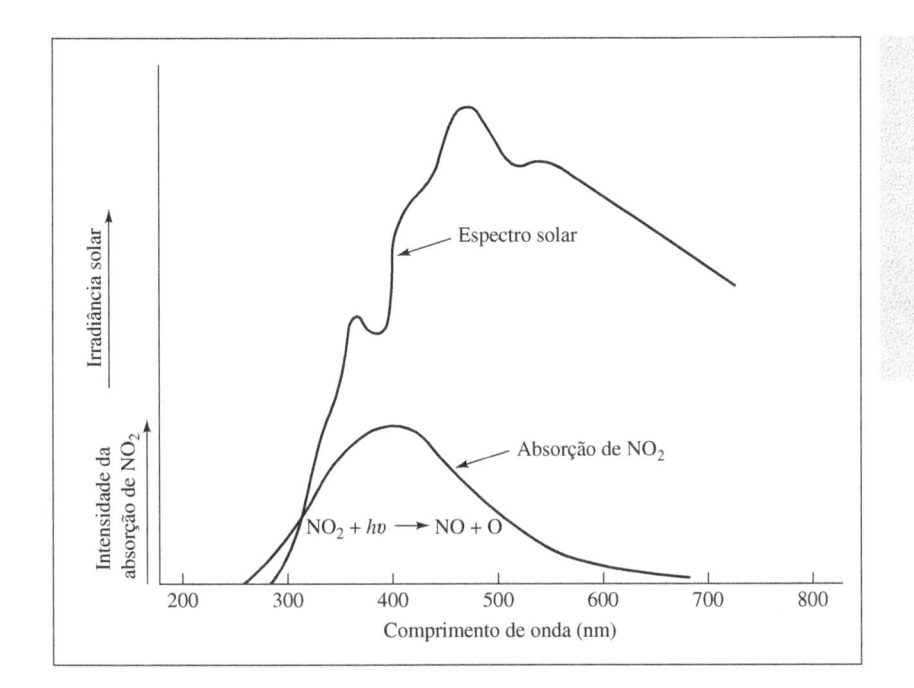

FIGURA 9.11

Absorção da luz solar pelo dióxido de nitrogênio para formar átomos de oxigênio. A reação indicada sob a curva de absorção ocorre quando o dióxido de nitrogênio adsorve luz em comprimentos de onda inferiores a 400 nm. Para comprimentos de onda superiores a 400 nm, o dióxido de nitrogênio é excitado, mas não se decompõe.

Entretanto, como cada molécula de ozônio requer um átomo de oxigênio da dissociação de NO_2, esse mecanismo não é capaz de acumular concentrações de ozônio em níveis superiores aos do próprio NO_2. Além disso, o NO produzido na reação da Equação (9.3) pode reagir com o ozônio e restaurar o NO_2 por meio da mesma reação que destrói o ozônio estratosférico [reação (e) da p.140, com X = NO]. Dessa forma, os óxidos de nitrogênio e oxigênio não podem, sozinhos, levar à formação global de ozônio na atmosfera ensolarada.

Também são necessários os hidrocarbonetos. Eles produzem os radicais peroxila, os quais podem reagir com o NO antes do ozônio e regenerar o NO_2 [Equação (7.20), com X = NO]. Se isso ocorrer, o NO_2 poderá catalisar a formação de ozônio enquanto durar o suprimento de radicais peroxila, permitindo dessa forma o acúmulo de ozônio. Os radicais peroxila se formam quando o O_2 reage com os radicais orgânicos [Equação (7.19)], que, por sua vez, são produzidos pela ação dos radicais hidroxila sobre os hidrocarbonetos [Equação (7.23)]. Os próprios radicais hidroxila são gerados com base no ozônio [equações (7.24) e (7.25)] e, assim, completam o ciclo fotoquímico.

Como um único radical orgânico pode produzir muitos radicais peroxila, por meio de sucessivos ciclos de combinação com O_2 e fragmentação, a concentração de ozônio pode rapidamente se elevar a níveis superiores ao da concentração de óxidos de nitrogênio; e muito superiores ao da concentração de radical hidroxila. Os ciclos integrados de NO_x, O_3 e radical hidrocarboneto são mostrados na Figura 9.12.

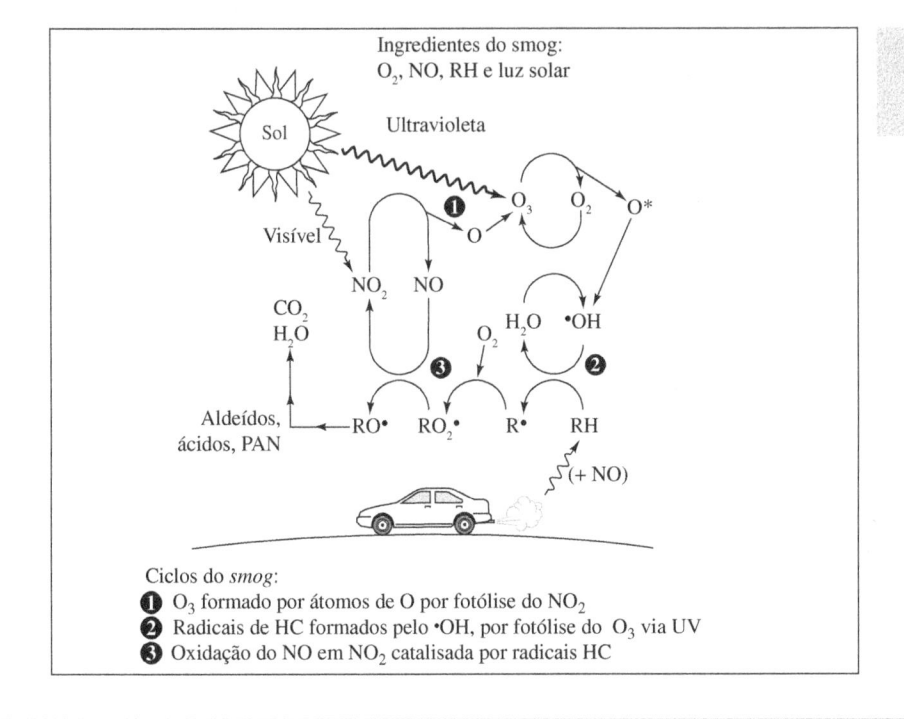

FIGURA 9.12

Formação de smog com origem em O_2, NO, hidrocarboneto e luz solar.

A combinação de espécies reativas nesses ciclos produz outros agentes oxidantes. Por exemplo, a reação de radicais peroxila com NO_2 produz nitratos de peroxialquila e peroxiacila:

$$ROO\bullet + NO_2 \rightleftharpoons ROONO_2 \qquad \textbf{9.4}$$

[R significa alquila ou acila (R— $\overset{\overset{O}{\|}}{C}$ —)]. Um exemplo é o nitrato de peroxiacetila (PAN) formado com base no radical peroxiacetila, um componente relativamente comum do *smog*.

Como a iniciação do ciclo depende da formação de radicais orgânicos, a extensão da formação de *smog* depende da reatividade dos hidrocarbonetos com o radical hidroxila. Alguns hidrocarbonetos produzem poucos radicais, outros, muito mais. Como já foi mencionado, a abstração do átomo de H ocorre espontaneamente, porque as ligações O—H da molécula de produto da água são mais fortes do que a ligação C—H sob ataque do radical hidroxila. Mas a velocidade da reação depende até certo ponto da natureza da ligação C—H sob ataque.

FUNDAMENTOS 9.1: FORÇAS DA LIGAÇÃO C—H

As ligações C—H não são todas iguais. A energia de dissociação de ligações indicada pela Tabela 2.1 e utilizada em cálculos de energia de combustão, 410 kJ/mol, é um valor médio para a classe dos hidrocarbonetos. Mas as ligações individuais variam consideravelmente quanto às suas energias de dissociação, conforme ilustra a Tabela 9.1.

A razão dessa variabilidade é que a energia de dissociação representa a variação de energia da reação

$$R—H \rightarrow R\bullet + \bullet H$$

que depende das energias de ambos os produtos da reação, em relação ao reagente. A energia do átomo de H é sempre a mesma, porém a energia do radical R• depende de sua estrutura. Um elétron desemparelhado em um átomo de carbono é estabilizado por substituintes adicionais do átomo de carbono; o elétron pode ficar deslocado, em alguma extensão, sobre esses substituintes. Por isso, uma ligação C—H terciária, aquela com três substituintes do átomo C (por exemplo, no butano terciário, veja a Tabela 9.1) é mais facilmente dissociada do que uma ligação C—H secundária, aquela com dois substituintes do átomo C (por exemplo, isopropano), porque um radical C terciário é estabilizado em maior escala do que um radical secundário. De modo análogo, uma ligação C—H secundária se dissocia mais prontamente do que uma ligação C—H primária, aquela com um único substituinte para C (por exemplo, etano). Mais difícil de dissociar é a ligação C—H de metano, porque o radical metila não possui nenhum substituinte de C para estabilizar o elétron desemparelhado. Embora o ataque do radical hidroxila seja o mecanismo de destruição do metano na atmosfera, a velocidade é baixa demais para fazer com que o CH_4 contribua significativamente para a formação de *smog*. Portanto, a substituição do combustível automotivo pelo metano ajudaria a reduzir o *smog*.

Enquanto os substituintes de carbono estabilizam o R•, os átomos de flúor exercem o efeito oposto (veja trifluorometano na Tabela 9.1). Isso ocorre porque o flúor possui pares de elétron não ligantes, que são aproximados do elétron desemparelhado por causa da curta ligação C—F; então a repulsão eletrostática desestabiliza o radical. A ligação C—H é fortalecida, acarretando tempos de vida atmosférica relativamente longos e grandes potenciais de aquecimento global para HFCs e HCFCs (veja a Tabela 8.1) (os átomos de cloro também apresentam elétrons desemparelhados, mas o efeito eletrostático é reduzido devido à ligação C—Cl mais longa. Os átomos de Cl são apenas ligeiramente menos estabilizantes do que os substituintes de carbono, veja clorofórmio na Tabela 9.1). Os átomos de oxigênio exercem um efeito de fortalecimento semelhante sobre as ligações C—H adjacentes (veja metanol na Tabela 9.1).

TABELA 9.1 *Energia de dissociação da ligação C—H em relação aos substituintes no átomo de carbono.*

Composto	Ligação	Energia (kJ/mol)
Metano	$H_3C—H$	427
Etano	$H_3CH_2C—H$	406
Isopropano	$[H_3C]_2HC—H$	393
Butano terciário	$[H_3C]_3C—H$	381
Trifluorometano	$F_3C—H$	446
Clorofórmio	$Cl_3C—H$	401
Metanol	$HOH_2C—H$	393
Etileno	$H_2CHC—H$	444
Benzeno	$H_5C_5C—H$	427
Tolueno	$H_5C_6H_2C—H$	326

Há considerações adicionais para os hidrocarbonetos insaturados. O benzeno e o etileno possuem alta energia de dissociação C—H porque a hibridização orbital do carbono é sp^2, e nos alcanos é sp^3. As ligações que utilizam os orbitais sp^2 são mais curtas e mais fortes por causa da maior participação do orbital s, que se concentra próximo ao núcleo (entretanto, os radicais hidroxila reagem rapidamente com as olefinas, porque suas ligações π são suscetíveis ao ataque; no caso dos compostos aromáticos, as ligações π são estabilizadas por ressonância e não são prontamente atacadas, veja o Apêndice no site do livro). A energia de ligação para a ligação C—H de metila em tolueno é anomalamente baixa, porque o radical orgânico possui um mecanismo especial de estabilização. O elétron desemparelhado do átomo C adjacente ao anel de benzeno pode ser deslocado sobre todo o sistema dos orbitais π do benzeno.

A reatividade dos componentes da gasolina com os radicais hidroxila (veja a coluna PA na Tabela 9.2) pode ser compreendida com base no número de ligações C—H e suas forças relativas. As velocidades da reação são inferiores para o benzeno e os compostos cujas ligações C—H estão na maior parte nos grupos metila (metanol, etanol, MTBE, metilpropano). Conforme aumenta o número de ligações C—H secundárias, aumenta também a reatividade do radical hidroxila. Entre os alcanos de cadeia linear, a velocidade aumenta do butano para o pentano para o hexano, e a velocidade é ainda mais alta para o cicloexano, no qual as duas extremidades de metila do n-hexano são substituídas por grupos metileno. Altas velocidades também são encontradas nos benzenos substituídos por metila, o tolueno e o xileno, em virtude da estabilização especial dos radicais metileno pelo anel de benzeno.

Velocidades ainda mais altas são observadas nos alcenos (buteno, metilpropeno e penteno). Entretanto, para essas moléculas, o mecanismo não é a abstração do átomo de H, mas o ataque pelo radical hidroxila à ligação C=C para formar um aduto de radical:

$$R_2C = CR_2 + OH\bullet \rightarrow R_2(OH)C-CR_2\bullet \qquad 9.5$$

Os elétrons na ligação dupla estão mais fracamente atraídos e oferecem um local favorável à interação com os radicais, como no ozônio. As etapas da propagação do ciclo de reação do *smog* subseqüente à reação da Equação (9.5) se assemelham muito às dos alcanos, mostradas na Figura 9.12. Em razão, porém, de sua alta reatividade, os alcenos são as mais importantes moléculas de hidrocarboneto na dinâmica da formação de *smog*.

TABELA 9.2 *Propriedades de alguns componentes da gasolina.*

Componente	RON *	MON **	Pressão de vapor (psiQ 100 °F)	PA ***
butano			51	3,23
n-pentano	62	67	15,5	4,80
n-hexano	19	22	5,0	5,90
metilpropano			82	2,83
2-metilbutano	99	104	20	
2-metilpentano	83	79	6,6	5,82
2-metilexano	41	42	2,2	6,85
iso-octano	100	110	1,65	3,15
1-buteno	144	126	50	24,4
1-metilpropeno	170	139	62	24,4
1-penteno	118	109	19	35,0
cicloexano	110	97	3,3	8,50
metilcicloexano	104	84	1,6	7,87
benzeno	99	91	3,3	0,88
tolueno	124	112	1,04	5,98
meta-xileno	145	124	0,33	22,8
etanol	115†		17	3,3
metanol	123	93	60	1,0
metil *terc*-butil éter (MTBE)	123	97	8	2,6
etil *terc*-butil éter (ETBE)	111†		4	8,1

* RON: número de octano de pesquisa (do inglês *research octane number*), é determinado utilizando o combustível em um motor com razão de compressão variável sob condições controladas, os resultados do combustível avaliado são comparados com aqueles obtidos com misturas de iso-octano e n-heptano.
** MON: número de octano de octano de motor (do inglês *motor octane number*), este é obtido pré-aquecendo a mistura de combustível e utilizando-se um motor com maior velocidade e tempo de ignição variável.
*** Atividade fotoquímica medida como velocidade de reação com radicais OH, unidades, cc/(molécula sec) × 10^{12}.
† Média (RON + MON).
Fonte: D. Seddon (1992). "Reformulated gasoline, opportunities for new catalyst technology", *Catalysis Today*, 15:1–21.

9.3 Controle de emissões

Restringir a poluição atmosférica depende de duas estratégias: remover os poluentes antes que eles se dispersem e alterar as condições para reduzir a quantidade de poluentes produzidos inicialmente. Ambas as estratégias têm sido aplicadas à maioria dos poluentes atmosféricos, com duvidoso sucesso.

a. Dióxido de enxofre. Para reduzir o nível de aerossóis de ácido sulfúrico na atmosfera urbana, as usinas de força são geralmente construídas com chaminés altas para dispersar a nuvem de fumaça por uma ampla área. Isso pode aliviar o problema local, mas à custa da produção de chuva ácida nas áreas que estão a favor do vento.

Uma restrição efetiva exige a redução das emissões de dióxido de enxofre ou, alternativamente, a limitação do teor de enxofre nos combustíveis. Nas usinas de força movidas a carvão, o dióxido de enxofre é atualmente removido dos gases de combustão pela instalação de purificadores químicos, nos quais o gás de combustão passa por uma pasta de calcário, convertendo-a em sulfito de cálcio:

$$CaCO_3 + SO_2 \rightleftharpoons CaSO_3 + CO_2 \qquad \textbf{9.6}$$

Embora o calcário seja relativamente barato, uma grande porção dele tem de ser usada; e o lodo de sulfito de cálcio resultante representa um grave problema de disposição de resíduos (a menos que possa ser utilizado em painéis de gesso). Uma alternativa é usar o $Ca(OH)_2$, que é mais reativo (por ser mais alcalino) e pode ser injetado no gás de combustão; o produto seria coletado no filtro de tecido que praticamente todas chaminés de usinas de força e indústrias empregam para coletar matéria particulada e outros poluentes. Essa 'injeção de sorvente seco' atualmente em teste reduz substancialmente o volume de $CaSO_3$. Outra tecnologia em desenvolvimento usa um sal de amina regenerável como agente purificador. Aquecer o aduto de SO_2 resultante recupera o sal de amina e expulsa o SO_2, que pode ser convertido em ácido sulfúrico de nível comercial. Opcionalmente, a amônia da produção de fertilizantes pode ser desviada para o purificador e as condições ajustadas para oxidar o SO_2 em sulfato de amônio, que pode, então, ser comercializado como fertilizante. Ainda outro método, apropriado para usinas de força litorâneas, é usar a água do mar como purificador, fazendo o efluente retornar ao oceano (que já possui uma considerável concentração de sulfato).

Outra possibilidade é remover o enxofre do carvão antes ou durante a combustão. O carvão pode ser purificado do principal mineral de sulfeto, FeS_2 (pirita de ferro), triturando-se o carvão e deixando as partículas minerais fluírem com uma emulsão de água/óleo/surfactante. Contudo, o carvão ainda contém o enxofre organicamente ligado. Esse enxofre pode ser removido pulverizando-se o carvão e misturando-o com o calcário em um combustor de leito fluidizado, um dispositivo no qual o ar é passado por baixo através de uma tela, mantendo as partículas suspensas até queimarem. O calcário captura o SO_2 antes que ele se transforme em gás de combustão. Porém, o sulfito de cálcio resultante persiste como um problema de disposição.

b. Óxidos de nitrogênio, monóxido de carbono e hidrocarbonetos. A combustão atmosférica produz óxidos de nitrogênio como inevitáveis subprodutos. Seus níveis de emissão dependem das temperaturas alcançadas no processo de combustão; quanto mais quente a chama, maior a taxa de produção de NO. Embora todos os tipos de combustão contribuam para as emissões de NO_x, os que mais contribuem, ao menos no mundo desenvolvido, são os transportes e a queima de combustível em fontes estacionárias, tais como fornos domésticos, usinas de força e instalações industriais. Nos Estados Unidos, o transporte produz cerca de 53% dos NO_x, e as fontes estacionárias são responsáveis pela maior parte do restante (veja a Figura 9.7).

A combustão também responde por muito do CO e dos hidrocarbonetos na atmosfera, ao menos nas áreas urbanas, porque o gás de exaustão automotivo contém quantidade considerável de gases não queimados. Além disso, parte do combustível automotivo volátil escapa antes da combustão, elevando os níveis de hidrocarboneto. Nos Estados Unidos, o transporte representa cerca de 43% das emissões de compostos orgânicos voláteis. A indústria, os postos de gasolina e as aplicações comerciais e de consumo são fontes significativas, principalmente em conseqüência evaporação dos solventes (veja a Figura 9.8).

Além disso, quantidades significativas são emitidas pela vegetação. As plantas liberam inúmeros hidrocarbonetos, principalmente os *terpenos*, que possuem ligações duplas C=C e, portanto, reagem rapidamente com radicais hidroxila. Em algumas áreas, a vegetação contribui muito com os hidrocarbonetos reativos responsáveis pelo *smog* fotoquímico.

As emissões de NO_x são difíceis de controlar porque a eficiência na conversão de energia depende de altas temperaturas de combustão, seja em carros ou em usinas de força. Além disso, há uma troca compensatória entre o NO_x e os gases não queimados conforme a razão entre o ar e o combustível na câmara de combustão varia (ilustrado para carros na Figura 9.13.) A taxa de produção de NO é máxima próximo à razão *estequiométrica* (O_2 suficiente somente para oxidar completamente o combustível), quando se atinge a temperatura mais elevada. Se menos ar for admitido na zona de combustão ('rica em combustível'), a taxa de produção de NO cairá com a temperatura, mas a emissão de CO e de hidrocarbonetos não queimados (HCs) aumentará.

É possível reduzir tanto o NO quanto o HC conduzindo-se a combustão em duas etapas, a primeira das quais é abundante em combustível e a segunda é abundante em ar. Dessa forma, o combustível é completamente queimado, mas a temperatura

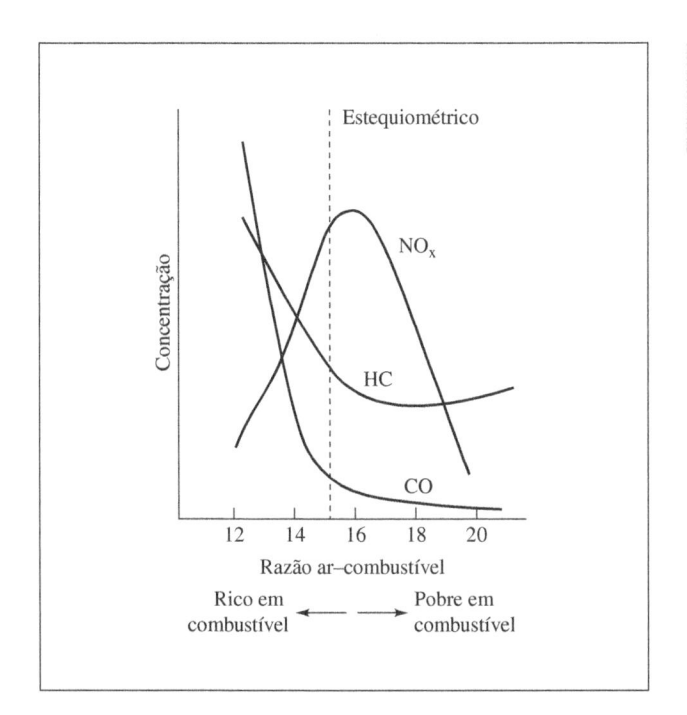

FIGURA 9.13
Composição do gás de exaustão automotivo conforme a razão ar-combustível varia.

nunca chega a ser tão alta como em uma mistura estequiométrica. Esse método de duas etapas está sendo incorporado nas novas usinas de força; tem sido testado em carros por meio do motor de 'mistura pobre', porém com menos sucesso.

Outro método de redução de emissões consiste em remover o poluente dos gases de exaustão. Nos automóveis, isso é realizado com um *conversor catalítico* de três vias, assim chamado porque reduz as emissões de hidrocarboneto (HC), monóxido de carbono (CO) e óxido nítrico (NO). Para lidar tanto com NO quanto com os gases não queimados, o conversor possui duas câmaras em série (veja a Figura 9.14a).

Na câmara de redução, o NO é reduzido para N_2 pelo hidrogênio, que é gerado na superfície de um catalisador de ródio por meio da ação da água sobre as moléculas do combustível não queimado (de modo análogo à reforma a vapor):

$$\text{hidrocarbonetos} + H_2O \rightleftharpoons H_2 + CO \qquad \textbf{9.7}$$

$$2NO + 2H_2 \rightleftharpoons N_2 + 2H_2O \qquad \textbf{9.8}$$

Na câmara de oxidação, o ar é adicionado, e tanto o CO quanto os hidrocarbonetos não queimados são oxidados para CO_2 e H_2O na superfície de um catalisador de platina/paládio:

$$2CO + O_2 \rightleftharpoons 2CO_2 \qquad \textbf{9.9}$$

$$\text{hidrocarbonetos} + 2O_2 \rightleftharpoons CO_2 + 2H_2O \qquad \textbf{9.10}$$

O conversor catalítico é bastante eficiente na redução de emissões automotivas. Atribuem-se a ele reduções significativas nos níveis de ozônio em algumas áreas urbanas. Em Los Angeles, os níveis máximos de ozônio foram cortados praticamente à metade entre 1970 e 1990, apesar do aumento de 60% no número de quilômetros percorridos por veículo. Entretanto, são necessárias mais melhorias para que se cumpram os padrões cada vez mais rigorosos em relação aos hidrocarbonetos e NO_x, estabelecidos pelo Clean Air Act (Lei do Ar Limpo) de 1990 e dos esforços em andamento na Califórnia para controle do *smog*. Partidas frias constituem uma grande parcela do problema. O conversor catalítico existente é ineficaz quando o motor está frio, porque os catalisadores requerem uma temperatura de cerca de 300 °C para iniciar as reações em sua superfície. Até que se atinja essa temperatura, um volume considerável de hidrocarbonetos voláteis não queimados sai pelo tubo de escape. Uma solução em desenvolvimento para esse problema consiste em confinar os hidrocarbonetos em um material de zeólita, que os absorve a baixa temperatura para então liberá-los para o conversor catalítico assim que a temperatura ultrapassar os 300 °C. A zeólita é impregnada com íons de metal que formam adutos com os alcenos e as moléculas aromáticas (veja a Figura 9.14b). Esses são os hidrocarbonetos com o maior potencial de formação de *smog*.

Outra questão é a dificuldade de redução completa do NO_x para N_2 no conversor de três vias. Para auxiliar nesse processo, uma etapa adicional está sendo desenvolvida, na qual o NO formado durante a combustão pobre em combustível é eficientemente removido por um sifão que contém platina embebida em carbonato de bário (veja a Figura 9.14c). A platina catalisa a oxidação de NO para formar o nitrato de bário, liberando CO_2:

$$4NO + 3O_2 + 2BaCO_3 \rightleftharpoons 2Ba(NO_3)_2 + 2CO_2 \qquad \textbf{9.11}$$

FIGURA 9.14

(a) Conversor catalítico de três vias para remoção de hidrocarboneto (HC), monóxido de carbono (CO) e óxido nítrico (NO) dos gases de exaustão de automóveis.
(b) Métodos avançados de remoção de HC dos gases de exaustão durante partidas frias com uso de zeólitas adsorventes.
(c) Redução mais eficiente de NO para N_2 com uso de platina embebida em carbonato de bário.

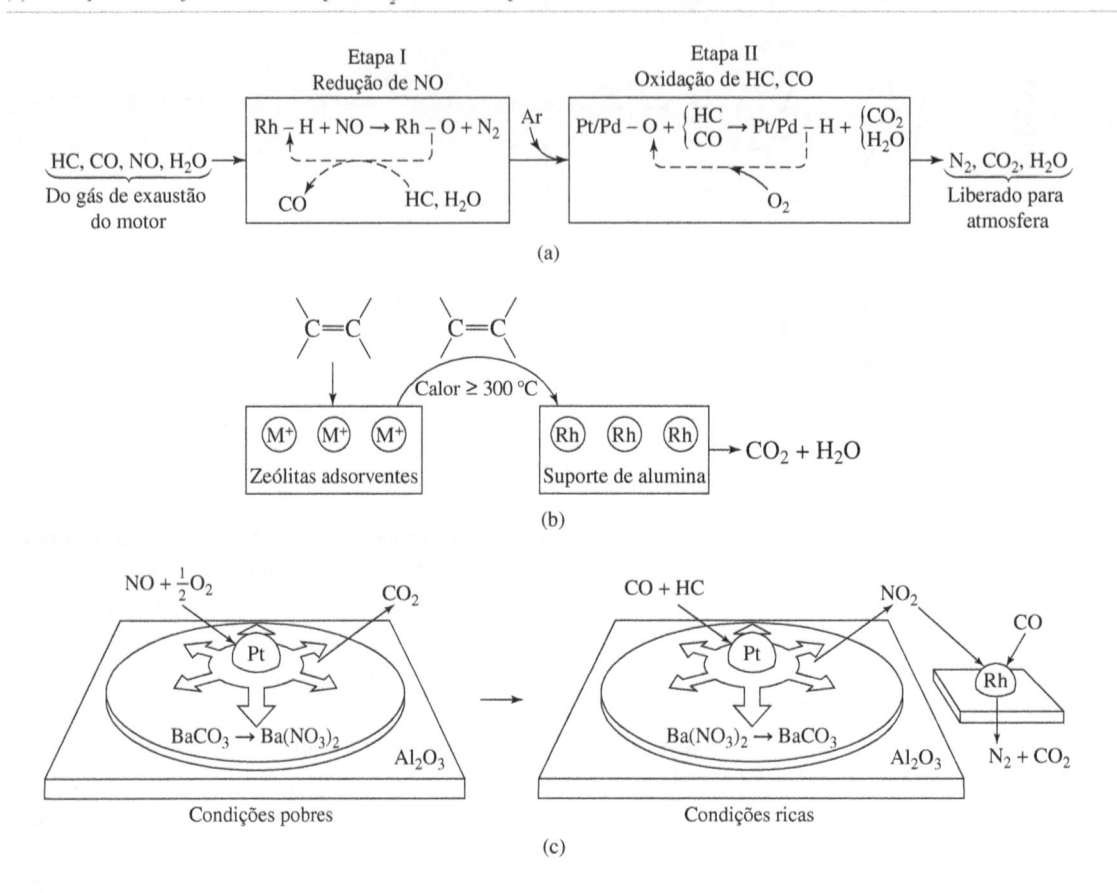

Após a etapa do aprisionamento, o motor passa brevemente para um modo rico em combustível. Os gases de exaustão que contêm hidrocarboneto reduzem o nitrato para NO_2, que é varrido do sifão e reduzido no conversor de três vias. A combinação entre o aprisionamento de NO e a combustão transitória em modo de combustível abundante aumenta a eficiência da remoção de NO_x.

De qualquer forma, é cada vez mais consensual que a chave para a redução do *smog* é o controle das emissões de NO; os hidrocarbonetos são geralmente abundantes demais para serem reduzidos o suficiente para se tornarem o fator limitante. Ainda que a contribuição dos automóveis seja mais reduzida, as contribuições de outras fontes podem com freqüência sustentar níveis substanciais de produção de *smog*. Mas o *smog* necessita de NO, cujas únicas fontes significativas são o transporte automotivo, a produção de energia elétrica e as indústrias. Essas fontes estão, portanto, sob crescente avaliação no que se refere ao controle de NO.

Nas usinas de força estacionárias, é possível reconverter o NO para N_2 por meio dos conversores catalíticos, cujo conceito se assemelha aos desenvolvidos para os carros. Como os gases não queimados constituem geralmente uma fração menor do fluxo de exaustão nas usinas de força, alguns redutores adicionais se fazem necessários para efetivar um controle expressivo de NO. A redução pode ser realizada pela injeção de amônia na câmara catalítica:

$$6NO + 4NH_3 \rightarrow 5N_2 + 6H_2O \qquad \text{9.12}$$

Necessita-se, porém, de um cuidadoso controle das condições, para evitar a oxidação da amônia diretamente para NO e NO_2 pelo O_2 residual no fluxo de exaustão. Em outro método, o composto uréia, $CO(NH_2)_2$ tem sido borrifado diretamente na chama de combustão para reduzir o NO. O mecanismo é complexo, mas a reação geral é

$$2CO(NH_2)_2 + 6NO = 5N_2 + 2CO_2 + 4H_2O \qquad \text{9.13}$$

No longo prazo, a estratégia mais eficaz de redução de NO_x será a adoção das células a combustível na geração e no transporte de energia elétrica (veja Células a combustível), dessa forma eliminando, em primeiro lugar, as altas temperaturas que produzem o NO.

9.4 | Gasolina reformulada: compostos oxigenados

Como grande parte da poluição atmosférica urbana é produzida pelos transportes, os combustíveis líquidos para esse fim têm sido intensivamente examinados, e as regulamentações referentes à poluição têm alterado substancialmente a composição da gasolina. O desafio consiste em desenvolver formulações que apresentem bom resultado em termos de eficiência do combustível, desempenho do motor e redução da poluição.

a. Detonação espontânea e octanagem. A combustão é um processo com reações radicalares em cadeia, semelhante à química do radical de oxigênio discutida nas seções anteriores, que permite ao oxigênio se combinar muito rapidamente com as moléculas de combustível. O motor de ignição a vela dos automóveis funciona inflamando uma mistura de gasolina e ar com uma faísca. A mistura ar/combustível é inicialmente comprimida por um pistão em um cilindro, para depois ser inflamada. A faísca fragmenta as moléculas do combustível em sua trajetória, gerando radicais suficientes para desencadear a reação em cadeia. A força da explosão no pistão fornece energia ao sistema propulsor. Quanto maior o grau de compressão, maior a potência. Entretanto, o próprio processo de compressão aquece o combustível; sob temperaturas suficientemente altas, as moléculas de combustível podem reagir com as moléculas termicamente ativadas do oxigênio e formar os radicais, desencadeando dessa forma a explosão prematuramente. Esse é o fenômeno da *detonação espontânea*, que se pode reconhecer pelo ruído característico produzido pelo motor em aceleração.

A temperatura necessária para a geração de radicais depende da estrutura da molécula do combustível. A reação envolve a transferência de um átomo de H para as moléculas quentes de oxigênio, e a velocidade depende primariamente da força das ligações C—H, tal como ocorre com as reações dos radicais hidroxila. Os hidrocarbonetos de cadeia ramificada são mais resistentes à formação de radicais do que os hidrocarbonetos de cadeia linear, porque a ramificação aumenta a fração dos átomos de hidrogênio que estão nos grupos metila, cujas ligações C—H são mais fortes do que nos grupos metileno (veja a Tabela 9.1). Os grupos metileno são mais suscetíveis ao ataque das moléculas de oxigênio termicamente ativadas, que retiram um átomo de hidrogênio, deixando um radical de hidrocarboneto. Como os hidrocarbonetos de cadeia linear possuem mais grupos metileno do que os de cadeia ramificada, eles estão sujeitos à pré-ignição sob temperatura mais baixa.

O desempenho da gasolina está largamente relacionado à sua octanagem. A gasolina é uma mistura de hidrocarbonetos de baixa ebulição, a maioria dos quais contém sete ou oito átomos de carbono. Dentre estes, o 2,2,4-trimetilpentano ('iso-octano') é particularmente resistente à pré-ignição, em virtude de sua estrutura altamente ramificada. Atribui-se a ele uma octanagem de 100. O zero na escala de octanagem é estabelecido pelo *n*-heptano, um hidrocarboneto de cadeia linear com forte tendência à detonação espontânea. A octanagem de qualquer gasolina é definida pela comparação entre dois hidrocarbonetos em testes-padrão de motor. A Tabela 9.2 relaciona as octanagens para uma série de compostos da gasolina. Em alguns casos, a classificação excede 100, significando que o combustível é ainda menos propenso à pré-ignição do que o iso-octano.

b. Diesel e número de cetano. Um motor a diesel funciona de modo bem diferente de um motor de ignição a vela. No caso do diesel, o ar no pistão é pré-aquecido por compressão e, a seguir, o combustível é pulverizado na câmara quente, queimando ao contato. Como não há o problema da pré-ignição, o grau de compressão pode ser muito alto, permitindo maior eficiência. O motor é robustamente projetado para que acomode as forças de compressão mais elevadas e, como há menos partes móveis do que em um motor de ignição (não se necessita de válvulas), o desgaste de um motor a diesel é mais lento. Por isso a escolha do diesel é geralmente feita para caminhões de grande porte e ônibus.

Embora a fragmentação fácil das moléculas do combustível não seja desejável nos motores de ignição, essa característica é desejável nos motores a diesel porque intensifica a combustão do combustível injetado. Dessa forma, os hidrocarbonetos de cadeia linear são abundantes no combustível à base de diesel. A qualidade desse tipo de combustível é julgada por seu número de 'cetano', que aumenta com a tendência de fragmentação, em oposição à octanagem. Ao cetano (*n*-hexadecano, $C_{16}H_{34}$) é designado um valor de 100, e a um isômero altamente ramificado, o heptametilnonano, é designado um valor de 15. Além disso, os motores a diesel funcionam melhor com moléculas de maior peso molecular, na faixa entre C_{11} e C_{16}, e a faixa ideal para a gasolina está entre C_6 e C_{10}. O combustível à base de diesel, portanto, utiliza uma parte diferente da produção de petróleo refinado do que a gasolina.

As emissões de diesel contêm muito mais partículas do que as emissões do motor de ignição em razão das características de combustão do combustível injetado. As moléculas na interface ar–combustível se queimam por completo, mas as moléculas no centro da nuvem injetada se aquecem antes de terem acesso às moléculas de oxigênio e, portanto, tendem a se decompor em carbono sólido. No motor de ignição, porém, as moléculas do combustível estão intimamente misturadas com o ar antes da combustão; portanto, a produção de fuligem é bem menor.

Em virtude de efeitos prejudiciais das partículas à saúde, existe pressão para que se abandone o uso de motores a diesel, principalmente nos ônibus urbanos, cuja lenta progressão por vias congestionadas é responsável por concentrações elevadas de partículas na atmosfera ao nível do solo. Muitas cidades estão testando as frotas de ônibus movidas a gás como uma alternativa. Entretanto, também existe uma nova tecnologia de diesel, que reduz muito as emissões de partículas por meio do uso de sifões para partículas com catalisadores, semelhantes aos catalisadores usados nos conversores de carros, para oxidar as partículas de carbono no gás de exaustão. Na Europa, os carros a diesel estão tornando-se cada vez mais populares por causa de sua economia de combustível.

c. Chumbo na gasolina. Na década de 1920, descobriu-se que a detonação espontânea poderia ser reduzida se compostos orgânicos de chumbo, principalmente o tetraetilchumbo e o tetrametilchumbo, fossem adicionados à gasolina. Nas décadas seguintes, o chumbo foi adicionado a virtualmente todos os tipos de gasolina visando à melhoria do desempenho. Os aditivos de chumbo suprimem as reações em cadeia dos radicais na fase de pré-ignição. Como a mistura ar/combustível se torna comprimida e aquecida, as ligações fracas de alquila-chumbo se rompem, liberando átomos de Pb, que se combinam rapidamente com o oxigênio e formam partículas de PbO e PbO_2. Essas partículas fornecem locais de ligação para os radicais de hidrocarboneto, que se recombinam entre si, terminando dessa forma a reação em cadeia. Para evitar o acúmulo de depósitos de chumbo nas superfícies internas do motor, a gasolina com adição de chumbo geralmente contém também dicloreto de etileno ou dibrometo de etileno. Esses halógenos orgânicos atuam como limpadores de chumbo, produzindo compostos de PbX_2 (X = Cl ou Br). Como esses compostos são voláteis sob a alta temperatura dos gases de exaustão, eles removem o chumbo da parte interna do motor, liberando-o na atmosfera.

A partir de meados dos anos 1970, a gasolina sem chumbo foi posta à venda nos Estados Unidos e gradualmente substituiu a gasolina com chumbo. Isso se deu porque os compostos de chumbo no gás de exaustão reagem com os catalisadores de ródio e platina dos conversores catalíticos, 'envenenando' as superfícies e tornando-os inativos. À medida que foi crescendo a parcela da frota de carros com catalisadores, também cresceu a parcela de suprimento de gasolina sem chumbo. Essa substituição teve um efeito salutar sobre a poluição por chumbo, bem como a poluição atmosférica em geral, já que a exposição humana ao chumbo diminuiu drasticamente quando o chumbo foi removido da gasolina.

No Canadá e em alguns países europeus, outro composto organo-metálico foi introduzido como um aditivo antidetonação espontânea, o metilciclopentadienil tricarbonil manganês (MMT). Esse composto libera átomos de Mn, que são convertidos em partículas de Mn_3O_4 na câmara de combustão e que, como o PbO, capturam radicais de hidrocarboneto e inibem a detonação espontânea. Diferentemente do chumbo, a toxicidade do manganês é baixa quando liberada no meio ambiente (na verdade, trata-se de um elemento biologicamente essencial). Além disso, o MMT não aumenta significativamente a absorção humana de Mn por fontes naturais. Não obstante, o MMT não foi aprovado como um aditivo da gasolina pela EPA porque o aditivo em si é tóxico, se ingerido ou inalado. Falhas nas velas de ignição e sensores internos também foram relatados. Contudo, uma corte de apelação federal indeferiu a proibição de MMT pela EPA.

d. Gasolina reformulada. Uma alternativa à adição de seqüestradores de radicais livres para reduzir a detonação espontânea é alterar a composição da gasolina pela redução da fração de componentes de baixa octanagem e aumento da fração de componentes de alta octanagem. Uma refinaria de petróleo moderna possui margem de manobra suficiente para alterar as moléculas de hidrocarboneto no petróleo por meio de reações de craqueamento, alquilação e reforma (veja a discussão sobre composição e refino de petróleo na Parte I). Nos Estados Unidos, a remoção de aditivos de alquila-chumbo foi inicialmente compensada pelo aumento no teor de compostos aromáticos, principalmente benzeno, tolueno e xileno (às vezes denominados de componente BTX). Como se observa na Tabela 9.2, a octanagem do benzeno é quase tão alta como à do iso-octano; a do tolueno é ainda maior. Conseqüentemente, aumentar a fração aromática da gasolina eleva a octanagem.

Apesar da alta octanagem da gasolina BTX, a fração BTX está diminuindo nos Estados Unidos. Os xilenos reagem rapidamente com os radicais hidroxila (veja valor de PA na Tabela 9.2) e, portanto, possuem maior potencial de formação de *smog* do que os alcanos. O benzeno, embora de baixa atividade fotoquímica, é um carcinógeno. As emendas da Lei do Ar Limpo de 1990 exigem que o teor de benzeno na gasolina não exceda 1%.

Desde os anos 1980, os aromáticos vêm sendo substituídos pelos 'compostos oxigenados', moléculas de combustível que contêm um ou mais átomos de oxigênio. Os quatro compostos oxigenados inicialmente considerados, metanol, etanol e os éteres metil e etil do álcool terc-butílico, MTBE e ETBE, possuem todos octanagem substancialmente acima de 100 (veja a Tabela 9.2). A indústria petrolífera logo se decidiu pelo MTBE, que é fabricado nas refinarias, mas o etanol surgiu como um concorrente nas regiões de cultivo de milho, graças a incentivos fiscais federais e locais. Um bônus adicional é que o MTBE e o etanol apresentam velocidades relativamente baixas de reação de radical hidroxila e pressões de vapor. Por esse motivo, as emendas da Lei do Ar Limpo, que exige reduções nos compostos orgânicos voláteis formadores de ozônio, decretou o uso de compostos oxigenados na gasolina reformulada (RFG, do inglês, *reformulted gasoline*) a um nível de 2,0% de oxigênio por peso. O programa RFG se aplica às nove principais áreas urbanas dos Estados Unidos.

Um decreto separado da mesma lei exigiu 2,0% de oxigênio por peso (totalizando 15,2% de MTBE e 7,6% de etanol, por volume) em 39 áreas dos Estados Unidos, para colocá-las em conformidade com os padrões de emissões de CO, principalmente nos meses de inverno. As emissões de CO são particularmente altas durante as partidas de motor frio e combustão rica em combustível. Essas emissões são reduzidas pela adição de compostos oxigenados à gasolina. Como as moléculas do combustível já contêm átomos de oxigênio, a conversão em CO_2 durante a combustão é mais completa quando a mistura de combustão é rica em combustível. Em decorrência dessa exigência, a produção de etanol foi grandemente aumentada, e mais ainda a de MTBE; até 1997, a produção de MTBE era de 251 mil barris por dia.

Entretanto, o MTBE se tornou extremamente impopular por causa de sua propensão em contaminar aqüíferos com vazamentos de gasolina. Não foram constatados riscos significativos à saúde pelo MTBE (constatou-se toxicidade em altas doses nos testes com animais), mas ele possui um odor desagradável e é inaceitável em suprimentos de água. Em 1999, a EPA formou um *Painel de Especialistas em Compostos Oxigenados para Gasolina* (*Blue Ribbon Panel on Oxygenates in Gasoline*), que recomendou a redução no uso de MTBE e a eliminação da exigência do composto oxigenado, permitindo dessa forma que os padrões de qualidade do ar sejam atendidos por outros meios. Muitas regiões se mobilizaram contra o MTBE; a Califórnia, um dos principais participantes no mercado de gasolina, decretou sua proibição em 2003. A Califórnia também solicitou isenção da regra do composto oxigenado, mas esse requerimento foi rejeitado pela EPA.

A manutenção da regra do composto oxigenado, diante do provável fim do MTBE, prepara o terreno para um alto crescimento na produção de etanol para gasolina, apesar das dúvidas sobre a sabedoria dessa linha de ação. Além das questões econômicas e ambientais acerca do etanol proveniente do milho, há custos relacionados à própria gasolina. Diferentemente do MTBE, o etanol é muito solúvel em água, que é comumente encontrada na tubulação e nos tanques de armazenagem na cadeia de distribuição da gasolina. Quando em contato com essa água, o etanol vai se separar da gasolina. Em virtude desse potencial de separação de fase, o etanol é geralmente misturado no terminal, em vez de na refinaria. Além disso, a pressão do vapor do etanol é o dobro da do MTBE (veja a Tabela 9.2), exigindo ajuste adicional na composição da gasolina para os compostos orgânicos voláteis inferiores.[4]

Isso é feito pela remoção dos hidrocarbonetos mais leves da mistura. Com o MTBE, a demanda da pressão do vapor é atendida pela remoção da fração de butano na refinaria, mas a substituição do MTBE pelo etanol também requer a remoção dos pentanos, novamente impactando os custos. Medidas adicionais devem ser tomadas para manter a octanagem, porque o volume de etanol, para um dado nível de composto oxigenado, é somente a metade do de MTBE.

---

[4] O etanol puro é efetivamente menos volátil do que a gasolina porque, embora seu peso molecular seja baixo, o etanol é um líquido associado, com ligações intermoleculares de hidrogênio. Entretanto, quando o etanol é misturado à gasolina, as ligações de hidrogênio são eliminadas e a volatilidade aumenta muito.

Resumo

Revendo nossa pesquisa sobre questões atmosféricas, observamos que os equilíbrios atmosféricos podem ser perturbados tanto em uma escala global, por meio do agravamento do efeito estufa e da destruição do ozônio estratosférico, quanto em uma escala local e regional, causados pelo acúmulo dos gases de exaustão dos combustíveis fósseis e dos produtos de sua oxidação. Esses problemas se inter-relacionam de forma complexa e às vezes paradoxais. Por exemplo, os radicais hidroxila e os óxidos de nitrogênio catalisam a destruição do ozônio na estratosfera, mas são responsáveis (com os hidrocarbonetos) pela formação do ozônio na poluída atmosfera urbana. Os gases de clorofluorometano são inofensivos em nível local, mas contribuem globalmente tanto para o efeito estufa quanto para a destruição do ozônio. O monóxido de carbono e os hidrocarbonetos são poluentes locais cujas características nocivas podem ser eliminadas por sua oxidação em dióxido de carbono, mas o aumento na concentração global de dióxido agrava o efeito estufa. As conseqüências do aumento nas concentrações dos gases de efeito estufa são incertas porque as tendências climáticas de longo prazo são atualmente imprevisíveis, mas podem muito bem ser terríveis. Embora os cientistas tenham aprendido muito sobre a atmosfera, parcialmente em resposta às recentes preocupações ambientais, há uma necessidade urgente de se aprender muito mais, para se avaliar o impacto humano sobre ela.

Apesar das incertezas, é evidente que as influências predominantes sobre a qualidade do ar são a quantidade de energia consumida, os tipos de combustível usados e as eficiências energéticas das tecnologias aplicadas. No final da Parte I, discutimos os benefícios da maior eficiência energética e das fontes alternativas de energia. Além de conservar os recursos energéticos, essas alternativas podem propiciar uma atmosfera mais limpa.

Resolução de problemas

1. Faça um diagrama do equilíbrio térmico da Terra em watts por metro quadrado (Wm^{-2}), mostrando os seguintes componentes: (1) radiação solar de onda curta incidente no topo da atmosfera terrestre; (2) radiação de onda curta refletida pela atmosfera e pela superfície terrestre; (3) radiação de onda curta absorvida pela atmosfera e pela superfície terrestre; (4) radiação de onda longa emitida pela superfície terrestre; (5) a parcela da radiação de onda longa emitida diretamente para o espaço (através da 'janela' atmosférica) e a parcela absorvida pela atmosfera; (6) a radiação de onda longa emitida para baixo, da atmosfera para a superfície terrestre, e para fora, da atmosfera para o espaço; e (7) a transferência de calor sensível e latente da superfície terrestre para a atmosfera. Compare os cálculos com a Figura 6.2.

   As seguintes informações (em unidades de Wm^{-2}) são suficientes para fazer este exercício:

   - $S_0 = 1.368$ Wm^{-2};
   - O albedo total é igual a 30%, 86% do qual é fornecido pela atmosfera e o restante pela superfície da Terra;
   - 24% da radiação de onda curta incidente é absorvida pela atmosfera e 46% pela superfície terrestre;
   - A temperatura da superfície terrestre é igual a 288 K;
   - Aproximadamente 5% da radiação de onda longa emitida pela superfície terrestre é irradiada diretamente para o espaço através da janela atmosférica;
   - O resfriamento radiativo da atmosfera (e um correspondente aquecimento radiativo da superfície terrestre) equivale a 106 Wm^{-2};
   - A constante de Stefan-Boltzmann é igual a $0,567 \times 10^{-7}$ Wm^{-7} K^{-4};

2. A radiação de onda longa emitida do topo da atmosfera terrestre foi medida por satélites em 237 Wm^{-2}. Com base nessa informação, calcule a temperatura no topo da atmosfera. Se a irradiância solar S_0 é igual a 1.368 Wm^{-2}, calcule o albedo da Terra.

3. Calcule a emissão de ondas longas pela superfície terrestre, considerando que a temperatura média global é igual a 288 K.

4. As calotas polares de gelo possuem um albedo de aproximadamente 0,80, e os mares polares possuem um albedo máximo de cerca de 0,20. Como essa diferença em albedo poderia causar o derretimento espontâneo de grande parte da calota de gelo, se um pequeno aumento na temperatura ambiente ocorresse? Como uma deposição em larga escala de fuligem sobre a calota de gelo poderia causar um derretimento semelhante?

5. Calcule o raio crítico para a formação de uma gota d'água na atmosfera a 20 °C e 101% de umidade relativa (consulte a seção Estratégias 6.1 para obter as informações necessárias para fazer esse cálculo).

6. Calcule a temperatura da Terra caso não houvesse efeito estufa. Considere a irradiância solar S_0 igual a 1.368 Wm^{-2} e o albedo planetário total igual a 30% (a constante de Stefan-Boltzmann é igual a $0,567 \times 10^{-7}$ Wm^{-7} K^{-4}).

7. (a) Quais propriedades moleculares características de H_2O e CO_2 causam a absorção de radiação infravermelha?

   (b) Por que os clorofluorcarbonetos (CFCs), tais como o CF_2Cl_2 e o $CFCl_3$, são tão eficazes como gases do efeito estufa?

   (c) Além de H_2O, CO_2 e CFCs, mencione dois outros gases de efeito estufa e indique para cada um desses dois uma atividade humana que acarreta as emissões atmosféricas.

8. Quais das moléculas relacionadas na tabela a seguir possuem potencial para causar um efeito estufa semelhante ao dos CFCs (veja a Figura 6.15)? No caso das moléculas poliatômicas, identifique as vibrações específicas envolvidas.

S — C — O (linear)	H — Cl	F — F	H_2S (não-linear)	Cl_2O (não-linear)
$\lambda_1 = 11.641$ nm	$\lambda = 3.465$ nm	$\lambda = 11.211$ nm	$\lambda_1 = 3.830$ nm	$\lambda_1 = 14.706$ nm
$\lambda_2 = 18.975$ nm			$\lambda_2 = 7.752$ nm	$\lambda_2 = 30.303$ nm
$\lambda_3 = 4.810$ nm			$\lambda_3 = 3.726$ nm	$\lambda_3 = 10.277$ nm

9. (a) Descreva os dois efeitos opostos sobre o clima resultantes da queima do carvão com alto teor de enxofre.

(b) Cite dois processos pelos quais as partículas de sulfato na troposfera afetam o clima.

10. (a) Estima-se que a massa total de carbono contido em combustíveis fósseis e queimado no mundo de 1750 a 2000 seja de $2,77 \times 10^{14}$ kg C. A quantidade de carbono liberada como CO_2 pela expansão agrícola e o desmatamento nesse período é estimado em $1,31 \times 10^{14}$ kg C. A concentração de CO_2 na atmosfera em 2000 era de 360 ppm, correspondendo a uma massa total de $7,75 \times 10^{14}$ kg C. Se a concentração de CO_2 em 1750 fosse de 280 ppm, calcule o porcentual de CO_2 dessas duas fontes que permaneceu na atmosfera no período de dois séculos e meio.

(b) O estudo de plantas indica que a produção primária líquida (NPP, do inglês, *net primary production*) de carbono orgânico por fotossíntese pode aumentar com o crescimento na concentração de CO_2 na atmosfera. Considere que o aumento de NPP na biosfera equivale a 0,27 do aumento percentual de CO_2 atmosférico. Considerando que o NPP global da biosfera é atualmente estimado em $1,10 \times 10^{14}$ kg C/ano, estime quanto mais carbono está sendo absorvido por ano em NPP, ao compararmos com a quantidade que seria absorvida caso a concentração de CO_2 atmosférico fosse igual a 280 ppm.

(c) Atualmente, são liberados na atmosfera cerca de $6,3 \times 10^{12}$ kg C/ano de carbono de combustível fóssil e $1,6 \times 10^{12}$ kg C/ano de carbono proveniente da destruição de vegetação terrestre. Considerando o valor obtido no item (b), qual percentual do carbono emitido poderia ser retirado pelo aumento da absorção na biosfera? O efeito do desmatamento pode estar reduzindo o NPP. Como essa redução afeta o potencial da biomassa de servir como um depósito de CO_2?

11. Mencione duas estratégias de redução nas emissões de gás de efeito estufa associadas ao consumo de energia.

12. Estima-se que a quantidade de CH_4 emitida anualmente seja de 25 a 50 vezes maior do que a quantidade de N_2O emitida anualmente, mas que a concentração atmosférica de CH_4 seja apenas seis vezes maior. Como se explica isso?

13. (a) Usando os dados termodinâmicos da Tabela 7.1, calcule a razão da concentração de equilíbrio de NO_2 para NO ao nível do mar e a 25 °C.

(b) Qual será a variação nessa razão a 40 °C?

(c) Considere as concentrações atmosféricas em um dia típico de *smog* em Los Angeles, na Figura 9.10. Estime a razão $(NO_2)/(NO)$ às 6h e ao meio-dia e comente sobre a variação temporal dessa razão em relação ao valor de equilíbrio. A variação térmica desempenha algum papel nisso?

14. A constante de velocidade (k) para a reação

$$CH_4 + OH \rightleftharpoons CH_3\bullet + H_2O$$

é igual a $6,3 \times 10^{-15}$ molécula^{-1} cm^3 segundo^{-1}. Se a razão de mistura atmosférica de metano é 1.745 ppb$_v$ e a concentração de OH e moléculas atmosféricas é de $8,0 \times 10^5$ e $3,0 \times 10^{19}$ moléculas cm^{-3}, respectivamente, calcule a velocidade da reação.

15. (a) Com base na Figura 7.3, calcule a ordem de ligação de O_2 (definida como metade da soma de elétrons nos orbitais ligantes menos metade da soma de elétrons nos orbitais antiligantes).

(b) Qual propriedade da ligação em O_2 impede a rápida oxidação das reações com a maioria das moléculas em temperatura ambiente na atmosfera e na biosfera?

(c) Cite duas classes de moléculas (ou átomos) que podem se ligar eficazmente com o O_2, mesmo em temperatura ambiente; explique por que elas podem fazer isso.

16. Quando um doador de elétron, tal como um radical orgânico R• ou um metal pesado M•, reage com o O_2 para formar o RO_2• ou o MO_2•, a ligação O—O se enfraquece consideravelmente. Use o diagrama orbital molecular mostrado na Figura 7.3 para explicar por que esse enfraquecimento ocorre. Explique com pelo menos dois exemplos da química atmosférica ou biológica como esses doadores de elétrons podem servir como catalisadores para oxidação em temperaturas ambiente.

17. Os compostos biológicos, tais como carboidratos, gorduras e proteínas, são termodinamicamente instáveis na presença de O_2, porque, na combustão, eles passam por reações exotérmicas com o oxigênio para formar CO_2, H_2O e outros gases e compostos simples. Por outro lado, as formas de vida aeróbias necessitam de O_2 para gerar energia, por meio de reações de oxidação, necessária para inúmeras atividades metabólicas. Explique como a estrutura eletrônica especial do O_2 permitiu a evolução da vida no planeta na presença de uma atmosfera oxidante, e como essas formas de vida são capazes de obter energia das reações de oxidação sob condições controladas dentro das células.

18. (a) Por que o radical hidroxila é um componente tão importante na atmosfera?

(b) Como ele é gerado?

(c) Descreva duas de suas reações com poluentes atmosféricos.

19. O isopreno (C_5H_8) é um componente atmosférico natural emitido pelas florestas de coníferas e responsável pela 'névoa azul' das montanhas Great Smoky ao sudeste dos Estados Unidos. Ele se degrada rapidamente na atmosfera por meio das reações com •OH ou O_3, e as constantes de velocidade são conhecidas:

•OH + isopreno (C_8H_8) = produto do radical + H_2O; $k_{OH} = 1,0 \times 10^{-10}$ molécula^{-1} cm^{-3} segundo^{-1}

O_3 + isopreno (C_8H_8) = produto do radical + H_2O; $k_{O3} = 1,4 \times 10^{-17}$ molécula^{-1} cm^{-3} segundo^{-1}

Sob condições atmosféricas e a uma concentração de isopreno normal de $5,9 \times 10^{10}$ moléculas cm^{-3}, as velocidades dessas duas reações são $(r_{OH}) = 4,7 \times 10^6$ molécula cm^{-3} segundo^{-1} e $(r_{O3}) = 2,0 \times 10^6$ molécula cm^{-3} segundo^{-1}. Quais devem ter sido as concentrações de O_3 e •OH?

Comente por que •OH tem sido chamado de 'aspirador de pó' da atmosfera.

20. (a) Escreva as equações para a formação de ozônio e sua destruição na ausência de cadeias catalíticas, incluindo as reações globais.

(b) Escreva as equações da destruição do ozônio envolvendo NO, OH e Cl. Para cada caso, descreva explicitamente como acarretam a destruição de ozônio e descreva as fontes desses reagentes.

(c) Descreva as duas reações pelas quais o NO_2 serve para proteger a camada de ozônio.

(d) Como o vôo de aviões na estratosfera poderia perturbar a camada de ozônio?

21. (a) Como o ozônio estratosférico protege a superfície da Terra da maléfica radiação UV?

(b) Calcule o aumento fracionário na transmissão (dT/T) para uma diminuição de 1% na espessura (l) da camada de ozônio para os três seguintes comprimentos de onda [em nanômetros (nm)]: 310 nm, 295 nm e 285 nm (considere $l = 0,34$ cm; $\varepsilon = 3$, 18 e 56 cm^{-1} para 310 nm, 295 nm e 285 nm, respectivamente).

(c) Como resultado da diminuição de 1%, descreva o que acontece à posição do *espectro de ação* em relação à curva de *relativa sensibilidade à queimadura solar*, como indica a Figura 8.5.

(d) O aumento calculado na transmissão a 285 nm causará mais dano ao tecido biológico do que o aumento calculado na transmissão a 295 nm? Por quê?

22. Quando o cálculo do estado estacionário da concentração de O_3 é feito para diferentes altitudes, o valor $[O_3]$ é máximo em aproximadamente 25 km de altitude (veja a Figura 8.7). Considere os termos na expressão do estado estacionário e sugira por que o $[O_3]$ calculado cai em *ambas* as altitudes, a superior e a inferior.

23. (a) No fenômeno do buraco na camada de ozônio sobre a Antártica, como o nitrogênio é removido da atmosfera e quais moléculas servem como 'reservatórios de cloro' na escuridão do inverno antártico?

(b) Como a luz solar no início da primavera inicia a reação em cadeia do ClO_x polar?

(c) Escreva as quatro equações envolvidas nessa reação em cadeia e descreva as equações que finalmente terminam a reação em cadeia.

24. Dê duas razões para a estratosfera ser mais suscetível à poluição química do que a troposfera.

25. Considere que a concentração de material particulado suspenso em uma atmosfera poluída é de 170 μg/m³. O material particulado contém sulfato e hidrocarbonetos adsorvidos que constituem 14% e 19% do peso, respectivamente. Uma pessoa respira, em média, 8.500 litros de ar diariamente e retém nos pulmões 50% das partículas menores de 1 μm de diâmetro. Quanto sulfato e hidrocarboneto é absorvido pelos pulmões em um ano, se 75% da massa particulada está contida em partículas menores de 1 μm?

26. Escolha um dos seguintes poluentes atmosféricos, SO_2, NO_x, CO ou VOC, e forneça as seguintes informações: (1) efeitos ambientais; (2) efeitos à saúde humana; (3) principais fontes; (4) reações atmosféricas; e (5) tempo de vida atmosférico.

27. Descreva a contribuição dos transportes à poluição do ar, incluindo os quatro poluentes citados no problema 26, bem como o material particulado. Faça o mesmo com a queima de combustível de fonte estacionária.

28. Por que o NO_2, diferentemente dos óxidos mais altos de carbono e enxofre (CO_2 e SO_3, respectivamente), é instável a 25 °C na presença da luz solar? Descreva brevemente como a reação de NO_2 com a luz solar desempenha um papel importante na formação de *smog* e na regeneração do próprio NO_2.

29. Na reação do monóxido de carbono para dióxido de carbono:

$$CO + \tfrac{1}{2}O_2 \rightarrow CO_2$$

a constante de equilíbrio K_{eq} (a 25 °C) = 3×10^{45}. Considerando-se esse valor enorme, por que o monóxido de carbono não se converte espontaneamente em dióxido de carbono na atmosfera? Como o uso de platina no conversor catalítico dos automóveis facilita a conversão para dióxido de carbono? (Dica: a platina contém elétrons *d* desemparelhados em seu orbital externo.)

30. Por que o chumbo era adicionado como um componente da gasolina antes de 1970? Por que foi removido com o advento do conversor catalítico? Por que as novas gasolinas sem chumbo contêm maiores concentrações de aromáticos e olefinas líquidas? (Consulte a Tabela 9.2: os aromáticos são o quinto grupo de compostos e as olefinas líquidas, o terceiro.) Entre as propriedades relacionadas na Tabela 9.2, em quais os aromáticos são claramente superiores às olefinas líquidas (desconsiderando-se questões de toxicidade, principalmente do benzeno, que é um carcinógeno humano)? Além de reduzir o CO, quais outras vantagens favoráveis o etanol e o MTBE fornecem em relação às propriedades relacionadas na Tabela 9.2? Por que os produtores de MTBE reivindicam que seu composto é superior ao etanol?

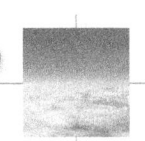

Em contexto
Mudanças climáticas globais

O IPCC (Painel Intergovernamental sobre Mudanças Climáticas, do inglês, *Intergovernmental Panel on Climate Change*) é um órgão da Organização das Nações Unidas (ONU) que foi estabelecido para obter e analisar informações científicas, técnicas e socioeconômicas relevantes para o entendimento das mudanças climáticas, assim como seus impactos potenciais e suas opções de adaptação e mitigação. Esses dados são apresentados na forma de relatórios periódicos e de outros trabalhos, que mostram um quadro completo sobre o aquecimento global. O mais recente deles (Quarto Relatório de Avaliação) foi publicado em 2007 e rapidamente se tornou uma das referências mais citadas nas discussões sobre mudança climática.

Os trabalhos do IPCC são uma referência amplamente utilizada tanto por responsáveis pela elaboração de políticas públicas na área do meio ambiente quanto por cientistas, especialistas e estudantes de todo o mundo. Os relatórios mais amplos são os de avaliação, que constam de vários volumes e proporcionam vários dados sobre as mudanças climáticas, suas causas, seus efeitos e as possíveis respostas. Desde 1988, o IPCC publicou quatro relatórios de avaliação: em 1990, 1995, 2001 e 2007.

O Primeiro Relatório de Avaliação do IPCC (AR-1) foi publicado em Sundsvall (Suécia) em agosto de 1990 e confirmou cientificamente evidências que serviram de alerta para o fenômeno das mudanças climáticas. Em conseqüência do primeiro relatório, a Assembléia Geral das Nações Unidas decidiu preparar uma declaração de princípios que reconhece o problema e que entrou em vigor em março de 1994, chamada Convenção-Quadro sobre Mudanças Climáticas (UNFCC, em inglês). Esse primeiro relatório do IPCC já refletia a necessidade de redução das emissões de CO_2 em 60% a 30% sobre os níveis de 1990, para obter a estabilização da concentração de gases do efeito estufa na atmosfera, e se tornou um marco inicial para uma solução às mudanças climáticas.

O Segundo Relatório (AR-2) foi publicado em Roma, em dezembro de 1995. O documento serviu de base para a formulação, dois anos mais tarde, do Protocolo de Kyoto. Esse relatório insiste na luta contra o aquecimento da Terra, contempla a possibilidade de que se produzam "mudanças drásticas no clima" e adverte que poderiam ocorrer "riscos e surpresas" nesse sentido.

O Terceiro Relatório (AR-3) foi publicado em Acra (Gana) em março de 2001 e representa o primeiro consenso científico global no temas. Segundo esse documento, a ação do homem é responsável pela alteração do clima mundial. O relatório reúne os resultados de pesquisas realizadas por 900 especialistas em 420 sistemas físicos, químicos e biológicos.

O Quarto Relatório de Avaliação do IPCC (AR-4) foi divulgado em Paris em fevereiro de 2007 e descreve o progresso do entendimento dos fatores humanos e naturais na mudança climática. Nele constam as mudanças climáticas, as atribuições e os processos climáticos e estimativas de mudanças climáticas futuras. O estudo constatou algo que até dez anos atrás era impossível afirmar com certeza: 90% das alterações no meio ambiente são antropogênicas (geradas pela humanidade). Os principais pontos de conclusão desse estudo foram que:

- O sistema climático passa por um aquecimento inequívoco.
- A maioria dos aumentos observados na temperatura média global, desde meados do século XX, é muito parecida com os aumentos observados nas concentrações de gases do efeito estufa de fonte antropogênica.
- O aquecimento e o aumento do nível dos oceanos continuarão por séculos por causa das escalas de tempo associadas aos processos climáticos e de realimentação, mesmo que as concentrações dos gases do efeito estufa permaneçam estabilizadas. Tanto a emissão passada quanto a futura de dióxido de carbono antropogênico continuarão a contribuir para o aquecimento e o aumento do nível dos oceanos por mais de mil anos.
- A probabilidade de esse aquecimento (e suas conseqüências) ser causado apenas por processos climáticos naturais é menor que 5%.
- A temperatura mundial poderá aumentar entre 1,1 °C e 6,4 °C durante o século XXI, e o nível médio do mar poderá se elevar entre 18 cm a 59 cm.
- Informações paleoclimáticas sustentam a interpretação de que o aquecimento da última metade do século não foi um fenômeno usual nos últimos 1.300 anos, pelo menos. Na última vez que a região polar esteve significativamente mais quente do que o presente momento, por um período extenso (cerca de 125.000 anos atrás), as reduções no volume de gelo polar levaram a um aumento do nível do mar de quatro a seis metros.
- Há um nível de confiança maior que 90% de que haverá mais derretimento glacial, ondas de calor e chuvas torrenciais. Há um nível de confiança maior que 66% de que haverá um aumento de secas, ciclones tropicais e marés altas elevadas.

- A concentração de dióxido de carbono, de gás metano e de óxido nitroso na atmosfera global tem aumentado marcadamente como resultado de atividades humanas desde 1750; e agora já ultrapassou em muito os valores da pré-industrialização determinados por meio de núcleos de gelo que se estendem por centenas de anos. O aumento global da concentração de dióxido de carbono ocorre principalmente devido ao uso de combustível fóssil e à mudança no uso do solo; e o aumento da concentração de gás metano e de óxido nitroso ocorre principalmente devido à agricultura.

III

Hidrosfera/litosfera

CAPÍTULO 10	Recursos hídricos
CAPÍTULO 11	Das nuvens ao escoamento superficial: a água como solvente
CAPÍTULO 12	A água e a litosfera
CAPÍTULO 13	Oxigênio e vida
CAPÍTULO 14	Poluição e tratamento das águas

10 Recursos hídricos

10.1 Perspectiva global

Vivemos, literalmente, no mundo das águas. Todos os seres vivos dependem incondicionalmente de um suprimento de água. As reações bioquímicas de cada célula viva ocorrem em solução aquosa; ela é o meio de transporte para os nutrientes de que uma célula necessita e para os resíduos que excreta. A água é abundante na superfície do planeta, mas cerca de 97% dela está nos oceanos, onde é salgada demais para consumo humano ou de outras criaturas terrestres. Todos os dias, porém, os raios solares destilam uma grande quantidade de água que retorna à superfície sob a forma de chuva. O volume de chuva que cai sobre o solo é proporcionalmente maior do que sobre os oceanos, fornecendo um suprimento contínuo de água doce. Costumamos tratar a água como se ela fosse grátis e, de certa forma, assim podemos considerá-la – um subproduto do enorme fluxo de energia solar sobre a Terra. O ciclo hidrológico responde por aproximadamente metade da energia solar absorvida pela superfície terrestre (veja a Figura 1.1).

A Figura 10.1 ilustra a movimentação e o armazenamento global de água. Anualmente, 111.000 km^3 de água caem sobre o solo e 70.000 km^3 retornam à atmosfera por meio da evaporação das superfícies úmidas e da transpiração das plantas; esses dois processos são conjuntamente chamados de evapotranspiração. O restante, 41.000 km^3, compõe-se do processo de escoamento superficial (*runoff*), fenômeno pelo qual a água da chuva escorre sem infiltração até chegar aos oceanos. Se o escoamento superficial fosse igualmente distribuído, forneceria a cada pessoa 6.760 m^3 de água doce por ano (população-base de 2000). Mas, evidentemente, a distribuição não é igualitária. Em alguns continentes chove mais do que em outros; e a variação no âmbito de cada continente é ainda maior (veja a Tabela 10.1). O escoamento superficial por km^2 de área terrestre na América do Sul, por exemplo, é quatro vezes maior do que na África, e no continente africano o escoamento superficial por km^2 no Congo é 12 vezes maior do que no Quênia.

O volume de água extraído para consumo humano é muito menor do que o escoamento superficial total, com média aproximada de 8% no mundo, embora, em alguns países, a fração seja consideravelmente mais alta. A água serve a vários usos: beber, cozinhar, lavar, transportar resíduos, resfriar máquinas e irrigar colheitas. Como se poderia esperar, os padrões de uso dependem do nível de desenvolvimento econômico de uma região (veja as tabelas 10.1 e 10.2). O consumo *per capita* de água

FIGURA 10.1

O ciclo global da água. Os números estão em km^3 para os reservatórios de água e em km^3/ano para os fluxos.

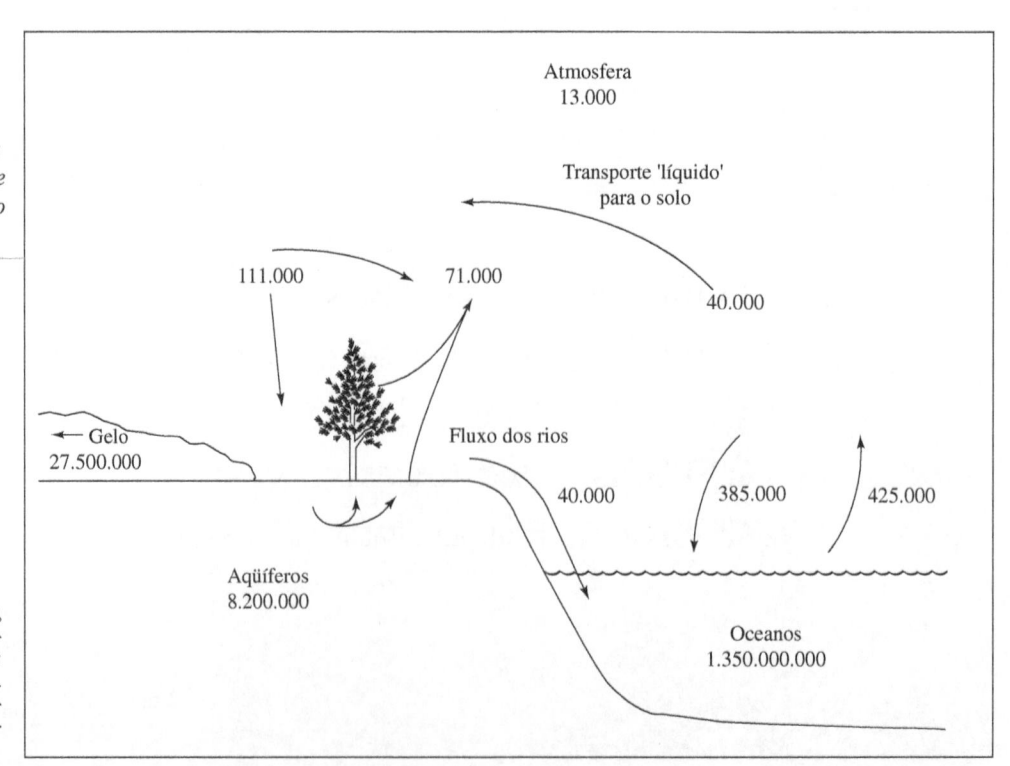

Atmosfera 13.000
Transporte 'líquido' para o solo
111.000
71.000
40.000
Gelo 27.500.000
Fluxo dos rios 40.000
385.000
425.000
Aqüíferos 8.200.000
Oceanos 1.350.000.000

Figura obtida de Schlesinger, William H., "The Global Water Cycle", *Biogeochemistry: an analysis of global change*. Copyright © 1991 by Academic Press. Reprodução autorizada pelo editor.

TABELA 10.1   *Abastecimento e extração anual de água para continentes e vários países.*

Continentes/Países	Abastecimento de água			Extração de água		Consumo/ Suprimento per capita (%)	Posição[†]
	Total (km³)	Por km² (m³)	Per capita (m³)	Total* (km³)	Per capita (m³)		
Mundo	41.022	314.386	6.761,5	3.240,0	534,0	7,9	Problemas em potencial
África	3.996	134.842	4.995,0	145,1	181,4	3,6	Problemas em potencial
Quênia	20	35.492	665,8	2,1	67,6	10,1	Escassez
República Democrática do Congo	935	412.430	17.992,9	0,4	6,9	0,0	Excedente
América do Norte [‡]	6.365	302.698	14.373,2	608,4	1.373,9	9,6	Excedente
México	357	187.249	3.586,9	77,6	779,0	21,7	Problemas em potencial
Canadá	2.850	309.024	92.624,5	45,1	1.446,0	1,6	Excedente
América do Sul	9.526	543.435	27.628,7	106,2	308,0	1,1	Excedente
Peru	40	31.250	1.474,1	6,1	224,8	15,3	Crise
Brasil	5.190	613.728	30.508,8	36,5	214,4	0,7	Excedente
Ásia	13.207	428.038	3.584,4	1.633,9	443,4	12,4	Problemas em potencial
China	2.800	301.367	2.214,3	460,0	363,8	16,4	Problemas em potencial
Indonésia	2.530	1.396.579	11.922,3	16,6	78,2	0,7	Excedente
Europa	6.235	275.826	8.570,3	455,3	625,9	7,3	Problemas em potencial
Polônia	49	162.276	1.278,2	12,3	317,7	24,9	Crise
Rússia	4.313	255.363	29.695,5	77,1	530,9	1,8	Excedente
Oceania	1.614	190.105	52.072,6	16,7	539,7	1,0	Excedente
Austrália	343	44.648	17.864,6	14,6	760,4	4,3	Excedente
Papua-Nova Guiné	801	1.768.759	166.528,1	0,1	20,8	0,0	Excedente

* O total de extração de água refere-se a vários anos, entre 1980 e 1995, conforme dados fornecidos pelo WRI (World Resources Institute - 1999).
[†] Refere-se ao suprimento de água *per capita*:
Excedente de água: >10.000 m³/*capita*
Problemas em potencial no gerenciamento de recursos hídricos: >2.000 m³/*capita* <10.000 m³ *capita*
Crise de água: >1.000 m³/capita < 2.000 m³ *capita*
[‡] Inclui América Central
Fontes: Dados demográficos referentes a meados de 2000, conforme relatados no Population Reference Bureau (2000), *2000 World Population Data Sheet*, Washington, DC. Outros dados obtidos do World Resources Institute (em colaboração com United Nations Environment Programme e United Nations Development Programme) (1999). World Resources 1998–1999 (Oxford, UK: University Press).

varia amplamente; as médias continentais vão de 1.374 m³ por ano na América do Norte a 181 m³ por ano na África. No Canadá e na Polônia, três quartos da utilização de água destinam-se a fins industriais e de geração de energia, e cerca de um décimo vai para a agricultura; na maioria dos países em desenvolvimento, esses percentuais se invertem. É interessante observar que, na Europa, o consumo *per capita* de 626 m³ por ano é menos da metade que o da América do Norte, apesar das condições econômicas semelhantes.

Muitas pessoas ao redor do mundo sofrem de falta crônica de água para necessidades pessoais. Em muitos locais, os aqüíferos de água doce estão exaurindo-se mais rapidamente do que podem ser reabastecidos. Os reservatórios locais podem ser insuficientes, principalmente nos períodos de seca. Os recursos hídricos são mais comprometidos ainda pela expansão demográfica; por exemplo, a menos que o suprimento de água na África e na Ásia aumente consideravelmente, prevê-se que a expectativa de crescimento populacional colocará ambos os continentes sob 'crise de água' (veja observações na Tabela 10.1) até 2025.

Além disso, a qualidade da água é tão importante como a quantidade. A água em muitas regiões está contaminada em conseqüência da falha em separar os efluentes do abastecimento de água. A propagação de doenças pela água continua a ser um dos flagelos da humanidade. Em muitas partes do mundo, a necessidade crucial de água limpa é quase sempre negligenciada.

TABELA 10.2 *Uso da água em continentes e países.*

Continentes/países	Doméstico (%)	Industrial/energético (%)	Agrícola (%)
Mundo	8	23	69
África	7	5	88
Quênia	20	4	76
República Democrática do Congo	61	16	23
América do Norte*	12	41	47
México[†]	6	8	86
Canadá[†]	18	70	12
América do Sul	18	23	59
Peru[†]	19	9	72
Brasil[†]	22	19	59
Ásia	6	9	85
China[†]	6	7	87
Indonésia[†]	13	11	76
Europa	14	55	31
Polônia[†]	13	76	11
Rússia	19	62	20
Oceania	64	2	34
Austrália[†]	65	2	33
Papua-Nova Guiné[†]	29	22	49

* Inclui América Central
[†] Estimativas setoriais de extração referentes a 1987
Fonte: World Resources Institute (em colaboração com United Nations Environment Programme e United Nations Development Programme) (1999). *World Resources 1998–1999* (Oxford, UK: University Press).

10.2 Irrigação

No mundo todo, a agricultura é responsável pela maior parte do uso da água, 69%, e a demanda agrícola cresce com o crescimento da população (veja a Figura 10.2). Grandes suprimentos de água são necessários à agricultura porque as plantas em crescimento transpiram rapidamente. Para capturar o CO_2 atmosférico, as folhas estão estruturadas para uma eficaz troca gasosa (veja a Figura 10.3). Essa troca ocorre em poros minúsculos, denominados estomas; as células nos estomas absorvem CO_2 e liberam O_2 durante a fotossíntese. Enquanto os estomas estão abertos, o vapor d'água também é liberado. As plantas podem conservar água fechando os estomas (em períodos de seca, por exemplo), mas, ao fazerem isso, cortam o suprimento de CO_2. Além disso, à medida que as sementes se desenvolvem, a área da folha se expande até chegar a aproximadamente três vezes a área de superfície do solo abaixo; a quantidade de água perdida na transpiração excede àquela perdida pela evaporação. Como a troca gasosa torna inevitável a evaporação nas células úmidas, a fotossíntese sempre vem acompanhada por abundante transpiração. O volume de água exigido para se produzir um alqueire (equivale a 25 kg) de milho, por exemplo, equivale a 5.400 galões (20 m³). Além disso, a agricultura utiliza mais água do que a necessária ao crescimento das plantas, porque grande parte dela escoa ou evapora antes mesmo de chegar às plantas. Estima-se em somente 37% a taxa de eficiência média global da irrigação.

As novas tecnologias de irrigação podem incrementar substancialmente esse percentual. Por exemplo, a irrigação por gotejamento, que envolve uma rede de tubos plásticos perfurados instalados diretamente sobre ou sob a superfície, pode atingir uma taxa de eficiência de até 95%, porque a água é levada diretamente às raízes das plantas. Além disso, a irrigação por gotejamento pode melhorar a produtividade do cultivo porque evita a saturação do solo com água, que pode lixiviar os nutrientes do solo e danificar as raízes durante a subseqüente secagem do solo. Uma alternativa à irrigação por gotejamento é um sistema recém-projetado de aspersão, que distribui água em pequenas doses um pouco acima da superfície do solo. Esse sistema é especialmente eficaz no cultivo de grãos.

Um importante avanço no que se refere à conservação de água é o nivelamento preciso do terreno, utilizando-se um método guiado por *laser* para alisar o solo. A água escoa muito mais vagarosamente quando o terreno está nivelado. Estima-se que a economia de água por nivelamento a *laser* de terras cultiváveis na região central do Arizona na década de 1980 foi equivalente a todo o abastecimento de água do meio milhão de habitantes da cidade de Tucson. Finalmente, o monitoramento detalhado do clima, combinado com novas tecnologias assistidas por computador, pode fornecer estimativas contínuas aos fazendeiros sobre a real necessidade de água de suas plantações, melhorando assim cada vez mais a eficiência do sistema de irrigação.

A maioria dos fazendeiros em qualquer parte do mundo não possui nem o capital nem as condições de manutenção necessários à implementação de sistemas avançados de irrigação. Entretanto, melhorias tecnológicas contínuas estão reduzindo os custos. Por exemplo, a instalação de um sistema de irrigação por gotejamento pode custar até 2.500 dólares por hectare, mas uma empresa de Denver desenvolveu um método de gotejamento ideal para pequenas fazendas ao custo acessível de 250 dólares por hectare. Testes de campo estão sendo realizados no Nepal e na Índia. As informações climáticas não são necessariamente caras; e o International Water Management Institute, no Sri Lanka, desenvolveu uma ferramenta computadorizada para planejamento de irrigação e cultivos, que integra as informações de uma rede mundial de estações climáticas.

Melhorar a eficiência do sistema de irrigação é importante não só para a conservação de água em si, mas também para minimizar os problemas causados pelo uso excessivo de água para fins de irrigação. Uma série de distúrbios ecológicos está relacionada à construção de represas, diques e barragens que são necessários para canalizar as águas superficiais para irrigação. Esses desvios no fluxo das correntezas afetam a capacidade dos rios de sustentar a migração de peixes, filtrar os poluentes por meio das áreas alagadas e levar lodo fértil a terras agriculturáveis em planícies aluviais. A extensão dessas construções poderá ser restringida, se a irrigação for usada de modo mais eficiente.

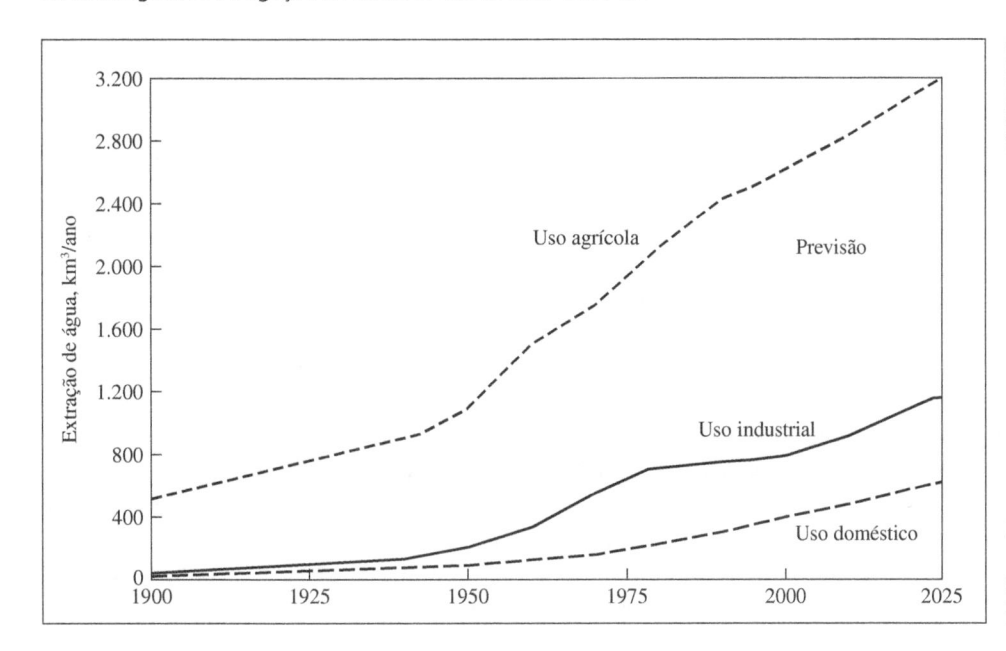

FIGURA 10.2

Uso global de água, de 1900 a 2025.

Fonte: I.A. Shiklomanov (ed.) *World water resources at the beginning of the 21 st Century*. St. Petersburg, Russia: State Hydrological Institute/UNESCO, 1999.

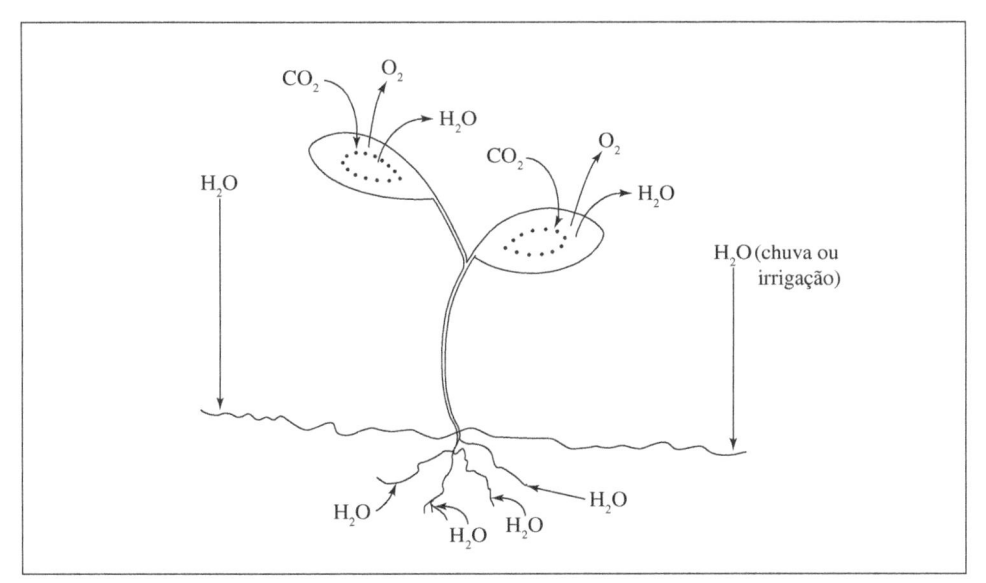

FIGURA 10.3

Troca gasosa nos estomas das folhas e perda de água por meio da transpiração.

A melhoria na eficiência também reduz a *salinização*, uma condição em que os sais se acumulam no solo, chegando a inibir o crescimento das plantas e a comprometer a produtividade das culturas. Sais são uma conseqüência natural da neutralização dos minerais do solo pela chuva e acompanham a água da chuva conforme ela escoa. Quando essa água é destinada às plantações, os sais permanecem depositados enquanto a água é transpirada e evaporada. A menos que haja boa drenagem, os sais se acumularão no solo com o passar do tempo. A drenagem tem velocidade diminuída quando se aplica a água da irrigação em quantidade excessiva, elevando o nível d'água. Eliminar o excesso, fornecendo somente o que a planta precisa, pode eliminar a salinização. O problema é generalizado, principalmente em regiões áridas, onde a evaporação é rápida. A salinização afeta 23% das terras irrigadas nos Estados Unidos, incluindo dois terços das áreas irrigadas na bacia inferior do rio Colorado. De modo análogo, a parcela mundial de terras irrigadas afetadas pela salinização é estimada em 21%, com percentuais bem mais elevados em áreas secas irrigadas.

10.3 Aqüíferos

Uma parte da água da chuva que escoa pelo processo de escoamento superficial é levada pelas águas superficiais diretamente para o oceano, mas a maior parte que cai no solo é lixiviada através das camadas permeáveis de rocha e é armazenada como aqüífero, em aqüíferos. Ali, a hidrosfera entra em estreito contato com a litosfera. Os poços escavados até esses aqüíferos suprem uma parcela substancial da água destinada ao consumo humano.

Há problemas específicos relacionados ao uso dos aqüíferos. Um deles consiste simplesmente no bombeamento excessivo: o ritmo de extração da água dos poços é geralmente mais intenso do que o ritmo de reabastecimento do aqüífero pelas águas superficiais. Essa prática pode se estender por um período, se o aqüífero for grande, porém, cedo ou tarde, a capacidade de armazenamento é ultrapassada e os poços secam. Aumentar a profundidade dos poços, à medida que o nível d'água baixa, pode ampliar o suprimento, mas também os custos de bombeamento. Em algumas áreas da região de High Plains, nos Estados Unidos (uma faixa de estados que se estende ao sul, de Montana e Dakota do Norte até o Texas), fazendas estão sendo abandonadas com o incremento dos custos de bombeamento para fins de irrigação. Sob essa área está o aqüífero de Ogallala, o maior reservatório de aqüíferos no mundo, que fornece água para irrigação de plantações de trigo, milho, sorgo e algodão. Entretanto, o nível d'água caiu em mais de 30 metros, e em algumas áreas a extração ocorre até 40 vezes mais rapidamente do que o reabastecimento.

Outras dificuldades podem resultar da exploração abusiva dos aqüíferos. Em alguns casos, a perda de pressão do fluido pode levar à subsidência dos solos sobrejacentes. Sumidouros podem aparecer repentinamente, quando grutas de calcário subjacentes desmoronam após se extrair a água delas. Durante uma seca em 1981, na Flórida, um sumidouro apareceu na cidade de Winter Park e engoliu uma casa, duas lojas, uma rua com vários carros e uma piscina comunitária.

Nas áreas litorâneas, os aqüíferos entram em contato com os oceanos. O fluxo de água doce bloqueia a passagem de água salgada, mas, quando a água doce é bombeada até se esgotar, a água salgada pode invadir e contaminar os poços. A invasão de água salgada ocorreu em áreas costeiras da Flórida, Louisiana, Texas, Califórnia, Washington e nos estados do nordeste e do médio atlântico. Em regiões secas como nos estados do sudoeste norte-americano, a queda no nível d'água pode secar os rios durante a maior parte do ano, ocasionando a perda de animais e plantas nativas.

Outro problema generalizado é a contaminação da água dos poços pelo solo circundante. Os solos possuem grande capacidade de absorver contaminantes e podem, na verdade, servir como um filtro eficaz. Entretanto, quando essa capacidade é ultrapassada, os contaminantes penetram nos aqüíferos. Os micróbios patogênicos são a principal causa de preocupação, mas uma série de contaminantes químicos também pode afetar a água dos poços. Nas áreas rurais, pesticidas e herbicidas aplicados no solo podem vir a atingir os poços de água potável. O herbicida atrazina, moderadamente solúvel em água, é um contaminante comum dos suprimentos das águas de poços e dos aqüíferos. Além disso, os poços em áreas agrícolas geralmente possuem elevados níveis do íon nitrato, resultante da lixiviação de fertilizantes.

Nas áreas urbanas, os aqüíferos são contaminados por escoamento da água das chuvas pelas ruas e por derramamentos e vazamentos de contaminantes, especialmente os vazamentos de tanques de armazenamento subterrâneo. Os tanques subterrâneos para armazenamento de petróleo e gasolina são numerosos; e a corrosão produz vazamentos com o decorrer do tempo. A baixa solubilidade do petróleo em água limita a extensão da contaminação, porém os aditivos solúveis podem causar problemas consideráveis. O exemplo recente mais notório é a contaminação generalizada de poços urbanos nos Estados Unidos com o aditivo de gasolina metil-terc-butil-éter (MTBE). O MTBE foi adicionado à gasolina para combater a poluição atmosférica, porém está sendo removido em alguns estados porque foi detectada sua presença em concentrações consideráveis em muitos poços. Em Santa Monica, na Califórnia, os poços que abastecem 50% da água potável da cidade tiveram de ser desativados por causa da contaminação por MTBE. O MTBE possui alta solubilidade na água e somente se degrada lentamente pela ação dos micróbios no solo, podendo, portanto, se deslocar a uma grande distância do local de um vazamento.

A extração abusiva exacerba o problema da contaminação, porque parte do contaminante é carregada pelo fluxo natural dos aqüíferos. Quanto maior a velocidade do bombeamento, maior a parcela do contaminante a ser capturada pelo poço. No caso de Santa Monica, a velocidade do bombeamento na época em que se constatou a contaminação por MTBE era aproximadamente o dobro do fluxo natural através do aqüífero de 2 km de largura drenado pelos poços da cidade, de modo que todo o material vazado no raio de 1 km dos poços teria sido capturado.

Finalmente, observamos que nem todos os contaminantes nos poços são de origem antropogênica. Em alguns casos, a formação rochosa que retém o aqüífero pode lixiviar os minerais tóxicos para dentro d'água. O arsênio pode atingir níveis tóxicos em algumas regiões. Em Bangladesh, milhares de aldeões sofrem de envenenamento por arsênio como uma trágica conseqüência da perfuração de poços tubulares destinados, ironicamente, a abastecê-los com água limpa.

Um problema menos grave, porém disseminado, é a presença de alto teor de ferro nas águas dos poços. O ferro é um dos principais componentes de rochas e solos, mas sua solubilidade é muito baixa, contanto que esteja no estado oxidado (férrico). A solubilidade é bem mais elevada no estado reduzido (ferroso), e os teores de ferro são altos nos poços que extraem água com pouco oxigênio dissolvido. O ferro não é muito tóxico, mas a água fica com sabor metálico e precipita ferrugem marrom conforme o ferro se oxida em contato com o ar.

10.4 Recursos hídricos nos Estados Unidos

Para obtermos uma perspectiva mais detalhada dos recursos hídricos, examinamos o padrão de distribuição e consumo na área continental dos Estados Unidos. A Figura 10.4 apresenta um diagrama dos fluxos de água. Assim como no ciclo global da água, cerca de dois terços da precipitação retorna para a atmosfera por meio da evapotranspiração; o saldo se escoa pelo fenômeno de escoamento superficial, totalizando aproximadamente 2.000 km^3/ano. A maior parte da água se concentra na região leste do país e flui para as costas do Atlântico e do Golfo. Um quarto do escoamento superficial anual (468 km^3) é extraído para vários usos, dos quais três quartos (338 km^3) são posteriormente restituídos aos corpos d'águas e o restante é 'consumido', na maior parte pela evapotranspiração após ou durante o uso; finalmente, é claro, toda a água volta ao ciclo global.

O padrão de utilização da água está ilustrado na Figura 10.5. Dos 470 km^3 de água doce utilizados em 1995, 77% dela provinha da superfície e o restante dos aqüíferos, que são por fim reabastecidos pela superfície. O uso da água é dominado pela agricultura e pelo resfriamento de geradores elétricos, cada qual consumindo cerca de 40% do suprimento. Os 20% restantes são divididos entre a indústria e a mineração (8%), por um lado, e o consumo doméstico e comercial (12%) por outro.

Os maiores usuários industriais são os setores de aço, químico e petrolífero; os usos em mineração abrangem a extração de água dos minerais e combustíveis fósseis, além de moinhos e atividades correlatas. A maior parte da água industrial e de mineração é obtida diretamente das águas superficiais e subterrâneas, mas aproximadamente 20% dela vêm da rede pública, que

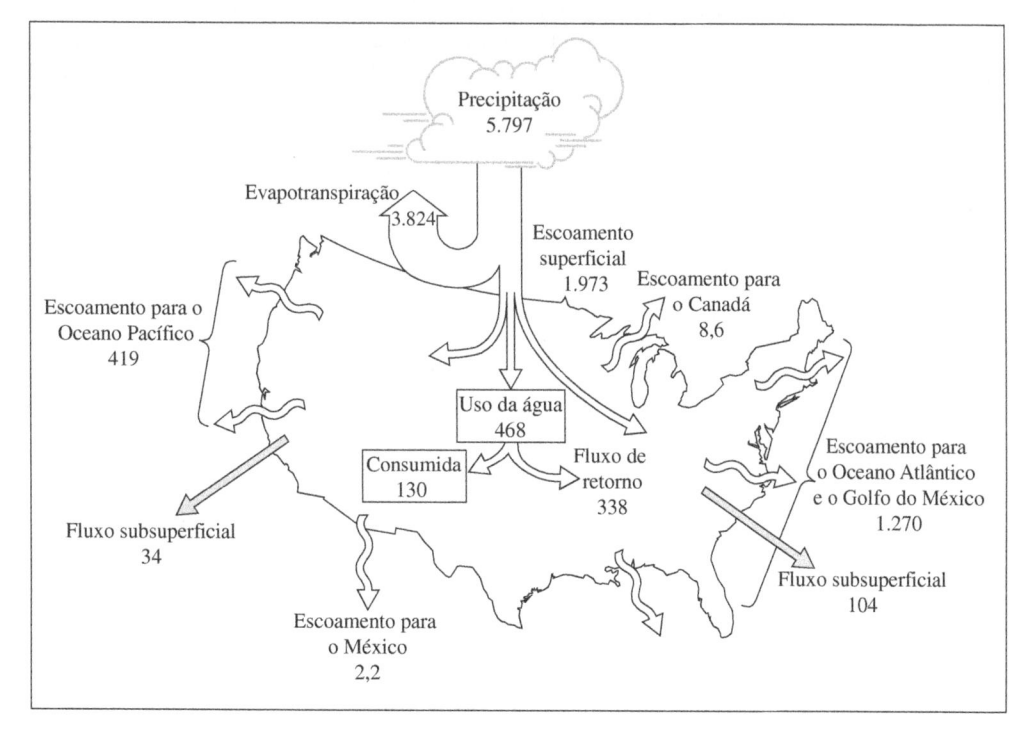

FIGURA 10.4

Fluxos anuais de água nos Estados Unidos. Os números estão em unidades de km^3/ano.

Fonte: adaptada de U.S. Water Resources Council (1978). *The Nation's Water Resources, 1975–2000: Second National Water Assessment, Vol. 1: Summary* (Stock number 052-045-00051-7) (Washington, DC: Superintendent of Documents).

FIGURA 10.5
Fontes e usos da água nos Estados Unidos, em 1995. Uso total de 470 km³/ano.

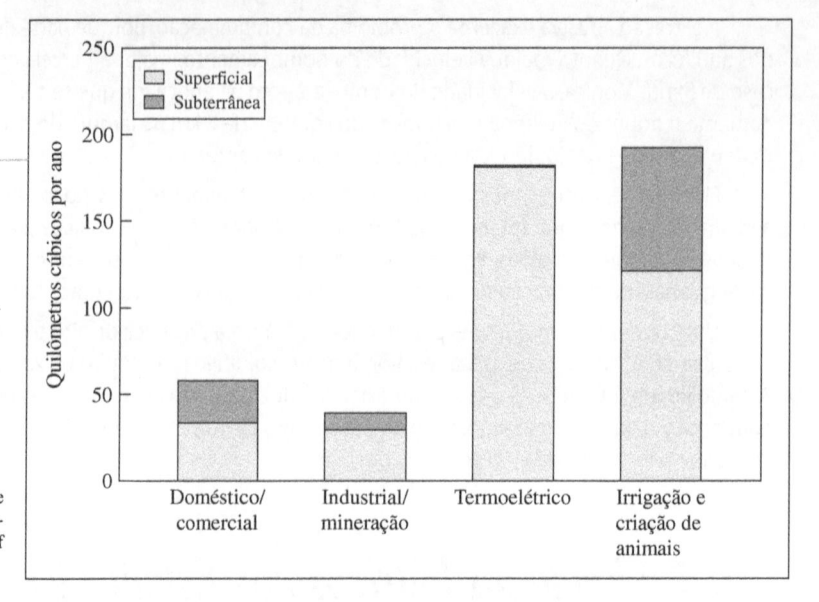

Fonte: dados de W. B. Solley *et al.* (1998). "Estimated use of water in the United States in 1995", *U.S. Geological Survey*, Circular 1200 (Washington, DC: U.S. Department of Interior).

também abastece a maior parte dos consumos doméstico e comercial. O uso doméstico (para beber, cozinhar, tomar banho, lavar roupa e louça, dar descarga no vaso sanitário e regar jardins) totalizou cerca de 380 litros (100 galões) por dia, por pessoa. O total foi quase o triplo do consumo comercial (para hotéis, restaurantes, escritórios e similares).

Embora a agricultura demande uso intenso de água por todo o país, a irrigação é particularmente importante no árido oeste, onde o desvio extensivo dos principais canais permitiu uma produção agrícola em larga escala. Califórnia e Idaho são os principais usuários de água para irrigação, respondendo, juntos, por 34% do total nacional.

O afluxo de moradores da cidade também afeta os recursos hídricos das regiões áridas. Todas as metrópoles da região sudoeste, como Los Angeles, San Diego, Las Vegas, Tucson e Fênix, passam por graves problemas de gerenciamento da água e de conflitos pelo acesso a fontes distantes.

10.5 Oceanos

Não só os oceanos contêm a maior parte da água do mundo, mas também cobrem a maior parte da superfície terrestre. Eles formam um enorme coletor solar; seu aquecimento solar impulsiona o ciclo hidrológico. As trocas energéticas entre as águas oceânicas e a atmosfera constituem os principais determinantes do clima; as variações na corrente oceânica podem exercer grande impacto climático. Dessa forma, um deslocamento periódico no sentido norte da principal corrente tropical no Oceano Pacífico, conhecida como *El Niño*, altera temporariamente os padrões climáticos ao redor do globo.

As correntes superficiais dos oceanos seguem um padrão circular (veja a Figura 10.6), movidas por ventos tropicais que sopram do leste para o oeste em uma faixa equatorial. Quando as correntes chegam ao continente, elas se subdividem, movendo-se para o norte e para o sul nos respectivos hemisférios. Em decorrência da rotação da Terra, a circulação em torno de cada bacia oceânica ocorre no sentido horário no Hemisfério Norte e no sentido anti-horário no Hemisfério Sul. Por causa do mar aberto em torno da Antártica, também há uma corrente antártica que flui continuamente do oeste para o leste.

O aquecimento solar separa as águas superficiais das águas profundas do oceano por um gradiente de temperatura denominado *termoclino*. Como ocorre no caso de uma inversão térmica na atmosfera, há pouca mistura entre a camada quente, acima, e a camada fria, abaixo do termoclino, que se encontra entre 75 e 200 metros abaixo da superfície. Acima do termoclino, as águas são bem misturadas pela ação dos ventos e das ondas. A temperatura média é de 18 °C acima do termoclino e 3 °C abaixo dele (vale lembrar que essa diferença térmica é a base dos métodos de extração de energia por meio dos dispositivos OTEC).

As águas superficiais se resfriam à medida que se afastam do equador e acompanham as correntes; e o termoclino desaparece na região próxima aos pólos, permitindo que as águas superficiais se misturem às profundas. Além disso, a superfície se torna mais salina próximo aos pólos porque o congelamento da água elimina o sal. Como a densidade aumenta com o teor salino, há um movimento descendente das águas polares. Esse processo de subsidência nos pólos produz correntes no oceano profundo que carregam a água de volta para os trópicos, onde ela aflora. Dessa forma, além da circulação das correntes superficiais movidas pelos ventos, há uma circulação vertical entre as águas superficiais e as profundas, que se compara a uma correia transportadora (veja a Figura 10.7). Em conseqüência da dependência do sal (haletos) bem como da temperatura, essa correia transportadora é chamada de corrente termo-halina. As águas profundas são ricas em nutrientes, graças à 'chuva' constante de

FIGURA 10.6

Principais correntes nas águas superficiais dos oceanos do mundo.

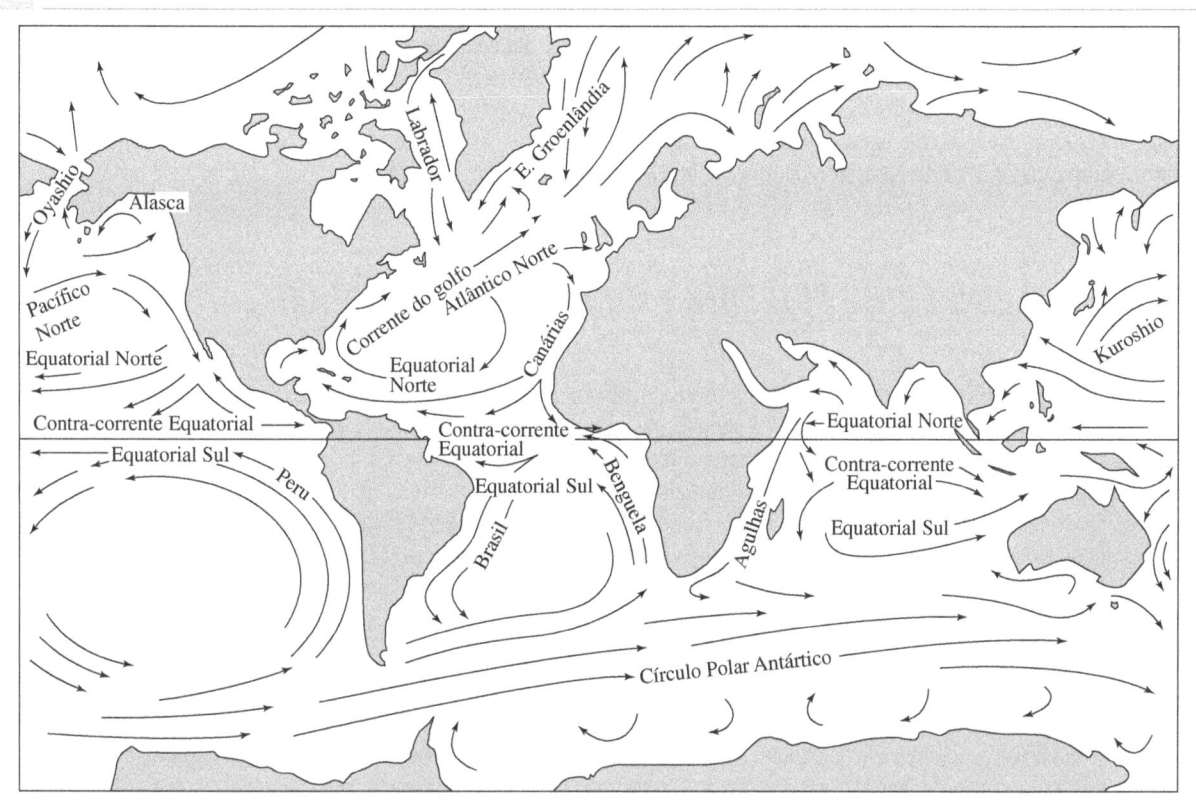

Fonte: J.A. Knauss (1978). *Introduction to physical oceanography*, Saddle River, NJ: Prentice Hall. Copyright © 1978. Reprodução autorizada por Pearson Education, Inc., Upper Saddle River, NJ.

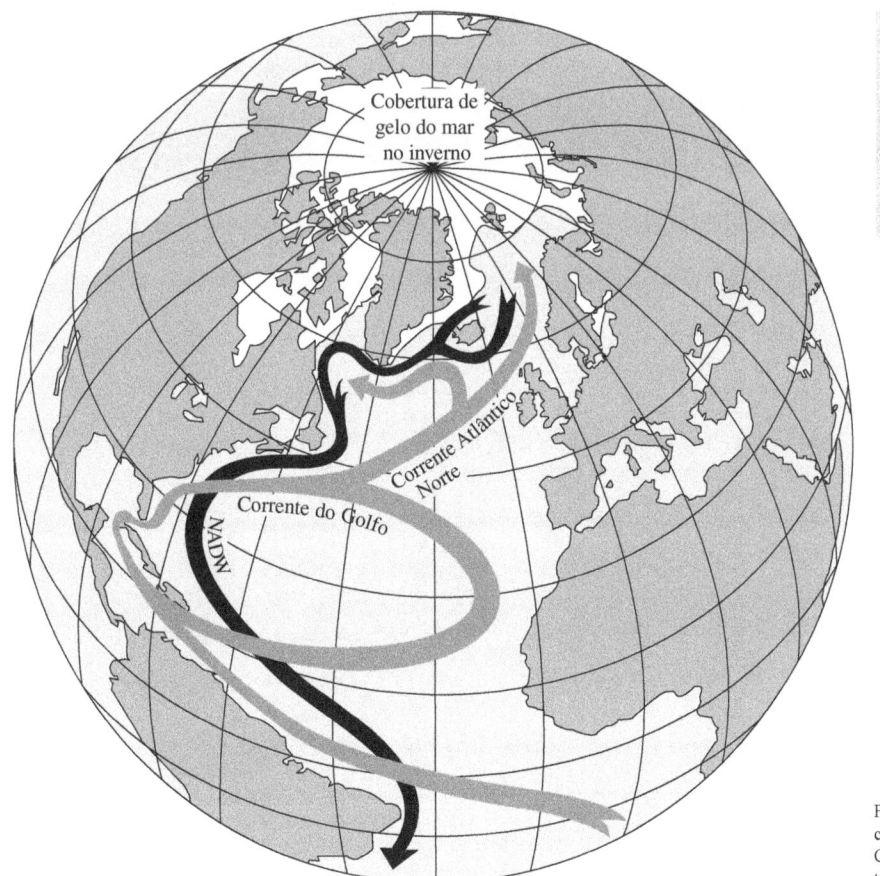

FIGURA 10.7

Rota da Corrente do Golfo e transferência de calor para o Norte da Europa. NADW significa 'North Atlantic Deep Water' (águas profundas do Atlântico Norte).

Fonte: S. Rahmstorf (1997). "Risk of sea-change in the Atlantic", *Nature*, 388:825-826. Copyright© 1997 by *Nature*. Reprodução autorizada pela *Nature* e pelo autor do artigo.

organismos em decomposição com origem na superfície. Conseqüentemente, há alta produtividade biológica nas regiões de afloramento, dando origem, por exemplo, a uma rica indústria da pesca ao longo de muitas costas tropicais.

Há uma séria preocupação de que, se o aquecimento global persistir por tempo suficiente, uma ruptura da corrente termohalina ocorra, resultante do derretimento do gelo polar em quantidade suficiente para reduzir, ou até extinguir, o gradiente de salinidade. As conseqüências para os ecossistemas oceânicos e terrestres podem ser graves. Em virtude da importância das correntes oceânicas para os fluxos de calor global, haveria grandes alterações nos padrões climáticos. Por exemplo, o clima temperado desfrutado no Norte da Europa, apesar de sua alta latitude, se deve ao calor fornecido pela Corrente do Golfo.[1] Se esse suprimento de calor diminuísse, o continente ficaria consideravelmente mais frio.

10.6 Água como solvente e como meio biológico

Ao considerarmos as questões relativas ao uso e à qualidade da água, é útil analisarmos os dois papéis distintos desempenhados por ela no meio ambiente terrestre. Por um lado, a água é um extraordinário solvente; suas propriedades moleculares inusitadas permitem que ela dissolva e transporte uma ampla gama de materiais. Por outro lado, a água abriga ecossistemas; um grande percentual da biosfera habita de alguma forma o meio aquático. Geralmente, definimos a qualidade da água em termos da capacidade do meio aquático de sustentar a gama normal de espécies biológicas acompanhadas de seus processos bioquímicos. Evidentemente, essas duas perspectivas sobre a água se inter-relacionam: os materiais dissolvidos na água afetam a condição de sustentar a vida e os processos biológicos dos ambientes aquáticos normalmente desempenham um papel crucial em remover substâncias dissolvidas de águas contaminadas.

Devemos observar essas duas perspectivas sobre a água seguindo o curso da água através do ciclo hidrológico. Da atmosfera ao solo, o aspecto dominante da água é a sua função como solvente. A água é quase pura quando penetra a atmosfera, mas imediatamente começa a interagir e formar soluções com outras substâncias. Conforme discutido na Parte II, a água se condensa em nuvens por meio da nucleação das partículas atmosféricas, incluindo nitratos e sulfatos. A água atmosférica, seja nas nuvens ou na chuva, está em equilíbrio com outros componentes na atmosfera, principalmente o dióxido de carbono.

Quando a chuva cai sobre a Terra, o número de interações aumenta conforme a água penetra o solo, onde ela absorve um número crescente de íons. Finalmente, a água e sua carga de materiais dissolvidos se acumulam nas águas superficiais e nos oceanos; nesse ponto, a função da água como solvente é intensificada por seu papel como ecossistema. O ponto mais crucial quando se trata da biosfera aquática é o *potencial redox*, determinado em grande parte pela quantidade de oxigênio dissolvido na água em relação aos nutrientes necessários à vida. O equilíbrio varia conforme o tempo e o local, ocasionando nichos ecológicos distintos em lagos de água doce, rios, áreas alagadas e oceanos.

---

[1] A Noruega e a Suécia se localizam tão ao norte quanto a Groenlândia e o Alasca. Trondheim, na Noruega (latitude 63° N), possui temperatura média em janeiro de –3,1 °C (26,4 °F) e temperatura média anual de 4,8 °C (40,6 °F); em contraposição, Fairbanks, no Alasca (latitude 64° N), possui temperatura média em janeiro de –18,1 °C (–0,5 °F) e temperatura média anual de –1,5 °C (29,3 °F).

11 Das nuvens ao escoamento superficial: água como solvente

11.1 Propriedades únicas da água

A água é a mais comum das substâncias e, no entanto, suas propriedades são únicas entre os compostos químicos. Talvez as mais notáveis sejam suas altas temperaturas de fusão e ebulição. A Tabela 11.1 relaciona os pontos de fusão e ebulição dos hidretos dos elementos desde o carbono até o flúor, na primeira fila da tabela periódica. Em comparação com os hidretos vizinhos, a água possui de longe os pontos de fusão e ebulição mais altos. Uma característica que torna a Terra singularmente apropriada à evolução da vida é sua temperatura de superfice, que, na maior parte do planeta, fica dentro da faixa líquida da água.

a. Ligações de hidrogênio. A alta temperatura necessária à ebulição implica que a água na forma líquida possui uma elevada energia de coesão; as moléculas se associam fortemente umas às outras. Uma fonte dessa coesão é o alto momento de dipolo da água (1,85 Debye[1]). As ligações O–H são altamente polares; a carga negativa se acumula na ponta do oxigênio e a carga positiva se acumula na ponta do hidrogênio. Os dipolos tendem a se alinhar, aumentando a energia de coesão.

Contudo, se a interação dipolo-dipolo fosse o único fator, o HF teria um ponto de ebulição mais alto do que a água, porque possui um momento dipolo mais elevado (1,91 Debye). A maior coesão da água deriva, também, da estrutura angular da molécula, com hidrogênio em cada ponta. A água é capaz de doar duas ligações de hidrogênio, uma de cada um de seus átomos de H, e aceita simultaneamente duas ligações de hidrogênio, uma para cada um dos pares isolados de elétrons no átomo de oxigênio. Desse modo, a água forma uma rede tridimensional de ligações de hidrogênio, e o HF, com somente uma posição de doador, está limitado a formar cadeias lineares de ligações de hidrogênio (veja a Figura 11.1).

A rede de ligações de hidrogênio da água é demonstrada de modo impressionante pela estrutura do cristal de gelo, na qual cada molécula de água possui uma ligação de hidrogênio com quatro outras moléculas em anéis com seis membros interligados (veja a Figura 11.2). Esses anéis com seis membros produzem uma estrutura muito aberta, que é responsável por outra propriedade inusitada da água, a expansão ao congelar. A maioria das substâncias se contrai na solidificação porque as moléculas ocupam mais espaço no estado líquido caótico do que no estado sólido compacto. O líquido continua a se expandir conforme se aquece, em conseqüência ao maior movimento das moléculas. Quando o gelo derrete, porém, a estrutura reticulada aberta sofre colapso e a densidade aumenta. As redes com ligação de hidrogênio ainda existem, mas flutuam muito rapidamente, permitindo que as moléculas de água individuais se movam e se aproximem mais. Conforme a água na forma líquida é aquecida a partir de 0 °C, a rede de ligações de hidrogênio é rompida mais ainda e a água líquida continua a contrair. Quando

TABELA 11.1 *Faixa líquida de temperatura da água e dos hidretos de elementos vizinhos no primeiro período.*

	CH_4	NH_3	H_2O	HF
Ponto de fusão (°C)	−182	−78	0	−83
Ponto de ebulição (°C)	−164	−33	100	20

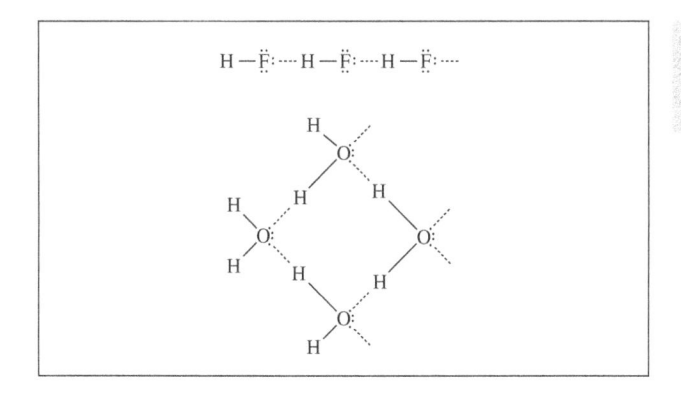

FIGURA 11.1

Ligação de hidrogênio linear em HF versus rede de ligações de hidrogênio em H_2O.

---

[1] O momento de dipolo μ é definido como a carga multiplicada pela distância que separa a carga. 1 Debye (D) = 3,336 × 10⁻³⁰ coulomb (C) × metros (m). Por exemplo, para um elétron (1,6 × 10⁻¹⁹ C) separado de um próton por 1 Å (10⁻¹⁰ m), μ = 1,6 × 10⁻²⁹ C × m = 4,8 D.

FIGURA 11.2

A estrutura do cristal de gelo. Os círculos maiores e os círculos menores representam os átomos de oxigênio e os átomos de hidrogênio, respectivamente. Os oxigênios com a mesma tonalidade estão no mesmo plano.

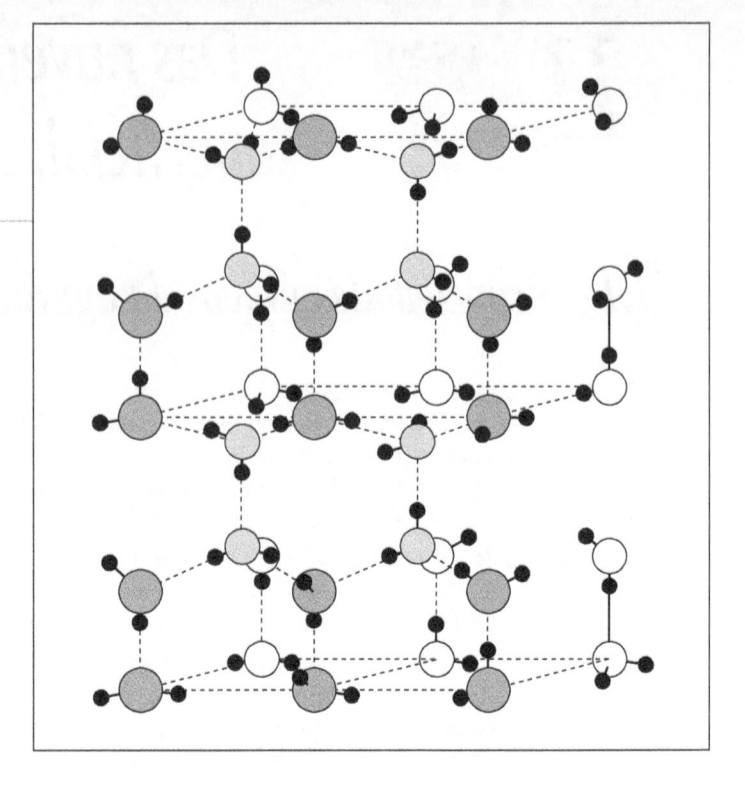

a temperatura chega aos 4 ºC, a densidade da água líquida atinge o ponto máximo. À medida que a temperatura ultrapassa os 4 ºC, a água se expande lentamente, refletindo o crescente movimento térmico. A menor densidade do gelo em relação à água tem grande importância ecológica para os lagos e rios das zonas temperadas. Como o gelo do inverno flutua sobre a água, ele protege a vida aquática sob a superfície do clima inóspito acima dela. Se o gelo fosse mais denso do que a água, os lagos e rios congelariam de baixo para cima, criando condições árticas.

FUNDAMENTOS 11.1: LIGAÇÕES DE HIDROGÊNIO

É importante lembrar que as ligações de hidrogênio não são ligações convencionais de pares de elétrons. Os dois átomos de H na molécula de água satisfazem sua necessidade eletrônica formando pares entre os elétrons de valência livres com dois elétrons disponíveis do átomo de O. A ligação de hidrogênio é uma interação eletrostática entre a carga positiva parcial de um átomo de H da água e a carga parcial negativa do átomo de O de uma molécula de água vizinha. A interação é mais forte do que a de dipolos comuns porque o próton do átomo de H pode estar bem ao lado do par livre do átomo de O de água vizinho. Além disso, essa distância não é tão curta como a distância da ligação covalente O–H; e a ligação H é muito mais fraca do que a ligação covalente.

Em geral, as ligações de hidrogênio se formam entre um átomo de H ligado a um átomo *eletronegativo*, X (com forte atração por elétrons), e um par livre de elétrons de outro átomo, Y. Usamos uma linha pontilhada para representar a ligação de hidrogênio:

$$X-H \cdots Y-$$

A eletronegatividade de X é importante, visto que determina a proporção em que os elétrons ligantes são atraídos por X e afastados do H. Dessa forma, os hidrocarbonetos não formam ligações de hidrogênio em grau significativo, porque C e H possuem eletronegatividades semelhantes, resultando em um átomo de H essencialmente neutro. Os elementos à direita do carbono na tabela periódica (N, O e F) são progressivamente mais eletronegativos, porque sua carga nuclear crescente aproxima os elétrons de valência do núcleo. Eles são aqueles que podem doar ligações de hidrogênio e também constituem os elementos que retêm os pares livres quando formam compostos.

Os mesmos princípios se aplicam aos elementos do segundo e superiores períodos da tabela periódica, mas a ligação de hidrogênio é mais fraca para esses elementos (por exemplo, P, S e Cl), visto que eles são menos eletronegativos do que aqueles no primeiro período (porque o núcleo está mais distante dos elétrons de valência). As ligações de hidrogênio mais importantes na natureza são aquelas em que X e Y são N e/ou O.

A ligação de hidrogênio é muito importante nas moléculas biológicas, para as quais os átomos de N e O ocorrem em pontos-chaves na estrutura. As ligações de hidrogênio ajudam a manter o formato tridimensional dessas moléculas e são responsáveis por determinar como elas interagem entre si. Provavelmente, as ligações de hidrogênio mais importantes sejam aquelas que estabelecem a complementaridade das bases na estrutura helicoidal dupla do DNA, determinando assim o código genético.

b. Clatratos e a miscibilidade em água. A capacidade que as moléculas de água têm de formar ligações de hidrogênio entre si é responsável pela existência dos *clatratos* cristalinos (também chamados de *hidratos*), compostos nos quais as moléculas de água podem se agrupar em torno de moléculas apolares, por meio da formação de arranjos ordenados de ligações de hidrogênio. A estrutura do hidrato de xenônio, $8Xe \cdot 46H_2O$, é mostrada na Figura 11.3. Os cristais consistem de arranjos de dodecaedros formados com origem em 20 moléculas de água agrupadas por ligações de hidrogênio. No interior dos dodecaedros estão os átomos de Xe, ou moléculas apolares de tamanho semelhante, tais como o CH_4 ou o CO_2. Ao preencherem as lacunas, as moléculas hóspedes estabilizam a rede de ligação de hidrogênio dos clatratos. Os clatratos são estáveis sob temperaturas consideravelmente mais altas do que o ponto de fusão do gelo. Por exemplo, o hidrato de metano derrete a 18 °C em pressão atmosférica. A obstrução dos dutos de gás natural por hidrato de metano já foi um problema para a distribuição de gás. A solução consistiu em remover o vapor d'água antes que o gás fosse abastecido na tubulação.

Recentemente, passou a se constatar que os hidratos de metano ocorrem em ampla escala na natureza, principalmente nos sedimentos dos oceanos ou na camada ártica de permafrost. Os micróbios anaeróbios nos sedimentos ou nos pântanos decompõem a matéria orgânica em metano. Quando o metano é liberado na água circundante, ele forma o hidrato de metano, contanto que a temperatura seja suficientemente baixa e/ou a pressão seja suficientemente alta.

Como já discutido, a quantidade de metano armazenado em depósitos de hidrato é enorme; há muito interesse em seu uso como combustível. Sob a perspectiva de mudança climática, entretanto, preocupa o fato de que grandes quantidades de metano poderiam rapidamente ser liberadas na atmosfera, seja como resultado das atividades de mineração ou simplesmente pelo aquecimento da água do mar, ampliando dessa forma o efeito estufa, como aparentemente já ocorreu na história da Terra.

A capacidade da água de formar redes estendidas de ligação de hidrogênio em torno de moléculas apolares também explica por que óleo e água não se misturam. As moléculas de água, na verdade, atraem as moléculas de hidrocarboneto; como indica a Tabela 11.2, a entalpia da dissolução em água é negativa para os hidrocarbonetos simples, significando que o contato molecular libera calor.

A liberação de calor reflete uma força de atração criada pela interação entre a água e a molécula hóspede. No entanto, os valores da energia livre são positivos; a reação é desfavorecida por grandes variações negativas na entropia ($\Delta G = \Delta H - T\Delta S$). A entropia negativa implica que a mistura aumenta a ordem molecular, o que é consistente com as moléculas de água que se agregam em torno do soluto apolar, como ocorre nas estruturas de clatrato. Portanto, óleo e água não se misturam porque a tendência de agregação da água inibe essa mistura.

Essa tendência de separação entre a água e as moléculas apolares é responsável por muitas estruturas biológicas importantes. Por exemplo, as proteínas mantêm o formato na água ao se dobrarem de tal modo que os grupos alquila e arila, *hidrofóbicos* ('medo da água'), dos aminoácidos se voltem para o interior, longe da água, e os grupos polares e carregados, *hidrofílicos* ('amantes da água'), se voltem para o exterior, onde entram em contato com a água. De modo análogo, as membranas bioló-

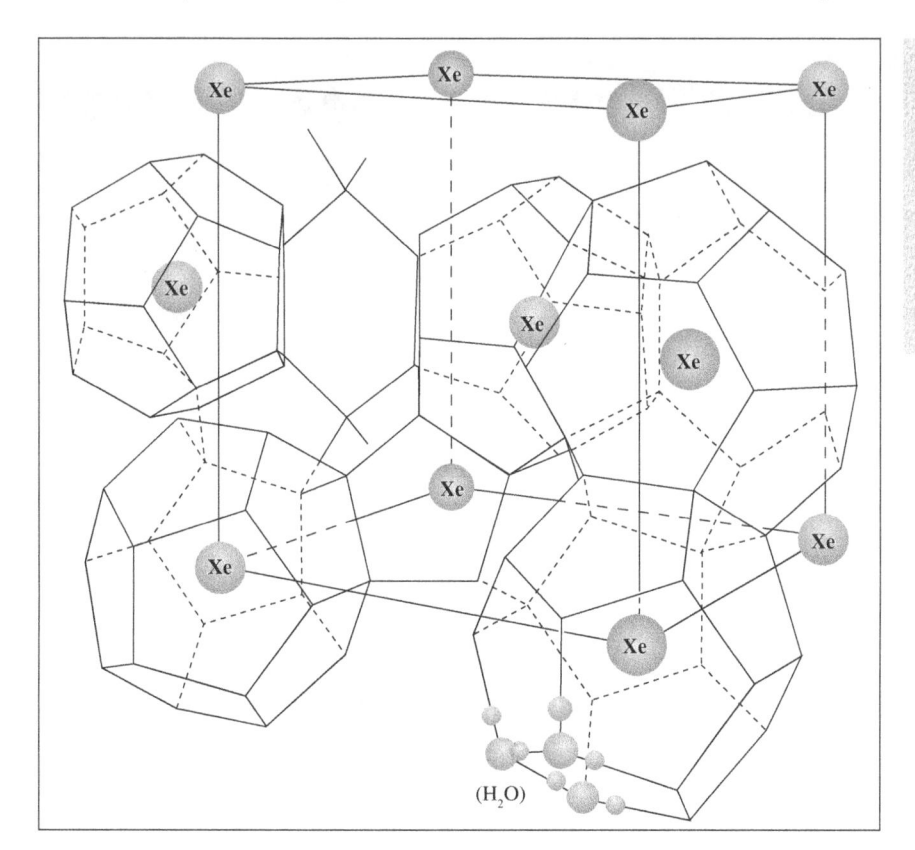

FIGURA 11.3

A estrutura de um cristal de clatrato, o hidrato de xenônio; os átomos de xenônio ocupam cavidades (oito por unidade cúbica) em uma rede tridimensional com ligação de hidrogênio formada pelas moléculas de água (46 por unidade cúbica).

gicas contêm duas camadas de moléculas lipídicas (veja a Figura 11.4), mantendo as cadeias de hidrocarbonetos dos lipídios agregados sem contato com a água, no interior da dupla camada.

A solubilidade das moléculas orgânicas na água aumenta quando elas possuem grupos funcionais capazes de formar ligações de hidrogênio com a água. Dessa forma, alcoóis, éteres, ácidos, aminas e amidas são todos significativamente solúveis em água, sendo que o grau de solubilidade depende do tamanho da cadeia de hidrocarboneto da molécula. Quanto menor for essa cadeia, maior a solubilidade. Os alcoóis de cadeia curta, como o metanol e o etanol, são completamente miscíveis com a água. O grupo –OH pode tanto doar quanto receber as ligações de hidrogênio com moléculas de água, fornecendo um forte estímulo à mistura. Os éteres não são completamente miscíveis, visto que o átomo de O pode receber, mas não doar uma ligação de hidrogênio. Entretanto, a solubilidade é consideravelmente intensificada pela possibilidade de fazer ligação de hidrogênio, em relação à solubilidade de um hidrocarboneto comparável. Assim, a solubilidade do aditivo da gasolina, o MTBE (metil-terc-butil-éter) é igual a 4.700 mg/L, em comparação com somente 24 mg/l do hidrocarboneto equivalente, o 2,2-dimetilbutano. Por isso o MTBE representa um contaminante bem mais alarmante dos aqüíferos do que a gasolina à qual ele é adicionado.

TABELA 11.2 *Energia livre, entalpia e entropia de solução em água líquida a 298 K.*

Processo	ΔG (joules/mol)	ΔH (joules/mol)	ΔS (joules/mol)
CH_4 em benzeno → CH_4 em água	+10.878	–11.715	–75
C_2H_6 em benzeno → C_2H_6 em água	+15.899	–9.205	–84
C_2H_4 em benzeno → C_2H_4 em água	+12.217	–6.736	–63
C_2H_2 em bezeno → C_2H_2 em água	+7.824	–795	–29
Propano líquido → C_3H_8 em água	+21.129	–7.531	–96
n-butano líquido → C_3H_{10} em água	+24.476	–4.184	–96
Benzeno líquido → C_6H_6 em água	+17.029	0	–59
Tolueno líquido → C_7H_8 em água	+19.456	0	–67
Etil benzeno líquido → C_8H_{10} em água	+23.012	0	–79

Fonte: W. Kauzmann (1959). "Some factors in the interpretation of protein denaturation", *Advances in Protein Chemistry*, 14:1–63.

FIGURA 11.4

(a) A estrutura hidrofílica-hidrofóbica de dupla camada de uma membrana biológica.
(b) Estrutura molecular de uma molécula lipídica.

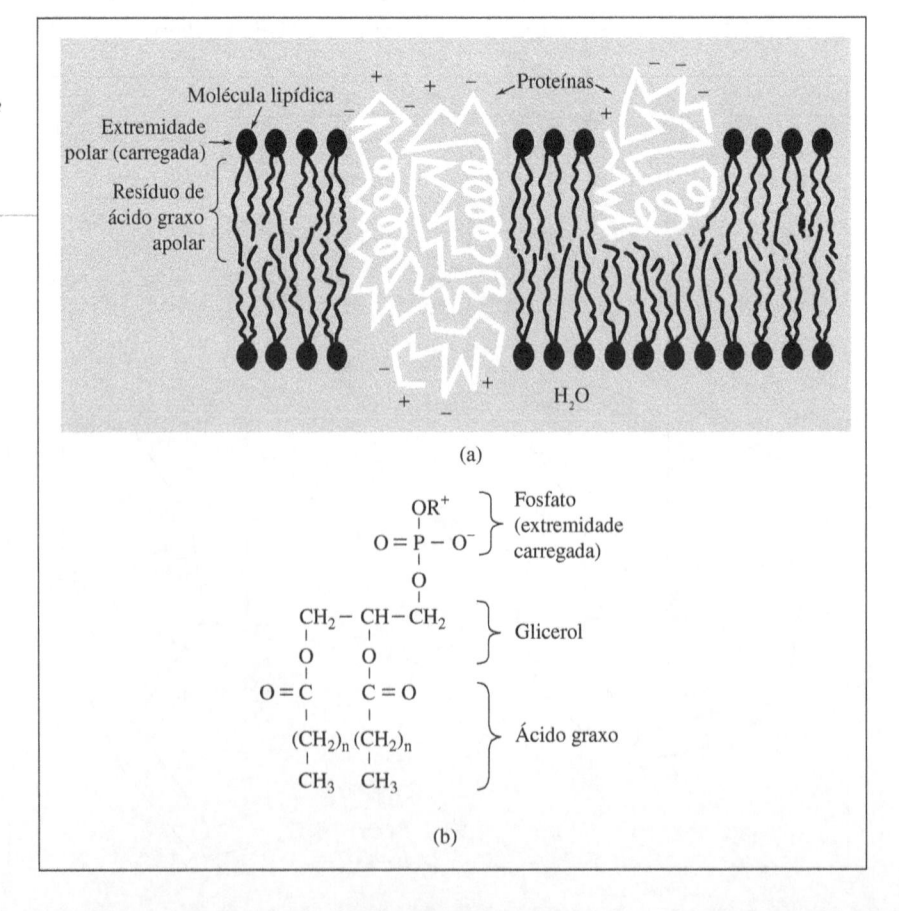

11.2 Ácidos, bases e sais

a. Íons, auto-ionização e pH. Outra propriedade única da água é a facilidade com que ela dissolve os compostos iônicos. As forças entre íons de carga contrária em um cristal são muito intensas; e sua ruptura consome muita energia. Isso pode ser observado no alto ponto de fusão de um cristal iônico, tal como o sal de mesa. Entretanto, o sal se dissolve prontamente em água, porque as moléculas de água *solvatam* fortemente tanto os íons positivos de sódio quanto os íons negativos de cloreto. As intensas forças interiônicas são substituídas pelas não menos intensas forças de solvatação.

As intensas forças de solvatação originam-se do grande momento dipolo da água e de sua capacidade de formar ligações de hidrogênio. Os ânions interagem com a extremidade positiva do dipolo por meio das ligações de hidrogênio, e os cátions interagem com a extremidade negativa por meio de ligações coordenadas dos pares de elétrons livres do oxigênio (veja a Figura 11.5).

Entre os íons que são estabilizados em água, encontram-se os íons de hidrogênio e hidróxido. Os ácidos fortes, como HCl, HNO_3 e H_2SO_4, liberam íons H^+ quando dissolvidos em água, e as bases fortes como NaOH ou KOH liberam OH^-. Esses íons são especiais porque reagem entre si para formar a água:

$$H^+ + OH^- \rightleftharpoons H_2O \qquad \textbf{11.1}$$

A Equação (11.1) é uma reação de *neutralização*; a base forte neutraliza o ácido forte e vice-versa. O inverso da reação (11.1) é a *auto-ionização*; a água pode se ionizar porque os íons são estabilizados por outras moléculas de água. Essa reação inversa não se processa em grande escala; o ponto de equilíbrio da reação dada pela Equação (11.1) se situa bem à direita. No entanto, a auto-ionização é um fator essencial na química ácido-base porque estabelece a escala de forças de acidez e basicidade disponíveis em água.

Diferentemente das reações na fase gasosa, as reações em solução aquosa são geralmente rápidas. As moléculas de água mantêm contínuo contato entre si; e as ligações de hidrogênio e as ligações coordenadas são rapidamente rompidas e restabelecidas. Existem alguns íons metálicos para os quais as ligações coordenadas à água têm vida longa por razões eletrônicas especiais, como no íon complexo $Cr(H_2O)_6^{3+}$. Mas, para a maioria dos íons, as ligações são rompidas e restabelecidas com muita rapidez, produzindo um ambiente de solvatação média para o íon. Conseqüentemente, a extensão da reação é geralmente estabelecida pela constante de equilíbrio, em vez de pela cinética, mesmo que o ponto de equilíbrio se situe bem à direita ou à esquerda. Podemos usar a constante de equilíbrio experimentalmente determinada para calcular a extensão das reações com origem em várias condições de partida. Trata-se de uma capacidade particularmente útil nas reações ácido-base, que são fundamentais à química do ambiente aquoso.

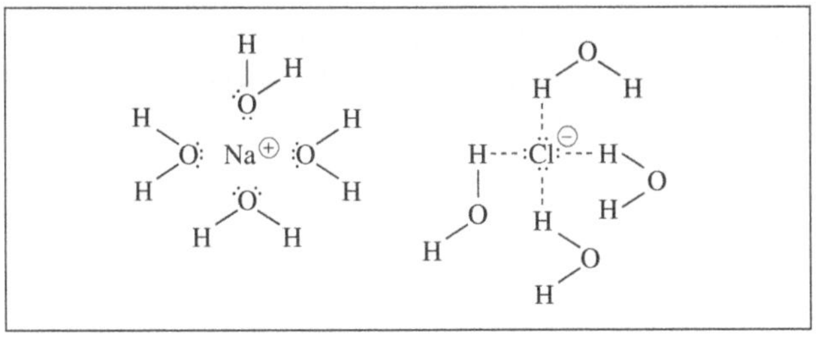

FIGURA 11.5

Solvatação de íons em água.

FUNDAMENTOS 11.2: A ESCALA DE PH

Para as soluções de ácido forte, HX, a concentração de íons H^+ é a mesma que a da concentração *analítica* (C_{HX}), ou seja, o número de mols por litro de HX dissolvido. Escrevemos:

$$[H^+] = C_{HX}\, M \,* \qquad \textbf{11.2}$$

Da mesma forma, para as soluções de base forte, MOH:

$$[OH^-] = C_{MOH}\, M \qquad \textbf{11.3}$$

Como o (H^+) é geralmente menor do que 1 M (freqüentemente muito menor), tornou-se padrão expressar a concentração como o logaritmo negativo simbolizado por 'p':

$$pH = -\log[H]^+ \qquad \textbf{11.4}$$

Por exemplo, quando a concentração de HX é 10^{-3} M, o pH é 3; quando a concentração é o dobro, o pH é 2,7 [porque $-\log(2 \times 10^{-3}) = 0,3 - 3 = 2,7$]. De modo análogo:

---

* *M* significa molar, ou seja, mols por litro, as unidades de concentração padrão em solução.

$$pOH = -\log[OH^-] \quad \textbf{11.5}$$

Se considerarmos a reação de auto-ionização [inverso da Equação (11.1)]:

$$H_2O \rightleftharpoons H^+ + OH^- \quad \textbf{11.6}$$

podemos escrever a expressão do equilíbrio como

$$K = \frac{[H^+][OH^-]}{[H_2O]} \quad \textbf{11.7}$$

Vemos que [H$^+$] e [OH$^-$] são reciprocamente relacionados:

$$[H^+] = K[H_2O]/[OH^-] \quad \textbf{11.8}$$

ou

$$pH = -\log K[H_2O] - pOH \quad \textbf{11.9}$$

Em uma solução aquosa, a concentração das moléculas de água é essencialmente constante; um litro de água pesa 1.000 g e contém 1.000/18 = 55,5 mols (o peso adicional dos íons dissolvidos é uma pequena fração de 1.000 g, a menos que a solução esteja muito concentrada.) Portanto, é usual incluir (H$_2$O) na constante de equilíbrio 'efetiva'. Para o equilíbrio da auto-ionização, a constante efetiva, K(H$_2$O), é chamada de K_w; seu valor experimental é igual a 10^{-14} M^2. Substituindo-se esse valor na equação (11.9), observamos que

$$pH = 14 - pOH \quad \textbf{11.10}$$

Em outras palavras, o equilíbrio da auto-ionização requer que pH e pOH somem 14.

Na água pura, não há nenhuma fonte de H$^-$ ou OH$^-$ que não seja a reação de auto-ionização em si, que requer que um H$^+$ seja produzido para cada OH$^-$. Nesse caso, (H$^+$) = (OH$^-$); inserindo essa condição na expressão do equilíbrio temos

$$[H^+]^2 = 10^{-14} M^2 \text{ ou } [H^+] = 10^{-7} M$$

Portanto, a reação da auto-ionização requer que a água pura tenha um pH igual a 7. Esse é também o pH de uma solução em que um ácido forte foi exatamente neutralizado por uma base forte. Um pH 7 define a neutralidade; os valores de pH abaixo de 7 são ácidos, e que os valores acima de 7 são básicos, ou *alcalinos*.

b. Ácidos e bases fracos. Como a água dissolve tantas substâncias diferentes, o único local no meio ambiente em que se encontra água pura é no início do ciclo hidrológico, no vapor d'água. Até os pingos da chuva incluem outras substâncias; como detalhado na Parte II, a formação da chuva no ar saturado é nucleado pelas partículas atmosféricas, principalmente nitratos e sulfatos. Além disso, a água na nuvem de vapor e nos pingos de chuva está em equilíbrio com outros componentes da atmosfera, principalmente o dióxido de carbono. Essas substâncias tendem a baixar o pH da água da chuva para bem abaixo da neutralidade.

Os ácidos fortes transferem um próton completamente para a água, mas muitas substância ácidas mantêm o próton de forma mais ou menos persistente; e a transferência para a água pode ser incompleta. Para um ácido generalizado, o HA, a extensão da transferência depende da constante de equilíbrio K_a para a reação de *dissociação ácida*:

$$HA \rightleftharpoons H^+ + A^- \quad \textbf{11.11}$$

$$K_a = [H^+][A^-]/[HA] \quad \textbf{11.12}$$

K_a é, em geral, designado como a *constante de acidez*. Se K_a for pequena, somente uma pequena fração de HA será dissolvida, criando uma diferença considerável entre a concentração de moléculas ácidas e a concentração de íons de hidrogênio.

Resolução de problema 11.1 *pH de um ácido fraco*

Qual é o pH de uma solução de 0,1 M de ácido acético, que possui K_a de $10^{-4,75}$ M^2?

A dissociação de HA produz um número igual de íons de H$^+$ e A$^-$; portanto, (H$^+$) = (A$^-$). Substituindo essa igualdade na Equação (11.2) e rearranjando-a, temos

$$[H^+]^2 = K_a[HA] \quad \textbf{11.13}$$

Se somente uma pequena fração de HA for dissociada, então (HA) será essencialmente o mesmo que a concentração analítica, CHA (isso ocorrerá, se $K_a \ll C_{HA}$) e, portanto:

$$[H^+]^2 \sim K_a C_{HA} \quad \textbf{11.14}$$

Neste problema, $C_{HA} = 0,1$ M e $K_a = 10^{-4,75}$ M^2 (que é muito menor do que C_{HA}); logo

$$[H^+]^2 = 10^{-4,75} \times 10^{-1,0} = 10^{-5,75}$$
$$[H^+] = 10^{-2,88} M \text{ ou } pH = 2,88$$

Portanto, uma solução de 0,1 M de ácido acético possui um pH próximo de 3.0.[2]
Se HA mantiver o seu próton de forma persistente, então o ânion A⁻ apresentará certa tendência a remover um próton da água. Desse modo, se um sal de A⁻ for adicionado à água, a reação

$$A^- + H_2O \rightleftharpoons HA + OH^-$$ **11.15**

que é chamada de *hidrólise*, ou uma reação de *dissociação de base*, ocorrerá até certo ponto. Como o OH⁻ é produzido, o A⁻ está atuando como uma base. Supondo-se que o equilíbrio não se situa completamente à direita, A⁻ é uma base fraca. A constante de equilíbrio, chamada de *constante de basicidade*, é

$$K_b = [HA][OH^-]/[A^-]$$ **11.16**

{como no caso da reação de auto-ionização, a concentração de água, [H₂O], sendo constante, é agregada à constante de equilíbrio}. As reações de dissociação de ácido e de base estão ligadas pela reação de auto-ionização. Isso pode ser observado somando-se as reações das equações (11.11) e (11.15) para produzir a Equação (11.16). Quando as reações são somadas, as constantes de equilíbrio se multiplicam, ou seja, $K_a K_b = K_w$ [esse resultado pode ser conferido substituindo-se as expressões de equilíbrio, equações (11.12), (11.16) e (11.17)]. Portanto, determinar K_a também especifica K_b.

Resolução de problema 11.2
pH de uma base fraca

Qual é o pH de uma solução de 0,1 M de acetato de sódio?

Como uma dissociação de base produz um OH⁻ para cada HA [Equação (11.15)], então [OH⁻] = [HA] para um sal de A⁻ dissolvido em água. Portanto, [OH⁻] pode ser calculado por substituição na Equação (11.16) e rearranjando-a,

$$[OH^-]^2 = K_b[A^-] \approx K_b C_{A^-}$$ **11.17**

contanto que $K_b \ll C_{A^-}$, de modo que a diferença entre [A⁻] e C_{A^-} seja desprezível.
Neste problema, $C_{A^-} = 0{,}1\ M$ e $K_b = K_w/K_a = 10^{-14}/10^{-4{,}75} = 10^{-9{,}75}\ M$ (que é muito menor do que C_{A^-}), de modo que:

$$[OH^-]^2 = 10^{-9{,}25} \times 10^{-1{,}0} = 10^{-10{,}25}$$

ou

$$[OH^-] = 10^{-5{,}12}\ M$$

Como $[H^+] = K_w/[OH^-]$, então pH = 14 − 5,12 = 8,88. Portanto, uma solução de 0,1 M de acetato de sódio possui um pH próximo de 9, um valor razoavelmente alcalino.

11.3 | Ácidos e bases conjugados; tampões

Um ácido fraco, HA, e o ânion, A⁻, constituem um *par conjugado ácido-base*. Os dois formam a mesma entidade molecular, diferindo somente em um próton. A carga real não importa neste contexto. A base poderia muito bem ser neutra; então o ácido conjugado teria carga positiva. Por exemplo, o íon de amônio e a amônia, NH_4^+ e NH_3, constituem um par conjugado ácido-base.

Uma importante característica de um par conjugado ácido-base é que a mistura dos dois parceiros possui um pH próximo do logaritmo negativo da constante de acidez, denominada de pK_a. Isso pode ser constatado com o rearranjo da expressão de equilíbrio, a Equação (11.12):

$$[H^+] = K_a[HA]/[A^-]$$

ou

$$pH = pK_a - \log[HA]/[A^-]$$ **11.18**

---

[2] Como o valor de [H⁺] representa somente 1% do valor de C_{HA}, a aproximação de que [HA] = C_{HA} é boa neste caso. Quando essa aproximação for insatisfatória, deve-se fazer uma concessão para a diminuição do HA em função da reação de ionização. Como cada molécula de HA que ioniza produz um íon H⁺, $C_{HA} = [HA] + [H^+]$, ou [HA] = $C_{HA} - [H^+]$. Substituindo isso na equação (11.12) e rearranjando-a, temos:
$$[H^+]^2 + K_a[H^+] - K_a C_{HA} = 0$$
que pode ser solucionada pela equação quadrática:
$$[H^+] = [-K_a \pm \sqrt{K_a^2 + 4 K_a}]/2$$

Se [HA] = [A⁻], o pH é exatamente pK_a. Além disso, o pH será próximo ao de pK_a, desde que [HA]/[A⁻] não se distancie da unidade. Mesmo que essa razão atinja um valor de 10 ou 0,1, o pH se desviará de pK_a por somente uma unidade. Assim o pH é *tamponado* contra grandes variações. Uma mistura de HA e A⁻ constitui uma solução *tampão*, porque resiste a grandes variações de pH quando pequenas quantidades de outros ácidos ou bases são adicionadas à solução.

O efeito tamponante é melhor ilustrado por uma curva de *titulação* do ácido. A Figura 11.6 mostra uma curva de titulação para uma solução de 0,1 M de ácido acético, à qual são adicionadas sucessivas quantidades de uma base forte (por exemplo, NaOH). No início da titulação, o pH é próximo de 3 (veja Resolução de problema 11.1), e no final, quando todo o HAc foi convertido em NaAc, o pH se aproxima de 9 (veja Resolução de problema 11.2). No ponto médio, [HAc] = [Ac⁻] e pH = pK_a = 4,74. Do ponto referente a 10% até os 90% da titulação, o pH varia somente em menos ou mais uma unidade desse valor. Mas, à medida que o ponto final se aproxima, a *capacidade tamponante* da mistura HAc/Ac⁻ é exaurida, e o pH sobe para 9 ou mais. Com um excedente de somente 10% do titrante de base {[OH⁻] = 10^{-2} M}, o pH chega a 12.

FIGURA 11.6
Variação no pH durante a titulação de um ácido fraco com uma base forte; 50 ml de ácido acético de 0,1 M é submetido à titulação com 0,1 M NaOH.

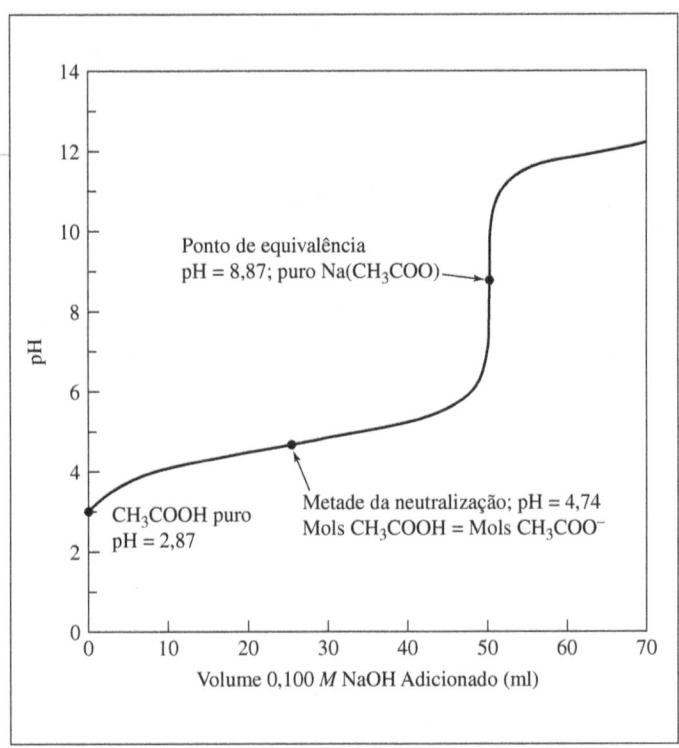

11.4 | Água na atmosfera: chuva ácida

Embora a água pura seja neutra e tenha um pH igual a 7,0, a água da chuva é naturalmente ácida porque está em equilíbrio com o dióxido de carbono. Quando dissolvido em água, o dióxido de carbono forma ácido carbônico, um ácido fraco:

$$CO_2 + H_2O \rightleftharpoons H_2CO_3 \qquad \textbf{11.19}$$

Podemos medir a quantidade de ácido carbônico com base na constante de equilíbrio para a Equação (11.19):

$$K_s = [H_2CO_3]/P_{CO_2} = 10^{-1,5} \text{ M/atm} \qquad \textbf{11.20}$$

onde P_{CO_2} é a pressão parcial do CO_2, em atmosferas.[3]

Como a concentração atmosférica do CO_2 é atualmente igual a 370 ppm, P_{CO_2} = 370 × 10^{-6} ou $10^{-3,4}$ atm (ao nível do mar), portanto [H_2CO_3] = $K_h P_{CO_2}$ = $10^{-1,5}$ × $10^{-3,4}$ = $10^{-4,9}$ M.

---

[3] Na verdade, o CO_2 dissolvido é na maior parte não hidratado; somente uma pequena fração existe como moléculas de H_2CO_3:

$$CO_2(aq) + H_2O(l) = H_2CO_3(aq) \qquad K_h = [H_2CO_3]/[CO_2] = 10^{-2,81}$$

A concentração total do CO_2 dissolvido é:

$$[CO_2]_T = [CO_2] + [H_2CO_3] = [H_2CO_3](1 + K_h^{-1}) = 10^{2,81}[H_2CO_3]$$

A maioria das medições de equilíbrio é realizada em relação ao CO_2 dissolvido total, e o [H_2CO_3] deve ser entendido como [CO_2]$_T$.

Logo, a água da chuva é uma solução diluída do ácido carbônico. O ácido se dissocia parcialmente em íons de hidrogênio e bicarbonato:

$$H_2CO_3 \rightleftharpoons H^+ + HCO_3^- \qquad K_a = 10^{-6,4} M \qquad \textbf{11.21}$$

Com base em K_a podemos calcular [H$^+$], como em Resolução de Problema 11.1.

$$[H^+]^2 \rightleftharpoons K_a[H_2CO_3] = 10^{-6,4} \times 10^{-4,9} = 10^{-11,3}$$

$$[H^+] = 10^{-5,7} \text{ e pH} = 5,7$$

Assim, o CO_2 atmosférico baixa o pH da água da chuva em 1,3 unidade em relação à neutralidade. Mesmo na ausência de emissões antropogênicas, a água da chuva é naturalmente ácida (embora possa ocasionalmente ser neutra ou alcalina, em decorrência do contato com minerais alcalinos na poeira carregada pelo vento ou com amônia gasosa proveniente dos solos ou das emissões industriais).

Ao efeito acidificante do dióxido de carbono devem-se acrescentar as contribuições de outros componentes ácidos da atmosfera, principalmente HNO_3 e H_2SO_4. Esses ácidos podem se formar naturalmente: o HNO_3 deriva do NO produzido em relâmpagos e incêndios florestais, e o H_2SO_4 deriva dos vulcões e dos compostos biogênicos de enxofre. Em concentrações naturais, esses ácidos raramente influenciam de forma considerável o pH da água da chuva.

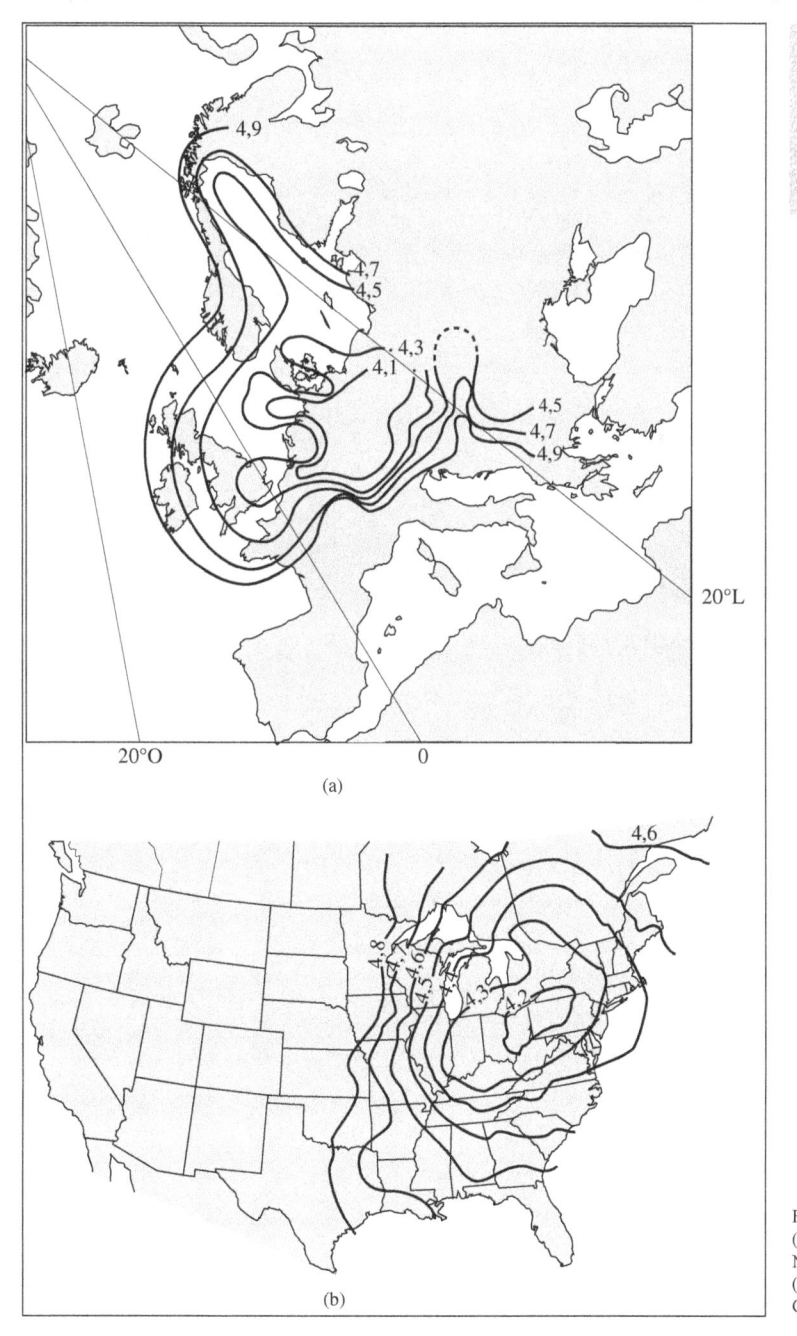

FIGURA 11.7

Curvas de nível de médias de longo prazo e ponderadas por volume do pH em precipitação na (a) Europa, entre 1978 e 1982 e (b) região leste da América do Norte, entre 1980 e 1984.

Fontes: EMEP/CCC (1984). Summary Report, Report 2/84 (Lillestrøm, Norway: Norwegian Institute for Air Research); National Acid Precipitation Assessment Program (NAPAP) (1987). NAPAP Interim Assessment (Washington, DC: U.S. Government Printing Office).

Nas áreas poluídas, porém, as concentrações desses ácidos podem ser bem mais elevadas e reduzir substancialmente o pH da água da chuva sobre extensas regiões, produzindo o que é conhecido como *chuva ácida*. Não é incomum nas áreas poluídas encontrar o pH da água da chuva na faixa entre 5 e 3,5. Alguns nevoeiros, que podem permanecer em contato com os poluentes por muitas horas, tiveram leituras de pH tão baixas quanto 2,0, um grau de acidez equivalente ao de uma solução de 0,01 M de um ácido forte. Além disso, a chuva ácida pode ocorrer bem distante das fontes de poluição, em razão do transporte atmosférico de longo alcance. Particularmente, a chuva ácida representa um problema premente às áreas na direção do vento das usinas de força movidas a carvão, cujas altas chaminés minimizam a poluição local, lançando para o alto as emissões de SO_2 e NO. Dessa forma, as usinas de força na Europa ocidental e central afetam a chuva que cai na Escandinávia, e as usinas de força no cinturão industrial no meio-oeste norte-americano afetam de forma semelhante a chuva que cai nas regiões nordeste dos Estados Unidos e sudeste do Canadá (veja a Figura 11.7a, b), embora as emissões de SO_2 tenham sido reduzidas nos anos 1990 (veja a Figura 9.4). Apesar de ser um fenômeno da hidrosfera, a chuva ácida depende das condições atmosféricas – da extensão das emissões ácidas e dos padrões climáticos predominantes.

FUNDAMENTOS 11.3: ÁCIDOS POLIPRÓTICOS

O ácido carbônico possui efetivamente dois prótons ionizáveis, mas eles se dissociam sucessivamente e com valores muito diferentes de K_a:

$$H_2CO_3 \rightleftharpoons H^+ + HCO_3^- \qquad K_{a1} = 10^{-6,40} \qquad \textbf{11.22}$$

e

$$HCO_3^- \rightleftharpoons H^+ + CO_3^{2-} \qquad K_{a2} = 10^{-10,33} \qquad \textbf{11.23}$$

Como o íon bicarbonato é negativamente carregado, ele segura o próton de forma mais persistente do que o ácido carbônico, e a segunda reação de dissociação não dá nenhuma contribuição significativa à concentração de H^+ de uma solução de ácido carbônico ou à de um tampão de H_2CO_3/HCO_3^-. Entretanto, podemos neutralizar ambos os prótons no H_2CO_3 com uma base forte ou, de forma equivalente, começar com uma solução de sal carbonato e, com base nisso, as propriedades básicas do CO_3^{2-} passam a agir:

$$CO_3^{2-} + H_2O = HCO_3^- + OH^-$$

$$K_b = K_w/K_a = 10^{-14}/10^{-10,33} = 10^{-3,67} \qquad \textbf{11.24}$$

Para uma solução de 0,1 M em um sal carbonato (assim como na Resolução de problema 11.2 para o acetato):

$$[OH^-]^2 = K_b[CO_3^{2-}] = 10^{-3,67} \times 10^{-1} = 10^{-4,67}$$

e

$$[OH^-] = 10^{-2,34}$$

resultando em pH = 11,66, um valor altamente alcalino.

Além disso, um tampão com HCO_3^- e CO_3^{2-} equimolares possui

$$pH = pK_a - \log [HCO_3^-]/[CO_3^{2-}] = 10,33$$

Entretanto, se somente um dos dois prótons do H_2CO_3 for neutralizado, ou, de forma análoga, se começarmos com uma solução de sal bicarbonato, as coisas serão um pouco mais complicadas, visto que o HCO_3^- é tanto uma base conjugada (do H_2CO_3) quanto um ácido conjugado (do CO_3^{2-}). Na medida em que o HCO_3^- dissocia um próton [por meio da reação da Equação (11.23)], o próton é tomado por outro íon do HCO_3^- [por meio do inverso da Equação (11.22)]. Consequentemente, a principal reação ácido-base em uma solução de bicarbonato é:

$$2HCO_3^- \rightleftharpoons H_2CO_3 + CO_3^{2-} \qquad \textbf{11.25}$$

Essa reação é obtida pela subtração da Equação (11.22) da Equação (11.23), consequentemente, a constante de equilíbrio é dada por:

$$K_{a2}/K_{a1} = [H_2CO_3][CO_3^{2-}]/[HCO_3^-]^2$$

Da Equação (11.25), $[H_2CO_3] = [CO_3^{2-}]$ para uma solução contendo somente bicarbonato inicialmente. Então:

$$K_{a2}/K_{a1} = [H_2CO_3]^2/[HCO_3^-]^2$$

ou

$$[HCO_3^-]/[H_2CO_3] = (K_{a1}/K_{a2})^{1/2}$$

Para calcular o pH, podemos inserir essa razão na expressão do equilíbrio na Equação (11.22):

$$[H^+] = K_{a1}[HCO_3^-]/[H_2CO_3] = K_{a1}(K_{a2}/K_{a1})^{1/2} = (K_{a1}K_{a2})^{1/2}$$

ou

$$pH = (pK_{a2} + pK_{a1})/2 = (10,33 + 6,4)/2 = 8,36 \qquad \textbf{11.26}$$

A Equação (11.26) pode ser generalizada para qualquer ácido diprótico: o pH de uma solução da forma monoprótica é somente a média geométrica dos dois valores de pK_a.

Pode também haver mais de dois prótons ionizáveis. Por exemplo, o ácido fosfórico possui três:

$$H_3PO_4 \rightleftharpoons H^+ + H_2PO_4^- \qquad pK_{a1} = 2,17 \qquad \textbf{11.27}$$

$$H_2PO_4^- \rightleftharpoons H^+ + HPO_4^{2-} \qquad pK_{a2} = 7,31 \qquad \textbf{11.28}$$

$$HPO_4^{2-} \rightleftharpoons H^+ + PO_4^{3-} \qquad pK_{a3} = 12,36 \qquad \textbf{11.29}$$

Como no caso do ácido carbônico, o pH de uma solução de H_3PO_4 ou de PO_4^{3-} pode ser calculada exatamente como seria para um ácido ou uma base monoprótica, e para as soluções das formas dipróticas e monopróticas, o pH é a média geométrica dos valores de pK_a entre parênteses, ou seja, para o $H_2PO_4^-$:

$$pH = (pK_{a1} + pK_{a2})/2 = 4,74$$

e para HPO_4^{2-}:

$$pH = (pK_{a2} + pK_{a3})/2 = 9,83$$

O sistema do ácido fosfórico possui três zonas tamponantes, correspondentes aos três valores de pK_a, ou seja, as soluções que possuem concentrações semelhantes de H_3PO_4 e $H_2PO_4^-$, ou de $H_2PO_4^-$ e HPO_4^{2-}, ou de HPO_4^{2-} e PO_4^{3-}.

Resolução de problema 11.3

Protonação de fosfato

Considerando-se os valores de pK_a em Fundamentos 11.3, qual é a forma dominante do íon fosfato em a) um lago com pH = 5,0; e b) água do mar com pH = 8,0; e qual é a razão entre essa forma e a próxima forma mais abundante?

O pH do lago é superior a pK_{a1}, mas inferior a pK_{a2}, portanto a maior parte do fosfato estará presente como $H_2PO_4^-$. Na água do mar, o HPO_4^{2-} domina, porque o pH está entre pK_{a2} e pK_{a3}. Como o pH do lago é mais próximo de pK_{a2} do que de pK_{a1}, a próxima forma mais abundante é HPO_4^{2-}; no caso da água do mar, o $H_2PO_4^-$ é a próxima forma mais abundante, visto que o pH está mais próximo de pK_{a2} do que de pK_{a3}. As razões podem ser obtidas pela expressão do equilíbrio para a segunda ionização, (11.28):

$$[HPO_4^{2-}]/[H_2PO_4^-] = K_{a2}/[H^+]$$

Ao pH = 5,0, essa razão é $10^{-7,31}/10^{-5,0} = 10^{-2,31} = 0,0049$, e ao pH = 8,0, a razão é $10^{-7,31}/10^{-8,0} = 10^{0,69} = 4,9$ {ou $[H_2PO_4^-]/[HPO_4^{2-}] = 0,2$}.

12 A água e a litosfera

12.1 A Terra como um reator ácido-base

Acredita-se que a Terra tenha se formado há cerca de 4,5 bilhões de anos, pela junção dos meteoritos que circundavam o Sol. O calor gerado pelas forças gravitacionais e pelo decaimento nuclear fundiu o interior do planeta em formação, fazendo com que os minerais se separassem de acordo com a densidade. O resultado é um núcleo fundido, principalmente de ferro, envolto por um manto, formado em sua maior parte de rocha à base de silicato e que tem como elementos mais abundantes o silício e o oxigênio. O aquecimento da Terra levou à formação de placas tectônicas, à circulação termicamente induzida de segmentos do manto que provoca a expansão das placas nas cristas mesooceânicas, bem como à subducção e à elevação do material da crosta nos limites das placas, que são encontradas nas margens continentais.

Os compostos voláteis, tais como H_2O, HCl, CO_2, SO_2 e N_2, foram expelidos do interior por meio das erupções vulcânicas, formando os oceanos e a atmosfera. Essa separação natural entre compostos voláteis e não voláteis foi também uma separação entre os ácidos e as bases, porque o CO_2, o SO_2 e, principalmente, o HCl são ácidos, e os minerais restantes tendem a ser básicos. A basicidade da litosfera surge essencialmente dos metais alcalinos e alcalinos terrosos, especialmente Na, K, Mg e Ca, que são relativamente comuns na crosta terrestre (veja a Tabela 12.1). Esses elementos formam óxidos básicos, que são incorporados à estrutura predominante de silicato das principais fases minerais. Além disso, o carbonato de cálcio (às vezes contendo também magnésio), ou *calcário*, é abundante na crosta terrestre, sendo o carbonato um ânion básico (veja Fundamentos 11.3).

A razão fundamental para essa separação ácido-base é que os elementos que formam a base no lado esquerdo da tabela periódica fazem exclusivamente ligações iônicas, devidas à sua carga nuclear efetiva relativamente baixa; conseqüentemente, seus compostos se constituem de sólidos iônicos não voláteis. Entretanto, os elementos formadores de ácido mais à direita na tabela periódica possuem uma tendência mais forte de formar ligações covalentes, em virtude de sua maior carga nuclear efetiva. Conseqüentemente, eles produzem mais prontamente as moléculas isoladas (voláteis).

TABELA 12.1 *Os principais elementos na crosta terrestre e sua abundância no mar.*

Elemento	Média da crosta (percentual)	Água do mar (ppm)
O	46,6	(88%)
Si	27,7	3
Al	8,1	1×10^{-3}
Fe	5,0	3×10^{-3}
Ca	3,6	0,041
Mg	2,1	$1,3 \times 10^3$
Na	2,8	1×10^4
K	2,4	$3,9 \times 10^{-2}$
Ti	0,44	1×10^{-3}
H	0,14	(10%)
P	0,11	0,09
Mn	0,10	2×10^{-3}
F	0,06	1,3
Cl	0,01	$1,9 \times 10^4$
Ba	0,04	0,02
Sr	0,04	8
S	0,03	0,09
C	0,02	28

Os ácidos voláteis da Terra voltam a reagir com as bases não voláteis pelo meio aquoso da hidrosfera. Dessa forma, os mares são salgados porque o gás HCl liberado se dissolveu na H_2O condensada e reagiu com os componentes mais básicos da crosta terrestre, principalmente os equivalentes do óxido de sódio nos minerais silicatos, em uma reação gigantesca de neutralização. Embora isso tenha ocorrido há muito tempo, a neutralização global continua até hoje sob a forma de *intemperismo* das rochas. Os processos tectônicos da Terra expõem novo material da crosta à atmosfera, onde a chuva intervém na erosão da rocha por intermédio das reações de neutralização.

Atualmente, o principal componente ácido da atmosfera é o CO_2. Ele dissolve o calcário pela neutralização dos íons carbonato, convertendo o calcário em bicarbonato de cálcio solúvel:

$$CO_2 + H_2O + CaCO_3 \rightleftharpoons Ca^{2+} + 2HCO_3^-$$ 12.1

As reações ácido-base das rochas de silicato são difíceis de representar por meio de equações químicas em razão da complexidade da química do silicato. O dióxido de silício, ou *sílica*, é um sólido polimérico com uma rede tridimensional de átomos de silício ligados tetraedricamente a quatro átomos de oxigênio, cada qual ligado, por sua vez, a dois átomos de silício (veja a Figura 12.1). Nos minerais silicatos, essa rede é rearranjada de modo a acomodar outros óxidos metálicos. Quando esses óxidos são neutralizados pelo intemperismo, a rede se rearranja para produzir um mineral *secundário*.

Por exemplo, o intemperismo do mineral *feldspato*, $NaAlSi_3O_8$, pode ser representado como

$$2NaAlSi_3O_8 + 2CO_2 + 11H_2O \rightleftharpoons 2Na^+ + 2HCO_3^- + 4Si[OH]_4 + Al_2Si_2O_5[OH]_4$$ 12.2

$Al_2Si_2O_5[OH]_4$ é a fórmula do mineral secundário *caulinita*, um membro da classe dos minerais de argila. Embora possua uma estrutura específica, pode ser formalmente considerado como composto de um mol de Al_2O_3, dois mols de SiO_2 e dois mols de H_2O. De modo análogo, um mol de feldspato pode ser considerado como um mol de Al_2O_3, três mols de SiO_2 e um mol de Na_2O. A parte ácido-base da reação envolve a neutralização do Na_2O pelo H_2CO_3 para formar dois mols de bicarbonato de sódio. Mas, quando isso ocorre, o feldspato é convertido em caulinita, com a liberação de dois mols de SiO_2 na forma de hidrato, $Si[OH]_4$. Essa forma, *ácido silícico*, existe como moléculas livres em soluções muito diluídas. Conforme a chuva cai sobre o feldspato, o bicarbonato de sódio e o ácido silícico sofrem gradual lixiviação, restando a caulinita. Trata-se de um processo muito lento, mas o acúmulo de caulinita e de outras argilas dos minerais silicatos é a chave para a formação dos solos.

O intemperismo do calcário [Equação (12.1)] é muito mais rápido do que o intemperismo dos minerais silicatos, visto que não requer nenhum rearranjo do retículo cristalino. Ambos os tipos de intemperismo são extremamente rápidos, caso a chuva contenha ácidos fortes, tais como ácidos sulfúrico ou nítrico. Nesse caso, os prótons atuam diretamente nos minerais, em vez de por meio das moléculas fracamente ácidas de H_2CO_3. É por isso que as estátuas e as edificações de pedra sofrem rápida erosão quando expostas à poluição ácida.

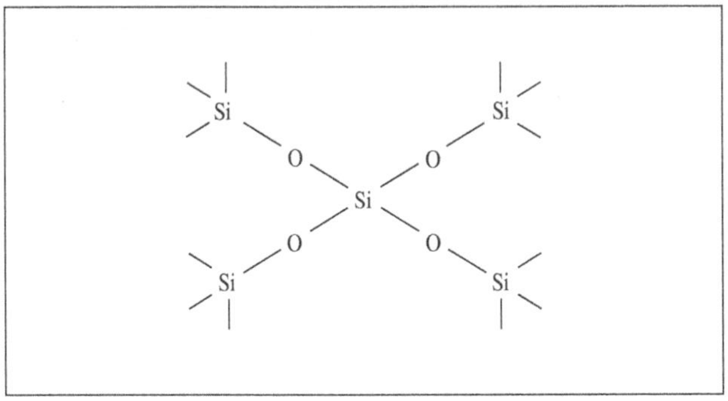

FIGURA 12.1
Estrutura polimérica do dióxido de silício.

12.2 Ciclos de carbono orgânico e inorgânico

Nas Partes I e II, abordamos o ciclo do carbono, que resulta dos processos biológicos da fotossíntese e da respiração, e a perturbação desse ciclo pela queima dos combustíveis fósseis. Na verdade, o ciclo da fotossíntese e da respiração faz parte de um ciclo bioquímico muito mais complexo, que envolve sedimentação e sepultamento, bem como os processos tectônicos da crosta terrestre.

Esse ciclo maior (veja a Figura 12.2) se constitui, na prática, de dois ciclos ligados pela molécula do CO_2. Um ciclo é orgânico e envolve o balanço entre fotossíntese/respiração e combustão, bem como o sepultamento dos compostos de carbono reduzido, juntamente com sua reoxidação, quando a rocha que os suporta é exposta à atmosfera por meio da sublevação geológica.

FIGURA 12.2

Reservatórios (caixas) e fluxos anuais (setas) de carbono (em unidades de 10^{15} g) por meio dos ciclos orgânico (à esquerda) e inorgânico (à direita). As emissões da atmosfera para a biomassa viva e o oceano são aproximadamente 2×10^{15} g maiores do que as emissões da biomassa viva e do oceano para a atmosfera. Isso é atribuído aos acúmulos de carbono nesses reservatórios, em consequência das emissões antropogênicas de CO_2 resultantes da queima de combustíveis fósseis (veja a Figura 6.18 e a discussão que se segue).

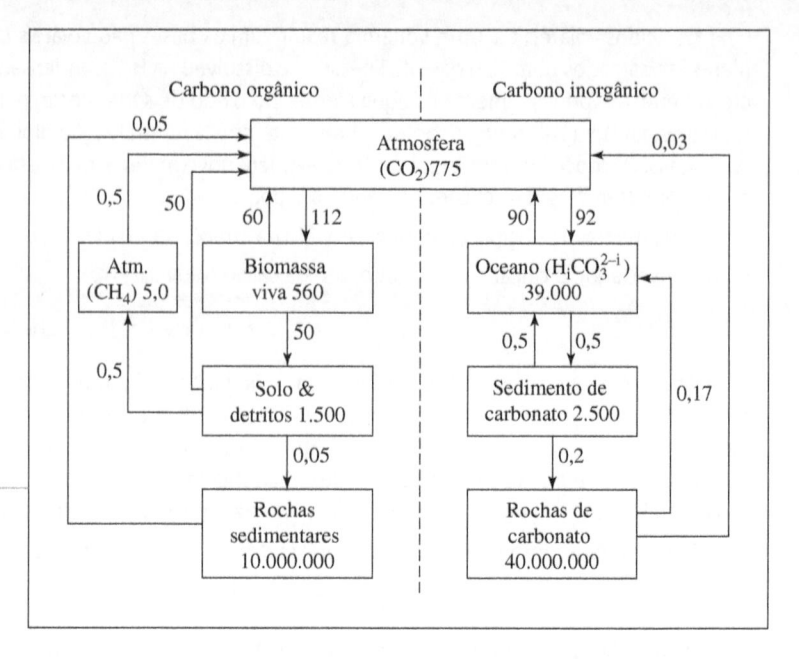

```
                  Carbono orgânico          |          Carbono inorgânico
       0,05                                 |
       ┌──────────────► Atmosfera ◄─────────┼──────── 0,03
       │                  (CO₂) 775         │
   0,5 │  50    60 │ 112              90 │ 92
       │           ▼                       ▼
     Atm.        Biomassa              Oceano (H_iCO₃^(2-i))
    (CH₄) 5,0    viva 560                39.000
                    │ 50
   0,5              ▼                  0,5 │ 0,5
                 Solo &                Sedimento de        0,17
                 detritos 1.500        carbonato 2.500
                    │ 0,05                │ 0,2
                    ▼                     ▼
                 Rochas                Rochas de
                 sedimentares          carbonato
                 10.000.000            40.000.000
```

O outro ciclo é inorgânico e envolve o intemperismo das rochas de silicato, a precipitação do carbonato de cálcio no oceano e, finalmente, a conversão do carbonato em silicatos de cálcio mais CO_2, por meio da atividade tectônica. As fases geológicas desses ciclos operam muito lentamente, em escalas de tempo de milhões de anos, mas, em última instância, elas controlam o nível de CO_2 na atmosfera.

FUNDAMENTOS 12.1: RESERVATÓRIOS, FLUXOS E TEMPOS DE RESIDÊNCIA

Em geral, é útil representar os processos ambientais em termos de *reservatórios* e *fluxos*, como na Figura 12.2 para o ciclo do carbono. Um reservatório é uma região do meio ambiente que retém uma quantidade significativa do material em consideração e está física ou quimicamente separado de outros reservatórios. Essas quantidades podem ser estimadas pela concentração do material, obtida por meio de amostragem, multiplicada pelo tamanho calculado do reservatório.

Para entender a dinâmica do sistema, é necessário compreender quanto do material é transferido de um reservatório para outro, por unidade de tempo, ou seja, o fluxo. Esses números são geralmente mais difíceis de determinar e a estimativa de fluxos requer uma grande dose de engenhosidade.

Se os fluxos e os reservatórios são conhecidos, pode-se calcular o *tempo de residência*, supondo-se que o sistema está em estado estacionário, ou seja, que as quantidades não variam com o tempo (ao menos, não rapidamente). Um estado estacionário implica que os fluxos de entrada e de saída estão em equilíbrio para cada reservatório. O tempo de residência é o período médio que o material permanece em um reservatório e é exatamente a razão entre o tamanho do reservatório e as taxas do fluxo de entrada ou do fluxo de saída. Por exemplo, a atmosfera contém 775×10^{15} g de C como CO_2 e distribui 112×10^{15} g/ano para as plantas verdes (quase a totalidade do qual retorna por meio de várias rotas de reoxidação, no estado estacionário). Considerando-se somente o lado orgânico do ciclo, o tempo de residência para o CO_2 atmosférico é $775/112 = 6{,}9$ anos; em outras palavras, cada molécula de CO_2 passa pelo ciclo da biosfera uma vez a cada 6,9 anos, em média. Por outro lado, o carbono orgânico nas rochas sedimentares gira muito mais lentamente. Como se estima que esse carbono acumule (e sofra erosão) a uma velocidade de $0{,}05 \times 10^{15}$ g/ano e que o tamanho total do reservatório seja avaliado em 10 milhões $\times 10^{15}$ g, o tempo de residência equivale a 200 milhões de anos.

a. Controle por meio do carbonato. A química do ciclo orgânico do carbono foi detalhada na Parte I. As plantas verdes aproveitam os fótons solares e armazenam a energia química reduzindo o CO_2 a carboidratos por meio da fotossíntese:

$$CO_2 + H_2O \rightleftharpoons CH_2O + O_2 \qquad \text{12.3}$$

A energia é liberada pela reação reversa, durante a respiração ou a combustão. A troca anual de carbono entre a biosfera viva e a atmosfera é grande, cerca de 110×10^{15} g (veja a Figura 12.2), chegando a fluxos de aproximadamente um quinto e um sétimo de seus respectivos reservatórios [as variações sazonais regulares nesse fluxo podem ser observadas no padrão em ziguezague do registro de CO_2 atmosférico (veja a Figura 6.17)]. Quase a metade do fluxo de retorno do C para a atmosfera com origem no ciclo orgânico do carbono se dá pela decomposição nos solos, um reservatório de carbono orgânico com quase três vezes o tamanho da biosfera viva (uma pequena parte deste último fluxo ocorre por meio da liberação de metano na atmosfera e a subseqüente oxidação para CO_2). Uma fração minúscula do carbono orgânico, $0{,}05 \times 10^{15}$ g/ano, é sepultada em rochas sedimentares e é finalmente oxidada de volta para CO_2 quando a rocha é reciclada na crosta e exposta à atmosfera. Embora o sepultamento seja lento, a quantidade de C reduzido que se acumula na rocha ao longo dos tempos é enorme, 10^{22} g; o tempo de giro (veja Fundamentos 12.1) equivale a 200 milhões de anos. É essa parte do ciclo que estamos acelerando em razão da queima de combustíveis fósseis. Apesar de os depósitos de combustível fóssil responderem por menos de 0,1% do carbono orgânico sepultado (veja a Figura 2.1), a velocidade de oxidação é tão mais rápida do que a velocidade natural que o reservatório de CO_2 cresce consideravelmente.

A química do ciclo inorgânico de carbono é determinada pela solubilidade do carbonato de cálcio. O pH do oceano é aproximadamente 8, refletindo o caráter básico dos minerais com os quais está em contato. O CO_2 se dissolve prontamente nesse pH, sendo o ácido carbônico convertido em bicarbonato. O oceano é, portanto, um vasto armazém de carbono inorgânico (39.000 × 10^{15} g; veja a Figura 12.2).

Uma pequena fração desse carbono está presente como CO_3^{2-}. [Como o pK_a do HCO_3^- é 10,33, a razão $(CO_3^{2-})/(HCO_3^-)$ no pH 8 é $10^{-2,33}$, ou 0,005, veja Fundamentos 11.3]. Entretanto, sua concentração é suficiente para, quando o Ca^{2+} chega ao oceano em decorrência do intemperismo das rochas terrestres, o carbonato de cálcio se precipitar (na maior parte como conchas de criaturas marinhas). Como resultado, mais carbonato se forma por meio do desproporcionamento do íon bicarbonato:

$$Ca^{2+} + CO_3^{2-} \rightleftharpoons CaCO_3$$
$$2HCO_3^- \rightleftharpoons CO_3^{2-} + H_2CO_3$$

O processo geral é:

$$Ca^{2+} + 2HCO_3^- \rightleftharpoons CaCO_3 + H_2CO_3 \qquad \textbf{12.4}$$

A precipitação de cada mol de carbonato de cálcio produz um mol de H_2CO_3, que libera o gás CO_2 para o reservatório atmosférico. Entretanto, se a fonte do cálcio (ou magnésio) é o intemperismo do mineral carbonato terrestre, então a Equação (12.4) ocorreu no sentido inverso na terra, com efeito resultante sobre o CO_2 sendo igual a zero. O intemperismo dos carbonatos terrestres consome a mesma quantidade de CO_2 que aquela liberada por precipitação de carbonatos no oceano.

A situação é bem diferente quando os minerais silicatos sofrem a ação do intemperismo, porque o silicato age como uma base, mas não contribui com nenhum bicarbonato para o reservatório. As reações de intemperismo do silicato são complexas [veja, por exemplo, a reação de intemperismo do feldspato (12.2)], porém a essência do processo ácido/base é que o equivalente de uma unidade SiO_3^{2-} consome dois prótons e é convertido em $Si[OH]_4$:

$$SiO_3^{2-} + 2H^+ + H_2O \rightleftharpoons Si[OH]_4$$

Se os prótons são fornecidos pelo CO_2 e se o silicato é a única fonte dos íons Ca^{2+}, que, posteriormente, precipitam carbonato no oceano, então a contribuição do intemperismo do silicato para o ciclo do carbono pode ser representado como:

$$CaSiO_3 + 2H_2CO_3 + H_2O \rightleftharpoons Si[OH]_4 + Ca^{2+} + 2HCO_3^- \qquad \textbf{12.5}$$

Quando essa reação é adicionada à reação de precipitação do carbonato (12.4), a resultante é:

$$CaSiO_3 + H_2CO_3 + H_2O \rightleftharpoons Si[OH]_4 + CaCO_3 \qquad \textbf{12.6}$$

Dessa forma, se o silicato, em vez do carbonato, for a fonte do Ca^{2+} que posteriormente produzirá a precipitação de carbonato, então um mol de H_2CO_3 (ou o equivalente de CO_2) será consumido para cada mol de carbonato precipitado. Conseqüentemente, o intemperismo do silicato exaure o reservatório atmosférico de CO_2.

Na verdade, o intemperismo produz realimentação negativa nas flutuações no nível de CO_2, por causa da ação do efeito estufa. A taxa de intemperismo aumenta com a temperatura e a umidade. Se o CO_2 aumenta, também aumentam a temperatura na superfície terrestre e o fluxo de água pelo ciclo geológico. Se a taxa de intemperismo aumenta, também aumenta o fluxo de CO_2 para os sedimentos de carbonato, diminuindo assim a concentração atmosférica de CO_2. Esse mecanismo atua para estabilizar os níveis de CO_2 no decorrer do tempo geológico.

Se a Equação (12.6) ocorresse somente no sentido direto, o CO_2 desapareceria de forma lenta, porém certa, da atmosfera. Entretanto, a reação é finalmente revertida pela ação das placas tectônicas. À medida que a crosta terrestre passa pelo processo de subdução nos limites das placas, o aumento em temperatura e pressão inverte a reação representada pela Equação (12.6); os componentes voláteis, H_2O e CO_2, escapam pelos vulcões, deixando a rocha de silicato para trás. Esse processo completa o ciclo inorgânico do carbono.

Como se observa na Figura 12.2, a maior parte do carbono da Terra está confinada à rocha carbonatada sedimentar. Esse reservatório de 40 × 10^{21} g é quatro vezes maior do que o reservatório de carbono reduzido nas rochas. A taxa de formação de rocha carbonatada com base no sedimento equivale a 0,2 × 10^{15} g/ano, porém a maior parte desse fluxo é invertida pela redissolução do carbonato no oceano (o carbonato de cálcio se dissolve nas profundezas do oceano, em consequência dos níveis crescentes de CO_2 resultante da decomposição de matéria orgânica, conforme ela afunda, e do aumento da solubilidade do CO_2 sob baixa temperatura e alta pressão). A velocidade com que a rocha carbonatada é reciclada em silicato e CO_2 por meio da atividade tectônica é de somente 0,03 × 10^{15} g/ano. Dividindo-se esse valor pelo reservatório de rocha carbonatada, obtém-se um tempo de residência de 1,3 bilhão de anos. Dessa forma, o ciclo inorgânico do carbono atua por um período realmente longo.

b. Seqüestro de carbono. Uma das idéias para seqüestrar o CO_2 atualmente emitido para a atmosfera pela queima de combustíveis fósseis é provocar a reação do CO_2 com minerais básicos; essa idéia implica acelerar o processo de intemperismo. Se o calcário fosse usado como reagente [Equação (12.1)], o bicarbonato solúvel seria o produto; isso exigiria uma disposição de longo prazo na forma líquida, possivelmente no fundo do oceano. Entretanto, se os silicatos de cálcio ou de magnésio fossem utilizados como reagentes, o produto seria o $CaCO_3$ ou o $MgCO_3$ [Equação (12.6)], os quais poderiam simplesmente ser enterrados no solo.

Os silicatos de cálcio ou de magnésio são abundantes na crosta terrestre, e depósitos concentrados de silicatos de magnésio são comuns, principalmente próximo às margens continentais, onde também se concentram as pessoas. Seria tecnicamente viável coletar CO_2 das usinas de força ou das usinas de reforma, onde os combustíveis fósseis são convertidos em H_2 e CO_2, e transportá-lo para as minas de silicato de magnésio. Lá o CO_2 poderia reagir com o silicato; o $MgCO_3$ e a sílica resultantes poderiam ser depositados de volta na mina. O principal problema é a lentidão das reações na fase mineral. Elas podem ser aceleradas pela trituração dos minerais (de modo a aumentar a área de superfície) e pela elevação da pressão e da temperatura. Pode-se obter maior intensificação da velocidade por meio de um reagente volátil secundário que seja um ácido mais forte do que o CO_2 (por exemplo, HCl); o ácido secundário seria recuperado em outra etapa de aquecimento. Entretanto, um ciclo adicional de reação adicionaria complexidade e uma substância química corrosiva ao processo.

Mesmo que o problema da velocidade da reação possa ser superado, não está claro se a carbonação mineral é superior à injeção direta de CO_2 nos oceanos ou aqüíferos profundos (veja a Figura 2.12). Os carbonatos sólidos oferecem a vantagem da estabilidade termodinâmica, e os gases injetados podem vazar com o tempo (a taxa de vazamento é uma questão relevante a ser avaliada em vários métodos de injeção). Por outro lado, os custos da carbonação mineral podem ser mais elevados do que os da injeção direta de CO_2, e a reação pública às atividades necessárias de mineração poderia ser problemática.

c. CO_2, H_2O e os vizinhos planetários da Terra. O ciclo inorgânico do carbono constitui uma perspectiva instrutiva por meio da qual podemos comparar a atmosfera terrestre às, bem diferentes, atmosferas dos planetas vizinhos, Vênus e Marte. Vênus possui um efeito estufa descontrolado, por decorrência de uma atmosfera pesada (cem vezes a massa atmosférica da Terra) que se compõe 98% de CO_2. Vênus está mais próxima do Sol e possui o dobro de fluxo solar, mas nuvens densas refletem 75% da luz solar, produzindo uma temperatura radioativa, 229 K, que é, na verdade, mais baixa do que a da Terra (255 K). Entretanto, o efeito estufa eleva a temperatura na superfície para 750 K. Não existe água na forma líquida, e o vapor d'água representa somente 0,1% (por peso). É provável que a superfície de Vênus nunca tenha se resfriado o suficiente para permitir a liquefação da água, e que a maior parte da água liberada como gás do interior do planeta tenha sido finalmente perdida por meio da fotólise ultravioleta e do escape de hidrogênio para o espaço. Sem água, não houve confinamento do CO_2 como carbonato e o CO_2 liberado permaneceu na atmosfera.

Em contraste com Vênus, Marte é muito mais fria do que a Terra. O fluxo solar corresponde a menos da metade do da Terra e a temperatura radioativa equivale a somente 210 K. Além disso, há pouco aquecimento pelo efeito estufa (8 K), porque embora, como em Vênus, a atmosfera seja na maior parte composta de CO_2, ela é muito fina, menos de 0,01% da massa de Vênus. Parte do CO_2 de Marte e essencialmente toda sua água estão confinadas nas calotas polares. Contudo, o solo marciano apresenta evidente presença de água líquida no passado. Há também evidências de que Marte foi tectonicamente ativa e que liberou os compostos voláteis, como a Terra, mas essa atividade tectônica cessou, provavelmente, há um bilhão de anos. Com diâmetro medindo apenas a metade do da Terra, Marte teria perdido calor interno com muito mais rapidez; o calor interno é a força propulsora da circulação da crosta planetária. Sem atividade tectônica, a liberação de gases teria cessado e o intemperismo teria exaurido o CO_2 atmosférico, incluindo seu aquecimento pelo efeito estufa, até que as temperaturas na superfície não mais permitissem que a água se mantivesse em estado líquido. Portanto, a Terra possuía duas grandes vantagens em relação aos seus vizinhos: distanciamento do Sol suficiente para permitir água na forma líquida sobre a superfície e tamanho e porte suficientes para manter a atividade tectônica. Esses atributos geraram um planeta que não é quente nem frio demais (o que se tem designado como o 'efeito Cachinhos Dourados'), mas com temperatura adequada para a evolução e a preservação da vida.

12.3 | Intemperismo e mecanismos de solubilização

a. Sólidos iônicos e produto de solubilidade. Embora geralmente a água seja um excelente solvente para os íons, muitos compostos iônicos se apresentam apenas moderadamente solúveis, pois as forças íon-água são superadas pelas forças que mantêm os íons unidos, principalmente quando eles podem se arranjar de uma forma energeticamente favorável em um retículo cristalino. As energias que estabilizam um retículo são normalmente máximas, quando os íons positivo e negativo possuem igual tamanho ou carga. Por exemplo, o fluoreto de lítio é menos solúvel do que o iodeto de lítio, porque o fluoreto está mais próximo em tamanho do pequeno íon de lítio do que o iodeto; em contraste, o iodeto de césio é menos solúvel do que o fluoreto de césio, porque o íon de césio está mais próximo em tamanho do iodeto. De modo análogo, tanto o carbonato de sódio quanto o nitrato de cálcio são altamente solúveis porque os íons positivo e negativo diferem na carga, mas o carbonato de cálcio é moderadamente solúvel porque tanto o cátion quanto o ânion são duplamente carregados e, portanto, possuem uma grande energia de retículo. O carbonato de magnésio é mais solúvel do que o carbonato de cálcio, e os silicatos de sódio são mais solúveis do que os silicatos de potássio; isso em ambos os casos, porque os cátions menores não se encaixam tão bem no retículo e interagem mais fortemente com a água. Essas solubilidades diferentes explicam por que o magnésio e o sódio são muito mais abundantes no mar do que o cálcio e o potássio, respectivamente, apesar da abundância semelhante desses pares de metal na crosta terrestre (veja a Tabela 12.1).

A solubilidade de um sal moderadamente solúvel é regida pela constante de equilíbrio para a reação de dissolução, chamada de produto de solubilidade K_{ps}. Por exemplo, o sulfato de bário se dissolve com um produto de solubilidade K_{ps} de 10^{-10}:

$$BaSO_4 (s) = Ba^{2+v} (aq) + SO_4^{2-} (aq)$$

$$K_{ps} = [Ba^{2+}][SO_4^{2-}] = 10^{-10} M^2 \qquad \textbf{12.7}$$

$BaSO_4$ não aparece na Equação (12.7) porque a concentração efetiva de uma fase sólida é constante.

A Equação (12.7) é válida desde que haja sulfato de bário sólido em equilíbrio com a solução. Se o produto de concentração de Ba^{2+} e SO_4^{2-} exceder ao valor de K_{ps}, o sulfato de bário se precipitará. Ele, na verdade, se precipita em fitoplâncton morto no oceano, porque sua decomposição produz sulfato bastante para que os íons de bário no oceano sejam suficientes para superar o produto de solubilidade.

Resolução de problema 12.1 — A solubilidade do $BaSO_4$

Qual é a solubilidade do sulfato de bário em a) água pura ou b) um milimolar de sulfato de sódio na água?

a) Quando a água pura está em equilíbrio com o sulfato de bário, a concentração de bário se equipara à concentração de sulfato na solução:

$$[Ba^{2+}] = [SO_4^{2-}] = K_{ps}^{1/2} = 10^{-5} M$$

Portanto, a solubilidade do $BaSO_4$ equivale a $10^5 M$.

b) Quando o Ba^{2+} ou o SO_4^{2-} está presente em excesso, a solubilidade é a concentração de seu parceiro, que diminui em proporção inversa ao excesso de concentração, por meio da equação (12.7). Assim, quando $[SO_4^{2-}] = 1 \times 10^{-3} M$, a solubilidade é $[Ba^{2+}] = K_{ps}/[SO_4^{2-}] = 10^{-10}/10^{-3} = 10^{-7} M$.

b. Solubilidade e basicidade. Quando um dos íons de um sal moderadamente solúvel é um ácido ou uma base, a solubilidade aumenta porque o íon é parcialmente convertido em sua forma básica ou ácida, puxando desse modo o equilíbrio de solubilidade em direção a mais dissolução. Por exemplo, o K_{sp} do carbonato de cálcio é $10^{-8,34}$ e se a única reação fosse

$$CaCO_3 (s) \rightleftharpoons Ca^{2+}(aq) + CO_3^{2-} (aq) \qquad \textbf{12.8}$$

a solubilidade seria igual a $10^{-4,17} M$. Entretanto, o equilíbrio da solubilidade se desloca para a direita porque o íon carbonato básico reage mais com a água (veja Fundamentos 11.3):

$$CO_3^{2-} + H_2O \rightleftharpoons HCO_3^- + OH^- \qquad K_b = 10^{-3,67} \qquad \textbf{12.9}$$

e é amplamente convertido em bicarbonato.

A solubilidade aumenta ainda mais quando a solução é exposta à atmosfera, porque o íon carbonato passa a reagir com o ácido CO_2:

$$CO_3^{2-} + H_2CO_3 \rightleftharpoons 2HCO_3^- \qquad K = K_{a1}/K_{a2} = 10^{3,93} \qquad \textbf{12.10}$$

A constante de equilíbrio é grande, portanto o equilíbrio desloca-se bem mais para a direita; e a solubilidade do $CaCO_3$ aumenta consideravelmente [a Equação (12.10) é obtida subtraindo-se a segunda reação de dissociação (11.23) da primeira (11.22) – veja Fundamentos 11.3], de modo que a constante de equilíbrio seja obtida pela divisão das duas constantes de acidez)].

Uma conseqüência nefasta dessa química simples é que as criaturas marinhas podem ter dificuldade em formar as conchas de carbonato de cálcio, conforme o CO_2 atmosférico cresce. Experiências em ambientes controlados demonstraram que o acréscimo de CO_2 à água do mar retarda a velocidade com que corais e algas formadoras dos recifes secretam $CaCO_3$. Com base nessas experiências, calcula-se que a elevação no nível de CO_2 aos atuais 370 ppm, com base no valor pré-industrial de 280 ppm, tenha desacelerado em 6% a 11% a produção de $CaCO_3$ por corais e algas.

Resolução de problema 12.2 — Cálculo da solubilidade do $CaCO_3$

A combinação de solubilidade com equilíbrios ácido-base pode exigir cálculos complicados; é importante estarmos atentos às principais reações em processo. Suas *estequiometrias* (o número de mols de reagentes e produtos consumidos e produzidos) fornecem as igualdades centrais.

No caso do carbonato de cálcio em contato com a água (mas não com a atmosfera), há duas reações a considerar:

$$CaCO_3 \, (s) \rightleftharpoons Ca^{2+} \, (aq) + CO_3^{2-} \, (aq)$$

$$K_{ps} = 10^{-8,34}$$

12.8

e

$$CaCO_3(s) + H_2O \rightleftharpoons Ca^{2+} \, (aq) + HCO_3^- \, (aq) + OH^-$$

12.11

Para obter a constante de equilíbrio para a segunda reação (que designaremos de $K_{12,11}$), admitimos que a equação é obtida somando-se as equações (12.8) e (12.9), logo:

$$K_{12,11} = K_{ps}K_b = 10^{-12,01} = [Ca^{2+}][HCO_3^-][OH^-]$$

Se (12.8) for a reação principal, então $[Ca^{2+}] = [CO_3^{2-}] = K_{ps}^{1/2} = 10^{-4,17}$, ou $0{,}67 \times 10^{-4} M$. Por outro lado, se (12.11) for a reação principal, então sua estequiometria requer que as concentrações dos três íons de produto sejam iguais: $[Ca^{2+}] = [HCO_3^-] = [OH^-]$. Conseqüentemente, $[Ca^{2+}]^3 = K_{12,11}$, fornecendo $[Ca^{2+}] = 10^{-4,0} M$, que é aproximadamente 50% mais alto do que o valor obtido ao se considerar somente a reação (12.8).

Para levar em conta ambas as reações, admitimos que a concentração total de Ca^{2+} deve ser a soma das concentrações de carbonato e bicarbonato:

$$[Ca^{2+}] = [CO_3^{2-}] + [HCO_3^-]$$

12.12

Trata-se de um exemplo de *um balanço de massa*. Mas também, pela Equação (12.11), $[HCO_3^-] = [OH^-]$. Substituir essa igualdade na expressão do equilíbrio para a Equação (12.11) permite expressar $[HCO_3^-]$ em termos de $[Ca^{2+}]$:

$$[HCO_3^-]^2 = K_{12,11}/[Ca^{2+}]$$

ou

$$[HCO_3^-] = \{K_{12,11}/[Ca^{2+}]\}^{1/2}$$

Analogamente, $[CO_3^{2-}]$ pode ser expresso em termos de $[Ca^{2+}]$ utilizando-se a expressão do equilíbrio para a reação (12.8):

$$[CO_3^{2-}] = K_{ps}/[Ca^{2+}]$$

Substituindo-se essas duas expressões no balanço de massa (12.12) e multiplicando-se por $[Ca^{2+}]$, obtemos:

$$[Ca^{2+}]^2 = K_{ps} + \{K_{12,11}[Ca^{2+}]\}^{1/2}$$

12.13

O primeiro termo do lado direito da Equação (12.13) representa a contribuição da Equação (12.8) e o segundo termo, a contribuição da Equação (12.11). A equação pode ser solucionada (com dificuldade) algebricamente, ou (de modo mais simples) por aproximações sucessivas. Reconhecendo que $[Ca^{2+}]$ deve ser, no mínimo, $10^{-4,0} M$ (a maior das duas aproximações acima indicadas), podemos inseri-lo no lado direito da Equação (12.13) e extrair a raiz quadrada para obter uma melhor estimativa de $[Ca^{2+}]$. Repetir esse procedimento algumas vezes resulta em uma resposta convergente, $1{,}30 \times 10^{-4}$ (ou $10^{-3,89}$)M. Dessa forma, a solubilidade de $CaCO_3$ é o dobro do que seria, caso o carbonato não fosse uma base [considerando-se somente a reação (12.8)].

Tendo solucionado $[Ca^{2+}]$, podemos usar esse valor para calcular o pH da solução, usando a expressão do equilíbrio para a Equação (12.11) e lembrando que $[HCO_3^-] = [OH^-]$:

$$K_{12,11} = [Ca^{2+}][OH^-]^2$$

ou

$$[OH^-] = K_{12,11}/[Ca^{2+}]^{1/2} = (10^{-12,01}/10^{-3,89})^{1/2} = 10^{-4,06}$$

Logo, pOH = 4,06 e pH = 9,94. A dissolução do $CaCO_3$ produz uma solução básica.

Resolução de problema 12.3 — A solubilidade do $CaCO_3$ e do CO_2

O cálculo da solubilidade é, na verdade, mais simples para uma solução exposta à atmosfera, porque nesse caso a única reação importante é:

$$CaCO_3 + H_2CO_3 = Ca^{2+} + 2HCO_3^-$$ **12.14**

A constante de equilíbrio (a qual denominamos de $K_{12,14}$) é:

$$K_{12,14} = [Ca^{2+}][HCO_3^-]^2/[H_2CO_3] = K_{ps}K_{a1}/K_{a2} = 10^{-4,41}$$ **12.15**

A Equação (12.14) é obtida somando-se as equações (12.8) e (12.10). Pela estequiometria da Equação (12.14), constatamos que $[HCO_3^-] = 2[Ca^{2+}]$ e, conseqüentemente, $K_{12,14} = 4[Ca^{2+}]^3/[H_2CO_3]$. $[H_2CO_3]$ é fixado pela concentração atmosférica de CO_2 em $10^{-4,9}\,M$ (veja a Seção 11.4). Portanto:

$$[Ca^{2+}] = (10^{-4,41}\,10^{-4,9}/4)^{1/3} = 10^{-3,3}\,M$$

O pH é obtido da constante de acidez do H_2CO_3, reconhecendo-se que $[HCO_3^-] = 2[Ca^{2+}] = 10^{-3,0}\,M$; logo:

$$pH = pK_{a1} - \log[H_2CO_3]/[HCO_3^-] = 6,4 - \log(10^{-4,9}/10^{-3,0}) = 8,3$$

Comparando esses valores aos obtidos na Resolução de problema 12.2, observamos que o equilíbrio com o CO_2 atmosférico aumenta a solubilidade do carbonato de cálcio em quatro vezes e baixa o pH em 1,6 unidade.

---

c. Troca iônica; argilas e substâncias húmicas. Muitos sólidos possuem íons fracamente ligados a sítios de carga fixa. Eles podem ser trocados por íons que estão livres na solução. Os íons da troca podem estar positivamente carregados (cátions) ou negativamente carregados (ânions):

$$R^-M^+ + M'^+ = R^-M'^+ + M^+ \text{ troca de cátion}$$ **12.16**

$$R^+X^- + X'^- = R^+X'^- + X^- \text{ troca de ânion}$$ **12.17**

Nessas reações, R representa um ponto de carga fixa. Ele atrai íons de carga contrária e a força da atração é proporcional à razão carga/raio (os íons de carga múltipla podem ocupar mais de um sítio de troca iônica). Esse é o mecanismo subjacente às *resinas de troca iônica*, polímeros orgânicos que possuem numerosos grupos carregados e ligados covalentemente.

As resinas catiônicas podem ser agentes de troca de ácido forte ou fraco, dependendo da afinidade dos prótons nos locais aniônicos fixos. As resinas de ácido forte geralmente contêm grupos sulfonatos, $-OSO_3^-$. Como o ácido sulfúrico, os grupos sulfonatos protonados prontamente cedem seus prótons quando outro cátion está disponível para troca. As resinas de ácido fraco geralmente contêm grupos carboxílicos, cujos pKa's, quando protonados, são semelhantes ao ácido acético (~4,5). Em conseqüência da afinidade relativamente alta dos prótons dos grupos carboxílicos, outros cátions são prontamente deslocados pelos prótons. Analogamente, as resinas aniônicas podem ser agentes de troca de base forte ou fraca. As resinas de base forte possuem grupos amônios quaternários, $-N[CH_3]_3^+$ e as resinas de base fraca possuem grupos aminas protonados, $-NH_3^+$, que possuem alta afinidade com hidróxidos. As resinas de troca de cátions e ânions são amplamente usadas em tandem para desionizar a água:

$$R^-H^+ + M^+ + X^- = R^-M^+ + H^+ + X^-$$ **12.18**

$$R^+OH^- + H^+ + X^- = R^+X^- + H_2O$$ **12.19**

Pode-se regenerar as resinas exauridas lavando-as com ácidos e bases fortes.

Em virtude de sua abundância na crosta terrestre, os silicatos constituem os principais componentes dos solos (63% em média) e são responsáveis pela maior parte da capacidade de troca iônica. Por sua rede tridimensional fechada de átomos de oxigênio (veja a Figura 12.1), a sílica em si (na forma naturalmente encontrada no quartzo) não possui locais de troca iônica. Entretanto, a substituição dos íons metálicos na estrutura da sílica deixa cargas negativas não compensadas, porque a carga dos íons metálicos (+3, +2 ou +1) é menor que a carga do silício (+4) (contando-se os íons de óxido como −2). Essas cargas não compensadas são equilibradas por cátions móveis, que dão ao mineral silicato o caráter de agente de troca de cátions.

Especialmente importantes são as argilas, que resultam do intemperismo dos minerais silicatos primários (veja a Seção 12.1) e, por isso, existem em abundância nos solos. As argilas contêm lâminas de tetraedro de silicato polimerizado em camadas (veja a Figura 12.3).

Três dos átomos de oxigênio em torno de cada átomo de silício estão ligados a átomos de silício vizinhos, e o quarto átomo de oxigênio se eleva para fora da lâmina, ligado a uma segunda placa paralela. Nos minerais comuns de argila, a caulinita e a pirofilita, o quarto átomo de oxigênio está ligado a um íon de alumínio, Al^{3+} (veja a Figura 12.4). O alumínio prefere a coordena-

FIGURA 12.3

Estrutura em camadas do tetraedro de silicato polimerizado. Os círculos negros representam os átomos de silício e os círculos vazados representam os átomos de oxigênio. Cada átomo de silício está tetraedricamente ligado a quatro átomos de oxigênio. Os átomos de oxigênio sobrepostos aos de silício são direcionados para cima e ligados a uma segunda camada paralela.

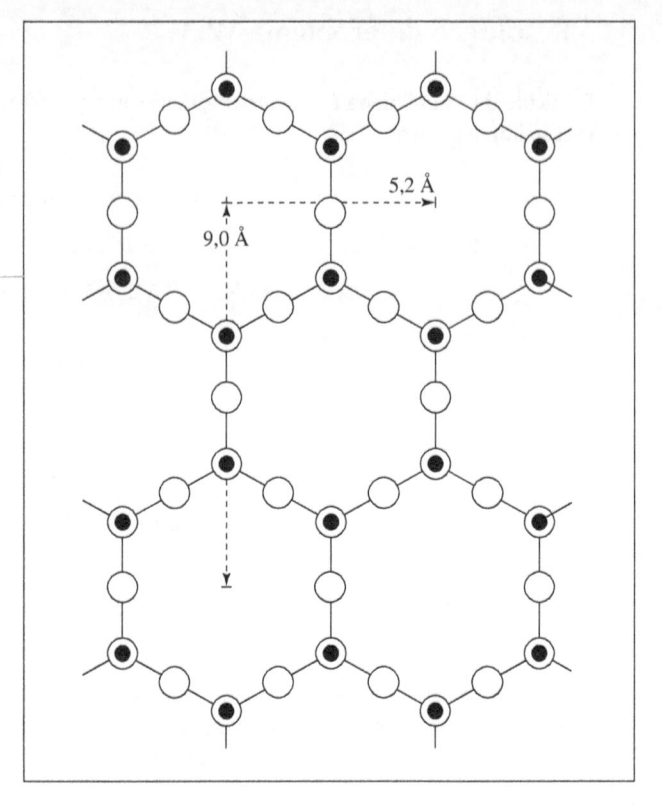

FIGURA 12.4

Estrutura da caulinita, $Al_4Si_4O_{10}(OH)_8$. As placas contêm lâminas de filossilicato ligadas a camadas octaédricas de alumínio (as linhas pontilhadas indicam posições coordenadas em seis dobras na camada octaédrica). A distância entre duas placas sucessivas é de 7,2 Å.

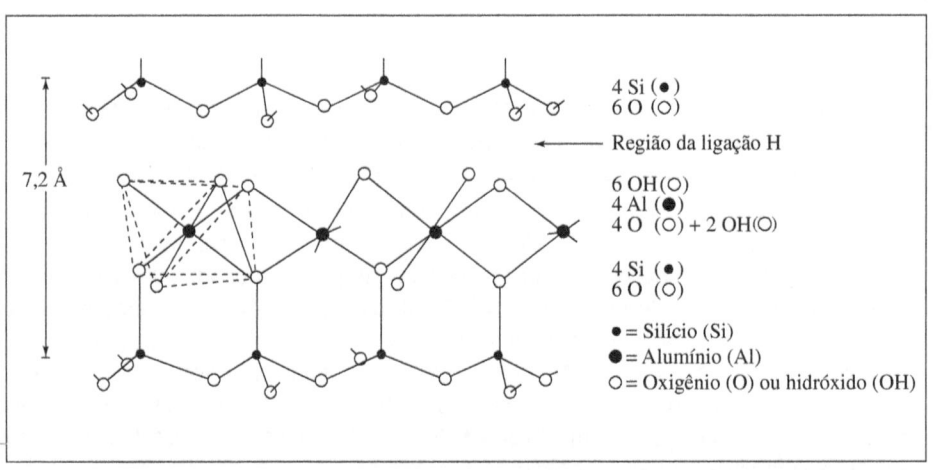

4 Si (●)
6 O (○)

← Região da ligação H

6 OH(○)
4 Al (●)
4 O (○) + 2 OH(○)

4 Si (●)
6 O (○)

● = Silício (Si)
● = Alumínio (Al)
○ = Oxigênio (O) ou hidróxido (OH)

ção octaédrica e está rodeado por seis átomos de oxigênio. Na caulinita, dois desses átomos de oxigênio são fornecidos pelos grupos silicatos vizinhos, e os oxigênios restantes provêm dos grupos hidroxila; os grupos hidroxila de alumínio formam ligações de hidrogênio com átomos de oxigênio adjacentes para manter as camadas unidas. Na pirofilita, os octaedros de alumínio estão encapsulados entre duas lâminas de silicato (veja a Figura 12.5); a próxima camada tripla é ligada de forma apenas frouxa à primeira, visto que os átomos de oxigênio dos silicatos frontais carecem de prótons para formar ligações de hidrogênio. O espaço entre as camadas pode ser preenchido por moléculas de água, e a pirofilita incha consideravelmente. Em muitas argilas, parte dos íons de Al^{3+} é substituída por íons de Fe^{3+}.

Outros aluminossilicatos possuem as estruturas da caulinita e da pirofilita, mas com alguns dos íons de alumínio ou silício substituídos por íons metálicos de carga inferior. Por isso, o mineral de argila comum montmorilonita possui estrutura de pirofilita, mas cerca de um sexto dos íons de Al^{3+} é substituído por Mg^{2+}. Analogamente, as argilas de ilita compartilham essa estrutura, mas os íons de Al^{3+} substituem alguns dos íons de Si^{4+} na lâmina de silicato.

Essas substituições de cátions por carga inferior produzem excesso de carga negativa, que é contrabalançado pela adsorção de outros cátions, geralmente Na^+, K^+, Mg^{2+} ou Ca^{2+}, em meio às camadas de aluminossilicato. São os *cátions de base*, assim chamados porque seus óxidos são bases fortes. Eles são prontamente trocados por outros cátions na solução. A ordem de troca depende da afinidade dos cátions por sítios aniônicos na argila em relação à sua atração por moléculas de água. Em geral, os cátions de alumínio são mais difíceis e os cátions de sódio menos difíceis de trocar com outros íons no meio, seguindo a ordem de $Al^{3+} > H^+ > Ca^{2+} > Mg^{2+} > K^+ > NH_4^+ > Na^+$. Como os prótons são mais compactamente ligados do que a maioria dos outros cátions, se a solução do solo for acídica, os prótons farão a troca com os cátions adsorvidos. A troca de prótons por outros íons aumenta tanto o pH da solução quanto sua concentração de cátion de base. Assim, como o calcário, as argilas neutralizam os ácidos na água do solo enquanto aumentam a concentração dos cátions de base.

O solo também contém matéria orgânica, o húmus, que se compõe dos resíduos da decomposição vegetal. Os resíduos que são mais resistentes à degradação e, portanto, mais abundantes no solo, são os materiais poliméricos complexos, que possuem alto teor de grupos aromáticos (tal como a lignina). A oxidação parcial no solo introduz muitos grupos OH carboxílicos e fenólico (veja a Figura 12.6 a, b para um diagrama das estruturas). Coletivamente são chamadas de *substâncias húmicas* e podem se subdividir em *humina*, *ácido húmico* e *ácido fúlvico*, com base em sua reação à extração por uma base forte e a subseqüente acidificação. A humina constitui a parte não passível de extração, e o ácido húmico e o fúlvico se dissolvem em uma base forte. O ácido húmico se precipita na subseqüente acidificação, e o ácido fúlvico permanece na solução. No solo, os numerosos grupos carboxílicos fornecem os sítios de troca de cátion, complementando os das argilas.

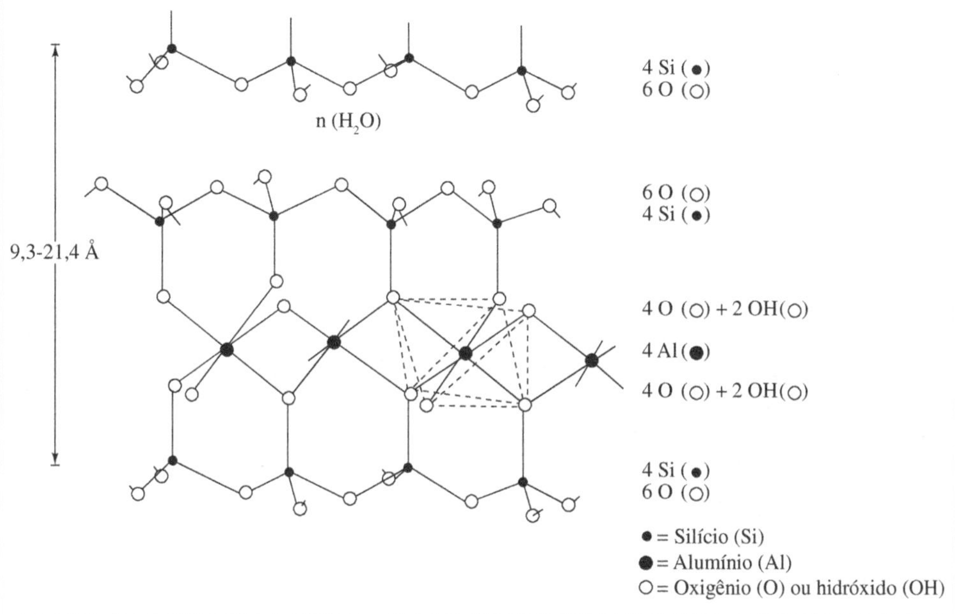

FIGURA 12.5

Estrutura da pirofilita, $Al_2Si_4O_{10}(OH)_2$. As placas contêm camadas octaédricas de alumínio, encaixadas entre duas lâminas de filossilicato. A distância entre as placas pode variar até 21 Å, dependendo do volume de água presente entre as placas.

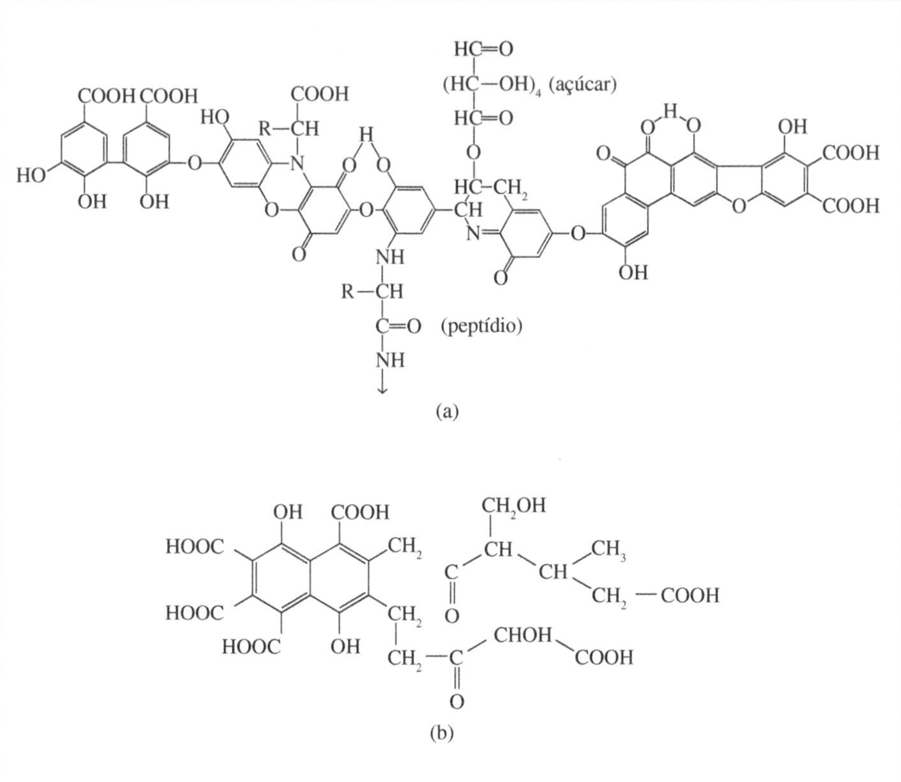

FIGURA 12.6

a) Modelo de estrutura de ácido húmico com grupos de açúcar e peptídio, grupos OH fenólicos livres e ligados, e carboxilas (—COOH). b) modelo de estrutura de ácido fúlvico contendo tanto os componentes aromáticos quanto os alifáticos extensivamente substituídos por grupos funcionais fenólicos e carboxílicos. O hidrogênio (H^+) no grupo carboxílico pode trocar com cátions de base. Em virtude da abundância de carboxilatos, os solos húmicos possuem alta capacidade de troca de cátions.

12.4 Efeitos da acidificação

a. Neutralização do solo. A Figura 12.7 diagrama as reações ácido-base que ocorrem após a chuva cair no solo. Inicialmente, o pH baixa, porque a camada superficial do solo contém grande quantidade de CO_2 devida à decomposição bacteriana da matéria orgânica, em até cem vezes a concentração de CO_2 na atmosfera. Além disso, a planta exsuda uma variedade de ácidos orgânicos e a deterioração da matéria vegetal produz outros ácidos ao longo da posterior conversão das moléculas orgânicas em CO_2. Os valores de pH na camada superficial do solo ficam freqüentemente abaixo de 5.

À medida que a água vai para as camadas minerais, as reações de neutralização entram em ação. Nos solos que contêm calcário (solos *calcários*), a reação por meio da neutralização (12.14) eleva o pH para 8,3 (veja a Resolução de problema 12.3). A eficácia dessa reação se reflete na prática disseminada da *calagem* (mistura de calcário triturado no solo) nos campos agrícolas, bem como em gramados e jardins, para elevar o pH de solos ácidos.

Na ausência de calcário, a neutralização ocorre por meio da troca de prótons pelos cátions de base nos locais de troca iônica das partículas de argila e húmus. O número de sítios de cátions intercambiáveis é a *capacidade de troca iônica* (CEC, do inglês, *cation exchange capacity*), medida em unidades de equivalentes de ácido (*eq*) por metro quadrado de solo. A fração dos solos ocupados por cátions de base, em vez de por H^+, é chamada de *saturação de base* (β). Esses locais de troca iônica consistem de átomos de O aniônicos ligados ao retículo de silicato (ou ânions orgânicos de ácido, no caso do húmus) e são muito menos básicos do que o íon carbonato. Conseqüentemente, o pH aumenta bem menos em solos não calcários do que nos calcários; um pH comum nos solos calcários é de 5,5.

Como os sítios de troca iônica estão na superfície da partícula, a CEC é limitada e bem menor que a capacidade de neutralização dos solos calcários. Entretanto, a CEC é lentamente recarregada pelas reações de intemperismo de silicato, tal como a Equação (12.2), que libera cátions de base adicionais e fornece novos sítios de troca iônica. Em algumas reações de intemperismo, o Al^{3+} também é liberado da estrutura de aluminossilicato das argilas. Como o $Al[OH]_3$ possui solubilidade muito baixa, ele se precipita sob valores de pH acima de aproximadamente 4,2 e permanece ligado às partículas do solo. Se a acidificação do solo ultrapassar a CEC, de modo que quase todos os cátions de base sejam substituídos por prótons (β tende a zero), então o pH cairá abaixo de 4,2 e o alumínio será solubilizado.

$$Al[OH]_3 + 3H^+ \rightleftharpoons Al^{3+} + 3H_2O \qquad \textbf{12.20}$$

FIGURA 12.7

Percolação da água da chuva pelo solo e neutralização por calcário e argilas.

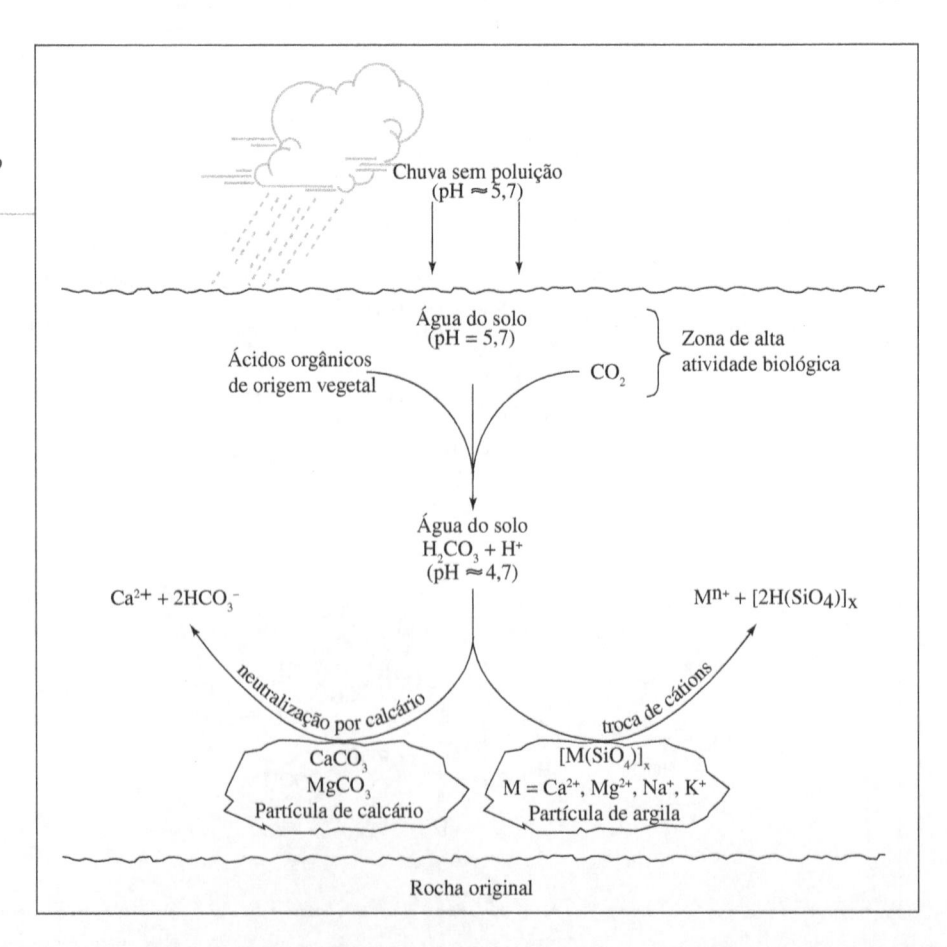

- Chuva sem poluição (pH ≈ 5,7)
- Água do solo (pH = 5,7)
- Zona de alta atividade biológica
- Ácidos orgânicos de origem vegetal
- CO_2
- Água do solo $H_2CO_3 + H^+$ (pH ≈ 4,7)
- $Ca^{2+} + 2HCO_3^-$ — neutralização por calcário — $CaCO_3$, $MgCO_3$ Partícula de calcário
- $M^{n+} + [2H(SiO_4)]_x$ — troca de cátions — $[M(SiO_4)]_x$, $M = Ca^{2+}, Mg^{2+}, Na^+, K^+$ Partícula de argila
- Rocha original

b. Dureza e detergentes. As reações de neutralização que elevam o pH da água natural à medida que ela penetra o solo (veja a Figura 12.7) também trazem para a solução quantidades consideráveis de íons de cálcio e magnésio. A água com concentrações relativamente altas de Ca^{2+} e Mg^{2+} é considerada 'dura', e a água com baixas concentrações é 'mole'. A água mole também possui pH mais baixo porque as baixas concentrações de Ca^{2+} e Mg^{2+} refletem a pouca disponibilidade de calcário ou argilas para neutralização.

As denominações dura e mole refletem o fato de que os íons duplamente carregados de Ca^{2+} e Mg^{2+} podem precipitar os detergentes. Estes são moléculas com longas cadeias de hidrocarboneto e grupos iônicos ou de cabeça polar (veja a Figura 12.8 a). Quando adicionadas à água mole, as moléculas de detergente se agregam em micelas (veja a Figura 12.8 b), com as caudas de hidrocarboneto apontando para dentro e os grupos polares apontando para fora da água. O interior hidrofóbico das micelas solubiliza a gordura e as partículas de sujeira, removendo-as de roupa, pratos ou outros itens que são lavados. Na água mole, as micelas flutuam livremente e são impedidas de se agregarem pelas repulsões mútuas dos grupos hidrofílicos de cabeças polares.

Esse processo de solubilização é impedido pela água dura. Os grupos de cabeça polar da maioria dos detergentes são negativamente carregados; eles interagem com cátions divalentes, tais como Ca^{2+} e Mg^{2+} e se precipitam. As micelas passam a se tornar indisponíveis para solubilizar a sujeira; pior que isso, as próprias precipitações tendem a se tornar espumosas e aderir aos itens que são lavados. Conseqüentemente, nas áreas com água dura, uma lavagem requer a adição de agentes – chamados de *builders* no ramo de lavanderias – que ligam os cátions polivalentes, impedindo-os de precipitar o detergente.

Os produtos detergentes contêm uma variedade de tipos de *builders*. Uma categoria abrange os *agentes quelantes*, moléculas com vários grupos doadores que podem ligar os cátions por meio de múltiplas ligações coordenadas. Um agente quelante particularmente eficaz é o tripolifosfato de sódio (STP, do inglês, *sodium tripolyphosphate*) que, na Figura 12.9a, está ligado a um

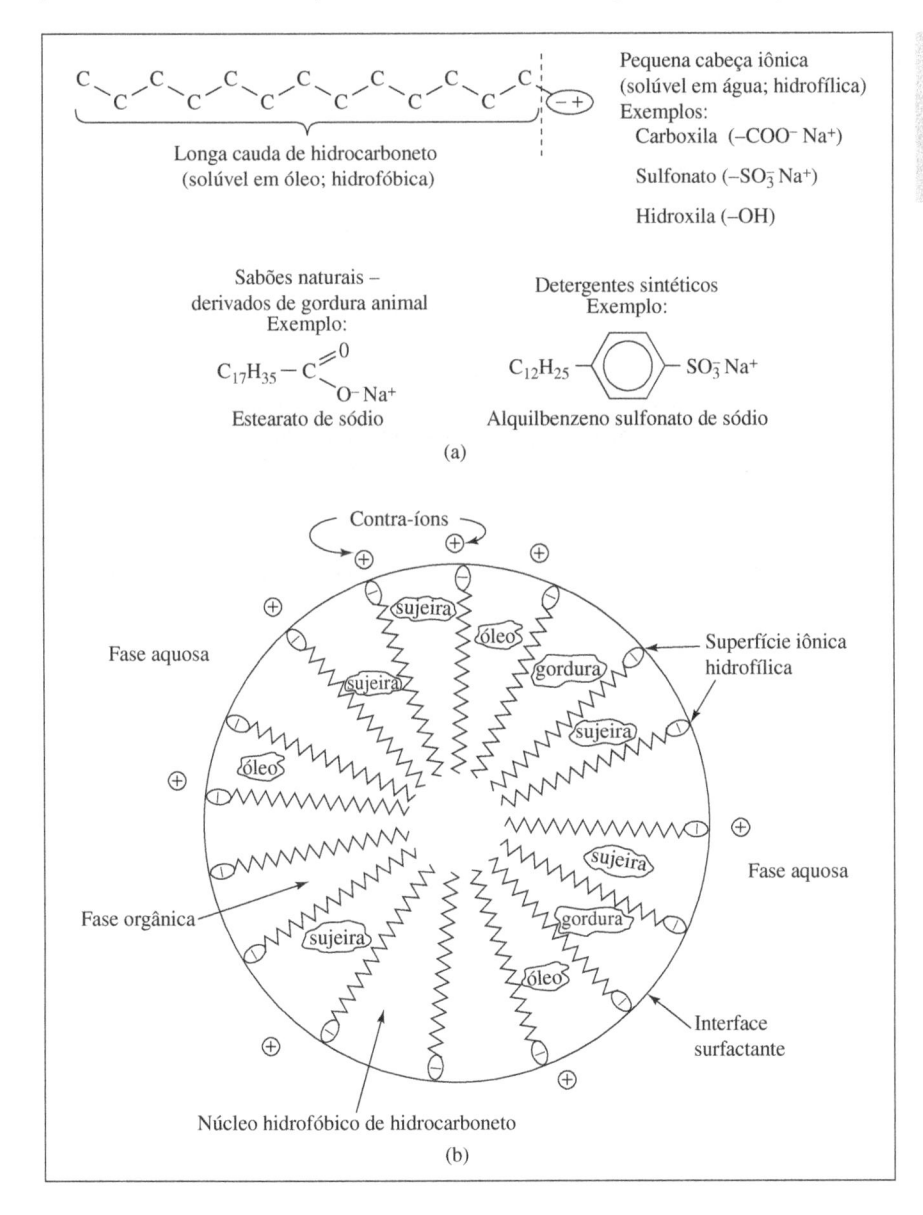

FIGURA 12.8

(a) Estruturas de moléculas de detergente;
(b) diagrama de uma micela de detergente.

FIGURA 12.9

Agentes quelantes: substâncias químicas que ligam íons positivos em solução de modo que eles não possam mais reagir com os detergentes (a) tripolifosfato de sódio (STP); (b) nitrilotriacetato de sódio (NTA).

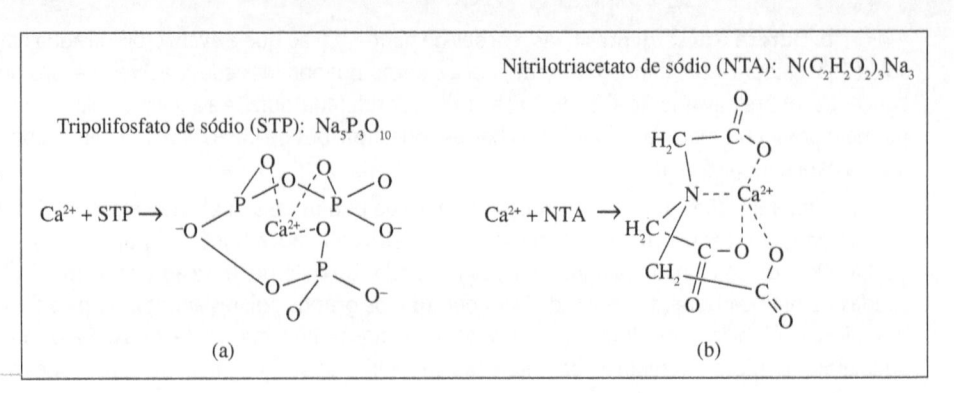

Tripolifosfato de sódio (STP): $Na_5P_3O_{10}$

$Ca^{2+} + STP \rightarrow$

Nitrilotriacetato de sódio (NTA): $N(C_2H_2O_2)_3Na_3$

$Ca^{2+} + NTA \rightarrow$

(a)　　　(b)

íon de Ca^{2+}. Esse composto é relativamente barato e possui a vantagem de rapidamente se romper no meio ambiente em fosfato de sódio, um mineral de ocorrência natural e nutriente para plantas. Entretanto, os detergentes contendo STP liberam fosfato de sódio em corpos naturais de água e podem estimular o crescimento de plantas, acarretando a eutrofização. Em resposta às advertências dos ambientalistas, o uso de fosfatos em detergentes de lavanderia foi banido dos Estados Unidos. Eles ainda são usados, porém, em detergentes de lavadoras de louça e para fins industriais. Os fosfatos não foram banidos na maioria dos outros países. Na Europa, os detergentes são considerados uma pequena fonte de fosfato ambiental, se comparados ao escoamento superficial de fazendas e abatedouros de animais.

Uma variedade de agentes quelantes alternativos foi explorada, tais como o nitrilotriacetato de sódio, NTA (veja a Figura 12.9 b). O NTA não é amplamente usado hoje, em parte pelo custo, em parte pela preocupação de que o NTA não se rompe tão prontamente quanto o STP e, portanto, pode mobilizar metais que não o cálcio e o magnésio. Os *builders* mais bem-sucedidos são as *zeólitas*, minerais aluminossilicatos sintéticos capazes de confinar Ca^{2+} ou Mg^{2+} por troca iônica, liberando íons de Na^+ em seu lugar. Nos Estados Unidos, as zeólitas substituem o STP nos detergentes de lavanderia.

c. Deposição ácida e a capacidade tampão de bacias hidrográficas. Conforme se descreveu na Parte II, a atmosfera recebe suprimentos substanciais de SO_2 e NO tanto de fontes naturais quanto de fontes antropogênicas. Essas emissões são removidas do ar em poucos dias pelas reações de oxidação e posteriormente transferidas para o solo, seja diretamente por deposição seca em aerossóis, seja indiretamente por deposição úmida na chuva. Essas reações são vitais à saúde da biosfera porque limpam o ar dos gases venenosos. Se o SO_2 e o NO se acumulassem na atmosfera como CO_2, o ar rapidamente se tornaria tóxico.

Entretanto, a purificação atmosférica transfere ácidos sulfúricos e nítricos para os solos. Por conseguinte, os solos podem ser descritos como *depósitos* ou *reservatórios* de poluentes atmosféricos. Os poluentes emitidos no ar fluem pelo meio ambiente, mediados por uma série de processos físicos e químicos, como ilustra esquematicamente a Figura 12.10. A primeira etapa é o transporte pelo ar e, a seguir, a deposição no solo (1). Os solos, em sua função de *filtros químicos*, podem adsorver, neutralizar ou então reter e armazenar o poluente. Quando a capacidade tamponante é reduzida, o solo pode liberar o poluente para rios e lagos (2a) ou para os aqüíferos (2b). Finalmente, os poluentes são descarregados nos oceanos por meio da correnteza (3a) e do fluxo subsuperficial (3b) e depositados no sedimento oceânico (4), o último repositório.

A efetividade do solo como um filtro químico dos suprimentos ácidos depende de sua capacidade tamponante e da velocidade da deposição ácida. Embora a capacidade tamponante da maioria dos solos seja suficiente para neutralizar os ácidos de ocorrência natural, com o tempo, essa capacidade pode ser superada pelas altas entradas de deposição ácida. A Figura 12.11 ilustra esquematicamente o curso dos eventos à medida que o solo continuamente se acidifica. Na presença de calcário, o pH é inicialmente mantido em cerca de 8, por meio da dissolução do carbonato.

FIGURA 12.10

Fluxo do poluente X das fontes aos reservatórios.

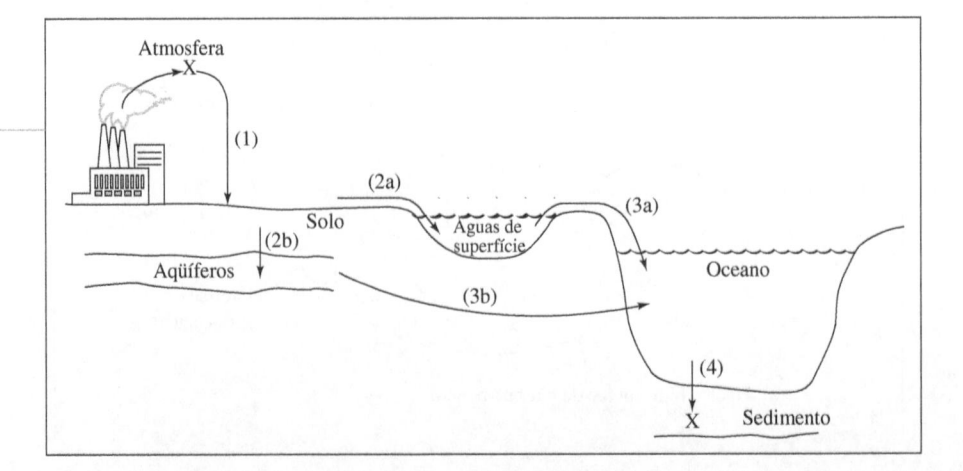

FIGURA 12.11

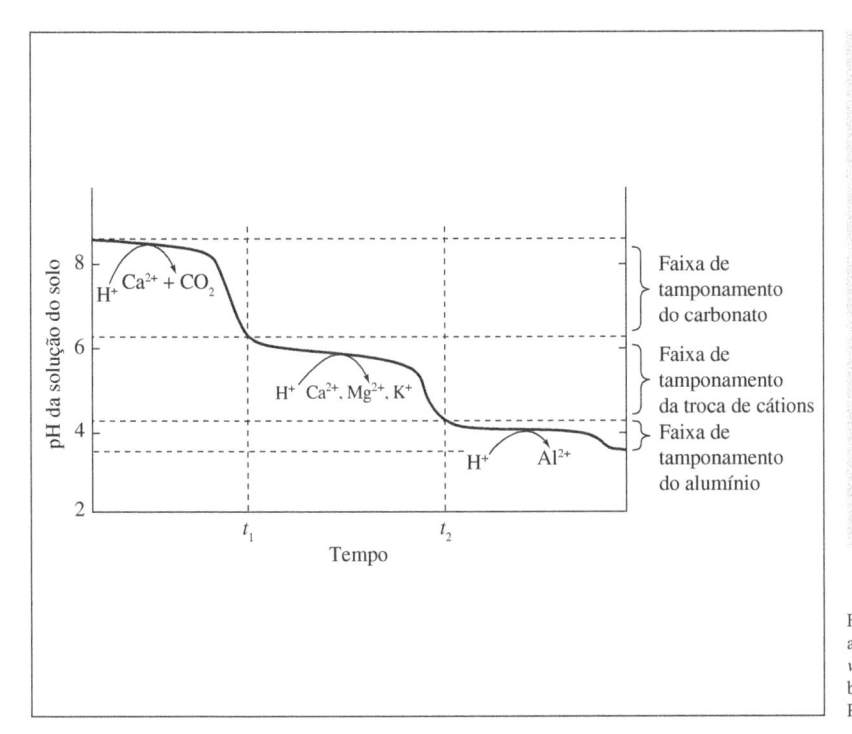

Diagrama demonstrativo da progressão do declínio do pH da solução do solo em resposta às entradas de ácido atmosférico. Para um dado solo, a escala de tempo pelo qual a solução do solo passa de uma faixa tamponante para a próxima depende da intensidade da deposição ácida e da concentração de cátions intercambiáveis. As setas indicam a química pela qual o solo retém H^+ da solução do solo, trocando-o por cátions. O período de t_1 para t_2 é o tempo que os solos levam para perder de 90% a 95% dos seus cátions de base intercambiáveis.

Fonte: W. M. Stigliani e R. W. Shaw. "Energy use and acid deposition: The view from Europe", *Annual Review of Energy*, 1990, 15:201–216. Copyright© 1990 by Annual Reviews, (http://www.AnnualReview.org). Reprodução autorizada por *Annual Review of Energy*.

Quando o calcário é dissolvido, o pH cai para cerca de 5,5 enquanto o ácido desloca os cátions de base no solo. Depois que eles são todos deslocados, o pH cai para cerca de 4 e o $Al(OH)_3$ é gradualmente dissolvido. Desse modo, há três regiões distintas de tamponamento, conforme o solo sofre titulação por prótons.

A Figura 12.11 também pode representar o destino de uma bacia hidrográfica sujeita a contínuas entradas de ácido. O pH pode permanecer razoavelmente constante, no pH tamponante do carbonato ou do silicato, por longos períodos de tempo e depois baixar rapidamente quando a capacidade tamponante for ultrapassada. É difícil prever quando isso ocorrerá. O período depende de muitos fatores, incluindo a velocidade de deposição, a natureza do solo, o tamanho da bacia hidrográfica e as características de vazão do lago ou dos aqüíferos.

Um caso em que o registro histórico de acidificação foi bem documentado, porém, é a bacia hidrográfica do lago Big Moose, nas montanhas Adirondack, no estado de Nova York. Essa área recebeu alguns dos maiores suprimentos de deposição ácida na América do Norte por estar a favor do vento que sopra do oeste da Pensilvânia e do Vale do Ohio, historicamente o coração industrial dos Estados Unidos. Os poluentes carregados pelos ventos ocidentais são confinados nas montanhas e se depositam por meio de deposição úmida e seca.

As dificuldades em reconhecer a acidificação enquanto ela ocorre estão ilustradas na Figura 12.12, que mostra as tendências históricas do pH da água do lago Big Moose (linha tracejada), as emissões de SO_2 contra o vento que sopra do lago (linha cheia) e a extinção de diversas espécies de peixes. A bacia hidrográfica de Adirondack repousa sobre rocha granítica, desprovida de calcário. O pH do lago permaneceu praticamente constante em torno de 5,6, o valor tamponante da argila, por todo o período entre 1760 e 1950. Então, no espaço de 30 anos, de 1950 a 1980, o pH diminuiu em mais de uma unidade inteira de pH, para cerca de 4,5. O declínio no pH ficou atrás do aumento nas emissões de SO_2 por uns 70 anos; e os anos de pico nas emissões de enxofre precederam em 30 anos ao declínio do pH. Estima-se que a velocidade de deposição tenha sido de cerca de 2,5 gramas de enxofre $m^{-2}ano^{-1}$ no período de pico. Essas quantidades, depositadas ano após ano, foram grandes o suficiente para esgotar a capacidade para troca de cátions de base na bacia hidrográfica. Desse modo, começando em torno de 1950, a deposição ácida atmosférica se moveu pelos solos exauridos de capacidade tamponante da bacia hidrográfica e alcançou o lago com neutralização reduzida (veja o problema 12, Parte III). Nesse ponto, espécies de peixes sensíveis ao ácido, tais como o achigã de boca pequena, o pescado e o *longnose sucker*, começaram a desaparecer, seguidas no final de década de 1960 pela truta de lago, mais resistente a ácidos.

Pela configuração da tendência histórica do pH, pode-se constatar que o lago Big Moose foi objeto de uma experiência inadvertida de titulação, conduzida por quatro gerações de atividade industrial. A industrialização movida a carvão no Vale do Ohio, estando contra o vento que sopra do lago, supriu as entradas de ácido, na maior parte à medida que o ácido sulfúrico se formava do SO_2 liberado durante a combustão do carvão. Os solos da bacia hidrográfica forneceram a provisão de substâncias químicas tamponantes. Dessa forma, a capacidade tamponante natural da bacia retardou o reconhecimento dos danosos efeitos da queima de carvão por cerca de três gerações. Nesse período, não houve nenhuma evidência direta de como a poluição afetava o pH do lago ou a mortandade de peixes. Como esse exemplo sugere, as atividades poluidoras podem se distanciar bastante no tempo de seus efeitos ambientais.

FIGURA 12.12

Tendências no pH da água do lago (curva pontilhada), emissões de SO_2 contra o vento que sopra do meio-oeste norte-americano (curva cheia) e extinções de peixes no período de 1760 a 1980.

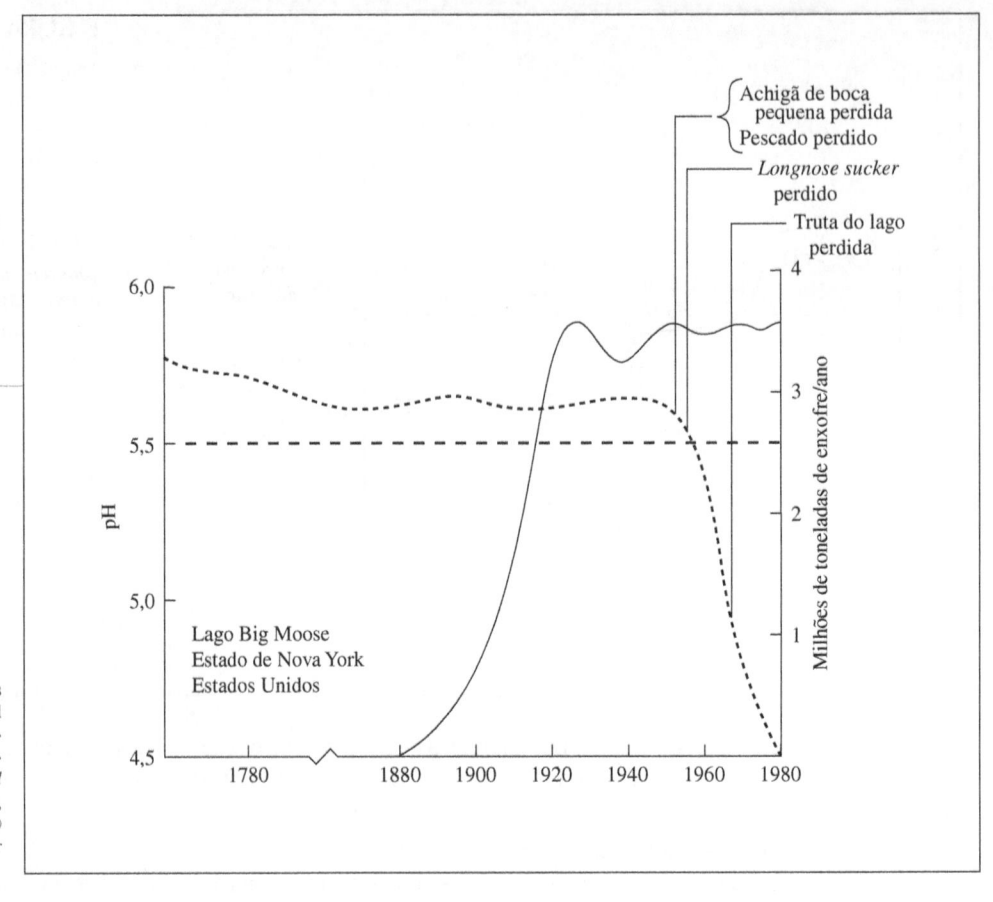

Fonte: W. M. Stigliani. "Changes in valued capacities of soils and sediments as indicators of non-linear and time-delayed environmental effects", *Environmental Monitoring and Assessment*, 1988, 10:245–307. Copyright© 1988. Reprodução autorizada por Kluwer Academic Publishers.

d. Efeitos da chuva ácida no ecossistema.

Embora a perda de peixes em lagos acidificados seja um indicador dramático, os efeitos da chuva ácida no ecossistema são muito mais extensivos. Estudos meticulosos na Floresta Experimental de Hubbard Brook, em New Hampshire, nos Estados Unidos, revelaram que as concentrações de cálcio e magnésio foram reduzidas à metade dos índices históricos e que o crescimento geral da vegetação está em estagnação. Estudos em muitas outras localidades nos estados do nordeste dos Estados Unidos também indicam reduções nos níveis de cátions dos nutrientes, além da liberação de alumínio, que pode ser encontrado em precipitação nas radículas das árvores, bloqueando a absorção de nutrientes. Nas florestas em Vermont, constatou-se que as névoas e as chuvas ácidas provocam a lixiviação diretamente das folhas de abetos, deixando as árvores vulneráveis à seca e aos insetos. Efeitos semelhantes estão sendo atualmente relatados no sudeste dos Estados Unidos, cerca de 20 anos após sua ocorrência na região nordeste. O atraso é atribuído ao efeito tamponante dos solos mais compactos da região sul, que agora se tornam saturados com ácido.

Nas últimas três décadas, leis cada vez mais rigorosas de combate à poluição reduziram as emissões norte-americanas de SO_2 em aproximadamente 40%, mas os ecologistas estimam que uma redução adicional de 80% será necessária para permitir que os solos afetados regenerem os níveis de cátions de base requeridos pelas árvores saudáveis. Nesse ínterim, o componente de ácido nítrico da chuva ácida recebe crescente atenção, principalmente na região oeste dos Estados Unidos, onde os carvões com baixo teor de enxofre minimizam as emissões de SO_2, mas onde a população e o tráfego em expansão (bem como o esterco dos criadouros de animais da região) acarretaram o aumento de NO_x na atmosfera. Os abetos antigos nas Montanhas Rochosas que se localizavam a favor do vento que sopra das áreas populosas apresentaram níveis altos de nitrogênio e níveis baixos de magnésio em suas folhas. Rios da vizinhança, que, em geral, são pobres em nutrientes, apresentam populações de diatomáceas transformando-se em espécies que se dão melhor em águas ricas em nitrato.

Os danos provocados pela acidificação se intensificam quando os solos também são poluídos por metais tóxicos, tais como cádmio, cobre, níquel, chumbo e zinco. Como cátions, esses metais competem com o hidrogênio e os cátions de base por locais de troca iônica. Em alto pH, os íons metálicos em solos bem tamponados são geralmente retidos nos locais de troca; suas concentrações na solução do solo são baixas. Entretanto, à medida que o pH declina de 7 para 4, a velocidade da lixiviação na qual um íon migra pelo solo pode aumentar em uma ordem de grandeza, como a indicada pelo exemplo do cádmio (veja a Figura 12.13). Dessa forma, em proximidade com um pH neutro, o solo vai acumular metais pesados, tais como cádmio, somente para liberá-los conforme o solo se acidifica. Quando na fase aquosa, os íons de cádmio são móveis e biologicamente ativos. Eles podem ser transportados para os lagos por meio da corrente superficial ou subsuperficial, transferidos para os aqüíferos ou absorvidos pela vegetação, com efeitos tóxicos. O Al^{3+} também é tóxico para plantas e organismos aquáticos. Parte dos efeitos deletérios da forte acidificação provavelmente se deve ao Al^{3+} lixiviado com origem nas partículas de argila no solo.

FIGURA 12.13

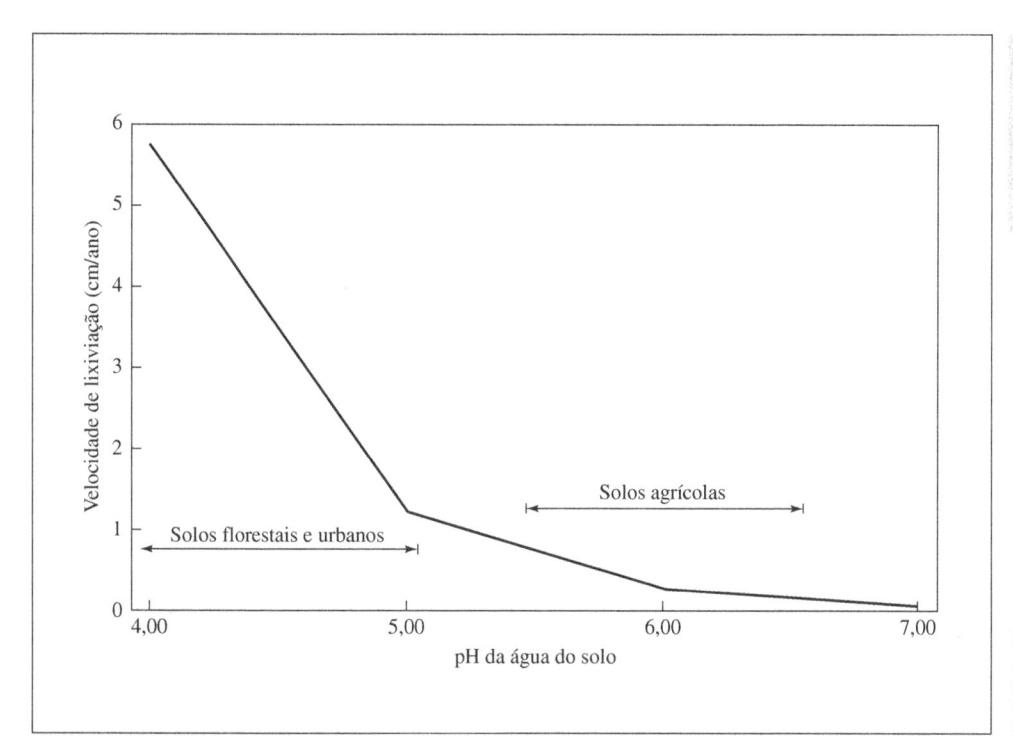

Velocidade de lixiviação de cádmio no solo, em função do pH da água do solo.

Fonte: W. M. Stigliani e P. R. Jaffe (1992), comunicação pessoal (Laxenburg, Áustria: International Institute for Applied Systems Analysis).

e. Drenagem ácida de minas. Um problema relacionado com a chuva ácida é a drenagem ácida de minas. Sabe-se que as minas de carvão, principalmente aquelas que foram abandonadas, liberam quantidades consideráveis de ácido sulfúrico e hidróxido de ferro em rios locais. A primeira etapa do processo consiste na oxidação da pirita [FeS_2], que é comum nas camadas finas de carvão subterrâneas:

$$FeS_2 + \tfrac{7}{2}O_2 + H_2O \rightleftharpoons Fe^{2+} + 2HSO_4^- \qquad \textbf{12.21}$$

Essa reação é análoga à primeira etapa na geração de chuva ácida, em que o enxofre é oxidado durante a combustão do carvão. Na drenagem ácida de minas, entretanto, essa etapa é mediada sob condições aeróbias pela bactéria *Thiobacillus ferrooxidans*, que oxida o FeS_2 como uma fonte de energia, de modo análogo com que outras bactérias aeróbias oxidam o carbono orgânico [CH_2O] nas reações da respiração. A etapa da oxidação ocorre espontaneamente sob temperatura ambiente quando o sulfeto de ferro, que é estável na ausência de ar, é exposto à atmosfera. Na segunda etapa, o íon ferro (II) formado pela Equação (12.21) combina com o oxigênio e a água nas reações gerais:

$$Fe^{2+} + \tfrac{1}{4}O_2 + \tfrac{1}{2}H_2O \rightleftharpoons Fe^{3+} + OH^- \qquad \textbf{12.22}$$

$$Fe^{3+} + 3H_2O \rightleftharpoons Fe[OH]_3 + 3H^+ \qquad \textbf{12.23}$$

A soma das equações (12.21), (12.22) e (12.23) produz a seguinte reação:

$$FeS_2 + \tfrac{15}{4}O_2 + \tfrac{7}{2}H_2O \rightleftharpoons Fe[OH]_3 + 2H^+ + 2HSO_4^- \qquad \textbf{12.24}$$

Portanto, um mol de pirita produz dois mols de ácido sulfúrico e um mol de hidróxido férrico, que é removido da solução como uma precipitação marrom. O pH dos rios que recebem essa drenagem pode baixar a 3,0.

Essas reações prosseguem muito após o fim das operações de mineração do carvão. O problema da poluição resultante disso pode ser bastante grave localmente; nas áreas de mineração de carvão, os rios são, em geral, altamente poluídos com ácido sulfúrico. Trata-se de um problema difícil de evitar porque selar as minas de forma efetiva é árduo e caro. Como a mineração de carvão é uma das principais atividades na maior parte dos continentes, o problema da drenagem ácida de minas possui implicações globais.

f. Acidificação global. Até aqui, discutimos sobre a acidificação em escalas local e regional. A drenagem ácida de minas está ligada a bacias hidrográficas específicas; a chuva ácida depende da atividade industrial e dos padrões climáticos predominantes. Mas a deposição ácida em nível global com origem em fontes industriais tem a mesma ordem de grandeza que a deposição de fontes naturais (veja a Tabela 12.2; veja o problema 13, Parte III). A deposição ácida não é tudo, pois há ainda as fontes naturais e antropogênicas de substâncias químicas alcalinas na atmosfera. Elas incluem a amônia [NH_3] e as partículas alcalinas derivadas das cinzas, bem como os minerais alcalinos transportados pelo vento. Estima-se, de forma generalizada, que essas substâncias químicas neutralizem entre 20% e 50% da acidez gerada. A atmosfera tem atuado como meio ácido por toda a era geológica, mas as fontes naturais de acidez, embora da mesma ordem de grandeza das fontes antropogênicas, estão uniformemente espalhadas pelo globo. As fontes poluidoras se concentram nas proximidades dos centros industriais e urbanos, com níveis de acidez que ultrapassam de 50 a cem vezes o histórico natural. É a excessiva concentração de acidez em determinadas regiões que causa problemas à biosfera.

TABELA 12.2 *Fontes naturais e antropogênicas de acidez atmosférica global.*

Fonte	10^{12} mols de H^+ gerados por ano
NATURAL	
Água da chuva não poluída	1,0
Relâmpago*	1,4
Vulcões†	1,3
Enxofre biogênico	4,1
TOTAL NATURAL	**7,8**
POLUIÇÃO	
Combustão de carvão/fundição de metal†	5,8
Processos de combustão*	1,4
TOTAL DE POLUIÇÃO	**7,2**

* Refere-se à acidez gerada por emissões de NO_x.
† Refere-se à acidez gerada por emissões de SO_2.
Fonte: adaptada de W. H. Schlesinger. *Biogeochemistry, an analysis of global change*, San Diego, Califórnia: Academic Press Inc., 1991.

13 Oxigênio e vida

Agora nos voltamos à água como o meio que sustenta a vida. Todos os organismos necessitam de água e grande parte deles vive em rios, lagos e oceanos. A vida começou no oceano e somente depois ocupou a terra seca. Além disso, os processos biológicos exercem profunda influência na química das águas naturais e, na verdade, de todo o globo. Não fosse pela evolução dos organismos fotossintéticos, primeiro no oceano e, posteriormente, na terra, a atmosfera seria desprovida de oxigênio. A profunda influência do oxigênio na química da atmosfera foi amplamente considerada na Parte II. O O_2 é também o ator dominante na química e na bioquímica da hidrosfera. A disponibilidade limitada de O_2 na água estabelece o limite entre a vida aeróbia e a anaeróbia, com sérias conseqüências à qualidade da água e à saúde dos ecossistemas.

13.1 Reações redox e energia

A vida é movida pelas reações redox, os processos químicos em que os elétrons são transferidos de uma molécula para outra, com a liberação de energia. Os organismos desenvolveram mecanismos, compostos de proteínas e membranas, que canalizam essa energia para as reações bioquímicas que sustentam as funções vitais.

Em um meio aeróbio, o processo redox biológico mais importante é a respiração,

$$[CH_2O] + O_2 \rightleftharpoons CO_2 + H_2O \qquad \textbf{13.1}$$

que encontramos anteriormente como parte do ciclo global do carbono. Neste caso, as moléculas de carboidrato fornecem elétrons para a redução do dioxigênio. Todas as formas mais elevadas de vida obtêm energia por meio da respiração. Entretanto, muitos outros processos redox são utilizados pelas bactérias. De fato, elas evoluíram para explorar qualquer processo redox que esteja disponível na natureza. Em qualquer lugar onde um suprimento de moléculas oxidáveis coexista com moléculas capazes de oxidá-las, pode-se apostar na presença de bactérias capazes de utilizar a reação redox potencial. A oxidação de FeS_2 por *Thiobacillus ferrooxidans* na discussão sobre drenagem ácida de minas constitui um bom exemplo.

FUNDAMENTOS 13.1: NÍVEIS DE OXIDAÇÃO E ÁGUA

Muitos elementos podem existir em múltiplos estados de oxidação, dependendo do número de elétrons adicionados ou removidos da camada de valência dos átomos. No mundo aquoso, a estabilidade desses diferentes estados de oxidação depende das propriedades da água. Dessa forma, estamos familiarizados com os íons Na^+ e Mg^{2+}, porque o sódio e o magnésio possuem um e dois elétrons, respectivamente, em suas camadas de valência, que são facilmente removidos quando moléculas de água estão disponíveis para estabilizar os íons resultantes (veja a Figura 11.5). Todos os metais formam íons positivos em água, e, no caso dos metais de transição, múltiplos estados de oxidação estão disponíveis; por exemplo, o ferro pode existir na água como Fe^{3+} ou Fe^{2+}.

Os não-metais, sendo elementos eletronegativos, prontamente atingem níveis de oxidação negativos, dependendo do número de elétrons que suas camadas de valência podem acomodar. Dessa forma, os níveis de oxidação mais baixos atingíveis por F, O, N e C são –I, –II, –III e –IV; usamos numerais romanos para designar o número de oxidação, para distingui-los da carga real. Dessa forma, embora os íons Cl^- existam como tal na água, os íons O^{2-}, não. Suas afinidades protônicas são altas o suficiente para serem completamente convertidas em OH^- (ou em H_2O, dependendo do pH). Os níveis de oxidação mais baixos para N e C são representados por NH_3 (ou NH_4^+) e CH_4.

Os níveis de oxidação positivos também são acessíveis aos não-metais em conseqüência da estabilização disponível por meio da ligação com os íons óxidos. Dessa forma, C, N, S e Cl estão em seus estados máximos de oxidação, +IV, +V, +VI e +VII, quando cercados por óxido: CO_2 (ou CO_3^{2-}), NO_3^-, SO_4^{2-} e ClO_4^-. As cargas reais dos átomos centrais nessas moléculas são muito menores que +4, +5, +6 ou +7, visto que os elétrons são compartilhados nas ligações polares, porém covalentes, com os átomos de O. No entanto, o estado de oxidação é crucial na determinação das possibilidades da química redox. Por exemplo, oito elétrons devem ser removidos de N para converter NH_3 em NO_3^-. No caso da reação de respiração, Equação (13.1), o carbono em (CH_2O) está no estado de oxidação 0 (as regras são que o O conta como –2 e o H conta como +1 na determinação da carga 'efetiva', ou seja, o estado de oxidação, dos átomos restantes); quatro elétrons são transferidos para O_2 na conversão de [CH_2O] para CO_2.

Resolução de problema 13.1 — Cálculo do estado de oxidação e balanceamento das equações redox

Qual é o estado de oxidação de N no íon nitrito, NO_2^-?

Como o O conta como –2 e existe uma carga geral –1, N deve ter carga efetiva de +3. O nível de oxidação é III.

Escreva uma equação química balanceada para a redução de (NO_2^-) a NH_3 por H_2.

$$NO_2^- + 3H_2 + H^+ \rightleftharpoons NH_3 + 2H_2O$$

Em primeiro lugar, balanceie o número de elétrons transferidos do oxidante para o redutor. Como o N varia de III para –III, seis elétrons são transferidos. O H varia de 0 a I, portanto seis átomos de H, ou três moléculas de H_2, são necessários para receber os elétrons. Como a reação ocorre em água, é permitido adicionar H_2O, H^+ ou OH^- a qualquer lado da reação, conforme a necessidade. Observando que o nitrito possui dois átomos de O, nós o balanceamos adicionando duas moléculas de água ao lado direito. A contagem total de H no lado direito passa a ser de sete, que balanceamos adicionando um H^+ ao lado esquerdo. Isso também balanceia a carga.

a. Demanda bioquímica de oxigênio. Sempre que há oxigênio presente, a respiração fornece energia redox para preservação da vida, mas, na água sob a forma líquida, o oxigênio pode facilmente se exaurir. A solubilidade do O_2 em água é de apenas 9 mg/L (cerca de 0,3 milimolar) a 20 °C e menos ainda sob temperaturas mais elevadas. O suprimento de oxigênio pode ser renovado pelo contato com o ar, como em correntezas rápidas. Mas, em água parada ou em solos encharcados, a difusão do oxigênio com origem na atmosfera é lenta em relação à velocidade do metabolismo microbial, e o oxigênio se esgota.

Em virtude da importância do oxigênio para o metabolismo, um parâmetro chamado de *demanda bioquímica de oxigênio* (DBO) foi definido para medir o poder de redução da água que contém carbono orgânico. A DBO é o número de miligramas de O_2 necessário para realizar a oxidação do carbono orgânico em um litro de água. A Tabela 13.1 fornece valores para diversos resíduos industriais e o esgoto municipal.

TABELA 13.1 *DBOs típicos para vários processos.*

Tipo de emissão	DBO (mg O_2/litro de efluente)
Esgoto doméstico	165
Todos os industriais	200
Produtos químicos e afins	314
Papel	372
Alimento	747
Metais	13

Resolução de problema 13.2 — DBO

Qual é a DBO da água em que 10 mg de açúcar (fórmula empírica do CH_2O) são dissolvidos em um litro? Como isso se compara com a solubilidade do O_2 a 20 °C?

Considerando-se que cada mol de CH_2O requer um mol de O_2 [Equação (13.1)], dividimos 10 mg pela massa molecular do CH_2O (30 g) para obter o número necessário de mols de O_2 e, a seguir, multiplicamos pela massa molecular do O_2 (32) para obter a quantidade de mg:

$$DBO = 10 \times 32/30 = 10,7 \text{ mg/L}$$

Isso ultrapassa a solubilidade do O_2 (2 mg/L) em aproximadamente 20%.

b. Seqüência natural de reduções biológicas. Quando a água é desprovida de oxigênio, os organismos que dependem da respiração aeróbia não sobrevivem e as bactérias anaeróbias passam a dominar. Essas bactérias utilizam oxidantes em vez de O_2. Esses oxidantes alternativos são menos potentes que o O_2 e não podem produzir tanta energia. No entanto, as bactérias são bem capazes de sobreviver com processos de baixa energia; ao fazer isso, elas podem preencher nichos ecológicos não disponíveis aos organismos aeróbios. O poder de oxidação dos ambientes anaeróbios na biosfera é principalmente controlado por cinco moléculas. Na ordem decrescente de energia produzida, são: nitrato [NO_3^-], dióxido de manganês [MnO_2], hidróxido férrico [$Fe(OH)_3$], sulfato [SO_4^{2-}] e, sob condições extremas, o próprio dióxido de carbono [CO_2]. A Tabela 13.2 descreve os processos de oxidação biológica suportados por esses oxidantes.

O poder oxidante de uma molécula depende da reação específica que está sendo conduzida e é medido como o *potencial de redução* associado à redução do oxidante. A Tabela 13.3 mostra isso em relação aos oxidantes ambientais que estamos analisando. As populações microbiais usam primeiramente o oxidante que produz mais energia até ele se esgotar; somente então outro agente se torna o oxidante dominante. Dessa forma, o potencial redox de um corpo d'água tende a seguir um padrão gradativo conforme a DBO aumenta (veja a Figura 13.1).

TABELA 13.2 *Reações redox, produtos e conseqüências.*

Reação redox	Produtos/conseqüências das reações
1. $O_2 + CH_2O \rightarrow CO_2 + H_2O$	A condição aeróbia, caracterizada pelo máximo de potencial redox, ocorre quando há abundância de O_2 e relativa ausência de matéria orgânica por causa da decomposição óxica pelos microorganismos aeróbios. Dois exemplos são a digestão aeróbia dos resíduos de esgotos e a decomposição de matéria orgânica próximo à superfície de solos bem aerados. Os produtos finais, CO_2 e água, são atóxicos.
2. $\frac{4}{5}NO_3^- + CH_2O + \frac{4}{5}H^+ \rightarrow CO_2 + \frac{2}{5}N_2 + \frac{7}{5}H_2O$	Quando o oxigênio molecular é exaurido do solo ou da coluna d'água, como seria o caso, por exemplo, em solos encharcados e áreas alagadiças, o nitrato disponível é o oxidante mais eficaz. As bactérias com ação desnitrificadora consomem nitrato e liberam N_2. N_2O, um gás de efeito estufa, também é liberado como subproduto. Em solos agrícolas, a desnitrificação pode acarretar perdas de fertilizante de nitrogênio da ordem de até 20% da provisão. As bactérias com ação desnitrificadora também são muito ativas em rios pesadamente poluídos ou em estuários estratificados onde a matéria orgânica se acumula. Em alguns sistemas estuários, a desnitrificação pode afetar de forma significativa a transferência de nitrogênio às águas costeiras adjacentes e à atmosfera.
3a. $2MnO_2 + CH_2O + 4H^+ \rightarrow 2Mn^{2+} + 3H_2O + CO_2$ **3b.** $4Fe(OH)_3 + CH_2O + 8H^+ \rightarrow 4Fe^{2+} + 11H_2O + CO_2$	Em ambientes anaeróbios onde os nitratos estão em baixa concentração e os óxidos de manganês e férricos são abundantes, os óxidos de metal constituem uma fonte de oxidantes para oxidação microbial. Pode ser esse o caso em solos naturais, bem como nos sedimentos de lagos e rios. A importância ambiental desses óxidos de metal é que eles desempenham dois papéis. Não só constituem uma fonte de oxidantes aos microorganismos, mas também são importantes pela capacidade de ligar metais tóxicos pesados, compostos orgânicos deletérios, fosfatos e gases. Quando os óxidos de metal são reduzidos, eles se tornam solúveis em água e perdem a capacidade ligante. Essa perda pode resultar na liberação de materiais tóxicos.
4a. $\frac{1}{2}SO_4^{2-} + CH_2O + H^+ \rightarrow \frac{1}{2}H_2S + H_2O + CO_2$	As condições sulfídricas são produzidas quase integralmente pela redução bacteriana de sulfato para H_2S e HS^- que acompanha a decomposição de matéria orgânica. A redução de sulfato é muito comum em sedimentos marinhos em conseqüência da ubiqüidade da matéria orgânica e da abundância de sulfato dissolvido na água do mar. Em água doce, essas reações são importantes nas áreas afetadas pela deposição acídica na forma de ácido sulfúrico. O H_2S é um gás extremamente tóxico. Os sulfetos também são importantes na limpeza de metais pesados em sedimentos de fundo.
4b. $MS_2 + \frac{7}{2}O_2 + H_2O \rightarrow M^{2+} + 2SO_4^{2-} + 2H^+$	A conversão de um sulfeto de metal pesado [MS_2] em sulfato pode também ocorrer quando os sedimentos anaeróbios são expostos à atmosfera, como no caso de dragagens. Também pode ocorrer quando as áreas alagadiças que contêm pirita [FeS_2] são drenadas para a agricultura ou em áreas de mineração de carvão com a drenagem ácida de minas. Uma das conseqüências pode ser o aumento na acidificação pela geração de ácido sulfúrico; outra pode ser a liberação de metais tóxicos.
5. $CH_2O + CH_2O \rightarrow CH_4 + CO_2$	Sob condições anaeróbias a um potencial redox de aproximadamente −200 mV e na presença de bactérias metanogênicas, como as encontradas em pântanos, áreas inundadas, arrozais e nos sedimentos de baías e lagos confinados, compostos de carbono parcialmente reduzidos podem se desproporcionar e produzir metano e CO_2. Essa reação é mais comum em sistemas de água doce porque as concentrações de sulfato são bem inferiores às dos meios marinhos, em média um centésimo da concentração em água do mar. O metano é um gás essencial à determinação do clima global. Desde o início dos anos 1970, os níveis atmosféricos globais de metano têm aumentado à taxa de 1% ao ano. Embora as razões para esse crescimento ainda estejam sob investigação, a expansão da rizicultura no sudeste da Ásia tem sido mencionada como um fator de contribuição. Veja discussão, Parte II.

Fonte: W. M. Stigliani. "Changes in valued capacities of soils and sediments as indicators of nonlinear and time-delayed environmental effects", *Environmental Monitoring and Assessment*, 1988, 10:245–307. Copyright© 1988. Reprodução autorizada por Kluwer Academic Publishers.

TABELA 13.3 *Seqüência termodinâmica para redução de importantes oxidantes ambientais em pH 7,0 e temperatura a 25 °C.*

Reação	$Eh(V)$*
Desaparecimento de O_2	0,812
$CO_2 + 4H^+ + 4e^- \leftrightarrows 2H_2O$	
Redução de NO_3^- a N_2	0,747
$NO_3^- + 6H^+ + 5e^- \leftrightarrows 1/2 N_2 + 3H_2O$	
Redução de MnO_2 a Mn_2^+	0,526
$MnO_2 + 4H^+ + 2e^- \leftrightarrows Mn^{2+} + 2H_2O$	
Redução de Fe^{3+} Fe^{2+}	−0,047
$Fe(OH)_3 + 3H^+ + e^- \leftrightarrows Fe^{2+} + 3H_2O$	
Formação de H_2S	−0,221
$SO_4^{2-} + 10H^+ + 8e^- \leftrightarrows H_2S + 4H_2O$	
Formação de CH_4	−0,244
$CO_2 + 8H^+ + 8e^- \leftrightarrows CH_4 + 2H_2O$	

* $Eh(V)$ é o valor de $E°$ recalculado para pH 7.
Fonte: W. H. Schlesinger, *Biochemistry: an analysis of global change*, 2ª ed. San Diego: Academic Press, 1997.

À medida que os oxidantes são consumidos na conversão de carbono reduzido a CO_2, o potencial de redução cai para níveis sucessivamente inferiores, correspondendo aos pares redox de potenciais sucessivamente mais baixos: O_2/H_2O, NO_3^-/N_2, MnO_2/Mn^{2+}, $Fe[OH]_3/Fe^{2+}$, SO_4^{2-}/HS^- e CO_2/CH_4. Esses pares não fornecem potenciais reversíveis em eletrodos, mas a atividade metabólica da vasta gama de micróbios nos solos e na água garante que a transferência de elétron ocorra em um período de horas ou dias. Conseqüentemente, todos os materiais ativos em redox respondem ao potencial de redução estabelecido pela atividade microbial.

Note, contudo, que, embora exista uma correspondência geral com os valores de *Eh* das semi-reações, os potenciais dos platôs na Figura 13.1 se desviam consideravelmente dos números mostrados na Tabela 13.3. Isso ocorre porque as condições ambientais estão longe de ser a condição-padrão que estabelece os valores de *Eh*. Embora o pH possa se aproximar de 7, é improvável que as concentrações de outros reagentes e produtos seja igual a 1,0 *M* (ou 1 atm, no caso de um gás).

FIGURA 13.1

Seqüência de reações redox em ambientes aquosos. O O_2 em águas naturais a 20 °C é suficiente para oxidar aproximadamente 3,4 mg de carbono orgânico (aqui indicado como CH_2O) por litro de água. Quando a velocidade de reabastecimento de O_2 da atmosfera é mais lenta do que a taxa de oxidação de CH_2O, o oxigênio se esgota e os micróbios selecionarão o próximo oxidante mais energético na seqüência indicada. Para simplificar, somente os principais produtos e seus estados de valência são mostrados. Veja a Tabela 13.2 para equações balanceadas.

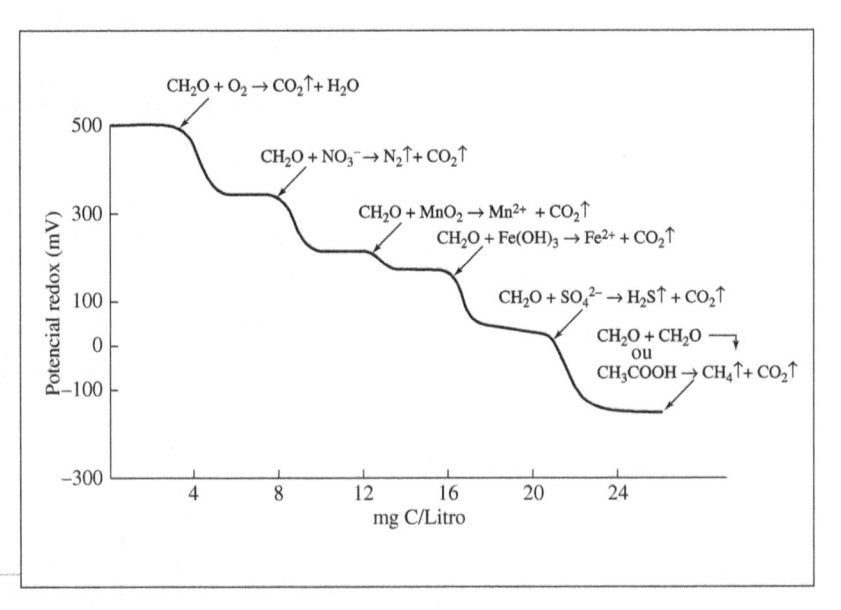

Fonte: W. M. Stigliani. "Changes in valued capacities of soils and sediments as indicators of nonlinear and time-delayed environmental effects", *Environmental Monitoring and Assessment*, 1988, 10:245–307. Copyright© 1988. Reprodução autorizada por Kluwer Academic Publishers.

FUNDAMENTOS 13.2: POTENCIAIS DE REDUÇÃO

Todas as reações redox podem ser divididas, ao menos conceitualmente, em duas *semi-reações* de redução, uma que prossegue para a frente e outra que segue em sentido reverso. Por exemplo, a oxidação do hidrogênio pelo oxigênio,

$$2H_2 + O_2 \rightleftharpoons 2H_2O \qquad \textbf{13.2}$$

pode ser dividida em

$$O_2 + 4e^- + 4H^+ \rightleftharpoons 2H_2O \qquad \textbf{13.3}$$

e

$$4H^+ + 4e^- \rightleftharpoons 2H_2 \qquad \textbf{13.4}$$

Subtraindo-se a semi-reação (13.4) da (13.3), resulta a reação total, representada pela Equação (13.2). Essas semi-reações podem efetivamente ser conduzidas nos eletrodos de uma célula de combustível de hidrogênio-oxigênio, como discutido na Parte I. Uma diferença de potencial se desenvolve entre o eletrodo de oxigênio e o eletrodo de hidrogênio, permitindo que uma corrente flua através do circuito externo. Para a célula a combustível de hidrogênio-oxigênio, esse diferencial de potencial se aproxima de 1,24 vols (V) à temperatura-padrão de 25 °C, quando os gases estão à pressão de 1 atmosfera e os eletrodos se comportam de modo reverso, ou seja, quando os reagentes e os produtos estão em equilíbrio com os eletrodos (implicando rápidas velocidades de transferência de elétrons).

A diferença de potencial ΔE é a energia da célula eletroquímica por unidade de carga fornecida [especificamente, 1 V = 1 J/C, onde V = volt, J = joule e C (coulomb)[1] é a unidade de carga]. ΔE está relacionado à energia livre da reação da célula pela relação

$$\Delta G = - nF \, \Delta E \qquad \textbf{13.5}$$

onde F (Faraday) é a quantidade de carga em um mol de elétrons (96.500 C) e n é o número de elétrons transferidos na reação. Portanto, na reação (13.2), quatro elétrons são transferidos de $2H_2$ para O_2 e $\Delta G = -4 \times 96.500 \times 1,24 = -479.000$ J ou -479 kJ (vale lembrar que esse valor, combinado com a entropia da reação, fornece uma eficiência de conversão energética teórica de 80% para a célula de combustível H_2/O_2).

Várias combinações de eletrodos são possíveis nas células eletroquímicas e é conveniente especificar um *potencial padrão E* para cada eletrodo, referenciando-o ao eletrodo de hidrogênio, cujo potencial-padrão é definido como zero. Portanto, $E^0 = 1,24$ V para o eletrodo de oxigênio, representado pela semi-reação (13.3). As condições-padrão para E^0 são as atividades unitárias (pressão parcial ou concentração molar) dos reagentes e produtos a 25 °C.

Existem várias semi-reações para as quais o potencial de eletrodo não pode ser realmente medido, porque a reação de transferência de elétrons em um eletrodo é lenta demais. Esses potenciais podem, entretanto, ser calculados pela energia livre das reações redox apropriadas. Por exemplo, a formação de NO a partir de N_2 e O_2, cuja termodinâmica foi analisada na Parte II, é uma reação redox:

$$O_2 + N_2 \rightleftharpoons 2NO \qquad \textbf{13.6}$$

que pode ser dividida em semi-reações:

$$O_2 + 4e^- + 4H^+ \rightleftharpoons 2H_2O \qquad \textbf{13.7}$$

e

$$2NO + 4e^- + 4H^+ \rightleftharpoons N_2 + 2H_2O \qquad \textbf{13.8}$$

Com base na energia livre da reação total, 173,4 kJ, obtemos um potencial de célula de –0,45 V [usando a Equação (13.5)]. Então, sabendo que o potencial-padrão do eletrodo de oxigênio é igual a 1,24 V, podemos rapidamente calcular que o potencial-padrão para a semi-reação (13.8) é igual a 1,69 V, muito embora seja impossível medir esse potencial diretamente, porque a transferência de elétrons entre o eletrodo e as moléculas de NO e N_2 é lenta demais para que se possa estabelecer um potencial reversível.

FUNDAMENTOS 13.3: DEPENDÊNCIA DA CONCENTRAÇÃO EM RELAÇÃO AO POTENCIAL; pH E $E^0(W)$

O que acontece com o potencial de redução, quando as condições não são padrão? Como em toda reação química, a força impulsora dos processos eletroquímicos depende das concentrações de reagentes e produtos. Essa dependência é dada pela equação de *Nernst*

$$E = E^0 - (RT/nF) \ln Q \qquad \textbf{13.9}$$

onde E^0 é o potencial-padrão, R é a constante dos gases, n é o número de elétrons transferidos na reação e Q é o quociente de equilíbrio, ou seja, a expressão da concentração para constante de equilíbrio. Na reação da célula de combustível (13.2), por exemplo, $Q = 1/P_{O_2} P_{H_2}^2$ (a atividade da água sendo definida como uma unidade) e $n = 4$. Logo:

$$E = 1,24 - (RT/4F) \times (-\ln P_{O_2} - 2 \ln P_{H_2})$$

---

[1] Um coulomb é a quantidade de carga que passa por um ponto fixo em um circuito elétrico, quando uma corrente de um ampère flui por um segundo. São necessários $6,24 \times 10^{18}$ elétrons para produzir um coulomb de carga.

Uma forma adequada da equação de Nernst é

$$E = E^0 - (0{,}059/n) \log Q \qquad \textbf{13.10}$$

onde 0,059 é o valor de RT/F a 25 °C, multiplicado pelo fator de conversão dos logaritmos naturais para os de base dez (ln 10 = 2,303). Para temperaturas diferentes de 25 °C, o fator 0,059 deve ser elevado ou baixado conforme o caso.

A equação de Nernst se aplica igualmente a reações de cela completas ou a semi-reações. Portanto, o potencial do eletrodo de hidrogênio [semi-reação da Equação (13.4)] a 25 °C (após a divisão por $n = 4$):

$$E = 0 - 0{,}059\{\log P_{H_2}^{1/2}/[H^+]\} \qquad \textbf{13.11}$$

Com base nisso, observamos que o potencial do eletrodo de hidrogênio se torna menos negativo conforme (H⁺) diminui. Assim, o gás H_2 é um redutor mais potente em solução alcalina do que em meio ácido. O E cai para –0,059 V a cada elevação de unidade em pH. No pH 7, o potencial do eletrodo de hidrogênio é –0,42 (quando todas as demais condições forem padrão).

Analogamente, o O_2 é um oxidante menos potente em meio alcalino do que em meio ácido, porque os prótons são consumidos na semi-reação de redução, Equação (13.3). O potencial de oxigênio (novamente após divisão por $n = 4$) é:

$$E = 1{,}24 - 0{,}059 \log\{1/P_{O_2}^{1/4}[H^+]\} \qquad \textbf{13.12}$$

Novamente, o potencial cai 0,059 V para cada elevação de uma unidade em pH e é igual a 0,82 V em pH 7. Como o pH 7 está mais próximo das condições biológicas e ambientais mais relevantes do que o pH 0, os potenciais de eletrodo são geralmente citados para o pH 7, como na Tabela 13.3. Os valores de Eh são os valores de E^0 recalculados para pH 7.

Mesmo que nenhum próton apareça de forma explícita em uma semi-reação, o potencial pode ser dependente de pH por causa das reações ácido-base secundárias. Por exemplo, o potencial da semi-reação de redução do Fe^{3+}

$$Fe^{3+} + e^- = Fe^{2+} \qquad \textbf{13.13}$$

não apresenta nenhuma dependência de próton em si, mas o quociente de equilíbrio, $[Fe^{2+}]/[Fe^{3+}]$, é altamente dependente de pH em virtude do caráter acídico do Fe^{3+}. Em um pH bem baixo, ele forma uma série de complexos hidróxidos e se precipita como o altamente insolúvel $Fe(OH)_3$ ($K_{ps} = 10^{-37}$). Por outro lado, o Fe^{2+} forma complexos hidróxidos somente em pH alto e $Fe(OH)_2$ ($K_{ps} = 10^{-15}$) é solúvel. Conseqüentemente, o potencial de redução cai com o pH crescente, porque o $[Fe^{3+}]$ declina mais rapidamente do que o $[Fe^{2+}]$.

Resolução de problema 13.3 — $E^0(w)$ e K_{ps} de $Fe[OH]_3$

O potencial-padrão de $Fe^{3+/2+}$ [Equação (13.13)] é igual a 0,77 V. Com base nesse valor e no K_{ps}, calcule $E^0(w)$ para a redução de $Fe(OH)_3$ para Fe^{2+} (veja a Tabela 13.3).

$E^0(w)$ é o potencial de $Fe^{3+/2+}$ em pH 7. Esse potencial pode ser calculado pela equação de Nernst:

$$E = 0{,}77 - 0{,}059\{\log[Fe^{2+}]/[Fe^{3+}]\}$$

e $[Fe^{3+}]$ pode ser calculado com base em $K_{ps} = [Fe^{3+}][OH^-]^3$, ou seja, $[Fe^{3+}] = K_{ps}[OH^-]^3$. A substituição fornece

$$E = 0{,}77 - 0{,}059\{\log[Fe^{2+}] + \log K_{ps} - 3\log[OH^-]\}$$

No pH 7,

$$E = 0{,}77 - 0{,}059\{\log[Fe^{2+}] - 37 + 21\} = -0{,}18 - 0{,}059\{\log[Fe^{2+}]\}$$

que é a equação de Nernst para a redução de $Fe[OH]_3$, com $E^0(w) = -0{,}18$.

Resolução de problema 13.4 — Potencial efetivo de oxigênio

O primeiro platô na Figura 13.1, que corresponde à redução de O_2, está em 0,5 V, e o valor de $E^0(w)$ (veja a Tabela 13.3) equivale a 0,816 V. A que se deve essa diferença?

Considerando o pH ambiental de 7, a diferença deve se originar da dependência da concentração de O_2. O potencial diminui com a redução na concentração de O_2. Vale lembrar que

$$E = 1{,}24 - 0{,}059 \log\{1/P_{O_2}^{1/4}[H^+]\} \qquad \textbf{13.12}$$

ou, no pH 7, $E = 0{,}816 - 0{,}059 \log(1/P_{O_2}^{1/4})$. Se $E = 0{,}50$, então

$$\log(1/P_{O_2}^{1/4}) = (-\log P_{O_2})/4 = -0{,}316/(-0{,}059) = 5{,}36$$

ou $P_{O_2} = 10^{-21,4}$ atm. Esse valor pode parecer estranhamente baixo, mas ele reflete o fato de que, quando os micróbios respiram ativamente em um meio aquoso, eles reduzem o O_2 para níveis bem baixos em sua vizinhança imediata.

c. Oxidações biológicas. As bactérias também catalisam a oxidação de substâncias reduzidas pelo oxigênio molecular, muito embora tais reações possam ocorrer espontaneamente em um ambiente aeróbio. Dessa forma, a oxidação do HS^- para sulfato é catalisada por oxidantes de sulfeto. Essas bactérias são capazes de extrair energia dos pares redox HS^-/SO_4^{2-} e O_2/H_2O. Outro processo importante de oxidação é a *nitrificação*, a conversão de NH_4^+ em íon nitrato. Como as plantas absorvem e utilizam o nitrogênio principalmente na forma de nitrato, essa é uma reação-chave na natureza, particularmente em conexão com o uso de sais de amônio em fertilizantes. O processo ocorre efetivamente em duas etapas, amônio para nitrito, NO_2^-, e nitrito para nitrato:

$$NH_4^+ + 2H_2O \rightleftharpoons NO_2^- + 8H^+ + 6e^- \qquad \textbf{13.14}$$

$$NO_2^- + H_2O \rightleftharpoons NO_3^- + 2H^+ + 2e^- \qquad \textbf{13.15}$$

Essas semi-reações são catalisadas por dois grupos distintos de bactérias, *Nitrosomonas* e *Nitrobacter*, cada qual utilizando o poder oxidante do O_2 para extrair energia do processo.

Em resumo, o potencial redox pode ser considerado como um tipo de chave química no meio aquoso, que determina a seqüência em que oxidantes e redutores são utilizados pelos microorganismos. As variações no potencial redox podem acarretar sérias conseqüências para a poluição ambiental (veja a Tabela 13.2).

13.2 Terra aeróbia

O O_2 não foi sempre um componente da atmosfera; ele surgiu da própria evolução da vida. A Terra primitiva possuía uma atmosfera derivada da liberação de gases de minerais no interior. Quando a superfície se resfriou o suficiente para condensar a água, e com ela gases acídicos como HCl e SO_2, os principais componentes atmosféricos teriam sido N_2 e CO_2.

A vida surgiu bem cedo na história da Terra; microfósseis semelhantes às *cianobactérias* contemporâneas foram encontrados em rochas de 3,5 bilhões de anos. Não se sabe como a vida começou e essa permanece como uma das grandes questões científicas de nosso tempo. Sabe-se que moléculas orgânicas simples são comuns no universo e estão presentes em meteoritos, que teriam bombardeado a jovem Terra. Experiências laboratoriais indicam que elas também podem ter sido formadas por precursores inorgânicos quando sujeitas a descargas elétricas de relâmpagos ou à radiação ultravioleta. O fluxo de ultravioleta teria sido intenso, visto que, na ausência de uma atmosfera de oxigênio, a Terra era desprovida de um escudo de ozônio. Muitos dos blocos orgânicos construtores dos organismos podem ter sido produzidos dessa forma. Alternativamente, esses blocos construtores podem ter sido formados nas superfícies de minerais sulfeto sob as altas pressões e temperaturas encontradas em respiradouros hidrotermais no fundo do mar (esses respiradouros foram encontrados em regiões onde as placas da crosta estão sendo formadas pelo afloramento do manto terrestre). Experiências recentes mostram que moléculas orgânicas complexas podem se formar desse modo. Como os blocos orgânicos construtores se transformaram nos primeiros organismos auto-reprodutores permanece como uma pergunta sem resposta, embora muitas propostas engenhosas tenham sido apresentadas.

Os primeiros organismos devem ter sido *heterotróficos*, assimilando compostos orgânicos do meio. Como não havia O_2, eles devem ter obtido energia das reações redox que não as de respiração, semelhantes aos modernos processos anaeróbios discutidos na seção anterior. A cisão de moléculas orgânicas simples, tais como o ácido acético,

$$CH_3COOH \rightleftharpoons CH_4 + CO_2 \qquad \textbf{13.16}$$

pode ter sido a precursora desses processos; essa reação ainda fornece energia às atuais bactérias *acetogênicas*.

Entretanto, a fotossíntese se desenvolveu bem no início, provavelmente nas cianobactérias mencionadas anteriormente, que sobrevivem hoje como organismos fotossintéticos nos oceanos. A fotossíntese tornou esses organismos *autotróficos*, capazes de sintetizar as próprias moléculas orgânicas com base no CO_2. Eles detinham uma forte vantagem seletiva em relação aos heterótrofos. Além da evidência fóssil já citada, medições isotópicas de carbono no carbono orgânico de fósseis mostram que a fotossíntese tem pelo menos 3,5 bilhões de anos. Sabe-se que o carbono fóssil é exaurido no isótopo ^{13}C estável, em relação ao ^{12}C, em decorrência da difusão ligeiramente mais lenta do $^{13}CO_2$ e sua velocidade mais lenta de captura pela enzima fixadora de CO_2, *ribulose bisfosfato carboxilase*.

O O_2 foi um subproduto do surgimento dos organismos autotróficos. Em virtude de sua reatividade, o O_2 teria sido um subproduto tóxico; a maioria dos seres anaeróbios é muito sensível ao O_2 e incapaz de sobreviver em um ambiente aeróbio. Entretanto, somente um longo tempo após o advento da fotossíntese, o O_2 veio a se tornar um componente significativo da atmosfera, porque foi inicialmente consumido pelos elementos oxidáveis no oceano e na crosta terrestre, particularmente o ferro e o enxofre. O oceano em tempos remotos teria tido uma alta concentração de Fe^{2+}, que era abundante nos minerais silicato do manto e é bastante solúvel, em contraposição ao Fe^{3+}. O O_2 fotossintético teria inicialmente sido utilizado pela reação com Fe^{2+} para produzir precipitados de $Fe(OH)_3$. Na realidade, o óxido férrico começa a ser constatado em rocha sedimentar com aproximadamente 3,5 bilhões de anos, ocorrendo em *formações ferríferas bandadas*, em que os depósitos de Fe_2O_3 são intercalados com sedimento silicoso. Essas formações atingem ocorrência máxima em rocha de 2,5 a 3 bilhões de anos.

Quando o Fe^{2+} foi exaurido, o O_2 acumulado atacou os minerais oxidáveis em terra, principalmente a FeS_2 (pirita), produzindo $Fe(OH)_3$ e H_2SO_4 (a mesma química que ainda produz drenagem ácida de minas). Encontra-se evidência dessa transição na ocorrência dos *red beds* (leitos vermelhos), depósitos de Fe_2O_3 encontrados em camadas geológicas de origem terrestre, a partir de aproximadamente 2 bilhões de anos atrás, após a última das formações ferríferas bandadas se formar.

Finalmente, quando a taxa de produção de O_2 superou a taxa de consumo por material oxidável exposto, a concentração de O_2 na atmosfera começou a crescer, permitindo a evolução de organismos que respiram. Evidência fóssil de organismos *eucarióticos* foi encontrada em rochas com 1,3 a 2 bilhões de anos. Os eucariontes (em contraste com os mais primitivos procariontes) possuem mitocôndrias, organelas especializadas na respiração. Alguns eucariontes podem sobreviver com O_2 a somente 1% da concentração presente, sugerindo que esse nível foi atingido há mais de um bilhão de anos. A produção de O_2 teria se acelerado com a evolução dos *cloroplastos* nos eucariontes, organelas especializadas na fotossíntese. O aumento de O_2 também foi acompanhado pela geração do ozônio estratosférico, que permitiu que a vida colonizasse os continentes, livre dos efeitos destrutivos da radiação UV. Fósseis de organismos multicelulares foram encontrados em rochas sedimentares com 680 milhões de anos, mas o surgimento de plantas verdes e, com elas, a moderna atmosfera de O_2, data de 400 milhões de anos atrás.

A Figura 13.2 mostra a evolução no tempo do curso da produção de O_2. O reservatório atmosférico atual responde por somente 2% da produção cumulativa estimada de O_2, tendo o restante sido usado na oxidação dos minerais. É interessante observar que a concentração de O_2 parece ter permanecido em cerca de 20% dos gases atmosféricos nos últimos 400 milhões de anos; essa constância sugere algum tipo de controle de *feedback*. Como no caso de qualquer reservatório (veja Fundamentos 2.1), o volume de O_2 reflete o equilíbrio entre a taxa de produção e a taxa de consumo. No decorrer do tempo geológico, o consumo de O_2 resulta da exposição e do intemperismo de rocha que contém carbono reduzido; essa taxa é estabelecida em grande parte pelos movimentos tectônicos da Terra. A geração de O_2 resulta do sepultamento de carbono reduzido, cuja taxa depende (dentre outros fatores) do total de biomassa. A biomassa é limitada, pelo menos em parte, pelos incêndios florestais; e é possível que o controle de *feedback* decorra da dependência do fogo em relação à concentração de O_2.

É sabido que o fogo não se mantém quando a concentração de O_2 é inferior a 15%, e até a matéria orgânica úmida queima livremente a uma concentração superior a 25%.[2]

FIGURA 13.2

Histórico cumulativo do O_2 liberado pela fotossíntese através do tempo geológico. Dos mais de $5,1 \times 10^{22}$ g de O_2 liberados, cerca de 98% estão contidos na água do mar e nas rochas sedimentares, com origem na ocorrência de formações ferríferas bandadas há pelo menos 3,5 bilhões de anos. Embora o O_2 tenha sido liberado na atmosfera a partir de 2 bilhões de anos atrás, ele foi consumido por processos de intemperismo terrestre para formar os red beds, de modo que o acúmulo de O_2 até os níveis presentes na atmosfera foi retardado para 400 milhões de anos atrás.

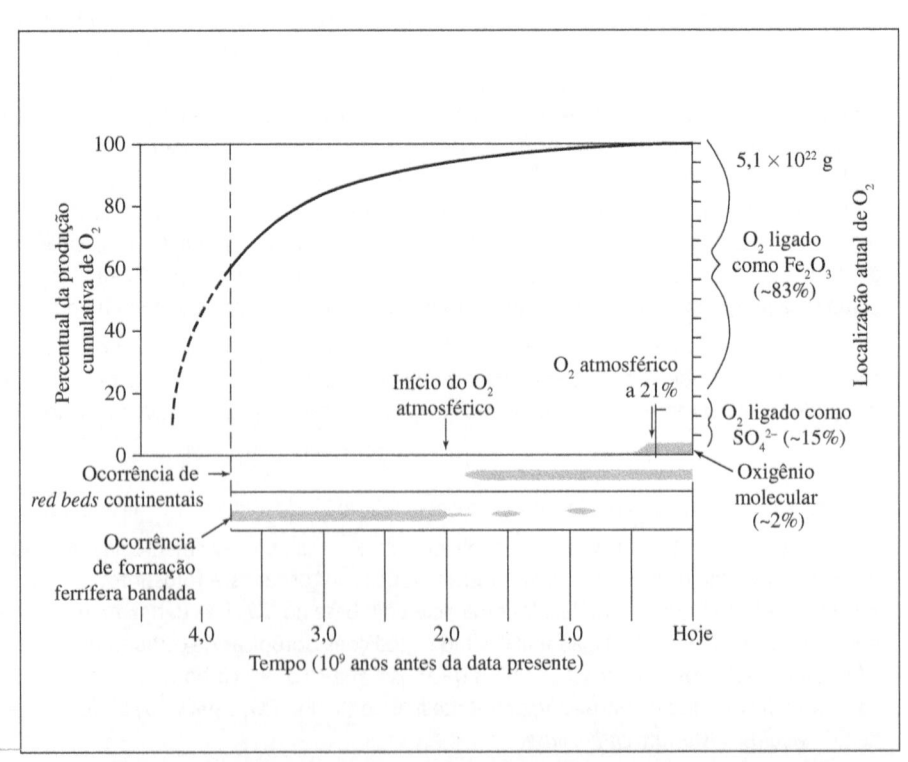

Fonte: figura extraída de "Origins", p. 37, em William H. Schlesinger, *Biogeochemistry: an analysis of global change*, 2ª ed. Copyright© 1997 by Academic Press. Reprodução autorizada pelo editor.

---

[2] Veja J. E. Lovelock. *Gaia: a new look at life on Earth*. Oxford University Press: Oxford, U.K., 1974.

Se o sepultamento de carbono foi balanceado pelo acúmulo de O_2 nos últimos 400 milhões de anos, a que se deve a elevação no nível de O_2 iniciada há 4 bilhões de anos? Uma taxa de sepultamento de carbono muito maior parece improvável. Foi recentemente sugerido[3] que a fotólise UV de CH_4 poderia ter sido a força impulsora. A produção de metano teria sido muito maior quando os níveis de O_2 eram baixos; os produtores anaeróbios de metano teriam sido abundantes e o metano teria escapado para a atmosfera sem oxidação. Na ausência da camada protetora de ozônio, o metano teria sido exposto a fótons energéticos em nível suficiente para quebrar as ligações C—H. No topo da atmosfera, os átomos leves de H teriam escapado do campo gravitacional da Terra e se perdido no espaço. Essa remoção de átomos oxidáveis de H do sistema atmosférico terrestre forneceria um mecanismo para acúmulo de O_2.

13.3 Água como meio ecológico

a. A zona eufótica e a bomba biológica. A produtividade biológica depende dos produtores primários, os organismos que fixam carbono por meio da fotossíntese e fornecem alimento para a cadeia alimentar animal. Na água, os produtores primários são cianobactérias, fitoplânctons e algas. Em decorrência de sua dependência da luz solar, elas estão limitadas à região próxima da superfície, até onde a luz solar pode penetrar. Essa é a zona eufótica. A profundidade depende da transparência da água.

A maior parte da atividade biológica ocorre na zona eufótica. Os produtores primários são consumidos pelos animais ou decompostos pelas bactérias, em um ciclo contínuo de fotossíntese e respiração. Entretanto, em função da gravidade, alguns organismos mortos caem para baixo da zona eufótica. Nas camadas mais profundas, a decomposição bacteriana continua e as águas são enriquecidas com carbono e outros elementos da vida. Em virtude da estratificação térmica, há pouca mistura física entre a camada superficial, mais quente, e a camada profunda, mais fria. Conseqüentemente, há uma espécie de 'bomba biológica', que transfere o carbono e outros nutrientes da superfície para as camadas profundas e os sedimentos. A Figura 13.3 mostra o efeito da produção biológica nos perfis de nitrato e ferro nas profundezas do oceano, bem como de oxigênio. O O_2 é alto na superfície e diminui drasticamente nas primeiras centenas de metros. O nitrato e o ferro são reduzidos na superfície, em razão da absorção pelos organismos, mas aumentam agudamente com a profundidade, à medida que os organismos se decompõem; abaixo da camada superficial as concentrações se mantêm em níveis elevados.

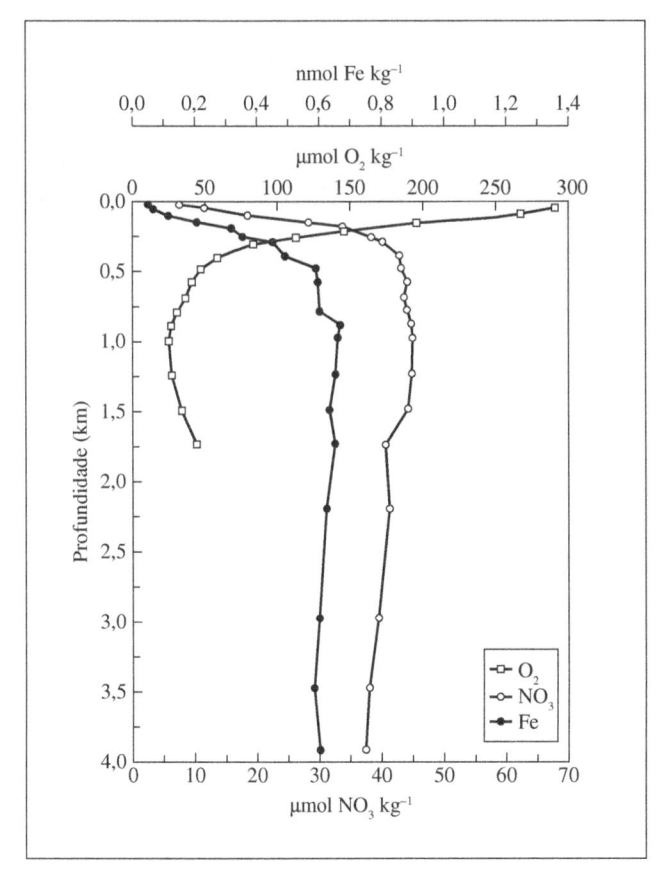

FIGURA 13.3

Distribuição vertical de Fe, NO_3 e O_2 na região central do Oceano Pacífico Norte.

Fonte: J. H. Martin *et al*. "VERTEX: Phytoplankton/iron studies in the Gulf of Alaska", *Deep Sea Research*, 1989, 36:649-680.

---

[3] D. C. Catling *et al*. "Biogenic methane, hydrogen escape, and the irreversible oxidation of early Earth", *Science*, 2001, 293:839–843.

Nos oceanos, a bomba biológica é responsável pelo aumento na concentração de carbonato nas camadas profundas em relação às camadas superficiais. Essa extração de carbonato da superfície aumenta a taxa de transferência de CO_2 na atmosfera. Essa é uma importante contribuição para o ciclo global do carbono. Calculou-se que o nível atmosférico de CO_2 duplicaria na ausência da bomba biológica.

b. Eutrofização de águas doces. Como o suprimento de oxigênio é restrito, as espécies que habitam um ecossistema aquático estão em equilíbrio dinâmico, o qual é facilmente perturbado pelos seres humanos. Na água, a concentração de O_2 cai conforme aumenta a distância da interface ar–água. Dessa forma, os solos aerados sustentam os micróbios que consomem oxigênio bem como as formas de vida mais elevadas, e nas camadas mais profundas do solo, na zona saturada onde os poros do solo estão cheios de água, as bactérias anaeróbias dominam e utilizam pares redox com $E^0(w)$ progressivamente mais baixos. Analogamente, nos lagos, os sedimentos são geralmente privados de oxigênio e ricos em organismos anaeróbios, e na coluna d'água acima a concentração de O_2 aumenta em direção à superfície. A concentração de O_2 na superfície aumenta não só porque a superfície está em contato com o ar, mas também porque as águas superficiais sustentam o crescimento de vegetação e algas, que liberam O_2 como um produto da fotossíntese.

A produtividade biológica de um lago temperado varia anualmente em um ciclo (veja as figuras 13.4 e 13.5). O início do inverno reduz o aquecimento solar da superfície. A estratificação térmica desaparece e a densidade da água se torna uniforme, permitindo a fácil mistura pelo vento e pelas ondas, o que traz águas ricas em nutrientes para a superfície. No inverno, o suprimento de nutrientes é alto, mas a produtividade é inibida por baixas temperaturas e níveis de luz. A primavera traz a luz solar e o calor, provocando a florescência do fitoplâncton e de outras plantas aquáticas. À medida que o crescimento das plantas se intensifica, o suprimento de nutrientes se reduz e a atividade dos fitoplânctons cai. As bactérias decompõem a matéria das plantas mortas, gradualmente repondo o suprimento de nutrientes; e um segundo pico de atividade de fitoplânctons é observado no outono. Como o suprimento de nutrientes é limitado em águas não-poluídas, a DBO nas águas superficiais raramente supera a disponibilidade de oxigênio.

FIGURA 13.4

Ciclo sazonal de nutrientes nos lagos. EZ = termoclino e fim da zona eufótica; os pontos representam o crescimento de fitoplâncton; $N \rightarrow$ significa a direção do fluxo de nutrientes; setas fechadas indicam a circulação da água. A linha cheia à direita é o perfil de temperatura da coluna d'água.

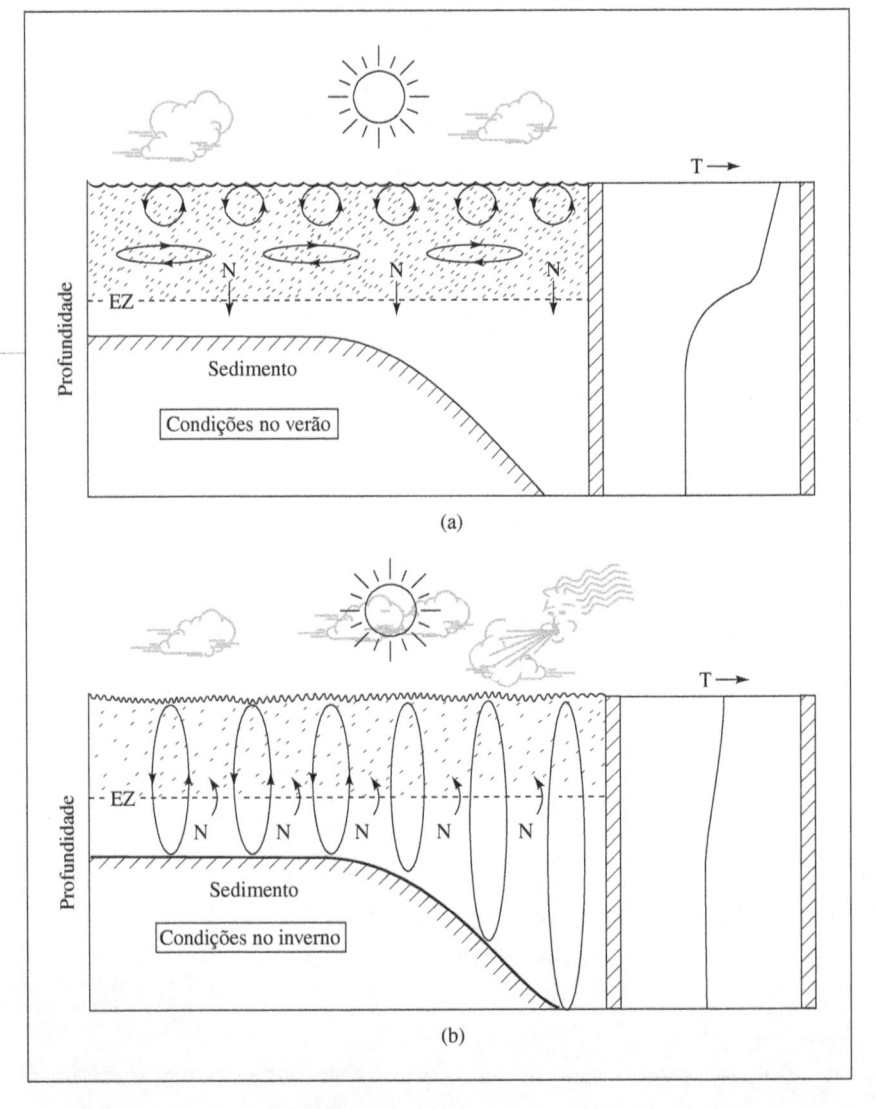

Esse ciclo natural pode ser interrompido, porém, por excessiva carga de nutrientes provenientes de fontes humanas, tais como os efluentes ou o escoamento superficial de origem agrícola. Os nutrientes adicionados sustentam uma população maior de fitoplânctons, produzindo 'florescências algais'.

Quando as massas de algas morrem, a decomposição pode consumir todo o suprimento de oxigênio, matando peixes e outras formas de vida. Se o suprimento de oxigênio se esgota, a população de bactérias pode mudar de bactérias predominantemente aeróbias para, principalmente, microorganismos anaeróbios que geram os produtos nocivos (NH_3, CH_4, H_2S) do metabolismo anaeróbio. Esse processo é chamado de *eutrofização* ou, mais precisamente, *eutrofização cultural*. A eutrofização é o processo natural pelo qual os lagos são gradualmente preenchidos (veja a Figura 13.6). Com o tempo, um lago inicialmente claro (*oligotrófico*) aos poucos se eutrofiza, enchendo-se de sedimento até se transformar em pântano e, a seguir, em terra seca.

Esse processo geralmente leva milhares de anos porque o crescimento biológico e a decomposição na zona eufótica são intimamente balanceados – as camadas superficiais se mantêm bem oxigenadas e somente uma pequena parcela da produção biológica se deposita como sedimento. Quando esse equilíbrio é perturbado pela fertilização excessiva da água, o processo de eutrofização acelera-se muito.

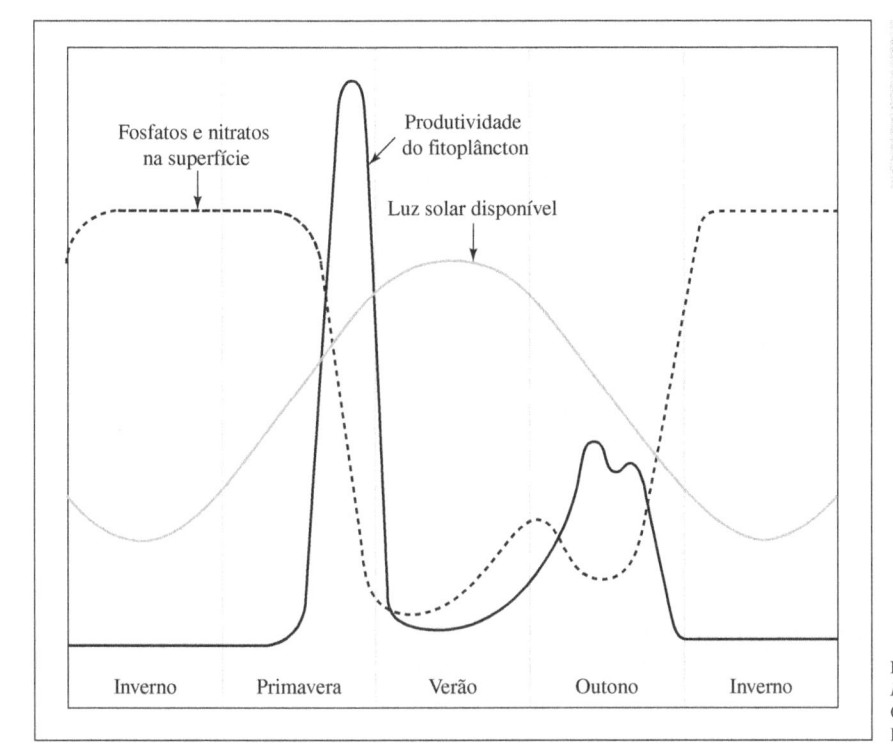

FIGURA 13.5
Produtividade sazonal do fitoplâncton em função da luz solar e da concentração de nutrientes.

Fonte: adaptada de W. D. Russel-Hunter. *Aquatic Productivity*, New York: Macmillan Publishing Co., Inc., 1970. Reprodução autorizada por W. D. Russel-Hunter.

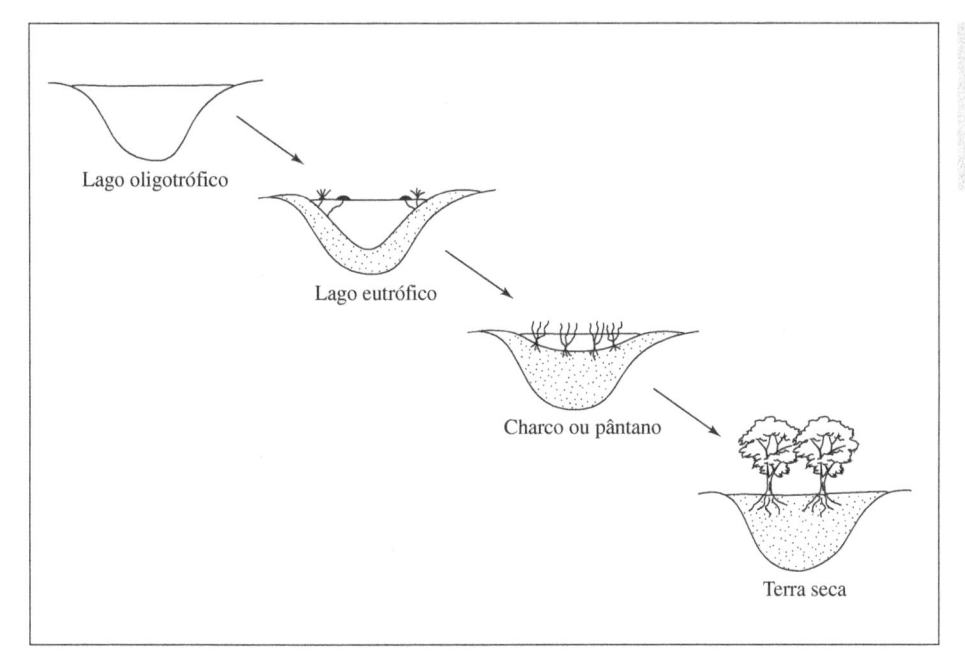

FIGURA 13.6
Eutrofização e envelhecimento de um lago pelo acúmulo de sedimento.

c. Nitrogênio e fósforo: os nutrientes limítrofes. O ritmo lento da eutrofização natural reflete a dinâmica dos nutrientes em um ecossistema aquático (veja a Figura 13.7). Os nutrientes são assimilados do meio ambiente pelos produtores primários, que servem como alimento para os *produtores secundários*, incluindo os peixes. Plantas e tecidos animais mortos são decompostos pelas bactérias, que restauram os nutrientes à água. O crescimento dos produtores primários é controlado pelo nutriente *limítrofe*, o elemento que é o menos disponível em relação à abundância necessária nos tecidos. Se o suprimento de nutriente limítrofe aumenta com o excesso de fertilização, a água pode produzir florescências algais, mas não o contrário; por outro lado, a administração do ecossistema aquático requer que o suprimento do nutriente limítrofe seja restrito.

Os principais elementos nutrientes são carbono, nitrogênio e fósforo, que são necessários às razões atômicas 106 : 16 : 1, refletindo a composição média das moléculas nos tecidos biológicos. Vários outros elementos também são exigidos, incluindo enxofre, silício, cloro, iodo e muitos elementos metálicos.

Como os elementos menores são requeridos em pequenas quantidades, normalmente eles podem ser supridos em níveis adequados nas águas naturais. Por outro lado, o carbono, o elemento exigido em maior quantidade, é abundantemente fornecido ao fitoplâncton pelo CO_2 atmosférico. O fitoplâncton suplanta o suprimento de CO_2 somente sob condições de crescimento muito rápidas, tal como em algumas florescências algais. Nesses casos, o pH da água pode ser elevado a 9 ou 10 por meio do deslocamento exigido no equilíbrio de carbonato:

$$HCO_3^- + H_2O \rightleftharpoons H_2CO_3 + OH^-$$

$$H_2CO_3 \rightleftharpoons CO_2 + H_2O$$

O aumento em pH pode, por sua vez, alterar a natureza do crescimento algal, selecionando-se variedades que sejam resistentes ao pH alto.

Normalmente, o elemento nutriente limítrofe é N ou P. Embora o nitrogênio constitua 80% da atmosfera, ele só é disponibilizado pela ação das bactérias fixadoras de N_2, que vivem em associação simbiótica com certas espécies de plantas. Em terra, essas espécies são raras o suficiente para tornar o nitrogênio o nutriente limítrofe na maior parte das condições. Em água, porém, as espécies algais fixadoras de N_2 são comuns e os íons nitrato são freqüentemente abundantes em decorrência do escoamento superficial da terra. Por isso, o nitrogênio não é geralmente limítrofe, embora possa sê-lo em algumas regiões, principalmente nos oceanos, onde as concentrações de nitrato são baixas.

Isso deixa o fósforo como o elemento que é geralmente limítrofe para o crescimento. O fósforo não possui nenhum suprimento atmosférico porque não há composto de fósforo gasoso de ocorrência natural. Além disso, o suprimento de fósforo no escoamento superficial proveniente de terras não fertilizadas é geralmente baixo porque os íons fosfato, possuidores de múltiplas cargas negativas, são fortemente ligados às partículas minerais nos solos. Em águas superficiais, a maior parte do fósforo está contida na biomassa de plâncton; a disponibilidade de fósforo depende da reciclagem da biomassa pelas bactérias.

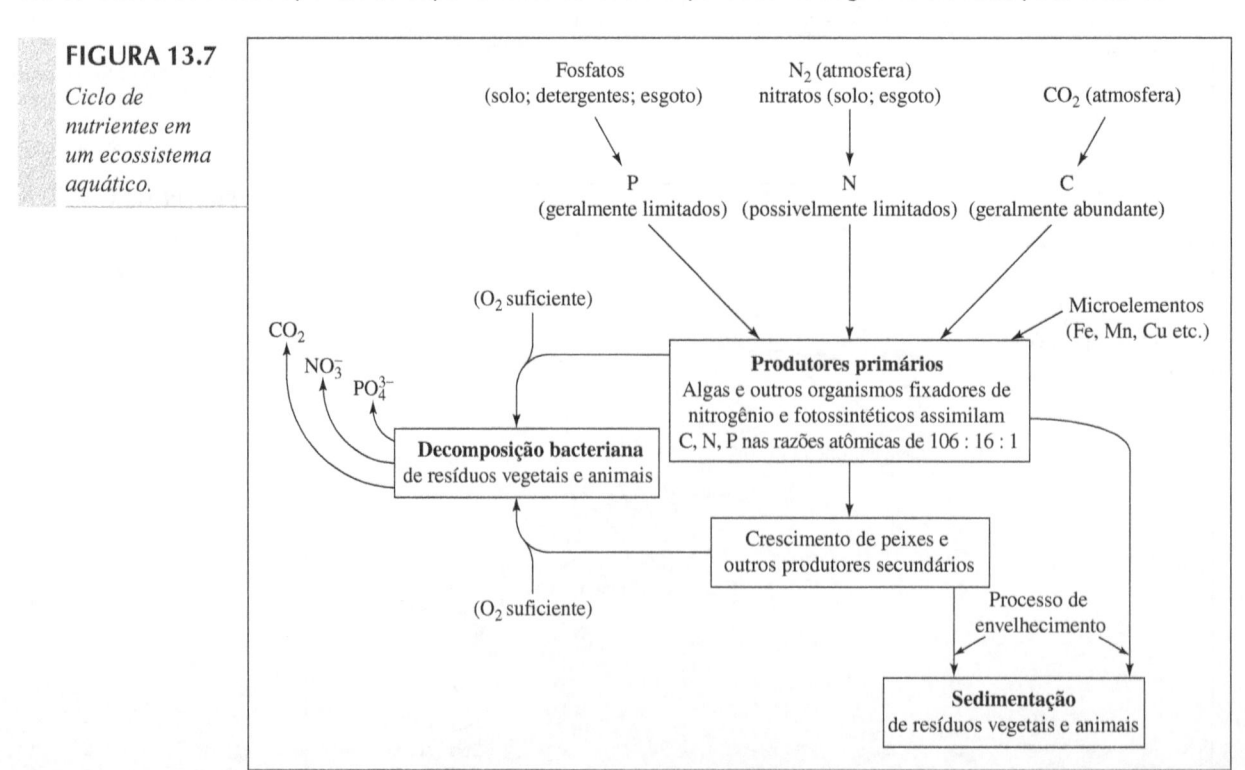

FIGURA 13.7
Ciclo de nutrientes em um ecossistema aquático.

Parte do fósforo se perde na água mais profunda e nos sedimentos, quando os organismos mortos afundam. Quando um lago revolve no inverno, o fósforo nas águas profundas é carregado para a superfície e sustenta a florescência de plâncton na primavera. A disponibilização desse fósforo às águas superficiais depende das condições do lago. No fundo dele, os íons fosfato podem ser adsorvidos pelas partículas de óxido de ferro e manganês. Entretanto, quando o sedimento se torna anóxico, os íons metálicos são reduzidos para formas divalentes, os óxidos se dissolvem e os íons fosfato são liberados na solução (veja observações sobre óxidos de manganês e ferro na Tabela 13.2). A solubilidade do fosfato também cresce por meio da acidificação, visto que, em valores de pH sucessivamente menores, são formados o HPO_4^{2-}, o $H_2PO_4^-$ e o H_3PO_4 (veja os Fundamentos 11.3).

Sob condições de limitação de fósforo, o suprimento humano de fosfato leva à intensificação da produção biológica e à possibilidade de esgotamento do oxigênio. Esses suprimentos podem advir de esgoto, de escoamento superficial agrícola, principalmente onde fertilizantes sintéticos e esterco (os quais contêm fosfato) são aplicados de forma intensiva, e de polifosfatos em detergentes. Quando o fósforo é adicionado a lagos e rios em que a disponibilidade de fósforo limita a produtividade bioquímica, a produção de biomassa aumentará proporcionalmente à quantidade de fósforo excedente adicionado. A biomassa aumentada eleva a DBO da água; à medida que a DBO aumenta, o oxigênio é exaurido, levando à anoxia e às condições anaeróbias. O exemplo mais notório de eutrofização induzida por fosfato ocorreu no lago Erie, que 'morreu' na década de 1960. O crescimento e a deterioração excessivos de algas matou a maior parte dos peixes e poluiu as margens. Um esforço combinado dos Estados Unidos com o Canadá para reduzir a provisão de fosfato foi colocado em vigor nos anos 1970. Gastou-se mais de oito bilhões de dólares na construção de usinas de tratamento de esgoto para remover o fosfato dos efluentes e os níveis de fosfato em detergentes foram restringidos. Esses esforços, aliados a outras medidas de controle da poluição, conseguiram trazer o lago de volta à vida. A pesca comercial foi restaurada e as praias estão de novo em condições de uso.

d. Anoxia e seus efeitos nas águas marinhas costeiras. A anoxia não constitui um problema somente nas águas doces, mas também nas águas intermediárias ou profundas de um estuário, golfo ou fiorde confinados, com circulação restrita entre as águas nas profundezas e na superfície. Se a produtividade da biomassa é elevada, a biomassa morta afunda nas águas profundas, onde as bactérias aeróbias consomem progressivamente o oxigênio; se as camadas profundas deixam de se misturar com as camadas superficiais, o oxigênio não é reabastecido e a anoxia se estabelece. Como a água do mar é rica em sais de sulfato, a reação favorecida sob condições anaeróbias é a redução de sulfato para sulfeto de hidrogênio [H_2S], um processo químico que é extremamente tóxico para peixes e seres humanos. Embora o H_2S esteja geralmente confinado às camadas inferiores da água do mar, durante as tempestades, as camadas mais profundas e anóxicas podem se misturar com as camadas superficiais, expondo a vida aquática ao gás letal.

Isso ocorreu em 1981 e 1983 nas áreas marinhas confinadas na costa leste da Dinamarca. Essas ocorrências mataram um número sem precedentes de peixes por sufocação ou envenenamento pelo gás H_2S (veja a Figura 13.8). Os dois episódios foram provocados por tempestades no mar, mas a causa subjacente foi o enriquecimento por nutrientes das águas costeiras. Constatou-se que a principal fonte dos nutrientes foi o nitrogênio contido no escoamento superficial de terras cultivadas. O nitrogênio extra aumentou a produção de biomassa (e, portanto, de carbono orgânico), que, em decomposição bacteriana, superou o oxigênio disponível para degradação aeróbia; as condições anaeróbias produziram H_2S, preparando o cenário para o desastre.

Mecanismos semelhantes têm ocorrido nos Estados Unidos, provocando séria poluição, por exemplo, da baía de Chesapeake. Como quantidades enormes de nutrientes entram na baía provenientes de esgoto, escoamento superficial e deposição atmosférica, o fitoplâncton cresce muito mais rapidamente do que pode ser consumido por organismos como as ostras. A massa de fitoplâncton turva as águas; quando esses organismos afundam para as profundezas, eles morrem por falta de luz. Nas profundezas, o plâncton morto é consumido pelas bactérias que suplantam o suprimento de oxigênio dissolvido, tornando o fundo anóxico e permitindo a produção de H_2S. Sem oxigênio, os organismos *bênticos* (que habitam o fundo do mar), como as ostras, e as plantas enraizadas não conseguem sobreviver; os peixes são deslocados de seus *habitats*.

A poluição da baía de Chesapeake parece envolver tanto o nitrogênio quanto o fósforo. Os níveis desses nutrientes no estuário se elevam e baixam anualmente em padrões sazonais que são razoavelmente complexos (veja a Figura 13.9). No inverno, as temperaturas frias e a falta de atividade bioquímica permitem que a concentração de O_2 atinja seu máximo anual. Ao mesmo tempo, o nitrogênio entra em grande quantidade porque o inverno é o período de fluxo máximo de águas doces, acompanhado pelo transporte de sedimentos e escoamento superficial. Simultaneamente, a sedimentação remove fósforo da coluna d'água, principalmente por meio da precipitação dos óxidos de manganês e ferro, que absorvem o fósforo de modo eficiente e são insolúveis sob condições aeróbias (o fósforo é também removido durante o assentamento dos resíduos orgânicos). Começando no final da primavera e no início do verão, os níveis de oxigênio declinam por causa da maior atividade biológica.

As concentrações de nitrogênio também declinam por estas razões: 1) o nitrogênio é incorporado à biomassa e afunda conforme os organismos morrem; 2) pouco nitrogênio novo é introduzido no processo de escoamento superficial; e 3) o nitrogênio é exaurido à medida que as condições crescentemente anóxicas forçam uma troca de oxigênio por nitrato como oxidante.

FIGURA 13.8

Áreas costeiras a leste da Dinamarca e a sudoeste da Suécia afetadas por esgotamento de oxigênio, sufocação de peixes e geração de H_2S.

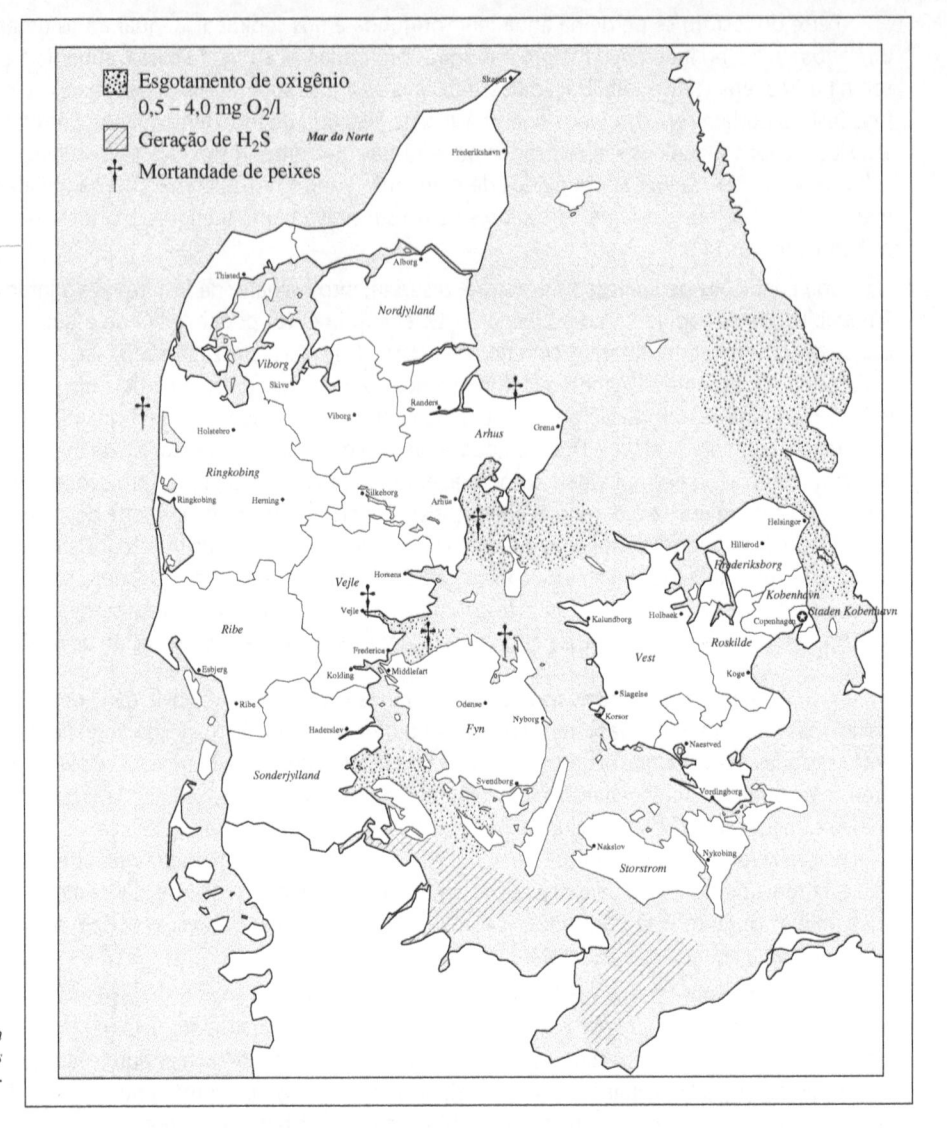

Fonte: Miljostyrelsen, *Oxygen depletion and fish kill in 1981: extent and causes* (em dinamarquês). Copenhagen: Miljostyrelsen, 1984.

A situação oposta prevalece no caso do fósforo. Sob condições anaeróbias, o fósforo é liberado dos sedimentos, em grande parte em conseqüência da redução de óxidos de manganês e ferro para Mn^{2+} e Fe^{2+}. Nos estados de valência II, os metais são solúveis e liberam as ligações de fósforo anteriormente adsorvidas para os óxidos insolúveis dos metais. O fósforo é prontamente misturado às camadas superficiais por causa da turbulência mecânica dos ambientes estuarinos. Dessa forma, conforme as condições passam pelo ciclo do aeróbio para o anaeróbio e então de volta ao aeróbio, o fósforo é continuamente reciclado entre as águas de superfície e os sedimentos. Nos períodos anaeróbios, os fosfatos são devolvidos à coluna d'água e consumidos pelos microorganismos; durante os períodos aeróbios, os fosfatos são devolvidos aos sedimentos. A quantidade de fosfato confinado nesse ciclo é vasta, muito maior do que as quantidades anuais que entram nos estuários, provenientes dos efluentes de esgoto ou de outras fontes; representam as entradas cumulativas de muitos anos. Assim, muito embora os estados de Maryland e Virginia tenham banido os detergentes com fosfato nos anos 1980, a produtividade do fitoplâncton ainda é excessiva.

Agora o nutriente limítrofe pode muito bem ser o nitrogênio, mas o suprimento de nitrogênio é muito difícil de controlar. A baía de Chesapeake recebe uma das maiores emissões atmosféricas de NO_x do mundo, principalmente em decorrência da densidade de tráfego nas regiões vizinhas. Parte da estratégia para limpar essa baía inclui a redução de NO_x proveniente dos escapamentos veiculares, demonstrando mais uma vez a ligação entre a atmosfera e a hidrosfera.

Ainda outro exemplo de anoxia marinha está no Golfo do México, onde uma vasta 'zona morta' foi revelada há poucos anos (veja a Figura 13.10). Nessa área de 18.000 km², a concentração de O_2 é baixa demais para sustentar a vida aquática durante a primavera e o verão. Essas são as estações de grandes florescências algais, resultando na fertilização excessiva do Golfo pelos nutrientes no escoamento do rio Mississippi. Esse rio drena as amplas áreas cultiváveis no centro continental dos Estados Unidos. As florescências algais são atribuídas ao 1,5 milhão de toneladas de nitrogênio dissolvido que é anualmente descarregado pelo rio. A agricultura responde por 80% desse total, sendo 25% de esterco animal e 55% de fertilizante sintético. Mais de 40% da pesca comercial nos Estados Unidos está localizada no Golfo do México e essa atividade tem sido duramente afetada pela ocorrência anual da zona morta.

FIGURA 13.9

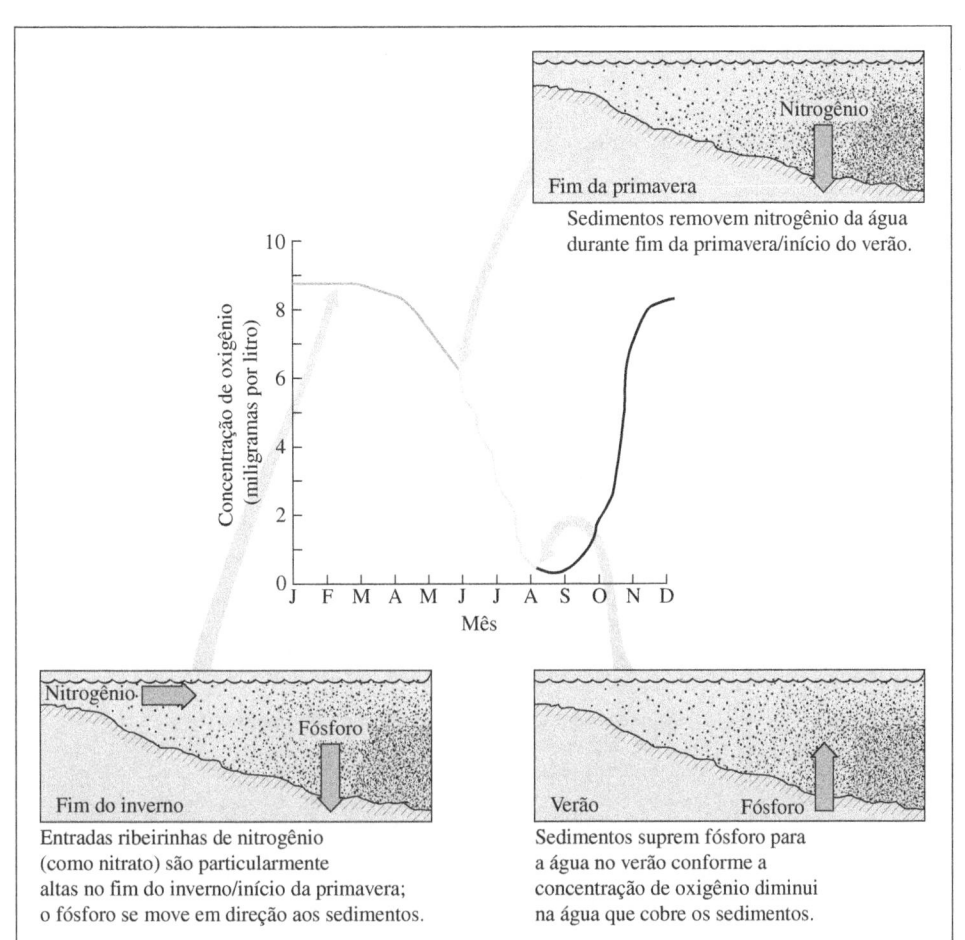

Concentração de oxigênio na água que cobre os sedimentos, com os principais fluxos sazonais de sedimentos de nitrogênio e fósforo (insetos) no rio Patuxent, no estuário da baía de Chesapeake.

Fim da primavera
Sedimentos removem nitrogênio da água durante fim da primavera/início do verão.

Fim do inverno
Entradas ribeirinhas de nitrogênio (como nitrato) são particularmente altas no fim do inverno/início da primavera; o fósforo se move em direção aos sedimentos.

Verão   Fósforo
Sedimentos suprem fósforo para a água no verão conforme a concentração de oxigênio diminui na água que cobre os sedimentos.

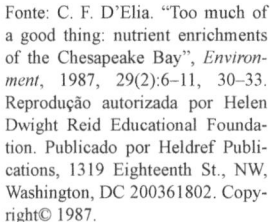

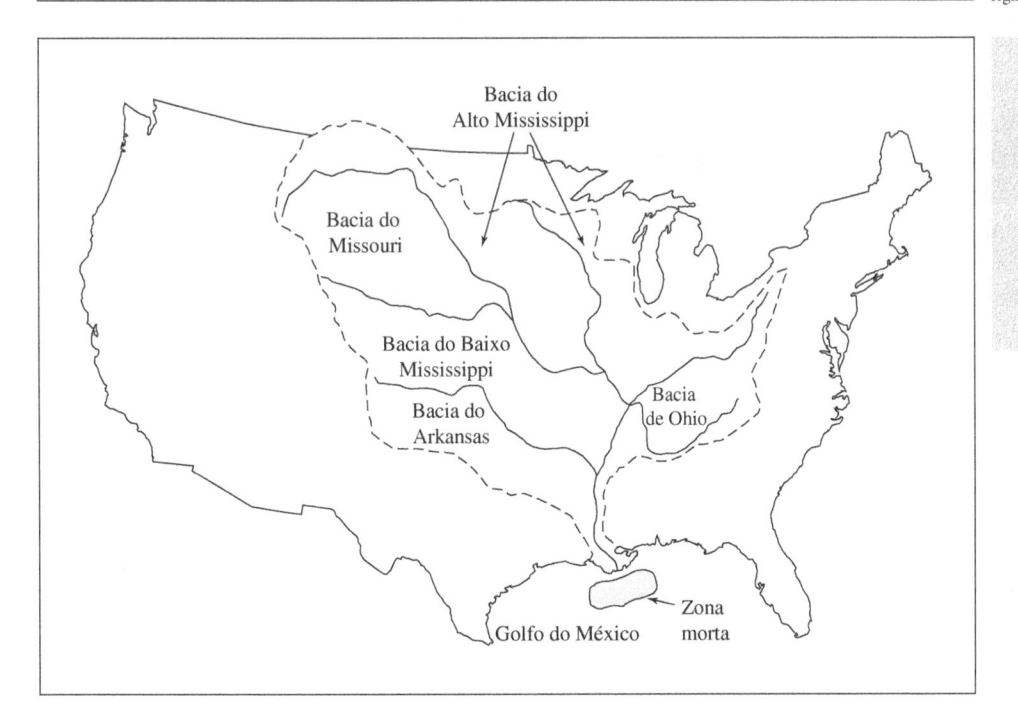

Fonte: C. F. D'Elia. "Too much of a good thing: nutrient enrichments of the Chesapeake Bay", *Environment*, 1987, 29(2):6–11, 30–33. Reprodução autorizada por Helen Dwight Reid Educational Foundation. Publicado por Heldref Publications, 1319 Eighteenth St., NW, Washington, DC 200361802. Copyright© 1987.

FIGURA 13.10

A 'zona morta' no Golfo do México resultante do enriquecimento por nutrientes decorrente das atividades de cultivo da terra na bacia de drenagem do rio Mississippi.

e. Áreas alagadiças como reservatórios químicos. Os episódios de mortandade de peixes ao longo da costa dinamarquesa mostrados na Figura 13.8 poderiam ter sido evitados, se as áreas alagadiças costeiras originais não tivessem sido drenadas. As áreas alagadiças são geralmente anóxicas e possuem grande quantidade de carbono orgânico; elas criam uma zona tamponada natural para as águas marinhas ou doces das proximidades, por meio do confinamento de nitratos. Os nitratos entram nas áreas alagadiças pelo escoamento superficial, mas são utilizados pelas bactérias para oxidar o carbono armazenado por meio da redução de nitrato para N_2 ou N_2O, que é expelido para a atmosfera (veja a Figura 13.11a).

FIGURA 13.11

(a) Capacidade de tamponamento das áreas alagadiças contra a entrada de nitrato e sulfato nos corpos d'água.
(b) Sob condições em que as áreas alagadiças se tornam secas, nenhuma das reações de redução protetoras ocorre. Além disso, os sulfetos acumulados podem oxidar o sulfato como ácido sulfúrico e se lixiviarem para rios ou lagos adjacentes.

Fonte: W. M. Stigliani. "Changes in valued capacities of soils and sediments as indicators of nonlinear and time-delayed environmental effects", *Environmental Monitoring and Assessment*, 1988, 10:245-307. Copyright© 1988. Reprodução autorizada por Kluwer Academic Publishers.

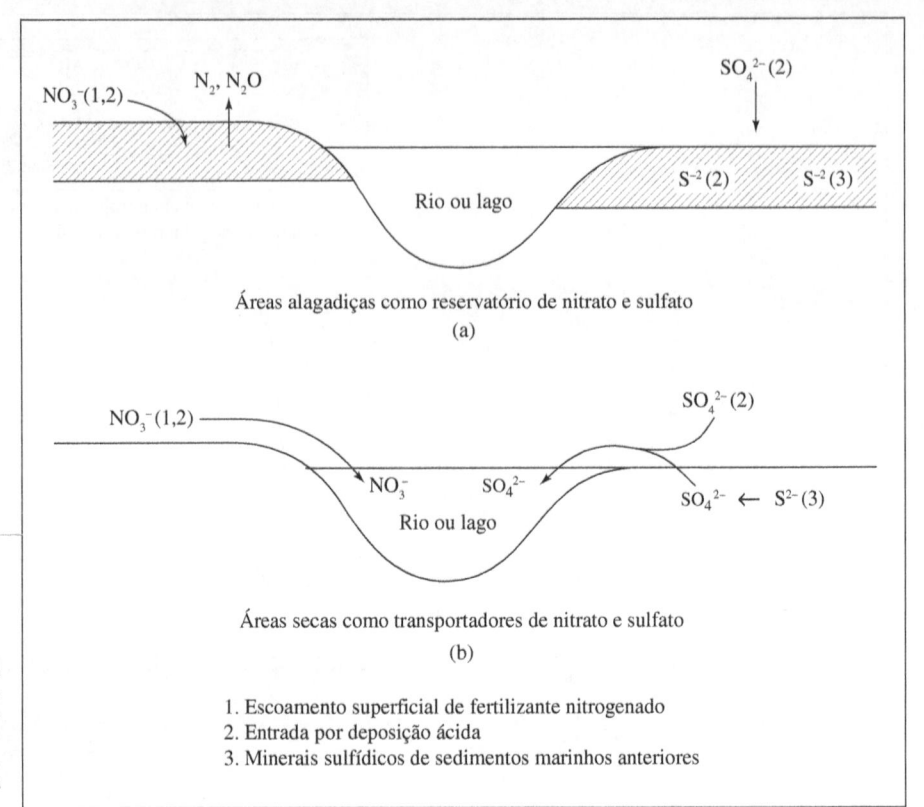

Áreas alagadiças como reservatório de nitrato e sulfato
(a)

Áreas secas como transportadores de nitrato e sulfato
(b)

1. Escoamento superficial de fertilizante nitrogenado
2. Entrada por deposição ácida
3. Minerais sulfídicos de sedimentos marinhos anteriores

Ao esgotar os nitratos antes que penetrem no estuário, as áreas alagadiças circundantes limitam o crescimento excessivo da biomassa e as condições anóxicas subseqüentes no estuário. A restauração das áreas alagadiças foi proposta em muitas áreas como meio de reduzir o excesso de fertilização por escoamento superficial.

Se as áreas alagadiças forem de origem marinha, provavelmente conterão altas concentrações de enxofre sob a forma de minerais sulfídicos reduzidos, como a pirita. Sob as condições redox/pH predominantes nas áreas alagadiças, esses sulfetos são altamente insolúveis e imobilizados (veja a Figura 13.11 a). Drenar essas áreas alagadiças (veja a Figura 13.11 b) expõe esses compostos às condições de oxidação, produzindo uma situação semelhante à drenagem ácida de minas.

Um exemplo desse fenômeno ocorreu em uma área costeira da Suécia, próxima ao Golfo da Bósnia, onde as áreas alagadiças foram drenadas no início dos anos 1990 para uso agrícola.

Como indica a Figura 13.12, drenar a área alagadiça mudou as condições de *Eh*/pH diagonalmente para o lado esquerdo superior, dos valores normais de solos encharcados para condições próximas àquelas da drenagem ácida de minas. A drenagem expôs os sulfetos à atmosfera e sua oxidação para ácido sulfúrico acidificou o solo e os lagos vizinhos. O pH em um desses lagos, o Blamissusjon, caiu de 5,5 ou mais no último século para um valor atual de 3. Embora as atividades agrícolas tenham cessado nos anos 1960, o lago não se recuperou; é amplamente conhecido como o lago mais acídico da Suécia.

f. Efeitos de reações redox sobre a poluição por metais. Alterações no potencial redox podem acarretar graves conseqüências para a poluição ambiental, principalmente em relação aos íons metálicos, tais como cádmio, chumbo e níquel. Em geral, a solubilidade dos metais pesados é maior nos meios oxidantes e acídicos (veja a Figura 13.12). Em meios com pH que tendem de neutros a alcalinos em ambientes oxidantes, esses metais geralmente adsorvem na superfície de partículas insolúveis de $Fe(OH)_3$ e MnO_2, particularmente quando o fosfato está presente para atuar como um íon de ligação. Quando o potencial redox muda para apenas levemente oxidante ou para condições levemente redutoras por decorrência da ação microbial, e o pH muda para a faixa acídica, o $Fe(OH)_3$ e o MnO_2 em solos e sedimentos são reduzidos e solubilizados. Os íons metálicos adsorvidos também se tornam solubilizados e se movem para os águas subterrâneas [ou para a coluna d'água de lagos, quando há $Fe(OH)_3$ ou MnO_2 no sedimento]. Entretanto, se o sulfato é reduzido microbialmente para HS^-, os íons metálicos são imobilizados como sulfetos insolúveis. Mas, como já observamos, se sedimentos ricos em sulfeto são expostos ao ar por meio de operações de drenagem ou dragagem, então o HS^- se oxida de volta para sulfato e os íons de metal pesado são liberados.

Um exemplo particularmente importante de mediação redox biológica de poluição por metal pesado ocorre no caso do mercúrio. O mercúrio inorgânico, em qualquer de suas valências comuns, Hg^0, Hg_2^{2+} e Hg^{2+}, não é tóxico quando ingerido; ele tende a passar pelo sistema digestivo, embora o Hg^0 seja altamente tóxico quando inalado. Mas o íon metilmercúrio, $(CH_3)Hg^+$, é muito tóxico, independentemente da rota de exposição. A rota ambiental para a toxicidade envolve bactérias redutoras de

FIGURA 13.12

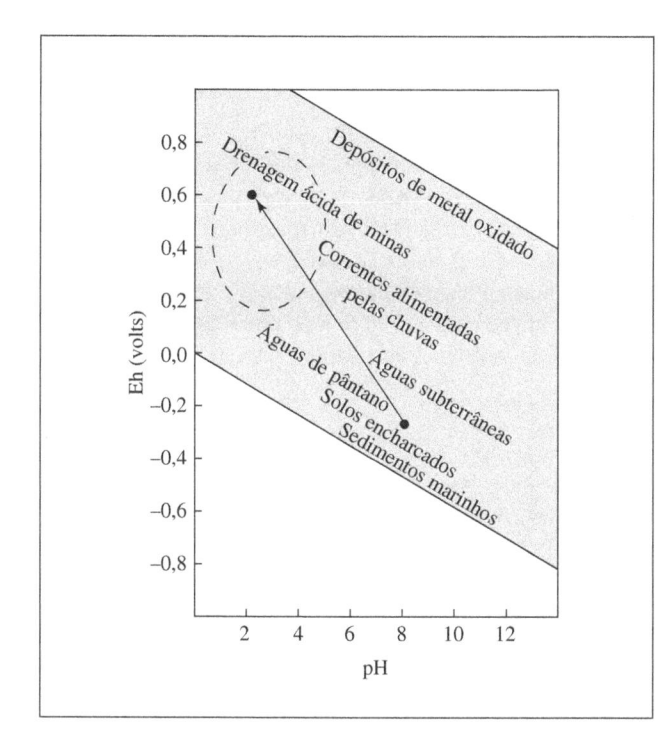

Eh/pH em função de diferentes ambientes aquáticos. A região oval cercada pela linha tracejada indica a região de maior solubilidade de metais pesados.

Fonte: adaptada de W. Salomons. "Long-term strategies for handling contaminated sites and large-scale areas". In W. Salomons e W. M. Stigliani, eds. *Biogeodynamics of pollutants in soils and sediments*. Berlim: Springer-Verlag, 1995. Copyright© 1995 by Springer-Verlag. Reprodução autorizada por Springer-Verlag. Todos os direitos reservados.

sulfato que vivem em sedimentos anaeróbios. Como parte de seu metabolismo, essas bactérias utilizam grupos metila para produzir acetato. Quando expostas ao Hg^{2+}, as bactérias transferem os grupos metila para o mercúrio, produzindo $(CH_3)Hg^+$; como o metilmercúrio é solúvel, ele penetra na cadeia alimentar aquática, onde é bioacumulado no tecido carregado de proteína dos peixes (veja discussão na Parte IV).

g. Fertilização do oceano com ferro. Embora o nitrogênio e o fósforo sejam os nutrientes limítrofes aquáticos próximos da terra, tem-se tornado evidente que, em grandes áreas de mar aberto, é realmente o ferro que limita a produção biológica. Dentre os 'metais residuais' essenciais à vida, o ferro é requisitado em maior quantidade. O ferro é utilizado em muitas enzimas envolvidas no transporte de elétrons e no processamento de O_2 e N_2, bem como em sua redução e (para N_2) produtos de oxidação. Portanto, todos os organismos necessitam de um suprimento constante de ferro. Como é abundante na crosta terrestre, a limitação de ferro não constitui problema para as plantas terrestres ou para os fitoplânctons que crescem próximo à terra. Entretanto, a concentração de ferro no oceano é extremamente baixa (veja a Tabela 12.1), devida à baixa solubilidade do $Fe(OH)_3$ na água do mar alcalina (pH = 8).

Na maior parte dos oceanos, o assentamento de poeira proveniente da terra supre os fitoplânctons com ferro suficiente para se desenvolverem. Ventos prevalecentes sopram areia dos desertos do Saara e de Gobi, percorrendo grandes distâncias pelos oceanos Atlântico e Pacífico. Medições recentes de satélite mostram uma correlação razoavelmente boa entre os padrões de poeira no ar e o crescimento de fitoplâncton nos oceanos abaixo. Contudo, há grandes áreas que são relativamente desprovidas de poeira, principalmente na região equatorial do oceano Pacífico e nas águas que circundam a Antártica a uma latitude sul acima de 60°, chamada de Oceano do Sul. Essas áreas apresentam menos fitoplâncton do que poderia ser cultivado pelos nitrogênio e fósforo disponíveis. Sabe-se há algum tempo que adicionar ferro a amostras dessas águas estimula o crescimento do fitoplâncton em laboratório; e uma série de experiências de campo nos anos 1990 demonstraram que espalhar ferro por áreas do oceano ricas em nutrientes produzia florescências de fitoplânctons.

A limitação de ferro na produtividade biológica é um importante ingrediente no ciclo do carbono, porque o fitoplâncton absorve CO_2 e transporta parte dele para as profundezas do oceano quando morre. Esse é o mecanismo da 'bomba biológica' para CO_2. Em áreas com limitação de ferro, adicioná-lo aos oceanos pode aumentar a velocidade da bomba biológica, reduzindo o CO_2 atmosférico. Na verdade, foi sugerido que a suplementação de ferro poderia oferecer uma solução de 'geoengenharia' ao problema do crescente CO_2 atmosférico. No entanto, essa solução foi descartada por várias razões:

a. A medida seria muito cara, porque a estimulação de florescências de fitoplâncton possui um efeito transitório. As florescências rapidamente desaparecem conforme o excesso de ferro se precipita para fora da zona fótica [a duração depende, até certo ponto, da forma do ferro adicionado. Os sais ferrosos são solúveis, mas rapidamente se oxidam para $Fe(OH)_3$. Os quelatos ferrosos têm vida mais longa, mas os agentes quelantes elevariam o custo]. Conseqüentemente, o ferro teria de ser adicionado continuamente para surtir efeito permanente.

b. A modelagem indica que o efeito máximo da concentração de CO_2 atmosférico seria uma redução de ~60 ppm, fazendo uma diferença relativamente pequena no nível em elevação.

c. Poderia haver conseqüências imprevisíveis à biologia dos oceanos, resultantes de uma intervenção desse tipo.
   d. Seria necessário um acordo internacional sobre a alteração dos oceanos, principalmente na região da Antártica, que é protegida por leis internacionais.

A evidência de que o ferro pode fertilizar os oceanos e a poeira representa uma importante fonte de ferro levanta a possibilidade de que as alterações no nível de poeira global contribuíram para as variações na temperatura que provocaram a Idade do Gelo. Dados extraídos de núcleos de gelo e de sedimentos do fundo do oceano indicam que havia muito mais ferro na água do mar durante as eras glaciais. Dessa forma, a bomba biológica teria sido estimulada; a redução de ~60 ppm no nível de CO_2 que poderia ter sido disponibilizado por esse mecanismo corresponde aproximadamente à redução de CO_2 que também é detectada nos núcleos de gelo. O aumento de ferro poderia ter resultado da poeira decorrente da seca dos continentes e da expansão dos desertos. Entretanto, como normalmente ocorre quando se reconstrói o passado, é difícil decidir qual fator é a causa e qual é o efeito.

14 Poluição e tratamento das águas

A qualidade das águas de superfície e das subterrâneas é preocupante por dois aspectos distintos, mas que se sobrepõem: 1) a saúde e o bem-estar dos seres humanos; e 2) a saúde dos ecossistemas aquáticos. Ambos os aspectos relativos à qualidade da água são intensificados pela minimização dos impactos das atividades humanas, mas as questões específicas e as medidas de controle diferem.

14.1 Usos e qualidade da água: fontes pontuais e não-pontuais de poluição

A qualidade da água representa uma questão tão relevante como a quantidade de água. Embora a maior parte do suprimento de água seja devolvida ao fluxo das correntes após o uso, sua qualidade é inevitavelmente degradada. Os efeitos estão resumidos na Tabela 14.1. O resfriamento das usinas de força pela circulação de água eleva a temperatura (poluição térmica), com efeitos adversos sobre a biota das águas receptoras. A descarga de esgoto domiciliar e comercial reduz o teor de oxigênio dissolvido, novamente perturbando o equilíbrio biológico das águas de superfície. As atividades industriais e de mineração contaminam a água com uma variedade de materiais tóxicos. A agricultura pode poluir as águas de superfície e as subterrâneas com excesso de nutrientes e pode levar à salinização do solo, quando as águas da irrigação se evaporam, deixando os sais para trás.

Ao considerar os efeitos da qualidade da água, é preciso distinguir as *fontes pontuais* das *fontes não-pontuais* de poluição. As fontes pontuais são as fábricas e outras instalações industriais e comerciais que liberam as substâncias tóxicas na água. Em anos recentes, as liberações tóxicas de fontes pontuais foram consideravelmente reduzidas, principalmente nos países desenvolvidos. Grandes quantidades continuam a ser descarregadas (veja a Tabela 14.2A, B), porém em níveis bem inferiores aos de anos anteriores.

A Figura 14.1 mostra a redução das descargas nos Estados Unidos, de 1988 a 1996, de produtos químicos listados no *toxic release inventory* (TRI), que é mantido pela EPA, a agência de proteção ambiental norte-americana. As descargas nas águas de superfície foram reduzidas em quase quatro vezes, e as transferências para o serviço público de tratamento de água e esgoto (POTWs, do inglês, *Publicly Owned Treatment Works*) se reduziram quase à metade. As transferências para as POTWs são particularmente significativas porque essas estações são destinadas a tratar, primariamente, o esgoto doméstico e têm sido freqüentemente inutilizadas pelos descartes industriais no passado. Na realidade, a Figura 14.1 minimiza a melhoria nas descargas de poluentes porque o TRI é uma combinação de todas as substâncias químicas e as mais abundantes delas são as menos tóxicas (veja a Tabela 14.2B). As liberações das substâncias químicas mais tóxicas foram reduzidas em proporções mais acentuadas. As figuras 14.2 e 14.3 indicam que as transferências às POWTs foram reduzidas em cinco e nove vezes para benzeno e cromo, respectivamente, duas substâncias que são reconhecidamente causadoras de câncer (as descargas para as águas de superfície foram menos reduzidas, pois eram relativamente baixas para começar).

As fontes não-pontuais representam um problema mais complicado. Elas incluem as emissões provenientes dos veículos de transporte, do escoamento superficial da agricultura, que pode carregar excesso de nutrientes, pesticidas e lodo para rios e aqüíferos, e do escoamento superficial urbano, que pode carregar metais tóxicos e orgânicos dos bueiros para as usinas de tratamento de esgoto ou diretamente para rios e lagos (veja a Figura 14.4). O progresso obtido no controle de fontes pontuais de poluição cha-

TABELA 14.1 *Efeitos do uso da água sobre a qualidade da água.*

Uso da água	Efeitos sobre a qualidade da água
Doméstico/comercial	Diminui oxigênio dissolvido
Industrial/mineração	Diminui oxigênio dissolvido; polui água com metais pesados e substâncias orgânicas tóxicas; causa drenagem ácida de minas
Termoelétrico	Aumenta a temperatura da água (poluição térmica)
Irrigação/criação de animais	Causa salinização das águas de superfície e subterrâneas; diminui o oxigênio dissolvido (próximo aos criadouros)

TABELA 14.2A *Os dez principais setores industriais por volume descartado em águas de superfície (1999).*

Setor industrial*	Libras	Toneladas métricas	Percentual total
Químico	77.097.472	35.002	29,8
Metais primários	62.513.740	28.381	24,2
Alimentos	50.225.853	22.803	19,4
Papel	19.118.393	8.680	7,4
Petróleo	15.655.884	7.108	6,1
Energia elétrica	4.510.038	2.048	1,7
Equipamentos elétricos	4.393.066	1.995	1,7
Metais fabricados	2.429.536	1.103	0,9
Medição/foto	1.320.125	599	0,5
Mineração de metais	447.029	203	0,2
Total	237.711.136	107.921	91,8

* A lista não inclui os setores com múltiplos códigos que descartam 8.680 toneladas métricas.

TABELA 14.2B *As dez principais substâncias químicas por volume descartado em águas de superfície (1999).*

Substância química	Libras	Toneladas métricas	Percentual total
Compostos de nitrato	231.367.165	105.041	89,4
Amônia	7.917.711	3.595	3,1
Compostos de manganês	5.398.239	2.451	2,1
Metanol	3.873.380	1.759	1,5
Compostos de bário	2.182.327	991	0,8
Nitrito de sódio	1.593.212	723	0,6
Compostos de zinco	1.373.162	623	0,5
Etilenoglicol	544.047	247	0,2
Cloro	391.583	178	0,2
Compostos de cobre	361.467	164	0,1
Total	**254.640.826**	**115.607**	**98,4**

FIGURA 14.1

Tendências nas descargas industriais de todas as substâncias químicas do Toxic Release Inventory (TRI) com potencial impacto sobre a qualidade da água.

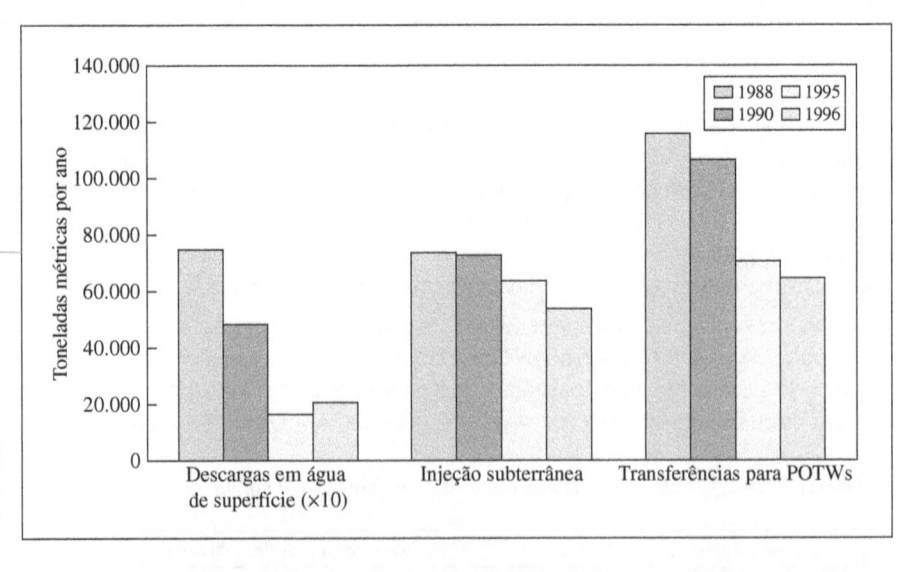

Fonte: Agência de Proteção Ambiental dos Estados Unidos, Office of Environmental Information (1999), 1999 Toxic Release Inventory, Public Data Release (Washington, DC: U.S. EPA).

mou a atenção para as fontes não-pontuais, que respondem por uma parcela crescente da carga total de poluentes. Por exemplo, a contribuição relativa para a carga de cádmio (Cd) no rio Reno, de fontes pontuais e não-pontuais, mudou drasticamente entre meados dos anos 1970 e meados dos anos 1980 (veja a Figura 14.5). Enquanto a maior parte do Cd veio de fontes pontuais na década de 1970, esse cenário mudou, graças aos controles industriais. Agora a maior parcela de Cd provém de fontes não-pontuais, como o escoamento superficial urbano e agrícola (o Cd é um fator de contaminação presente na poeira urbana bem como no fertilizante à base de fosfato). Como se mencionou, as fontes não-pontuais são responsáveis pela fertilização excessiva de lagos e baías.

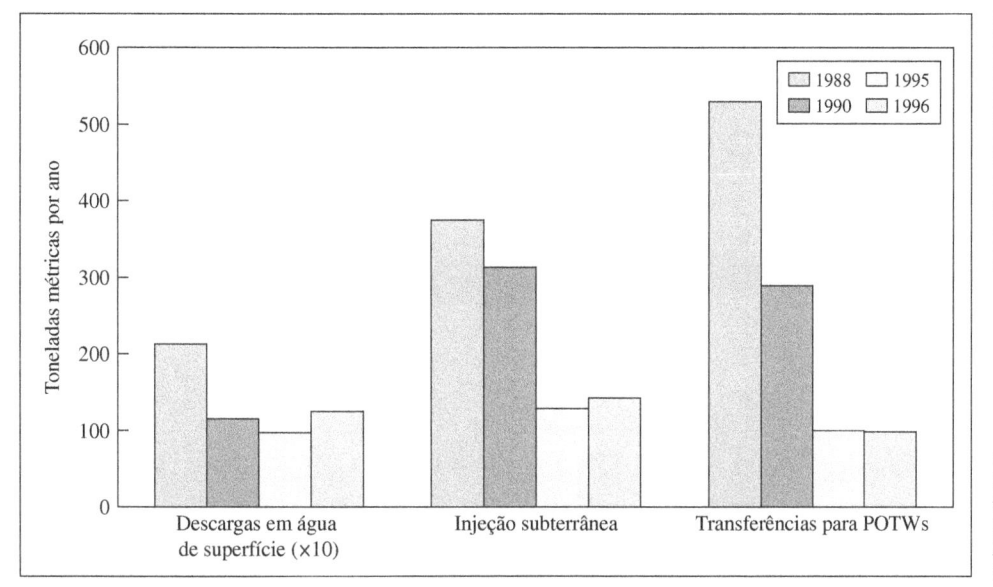

FIGURA 14.2

Tendências nas descargas industriais de benzeno com potencial impacto sobre a qualidade da água.

Fonte: Agência de Proteção Ambiental dos Estados Unidos, Office of Environmental Information (1999), *1999 Toxic Release Inventory, Public Data Release* (Washington, DC: U.S. EPA).

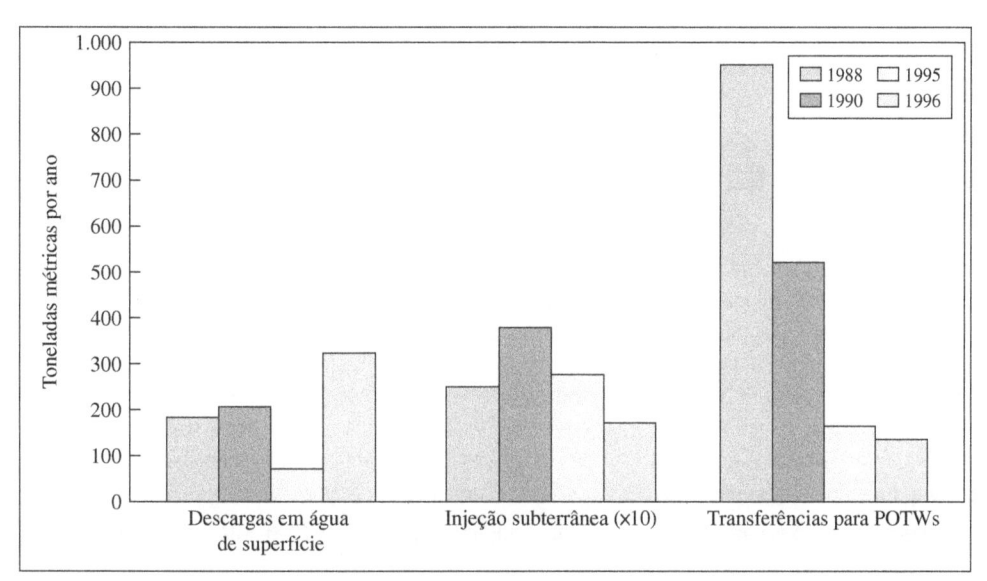

FIGURA 14.3

Tendências nas descargas industriais de cromo e compostos de cromo com impacto potencial sobre a qualidade da água.

Fonte: Agência de Proteção Ambiental dos Estados Unidos, Office of Environmental Information (1999), *1999 Toxic Release Inventory, Public Data Release* (Washington, DC: U.S. EPA).

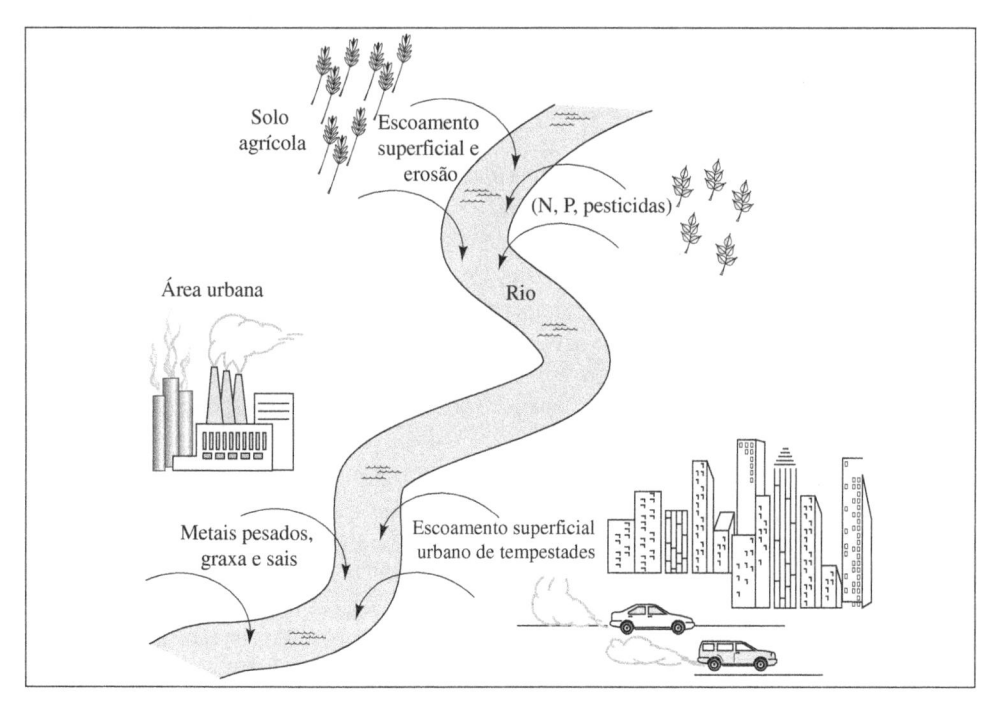

FIGURA 14.4

Poluição de fontes não-pontuais, de áreas agrícolas e urbanas.

FIGURA 14.5

Estimativa das cargas anuais de cádmio em várias estações no rio Reno e em seus afluentes. A estação de Lobith fica na fronteira entre Alemanha e Holanda; a carga de cádmio lá representa a soma de todas as entradas rio acima na bacia do Reno. A bacia inclui a maior parte da Suíça, o nordeste da França, Luxemburgo, uma grande parte do sudoeste da Alemanha e a maior parte dos Países Baixos.

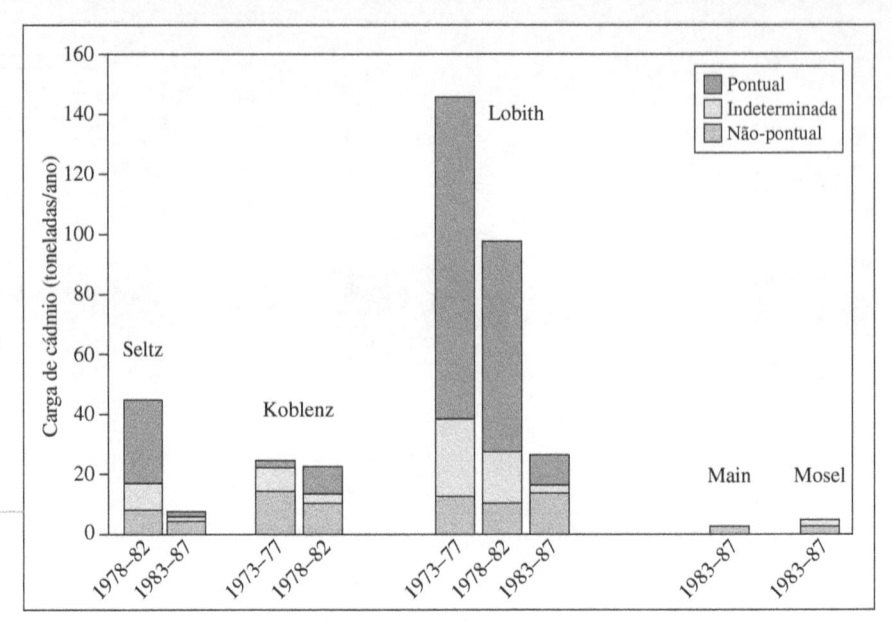

Fonte: H. Behrendt. Point and diffuse loads of selected pollutants in the River Rhine and its main tributaries, Report RR-93-1, Laxenburg, Áustria: International Institute for Applied Systems Analysis, 1993. Copyright© 1993, International Institute for Applied Systems Analysis. Reprodução autorizada.

14.2 Regulamentação da qualidade da água

Governos no mundo todo tentam regulamentar a qualidade da água, zelando pelos interesses da saúde pública e da proteção ambiental. Nos Estados Unidos, os instrumentos legais de regulamentação são duas leis básicas, o *Clean Water Act* (CWA ou Lei da Água Limpa), de 1972, e o *Safe Drinking Water Act* (SDWA ou Lei da Água Potável), de 1974, sendo que ambas já receberam várias emendas. Sob essas leis, a EPA deve estabelecer os padrões que protejam dos efeitos prejudiciais dos contaminantes – as descargas de poluentes de fonte pontual estão sujeitas a um processo de autorização; as indústrias são informadas sobre as melhores tecnologias disponíveis de controle da poluição e recursos são fornecidos aos municípios para a construção de usinas de tratamento de esgoto. Iniciativas semelhantes foram adotadas na maioria dos demais países industrializados. Essas medidas ajudaram a gerar reduções acentuadas nas descargas de poluentes em corpos d'água, como observamos na seção anterior.

Pela SDWA, foram estabelecidos padrões para microorganismos, nuclídeos radioativos e 54 substâncias químicas orgânicas e 14 inorgânicas, que podem ser encontrados na água para beber. Os padrões (que podem ser encontrados no site da EPA: http://www.epa.gov/safewater/mcl.html) são estipulados como os *níveis máximos de contaminação* (MCL, do inglês, *maximum contaminant level*), que são os mais próximos do que é tecnicamente viável como *meta de nível máximo de contaminação* (MCLG, do inglês, *Maximum Contaminant Level Goal*). O MCLG é o nível de contaminação de água potável abaixo do qual não existe nenhum risco conhecido ou provável à saúde. Embora pareça sensato, o MCLG é uma quantidade difícil de estabelecer. Quanto mais dados sobre os efeitos à saúde são coletados e medidas mais sensíveis são usadas, os MCLGs tendem a ser reajustados para baixo. Em muitos casos, pode não haver limite abaixo do qual algum efeito à saúde possa ser esperado. Na verdade, vários MCLGs foram estipulados em zero (por exemplo, benzeno, diclorometano, tetracloreto de carbono, dioxina, PCBs, chumbo), embora zero seja uma meta inatingível.

Os MCLs impostos pela lei são definidos levando-se em consideração a melhor tecnologia disponível que seja economicamente viável. Os MCLs variam de um alto 10 mg/L (íon nitrato) para um baixo 0,0002 mg/L (epóxido de heptaclor e lindano). Para os microorganismos, a regra é que a filtragem e a desinfecção devem remover ou tornar inativos 99,9% de *Giardia* e 99,99% de vírus, sendo que não mais que 5% de amostras por mês podem apresentar resultado positivo a testes de bactérias coliformes. No caso do cobre e do chumbo, a fonte de contaminação da água para beber é geralmente o sistema de encanamento; e as estações de água são obrigadas a adotar medidas de tratamento, caso 10% das amostras de água de torneira excedam a 1,3 mg/L de cobre ou 0,015 mg/L de chumbo.

Para as águas de superfície em geral, a questão da qualidade se resume à sua capacidade de sustentar os ecossistemas aquáticos e os usos humanos, como nadar e pescar. A Lei da Água Limpa (CWA), de 1972, estabeleceu um mecanismo de proteção dessas águas ao exigir que os estados determinassem uma *carga diária máxima total* (TMDL, do inglês, *total maximum daily load*) de poluentes a um nível que assegurasse os padrões de qualidade da água em um dado canal. Se a TMDL for ultrapassada, as reduções exigidas de poluição devem ser distribuídas entre as fontes poluidoras. Essa cláusula da lei não foi executada por muitos anos, até que processos judiciais movidos por grupos ambientais em mais de 30 estados levaram a EPA a propor uma lei de implementação em 1999. A necessidade de ação foi justificada pelos resultados de uma pesquisa em 1998 que indicou que cerca de 40% dos rios, lagos e estuários avaliados nos Estados Unidos não estavam limpos o suficiente para permitir usos como nadar ou pescar. A lei da EPA especifica procedimentos a serem seguidos pelos estados na identificação dos canais afetados, estabelece um orçamento para redução nos níveis de poluição e elabora um plano de implementação. Embora se destine a implantar uma lei de 30 anos e ofereça aos estados até mais 15 anos para adotá-la, a nova regra recebeu forte oposição devida à dificuldade de controle das fontes não-pontuais de poluição, que se tornaram o novo campo de batalha da proteção ambiental. Parte das cláusulas da nova regra da EPA visa a submeter a poluição gerada pela silvicultura e a agricultura às leis da CWA, embora esses setores tenham sido anteriormente isentados. Grande parte da oposição está centrada nessas cláusulas.

14.3 Tratamento de águas e esgotos

Os municípios tratam suas provisões de água para usos residencial e comercial visando a garantir a imunização contra doenças e eliminar odores e turvação; eles tratam os esgotos para reduzir a poluição da água e a eutrofização. No primeiro caso, o tratamento começa com a aeração para a remoção de odores por meio da purificação dos gases dissolvidos e dos compostos orgânicos voláteis. A aeração também oxida qualquer Fe^{2+} em Fe^{3+}, formando $Fe(OH)_3$ e acarretando a precipitação. Íons de Fe^{3+} ou Al^{3+} são adicionados de forma deliberada, em geral como sal de sulfato, juntamente com o calcário para ajustar o pH. Uma volumosa precipitação de $Fe(OH)_3$ ou $Al(OH)_3$ é produzida, o que confina as partículas sólidas que podem estar em suspensão no suprimento de água. Quando a precipitação é coletada e removida, a água é bastante clarificada. Se compostos orgânicos dissolvidos necessitarem ser removidos, a água poderá ser passada por um filtro de carvão ativado, embora essa medida seja cara e incomum. Finalmente, adiciona-se o desinfetante – cloro, dióxido de cloro ou ozônio – para matar os microorganismos e fornecer água própria para consumo.

Analogamente, o tratamento de esgoto depende em grande parte do assentamento e da filtragem para remover sólidos; essa etapa de separação física é chamada de tratamento primário. A maioria dos municípios também realiza um tratamento secundário, que aproveita as bactérias para metabolizar os compostos orgânicos, convertendo-os em CO_2. Desse modo, a DBO é consideravelmente reduzida (veja a Figura 14.6). Se o esgoto não for metabolizado dessa maneira, a DBO dos efluentes pode superar a capacidade de oxidação das águas receptoras, levando às condições anóxias. No tratamento secundário, o efluente é pulverizado sobre um leito de areia ou cascalho que é coberto por microorganismos aeróbios, ou então agitado com os micróbios em um reator. Ao final desse processo, a DBO é reduzida em até 90%.

FIGURA 14.6

Tratamento primário e secundário de efluentes municipais.

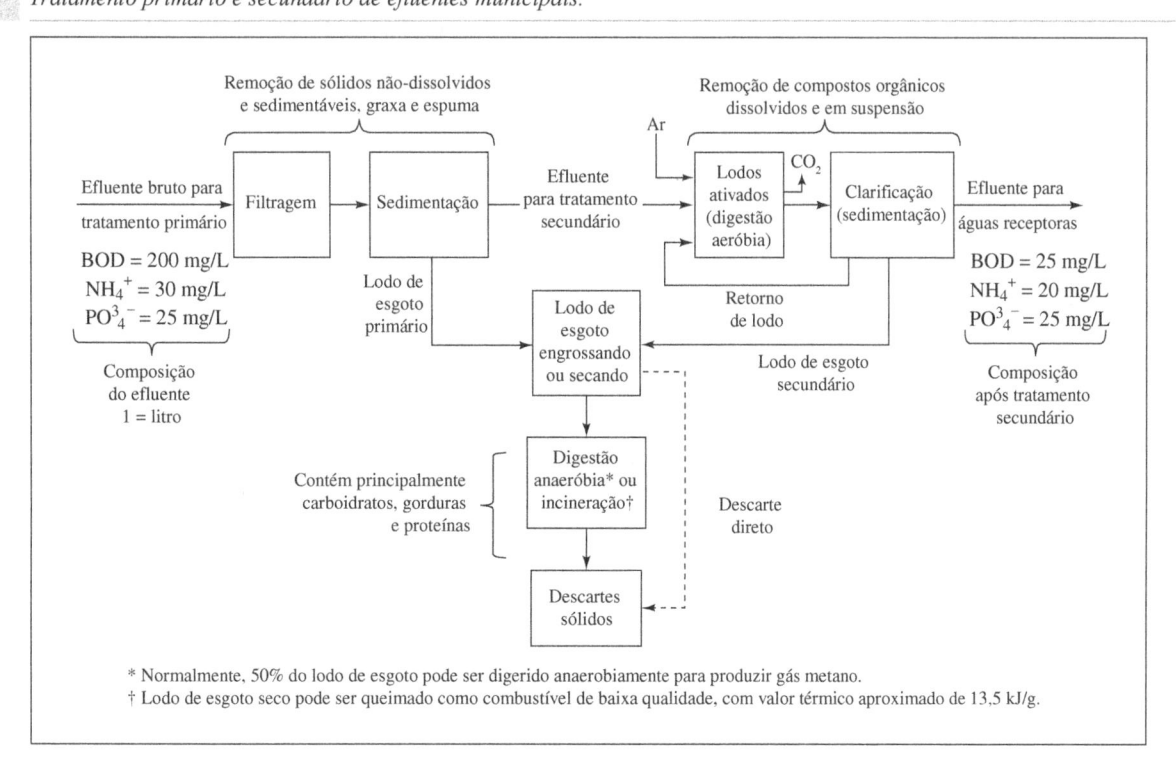

* Normalmente, 50% do lodo de esgoto pode ser digerido anaerobiamente para produzir gás metano.
† Lodo de esgoto seco pode ser queimado como combustível de baixa qualidade, com valor térmico aproximado de 13,5 kJ/g.

Embora convertam a maior parte da matéria orgânica em CO_2, os micróbios também incorporam parte dela nas novas células à medida que a cultura cresce. Essas células devem ser colhidas de tempos em tempos e adicionadas ao lodo de esgoto proveniente do reservatório de assentamento primário. A disposição do lodo de esgoto é uma questão importante no tratamento de esgoto municipal. Por ser principalmente composto de matéria orgânica, o lodo constitui um excelente fertilizante, teoricamente. Na prática, sua aplicação aos cultivos é restrita por causa da freqüente presença de metais tóxicos que são lançados nos efluentes por fontes domésticas e industriais ou pelo escoamento superficial urbano, quando os bueiros se conectam com as linhas de esgoto. Alternativamente, o lodo pode ser incinerado e fornecer energia para aquecimento ou eletricidade. Outra opção é converter parte do lodo em metano, um combustível de alta qualidade, digerindo-o com bactérias anaeróbias. Entretanto, a baixa viabilidade econômica e a oposição local geralmente inviabilizam essas opções. Por conseguinte, boa quantidade do lodo de esgoto acaba nos aterros. Mas, conforme os aterros lotam, a pressão pela aplicação agrícola aumenta e a questão dos riscos causados pelos metais e de sua remoção volta a ser analisada com atenção. Se o problema dos metais pudesse ser solucionado, o lodo poderia se tornar um valioso recurso como fertilizante, em vez de um problema de descarte ambiental.

Embora seja eficaz em reduzir a DBO, o tratamento secundário pouco faz em termos de reduzir as concentrações de íons inorgânicos, em particular, NH_4^+, NO_3^- e PO_4^{3-}. Esses íons solúveis são liberados com os efluentes onde podem causar eutrofia às águas receptoras. Sua remoção exige tratamento terciário, em que etapas químicas adicionais são acrescentadas (veja a Figura 14.7). Desse modo, o fosfato é removido pela precipitação com o calcário, produzindo o mineral insolúvel hidroxiapatita, $Ca_5(PO_4)_3(OH)$. O NH_4^+ pode ser convertido em NH_3 volátil adicionando-se calcário para elevar o pH, o qual é, a seguir, baixado novamente por injeção de CO_2 para voltar a precipitar o calcário. Finalmente, os compostos orgânicos restantes podem ser filtrados com carvão ativado e o desinfetante pode ser adicionado para produzir água bastante pura. Essas etapas de tratamento aumentam significativamente os custos; a eliminação da amônia em particular consome energia de forma intensiva. Um processo alternativo, que requer menos energia, é usar as bactérias nitrificadoras para converter NH_4^+ em NO_3^- e, a seguir, as bactérias desnitrificadoras para converter NO_3^- em N_2. Entretanto, essas bactérias exigem cuidadoso controle das condições de desenvolvimento. Ainda existe a alternativa de espalhar água do tratamento secundário sobre uma área alagadiça que possa filtrar eficazmente os fosfatos e nitratos (vale lembrar a discussão da Figura 13.8, em que as áreas alagadiças na costa dinamarquesa serviam como uma armadilha de nutrientes para proteger o mar da eutrofização até que fossem drenadas).

FIGURA 14.7

Tratamento terciário de efluente municipal.

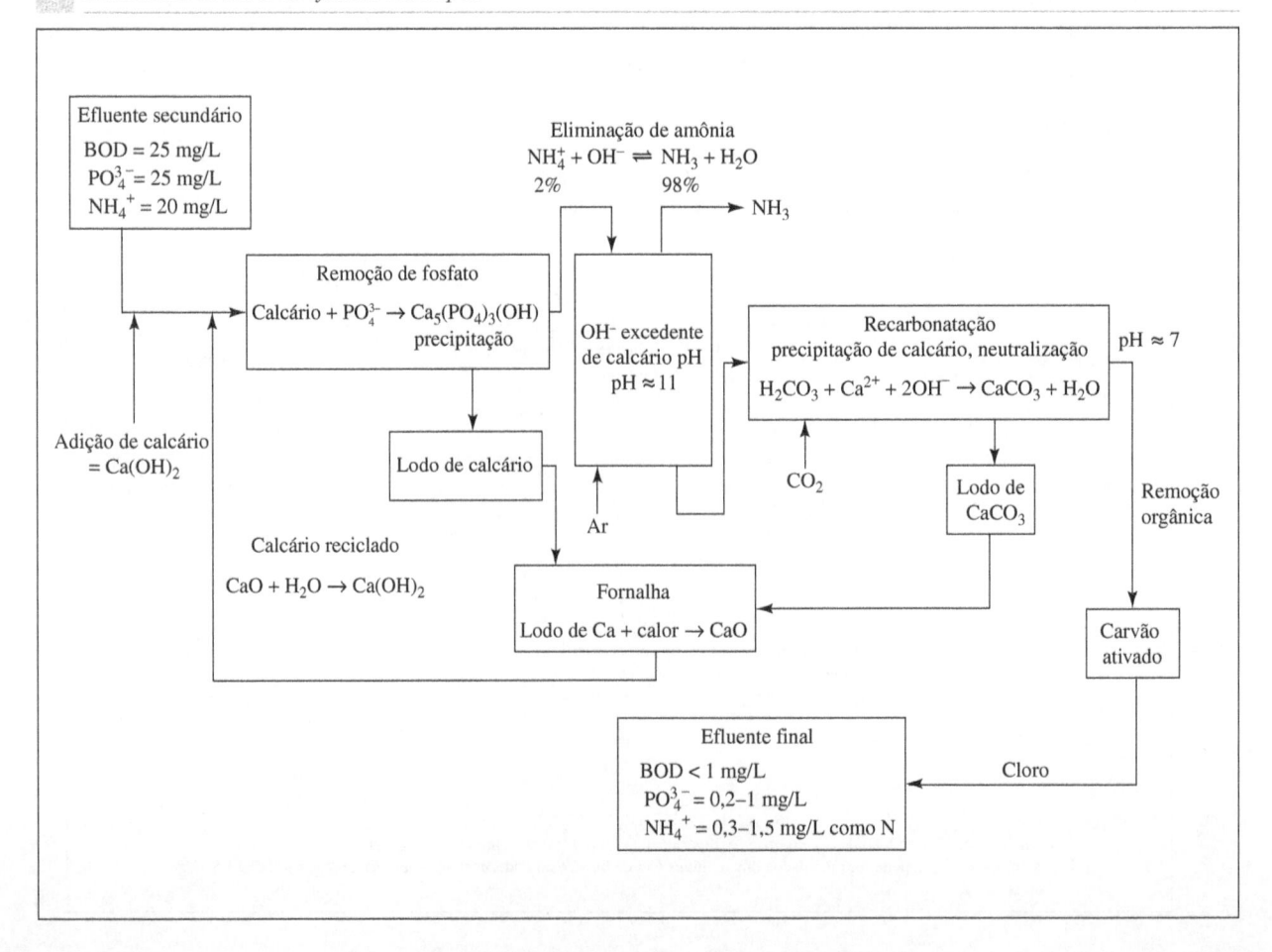

14.4 Riscos à saúde

a. Patogenias e desinfecção. A propagação de microorganismos patogênicos pelo suprimento de água é o mais grave risco de poluição à saúde humana. As patogenias disseminadas pela água estão presentes em todo o mundo. Até as águas não tocadas pelos seres humanos podem ser contaminadas por resíduos animais. Os adeptos das caminhadas por trilhas que bebem água não tratada de rios aparentemente puros geralmente são infectados pelos micróbios da *Giardia*.

Os problemas mais sérios, porém, são criados pela contaminação da água potável por resíduos humanos. A falta de tratamento de esgoto e de sua separação da água destinada ao consumo contribui muito para a propagação de doenças ao redor do mundo. A água insalubre é um dos problemas humanos mais difundidos, principalmente nos países em desenvolvimento.

A desinfecção pode assumir muitas formas diferentes, sendo que uma das mais antigas se baseia na remoção de patogenias pela própria terra. A água filtrada pelo solo e pela rocha, para aqüíferos profundos, é geralmente livre de micróbios. Conseqüentemente, a água de poços é normalmente isenta de patogenias. Entretanto, se o nível d'água for raso ou se o solo estiver pesadamente carregado de resíduos humanos e animais a capacidade de filtragem do solo poderá ser suplantada e os poços serão contaminados.

O modo de impedir a contaminação microbial consiste em manter o suprimento de água o mais livre possível de emissões de efluentes e tratá-lo com um desinfetante. Os desinfetantes atualmente em uso são ozônio, dióxido de cloro e cloro. Desses, o mais comum é o cloro. Quando o cloro é adicionado à água, ele é desproporcionado:

$$Cl_2 + H_2O \rightleftharpoons HOCl + H^+ + Cl^- \qquad \textbf{14.1}$$

O HOCl (ácido hipocloroso) é um oxidante; o Cl está no estado de oxidação +1 e é prontamente reduzido para Cl^-. O HOCl é o ingrediente ativo da maioria dos alvejantes, descolorindo tecidos pela oxidação das moléculas coloridas (as cores geralmente refletem a presença de várias ligações duplas, que são suscetíveis à oxidação). Por ser uma molécula neutra, o HOCl passa pelas paredes das células dos microorganismos e os mata pela oxidação de moléculas vitais. Igualmente, o ozônio e o dióxido de cloro são oxidantes poderosos e fáceis de dispersar, sendo também capazes de matar os micróbios.

O cloro é um desinfetante eficaz e relativamente barato com comprovado registro de sucesso. No entanto, seu uso se tornou controverso porque é capaz de introduzir moléculas organocloradas na água de beber. O HOCl não é apenas um oxidante, mas também um agente de cloração. Os hidroxibenzenos, em particular, são prontamente atacados pelo HOCl e convertidos em uma variedade de compostos clorados. Embora os hidroxibenzenos possam estar presentes nos resíduos industriais, também são encontrados naturalmente nas águas de superfície como componentes dos ácidos húmicos. Os ácidos húmicos são moléculas complexas que contêm anéis de benzeno com uma série de substituintes, incluindo hidroxilas (veja a Figura 12.6 a, b). Embora poliméricos, alguns ácidos húmicos se dissolvem nas águas de superfície ou subterrâneas e penetram no suprimento de água. Um dos produtos de reação mais abundantes do HOCl com os ácidos húmicos é o clorofórmio, $CHCl_3$. Os suprimentos de água bastante cloradas, portanto, apresentam níveis de vestígios de clorofórmio. Suspeita-se que o clorofórmio seja um carcinógeno de fígado nos seres humanos e há alguma evidência epidemiológica de um moderado aumento no risco de câncer de bexiga e retal decorrente de água para beber clorada.

O clorofórmio (e a maioria das demais moléculas orgânicas) pode ser removido da água por meio da filtragem com carvão ativado, mas essa medida é cara. Alternativamente, o cloro está sendo substituído em algumas comunidades por ozônio ou dióxido de cloro (embora o último contenha Cl, não se trata de um agente de cloração efetivo). O uso desses desinfetantes alternativos está disseminando-se amplamente, principalmente na Europa. Custam mais do que o Cl_2, porque são reativos demais para serem armazenados ou transportados, devendo, portanto, ser gerados *in loco*. O O_3 é gerado por uma descarga elétrica no ar, e o ClO_2 é produzido pela oxidação do íon clorito, ClO_2^- (geralmente com o Cl_2, que é reduzido no processo para Cl^-). Outra desvantagem de ambos os agentes é que agem e se decompõem rapidamente. Em contraposição, o HOCl é menos reativo; atua mais lentamente e perdura por algum tempo na água. A durabilidade é uma vantagem em muitos sistemas de água em que a tubulação antiga e sujeita a vazamentos permite considerável infiltração de água que está ao redor. O HOCl oferece uma medida de proteção contra patogenias que possam penetrar no suprimento por intermédio desses vazamentos. Por essa razão, mesmo quando o O_3 e o ClO_2 são utilizados como o desinfetante primário, uma pequena dosagem de ClO_2 é geralmente adicionada à água antes que ela circule pelo sistema de distribuição.

b. Contaminantes orgânicos e inorgânicos. As águas de superfície e as subterrâneas podem ser contaminadas pela migração de substâncias químicas de aterros mal preservados, áreas de resíduos industriais, derramamentos acidentais e vazamentos em tanques de armazenamento, principalmente os subterrâneos. A regulamentação sobre a limpeza de vazamentos em tanques de petróleo e gasolina no subsolo se tornou uma das principais preocupações de proprietários de imóveis residenciais e postos de gasolina nos Estados Unidos. Os poços de água potável podem ser contaminados por vestígios de frações de petróleo, solventes clorados ou PCBs (bifenil policlorado – antigamente usado em transformadores e bombas; veja discussão, na Parte IV). Esses compostos orgânicos ligeiramente solúveis podem escapar do confinamento e migrar através do solo; eles geralmente se acumulam em reservatórios no subsolo, de onde lentamente penetram o nível d'água no decorrer de um longo período. Como já discutido, os vazamentos em reservatórios de gasolina recentemente contaminaram muitos poços com o aditivo solúvel em água MTBE, acarretando sua eliminação do suprimento de gasolina.

Os lixões e os derramamentos também podem lixiviar íons metálicos para a água. Seu transporte é regido pelos equilíbrios químicos, que são, por sua vez, influenciados pelo pH do solo e o E(w), conforme discutido nas seções anteriores. Quando esses íons penetram em rios e lagos, alguns metais, como o cádmio e o mercúrio, bem como a maioria dos compostos orgânicos lipofílicos, se bioacumulam na cadeia alimentar aquática e podem tornar os peixes impróprios para o consumo (veja a Parte IV). Às vezes, poços são escavados em aqüíferos que contêm altos níveis de minerais tóxicos de fontes naturais, como ilustram de forma dramática os trágicos envenenamentos por arsênio em Bangladesh.

A recuperação de solos e sedimentos contaminados é extremamente difícil. A água contaminada pode ser extraída por poços especialmente escavados e tratada por aeração para volatilizar os compostos orgânicos mais leves, ou por filtragem a carvão para remover os compostos orgânicos mais pesados e os metais. Entretanto, por causa aos volumes envolvidos, essa abordagem de 'bombear e tratar' é cara; além disso, sua eficácia é geralmente limitada pelas baixas velocidades de transferência de contaminantes dos reservatórios no solo para a água em circulação. Solos e sedimentos seriamente contaminados podem ser escavados ou dragados e depositados em outro lugar, supostamente seguro, mas encontrar uma área apropriada para entulho não é tarefa fácil. Além disso, a ação de escavar ou dragar pode remexer e transferir quantidades consideráveis de material contaminado para o ar e a água adjacentes.

As áreas agrícolas podem ter problemas de água associados com a aplicação generalizada de fertilizantes, herbicidas e pesticidas. Embora a tendência no uso de herbicida e pesticida tenha por algum tempo se deslocado de compostos orgânicos de vida longa para aqueles que se decompõem com relativa rapidez no meio ambiente, alguns herbicidas e pesticidas ainda podem se acumular no subsolo, ocasionalmente ameaçando os poços em áreas rurais.

Os fertilizantes podem aumentar o nível de íons nitrato nos aqüíferos. O principal risco do nitrato à saúde é a 'síndrome do bebê azul', uma condição de falha respiratória em bebês com excesso de nitrato na dieta alimentar. Parte do nitrato é reduzida pelas bactérias anaeróbias no estômago para íon nitrito, NO_2^-. O nitrito oxida o íon Fe^{2+} na hemoglobina para Fe^{3+}, que é incapaz de ligar-se ao O_2. A hemoglobina contendo Fe^{3+} é designada como *metamoglobina* e a condição conhecida como *metamoglobinemia*. Em adultos, a metamoglobina é rapidamente reduzida de volta para a forma de Fe^{2+}, mas, em bebês, esse processo é lento. A metamoglobinemia induzida por nitrato é atualmente rara nos países industrializados, mas continua preocupante nos países em desenvolvimento.

Outra preocupação sobre o nitrato reside na possibilidade de que o nitrito produzido no estômago possa reagir com as aminas na dieta e produzir N-nitrosaminas, R_2NNO. Testes em animais demonstraram que as nitrosaminas são carcinógenas. Entretanto, os níveis de nitrato na água para beber são muito inferiores do que em produtos de carne defumada ou queijos, aos quais se acrescenta nitrato para inibir a bactéria que causa o botulismo. Órgãos governamentais instituíram programas para reduzir os níveis de nitrato e nitrito em produtos alimentícios e alguns fabricantes agora adicionam vitaminas C e E para bloquear a formação de nitrosamina.

Resumo

A água está disponível em abundância no planeta Terra e a água pura é continuamente suprida pelo ciclo hidrológico, energizado pelo Sol. A profusão de água doce é distribuída de forma desigual pelo globo; mesmo onde há fartura, o recurso é geralmente mal gerenciado pelo esbanjamento ou pela contaminação por resíduos. O acesso à água despoluída e livre de patogenias representa uma necessidade crucial para boa parte da população mundial.

Nos solos, as principais interações da água são determinadas em grande parte pelos equilíbrios ácido-base estabelecidos por regimes tamponados que variam conforme o tipo de solo. A água acidificada passa através do solo, onde é neutralizada pelo calcário ou por minerais de argila. Esse equilíbrio natural é perturbado quando a acidificação excessiva e antropogenicamente derivada resulta em entradas ácidas que excedem a capacidade tamponante do solo. Nesse caso, os ácidos que penetram o solo não são mais neutralizados e as águas receptoras se tornam acidificadas. Como as capacidades tamponantes diminuem lentamente, ao longo de um período de décadas, defasagens prolongadas podem ocorrer entre o início da poluição e os derradeiros efeitos.

Nos ecossistemas aquáticos, a química da água é determinada pelo potencial redox. O carbono orgânico reduzido é o principal combustível bioquímico da biosfera, e seu sepultamento, com a evolução da fotossíntese, proporcionou que nossa atmosfera contivesse O_2. A operação da bomba biológica nos oceanos constitui um importante fator de determinação do nível atmosférico de CO_2. Embora seja o mais poderoso agente de oxidação, o O_2 é apenas levemente solúvel em água e facilmente exaurido quando os níveis de carbono orgânico são excessivos. Na ausência de oxigênio, os microorganismos oxidam o carbono reduzido, utilizando outros oxidantes ambientais. A escolha do oxidante é determinada por uma seqüência de reações reguladas pelo potencial redox. Os problemas de poluição da água surgem porque algumas dessas reações provocam a liberação de subprodutos perniciosos.

O problema da poluição da água decorre, portanto, muito do esgotamento de capacidade: a capacidade de tamponamento ácido nas interações solo–água e a capacidade de oxidação nas águas receptoras. Desse modo, a redução da poluição da água exige estratégias que enfoquem não só as reduções nas emissões de poluentes específicos com impacto direto sobre a qualidade da água, mas também a manutenção e o reabastecimento das capacidades vitais. Em alguns casos, isso pode ser obtido pelo redirecionamento dos recursos mal aplicados. Por exemplo, contanto que livres de substâncias químicas tóxicas, os resíduos de esgoto – em vez de serem descarregados em corpos d'água – podem ser aplicados como fertilizante na terra, que possui uma capacidade bem mais elevada de oxidação.

Resolução de problemas

1. O ciclo hidrológico global é movido pela evaporação solar da água sobre a terra e o mar. Calcule a energia solar necessária para impulsionar o ciclo hidrológico global utilizando os dados da Figura 10.1 e supondo que o calor da evaporação de água (tanto salgada quanto doce) a 15 °C (a temperatura média global) é igual a 44,3 kJ por mol. Compare a resposta com o valor fornecido na Figura 1.1. Compare-a com o consumo antropogênico global de energia primária em 2000 (veja a Tabela 1.1).

2. (a) Usando os dados da Tabela 10.1, calcule o suprimento global de água *per capita* em 2025, quando se estima que a população mundial seja de 8,5 bilhões. Em 2000, a população era de 6,07 bilhões.

    (b) Em relação à demanda de água (veja a Tabela 10.2), a irrigação responde por 69% das extrações globais de água. A eficiência global da irrigação está em aproximadamente 37%. Calcule qual seria a demanda, se a eficiência global da irrigação fosse de 70%.

3. Considere uma produção de milho de 7.400 kg por hectare (equivalente a 120 alqueires por acre). Se 25 kg (um alqueire) de milho consome cerca de 20 m³ de água no período de crescimento, qual é a razão entre o peso do milho e o peso da água consumida? Onde vai parar a maior parte da água? Supondo chuvas da ordem de 30 cm/ano, calcule a quantidade mínima de água para irrigação necessária por hectare para cultivar o milho (1 hectare = 10^4 m²).

4. Em razão do crescente desvio do suprimento de água para outras finalidades e dos freqüentes períodos de seca, muitas cidades norte-americanas sofrem faltas crônicas de água para uso doméstico. Suponha que você é o prefeito de uma cidade assolada por falta de água e decida concentrar os esforços na redução da *demanda* em vez de no aumento da *oferta* de água. Elabore uma estratégia para esse método de 'gerenciamento da demanda'. Em primeiro lugar, estime os galões *per capita* por dia do uso doméstico de água, considerando que a água para uso residencial nos Estados Unidos em 2000 girou em torno de $3,9 \times 10^{13}$ litros/ano para uma população aproximada de 280 milhões (1 galão = 3,785 litros). A seguir, você fica sabendo por meio de uma pesquisa pública que o uso de água doméstico total compreende descarga sanitária (38%), banho (31%), lavagem de roupa e louça (20%), consumo e cozinha (6%) e escovação de dentes e outras atividades (5%). Os vasos sanitários em sua cidade consomem 20 litros por descarga, mas os modelos que economizam água recomendados pelo Plumbing Manufacturers Institute utilizam em média cerca de 13 litros por descarga; o chuveiro residencial comum consome cerca de 25 litros de água por minuto, mas existem modelos econômicos que liberam 10 litros de água por minuto; há também lavadoras de louça e de roupa econômicas que reduzem o consumo de água em 25%. Elabore um plano de longo prazo para redução no consumo de água e calcule uma meta razoável (em termos de galões de água *per capita* por dia) a ser atingida nos próximos cinco a dez anos.

5. O H_2S ferve a –61 °C, H_2Se a –42 °C e H_2Te a –2 °C. Com base nessa tendência, qual é a temperatura em que seria de se esperar que a água fervesse? Por que a água ferve a uma temperatura mais elevada?

6. Se a concentração de CO_2 duplicasse em relação ao seu valor atual de 370 ppm, qual seria o pH calculado na água da chuva (supondo que o CO_2 fosse a única entrada ácida)? Quanto aos níveis crescentes de CO_2, devemos nos preocupar com a maior acidez da chuva, além do potencial aquecimento climático?

7. (a) A quantidade total de base em uma amostra de água pode ser determinada por titulação com ácido padrão e é, em geral, relatada como a *alcalinidade*, em equivalentes de ácido por litro (eq/L). Se a alcalinidade de uma amostra contendo carbonato é igual a $2,0 \times 10^{-3}$ eq/L e o pH é 7,0, quais são as concentrações de OH^-, CO_3^{2-}, HCO_3^- e H_2CO_3?

    (b) Como essas concentrações variam se o pH da amostra aumentar para 10,0 em função da fotossíntese das algas (para simplificar, suponha que não há emissão de CO_2 da atmosfera). Qual é o peso da biomassa, [CH_2O], produzida.

8. Quanto Fe^{2+} poderia estar presente em água que contém $1,0 \times 10^{-2}$ M HCO_3^-, sem causar precipitação de $FeCO_3$ ($K_{ps} = 10^{-10,7}$)?

9. Descreva as três principais faixas de tamponamento para neutralização de descargas ácidas para os solos. Para cada faixa, inclua em sua descrição: (1) a faixa de pH na qual o tamponamento opera; (2) os principais componentes químicos que participam das reações tamponantes; e (3) a reação química pela qual o H^+ é neutralizado.

10. Por que o processo de deposição ácida é benéfico do ponto de vista da qualidade do ar? Como esse processo transforma um problema de poluição de curto prazo em problemas de longo prazo de poluição do solo e da água?

11. Por que o ácido carbônico é eficaz no intemperismo de uma rocha original de solo, mas não representa um fator importante na acidificação de lagos?

12. (a) Em relação à Figura 12.12, suponha que a deposição anual média de enxofre na bacia do lago Big Moose entre 1880 e 1920 era igual a 0,8 g S/m² e de 1921 a 1950 era de 2,5 g S/m². Calcule os equivalentes ácidos cumulativos (eq) por m² que foram depositados na bacia por todo o período entre 1880 a 1950.

(b) Suponha que os solos da bacia tamponaram a acidez por meio das reações de troca com os cátions de base nas superfícies do mineral de argila. Suponha ainda que a saturação de base (β) declinou de 50% em 1880 para 5% em 1950. Calcule a capacidade total de troca de cátions (CEC_{tot}) e a capacidade tamponante ($CEC_{tot} \times \beta$) em 1880 (em unidades de eq/m²). Também suponha que a taxa de tamponamento de silicato (br_{Si}), que reabastece os cátions de base no solo com origem no intemperismo do silicato, era desprezível nesse período.

(c) Faça o mesmo cálculo que em 12(b), mas suponha que br_{Si} era igual a 0,02 eq m⁻² ano⁻¹ no período de 1880 a 1950. Qual é o pH esperado da água do solo quando a saturação de base se aproximar de 5%?

13. (a) Demonstre como os números fornecidos na Tabela 12.2 foram calculados para as fontes naturais. Considere as seguintes premissas: o pH da chuva despoluída é igual a 5,7 e a precipitação anual global é de 496.000 km³/ano; a produção de NO_2 com origem no relâmpago é de 20×10^{12} g N/ano; a produção de SO_2 dos vulcões é de 20×10^{12} g S/ano; e a produção biogênica de dimetilsulfeto (DMS) e H_2S equivale a 65×10^{12} g S/ano.

(b) Calcule os mols de íons de hidrogênio por ano gerados com base na queima e na fundição de carvão, considerando que essa atividade gera aproximadamente 93×10^{12} g S/ano. Considere que os processos de combustão de todas as atividades geram cerca de 20×10^{12} g N/ano.

(c) Calcule a capacidade de neutralização ácida da atmosfera em função da geração de amônia [NH_3]. Suponha que as fontes naturais e antropogênicas geram cada qual aproximadamente 60×10^{12} g N/ano. Calcule a geração total *líquida* de H⁺/ano proveniente tanto de fontes naturais quanto de fontes antropogênicas.

(d) Calcule a média de mols de H⁺ m⁻² ano⁻¹ de fontes naturais (a área do globo equivale a 510×10^{12} m²). Calcule a média de mols de H⁺ m⁻² ano⁻¹ nas regiões industrializadas do globo (considere que a área de regiões industrializadas é de $11,75 \times 10^{12}$ m²).

14. (a) Qual classe de moléculas é responsável pela maior parte do potencial de redução em ambientes aquosos?

(b) Qual parâmetro é a medida do potencial de redução?

15. Cerca de 500 kg de *n*-propanol [$CH_3CH_2CH_2OH$] são acidentalmente descarregados em um corpo d'água contendo 10^8 litros de H_2O. Em quanto a DBO (em miligramas por litro) dessa água é aumentada? Suponha a seguinte reação:

$$C_3H_8O + \tfrac{9}{2} O_2 \rightleftharpoons 3CO_2 + 4H_2O$$

16. Um lago com área em seção reta de 1 km² e profundidade de 50 metros possui uma zona eufótica que se estende por 15 metros abaixo da superfície. Qual é o peso máximo da biomassa (em gramas de carbono) que pode ser decomposta por bactérias aeróbias na coluna d'água do lago abaixo da zona eufótica durante o verão, quando não há nenhuma circulação com a camada superior? A reação da decomposição bacteriana é:

$$(CH_2O)_n + nO_2 \rightleftharpoons nCO_2 + nH_2O$$

A solubilidade do oxigênio em água pura saturada com ar a 20 °C é igual a 8,9 mg/L; 1 m³ = 1.000 litros.

17. Cite os seis oxidantes mais importantes no ambiente aquático e como o potencial redox regula sua reatividade.

18. (a) Se um lago contém altas concentrações de Mn^{2+} e Fe^{2+} dissolvidos, qual será a concentração de NO_3^- dissolvido e por quê?

(b) Qual efeito ambiental pode acompanhar a redução de MnO_2 e $Fe[OH]_3$?

19. Escreva as equações para a oxidação de pirita [FeS_2] e forneça dois exemplos de atividades antropogênicas que podem iniciar a oxidação. Qual é o efeito ambiental manifestado pela oxidação da pirita?

20. Qual é o potencial redox de uma amostra de água de uma mina ácida contendo [Fe^{3+}] = $8,0 \times 10^{-3}$ M e [Fe^{2+}] = $4,0 \times 10^{-4}$ M, considerando-se E^0 para o par Fe^{3+}/Fe^{2+} = 0,77V?

21. Calcule a pressão parcial de equilíbrio do oxigênio (P_{O2}) em uma amostra de água contendo concentrações iguais de nitrito [NO_2^-] e amônia [NH_4^+]. Para a meia reação de nitrito para amônia

$$NO_2^- + 8H^+ + 6e^- \rightleftharpoons NH_4^+ + 2H_2O$$

E^0 = 0,892 volts e Eh = 0,34 volts quando [NO_2^-] = [NH_4^+] em pH = 7. Para a meia reação envolvendo a redução de O_2

$$4H^+ + O_2(g) + 4e^- \rightleftharpoons 2H_2O$$

E^0 = 1,24 volts.

22. (a) Uma amostra de solo contendo tanto MnO_2 quanto $Fe[OH]_3$ está em contato com a água. Pelos potenciais de redução da Tabela 13.3, calcule a concentração de equilíbrio de Fe^{2+} em pH 7, se a concentração de Mn^{2+} for igual a 10^{-5} M.

    (b) Como a resposta ao item (a) se alteraria, se o pH fosse reduzido para 5?

23. (a) Com base na energia livre padrão do NO_2 (veja a Tabela 2.5), calcule a variação de energia livre para a produção de NO_2 com origem em N_2 e O_2, o potencial eletroquímico da reação e o potencial padrão da meia reação para a redução de NO_2 para N_2 (lembrando que o potencial padrão para redução de O_2 é igual a 1,24 V).

    (b) Qual é o valor de $E^0(w)$ para a meia reação de NO_2?

24. Suponha que as algas necessitem de carbono, nitrogênio e fósforo nas razões atômicas de 106 : 16 : 1. Qual é o nutriente limítrofe em um lago que contém as seguintes concentrações: total C = 20 mg/L, total N = 0,8 mg/L e total P = 0,16 mg/L? Se for conhecido que metade do fósforo no lago se origina do uso de detergentes à base de fosfato, a proibição de *builders* de fosfato vai retardar a eutrofização?

25. Em ambientes marinhos anaeróbios, qual gás tóxico pode ser gerado e por qual reação (cite reagentes e produtos)?

26. Explique o 'aprisionamento de fosfato' no estuário da baía de Chesapeake. Por que uma proibição local de fósforo em detergentes não contribuiu muito para a mitigação da eutrofização no estuário?

27. (a) Explique por que as áreas alagadas de água doce anaeróbias com altas concentrações de carbono orgânico podem servir como tamponantes naturais contra sulfatos e óxidos de nitrogênio (cite reações).

    (b) Quando outros oxidantes que não o carbono orgânico estão ausentes de tais áreas alagadas, qual é a reação redox que provavelmente predominará e quais produtos serão emitidos?

28. Os sedimentos de um córrego estuarino em Nova Jersey contêm grande quantidade de mercúrio ligado com sulfeto (com $K = 10^{-52}$) sob as condições ambientais predominantes (pH = 6,8; *Eh* = –230 mV). Cientistas ambientais foram solicitados a avaliar os impactos potenciais dos sedimentos poluídos. Eles concluem que o mercúrio não representa nenhum perigo em seu estado atual. Entretanto, alertam contra qualquer ação que venha a expô-lo ao ar e aumentar o potencial redox. Explique por que os cientistas chegaram a essa conclusão.

29. Caracterize a poluição de fonte não-pontual e cite dois exemplos, um em áreas urbanas e outro em áreas agrícolas. Por que é mais difícil controlar esse tipo de poluição do que a poluição de fonte pontual?

Em contexto

Áreas contaminadas no Estado de São Paulo

A Cetesb – Companhia de Tecnologia de Saneamento Ambiental – é a agência do Governo do Estado de São Paulo responsável pelo controle, pela fiscalização, pelo monitoramento e pelo licenciamento de atividades geradoras de poluição, com a preocupação fundamental de preservar e recuperar a qualidade da água, do ar e do solo.

Segundo a Cetesb, uma área contaminada pode ser definida como um local ou terreno onde há comprovadamente poluição ou contaminação causadas pela introdução de quaisquer substâncias ou resíduos que nela tenham sido depositados, acumulados, armazenados, enterrados ou infiltrados de forma planejada, acidental ou até mesmo natural. Nessa área, os poluentes ou contaminantes podem se concentrar em subsuperfície nos diferentes compartimentos do ambiente, por exemplo, em solo, sedimentos, rochas, materiais utilizados para aterrar os terrenos, aqüíferos ou, de forma geral, nas zonas não-saturada e saturada.

Ainda, segundo a Cetesb, os poluentes ou contaminantes podem ser transportados nesses meios, propagando-se por diferentes vias, como o ar, o próprio solo, os aqüíferos e as águas superficiais, alterando suas características naturais de qualidade e determinando impactos negativos ou riscos sobre os bens a proteger, localizados na própria área ou em seus arredores.

De acordo com a Política Nacional do Meio Ambiente (Lei 6.938/81), são considerados bens a proteger:

• A saúde e o bem-estar da população;

• A fauna e a flora;

• A qualidade do solo, das águas e do ar;

• Os interesses de proteção à natureza/paisagem;

• A ordenação territorial e o planejamento regional e urbano;

• A segurança e a ordem pública.

Em 2002, a Cetesb divulgou pela primeira vez uma lista de áreas contaminadas do Estado de São Paulo, apontando a existência de 255 locais com problemas de contaminação em todo o Estado paulista. Desde então, a Cetesb tem atualizado anualmente o registro de áreas contaminadas. Em seu último levantamento (novembro de 2007), ela apontou a existência de 2.272 localidades contaminadas. Na Figura 1, pode-se avaliar a evolução do número de áreas contaminadas desde 2002, assim como as ações de gerenciamento adotadas. O aumento constante do número de áreas contaminadas é devido à ação rotineira de fiscalização e licenciamento dessa agência sobre os postos de combustíveis, as fontes industriais, comerciais, de tratamento e disposição de resíduos e ao atendimento aos casos de acidentes.

A Cetesb também tem um histórico sobre o tipo de atividade desenvolvida nas áreas contaminadas (Figura 2); a análise desses dados mostra que os postos de combustíveis destacam-se como a principal atividade causadora de contaminação (em 2007 totalizou 1.745 registros, ou seja, 77% do total), seguidos das atividades industriais, com 322 (14%), das atividades comerciais, com 114 (5%), das instalações para destinação de resíduos, com 69 (3%), e dos casos de acidentes e fonte de contaminação de origem desconhecida, com 22 (1%).

A grande porcentagem de áreas contaminadas registradas atribuída aos postos de combustíveis pode ser resultado de um programa de licenciamento que se iniciou em 2001, com a publicação da Resolução CONAMA Nº 273 de 2000, que passou a reger o setor de abastecimento e revenda de combustível. Dentre outros aspectos, essa resolução determinou que vazamentos e má conservação de tanques passassem a ser tratados como crime ambiental, sujeitos, portanto, às penalidades impostas pela Lei dos Crimes Ambientais (Lei Federal Nº 9.605, de 12 de fevereiro de 1998). Além disso, estabeleceu-se que os postos de gasolina deveriam se adaptar às definições da Associação Brasileira de Normas Técnicas (ABNT), trocando, por exemplo, o tanque velho por um de paredes duplas e com sensores que detectam sinais de vazamento.

Até por causa do tipo de atividade econômica responsável pelo maior número de ocorrências de contaminação, os solventes aromáticos e os combustíveis líquidos são as duas classes de compostos poluentes mais freqüentemente detectadas nas áreas registradas com problemas ambientais. Na Figura 3 são apresentados os demais tipos de contaminantes encontrados nas áreas contaminadas.

A Cetesb reconhece que a solução dos problemas causados pelas áreas contaminadas é um desafio para toda a sociedade e que suas ações mostraram-se efetivas, proporcionando a implementação de medidas de remediação em 884 áreas e a conclusão da remediação em 94 delas. Além disso, foram registradas 146 áreas contaminadas com proposta de remediação. Apesar disso, há ainda 1.148 áreas contaminadas sem proposta de remediação (Figura 4).

FIGURA 1
Evolução do número de áreas contaminadas cadastradas classificadas em função do gerenciamento efetuado pela Cetesb.

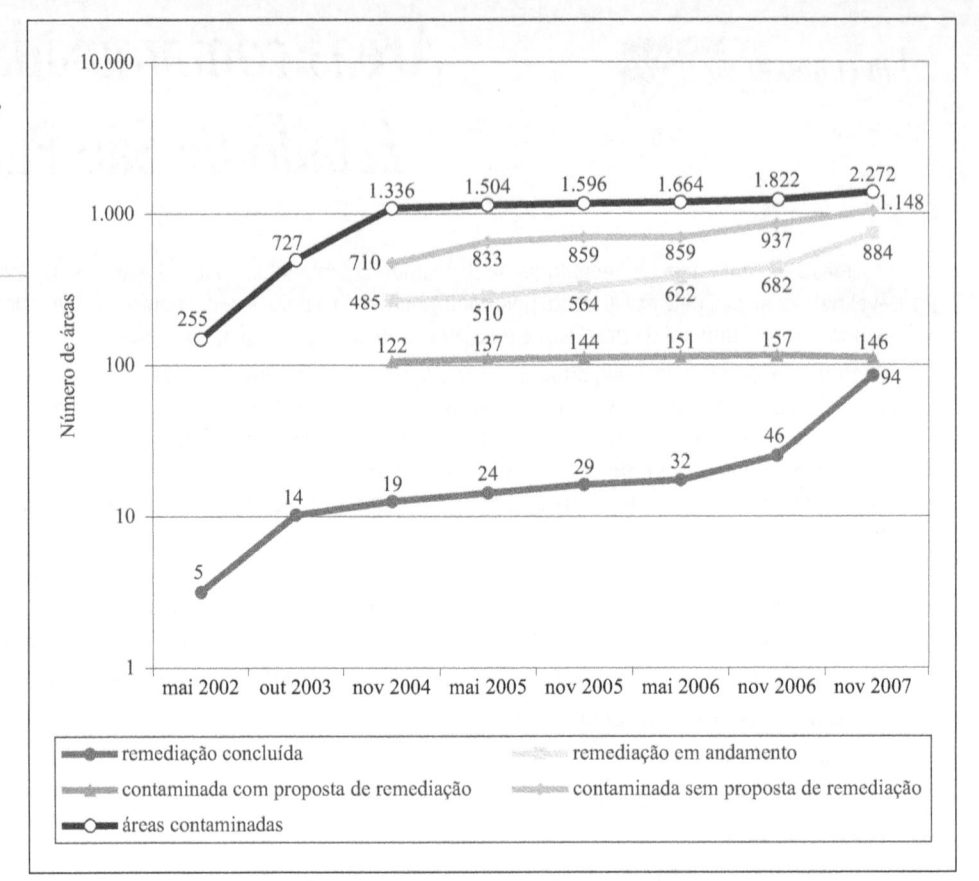

Fonte: Cetesb.

FIGURA 2
Distribuição de áreas contaminadas cadastradas classificadas pelo tipo de atividade econômica.

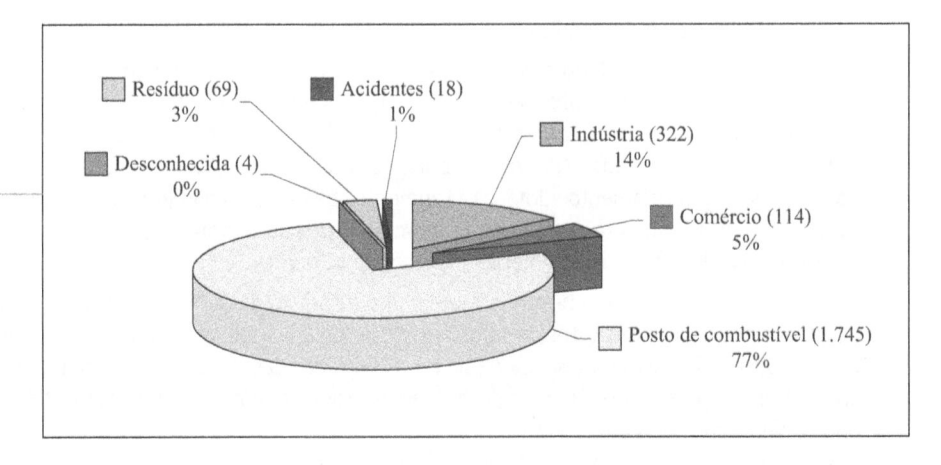

Fonte: Cetesb.

A agência de controle ambiental paulista lembra que, quando se avalia o percentual de áreas contaminadas com remediação concluída em relação ao número total de áreas contaminadas, deve-ser considerar que os esforços necessários para se atingir essa classificação são muito grandes, quando comparados aos esforços necessários para a identificação de novas áreas contaminadas.

Nas áreas que se encontram em remediação ou em que a remediação foi finalizada, a Cetesb verificou que o bombeamento, o tratamento, a recuperação de fase livre e a extração multifásica foram as técnicas mais empregadas no tratamento dos aqüíferos, e a extração de vapores e a remoção de solo/resíduo destacam-se como as técnicas mais utilizadas para os solos (Figura 5).

A continuidade das ações de fiscalização da Cetesb, associada a históricos observados em outros países industrializados, permite que a agência preveja que o número de áreas contaminadas registradas no Estado de São Paulo deverá crescer significativamente nos próximos anos.

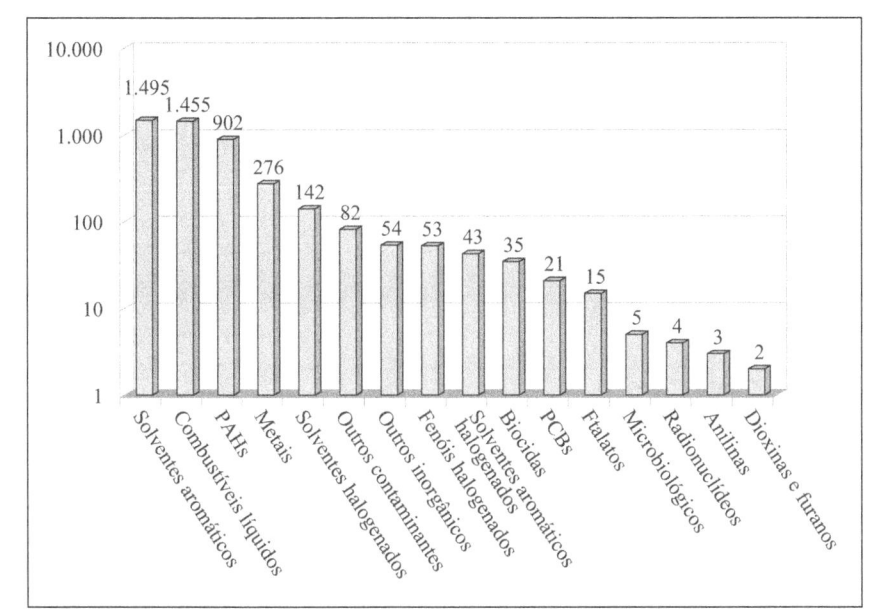

FIGURA 3

Classes de contaminantes mais freqüentemente detectados nas áreas contaminadas cadastradas pela Cetesb (dados de 2007).

Classe	Quantidade
Solventes aromáticos	1.495
Combustíveis líquidos	1.455
PAHs	902
Metais	276
Solventes halogenados	142
Outros contaminantes	82
Outros inorgânicos	54
Fenóis halogenados	53
Solventes aromáticos halogenados	43
Biocidas	35
PCBs	21
Ftalatos	15
Microbiológicos	5
Radionuclídeos	4
Anilinas	3
Dioxinas e furanos	2

Fonte: Cetesb.

FIGURA 4

Distribuição quanto ao estágio de remediação das áreas contaminadas em novembro de 2007.

- Remediação em andamento (884) — 39%
- Remediação concluída (94) — 4%
- Contaminada com proposta de remediação (146) — 6%
- Contaminada sem proposta de remediação (1.148) — 51%

Fonte: Cetesb.

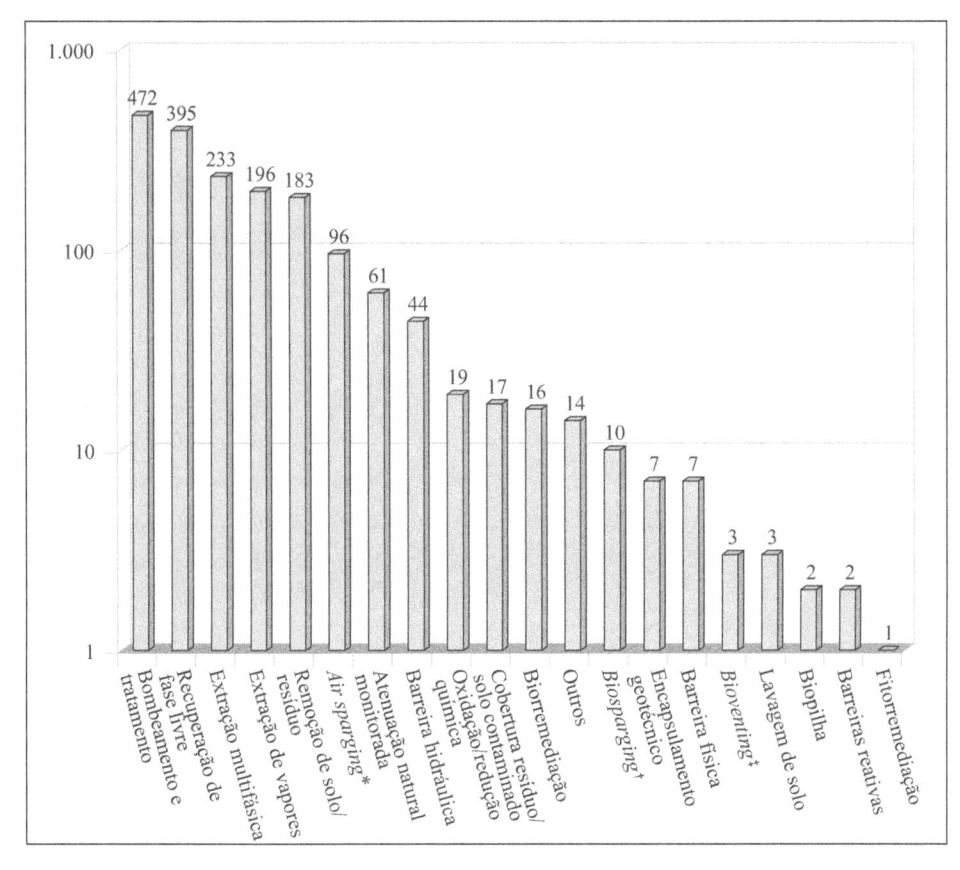

FIGURA 5

Principais técnicas de remediação implementadas nas áreas contaminadas cadastradas pela Cetesb em novembro de 2007.

Técnica	Quantidade
Bombeamento e tratamento	472
Recuperação de fase livre	395
Extração multifásica	233
Extração de vapores	196
Remoção de solo/resíduo	183
Air sparging*	96
Atenuação natural monitorada	61
Barreira hidráulica	44
Oxidação/redução química	19
Cobertura resíduo/solo contaminado	17
Biorremediação	16
Outros	14
Biosparging†	10
Encapsulamento geotécnico	7
Barreira física	7
Bioventing‡	3
Lavagem de solo	3
Biopilha	2
Barreiras reativas	2
Fitorremediação	1

Fonte: Cetesb.

* *Air sparging*: processo de remediação *in situ* que introduz ar no aqüífero contaminado visando remoção dos contaminantes por volatilização.

† *Biosparging*: processo de remediação *in situ* no qual ocorre injeção de ar na zona não saturada para promover oxigenação à biota. O fluxo de ar utilizado neste sistema não visa à volatilização do contaminante.

‡ *Bioventing*: tecnologia que estimula a biodegradação natural *in situ* de poluentes orgânicos no solo, através do fornecimento de oxigênio para os microorganismos existentes nesse local, utilizando-se de baixas taxas de fluxo, apenas o suficiente para manter a atividade biológica.

IV

Biosfera

CAPÍTULO 15 Nitrogênio e a produção de alimentos
CAPÍTULO 16 Controle de pragas
CAPÍTULO 17 Substâncias químicas tóxicas

15 | Nitrogênio e a produção de alimentos

A parte final deste livro trata da biosfera – o universo dos organismos vivos e suas interações. Já abordamos vários aspectos do mundo biológico em conexão com os fluxos de energia e a química do ar e da água, mas agora enfocamos diversos tópicos químicos e biológicos que afetam diretamente a saúde humana e ecológica: produção de alimentos, nutrição, pesticidas, substâncias tóxicas e carcinogênese. O que esses tópicos compartilham entre si é a necessidade que os organismos vivos possuem de absorver e processar materiais do mundo à sua volta. Todos os organismos possuem meios desenvolvidos de ingerir e utilizar substâncias essenciais ao crescimento e ao desenvolvimento. Mas esses mesmos processos de absorção e metabolismo tornam os organismos vivos vulneráveis aos efeitos de substâncias não nutritivas em seu meio ambiente. Quando essas substâncias interferem com o crescimento ou a vida normal, são consideradas tóxicas. Mas, como veremos, a distinção entre substâncias essenciais e tóxicas é geralmente uma questão de proporção. Além disso, as substâncias tóxicas provêm de muitas fontes, incluindo as naturais. Seja um produto químico natural ou sintético, o que conta é a reatividade, longa duração no ambiente, grau de exposição e influência na bioquímica.

15.1 | Ciclo do nitrogênio

Em primeiro lugar, consideraremos a produção de alimentos e o importante papel do ciclo do nitrogênio. O principal processo na produção de energia biológica é a conversão fotossintética de CO_2 em compostos de carbono reduzido, que são posteriormente utilizados como combustível por todas as formas de vida. Entretanto, os organismos necessitam mais do que carbono; conforme discutido no contexto dos ecossistemas aquáticos, eles também requerem nitrogênio, fósforo e outros elementos em quantidades menores. Esses elementos estão normalmente disponíveis no solo em quantidade suficiente para sustentar um nível adequado de crescimento natural das plantas.

As possibilidades de aumento da produtividade além dos limites naturais, porém, são geralmente restringidas pelo suprimento de nitrogênio disponível à planta. Embora 80% da atmosfera consista de nitrogênio molecular, o N_2 é uma forma extremamente estável e não-reativa. Para participar de reações biológicas, o nitrogênio deve ser *fixado*; ou seja, deve ser combinado com outros elementos. O ciclo do nitrogênio através do meio ambiente está ilustrado na Figura 15.1 e quantificado na Tabela 15.1. Parte do N_2 é fixada de forma não-biológica por meio da reação com o O_2 sob temperaturas suficientemente altas na combustão ou por meio de relâmpagos. Os óxidos de nitrogênio formados na atmosfera são convertidos em ácido nítrico e lavados na chuva, fornecendo, desse modo, suprimento de nitrato ao solo. As plantas podem utilizar nitrato na produção de proteína e outros compostos orgânicos essenciais de nitrogênio.

FIGURA 15.1

O ciclo do nitrogênio, indicando as contribuições percentuais para fixação de nitrogênio de fontes naturais e humanas (contribuição total de fertilizantes sintéticos, considerando-se cotas iguais de amônia e nitrato é de 23%).

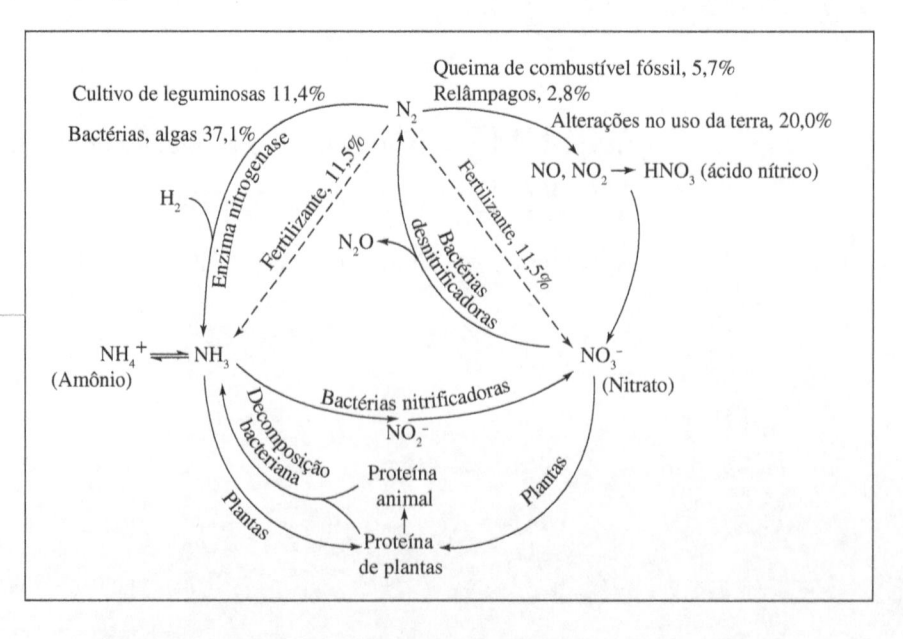

TABELA 15.1 *Fontes globais de nitrogênio fixado.*

Antropogênica (teragramas/ano)	
Fertilizante de nitrogênio	83
Legumes & outros vegetais	40
Combustíveis fósseis	20
Alterações no uso do solo	
• Queima de biomassa	40
• Drenagem de áreas alagadiças	10
• Desmatamento	20
Total antropogênico	**213**
Natural (teragramas/ano)	
Relâmpago	10
Algas, bactérias do solo	130
Total natural	**140**

Fontes: Vitousek *et al*. "Human alteration of the global nitrogen cycle: causes and consequences", *Issues in Ecology* Number 1, Primavera, 1997. (Washington DC: Ecological Society of America). FAOSTAT. *Agricultural data, nitrogenous fertilizer consumption*. Roma, Itália: Food and Agriculture Organization, 1999. Disponível em http://apps.fao.org.

Entretanto, a quantidade de nitrogênio disponível por meio da rota dos óxidos de nitrogênio e nitrato é insuficiente para sustentar a abundante vida vegetal tal qual a conhecemos. A maior parte da fixação de nitrogênio que ocorre naturalmente é realizada por certas bactérias e algas azul-esverdeadas (cianobactéria) que são capazes de reduzir N_2 para NH_3. Esses organismos possuem um aparato bioquímico especializado, o complexo de enzima nitrogenase, cuja química está ilustrada na Figura 15.2.

O complexo consiste de duas proteínas, a 'proteína Fe', que contém um complexo de átomos de enxofre e ferro, e a 'proteína Mo-Fe', que contém um complexo de átomos de enxofre, ferro e molibdênio (veja a Figura 15.3). A redução de N_2 é realizada na área ativa da proteína Mo-Fe, na qual seis elétrons e seis prótons são adicionados ao N_2, produzindo duas moléculas de NH_3. O papel da proteína Fe é transferir elétrons à proteína Mo-Fe, em coordenação com a hidrólise de MgATP (ATP, do inglês, *adenosine triphosphate*) para MgADP (ADP, do inglês, *adenosine diphosphate*), um processo que libera energia. Muito embora a reação geral

$$N_2 + 3H_2 \rightleftharpoons 2NH_3 \qquad \Delta G = -94 \text{ kJ/mol} \qquad \textbf{15.1}$$

seja exergônica (variação de energia livre negativa), a ligação de N_2 é tão forte (941 kJ/mol) que energia adicional deve ser fornecida pelo organismo na forma de MgATP para superar a barreira de ativação.

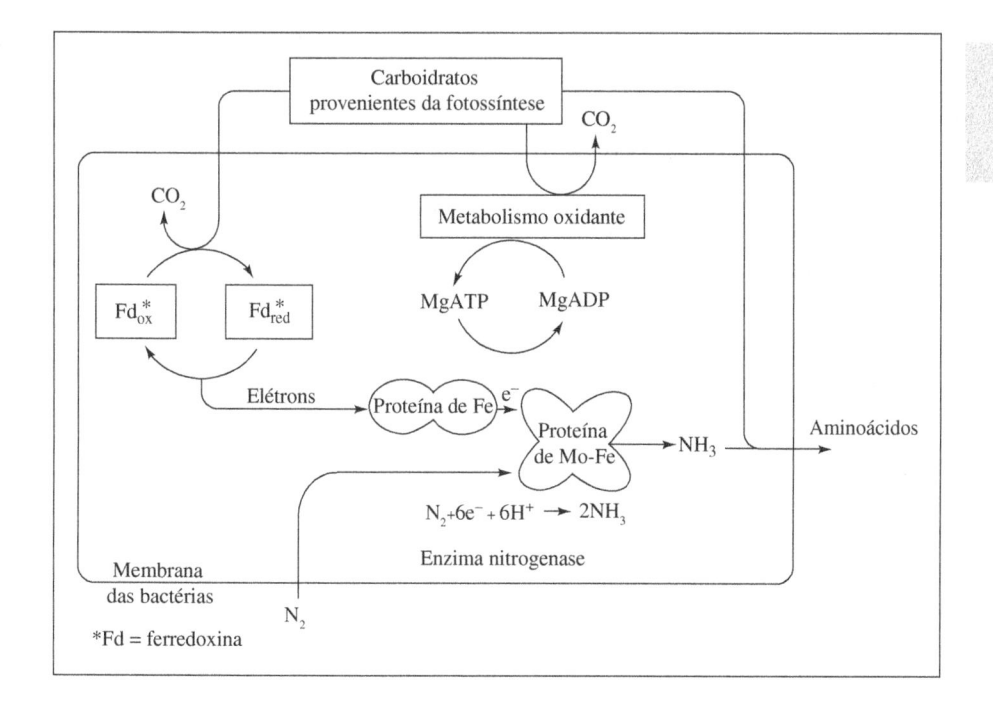

FIGURA 15.2

A química do sistema da enzima nitrogenase em algas e bactérias.

FIGURA 15.3

Estrutura do co-fator de molibdênio-ferro da proteína de molibdênio-ferro da nitrogenase. Sete átomos de ferro e um de molibdênio formam um cluster *com átomos de enxofre de 'ponte'. O agrupamento é ligado à proteína por duas cadeias laterais dos resíduos de cisteína 275 e histidina 442. Além disso, um ácido orgânico, homocitrato, é ligado ao átomo de molibdênio. A cavidade no centro é um possível local de ligação e ativação de N_2.*

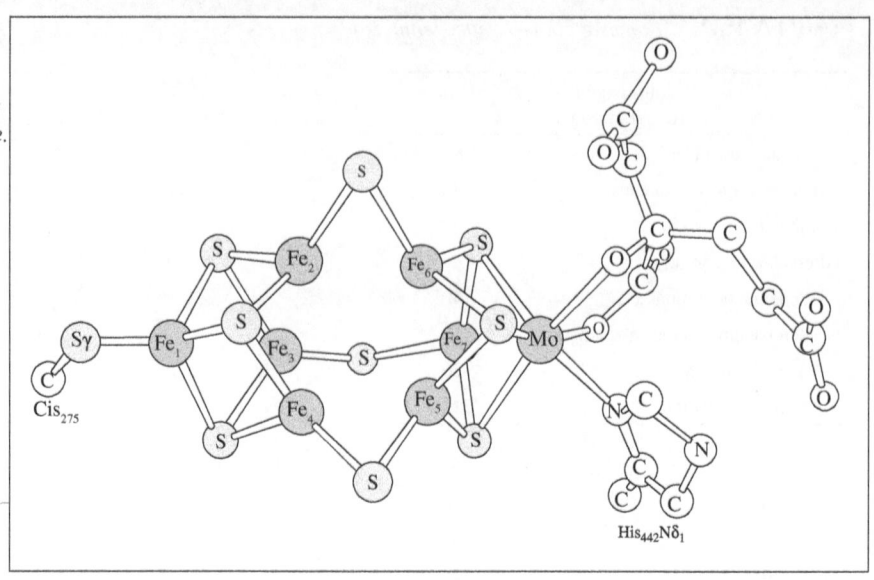

Fonte: S. J. Lippard e J. M. Berg, *Principles of bioinorganic chemistry*. Sausalito, Califórnia: University Science Books, 1994. Copyright© 1994. University Science Books. Reprodução autorizada. Todos os direitos reservados.

As plantas podem usar amônia diretamente como fonte de nitrogênio; os animais obtêm nitrogênio ao ingerir as plantas. Quando as plantas e os animais morrem, o nitrogênio reduzido em seus tecidos é convertido em amônia pela decomposição bacteriana e adicionado ao reservatório de amônia. A amônia pode ser usada como combustível por outras bactérias (*Nitrosomonas*), que convertem NH_3 em NO_2^- (nitrito), usando O_2 como oxidante. Existem ainda outras bactérias (*Nitrobacter*) que oxidam mais o nitrito a NO_3^- (nitrato) (o processo geral de oxidação de nitrogênio é chamado de *nitrificação*). As plantas também podem utilizar nitrato como fonte de nitrogênio. Dessa forma, estabelece-se um ciclo contínuo entre formas oxidadas e reduzidas de nitrogênio fixado nos solos.

Se o nitrogênio fixado não fosse devolvido à atmosfera, o reservatório atmosférico de N_2 acabaria esgotando-se. Mas o ciclo de nitrogênio é fechado por bactérias *desnitrificadoras*, que usam NO_3^- em vez de O_2 como oxidante em reações metabólicas, reduzindo o nitrato de volta a N_2 (veja Parte III). Tanto o processo de nitrificação quanto o de desnitrificação liberam algum N_2O como subproduto. O N_2O é um gás de efeito estufa e a principal fonte de NO estratosférico, um agente principal na química da destruição de O_3.

15.2 Agricultura

a. Fertilizantes e a revolução verde. As principais fontes naturais de nitrogênio para fins agrícolas são as bactérias que contêm nitrogenase, algumas das quais crescem em simbiose com uma limitada variedade de plantas cultivadas, mais notadamente aquelas da família das leguminosas. Essas bactérias simbióticas estão contidas nos nódulos das raízes de legumes como feijões, ervilhas, alfafa e trevo. Quando as plantas morrem, a maior parte do nitrogênio é devolvida ao solo na forma fixa, onde é disponibilizada para outros tipos de plantas; uma pequena parcela é devolvida à atmosfera por meio da reação de desnitrificação. A capacidade de fertilização das leguminosas é a razão para a rotação de cultivos, uma antiga prática agrícola em que as leguminosas são plantadas de forma alternada com cereais, grãos e outros vegetais para manter a produtividade das plantas não-leguminosas. Na ausência da rotação de culturas, as plantas que não fixam nitrogênio esgotam rapidamente os depósitos de nitrogênio no solo, a menos que esses depósitos sejam reabastecidos pela adição de fertilizante.

Um fertilizante tradicional é o esterco de animais, mas, nas últimas décadas, ele tem sido substituído cada vez mais por fertilizantes artificiais produzidos industrialmente. A produção industrial de fertilizante de nitrogênio (linhas tracejadas na Figura 15.1) é realizada por meio do processo de Haber, em que a reação representada pela Equação (15.1) é executada sobre um catalisador de ferro. Mesmo com um catalisador, a reação exige altas pressões (100 atm) e temperaturas (500 °C) (em contraste, a enzima de nitrogenase opera sob pressão e temperatura ambientes, mas a adição de energia na forma de MgATP, veja a Figura 15.2, é necessária). A amônia resultante pode ser diretamente injetada nos solos cultivados ou, mais convenientemente, adicionada como sal de nitrato de amônio, produzido por oxidação atmosférica de metade da amônia para HNO_3, que é recombinado com a amônia remanescente:

$$NH_3 + 2O_2 = HNO_3 + H_2O \qquad \textbf{15.2}$$

$$NH_3 + HNO_3 \rightleftharpoons NH_4NO_3 \qquad \textbf{15.3}$$

O processo de Haber requer uma fonte de gás hidrogênio. Atualmente, o processo mais econômico para obtenção de hidrogênio é com origem na reforma de metano:

$$CH_4 + 2H_2O \rightleftharpoons 4H_2 + CO_2 \qquad \textbf{15.4}$$

A produção global de fertilizantes de nitrogênio aumentou drasticamente nas últimas quatro décadas (veja a Figura 15.4) e, atualmente, é o dobro da taxa estimada de fixação de N_2 de culturas leguminosas (83 *versus* 40 Tg/ano de N fixo).

O total dessas duas fontes antropogênicas equivale aproximadamente à taxa de fixação microbial natural estimada para o N_2 da ordem de 130 Tg/ano; e a contribuição do óxido de nitrogênio com origem na queima de combustível fóssil acrescenta outros 20 Tg/ano. Além disso, alterações no uso da terra, tais como queima de biomassa resultante de derrubadas/queimadas, desmatamento e drenagem de áreas alagadiças resultam em quantidades consideráveis de nitrogênio fixado adicional (o desmatamento mata árvores e outras vegetações, o que, por sua vez, aumenta a quantidade de proteína vegetal decomposta em NH_3. Vale lembrar que as áreas alagadiças são um reservatório natural de nitratos, na medida em que abrigam bactérias desnitrificadoras que reduzem nitrato para N_2; veja a Figura 13.11 a, b. A remoção de áreas alagadiças, em essência, reduz a capacidade da biosfera de desnitrificar o nitrato). Quantificar a contribuição das alterações no uso da terra é altamente incerto, mas os pesquisadores estimam que seja da ordem de 70 Tg/ano. Conseqüentemente, as atividades humanas agora parecem dominar o ciclo global do nitrogênio, embora não fosse esse o caso no período recente de 1970. A relação dessas taxas de fixação com os fluxos globais e reservatórios de nitrogênio está ilustrada na Figura 15.5. A atividade humana aumentou as taxas tanto de fixação quanto de desnitrificação. A soma do aumento da fixação na terra (320 Tg/ano) com o aumento do escoamento superficial de nitrogênio fixado da terra para os oceanos (40 Tg/ano), porém, parece não estar inteiramente equilibrado com o aumento na desnitrificação na terra (160 Tg/ano) e nos oceanos (110 Tg/ano). Esse resultado sugere que o nitrogênio fixado está agora acumulando-se no reservatório terrestre (veja problema 2, Parte IV). Os fluxos oceânicos indicam que as entradas de nitrogênio fixado são menores do que a saída por meio da desnitrificação. As incertezas são grandes demais para se confiar plenamente nesse equilíbrio, mas o resultado é compatível com o fato de que o nitrogênio constitui um nutriente limítrofe, particularmente no fundo do oceano.

A maior parte do nitrogênio fixo global está no oceano, onde se divide quase igualmente entre as formas orgânicas e inorgânicas. Os íons inorgânicos, NH_4^+ e NO_3^-, não se acumulam nos solos; por serem solúveis, são rapidamente absorvidos por plantas e bactérias ou lavados do solo e conduzidos para os oceanos. O nitrogênio terrestre fixo está principalmente na matéria orgânica.

A aplicação de fertilizantes pode melhorar consideravelmente a produção agrícola (veja a Figura 15.6 a, b). A quase quadruplicação da produção de milho e outros grãos, entre 1950 e 2000, tornou os Estados Unidos e o meio-oeste canadense o cinturão agrícola de grande parte do mundo. Além disso, a produção agrícola aumentou em toda parte (veja a Figura 15.7) por decorrência da disponibilidade de fertilizantes e do aprimoramento das linhagens das culturas.

A melhoria na produção foi particularmente importante para os países pobres, muitos dos quais fizeram grande progresso na expansão da produção agrícola para atender às necessidades nutricionais das populações em crescimento. Muito se realizou na década de 1960 por meio da 'Revolução Verde', quanto cientistas de institutos de pesquisa no México e nas Filipinas desenvolveram novas linhagens de trigo e arroz altamente produtivas quando fertilizadas. As variedades tradicionais de grãos

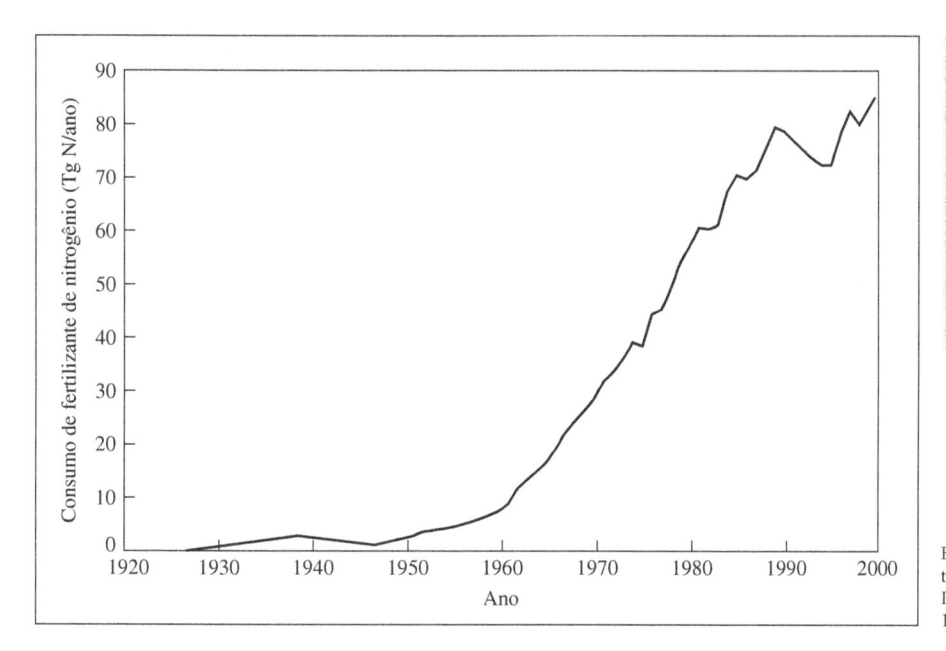

FIGURA 15.4

Consumo global de fertilizante de nitrogênio de 1920 a 1999 em Tg N/ano ($Tg = teragramas = 10^{12} g$); consumo cumulativo nesse período de 80 anos foi de 2.179 Tg N, com metade disso ocorrendo entre 1986 e 1999.

Fonte: FAOSTAT. Agricultural data, nitrogenous fertilizer consumption. Roma, Itália: Food and Agriculture Organization, 1999. Disponível em: http://apps.fao.org.

FIGURA 15.5

Fluxos globais de nitrogênio fixado (setas) estão em unidades de Tg N/ano; reservatórios de nitrogênio, na atmosfera, terra e oceanos estão em unidades de Tg N. As seções sombreadas das setas e o número ao lado (fora dos parênteses) indicam fluxos pré-industriais de nitrogênio fixo. As setas nos totais e os números ao lado (entre parênteses) referem-se aos fluxos de nitrogênio atuais. A deposição atmosférica para os oceanos inclui nitrogênio fixo provocado por relâmpagos e transferências de nitrogênio da terra para os oceanos por meio da chuva.

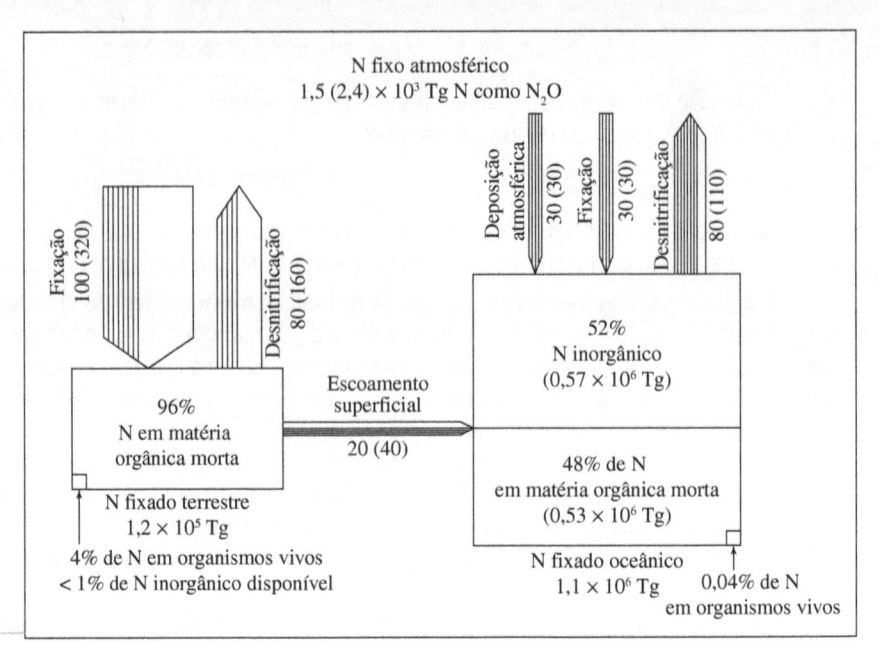

N fixo atmosférico
$1,5\ (2,4) \times 10^3$ Tg N como N_2O

Fixação 100 (320)
Desnitrificação 80 (160)
Deposição atmosférica 30 (30)
Fixação 30 (30)
Desnitrificação 80 (110)

96% N em matéria orgânica morta
Escoamento superficial 20 (40)
52% N inorgânico $(0,57 \times 10^6$ Tg$)$
48% de N em matéria orgânica morta $(0,53 \times 10^6$ Tg$)$

N fixado terrestre $1,2 \times 10^5$ Tg
4% de N em organismos vivos
< 1% de N inorgânico disponível

N fixado oceânico $1,1 \times 10^6$ Tg
0,04% de N em organismos vivos

Fontes: adaptada de A. P. Kinsig e R. H. Socolow. "Human impacts on the nitrogen cycle", *Physics Today*, novembro de 1994. Vitousek *et al.* "Human alteration of the global nitrogen cycle: causes and consequences", Issues in Ecology, Number 1, primavera, 1997. (Washington DC: Ecological Society of America). W. H. Schlesinger, *Biogeochemistry: an analysis of global change*. Nova York: Academic Press, 1997.

FIGURA 15.6

(a) Tendências históricas nos Estados Unidos no consumo de fertilizante de nitrogênio (Tg/ano).
(b) Produção de milho (toneladas por hectare).

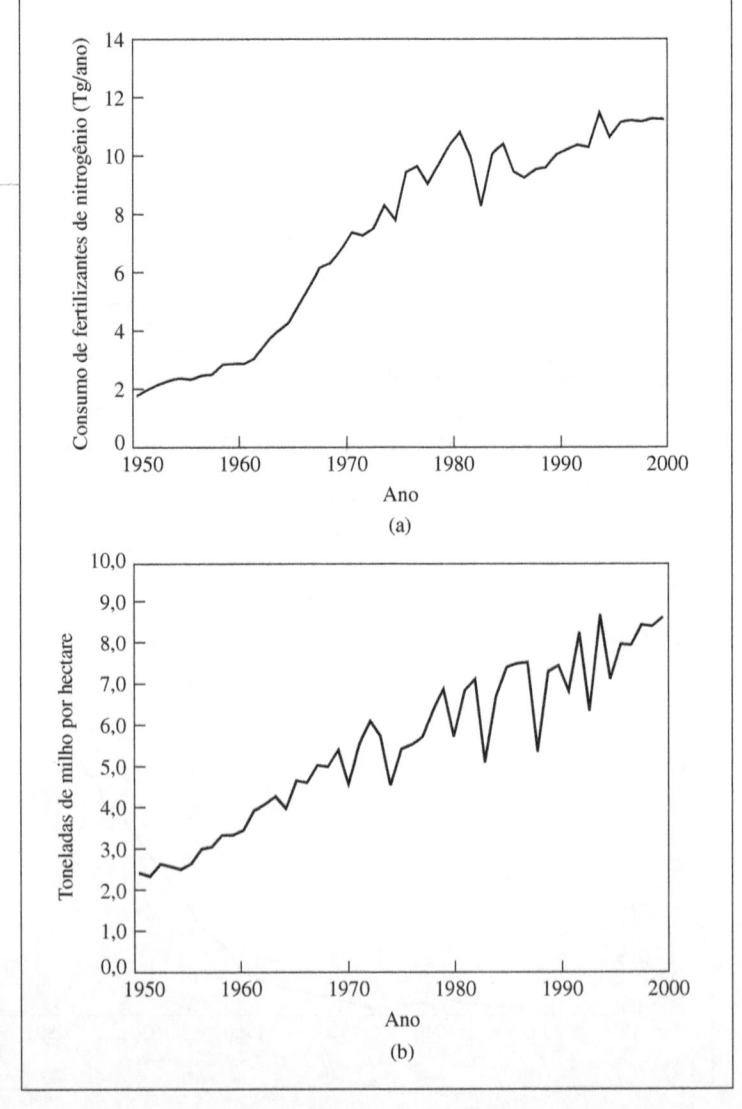

Fontes: dados para 1950–1960 do banco de dados agrícolas do Worldwatch Institute, Washington, DC; dados para 1961–2000 do banco de dados agrícolas para fertilizante nitrogenoso e produção de milho, FAOSTAT (2000). (Roma, Itália: Food and Agriculture Organization). Disponível em http://apps.fao.org.

nativas de países tropicais e subtropicais não respondem bem ao fertilizante (veja a Figura 15.8). Elas crescem muito e tombam com o vento e a chuva forte.

As novas linhagens são plantas anãs com talos que permanecem curtos enquanto o grão amadurece. Um benefício adicional das variedades anãs é que um número maior de plantas pode ser cultivado por unidade de área em relação às variedades tradicionais, menos compactas, que possuem folhas grandes e redes radiculares extensas para absorver as pequenas quantidades de nutrientes e água geralmente encontradas em solos tropicais. Entretanto, a maior densidade vegetal aumentou a quantidade necessária de água e tornou as fazendas mais dependentes da irrigação (veja a Figura 10.2). Além disso, as plantas tradicionais são mais resistentes às pragas nativas e, por isso, as plantas novas tinham de ser protegidas com pesticidas. Portanto, a Revolução Verde gerou custos consideráveis bem como benefícios.

A grande questão é se os ganhos de produtividade da agricultura mundial são sustentáveis. Atualmente, a produtividade das colheitas somente pode ser melhorada por meio de fertilização. Quando se aplica quantidade suficiente de fertilizante para sustentar o crescimento da planta em seu nível máximo, quaisquer adições podem não exercer nenhum efeito ou passar a inibir o crescimento. A Figura 15.9 mostra as curvas de retornos decrescentes para o milho em vários tipos de solo. A produção *per capita* mundial de grãos se estabilizou em torno de 1980 e chegou a declinar ligeiramente na década seguinte.

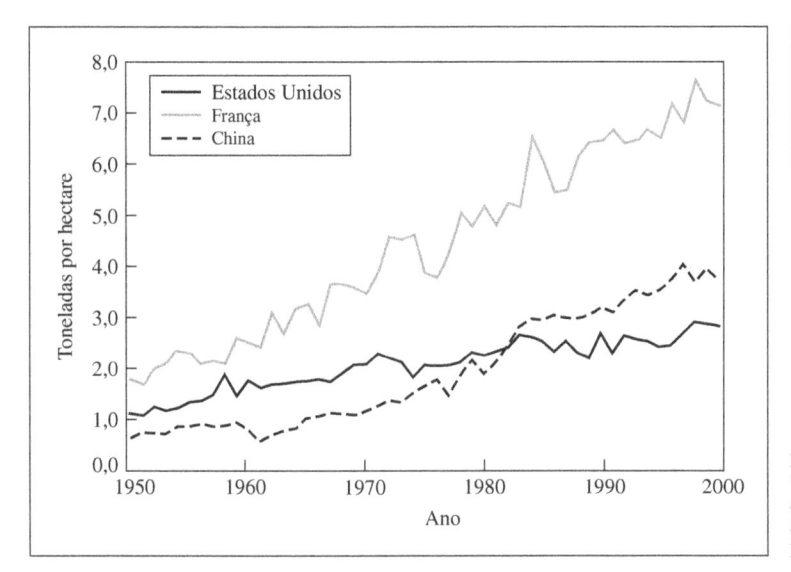

FIGURA 15.7

Produção de trigo por hectare na China, na França e nos Estados Unidos, 1950–2000.

Fontes: dados para 1950–1997 do banco de dados agrícolas do Worldwatch Institute, Washington, DC; dados para 1998–2000 do banco de dados agrícolas para produção de trigo, FAOSTAT (2000). (Roma, Itália: Food and Agriculture Organization). Disponível em http://apps.fao.org.

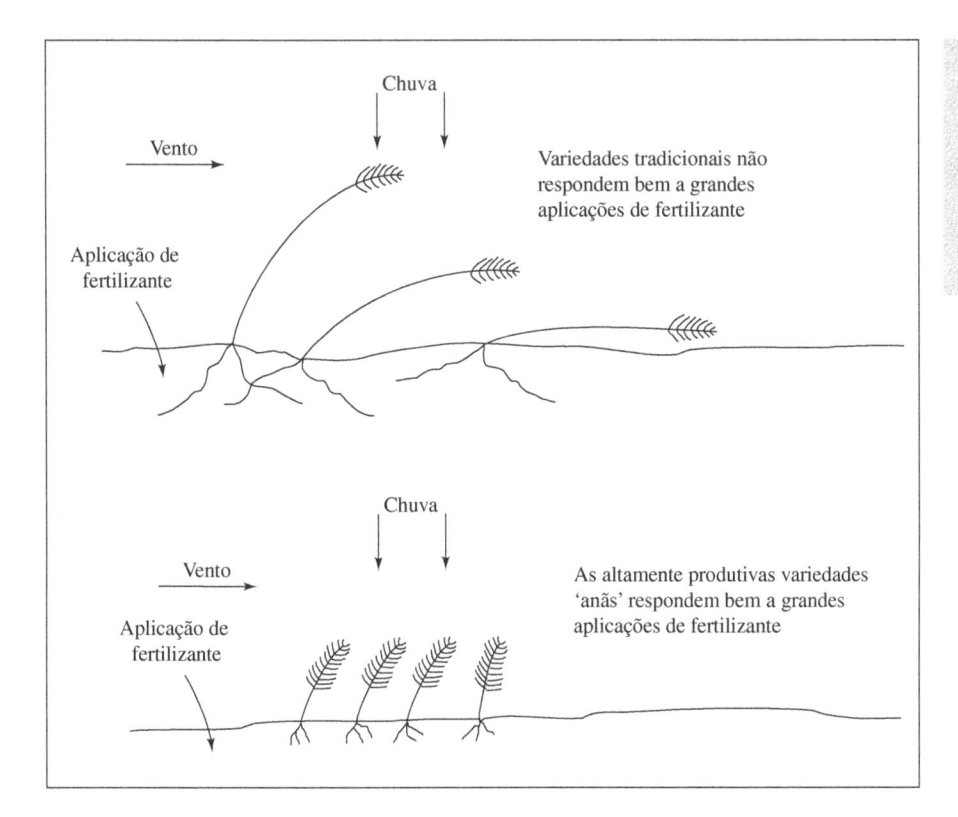

FIGURA 15.8

Comparação da reação a aplicações de fertilizante entre variedades tradicionais de grãos e variedades anãs desenvolvidas durante a Revolução Verde.

A Figura 15.10 mostra projeções bastante diferentes sobre a continuidade (WWI – Worldwatch Institute) ou a recuperação (FAO – Food and Agricultural Organization of the United Nations) desse declínio. A FAO baseia a projeção mais otimista na expectativa de que a produção agrícola continuará a aumentar nos países em desenvolvimento por meio de maior produtividade e multiplicidade de culturas, além da expansão das terras cultiváveis. As estimativas *per capita* são impulsionadas pelo crescimento demográfico mundial mais lento, conforme projeções das Nações Unidas. O declínio na década de 1990 é atribuído à queda nas importações de grãos dos países da antiga União Soviética, após o colapso, e a reorganização de seus sistemas agrícolas; esses países possuem a capacidade de serem exportadores de grãos. O WWI, por outro lado, não espera que os aumentos na produção acompanhem a população, citando principalmente a maior necessidade de água para irrigação e a redução nas terras cultiváveis resultante da urbanização e da industrialização. Desse modo, a produção agrícola é sensível a vários fatores compensatórios, que são difíceis de ponderar. Uma questão importante é até que ponto o desenvolvimento contínuo das culturas, incluindo os cultivos transgênicos, vai melhorar a produtividade agrícola, por exemplo, pelo aprimoramento no controle de pragas.

FIGURA 15.9

Reação da produção de milho a aplicações de nitrogênio em três tipos de solo.

Fonte: S. L. Oberle e D. R. Keeney. "A case for agricultural systems research", Journal of Environmental Quality, 1990, 20:4–7. Reprodução autorizada, copyright© 1990, American Society for Agronomy, Crop Science Society of America e Soil Society of America. O uso atual de fertilizantes nos Estados Unidos foi atualizado com base no uso de fertilizantes para milho em Iowa, no período de 1985 a 1995 com base em dados apresentados em R. A. Ney *et al.* Iowa greenhouse gas action plan. University of Iowa Report to the Iowa Department of Natural Resources, dezembro de 1996.

FIGURA 15.10

Dois cenários para produção per capita global futura de grãos.

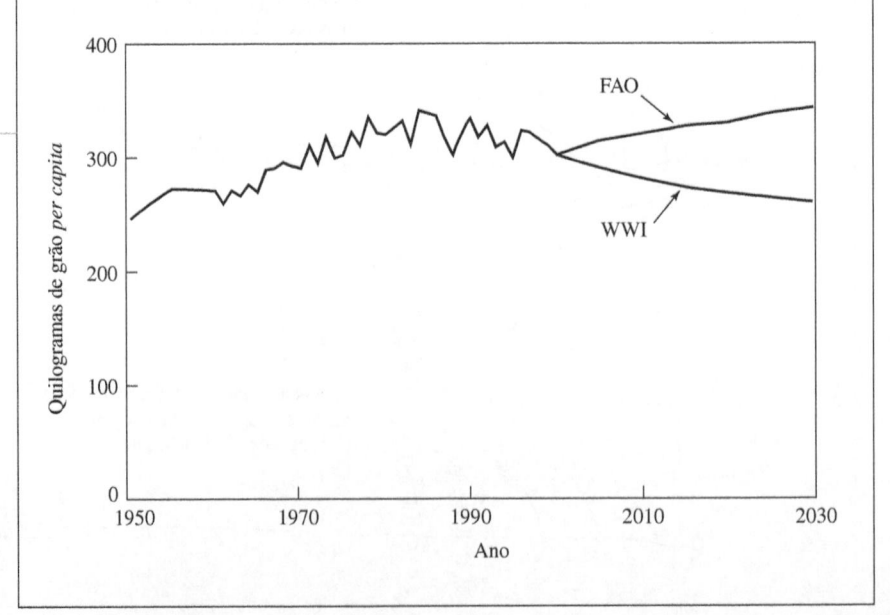

Fontes: Dados de 1950 a 2000 constam do banco de dados agrícolas do Worldwatch Institute, Washington, DC. A trajetória do WWI de 2000 a 2030 foi extraída de L. R. Brown. "Facing food insecurity", In L. R. Brown *et al.* State of the World, 1994. Nova York: W.W. Norton, 1994. A trajetória da FAO foi extraída de FAOSTAT (2000). (Roma, Itália: Food and Agriculture Organization). Disponível em http://apps.fao.org.

b. Degradação ambiental. A agricultura intensiva acarreta sérios custos ambientais. Quando a terra é desmatada para a agricultura, o ecossistema é grandemente perturbado. O desmatamento constitui um conhecido subproduto do desenvolvimento agrícola. No século XIX, grande parte do leste dos Estados Unidos foi desmatada e transformada em áreas de cultivo. As montanhas dessa região se mostraram inóspitas à agricultura e o solo fino se degradou rapidamente. As fazendas no leste foram desativadas quando a agricultura se expandiu para as planícies férteis do meio-oeste; e a floresta aos poucos se recuperou. Atualmente, o desmatamento afeta principalmente as florestas tropicais, que estão sendo derrubadas para serem convertidas à agricultura. Nos trópicos, o problema da degradação do solo é agravado por chuvas e o calor fortes. Sob a cobertura da floresta, o solo é muito fino e, quando ele é lavado pelas águas, resta somente uma camada mineral compactada. A recuperação da floresta leva mais tempo do que em climas temperados. Nos países pobres com rápido crescimento populacional, o cultivo de terras marginais inadequadas à agricultura produz um círculo vicioso em que a terra recém-cultivada rapidamente se degrada, forçando assim o cultivo de mais terras marginais.

A erosão do solo constitui um grave problema nas áreas agrícolas ao redor do mundo. O vento e a água carregam as partículas do solo que são expostas pela agricultura. A erosão baixa a produtividade do cultivo em conseqüência da perda de nutrientes, biota do solo e matéria orgânica e, principalmente, da reduzida disponibilidade de água, que é menos retida por solos erodidos. Além disso, a erosão geralmente aumenta a sedimentação de rios, reservatórios e portos. Os fundos sedimentados de rios impedem a reprodução de várias espécies de peixes (dentre elas, o salmão e a truta). Várias perdas de salmão na região noroeste dos Estados Unidos foram atribuídas, em parte, à sedimentação de rios pela agricultura e à atividade madeireira.

No fim, o solo é restaurado pelo acúmulo de matéria orgânica morta e pelo intemperismo de minerais, mas isso leva um longo tempo e varia muito de acordo com o local. A taxa de formação de solo arável foi estimada em uma faixa de 0,5 a 9 toneladas métricas por hectare (ha) por ano, e a taxa de erosão de terras cultivadas é consideravelmente mais elevada. A FAO relata que 25 bilhões de toneladas de camada superficial do solo são carregadas pela água todo ano do 1,6 bilhão de hectares de terra erodível no mundo, correspondendo a uma taxa média de erosão de 15,6 t/ha/ano. A bacia do rio Amarelo, na China, uma das regiões mais severamente afetadas, possui uma taxa estimada de erosão de 21 t/ha/ano.

As taxas de erosão podem ser reduzidas de forma substancial pela administração adequada do solo, como por meio de contenção e formação de terraços em terras montanhosas e por práticas de conservação. O estado de Iowa relata uma redução nas taxas de erosão das 23 t/ha/ano no início dos anos 1980 para 15 t/ha/ano em 1992, como resultado da cultura de conservação e do plantio de cobertura permanente (gramíneas e árvores) por intemédio do *Conservation Reserve Program*, promovido pelo Departamento de Agricultura dos Estados Unidos. Um desenvolvimento importante é a agricultura de plantio direto, em que as sementes são injetadas diretamente na zona radicular (geralmente após a aplicação de herbicidas, para reduzir a cobertura vegetal), sem arar a terra. A exposição do solo ao vento e à chuva é, portanto, bastante reduzida.

Além dos efeitos sobre o solo, o desmatamento e o cultivo da terra afetaram muito os ecossistemas e reduziram a biodiversidade. Além disso, o escoamento superficial dos campos pode poluir aqüíferos, canais e estuários com pesticidas e fertilizá-los em excesso com nitrato e fosfato.

15.3 | *Nutrição*

Agora voltamos nossa atenção aos caminhos bioquímicos, por meio dos quais o alimento que ingerimos nos mantém funcionando. Essa é a química do metabolismo biológico.

As principais categorias nutricionais são carboidratos, gorduras e proteínas (veja a Figura 15.11). Os carboidratos são moléculas de açúcar ligadas entre si em uma longa cadeia (veja discussão sobre amido e celulose). As gorduras são triglicérides de ácidos graxos, que possuem longas cadeias de hidrocarboneto ligadas a uma unidade de glicerol. As proteínas se compõem de fileiras de aminoácidos unidos por ligações de peptídios; cada aminoácido contém uma cadeia lateral característica.

a. Energia e calorias. A Figura 15.12 fornece um fluxograma simplificado dos principais processos bioquímicos. Os carboidratos são o produto imediato da fotossíntese e também a fonte primária de energia biológica no processo da respiração. A maior parte da energia que necessitamos para manter as várias funções corporais é obtida da oxidação de carboidratos. As gorduras representam uma forma de armazenamento de energia biológica. Em comparação com os carboidratos, as gorduras contêm menos oxigênio e mais carbono e hidrogênio, cuja oxidação é a fonte de nossa energia.

O teor energético das gorduras é igual a 9 calorias*/g, e a dos carboidratos é de 4 calorias/g. Além disso, as gorduras não são miscíveis à água, e os carboidratos são hidrofílicos. Os carboidratos são geralmente encontrados em associação com uma quantidade de água aproximadamente equivalente a quatro vezes seu peso. Conseqüentemente, a conversão de carboidratos

---

* Lembre-se de discussões anteriores em que uma caloria dietética equivale a 1 quilocaloria no sistema métrico.

FIGURA 15.11
Estruturas químicas de carboidratos, gorduras e proteínas.

Carboidratos são polímeros de açúcar
exemplo:

[estrutura de açúcar com CH_2OH, OH, H] n unidades

Gorduras são ácidos graxos de triglicérides
exemplo:

$$CH_2O-\overset{O}{\underset{\|}{C}}-R$$
$$CHO-\overset{O}{\underset{\|}{C}}-R'$$
$$CH_2O-\overset{O}{\underset{\|}{C}}-R''$$

Unidade de glicerol

$R-\overset{O}{\underset{\|}{C}}-$, etc. são ácidos graxos
R é uma cadeia de hidrocarbonetos

Proteínas são polipeptídios
exemplo:

Ligação de peptídio entre dois aminoácidos

$$-\overset{H}{\underset{\|}{C}}-N-CH-\overset{O}{\underset{\|}{C}}-N-CH-\overset{R}{\underset{\|}{C}}-N-$$

R é um aminoácido de cadeia lateral

Uma unidade de aminoácido | Segunda unidade de aminoácido

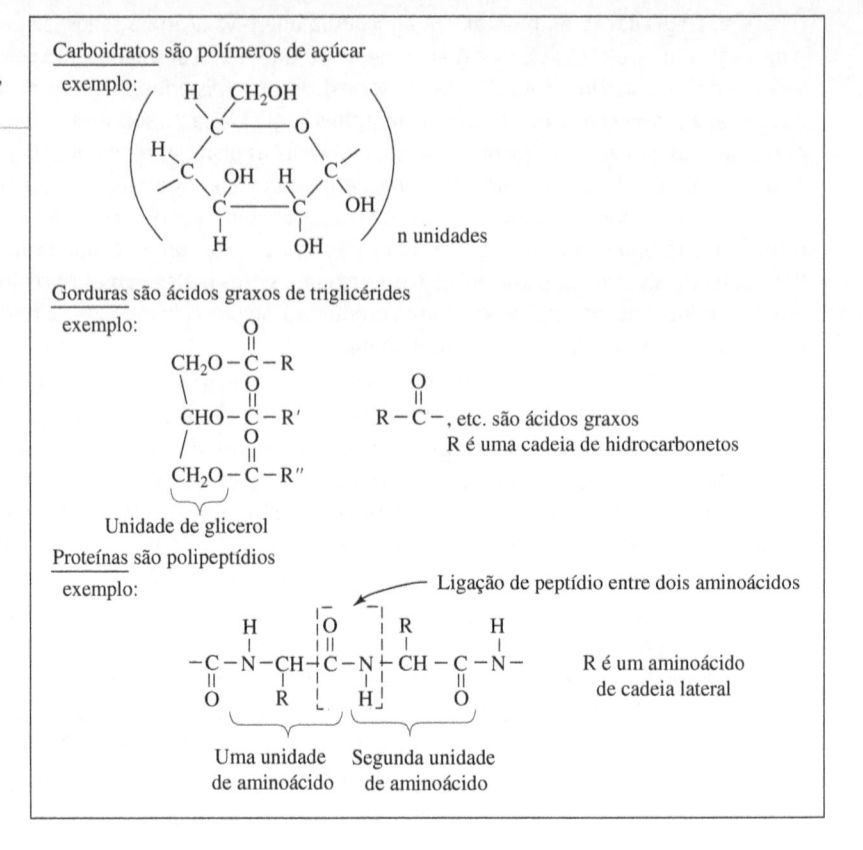

FIGURA 15.12
Fluxograma das funções bioquímicas de carboidratos, gorduras e proteínas.

Fotossíntese das plantas → Carboidratos → Energia para as funções corporais → CO_2
N_2 fixado → Gorduras → Armazenamento de energia
Proteínas → Enzimas construtoras dos tecidos
(Inanição)

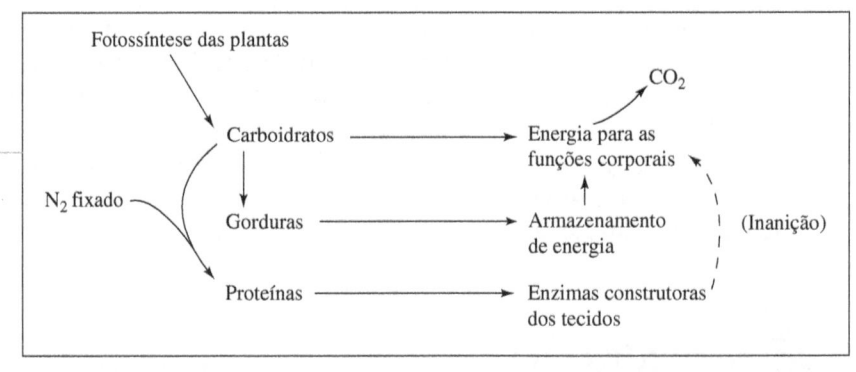

em gorduras representa uma concentração de energia sob forma portátil leve. Uma pessoa que pesa 70 kg possui aproximadamente 16% de gordura. Isso representa energia suficiente para as necessidades corporais por 30 dias. Se essa quantidade de energia excedente fosse armazenada como carboidrato com a água associada, o peso do corpo teria de ser igual a 185 kg. Quando comemos mais do que precisamos para suprir as necessidades energéticas, as calorias excedentes são armazenadas como gordura. Entretanto, a oxidação biológica de gordura é mais lenta do que a dos carboidratos. Quando necessitamos de energia, queimamos primeiro o suprimento de carboidratos e, a seguir, recorremos às reservas de gordura.

b. Proteína. Além de suprir energia, devemos manter o mecanismo bioquímico do corpo em si. Esse é o universo da química das proteínas. Estas compõem a maior parte dos tecidos estruturais do corpo e também as inúmeras enzimas, os catalisadores biológicos que realizam os milhares de reações exigidas para a manutenção da vida. Há 20 tipos diferentes de aminoácidos, cada qual com uma cadeia lateral química diferente (veja a Figura 15.13). Cada tipo de molécula de proteína é composta por uma seqüência fixa desses aminoácidos. A maioria dos aminoácidos pode ser sintetizada pelo corpo com base em uma série de materiais de partida, desde que haja um suprimento adequado de nitrogênio de proteína na dieta. Existem, contudo, oito aminoácidos (veja a Figura 15.13) que o corpo não é capaz de sintetizar: valina, leucina, isoleucina, treonina, lisina, metionina, fenilalanina e triptofano.

Esses aminoácidos essenciais devem ser obtidos diretamente da dieta e em quantidade que nos permita manter um equilíbrio adequado dos aminoácidos em geral. Por exemplo, a razão de triptofano para lisina deve ser de 0,6/2,6 = 0,23, porque a proteína humana média contém 0,6 triptofanos e 2,6 lisinas em 100 aminoácidos (veja a Tabela 15.2). Se essa razão for ultrapassada, a quantidade de proteína que pode ser produzida pelo corpo é limitada pela lisina; o triptofano extra é simplesmente

FIGURA 15.13
Os aminoácidos e suas estruturas químicas.

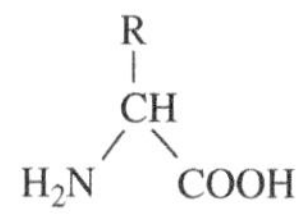

$$\begin{array}{c} R \\ | \\ CH \\ / \quad \backslash \\ H_2N \quad COOH \end{array}$$

Fórmula geral

Aminoácido*	R (cadeia lateral)
1. Glicina	—H
2. Alanina	—CH_3
3. Serina	—CH_2OH
4. Ácido aspártico	—CH_2COOH
5. Ácido glutâmico	—CH_2CH_2COOH
6. Asparagina	—CH_2CONH_2
7. Glutamina	—$CH_2CH_2CONH_2$
8. Arginina	—$CH_2CH_2CH_2NHC(NH)NH_2$
9. Cisteína	—CH_2SH
10. Tirosina	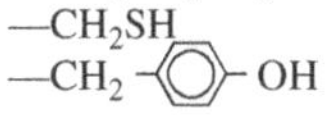 —CH_2—⟨◯⟩—OH
11. Prolina	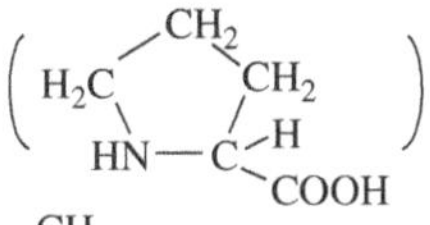 (estrutura cíclica) — Fórmula geral incluindo grupo R
12. Histidina	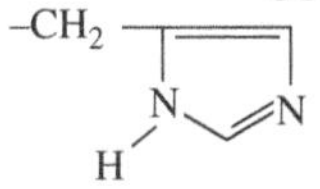 —CH_2—(anel imidazol)

Aminoácidos essenciais

13. Valina	—$CH(CH_3)_2$
14. Leucina	—$CH_2CH(CH_3)_2$
15. Isoleucina	—$CH(CH_3)CH_2CH_3$
16. Treonina	—$CH(OH)CH_3$
17. Lisina	—$CH_2CH_2CH_2CH_2NH_2$
18. Metionina	—CH_2CH_2-S-CH_3
19. Fenilalanina	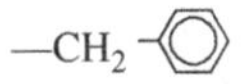 —CH_2—⟨◯⟩
20. Triptofano	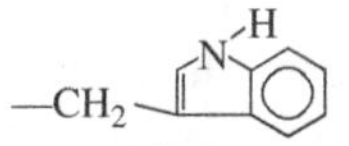 —CH_2—(anel indol)

*1–12 podem ser sintetizados pelo corpo humano, se estiver presente na alimentação quantidade suficiente de nitrogênio de proteína 13–20 não podem ser sintetizados e devem ser obtidos diretamente dos alimentos.

TABELA 15.2 Teor de aminoácidos essenciais em alimentos comuns.

Aminoácidos essenciais	Freqüência média de ocorrência em proteína humana (em 100 aminoácidos)	Em 100 aminoácidos, número presente em:			
		Leite de vaca	Carne	Feijão	Trigo
Triptofano	0,6	0,5	0,5	0,4	0,6
Fenilalanina	3,1	3,8	2,7	2,8	2,8
Lisina	2,6	3,3	3,4	2,8	1,1
Treonina	2,0	2,0	2,0	1,6	1,3
Metionina	3,5	2,8	3,3	2,2	3,2
Leucina	4,0	4,2	3,3	3,1	3,1
Isoleucina	2,5	2,8	2,3	2,2	1,6
Valina	3,2	3,6	2,7	2,5	2,0

Fontes: dados extraídos de F. E. Deathrage, *Food for life*. NewYork: Plenum Press, 1975. President's Science Advisory Committee (1967). *The World Food Problem, Report of the Panel on World Food Supply*, Vol. II (Washington, DC: President's Science Advisory Committee).

queimado. O conceito de equilíbrio dos aminoácidos essenciais é semelhante ao dos nutrientes limítrofes, discutidos anteriormente em relação ao crescimento de algas na água. Qualquer que seja o aminoácido presente em menor quantidade, em relação à sua freqüência de uso, este limitará a quantidade total de proteína produzida.

Diferentes fontes alimentares contêm diferentes quantidades de proteína; mas elas também variam na composição de aminoácidos de suas proteínas. Como é previsível, a composição de aminoácidos da proteína animal é bem próxima à da proteína humana. Por essa razão, leite e carne fornecem uma aproximação bastante estreita ao equilíbrio de aminoácidos de que necessitamos (veja a Tabela 15.2). A proteína vegetal, por outro lado, é mais distante da composição humana. Os cereais, particularmente o trigo, são bastante deficientes em lisina. A freqüência da lisina no trigo é menos da metade da média humana, o que significa que o dobro de proteína de trigo, em relação à proteína do leite, é necessário para suprir as necessidades humanas. Muito embora os demais aminoácidos estejam mais próximos das proporções corretas, eles não podem ser utilizados sem lisina suficiente. Por isso, a proteína do trigo é geralmente citada como uma proteína de baixa qualidade em comparação à proteína de alta qualidade contida em carne, ovos e leite.

Diferentes plantas apresentam diferentes padrões de desvio do equilíbrio ideal de aminoácidos. Diferentemente do trigo que é deficiente em lisina, os feijões possuem lisina em abundância. Entretanto, os feijões são deficientes em metionina, que é relativamente abundante no trigo. Nesse sentido, trigo e feijões são complementares. Se os dois forem misturados em igual quantidade, o equilíbrio de aminoácidos será muito melhorado.

É necessária menos proteína vegetal total na mistura do que para cada um isoladamente, para atender aos requisitos humanos. Uma dieta de metade de proteína de trigo e metade de proteína de feijão fornece uma mistura protéica que é somente 10% menos eficiente do que a proteína do leite em termos de equilíbrio correto. Não é por acaso que feijão e arroz ou produtos de trigo sejam tradicionalmente consumidos juntos em muitas partes do mundo. Para que se tornem complementos eficazes, as diferentes proteínas devem ser misturadas na mesma refeição, de modo que sejam digeridas juntas. Portanto, os vegetarianos devem atentar para balancear as diferentes fontes de proteína.

Embora a carne seja um componente importante nas dietas de nações relativamente prósperas, a maioria das pessoas no mundo não pode comprá-la, mas é possível passar sem carne e ainda permanecer saudável. Além disso, mesmo que a carne seja uma fonte de proteína de alta qualidade, ela representa um considerável desperdício de energia biológica, pois os animais normalmente armazenam uma fração relativamente pequena do alimento que consomem sob a forma de carne. É preciso 10 g de proteína vegetal para produzir 1 g de proteína bovina. A maioria dos países não possui proteína vegetal suficiente para dispensar à produção de carne em larga escala. Se houver capim suficiente para os animais, eles podem contribuir com o suprimento humano de alimento. Entretanto, nos países produtores de carne, é comum alimentar os animais com plantas de alta qualidade, tais como cereais e soja, para engordá-los mais rapidamente.

A Figura 15.14 a, b compara o consumo de proteína, gordura e calorias em quatro regiões do mundo. Os norte-americanos consomem, em média, 113 gramas de proteína por dia (veja a Figura 15.14 a). Isso representa cerca de duas vezes a cota diária recomendada, e 65% da proteína vem de fonte animal. A dieta chinesa também excede ligeiramente a cota diária e obtém 34% de suas proteínas da carne. A quantidade de carne consumida na China tem aumentado de acordo com o aumento de riqueza no país.

Embora haja pouca terra disponível para a criação de animais, a China compra grande quantidade de ração no mercado internacional. Em 1965, o consumo de carne *per capita* no país foi de 8,9 kg, e na Índia foi de 3,6 kg/*capita*. Em 1985, havia aumentado para 18,9 kg *per capita* (em comparação com 4,0 kg/*capita* na Índia) e, em 1998, era de 46,5 kg/*capita* (em comparação com 4,6 kg na Índia). A economia indiana também está em expansão, mas a religião e outros fatores culturais restringem adesão maior ao consumo de carne e, em 1998, somente 18% de seu consumo de proteína era suprido por esse alimento. A região do Sub-Saara na África (excluindo a África do Sul) é a região mais pobre do mundo; a carne contribui com somente 20% da proteína alimentar.

Um padrão semelhante se verifica no consumo de gorduras (veja a Figura 15.14b). Os norte-americanos consomem muito mais gordura do que as quantidades recomendadas, tanto em termos de gordura total quanto de saturada. A proporção de gorduras saturadas consumidas afeta a saúde. As gorduras saturadas tendem a elevar o colesterol no sangue, um dos principais fatores de risco para doenças do coração e das artérias. A carne é a principal fonte de gordura saturada, e os óleos vegetais contêm mais da variedade insaturada. Em conseqüência do baixo consumo de carne na Índia e no Sub-Saara, as dietas nesses países estão consideravelmente abaixo dos limites máximos recomendados para o consumo de gordura. Isso também está ilustrado na Figura 15.14 c, em termos das quantidades recomendadas de calorias que devem ser fornecidas pelas gorduras. O padrão mostra que a dieta dos norte-americanos excede os limites de consumo total de calorias, bem como a absorção de calorias de gordura total e calorias de gordura saturada. Por outro lado, as dietas na Índia e no Sub-Saara não excedem nenhuma das três cotas. Pode-se argumentar com base nesses números que a dieta norte-americana sofre de 'supernutrição' e é menos saudável do que as dietas em regiões mais pobres do mundo. Porém, também deve-se ter em mente que a média *per capita* das dietas mascara problemas crônicos de desnutrição e fome nas regiões menos desenvolvidas, principalmente no Sub-Saara.

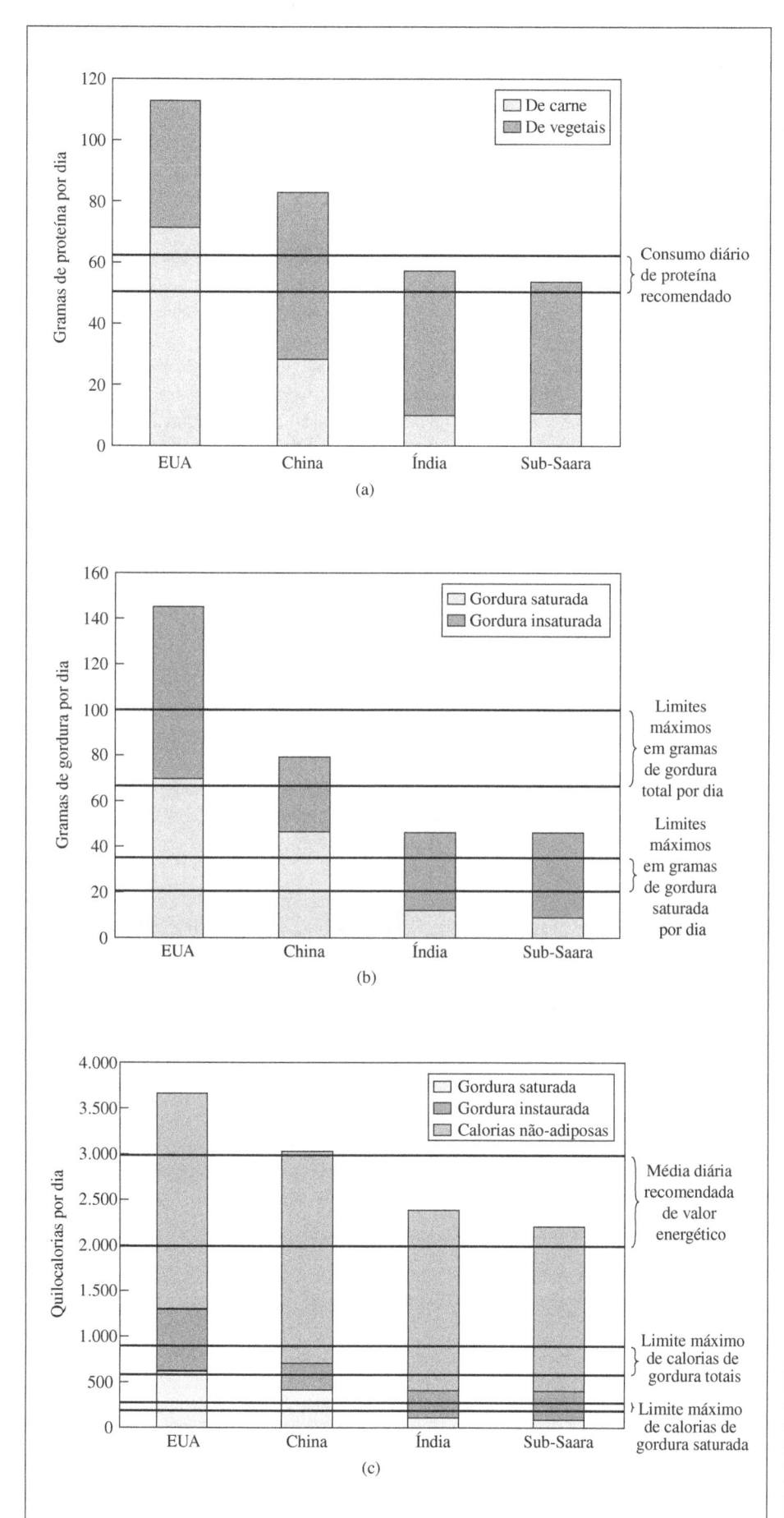

FIGURA 15.14
Comparações geográficas em 1998 de (a) proteínas; (b) gorduras; e (c) calorias dietéticas (kcal) por dia.

Fontes: Food and Agriculture Organization, *Food Balance Sheets,* disponível em http://apps.fao.org; *Recommended Dietary Allowances* (10th edition) (Washington, DC: National Academy Press); *Nutrition and Your Health: Dietary Guidelines for Americans,* 5ª edição (2000) (Washington, DC: U.S. Department of Agriculture/U.S. Department of Health and Human Services).

c. Minerais e vitaminas. A dieta humana deve conter uma variedade balanceada de materiais de construção para manter o mecanismo bioquímico. Os elementos necessários devem estar presentes nas proporções corretas. São eles: H, C, N, O, P, S, Na, K, Mg, Ca, Fe, Zn, Cu, Co, Cr, Mo, Se, I e talvez outros elementos em quantidades excessivamente pequenas. Além disso, os elementos devem estar em formas químicas assimiláveis. Somos incapazes de usar carbono como CO_2 ou nitrogênio como NO_3^-, embora as plantas possam. Além disso, o hidróxido férrico é inútil como fonte alimentar de ferro por causa de sua insolubilidade; e muitos sais férricos solúveis também são ineficazes, provavelmente porque são convertidos em hidróxido férrico no ambiente alcalino do intestino. Os micróbios e as plantas produzem agentes quelantes, que extraem ferro do hidróxido férrico na vizinhança, mas eles não estão presentes na bioquímica animal.

Assim que são assimilados, os elementos são incorporados às moléculas biológicas requeridas, por meio de inúmeros caminhos biossintéticos. Há, contudo, algumas moléculas necessárias que o corpo é incapaz de sintetizar. Dentre elas estão os aminoácidos essenciais, que devem ser supridos nas devidas porções pela proteína alimentar, e as vitaminas.

As vitaminas foram descobertas por meio dos estados de doença induzidos por sua deficiência na dieta. Em 1747, James Lind descobriu que as frutas cítricas eram eficazes no tratamento de marinheiros ingleses que sofriam de escorbuto. Em 1932, Albert Szent-Györgyi e Charles King descobriram que o ingrediente ativo presente nas frutas cítricas era o ácido ascórbico, a vitamina C. Hoje são conhecidas treze vitaminas. A última (vitamina B_{12}) foi descoberta há 50 anos e é improvável que mais alguma seja descoberta. Muitas pessoas viveram anos à base de soluções intravenosas contendo somente as vitaminas conhecidas e outros nutrientes.

As vitaminas recaem em duas classes: solúveis em gordura (lipofílicas) e solúveis em água (hidrofílicas) (veja a Figura 15.15). As vitaminas solúveis em água são co-fatores de enzimas ou são necessárias na síntese do co-fator. Por exemplo, a niacina fornece a piridina terminal no NAD (do inglês, *nicotinamide adenine dinucleotide*), e a riboflavina é incorporada no FAD (do inglês, *flavin adenine dinucleotide*). Ambos os co-fatores são usados para catalisar muitas reações redox biológicas. O papel das vitaminas solúveis em gordura é mais complexo. A vitamina A, ou retinol, é incorporada no pigmento visual, a rodopsina. A vitamina D é necessária à deposição adequada de cálcio nos ossos. A vitamina K está envolvida no mecanismo de coagulação do sangue.

d. Antioxidantes. As vitaminas E e A são antioxidantes naturais que protegem as membranas de danos pelo oxigênio molecular. Assim como o β-caroteno, o pigmento alaranjado das cenouras e outros vegetais, que é convertido em vitamina A no corpo, são duas moléculas de retinol ligadas por uma ligação dupla, que substitui o grupo OH e um átomo de H no átomo de carbono terminal. A vitamina C também possui propriedades antioxidantes e protege as moléculas em fluidos biológicos. Todos esses antioxidantes possuem ligações duplas, que reagem prontamente com os radicais livres (lembre-se do papel das olefinas na química do *smog*). A Figura 15.16 mostra os produtos de sucessivas transferências de elétrons da vitamina C para os radicais livres.

Há muita evidência envolvendo os danos dos radicais livres no processo de envelhecimento e como um fator causador de uma série de doenças, incluindo câncer e doenças cardíacas. Os radicais são gerados no corpo como subprodutos da redução de O_2; esses subprodutos são às vezes chamados coletivamente de ROS (do inglês, *reactive oxygen species*), espécies reativas de oxigênio. A liberação de O_2 parcialmente reduzido, superóxido e peróxido pode levar à produção de radicais hidroxila por reações catalisadas por metais de transição do tipo discutido anteriormente em relação à ativação do O_2 por metais de transição nas gotas de chuva. Os radicais hidroxila, extremamente reativos, atacam as moléculas biológicas em suas vizinhanças, gerando radicais orgânicos que reagem posteriormente nas reações em cadeia dos radicais. Essas reações podem provocar mutações e o câncer por meio de danos ao DNA, bem como a outros estados de doença por meio de danos a membranas ou outras partes críticas do mecanismo bioquímico.

Em conseqüência dos efeitos nocivos dos radicais, os organismos desenvolveram uma diversidade de defesas moleculares. Incluem-se aí as enzimas que destroem as espécies de O_2 parcialmente reduzidas antes que possam gerar radicais de hidroxila. São as *superóxidos dismutases*, que catalisam a desproporcionação do superóxido:

$$2O_2^- + 2H^+ \rightleftharpoons O_2 + H_2O_2 \qquad \textbf{15.5}$$

e das *catalases*, que catalisam a desproporcionação do peróxido:

$$2H_2O_2 \rightleftharpoons O_2 + 2H_2O \qquad \textbf{15.6}$$

Juntas, essas duas classes de enzimas garantem que formas parcialmente reduzidas de oxigênio sejam convertidas em O_2 e H_2O. Essa conversão é possível porque essas formas parcialmente reduzidas são instáveis em relação ao O_2 e à água; consome-se mais energia por elétron para adicionar um elétron ao O_2 (superóxido) ou dois deles (peróxido) do que adicionar quatro deles (água). Há enzimas *peroxidase* adicionais que atuam para quebrar os peróxidos.

FIGURA 15.15

Vitaminas: estruturas, fontes alimentares e sintomas da deficiência.

Vitamina	Fórmulas estruturais	Fontes alimentares	Sintomas da deficiência
Vitaminas solúveis em gordura			
Vitamina A	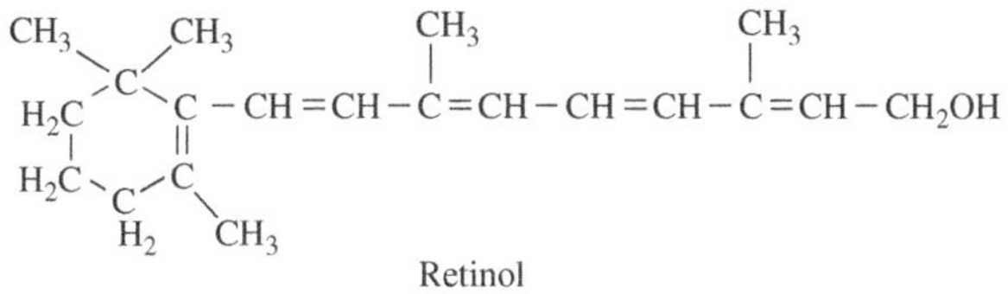 Retinol	Óleos de fígado de peixe, fígado, ovos, peixes, manteiga, queijo, leite. Sendo um precursor, o β-caroteno está presente em vegetais verdes, cenouras, tomates, abóbora	Cegueira noturna, inflamação do olho
Vitamina D	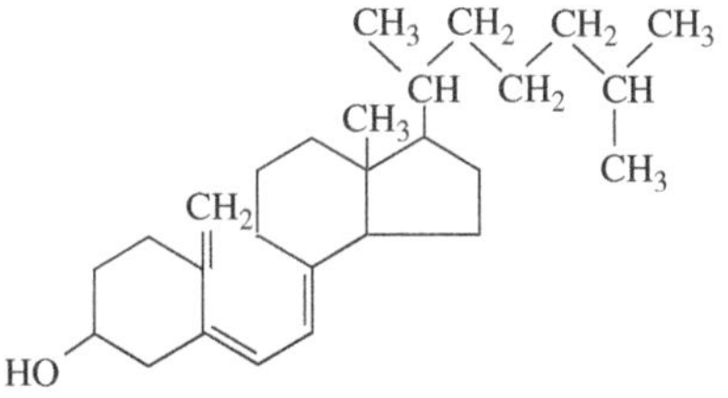 Vitamina D_3	Óleos de fígado de peixe, manteiga, leite com adição de vitaminas, sardinhas, salmão. O corpo também obtém esse componente quando a luz ultravioleta converte o 7-deidrocolesterol na pele em vitamina D.	Raquitismo, osteomalácia, hipoparatiroidismo
Vitamina E	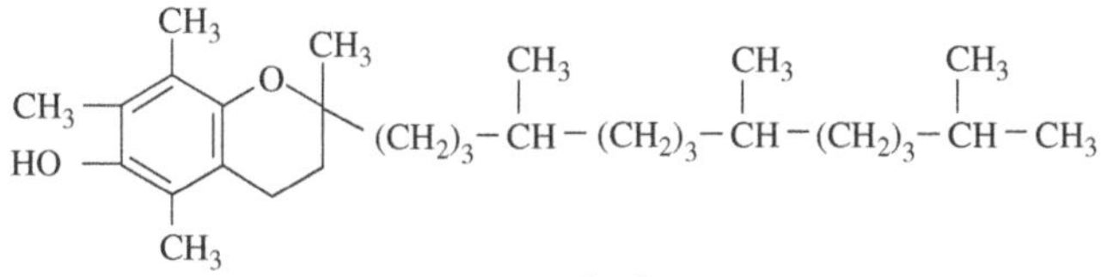 α-tocoferol	Óleos vegetais, margarina, vegetais folhosos verdes, grãos, peixe, carne, ovos, leite	Anemia em bebês prematuros alimentados com formulações infantis inadequadas
Vitamina K	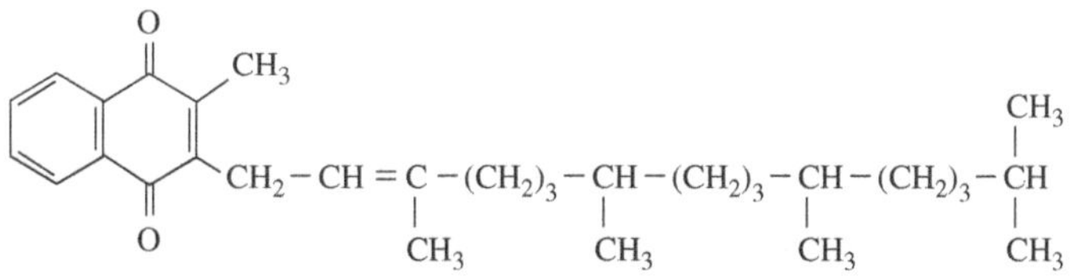 Vitamina K_1	Espinafre e outros vegetais folhosos verdes, tomates, óleos vegetais	Maior tempo de coagulação do sangue, sangramento sob a pele e nos músculos
Vitaminas solúveis em água			
Tiamina (vitamina B_1)	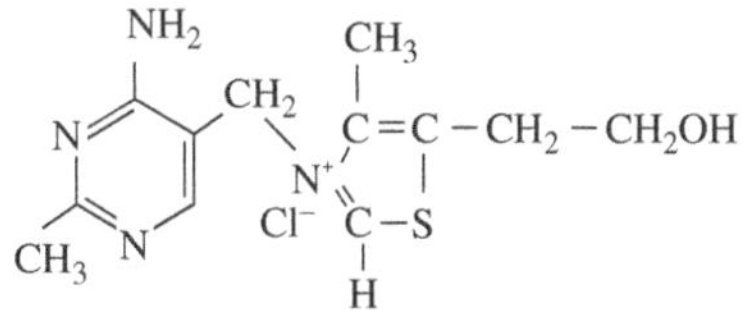 Cloreto de tiamina	Grãos de cereais, legumes, nozes, leite, carne bovina, carne de porco	Beribéri
Niacina (ácido nicotínico)	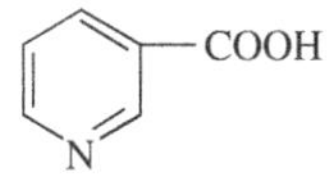 (piridina-COOH)	Carne vermelha, fígado, folhas de nabo, peixe, ovos, amendoim	Pelagra
Riboflavina (vitamina B_2)	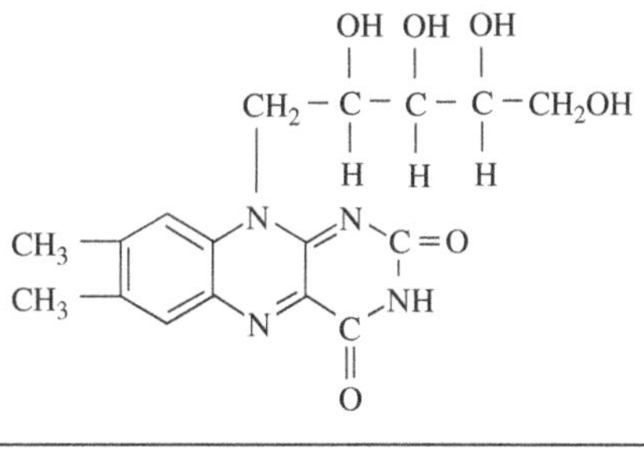	Leite, carne vermelha, fígado, vegetais verdes, farinha de trigo integral, peixes, ovos	Dermatite, glossite (inflamação da língua), anemia

(continua)

(continuação)

Vitamina	Fórmulas estruturais	Fontes alimentares	Sintomas da deficiência
Piridoxina (vitamina B_6)	Piridoxol	Ovos, carne, fígado, ervilha, feijão, leite	Dermatite, glossite, maior suscetibilidade a infecções, irritabilidade, convulsão infantil
Ácido pantotênico		Fígado, carne bovina, leite, ovos, melaço, ervilha, repolho	Distúrbios gastrointestinais, depressão, confusão mental
Ácido fólico (ácido pteroil-glutâmico)		Fígado, cogumelos, vegetais folhosos verdes, farelo de trigo	Anemias, distúrbios gastrointestinais
Biotina		Carne bovina, fígado, ervilha, ovos, leite, melaço	Dermatite
Vitamina B_{12} (cianocobalamina)		Fígado, carne bovina, peixe, ovos, leite, ostras, marisco	Anemia perniciosa, crescimento retardado, glossite, degeneração da medula espinhal
Ácido ascórbico (vitamina C)		Frutas cítricas, tomates, pimentão verde, morango, batata	Escorbuto

Fonte: H. J. Sanders. "Nutrition and health", *Chemical and Engineering News*, 1979, 57(13):27–46. Copyright© 1979, American Chemical Society. Reprodução autorizada.

Outra estratégia para evitar os radicais é se certificar de que os metais ativos redox, tais como ferro, cobre e manganês, estão ligados em *quelatos* (veja discussão sobre agentes quelantes e detergentes), de modo que não possam se ligar e ativar o O_2. Em sistemas biológicos, os metais de transição não circulam como íons livres, mas estão ligados e quelados a proteínas e a moléculas orgânicas menores. Foi demonstrado que esse seqüestro de metais é importante para evitar os radicais; em sistemas experimentais, suplantar o sistema natural de quelação adicionando sais metálicos em excesso a tecidos biológicos pode provocar danos por radicais livres.

A última linha de defesa contra os radicais são os antioxidantes, como as vitaminas E, A e C, que reagem e anulam os radicais antes que eles possam atingir os alvos biológicos. Nem todos os antioxidantes na dieta são vitaminas, visto que nem todos os antioxidantes são especificamente exigidos para funções biológicas essenciais. Esses antioxidantes não-vitamínicos incluem tanto as moléculas que ocorrem naturalmente quanto as moléculas sintéticas, geralmente adicionadas a alimentos processados para preservá-los do ranço causado pelo dano oxidante. Os antioxidantes sintéticos incluem o hidroxitolueno butilado (BHT, do inglês, *butylated hydroxytoluene*) e o hidroxianisol butilado (BHA, do inglês, *butylated hydroxyanisole*) (veja a Figura 15.17). Esses compostos fenólicos reagem prontamente com os radicais doando um átomo de hidrogênio; o radical fenoxila resultante é estabilizado pelos grupos substituintes doadores de elétrons alquila e metóxi no anel benzênico. O selênio, um componente alimentar essencial em quantidades residuais, também possui uma função antioxidante, já que é incorporado aos locais ativos das enzimas *glutamato peroxidase* e *tioredoxina reductase*, que atuam na quebra de peróxidos.

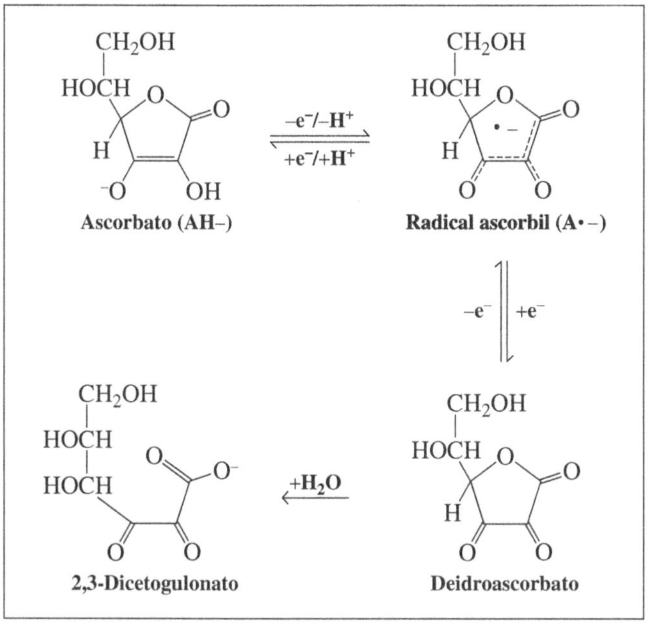

FIGURA 15.16

Transferências de elétrons da vitamina C para os radicais livres em sua função como redutor e antioxidante.

Fonte: Panel on Dietary Antioxidants and Related Compounds, Institute of Medicine (2000). Dietary Reference Intakes for Vitamin C, Vitamin E, Selenium, and Carotenoids (Washington, DC: National Academy Press).

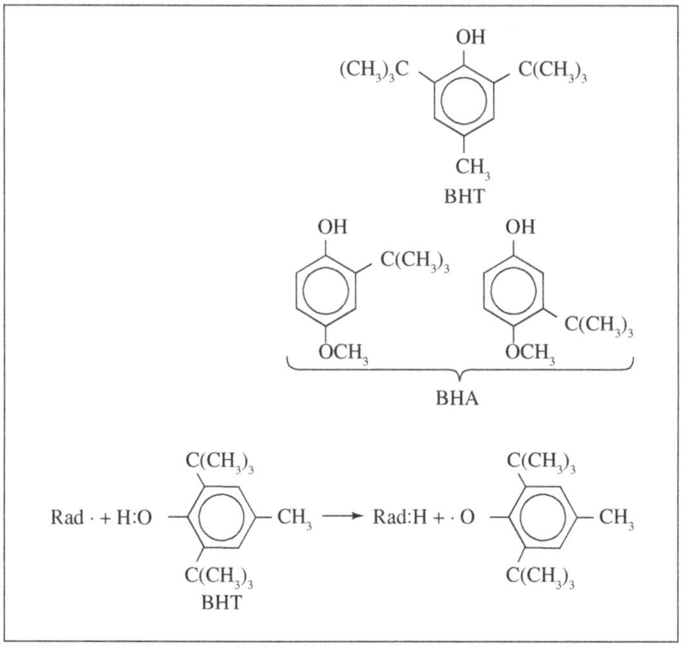

FIGURA 15.17

Estruturas químicas de BHT e BHA; reação de BHT com um radical.

Fonte: J. W. Hill e D. K. Kolb, Chemistry for changing times, 7ª ed. Upper Saddle River, New Jersey: Prentice Hall, 1992. Reprodução autorizada por Pearson Education, Inc., Upper Saddle River, New Jersey.

As doses mínimas necessárias das vitaminas foram estabelecidas pelo exame dos níveis abaixo dos quais as doenças decorrentes de deficiências se instalam. Entretanto, o nível ideal de vitaminas ainda é intensamente debatido. Tem havido numerosas alegações de que os suplementos vitamínicos superiores às doses mínimas produzem efeitos benéficos à saúde.

O mais ilustre proponente da terapia das vitaminas foi Linus Pauling, que argumentou enfaticamente que o nível ideal de vitamina C é muito mais elevado do que o nível mínimo e que altas doses podem prevenir resfriados e até o câncer. Os estudos clínicos, porém, não sustentam essa teoria. Em geral, há um corpo crescente de evidência de que os antioxidantes podem diminuir a incidência de várias doenças, incluindo o câncer e a doença cardíaca. Mas até essa conclusão foi obscurecida pelos resultados relatados em 1994 de um estudo com 29.000 fumantes do sexo masculino na Finlândia, que apresentaram uma incidência 18% mais elevada de câncer no pulmão naqueles que tomaram suplementos de β-caroteno do que nos que não tomaram. E um estudo publicado em 1995 relatou que quantidades excessivas de vitamina A consumidas nos primeiros meses de gravidez aumentam o risco de defeito de nascença (embora o consumo de β-caroteno não estivesse associado a esse risco). Aparentemente, as complexidades do metabolismo e da química dos radicais são tais que adicionar um único componente à dieta alimentar pode surtir efeitos inesperados.

Esses resultados alarmantes levaram as autoridades de saúde a não emitir recomendações aos antioxidantes. Atualmente, elas são capazes de concluir somente que a dieta alimentar deve conter frutas frescas e vegetais apropriados, que supram a necessidade de vitaminas. Produtos frescos também suprem muitas outras substâncias químicas naturais que provavelmente surtem efeitos benéficos; recentemente se descobriu, por exemplo, que um composto existente nos brócolis (sulforofane) pode bloquear o crescimento de tumores em experiências com ratos.

16 Controle de pragas

16.1 Inseticidas

Uma grave limitação do suprimento alimentar humano é que devemos compartilhar os alimentos com os insetos. Estima-se que o peso da população mundial de insetos supera o dos habitantes humanos em doze vezes. Somente uma pequena parcela das espécies de insetos, cerca de 500 espécies do total mundial de 5 milhões, realmente se alimenta dos cultivos humanos, mas têm o potencial de causar um enorme dano. Na verdade, prevê-se que 30% das plantações agrícolas sejam consumidas por insetos em todo o mundo.

Além disso, algumas espécies de insetos, incluindo mosquitos, pulgas e moscas tsé-tsé, são transmissoras de devastadoras doenças humanas. Através dos séculos, o registro de mortes por doenças transmitidas por insetos, como malária, febre amarela, peste bubônica e doença do sono, tem sido maior do que o de mortes decorrentes das guerras. As invasões de insetos, por vezes em grande escala, fazem parte recorrente da história humana.

a. Inseticidas persistentes: organoclorados. As tentativas de combate às pragas de insetos foram relativamente ineficazes até o desenvolvimento dos pesticidas químicos modernos. O primeiro deles foi o DDT, sigla *para*-diclorodifeniltricloroetano (veja a Figura 16.1). Introduzido pelos aliados durante a Segunda Guerra Mundial para controlar as deflagrações de tifo e malária, o DDT desde então salvou milhões de vidas mais por meio do controle do vetor de doenças. Seu descobridor, o suíço Paul Muller, ganhou o Prêmio Nobel de Medicina e Fisiologia em 1948. Após a guerra, o DDT foi o primeiro pesticida de uso agrícola usado amplamente.

Sob muitos aspectos, o DDT é um inseticida ideal. Quimicamente estável, degrada-se somente de forma lenta, sob condições ambientais. De baixa volatilidade, também se evapora lentamente e não é facilmente carregado pela água por causa de sua baixa solubilidade em água. Essas três características fazem dele um inseticida persistente. Cada aplicação dura por um longo tempo.

Por ser hidrofóbico, o DDT penetra rapidamente na camada externa cerosa dos insetos e, após a penetração, paralisa-os rapidamente. O DDT atua ligando-se às células nervosas de insetos de um modo que mantém abertos os canais moleculares que admitem os íons de sódio, o que, por sua vez, acarreta o estímulo descontrolado dos nervos. A toxicidade do DDT aos animais, incluindo os humanos, é baixa porque os animais absorvem muito menos dessa substância química em seus tecidos. É essa combinação de persistência e toxicidade seletiva a insetos que tornou o DDT um inseticida tão popular.

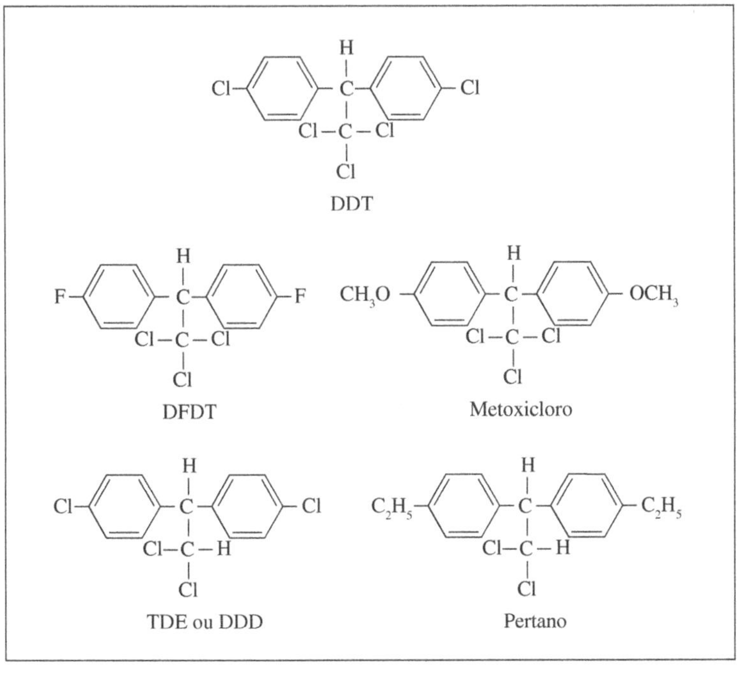

FIGURA 16.1

Estruturas químicas do DDT e seus análogos.

Entretanto, não demorou muito para o DDT começar a perder eficácia decorrente ao aumento da resistência dos insetos; seu uso começou a declinar por volta de 1960, mais de uma década antes de ser proibido para a maioria de seus usos nos Estados Unidos e em outros países industrializados. Sob aplicação intensiva de DDT, os insetos que são relativamente resistentes a ele têm mais chance de sobreviver do que aqueles que são suscetíveis; e as novas gerações apresentam uma incidência continuadamente mais elevada de características resistentes. O principal fator de resistência ao DDT é uma enzima chamada de *DDT-ase*, que catalisa a *deidrocloração* (perda de átomos de H e Cl) de DDT para formar o DDE (veja a Figura 16.2), que possui uma nova ligação dupla no átomo central de carbono. Como esse átomo torna-se trigonal em vez de tetraédrico, o DDE possui um formato bem diferente do DDT e não se liga mais fortemente às células nervosas dos insetos. Dessa forma, os insetos que desenvolveram a habilidade de produzir altos níveis de DDT-ase podem transformar DDT em uma molécula inócua.

Em razão da resistência dos insetos, novos inseticidas foram desenvolvidos para complementar e substituir o DDT em várias aplicações. Os primeiros deles foram variações do próprio DDT (veja a Figura 16.1), moléculas que mantêm a estrutura do DDT, mas possuem diferentes substitutos químicos que não são tão suscetíveis à DDT-ase dos insetos resistentes. Algumas substituições funcionaram, mas outras, não; por exemplo, substituir os átomos de cloro nas pontas da molécula por átomos de hidrogênio reduziu muito a atividade do inseticida. Encontrar as variações eficazes de DDT se deu por tentativa e erro, porque a natureza do local de ligação das células nervosas dos insetos era desconhecida. As variações mais bem-sucedidas tiveram o uso disseminado, até que a resistência a elas também foi desenvolvida pela população de insetos. A natureza da resistência implica que nenhum inseticida pode permanecer eficaz por muito tempo, o que estimula o desenvolvimento de novas versões.

Logo se descobriu que outras moléculas organocloradas, bem diferentes do DDT, também eram neurotoxinas de insetos. Várias delas eram produtos de uma reação de adição entre o perclorociclopentadieno e uma molécula olefínica (veja a Figura 16.3). Esses inseticidas de 'ciclodieno' também se tornaram de uso generalizado, assim como o toxafeno, uma mistura complexa resultante da reação do hidrocarboneto de ocorrência natural, canfeno, com cloro.

FIGURA 16.2

Mecanismo da resistência dos insetos ao DDT.

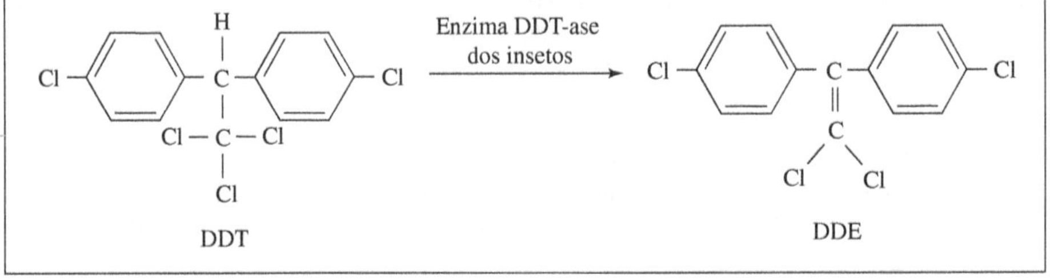

FIGURA 16.3

Inseticidas de ciclodieno, formados por meio da condensação de Diels-Alder (parte inferior) de perclorociclopentadieno com moléculas olefínicas.

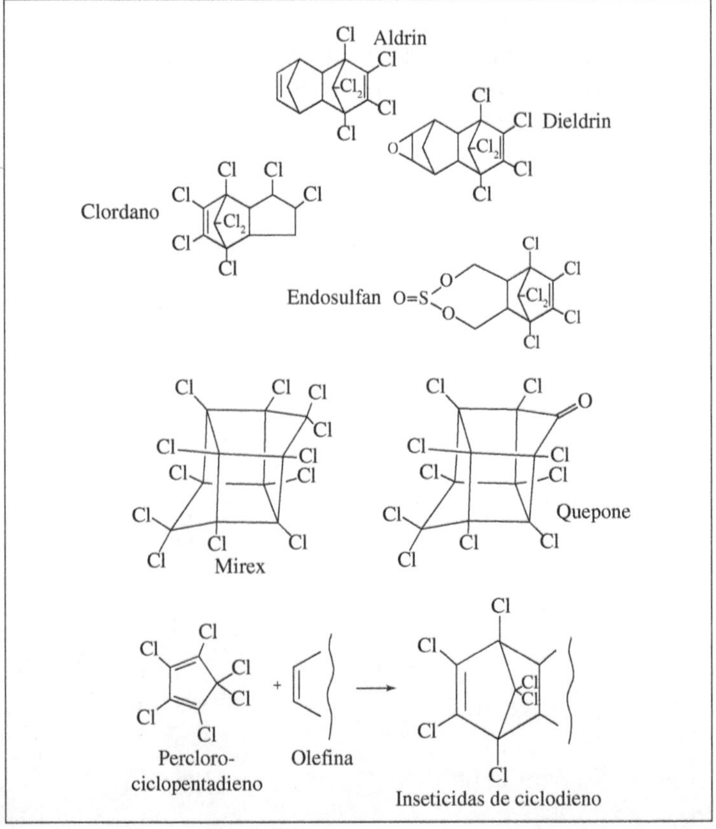

FUNDAMENTOS 16.1: FORMA MOLECULAR E ATIVIDADE BIOLÓGICA

A destoxificação do DDT pela enzima DDT-ase dos insetos constitui um bom exemplo da importância fundamental da forma molecular na biologia. O produto da deidrocloração, DDE, não parece muito diferente do DDT, quando representado como uma estrutura plana (veja a Figura 16.2). Mas, em três dimensões, é bem diferente (veja a Figura 16.4). Mesmo que os anéis de clorobenzeno sejam mantidos aproximadamente na mesma orientação (que não pode ser exatamente a mesma, já que o ângulo entre eles é de 109,5° em DDT, porém 120° em DDE), a posição do carbono com dois (DDE) ou três (DDT) átomos de cloro é bem diferente. Ele está no plano das ligações para os anéis de clorobenzeno em DDE, porém 54,8° fora do plano em DDT. Assim, se as posições relativas desses grupos de átomos são importantes para a ligação às células nervosas dos insetos, de modo a manter abertos os canais de sódio, então pode-se observar como o DDE seria ineficaz como inseticida.

Os requisitos para ligar e ativar um alvo biológico, tais como os canais de sódio dos insetos, dependem da complementaridade das formas da molécula e do alvo, geralmente chamada de *reconhecimento molecular*. Não é necessariamente o caso de todos os grupos de átomos na molécula participarem do reconhecimento molecular. Alguns deles podem simplesmente apontar para fora da região de ligação do alvo, e a orientação precisa pode não ser importante. Pode ser por isso que o DDE, embora ineficaz como um bloqueador de canal de sódio, possa, não obstante, interferir na deposição de cálcio na casca do ovo (veja a próxima seção), assim como o DDT. O receptor de hormônio que regula a deposição de cálcio difere em sua forma do local de bloqueio do canal de sódio e possui um perfil diferente de reconhecimento molecular.

É comum encontrar esse tipo de diferença. Uma molécula pode se encaixar perfeitamente a um alvo biológico, produzindo uma resposta fisiológica. Ou ela pode se encaixar parcialmente, ligando-se ao alvo sem evocar uma resposta. Nesse caso, a molécula ligada pode inibir a ligação de outras moléculas, que efetivamente evocam uma resposta. Uma molécula de bloqueio é chamada de *antagonista*, e uma molécula que evoca a resposta fisiológica é uma *agonista*.

Em testes de laboratório, algumas substâncias orgânicas no meio ambiente foram identificadas tanto como antagonistas quanto como agonistas, dependendo do receptor específico e da presença ou da ausência de moléculas complementares ou concorrentes (efeitos **sinérgicos**). Esse é um dos motivos pelos quais a avaliação dos efeitos hormonais das substâncias químicas ambientais é difícil e controversa.

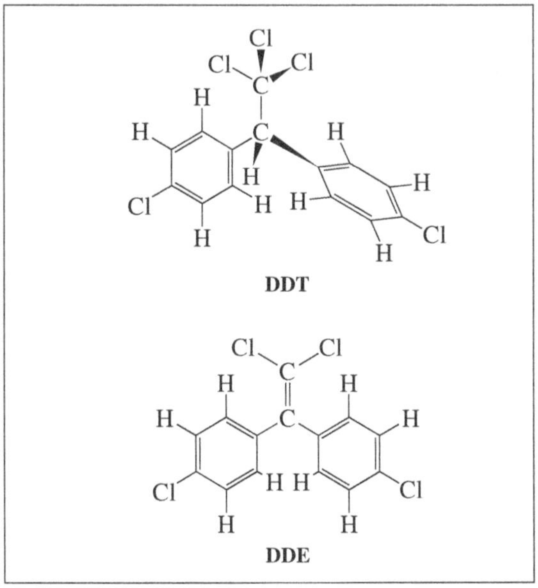

FIGURA 16.4

Estruturas de DDT e DDE. Em contraposição ao DDT, os átomos ligados à unidade C=C no DDE são coplanares.

b. Efeitos no ecossistema; bioacumulação. O sucesso do DDT teve um preço. Como os insetos fazem parte de uma rede muito complexa de relações predador–presa, um inseticida de amplo espectro como o DDT está destinado a exercer efeitos em todo o ecossistema. Por exemplo, quando o DDT foi introduzido em Bornéu, como parte de uma campanha de erradicação da malária pela Organização Mundial da Saúde, na década de 1960, os mosquitos realmente foram eliminados, mas também outras espécies de mosquitos, incluindo uma vespa que era predadora das lagartas que viviam nos telhados de sapé das casas da aldeia. Sem as vespas, a população de lagartas se multiplicou e os telhados de sapé foram consumidos. Além disso, os mosquitos mortos foram comidos por lagartixas, que adoeceram e se tornaram presa fácil para a população de gatos. Por terem comido as lagartixas doentes, os gatos também adoeceram e morreram, provocando multiplicação na população de ratos. Os ratos comeram as plantações locais e ameaçaram uma deflagração de peste bubônica. O governo de Bornéu teve de reintroduzir os gatos na região afetada.[1]

---

[1] P. R. Ehrlich e A. H. Ehrlich, *The Causes and Consequences of the Disappearance of Species*. Nova York: Random House, 1981.

A conexão mosquito-lagartixa-gato ilustra o importante princípio da *bioacumulação* em *cadeias alimentares*. As substâncias químicas na presa se concentram no predador, caso não sejam degradadas e expelidas rapidamente. Esse é o caso das substâncias químicas hidrofóbicas persistentes que se acumulam nos tecidos adiposos do predador. Quando o predador, por sua vez, é comido, a substância passa a se concentrar na gordura de *seu* predador. Cada elo na cadeia alimentar propicia uma sucessão de concentrações. A Figura 16.5 ilustra o acúmulo de DDT em uma cadeia alimentar aquática comum. Se o plâncton contém 0,04 ppm de DDT, então os moluscos que se alimentam de plâncton possuem dez vezes mais, e os peixes podem apresentar até cinco vezes mais, caso se alimentem dos moluscos. Finalmente, os pássaros que comem peixes, no topo da cadeia alimentar, podem desenvolver níveis bastante elevados, de até 75 ppm em seu tecido adiposo.

O DDT pode exercer outros efeitos além da neurotoxicidade. Um deles parece ser a disfunção do sistema hormonal de aves, que controla a deposição de cálcio durante a formação dos ovos. Por decorrência, os pássaros com altos níveis de DDT (ou seu produto metabólico, o DDE, que possui o mesmo efeito) põem ovos com cascas tão finas que não duram até a fase de chocar. As populações do falcão peregrino e outras aves de rapina caíram acentuadamente nos anos após o uso generalizado de DDT.

Em 1962, o livro de Rachel Carson, *Silent Spring*, trouxe ao conhecimento público os riscos ecológicos do uso descontrolado de inseticidas; ações legais e políticas subseqüentes acarretaram severas restrições ao uso de DDT e outros inseticidas persistentes em muitos países durante os anos 1970. Desde então, as populações de pássaros ameaçados se recuperaram consideravelmente nessas áreas. Além disso, o acúmulo de DDT em tecidos humanos caiu (veja a Figura 16.6). Têm surgido preocupações sobre os efeitos de longo prazo à saúde da exposição ao DDT, embora as evidências sejam questionáveis.

Contudo, muitos outros países continuam a usar o DDT, particularmente em áreas onde a malária permanece endêmica. O DDT é relativamente barato e ainda razoavelmente eficaz no controle de mosquitos. Na verdade, a suspensão do uso de DDT pode ter conseqüências terríveis, como no caso do Sri Lanka, onde um programa de controle de mosquitos à base de DDT reduziu o número de casos relatados de malária de 2.800.000 em 1948 para somente 17 em 1963. Após a interrupção da aplicação em 1964, em grande parte devida à resposta política ao *Silent Spring*, a malária rapidamente voltou e alcançou 2.500.000 casos por volta de 1969. Um novo programa de controle resultou em alguma melhoria, porém a malária continua sendo um problema sério.[2]

FIGURA 16.5

Acúmulo de DDT na cadeia alimentar aquática (em unidades de partes por milhão).

Fonte: adaptada de C. A. Edwards, Persistent Pesticides in the Environment, 2ª ed. Cleveland, Ohio: CRC Press, 1973. Copyright© 1973 by CRC Press. Reprodução autorizada.

Plâncton 0,04 → Moluscos 0,42 → Peixes 0,17–2,07 → Pássaros que se alimentam de peixes 3,15–75,5

FIGURA 16.6

Tendências nos níveis de DDT no leite materno de mulheres canadenses, de 1967 a 1992.

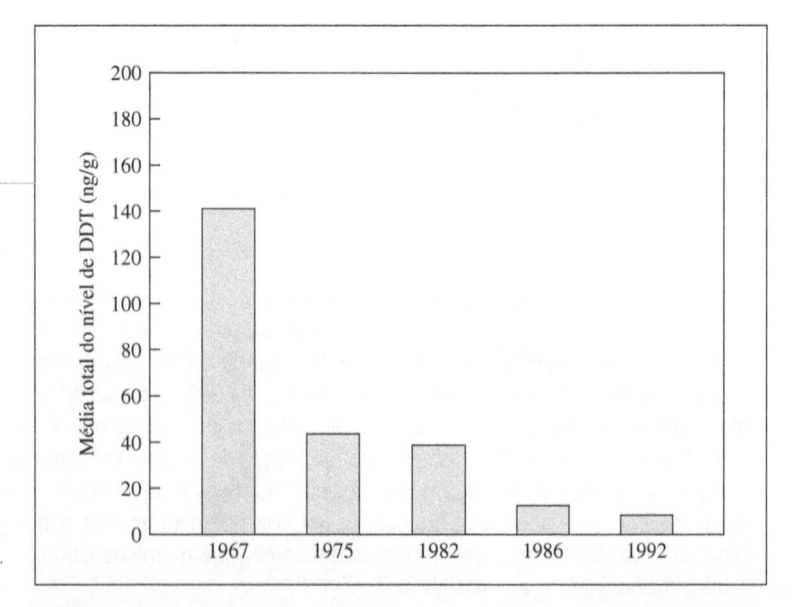

Fonte: The State of Canada's Environment 1996 (1996). (Ottawa, Canadá: Governo do Canadá).

---

[2] K. Mellanby. The DDT Story, Farnham, Surrey, UK: British Crop Protection Council, 1992.

Para contornar o problema da malária, é possível projetar uma molécula com a eficácia do DDT em algumas aplicações como inseticida, porém é menos persistente. Um exemplo é o metoxicloro (veja a Figura 16.1), em que os átomos para-Cl do DDT são substituídos por grupos metóxi, —OCH_3. Os grupos metóxi aumentam a solubilidade em água e a suscetibilidade às reações de degradação. Conseqüentemente, o metoxicloro não se bioacumula de forma significativa e continua a ser aprovado para uso contra moscas e mosquitos. Entretanto, a característica não persistente do metoxicloro torna seu uso mais caro uma vez que uma única aplicação não dura por muito tempo. Como sempre, não há soluções fáceis quando se trata de proteção ambiental e geralmente escolhas difíceis devem ser tomadas.

FUNDAMENTOS 16.2: BIOACUMULAÇÃO E COEFICIENTE DE PARTIÇÃO

As substâncias químicas orgânicas se acumulam em tecidos adiposos se forem mais solúveis em gordura do que em água. As gorduras são quimicamente complexas e variam até certo ponto em sua composição para diferentes tecidos em diferentes organismos. Entretanto, constatou-se que as solubilidades no solvente simples 1-octanol, $CH_3(CH_2)_6CH_2OH$, estão próximas das solubilidades em gorduras.

A solubilidade relativa em gordura *versus* água é convenientemente aproximada pelo *coeficiente de partição*, $K_{ow} = (S)_o/(S)_w$, onde $(S)_o$ e $(S)_w$ são as concentrações em octanol e água, respectivamente, quando um composto S é equilibrado entre os dois líquidos. A Tabela 16.1 lista os valores de K_{ow} para alguns pesticidas. Os valores variam de $10^{4,9}$ a $10^{6,4}$ para os pesticidas organoclorados (veja as figuras 16.1 e 16.3), que são muito mais solúveis em octanol do que em água. É por isso que eles se bioacumulam tão prontamente. Os inseticidas organofosfóricos possuem átomos de oxigênio e enxofre (veja a Figura 16.8), que são capazes de aceitar ligações de H da água, assim como os átomos de nitrogênio dos carbamatos (veja a Figura 16.8) e o herbicida atrazina (veja a Figura 16.15). Essas moléculas possuem valores inferiores a K_{ow}, $10^{1,2}$ a $10^{3,7}$ e são menos biocumulativas.

A tendência a se bioacumular pode ser expressa como o *fator de bioconcentração*, que representa a razão de concentração de uma substância química em um organismo e a água em torno dele. Esse fator é geralmente um pouco menor do que o K_{ow} porque depende das taxas de absorção e eliminação. Por exemplo, o K_{ow} do DDE é 10^5, e seu fator de bioconcentração em peixes varia de 3.000 a 60.000, dependendo da espécie. Quando o K_{ow} é alto, a taxa de eliminação nunca se equilibra com a taxa de absorção; e a bioacumulação aumenta com o tempo de vida do organismo (veja a Figura 16.7). Entretanto, quando o K_{ow} se torna extremamente alto (veja, por exemplo, o mirex na Tabela 16.1), a substância química tende a se adsorver tão fortemente às partículas no sedimento que não é eficazmente absorvida pelos organismos.

TABELA 16.1 *Solubilidades relativas em gorduras* versus *água para pesticidas selecionados.*

Pesticida	Solubilidade em água (mg/L)	Coeficiente de partição octanol/água ($\log K_{ow}$)
Inseticidas organoclorados		
DDT	0,0028	6,0
Aldrin	0,08	5,8
Clordano	0,20	5,1
Quepone	3,71	4,9
Mirex	0,05	6,4
Inseticidas organofosfóricos		
Paration	19	3,7
Malation	144	2,7
Inseticidas de carbamato		
Carbaril	73	2,4
Aldicarb ('chumbinho')	6.017	1,2
Herbicidas		
Atrazina	38	2,6
Metolaclor	519	3,0

Fonte: extraída de valores médios relatados em D. Mackay *et al. Physical-chemical properties and environmental fate handbook.* Boca Raton, Flórida: Chapman & Hall/CRCnetBASE, 2000.

c. Inseticidas não-persistentes: organofosfatos e carbamatos. Foram desenvolvidos outros inseticidas que não são persistentes porque se quebram rapidamente em produtos inofensivos e solúveis em água, quando liberados no meio ambiente. Como não duram muito, devem ser altamente potentes. As duas classes mais usadas de inseticida não persistente

– organofosfatos e carbamatos (veja a Figura 16.8) – constituem, na verdade, poderosas neurotoxinas. Realmente, os inseticidas organofosfatos são da mesma família que os agentes utilizados na guerra química, tipo gás nervoso, desenvolvidos durante e após a Segunda Guerra Mundial.

Os organofosfatos e os carbamatos atuam para inibir a enzima *acetilcolinesterase*, que hidrolisa o neurotransmissor *acetilcolina*. Os neurotransmissores são moléculas liberadas por uma célula nervosa para estimular outra célula nervosa adjacente (veja a Figura 16.9); difundem-se através do espaço entre as células, chamados de *sinapse*, e se ligam a receptores na segunda célula. Há muitos tipos de moléculas neurotransmissoras, mas a responsável por estimular as células nervosas motoras nas formas de vida mais elevadas é a acetilcolina. Quando a acetilcolina se liga aos seus receptores, uma célula nervosa motora

FIGURA 16.7
Correlação entre a concentração de DDT em trutas no lago Ontário e a idade das trutas.

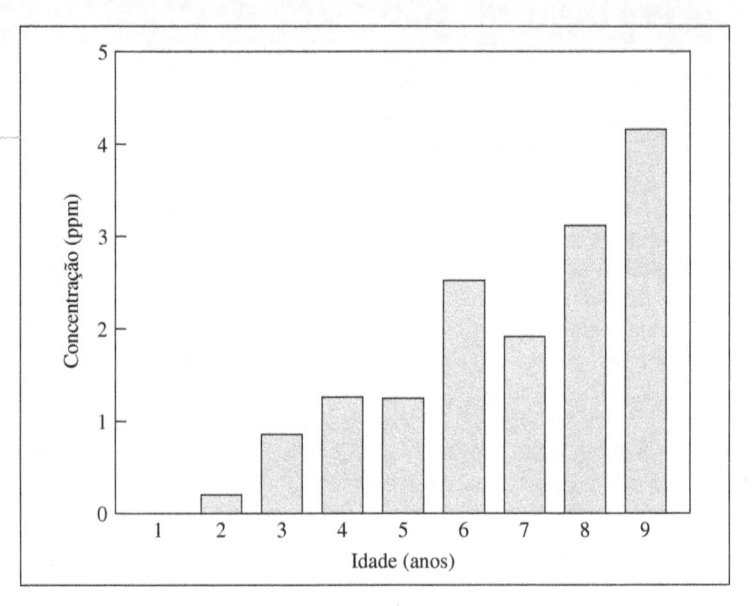

Fonte: Toxic Chemicals in the Great Lakes and Associated Effects, Volume 1, Parte 2 (1991). (Ottawa, Canadá: Minister of Supply and Services).

FIGURA 16.8
Estruturas químicas de inseticidas organofosfóricos e carbamatos.

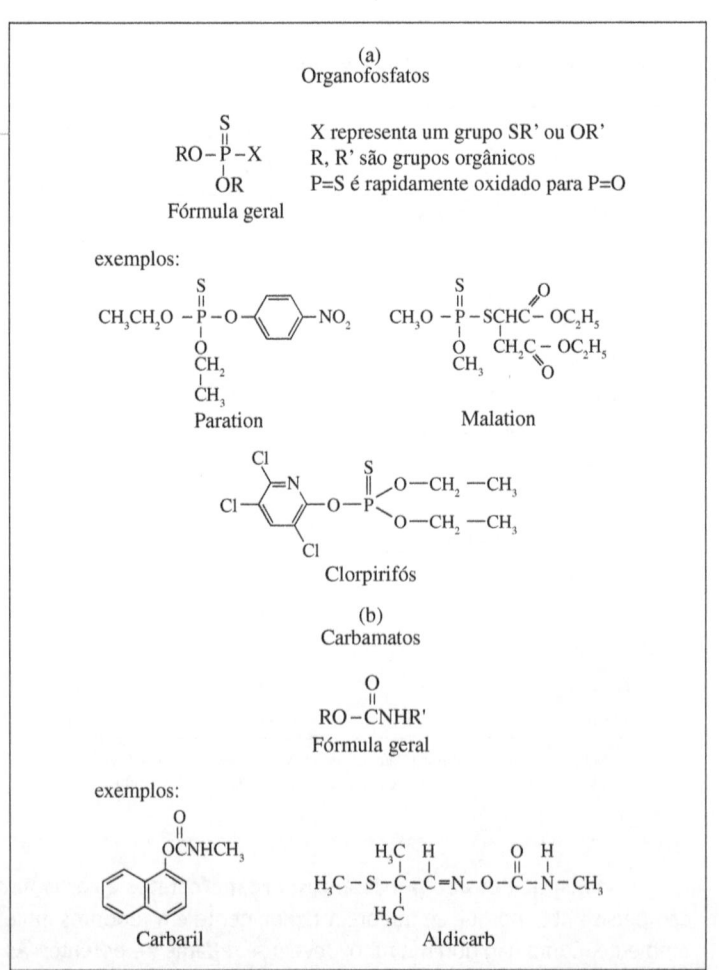

(a) Organofosfatos

Fórmula geral:
RO–P(=S)(X)–OR

X representa um grupo SR' ou OR'
R, R' são grupos orgânicos
P=S é rapidamente oxidado para P=O

exemplos:

Paration

Malation

Clorpirifós

(b) Carbamatos

Fórmula geral:
RO–C(=O)NHR'

exemplos:

Carbaril

Aldicarb

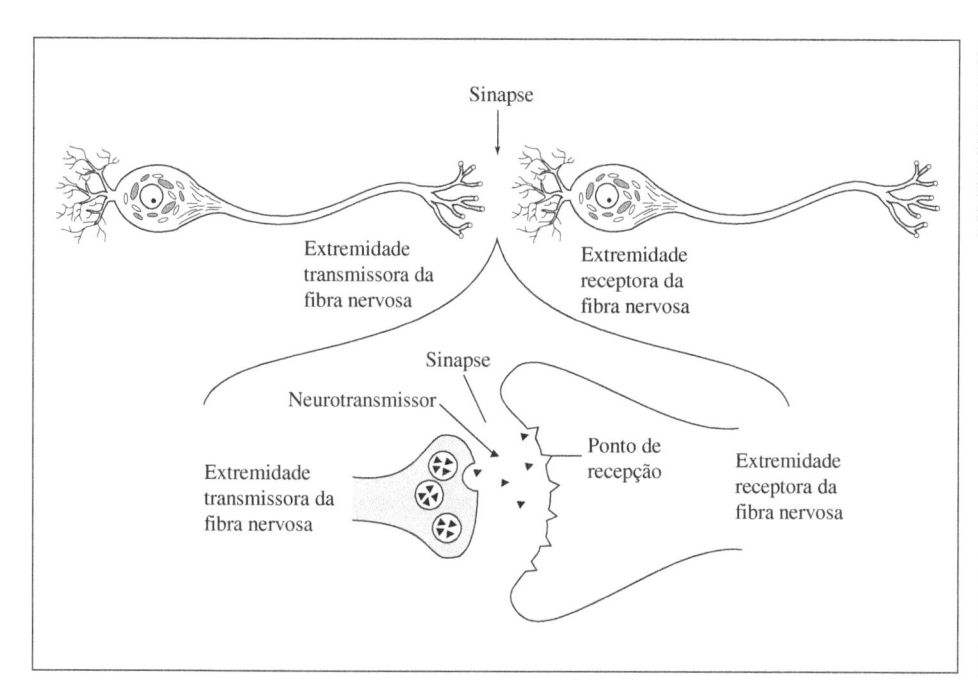

FIGURA 16.9

A transmissão de um impulso nervoso pela liberação de moléculas neurotransmissoras através da sinapse.

Fonte: P. Buell e J. Gerard, Chemistry in environmental perspective. Upper Saddle River, Nova Jersey: Prentice Hall, 1994. Reprodução permitida por Pearson Education, Inc., Upper Saddle River, Nova Jersey.

continua a fornecer estímulo até a acetilcolina ser quebrada pela acetilcolinesterase, que está presente na sinapse. Se a acetilcolinesterase for inibida, o estímulo dos nervos continuará de forma descontrolada, levando à paralisia e à morte.

A toxicidade de organofosfatos e carbamatos é muito menor do que os gases nervosos, porém maior do que a dos inseticidas organoclorados. Alguns dos mais usados, tais como paration e aldicarb, são altamente tóxicos e têm causado morte e danos a muitos trabalhadores agrícolas.

Portanto, a vantagem ambiental desses agentes não-persistentes é neutralizada pelos impactos à saúde dos trabalhadores agrícolas. No caso do Sri Lanka, anteriormente citado, a aplicação do DDT para controle da malária foi substituída pela aplicação de paration, que resultou em muitas mortes entre as equipes aplicadoras, ao passo que nenhuma foi causada pelo DDT.

Por causa dos riscos à saúde, o uso de inseticidas organofosfóricos e carbamatos está sendo reduzido. A agência de proteção ambiental dos Estados Unidos, EPA, restringiu o uso de metil paration e baniu o clorpirifós (veja a Figura 16.8), anteriormente o inseticida doméstico mais utilizado, em razão de preocupações quanto à neurotoxicidade em crianças, resultante de testes laboratoriais com roedores recém-nascidos.

ESTRATÉGIAS 16.1 — Mecanismo molecular dos inibidores de colinesterase

Como os inseticidas inibem a colinesterase? A enzima atua ligando a acetilcolina para então realizar uma reação de deslocamento no grupo acetila, usando o grupo OH de um resíduo do aminoácido serina que está localizado no local ativo da enzima (veja a Figura 16.10). A parte *colina* da molécula é liberada nessa reação, deixando o grupo *acetila* ligado à enzima. A seguir, a enzima induz uma molécula de água e realiza um segundo deslocamento do grupo acetila, resultando na liberação de ácido acético. A enzima está então pronta para realizar uma segunda rodada de catálise.

As moléculas do inseticida enganam a enzima imitando a acetilcolina. Elas se ligam ao local ativo e induzem o resíduo de serina a realizar uma reação de deslocamento, como faz a acetilcolina. Entretanto, em vez de um grupo acetila, a enzima acaba com a ligação de um grupo *fosforila*, no caso de um inseticida organofosfórico, ou a ligação de um grupo *carbamila*, no caso de um inseticida carbamato (veja a Figura 16.10). Esses grupos são muito menos suscetíveis ao ataque da água do que o grupo acetila. Em ambos os casos, o átomo sob ataque (carbono, no caso de carbamila, e fósforo, no caso de fosforila) é ligado a outros grupos que inibem o ataque pela molécula de água que entra. Conseqüentemente, a enzima é bloqueada pelos grupos carbamila ou fosforila a partir da hidrólise de acetilcolina.

A potência do inibidor depende da velocidade de reação de deslocamento inicial, em que a serina no local ativo da enzima é capturada.

Quanto melhor o *grupo abandonador* (X para os organofosfatos, OR para os carbamatos, veja a Figura 16.10), mais rápida a reação. Por exemplo, o fluoreto é um excelente grupo abandonador porque o íon fluoreto é bem estável em água (em contraposição ao metóxido, por exemplo, que constitui uma base forte e é mais difícil de se deslocar). As moléculas organofosfóricas com os substitutos de fluoreto são inibidores extremamente potentes de colinesterase; os gases nervosos são moléculas dessa classe (um exemplo é o sarin, metilisopropoxifluorofosfato).

Para usar os organofosfatos como inseticidas sem envenenar maciçamente pessoas e outros animais, sua reatividade deve ser reduzida. Uma forma eficaz de fazer isso é substituir o grupo P=O pelo grupo P=S (produzindo um *fosforotioato*; todos os insetici-

FIGURA 16.10
Mecanismos de inibição da colinesterase por inseticidas organofosfóricos e carbamatos.

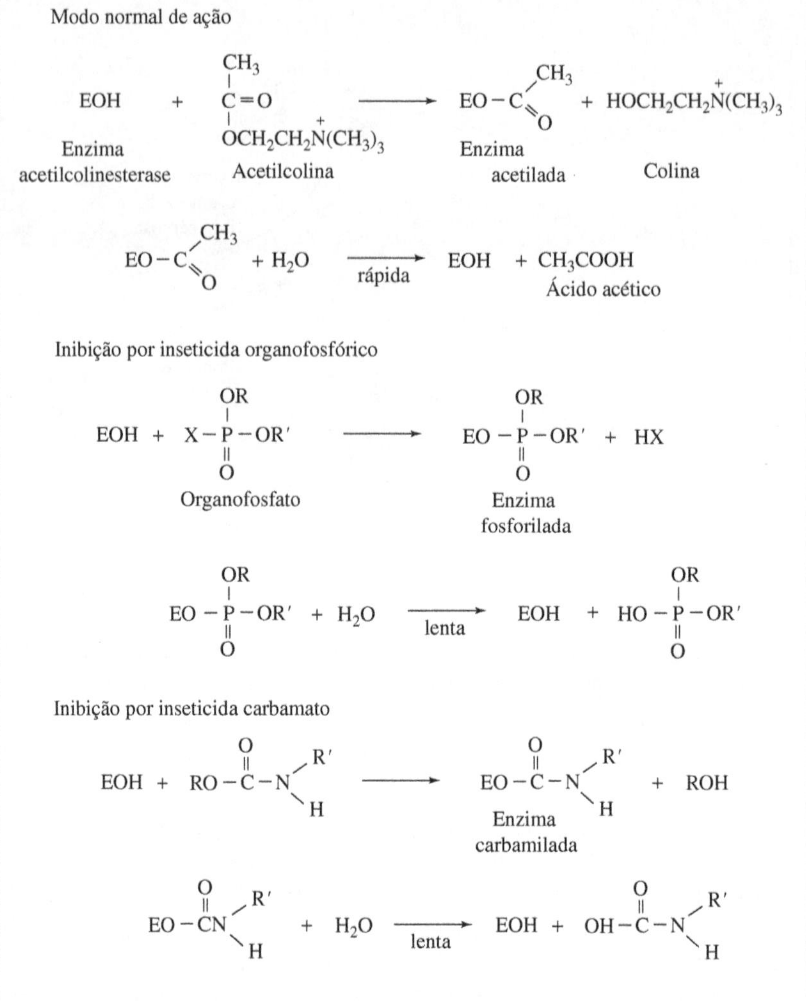

Modo normal de ação

$$EOH + \underset{\text{Acetilcolina}}{\underset{|}{\overset{CH_3}{\underset{|}{C}}}=O} \longrightarrow \underset{\text{Enzima acetilada}}{EO-\overset{CH_3}{\underset{\parallel}{C}}=O} + \underset{\text{Colina}}{HOCH_2CH_2\overset{+}{N}(CH_3)_3}$$

Enzima acetilcolinesterase

$$EO-\overset{CH_3}{\underset{\parallel O}{C}} + H_2O \xrightarrow{\text{rápida}} EOH + \underset{\text{Ácido acético}}{CH_3COOH}$$

Inibição por inseticida organofosfórico

$$EOH + \underset{\text{Organofosfato}}{X-\overset{OR}{\underset{\underset{O}{\parallel}}{P}}-OR'} \longrightarrow \underset{\text{Enzima fosforilada}}{EO-\overset{OR}{\underset{\underset{O}{\parallel}}{P}}-OR'} + HX$$

$$EO-\overset{OR}{\underset{\underset{O}{\parallel}}{P}}-OR' + H_2O \xrightarrow{\text{lenta}} EOH + HO-\overset{OR}{\underset{\underset{O}{\parallel}}{P}}-OR'$$

Inibição por inseticida carbamato

$$EOH + RO-\overset{O}{\underset{\parallel}{C}}-N\overset{R'}{\underset{H}{}} \longrightarrow \underset{\text{Enzima carbamilada}}{EO-\overset{O}{\underset{\parallel}{C}}-N\overset{R'}{\underset{H}{}}} + ROH$$

$$EO-\overset{O}{\underset{\parallel}{C}}-N\overset{R'}{\underset{H}{}} + H_2O \xrightarrow{\text{lenta}} EOH + OH-\overset{O}{\underset{\parallel}{C}}-N\overset{R'}{\underset{H}{}}$$

das organofosfóricos na Figura 16.8 são fosforotioatos). O átomo de S desativa consideravelmente o átomo de P diante do ataque e desacelera a velocidade da reação com colinesterase. Entretanto, quando dentro do inseto, o átomo de S é rapidamente removido por enzimas oxidativas e a molécula é convertida de volta em uma potente neurotoxina organofosfórica. Os animais também possuem enzimas oxidativas, mas em níveis muito inferiores aos dos insetos. Dessa forma, o fosforotioato volta a bioquímica do inseto contra ele mesmo e diminui significativamente a toxicidade em relação a outras espécies.

Às vezes, é possível introduzir mais segurança por meio de uma engenharia molecular inteligente. Um bom exemplo é o malation (veja a Figura 16.8), cuja toxicidade é centenas de vezes menor do que a do paration. Seu substituinte diestertiometila é um bom grupo abandonador, tornando o malation uma neurotoxina eficaz quando o grupo P=S é substituído por P=O. Mas os grupos ésteres são rapidamente hidrolisados por enzimas *carboxilase* e o substituinte dicarboxitiometila resultante é um grupo abandonador ruim por causa de sua carga negativa. As enzimas carboxilase são abundantes em animais, mas não em insetos. Dessa forma, as diferenças bioquímicas entre os organismos são novamente exploradas para melhorar a seletividade da toxina.

d. Inseticidas naturais. Muitas plantas desenvolveram as próprias defesas químicas contra os insetos e há interesse em usar esses inseticidas naturais e ambientalmente benignos. Geralmente, as moléculas das plantas são de difícil extração e complexa fabricação em escala comercial. Entretanto, podem inspirar os químicos a produzir novos tipos de inseticida. Os piretróides (veja a Figura 16.11) são um exemplo. Utilizada pelo homem há séculos, a piretrina é obtida da *piretrum*, uma flor parecida com a margarida. Está disponível comercialmente, mas seu uso é limitado devido à sua instabilidade sob a luz solar; a persistência das piretrinas é *muito* baixa para serem eficazes. Recentemente, porém, foram desenvolvidos inseticidas similares à piretrina que são quimicamente modificados para melhorar sua estabilidade no meio ambiente.

Uma arma útil no combate aos insetos é a bactéria do solo *Bacillus thuriengiensis* (abreviada como Bt), que produz toxinas protéicas que são letais a uma série de insetos que se alimentam de plantas. Essas toxinas são difíceis de isolar, mas a própria bactéria proporciona proteção quando borrifada sobre as plantações. Muitos agricultores orgânicos usam aerossóis de Bt como um meio 'natural' de controlar insetos. Há, atualmente, grande controvérsia sobre o uso de Bt em plantas transgênicas.

e. Gestão integrada de pragas. A resistência dos insetos continua sendo um problema para todos os inseticidas. Não só as substâncias químicas se tornam progressivamente menos eficazes, como também, às vezes, ficam mais eficazes contra os inimigos naturais da praga a ser combatida, piorando dessa forma o problema inicial. Isso ocorre porque as espécies dos predadores geralmente têm uma reprodução mais lenta do que as espécies das presas e, portanto, a resistência leva mais tempo para se desenvolver entre elas. Um padrão bastante comum é que o lançamento de um novo inseticida causa declínio imediato na população do inseto a ser controlado, seguido alguns anos depois por uma explosão populacional de uma variedade do mesmo inseto contra a qual o inseticida não age mais.

Por isso, tem-se dedicado atenção cada vez maior ao desenvolvimento de métodos de controle de insetos que atuem de forma mais seletiva. Por exemplo, pesquisas sobre a bioquímica dos insetos levaram à descoberta de hormônios que controlam seu crescimento e comportamento sexual. Se aplicadas no momento certo, essas substâncias químicas podem desarranjar o ciclo de vida dos insetos. Por exemplo, os hormônios juvenis (veja a Figura 16.12a) regulam o crescimento e podem desorganizar a sincronização da metamorfose, se aplicados externamente.

Muitos insetos dependem dos *feromônios*, moléculas que agem como mensageiros entre indivíduos, para guiá-los uns aos outros ou até o seu suprimento alimentar (veja a Figura 16.12b). A aplicação de atrativos sexuais pode confundir os insetos e impedir o acasalamento. Também é possível usar os feromônios como isca para armadilhas de insetos que contenham altas concentrações de substâncias químicas tóxicas e, portanto, sejam muito mais eficazes em matar insetos do que a aplicação em larga escala.

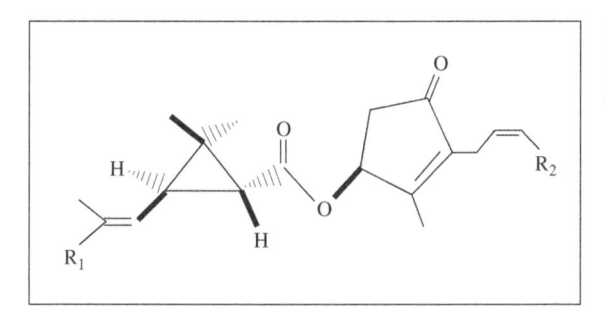

FIGURA 16.11

Estrutura geral dos piretóides (R1 e R2 são grupos alquila).

FIGURA 16.12

Uso de (a) hormônios juvenis e (b) feromônios no controle de insetos.

Hormônios juvenis: reguladores naturais do crescimento de insetos

Exemplo:

$$CH_3-\underset{\underset{CH_3}{|}}{\overset{\overset{R}{|}}{C}}-CH_2-CH_2-CH_2-\underset{\underset{}{}}{\overset{\overset{CH_3}{|}}{CH}}-CH_2-CH=CH-\overset{\overset{CH_3}{|}}{C}=CH-C\underset{R'}{\overset{O}{\diagup\!\!\!\!\diagdown}}$$

Fórmula geral

Fórmula específica: Controla fases do crescimento em:

R = H , R' = OCH$_2$CH$_3$ Pulgão-da-batata, barata, besouro que se alimenta de grãos

R = H , R' = OCH$_2$C ≡CH   Piolho-verde-do-pessegueiro, piolho-grande-da-ervilha, cochonilha-farinhenta

R' = OCH$_3$, R' = OCH(CH$_3$)$_2$ Mosquito, larva da maçã, mosca-do-mediterrâneo

(a)

Feromônios: hormônios naturais de atração sexual dos insetos

Exemplo:

I   II   III   IV

Mistura de moléculas emitidas pelo gorgulho do algodão macho como atrativo sexual

(b)

Fontes: (a) C. Hendrik et al. "Insect juvenile hormone activity of alkyl (2E,4E)3,7,11-trimethyl-2,4-dodecadienoates. Variations in the ester function and the carbon chain", *Journal of Agriculture and Food Chemistry*, 1976, 24:207–218.
(b) R. D. Henson et al. "Identification of oxidative decomposition products of the boll weevil pheromone, grandlure, and the determination of the fate of grandlure in soil and water", *Journal of Agriculture and Food Chemistry*, 1976, 24:228–231. Copyright© 1976 by American Chemical Society. Reprodução autorizada.

Outra técnica de controle de insetos consiste em utilizar produtos químicos ou a radiação para esterilizar um grande número de insetos machos, criados para esse propósito. Quando esses insetos estéreis são liberados, eles se acasalam com a população nativa, mas não geram crias. Por decorrência, a população total de insetos é consideravelmente reduzida. Por exemplo, essa estratégia tem sido usada para controlar a mosca-do-mediterrâneo na Califórnia. Também é possível introduzir predadores de forma artificial para controlar a população de pragas e insetos. Essa solução requer cautela, porém, porque o predador pode se adaptar tão bem que se torna uma praga maior do que o inseto-alvo.

Esses novos métodos de controle de espécies específicas de insetos ainda estão em desenvolvimento. Eles requerem cuidadoso planejamento e cronograma, sendo bem mais sofisticados do que simplesmente pulverizar um campo com inseticida químico. Por serem eficazes somente contra uma espécie por vez, custam mais caro do que a aplicação de inseticidas de amplo espectro. Não obstante, com o aumento dos custos ambientais e a redução da eficácia dos inseticidas tradicionais, cresce a pressão para seu desenvolvimento e uso.

Essas pressões realmente produziram um declínio significativo no uso de inseticidas nos Estados Unidos desde 1975 (veja a Figura 16.13).

Em muitos casos, a aplicação maciça foi substituída por estratégias de gestão integrada de pragas (IPM, do inglês, *integrated pest management*), que utiliza uma combinação de táticas, incluindo a rotação de culturas (que ajuda a prevenir a infestação por espécies resistentes), práticas de preparo de solo, gerenciamento da água, controles biológicos e inseticidas. O conceito de um limiar ideal de tratamento é essencial à IPM; o objetivo não é erradicar completamente a espécie da praga, mas manter a população abaixo de um dado nível de risco. A IPM foi aplicada com sucesso às principais culturas, como a do algodão. Em meados dos anos 1970, o algodão era responsável por mais de 40% de todo inseticida utilizado nos Estados Unidos, mas, por volta de 1982, o índice de aplicação havia se reduzido em quatro vezes, de cerca de 6,5 kg para 1,7 kg de inseticida por hectare.

16.2 Herbicidas

Arrancar ervas daninhas das plantações constitui um aspecto essencial da produção de alimentos. Na agricultura comercial, a extração manual e mecânica foi largamente substituída por herbicidas. Além de poupar mão-de-obra, os herbicidas são aplicados em plantios diretos, minimizando a erosão por reduzir a perturbação do solo. Nessa prática, os campos são plantados sem serem arados, injetando-se as sementes diretamente no solo após as ervas daninhas terem sido controladas com herbicidas. A ampla aplicação do plantio direto, a partir de meados da década de 1960, explica em grande parte a expressiva expansão do uso de herbicidas nos Estados Unidos (veja a Figura 16.13). A maior parte desse aumento (80% em meados da década de 1980) foi atribuída a somente dois cultivos, milho e soja (veja a Figura 16.14). O plantio direto exige altos níveis de herbicida porque as ervas daninhas devem ser completamente erradicadas; mesmo uma pequena porcentagem delas que restar após a aplicação do herbicida produz sementes suficientes para restaurar a população inteira e obstruir a plantação.

No entanto, o uso de herbicida caiu desde o início dos anos 1980, em parte em conseqüência das preocupações com os efeitos contra a saúde e o ecossistema, semelhantes às dos inseticidas.

A maior classe de herbicidas é a das *triazinas* (veja a Figura 16.15), das quais a mais conhecida é a *atrazina*, o principal agente usado nas plantações de milho. A atrazina não se bioacumula de forma significativa, sendo moderadamente solú-

FIGURA 16.13

Tendências no uso de herbicidas, inseticidas e fungicidas nos Estados Unidos, 1966–1997.

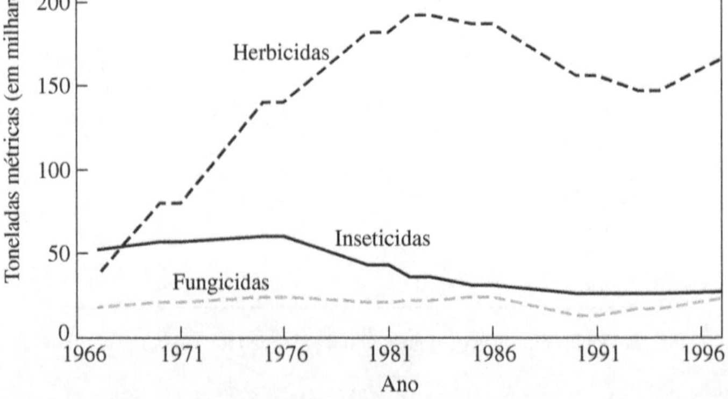

Fontes: National Research Council (1989). Alternative Agriculture (Washington, DC: National Academy Press); Padgett *et al.* (2000). Production practices for major crops in U.S. Agriculture, 1990–1997 (Washington, DC: Economic Research Service, USDA, Statistical Bulletin no. 969).

vel em água, mas é bastante persistente e freqüentemente detectável em poços de fazenda. Embora não seja muito tóxica (LD_{50} = 1.870 mg/kg, veja o Capítulo 17 e a Tabela 17.1), há certa preocupação com as correlações entre altas concentrações em água de poço e o câncer e os defeitos de nascença. A atrazina está sendo substituída em algumas regiões por *metolaclor* (veja a Figura 16.15), que se degrada mais rapidamente no campo.

Outro herbicida, *paraquat* (veja a Figura 16.15), tem sido extensivamente usado em campanhas de erradicação da maconha. É altamente tóxico e suspeito de provocar danos pulmonares em alguns fumantes de maconha. Também é utilizado em países em desenvolvimento para combater infestações de piolho, tendo produzido casos de envenenamento.

Os compostos clorofenoxi 2,4-D e 2,4,5-T (veja a Figura 16.15) são herbicidas eficazes, o 2,4-D para ervas daninhas em gramados e o 2,4,5-T para remover mato. O 2,4-D ainda é usado em grande quantidade, mas o 2,4,5-T foi banido nos anos 1970 em razão da contaminação por dioxina. Uma mistura dos dois herbicidas, o infame Agente Laranja, foi extensivamente usada como desfolhante durante a Guerra do Vietnã. Outro membro dessa classe de compostos químicos, o pentaclorofenol (PCP) (veja a Figura 16.15), é amplamente usado como conservante de madeira.

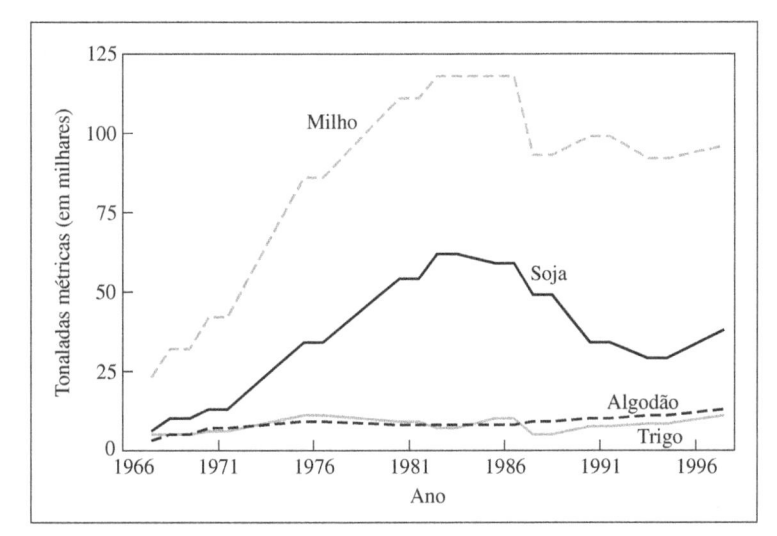

FIGURA 16.14

Tendências no uso de herbicida para milho, algodão, soja e trigo nos Estados Unidos, 1966–1997.

Fontes: National Research Council (1989). Alternative Agriculture (Washington, DC: National Academy Press); Padgett *et al.* (2000). Production Practices for Major Crops in U.S. Agriculture, 1990–1997 (Washington, DC: Economic Research Service, USDA, Statistical Bulletin no. 969).

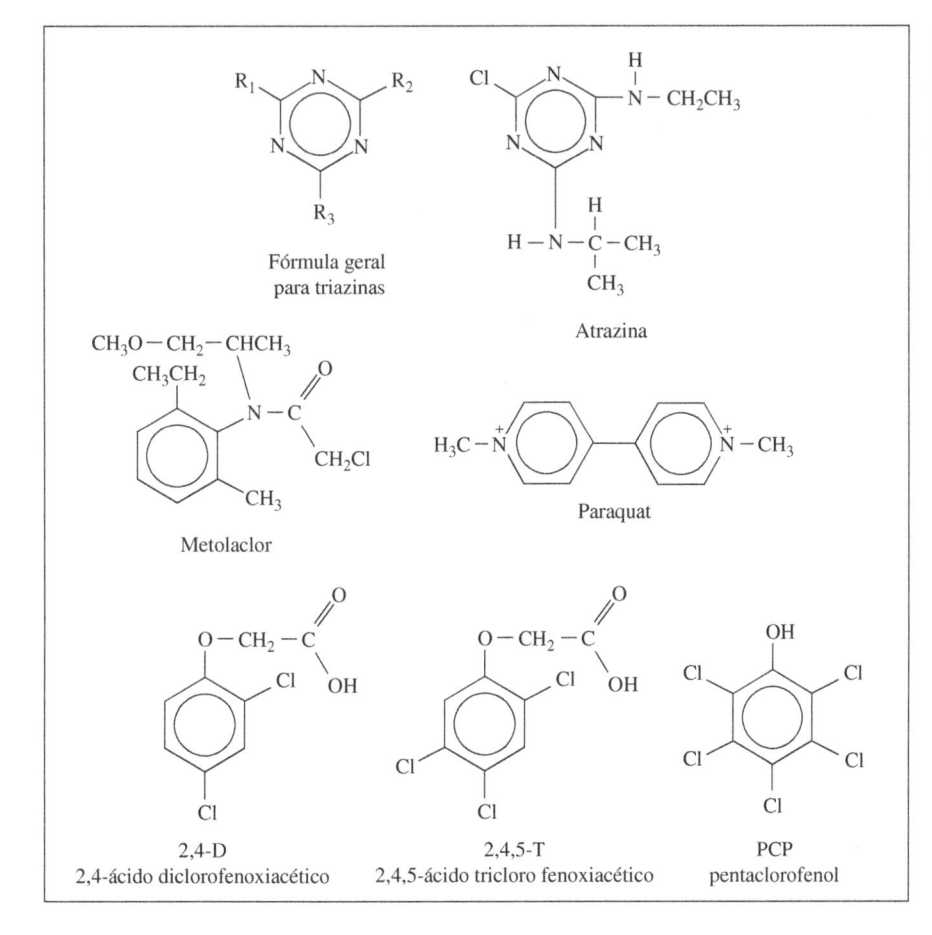

FIGURA 16.15

Estruturas químicas de herbicidas selecionados e o conservante de madeira pentaclorofenol (PCP).

Um desenvolvimento notável foi a introdução dos herbicidas de baixa toxicidade que se degradam prontamente no meio ambiente. O mais utilizado é o glifosato, [N-(fosfonometil)-glicina, $^-HO_3PCH_2N^+H_2CH_2COOH$], vendido sob o nome comercial 'Roundup'. Um simples derivado de aminoácido, o glifosato é solúvel em água, mas adere ao solo. Em virtude de sua estrutura iônica, é atraído aos locais de troca iônica nas partículas do solo, não sendo, portanto, carregado para as águas subterrâneas. O glifosato é metabolizado pelos microorganismos do solo e possui meia-vida nos solos de aproximadamente 60 dias, em média. Não se bioacumula em proporções significativas.

Quando pulverizado nas plantas, o glifosato penetra nas folhas e inibe uma enzima que é necessária à síntese dos aminoácidos aromáticos, fenilalanina, tirosina e triptofano. O bloqueio desse caminho biossintético essencial mata a planta. O caminho é diferente em animais e plantas; os animais não são afetados pelo glifosato, que eles rapidamente eliminam. Entretanto, todas as plantas são afetadas e o glifosato não pode ser utilizado para matar as ervas daninhas de forma seletiva em meio às plantações. É eficaz na limpeza de toda vegetação de uma área e está sendo cada vez mais usado para preparar campos para o plantio direto. Quando o glifosato é aplicado, o campo pode ser cultivado com segurança, porque as novas plantas não absorvem o glifosato do solo; as moléculas são firmemente retidas pelas partículas do solo.

O glifosato também é útil no combate às espécies exóticas de plantas que invadem um *habitat* e se amontoam sobre as plantas nativas. Por exemplo, o glifosato foi usado para restaurar Wingham Brush, uma área de nove hectares que restou da floresta tropical australiana, no vale do rio Manning de New South Wales. Wingham Brush é um importante *habitat* da raposa voadora, uma espécie nativa de morcego. A população de raposas voadoras foi ameaçada por ervas daninhas estrangeiras que cobriram as árvores onde os morcegos viviam. Essas ervas daninhas foram eliminadas com a aplicação de glifosato, permitindo a recuperação das plantas nativas.

ESTRATÉGIAS 16.2 — Mecanismo molecular da inibição de glifosato

A forma como o glifosato mata as plantas foi analisada em detalhes moleculares. A enzima que ele inibe é a 5-enolpiruvilshiquimato-3-fosfato sintase (abreviada como EPSP). A síntese de EPSP catalisa o ataque de shiquimato-3-fosfato (S3P) ao fosfoenol piruvato (PEP) para produzir o EPSP, com a liberação de um íon fosfato (P_i) (veja a Figura 16.16). O produto do EPSP é posteriormente convertido nos aminoácidos aromáticos necessários à planta.

A estrutura cristalina da proteína da EPSP sintase revela que o glifosato se liga a um local imediatamente adjacente ao reagente S3P (veja a Figura 16.17). Muitas cadeias laterais carregadas e polares de aminoácidos interagem com grupos complementares carregados ou polares tanto no S3P quanto no glifosato, mantendo as duas moléculas no lugar. Supõe-se que o local de glifosato também é onde o reagente de PEP se liga, permitindo o ataque pelo S3P. A Figura 16.17 mostra o PEP em sua forma protonada; a protonação ativa-o para a reação. O glifosato bloqueia a ligação de PEP e paralisa a produção de EPSP, matando a planta.

Entretanto, descobriu-se que certas formas mutantes (com um dos aminoácidos substituído por outro diferente) da EPSP sintase não ligarão o glifosato, muito embora ele permaneça ativo, indicando que o PEP não se liga. Um desses mutantes é o Gly96Ala, em que a glicina normalmente encontrada na posição 96 (contando-se a partir da extremidade de amino da cadeia do aminoácido) é substituída por uma alanina. A cadeia lateral da glicina é somente um átomo de H, ao passo que a cadeia lateral da alanina é um grupo metila (veja a Figura 15.13). A glicina 96 é adjacente ao grupo fosfato glifosato (veja a Figura 16.17) e a substituição de –H por –CH_3 aparentemente bloqueia estericamente o grupo fosfato o suficiente para impedir a ligação do glifosato. Entretanto, o PEP menor pode ainda se ligar e passar por uma reação.

A disponibilidade da EPSP sintase seletivamente modificada tornou possível o desenvolvimento de plantas tolerantes ao glifosato (veja a próxima seção) por meio de engenharia genética. O gene do EPSP é substituído por um código genético de EPSP sintase mutante; o gene mutante é construído pela união da seqüência correta de nucleotídeos. Isso permitiu o desenvolvimento de cultivos que podem ser depois tratados com glifosato para controle de ervas daninhas (veja a próxima seção).

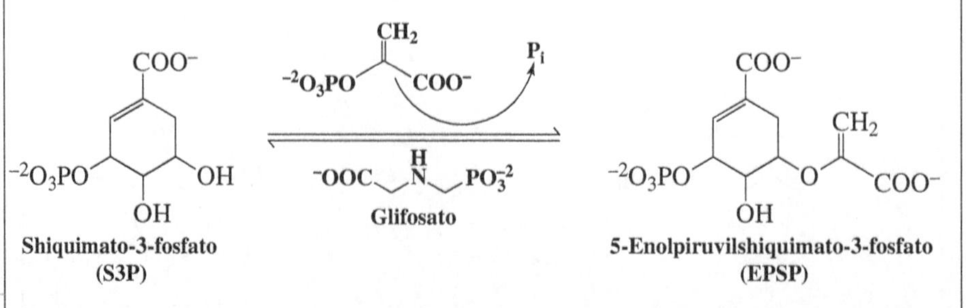

FIGURA 16.16

Transferência catalítica da fração de enolpiruvil do fosfoenol piruvato (PEP) para shiquimato-3-fosfato (S3P) formando os produtos EPSP e o fosfato inorgânico. O glifosato inibe a síntese do EPSP em uma reação lentamente reversível.

Fonte: E. Schönbrunn *et al*. "Interaction of the herbicide glyphosate with its target enzyme 5-enolpyruvylshikimate-3-phosphate synthase in atomic detail", *Proceedings of the National Academy of Science*, 2001, 98:1376–1380.

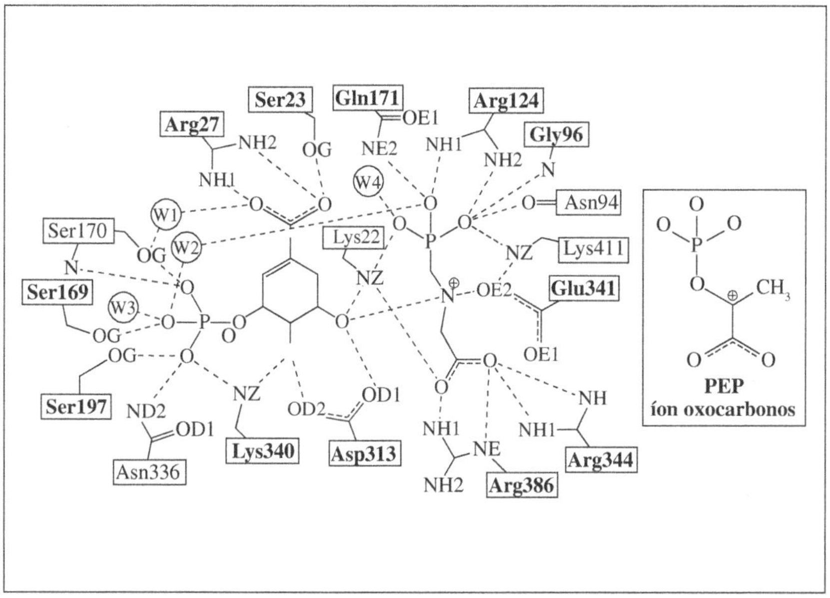

FIGURA 16.17

Representações esquemáticas de ligação ligante no complexo de glifosato S3P EPSP sintase, com base na estrutura cristalina. Os ligantes estão representados por linhas negritadas. As linhas tracejadas indicam as ligações de hidrogênio e as interações iônicas. Resíduos estritamente conservados são destacados por legendas em negrito. Os átomos de proteína são classificados de acordo com a nomenclatura do Protein Data Bank. As legendas circuladas W1 a W4 designam as moléculas solventes. As interações hidrofóbicas entre S3P e Tyr-200 são omitidas.

Fonte: E. Schönbrunn *et al*. "Interaction of the herbicide glyphosate with its target enzyme 5-enolpyruvylshikimate- 3-phosphate synthase in atomic detail", *Proceedings of the National Academy of Sciences*, 2001, 98:1376–1380.

16.3 Transgênicos (organismos geneticamente modificados – GM)

A contínua revolução na genética molecular tornou possível reprogramar as instruções genéticas das plantas, a fim de alterar suas características. Os cientistas decifraram o código genético das moléculas de DNA durante os anos 1950 e gradualmente elucidaram os complexos mecanismos bioquímicos por meio dos quais os genes se expressam. Eles aprenderam a isolar os genes e a recombiná-los como um complemento do DNA do organismo (o genoma). Essas descobertas científicas permitiram o desenvolvimento da indústria da biotecnologia.

A engenharia genética foi primeiramente desenvolvida para as bactérias e depois para levedura e culturas de células de organismos superiores. A técnica permitiu à indústria farmacêutica fabricar proteínas cruciais à medicina, tais como a insulina e o hormônio do crescimento, ao inserir o gene em bactérias, ou em outras células, e colher o produto. Atualmente, os produtos biofarmacêuticos produzidos com origem em células geneticamente modificadas representam um grande mercado e melhoraram consideravelmente a saúde de milhões de pessoas.

a. Plantas GM: atualidades e potencial. Os cientistas especializados em plantas aprenderam a inserir genes estranhos no genoma de uma planta e a produzir sementes que contêm novas características. As primeiras culturas comerciais geneticamente modificadas (GM) foram plantadas em 1995 e amplamente adotadas nos anos subseqüentes. Em 1999, 40 milhões de hectares de culturas GM haviam sido plantadas no mundo, abrangendo metade do cultivo de soja nos Estados Unidos e mais de um terço do milho. No ano 2000, mais 4 milhões de hectares foram plantados, principalmente na Argentina e nos Estados Unidos; plantações no Canadá declinaram de 4 para 3 milhões de hectares, refletindo a resistência aos alimentos transgênicos nos mercados europeus (veja a seguir). Estados Unidos, Argentina, Canadá e China representaram 68%, 23%, 7% e 1% da área em acres GM, respectivamente, com o 1% restante espalhado por vários países.

Até agora, a maioria dos produtos transgênicos comerciais envolve a resistência às pragas, visto que as pragas são parte integrante da economia agrícola. Por exemplo, a soja e o algodão foram modificados para resistir aos efeitos do herbicida de glifosato (sementes resistentes ao 'Roundup'), de modo que o glifosato possa ser aplicado para controlar as ervas daninhas após o plantio (veja Estratégias 16.2). Esse método reduz expressivamente a quantidade de herbicida necessária (33% para a soja, por exemplo). Várias outras combinações de herbicidas e plantas resistentes a eles estão agora disponíveis.

A resistência a insetos foi manipulada em outro conjunto de culturas, recombinando-se os genes das toxinas Bt. Essas plantas passaram a produzir o próprio inseticida, dessa forma reduzindo ou eliminando a necessidade de pulverização. Estima-se que a introdução de algodão com Bt reduziu em 2 milhões de libras a quantidade de inseticida aplicado nos Estados Unidos. O inseticida embutido também oferece um grau mais elevado de proteção do que a pulverização. Por exemplo, a pulverização é ineficaz contra a broca do milho europeu, porque a aplicação não atinge as larvas que penetraram na planta, mas a toxina produzida no interior de uma planta de milho contendo Bt é eficaz. Além disso, constatou-se que o milho transgênico colhido possui níveis inferiores de *micotoxinas* com base em infestações de fungos. Trata-se de um benefício à saúde (as *aflatoxinas* são carcinógenos poderosos), reduzindo o nível de toxinas nos alimentos.

Uma aplicação importante da tecnologia transgênica é a proteção contra vírus vegetais e bactérias patogênicas, que regularmente infestam e dizimam as plantações. Descobriu-se que a resistência aos vírus pode ser induzida pela incorporação de fragmentos de códigos genéticos das proteínas virais ou bacterianas no genoma da planta, num processo semelhante à vacinação. Aparentemente, os genes estranhos ativam o mecanismo de defesa da planta, que destrói o material genético do organismo invasor. Uma estratégia bem-sucedida nesse sentido foi a salvação da produção havaiana de mamão papaia do vírus ringspot (vírus do mosaico). Cerca de 60% dos pés de papaia são agora protegidos por um gene viral introduzido.

Além da proteção à plantação, a engenharia genética pode produzir melhorias na qualidade da planta, ou seja, milho ou canola com maior teor de óleo, ou tomates que duram mais no armazenamento. Esses efeitos são obtidos pela alteração genética do metabolismo vegetal. Por exemplo, o maior tempo de prateleira dos tomates foi obtido desativando-se o gene da enzima *poligalacturonase*, que amolece o tecido das plantas (isso foi possível pela inserção de um gene 'antisense', uma cópia reversa do código genético da enzima).

Nesse sentido, qualidades inteiramente novas podem ser introduzidas. Pesquisadores foram capazes de manipular um conjunto de genes do arroz que produzem o β-caroteno, um precursor da vitamina A. Esse 'arroz dourado' (o caroteno dá um tom amarelado) poderia ser importante para países pobres que dependem do arroz, em conseqüência da generalizada carência de vitamina A. A Unicef relata que mais de cem milhões de crianças apresentam deficiência de vitamina A e, por decorrência, milhões perdem a visão ou sofrem de doenças fatais (o arroz dourado está sendo fortemente estimulado pela indústria da biotecnologia, que apoiou seu desenvolvimento e removeu uma série de barreiras relacionadas a patentes. Entretanto, os críticos da manipulação genética consideram esse esforço meramente promocional, mencionando os níveis relativamente baixos de β-caroteno no arroz, o pré-requisito de gordura adequado na dieta para absorção da vitamina A e a possibilidade de distribuição de vitamina A de modo mais direto às pessoas que dela necessitam).

Outros pesquisadores estão desenvolvendo bananas transgênicas que produzem vacina oral para hepatite B e diarréia. Essas doenças são endêmicas nos trópicos, onde as bananas portadoras de vacina poderiam produzir enormes benefícios à saúde pública.

b. Resistência aos alimentos transgênicos. Entretanto, as perspectivas para os alimentos transgênicos estão atualmente ofuscadas por uma calorosa controvérsia (impregnada de certo humor, veja o cartum do *New Yorker*, a seguir). A produção comercial de plantações transgênicas gerou uma onda de protestos públicos por todo o mundo, mas principalmente na Europa. Em julho de 2001, os alimentos transgênicos ainda eram amplamente banidos da Europa e do Brasil; os principais fabricantes de alimentos estão exigindo produtos não-transgênicos aos seus fornecedores; os distribuidores estão sendo requisitados a separar os alimentos transgênicos dos demais; alguns fazendeiros estão reduzindo a área para transgênicos e os valores no mercado de ações das empresas de biotecnologia agrícola despencaram. As raízes da fúria são complexas e variadas. Nos próximos parágrafos, abordamos alguns desses temas em debate.

"*Gostaríamos de ser geneticamente modificados para ter sabor de couves-de-bruxelas.*"

© 2001 The New Yorker Collection from cartoonbank.com. All Rights Reserved.

1) Questões morais. Há um sentimento profundo por parte de muitos no sentido de que não devemos adulterar nossa herança genética, principalmente quando se trata de algo tão básico como o alimento. Muitos concordam com o princípe Charles da Inglaterra, que disse: "Creio que esse tipo de manipulação genética leva a humanidade a reinos que pertencem a Deus e a Deus somente". Os defensores da biotecnologia discordam veementemente dessa opinião, argumentando que os produtores agrícolas têm-se engajado na alteração genética desde o início da agricultura, cruzando diferentes variedades para produzir características desejáveis. A engenharia genética é uma extensão lógica desse processo e que permite maior precisão, ao focar genes selecionados, em vez de genes misturando-se indiscriminadamente entre organismos. Entretanto, alguns biólogos consideram esse argumento complacente demais e ressaltam a falta de conhecimento sobre as conseqüências das técnicas de recombinação genética (veja a seguir).

Outra questão moral se refere ao consentimento com base na informação, visto que o fato da alteração genética não foi, em geral, informado aos consumidores de alimentos transgênicos. Na verdade, como os grãos e outros produtos GM não foram manipulados separadamente, muitas pessoas consumiram, de alguma forma, alimentos transgênicos sem saber. Conseqüentemente, há uma demanda contínua de que os produtos derivados de transgênicos sejam rotulados adequadamente. Os fornecedores de alimentos argumentam que a rotulagem é cara (principalmente porque implica separar os fluxos dos produtos) e inútil, já que não há comprovação de que os produtos transgênicos sejam de algum modo diferentes de seus equivalentes não modificados geneticamente. Mesmo assim, há um sentimento generalizado de que ignorar a questão do consentimento com base na informação foi um erro. Atualmente, a maioria dos países europeus exige a rotulagem quando mais de 1% de um produto tenha origem transgênica.

Fundamental a essa questão é o problema de separar os fluxos dos produtos transgênicos dos demais e da inadvertida mistura entre eles. No campo, as plantas transgênicas podem invadir as demais plantações por meio da propagação do pólen e há várias possibilidades de mistura entre os produtos colhidos e processados na cadeia de distribuição. Essa questão foi realçada por uma comoção no outono de 2000, inflamada pela descoberta de ativistas opositores aos transgênicos, por meio de testes de sensibilidade, de que algumas tortilhas de taco vendidas em supermercados norte-americanos continham DNA do milho StarLink, uma variedade geneticamente manipulada para produzir uma proteína inseticida, Cry9C. Como o Cry9C possui algumas características (peso molecular médio, resistência ao tratamento ácido ou à digestão enzimática por *proteases* e a capacidade de induzir uma resposta imunológica quando testado em ratos) em comum com alérgenos humanos, o StarLink foi aprovado somente para ração animal, não para consumo humano, embora não haja evidência a favor (ou contra) a real alergenicidade em humanos. A constatação de StarLink em tortilhas de taco e, posteriormente, em outros produtos de consumo (embora em níveis muito baixos) foi a comprovação de que o milho GM não aprovado tinha de alguma forma penetrado na cadeia logística de produtos alimentícios e levou seu produtor, Aventis Corp., a suspender a distribuição e indenizar fazendeiros e fabricantes. O custo para a empresa pode chegar a centenas de milhões de dólares e a confiança na biotecnologia agrícola foi abalada.

Deve-se observar que nem todas as aplicações transgênicas são controversas. Por exemplo, quase todos os queijos duros são atualmente produzidos com *quimosina*, uma enzima bovina que é industrialmente sintetizada por microorganismos geneticamente modificados. A quimosina GM substituiu o uso de membrana estomacal bovina, uma evolução bem recebida pela Associação dos Vegetarianos.

2) Questões políticas. Parte da oposição aos alimentos transgênicos se origina da resistência à 'globalização' e ao poder das grandes corporações, principalmente quando se trata de agricultura em larga escala. Há uma percepção de que a engenharia genética reforça ainda mais o controle da agricultura corporativa, cujos lucros não necessariamente sustentam as necessidades humanas. Os defensores desse setor respondem que não há nenhum mecanismo que não o mercado internacional que possa efetivamente disseminar os frutos da biotecnologia. Entretanto, alguns simpatizantes lamentam que os primeiros produtos GM tenham envolvido somente a proteção dos plantios, sem nenhum benefício tangível aos consumidores.

Um incidente particularmente danoso foi a revelação inicial de que o principal desenvolvedor de cultivos transgênicos, a Monsanto Corp., planejava adotar a tecnologia genética para impedir as plantas de produzir sementes viáveis. As sementes estéreis protegeriam a integridade do produto, que, de outra forma, poderia ter suas características alteradas quando no campo. Também protegeriam o investimento da empresa, visto que os agricultores necessitariam de novas sementes todo ano. Entretanto, foi energicamente observado que muitos fazendeiros, principalmente em países pobres, contavam com a colheita para obter as sementes do próximo ano. As notícias do 'gene exterminador' criou furor e a empresa logo desaprovou a tecnologia.

A oposição aos alimentos transgênicos tem sido intensa na Europa, que há muito tempo rivaliza com os Estados Unidos nas importações agrícolas. Os europeus são particularmente protecionistas em relação aos seus suprimentos alimentares e tendem a considerar os plantios GM como mais uma imposição das corporações norte-americanas. Além disso, suspeitam da competência de seus próprios governos em relação à proteção aos alimentos, principalmente após o pânico gerado pela 'vaca louca', em que as autoridades britânicas forneceram garantias equivocadas de que a doença neurodegenerativa príon não pudesse ser transmitida por meio do consumo da carne do gado infectado.

3) Questões de saúde e meio ambiente. Há uma série de preocupações quanto aos efeitos não premeditados dos alimentos transgênicos à saúde humana e ao ecossistema.

Alergenicidade. Como a planta modificada produz nova proteína, há potencial para uma reação alérgica em indivíduos sensíveis; essa foi a base da controvérsia sobre a StarLink. Houve o caso de uma empresa de sementes que abandonou um plano de enriquecimento da soja com proteína da castanha-do-pará, que possui um teor mais elevado de metionina (veja a discussão sobre aminoácidos essenciais), porque algumas pessoas são alérgicas à castanha-do-pará e testes demonstraram que essa reação alérgica é transmitida para as sojas modificadas. Portanto, testes de alergia devem fazer parte do desenvolvimento de uma planta transgênica.

Resistência a herbicidas. Os genes de resistência a herbicidas podem se espalhar das plantas GM para outras, por meio da polinização cruzada. Na verdade, um fazendeiro de Alberta produziu involuntariamente plantas de canola super-resistentes após semear próximo a campos com três variedades diferentes de canola geneticamente modificadas para resistir a três herbicidas diferentes. A variedade super-resistente surgiu na época seguinte de semeadura como plantas de canola desgarradas que não apresentaram reação a nenhum dos três herbicidas. Uma aplicação de 2,4-D foi necessária para matá-la. A polinização cruzada pode ser minimizada pelo plantio de variedades diferentes com distanciamento suficiente (175 metros é a recomendação), mas há preocupação de que a resistência ao herbicida possa ser transferida a ervas daninhas aparentadas à cultura GM, produzindo assim super-ervas daninhas, contra as quais o herbicida não seria mais eficaz.

Resistência a insetos. Os insetos podem desenvolver mecanismos de resistência a toxinas produzidas pela planta, assim como fazem com toxinas aplicadas externamente. Na verdade, a resistência deve se desenvolver mais rapidamente já que os insetos podem ser continuamente expostos por toda a vida da planta, e a exposição à aplicação de pesticidas é episódica. Os usuários atuais da pulverização de Bt estão especialmente apreensivos, com receio de de que o plantio disseminado de plantações modificadas por Bt destrua a vantagem do Bt com a indução à resistência. Entretanto, a resistência pode ser minimizada por um gerenciamento adequado dos plantios. A EPA nos Estados Unidos agora exige que os agricultores plantem uma 'reserva' de insetos, uma borda de variantes não-transgênicas em torno das plantas GM. A idéia é que uma população suficiente de insetos não resistentes sobreviva nessa borda para superar a reprodução de indivíduos resistentes que possam surgir no plantio GM.

Toxicidade a insetos não-alvos. Tem havido contínua preocupação sobre os efeitos ao ecossistema dos genes inseticidas. Por exemplo, existe alguma evidência de que as plantas Bt podem alterar as populações de micróbios no solo que degradam a vegetação. Uma onda de consternação recebeu um relatório científico, em 1999, que reportava que a larva da borboleta-monarca morria quando alimentada com serralha que havia sido pulverizada com pólen de milho Bt. Entretanto, a avaliação das condições de campo indica que é improvável que o pólen de plantas Bt cubra a serralha (o alimento da larva da borboleta-monarca) em quantidade suficiente para representar uma ameaça às borboletas.

Por trás de toda a preocupação sobre a segurança das plantações GM está a incerteza sobre as plenas conseqüências da tecnologia de engenharia genética, que ainda está em um estágio inicial de desenvolvimento. Muitos genes atuam de forma combinada para afetar as características de um organismo. A expressão dos genes é um conjunto excessivamente complexo de eventos bioquímicos; esses eventos são coordenados de formas que não são plenamente compreendidas. A inserção de um gene estranho pode perturbar essa coordenação, com conseqüências imprevisíveis. Por isso, alguns biólogos acham que a comercialização de plantas transgênicas ultrapassou a base de conhecimento necessária para garantir a prevenção ao dano de longo prazo.

O curso do debate sobre os alimentos transgênicos e das ações regulatórias resultantes não é previsível. Entretanto, é evidente uma desaceleração da revolução da engenharia genética. Mais pesquisa e testes se fazem necessários, mas a plena certeza sobre as complexidades da biologia e da dinâmica do ecossistema não é uma meta atingível. Como sempre acontece com as novas tecnologias, os riscos devem ser ponderados em relação aos benefícios renunciados, caso a tecnologia não seja levada adiante.

17 Substâncias químicas tóxicas

Discutimos sobre as espécies químicas tóxicas em muitos pontos deste livro; agora dirigimos nossa atenção às muitas formas que as substâncias químicas podem prejudicar os seres vivos.

17.1 Toxicidade aguda e crônica

É útil fazer a distinção entre um efeito agudo, em que há uma resposta rápida e grave a uma dose alta, porém de curta duração, de uma substância química tóxica, e um efeito crônico, em que a dose é relativamente baixa, porém prolongada, e existe uma defasagem de tempo entre a exposição inicial e a plena manifestação do efeito. Os venenos agudos interferem nos processos fisiológicos essenciais, provocando uma variedade de sintomas de distúrbios e, caso a interferência seja suficientemente severa, até a morte. As toxinas crônicas exercem efeitos mais sutis, em geral ativando uma cadeia de eventos bioquímicos que levam a estados de enfermidade, incluindo o câncer.

Solucionar esses efeitos, que estão no campo da toxicologia e da epidemiologia, não é tarefa fácil. A bioquímica do organismo é extremamente complexa e muda o tempo todo em função de hábitos alimentares, estresse e uma série de fatores ambientais. São acentuadas as diferenças entre os indivíduos, com base nas variações genéticas e circunstâncias de vida. Além disso, há rigorosos limites ao uso de seres humanos como objeto de experiências, de modo que a maioria dos dados disponíveis provém de experiências com animais ou estudos de exposição acidental no local de trabalho ou meio ambiente. Conseqüentemente, as conclusões sobre os efeitos tóxicos raramente são sólidas ou rápidas; e com freqüência são modificadas à luz de novos estudos.

A toxicidade aguda é relativamente fácil de medir. Em níveis suficientemente altos, os efeitos das toxinas sobre as funções orgânicas são óbvios e razoavelmente consistentes entre indivíduos e espécies. Esses níveis variam enormemente entre as substâncias químicas. Quase tudo é tóxico em certa medida, e a diferença entre os produtos tóxicos e os atóxicos é uma questão de graduação.

O índice mais amplamente utilizado para a toxicidade aguda é a LD_{50} (do inglês, *letal dose*), a dose letal para 50% de uma população. Esse número é obtido representando-se graficamente o número de mortes entre um grupo de animais experimentais, geralmente ratos, em vários níveis de exposição à substância química e interpolando-se a curva dose-resposta resultante à dose em que a metade dos animais morre (veja a Figura 17.1). A dose é geralmente expressa como o peso do produto químico por quilograma de peso corporal, pressupondo-se que a toxicidade é inversamente proporcional ao tamanho do animal. A Tabela 17.1 lista os valores de LD_{50} para várias substâncias, indicando nove ordens de variação de grandeza entre o mais tóxico (toxina botulínica, o agente responsável pelo botulismo) e o menos tóxico (açúcar). Entre os inseticidas, observamos que o DDT é aproximadamente 30 vezes menos tóxico do que o paration, mas 12 vezes mais tóxico do que o malation, ao menos quando medido em ratos ou camundongos.

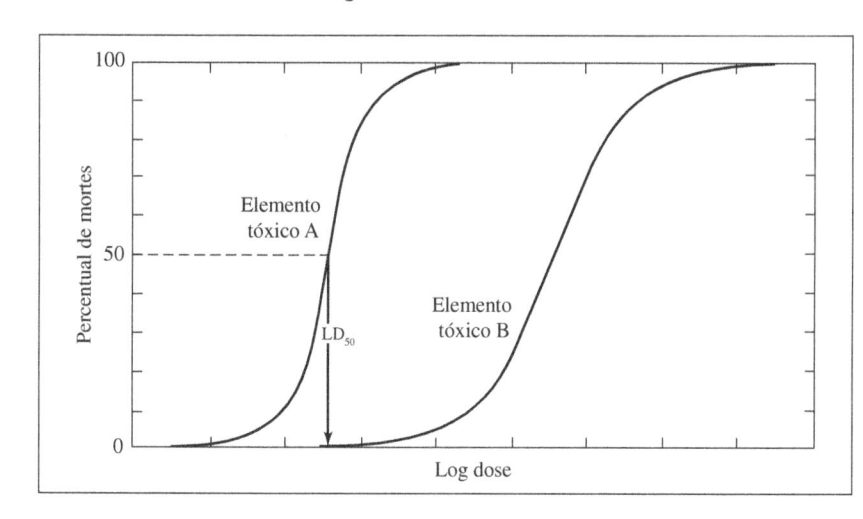

FIGURA 17.1

A ilustração de uma curva dose-resposta em que a resposta é a morte do organismo; o percentual cumulativo de mortes de organismos está demarcado no eixo y.

Fonte: S.E. Manahan, Environmental chemistry, 5. ed. Boca Raton, Flórida: Lewis Publishers, uma marca da CRC Press, 1991. Copyright© 1991 por CRC Press. Reprodução autorizada.

TABELA 17.1 *Valores de LD_{50} de produtos químicos selecionados.*

Substância química	LD_{50} (mg/kg)*
Açúcar	29.700
Álcool etílico	14.000
Vinagre	3.310
Cloreto de sódio	3.000
Atrazina	1.870
Malation (inseticida)	1.200
Aspirina	1.000
Cafeína	130
DDT (inseticida)	100
Arsênio	48
Paration (inseticida)	3,6
Estricnina	2
Nicotina	1
Aflatoxina-B	0,009
Dioxina (TCDD)	0,001
Toxina botulínica	0,00001

* Para ratos ou camundongos
Fonte: P. Buell e J. Gerard, *Chemistry in environmental perspective.* Upper Saddle River, Nova Jersey: Prentice Hall, 1994.

Os efeitos crônicos são muito mais difíceis de avaliar, principalmente com os baixos níveis de exposição prováveis de se encontrar no meio ambiente. Em um cenário experimental, quanto menor a dose, menor a incidência de animais que apresentam algum efeito em particular. Para obter resultados estatisticamente significativos, um estudo terá de incluir um número proibitivamente grande de animais. O único recurso disponível consiste em avaliar os efeitos de uma série de altas dosagens e, a seguir, extrapolar a curva dose-resposta de acordo com a incidência esperada em baixas doses. Mas a extrapolação pode precisar ser estendida por várias ordens de grandeza e não há garantia de que a efetiva função dose-resposta seja linear. Os mecanismos bioquímicos que controlam os efeitos podem diferir em doses altas e baixas. A controvérsia sobre esse assunto é especialmente acalorada no contexto dos testes de câncer em animais (veja a seção 17.2b).

Cada vez mais, os toxicólogos estão voltando-se para os estudos bioquímicos, usando todas as técnicas da biologia molecular para elucidar os efeitos dos elementos tóxicos no nível molecular. A expectativa é que uma compreensão mais abrangente forneça uma base melhor para a avaliação dos riscos da toxicidade. Grande progresso foi obtido no exame do mecanismo de ação das várias classes de produtos tóxicos (as dioxinas constituem um bom exemplo), mas ainda não é possível traduzir esse conhecimento em uma estimativa quantitativa dos efeitos fisiológicos.

Outro método de avaliação de riscos à saúde é a epidemiologia, o estudo da exposição humana a substâncias químicas no local de trabalho ou no meio ambiente e seu efeito à saúde de uma população. A epidemiologia, em princípio, pode fornecer dados que sejam mais diretamente relevantes à estimativa de risco. O problema é que as variáveis nos estudos epidemiológicos são difíceis de controlar; apesar da análise estatística sofisticada, pode ser complicado apurar se um efeito em particular não é influenciado por algum outro fator, tais como fumo ou má alimentação, em vez de pelo produto químico em análise. Também não é fácil selecionar um grupo de controle sem um viés que possa distorcer a estimativa de risco. Por exemplo, demonstrou-se recentemente que o método utilizado com freqüência para seleção de controles por meio de números de telefone randômicos sub-representa os pobres.

A obtenção de resultados estatísticos significativos depende muito do tamanho da amostra, como no caso dos estudos animais. São necessários números maiores quando riscos relativamente pequenos estão sendo avaliados, como geralmente ocorre em exposições ambientais. Não é surpresa que os resultados sejam mais confiáveis quando o risco é grande do que quando é pequeno. Por exemplo, o risco de câncer de pulmão relacionado ao fumo é fácil de demonstrar de forma estatística, porque a incidência de câncer de pulmão é de dez a 20 vezes mais elevada em fumantes do que em não-fumantes.

Mas a associação entre o risco de câncer de mama e a terapia de reposição hormonal tem sido bem mais difícil de estabelecer, apesar de evidência laboratorial favorável. Dois estudos importantes surgiram em 1995, um demonstrando aumento de 1,3 a 1,7 vez no risco de câncer de mama em mulheres que tomam estrógeno ou progesterona e outro demonstrando nenhum risco adicional.

Tanto as abordagens experimentais quanto as epidemiológicas são importantes ao se examinar uma classe especial de efeito tóxico que representa uma preocupação crescente: os efeitos pré-natais no feto. A tragédia dos defeitos congênitos resultantes da introdução da droga talidomida na década de 1960 sensibilizou a todos quanto à possibilidade de efeitos *teratogênicos* das substâncias químicas ambientais, além dos efeitos das drogas. Fazer a triagem desses efeitos em experiências com animais se tornou rotina. Além dos evidentes defeitos congênitos, a possibilidade de *deficits* de desenvolvimento resultantes da exposição pré-natal a toxinas é cada vez mais preocupante. A ocorrência da síndrome alcoólica fetal é um exemplo flagrante. Pode, entretanto, haver efeitos mais sutis decorrentes de exposições ambientais. Por exemplo, um estudo de famílias moradoras às margens do lago Michigan que regularmente comiam peixe pescado no lago constatou que a pontuação em testes orais de crianças de quatro anos de idade diminuía acentuadamente naquelas com maior exposição às bifenilas policloradas (PCBs) no nascimento (veja a Figura 17.2).

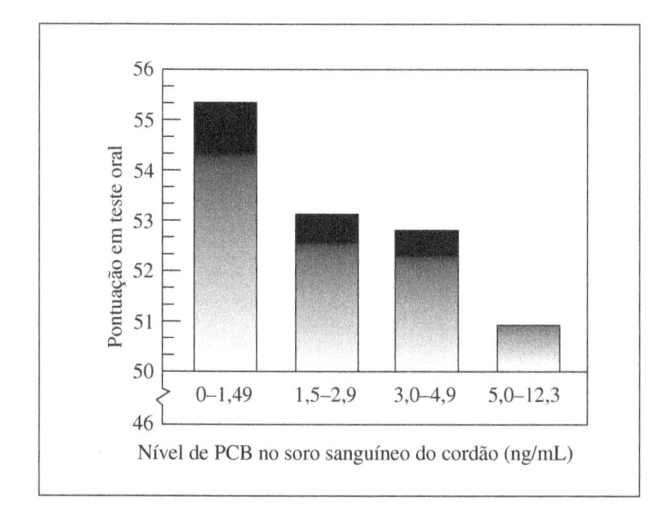

FIGURA 17.2

Resultados de testes (pontuação de teste oral McCarthy) do estudo de caso do lago Michigan, com crianças de quatro anos de idade; a pontuação das crianças está representada em contraposição às concentrações de PCB (bifenilas policloradas) no soro sanguíneo do cordão umbilical no nascimento.

Fontes: J. L. Jacobsen *et al*. "Effects of *in utero* exposure to polychlorinated biphenyls and related contaminants on cognitive functioning in young children", *Journal of Pediatrics*, 1990, 116:38-44. Copyright© 1990 por Journal of Pediatrics. Todos os direitos reservados. Reprodução autorizada.

17.2 Câncer

De todos os possíveis efeitos das substâncias químicas no meio ambiente, nenhum é mais temido do que o câncer, e nenhum gerou mais controvérsia. O temor público do câncer tem levado as agências reguladoras a estabelecerem níveis muito baixos de tolerância para diversos produtos químicos em variados cenários ambientais, desde os alimentos e a água potável até as áreas de lixo tóxico. Esses padrões continuam a estimular o debate; eles são considerados brandos demais por muitos ativistas ambientais e rígidos demais por fabricantes e outros, que podem ter de pagar pelas devidas limpezas. Por causa das incertezas associadas aos dados disponíveis, como foi discutido na seção anterior, é muito difícil estabelecer a verdade nessa questão. Na ausência de sólida evidência, há muita margem para fatores subjetivos que influenciam nossas percepções de risco.

a. Mecanismos. O câncer ocorre quando as células se dividem de forma descontrolada e acabam consumindo tecidos vitais. Os mecanismos normais que limitam o crescimento e a divisão das células são perturbados. Isso pode ocorrer de muitas maneiras diferentes, mas o curso normal são as mutações ocorrerem no DNA das células em posições que especificam a síntese das principais proteínas reguladoras. Demonstrou-se que são necessárias várias dessas mutações para *transformar* uma célula normal em cancerosa. Esse requisito explica por que há um longo período de *latência*, geralmente 20 anos ou mais, entre a exposição à substância causadora de câncer e a efetiva manifestação da doença. Em razão da natureza probabilística das mutações, o risco de câncer aumenta com a idade. Embora crianças e jovens adultos possam e realmente cheguem a desenvolver um câncer, a maioria dos casos constitui primordialmente doenças da idade avançada. Uma das causas da maior incidência de câncer é simplesmente o aumento da expectativa de vida no último século.

Uma mutação ocorre quando o DNA é erroneamente transcrito durante a divisão celular. A manutenção do código genético requer o correto emparelhamento das bases complementares por meio de ligações de hidrogênio (veja a Figura 17.3), quando uma nova fita de DNA é copiada com base em uma antiga. Se uma base incorreta é de alguma forma incorporada à seqüência, o erro será propagado por sucessivas gerações da célula.

Se a base incorreta faz parte de um gene, um erro será introduzido na proteína para a qual o gene se codifica, e a proteína pode funcionar mal. As mutações ocorrem o tempo todo porque a fidelidade da transcrição de DNA pode não ser perfeita. A taxa normal de erro é muito baixa (aproximadamente 1 em 100 milhões), mas não nula. Embora as mutações sejam mais ou menos randômicas, há certa probabilidade de que ocorram em locais de codificação de proteínas reguladoras; e outra probabilidade, bem menor, é que suficientes mutações cruciais se acumulem para transformar uma determinada célula. Como nosso organismo contém bilhões de células, e porque passamos por muitos ciclos de divisão celular, é provável que todos nós abriguemos células potencialmente cancerosas. Entretanto, elas provocam câncer apenas raramente porque o organismo possui várias linhas de defesa.

FIGURA 17.3
Emparelhamento de bases no DNA entre timina e adenina e entre citosina e guanina.

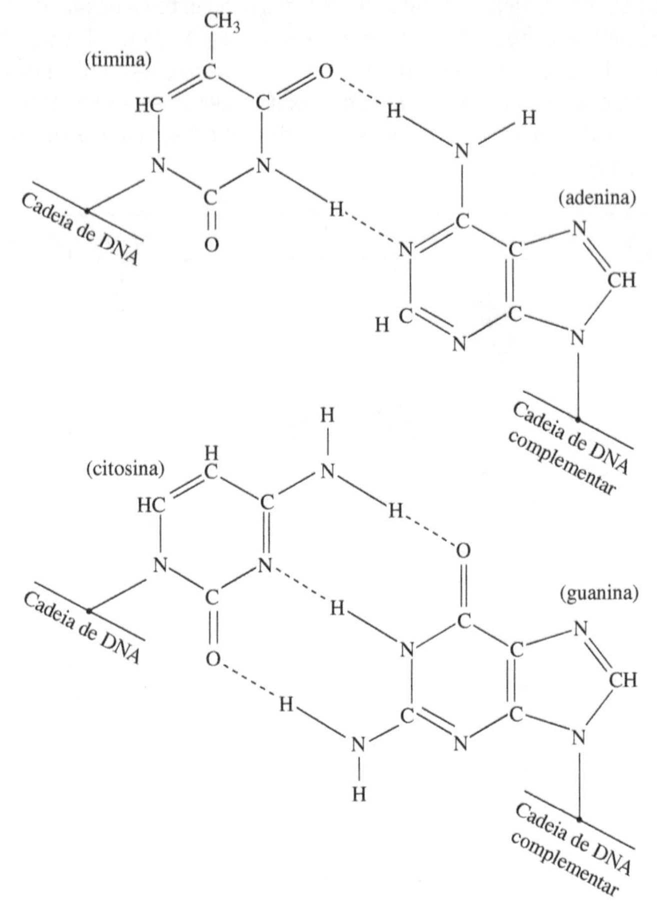

A própria célula possui uma série de enzimas reparadoras, cuja função é detectar pares de base incorretos e corrigi-los. Essas enzimas reduzem em muito a probabilidade de acúmulo de mutações cruciais suficientes para produzir câncer. Além disso, o sistema imune fornece uma poderosa proteção: as células cancerosas podem ser detectadas e destruídas em virtude de alterações características em suas moléculas superficiais. Finalmente, o desenvolvimento de câncer maduro pode requerer eventos bioquímicos ou fisiológicos adicionais. Por exemplo, os tumores sólidos demandam um suprimento de sangue para crescer e devem induzir o organismo a prover uma rede de vasos sanguíneos.

Às vezes, todos esses obstáculos são superados e um câncer aparece. A probabilidade normalmente baixa de isso ocorrer pode ser aumentada por uma série de fatores. Um dos mais importantes é a genética. Os indivíduos podem herdar um defeito genético que aumenta o risco de câncer. O defeito pode se relacionar com uma enzima reparadora defeituosa, de modo que as mutações sobrevivem mais prontamente. Ou pode haver uma mutação preexistente em um gene para uma das proteínas reguladoras, o que aumenta as chances de acúmulo das mutações remanescentes necessárias. A pesquisa genética atual está revelando uma ampla gama de genes em que as mutações aumentam o risco de desenvolvimento de tipos específicos de câncer.

Outros fatores envolvem a exposição a substâncias químicas indutoras de câncer (*carcinógenos*) ou a componentes alimentares que afetam essa exposição. Por exemplo, há evidência de que os alimentos ricos em fibras protegem contra o câncer de cólon, provavelmente porque as fibras não digeridas absorvem as moléculas carcinogênicas, removendo-as do cólon. Os carcinógenos podem atuar de duas formas: como agentes mutagênicos, induzindo às mutações pelo ataque das bases de DNA, ou como promotores, que aumentam indiretamente a probabilidade de câncer. Por exemplo, os promotores podem atuar aumentando a velocidade da divisão celular. Quanto mais vezes as células se dividem, maior é a probabilidade de as mutações cancerosas se acumularem. Dessa forma, o álcool é um promotor do câncer de fígado porque seu consumo em excesso causa a proliferação celular no fígado, que é o órgão responsável pelo metabolismo do álcool.

Há dois requisitos para os agentes mutagênicos: 1) eles devem reagir com as bases de DNA, de forma a alterar sua ligação de hidrogênio com uma base complementar; visto que as bases são ricas em elétrons, os agentes mutagênicos tendem a ser *eletrófilos*; e 2) eles devem ter acesso ao núcleo onde o DNA está localizado. Muitos eletrófilos não são agentes mutagênicos porque reagem com outras moléculas e são desativados antes que possam alcançar o núcleo. Por essa razão, a maioria das substâncias químicas mutagênicas não é reativa por si mesma, mas convertida em metabólito reativo pela própria bioquímica do organismo.

O organismo possui várias formas de se livrar de substâncias químicas estranhas (*xenobióticos*). Uma das mais importantes é a *hidroxilação* de compostos orgânicos lipofílicos.

Por exemplo, quando o benzantraceno é hidroxilado (veja a Figura 17.4), não só um grupo hidroxila aumenta a solubilidade em água, mas também serve como um ponto de ligação para outros grupos hidrofílicos, tal como o sulfato de glucoronídeo, que aumenta ainda mais a solubilidade em água e promove a excreção pelos rins. A hidroxilação é realizada pela inserção de um dos átomos de oxigênio de O_2 em uma ligação C-H, e o átomo de oxigênio remanescente é reduzido a água pelo fornecimento de dois elétrons de um redutor biológico:

$$O_2 + {-}C{-}H + 2e^- + 2H^+ = {-}C{-}O{-}H + H_2O \qquad \textbf{17.1}$$

Trata-se de uma reação complicada, porque o átomo de oxigênio altamente reativo deve ser gerado exatamente onde é necessário; do contrário, atacará qualquer molécula em suas imediações, aumentando a provisão de radicais livres.

A reação é conduzida por uma classe de enzimas, citocromo P450, que contém um grupo heme (veja a Figura 17.5) para ligar o O_2 (como no caso da hemoglobina; veja a Figura 9.2) e um local de ligação adjacente para a molécula xenobiótica. Apesar dessa justaposição de reagentes, às vezes o produto imediato não é a molécula hidroxilada, mas, sim, um precursor *epóxido* (veja a Figura 17.4), que é um potente eletrófilo. Como esse precursor é gerado no interior da célula, ele tem uma chance de se difundir para o núcleo e reagir com o DNA antes de se rearranjar para o produto hidroxilado. Por essa razão, os compostos PAHs, como o *benzantraceno*, são carcinógenos. Outra possibilidade é que o próprio produto hidroxilado pode ser um precursor para um agente reativo. Por exemplo, a hidroxilação de *dimetilnitrosamina* (veja a Figura 17.6), outro carcinógeno, libera formaldeído, deixando um intermediário instável que é uma fonte de íon *carbocátion* metila (CH_3^+), um potente eletrófilo, capaz de reagir prontamente com o DNA, se gerado nas proximidades.

Os PAHs e as nitrosaminas são carcinógenos antropogênicos, mas há muitos naturais também. As aflatoxinas, que são produtos complexos de um fungo que infesta amendoins, milho e outras culturas, são poderosos carcinógenos. O bioquímico Bruce Ames, desenvolvedor do teste de mutagenicidade Ames (veja a próxima seção), observa que os vegetais que ingerimos contêm pesticidas naturais, muitos dos quais estão se revelando agentes mutagênicos, quando testados. Ele estimou

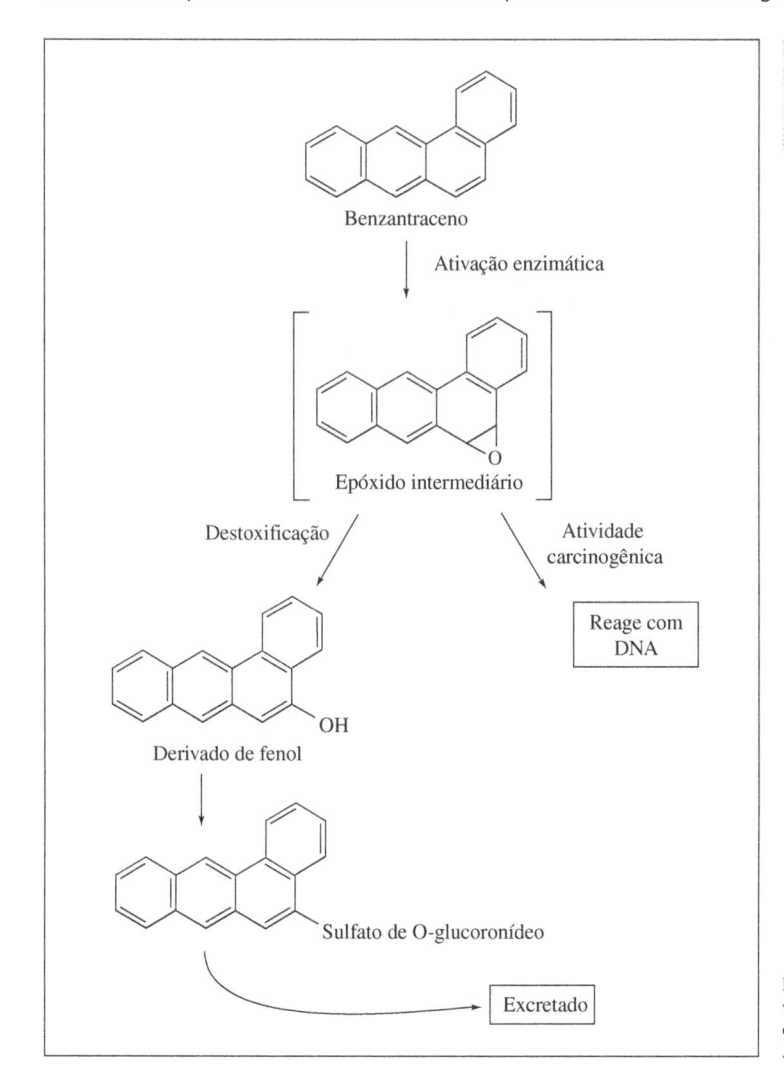

FIGURA 17.4
Ativação de hidrocarbonetos aromáticos policíclicos (PAHs).

Fonte: C. Heidelberger. "Chemical carcinogenesis", Annual Review of Biochemistry, 1975; 44:79–121. Reprodução autorizada, extraído de Annual Review of Biochemistry, Volume 44 © 1975 por Annual Reviews. Disponível em http://www.AnnualReviews.org.

FIGURA 17.5
A estrutura do heme.

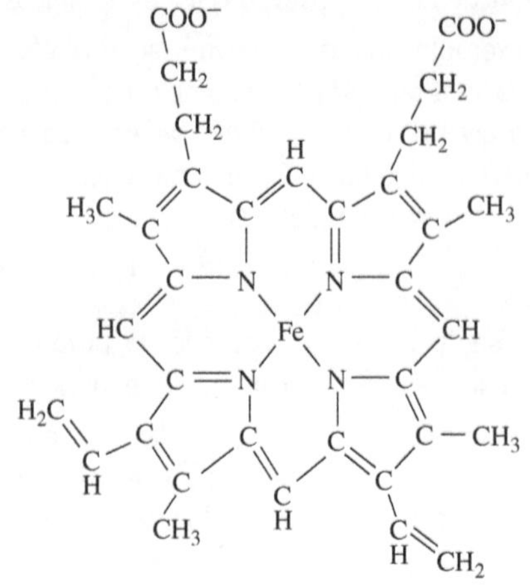

FIGURA 17.6
Ativação de dimetilnitrosamina no corpo.

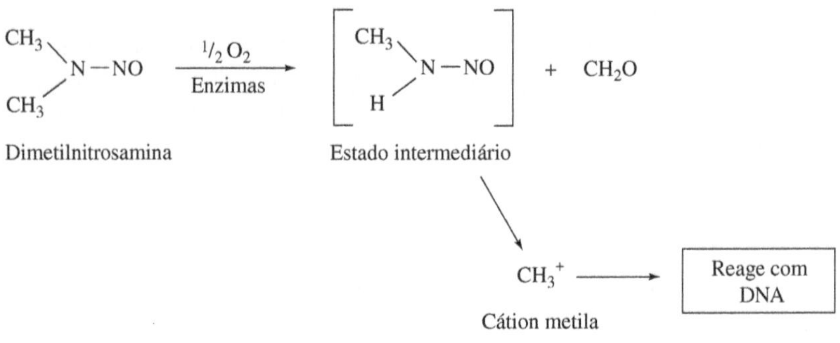

que o norte-americano médio consome 1,5 g por dia de pesticida natural, cerca de 10.000 vezes mais do que a quantidade de resíduos sintéticos de pesticidas. Além disso, embora os dados de testes sobre pesticidas naturais sejam escassos, constatou-se que cerca de metade daqueles testados em animais causam câncer, uma porcentagem semelhante à encontrada nos pesticidas sintéticos. Ames e outros também chamaram a atenção para o alto nível natural de mutagênese devido ao dano oxidativo ao DNA causado pelos subprodutos do metabolismo normal do O_2 (veja a discussão sobre antioxidantes). Essa pesquisa insere o dano causado pelas substâncias químicas sintéticas no contexto do nível de *background* natural de dano e reparo do DNA.

b. Incidência de câncer e testes. Apesar de extensivos estudos epidemiológicos, não é fácil esmiuçar a contribuição das substâncias químicas ambientais para a incidência de câncer, pelas razões anteriormente mencionadas. Por exemplo, embora o radônio seja considerado um sério carcinógeno, maior do que qualquer outra substância química ambiental, os estudos sobre o radônio em domicílios não são conclusivos no que se refere à incidência de câncer ser elevada quando os níveis de radônio são mais altos do que a diretriz estabelecida pela agência norte-americana EPA, de 4 pCi/L.

Entretanto, algumas causas de câncer são firmemente estabelecidas por dados epidemiológicos. A evidência mais impressionante são os dados históricos sobre câncer de pulmão e fumo (veja a Figura 17.7). Um aumento múltiplo de mortalidade por câncer de pulmão nos Estados Unidos acompanhou o aumento no consumo de cigarros, com uma defasagem de várias décadas; isso ocorreu em diferentes períodos históricos para homens e mulheres.

O fumo é responsável por 30% de todas as mortes por câncer nos Estados Unidos (além de 25% de casos de ataques cardíacos fatais). Analogamente, evidente é o papel da alimentação no que se refere ao câncer, conforme fortemente sugerido por dados que indicam alterações acentuadas no padrão da incidência de câncer quando as pessoas migram de uma parte do mundo para outra (veja a Figura 17.8). As incidências e os tipos de câncer contraídos por grupos étnicos migrantes mudam quando suas dietas mudam. Supõe-se que os altos níveis de sal ou peixe defumado na dieta japonesa podem ser responsáveis pelo excesso de câncer de estômago, e o alto teor de gordura na dieta norte-americana pode ser responsável por uma maior incidência de câncer de cólon. Entretanto, as efetivas contribuições dos componentes alimentares à incidência de câncer (ou à proteção contra o câncer) têm sido difíceis de serem apontadas.

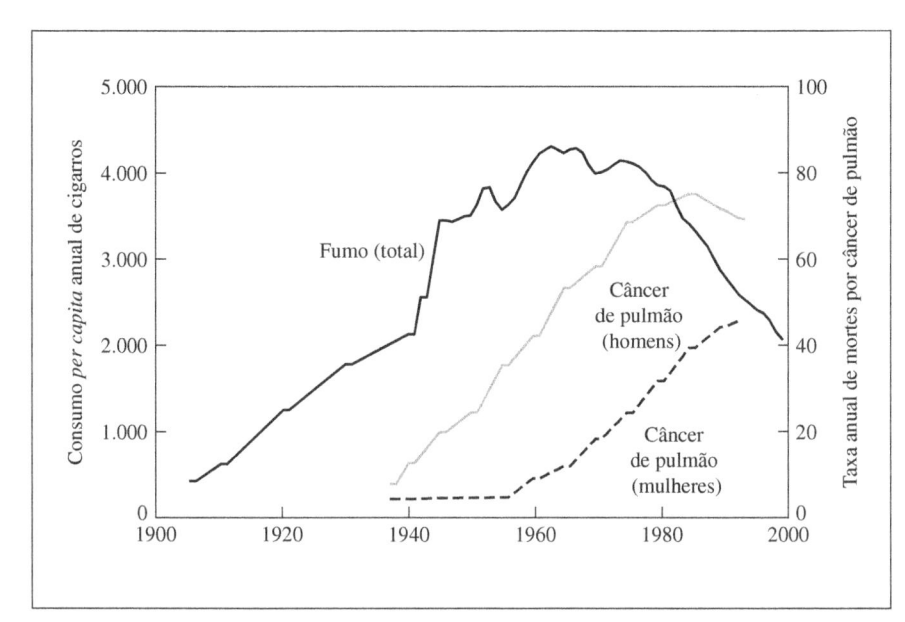

FIGURA 17.7

O fumo e o câncer nos Estados Unidos; as taxas de mortalidade representam médias para todas as idades.

Fontes: extraída de dados fornecidos em L. Garfinkel e E. Silverberg. "Lung cancer and smoking trends in the United States over the past 25 years". In D. L. Davis e D. Hoel, eds. Trends in cancer mortality in industrial countries. Nova York: The New York Academy of Sciences, 1990. Centers for Disease Control and Prevention, U.S. Department of Health and Human Services (2000) Health, United States, 2000 (Hyattsville, MD: National Center for Health Statistics).

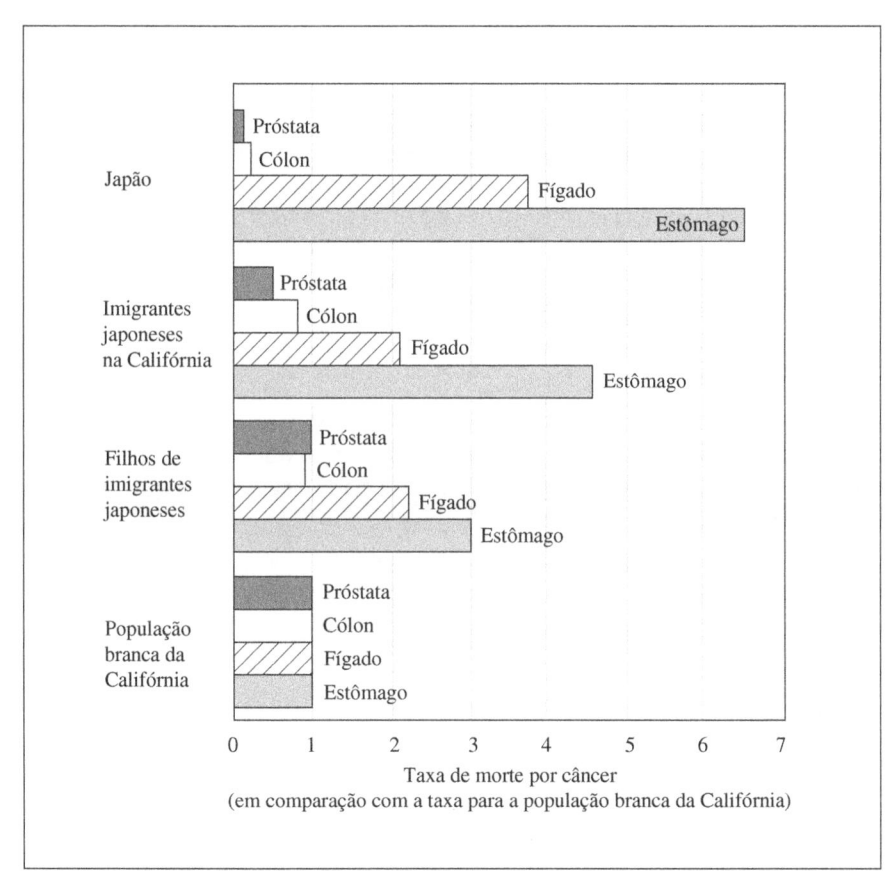

FIGURA 17.8

Alteração na incidência de vários tipos de câncer com a migração do Japão para os Estados Unidos.

Dados sobre a exposição ocupacional implicaram categoricamente vários produtos químicos industriais. Por exemplo, o cloreto de vinila causa câncer do fígado, o benzeno causa leucemia e o amianto causa mesotelioma, um câncer da pleura. No entanto, a exposição das pessoas em geral a esses produtos é bem inferior do que em um ambiente de trabalho; e o risco nesses níveis mais baixos só pode ser estimado por extrapolação.

Alternativamente, o risco carcinogênico pode ser estimado com base em dados de testes. Como muitos carcinógenos são agentes mutagênicos, eles podem ser identificados pela aplicação do teste bacteriano de Ames.

A substância suspeita de ação carcinógena é administrada a bactérias mutantes incapazes de crescer na ausência do aminoácido histidina no meio de cultura. Certas mutações adicionais produzirão um organismo *revertente*, capaz de voltar a crescer no meio deficiente em histidina. Quanto mais forte o agente mutagênico, maior o número de organismos revertentes produzidos. Dessa forma, o número de colônias de revertentes é uma medida da taxa de mutação, que pode ser determinada em várias concentrações da substância do teste (o teste também pode ser usado para monitorar misturas complexas de atividade mutagênica, com o propósito de separar e identificar o ingrediente ativo). Como alguns compostos químicos somente se tornam mutagênicos após serem metabolicamente ativados, para analisar a carcinogenicidade, o teste de Ames requer a adição de extrato de fígado de rato, que contém as enzimas do citocromo P450 responsáveis pela ativação oxidativa do carcinógeno pelos mecanismos de hidroxilação descritos na seção anterior. Como as bactérias são muito diferentes das pessoas, o teste não distingue em grau confiável todos os carcinógenos humanos ou avalia sua potência. É, contudo, um método de triagem barato e útil.

A principal fonte de dados relativos à carcinogenicidade tem sido os testes em animais, geralmente envolvendo ratos. O câncer é contado pelo decorrer da vida do animal em várias doses; os resultados são extrapolados para níveis normais de exposição a fim de se obter uma estimativa do risco de câncer. Em razão da necessidade de obterem-se resultados estatisticamente significativos de um número limitado de animais, a maioria dos dados está na *dose máxima tolerada* (MTD, do inglês, *maximum tolerated dose*), acima da qual sintomas de toxicidade aguda ocorrem.

O uso da MTD tem sido criticado com base no fato de que, mesmo na ausência de sintomas tóxicos manifestos, pode haver significativo dano ao órgão e decorrente proliferação de células, o que aumenta a probabilidade de câncer. Pode haver outras razões pelas quais as condições da MTD em animais possam ter pouca relevância à exposição humana. Por exemplo, a sacarina traz uma advertência de carcinogenicidade quando comercializada como adoçante artificial, porque se constatou que, em altas doses, causa câncer de bexiga em ratos machos. Entretanto, uma pesquisa mecanística posterior estabeleceu que esse tipo de câncer está associado à proteina α_{2u}-globulina, que é específica de ratos machos e não está presente em seres humanos (ou nas fêmeas de ratos). O tumor ocorre quando o revestimento da bexiga se regenera após a erosão por uma precipitação da proteína com a sacarina na urina. Esse mecanismo não ocorreria em seres humanos, mesmo em doses elevadas, e, na realidade, a evidência epidemiológica da sacarina é negativa.

Além disso, há debate sobre como extrapolar das doses altas para as baixas. Na ausência de dados reais (geralmente indisponíveis pelas razões discutidas anteriormente), o modelo linear é usado, envolvendo uma proporcionalidade direta entre dose e efeito. Supõe-se que isso seja razoável para os agentes mutagênicos, cujo efeito sobre o DNA pode ser considerado proporcional ao número de moléculas. Entretanto, espera-se que os promotores da proliferação de células tenham um limiar abaixo do qual o estímulo da divisão celular seria insuficiente para afetar a incidência de câncer. Contudo, como esse limiar é normalmente desconhecido, torna-se difícil incorporar extrapolações não-lineares a limites reguladores.

Apesar das deficiências, os testes em animais podem servir como um guia aproximado de comparação do risco carcinogênico de diferentes substâncias. Ames propôs um índice para esse propósito, HERP (do inglês, *human exposure dose/rodent potency*). Esse índice é calculado estimando-se a exposição durante a vida de uma pessoa média e dividindo-a pela LD_{50} do roedor para morte por câncer.

Embora o índice HERP pressuponha a aplicabilidade da extrapolação linear com base nos dados de testes com altas doses em animais, ele pode, não obstante, dar uma idéia da relativa magnitude de riscos diferentes. Os resultados (veja a Tabela 17.2) sugerem que a exposição a resíduos de pesticidas ou à água de torneira são riscos muito mais brandos do que itens comuns em nossa alimentação como vinho, cerveja ou café.

Como atualmente não há nenhuma alternativa viável aos testes com animais, sem dúvida eles continuarão a ser usados como um fator de avaliação de riscos de câncer. À medida que compreensões mecanísticas surjam da pesquisa bioquímica, elas poderão ser consideradas na avaliação da significância de determinados testes e podem alterar os protocolos experimentais.

TABELA 17.2 *Comparação de risco da exposição aos carcinógenos.*

% HERP*	Agente de risco
0,0003	Água de torneira, 1 l/dia (clorofórmio, 17 μg; média de consumo nos Estados Unidos, 1987-1992)
0,0003	Carbaril (inseticida de carbamato), 2,6 μg/dia (média nos Estados Unidos, 1990)
0,002	DDT, 14 μg/dia (média nos Estados Unidos antes da proibição, em 1972)
0,008	Aflatoxina, 18 ng/dia (média nos Estados Unidos, 1984-1989)
0,03	Suco de laranja, 140 g/dia (d-limoneno, 4,3 mg)
0,1	Café, 13,3 g/dia (ácido caféico, 24 mg)
0,4	Ar convencional residencial, 14h/dia (formaldeído, 600 μg)
0,5	Vinho, 28 g/dia (etanol)
2,1	Cerveja, 260 g/dia (etanol)
6,8	Butadieno, 66 mg/dia (operários da indústria da borracha, 1978-1986)
14	Fenobarbital, 60 mg/dia (uma pílula para dormir)

* HERP: exposição humana à dose que gera tumores em roedores. Risco de câncer com base na exposição diária média de uma pessoa normal às substâncias no decorrer de uma vida. Calculado como porcentagem da LD_{50} para ratos ou camundongos (o que for mais potente), corrigido pelo peso do corpo.
Fonte: L. S. Gold *et al. Issues in Environmental Science and Technology*, 2001;15:95–128.

17.3 | Efeitos hormonais

Recentemente, uma crescente preocupação tem sido dirigida ao papel bioquímico das substâncias químicas ambientais que mimetizam as funções hormonais.[1] Os hormônios são moléculas mensageiras, excretadas por várias glândulas, que circulam no fluxo sanguíneo e influenciam fortemente a bioquímica de tecidos específicos. A atividade hormonal é iniciada ao se ligar às proteínas do receptor nas células-alvo.

Há dois tipos de hormônio, os solúveis em água e os lipossolúveis, com mecanismos de ação completamente diferentes. Os hormônios solúveis em água, como a insulina, são peptídios e proteínas. Eles ligam-se às proteínas do receptor incrustadas na membrana da célula-alvo, de forma análoga aos receptores do neurotransmissor (veja a Figura 16.9). Essa ligação induz a ativação de enzimas no interior da célula, que catalisam a síntese das moléculas mensageiras interiores; por sua vez, esses *mensageiros secundários* ligam e ativam as proteínas que controlam os processos metabólicos.

Os hormônios lipossolúveis são *esteróides*, derivados do colesterol (veja a Figura 17.9). Eles se propagam pelas membranas celulares e são apanhados na superfície interna por proteínas receptoras específicas que estão dissolvidas no fluido interno (*citosol*) da célula-alvo.

A ligação hormonal muda o formato da proteína do receptor e capacita-a, após o transporte ao núcleo, a ativar genes específicos (veja a Figura 17.10). Dessa forma, os hormônios esteróides agem pela indução da síntese de enzimas e proteínas reguladoras.

As substâncias químicas externas ao corpo (*xenobióticos*) também podem se ligar aos receptores de hormônio, se tiverem o formato e a distribuição de cargas elétricas adequados. É improvável que isso represente um problema para os hormônios peptídios porque os xenobióticos solúveis em água são rapidamente excretados. Mas os xenobióticos lipofílicos, que são arma-

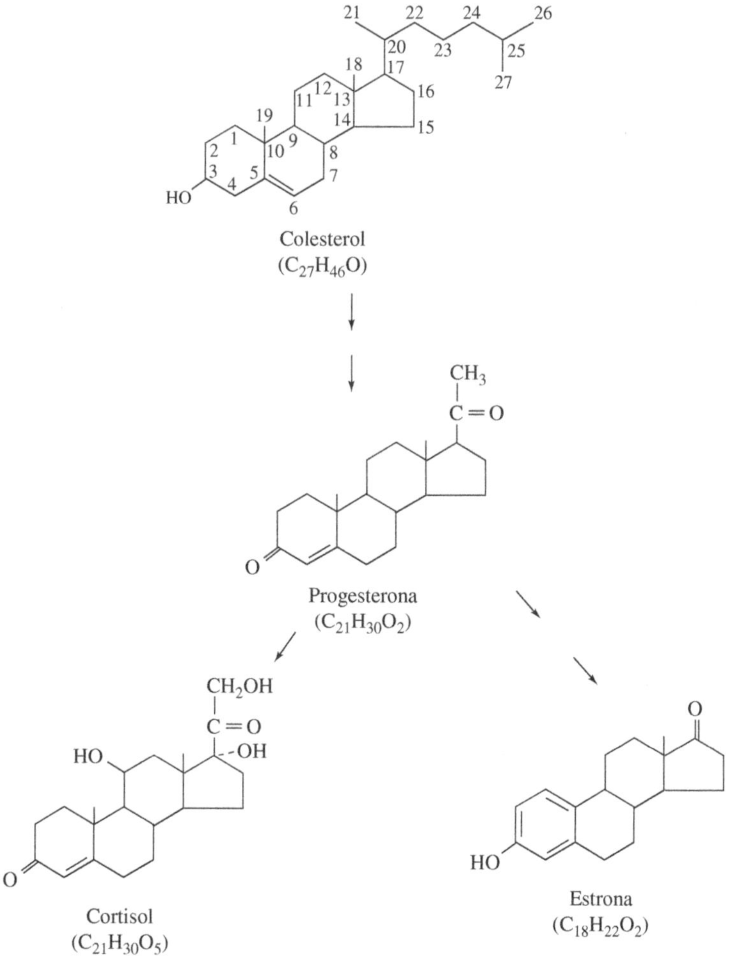

FIGURA 17.9

Alguns derivados esteróides do colesterol.

[1] Também conhecidos como disruptores endócrinos (N. RT.)

FIGURA 17.10
Mecanismo da função do hormônio esteróide.

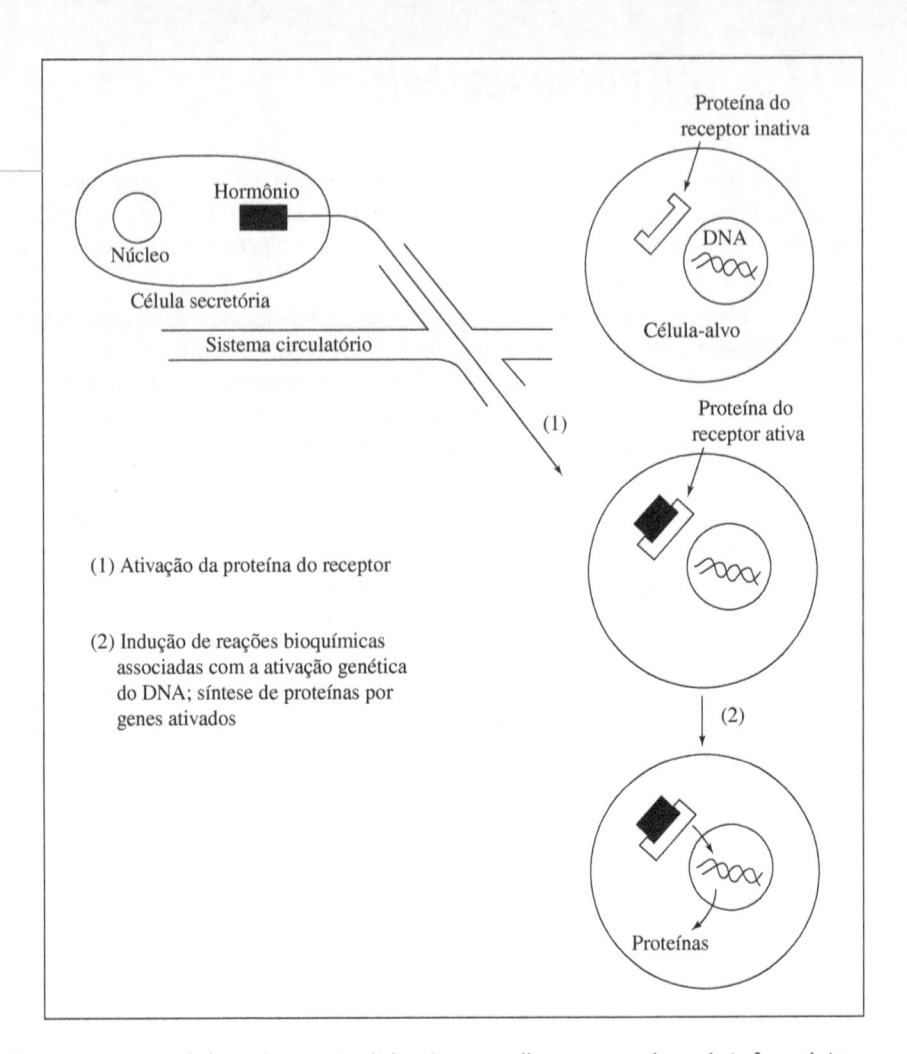

(1) Ativação da proteína do receptor

(2) Indução de reações bioquímicas associadas com a ativação genética do DNA; síntese de proteínas por genes ativados

zenados no tecido adiposo, podem se ligar a receptores de hormônios esteróides. Se a semelhança com o hormônio for próxima o suficiente, o xenobiótico pode ativar o mesmo mecanismo bioquímico; entretanto, se a semelhança for apenas parcial, a ligação pode não ativar o receptor.

Nesse caso, o xenobiótico bloqueia o hormônio e reduz sua atividade; é um anti-hormônio (veja a discussão sobre agonistas e antagonistas). Seja como for, há potencial para desordenar o equilíbrio bioquímico controlado pelo hormônio. Um mecanismo desse tipo é provavelmente responsável pela intervenção do DDT na deposição de cálcio em ovos de pássaros.

Os hormônios sexuais pertencem à classe dos esteróides; os estrógenos e os andrógenos induzem e mantêm os sistemas sexuais femininos e masculinos. Eles se tornaram um foco de atenção devido a relatos de má-formação de órgãos sexuais na vida selvagem. Em um caso particular, constatou-se que as espécies de jacaré em um lago na Flórida possuíam sistemas reprodutores debilitados (pênis anormalmente pequenos nos machos), baixas taxas de ninhadas e altos níveis de DDE, o produto da decomposição química do DDT, em seus tecidos. A contaminação por DDE resultou de derramamentos de um pesticida contendo DDT nas margens do lago. Testes posteriores indicaram que o DDE se liga aos receptores andrógenos e bloqueia sua atividade. Uma alta incidência de intersexo foi descoberta em peixes expostos a águas poluídas; os machos apresentavam *vitelogenina*, uma proteína especificamente feminina. Essa evidência de desmasculinização ambiental fomentou as especulações de que algo semelhante poderia estar ocorrendo em seres humanos do sexo masculino, por causa de relatos de uma série de clínicas sobre uma redução na contagem de espermatozóides por um período de anos. A validade desses dados, porém, como indicadores de fertilidade masculina, é questionável.

Os xenobióticos *estrogênicos* provocaram mais preocupação pela associação do estrogênio com o câncer de mama. A ligação de estrogênio aos receptores na mama estimula a proliferação das células mamárias; como vimos na seção anterior, a proliferação das células promove mutagênese e câncer. Uma ligação entre o câncer de mama e o estrogênio foi estabelecida em animais de laboratório e existe uma associação estatística, ainda que equivocada (veja a discussão sobre epidemiologia) entre a terapia à base de estrogênio e a incidência de câncer de mama. A incidência de câncer de mama tem aumentado e recentemente se descobriu em análises laboratoriais que muitas substâncias químicas ambientais são estrogênicas (veja a Figura 17.11). Dentre elas estão o DDT, o antioxidante BHA e uma variedade de substâncias químicas orgânicas que ou são usados como plastificantes ou são produtos de tratamento de plástico sob alta temperatura. Juntando esses fatos, muitas pessoas têm a preocupação de que a exposição a essas substâncias químicas possam colocar as mulheres sob risco de câncer de mama. Os céticos argumentam, contudo, que os níveis de exposição são baixos e que os xenobióticos devem ser sobrepujados pelo próprio estrógênio do organismo (embora o nível de estrógênio endógeno flutue ciclicamente, diferentemente dos xenobióticos). Essa é, atualmente, uma área de pesquisa intensa. Um recente estudo epidemiológico da Dinamarca encontrou uma correlação distinta entre o câncer de mama e os níveis do inseticida dieldrin no sangue, mas nenhuma correlação com níveis de DDT, clordano ou quepone.

Tem preocupado o uso disseminado de *dialquilftalatos* e *bisfenol A* (veja a Figura 17.11) como plastificantes em muitos produtos, incluindo recipientes de alimentos e dispositivos médicos de vinil. Estudos laboratoriais demonstram que a ingestão desses compostos por ratas prenhes produz anormalidades no desenvolvimento dos machos na prole. Além disso, constatou-se uma correlação entre o desenvolvimento prematuro de seios em meninas porto-riquenhas e altas concentrações de ftalatos no sangue delas.

Há também muitos compostos estrógenos que ocorrem naturalmente no meio ambiente (veja a Figura 17.12), alguns deles produzidos por plantas (*fitoestrógenos*) e outros por fungos que infectam as plantas. Os fitoestrógenos incluem as ligninas e os isoflavonóides (por exemplo, a genisteína, particularmente abundante em produtos de soja), ou os compostos derivados de flavonóide (por exemplo, equol, enterolactona e ácido nordiidroguaiarético), que são comuns em alimentos. Os metabólitos de fungos incluem a zearalenona.

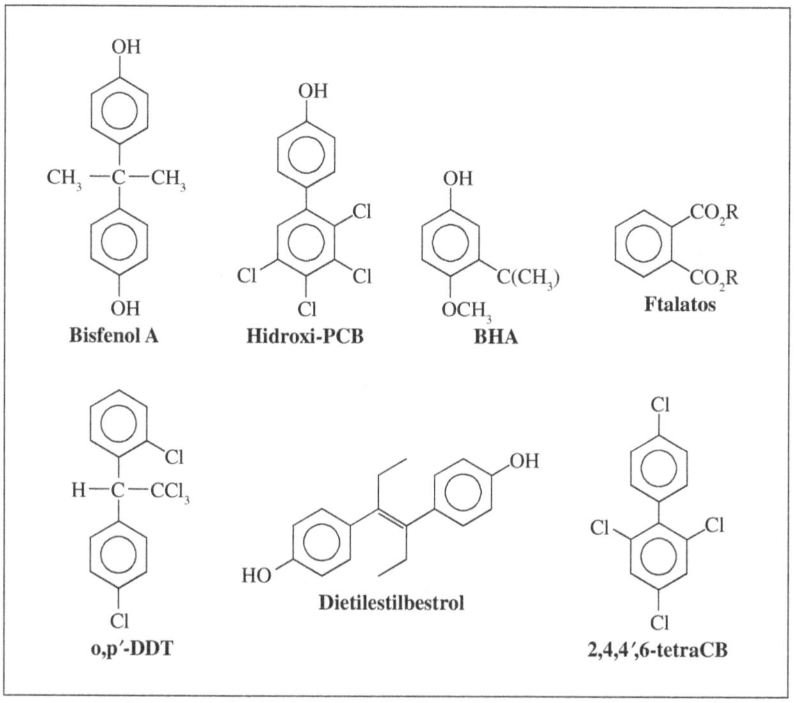

FIGURA 17.11

Estruturas de dialquilftalatos, bisfenol A e outros estrógenos sintéticos. Os grupos R na molécula de ftalato denotam um número limitado de grupos alquila que tornam a molécula estrogenicamente ativa.

Fonte: Committee on Hormonally Active Agents in the Environment, Board on Environmental Studies and Toxicology, National Research Council (1999). Hormonally Active Agents in the Environment (Washington, DC: National Academy Press).

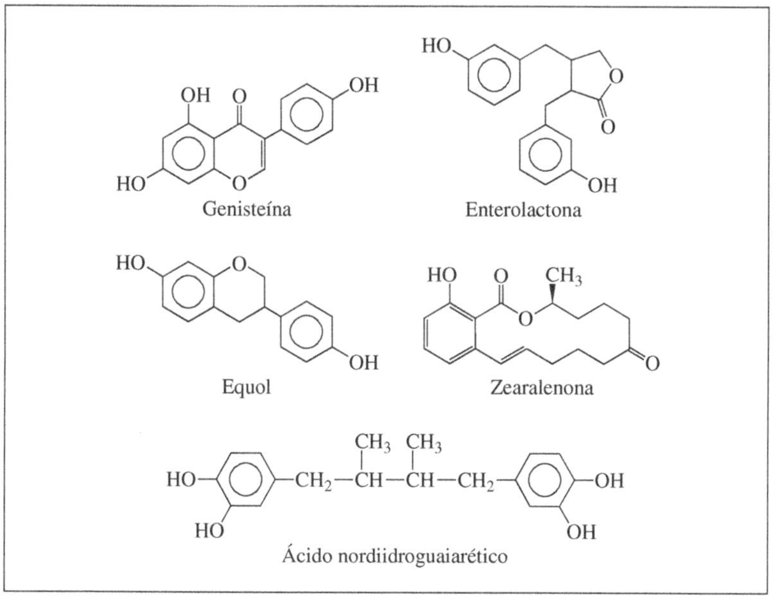

FIGURA 17.12

Compostos estrógenos de ocorrência natural.

Fonte: Committee on Hormonally Active Agents in the Environment, Board on Environmental Studies and Toxicology, National Research Council (1999). Hormonally Active Agents in the Environment (Washington, DC: National Academy Press).

17.4 Poluentes orgânicos persistentes: dioxinas e PCBs

Há muitos compostos orgânicos no meio ambiente, alguns deles tóxicos. Já abordamos os derramamentos de petróleo na Parte I, os poluentes atmosféricos na Parte II e os pesticidas e herbicidas nas seções anteriores a esta. Há numerosos produtos de resíduos orgânicos provenientes de atividades industriais ou do uso e disposição de produtos manufaturados, que podem contaminar o ar, a terra e a água através de efluentes, vazamentos de depósitos de resíduos ou derramamentos e incêndios acidentais. Um tratado mundial recente negociou a remoção gradual de poluentes orgânicos persistentes (POPs). Os doze produtos inicialmente cobertos pelo tratado são: dioxinas e furanos, bifenilas policloradas (PCB) e nove pesticidas organoclorados (aldrin, clordano, eldrin, dieldrin, heptaclor, hexaclorobenzeno, mirex, toxafeno e DDT – embora haja uma isenção aos países em desenvolvimento relativa ao uso de DDT para controle de malária).

Como tratamos os pesticidas no Capítulo 16, agora dedicamos nossa atenção às dioxinas e aos furanos, bem como aos PCBs.

a. Dioxinas e furanos. O termo dioxina é uma forma de designar uma família de dibenzodioxinas policloradas (veja a Figura 17.13), às vezes abreviadas como PCDDs. Os dibenzofuranos policlorados (PCDFs) possuem estrutura semelhante. Essas substâncias químicas não são produzidas intencionalmente, mas se formam como contaminantes em vários processos em larga escala, incluindo 1) combustão, 2) branqueamento de polpa de papel com cloro e 3) manufatura de certos clorofenóis. Foi este último processo que trouxe à dioxina sua notoriedade inicial como um contaminante do herbicida 2,4,5-T, um componente do Agente Laranja. O herbicida era produzido reagindo-se o ácido cloroacético com o 2,4,5-triclorofenol, que por sua vez era formado pela reação do 1,2,4,5-tetraclorobenzeno com hidróxido de sódio [seqüência de reação (1), próximo ao topo da Figura 17.13]. Durante essa reação prévia, realizada sob alta temperatura, parte do triclorofenóxido condensava-se consigo mesmo [reação (2) da Figura 17.13] para formar a 2,3,7,8-tetraclorodibenzodioxina (TCDD); o Agente Laranja continha aproximadamente 10 ppm desse material. Posteriormente foi demonstrado que o controle da temperatura da reação e da concentração de triclorofenóxido poderia manter a contaminação de TCDD a 0,1 ppm, mas era tarde demais para salvar o herbicida, que foi banido nos Estados Unidos em 1972.

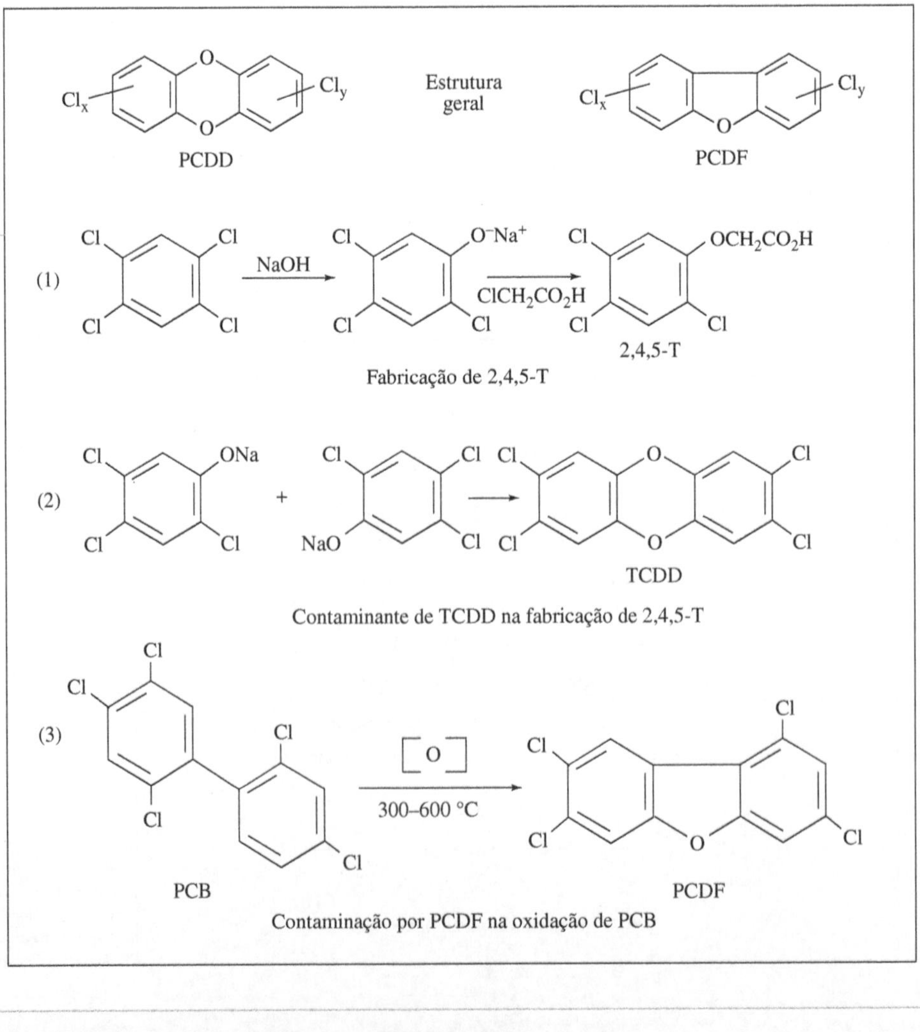

FIGURA 17.13
Dibenzodioxinas policloradas (PCDDs), furanos (PCDFs) e bifenilas policloradas (PCBs); estruturas químicas e reações.

1) Toxicidade. A TCDD se revelou enormemente tóxica a animais de laboratório, produzindo defeitos congênitos, câncer, distúrbios da pele, dano ao fígado, supressão do sistema imunológico e morte por causas indefinidas. A LD_{50} em cobaias foi de somente 0,6 µg/kg. Em animais de laboratório, as baixas doses foram consideradas teratogênicas e causadoras de anormalidades no desenvolvimento.

Conseqüentemente, houve um grande alarme quando a TCDD foi encontrada em uma série de depósitos de lixo industrial. Em 1983, o governo norte-americano propôs comprar casas na cidade de Times Beach, no estado de Missouri, após a constatação de que suas ruas haviam sido contaminadas por dioxina originário de um óleo residual de um fabricante de 2,4,5-T, que fora pulverizado nas ruas para controlar a poeira.

O caso mais grave de contaminação ambiental ocorreu em 1976, quando uma explosão em uma fábrica que fabricava 2,4,5-T em Seveso, na Itália, liberou alguns quilos de TCDD na cidade e em suas vizinhanças.[2]

Contudo, à medida que as evidências sobre toxicidade se acumularam, o risco aos seres humanos decorrentes da dioxina se tornaram menos evidentes. A variação na toxicidade entre as espécies se revelou muito ampla, com valores de LD_{50} que representavam ordens de grandeza maiores em outros animais que não as cobaias (veja a Tabela 17.3). Nos humanos, a exposição aos altos níveis de PCDD causa cloroacne, uma dolorosa inflamação da pele, mas esses níveis somente foram encontrados em exposições industriais acidentais. Além disso, embora a contaminação de Seveso tenha causado muitas mortes na vida selvagem e exposto muitas pessoas, nenhum efeito grave à saúde humana foi constatado durante muitos anos; assim como não houve casos ligados à contaminação em Times Beach. Recentemente, porém, constatou-se uma elevação na taxa de incidência de alguns tipos de câncer na população exposta de Seveso, embora os números pequenos tornem a estatística inconclusiva.

TABELA 17.3 *Toxicidades agudas de 2,3,7,8-tetraclorodibenzodioxina em animais experimentais.*

Espécies	Rota	LD_{50} (microgramas por quilograma)
Cobaia (macho)	Oral	0,6
Cobaia (fêmea)	Oral	2,1
Coelho (macho, fêmea)	Oral	115
Coelho (macho, fêmea)	Dermal	275
Coelho (macho, fêmea)	Intraperitoneal	252–500
Macaco (fêmea)	Oral	< 70
Rato (macho)	Oral	22
Rato (fêmea)	Oral	45–500
Camundongo (macho)	Oral	< 150
Camundongo (macho)	Intraperitoneal	120
Cachorro (macho)	Oral	30–300
Cachorro (fêmea)	Oral	> 100
Sapo	Oral	1.000
Hâmster (macho, fêmea)	Oral	1.157
Hâmster (macho, fêmea)	Intraperitoneal	3.000

Fonte: dados extraídos de F. H. Tschirley. "Dioxin", *Scientific American*, 1986; 254(2):29–35.

---

[2] Contaminação por Dioxina no Brasil: O caso Solvay Indupa
Entre 1997 e 1998, a União Européia começou a detectar níveis de dioxina acima do permitido em leite e derivados. Após extensa investigação, concluiu-se que a origem da contaminação eram os 'pellets' de polpa cítrica importados do Brasil, que foram contaminados por dioxina em níveis elevados devido ao uso de cal contaminada na neutralização da acidez dos pellets. A cal era proveniente da empresa Carbotex que, por sua vez, a adquiriu da Solvay Indupa do Brasil. Essa cal era um resíduo industrial do processo de produção de acetileno a partir de carbeto de cálcio, que a Solvay empregou até 1996, e vinha sendo depositada em um terreno de 200.000 m² em Santo André, SP, as margens do Rio Grande, um dos afluentes da Represa Billings, que abastece com água potável parte da cidade de São Paulo. Denúncias da ONG Greenpeace e a própria investigação da União Européia acabaram levando à constatação de que amostras de cal retiradas do depósito estavam contaminadas por dioxinas, PCBs, solventes organoclorados e outros.
Em 1999, a empresa assinou um termo de ajuste de conduta com a Cetesb, o Greenpeace e o Ministério Público do Estado de SP, comprometendo-se a remediar o terreno, que então continha um milhão de toneladas de cal contaminada, e os sedimentos do Rio Grande. Desde então, foram instaladas barreiras hidráulicas para conter a contaminação do Rio Grande, mas a área ainda não foi remediada e nem há proposta de solução definitiva.

Fonte:
- Relatório de áreas contaminadas no Estado de São Paulo, *Cetesb*, 2007.
- Ruth Stranger e Paul Johnston. "Chlorine and the environment", Springer, 2001.
- Mission report – European comission – XXIV/1005/99 – MR final (21/04/99).
- Wilson F. Jardim et al. "Substâncias tóxicas persistentes (STP) no Brasil". *Química Nova*, 30(8), p. 1976-1985 (2007).
- www.greenpeace.org.br.

Além disso, os homens intensamente expostos à dioxina em decorrência do acidente geraram posteriormente menos filhos (38%) do que filhas, de acordo com um estudo recente. Essa constatação sugere que a dioxina perturba os sinais químicos no trato reprodutor dos homens, o que é compatível com os dados resultantes de testes em animais. Um estudo da Finlândia descobriu que as crianças expostas à dioxina pelo leite materno apresentam defeitos nos dentes, aparentemente relacionados aos efeitos dos receptores celulares para o fator de crescimento da epiderme. A agência norte-americana EPA realizou uma avaliação de dioxina e concluiu que é provável que essa substância aumente a incidência de câncer em seres humanos; dados epidemiológicos em operários industriais indicam uma conexão entre a incidência de câncer e o aumento nos níveis de exposição. A Organização Mundial da Saúde classificou a TCDD como um carcinógeno humano conhecido. Entretanto, persiste a controvérsia sobre a magnitude do risco.

Tem havido rápido progresso na compreensão da complexa bioquímica do TCDD. A molécula se liga fortemente a uma proteína receptora que está presente em todas as espécies animais. Esse receptor, denominado Ah (de hidrocarboneto arila), é ativado por uma série de moléculas aromáticas planares (seu substrato natural é ainda desconhecido); a ligação de TCDD é particularmente forte, com uma constante de equilíbrio para dissociação de 10^{-11} molar. Como um receptor hormonal (veja a Figura 17.10), o receptor de Ah interage de forma complexa com o DNA das células. Um dos efeitos é a indução de uma enzima do citrocromo P450 (uma variação chamada 1A1), que é responsável pela hidroxilação de vários xenobióticos, incluindo os PAHs (mas não a própria TCDD, visto que seus átomos de cloro desativam o anel para a oxidação). Há outros efeitos sobre uma variedade de caminhos bioquímicos, que estão atualmente em estudo. Permanece incerto, porém, se todos os efeitos tóxicos da TCDD se originam em sua ligação ao receptor de Ah.

2) Fontes no branqueamento de papel e na combustão. Uma variedade de PCDDs se forma em pequenas quantidades quando o cloro é usado para branquear polpa de papel, provavelmente por meio da cloração de grupos fenólicos na lignina (veja a estrutura da lignina). Tem suscitado preocupação a contaminação por traços de dioxina em produtos de papel e a bioacumulação de dioxina em águas receptoras de efluentes de usinas de papel. As emissões de dioxina estão sendo reduzidas pela substituição de cloro por dióxido de cloro, que é um oxidante, mas não um agente de cloração (veja a discussão sobre desinfecção da água).

A principal fonte de dioxina no meio ambiente, porém, é a combustão. Quando um material contendo cloro é queimado, traços de dioxina são produzidos; como o volume de material queimado anualmente é enorme, esses traços se somam, resultando em uma considerável carga ambiental agregada. Como seria de se esperar, a taxa de emissão de dioxina se correlaciona grosso modo com o teor de cloro na alimentação da combustão,[3] embora a formação de dioxina seja altamente dependente das condições de combustão e dos tipos de controle de poluição, caso exista algum. Parece que o cloro não necessita estar ligado aos compostos orgânicos, pois se verificou que os fogões a lenha produzem dioxinas; e o cloro na madeira é, em sua maior parte, constituído de cloreto de sódio. O principal mecanismo da formação de dioxina parece envolver a reação de fragmentos orgânicos na zona de combustão com HCl e O_2. Pode-se esperar que a taxa de formação de HCl dependa da forma do cloro no material queimado, mas essa questão ainda não foi solucionada. A formação de dioxina é catalisada na superfície das partículas de cinzas incombustíveis, provavelmente por íons de metais de transição, e é favorecida por temperaturas moderadas de cerca de 400 °C, no máximo. Sob temperaturas mais baixas, a reação fica mais lenta e os produtos permanecem adsorvidos nas partículas de cinzas, e sob temperaturas mais elevadas as dioxinas são oxidadas.

A combustão produz uma ampla gama de *congêneres* de PCDD (moléculas com a mesma estrutura, porém com variação nos números e posições dos substituintes do cloro), bem como de PCDFs (veja a Figura 17.13). No contexto dos produtos de combustão, 'dioxina' significa a agregação de PCDDs e PCDFs, também abreviada como PCDD/Fs. Ambas as classes de moléculas são tóxicas, mas a toxicidade varia entre os congêneres. Supõe-se que a toxicidade seja aproximadamente proporcional à força da ligação ao receptor de Ah. A TCDD é a mais tóxica das dioxinas; a toxicidade diminui progressivamente quando os átomos de cloro são removidos das posições 2, 3, 7 e 8, ou quando são adicionados às posições restantes dos anéis. Essas alterações reduzem o 'encaixe' da molécula ao local de ligação no receptor de Ah. Um padrão similar de toxicidade é observado nos congêneres de PCDF, mas a toxicidade é cerca de uma ordem de grandeza inferior para os PCDFs do que para as PCDDs. Para medir os efeitos da exposição a essas substâncias, uma escala de fatores de equivalência de toxicidade internacional (1-TEFs) foi estabelecida com base na toxicidade em relação à TCDD, a qual é designado um valor de 1 (veja a Tabela 17.4). Esse fator é 0,1 para 2,3,7,8-PCDF, por exemplo, e 0,001 para os congêneres de octacloro de qualquer das séries. Com esses fatores, pode-se converter a distribuição de ambas as classes de moléculas (PCDD/Fs) em uma única quantidade equivalente de toxicidade (TEQ, do inglês, *toxicity equivalent quantitiy*), expressa em gramas de equivalentes de TCDD. Por exemplo, 1,0 g de TCDD e de 2,3,7,8-PCDF, teria um valor TEQ de 1,1 g.

Os inventários de dioxina foram estimados em alguns países com base em dados sobre as taxas de emissão para vários tipos de combustão e sobre a quantidade total de material queimado. A distribuição de fontes nos Estados Unidos, conforme estimativas da EPA em 1995, está ilustrada na Figura 17.14. Os incineradores de lixo municipais e hospitalares têm constituído as maiores fontes, pelo menos nos países desenvolvidos. Mas os dispositivos de controle da poluição podem cortar expressivamente as taxas de emissões de incineradores e estão sendo amplamente implementados.

---

[3] V. M. Thomas e T. G. Spiro. "An estimation of dioxin emissions in the United States", *Toxicology and Environmental Chemistry*, 1995; 50:1–37.

TABELA 17.4 *Fatores de equivalência de toxicidade internacional para PCDDs e PCDFs.*

Congênere	Série PCDD	Série PCDF
2,3,7,8	1(definido)	0,1
1,2,3,7,8	0,5	0,05
2,3,4,7,8		0,5
1,2,3,4,7,8	0,1*	0,1†
1,2,3,4,6,7,8	0,01	0,01‡
octacloro	0,001	0,001

* mesmo valor para os congêneres 1,2,3,6,7,8- e 1,2,3,7,8,9-
† mesmo valor para os congêneres 1,2,3,6,7,8-, 1,2,3,7,8,9- e 2,3,4,6,7,8-
‡ mesmo valor para o congênere 1,2,3,4,7,8,9-
Fonte: N. J. Bunce, Environmental chemistry, 2. ed. Winnipeg, Canadá: Wuerz Publishing, Ltd., 1994.

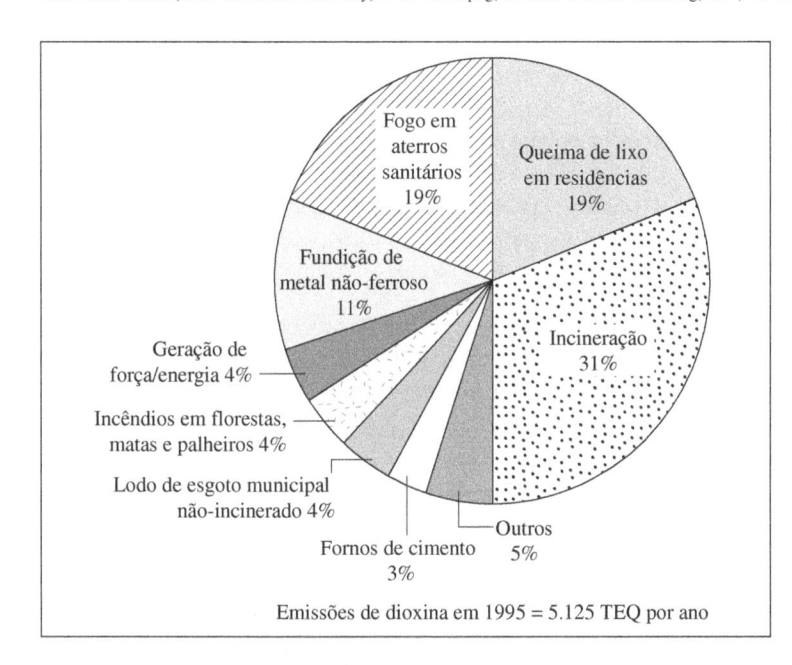

FIGURA 17.14

Fontes de dioxina nos Estados Unidos, 1995. 'Dioxina' é definida como a totalidade de sete dioxinas e dez furanos.

Emissões de dioxina em 1995 = 5.125 TEQ por ano

- Queima de lixo em residências 19%
- Fogo em aterros sanitários 19%
- Fundição de metal não-ferroso 11%
- Geração de força/energia 4%
- Incêndios em florestas, matas e palheiros 4%
- Lodo de esgoto municipal não-incinerado 4%
- Fornos de cimento 3%
- Incineração 31%
- Outros 5%

Fonte: B. Hileman. "Reassessing dioxins", *Chemical and Engineering News*, 2001; 79(22):25–27.

Uma combinação de secadores por *spray* (secadores por nebulização) e filtros de tecido pode ser eficaz na remoção de PCDD/Fs dos gases de exaustão dos incineradores. Ironicamente, os precipitadores eletrostáticos, que foram instalados nos incineradores mais antigos para reduzir as emissões de partículas, podem efetivamente aumentar a formação de dioxina, aparentemente por meio da catálise pelas partículas alojadas nas superfícies do precipitador.

Entre as inúmeras outras fontes de combustão, a fundição/redução de metal não-ferroso é significativa porque resíduos orgânicos são geralmente usados como combustível. Entretanto, a maior fonte parece ser a queima de lixo ao ar livre, em residências (quintais) e aterros. Esses incêndios são difíceis de controlar. A queima de lixo é proibida na maioria das cidades, porém largamente praticada em áreas rurais.

3) Fontes naturais. Surge a questão referente à existência de fontes naturais significativas de dioxina. Foi sugerido que os incêndios florestais constituem uma das principais fontes. A EPA estimou que os incêndios em florestas, matas e palheiros representaram somente 4% das emissões de dioxina em 1995 (veja a Figura 17.14), mas a quantidade de biomassa queimada nesses incêndios é grande e a taxa de emissão de dioxina é mal caracterizada. Da mesma forma, pouco conhecemos sobre outras possíveis fontes na natureza. Contrariando a opinião pública, os organoclorados não são exclusivamente sintéticos, mas amplamente gerados como produtos naturais por uma variedade de microorganismos.[4]

Organismos no solo produzem enzimas peroxidases para romper lignina e são capazes de incorporar íons cloreto em ligações carbono-cloro. Não se sabe até que ponto os PCDD/Fs podem resultar dessa química natural, porém foram encontradas dioxinas em pilhas de compostagem.

As fontes naturais de dioxinas poderiam superar as antropogênicas? O registro sedimentar sugere que não. É possível estabelecer a tendência na taxa de deposição ao longo do tempo por meio da análise do perfil de dioxina nos núcleos extraídos do fundo dos lagos. Sedimentos do lago Siskiwit foram examinados dessa forma (veja a Figura 17.5); o lago está localizado em uma

---

[4] G. Grible. "The natural production of chlorinated compounds", Environmental Science and Technology, 1994; 25(7):310A–318A.

ilha em Lake Superior, distante de qualquer fonte de poluição. As dioxinas devem ter chegado ao lago Siskiwit por transporte de longa distância através da atmosfera. Constatou-se que a taxa de deposição de dioxina aumentou oito vezes entre 1940 e 1970, o período da grande expansão no uso industrial de cloro. Em contraste, os incêndios florestais nos Estados Unidos efetivamente diminuíram em mais de quatro vezes no mesmo período, graças a medidas de controle mais eficazes. Desde 1970, a taxa de deposição de dioxina declinou em cerca de 30% (veja a Figura 17.15), em paralelo à remoção gradual da aplicação de 2,4,5-T e com o aperfeiçoamento da tecnologia de incineração. Essas tendências parecem descartar predominantemente as fontes naturais. É interessante observar que a dioxina em sedimentos se constitui principalmente de congêneres de octacloro, talvez porque os congêneres menos clorados sejam seletivamente volatilizados de partículas contendo dioxina durante o transporte de longa distância.[5]

4) Exposição. A emissão total de PCDD/F nos Estados Unidos resultante da combustão é estimada em aproximadamente de 5 kg/ano TEQ. Mas esse total é distribuído por uma área enorme, e as concentrações atmosféricas são muito baixas. A exposição por respirar o ar carregado de dioxina é mínima, mesmo que se viva próximo a um incinerador. Como no caso de outros materiais hidrofóbicos, a exposição às dioxinas é determinada por mecanismos de bioacumulação.

A principal rota de exposição (95%) para os seres humanos é a alimentação: carne, laticínios e peixe (veja a Tabela 17.5). As dioxinas se depositam no feno e nos cultivos destinados à ração animal consumidos por vacas, que concentram as dioxinas em seus tecidos adiposos. Da mesma forma, os peixes concentram dioxinas a partir das algas, que absorvem as dioxinas de partículas carregadas pelo vento e também de fontes locais de poluição, tais como usinas de branqueamento de polpa ou esgoto e lixo. Por decorrência, nós todos temos concentrações detectáveis de dioxinas em nosso tecido adiposo, embora o mais predominante seja o congênere de octacloro, que não é muito tóxico (veja a Tabela 17.4). A dose diária média de PCDD/Fs é estimada em aproximadamente 0,1 ng TEQ (nanograma = 10^{-9} g) por dia nos Estados Unidos. Essa dose não está muito longe dos níveis em que os efeitos bioquímicos podem ser detectados em animais de laboratório. Se a taxa de deposição de dioxina estiver declinando, como indica o registro sedimentar, a exposição média deverá também declinar.

b. Bifenilas policloradas. Como o nome sugere, as bifenilas policloradas (PCBs) são produzidas pela cloração do composto aromático bifenila (veja a Figura 17.13 sobre a estrutura molecular de um PCB específico). O resultado é uma mistura complexa, com números variáveis de átomos de cloro substituídos em várias posições dos anéis; um total de 209 congêneres é possível.

Os PCBs foram fabricados nos Estados Unidos de 1929 a 1977, com um pico de produção de cerca de 100.000 toneladas/ano em 1970. Eles foram usados principalmente como líquido refrigerante em transformadores e capacitores de força, por serem excelentes isolantes, quimicamente estáveis e possuírem baixa inflamabilidade e pressão de vapor. Nos últimos anos, também foram utilizados como fluidos de transferência de calor em outras máquinas e como plastificantes para poli (cloreto de

FIGURA 17.15

Fluxo de PCDD e PCDF para o lago Siskiwit.

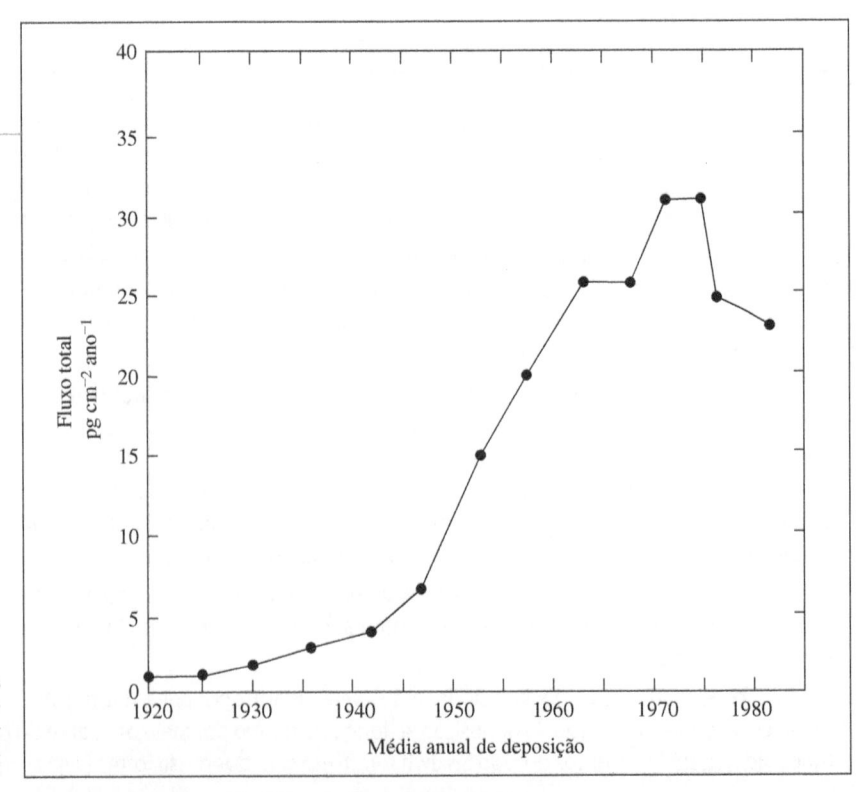

Fonte: J. Czuczwa e R. Hites. "Airborne dioxins and dibenzofurans: sources and fates", Environmental Science and Technology, 1986, 20(2):195–200. Copyright© 1986 por American Chemical Society. Reprodução autorizada por ES&T.

Fluxo total pg cm^{-2} ano^{-1} — Média anual de deposição (1920–1980)

[5] R. A. Hites. "Environmental behavior of chlorinated dioxins and furans", Accounts of Chemical Research, 1990; 23:194–201.

TABELA 17.5 *Teor médio de 2,3,7,8-tetraclorobenzodioxina no suprimento alimentar americano.*

Alimento	Concentração de TCDD em picogramas por grama (pg/g)	Consumo médio de TCDD (pg/pessoa/dia)*
Peixe do mar	500	8,6
Carne	35	6,6
Queijo	16	0,31
Leite	1,8	0,20
Café	0,1	0,04
Sorvete	5,5	0,04
Creme de leite	7,2	0,01
Coalhada	10	0,01
Queijo *cottage*	2,1	0,01
Suco de laranja	0,2	0,01
Total		**15,9**

* 1 picograma (pg) = 10^{-12} grama.
Fonte: dados extraídos de S. Henry et al. "Exposures and risks of dioxin in the U.S. food supply", Chemosphere, 1992, 25:235–238.

TABELA 17.6 *Congêneres de dioxina detectados em tecido adiposo humano.*

Congênere	Concentração média (pg/g)	Desvio padrão (pg/g)
2,3,7,8-tetracloro	11	8
1,2,3,7,8-pentacloro	24	12
1,2,3,6,7,8-hexacloro	172	74
1,2,3,7,8,9-hexacloro	22	9
1,2,3,4,6,7,8-heptacloro	232	181
octacloro	1.037	712

Fonte: dados extraídos de G.L. LeBel et al. "Polychlorinated dibenzodioxins and dibenzofurans in human adipose tissue samples from five Ontario municipalities", *Chemosphere*, 1990, 21(12):1465–1475.

vinila) – PVC – e outros polímeros; encontraram aplicação adicional em papel para cópia sem carbono, como agentes removedores de tinta para papel jornal reciclado e como agentes impermeabilizantes. Por conseqüência das descargas industriais e da disposição de todos esses produtos, os PCBs foram amplamente dispersos no meio ambiente.

Por serem quimicamente estáveis, os PCBs persistem no meio ambiente; por serem lipofílicos, eles estão sujeitos à bioacumulação, assim como o DDT e as dioxinas. As concentrações de PCB no topo da cadeia alimentar são significativas em muitas localidades. Por exemplo, os ovos de gaivotas prateadas nas margens do lago Ontário continham mais de 160 ppm de PCBs em 1974 (veja a Figura 17.16). Desde então, porém, o nível declinou cinco vezes, refletindo a proibição de PCBs em qualquer uso ao ar livre, onde

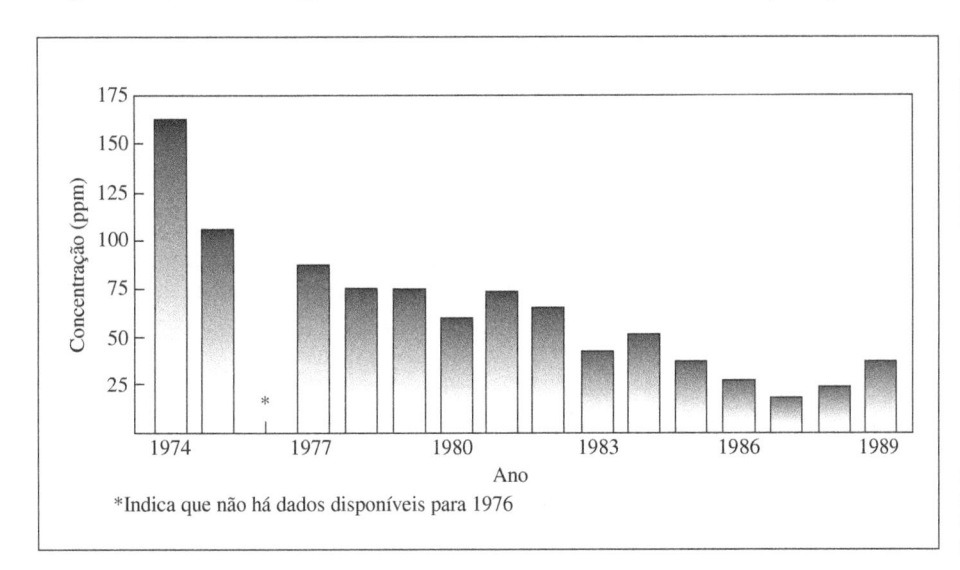

FIGURA 17.16

As concentrações de PCBs em ovos de gaivotas prateadas nas margens do lago Ontário, em Toronto (1974–1989).

*Indica que não há dados disponíveis para 1976

Fonte: Ministry of Supplies and Services (1990). The State of Canada's Environment (Ottawa, Canadá: Ministry of Supplies and Services).

a disposição não pode ser controlada. A produção foi drasticamente reduzida em 1972 e cessou em 1977. Os transformadores que contêm PCB continuam em serviço, mas a disposição foi regulamentada e os PCBs exauridos são armazenados ou incinerados.

Como no caso da dioxina, os efeitos do PCB à saúde são difíceis de apontar. A exposição ocupacional produziu principalmente os casos de cloroacne. Há, contudo, dois casos de envenenamento comunitário por contaminação acidental de óleo de cozinha por PCB, no Japão (1968) e em Taiwan (1979). Milhares de pessoas que consumiram o óleo sofreram uma variedade de doenças, incluindo a cloroacne e a descoloração da pele, bem como baixo peso em recém-nascidos e elevada mortalidade de bebês de mães expostas. Descobriu-se, posteriormente, que o óleo também estava contaminado com PCDFs, que se formam quando os PCBs são submetidos a altas temperaturas [reação (3) na Figura 17.13]; os PCBs que foram misturados ao óleo haviam sido usados como fluidos de troca de calor no processo de desodorização do óleo. A maioria dos efeitos tóxicos foi atribuída aos PCDFs em vez de aos PCBs.

Em estudos laboratoriais, os PCBs são menos tóxicos do que os PCDDs e PCDFs, mas provavelmente atuam pelo mesmo mecanismo, ligando-se ao receptor de Ah. Os PCBs mais tóxicos são aqueles que não contêm nenhum átomo de Cl nas posições orto do anel e podem, portanto, adotar uma configuração coplanar dos anéis, como em PCDDs e PCDFs. A coplanaridade é inibida nas bifenilas orto-substituídas pela interação estérica do substituinte com os átomos perpendiculares de H em outro anel. Se os substituintes ocupam três ou quatro posições orto, eles colidem entre si, e os anéis são necessariamente torcidos, afastando-se uns dos outros. Os PCBs com esse padrão de substituição são os menos tóxicos. Mesmo que os PCBs sejam menos tóxicos para os humanos e outros animais do que os PCDDs e os PCDFs, eles são muito mais abundantes no meio ambiente. Estudos como o discutido na p. 285 (veja a Figura 17.2), que indica uma conexão entre a exposição ao PCB *in utero* e os subseqüentes *deficits* de aprendizagem, são motivo de preocupação.

c. Transporte global. Os poluentes orgânicos se movem pelo meio ambiente por meio de uma variedade de mecanismos. Eles são conduzidos nos tecidos adiposos de animais e pássaros migradores e pairam pelo ar e ao longo de canais com as partículas de poeira às quais se adsorvem. Para muitos compostos orgânicos, o principal mecanismo para o transporte de longa distância é a volatilização. Se o composto possui razoável pressão de vapor, suas moléculas se volatilizam quando aquecidas pelo sol e voltam a se condensar quando a atmosfera resfria; nesse ínterim, são carregados pelos ventos.

Como as temperaturas são mais elevadas no equador e mais frias nos pólos, as moléculas volatilizadas migram de forma constante para latitudes mais altas. Elas se volatilizam e condensam repetidas vezes, cada vez que se movem em direção ao Norte (ou ao Sul[6]). Esse processo foi comparado a uma destilação global. A conseqüência é que muitos poluentes globais se concentram na região ártica, a milhares de quilômetros de suas origens (embora a região antártica esteja sujeita ao mesmo processo, há menos fontes de poluição no hemisfério sul).

A poluição ártica depende da pressão de vapor do poluente. Se ela for suficientemente alta, as moléculas nunca se depositam e continuam a circular na atmosfera até serem destruídas, em geral pela reação com radicais hidroxila. Dessa forma, o benzeno e o naftaleno não se acumulam em latitudes mais elevadas. Mas os PAHs (hidrocarbonetos aromáticos policíclicos) com três ou mais anéis se acumulam, porque sua menor pressão de vapor induz à condensação sob baixas temperaturas. Se a pressão de vapor for muito baixa, como no caso dos inseticidas pesadamente clorados de mirex, por exemplo, a migração se torna insignificante. Para os casos intermediários, tais como a maioria das dioxinas e PCBs, a pressão de vapor é suficientemente baixa para que as moléculas se acumulem em grande parte nas regiões temperadas, em vez de no Ártico.

No entanto, os habitantes e os animais do Ártico correm o risco de exposição a essas moléculas em conseqüência do alto teor de gordura em sua alimentação. Os poluentes que atingem as regiões norte se bioacumulam na cadeia alimentar e se armazenam nos tecidos adiposos. Níveis de PCB de até 90 ppm foram encontrados na gordura de ursos polares; e o leite materno apresenta PCB mais elevado em mulheres nas regiões extremas ao norte do que nas zonas temperadas.

17.5 Metais tóxicos

A biosfera evolui em associação íntima com todos os elementos da tabela periódica e, realmente, os organismos aproveitaram a química de muitos íons metálicos para as funções bioquímicas essenciais nos estágios iniciais da evolução. Por decorrência, esses elementos são necessários à viabilidade, embora em pequenas doses. Quando o suprimento de um elemento essencial é insuficiente, ele limita a viabilidade do organismo, mas, quando está presente em excesso, ele exerce efeitos tóxicos e a viabilidade é novamente limitada. Portanto, existe uma dose ideal para todos os elementos essenciais (veja a Figura 17.17).

Esse nível ideal varia amplamente, porém, para diferentes elementos. Por exemplo, o ferro e o cobre são ambos elementos essenciais, mas abrigamos em nosso organismo cerca de 5 g do primeiro e somente 0,08 g do segundo. A toxicidade é baixa para o ferro, mas alta para o cobre. A toxicidade varia porque a química do elemento varia. Assim, o cobre está geralmente presente como

---

[6] Esse processo recebe o nome de 'efeito grasshopper' (gafanhoto) (N. RT.)

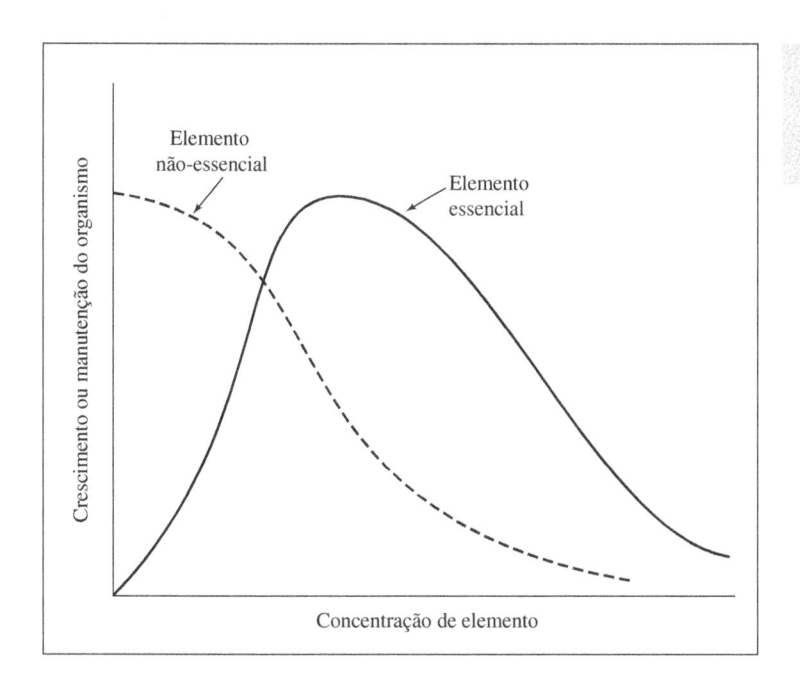

FIGURA 17.17

Curvas dose-resposta para elementos essenciais e não essenciais em processos metabólicos.

Cu^{2+} e forma complexos fortes com as bases nitrogenadas, incluindo as cadeias laterais de histidina das proteínas. Em contraste, nem o Fe^{2+} nem o Fe^{3+}, os estados comuns de oxidação do ferro, ligam-se de forma particularmente forte às bases nitrogenadas. É mais provável, portanto, que o cobre, e não o ferro, interfira em regiões cruciais das proteínas. Em níveis mais elevados, no entanto, o ferro é prejudicial, em parte porque ele pode catalisar a produção de radicais de oxigênio (lembre-se da discussão sobre antioxidantes) e em parte porque o excesso de ferro pode estimular o crescimento de bactérias e agravar as infecções. O cromo também é um metal essencial, quando em traços, mas é também um poderoso carcinógeno. A carcinogenicidade está associada ao estado de oxidação mais elevado, Cr(IV), e a principal preocupação é a poluição por cromato resultante de derramamentos e resíduos de banhos de galvanoplastia e de emissões de cromato decorrentes de torres de refrigeração, onde é usado como inibidor de corrosão. Quando se comparam as doses tóxicas dos diferentes metais (veja a Tabela 17.7), observa-se uma ampla variação.

A amplitude do pico na curva de viabilidade dos metais (veja a Figura 17.17) depende em parte dos mecanismos *homeostáticos*, que evoluíram para acomodar as flutuações na disponibilidade do metal. Por exemplo, o excesso de ferro é depositado em uma proteína de armazenamento, a *ferritina*, da qual é liberado quando necessário. Muitos metais não possuem nenhum benefício biológico e, para eles, a curva de viabilidade diminui continuamente com o aumento da dose (veja a Figura 17.17). Contudo, a parte inicial da curva poderá ser razoavelmente plana se houver mecanismos de proteção bioquímica capazes de acomodar doses baixas a moderadas.

Por exemplo, o cádmio é ligado oela *metalotioneína*, uma proteína rica em enxofre do rim de mamíferos. Quando ligado à proteína, o cádmio é impedido de atingir as moléculas-alvo críticas. A toxicidade aumenta rapidamente se a capacidade da metalotioneína for ultrapassada.

O cádmio, juntamente com o chumbo, o mercúrio e o arsênio (todos os quais constituem uma preocupação ambiental), é um ácido 'mole' de Lewis (alta polarizabilidade), com particular afinidade pelas bases moles de Lewis, tais como a cadeia lateral de sulfidril dos aminoácidos de cisteína. É provável que os metais pesados exerçam seus efeitos tóxicos ao atar os resíduos de cisteína críticos nas proteínas, embora as reais conseqüências fisiológicas variem de um metal para outro.

Todos os metais circulam naturalmente pelo meio ambiente. Eles são liberados das rochas pelo intemperismo e transportados por uma variedade de mecanismos, incluindo a absorção e o processamento pelas plantas e pelos microorganismos. Por exemplo, as bactérias que reduzem sulfato convertem em metilmercúrio altamente tóxico quaisquer íons de mercúrio que encontrarem; outras bactérias há muito tempo desenvolveram um sistema de defesa que envolve um par de enzimas, uma que rompe a ligação de metilmercúrio (*metilmercúrio liase*) e outra que reduz o íon de mercúrio resultante em mercúrio elementar (*mercúrio redutase*), que se volatiliza e deixa de ser prejudicial. Analogamente, as plantas que vivem nos solos derivados de corpos de minério desenvolveram mecanismos de proteção que transportam ativamente os metais tóxicos da zona da raiz para cima, aos compartimentos especiais (*vacúolos*) nas folhas, onde são seqüestrados. Essas plantas agora estão sendo estimuladas a extrair os metais dos locais de resíduos tóxicos, em esquemas de *fitorremediação*.

Os ciclos bioquímicos naturais dos metais foram enormemente perturbados pela intervenção humana. A mineração e a metalurgia não são novos desenvolvimentos; eles remontam à Idade do Bronze. Mas a escala de extração de metais aumentou muito desde a Revolução Industrial (veja a Figura 17.18). Evidência de um aumento considerável na carga ambiental global de chumbo, por exemplo, pode ser encontrada no registro fornecido pelos núcleos de gelo da Groenlândia (veja a Figura 17.19); esses níveis declinaram significativamente desde 1970, graças à remoção gradual de aditivos de chumbo da gasolina.

TABELA 17.7 *Toxicidade relativa em mamíferos dos elementos em doses injetadas e dietas alimentares.*

Elemento	Doses agudas letais (LD50) injetadas em mamíferos* (mg/kg de peso corporal)	Dose na dieta humana (mg/dia)	
		Tóxica	Letal†
Ag	5–60	60	1,3k–6,2k
As	6	5–50	50–340
Au	10	–	–
Ba	13	200	3,7k
Be	4,4	–	–
Cd	1,3	3–330	1,5k–9k
Co	50	500	–
Cr	90	200	3k–8k
Cs	1.200	–	–
Cu	–	–	175–250
Ga	20	–	–
Ge	500	–	–
Hg	1,5	0,4	150–300
Mn	18	–	–
Mo	140	–	–
Nd	125	–	–
Ni	110–220	–	–
Pb	70	1	10k
Pt	23	–	–
(^{239}Pu)	1	–	–
Rh	100	–	–
Sb	25	100	–
Se	1,3	5	–
Sn	35	2.000	–
Te	25	–	2k
Th	18	–	–
Tl	15	600	–
U	1	–	–
V	–	18	–
Zn	–	150–600	6k

* Injetado no peritônio para evitar a absorção através do trato digestivo; a forma química do elemento afetará sua toxicidade
† k significa milhares de miligramas/dia

Fonte: H. J. M. Bowen, The environmental chemistry of the elements. Londres: Academic Press, 1979.

Grandes aumentos na produção de vários metais entre 1930 e 1985 estão documentados na Tabela 7.8. Também estão listadas estimativas das grandes quantidades desses metais que foram dispersadas no meio ambiente e depositadas no solo.

Em alguns casos (Cd e Hg), as quantidades depositadas são efetivamente maiores do que a quantidade produzida pela extração, porque há fontes ocasionais, tais como o processamento de minério para outros metais ou a queima de carvão, que contêm concentrações residuais de muitos metais; no caso do cádmio, os traços em rocha de fosfato, que é minerada e incorporada ao fertilizante, somam-se a uma parcela significativa do total.

Os ciclos biogeoquímicos são completados pela sedimentação e o sepultamento dos metais na crosta terrestre. Mas esse processo requer um longo período de tempo e é evidente que a atual e maciça extração e dispersão estão aumentando muito a quantidade de metais em circulação. Quais são as conseqüências desse acúmulo para a saúde humana e do ecossistema? Não há uma resposta geral para essa questão porque os efeitos à saúde dependem sensivelmente das exatas rotas de exposição, não somente para os diferentes metais,

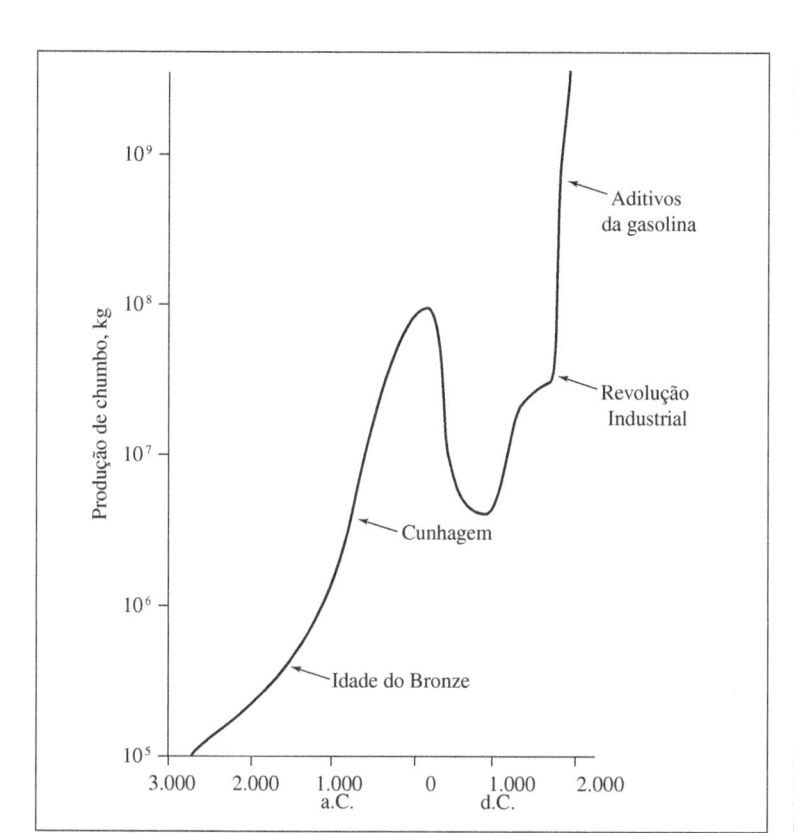

FIGURA 17.18

Produção e consumo históricos de chumbo.

Fonte: adaptada de J. Nriagu, Biogeochemistry of lead. Amsterdã: Elsevier, 1978. P.M. Stokes, Pathways, cycling, and transport of lead in the environment. Ottawa: Royal Society of Canada, 1986.

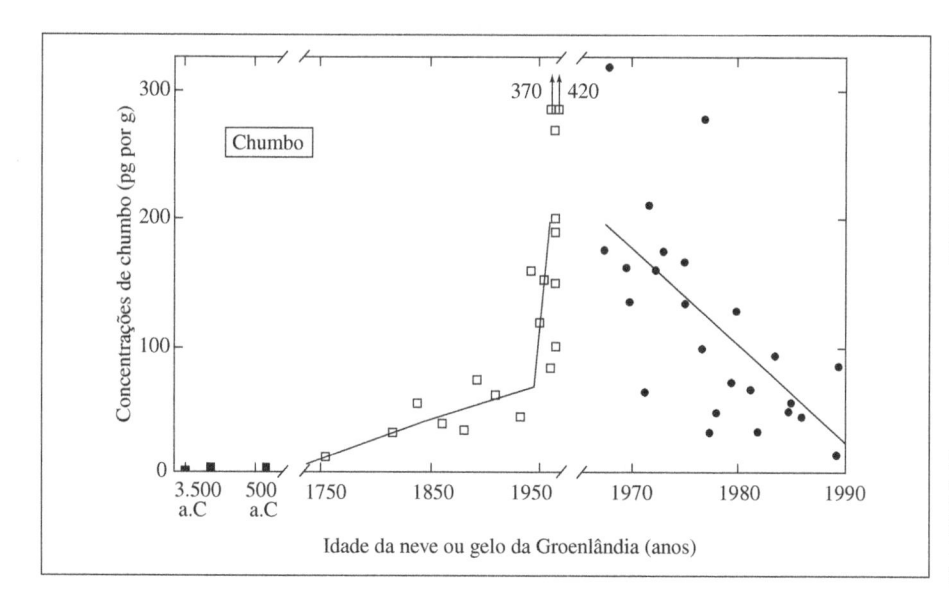

FIGURA 17.19

Variações nas concentrações de chumbo no gelo e na neve da Groenlândia, em unidades de picogramas (10^{-12} g) de chumbo por grama de gelo.

Fonte: C.F. Boutron et al. "Decrease in anthropogenic lead, cadmium, and zinc in Greenland snows since the late 1960s", Nature, 1991, 353:153–156. Copyright© 1991 por Nature. Reprodução autorizada por Nature e autores do artigo.

TABELA 17.8 *Produção primária de metais e emissões globais ao solo (10^3 t/ano).*

Metal	Produção em 1930	Produção em 1985	Emissões globais ao solo na década de 1980
Cd	1,3	19	22
Cr	560	9.940	896
Cu	1.611	8.114	954
Hg	3,8	6,8	8,3
Ni	22	778	325
Pb	1.696	3.077	796
Zn	1.394	6.024	1.372

Fonte: J. O. Nriagu. "A silent epidemic of environmental poisoning?", *Environmental Pollution*, 1988, 50:139–161.

mas para as diferentes formas de um dado metal. Os estados físico e químico do metal são importantes demais para os mecanismos de transporte e também para a *biodisponibilidade*. Para exercer um efeito tóxico, os íons metálicos devem atingir suas moléculas-alvo; e eles podem ser incapazes de fazer isso se estiverem atados em uma matriz insolúvel ou se não conseguirem atravessar as membranas biológicas críticas. Nas próximas seções, consideraremos essas questões para os quatro metais tóxicos que mais preocupam atualmente.

a. Mercúrio. A toxicidade ambiental do mercúrio está associada quase inteiramente à ingestão de peixes; essa fonte responde por cerca de 94% da exposição humana. As bactérias redutoras de sulfato em sedimentos geram metilmercúrio e o liberam nas águas, onde é absorvido pelos peixes por meio das águas que passam por suas guelras ou de seu suprimento alimentar. O íon CH_3Hg^+ forma CH_3HgCl no meio salino dos fluidos biológicos e esse complexo neutro passa pelas membranas biológicas, distribuindo-se por todos os tecidos dos peixes. Nos tecidos, o cloreto é deslocado por grupos de proteína e sulfidril peptídio. Em virtude da alta afinidade do mercúrio com os ligantes de enxofre, o metilmercúrio só é eliminado lentamente e está, portanto, sujeito à bioacumulação quando os peixes pequenos são comidos pelos peixes maiores. O fenômeno é o mesmo para o DDT e outros lipófilos, mas o mecanismo difere porque o mercúrio se acumula no tecido carregado de proteína (músculo) em vez de na gordura.

A biometilação de mercúrio ocorre em todos os sedimentos; e os peixes de toda parte possuem algum mercúrio. Mas os níveis são bastante elevados em corpos d'água nos quais os sedimentos são contaminados por mercúrio com origem nos efluentes de resíduos. O pior caso de envenenamento ambiental por mercúrio ocorreu nos anos de 1950 na vila de pescadores de Minamata, no Japão. Uma fábrica de poli (cloreto de vinila) – PVC – usou Hg^{2+} como catalisador e despejou resíduos carregados de mercúrio na baía, onde os peixes acumularam o metilmercúrio em níveis próximos de 100 ppm. Milhares de pessoas foram envenenadas pelo peixe contaminado e centenas morreram em decorrência. Aqueles que foram afetados sofreram de dormência nos membros, turvamento ou até a perda da visão e a perda da audição e da coordenação muscular, sintomas de disfunção cerebral resultante da capacidade do metilmercúrio de atravessar a barreira sangue–cérebro. Da mesma forma, o metilmercúrio é capaz de passar da mãe para o feto; e vários bebês de Minamata sofreram retardo mental e distúrbios motores antes que a causa do envenenamento fosse identificada. Com base nesse e em outros incidentes, o limite recomendado para o mercúrio em peixes destinados ao consumo humano foi estabelecido em 0,5 ppm.

Felizmente, a suspensão do despejo de mercúrio residual baixa os níveis de mercúrio nos peixes da região, como se observa nos dados referentes ao lago Saint Clair (veja a Figura 17.20), que faz parte da cadeia dos Grandes Lagos. A concentração de mercúrio em peixes *walleye* caiu de 2,0 para 0,5 ppm no período dos anos 1970 aos anos 1980, após a restrição ao escoamento de mercúrio proveniente de plantas cloro-álcali. Entretanto, mesmo em 0,5 ppm, o nível beira o limite recomendado ao consumo humano. Requer muito tempo para o processo de biometilação remover o mercúrio dos sedimentos contaminados.

Muito do despejo mundial de mercúrio em ambiente aquoso se origina das plantas cloro-álcali. Essas plantas produzem Cl_2 e NaOH, commodities de grande volume que constituem o sustentáculo da indústria química. São produzidos por eletrólise do cloreto de sódio aquoso. Um anodo de carbono é usado para gerar cloro:

$$2Cl^- \rightleftharpoons Cl_2 + 2e^-$$ 17.2

FIGURA 17.20

Variação anual das concentrações de mercúrio no peixe da espécie walleye no lago Saint Clair.

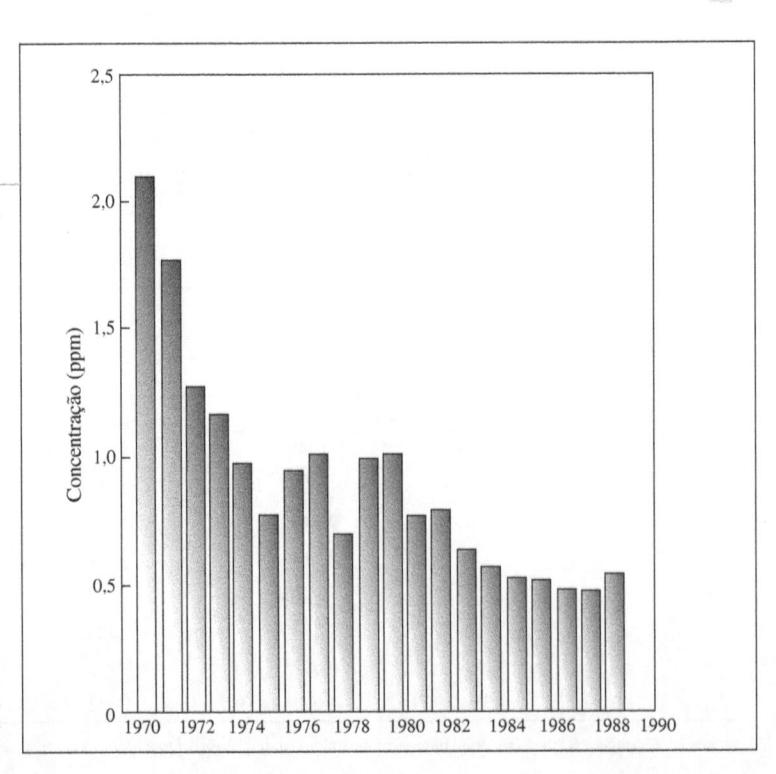

Fonte: Ministry of Supplies and Services (1991). Toxic Chemicals in the Great Lakes and Associated Effects: Synopsis (Ottawa, Canadá: Ministry of Supplies and Services).

e um cátodo de mercúrio líquido coleta o sódio metálico como um amálgama de mercúrio:

$$2Na^+ + 2e^- \rightleftharpoons 2Na(Hg) \qquad \textbf{17.3}$$

Que, a seguir, reage com a água em um compartimento separado:

$$2Na + 2H_2O \rightleftharpoons 2NaOH + H_2 \qquad \textbf{17.4}$$

A reação representada pela Equação (17.4) não se processa espontaneamente porque a atividade do sódio é reduzida no amálgama, mas pode ser promovida pela aplicação de uma pequena corrente elétrica. O propósito desse processo em duas etapas mediado pelo mercúrio é manter NaOH livre de NaCl. Isso pode, contudo, também ser realizado pela separação dos dois compartimentos de eletrodo por meio de uma membrana de troca de cátions (veja a parte sobre os trocadores iônicos), que inibe a transferência de ânions. Embora as plantas cloro-álcali possam ser aperfeiçoadas de modo a reduzir muito os despejos de mercúrio, a maior parte das instalações de eletrodos de mercúrio está sendo desativada e substituída por unidades à base de membranas.

Mesmo que os despejos locais tenham causado as contaminações mais graves de mercúrio, descobriu-se que peixes tiveram os níveis de mercúrio elevados até mesmo em lagos bastante afastados de qualquer fonte na região. Portanto, o mercúrio é transportado por longas distâncias, uma conseqüência do fato de que há duas formas voláteis, mercúrio metálico, Hg^0, e dimetilmercúrio, $(CH_3)_2Hg$. Ambos se formam no mesmo meio que o metilmercúrio. Como já mencionamos, as bactérias possuem um sistema de destoxificação que livra seu meio ambiente do metilmercúrio ao convertê-lo em Hg^0, que é volatilizado. E o $(CH_3)_2Hg$ é produzido no mesmo processo de biometilação que o CH_3Hg^+. Ambas as moléculas são produzidas pelas bactérias, em variadas proporções, dependendo do pH (veja a Figura 17.21).

O $(CH_3)_2Hg$ é volatilizado, enquanto o CH_3Hg^+ é liberado na água e disponibilizado para a bioacumulação (veja na Figura 17.22 um diagrama do ciclo do mercúrio). O pH alto favorece o $(CH_3)_2Hg$, e o pH baixo favorece o CH_3Hg^+; o cruzamento ocorre próximo à neutralidade. Isso significa que uma conseqüência adicional da acidificação do lago é um aumento na razão $CH_3Hg^+/(CH_3)_2Hg$ e, portanto, um aumento na toxicidade do mercúrio.

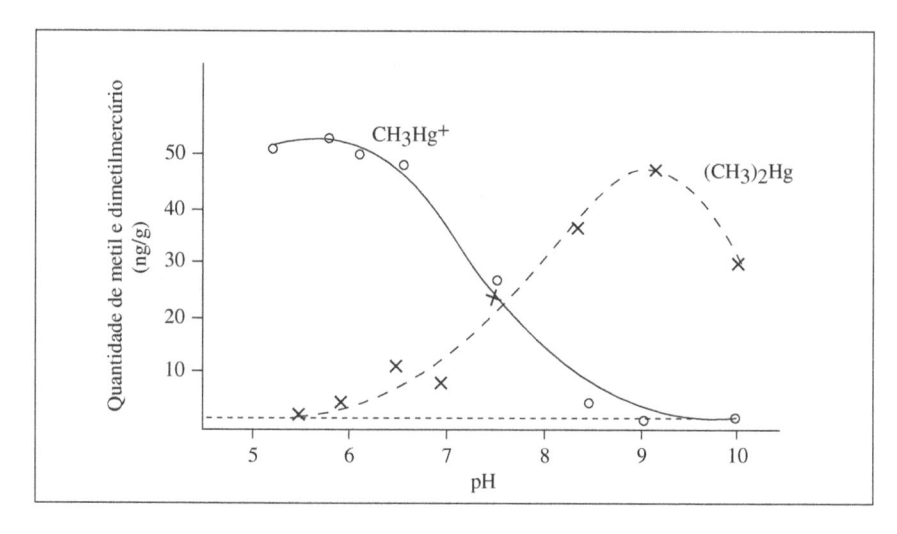

FIGURA 17.21

Metilação de 100 ppm de Hg^{2+} em sedimentos no período de duas semanas.

Fonte: I. G. Sherbin, Mercury in the Canadian Environment, Report EPS-3-EC-79-6. Ottawa: Environmental Protection Service Canada, 1979.

FIGURA 17.22

O ciclo biogeoquímico de metilação e desmetilação bacterial de mercúrio em sedimentos.

Fonte: National Research Council (1978). An Assessment of Mercury in the Environment (Washington, DC: National Academy Press).

O mercúrio metálico é usado em muitas aplicações, principalmente em baterias, interruptores, lâmpadas e outros dispositivos elétricos; o uso e o descarte inadequados (por exemplo, baterias em incineradores municipais) aumentam a carga global de vapor de mercúrio. Esse também é o caso do uso do mercúrio na extração de minérios de ouro e prata, uma prática adotada há séculos na América Central e do Sul e atualmente aplicada em larga escala nas minas de ouro do Brasil. Esse processo libera quantidades maciças de mercúrio no meio ambiente porque o ouro extraído é recuperado aquecendo-se o amálgama para expelir o mercúrio. Grandes quantidades das lavagens de amálgama contaminaram partes do sedimento do rio Amazonas com mercúrio. Estima-se que essa prática responda por 2% das emissões atmosféricas globais de mercúrio. Somente agora estão sendo instaladas capelas simples de condensação de mercúrio para reduzir as perdas. Além disso, os solos na bacia amazônica contêm concentrações relativamente altas de mercúrio natural ligado a sítios de troca de cátions em substâncias húmicas na camada superficial do solo orgânico. Outra fonte de despejo de mercúrio no rio é a agricultura baseada em derrubadas e queimadas, que queima grande parte do material húmico, deixando para trás um resíduo móvel, contendo mercúrio.

O mercúrio inorgânico não é particularmente tóxico quando ingerido porque nem o metal nem os íons (Hg_2^{2+} e Hg^{2+} e seus complexos) penetram eficazmente na parede intestinal. Entretanto, o Hg^0 é altamente tóxico quando inalado; sob forma atômica, é capaz de atravessar as membranas do pulmão e alcançar a corrente sanguínea, passando pela barreira sangue–cérebro. No cérebro, presume-se que ele seja oxidado e ligado aos grupos sulfidril de proteína porque produz os mesmos efeitos neurológicos que o metilmercúrio. Por essa razão, os indivíduos deveriam evitar lidar com o mercúrio elementar; e todo derramamento deveria ser tratado (com enxofre, que liga os átomos de mercúrio) e limpo. Os mineradores de ouro brasileiros sofrem sérios problemas de saúde provocados pelo mercúrio elementar liberado durante as operações de amálgama, assim como os mineradores de prata e ouro há séculos.

Os complexos de fenilmercúrio, $C_6H_5Hg^+$, têm sido utilizados para a conservação de tintas e como controle de secreções viscosas (slimicidas) na indústria de papel e celulose, mas esses usos já foram restringidos. Os organomercúrios também têm sido usados como fungicidas para fins agrícolas e industriais, principalmente na adubação de grãos para semeadura. Quando no solo, esses compostos se rompem e o mercúrio é aprisionado como sulfeto mercúrico insolúvel. Entretanto, centenas de pessoas morreram no Iraque por comer pão feito com farinha contaminada por mercúrio, produzida com sementes tratadas que foram inadvertidamente desviadas para um moinho. Nos Estados Unidos, uma família do Novo México foi envenenada ao consumir um porco que havia sido alimentado com grãos tratados com mercúrio. A família instaurou um processo criminal, levando a EPA a proibir organomercúrios no tratamento de sementes. Na Suécia e no Canadá, as populações de aves de rapina declinaram após a ingestão de pássaros menores que haviam se alimentado de sementes tratadas. O uso de compostos de mercúrio para tratar sementes passou a ser restringido na Europa e na América do Norte.

O ciclo natural do mercúrio também pode ser indiretamente perturbado pela atividade humana. Foram encontrados níveis elevados de mercúrio em peixes que habitam as águas represadas por usinas hidrelétricas em Quebec e Manitoba. A fonte dessa 'poluição' foi simplesmente a ação bacteriana sobre o mercúrio de ocorrência natural já presente no solo de superfície recém-submerso.

b. Cádmio. O cádmio se localiza na mesma coluna da tabela periódica que o mercúrio e o zinco, mas suas propriedades químicas estão muito mais próximas do zinco do que do mercúrio. Essa similaridade com o zinco é responsável pela distribuição do cádmio, bem como por seus riscos específicos. O cádmio é sempre encontrado em associação com o zinco na crosta terrestre e é obtido como subproduto da mineração e extração do zinco; não existem minas exclusivas de cádmio. Além disso, o cádmio está sempre presente como um contaminante nos produtos de zinco. Na realidade, uma das fontes difusoras de cádmio no ambiente urbano é o aço tratado com zinco (galvanizado). O intemperismo sobre superfícies de aço galvanizado produz uma poeira carregada de zinco e cádmio; embora a concentração seja baixa, a quantidade total de cádmio é considerável. Foi aventado que as propostas de proibição de cádmio em produtos (na maior parte, baterias, placas de galvanização, pigmentos e estabilizadores de plástico), visando a reduzir a exposição ambiental, pode surtir o efeito oposto, em conseqüência da redução ao incentivo econômico de se recuperar o cádmio de resíduos de zinco e do zinco refinado em si.[7]

A mimetização do zinco é provavelmente a razão pela qual o cádmio é ativamente absorvido por muitas plantas, já que o zinco representa um nutriente essencial. A maior parte de nossa absorção de cádmio provém dos vegetais e grãos em nossa alimentação. Entretanto, os fumantes obtêm uma dose extra devido ao cádmio concentrado nas folhas de tabaco; os fumantes contumazes possuem o dobro de cádmio no sangue, em média, se comparados aos não-fumantes. A média de absorção diária de cádmio nos Estados Unidos é estimada em 10 µg a 20 µg, mas somente uma pequena fração é absorvida; estima-se que a dose absorvida esteja entre 0,4 µg e 1,8 µg. Os fumantes de um maço por dia absorvem uma média de 2 µg/dia extras, mas a inalação aumenta muito a absorção fracionada. A dose absorvida se eleva, portanto, para estimados 0,9 a 2,8 µg/dia.

Existe a preocupação de que o acúmulo de cádmio em solos agrícolas possa acarretar níveis perigosos nos alimentos. A entrada de cádmio no solo se dá principalmente por deposição de partículas suspensas no ar (úmidas e secas) e de fertilizantes comerciais de fosfato, que contêm cádmio como um componente natural do minério de fosfato. A carga de cádmio poderia sofrer ainda mais aumento pelo uso de fertilizante proveniente do lodo de esgoto, uma medida de disposição desse lodo que

---

[7] W. M. Stigliani e S. Anderberg. "Industrial metabolism at the regional level". In R. U. Ayres e U. E. Simonis, eds. *Industrial metabolism: restructuring for sustainable development*. Tóquio: United Nations University Press, 1994.

encontra cada vez mais defensores. O esgoto é, em geral, contaminado por cádmio e outros metais; entretanto, há alguma evidência de que o cádmio fica firmemente ligado ao lodo de esgoto e possa não ser liberado para as plantas em crescimento.

O problema do acúmulo de cádmio foi extensivamente examinado para a bacia fortemente industrializada do rio Reno, avaliando-se os fluxos intensos de cádmio por várias décadas em um estudo sobre a ecologia industrial da região. Constatou-se que as emissões atmosféricas de cádmio declinaram substancialmente, graças ao controle de fontes pontuais, principalmente as caldeiras de fundição de metal ferroso e não-ferroso (veja a Figura 17.23; veja a Figura 14.5 sobre tendências em cargas aquosas de cádmio na bacia do Reno).

Diferentemente das reduções nas emissões atmosféricas e aquosas, as concentrações de cádmio nos solos agrícolas da bacia aumentaram e devem continuar aumentando no futuro (veja a Figura 17.24), em razão da entrada de resíduos provenientes de fontes difusas (principalmente deposição atmosférica de queima de carvão e aplicação de fertilizante de fosfato). Esse padrão reflete o fato de que o *tempo de residência* do cádmio nos solos pode ser ordens de grandeza mais longo do que o seu tempo de vida no ar ou na água do rio, particularmente quando o pH do solo é mantido acima de 6,0, como geralmente acontece em solos agrícolas, por causa de adições de calcário ($CaCO_3$) (veja a Figura 12.13).

Estima-se que aproximadamente 3.000 toneladas de cádmio tenham-se acumulado na camada arável dos solos agriculturáveis da bacia, de 1950 a 1990. Particularmente preocupante é um cenário em que o cádmio armazenado seria liberado por decorrência da acidificação do solo. Isso poderia ocorrer se os planos atuais de abandonar grandes áreas de terras agrícolas na bacia fossem implementados. Se as terras abandonadas não receberem mais calcário, o pH dos solos poderá cair para 4,0 em algumas décadas. A redução no pH resultaria em uma rápida liberação de cádmio da camada superficial do solo (veja a Figura 12.13). Essa ocorrência poderia provocar problemas de saúde pública onde os solos pesadamente poluídos estão sobre águas subterrâneas rasas usadas como fonte de água para beber.

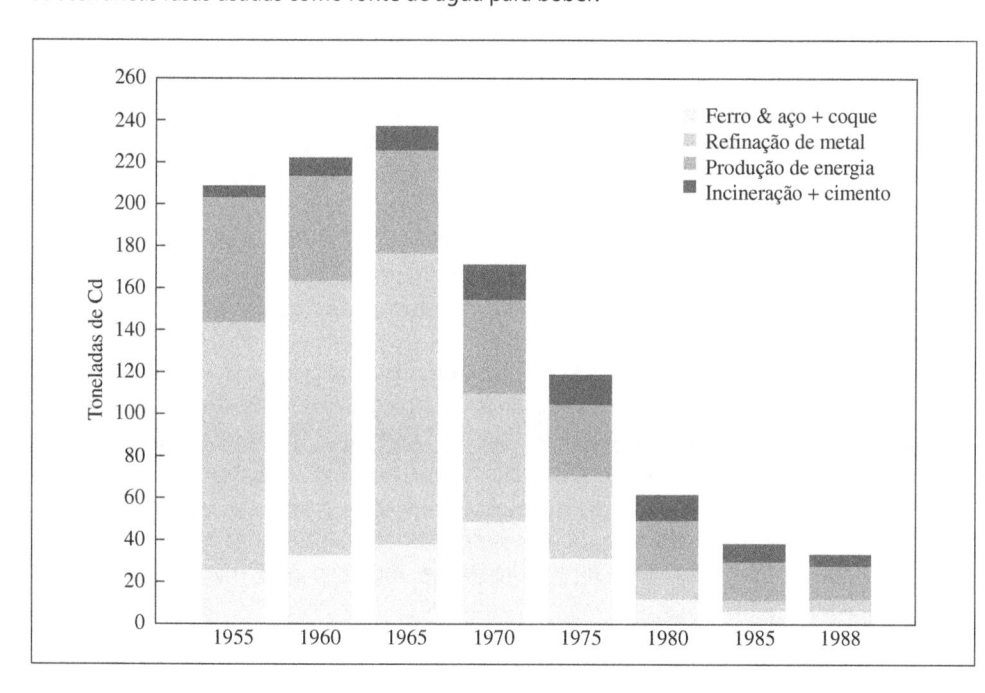

FIGURA 17.23

Tendências das emissões atmosféricas de cádmio na bacia do rio Reno pelo setor industrial (1955–1988).

Fonte: S. Anderberg e W.M. Stigliani, Comunicação pessoal. Laxenburg, Áustria: International Institute for Applied Systems Analysis, 1995.

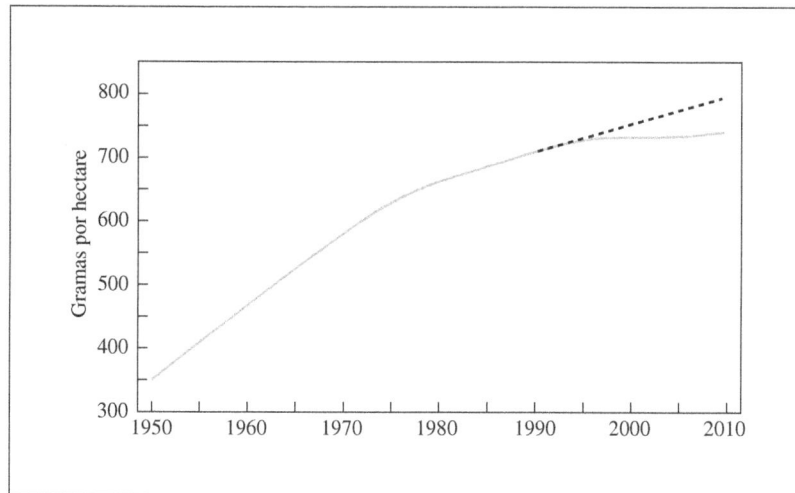

FIGURA 17.24

Evolução no tempo da concentração de cádmio nos primeiros 20 cm de solos tipicamente agrícolas na bacia do Reno. Nas projeções para o ano 2010, a linha cheia pressupõe que o cádmio no fertilizante de fosfato seja eliminado até o ano 2000; a linha pontilhada pressupõe que não haverá redução de cádmio em fertilizantes.

Fonte: W. M. Stigliani et al. "Heavy metal pollution in the Rhine Basin", Environmental Science and Technology, 1993, 27(5):786–793. Copyright© 1993 por American Chemical Society. Reprodução autorizada por ES&T.

As condições do solo foram certamente um fator influenciador no único caso conhecido de envenenamento ambiental generalizado por cádmio, que ocorreu no vale de Jinzu, no Japão. A água para irrigação extraída de um rio que era contaminado por um complexo de mineração e fundição de zinco provocou altos níveis de cádmio no arroz. Centenas de pessoas na área, principalmente mulheres idosas que haviam parido muitos filhos, desenvolveram uma doença degenerativa nos ossos chamada de *itai-itai* ('ai-ai'), aparentemente porque o Cd^{2+} interferia com a deposição de Ca^{2+}. Seus ossos se tornaram porosos e sujeitos ao colapso. Calculou-se que as pessoas atingidas tiveram uma absorção de cádmio da ordem de 60 μg/dia, várias vezes acima da absorção normal.

Embora o nível de 70 ppm de cádmio no solo de Jinzu fosse elevado, ele foi ainda maior, 300 ppm, em Shipham, na Inglaterra, uma localidade de mineração de zinco durante os séculos 17 e 19. Entretanto, os registros de saúde nessa localidade indicaram somente efeitos leves atribuíveis ao cádmio. Os solos de Shipham possuem alto pH, 7,5, e também alto teor de carbonato de cálcio e óxidos hidratados de ferro e manganês, que são bons absorvedores de Cd^{2+} (veja os registros 3a, 3b, Tabela 13.2). Em contraste, os solos de Jinzu possuíam baixo pH, 5,1, e baixo teor de óxidos hidratados. Portanto, o cádmio era bem mais disponível para absorção vegetal em Jinzu do que em Shipham.

A exposição crônica ao cádmio tem sido relacionada a doenças do coração e do pulmão (incluindo câncer de pulmão em altos níveis), supressão do sistema imunológico e doenças do fígado e rins. Como mencionamos anteriormente, a proteína seqüestradora de Cd^{2+}, metalotioneína, oferece proteção até o limite de sua capacidade. Como a metalotioneína se concentra nos rins, esse órgão é o primeiro a ser afetado pelo excesso de cádmio. A desvantagem da proteção de metalotioneína é que o cádmio se armazena no organismo e se acumula com a idade, de modo que o dano resultante da exposição de longo prazo se torna irreversível.

c. Arsênio. Embora o arsênio esteja na mesma coluna da tabela periódica que o fósforo e apresente composição química semelhante, ele é mais facilmente reduzido do nível de oxidação V para o III. O As(III) (arsenito, AsO_3^{3-}) é mais tóxico do que o As(V) (arseniato, AsO_4^{3-}), provavelmente porque se liga mais prontamente aos grupos sulfidril nas proteínas. Na realidade, é provável que a toxicidade do As(V) resulte de sua redução a As(III) no organismo. O mecanismo da toxicidade é incerto, mas resultados recentes sugerem que a metilação de As(III), um processo análogo à metilação do mercúrio, produz produtos altamente reativos e danifica o DNA, pelo menos em culturas de células humanas. Em outra descoberta recente, descobriu-se que baixos níveis de arsênio inibiam os receptores de ativação do hormônio glucocorticóide, receptores que ativam muitos genes supressores de câncer e reguladores do açúcar no sangue; a arsenicose é conhecida como desencadeadora de diabetes e câncer.

As propriedades venenosas dos compostos arsênicos são conhecidas e exploradas desde a Antiguidade, mas chegou a vez do século 21 de testemunhar o envenenamento acidental por arsênio em grande escala. Em Bangladesh e na província indiana vizinha de West Bengal, aproximadamente 70 milhões de pessoas vivem sob risco de envenenamento por altos níveis de arsênio nos lençóis freáticos. Só em West Bengal, cerca de 200.000 pessoas foram diagnosticadas com arsenicose. Há muito mais casos em Bangladesh, onde cerca de 4,5 milhões de pessoas podem estar bebendo água impregnada de arsênio há muitos anos.

Ironicamente, o problema tomou vulto com o esforço patrocinado pelas Nações Unidas, a partir do final da década de 1960, no sentido de fornecer água limpa para beber inserindo poços tubulares no aqüífero raso que passa por baixo da região. O esforço efetivamente melhorou as condições de saúde ao reduzir a incidência de doenças transmitidas pela água. Entretanto, o alto teor de arsênio do reservatório passou despercebido por anos. A metade dos 4 milhões de poços tubulares extrai água que supera o padrão de arsênio de 50 ppb em Bangladesh (esse foi o padrão norte-americano até 2001, quando foi reduzido para 10 ppb, uma diretriz também recomendada pela Organização Mundial de Saúde). Nas áreas mais contaminadas, os níveis de arsênio ultrapassam rotineiramente o nível de 500 ppb.

O arsênio em água de beber é um veneno de ação lenta. Os primeiros sintomas são queratoses, que descolorem a pele. Mais tarde, elas se desenvolvem em câncer; o fígado e os rins também se deterioram. Esse processo pode levar até 20 anos. No estágio inicial, a arsenicose é reversível, caso a ingestão de arsênio seja descontinuada, mas, quando o câncer se instala, não há tratamento eficaz. A desnutrição deixa os habitantes de Bangladesh ainda mais vulneráveis.

Por que o aqüífero está carregado de arsênio? A resposta não é totalmente clara, mas a teoria mais viável é que isso esteja associado aos sedimentos impregnados de ferro dos rios que escoam para a região (Ganges, Bramaputra e Meghna). O arsênio é encontrado na natureza em associação com os minerais sulfeto (a fundição de minérios de ouro, chumbo, cobre e níquel pode ser uma fonte de poluição por arsênio. Um estudo na Bulgária responsabilizou o arsênio de uma usina de fundição de cobre como uma das causas da triplicação na incidência de defeitos congênitos na região). Vestígios de arsênio contidos no sulfeto de ferro (pirita) são a fonte mais difusora de arsênio; e o intemperismo da pirita acarreta a liberação de arseniato, juntamente com os hidróxidos de sulfato e férrico (veja a química da drenagem ácida de minas). O sulfato é levado para o mar, mas o arseniato mais altamente carregado adsorve o hidróxido férrico e se deposita nos sedimentos dos rios. Normalmente, esses sedimentos contêm de 2 ppb a 6 ppb de arsênio; e os sedimentos aluviais de Bangladesh e West Bengal, com concentrações de 2 ppm a 20 ppm, não são acentuadamente mais elevados. Entretanto, esses sedimentos também são ricos em matéria orgânica e os altos níveis de DBO levam a condições redutoras, resultando na redução e solubilização do ferro, com liberação do arseniato adsorvido. Esse é o mesmo cenário da liberação de fosfato dos sedimentos sob condições redutoras na baía de Chesapeake.

Dessa forma, os sedimentos de Bangladesh e West Bengal não são únicos em sua tendência de liberar arsênio nas águas subterrâneas. Esse problema é encontrado em muitas partes do mundo, incluindo Chile, Taiwan e a região sudoeste dos Estados Unidos. Na realidade, um estudo epidemiológico em Taiwan estabeleceu uma clara ligação entre os níveis de arsênio na água de poço e a incidência de câncer de pele. Entretanto, somente em Bangladesh e West Bengal a exposição ao arsênio foi tão disseminada e tão duradoura.

A perspectiva para as vítimas de arsenicose não é encorajadora. Os habitantes da vila são desesperadoramente pobres e não possuem nenhum acesso a fontes alternativas de água limpa. Existe a preocupação de que até a marcação dos poços envenenados poderia surtir efeito contrário, caso os usuários recorressem às águas poluídas de superfície para atender às suas necessidades. Novos poços poderiam ser escavados em um aqüífero mais profundo e não contaminado; e há vários esquemas para tratar a água dos poços existentes e remover o arsênio. Entretanto, como há milhões de poços contaminados, o custo de qualquer solução é enorme; também há várias barreiras administrativas e políticas. O Banco Mundial está coordenando um plano de mitigação e seu financiamento, porém o enorme esforço pode levar dez anos ou mais.

d. Chumbo. De todas as substâncias tóxicas no meio ambiente, o chumbo é o mais difundido; ele envenena milhares de pessoas ao ano, principalmente crianças em áreas urbanas.

1) Exposição. Diferentemente do cádmio, o chumbo não é ativamente absorvido pelas plantas; no entanto, ele contamina o suprimento alimentar porque é abundante na poeira e é depositado sobre as plantações de alimentos ou sobre os alimentos durante a fase de processamento. Os alimentos e a ingestão direta de poeira respondem pela maior parte da média de absorção de chumbo, estimada em cerca de 50 µg/dia nos Estados Unidos. Em áreas urbanas ou ao longo das estradas, os níveis de chumbo na poeira geralmente excedem 100 ppm, e em áreas rurais remotas os níveis são de 10 ppm a 20 ppm. A ingestão de apenas 0,1 g de poeira urbana fornece uma dose de 10 µg ou mais de chumbo. Portanto, não é necessário ingerir muita poeira, por ingestão direta ou misturada aos alimentos (as duas contribuições são consideradas comparáveis), para se atingir a ingestão média diária. As crianças estão particularmente em risco porque brincam na poeira, absorvem uma fração maior do chumbo que ingerem e porque são expostas a mais chumbo por unidade de massa corporal.

Uma rota significativa de exposição ao chumbo, além da ingestão de alimentos e poeira, é a água de beber. O chumbo pode contaminar a água, seja pela solda à base de chumbo usada nas conexões da tubulação e dos acessórios, seja pela própria tubulação, que em casas e sistemas de abastecimento antigos é feita de chumbo. Em geral, recomenda-se não tomar o 'primeiro jorro' de água que passou a noite em bebedouros ou na tubulação de prédios mais antigos. Em contato com água que contém O_2, o chumbo metálico pode se oxidar e solubilizar:

$$2Pb + O_2 + 4H^+ \rightleftharpoons 2Pb^{2+} + 2H_2O \qquad \textbf{17.5}$$

Como a Equação (17.5) consome dois prótons por íon de chumbo, a velocidade de dissolução depende fortemente do pH. O risco do chumbo é maior quando a água é mole, ou seja, quando há pouca neutralização da acidez da água da chuva. A água dura, por outro lado, possui pH mais elevado; além disso, possui uma concentração de carbonato mais elevada (devida à neutralização por $CaCO_3$). O carbonato precipita Pb^{2+} como o esparsamente solúvel $PbCO_3$, que inibe a dissolução do metal subjacente nos tubos e acessórios. Alguns distritos de abastecimento de água, principalmente aqueles com água mole e tubos antigos de chumbo, agora adicionam fosfato à água de beber para formar uma camada protetora de fosfato de chumbo. Existem conjuntos de teste à venda para medir os níveis de chumbo na água que se vai beber.

Um risco associado é a prática, hoje grandemente descontinuada, de usar a solda de chumbo para selar latas de alimentos e bebidas. Quando as latas são abertas e seu conteúdo exposto ao ar, o chumbo pode se mover para dentro do conteúdo, principalmente se ele for ácido. Da mesma forma, o chumbo pode vazar para a comida ou bebida armazenada em recipientes de cerâmica, se, como é comum ocorrer, seu esmalte contiver óxido de chumbo. É particularmente arriscado tomar suco de fruta (devido à sua acidez) ou bebidas quentes (porque a velocidade de dissolução aumenta com o calor) desse tipo de recipiente. Embora os esmaltes isentos de chumbo sejam atualmente a regra entre os fabricantes, esses recipientes continuam sendo uma fonte significativa de chumbo alimentar.

Se o chumbo na poeira constitui a principal rota de exposição, como o chumbo chega lá? A tinta domiciliar representa uma importante fonte. A reforma de casas antigas é um risco, a menos que se tome cuidado para conter a poeira das camadas de tinta velha. Os sais de chumbo apresentam coloração brilhante e foram amplamente usados como pigmentos e bases de tinta. O cromato de chumbo, $PbCrO_4$, fornece a cor amarela da sinalização de ruas e ônibus escolares, enquanto o óxido de 'chumbo vermelho', Pb_3O_4, constitui a base das tintas à prova de corrosão nas pontes e em outras estruturas de metal. O hidroxicarbonato, $Pb_3(OH)_2(CO_3)_2$, é o 'chumbo branco' que foi largamente utilizado como base para tinta de interiores, mas agora está sendo substituído pelo dióxido de titânio, TiO_2. No entanto, edificações antigas, principalmente nos Estados Unidos, onde o chumbo foi banido da tinta para interiores somente em 1971 (a maior parte da Europa proibiu o uso em 1927), ainda possuem paredes com tinta à base de chumbo. A poeira e as lascas de tinta que se desprendem das paredes são a principal fonte de exposição a chumbo em ambientes internos. As tintas com chumbo também são muito usadas na parte externa das edificações e o intemperismo eleva os níveis de chumbo na poeira fora dos prédios. Embora menos perigoso do que o chumbo dentro de casa, o chumbo externo ainda constitui uma questão de apreensão porque as crianças geralmente brincam na poeira, chegando a ingeri-la, ou a trazem para dentro.

Outra fonte importante de exposição ao chumbo é a gasolina com chumbo. Como foi discutido em relação aos aditivos da gasolina, adicionar tetraetilchumbo ou tetrametilchumbo à gasolina melhora sua octanagem, pois seqüestra radicais e inibe a pré-ignição. Esses compostos são por si mesmos tóxicos; são prontamente absorvidos pela pele e, no fígado, convertem-se em íons trialquil-chumbo, R_3Pb^+, que, assim como os íons metilmercúrio, são neurotoxinas. Entretanto, uma ameaça muito maior à saúde pública é o chumbo expelido pelo cano do escapamento para a atmosfera. A maior parte do chumbo é emitido em pequenas partículas de PbX_2 (X = Cl ou Br), formado pela reação com o dicloreto ou dibrometo de etileno, adicionado à gasolina para impedir o acúmulo de depósitos de chumbo no motor. Essas partículas podem se deslocar por grandes distâncias pelas correntes de ar e são, sem dúvida, responsáveis pela acentuada elevação no teor de chumbo do gelo da Groenlândia a partir de 1950 (veja a Figura 17.19), com a grande expansão do tráfego automotivo ao redor do mundo nas décadas seguintes. No entanto, a maioria das partículas se assenta não muito longe do ponto onde são geradas, contaminando com chumbo a poeira próxima às rodovias e áreas urbanas. Os níveis de chumbo na poeira urbana se correlacionam fortemente com o congestionamento do trânsito (veja na Figura 17.25 a diferença nas concentrações médias de chumbo no sangue entre Estocolmo, com população acima de 1 milhão, e Trelleborg, na Suécia, com população de aproximadamente 25 mil).

Os aditivos de chumbo foram gradativamente retirados de uso nos Estados Unidos a partir do início dos anos 1970, quando os conversores catalíticos foram introduzidos para controle da poluição, porque as partículas de chumbo nos gases de exaustão desativam as superfícies catalíticas. Em 1990, Brasil e Canadá haviam descontinuado o uso da gasolina com chumbo, e muitos outros países, incluindo Argentina, Irã, Israel, México, Taiwan, Tailândia e a maioria das nações européias, reduziram significativamente a concentração de chumbo na gasolina (de cerca de 1 g/L para 0,15 a 0,3 g/L). O uso de gasolina com chumbo está declinando mais na Europa e no México porque todos os carros novos devem ter catalisadores. Mas o consumo de gasolina com chumbo continua na maior parte do restante do mundo; e quase toda gasolina ainda tem chumbo em muitas partes da África, Ásia e América do Sul. O impacto global do abandono da gasolina com chumbo se reflete nos níveis de chumbo em queda contínua no registro do gelo da Groenlândia desde 1970 (veja a Figura 17.19). A atual taxa de deposição se aproxima dos níveis anteriores ao advento dos automóveis. Essa tendência poderá ser revertida, porém, se a gasolina com chumbo continuar a ser usada nos países em desenvolvimento para atender às demandas em rápida evolução do transporte automotivo.

Embora a motivação inicial para a remoção do chumbo da gasolina fosse proteger os conversores catalíticos, um benefício adicional evidente foi a redução da exposição humana ao chumbo. Em toda parte onde o uso do chumbo foi descontinuado, houve uma queda regular dos níveis de chumbo no sangue da população (veja a Figura 17.25). Outras fontes de chumbo, particularmente a solda de chumbo em latas de alimentos, também foram reduzidas no mesmo período. (Na figura, isso é particularmente evidente para Christchurch, Nova Zelândia, que mostra uma queda de quase 50% nas concentrações de chumbo

FIGURA 17.25

Oito estudos de variações nas concentrações de chumbo no sangue da população com variações na concentração de chumbo na gasolina.

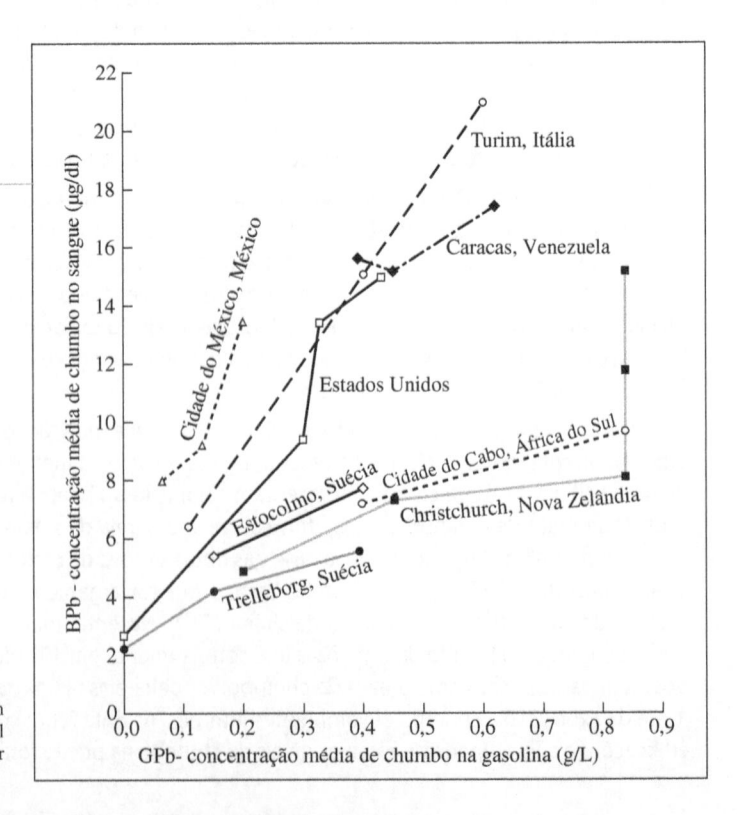

Fonte: Adaptada de V. M. Thomas et al. "Effects of reducing lead in gasoline: an analysis of the international experience", Environmental Science and Technology, 1999, 33:3942–3948. Copyright© 1999 por American Chemical Society. Reprodução autorizada por ES&T.

no sangue enquanto as concentrações de chumbo na gasolina permaneceram inalteradas em cerca de 0,84 g/L, refletindo a remoção gradual de latas com solda de chumbo e uma redução no consumo de alimentos enlatados.) No entanto, as correlações mais fortes das concentrações de chumbo no sangue são com os níveis médios de chumbo na gasolina.

Embora níveis de chumbo no sangue da ordem de 15 μg/dL (dL = decilitro; como 1 dL de sangue pesa cerca de 100 g, 15 μg/dL representa cerca de 1,5 ppm) fossem comuns antes de 1980, eles tendem a 3 μg/dL nas regiões que eliminaram o chumbo da gasolina.[8]

2) Biodisponibilidade. Quando ingerido, o chumbo pode ser absorvido ou eliminado. A absorção fracionada é estimada em 7% a 15% em adultos, em média, e 30% a 40% em crianças. Entretanto, a extensão da absorção depende dos estados químico e físico do chumbo. É provável que partículas grandes de minerais de chumbo relativamente insolúveis passem inalteradas pelo estômago e o intestino, enquanto as partículas pequenas de compostos solúveis de chumbo sejam prontamente absorvidas. Sem dúvida, é por isso que as pessoas que vivem nas vizinhanças de resíduos de minas contendo chumbo não tendem a apresentar altos níveis dessa substância: o chumbo nos resíduos ocorre em grande parte como pedaços de sulfeto ou óxido de chumbo. Por outro lado, as pessoas que vivem próximas a caldeiras de fundição de chumbo possuem níveis até certo ponto elevados desse elemento; as caldeiras de fundição emitem partículas finas das fases mais reativas do óxido de chumbo. Os dados na Figura 17.25 sugerem que o chumbo proveniente da gasolina é prontamente absorvido, já que representou um percentual tão alto de níveis médios de chumbo no sangue nos anos anteriores. O chumbo emitido está na forma de partículas solúveis de haleto de chumbo, que são altamente absorvíveis. Ao contato com solos carregados de umidade, os haletos podem se converter em $Pb(OH)_2$ e então em partículas maiores de PbO, que são menos biodisponíveis. Esse processo pode ser responsável pelo fato de os níveis de chumbo no sangue se correlacionarem com a remoção gradual de chumbo da gasolina sem uma defasagem significativa no tempo, mesmo que os níveis de chumbo permaneçam elevados na poeira próxima às rodovias.

3) Toxicidade. A intoxicação por chumbo é tão antiga quanto a história humana; o uso de chumbo em artefatos remonta à data de 3.800 a.C. Os gregos observaram que a ingestão de bebidas ácidas com o uso de recipientes de chumbo poderia provocar doenças. Mas, aparentemente, os romanos não, pois eles às vezes adicionavam deliberadamente os sais de chumbo a vinhos extremamente ácidos para adoçar o sabor. Os ossos dos romanos apresentam níveis bem mais elevados de chumbo do que os humanos da era moderna; alguns historiadores especulam que o envenenamento crônico por chumbo contribuiu para a queda do Império Romano.

Quando absorvido pelo organismo, o chumbo entra na corrente sanguínea e se desloca de lá para os tecidos macios. Com o tempo, ele se deposita nos ossos, porque o Pb^{2+} e o Ca^{2+} possuem raios iônicos similares. O teor de chumbo nos ossos aumenta com a idade; quando a matéria dos ossos se dissolve, como pode acontecer em caso de doença ou idade avançada, o chumbo é reconduzido à corrente sanguínea e pode produzir efeitos tóxicos adicionais. Esses efeitos são expressos primariamente na formação do sangue e dos tecidos nervosos (veja a Figura 17.26). O chumbo inibe as enzimas envolvidas na biossíntese do heme, o complexo ferro-porfirina (veja a Figura 17.5) que liga a hemoglobina e serve como o local de ligação do O_2 (veja a Figura 9.2). Em particular, o chumbo interfere na enzima *ferroquelatase*, que insere ferro na porfirina; em vez disso, o zinco é inserido. O acúmulo resultante de zinco-porfirina pode ser detectado por sua característica emissão fluorescente (ferro-porfirina não fluoresce), fornecendo um sensível indicador indireto de exposição ao chumbo. Altas exposições produzem anemia devida à deficiência de ferro-porfirina.

O mecanismo bioquímico dos efeitos do chumbo sobre as células nervosas é incerto, mas a diminuição da velocidade da condução nervosa pode ser detectada em níveis relativamente baixos de chumbo no sangue (veja a Figura 17.26), e níveis mais elevados são associados à degeneração dos nervos. Mesmo em níveis bastante baixos, possivelmente tão baixos como 5 μg/dL, a exposição ao chumbo em vários estudos epidemiológicos foi associada a prejuízos de crescimento, audição e desenvolvimento mental infantil. Em 1984, foi estimado que 17% de todas as crianças norte-americanas, e 30% das crianças na região central, apresentavam níveis de chumbo no sangue superiores a 15 μg/dL. Desde então, a exposição diminuiu, conforme acabamos de observar. Em 1991, estimou-se que 8,9% das crianças norte-americanas com idade entre 1 e 5 anos tinham níveis superiores a 10 μg/dL, ainda representando uma grande população (1,7 milhão) sob risco de sofrer defeitos de desenvolvimento. Os dados mais recentes disponíveis nos Centros de Controle e Prevenção da Doença, cobrindo um período de 1991 a 1994, mostraram que 890.000 crianças em todo o país tinham níveis no sangue acima de 10 μg/dL.

Essa exposição resulta quase totalmente da ingestão de lascas de tinta à base de chumbo nas residências mais antigas. Quase 22% das crianças pobres que vivem em casas construídas antes de 1946, na região central da cidade, apresentam níveis elevados de chumbo no sangue. A meta do governo era reduzir o número de crianças sob risco em 35% até 2003, quando o censo nacional seguinte seria realizado. Há também grande preocupação sobre a exposição *in utero*, porque o chumbo atravessa a placenta e pode interferir no desenvolvimento do feto.

Os exatos mecanismos moleculares da toxicidade do chumbo não foram detectados, mas provavelmente envolvem a capacidade do chumbo de se ligar ao nitrogênio e ligantes de enxofre, interferindo assim na função de proteínas essenciais (como a ferroquelatase). Essa capacidade também é utilizada na *terapia de quelação* para toxicidade do chumbo. O chumbo pode ser

---

[8] V. M. Thomas, R. H. Socolow, J. J. Fanelli e T. G. Spiro. "Effects of reducing lead in gasoline: an analysis of the international experience", *Envirn. Sci. Technol.*, 1999, 33:3942–3948.

removido do organismo por injeção intravenosa de agentes quelantes (veja a Figura 17.27). Os agentes de quelação competem com os locais de ligação de proteínas e os complexos resultantes de Pb^{2+}-quelato são excretados pelos rins. Como os agentes de quelação também podem se ligar a outros íons metálicos além de ao chumbo, eles são administrados como o complexo Ca^{2+}, para evitar a remoção de cálcio e outros metais mais fracamente ligados do organismo. O fortemente ligante Pb^{2+} desloca o Ca^{2+} e é seletivamente removido.

FIGURA 17.26
Níveis de efeitos mais inferiores observados para chumbo inorgânico em crianças (µg/dL).

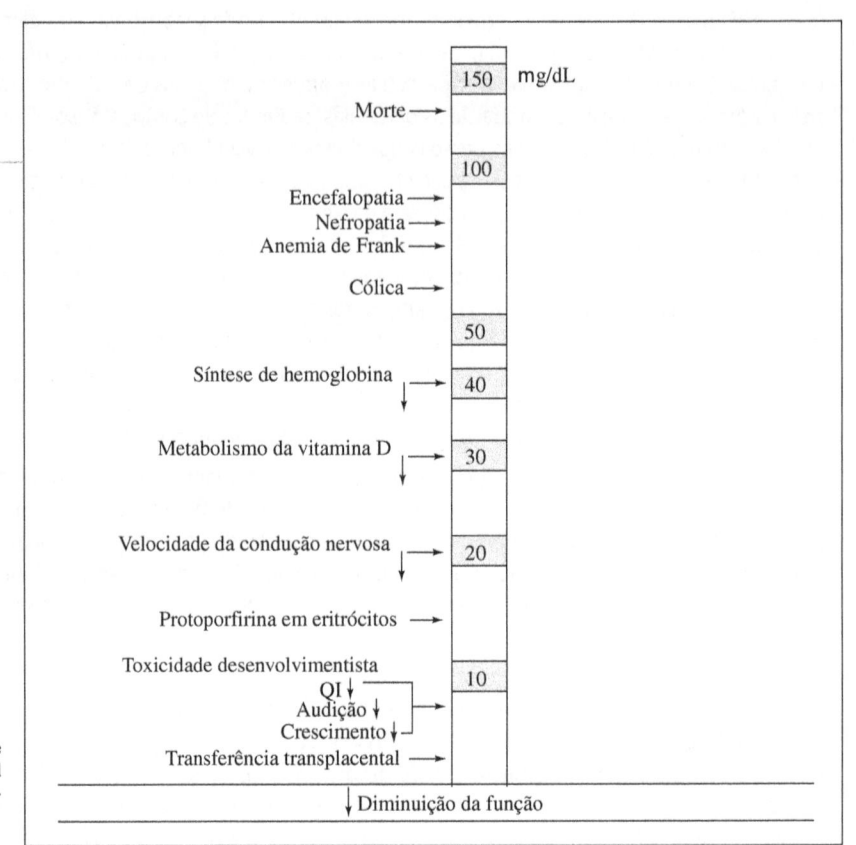

Fonte: Agency for Toxic Substances Disease Registry (1988). The Nature and Extent of Lead Poisoning in Children in the United States: A Report to Congress (Atlanta, Georgia: ATSDR).

- 150 mg/dL — Morte
- 100 — Encefalopatia, Nefropatia, Anemia de Frank
- Cólica
- 50
- 40 — Síntese de hemoglobina
- 30 — Metabolismo da vitamina D
- 20 — Velocidade da condução nervosa
- Protoporfirina em eritrócitos
- Toxicidade desenvolvimentista
- 10 — QI ↓, Audição ↓, Crescimento ↓
- Transferência transplacental

↓ Diminuição da função

FIGURA 17.27
Agentes quelantes para remoção de chumbo do organismo.

Pb ligado a BAL

Pb ligado a EDTA

Pb ligado a d-penicilamina

Remoção de chumbo do corpo

Ca^{2+}(Agente de quelação) + Pb^{2+} ⟶ Pb^{2+}(Agente de quelação) + Ca^{2+}

Elemento tóxico para o organismo

Nutriente do organismo

Excretado na urina

O envenenamento por chumbo também é comum entre aves aquáticas, que morrem com a ingestão de projétil de chumbo e de chumbada de rede ou linha de pesca. No início dos anos 1980, cerca de 2% a 3% da população de outono de aves aquáticas nos Estados Unidos morriam a cada ano por envenenamento por chumbo. Os pássaros que se alimentavam dessas aves também ficavam expostos ao chumbo. Um estudo das 1.429 mortes de águias nos Estados Unidos entre 1963 e 1984 constatou que 6% delas eram atribuídas a envenenamento por chumbo. O projétil de chumbo está atualmente proibido para caça de aves aquáticas nos Estados Unidos e no Canadá.

Resumo

A biosfera desempenha um papel integral na regulação dos ciclos químicos naturais do planeta, mas essa função é vulnerável a distúrbios gerados pelas atividades humanas. O reino animal é dependente das plantas para alimentação, e a produtividade das plantas é, em grande parte, limitada pela disponibilidade de nitrogênio; o nitrogênio 'fixo' disponível na natureza provém somente das bactérias que contêm nitrogenase (exceto pela pequena quantidade de N_2 oxidado pelo relâmpago). A população humana em expansão é dependente dos ganhos de produtividade agrícola, que foram possibilitados pela produção de fertilizante à base de nitrogênio e o desenvolvimento de novas variedades de vegetais capazes de se adaptar à intensiva fertilização. Atualmente, o fertilizante comercial responde por 23% do nitrogênio fixo mundial e as alterações no uso da terra induzidas pelo homem contribuem com outros 20%. Dessa forma, as atividades humanas intensificaram muito o ciclo global de nitrogênio. As conseqüências, embora não plenamente compreendidas, incluem a poluição por nitrato das águas subterrâneas em áreas agrícolas, a facilitação da erosão do solo e uma provável contribuição ao aumento global de emissões de N_2O, um gás do efeito estufa e principal ator no esgotamento do ozônio estratosférico.

Além da produção agrícola total, a nutrição humana satisfatória depende de uma dieta balanceada, que contenha um adequado complemento de aminoácidos essenciais e vitaminas. Além disso, os antioxidantes na dieta podem desempenhar um papel importante na maior longevidade, por controlar os níveis de radicais livres nos tecidos.

A agricultura moderna depende não só de fertilizantes, mas também de herbicidas e inseticidas sintéticos para impulsionar a produção e controlar as perdas causadas por insetos e outras pragas. Além disso, os inseticidas desempenham um papel fundamental na prevenção contra doenças por meio do controle dos vetores de insetos. Entretanto, a aplicação inevitavelmente gera resistência dentre os insetos-alvo, acarretando uma busca incessante por novos inseticidas. Nesse ínterim, a aplicação generalizada desses produtos químicos exerce efeitos nocivos aos ecossistemas e à saúde humana. Por essas razões, estratégias mais sofisticadas de controle de pragas estão sendo desenvolvidas, incluindo controles biológicos e substâncias destinadas a pragas específicas e que rapidamente se quebram em moléculas inofensivas ao meio ambiente. O advento das plantas transgênicas, que abrigam seus próprios pesticidas ou as características necessárias à resistência aos herbicidas, produziu um impacto significativo na agricultura, embora suas perspectivas sejam, de certa forma, obscurecidas pela reação pública contra essa aplicação da biotecnologia.

As substâncias organocloradas são objeto de especial preocupação porque se degradam muito lentamente no meio ambiente e, sendo lipofílicas, bioacumulam-se na cadeia alimentar por concentração no tecido adiposo. As aves de rapina são especificamente vulneráveis porque os organoclorados interferem na deposição de cálcio na casca dos ovos. Por decorrência, muitos pesticidas organoclorados, a começar pelo DDT, foram proibidos em países desenvolvidos, embora ainda sejam usados em outras partes do mundo. Existem também preocupações relacionadas à saúde humana, focadas no câncer e nos distúrbios hormonais. Um dos produtos mais temidos, a 2,3,7,8-tetraclorodibenzodioxina, não é produzida deliberadamente, mas era um contaminante do herbicida 2,4,5-ácido tricloro fenoxiacético. Também é um produto residual, tal como muitos congêneres, de qualquer processo de combustão em que estejam presentes o cloro e o carbono no material sendo queimado. Os incineradores constituem atualmente a principal fonte de dioxinas e os dibenzofuranos policlorados correlatos, embora o uso de dispositivos de controle da poluição possa eliminar a maioria das liberações. As bifenilas policloradas, largamente usadas em transformadores e outros produtos elétricos, constituem também motivo de apreensão, ainda que não sejam mais produzidas. Essas moléculas são tóxicas porque se ligam ao receptor de hidrocarboneto de arila, presente nas células de mamíferos, e ativam os eventos bioquímicos, acarretando uma série de efeitos fisiológicos, incluindo a indução ao câncer; as conseqüências à saúde humana nos níveis de exposição ambiental ainda são, todavia, incertas.

Os problemas de toxicidade também resultam do acúmulo de metais no meio ambiente. Os metais pesados se ligam fortemente aos ligantes contendo enxofre e podem, portanto, se ligar e interferir nas proteínas essenciais, embora a efetiva bioquímica varie entre diferentes metais. Os metais também diferem acentuadamente nas suas químicas ambientais e rotas de exposição. Portanto, a poluição por mercúrio se resume basicamente a um problema de exposição por meio da ingestão de peixes, devido à bioacumulação do metilmercúrio que é produzido nos sedimentos. O cádmio constitui um problema de exposição por meio dos cultivos de alimentos devido à sua absorção ativa pelas plantas. O arsênio nos aqüíferos pode contaminar a água para beber e expor enorme quantidade de pessoas ao envenenamento de longo prazo, como ocorreu em Bangladesh. E o chumbo representa um problema principalmente às crianças que vivem nas cidades e ingerem a poeira impregnada de chumbo resultante do intemperismo de tinta de parede e das emissões geradas pela gasolina com chumbo. A poluição por metais envolve uma complexa interação entre padrões de produção industrial, emissões, transporte e bioquímica que requer um bom trabalho de investigação química para decompô-la e avaliá-la.

Resolução de problemas

1. (a) A fixação do nitrogênio redutor requer a quebra da tripla ligação no nitrogênio (N≡N) pela reação:

$$N \equiv N + 3H_2 \rightarrow 2NH_3 \qquad \textbf{1}$$

Imagine que a reação geral ocorre pela quebra seqüencial de ligações simples no nitrogênio pelas reações:

$$N \equiv N + H_2 \rightarrow HN = NH \qquad \textbf{2(a)}$$

$$HN = NH + H_2 \rightarrow H_2N - NH_2 \qquad \textbf{2(b)}$$

$$H_2N - NH_2 + H_2 \rightarrow 2NH_3 \qquad \textbf{2(c)}$$

A reação (1) requer uma energia de ativação de 941 kJ/mol para quebrar a ligação tripla. A etapa que mais demanda energia no processo (2) é a reação (2a), que requer uma energia de ativação de aproximadamente 527 kJ/mol. Calcule a razão das constantes de velocidade (k_{2a}/k_1) a 27 °C para as reações (1) e (2a), dado que k é proporcional a $e^{-Ea/RT}$, onde Ea é a energia de ativação, R = 8,33 joules/K/mol e T é medido em graus Kelvin.

(b) Com base no valor de (k_{2a}/k_1), é surpreendente que os microorganismos sejam capazes de fixar nitrogênio sob temperatura ambiente, enquanto o processo de Haber demande temperaturas entre 400 °C e 600 °C. Calcule a temperatura na qual k_1 equivale ao valor de k_{2a} a 27 °C.

2. Considerando-se os fluxos de nitrogênio indicados na Figura 15.5, no período pré-industrial houve algum acúmulo em cadeia nos estoques de nitrogênio na terra ou nos oceanos? Existe algum acúmulo sob os atuais fluxos de nitrogênio? Em caso afirmativo, calcule as variações em cadeia nos estoques. Descreva os efeitos ambientais do aumento no estoque de nitrogênio na biosfera terrestre do ponto de vista da qualidade da água em lagos, rios, águas subterrâneas e áreas marinhas costeiras (veja Parte III).

3. A Figura 15.9 demonstra a correlação entre a produção de milho e a aplicação de fertilizantes à base de nitrogênio. Em relação ao milho cultivado na 'areia argilosa de Plainfield', estime as produções em quatro casos: 1) sem aplicação de fertilizante; 2) com aplicação de 100 kg de N; 3) com aplicação de 170 kg (uso atual); e 4) com aplicação de 200 kg. Dado que o milho contém cerca de 1,3% de nitrogênio por peso, calcule o percentual de nitrogênio aplicado na colheita de milho dos três últimos casos. Estamos atingindo o ponto em que os retornos diminuem em relação ao nitrogênio aplicado? Para onde vai o nitrogênio residual?

Os problemas 4 e 5 se referem à seguinte tabela:

GRAMAS DE PROTEÍNA DE MILHO E DE FEIJÃO NECESSÁRIOS PARA PRODUZIR OS REQUISITOS DIÁRIOS DE AMINOÁCIDOS ESSENCIAIS.

	Milho	Feijão
Triptofano	70,0	47,9
Lisina	72,2	33,0
Treonina	37,5	44,3
Leucina	27,4	44,8
Isoleucina	49,0	39,3
Valina	38,8	44,9
Fenilalanina	35,0	39,3
Metionina	33,3	56,7

4. Considerando-se que o milho consiste de 7,8% de proteína e que somente 60% disso é absorvido pelo trato digestivo, calcule a quantidade de gramas de milho que deve ser ingerida para uma adequada absorção de proteína. Há 368 quilocalorias em 100 g de milho. Quantas quilocalorias devem ser consumidas diariamente para se obter a cota apropriada de proteína? Se o norte-americano médio consome de 2.000 a 3.000 kcal por dia, poderia uma dieta alimentar integralmente constituída de milho fornecer o devido equilíbrio entre proteína e energia?

5. Considerando-se que o feijão consiste de 24% de proteína e que somente 78% disso é absorvido pelo trato digestivo, calcule a quantidade de gramas de milho e de feijão que deve ser ingerida para uma adequada absorção de proteína, para uma pessoa cuja dieta é composta de metade milho e metade feijão. Se há 338 quilocalorias em 100 g de feijão, calcule quantas calorias são consumidas nessa dieta (consulte o problema 4 para obter dados adicionais sobre o milho).

6. Em 1998, o consumo de grãos nos Estados Unidos, com uma dieta à base de carne, foi de aproximadamente 0,91 tonelada métrica *per capita*. Isso inclui os grãos ingeridos indiretamente sob a forma de produtos derivados de animais de criação; aproximadamente 70% dos grãos produzidos se destinavam à ração animal. Na Índia, onde a dieta é basicamente vegetariana, o consumo de grãos era de aproximadamente 0,19 tonelada *per capita* em 1998. Na China, um país onde a dieta está em fase de transição entre basicamente vegetariana e à base de carne, aproximadamente 0,32 tonelada métrica foi consumida; 20% desse valor foi destinado à ração animal. O aumento de riqueza na China resultou em um acentuado aumento no consumo de carne, de cerca de 10 milhões de toneladas em 1980 para cerca de 47 milhões em 1998. Supondo-se que no ano de 2025 a China, com uma projeção populacional de 1,5 bilhão, possua as mesmas necessidades *per capita* de grãos que os Estados Unidos em 1998, calcule a demanda de grãos na China em 2025. Como isso se compara com uma produção global total de grãos em 2000 de 1,84 bilhão de toneladas? A população global em 2025 é estimada em 8,5 bilhões. Se a demanda global de grãos fosse de 0,80 tonelada *per capita*, qual quantidade de grãos seria necessária? Qual quantidade de grãos seria necessária em 2025, se todos vivessem à base de uma dieta vegetariana?

7. Qual é o papel desempenhado pelos antioxidantes na proteção dos sistemas biológicos? Cite dois tipos de antioxidantes naturais. Qual é o papel desempenhado pelos agentes quelantes na redução da formação de radicais livres?

8. Suponha que um inseticida seja aplicado a uma plantação para erradicar as moscas-das-frutas. Suponha também que uma em um milhão de moscas dessa espécie possua uma enzima capaz de quebrar o inseticida em produtos metabólicos atóxicos. Além disso, suponha que, enquanto as moscas-das-frutas normais morrem rapidamente, a população de moscas resistentes aumente geometricamente (ou seja, 1, 2, 4, 8...). Se uma nova geração surge a cada 23,5 dias, em quantos dias a população dessas moscas poderá ser restaurada?

9. Dê um exemplo de como um inseticida persistente e de amplo espectro como o DDT pode causar distúrbios em ecossistemas inteiros.

10. (a) Considere um inseticida de fenildimetilfosfato para-substituído, com a seguinte estrutura:

$$X-\text{C}_6\text{H}_4-O-\overset{\overset{O}{\|}}{P}(OC_2H_5)_2$$

Por que a toxicidade do inseticida aumenta conforme aumenta a capacidade de X de remover elétrons?

(b) O valor da eletronegatividade de P é 2,1, o de S é 2,5 e o de O é 3,5. Com base nessa informação, explique por que os inseticidas de fosfotionato (que contêm ligações duplas de fósforo-enxofre em vez de ligações duplas de fósforo-oxigênio) não reagem com a colinesterase, mas são ativados no organismo do inseto pelas enzimas oxidantes? Qual é a vantagem de usar inseticidas contendo enxofre?

11. Descreva meios alternativos de controlar as populações de insetos que não pelo uso de inseticidas sintéticos.

12. Considera-se a cafeína segura sob consumo em condições normais. Entretanto, em grande quantidade, é venenosa para os seres humanos. Supondo-se que os seres humanos e os ratos sejam igualmente sensíveis aos efeitos tóxicos da cafeína, quantas xícaras de café tomadas consecutivamente seriam letais a 50% de um grupo de indivíduos com 150 libras de peso? Suponha que uma xícara de café contenha aproximadamente 140 mg de cafeína. Utilize os dados apresentados na Tabela 17.1 para obter o valor de LD_{50} da cafeína para os ratos. É provável que uma pessoa morra por tomar café demais?

13. Quais métodos têm sido adotados para se estudarem doenças crônicas como o câncer? Quais são as limitações de cada um desses métodos?

14. Por que os xenobióticos lipofílicos são geralmente mais nocivos e disseminados do que os xenobióticos hidrofílicos no meio ambiente?

15. Existe ampla evidência indicativa de que alguns tipos de câncer são causados pela exposição a substâncias químicas carcinogênicas. Usando o benzantraceno e a dimetilnitrosamina como exemplos (figuras 17.4 e 17.6), explique como o organismo participa ativamente de sua própria destruição. Relacione seu raciocínio com o fato de que o teste bacteriano de Ames para carcinógenos conhecidos fornece resultados negativos, a menos que um extrato de fígado de um mamífero seja adicionado ao meio de teste.

16. Explique o que é um hormônio e descreva seu mecanismo de ação. Quais propriedades de certas substâncias químicas ambientais fazem com que elas perturbem o equilíbrio hormonal? Dê dois exemplos dos efeitos deletérios à saúde que podem ser atribuídos às disfunções hormonais causadas por xenobióticos lipofílicos.

17. Por que as dimensões geométricas do TCDD o tornam tão tóxico? Por que a toxicidade é reduzida em outros congêneres quando o cloro é removido das posições 2, 3, 7 e 8, ou quando o cloro é adicionado às posições restantes nos anéis?

18. Cite os usos dos PCBs antes de serem proibidos no final da década de 1970. Em relação à Figura 17.2, como você imagina que os PCBs acabaram no soro sanguíneo do cordão umbilical de mulheres grávidas vivendo próximo ao lago Michigan?

19. No corpo humano, a meia-vida de metilmercúrio é de 70 dias, e a do Hg^{2+} é de 6 dias. Por que há uma diferença tão acentuada nessas meias-vidas; e por que o metilmercúrio é tão mais tóxico do que o mercúrio inorgânico? Qual é o acúmulo máximo no organismo de cada tipo de mercúrio a uma taxa constante de ingestão de 2 mg Hg/dia? (Dica: a concentração máxima corpórea pode ser calculada pela seguinte equação:

$$C_{máx}/C_0 = e^{-\lambda}[1/(1 - e^{-\lambda})]$$

onde $C_{máx}$ é a concentração máxima, C_0 é a concentração inicial por etapa de tempo, $t_{1/2}$ é a meia-vida e $\lambda = 0{,}693/t_{1/2}$.)

20. Relate como o acúmulo de mercúrio na cadeia alimentar acarretou o desastre de Minamata. Por que a conversão de metilmercúrio é a principal etapa na toxicidade do mercúrio?

21. Descreva como a acidificação atua para aumentar os riscos ao meio ambiente e à saúde humana impostos pelo cádmio, pelo chumbo e pelo mercúrio.

22. Descreva as principais rotas de exposição ao chumbo. Por que as crianças são mais suscetíveis ao envenenamento por chumbo? Como tratar o envenenamento por chumbo?

Em contexto

Segurança química: regulamentação sobre produtos químicos tóxicos

O Programa das Nações Unidas para o Meio Ambiente – PNUMA (*United Nations Environmental Programme* – UNEP, em inglês) é um órgão da Organização das Nações Unidas (ONU) que trata da questão ambiental. Nele há uma divisão específica para os assuntos relacionados a substâncias químicas, a UNEP-Chemicals (<www.chem.unep.ch>), que tem por objetivo "proteger a humanidade e o ambiente dos efeitos adversos causados por substâncias químicas ao longo de seu ciclo de vida, e por resíduos perigosos", coordenando ações globais para o gerenciamento responsável de substâncias químicas perigosas.

Entre as ações da ONU na área de substâncias químicas e seus impactos ambientais e na saúde humana, mediadas pela UNEP, destacam-se as convenções internacionais para controle de produção, uso e transporte de substâncias químicas nocivas. Algumas dessas convenções, ratificadas pelo Brasil, são descritas a seguir:

a. Convenção de Viena/Protocolo de Montreal sobre Proteção à Camada de Ozônio (<ozone.unep.org>). Essa convenção e o protocolo estabelecem a redução gradual na fabricação e no uso de clorofluorcarbonetos, tetracloreto de carbono e outras substâncias halogenadas que afetam a camada de ozônio. O Brasil a ratificou em 1990.

b. Convenção da Basiléia sobre o Controle de Movimentação Transfronteiriça de Resíduos Perigosos e seu Descarte (<www.basel.int>). Essa convenção restringe a movimentação entre países signatários de resíduos tóxicos (baterias de chumbo-ácido, óleos usados, resíduos de serviços de saúde, poluentes orgânicos persistentes, bifenilas policloradas (PCBs) e outros). Estabelece também a necessidade de legislação local e políticas de manejo para o descarte desses materiais de maneira ambientalmente responsável e o mais próximo possível ao local gerador. O Brasil a ratificou em 1993.

c. Convenção de Roterdã sobre o Consentimento Prévio Informado para Certas Substâncias Químicas Perigosas e Pesticidas no Comércio Internacional (<www.pic.int>). Estabelece responsabilidades compartilhadas no comércio internacional de substâncias químicas perigosas, de modo a proteger a saúde humana e o meio ambiente por meio da troca de informações entre países-membros. Está em vigor no Brasil desde 2004.

d. Convenção de Estocolmo sobre Poluentes Orgânicos Persistentes (POPs) (<chm.pops.int>). Estabelece o banimento ou sérias restrições ao uso ou controle de poluentes orgânicos persistentes, em especial Aldrin, Clordano, DDT, Dialdrin, Endrin, Heptacloro, Hexaclorobenzeno, bifenilas policloradas, Mirex, Toxafeno e Dioxinas e Furanos. Em vigor no Brasil a desde 2004.

e. Convenção sobre a Proibição do Desenvolvimento, Produção, Armazenamento e Uso de Armas Químicas (<www.opcw.org>). Essa convenção não é administrada pela ONU, mas por uma organização independente, a Organização para a Proibição de Armas Químicas (OPCW, do inglês, Organization for the Prohibition of Chemical Weapons). Ela estabelece o banimento de desenvolvimento, armazenamento e uso de armas químicas. Impõe ainda restrições ao uso pacífico de substâncias químicas tóxicas que possam ser usadas como armas químicas ou seus precursores (dividindo-as em Schedules que estabelecem restrições diferentes a cada classe de substância). Em vigor no Brasil desde 1996, com regulamentação por lei estabelecendo sanções (multa, prisão e outros) para o descumprimento da convenção (Lei Federal N. 11.254, de 27 de dezembro de 2005).

Além dessas convenções, em 1980 a ONU estabeleceu um programa de segurança química, o Programa Internacional em Segurança Química (IPCS, do inglês, *International Programme on Chemical Safety* – <www.who.int/ipcs>), em uma cooperação entre a Organização Mundial da Saúde (OMS), a Organização Internacional do Trabalho (OIT) e o PNUMA.

Nesse programa, a segurança química é entendida como "a prevenção dos efeitos adversos, para o ser humano e o meio ambiente, decorrentes de produção, armazenagem, transporte, manuseio, uso e descarte de produtos químicos"[1]. Os objetivos do IPCS são: a) estabelecer bases científicas para a avaliação de risco à saúde humana e ao ambiente da exposição a substâncias químicas; b) prover assistência técnica no reforço das capacidades nacionais de manejo responsável de substâncias químicas.

O IPCS publica um grande número de avaliações de risco químico (com rigor científico e avaliação por pares internacional). Entre elas existem: Monografias de Critérios de Saúde Ambiental (*Environmental Health Criteria Monographs*), Documentos de Avaliação Química Concisa Internacional (CICADS, do inglês, *Concise International Chemical Assessment Documents*), Cartões de Segurança Química Internacional (*Internacional Chemical Safety Card*) e Monografias sobre Venenos e Antídotos. Esses documentos podem ser obtidos em: (a) o site Web do IPCS na Internet (<www.who.int/pcs>); (b) CD-ROM - IPCS INCHEM e IPCS INTOX; (c) os bancos de dados INCHEM e INTOX podem ser consultados na Internet (<www.inchem.org> e <www.intox.org>).

---

[1] Definição da Organização Panamericana da Saúde (http://www.opas.org.br/ambiente/temas.cfm?id=45&area=Conceito).

O Brasil chegou a constituir uma comissão para lidar com o assunto da segurança química, a CONASQ (Comissão Nacional de Segurança Química). Essa comissão produziu o Perfil Nacional da Gestão de Substâncias Químicas, conforme orientação do IPCS, que esteve disponível na Internet por algum tempo. Infelizmente, no momento, todas as informações sobre segurança química, CONASQ ou o Perfil Nacional da Gestão foram removidas do site Web do Ministério do Meio Ambiente.

Por fim, é importante lembrar as iniciativas na sistematização de rotulagem e classificação de substâncias químicas, tais como o GHS (*Globally Harmonized System of Classification and Labelling of Chemicals*), que está em fase de implantação no Brasil, visando à padronização mundial em rotulagem, códigos de risco e informações sobre produtos químicos.

Química verde

Por Reinaldo C. Bazito e Renato S. Freire
GPQA-IQ/USP – Grupo de Pesquisa em Química Ambiental do IQ-USP
gpqa@iq.usp.br

Nos demais capítulos deste livro, foram tratados os principais assuntos relacionados à *química do meio ambiente*, isto é, o estudo de origem, efeitos, transporte e destino das espécies químicas (antropogênicas ou naturais) no meio ambiente. Neste capítulo, iremos tratar de alguns aspectos da *química para o meio ambiente*, ou seja, o uso da química para melhorar o meio ambiente por meio da minimização dos níveis de poluentes, especificamente com relação aos processos produtivos.

O modo como lidamos com a questão da poluição ambiental e do impacto humano sobre o meio ambiente mudou ao longo do tempo. A percepção de que nossas atividades causavam danos à nossa saúde e ao nosso *habitat* levou-nos à tentativa de diminuir ou evitar esses danos. Surgiu, desse modo, a filosofia do Comando e Controle, esquematizada na Figura 1(a).

Com base em impacto ambiental/toxicidade de substâncias ou classes de substâncias, foram estabelecidos limites de emissão considerados 'aceitáveis', os quais foram regulamentados em legislação específica. Visando a atender aos limites legais impostos, o sistema produtivo adotou, em um primeiro momento, medidas em que os poluentes (ou seu excesso) eram removidos do fluxo de resíduos, antes de seu lançamento ao meio ambiente. Tal abordagem é conhecida como abatimento de 'fim-de-tubo' ou 'ponta-de-chaminé'. Órgãos governamentais, centros de pesquisa, universidades e organizações não-governamentais monitoram o correto cumprimento desses limites ou a necessidade de revisá-los e de estabelecer limites e restrições a novas espécies.

Essa abordagem do problema da poluição ambiental, entretanto, é bastante ineficiente. Poluentes e resíduos são, em última análise, o resultado do desperdício, ou seja, do uso ineficiente dos recursos que estão à nossa disposição. Além do desperdício material e energético, a eliminação ou o descarte apropriado dos poluentes são normalmente caros e não contribuem para o produto final, ou seja, apenas oneram o processo produtivo. Outro aspecto a ser considerado é o aumento quase exponencial na quantidade de legislação ambiental (Figura 1(b)). Esse panorama mostra que tal abordagem tende a ser cada vez mais onerosa no futuro próximo.

FIGURA 1

O sistema de comando e controle da poluição (a) e o aumento da legislação ambiental nos Estados Unidos (b).

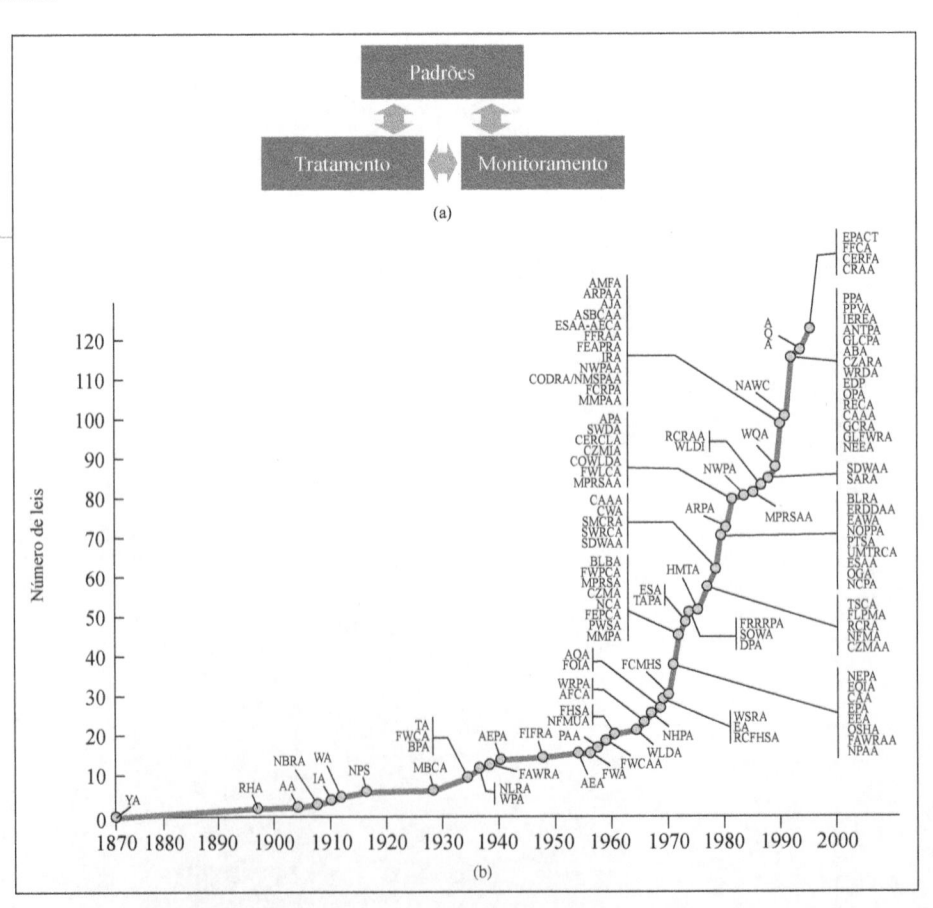

Fonte: J. C. Warner. *Proceedings of the OECD Workshop on sustainable chemistry*, 1998.

Ao longo do tempo, vem tornando-se cada vez mais clara a necessidade do uso eficiente dos recursos, não só em função da redução do custo dos processos, mas também em razão do impacto dos processos produtivos no meio ambiente e de sua sustentabilidade em médio e longo prazos. Na década de 1990, já era pensamento corrente que o modo mais eficiente de lidar com essa questão era *evitar* gerar os resíduos em primeiro lugar, em vez de tratá-los ou remediar os danos por eles causados. Isso marcou, portanto, o surgimento da 'química sustentável' ou 'química verde' (termo cunhado por Paul Anastas, enquanto estava na United States Environmental Protectial Agency (U.S. EPA)). Foi nesse período que foram criados o *Pollution Prevention Act* nos Estados Unidos (Lei de Prevenção à Poluição), bem como o *Presidential Green Chemistry Award*, um prêmio destinado a incentivar a pesquisa e o desenvolvimento em química verde naquele país. Outros países do mundo também tiveram iniciativas similares no mesmo período, por exemplo, a criação do consórcio acadêmico INCA, na Itália, da rede de colaboração GSCN, no Japão, e do periódico *Green Chemistry*, da Royal Society of Chemistry, em 1999.

A química verde é definida pela International Union of Pure and Applied Chemistry (IUPAC) como[1]: "A invenção, o desenvolvimento e a aplicação de produtos e processos químicos para reduzir ou eliminar o uso e a geração de substâncias perigosas". Nessa definição, o termo 'substâncias perigosas' deve ser entendido como aquelas que prejudicam, de algum modo, a saúde humana ou o meio ambiente. A Figura 2 traz uma versão esquematizada daquilo que a química verde pretende conseguir.

Para aplicar esses conceitos na prática, é preciso primeiro ter uma visão geral de como é um processo químico industrial, cujo esquema é apresentado na Figura 3. Materiais de partida (as matérias-primas) são convertidos por meio do processo químico (uma seqüência de reações químicas e operações unitárias de separação, secagem, transporte, mistura, resfriamento ou aquecimento e outras, necessárias às transformações pretendidas) em um produto de interesse, por meio da adição de reagentes e solventes e do uso de energia, com a geração simultânea de subprodutos (indesejáveis, mas possivelmente úteis) e de resíduos.

Pode-se imaginar a atuação da química verde nesse processo genérico nos seguintes pontos:

a. **Materiais de partida e produtos.** Reduzindo periculosidade, aumentando degradabilidade e eficiência, usando materiais renováveis.

b. **Reagentes e solventes.** Reduzindo quantidades e periculosidade, reciclando-os e reutilizando-os, usando materiais alternativos ou eliminando seu uso.

c. **Energia.** Otimizando seu uso (por intermédio de processos otimizados, equipamentos eficientes, redução de etapas), ou usando formas mais eficientes.

d. **Subprodutos.** Aumentando a seletividade e a eficiência das reações.

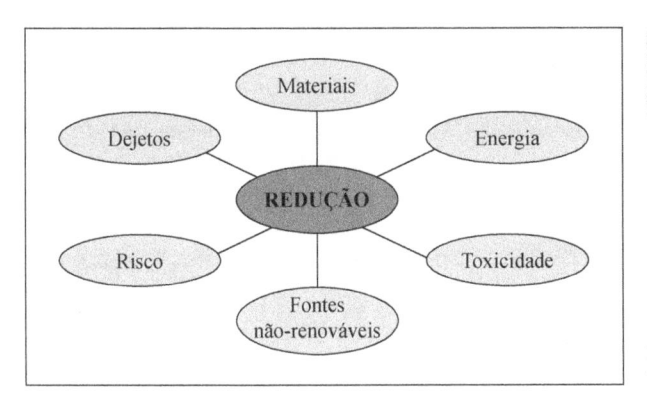

FIGURA 2
Os objetivos da química verde.

Fonte: Escola de química verde – IQ-USP. Disponível em www.quimicaverde.iq.usp.br.

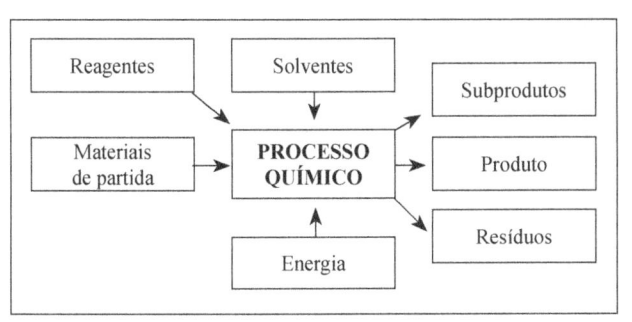

FIGURA 3
Componentes de um processo químico.

Fonte: R. Mestres. Green Chemistry – views and strategies. *Environ Sci Pollut Res Int.* 2005; p. 128.

---

[1] P. Tundo *et al.* Synthetic pathways and processes in green chemistry. An introductory overview. *Pure Appl Chem.* 2000; 72:1207.

e. Resíduos. Eliminando etapas do processo, aumentando eficiência e seletividade das reações, reduzindo periculosidade, reciclando e reutilizando.

f. Processo químico. Reduzindo o número de etapas (de reações químicas e de operações unitárias necessárias), otimizando condições, usando equipamentos eficientes, reduzindo periculosidade e risco inerentes.

Na próxima seção, discutiremos os princípios da química verde que podem nortear essa atuação.

Os 12 princípios da química verde

John Warner e Paul Anastas (da U.S. EPA e da American Chemical Society) propuseram, na década de 1990, 12 princípios para nortear a pesquisa em química verde que, fundamentalmente, resumem-se à busca da redução de rejeitos, do uso de materiais e energia, do risco, da periculosidade e do custo de processos químicos, sendo estes muitas vezes complementares. Esses princípios estão sumarizados na Tabela 1 e são explicados com mais detalhes a seguir.

1º Princípio. Prevenir a formação de resíduos (no lugar de seu tratamento)

É mais barato e eficiente evitar a formação de um resíduo do que tratá-lo após ter sido gerado em um processo. Esse é o ponto essencial do pensamento em química verde: *prevenir é melhor e mais barato do que remediar*, e permeia todos os demais princípios.

A avaliação da quantidade de resíduos gerados num determinado processo e a decisão sobre qual processo é menos impactante, entretanto, pode não ser tarefa simples. Uma das maneiras de avaliar a quantidade de resíduos gerados por um processo é o fator de eficiência (fator E), proposto inicialmente por Roger Sheldon. Ele é a razão entre a massa de resíduos total e a massa de produto obtido num dado processo, ou seja, quantos quilogramas de resíduos totais são gerados na produção de 1 kg de um produto de interesse.

$$[E = \text{massa resíduos (kg)} / \text{massa produto (kg)}]$$

Devem ser consideradas no cálculo dos resíduos as massas de: solventes utilizados (mesmo que sejam reciclados posteriormente), fases estacionárias para cromatografia, reagentes em excesso, efluentes líquidos e emissões gasosas geradas, catalisadores que precisem ser neutralizados ou não possam ser reaproveitados, agentes de secagem, resíduos de destilações, adsorventes etc.

Além de tentar reduzir o número de reações numa seqüência reacional, é necessário reduzir o número de operações unitárias associadas (purificações, separações etc.), de modo a minimizar os resíduos.

A Tabela 2 traz os fatores de eficiência típicos de determinadas indústrias. Aquelas com processos de grande escala, normalmente otimizados, são mais eficientes em termos de menor geração de resíduos por unidade de massa de material produzido (menores fatores de eficiência), embora possam causar impacto significativo devido aos grandes volumes de produção. Já indústrias com processos multietapas e complexos, tais como a farmacêutica, têm uma alta taxa de geração de resíduos por unidade de massa do produto obtido, em consequência das inúmeras etapas de purificação, reações e materiais usados.

TABELA 1   *Os 12 princípios da química verde.*

1º:	Evitar produção de resíduos.
2º:	Maximizar a economia de átomos.
3º:	Reduzir toxicidade.
4º:	Desenvolver produtos seguros e eficientes.
5º:	Eliminar/melhorar solventes e auxiliares de reação.
6º:	Otimizar uso de energia.
7º:	Usar fontes renováveis.
8º:	Evitar derivados e múltiplas etapas.
9º:	Usar catalisadores.
10º:	Desenvolver produtos degradáveis.
11º:	Monitorar/controlar processos em tempo real.
12º:	Desenvolver processos seguros.

TABELA 2 *Fatores de eficiência (fator E) típicos de indústrias em diversas áreas.*

Indústria	Produção anual (ton.)	Fator E
Refino de petróleo	$10^6 - 10^8$	< 0,1
Química *commodities*	$10^4 - 10^6$	1 a 5
Química fina	$10^2 - 10^4$	5 a 50
Farmacêutica	$10 - 10^2$	25 a 100

Fonte: R. A. Sheldon, *Chem. Ind.* 1997, p.12

Apesar de ser uma ferramenta muito importante, o fator E leva em conta apenas a massa dos resíduos e não sua natureza ou o impacto que causam no ambiente. As substâncias químicas têm um 'potencial de poluição'[2], determinado por sua susceptibilidade em causar dano ambiental ou à saúde diretamente, quando liberadas no ambiente. Além disso, há também o chamado 'dano histórico', isto é, poluição e impactos associados à geração de resíduos e ao consumo de energia e insumos na cadeia de produção necessária para a obtenção de matérias-primas, reagentes, solventes, catalisadores e até mesmo energia usados num dado processo. Desse modo, é preferível usar materiais e reagentes que tenham uma cadeia de produção curta (próximos à fonte), de modo a minimizar os 'danos históricos', ou seja, a geração de resíduos na cadeia produtiva desses materiais.

Uma análise mais completa desse problema só é possível com técnicas como a análise de ciclo de vida (LCA, do inglês *life cycle assessment*), que será abordada mais à frente neste capítulo.

2º Princípio. Economia de átomos

As reações químicas empregadas num processo precisam ser planejadas de modo a maximizar a incorporação dos materiais de partida no produto final, em vez de gerar subprodutos ou produtos secundários. Isso pode ser medido por meio do conceito de economia de átomos de uma reação química (a eficiência atômica, EA), introduzido por Barry Trost[3]. Diferentemente do rendimento da reação, determinado pela razão entre a massa de produto obtida e a massa de produto calculada considerando que 100% de reação tenha ocorrido, a EA é determinada por meio da fração da massa dos reagentes que foi incorporada ao produto de interesse.

Ela pode ser calculada dividindo-se a massa molar do produto pela soma das massas molares dos reagentes, tendo o cuidado de multiplicar cada massa molar por seu respectivo coeficiente estequiométrico:

$$EA\ (\%) = \frac{a_p \times MM_p}{\sum (a_{Ri} \times MM_{Ri})} \times 100\%$$

onde EA = % eficiência atômica; MM_p = massa molar do produto; a_p = coeficiente estequiométrico do produto na reação; MM_{Ri} = massa molar do reagente i; a_{Ri} = coeficiente estequiométrico do reagente i na reação (devemos somar as MMs de todos os reagentes utilizados).

A eficiência atômica é uma medida da eficiência estequiométrica de uma reação, isto é, a quantidade de resíduo mínima que será necessariamente gerada toda vez que a reação for realizada, resultado de sua estequiometria. Idealmente, o objetivo é utilizar reações químicas que incorporem a massa total de reagentes no produto desejado, fazendo com que o resíduo 'estequiométrico' seja 0.

Há reações químicas tipicamente ineficientes em termos de economia de átomos: as reações de substituição, de eliminação e outras, em que os reagentes não são totalmente incorporados aos produtos; e há outras que são extremamente eficientes: adição, rearranjos etc.

A reação fundamental na produção de biodiesel, por exemplo, é uma transesterificação, ou seja, uma reação de substituição (Figura 4). Considerando que o éster original seja de um ácido graxo com 18 carbonos e duas insaturações (que correspondem a aproximadamente 50% do ácido graxo no óleo de soja), pode-se calcular a eficiência atômica dessa reação conforme indicado na Tabela 3.

A reação apresenta, portanto, 90,9% de eficiência atômica, ou seja, 10% dos átomos dos reagentes originais são perdidos em subproduto (glicerina), apenas considerando a estequiometria da reação. Deve-se lembrar, entretanto, que o conceito de eficiência atômica não leva em consideração outros resíduos gerados (por exemplo, o catalisador básico e o ácido usados para sua neutralização, o excesso de etanol etc.), de modo que as perdas de material original e os resíduos gerados podem ser bem maiores.

---

[2] Mestres, R. Green Chemistry – views and strategies. *Environ. Sci Pollut Res Int.* 2005; 12:128.

[3] B. M. Trost. The atom economy – a search for synthetic efficiency, *Science.* 1991; 254:1471

FIGURA 4
Produção de biodiesel.

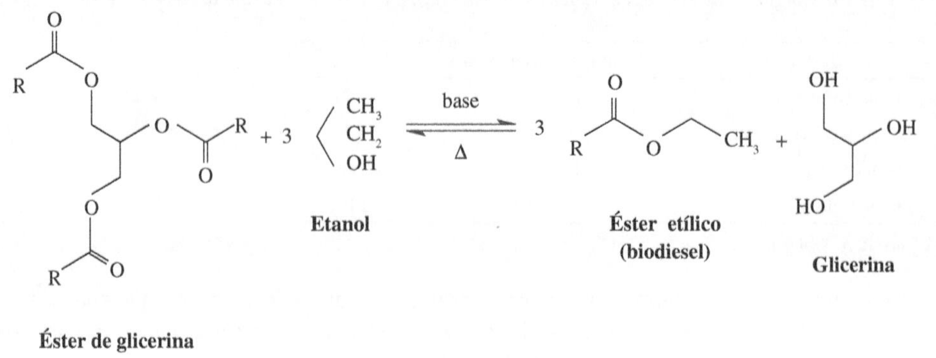

TABELA 3   *Eficiência atômica da reação de produção do biodiesel.*

	Espécie	Fórmula molecular	Massa molar (g/mol)	Σ MM
Reagentes	Éster de glicerina (1 mol)	$C_{57}H_{98}O_6$	879,38	1.017,59
	Etanol (3 mols)	C_2H_6O	46,07	
Produto	Biodiesel (3 mols)	$C_{20}H_{36}O_2$	308,50	925,5
EA (%)				90,9%

3º Princípio. Reduzir a toxicidade (de reagentes e produtos)

Métodos sintéticos e processos devem ser planejados de modo a gerar apenas substâncias que tenham pouca ou nenhuma toxicidade em organismos vivos ou efeito no meio ambiente. Esse princípio é intimamente ligado ao 4º princípio (produtos seguros) e ao 12º princípio (processos seguros) e objetiva reduzir o impacto causado não apenas pela redução da quantidade de material gerado, mas também por suas periculosidade, toxicidade e persistência no ambiente.

4º Princípio. Desenvolver produtos seguros e eficientes

Novos produtos devem ser desenvolvidos de modo que sejam mais seguros, ou seja, que tenham baixa ou nenhuma toxicidade, causem baixo ou nenhum dano ao serem introduzidos no ambiente e tenham uma baixa persistência, ou seja, elevada degradabilidade. Além disso, devem ter suas propriedades otimizadas para a aplicação intencionada, para que possam ser usados na menor quantidade possível, com máximo de eficiência.

Um exemplo desse tipo de *design* verde de produto foi o do pesticida Spinetoram, desenvolvido pela Dow Agrosciences e que recebeu o Presidential Green Chemistry Award para Design Verde de Produto em 2008. O Spinetoram (Figura 5), um pesticida da classe dos espinosídeos, foi desenvolvido a partir de um aprimoramento de outro pesticida menos impactante, o Spinosad, por meio de uma combinação de técnicas de QSAR (técnica de correlação estrutura-atividade) com redes neurais artificiais (metodologia computacional que permite um grande poder de correlação de propriedades e otimização destas). Além de ser baseado em materiais renováveis (é obtido por fermentação), ele apresenta um modo de ação que atinge especificamente os insetos sensíveis, com baixa toxicidade ao homem.

5º Princípio. Eliminar ou tornar seguros solventes e outros auxiliares de reação

Deve-se eliminar por completo, reduzir o uso (por meio de otimização, reuso ou reciclagem) e/ou a periculosidade de solventes e outros auxiliares de reação. Um solvente é usado em um processo químico com diversos objetivos: solubilizar materiais e reagentes, promover o transporte de massa e energia, estabilizar espécies químicas intermediárias (muitas vezes alterando os produtos da reação que seriam obtidos em sua ausência), entre outros. Muitas vezes, sua total eliminação é simplesmente impossível, o que requer alternativas mais adequadas. São componentes importantíssimos de diversos processos (o consumo anual no Brasil é da ordem de 2,5 milhões de m³/ano).

As possibilidades de desenvolvimento de solventes alternativos para processos químicos podem ser resumidas a:

Reações sem solvente. Desenvolver novas reações ou adaptar as existentes para serem conduzidas na ausência de solventes, quando possível ou viável. Isso deve ser feito com cuidado, evitando que a eficiência e a seletividade da reação sejam comprometidas pela remoção do solvente.

Reações em água. Desenvolver reações químicas que possam ser realizadas em água (com ou sem tensoativos como aditivos). No entanto, é necessário considerar as desvantagens potenciais em diversas situações, tais como o maior calor específico da

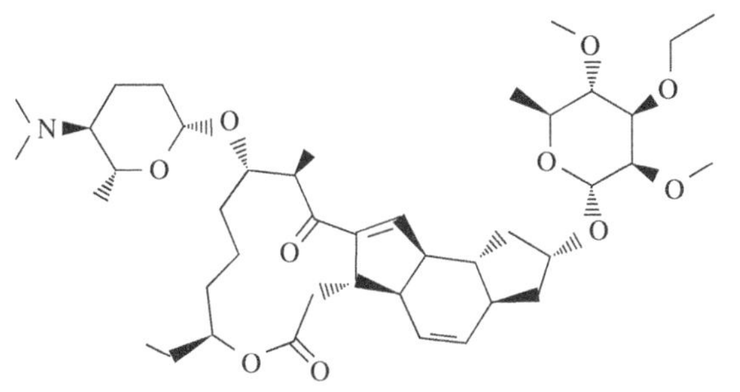

FIGURA 5
Pesticida Spinetoram.

3'-O-etil-5,6-dihidro spinosin J
(componente majoritário)

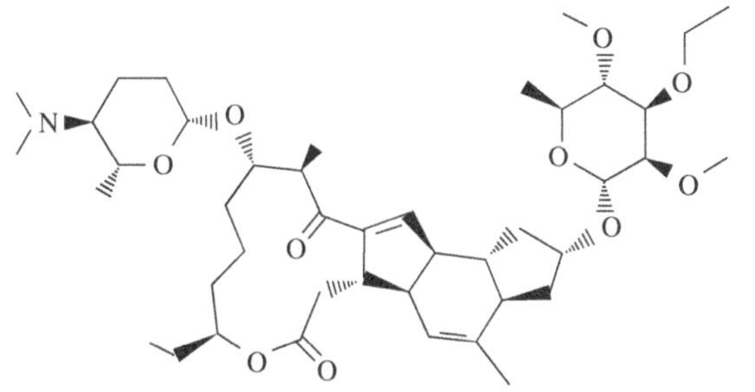

3'-O-etil spinosin L

água (maior gasto energético para sua remoção), dificuldades de dissolução ou mudanças de mecanismos de reações, entre outros.

Solventes orgânicos de menor toxicidade ou impacto ambiental. Desenvolver e utilizar solventes orgânicos de menor toxicidade, como, por exemplo, os oxigenados do tipo éster de lactato.

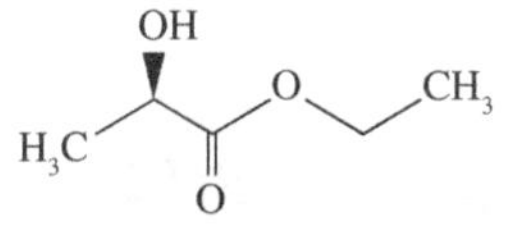

Solventes especialmente desenvolvidos. Nessa classe se incluem os fluidos supercríticos, em especial o dióxido de carbono no estado supercrítico, e os líquidos iônicos (sais com ponto de fusão menor que 100 °C), ambos solventes alternativos, menos impactantes, com propriedades únicas.

6º Princípio. Otimizar o uso de energia

O uso de energia deve ser feito da forma mais eficiente possível, quer seja através da otimização de processos (processos catalisados, feitos a temperaturas mais baixas e pressões menores), do uso de equipamentos mais eficientes ou de formas mais eficazes de energia (usar microondas no lugar de aquecimento por calor, por exemplo). A energia causa impacto ambiental para ser produzida, tanto em termos de geração de resíduos quanto de diminuição de recursos (danos históricos), de modo que a redução de seu uso irá diminuir os resíduos e impactos do processo.

7º Princípio. Usar fontes renováveis de matérias-primas

Os recursos renováveis devem sempre ter preferência na escolha de matérias-primas e reagentes, de modo a possibilitar maior sustentabilidade do processo.

8º Princípio. Evitar derivação desnecessária

O uso de grupos protetores ou o acréscimo de etapas por meio da produção de derivados devem ser evitados. Nesse sentido, é essencial o desenvolvimento de catalisadores mais efetivos, que promovam maior seletividade das reações.

9º Princípio. Catálise (catalisadores são preferíveis a reagentes)

Catalisadores efetivamente reaproveitáveis, preferencialmente heterogêneos (em virtude da maior facilidade de separação) são preferíveis a reações feitas sem catálise (mais lentas e com maior consumo de energia) ou a catalisadores que acabam sendo consumidos no processo durante a reação. Por exemplo, na obtenção do biodiesel, o catalisador básico utilizado (NaOH ou um alcoolato de sódio ou potássio) precisa ser neutralizado com ácido sulfúrico após a transesterificação, o que gera um volume maior de resíduos (a base e o ácido consumidos, além do sal formado).

10º Princípio. Desenvolver produtos degradáveis após o término de sua vida útil

Os produtos devem ser desenvolvidos para serem ativos e estáveis durante sua vida útil, mas sofrerem degradação rápida no ambiente após o término dessa vida útil, ou seja, é necessário controlar o tempo de persistência de um novo material no ambiente, por meio de produtos mais degradáveis.

11º Princípio. Monitorar/controlar processos em tempo real

O monitoramento e o controle de processos químicos em tempo real, que utilizem técnicas analíticas e algoritmos computacionais adequados, é essencial para a otimização desses processos, evitando, assim, geração de subprodutos indesejáveis, desperdício de energia, materiais e outros elementos.

12º Princípio. Desenvolver processos intrinsecamente seguros

Processos químicos devem ser desenvolvidos com o objetivo de reduzir seu risco inerente, de modo a evitar danos extensivos caso haja um acidente ou problema com o processo. Isso inclui o uso de reagentes e solventes seguros, com menor periculosidade e toxicidade; pressões e temperaturas aceitáveis, bem controladas; equipamento adequado e projetado para o fim específico a que se destina; mecanismos de controle e monitoramento do processo, de modo que falhas ou problemas sejam detectados antes que causem maiores conseqüências. Desse modo, caso ocorra acidente ou falha no processo, as conseqüências são limitadas pela própria baixa periculosidade do material, evitando tragédias.

O acidente de Bhopal, na Índia, em 1984, um dos maiores acidentes já ocorridos com indústrias químicas, é um exemplo clássico de processo inseguro. Uma fábrica de pesticidas da Union Carbide liberou 42 toneladas de isocianato de metila na forma de gás, expondo meio milhão de pessoas à substância tóxica (que resultou em ferimentos de centenas de milhares de pessoas e morte de pelo menos uma dezena de milhar). O vazamento foi resultado da adição de água ao tanque de isocianato de metila, numa provável falha de operação, o que poderia ter sido evitado. A fábrica usava um processo obsoleto e mais perigoso, que envolvia o uso do intermediário de isocianato de metila, mais barato. O isocianato de metila era estocado em grandes quantidades, em tanques sem a devida proteção. Os funcionários não eram devidamente treinados e a fábrica ficava localizada em região de grande densidade populacional.

Avaliação de impacto: análise de ciclo de vida (LCA)

A análise de ciclo de vida (LCA, do inglês *Life Cycle Assessment*) é definida como a metodologia para avaliar o impacto ambiental de uma determinada atividade, por toda a vida útil do produto. Ela analisa o fluxo de materiais e energia envolvidos em todas as etapas de produção, uso e descarte de um produto. O procedimento para sua execução é normalizado (ISO 14.040 – LCA, ISO 14.041 – Análise de Inventário, ISO 14.042 – Avaliação de Impacto, ISO 14.043 – Interpretação dos Resultados) e envolve quatro etapas:

- definição de meta e escopo;
- avaliação de inventário;
- avaliação de impacto;
- análise de melhoria.

A **definição de meta e escopo** é onde são estabelecidos os objetivos do estudo, sua abrangência (escopo – as fronteiras do sistema em análise) e a 'unidade funcional' (volume de produto, massa, km rodado etc.), conforme a conveniência.

A **análise de inventário** quantifica as 'entradas' (usando balanços de massa e energia) e 'saídas' (produtos liberados no ar, água ou solo, subprodutos etc.) para *todas* as etapas do processo incluídas nas 'fronteiras' do sistema.

A **avaliação de impacto** é um processo 'quantitativo e/ou qualitativo' usado para identificar, caracterizar e avaliar os impactos potenciais de intervenções ambientais identificados na análise de inventário. Envolve três etapas distintas: classificar; caracterizar; avaliar (no sentido de estabelecer valor).

Etapa 1 – classificação: os recursos utilizados e dejetos gerados são agrupados em 'categorias de impacto', baseadas em efeitos possíveis sobre o meio ambiente. Exemplos: diminuição de recursos, aquecimento global, acidificação etc.

Etapa 2 – caracterização: quantifica a contribuição potencial de cada categoria de impacto (magnitude e potência). Normalmente, são usados fatores de equivalência (por exemplo: CO_2 para o aquecimento global).

Etapa 3 – avaliação: análise subjetiva de como os diferentes impactos devem ser ponderados entre si.

A **análise de melhoria** analisa não apenas uma forma de reduzir os impactos identificados, mas também o custo envolvido. Gera conclusões e recomendações.

Leitura sugerida

E. J. Lenardão *et al*. Green chemistry – Os 12 princípios da química verde e sua inserção nas atividades de ensino e pesquisa, *Quim*. 2003; 26(1):123-129.

Material didático da Escola de Química Verde do IQ-USP. Disponível em http://www.usp.br/quimicaverde.

P. Anastas, J. C. Warner. *Green chemistry: theory and practice.* Oxford: Oxford University Press, 1998.

R. Mestres. Green chemistry – views and strategies, *Environ Sci Pollut Res Int.*, 2005; 12(3):128-32.

Índice remissivo

β emissores, 34
β-caroteno, 262, 266, 280
1,2,4,5-tetraclorobenzeno, 294
^{14}C, datação por radiocarbono e, 35
1-octanol, 271
2,2,4-trimetilpentano, 167
2,3,7,8-tetraclorodibenzodioxina (TCDD), 294, 295, 299
2,4,5-triclorofenol, 294

A

Absorção da luz, 143, 160
Absorção de raios infravermelhos, 113-116
Absorção
    de cádmio, 308
    de cátions, 206
    de chumbo, 311
    de contaminação, 182
    de luz, 59
    de raios infravermelhos, 113-116
    fotossíntese e, 5
Absortividade, 143
Acetaldeído, 155, 156
Acetato, 231
Acetilcolina, 272, 273
Acetilcolinesterase, 272
Acidez, 196
    constante de acidez, 192, 193
Acidificação
    cádmio e, 307
    deposição ácida, 210, 212
    drenagem ácida de minas, 213-231
    dureza e detergentes, 209-210
    global, 213, 214
    neutralização do solo, 208
    solubilidade do fosfato e, 227
    toxicidade do mercúrio, 305
    Veja Chuva ácida
Ácido acético, 205, 221
Ácido adípico, 117
Ácido ascórbico. *Veja* Vitamina C
Ácido bórico, 67
Ácido carbônico, 194-197, 201
Ácido cloroacético, 294
Ácido conjugado, 193, 196
Ácido diprótico, 197
Ácido fosfórico, 197
Ácido fúlvico, 207
Ácido hipocloroso, 239
Ácido húmico, 207
Ácido nicotínico. *Veja* Niacina
Ácido nítrico (HNO_3)
    chuva ácida e, 28, 213
    ciclo de nitrogênio, 250
    oxidação, 166
    radicais hidroxila e, 170
Ácido nordiidroguaiarético, 293
Ácido silícico, 199
Ácido sulfúrico
    conversão de celulose e, 62
    drenagem ácida de minas e, 222
    neutralização, 191
Ácidos, 191-194, 207
Ácidos fracos, 192, 193
Ácidos graxos, 257-275
Ácidos polipróticos, 196, 197
Aço galvanizado, 306
Aço, 48, 80
Acres, 5
Actinídeos, 40
Açúcar, 283
Adenina, 286
Adenosine diphophate (ADP), 251
Adenosine triphosphate (ATP), 251

Aditivos. *Veja* Compostos
Adutos de epóxido, 156
Aerossóis de sulfato, 110, 140
Aflatoxinas, 280, 287
África
    perspectiva global, 178-180
    tendências da taxa de crescimento, 8
Agência de Proteção Ambiental dos Estados Unidos
    avaliação de dioxina, 296
    compostos oxigenados, 61
    fontes de dioxina, 297
    MMT e, 168
    níveis de radônio, 288
    padrão de ozônio, 160
    Painel de Especialistas em Compostos Oxigenados para Gasolina (Blue Ribbon Panel on Oxgenates in Gasoline), 169
    regulamentação da qualidade da água, 236, 237
    resistência a insetos, 282
    TRI e, 233
Agente Laranja, 277, 294
Agentes mutagênicos, 286, 289
Agentes quelantes, 210, 231, 262, 290, 311, 312
Agonista, 269
Agricultura
    agricultura de plantio direto, 257, 276
    calagem (mistura de calcário), 208
    degradação ambiental, 257
    energia eólica, 64-66
    fonte de material particulado, 157
    fontes pontuais, 233
    irrigação, 180-182
    organismos geneticamente modificados, 279-282
    Revolução Verde, 252-256
    sustentável, 3
    terras marginais e, 61
    zonas climáticas, 124
    Veja Fertilizantes; Controle de pragas
Água
    ácidos e bases, 192
    ponto de ebulição da, 74
Água doce
    correnteza, 216
    eutrofização em, 237
    usos da água, 233-236
Água mole, 309
Água pesada, 41
Al (elemento), 22
Alanina, 278
Albedo
    ciclo do enxofre, 110-113
    definição, 4
    nuvens, 108
    partículas de aerossol, 109, 110
    variações de, 107
Alcano, 163
Alceno, 163, 165
Álcool, 190
Álcool terc-butílico, 168
Aldicarbe, 273
Aldrin, 294
Alemanha, 45, 77, 81
Alergenicidade, 282
Alfalfa, 252
Alga, 223, 298
Altitude, 138
Alumínio
    camada octaédrica, 206
    como metal industrial, 3
    efeitos da chuva ácida, 212

    reciclagem de, 78, 79
    solubilização, 209
Aluminossilicatos, 206
Amendoim, infestação por fungo, 287
América do Sul, 178, 310
American Cancer Society, 157
Amida, 190
Amido, 62, 63
Amilase, 62
Amina, 190
Aminoácidos
    aminoácido serina, 273
    aminoácidos aromáticos, 278
    cadeias laterais de, 301
    cisteína, 301
    essenciais, 260
    histidina, 289
    proteínas e, 257
Amônia
    conversores catalíticos e, 166
Amônio, 109, 164, 193, 221, 252
Andrógenos, 292
Anéis de benzeno
    ácidos húmicos e, 239
    anéis de clorobenzeno, 269
    ligação C—H, 163
    lignina e, 18
    moléculas de hidrocarboneto com, 22
    radical fenoxila e, 265
Anéis de clorobenzeno, 269
Ânions, 71, 191
Anodo de dióxido de zircônio, 74
Ânodo, 71
Anoxia, 227-229
Antagonista, 269
Antártica
    correntes oceânicas, 186
    mecanismo do buraco da camada de ozônio, 179
    poluentes orgânicos, 300
Anti-hormônio, 292
Antioxidantes, 262-265, 292
Aquecimento global, 3, 63, 105, 120, 125, 126, 151, 162, 186
Aquíferos, 23, 182, 183, 245, 314
Área, 5, 6
Áreas alagadiças
    bactérias anaeróbias em, 117
    como reservatórios químicos, 229, 230
    nitrogênio fixado, 252, 253
    tratamento de esgoto e, 239
Argila, 205, 206, 208, 211, 212, 241
Argonne National Laboratory, 88
Armazenagem temporária, 47
Armazenamento de energia, 16, 257
Armazenamento de hidrogênio, 72
Arroz, 308
Arseniato, 308
Arsenicose, 308
Arsênio, 301, 308, 309
Arsenito, 308
Árvores, 29, 60, 126
Ásia, 43, 179
Assimetria de cargas, 59
Aterros sanitários, 63, 78, 297
Ativação de nêutron, 49
Ativação O_2 por metais de transição, 135, 136, 262
Atividade fotoquímica, 27
Atmosfera
    dióxido de enxofre, 154
    estrutura em camadas da, 139
    química do oxigênio, 127-136
    troca de carbono e, 35

    Veja Poluição do ar; Clima
Atrazina, 182, 271, 276, 277
Auto-ionização, 191
Automóveis
    crescimento da população e, 85
    desperdício, 61
    eficiência energética dos, 85, 86
    Veja Transportes; Veículos de emissão zero (ZEVs)

B

Bacillus thuriengiensis, 274
Bactéria acetogênicas, 221
Bactéria aeróbia, 213, 225
Bactéria anaeróbia
    em zona saturada, 224
    esterco de animais e, 252
    lodo de esgoto e, 307
    produção de metano, 63, 223
    redução de nitratos, 229
    suprimento de oxigênio e, 227
Bactérias
    acetogênicas, 221
    aeróbias, 227, 238, 240
    coliformes, 236
Balanço radioativo, 104, 105, 156
Banco Mundial, 309
Band gap, 57, 58
Banda de condução, 57
Banda de valência, 57, 58
Bangladesh, 308
Bases conjugadas, 193, 194
Bases fracos, 192
Bases, 191-193
Basicidade, 198
Bastões de combustível, 40, 43, 47
Bateria de chumbo-ácido, 75, 76
Baterias de níquel-cádmio, 76
Baterias, 76, 306
Benzantraceno, 287
Benzeno, 23, 163, 233
    clorofórmio, 239
    como agente mutagênico, 289
    como composto aromático, 298
    comparação de risco, 290
    cromo, 301
    dimetilnitrosamina, 287
    exposição a, 286
    gás formaldeído, 155
    HPA (hidrocarbonetos policíclicos aromáticos), 156
    nitrosaminas, 287
    radônio, 36
Benzo(a)pireno, 156
Berílio, 50
BHA, 265, 292, 293
BHT, 265
Bicarbonato de cálcio, 199
Bicarbonato de sódio, 199
Bifenila, 298
Bioacumulação
    coeficiente de partição e, 271
    dioxina de, 296
    efeitos no ecossistema, 269-271
    metilmercúrio, 304
    plantas cloro-álcali, 305
Biodisponibilidade, 304, 311
Biologia molecular, 284
Biomassa
    águas profundas e, 227
    como energia renovável, 4
    consumo global de energia e, 8
    DBO e produção de, 227
    etanol de, 61, 62

metano de, 63
Biometilação, 304, 305
Biosfera
    controle de pragas, 267-313
    fluxo natural de dióxido de carbono, 118
    metais tóxicos, 300-313
    nitrogênio e a produção de alimentos, 250-266
    troca de carbono e, 35
Biossíntese, 311
Bisfenol A, 293
Bismuto, 32
Bolas de alcatrão, 26
Bomba biológica, 223, 224, 231, 232
Bombas térmicas, 67, 71
Bombeamento excessivo, 182
Boro, 40
Botulismo, 283
Branqueamento de polpa de papel, 294
Brasil, 306
Bush, George W., 126
Butano, 152, 162, 163, 169
Buteno, 163

C

C=C ligações duplas, 134, 160, 164
Ca (elemento), 22
Cadeias alimentares
    bioacumulação em, 270
    DDT em, 270
    mercúrio em, 304
    produtores primários e, 226
    substâncias tóxicas, 5
Cadeias de hidrocarboneto, 190, 209, 257
Cádmio
    poluição ambiental e, 221, 231
    velocidade de lixiviação de, 213
Calagem (mistura com calcário), 208
Calcário
    ácido sulfúrico e, 111
    deposição ácida, 211
    dióxido de enxofre e, 153
    neutralização descargas ácidas, 242
    para neutralização, 209
    solos calcários, 208
    sumidouro e, 182
California Air Resources Board, 12
Califórnia
    uso da água na irrigação na, 180
Calor latente, 5, 106
Calor residual
    como produto final, 117
    como subproduto da exploração, 27
    eficiência energética dos automóveis, 85
    entropia e, 68
Calor sensível, 106
Calor, 68, 69
Calorias
    conteúdo energético, 21
Camada de inversão, 160
Camada de ozônio, 137, 140-142
Canadá
    chuva ácida no, 212
    organomercúrio, 306
    reator CANDU, 41
    uso da água em, 183
Cana-de-açúcar, 59
Câncer
    água clorada e, 239
    alteração na incidência, 289
    câncer de mama, 284, 293
    câncer de pele, 141, 143, 309
    câncer de pulmão, 283, 288
    exposição à radiação e, 38
    incidência, e testes, 288-290
    mecanismos, 285-288
    mesotelioma, 156
    radicais livres e, 262
Canfeno, 268
Canola, 280
Capacidade tamponante, 112, 194, 210, 211
Característica iônica, 44, 49
Carbamatos, 30, 271-273
Carbeto de silício, 44, 49

Carbocátion metila, 287
Carboidratos
    fórmula química, 15
Carbonato de bário, 165
Carbonato de cálcio
    ciclo do carbono e, 200
Carbonato de magnésio, 203
Carbonato de sódio, 199
Carbono fixo, 28
Carcinogênicos
    aflatoxinas, 287
    benzantraceno, 287
Carros. *Veja* Automóveis
Carson, Rachel, 270
Carvão ativado, 237-239
Carvão duro, 21
Carvão macio, 28
Carvão
    combustíveis derivados, 29, 30
    consumo de energia e, 3
Cascata seqüencial, 35
Catalase, 262
Catalisadores
    enzimas de, 167
    na destruição do ozônio, 146
    nova tecnologia de diesel, 167
    platina, 165
Catálise, 273, 297
Cátions de bases, 212
Cátions, 212, 209
Cátodo, 71
Caulinita, 199, 205, 206
Causa de leucemia, 289
Célula a combustível alcalina (AFC), 73
Células a combustível de ácido fosfórico (PAFCs), 73
Células combustíveis
    ZEVs (veículos de emissão zero), 12
Células fotoeletroquímicas, 57
Celulase, 61, 62
Celulose, 18, 62, 63
Centi (c) prefixo, 8
Centígrados (°C), 68
Centímetro (cm), 5
Centro de fotorreação, 59
Centros de Controle e Prevenção da Doença, 311
Césio, 37
Cetano, 167
CFC-11, 151
CFCs (clorofluorcarbonetos)
    destruição do ozônio e, 146
    gás de efeito estufa, 125, 252
    ozônio estratosférico e, 137-152
Chernobil, 43, 44
Chicago, 160
China
    consumo de proteína, 260
Chumbo
    agentes quelantes, 312
    biodisponibilidade, 311
    carga ambiental global de, 301
    concentrações de chumbo no sangue, 310
    da Groenlândia, 303
    em crianças, 312
    exposição a, 309
    MCLG (meta de nível máximo de contaminação) de, 236
    na gasolina, 168, 310
    poluição ambiental e, 221
    poluição de fonte pontual, 244
    produção e consumo de, 303
Chuva
    ácido carbônico e, 194
    associada às tempestades, 5
    partículas atmosféricas e, 152
    risco de chumbo, 309
Chuva ácida
    ácido nítrico e, 27
    ácido sulfúrico e, 111, 155
    água na atmosfera, 194-196
    dióxido de enxofre e, 164
    efeitos da, no ecossistema de, 212, 213
    Veja Acidificação
Cianobactéria, 251

Cianocobalamina. *Veja* Vitamina B_{12}
Ciclo de nitrogênio, 250-252
Ciclo do carbono
    bomba biológica e, 231
Ciclo do enxofre, 110-113
Ciclo fotocatalítico, 136
Ciclo fotoquímico, 161
Ciclo hidrológico
    aquecimento solar da superfície, 224
    curso d´água através, 186
    definição, 4
    energia solar absorvida pela, 178
    usinas hidrelétricas e, 306
Ciclo-hexano, 117
Ciclo-hexanol, 117
Cinética, 130-131
Cinza de carvão, 50, 87
Cinza, 28
Circulação de Hadley, 64
Circulação de Rossby, 64
Cisteína, aminoácidos, 301
Citocromo P450, 287, 290
Citosina, 286
Citossol, 291
Clatratos, 17, 189-190
Clean Air Act (Lei do Ar Limpo), 165
Clean Water Act (Lei da Água Limpa), 236
Clima
    acordos internacionais, 125, 126
    albedo, 4, 107-113
    balanço radiativo, 104-107
    modelagem climática, 121-125
    Veja Efeito estufa; Gases de efeito estufa (GHGs)
Clordano, 293, 294
Cloreto de sódio, 296
Cloreto de vinila, 289
Cloro
    massa atômica, 23
Cloroacne, 295
Clorofila, 60
Clorofluorcarbonetos. *Veja* CFCs (clorofluorcarbonetos)
Clorofórmio, 239
Cloroplasto, 222
Clorpirifós, 273
Cobre
    célula combustível, 59
    como elemento essencial, 300
    poluição de fonte pontual para, 244
    quelatos e, 265
Coeficiente de partição, 271
Coeficiente positiva de reatividade, 44
Colesterol, 291
Coletor solar, 55
Collins, Terry, 87
Coluna d´água, 26, 66, 224, 227, 228
Combustão de metano, 20
Combustão incompleta, 27
Combustão
    contaminantes em, 294
    liberação de energia para a, 21
    monóxido de carbono e, 164
    processo, 164
Combustíveis fósseis
    ciclo do carbono e, 15
    como fonte de energia, 4
    descarbonização, 30-31
    total de energia disponível, 16
    Veja Ciclo do carbono; Carvão; Gás natural
Componente BTX, 168
Componentes orgânicos lipofílicos, 287
Compostos clorofenoxi, 277
Compostos iônicos, 202
Compostos orgânicos voláteis (VOCs)
    composição da gasolina, 169
    erupções vulcânicas e, 198
    transportes e, 167
Compostos orgânicos, 63, 155
Compostos oxigenados, 23, 61, 167-169
Compressão, 167
Comprimento, 5, 6
Comprimentos de onda
    distribuição de, 57
    Lei de Beer-Lambert, 143

redução de ozônio e, 141
Concentração analítica, 191
Concentração de sal, 68
Condições anaeróbias, 227, 228
Condutores móveis, 57
Confinamento inercial, 48
Confinamento magnético, 48
Congêneres, 296, 298
Conjunto de fragmentos nucleares, 35
Conservação de energia, 68, 69, 80, 88
Conservation Reserve Program, 61, 257
Constante de equilíbrio, 128, 129
Constante de velocidade, 9, 128
Constante dos gases, 108, 219
Consumo de energia
    consumo global, 8
    crescimento exponencial e, 8
    energia renovável e, 52
    sustentabilidade e, 3
    tendências e, 8
    transportes e, 83-85
Contaminação de Seveso, 295
Contaminação química. *Veja* Herbicidas; Pesticidas
Contaminação
    por MTBE, 182
    por derramamento, 23
    regulamentação de, 236
    Veja Poluentes;
Contaminantes orgânicos, 239, 240
Controle de emissões
    Bala de Chesapeake, 227
    controle de malária e, 294
    dióxido de enxofre, 154, 155, 164
    gasolina reformulada, 167-169
    Poluição do ar e, 153-169
    regulamentações, 154
    regulamentações da EPA, 156
Controle de pragas
    herbicidas, 276-279
    inibição de glifosato, 278, 279
    inseticidas, 267-276
Convecção, 139
Convenção de Mudança Climática, 126
Conversão da energia térmica dos oceanos (OTEC), 67
Conversão, 5, 6, 42, 59
    conversores catalíticos e, 166
Conversores catalíticos, 310
Copenhagen Amendments (1992), 137
Coplanaridade, 300
Co-produção em rede, 56
Corpo negro, 104
Corrente do Golfo, 185, 186
Corrente elétrica, 58
Corrente termohalina, 186
Correnteza
    em áreas urbanas, 309
    metais tóxicos, 300
    para os oceanos, 253
    poluição de, 88
Coulomb, 219
Craqueamento, 22, 23, 168
Crescimento exponencial, 8, 10
Crisotilo, 156
Crocidolita, 156
Cromato de chumbo, 309
Cromato, 301
Cromo, 301
Crosta terrestre, taxas de formação, 296
Crutzen, Paul, 137
Cu (elemento), 22
Curie (Ci), 38
Curva da energia de ligação, 32
Curva de crescimento natural, 8
Curva de crescimento, 8, 10
Curva de decaimento, 10
Curva de estabilidade, 33, 40
Curva de titulação, 194
Curva dose-resposta, 283, 284
Custos ambientais
    consumo humano de energia, 3
    do uso de combustíveis fósseis, 12
    ecologia industrial, 3
    energia hidrelétrica, 64
    fosfatos, 227

D

Datação por carbono, 93
Datação por isótopos, 34
Datação por radiocarbono, 35
DBO. *Veja* Demanda Bioquímica de Oxigênio (DBO)
DDE, 268, 269, 271, 292
DDT (diclorodifeniltricloroetano)
 estrógeno e, 293
 estrutura química do, 267
 na cadeia alimentar aquática, 270
 na leite materno, 270
Decaimento exponencial, 10, 35, 143
Decaimento nuclear, 33, 34, 198
Decaimento, 34
Decomposição, 252
Demanda bioquímica de oxigênio (DBO)
 em vários processos, 294
 potencial redox e, 186
 produção de biomassa e, 227
 tratamento de esgoto e, 227, 233, 236-239
Depleção de ozônio, 142, 143, 150, 151
Deposição ácida e capacidade tampão de bacias hidrográficas, 210-212
Derramamentos de petróleo, 3, 23, 294
Desastre do Exxon Valdez, 26
Descarbonização, 30, 31
Descarte de resíduo nuclear, 11
Desflorestamento, 140
Desfolhante, 277
DeSimone, Joseph, 88
Desinfecção, 236, 239, 296
Desintegração, 38, 50
Desmaterialização, 78, 81, 82
Desmetilação, 305
Desnitrificação, 254
Desnutrição, 308
Desproporcionação do superódixo, 262
Destruição de ozônio, 137, 144-146
Detergentes, 151, 209, 210, 227, 228, 265
Detonação espontânea, 167
Deutério, 41, 48-50
Dialquilftalato (ou ftalato de dialquila), 293
Dibenzodioxinas policloradas (PCDDs), 294, 296, 298, 300
Dibenzofuranos policlorados (PCDFs), 293, 296-298, 300
Dibrometo de etileno, 310
Diclorodifeniltricloroetano. *Veja* DDT (diclorodifeniltricloroetano)
Diclorometano, 236
Dieldrin, 293, 294
Diesel CIDI (ignição por compressão e injeção direta), 86
Diesel TDI (injeção direta turbo), 86
Dieta. *Veja* Nutrição
Difusão gasosa, 41
Dimetil éter, 23, 86, 151
Dimetilmercúrio, 305
Dimetilnitrosamina, 287
Dimetilsulfeto (DMS), 110
Dimetilsulfonopropionato, 110
Dina, 108
Dinamarca
 incidência de câncer de mama, 292
Dinitrogênio, 147
Dióxido de carbono (CO_2)
 célula combustível, 59
 ciclo do carbono e, 201
 como componente ácido, 199
 concentração atmosférica, 104, 194, 201, 205
 decomposição de matéria orgânica, 201
 efeito estufa e, 113-121
 emissões, 30
 fotossíntese e, 59, 200
 íon carbonato e, 208
 momento de dipolo e, 114
 radicais hidroxila, 134
 vibrações moleculares, 113
 vizinhos planetários, 202
Dióxido de cloro, 237, 239, 296
Dióxido de enxofre, 127, 153-155, 164
Dióxido de manganês, 216
Dióxido de nitrogênio (NO_2), 27, 160
Dióxido de silício, 199
Dióxido de titânio (TiO_2), 309
Dioxigênio (O_2), 135, 146, 215
Dioxinas, 284, 294-300
Dissolução, 203
Distribuição espectral, 58, 104
Divisão das células, 285
DMS (dimetilsulfeto), 110
DNA
 bases incorretas e, 285, 286
 ligações H e, 188
 mutagênicos, 288, 290
 reações dos radicais em cadeia, 262
 transgênicos e, 279
Doador de elétrons, 133
Doenças tropicais, 124
Dose máxima tolerada (MTD), 290
Drenagem ácida de minas, 213, 231

E

Earth Summit (Cúpula da Terra), 126
Ecologia Industrial (EI), 3, 86-88
Ecologia
 anoxia, 227
 áreas alagáveis, 120
 fertilização do oceano com ferro, 231, 232
 lagos de água doce, 186
 nutrientes limítrofes e, 226, 227
 produção biológica e ferro, 231
Economia de combustível, 78, 86, 126, 168
Economia do hidrogênio, 27, 30, 57, 67, 76
Ecossistemas aquáticos
 DDT na cadeia alimentar, 270
 em equilíbrio dinâmico, 224
 eutrofização e, 225
Ecossistemas
 cultivo de terras, 257
 derramamentos de petróleo e, 23
 efeitos da chuva ácida no, 212, 213
 efeitos no, 269, 270
 toxicidade dos inseticidas, 316
Efeito Cachinhos Dourados, 202
Efeito estufa
 absorção de raios infravermelhos, 113-116
 ciclo do carbono e, 231
 definição, 105
 em Vênus, 202
 liberação de metano e, 200
 queima de combustível fóssil e, 113
 radiação emitida e, 116
 radiação infravermelha, 105
Efeitos sinérgicos, 269
Efeitos teratogênicos, 284
Eficiência energética, 85, 86
Efluente, 237, 238
El Niño, 184
Eldrin, 294
Elementos eletronegativos, 215
Elementos metálicos, 22
Elementos tóxicos, 3
Eletricidade, 6
Eletricidade fotovoltaica, 56-60
Eletrodos, 56, 59, 71
Eletrófilo, 286, 287
Elétron-buraco, 57
Elétrons
 como condutores móveis, 57
 ligações e, 21
 radicais livres e, 131
Elétron-volt (eV), 6, 57
Emissões de veículos
 conversores catalíticos e, 166
 emissões de VOCs, 159
 motores a diesel, 112, 167
 óxido nítrico, 165
 veículos de emissão zero, 12
Emissões
 benzeno, 156
 compostos oxigenados e, 30, 31
 cromato, 301
 fontes não-pontuais de poluição, 233
 GHG, 126
 HEV (veículo elétrico híbrido) e, 86
 incineradores e, 61
 metais e, 303
 monóxido de carbono, 23, 61, 153
 no Japão, 112
 óxido de nitrogênio, 160
 óxido nitroso, 118
 VOCs de, 159
 Veja Emissões de veículos
Energia
 calorias e, 257, 258
 formação de ozônio e, 160
 fundamentos, 19, 20
 radioatividade como, 93
 reações redox e, 215-221
 sociedade e, 89, 90
 Veja Energia nuclear; Energia renovável
Energia cinética, 68
Energia das marés, 4, 66, 67
Energia de ativação, 130
Energia de combustíveis, 69
Energia de dissociação, 162
Energia eólica, 64-66
Energia hidrelétrica, 5, 64, 82
Energia humana, 105
Energia livre, 71, 74, 127-130
Energia nuclear, 32-51
 Veja Isótopos; Radiação
Energia renovável
 aquecimento solar, 11, 54, 64, 184, 224
 eletricidade fotovoltaica, 56-60
 eletricidade solar térmica, 54, 55
 energia eólica, 64-66
 energia geotermal, 11, 32, 52
 fontes alternativas de energia, 4
 hidroeletricidade, 64
 Veja Biomassa; Fotossíntese
Energia termal, 40
Energia térmica, 6
Energia/Aquecimento solar
 ciclo hidrológico, 178
 uma fonte de energia, 54
Energia/calor geotermal, 4, 11, 32, 52
Enriquecimento isotópico a laser, 41
Entalpia de formação, 81
Entalpia, 20, 74
Entropia, 20, 68, 69, 74, 75
Envelhecimento, 262
Envenenamento
 por arsênico, 183, 240
 por cádmio, 307
 por chumbo, 313
Enxofre
 como componente do carvão, 28
 erupções vulcânicas, 110
 impacto sobre o clima, 110
 inseticidas organofosfatos, 272
 mercúrio elementar e, 306
 Proteína Mo-Fe, 251
Enzimas
 amilase, 62
 carboxilase, 274
 celulase, 61
 citocromo P450, 287
 como catalisadores, 304
 DDT-ase, 268, 269
 ferroquelatase, 311
 peroxidase, 297, 375
 quebra de peróxidos, 265
 quimosina, 281
 superóxido dismutases, 262
Enzima ferroquelatase, 311
Enzimas carboxilase, 274
Enzimas peroxidases, 297
Epidemiologia, 284
Epóxido de heptaclor, 236
Epóxido, 226, 287
EPSP, 278
Equação de Nernst, 219, 220
Equador, 201, 264
Equilíbrio
 reação de neutralização e, 191
Ergs, 108
Erupção do Monte Pinatubo, 107, 110, 150
Ervilhas, bactérias simbióticas em, 252
Escala de octanagem, 167
Escala de PH, 191, 192
Escandinávia, 44, 196
Espécies reativas de oxigênio (ROS), 262
Estado estacionário, 145
Estados Unidos
 arsênico em, 308, 309
 chuva ácida em, 213
 consumo de proteína, 260
 consumo de energia, 90
 culturas comerciais geneticamente modificadas, 279
 dutos de hidrogênio, 77
 energia das ondas, 66
 energia eólica em, 64
 fluxos de água em, 182
 gasolina BTX em, 168
 produtos de trigo em, 260
 Protocolo de Kyoto, 126
 recursos hídricos nos, 183, 184
 usinas de reprocessamento em, 46
Ésteres de lactato, 88
Esteróides, 291
Estireno, 156
Estomas, 180
Estratificação térmica, 223, 224
Estratopausa, 139
Estratosfera
 aerossol de sulfato, 112
 CFCs em, 115
 em estrutura de camadas na atmosfera, 139
 energia para formação de ozônio, 160
 ozônio em, 140
 sequência de reações, 241
Estrógenos, 292
Estrôncio, 37
Etano, 162
Etanol
 acetaldeído e, 155
 biomassa de, 61, 62
 como composto oxigenado, 169
 energia de ligação de, 20
 grupo metila, 278
 miscibilidade em água, 189
ETBE, 168
Etileno, 168
Europa
 alimentos transgênicos, 282
 chuva ácida na, 213
 detergentes, 210
 energia das ondas, 66
 energia eólica na, 64-66
 Protocolo de Kyoto, 151
 transgênicos e, 279-282
 uso da água na, 183
Eutrofização
 fosfato de sódio e, 210
 hidroeletricidade e, 64
 sedimentos e, 231
 tratamento de esgoto, 239
Eutrofização cultural, 225
Evaporação, 182
Evapotranspiração, 64, 178, 183
Evento de iniciação, 132
Exa (E) prefixo, 5
Exajoule (EJ), 6
Exaustão de recursos, 3
Expoentes, 5
Extração
 de carvão, 28
 ecologia industrial e estudo de, 86
 metano e, 17
 reciclagem e, 78

F

FAD, 262
Fahrenheit (°F), 5
Faraday, 219
Fator de bioconcentração, 271
Fe (elemento), 22
Feedback, 222
Feijões, 252, 260
Feldspato, 199
Femto (f) prefixo, 5
Fenilalanina, 258, 278
Fenilmercúrio, 306
Fenol, 287

Feromônios, 275
Ferritina, 301
Ferro
    ácido sulfúrico, 231
    altos níveis de DBO, 308
    bomba biológica e, 231
    como nutriente limítrofe, 253
    elemento essencial, 301
    em água de poço, 277
    energia de ligação e, 32
    fertilização dos oceanos com, 231, 232
    íons de metais de transição e, 133
    níveis de oxidação e água, 215
    produção biológica e, 231
    proteína Mo-Fe, 251
    quelatos e, 265
Fertilização excessiva, 225, 228, 234
Fertilizantes
    cádmio e, 306
    ferro do oceano, 231, 232
    fertilização excessiva, 225, 228, 234
    fertilizante nitrogenado, 230
    lixiviação de, 182
    lodo de esgoto como, 306
    produção agrícola, 256
    Revolução verde e, 252-256
    sulfato de amônio como, 164
Filipinas, 110, 253
Filtro de carvão. *Veja* Carvão ativado
Finlândia, 296
Fissão nuclear, 11
Fitoestrógenos, 293
Fitoplâncton
    como produtores primários, 223
    crescimento excessivo, 230
    raios ultravioleta, 116
    sulfato de bário e, 203
Florescências algais, 225
Florestas. *Veja* Árvores
Flórida, 292
Flúor, 127, 146, 150, 162, 187
Fluoreto de césio, 202
Fluoreto de lítio, 202
Fluoreto, 202, 273
Fluorocarbonetos, 72
Fluxos de energia
    em quilojoules, 4
    global, 139
Fluxos residuais, 61
Fome, 260
Fontes de energia
    fluxos residuais, 61
    metano como, 72
Food and Agricultural Organization (FAO), 256
Força centrífuga, 41
Forçamento radioativo, 112, 113, 115, 118
Forças de solvatação, 191
Ford, 86, 126
Formação de *smog*, 27, 63, 157, 160, 162, 163, 165, 168
    Veja smog fotoquímico
Formação Ferrífera Bandada, 222
Formaldeído, 287
Fórmula de Einstein, 68
Fosfato de sódio, 210
Fosfato, 234, 228
Fósforo, 250
Fosforotioato, 273, 274
Fotoeletroquímica, 59
Fotólise, 26, 116, 144, 202, 223
Fótons, 57, 137
Fotossensibilizador, 59
Fotossíntese
    carboidratos e, 258
    centro de fotorreação, 59
    em zona eufótica, 223
    evidência fóssil, 222
    fotoeletroquímica e, 59, 60
    processo de, 15
    reação geral da, 15
Fração de moléculas, 131
França
    energia das marés, 66
    proliferação de armas e, 44
    usinas de reprocessamento na, 43

Fundição, 311
Fungicidas, 306
Furanos, 294-298
Fusão nuclear
    como fonte de energia, 4
    reações de fusão, 48

G

Galão, 83
Gálio (Ga), 57
Gás hidrogênio, 253
Gás natural
    consumo de energia e, 3
Gases de efeito estufa (GHGs)
    acordos internacionais, 150
    CFCs como, 115
    HCFCs, 137
    metano como, 17
    óxido nitroso como, 147
    tendências, 116-121
Gasolina reformulada (RFG), 167-169
    Veja Compostos oxigenados
Gasolina sem chumbo, 168
Gasolina
    mistura de, 156
    Painel de Especialistas em Compostos Oxigenados na Gasolina (Blue Ribbon Panel on Oxygenates in Gasoline), 169
    compostos oxigenados para, 169
    metiltetrahidrofurano, 89
    Veja Gasolina reformulada (RFG)
Genisteína, 293
Genoma, 279
Geradores de vapor, 41, 42, 54, 55
Gesso, 87, 164
Giárdia, 236, 239
Giga (G) prefixo, 5
Glicerol, 258
Glicina, 278
Glicose, 21, 62
Glifosato, 278, 279
Glutamato peroxidase, 265
Golfo de Bósnia, 230
Golfo do México, 183, 228, 229
Gorduras
    como hidrocarbonetos, 21
    energia armazenada como, 67
    funções bioquímicas de, 300
Gorduras insaturadas, 261
Gorduras saturadas, 260, 261
Gotas de chuva, 108, 111, 262
Gradiente de Temperatura Adiabática (Lapse Rate), 137
Grafite, 44
Gramas (g), 5
Grãos, 306
Graus de liberdade, 74
Groenlândia, 301, 310
Grupo abandonador, 273
Grupo acetila, 273
Grupo carbamila, 273
Grupo fosforila, 273
Grupo heme, 287
Grupos arila hidrofóbicos, 189
Grupos de sulfonato, 72
Grupos hidrofílicos, 209, 287
Grupos hidroxila, 287
Grupos metila, 163, 167, 231
Grupos metileno, 163
Grupos metóxi, 271
Guanina, 286
Guerra do Golfo (1990), 11, 45
Guerra do Vietnã, 272

H

Haleto, 311
Halons, 137, 146
Hanford Nuclear Reservation, 47
HCF-23 (HCF$_3$), 117
HCFC-141b, 151
HCFCs. *Veja* Hidroclorofluoro-carbonos (HCFCs)
Hectares (ha), 5
Hélio, 32
Helióstato, 55
Hemicelulose, 62

Hemisfério Norte, 112, 118, 119, 184
Hemoglobina, 311
Heptaclor, 294
Heptametilnonano, 167
Herbicidas
    controle de pragas, 267-282
    estruturas químicas, 16
    inibição de glifosato, 278, 279
    resistência a, 282
HERP, 290
Hexaclorobenzeno, 294
Hexano, 163
HFCs (hidrofluorcarbonetos), 150, 151, 162
Hidrato de xenônio, 189
Hidratos de gás, 17
Hidratos de metano, 189
Hidrocarboneto Arila (Ah), 296
Hidrocarboneto hopano, 16
Hidrocarbonetos leves, 16
Hidrocarbonetos policíclicos aromáticos (PAH), 221, 222, 287, 300
Hidrocarbonetos saturados, 16
Hidrocarbonetos
    composição da gasolina e, 167
    controle de emissões e, 112
    conversores catalíticos e, 166, 168
    craqueamento, 22
    para refrigeração, 67
    petróleo como mistura de, 22
    radicais peroxila, 133
    ramificação e, 23
    smog fotoquímico e, 153
    Veja Hidrocarbonetos Policíclicos Aromáticos (HPA)
Hidroclorofluorcarbonetos (HCFCs), 150, 151, 162
Hidroeletricidade, 6, 91, 92
Hidrofluorcarbonetos (HFCs), 150, 151, 162
Hidrogênio líquido, 21
Hidrogênio
    como radical livre, 134
    deidrocloração e, 268
    destruição do ozônio, 146
    em gorduras, 258
    energia de fusão e, 32
    etanol e, 190
    oxidação do, 218
    resistência a insetos, 282
Hidrosfera, 182, 196, 199
    Veja Litosfera; Água; Recursos hídricos
Hidroxiapatita, 238
Hidroxibenzenos, 239
Hidróxido, 205, 220
Hidróxido de sódio, 294
Hidróxido férrico, 308
Hidroxilação, 287
Hidroxitolueno butilado, 265
Histidina, 289
Honda, 86
Horas (h), 5
Hormônio glucocorticóide, 308
Hormônios juvenis, 275
Hormônios lipossolúveis, 291
Hormônios, 290-293
Houston, 160
HPAs. *Veja* Hidrocarbonetos policíclicos aromáticos (HPAs)
Humina, 207
Húmus, 207, 208

I

Independência energética, 46, 61
Índia
    proliferação de armas e, 43
Indústria
    como fonte de poluição da água, 241
    economia industrial, 87
    uso de água em, 94
Inglaterra
    energia eólica na, 64-66
    usinas de reprocessamento na, 46
Inibidores de colinesterase, 273, 274
Injeção, 86
Inseticidas de ciclodieno, 268
Inseticidas

dieldrin, 293
    efeitos no ecossistema, 269-271
    inibidores de colinesterase, 273, 274
    inseticidas não-persistentes, 271-273
    inseticidas persistentes, 267, 268
Insulina, 291
Intergovernmental Panel on ClimateChange (IPCC) (Painel Intergovernamental em Mudanças Climáticas), 8, 123, 124
International Agency for Research on Cancer, 155
International Water Management Institute, 181
Iodeto de césio, 202
Iodeto de lítio, 202
Iodo, 37
Íon bicarbonato, 30, 196, 201
Íon carbonato, 203
Íon fosfato, 278
Íon hidróxido, 73
Íon metilmercúrio, 231
Íon nitrato, 182, 221, 236
Ionizações secundárias, 38
Ionosfera, 139
Íons de hidrogênio, 191
Íons de sódio, 267
Íons metálicos, 304
Íons trialquil-chumbo, 310
Iowa, 65, 257
IPM, 276
Irrigação, 180, 181, 233, 256
Isobutano, 151
Isobuteno, 23
Isoflavanóides, 293
Isolantes, 57
Iso-octano, 167
Isótopos, 32, 34
Itai-itai (ai-ai), 308

J

Janela atmosférica, 106, 115
Japão
    consumo de energia, 90
    energia das ondas, 66
    envenenamento ambiental por mercúrio, 304
    incidência de câncer após migração, 289
    proliferação de armas e, 48
    Protocolo de Kyoto, 126
    usinas de reprocessamento em, 43
Joule (J), 5, 6
Junção p-n, 57, 59
Juros compostos, 9

K

King, Charles, 262

L

Lago oligotrófico, 225
Lago Siskiwit, 297
Landfill Rule (Regra do Aterro), 63
Latitude, 186
Lei de Beer-Lambert, 143
Lei de Stefan-Boltzmann, 104, 106
Lei de Wein, 104
Libras, 5
Ligação
    acetilcolina de, 273
    por proteínas receptoras, 291
    reconhecimento molecular e, 269
    TCDD de, 296
Ligação C—H
    geração de radicais e, 167
    radical hidroxila e, 88
Ligação C—O, 134
Ligação covalente, 188, 131
Ligação de hidrogênio, 286
Ligação O—H, 134, 135
Ligação O—O, 135
Ligações de peptídio, 257
Ligas de vanádio, 49
Lignina
    cloração de, 296
    definição, 18

fitoestrógenos, 293
lignito e, 28
peróxido de hidrogênio e, 88
Lignito, 28
Lind, James, 262
Lipídios, 16, 190
Líquidos, vaporização, 23
Lisina, 258
Lítio, 49
Litosfera
    acidificação, 28, 212, 307
    ciclos de carbono orgânico e inorgânico, 199-202
    hidrosfera e, 182
    poluição da água e tratamento de água, 237
    Veja Oxigênio; Água; Recursos hidricos
Litros (L), 5
Lixiviação, 213
Lodo de esgoto, 306
Logaritmo natural, 9
London Amendments (1990), 137
Los Angeles
    inversões de temperatura, 139
    problemas de gerenciamento da água, 184
    redução de ozônio, 141
    smog fotoquímico, 160-163
Luz azul
    dióxido de nitrogênio e, 160
    reação hidrogênio-cloro e, 131
Luz ultravioleta
    aquecimento da atmosfera e, 4
    energia para formação de ozônio, 160
    ozônio e, 145

M

Magnésio
    em carbonato de cálcio, 203
    nas árvores das Montanhas Rochosas, 212
    níveis de oxidação e água, 215, 216
Malária, DDT e, 294
Malation (Malatol ou Malathion), 283
Manganês, 308
Marte, 202
Massa, 5
Massa crítica, 39
Massa supercrítica, 39
Matéria volátil, 28
Materiais
    fluxo anual de, 141
Material particulado (MP)
    emissões de, 157
    HEV, 86
Mauna Loa (Havaí), 118
Mecanismo de Desenvolvimento Limpo (*Clean Development Mechanism*), 126
Mecanismos homeostáticos, 301
Mega (M) prefixo, 5
Megaelétron volt (MeV), 6
Meia-vida, 10, 34, 35
Menopausa, 139
Mensageiros secundários, 291
Mercúrio
    metilação/desmetilação, 305
    poluição por metal pesado, 231
Mercúrio metálico, 305
mercúrio redutase, 301
Mesosfera, 139
Mesotelioma, 289
Meta de nível máximo de contaminantes (MCLG), 236
Metais tóxicos
    arsênico, 308, 309
    cádmio, 306-308
    chumbo, 309-313
    mercúrio como, 304-306
    metalotioneína, 301
    substâncias químicas tóxicas e, 300, 313
Metalotioneína, 301, 308
Metano
    biomassa de, 90, 91
    como potente gás de efeito estufa, 38
    consumo por microorganismos, 175

conversão de lodo de esgoto em, 341
decomposição e, 21
emissões, 168
fator de contribuição para efeito estufa, 169, 173-175
janela atmosférica e, 164
ligação C—H, 231
micróbios anaeróbios e, 269, 270
níveis inferiores de oxigênio e, 318
preso em estruturas de hidrato, 22
radical metila, 186
Metanógenos, 169
Metanol
    combustíveis derivados de carvão, 41
    como combustível alternativo, 125
    como composto oxigenado, 239
    componente do grupo metila, 231
    formaldeído e oxidação de, 220
    miscibilidade em água, 271
    problemas de armazenamento, 111
    produção de MTBE e, 31
    veículos a célula combustível e, 106
Meteorização
    CEC e, 298
    ciclo do carbono e, 284, 286, 287
    definição, 283
    sólidos iônicos e produto de solubilidade, 289, 290
    solubilidade e basicidade, 290-292
    troca iônica, 292-296
Metilação, 305, 308
Metilbenzeno. *Veja* Tolueno
Metilmercúrio liase, 301
Metilmercúrio, 301, 304, 305
Metilpropano, 231
Metilpropeno, 231
Metiltetra-hidrofurano, 129
Metros (m), 5
Micela, 298, 299
Micotoxinas, 402
Micro ( ) prefixo, 6
Micróbios, 34, 165
Milhas, 7
Milho
    água para produzir, 256
    como planta C_4, 86
    etanol produzido de, 240
    infestação por fungo, 287
    irrigação do aquífero Ogallala, 259
    para produção de combustível, 88, 89
Milhões de elétron volts (MeV), 50
Mili (m) prefixo, 6
Milímetros (mm), 6
Mineração
    conceito de sustentabilidade, 4
    drenagem ácida de minas, 305, 306
    Idade do Bronze, 301
    urânio e riscos em, 65
    uso de água em, 260-262
Ministério da Saúde dos EUA, 221
Ministério das Energias dos EUA
    EIA, 11
    estudo de custo de PV, 81
    estudo para o futuro, 130, 131
    estudos de projetos solares passivos, 77
    projeções de transportes, 124
    previsão do aumento de energia, 148
Minutos (min), 7
Mirex, 294
Mistura ar/combustível, 167
MMT (metilciclopentadienil tricarbonil manganês), 239
Modelos globais de circulação (GCMs), 175
Moderador, 56, 57, 61
Moelagem climática, 172, 173, 172-178
Moinho de vento, 14, 92, 93
Mole (mol), 8, 26
Moléculas aromáticas, 236
Moléculas de gás, 198, 199
Moléculas diatômicas heteronucleares, 161
Moléculas diatômicas homonucleares, 161
Moléculas diatômicas, 161, 188, 189
Moléculas orgânicas, 316
Moléculas
    absorção de radiação por, 161

com anéis de benzeno, 29
concentrações no ar, 205
hormônios como, 291
moléculas aromáticas, 67, 236
moléculas diatômicas, 161, 188, 189
moléculas de gás, 198, 199
moléculas orgânicas, 316
reatividade de, 38
variação de entalpia, 271
vibrações, 160-165
Molibdênio, 360
Momento de dipolo, 161, 266
Monitoramento climático, 258
Monômeros, 89
Montmorilonita, 294
Montreal Amendment (1997), 196
Motor SIDI (injeção direta com ignição de vela), 125
Motores a diesel, 225, 238
Motores de combustão interna, 100, 106, 125
    Veja Motores térmicos
Motores térmicos, 99-103, 119
Movimentos tectônicos, 282, 317
MOX (mistura de óxido de urânio-plutônio), 60, 63
MTBE (metil terc-butil-éter)
    aumento de produção de, 240
    como composto oxigenado, 30, 31, 239-240
    componente do grupo metila, 231
    competindo por mercado, 88
    contaminação de poços com, 260
    contaminação por, 344
    solubilidade de, 271
Mudança climática (1990), 175
Muller, Paul, 382
Musse, 36
Mutações, 51, 285
Mutagênese, 288

N

N (elemento), 48
Na (elemento), 29
NAD (nicotinamida adenina), 375
Nano (n) prefixo, 6
National Oil Recyclers Association, 34
Neurotoxinas, 309
Neurotransmissor, 291
Neutralização
    ácido sulfúrico de, 156
    ácidos de, 295
    solo do, 297, 298
Nêutrons, 44, 46, 53
Ni (elemento), 29
Niacina, 375, 377
Níquel, 107, 304, 308, 330
Nitrato de amônio, 361
Nitrato de bário, 236
Nitrato de cálcio, 289
Nitrato de cloro, 147
Nitrato de peroxiacetila (PAN), 160, 162
Nitrato
    áreas alagáveis, 120
    bomba biológica e, 231
    nitrificação, 117
    nuvens e, 107
    poder de oxidação de, 216
    produção biológica e, 231
    síndrome do bebê azul, 240
Nitratos de peroxiacetila, 162
Nitrificação, 117, 221, 252
Nitrilotriacetato de sódio, 210
Nitrito, 216, 252
Nitrobacter, 252
Nitrogenase, 251, 252
Nitrogênio fixado, 252, 253
Nitrogênio
    como fonte de alimento, 24
    formação de ozônio e, 160
    Montanhas Rochosas, 212
    nutrientes limítrofes, 226, 227
    partículas de nuvens e, 148
    produção de alimentos e, 250-266
Nitrosaminas, 252, 287
Nitrosomonas, 221, 252

Nível máximo de contaminantes (MCLs), 236
Notação exponencial, 5
Nova York, 160, 211
Nova Zelândia, 310
NTA, 210
Núcleo do hélio, 32
Núcleons (partículas nucleares), 32
Núcleos, 32-34
Núcleos de condensação, 108, 110, 135
Nucleotídeos, 278
Numerais romanos, 215
Número atômico, 32, 34
Número de massa, 36
Número de onda, 6
Número de oxidação, 215
Nutrição
    antioxidantes, 262-266
    Calorias, 6, 71, 260, 315
    incidência de câncer, 288
    minerais e vitaminas, 262
    proteína, 258-261
    Veja Vitaminas específicas
Nutriente limítrofe, 120, 226, 228, 253
Nutrientes
    no ecossistema aquático, 226
    nitrogênio e fósforo, 226, 227
    erosão do solo e, 257
Nuvens polares estratosféricas (PSCs), 148
Nuvens, 107-109

O

Oceanos
    absorção de CO_2, 116
    como armazenagem de longo prazo para CO_2, 30
    correnteza para, 210
    fertilização com ferro, 231
    nitrogênio e nutriente limítrofe, 226
    recursos hídricos, 185, 186
Octanol, 271
Olefina, 268
Óleo residual, 112
Oleodutos, 24
Onças, 5
Orbital molecular ligante, 132
Ordem de ligação, 132
Organismos autotróficos, 221
Organismos bênticos, 227
Organismos eucarióticos, 222
Organização Mundial da Saúde, 296
Organoclorados, 146, 267, 271, 273, 297
Organofosfatos, 271-273
Organomercúrio, 306
Ostras, 227
Oxidação
    água e, 215
    de carboidratos, 257
    oxidações biológicas, 221
    reoxidação, 199
Óxido de chumbo, 309
Óxido de cloro, 237
Óxido de manganês, 216
Óxido férrico, 222
Óxido nítrico (NO)
    como poluente, 155
    conversores catalíticos e, 166, 168, 310
    destruição de ozônio e, 137
    óxido nitroso e, 147
    smog fotoquímico e, 157
Óxido nitroso (N_2O), 118, 147, 155
Óxidos de nitrogênio
    ciclo do nitrogênio e, 251
    cinética, 130, 131
    energia livre, 130, 131
    estratosfera inferior e, 146
    fertilizantes de nitrogênio e, 253
    HEV, 86
    radicais hidroxila e, 134
Óxidos, 127
Oxigênio singlete, 132, 133
Oxigênio triplete, 133
Oxigênio
    em gorduras, 258
    estrutura eletrônica de, 132
    Ligação C—H e, 162

na gasolina reformulada, 168
produção biológica e, 225
radiação solar e, 143
reação com hidrogênio, 21
solubilidade em água, 287
Veja Demanda bioquímica de oxigênio (DBO); Reações redox
Ozônio
como desinfetante, 237
definição, 134
Ozônio estratosférico
acordos internacionais, 137
CFCs e, 115
destruição de, 137, 145, 150
produção de, 153
química do ozônio, 150
UV e, 134

P

Painel de Especialistas em Compostos Oxigenados para Gasolina (Blue Ribbon Panel on Oxgenates in Gasoline), 169
Países em desenvolvimento (LDC), 137
Paládio, 76
Papel *versus* plásticos, 78
Papel, 11, 78
Paraquat, 277
Paration, 273, 283
Parede de Trombe, 54
Parque ecológico, 87
Partículas
elétron-volt e, 6
motores a diesel de, 167
partículas aerossol, 28, 109, 110
partículas alfa, 93
partículas atmosféricas, 156
partículas beta, 32
partículas de nuvens, 148-150
Partículas β, 32
Partículas de aerossol, 28, 109, 110
Partículas de fuligem, 156, 157
Partículas de nuvens, 148-150
Partnership for a New Generation of Vehicles (PNGV), 86
Pauling, Linus, 266
PCBs (bifenilas policloradas), 294, 299
contaminação por, 294
MCLG, 236
Pontuação do teste verbal de McCarthy, 285
substâncias químicas tóxicas, 283-317
PCDDs. *Veja* Dibenzodioxinas policloradas (PCDDs)
PCDFs. *Veja* Dibenzofuranos policlorados (PCDFs)
PCP (pentaclorofenol), 277
Peixes
Lago Big Moose, 211, 212
mercúrio, 304
sulfeto de hidrogênio, 227
PEM (membrana de troca protônica)
célula a combustível, 72, 73
Pentano, 163, 169
Penteno, 163
PEP, 278
Peptídios, 291
Percloprociclopentadieno, 268
Período de latência, 285
Peróxido de hidrogênio, 88
Peróxido, 262, 265
Persistência, 267
Pesticidas
consumo de, 288
contaminação da água dos poços, 182
plantas novas e, 255
solubilidade de, 271
Peta (P) prefixo, 5
Petróleo
benzeno e, 156
composição e refino, 22, 23
consumo de energia e, 3
deposição de rochas na formação de, 17
desvantagens, 23-27
metabolizado por micróbios, 24

PIB (produto interno bruto), 89
Pico (p) prefixo, 5
Piretóides, 275
Piretrina, 274
Piretróides, 274
Piretrum, 274
Piridoxina, 264
Pirita
áreas alagadiças, 230
arsênio em, 308
drenagem ácida de mina e, 213, 222
movidas a carvão, 164
Pirofilita, 205, 206
Placa tectônica, 198
Plantas
cádmio, 306
celulose em, 62
defesas químicas contra insetos, 274
Plantas cloro-álcali, 304
Plantio direto, 276
Plasma, 49-51
Platina (Pt), 72, 165
Plutônio, 37, 43, 45, 46
Plutônio-239, 39
Polegadas, 5
Polifosfatos, 227
Poligalacturonase, 280
Polímeros
como fluorocarboneto, 72
illustração, 62
Pólos, 148
Poluentes
carregados pelos ventos, 211
cerito orgânicos voláteis como, 157-159
dióxido de enxofre como, 154, 155, 164
fluxo do, 210
irrigação, 180-182
monóxido de carbono como, 153, 154
no Ártico, 300
ozônio como, 159, 160
partículas como, 156, 157
solos como reservatórios de, 210
substâncias orgânicas tóxicas como, 155, 156
Veja Contaminação
Poluentes orgânicos, 294-300
Poluentes orgânicos poluentes, 294-300
Poluição
Chesapeake, 227
chuva ácida, 196
cromato, 301
efeitos redox sobre, 231
fonte de insumos de petróleo, 25
impactos da mineração, 3
MTBE e, 23
óxido nítrico como, 27
reações redox, 221, 231
SO_2 e, 28
Veja Poluição do ar; Contaminação
Poluição de fonte não-pontual, 233, 235
Poluição de fonte pontual, 233, 236
Poluição do ar
chaminés altas e, 28
gasolina reformulada, 167-169
smog fotoquímico, 157, 160-163
Veja Controle de emissões; Compostos Oxigenados; Poluentes
Ponto de equilíbrio, 50
Pontuação de teste oral McCarthy, 285
Pósitron, 34
Potássio
abundância em água do mar, 203
processo de craqueamento e, 22
radioisótopos de longa vida, 34
Potência, 6
Potencial de aquecimento global (GWP), 151
Potencial de redução, 217
Potencial elétrico, 57
Potencial padrão, 219
Potencial redox, 186, 221, 231
Precipitadores eletrostáticos, 157
Prefixos, 5
Processo de alquilação, 22, 168
Processo de eletrólise, 71

Processo de Haber, 252
Produção de alimentos
ciclo do nitrogênio, 250-252
degradação ambiental, 257
herbicidas e, 276-279
nutrição, 22, 257-266
Revolução Verde, 252-266
transgênicos e, 279-283
Veja Agricultura; Controle de pestes
Produção de metano, 63
Produção de *smog*, 27
Produtividade primária líquida, 15
Produtores primários, 223
Produtores secundários, 226
Produtos de fissão, 39
Projetos passivos, 54
Proliferação de armas, 44-46
Proliferação de células, 290
promotores, 286
Propelentes de aerossol, 151
Propelentes, 137
Propriedades, 187-190
Proteases, 281
Proteína
categoria nutricionais, 257
comparações geográficas, 261
funções bioquímicas de, 258
hormônios lipossolúveis, 291
nutrição, 257-266
vitelogenina, 292
Protocolo de Kyoto sobre Mudança Climática, 8, 63, 65, 126, 151
Protocolo de Montreal (1987), 137, 138, 151
Prótons, 32, 33

Q

Quad (Q), 6
Qualidade da água
fontes de, 233-236
regulamentação de, 236, 237
riscos à saúde, 239-244
tratamento de esgotos, 237, 238
Quantidade equivalente de toxicidade (TEQ), 296
Quartilho, 5
Quarto, 5
Quelatos férricos, 231
Quelatos, 265
Quepone, 293
Queratoses, 308
Quilo (k) prefixo, 5
Quilogramas (kg), 5
Quilojoules (kJ), 4, 6
Quilômetros (km), 5
Quilowatt-hora (KWh), 6
Química do oxigênio, 127-135
Química verde, 3, 88, 89
Quimosina, 281

R

Radiação eletromagnética, 6, 34, 114
Radiação infravermelha, 114
Radiação ionizante, 36-38
Radiação solar
absorvida, 114
espectro de, 141
ozônio e, 134
taxa de, 104
Veja Radiação ultravioleta
Radiação ultravioleta, 141-143
Veja Radiação solar
Radiação UV-B, 141
Radiação
bandas de absorção e, 115
comprimentos de onda e, 104
distribuição espectral de, 105
eletromagnético, 6, 34, 114
elétron-volt e, 6
exposição a, 37-39
penetração em profundidade para diferentes raios, 36
Radônio e, 36
re-radiação, 115
Veja Radiação solar; Radiação ultravioleta
Radicais de oxigênio, 132-134

Radicais hidroxila
destruição de ozônio e, 146
gasolina e, 163
hidrocarbonetos e, 161
HFCs e HCFCs, 150, 151
metano e, 115
poluentes orgânicos, 300
química atmosférica e, 134
superóxido e, 262
xileno, 168
Radicais livres
antioxidantes e, 262
ativação de oxigênio por metais de transição, 135, 136
hidroxilação e, 287
radicais orgânicos de oxigênio, 134
radicais de oxigênio, 132-134
reações em cadeia, 131
smog e, 27
transferência de elétrons da vitamina C, 265
Veja Radicais hidroxila
Radicais orgânicos, 134
Radicais peroxila, 161
Radical alcoxila, 134
Radical alquila, 134
Radical alquilperoxila, 134
Radical fenoxila, 265
Radical metila, 131
Radioatividade
fusão e, 49
radiação, 36-38
produtos fissionáveis de, 39
Radioisótopos, 34, 35
Radônio, 37
Raio γ, 38
Raio γ, medição da exposição à radiação, 38
Raios β, 38
Raios ultravioleta distantes, 139
Razão de massa, 41
Razões atômicas, 226
Reação de neutralização, 191
Reação de reforma, 168
Veja Reforma catalítica; Reforma a vapor
Reação D-T (deutério-trício), 49
Reação endotérmica, 129
Reação exotérmica, 129
Reações de Diels-Alder, 268
Reações em cadeia
aditivos de chumbo e, 168
bombardeamento com nêutrons, 42
destruição do ozônio, 137
fissão nuclear, 40
radical livre, 131-136
Reações redox, 215-221, 218
Reatividade
CFCs e troposfera, 137
metano de, 28
moléculas CH_4 de, 27
Reator regenerador, 42, 43
Reator Tokamak, 49, 51
Reatores nucleares, 40
Reciclagem, 78-81
Recursos hídricos
água como solvente, 186
em oceanos, 184-186
irrigação e, 180-182
nos Estados Unidos, 183, 184
Recursos. *Veja* Recursos hídricos
Red Beds (leitos vermelhos), 222
Reduções biológicas, 216
Refino de petróleo bruto, 22
Reforma catalítica, 23
Refrigeração verde, 152
Região ártica, 148, 300
Regra de 70, 9
Regra dos compostos oxigenados, 168
Regulamentações
drenagem de minas e, 28
níveis de nitratos/nitritos em alimentos, 240
para qualidade de água, 236, 237
temor público do câncer, 285
Reino Unido, 66
Relação vapor–eletricidade, 69

Relâmpago, 130
Rem (roentgen-equivalent-man), 53
Reoxidação, 284
representação gráfica do orbital molecular, 188, 188
Reprocessamento, 60
Repulsão eletrostática, 44, 231
Repulsão, 83
Reservatório, 285
Reservatórios de moléculas, 209
Resíduo nuclear de alto nível (HLW), 47
Resíduo perigoso, 115
Resíduos de minas, 311
Resistência elétrica, 104
Resistência eletrolítica, 104
Respiração
 carboidratos, 28, 29
 carboidratos e, 369
 como processo redox, 307
 dióxido de carbono e, 87
 liberação de energia através de, 19
 liberação de energia durante, 286
 mitocôndria e, 317
Retinol. Veja Vitamina A
Rio Reno, 307
Roentgen (R), 53
Roundup, 278, 279
Rowland, F. Sherwood, 194, 195, 202, 210
Rural Electricity Administration, 93
Rússia, 38, 60, 63

S
Sacarina, 290
Sais, 272–276
Sal bicarbonato, 280
Sal de amina, 164
Sal de mesa, 272
Salgueiro, 88
Salinização, 258
São Francisco, 226, 227
Sarin, 393
Saturação por bases, 298
Sedimentação, ciclo do carbono e, 284
Segundos (sec), 7
Semicondutor tipo-N, 83, 84
Semicondutor tipo-p, 83, 84
Semicondutores, 81–84
semi-reação, 312–315
Separação de fases, 240
Sepultamento, 284, 286
Seqüestro, 288
Serina, 392
Shiquimato-3-fosfato (S3P), 278
Sievert, 38
Silicato de magnésio, 288
Silicato, 287, 293, 294
Silicatos de cálcio, 284, 285, 288
Silicatos de potássio, 289
Silicatos de sódio, 289
Silício amorfo, 84, 85
Silício, 80–83
Sistema métrico, 6, 7
Sistemas climáticos, 6, 262
Smog fotoquímico, 223, 226-232
Sódio, 59, 289, 308
Soja
 como planta C_3, 87
Sólidos iônicos, 283, 289, 290
Solo
 acidificação e neutralização, 297, 298
 aquíferos e subsidência, 259
 como filtro químico, 301
 processo de formação, 284
Solubilidade
 basicidade e, 290-292
 compostos iônicos e, 289
 de carbonato de cálcio, 286
 do oxigênio em água, 309
 grupos hidroxila, 287
Solventes
 emissões de VOC, 225
 água como, 265-281
Sorgo, 86, 259
Stover, 88, 89
Substâncias húmicas, 292-296
Substâncias orgânicas tóxicas, 220-222

Substâncias químicas tóxicas
 arsênio, 308, 309
 cádmio, 306-308
 câncer, 288-290
 chumbo, 309-313
 efeitos hormonais, 291-293
 mercúrio, 304-306
 metais tóxicos, 300-313
 poluentes orgânicos persistentes, 294-300
 toxicidade aguda e crônica, 283-285
Suécia
 concentrações de chumbo no sangue, 311
Sulfato de amônio, 233
Sulfato de bário, 290
Sulfato de cálcio, 127
Sulfato de glucoronídeo, 287
Sulfato, 308
Sulfeto de ferro. Veja Pirita
Sulfetos, 110
Sulfito de cálcio, 233
Sumidouros, 259
Suprema Corte dos EUA, 223, 226
Sustentabilidade, 3, 4
Switchgrass gramíneas panicum virgatum, 88

T
Taxa de mutação, 289
Taxa porcentual constante, 12, 48
Temperatura absoluta (T), 5, 68, 104
Temperatura global, 6
Temperatura
 atmosférica, 174
 baixas temperaturas e, 106
 definição de medida, 7
 energia geotermal e, 97
 energia livre e, 183, 184
 estrutura atmosférica, 197
 flutuações na Terra, 173
 fundamentos, 99, 100
 materiais e, 113
 média global, 172, 177
 moléculas de gás, 198, 199
 no Norte da Europa, 265
 taxas de reação e, 185
 temperaturas de fundição, 267
 temperaturas de ignição, 68, 70
 variações em, 175, 176
Temperaturas de ebulição, 267
Temperaturas de fundição, 267
Temperaturas de ignição, 68, 70
Tempo, 7, 12
Tempos de residência, 285, 286
Tensão superficial, 151
Tera (T) prefixo, 6
Termoclina, 262, 264
Termodinâmica, leis de, 4, 98-100
Termosfera, 197, 198
Terpenos, 234
Terra
 como reator ácido-base, 282–284
 crosta terrestre, 302, 306
 distância do Sol, 5
 e oxigênio, 316–319
 equilíbrio térmico da, 148
 recursos hídricos na, 253–256
 uso global da água, 255–257
Teste de mutagenicidade Ames, 287-289
Tetraetilchumbo, 310
Tetrametilchumbo, 238
Tetrametilchumbo, 310
Thiobacillus ferrooxidans, 305, 308
Three Mile Island, 60-63
Timina, 286
Titânio, 125
TMDL, 236
Tolueno, 221, 231, 239
Tonelada curta, 7
Tonelada métrica (t), 6
Toneladas (tonelada curta), 7
Tório, 49, 50
Tório-230, 66
Toro, 71
Torres de energia, 79

Toxafeno, 294
Toxicidade
 aguda e crônica, 283-285
 de chumbo, 311-313
 de hidrocarbonetos leves, 36
 de óxido nítrico, 300
 de TCDD, 294
Toxicidade aguda, 283-285
Toxicidade crônica, 283-285
Toxicologia, 283
Toxina botulínica, 283
Toyota, 124, 125
Transformadores, 81
Transpiração, 256, 257
Transportes
 biomassa para combustíveis líquidos, 88
 como fonte de dióxido de carbono, 216–217
 eficiência energética e, 120–124
 emissões de óxido de nitrogênio, 225, 233
 formas comuns de, 121
 gás natural como combustível, 38
 gás natural como combustível alternativo, 238
 padrões EPA, 223
 Veja Automóveis
Triclorofenóxido, 294
Trifluorometano, 231
Trigo
 aquífero Ogallala para irrigação, 259
 como planta C_3, 87
Trioxina, 51
Triplo Produto de Lawson, 71, 72
Tripolifosfato de sódio (STP), 299, 300
Trítio, 68-72
Troca iônica, 292-296
Tropopausa, 197, 198
Troposfera
 acúmulo de material particulado, 155
 CFCs e, 195
 estrutura atmosférica, 197
 HFCs e HCFCs, 214
 inversões de temperatura em, 198
 ozônio e, 226
Tucson, 258, 261
Turbinas movidas a gás, 37, 38, 101
Turbinas
 a gás, 37, 38, 101
 eólicas, 93, 94
Turbulência, 198

U
U (elemento), 29
U.S. National Research Council, 34
U.S. National Toxicology Program, 220
U.S. Presidential Green Chemistry Challenge Awards, 128
ULEV (veículo de emissão ultrabaixa), 125
União Européia, 179
Unidades de energia, 7, 8
Unidades Dobson (DU), 199
Unidades inglesas, 7
Unidades Kelvin, 7, 99
Unidades métricas, 6, 7
Unidades, 6–8
United Nations (Food and Agricultural Organization), 67
United Nations Environment Programme (UNEP) (Programa para Meio Ambiente das Nações Unidas), 175
Urânio
 massa crítica e, 55
 proliferação de armas e, 63
 reatores regeneradores, 59, 60
 riscos da mineração, 65
Urânio-234, 50
Urânio-235, 44, 63
Urânio-238, 49
Usinas hidrelétricas, 236, 279
Uso da água
 anual, 255–257
 usos comerciais, 260–262
Usos de energia
 aquecimento de ambientes, 77, 108

armazenamento de eletricidade, 109–112
células a combustíveis, 103–107, 237
cogeração, 108
desmaterialização, 113, 117, 118
Ecologia Industrial, 4, 125–128
economia do hidrogênio, 38, 109–112
economia norte-americana, 119, 120
motores térmicos, 99–103, 119
papel versus plásticos, 113, 116
Química verde, 4, 128, 129
reciclagem, 4, 113–117, 127
Veja Materiais; Transportes

V
V (elemento), 29
Vacúolo, 301
valores de PH
 água, 277
 potencial padrão e, 314
 precipitação na Europa, 278
 risco do chumbo e, 309
Valores LD_{50}, 283, 284, 290
Variação de energia livre (ΔG)
 definição, 108
 formação de chuva e, 152
 interações água/molécula, 271
 óxidos de nitrogênio e, 180–184
 padrões, 181
Variação de entalpia (ΔH), 108, 183, 271
Variação de entropia (ΔS), 108, 271
Vegetação
 absorção de CO_2, 170
 dióxido de carbono e deterioração de, 297
 epóxidos em, 226
 estudos de chuva ácida, 303
 hidrocarbonetos e, 234
 húmus, 295
 raios ultravioleta e, 201
 variações de temperatura e, 175, 176
Veículo elétrico híbrido (HEV), 124, 125
Veículos de emissão zero (ZEVs), 12, 86
Velocidade, 57
Vento, como componente do sistema climático, 6
Ventos alísios, 262
Vênus, 288, 289
Vienna Amendment (1995), 196
Vírus, 339, 402
Vitamina B_1. Veja Tiamina
Vitamina B_2. Veja Riboflavina
Vitamina B_6. Veja Piridoxina
Vitelogenina, 292
Volatilização, 300
Volume, 6–7, 198, 199
Volumes de gás, 198, 199
Vulcões
 como anomalias geológicas, 96
 impacto sobre clima e, 155
 metano de, 169
 VOCs e, 282

W
Watt (W), 7
Websites
 EPA, 338
 IPCC, 177
 química verde, 128
WMO, 123

X
Xenobióticos, 287, 291-293, 296
Xileno, 231, 239
Xilose, 90

Z
Zearalenona, 293
Zeólita, 165, 210
Zero absoluto, 5
Zinco, 155, 212, 306
Zircônio, 43
Zona eufótica, 319, 323
Zona saturada, 224